U0394673

净水厂、污水厂工艺与设备手册

杭世珺　张大群　宋桂杰　主编　（第二版）

JINGSHUICHANG WUSHUICHANG
GONGYI YU SHEBEI SHOUCE

化学工业出版社

·北京·

本书共分三篇。第一篇为净水厂工艺与设备，主要介绍了常规处理工艺，预处理工艺，臭氧活性炭深度处理工艺，除铁、除锰、除氟工艺，超、微滤膜过滤技术，其他处理工艺单元，净水厂排泥水处理和设备，设备选型案例分析；第二篇为污水处理厂工艺与设备，主要介绍了活性污泥法，包括传统法、A_NO、A_PO、A^2O、SBR、氧化沟、稳定塘、MBR法的工艺与设备；生物膜法，包括生物接触氧化、曝气生物滤池、生物转盘、高负荷生物滤池的工艺与设备，并配有不同类型的工艺选择、计算与设备选型的工程案例；第三篇为净水厂、污水厂通用设备，不仅包括第一、第二篇中与各种工艺配套的专用设备，还包括其他主要通用设备，如水泵、阀门、闸门、风机、消毒、起重及输送设备等。

本书图文并茂地介绍了各种设备的外形尺寸、性能参数以及安装注意事项，并配有不同类型的工艺选择、计算与设备选型的工程案例，实用性强，可供市政工程、环境工程等领域的科研人员、工程设计人员和管理人员参考，也可供高等学校相关专业师生参阅。

图书在版编目（CIP）数据

净水厂、污水厂工艺与设备手册/杭世珺，张大群，
宋桂杰主编. —2版. —北京：化学工业出版社，2018.4（2021.6重印）
ISBN 978-7-122-31660-8

Ⅰ.①净… Ⅱ.①杭… ②张… ③宋… Ⅲ.①净水-水
处理设施-手册②污水处理设备-手册 Ⅳ.①X703-62

中国版本图书馆CIP数据核字（2018）第041794号

责任编辑：刘兴春 刘 婧　　　　　　　　　　装帧设计：韩 飞
责任校对：宋 夏

出版发行：化学工业出版社（北京市东城区青年湖南街13号　邮政编码100011）
印　　装：北京捷迅佳彩印刷有限公司
787mm×1092mm　1/16　印张55　字数1421千字　2021年6月北京第2版第3次印刷

购书咨询：010-64518888　　售后服务：010-64518899
网　　址：http://www.cip.com.cn
凡购买本书，如有缺损质量问题，本社销售中心负责调换。

定　　价：298.00元　　　　　　　　　　　　　　　　版权所有　违者必究

《净水厂、污水厂工艺与设备手册》（第二版）
编 写 人 员

主 编　　杭世珺　　张大群　　宋桂杰

编写人员　杭世珺　　张大群　　宋桂杰　　孙济发　　姜亦增　　于　燃

　　　　　刘　瑶　　郭淑琴　　韩宝平　　张　竑　　曹井国　　关春雨

　　　　　梁　伟　　单晓峻　　曹　霞　　杨　昊　　王　洋　　邱文新

　　　　　鲍　磊　　薛广进　　李张卿　　张　伟　　张　蕾　　殷成博

　　　　　勒德智

前　言

近年来，随着生态文明建设的深入，提高基础设施建设水平、建设美丽中国的需求日益强化，保障饮用水安全、提高污水排放标准、建设海绵城市、整治黑臭水体等政策的推进对我国水处理工艺与设备提出了新的、更高的要求；与此同时，我国水处理装备制造业也经历了从引进仿制到独立研发、从设备配套到提供整体解决机电装备方案的跨越式发展。在内部发展和外部需求的共同驱动下，我国的水处理行业正处于加速发展创新时期，并且向着设备化、集成化、模块化、智能化方向发展。

《净水厂、污水厂工艺与设备手册》第一版面世 7 年来，为水处理系统的设计、实施、运营工作提供了帮助，得到了水务工作者的认可和欢迎。为有效反映近年来水处理行业工艺和设备的新动态，在保留第一版特点的基础上，本书第二版对相应章节做了调整和优化，主要包括以下变化。

（1）对净水厂和污水厂中新型工艺和设备进行了补充和修订。第一篇新增改进型澄清池、高效炭砂滤池等工艺和设备，补充翻板阀滤池配水配气、反冲洗过程、设计要点，增加紫外消毒设计原则、设计要点、工艺组合等；第二篇新增移动床生物膜反应器（MBBR）、高密度沉淀池、一体化膜生物反应器（MBR）、高效生物转盘、活性砂滤池、滤布滤池等工艺和设备；第三篇新增新型磁悬浮和空气悬浮鼓风机。

（2）对污泥处理工艺与设备进行了补充和修订。第一篇新增净水厂排泥水处理和设备章节，涵盖排泥水基本工艺组成、工艺流程、规模确定、泥水平衡、干泥量计算、污泥处理系统单元、主要设备及案例分析等内容；第二篇新增污泥好氧发酵、污泥热干化、污泥其他干化工艺、除臭工艺的技术原理、适用条件和设备的规格参数等系统性描述；新增转鼓浓缩脱水机、板框压滤机、叠螺污泥浓缩机、叠螺污泥脱水机、电渗析污泥脱水机等设备介绍。

（3）对典型工程实例进行了补充和修订。第一篇的工程实例由 2 个增加至 5 个，涉及改进型澄清池、翻板阀炭砂滤池、高效炭砂滤池、超滤膜及紫外消毒等工艺；第二篇的工程实例由 3 个增加至 20 个，涵盖了城市污水处理、提标改造、小城镇污水处理和污泥处理等类型，涉及污水处理系统中的活性污泥法、生物膜法、MBBR 法、深度处理以及污泥处理系统中的厌氧消化、好氧发酵、热干化及其他新型处理方法。

本书由杭世珺、张大群、宋桂杰任主编，主要编写人员有杭世珺、张大群、宋桂杰、孙济发、姜亦增、于燃、刘瑶、郭淑琴、韩宝平、张竑、曹井国、关春雨、梁伟、单晓峻、曹霞、杨昊、王洋、邱文新、鲍磊、薛广进、李张卿、张伟、张蕾、殷成博、勒德智。另外，业内很多水处理设备研发和生产单位为本书的修订出版提供了宝贵资料，单位名称已在书中相应章节列出，在此对以上单位表示诚挚的感谢！

限于编者编写时间和水平，疏漏和不足之处在所难免，敬请广大读者提出宝贵意见。

编者

2018 年 5 月

第一版前言

水是生命的源泉，水是城镇的命脉，水是工业的乳汁，水是农业的甘泉。伴随着共和国走过60年的给排水行业，越来越成为世人关注的焦点，水资源短缺、饮用水安全、水体污染等现实问题更要求给排水行业必须加速发展，以保障人类生存环境和营造发展空间。

净水厂工程和污水处理厂工程是给排水工程的核心，60年来，特别是近20多年来，其普及程度、规模、数量、技术水平均得到了飞速的发展，水工艺技术的研究、开发、应用和水设备技术的引进、研制、生产，使得我国水工艺与水设备的总体技术水平达到或接近国际先进水平，并逐步与国际接轨。

在净水厂和污水处理厂中，工艺是先导、设备是依托，工艺是龙头、设备是基础，工艺是实现总体要求的途径，设备是实现总体目标的保证。设备服从于工艺，设备为工艺服务，设备的发展，反过来又促进工艺的提高和部分新工艺的诞生，给新工艺的实现提供了机遇和路径。本书就是秉承这一思路，将水工艺与水设备两大学科密切结合在一起进行论述和介绍。将几十种不同设计流程、不同的建（构）筑物所采用的工艺描述、计算与设备选型、校核全部融合起来，又分别放在按序固定的章节中。既可使读者做到易掌握、易查找、易了解工艺设备的结合状况，又易通晓全厂的技术分布。

本书第一篇为净水厂工艺与设备，主要介绍了常规处理、预处理、臭氧活性炭深度处理、除铁、除锰、除氟、超滤微滤的工艺与设备。本书第二篇为污水处理工艺与设备，主要介绍了活性污泥法，包括传统法、A_NO、A_PO、A^2O、SBR、氧化沟、稳定塘、MBR法的工艺与设备；生物膜法，包括生物接触氧化、曝气生物滤池、生物转盘、高负荷生物滤池的工艺与设备。并在第一篇、第二篇中都有数个工艺与设备的流程、计算、选型案例。第三篇为通用设备，主要介绍了除上述第一篇、第二篇中已介绍的配合此种工艺使用的专用设备之外的其他主要通用设备，包括水泵、阀门、闸门、鼓风机、消毒、起重及输送设备。本书在第二篇污水处理工艺与设备的第一章中，列出12种污水处理工艺的流程与对应设备的框图表格，可将目前过多污水处理工艺与设备的众多内容简化、清晰、明了。此种体例可减少各种工艺共用设备论述中的重叠，将主要通用设备分层独立论述，将各工艺经常共用的专用设备分章独立论述，将使不同流程、不同构筑物的工艺与设备清晰地呈现在读者面前。

本书重点介绍了最新的工艺和设备，如在净水厂预处理中，介绍了"粉末活性炭吸附（应急）"工艺和"磁分离预处理技术 MIEX"；超滤/微滤介绍了工艺和膜组件；介绍了纳滤、反渗透和电渗析等深度处理工艺与设备。在污水处理中，介绍了A_NO、A_PO、A^2O、SBR、氧化沟、MBR、曝气生物滤池、高负荷生物滤池等工艺及磁悬浮鼓风机、空气悬浮鼓风机、高速浓缩脱水螺压离心一体机、污泥干化设备等。在通用设备篇中介绍了零渗漏的软密封阀门、活性炭投加设备、各种先进的消毒设备、高效率的水泵和潜水泵等。

本书编者主要为北京市市政工程设计研究总院、天津水工业工程设备有限公司、天津市市政工程设计研究院、天津艾杰环保技术工程有限公司等单位的多年从事给排水工艺、设备的技术人员。上述单位和本书的编者参与完成了国内上百项大中型净水厂、污水厂的设计、设备配置及工程承包，并承担过国外净水厂、污水厂的设计与承包。

本书由杭世珺、张大群主编，主要编写人员有杭世珺、张大群、宋桂杰、孙济发、刘旭东、姜亦增、杨京生、曹井国、张炯、金宏、梁小田、张述超、马淑军、王秀朵、王立彤、史俊、张蓁、姚左纲、孙菁、王哲勇、刘瑶、于德强、张蕾、李慧颖、李杨、李彩斌、梁伟、殷成博、勒德智等。

由于时间和能力所限，不妥之处在所难免，敬请读者批评指正。

编者
2010 年 5 月

目　　录

第一篇　净水厂工艺与设备

第二篇 污水处理厂工艺与设备

第三篇 净水厂、污水厂通用设备

第一篇

净水厂工艺与设备

第1章 净水厂工艺与设备概述

我国水资源匮乏,在空间和地域上分布不均,年际和季节变化大。并且我国人口众多,人均占有水量少。依据水资源有关资料,我国人均淡水资源仅为世界人均量的 1/4,居世界第 109 位,属世界 13 个人均水资源贫乏国家之一。

生态环境部发布的《2017 中国生态环境状况公报》显示,全国地表水 1940 个水质断面(点位)中,I~III 类、IV~V 类和劣 V 类水质断面分别占 67.9%、23.8% 和 8.3%。以地下水含水系统为单元,潜水为主的浅层地下水和承压水为主的中深层地下水为对象的 5100 个地下水水质监测点中,水质为优良级、良好级、较好级、较差级和极差级的监测点分别占 8.8%、23.1%、1.5%、51.8% 和 14.8%。338 个地级及以上城市 898 个在用集中式生活饮用水水源监测断面(点位)中,有 813 个全年均达标,占 90.5%。夏季,符合第一类海水水质标准的海域面积均占中国管辖海域面积的 96%。近岸海域 417 个点位中,一类、二类、三类、四类和劣四类分别占 34.5%、33.3%、10.1%、6.5% 和 15.6%。

随着我国新的《生活饮用水卫生标准》的颁布,检测项目由原来的 35 项扩展到 106 项,对一些微量有机污染物、高致病微生物、嗅味感官等提出了明确的指标。我国绝大多数水厂采用的是以混凝、沉淀、过滤、消毒为主的常规净水工艺,对普通的悬浮物、浊度、细菌、微生物等物质有较好的去除效果。然而在微量有机污染物、新型致病微生物、消毒副产物控制等方面有较大的局限性,需要结合生物预处理、臭氧活性炭深度处理、膜技术、高级氧化技术等,提高饮用水水质的安全可靠性。

饮用水水源中的主要污染物有耗氧量、微量有机物、金属、致病微生物、藻类、嗅、味和其他污染物。给水处理的目的主要是控制致病微生物的传播(原生动物、细菌、病毒等),控制水中化学污染物(有毒物质和致癌、致畸、致突的"三致"物质),提高水的舒适度(色、嗅、味和口感等);同时对水中贾第虫和隐孢子虫(两虫)问题,水蚤、红虫问题,藻类污染加剧及臭味、藻毒素问题,水的生物稳定性问题,高氨氮含量问题,内分泌干扰物和持久性有机物急性毒性和慢性毒性问题等加以重视,并给予妥善解决。

现状净水厂混凝剂的投加以采用单一的聚合氯化铝、硫酸铝或三氯化铁等较多。与国外相比,在助凝剂的应用以及混凝过程中 pH 值调节方面相对注意较少。

早期投产的水厂,对混合过程不重视,甚至连混合设施都没有。近年来较多采用的管式静态混合器,虽然改善了混合条件,但其混合效果受水量变化影响较大,也有待进一步改善。

目前应用的絮凝形式以水力絮凝为主,部分水厂采用机械絮凝。与国外相比,我国对水力絮凝形式的开发和研究较有特色,创造了折板絮凝、网格(栅条)絮凝、波形板絮凝、涡旋絮凝等多种形式。对于各种絮凝形式的比较以及水力絮凝如何适应水质和水量的变化,仍将是今后进一步研究的方向。

目前我国大、中型水厂的沉淀构筑物以平流式沉淀池居多。20 世纪 60 年代建设的水厂,不少采用了机械搅拌澄清池或水力循环澄清池。70 年代起,斜管沉淀池的应用也较普遍。气浮作为含藻水处理的技术,在国内少数水厂也有应用。近年来对于国外新型高效沉淀构筑物的应用也引起较大关注。

目前应用的快滤池，除了形式上有普通快滤池、双阀滤池、虹吸滤池、移动罩冲洗滤池、无阀滤池和 V 形滤池等各种形式外，在滤料级配上主要有传统的细级配砂滤料和均粒粗砂滤料。双层滤料和多层滤料国内应用不多。冲洗方式则主要有单水冲洗和气水反冲洗，表面冲洗的应用不多。原来采用微絮凝直接过滤的水厂，现大多已增设了沉淀构筑物。

目前水厂绝大多数仍以液氯作为消毒剂，个别水厂采用了二氧化氯投加，考虑到消毒副产物的影响，对加氯点的位置以及前加氯的控制做了不少改进。

净水厂建设包括新建和改扩建工程，其工艺设备的选择对水厂处理工艺的净化效果，净水厂出厂水水量、水质、水压能否达标至关重要。工艺设备的选择应结合所选工艺流程，尽可能选用先进、成熟、安全、节能的设备，并应进行技术经济比较后确定。首先根据城市净水厂原水水质特征和出水水质要求（主要针对生活饮用水）选择适合的工艺流程，如常规处理工艺流程、常规处理加预处理和深度处理工艺流程等；然后根据各工艺流程特点选择合适的构筑物形式，如不同类型的澄清池、滤池等；根据工艺流程和构筑物形式对所需的机械设备做技术经济比较，如不同形式的格栅、阀门、搅拌器、水泵、鼓风机、刮泥机、脱水机等；在确定设备形式后，还应注意设备的参数、结构的选取，结合设备的使用环境，合理选择材质。

净水厂工艺专用设备根据其使用功能，大致可分为 8 大类，即拦污设备、搅拌设备、投药消毒设备、除污排泥设备、固液分离设备、软化除盐设备、污泥处理设备、一体化处理设备及其他设备等。

拦污设备主要有格栅、格网/滤网和栅渣输运设备；搅拌设备主要有混合搅拌设备和絮凝搅拌设备；投药消毒设备主要有一体化投药设备、加氯消毒设备、臭氧消毒设备等；除污排泥设备主要有刮泥机和吸泥机；固液分离设备主要有气浮设备和膜分离设备；软化除盐设备主要介绍了离子交换器、电渗析设备和反渗透设备；污泥处理设备主要有污泥浓缩设备和污泥脱水设备；一体化处理设备主要有除铁、除锰和除氟装置。

综上，作为发展中国家，随着城镇的综合发展，我国各地水量需求逐年增加。我国水资源匮乏，水源水质已受到不同程度污染，污染成分越来越复杂，短期内很难有根本改善。水质标准越来越严格，水质指标数量和限值都有大幅度提高，供水标准的全面实施迫在眉睫。常规处理工艺（混凝、沉淀、过滤、消毒）已经难以满足现代社会发展的要求，必须采用氧化、吸附、生物降解、强化混凝沉淀、深度处理、安全消毒等新技术组成的综合工艺获得安全洁净的生活饮用水。此外膜过滤如微滤、超滤技术，因其工艺简单、占地少，适合分散式处理，出水水质可达 0.1NTU 以下，具有高效截留病原微生物等特点，被认为是 21 世纪有效、经济和绿色的工艺；随着饮用水水源的多元化，纳滤、反渗透、电渗析等也将走到给水净化领域的前台。故此，根据原水水源条件和出水水质目标，在常规处理的基础上，由生物预处理、安全预氧化、强化混凝沉淀、活性炭吸附和生物降解、膜技术高效截留及安全消毒的多级屏障组合技术是未来净水处理工艺的发展方向。

近年来，我国净水厂工艺和设备得到了迅猛的发展，新工艺、新技术、新设备层出不穷，如改进型机械搅拌澄清池、高效炭砂滤池、紫外线消毒系统和净水厂污泥处理处置工艺等。

澄清工艺集混合、絮凝和泥水分离等过程于一体，采用接触絮凝方式，使池中积聚的已生成的高浓度大絮粒群和新进入池内的原水微絮粒相互接触、吸附，从而提高絮粒沉降速度，增加沉淀池表面负荷，使沉淀效率显著提高。我国北方地表水厂的水源多为水库水，原水具有冬季低温低浊和夏季高浊高藻特性，采用泥渣接触絮凝技术的澄清工艺在应对低温低浊原水和适应水质变化等方面均有较好的作用。在众多的澄清工艺池型中，机械搅拌澄清池处理效果好，在我国北方地区被广泛应用。经过多年的设计和运行实践总结，针对传统机械搅拌澄清池在应用中存在的施工难度大、污泥浓度和污泥回流倍数难以控制、沉淀区上升流速偏低等问题，近年来机械加速澄清池工艺有所改进，改进型机械搅拌澄清池可降低设备的维护检修和土建施工难度，提高处理效率，提升运行管理的自动化水平。改进型机械搅拌澄清池在工程中逐渐得到应用，在水线和泥线工艺系统中均起到重要作用。

我国地表水污染依然较严重，新的《生活饮用水卫生标准》将检测项目由原来的 35 项扩展到 106 项，对微量有机污染物、高致病微生物、嗅味感官等提出了明确的指标。高效炭砂滤池，是将粒状材料和多孔介质有机结合，成为活性炭和石英砂双层滤料滤池。高效炭砂滤池既不同于传统砂滤池，也不同于在炭层下加 300mm 砂层用于防止生物泄漏的炭吸附池，它保留了砂滤池对颗粒物的去除截留作用，同时增加了活性炭对有机物的吸附作用和强化过滤层中微生物对污染物的生物降解作用，提高了对有机物和氨氮的去除效果，保证了饮用水的安全，是集过滤、吸附、生物处理三大功能于一体的深度处理技术，相对于砂过滤和臭氧-生物活性炭工艺而言流程较短，因此可以称之为短流程深度处理技术，特别适用于水厂用地紧张和升级改造的项目。

在传统的化学药剂消毒过程中，因投加各种消毒药剂使得水中会产生一些有害的消毒副产物。由于紫外线消毒不需要往水中投加任何化学物质，并且可以灭活传统化学药剂不能杀死的顽固的有害微生物，如隐性孢子菌（*Cryptosporidium*）和蓝氏贾第鞭毛虫（*Giardia lamblia*）等，改善管网生物稳定性，因此紫外光消毒受到了特别的重视。由于紫外线消毒不具有持续消毒效果，为保障管网水质生物安全性，净水厂消毒系统必须考虑紫外线消毒与其他消毒工艺联用。净水厂紫外消毒系统的设计原则、设计要点、工艺组合要求、紫外消毒反应器的设备选型都至关重要。

随着我国城镇化进程的加快，城镇净水厂数量与规模日益增加，净水厂的排泥水耗水量和对水环境可能造成的污染越来越引起社会的关注，净水厂污泥的处置已成为环境污染防治领域的突出问题和面临的紧迫任务。根据《污水综合排放标准》（GB 8978—1996），生产废水排入按《地面水环境质量标准》（GB 3838—2002）规定的Ⅲ类水域执行一级标准，即悬浮物含量不能超过 70mg/L；生产废水排入一般保护水域，悬浮物含量不能超过 200mg/L；排入城市下水道并进入二级污水处理厂进行生物处理执行三级标准，悬浮物含量不能超过 400mg/L。净水厂的排泥水特别是沉淀池排泥水，悬浮物含量一般超过 1000mg/L，如果不进行处理而直接排入水体或城市下水道，必将造成河道的淤积或者堵塞下水道。我国各省市的建设和环保部门积极督促各地在扩建、新建自来水厂的同时，应筹措资金同步实施给水污泥处理工程，净水厂排泥水的工艺设计、构筑物选型和设备的选择等均需要系统化和规范化。

第2章 常规处理工艺

常规处理工艺是目前世界上应用最广泛的处理工艺，已经沿用了100多年。工艺主要由混合、絮凝、沉淀（澄清）、过滤、消毒等处理单元组成，主要去除目标是悬浮物、胶体、细菌类微生物等污染物。常规工艺在国内仍为现阶段的主流工艺，且作为基础和核心，与各类工艺组合实现多重屏障、安全可靠的供水系统，是净水厂工艺未来的发展趋势，故此具有长期存在的合理性。

2.1 主要工艺及流程

2.1.1 针对常温常浊水处理工艺

可采用基本的常规处理工艺，也可采用强化常规处理工艺和组合消毒工艺。

主要工艺流程如图1-2-1所示。

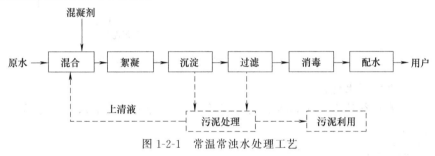

图 1-2-1 常温常浊水处理工艺

2.1.2 针对常温低浊水处理工艺

当原水最高浊度不大于20NTU时，有条件可以省略沉淀单元，采用微絮凝直接过滤工艺。

主要工艺流程如图1-2-2所示。

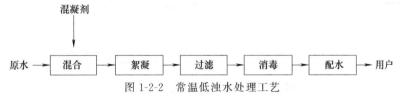

图 1-2-2 常温低浊水处理工艺

2.1.3 针对低温低浊水处理工艺

当原水温度、浊度低时，颗粒碰撞速率大大减少，混凝效果较差。为提高低浊原水的处理效果，通常投加高分子助凝剂或投加矿物颗粒，以增加混凝剂水解产物的凝结中心，提高颗粒碰撞速率并增加絮凝密度，一般可采用澄清工艺。目前开发了多种改进型澄清池，如高密度澄清池、微砂循环澄清池、上向流炭吸附澄清池等，对原水温度、浊度、藻类适应性较强。

低温低浊水处理工艺流程如图1-2-3所示。

2.1.4 针对高浊水处理工艺

原水泥砂颗粒较大或浓度较高时，采用一次混凝沉淀和加大投药量仍难以满足沉淀出水要求时，应根据原水含砂量、粒径、砂峰持续时间、排泥要求和条件、处理水量水质要求，

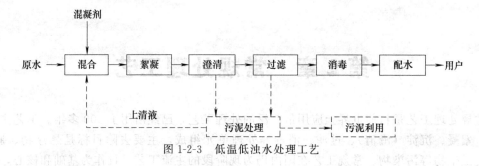

图 1-2-3　低温低浊水处理工艺

结合地形、现有条件等选择预沉方式。

高浊水处理工艺流程如图 1-2-4 所示。

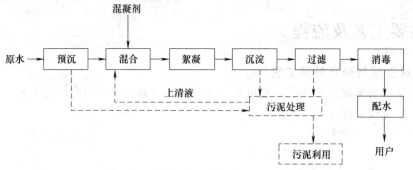

图 1-2-4　高浊水处理工艺

2.1.5　针对低浊高藻水处理工艺

水库、湖泊水往往浊度小于 50NTU、含藻较高（每升近千万个），在除浊的同时需考虑除藻，一般可采用气浮或微滤工艺。

净水工艺流程如图 1-2-5～图 1-2-7 所示。

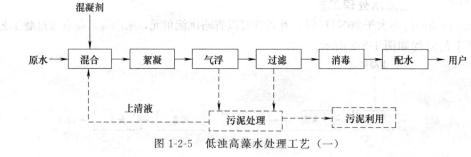

图 1-2-5　低浊高藻水处理工艺（一）

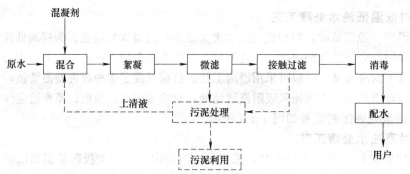

图 1-2-6　低浊高藻水处理工艺（二）

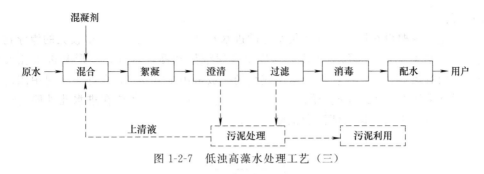

图 1-2-7　低浊高藻水处理工艺（三）

2.1.6　针对高浊高藻水处理工艺

当原水浊度和含藻量均较大时应首先选择预沉将浊度降低。

净水工艺流程如图 1-2-8、图 1-2-9 所示。

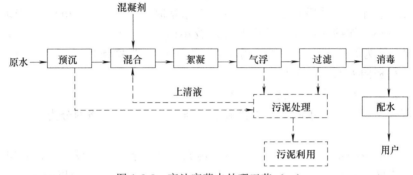

图 1-2-8　高浊高藻水处理工艺（一）

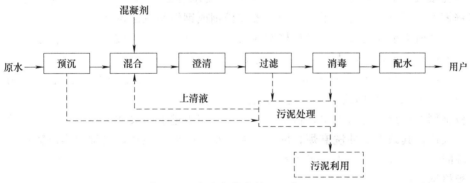

图 1-2-9　高浊高藻水处理工艺（二）

2.2　单元构筑物及主要设备

2.2.1　取水工程

地下水取水构筑物形式主要有管井、大口井、渗渠等，应根据含水层岩性构造、厚度、埋深及变化规律、施工条件等确定。

地表水取水构筑物主要包括岸边取水构筑物（设在岸边，一般由进水间和泵房组成）和河床取水构筑物（利用进水管将进水头部伸入江河湖泊中，一般由取水头部和泵房组成）。

2.2.1.1　取水头部

取水头部是河床式取水构筑物的进水部分，主要设备有格栅、格网、螺旋输送机、吊车、闸门等。

(1) 格栅 格栅设在取水头部或集水井的进水孔处，用来拦截河流中较大的漂浮物及杂质，起到净化水质、保护水泵的作用。格栅由金属框架和栅条组成，外形和进水孔尺寸相同。栅条断面有矩形、圆形等。栅条厚度或直径一般采用10mm。栅条净距视河中漂流物情况而定，通常采用 $30\sim120$mm。栅条可以固定在进水孔上，或者放在进水孔外侧的格栅槽中并可拆卸，以便于上下移动清洗和检修。

格栅面积按下式计算：

$$F_0 = \frac{Q}{K_1 K_2 v_0}$$

$$K_1 = \frac{b}{b+s}$$

式中，F_0 为进水孔或格栅的面积，m^2；Q 为进水孔的设计流量，m^3/s；v_0 为进水孔设计流速，当江水有冰絮时采用 $0.2\sim0.6$m/s，无冰絮时采用 $0.4\sim1.0$m/s，当取水量较小、江河水流速度较小、泥砂和漂浮物较多时可取较小值，反之可取较大值；K_1 为栅条引起的面积减少系数；b 为栅条净距，一般采用 $30\sim120$mm；s 为栅条厚度（或直径），一般采用10mm；K_2 为格栅阻塞系数，采用0.75。

水流通过格栅的水头损失一般采用 $0.05\sim0.1$m。

(2) 格网 格网设在进水间内用以拦截水中细小的漂浮物。格网分为平板格网和旋转格网两种。

平板格网一般由槽钢或角钢框架及金属网构成。金属格网一般设一层；面积较大时设两层，一层是工作网，起拦截水中漂浮物的作用，另一层是支撑网，用以增加工作网的强度。工作网的孔眼尺寸应根据水中漂浮物情况和水质要求确定。金属网宜用耐腐蚀材料，如铜丝、镀锌钢丝或不透钢丝等。平板格网放置在槽钢或钢轨制成的倒槽或导轨内。

格网堵塞时需要及时冲洗，以免格网前后水位差过大，使网破裂。最好能设置测量格网两侧水位差的标尺或水位继电器，以便根据信号及时冲洗格网。

冲洗格网时，应先用起吊设备放下备用网，然后提起工作网至操作平台，用 $196\sim490$kPa（$2\sim5$kg/cm^2）的高压水通过穿孔管或喷嘴进行冲洗。

平板格网的优点是构造简单，占地较小，可以缩小进水间尺寸。在中小水量、漂浮物不多时采用较广。其缺点是冲洗麻烦；网眼不能太小，因而不能拦截较细的漂浮物；每当提起格网冲洗时，一部分杂质会进入吸入室。

平板格网的面积可按下式计算：

$$F_1 = \frac{Q}{K_1 K_2 \varepsilon v_1}$$

$$K_1 = \frac{b^2}{(b+d)^2}$$

式中，F_1 为平板格网的面积，m^2；Q 为通过格网的流量，m^3/s；v_1 为通过格网的流速，一般采用 $0.2\sim0.4$m/s；K_1 为网丝引起的面积减少系数；b 为网眼尺寸，mm；d 为金属丝直径，mm；K_2 为格网阻塞后面积减少系数，一般采用0.5；ε 为水流收缩系数，一般采用$0.64\sim0.80$。

通过平板格网的水头损失一般采用 $0.1\sim0.2$m。

旋转格网由绕在上下两个旋转轮上的连续网板组成，用电动机带动。网板由金属框架及金属网组成。一般网眼尺寸为（4mm×4mm）～（10mm×10mm），视水中漂浮物数量和大小而定，网丝直径为 0.8～1.0mm。

旋转格网构造复杂，所占面积较大，但冲洗较方便，拦污效果较好，可以拦截细小的杂质，故宜用在水中漂浮物较多、取水量较大的取水构筑物。

旋转格网的进水方式有直流进水、网外进水和网内进水三种，前两种采用较多。直流进水的优点是水力条件较好，滤网上水流分配均匀；水经过两次过滤，拦污效果较好；格网所占面积小。其缺点是格网工作面积只利用一面；网上未冲净的污物有可能进入吸入室。网外进水的优点是格网工作面积得到充分利用；滤网上未冲净的污物不会带入吸水室；污物拦截在网外，容易清除和检查。其缺点是水流方向与网面平行，水力条件较差，沿宽度方向格网负荷不均匀；占地面积较大。网内进水的优缺点与网外进水基本相同，但是被截留的污物在网内，不易清除和检查，故采用较少。

旋转格网是定型产品，它是连续冲洗的，其转动速度视水中漂浮物的多少而定，一般为 2.4～6.0m/min，可以是连续转动，也可以是间歇转动。旋转格网的冲洗一般采用 196～392kPa（2～4kg/cm²）的压力水通过穿孔管或喷嘴来进行。冲洗后的污水沿排水槽排出。

旋转格网有效过水面积（即水面以下的格网面积）可按下式计算：

$$F_2=\frac{Q}{K_1 K_2 K_3 \varepsilon v_2}$$

式中，F_2 为旋转格网有效过水面积，m²；v_2 为过网流速，m/g，一般采用 0.7～1.0m/s；K_2 为格网阻塞系数，采用 0.75；K_3 为由框架引起的面积减少系数，采用 0.75；其余符号的意义同上。

旋转格网在水下的深度，当为网外或网内双面进水时，可按下式计算：

$$H=\frac{F_2}{2B}-R$$

式中，H 为旋转格网在水下的深度，m；B 为旋转格网宽度，m；F_2 为旋转格网有效过水面积，m²；R 为旋转格网下部弯曲半径，目前使用的标准滤网的 R 值为 0.7m。

（3）开启设备　在进水间的进水孔、格网和横向隔墙的连通孔上需设置闸阀、闸板等启闭设备，以便在进水间冲洗和设备检修时使用。这类闸阀或闸板尺寸较大，为了减小所占空间，常用平板闸门、滑阀及蝶阀等。

（4）起吊设备　起吊设备设在进水间的操作平台上，用以起吊格栅、格网、闸板和其他设备。常用的起吊设备有电动卷扬机、电动和手动单轨吊车等，其中以电动吊车采用较多。当泵房较深，平板格网冲洗次数频繁时，采用电动卷扬机起吊，使用较方便，效果较好。大型取水泵站中进水间的设备较重时，可采用电动桥式吊车。

2.2.1.2 取水泵房

根据所确定的取水位置，综合

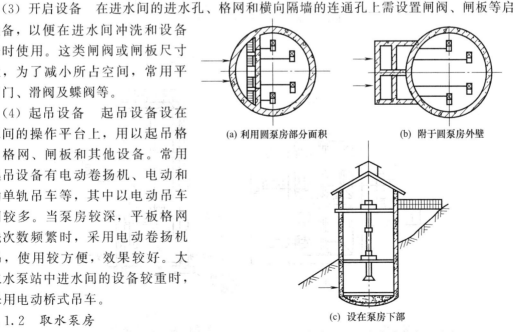

(a) 利用圆泵房部分面积　　　(b) 附于圆泵房外壁

(c) 设在泵房下部

图 1-2-10　集水井和泵房合建的布置形式

其水深、水位及其变化幅度，岸坡，河床的形状，河水含砂量分布，冰冻与漂浮物，取水量及安全度等因素确定选用取水构筑物形式和取水水泵形式。

取水泵房内集水井和泵房可以采取合建或分建的方式。

集水井和泵房合建的布置形式，参见图 1-2-10。

在泥砂含量高的河流中取水时，为防止吸水管堵塞，尽量缩短吸水管长度，常将集水井伸入泵房中间，置于泵房底部的集水井布置一般适用于深井泵房或小型泵房。

集水井和取水泵房按分建的布置形式可分为岸边分建和河床分建两种方式（见图1-2-11、图 1-2-12）。

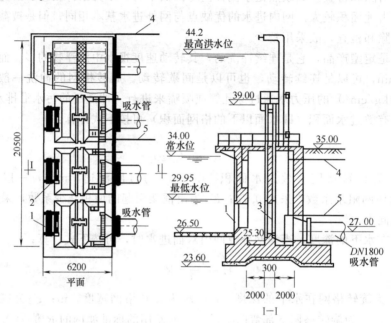

图 1-2-11　岸边分建式集水井布置（标高单位为 m，其余为 mm）

1—格栅；2—闸板；3—格网；4—冲洗管；5—排水管

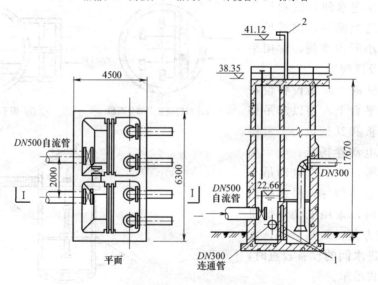

图 1-2-12　河床分建式集水井布置（标高单位为 m，其余为 mm）

1—格网；2—起吊架

集水井和取水泵房分建时集水井的平面形状一般有圆形、矩形、椭圆形等。圆形集水井结构合理，便于沉井施工，但不便于布置设备；矩形形式对安装滤网、吸水管和分格较为方便，但造价较高；椭圆形兼有两者的优点，但施工较复杂。

集水井下部分可分为进水室、格网和吸水室，集水井顶面设操作平台。

主要设备有水泵机组、蝶阀、止回阀、检修闸阀、吊车、排水泵等。取水泵有多种形式。

2.2.2　配水溢流井

为保证多个系列配水均匀和水厂事故时的溢流，在净水厂设置配水溢流井。

主要设备有检修堰闸和电动可调节堰闸。

2.2.3　混合

混合的作用是使投加的药剂迅速均匀地扩散到被处理的水中，为反应创造良好的条件，使胶体失去稳定性并使脱稳胶体相互聚集。主要有水力混合和机械混合。

2.2.3.1　水力混合

水力混合：水体消耗自身能量，通过流态变化达到混合的目的。水力混合主要有借助流程中的水泵混合和管式静态混合器混合两种。

（1）借助流程中的水泵混合　将药剂溶液投加到每一水泵吸水管中，通过水泵叶轮的高速转动达到混合效果。投加越靠近水泵混合效果越好。为了防止空气进入水泵吸水管内，一般加设一个装有浮球阀的水封箱。对于投加腐蚀性强的药剂，应注意避免腐蚀水泵叶轮及管道。

借助流程中的水泵混合主要设备为浮球阀。

（2）管式静态混合器混合　管式静态混合器的形式很多，一般是在管道内设置多节固定叶片，使水流成对分流，同时产生涡旋反向旋转及交叉流动，从而获得混合效果。管式静态混合器的水头损失与管道流速、混合器内部结构等有关，一般当管道流速为 $1.0\sim1.5\mathrm{m/s}$ 时，水头损失为 $0.5\sim0.8\mathrm{m}$。该混合主要设备为管式静态混合器。

2.2.3.2　机械混合

机械混合是通过机械提供能量，改变水体流态，以达到混合目的。机械混合有多种形式，如桨式、推进式、涡流式等，采用较多的为桨式。桨式结构简单，加工制造容易。

主要设备为桨式搅拌器，相关参数见表 1-2-1、图 1-2-13。

表 1-2-1　桨式搅拌器参数

项　目	符　号	单　位	参　数
桨叶外缘线速度	v	m/s	$1.0\sim5.0$
桨叶直径	d	m	$(1/3\sim2/3)D$
桨叶宽度	b	m	$(0.1\sim0.25)D$
桨叶距混合池底高度	h	m	$(0.5\sim1.0)D$
桨叶数	Z		2,4
桨叶层数	e		当 $H/D\leqslant1.2\sim1.3$ 时，$e=1$ 当 $H/D>1.2\sim1.3$ 时，$e>1$
层间距		m	$(1.0\sim1.5)D$
安装位置要求			相邻两层桨交叉 $90°$ 安装
混合池直径	D	m	
混合池液面高度	H		

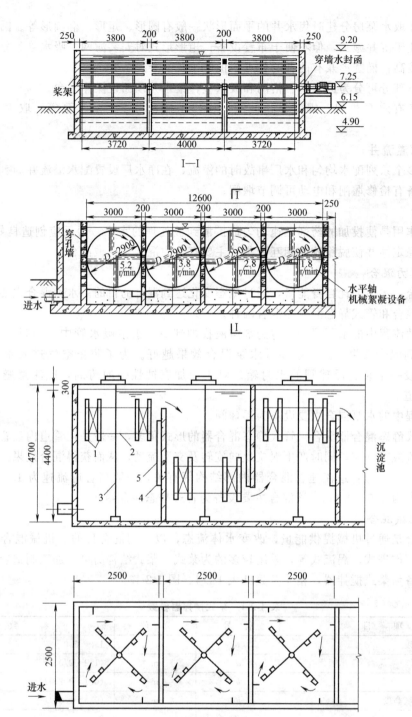

图 1-2-13 垂直轴式机械搅拌絮凝池
1—桨板；2—桨板支架；3—旋转轴；4—隔墙；5—固定挡板

2.2.4 絮凝

絮凝是使胶体在外力扰动下相互碰撞集聚，并形成较大颗粒的过程。絮凝池的作用是提供有利于矾花成长的水力条件，增大絮凝体的碰撞概率，使矾花颗粒逐渐增大，提高絮凝效率从而改善沉淀效果，提高沉淀池的出水水质并可延长滤池的过滤周期。絮凝与混合一样分为水力絮凝和机械絮凝两大类。

2.2.4.1　水力絮凝

水力絮凝简单，但适应水量水质的变化能力差。水力絮凝主要有隔板絮凝池、折板絮凝池、侧向流波形板絮凝池、网格（栅条）絮凝池、穿孔旋流絮凝池。

主要设备为快开排泥阀。

（1）网格（栅条）絮凝池　网格絮凝池是应用紊流理论的絮凝池，其平面由多格竖井串联而成，絮凝池分成许多面积相等的方格，进水水流顺序从一格流向下一格，上下交错流动，当水流通过网格或栅条的孔隙时，水流收缩，过网孔后水流扩大，形成良好絮凝条件，通过能量消耗完成絮凝过程。由于池高适当，多与平流沉淀池或斜管沉淀池合建。

设计要点：a. 池数一般不少于 2 个，絮凝时间一般为 10～15min；b. 絮凝池分格数按絮凝时间计算，多分为 8～18 格，可大致按分格数均分成 3 段，其中前段为 3～5min、中段 3～5min、末段 4～5min；c. 网格或栅条数前段较多、中段较少、末段可不放，但前段总数宜在 16 层以上，中段在 8 层以上，上下两层间距为 60～70cm；d. 每格的竖向流速，前段和中段为 0.12～0.14m/s，末段为 0.1～0.14m/s；e. 网格或栅条的外框尺寸加安装间隙等于每格池的净尺寸，前段栅条缝隙为 50mm，或网格孔眼为 80mm×80mm，中段分别为 80mm 和 100mm×100mm；f. 各格之间的过水孔洞应上下交错布置，孔洞计算流速，前段 0.3～0.2m/s、中段 0.2～0.15m/s、末段 0.14～0.1m/s，各过水孔必面积从前段向末段逐步增大，所有过水孔必须经常处于淹没状态，因此上部孔洞标高应考虑沉淀池水位变化时不会露出水面；g. 网孔或栅孔流速，前段 0.25～0.3m/s、中段 0.22～0.25m/s；h. 一般可用长度小于 5m、直径 150～200mm 的穿孔排泥管单斗底排泥，采用快开排泥阀。

（2）隔板絮凝池　水流以一定流速在隔板之间通过完成絮凝过程。隔板絮凝池主要有往复式和回转式两种。

设计要点：a. 池数一般不少于 2 个，絮凝时间为 20～30min，色度高、难于沉淀的细颗粒较多时宜采用高值；b. 池内流速应按变速设计，进口流速一般为 0.5～0.6m/s，出口流速一般为 0.2～0.3m/s。通常用改变隔板的间距以达到改变流速的要求；c. 隔板间距应大于 0.5m，小型池子当采用活动隔板时可适当减小，进水口应设挡水措施，避免水流直冲隔板；d. 絮凝池超高一般采用 0.3m；e. 隔板转弯处的过水断面面积，应为廊道断面面积的 1.2～1.5 倍；f. 池底坡向排泥口的坡度，一般为 2%～3%，排泥管直径不应小于 150mm；g. 絮凝效果亦可用速度梯度 G 和反应时间来控制，当原水浊度低，平均 G 值较小或处理要求较高时，可适当延长絮凝时间，以提高 GT 值，改善絮凝效果。

（3）折板絮凝池　折板絮凝工艺是国内 20 世纪 80 年代初开始广泛应用的高效絮凝工艺，运用折板缩放或转弯造成的边界层分离现象所产生的附壁紊流耗能方式，利用扰流机构形成的水力喷射、微涡旋紊动、角隅涡流综合效应和竖向流形成的絮粒网捕作用，在絮凝池内沿程保持横向均匀、纵向分散地输入微量而足够的能量，有效提高输入能量的利用率、絮凝效率和混凝沉淀设备的容积利用率，增加液流相对运动，以缩短絮凝时间，提高絮凝体沉降性能。

折板絮凝池运用折板絮凝技术，是以水头为能源的水力式反应池，采用多级分段反应，形成输入能量的逐级递减。具有较高的容积利用率和较小的扩散系数，有利于矾花的形成，是一种高效、节能的反应池型。池中折板可用钢丝网水泥板、不锈钢板、塑料板拼装而成。

折板具有多种形式，常用的有平折板和波纹板等。折板絮凝池可布置成竖流式或平流式，要设排泥设施。

设计要点如下。

① 池数一般不少于 2 个，絮凝时间为 6～20min。

② 平折板絮凝池一般分为三段，流速分别为 0.25～0.35m/s、0.15～0.25m/s、0.10～0.15m/s，三段中的折板布置可分别采用相对折板、平行折板及平行直板。

③ 各段的 G 和 T 值可参考下列数据：

第一段（相对折板）$G=80s^{-1}$，$t \geqslant 120s$；第二段（平行折板）$G=50s^{-1}$，$t \geqslant 120s$；第三段（平行直板）$G=25s^{-1}$，$t \geqslant 120s$；GT 值 $\geqslant 1 \times 10^4$。

④ 折板夹角可采用 $90° \sim 120°$。

⑤ 折板宽度可采用 0.5m 左右；折板长度可采用 0.8～1.5m。

⑥ 第二段中平行折板的间距等于第一段相对折板的峰距。

（4）波形板絮凝池　波形板絮凝池类似于多通道折板絮凝池，是以波形板为填料的絮凝形式。在各絮凝室中等间距地平行装设波形板，形成几何尺寸完全相同、相互并联的水流通道，因此各通道的水力阻抗特性完全相同。能量的输入在两波形板间形成的连续扩大腔、缩颈处完成（主要是在扩大腔部分完成）。由于所有扩大腔和所有缩颈的几何尺寸相同，因而某阶段絮凝所需要的能量是按扩大腔（或缩颈）的数量等量多次地输入。这种能量分布的均匀性使能量得到充分利用，同时为絮粒结大提供了适宜的水力条件。

设计要点如下。

① 波形板可采用波长 500mm、波高 100mm，小规模装置化净水器可采用波长 200mm、波高 50mm。

② 絮凝池设计成 3 个连续絮凝室，形成三级絮凝。三级的容积（停留时间）为逐级成倍递增：$V_1 : V_2 : V_3 = t_1 : t_2 : t_3 = 1 : 2 : 4$。平均流速成倍递减：$v_1 : v_2 : v_3 = 4 : 2 : 1$。

③ 每个絮凝室波形板流程为 8～10m，波形板部分总流程为 24～30m。

④ 常用的波形板竖流式絮凝池设计参数如下：第一室，平均流速 0.2m/s，絮凝时间 35s，$G=251s^{-1}$；第二室，平均流速 0.1m/s，絮凝时间 70s，$G=75s^{-1}$；第三室，平均流速 0.05m/s，絮凝时间 140s，$G=20s^{-1}$；GT 值 $=1.78 \times 10^4$。

⑤ 絮凝室的总水头损失为 30～35cm。

2.2.4.2 机械絮凝

机械絮凝是通过机械带动叶片而使液体搅动从而完成絮凝过程。机械絮凝可进行调节，可以适应水量变化及水头损失小，如配上无级变速传动装置，则更易使絮凝达到最佳效果。但机械维修工作量大。

机械絮凝主要有桨式机械絮凝，根据搅拌轴的安放位置，可分为水平轴式和垂直轴式。

主要设备为桨式搅拌器和快开排泥阀。

设计要点：a. 池数一般不少于 2 个，絮凝时间为 15～20min；b. 搅拌器排数一般为 3～4 排（不应少于 3 排），水平搅拌轴应设于池中水深 1/2 处，垂直搅拌轴则设于池中间；c. 叶轮桨板中心处的线速度，第一排采用 0.4～0.5m/s，最后一排采用 0.2 m/s，各排线速度应逐渐减少；d. 水平轴式叶轮直径应比絮凝池水深小 0.3m，叶片末端与池子侧壁间距不大于 0.2m，垂直轴式的上桨板顶端应设于池子水面下 0.3m 处，下桨板底端，设于距池底 0.3～0.5m 处，桨板外缘与池子侧壁间距不大于 0.25m；e. 水平轴式絮凝池每只叶轮的桨板数目一般为 4～26 块，桨板长度不大于叶轮直径的 75%；f. 同一搅拌器两相邻叶轮应相互垂直设置；g. 每根搅拌轴上桨板总面积宜为水流截面积的 10%～20%，不宜超过 25%，每块桨板的宽度为桨板长的 1/15～1/10，一般采用 10～30cm；h. 必须注意不要产生水流短路，垂直轴式的应设置固定挡板；i. 为了适应水量、水质和药剂品种的变化，宜采用无级变速的传动装置；j. 絮凝池深度按照水厂标高系统布置确定，一般为 3～4m；k. 全部搅拌轴及叶轮等机械设备，均应考虑防腐。

2.2.4.3　絮凝池比较

不同形式絮凝池比较如表 1-2-2 所列。

表 1-2-2　不同形式絮凝池比较

方 式		优 缺 点	适 用 条 件
隔板絮凝池	往复式	优点：(1)絮凝效果较好； (2)构造简单、施工方便 缺点：(1)絮凝时间较长； (2)水头损失较大； (3)转折处絮体易破碎； (4)出水流量不易分配均匀	(1)水量大于 $3\times10^4\,\mathrm{m^3/d}$； (2)水量变动小
	回转式	优点：(1)絮凝效果较好； (2)水头损失较小； (3)构造简单、施工方便 缺点：出水流量不易分配均匀	(1)水量大于 $3\times10^4\,\mathrm{m^3/d}$； (2)水量变动小
折板絮凝池		优点：(1)絮凝时间较短； (2)絮凝效果好 缺点：(1)构造较复杂； (2)水量变化影响絮凝效果	水量变动不大
网格(栅条)絮凝池		优点：(1)絮凝时间短； (2)絮凝效果较好； (3)构造简单 缺点：水量变化影响絮凝效果	(1)水量变动不大； (2)单池能力以 $(1.0\sim2.5)\times10^4\,\mathrm{m^3/d}$ 为宜
穿孔旋流絮凝池		优点：(1)絮凝时间短； (2)絮凝效果较好； (3)构造简单 缺点：水量变化影响絮凝效果	水量变动不大
机械絮凝池		优点：(1)絮凝效果好； (2)水头损失较小； (3)可适应水质、水量的变化 缺点：需机械设备和经常维修	大小水量均适用，并适应水量变化较大的水厂

絮凝池的选择应考虑：a. 絮凝池形式的选择和设计参数的采用，应根据净水厂工艺平面及竖向布置、原水水量水质情况、出水水质要求和相似条件下的运行经验或通过试验确定；b. 在絮凝过程中速度梯度 G 或絮凝流速应逐渐由大到小，絮凝池的平均速度梯度 G 一般在 $30\sim60\mathrm{s}^{-1}$，GT 值达 $10^4\sim10^5$，以保证絮凝过程的充分与完善；c. 絮凝池要有足够的絮凝时间，一般在 $5\sim30\mathrm{min}$；d. 絮凝池应尽量与沉淀池合并建造，避免用管渠连接，如确需用管渠连接时，管渠中的流速应小于 $0.15\mathrm{m/s}$，并避免流速突然升高或水头跌落；e. 为避免已形成絮体的破碎，絮凝池出水穿孔墙的过孔流速宜小于 $0.1\mathrm{m/s}$；f. 应避免絮体在絮凝池中沉淀，必要时采取相应的排泥措施。

2.2.5　沉淀

(1)工艺主要功能　沉淀是将混凝形成的絮体利用重力沉降作用从水中去除的过程，沉淀是水处理工艺中泥水分离的重要环节，其运行状况直接影响滤池的过滤效果，影响出水水质指标。

沉淀可分为一般沉淀和浅层沉淀。沉淀池主要有平流沉淀池、斜管（斜板）沉淀池和辐流式沉淀池。

（2）工艺主要类型　沉淀池形式按水流方向一般分平流式、竖流式和辐流式。每种沉淀池均包含五个区，即进水区、沉淀区、缓冲区、污泥区和出水区。

竖流式沉淀池的优点有排泥方便，管理简单，占地面积较小；但池子深度大，施工困难；对冲击负荷和温度变化的适应能力较差；池径不宜过大，否则布水不匀。适用于小型污水处理厂。直径与有效水深的比值应不大于 3.0，池直径不宜大于 8m，目前最大的比值达 10m，中心管内流速应不大于 30mm/s，中心管下口应设喇叭口及反射板，板底面距泥斗内泥面不小于 0.3m，运行时利用水位差进行定期排泥，排泥管下端距池底不大于 0.2m，管上端超出水面不小于 0.4m。

辐流式沉淀池多为机械排泥，运行可靠，管理较简单；排泥设备已定型化。机械排泥设备复杂，对施工质量要求高。适用于大、中型污水处理厂。辐流式沉淀池通常使用周边进水、周边出水的形式，目前也有较少采用周边进水、中心出水的形式。直径与有效水深的比值宜为 6～12，刮泥机的刮泥板其外缘的线速度不宜大于 3m/min。通常采用矩形池桁车刮泥机和圆形池周边转动刮泥机。

2.2.5.1　平流沉淀池

平流沉淀池是水沿水平方向流动的狭长形沉淀池，具有沉淀效果好、对冲击负荷和温度变化的适应能力较强、施工简易、平面布置紧凑、排泥设备已趋定型等优点。与此同时，也有配水不易均匀；采用多斗排泥时，每个泥斗需单独设排泥管各自排泥，操作量大；采用机械排泥时，设备复杂，对施工质量要求高等不足。适用于大、中、小型净水厂。

其主要设计参数为水平流速、沉淀时间、池深、池宽、长宽比、长深比等。平流沉淀池的长度仅取决于停留时间和水平流速，而与处理规模无关，当水量增大时，仅需增加池宽即可。

（1）设计要点

① 池数一般不少于 2 个，沉淀时间一般为 1.5～3.0h。

② 沉淀池内平均水平流速一般为 10～25mm/s，水流应避免过多转折。

③ 表面水力负荷为 1.5～3.0m³/(m²·h)。

④ 有效水深一般为 3.0～3.5m，超高一般为 0.3～0.5m。

⑤ 池的长宽比应不小于 4:1，每格宽度或导流墙间距一般采用 3～8m，最大为 15m。当采用虹吸式或泵吸式桁车机械排泥时，池子分格宽度还应结合机械桁车的宽度。

⑥ 池的长深比应不小于 10:1，采用吸泥机排泥时池底为平坡。

⑦ 泄空时间一般超过 6h。

⑧ 采用机械刮泥，刮泥机的行走速度为 0.6～0.9m/min。

⑨ 出水堰的最大负荷不宜大于 2.9L/(m·s)。

（2）计算公式

池长：

$$L = 3.6vT$$

池平面积：

$$F = \frac{QT}{H}$$

池宽：

$$b = \sqrt{\frac{F}{\beta}}$$

弗劳德数计算：

$$Fr = \frac{v^2}{Rg}; \ R = \frac{\omega}{\rho}$$

雷诺数：

$$Re = \frac{vR}{\nu}$$

式中，v 为池内平均水平流速，mm/s；T 为沉淀时间，h；Q 为设计水量，m³/h；H 为有效水深，m；β 为池长宽比；R 为水力半径，m³/h；ω 为水流断面积，cm²；ρ 为湿周，cm；g 为重力加速度，cm/s²；ν 为水的运动黏度。

（3）常用设备功能类型 主要设备为穿孔管结合快开排泥阀、虹吸式吸泥机和泵吸式桁车机械排泥机。

2.2.5.2 斜管（板）沉淀池

根据沉淀原理，在一定流量 Q 和一定颗粒沉降速度 U_0 的条件下，沉淀效率 E 与池子的平面面积 A 成正比，即 $E = U_0 A / Q$。将池子在高度上分成 N 个间隔，使池子平面面积加大，沉淀时间缩短，提高沉淀效率。

结合排泥的需要，斜板沉淀池在池子中加入斜板，加大了水池过水面积和湿周，同时减少了水力半径，在同样的水平流速条件下降低了雷诺数，减少了水的紊动，沉淀效果好。

斜管沉淀池是在沉淀池内安装许多间隔较小的平行倾斜管的沉淀池，斜管沉淀池与斜板沉淀池的沉淀原理相同，在水力条件上，斜管比斜板水力半径小，因而雷诺数更低，沉淀效果更显著。斜管沉淀池池容小，节省占地面积，被国内外众多水厂采用并积累了大量的运行和管理经验。其问题是维护管理较复杂，斜管斜板需要定期清理和更换。斜板和斜管沉淀池因沉淀时间短，故在运转中遇到水量、水质变化时应加强注意和管理。采用此类沉淀池还应注意絮凝的完善和排泥的合理布置等。

（1）斜板沉淀池设计要点

① 斜板沉淀池水流方向主要有上向流、侧向流及下向流（同向流）三种。

② 斜板沉淀池设计颗粒沉降速度 μ，液面负荷宜通过试验或参照相似条件下的水厂运行经验确定，设计颗粒沉降速度可采用 0.16～0.3mm/s，液面负荷可采用 6.0～12m³/(m²·h)，低温低浊水宜用下限值。

③ 倾角 θ：根据斜板材料和颗粒情况而异，一般为了排泥方便常用倾角 60°。

④ 板距 P：即两块斜板间的间距，侧向流斜板 P 一般采用 80～100mm；单层斜板板长不宜大于 1.0m。

⑤ 板内流速 v：上向流时根据表面负荷计算；侧向流时可参考相当于平流式沉淀池的水平流速，一般为 10～20mm/s；下向流时，可根据下向表面负荷计算。

⑥ 在侧向流斜板的池内，为了防止水流不经斜板部分通过，应设置阻流墙，斜板顶部应高出水面。

⑦ 为了使水流均匀分配和收集，侧向流斜板沉淀池的进、出口应设置整流墙。进口处整流墙的开孔率应使过孔流速不大于絮凝池出口流速，以免絮体破碎。

⑧ 排泥设备一般采用穿孔管或机械排泥，穿孔管排泥的设计与一般沉淀池的穿孔管排泥相同。

（2）斜管工艺设计要点

① 斜管断面一般采用蜂窝六角形，其内径一般采用 25～35mm。

② 斜管管径为 30～40mm，斜管长度一般为 1000mm 左右，水平倾角 θ 常采用 60°。

③ 斜管上部的清水区高度不宜小于 1.0m，较高的清水区有助于出水均匀和减少日照影响及藻类繁殖。

④ 斜管下部的布水区高度不宜小于 1.5m。为使布水均匀，在沉淀池进口处应设穿孔墙或格栅等整流措置。

⑤ 积泥区高度应根据沉泥量、沉泥浓缩程度和排泥方式等确定。排泥设备同平流沉淀池，可采用穿孔排泥或机械排泥等。

⑥ 斜管沉淀池的出水系统应使池子的出水均匀，可采用穿孔管或穿孔集水槽等集水。

⑦ 斜管沉淀区液面负荷应按相似条件下的运行经验确定，可采用 5.0～9.0m³/(m²·h)。

（3）主要计算公式

$$A_f = \frac{Q}{\eta \mu}$$

式中，A_f 为斜板水平投影面积的总和，m²；Q 为进入沉淀池的水量，m³/s；η 为有效系数；μ 为颗粒沉降速度，m/s。

$$A_f' = \frac{A_f}{\cos\theta}$$

式中，A_f' 为斜板实际总面积，m²；θ 为斜板倾斜角度，(°)。

$$h = l\sin\theta；\quad B = \frac{Q}{vh}$$

式中，l 为斜板斜长，m；h 为斜板安装高度，m；B 为池宽，m；v 为板内流速，m/s。

$$N = \frac{B}{P}；\quad L = \frac{A_f'}{Nl}$$

式中，P 为水平板距，m；N 为斜板间隔数；L 为斜板组合全长（相当于池长），m。

$$H = h_1 + h_2 + h + h_3$$

式中，h_1 为积泥高度（泥斗高度），m；h_2 为配水渠高度，m；H 为沉淀池总高度，m；h_3 为保护高度，m。

复核：

$$t = \frac{L'}{v} = \frac{h}{\mu}$$

$$L' = P\tan\theta \frac{v}{\mu}$$

式中，t 为颗粒沉降需要时间，s；L' 为颗粒沉降需要长度，m。

（4）常用设备功能类型　主要设备有排泥穿孔管结合快开排泥阀、潜水式刮泥机。

2.2.5.3　辐流式沉淀池

辐流式沉淀池是一种池深较浅的圆形构筑物。原水自池中心进入，沿径向以逐渐变小的速度流向周边，在池内完成沉淀过程后，通过周边集水装置流出。沉降在池底部的污泥采用机械装置排除。为提高沉淀效率，可在池内加装斜管，多用于浊度高、含砂量较大的预沉处理。

主要设备主要有虹吸式中心转动悬挂式刮泥机和排泥阀。

2.2.5.4　沉淀池选择

不同形式沉淀池比较如表 1-2-3 所列。

表 1-2-3　不同形式沉淀池比较

方　式	优　缺　点	适 用 条 件
平流沉淀池	优点：(1)造价较低； (2)操作管理方便,施工简单； (3)对原水适应性强,易挖潜,处理效果稳定； (4)带有机械排泥设备时,排泥效果好 缺点：(1)占地面积较大； (2)不采用机械排泥装置时,排泥较困难； (3)需维护机械排泥设备	适用于大、中型水厂
斜管(板)沉淀池	优点：(1)沉淀效率高； (2)池体小、占地少 缺点：(1)斜管(板)耗用较多材料,易老化需更换,费用较高； (2)对原水适应性较平流差； (3)不设机械排泥装置时,排泥较困难；设机械排泥时,维护管理较平流池麻烦	(1)适用于各种规模水厂； (2)单池处理量不宜过大
辐流式沉淀池	优点：(1)用于预沉处理； (2)沉淀效率高； (3)占地少 缺点：(1)斜管(板)耗用较多材料,老化后需更换,费用较高； (2)机械排泥,维护管理较麻烦	

选择沉淀池形式应从设计规模、进水水质、区域环境条件、维护管理水平、占地面积,以及净水厂的厂平面和高程关系考虑,从技术、经济、维护、管理多方面综合,确定最适合的沉淀池池型。

2.2.6　澄清

澄清池集污泥循环接触絮凝和斜管分离为一体,是综合絮凝和泥水分离过程为一体的净水构筑物,具有生产能力高、处理效果好等优点。它利用高浓度泥渣与原水中的杂质颗粒相互接触、吸附、聚合,然后形成絮粒与水分离,使原水得到澄清。澄清池综合了混凝和固液分离作用,在一个池内完成混合、絮凝、悬浮物分离等过程的净水构筑物。

传统的澄清池按泥渣的情况,一般分为泥渣循环和泥渣悬浮等形式。主要有水力循环澄清池、机械搅拌澄清池、脉冲澄清池、悬浮澄清池等。此外,由国外水处理公司开发应用的沉淀池形式还有：DENSADEG 高密度沉淀池（澄清）、ACTIFLO 微砂循环沉淀池、上向流澄清池等,旨在强化混凝沉淀,为后续处理单元减轻负担,确保水厂出厂水质达标。

2.2.6.1　水力循环澄清池

水力循环澄清池利用水力作用将水提升,促使泥渣循环,并使原水中的固体杂质与已形成的泥渣层接触絮凝而分离沉淀的水池。

（1）设计要点

① 水力循环澄清池的设计可分为水力提升器、第一反应室、第二反应室、分离室、进出水系统及污泥浓缩斗等部分。

② 水力澄清池适用于中、小型水厂,进水悬浮物含量一般小于 1000mg/L,短时间内允许达到 2000mg/L。

③ 喷嘴直径与喉管直径之比一般采用 (1:3)～(1:4),喉管截面积与喷嘴截面积的比值在 12～13 之间。

④ 喷嘴流速采用 6～9m/s，喷嘴的水头损失一般为 2～5m。

⑤ 喉管流速为 2.0～3.0 m/s，喉管瞬间混合时间一般为 0.5～0.7s。

⑥ 第一反应室出口流速一般采用 50～80mm/s，第二反应室进口流速低于第一反应室出口流速，一般采用 40～50mm/s。

⑦ 清水区上升流速一般采用 0.7～1.0mm/s，当原水属低温低浊时，上升流速可酌减，清水区高度一般为 2～3m，超高为 0.3m。

⑧ 总停留时间为 1～1.5h，反应室停留时间宜取用较大，以保证反应的完善，一般采用停留时间：第一反应室为 15～30s，第二反应室为 80～100s（按循环总回流量计）。

⑨ 池的斜壁与水平的夹角一般为 45°。

⑩ 为避免池底积泥，提高回流泥渣浓度，喷嘴顶离池底的距离一般不大于 0.6m。

⑪ 为适应原水水质的变化，池中心应设有可调节喷嘴与喉管进口处间距的措施，但必须注意第一反应筒下口与喉管重合调节部分的间隙不宜过小，否则易被污泥所堵塞，使调节困难。

⑫ 排泥装置同机械搅拌澄清池排泥装置，耗水量一般为 5％左右；排泥量大者可考虑自动控制，池子底部应设放空管。

⑬ 在分离室内设置斜板，可提高澄清效果、增加出水量和减少药耗。在大型池内反应筒下部设置伞形罩，可避免第二反应室的出水短路和加强泥渣回流。

⑭ 水力循环澄清池清水区的液面负荷应按相似条件下的运行经验确定，可采用 2.5～3.2m³/(m²·h)。

⑮ 水力循环澄清池导流筒的有效高度可采用 3～4m。

⑯ 水力循环澄清池的回流水量可为进水流量的 2～4 倍。

（2）计算公式　水力循环澄清池计算公式如下。

① 水射器：

$$d_0 = \sqrt{\frac{4q_1}{\pi v_0}}$$

$$h_p = 0.06 v_0^2$$

$$v_0 = \frac{q}{\omega_0}$$

$$d_1 = \sqrt{\frac{4q_1}{\pi v_1}}$$

$$q_1 = nq$$

$$h_1 = v_1 t_1$$

$$d_5 = 2d_1$$

$$h_5'' = \left(\frac{d_5 - d_1}{2}\right)\tan\alpha_0$$

$$S = 2d_0$$

式中，d_0 为喷嘴直径，m；q 为进水量，m³/s；v_0 为喷嘴流量，m³/s；h_p 为净作用水头，m；ω_0 为喷嘴断面积，m²；d_1 为喉管直径，m；q_1 为设计水量（包括回流泥渣量），m³/s；n 为回流比，一般为 2～4；v_1 为喉管流速，m/s；h_1 为喉管高度，m；t_1 为喉管混合时间，s；d_5 为喇叭口直径，m；h_5'' 为喇叭口斜壁高度，m；α_0 为喇叭口角度，（°）；S 为喷嘴与喉管间距，mm。

② 第一反应室

$$\omega_2 = \frac{\pi}{4} d_2^2$$

$$d_2 = \sqrt{\frac{4q_1}{\pi v_2}}$$

$$h_2 = \frac{d_2 - d_1}{2\tan\frac{\alpha}{2}}$$

式中，ω_2 为第一反应室出口断面积，m^2；d_2 为第一反应室出口直径，m；v_2 为第一反应室出口流速，m/s；h_2 为第一反应室高度，m；α 为第一反应室锥形筒夹角，(°)。

③ 第二反应室：

$$\omega_3 = \frac{q_1}{v_3}$$

$$h_6 = \frac{4q_1 t_3}{\pi(d_3^2 - d_2^2)}$$

$$h_3 = h_6 + h_4$$

$$\omega_1 = \frac{\pi}{4}(d_3^2 - d_2'^2)$$

式中，ω_3 为第一反应室上口断面积，m^2；v_3 为第二反应室上口流速，m/s；h_6 为第二反应室出口至第一反应室上口高度，m；t_3 为第二反应室反应时间，s；h_3 为第二反应室高度，m；h_4 为第一反应室上口水深，m；ω_1 为第二反应室出口断面，m^2；d_2' 为第二反应室出口处到第一反应室上口处的锥形筒直径，m；d_3 为第二反应室上口直径，m。

④ 澄清池各部尺寸：

$$\omega_4 = \frac{q}{v_4}$$

$$D = \sqrt{\frac{4(\omega_2 + \omega_3 + \omega_4)}{\pi}}$$

$$H_3 = h + h_0 + h_1 + S + h_2 + h_4$$

$$H = H_3 + H_4$$

$$H_1 = \left(\frac{D - D_0}{2}\right)\tan\beta$$

$$H_2 = H - H_1$$

式中，ω_4 为分离室面积，m^2；v_4 为分离室上升流速，m/s；D 为澄清池直径，m；H_3 为池内水深，m；h 为喷嘴法兰与池底的距离，m；h_0 为喷嘴高度，m；H 为池总高度，m；H_4 为第一反应室上口超高，m；H_1 为池锥体部分高度，m；D_0 为池底部直径，m；β 为池斜壁与水平线夹角，(°)；H_2 为池直壁高度，m。

⑤ 各部容积及停留时间：

$$t_1 = \frac{h_1}{v_1}$$

$$W_1 = \frac{\pi h_2}{3}\left(\frac{d_2^2 + d_2 d_1 + d_1^2}{4}\right)$$

$$W_2 = \frac{\pi}{4}d_3^2 h_3 - \frac{\pi h_6}{3}\left(\frac{d_2^2 + d_2 d_2' + d_2'^2}{4}\right)$$

$$W = \frac{\pi}{4}D^2[H - (H_1 + H_0)] + \frac{\pi H_1}{12}(D^2 + DD_0 + D_0^2)$$

$$T = \frac{W}{3600q}$$

式中，t_1 为喉管混合时间，s；W_1 为第一反应室容积，m^3；W_2 为第二反应室容积，m^3；W 为澄清池总容积，m^3；H_0 为超高，m；T 为池总停留时间，h。

⑥ 排泥系统：

$$V \approx \frac{q(S_1 - S_4)}{C}t' \times 3600$$

式中，V 为泥渣浓缩室容积，m^3；C 为浓缩后泥渣浓度，mg/L；t' 为浓缩时间，h；S_1 为进水悬浮物含量，mg/L；S_4 为出水悬浮物含量，mg/L。

（3）主要设备　排泥阀等。

2.2.6.2　机械搅拌澄清池

机械搅拌澄清池是泥渣回流型的澄清池，污泥由池内完成循环和接触絮凝与斜管沉淀的组合。其工作原理是利用原水中的颗粒和池中积聚的沉淀泥渣相互碰撞接触、吸附、聚合，然后形成絮粒与水分离，使原水得到澄清的过程。其特点是利用机械搅拌的提升作用来完成泥渣回流和接触反应。加药混合后的原水进入第一反应室，与几倍于原水的循环泥渣在叶片的搅动下进行接触反应，然后经叶轮提升至第二反应室继续反应，以结成较大的絮粒，再通过导流室进入分离室进行沉淀分离。

清水区设计上升流速一般采用 $1\sim2$mm/s，总停留时间 $1.0\sim1.5$h。重力排泥：泥渣浓度 20kg/m^3，含水率 98%；机械排泥：泥渣浓度 50kg/m^3，含水率可达 95%。适合于原水 SS 小于 1000mg/L，适应水量水质变化能力较强。

优点：处理效率高，适应水量、浊度变化能力性强，除藻效果较好，处理效果稳定，采用机械刮泥设备，对较高浊度水具有一定的适应性。

局限性：机械搅拌澄清池利用机械搅拌的提升作用来完成泥渣回流，无法有效控制回流污泥浓度和回流量，搅拌设备维修难，原水藻类较高时处理能力有限。

应用案例：机械搅拌澄清池在国内曾得到广泛利用，北京第九水厂、田村山水厂和门城水厂采用此种池型，取得了较好的处理效果，对水量水质的变化有较好的适应性。

（1）设计要点

① 第二反应室计算流量（考虑回流因素在内）一般为出水量的 $3\sim5$ 倍。

② 清水区上升流速一般采用 $0.8\sim1.1$mm/s。

③ 水在池中的总停留时间一般为 $1.2\sim1.5$h；第一反应室和第二反应室的停留时间一般控制在 30min 左右。第二反应室按计算流量计的停留时间为 $0.5\sim1$min。

④ 为使进水分配均匀，可采用三角配水槽缝隙或孔口出流以及穿孔管配水等；为防止堵塞，也可以采用底部进水方式。

⑤ 加药点一般设于池外，在池外完成快速混合。第一反应室可设辅助加药管以备投加助凝剂。投加石灰时，投加点应在第一反应室，以防止堵塞进水管道。

⑥ 第二反应室应设导流板，其宽度一般为其直径的 1/10 左右。

⑦ 清水区高度为 $1.5\sim2.0$m。

⑧ 底部锥体坡度一般在 45°左右。当有刮泥设备时亦可做成平底。

⑨ 集水方式可选用淹没孔集水槽或三角堰集水槽，过孔流速为 0.6m/s 左右。池径较小时，采用环形集水槽；池径较大时，采用辐射集水槽及环形集水槽。集水槽中流速 0.4～0.6m/s，出水管流速为 1.0m/s 左右。考虑水池超负荷运行或留有加装斜板（管）的可能，集水槽和进水管的校核流量宜适当增大。

⑩ 池径小于 24m 时，可采用污泥浓缩斗排泥和底部排泥相结合的形式。根据池子大小设置 1～3 个污泥斗，污泥斗的容积一般为池容积的 1%～4%，小型水池也可只用底部排泥。池径大于 24m 时应设机械排泥装置。

⑪ 污泥斗和底部排泥宜用自动定时的电磁排泥阀、电磁排泥虹吸装置或橡皮斗阀，也可使用手动快开阀人工排泥。

⑫ 在进水管、第一反应室、第二反应室、分离区、出水槽等处，可视具体要求设取样管。

⑬ 机械搅拌澄清池的搅拌机由驱动装置、提升叶轮、搅拌桨叶和调流装置组成。驱动装置一般采用无级变速电动机，以便根据水质和水量变化调整回流比和搅拌强度；提升叶轮用以将第一反应室水提升至第二反应室，并形成澄清区泥渣回流至第一反应室，搅拌桨叶用以搅拌第二反应室水体，促使颗粒接触絮凝；调流装置用于调节回流量。

⑭ 搅拌桨叶外径一般为叶轮直径的 0.8～0.9，高度为第一反应室高度的 (1/3)～(1/2)，宽度为高度的 1/3。某些水厂的实践运行经验表明，加长叶片长度、加宽叶片，使叶片总面积增加，搅拌强度增大，有助于改进澄清池处理效果，减少池底排泥。

（2）主要计算公式　主要计算公式如下所示。

① 第二反应室：

$$\omega_1 = \frac{Q'}{u_1} = \frac{(3\sim5)Q}{u_1}$$

$$D_1 = \sqrt{\frac{4(\omega_1 + A_1)}{\pi}}$$

$$H_1 = \frac{Q't_1}{\omega_1}$$

式中，ω_1 为第二反应室截面积，m^2；Q' 为第二反应室计算流量，m^3/s；Q 为净产水能力，m^3/s；u_1 为第二反应室及导流室内流速，m/s，$u_1 = 0.04\sim0.07$；D_1 为第二反应室内径，m；A_1 为第二反应室中导流板截面积，m^2；H_1 为第二反应室高度，m；t_1 为第二反应室内停留时间，s，一般取 30～60s（按第二反应室计算水量计）。

② 导流室：

$$\omega_2 = \omega_1$$

$$D_2 = \sqrt{\frac{4}{\pi}\left(\frac{\pi D_1'^2}{4} + \omega_2 + A_2\right)}$$

$$H_2 = \frac{D_2 - D_1'}{2} \quad (并满足 \ H_2 \geqslant 1.5\sim2.0\text{m})$$

式中，ω_2 为导流室截面积，m^2；D_1' 为第二反应室外径（内径加结构厚），m；A_2 为导流室中导流板截面积，m^2；D_2 为导流室内径，m；H_2 为第二反应室出水窗高度，m。

③ 分离室：

$$\omega_3 = \frac{Q}{u_2}$$

$$\omega = \omega_3 + \frac{\pi D_2'^2}{4}$$

$$D = \sqrt{\frac{4\omega}{\pi}}$$

式中，ω_3 为分离室截面积，m^2；u_2 为分离室上升流速，m/s，一般取 $0.0008\sim 0.0011m/s$；ω 为池子总面积，m^2；D_2' 为导流室外径（内径加结构厚），m；D 为池内径，m。

④ 池深：

$$V' = 3600QT$$

$$V = V' + V_0$$

$$W_1 = \frac{\pi}{4} D_2 H_4$$

$$W_2 = \frac{\pi H_5}{3}\left[\left(\frac{D}{2}\right)^2 + \frac{D}{2}\times\frac{D_T}{2} + \left(\frac{D_T}{2}\right)^2\right]$$

$$D_T = D - 2H_5\cot\alpha$$

$$W_3 = \pi H_6^2\left(R - \frac{H_6}{3}\right) \quad\text{或}\quad W_3 = \frac{1}{3}\pi H_6^2\left(\frac{D_T}{2}\right)^2$$

$$H = H_4 + H_5 + H_6 + H_0$$

式中，V' 为池净容积，m^3；T 为水在池中停留时间，h，一般取 $1.0\sim 1.5$；V 为池子计算容积，m^3；V_0 为考虑池内结构部分所占容积，m^3；W_1 为池圆柱部分容积，m^3；H_4 为池直壁高度，m；W_2 为池圆台容积，m^3；H_5 为圆台高度，m；α 为圆台斜度倾角，(°)；D_T 为圆台底直径，m；W_3 为池底球冠或圆锥容积，m^3；H_6 为池底球冠或圆锥高度，m；R 为球冠半径，m；H 为池总高，m；H_0 为池超高，m。

⑤ 配水三角槽：

$$B_1 = \sqrt{\frac{1.10Q}{u_3}}$$

式中，B_1 为三角槽直角边长，m；u_3 为槽中流速，m/s，一般取 $0.5\sim 1.0$；1.10 为考虑池排泥耗水量 10%。

⑥ 第一反应室：

$$D_3 = D_1' + 2B_1 + 2\delta_3$$

$$H_7 = H_4 + H_5 - H_1 - \delta_3$$

$$D_4 = \frac{D_T + D_3}{2} + H_7$$

$$\omega_6 = \frac{Q''}{u_4}$$

$$B_2 = \frac{\omega_6}{\pi D_4}$$

$$D_5 = D_4 - 2(\sqrt{2}B_2 + \delta_4)$$

$$H_8 = D_4 - D_5$$

$$H_{10} = \frac{D_5 - D_T}{2}$$

$$H_9 = H_7 - H_8 - H_{10}$$

$$V_1 = \frac{\pi H_9}{12}(D_3^2 + D_3 D_5 + D_5^2) + \frac{\pi D_5^2}{4}H_8 + \frac{\pi H_{10}}{12}(D_5^2 + D_5 D_T + D_T^2) + W_3$$

$$V_2 = \frac{\pi}{4}D_1^2 H_1 + \frac{\pi}{4}(D_2^2 - D_1^2)(H_1 - B_1)$$

$$V_3 = V' - (V_1 + V_2)$$

式中，D_3 为第一反应室上端直径，m；δ_3 见图 1-2-14；H_7 为第一反应室高，m；D_4 为伞形板延长线与池壁交点处直径，m；ω_6 为回流缝面积，m^2；Q'' 为泥渣回流量，m^3/s；u_4 为泥渣回流缝流速，m/s，一般取 $0.10 \sim 0.20$ m/s；B_2 为回流缝宽，m；δ_4 见图 1-2-14；D_5 为伞形板下端圆柱直径，m；H_8 为伞形板下檐圆柱体高度，m；H_{10} 为伞形板离池底高度，m；H_9 为伞形板锥部高度，m；V_1 为第一反应室容积，m^3；V_2 为第二反应室加导流室容积，m^3；V_3 为分离室容积，m^3。

⑦ 集水槽：

$$h_2 = \frac{q}{u_5 b}$$

$$h_1 = \sqrt{\frac{2h_k^3}{h_2} + \left(h_2 - \frac{il}{3}\right)^2} - \frac{2}{3}il$$

$$h_k = \sqrt[3]{\frac{aQ^2}{gb^2}}$$

式中，h_2 为槽终点水深，m；q 为槽内流量，m^3/s；u_5 为槽内流速，m/s，一般取 $0.4 \sim 0.6$ m/s；b 为槽宽，m；h_1 为槽起点水深，m；h_k 为槽临界水深，m；i 为槽底坡；l 为槽长度，m。

⑧ 排泥及排水：

$$V_4 = 0.01V'$$

$$T_0 = \frac{10^4 V_4 (100 - P)\rho}{(S_1 - S_4)Q}$$

$$q_1 = \mu \omega_0 \sqrt{2gh}$$

$$\mu = \frac{1}{\sqrt{1 + \frac{\lambda l}{d}\sum\xi}}$$

$$t_0 = \frac{V_5}{q_1}$$

式中，V_4 为污泥浓缩室总容积，m^3；T_0 为排泥周期，s；P 为浓缩泥渣含水率，%，一般取 98% 左右；ρ 为浓缩泥渣密度，t/m^3；S_1 为进水悬浮物含量，g/m^3；S_4 为出水悬浮物含量，g/m^3；q_1 为排泥流量，m^3/s；ω_0 为排泥管断面积，m^2；μ 为流量系数；h 为排泥水头，m；d 为排泥管直径，m；ξ 为局部阻力系数；λ 为摩阻系数，可取排泥管 $\lambda = 0.03$；t_0 为排泥历时，s；V_5 为单个污泥浓缩室容积，m^3。

穿孔集水槽的计算方法如下。

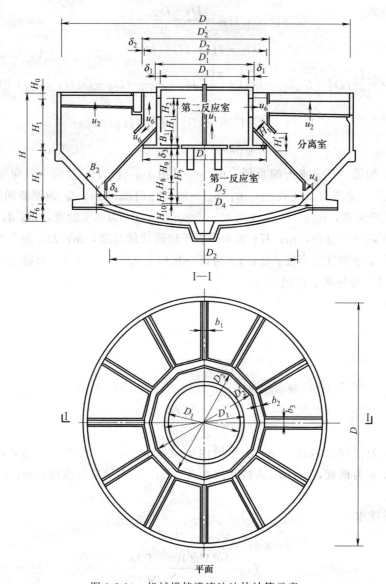

图 1-2-14　机械搅拌澄清池池体计算示意

① 孔口总面积：
$$\sum f = \frac{\beta Q}{\mu \sqrt{2gh}}$$

孔口总数：
$$n = \frac{\sum f}{f}$$

② 穿孔集水槽的宽度：
$$B = 0.9Q^{0.4}$$

③ 穿孔集水槽的高度：穿孔集水槽的总高度除了上述起端水深外，还应加上槽壁孔口出水的自由跌落高度（可取 7～8cm）以及集水槽的槽壁外孔口以上应有的水深和保护高。

（3）主要设备　搅拌机和各类排泥装置，如电磁排泥快开阀、电磁排泥虹吸装置或橡皮斗阀、刮泥机、排泥泵等。

2.2.6.3　改进型机械搅拌澄清池

（1）传统机械搅拌澄清池问题　如前章所述，传统机械搅拌澄清池处理效果好，适应水量、原水浊度和藻类变化能力强，处理效果稳定。其设备较少、电耗低、投资较低，在国内得到广泛应用。目前北京第九水厂、田村山水厂、门城水厂、北京郭公庄水厂、北京第十水厂等均采用了此种澄清池池型，取得了较好的处理效果，为应对原水水质变化，促进净水厂工艺处理全过程的高效、经济、安全、优质运行，保证净水厂出水水质稳定达标起到至关重要的作用。

经过多年的设计和运行经验，总结传统的机械搅拌澄清池存在的主要问题如下：a. 回流污泥浓度低，搅拌机叶轮提升效果不理想；b. 利用机械搅拌的提升作用来完成泥渣回流，回流污泥浓度和回流量无法有效控制；c. 锅形底，造成污泥接触区的容积小，接触时间短，影响处理效果；d. 传统的搅拌机和刮泥机为不同轴式，水下传动装置故障率高，维修难度大；e. 土建结构为锅形底且具有伞形板，施工难度大。

针对传统机加池存在的问题，近年来机械加速澄清池工艺有所改进，池体结构和设备不断优化，与传统池型相比，大大降低了维护检修和土建施工难度，提高了处理效率。改进型池型也逐渐得到应用，在水线和泥线工艺系统中均起到重要作用。

(2) 改进型机械搅拌澄清池及特点　　改进后的新型机械搅拌澄清池由钢制第一反应室、钢制第二反应室、搅拌机、刮泥机、进出水管及排泥管等组成。

如图 1-2-15 所示，第一反应室位于第二反应室的中部，在钢制第一反应室的底部或中部，或上部，设有对原水与循环污泥进行搅拌和提升的搅拌机叶轮；钢制第二反应室的形状为圆筒状或喇叭形，澄清池的第二反应室外侧与澄清池侧壁之间为污泥分离区；在第二反应室的下部为污泥接触区且设有刮泥机，周侧为分离室，周侧上部设有分支状钢制集水槽或环形集水槽，出水管与钢制环形集水槽连通；刮泥机与搅拌机的转动轴为同轴的套轴式结构，转轴分别被不同转速的传动装置驱动，驱动装置采用变频调速装置。

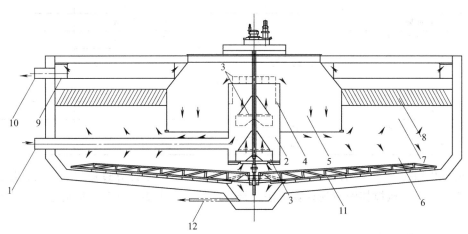

图 1-2-15　改进型机械搅拌澄清池
1—进水管；2—钢制第一反应室；3—叶轮；4—导流叶片；5—钢制第二反应室；6—污泥接触区；
7—分离室；8—斜管（板）；9—钢制集水槽；10—出水管；11—刮泥机；12—底部排泥管

加药混合后的原水经进水管入钢制第一反应室，与 3～10 倍于原水的循环泥渣在叶轮搅拌下接触反应。搅拌机采用调速电机，通过搅拌机调速控制提升水量，污泥回流水量为提升水量减去进水量。然后经叶轮提升至钢制第二反应室继续反应，絮凝成较大的絮体通过污泥接触区。在污泥接触区设有刮泥机，刮泥机为与圆锥形底部相同的直线形。泥水进入分离室，清水进入钢制集水槽，使水得到净化，最后从出水管注入下一级构筑物；定期通过底部排泥管排出剩余污泥。

改进后的新型机械搅拌澄清池具有如下特点。

① 改变池子原有结构，将原来的锅形底改为直底。去掉原来的伞形板，改为直壁。将第一反应室、第二反应室、出水槽等均改为钢制，工厂加工，现场安装。该调整大幅降低了土建施工难度。

② 新型的池结构可以充分利用池内下部空间，增加污泥接触区的容积，增加接触时间。

③ 可以很好地将池底部高浓度污泥通过叶轮提升并与原水充分混合，提升处理效果。

④ 原来的搅拌机和刮泥机为不同轴式，改为套轴式，降低设备的维修难度。

（3）主要设计参数和池型计算　改进型是对传统型机械搅拌澄清池的外池型、第一和第二反应室结构、搅拌机型式及安装位置的改进，促使整体处理效率提高，传统型、改进型机械搅拌澄清池与固体接触澄清池设计运行参数对比见表1-2-4。

表 1-2-4　传统型、改进型机械搅拌澄清池与固体接触澄清池设计运行参数对比

序号	项目	传统型机械搅拌澄清池	改进型机械搅拌澄清池	固体接触澄清池
1	液面负荷（无斜管、斜板）	0.5～0.8mm/s	0.5～1.1mm/s	0.6～1.4mm/s
2	液面负荷（安装斜管、斜板）	1.0～1.5mm/s	1.0～2.0mm/s	1.0～2.5mm/s
3	总停留时间	1.2～2h	1.2～2.5h	1.0～4.0h
4	第一和第二反应室的停留时间	20～30min	10～20min	10～40min
5	反应室内流速	≤0.06m/s（二反）	≤0.6m/s（一反） ≤0.15m/s（二反）	≤0.6m/s（一反） ≤0.3m/s（二反）
6	叶轮提升流量	进水量3～5倍	进水量3～10倍	进水量6～13倍
7	进出水管流速	0.8～1.2m/s	0.8～1.2m/s	—
8	环形集水槽	直径≤7.5m	直径≤7.5m	—
9	辐射集水槽	直径＞7.5m	直径＞7.5m	—
10	集水槽流速	0.4～0.6m/s	0.4～0.6m/s	—
11	清水区高度（含斜管）	1.5～2.0m	1.5～2.0m	—
12	污泥斗	1～4 个	—	—
13	污泥斗容积	0.01倍总体积	—	—
14	刮泥机安装	直径＞10m	直径＞10m	—
15	二反：一反：分离室	约 1：2：6	约 10：1：40	—

改进型机械搅拌澄清池计算过程与传统型机械搅拌澄清池计算过程基本一致，计算公式均可参考传统型机械搅拌澄清池计算方法，结合调整后的主要设计参数取值范围，进行计算设计。

2.2.6.4　脉冲澄清池

处于悬浮状态的泥渣层不断产生周期性的压缩和膨胀，促使原水中的杂质颗粒与已形成的泥渣进行接触凝聚和分离沉淀。它通过在脉冲澄清池中部的悬浮泥渣层中设置带有导流片的斜板组件来增加水与泥渣的接触，提高絮凝效果，形成良好的矾花，并使澄清水从浓密的泥渣悬浮层中分离出来，从而获得更高的上升流速、更低的停留时间和高效的净水能力，有利于提高水质和降低基建投资。

（1）设计要点

① 脉冲澄清池进水悬浮物含量一般小于1000mg/L。

② 脉冲澄清池视具体情况可选用真空式、钟罩虹吸式等发生器。

③ 脉冲澄清池一般采用穿孔管配水，上设人字形稳流板，其主要设计数据如下：

a. 配水管最大孔口流速为 $2.5\sim3.0\text{m/s}$；b. 配水管管底距池底高度为 $0.2\sim0.3\text{m}$；c. 配水管中心距为 $0.4\sim1.0\text{m}$；d. 稳流板缝隙流速为 $50\sim80\text{mm/s}$；e. 稳流板夹角一般采用 $60°\sim90°$。

④ 池中总停留时间一般为 $1.0\sim1.3\text{h}$。

⑤ 清水区的平均上升流速一般采用 $0.7\sim1.0\text{mm/s}$。

⑥ 脉冲澄清池总高度一般为 $4\sim5\text{m}$；悬浮层高度为 $1.5\sim2.0\text{m}$（从稳流板顶算起）；清水区高度为 $1.5\sim2.0\text{m}$。

⑦ 在原水浊度较高，排泥频繁时，宜采用自动排泥装置。排泥周期及历时可根据原水水质、水量变化、悬浮层泥渣沉降等情况随时调整。

⑧ 脉冲澄清池清水区的液面负荷应按相似条件下的运行经验确定，可采用 $2.5\sim3.2\text{m}^3/(\text{m}^2\cdot\text{h})$。

⑨ 脉冲周期可采用 $30\sim40\text{s}$，充放时间比为 $(3:1)\sim(4:1)$。

⑩ 脉冲澄清池的悬浮层高度和清水区高度可分别采用 $1.5\sim2.0\text{m}$。

⑪ 脉冲澄清池应采用穿孔管配水，上设人字形稳流板。

⑫ 虹吸式脉冲澄清池的配水总管应设排气装置。

（2）计算公式

① 脉冲平均流量 Q_m：

$$Q_m=\frac{Q(1-a)}{t_1}t_2+Q\quad(\text{m}^3/\text{s})$$

式中，Q 为脉冲澄清池设计水量，m^3/s；a 为悬浮水量/设计水量；t_2 为冲水时间，s；t_1 为放水时间，s。

② 放水时间 t_1：

$$t_1=\frac{A\Delta H}{\dfrac{\mu\sum\omega\sqrt{2g\Delta h_{\max}}}{\alpha}-Q}\quad(\text{s})$$

$$\alpha=\frac{脉冲最大流量\ Q_{\max}}{脉冲平均流量\ Q_m}$$

式中，α 为峰值系数，钟罩式为 $1.23\sim1.28$，真空式为 $1.50\sim1.80$；ΔH 为脉冲时进水室高位水位差，m，一般取 $0.6\sim0.8\text{m}$；A 为进水室有效面积，m^2；$\sum\omega$ 为配水管孔眼面积，m^2；$\dfrac{A}{\sum\omega}$ 为孔眼面积比，钟罩式为 $15\sim18$，真空式为 $6\sim8$；μ 为流量系数，一般采用 $0.5\sim0.55$。

③ 脉冲过程中相当于最大流量时，配水管孔口处的自由水头 $\Delta h_{\max}$：

$$\Delta h_{\max}=\frac{h}{C}-\sum h_i\quad(\text{m})$$

$$h=C(\sum h_i+\Delta h_{\max})$$

$$\Delta h_i=h_{i1}+h_{i2}+h_{i3}+h_{i4}\quad(\text{m})$$

式中，h 为进水室最高水位与澄清池出水水位之差，m；C 为水位修正系数（考虑最大发生脉冲流量时的水位与最高脉冲水位两者不一致），钟罩式为 $1.10\sim1.20$，真空式为 1.0；$\Delta h_{\max}$ 为最大自由水头，m，钟罩式为 $0.35\sim0.50\text{m}$；$\sum h_i$ 为发生器和池体总的水头损失，

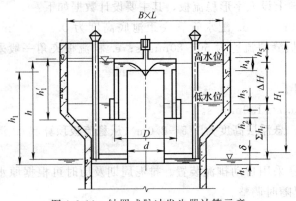

图 1-2-16　钟罩式脉冲发生器计算示意

m；h_{i1} 为发生器局部损失，m；h_{i2} 为发生器沿程损失，m，一般很小可忽略不计；h_{i3}、h_{i4} 分别为池体局部、沿程损失，m，按澄清池的构造分别计算水头损失，见图 1-2-16。

④ 钟罩式脉冲发生器及进水室

中央虹吸管直径：

$$d=\sqrt{\frac{4Q_m}{\pi v_{01}}}\ （m）$$

式中，v_{01} 为中央管脉冲平均流速，m/s，取 2～4m/s。

钟罩直径 D：

$$D=2d\ （m）$$

根据经验，钟罩直径为中央虹吸管直径的 2 倍。

进水室面积：

$$F=\frac{Q(t_2+\Delta t)}{\Delta H}+\frac{\pi}{4}D^2\ （m/s）$$

式中，Δt 为发生脉冲前瞬时溢流时间折算为计算流量的当量时间，s，一般取 1～3s。

钟罩顶面距中央虹吸管管顶的高度：

$$h_4=(1.2～1.5)\frac{Q_m}{\pi d v_{01}}\ （m）$$

中央虹吸管高度：

$$h_l=h_1+\sum h_i+\Delta H-\frac{2}{3}h_4\ （m）$$

$$\Delta h_{i1}=\alpha^2\left(\frac{\xi_1 v_{01}^2}{2g}+\frac{\xi_2 v_{02}^2}{2g}\ \frac{\xi_3 v_{03}^2}{2g}\right)\ （m）$$

式中，h_1 为中央虹吸管水封深度，cm，一般取 5～15cm；h_{i1} 为发生器局部损失；v_{02} 为钟罩脉冲平均流速，m/s；v_{03} 为钟罩脉冲和中央虹吸管间隙脉冲平均流速，m/s；ξ_1 为中央虹吸管局部主阻力系数（包括出口），一般 $\xi_1=1.0+0.7=1.7$；ξ_2 为钟罩局部阻力系数，一般 $\xi_2=1.0$；ξ_3 为钟罩和中央虹吸管间隙局部阻力系数，一般 $\xi_3=1.0$。

钟罩高度：

$$h_x=\frac{1}{3}h_4+\Delta H+h_3+h_2\ （m）$$

式中，h_4 为中央管管顶与钟罩顶之间的高度，m；h_3 为虹吸破坏管总高度，cm，一般取 5～10cm；h_2 为钟罩底边保护高度，m。

进水室高度：

$$H_1=\sum h_i+\Delta H+h_5-\delta\ （m）$$

式中，h_5 为进水室超高，m，一般取 0.3～0.5m，以便调整周期，增加产水量；δ 为进水室底板厚度，m。

（3）主要设备　虹吸式机械设备、各种排泥阀等。

2.2.6.5　悬浮澄清池

悬浮澄清池的特点是泥渣浓缩室（即泥渣室）设于悬浮层下部，在中心排渣筒下部设有深部排渣孔，在处理高浊度水期间可以开启，以调节悬浮层的浓度，排除多余泥渣，保持悬浮层内部的泥渣平衡，处理高浊度水时常用悬浮澄清池。在处理一般浊度水期间，也可以定期开启排渣孔，以排除悬浮层底部逐渐积聚的砂粒，提高澄清效果。

(1) 设计要点

① 处理含砂量为 3.5～4kg/m³ 的原水，一定要设置底部和深部排渣。底部排渣孔的开启面积应根据原水中含砂量而定。

② 排渣孔的孔口应有调节开启度的设施，排渣孔的总面积一般为排渣筒总面积的 50%，排渣孔的流速一般为 0.05m/s。

③ 对于含砂量较高的原水，为了提高除砂效率，可在原水进水管上加设一条比进水管小一号的排砂管，作为定期排砂，也可作为澄清池放空之用。

④ 当原水悬浮物含量超过 3000mg/L，原水与混凝剂溶液混合至进入配水系统之前的时间不得超过 3min。

⑤ 悬浮澄清池的平面可做成圆形或矩形，如采用圆形，宜采用喷射配水；如采用矩形，则可采用穿孔管配水。

⑥ 采用穿孔管配水时，孔口流速一般为 1.5～2.0m/s，采用喷射配水时，喷嘴流速一般为 1.25～1.75m/s。

⑦ 悬浮层高度一般为 2m，停留时间不小于 20min，每米悬浮层的水头损失为 7～8cm。

⑧ 清水区高度一般为 1.5～2.0m，当以聚丙烯酰胺作絮凝剂时上升流速可参照相似悬浮澄清池运行资料确定。根据原水悬浮物含量，一般清水区上升流速采用 0.5～0.8mm/s；泥渣浓缩室上升流速采用 0.4～0.6mm/s。

⑨ 泥渣室的有效高度不得少于 1.5m。泥渣浓缩的计算时间和相应的泥渣浓度应根据试验的泥渣浓度曲线确定。

⑩ 强制出水量一般为出水量的 30%～40%。

⑪ 澄清池的排泥周期与进水含砂量有关（高浊度时应连续排泥），一般为 4～8h，排出的泥渣含水率与投药量有关，一般情况下为 87%～93%。当采用穿孔排泥管排泥时，必须在池底加设压力冲洗管。

⑫ 澄清池排泥管的管径不小于 150mm，排泥孔眼直径不小于 20mm，孔口的流速不小于 2.5m/s，排泥时间为 10～20min。

⑬ 泥渣室内的压力冲洗管，一般水压为 0.3～0.4MPa，在冲洗管段设置与垂直线成 45° 向下交错排列的孔眼（孔径为 15～20mm）。反冲洗时间一般为 2～3min。

(2) 计算公式　如下式所示。

① 设计流量：

$$Q_0 = Q(1 + \beta_n)$$

$$\beta_n = \frac{S_1}{C_n - S_1}$$

$$C_n = \frac{C_y + C_B}{2}$$

式中，C_n 为平均排泥浓度，kg/m³；C_B 为进入泥渣室的泥渣浓度，kg/m³；C_y 为浓缩后的泥渣浓度，kg/m³；β_n 为排泥耗水率；S_1 为设计原水悬浮物含量，kg/m³；Q_0 为澄清池设计流量，m³/h；Q 为澄清池有效出水量，m³/h。

② 清水区出水量、强制出水量：

$$Q_2 = Q_0(1-K)$$

$$Q_1 = Q_0 - Q_2 = KQ_0$$

$$K = \frac{Q_1}{Q_1 + Q_2} = \frac{Q_1}{Q_0} = \frac{v_1}{v_1 + v_2}$$

$$v_2 = \frac{Q_2}{3600\omega_1} \times 10^3$$

式中，Q_2 为泥渣室中强制出水量，m^3/h；Q_1 为清水区出水量，m^3/h；K 为澄清室与泥渣室内出水水量分配系数；v_1 为清水区上升流速，mm/s；v_2 为泥渣浓缩室内的强制出水量折合成清水区上升流速，mm/s，一般取 $0.4 \sim 0.6mm/s$；ω_1 为清水区面积，m^2。

③ 澄清池面积：

$$\Omega = \omega_1 + \omega_2 = \frac{Q_1}{3.6v_1} + \frac{Q_2}{3.6v_2}$$

$$\Omega' = \omega_1 + \omega_3 = \frac{Q_1}{3.6v_1} + \frac{Q_2}{v_3}$$

式中，Ω 为单层式澄清池面积，m^2；ω_2 为泥渣室上部面积，m^2；Ω' 为双层式澄清池面积，m^2；ω_3 为排渣筒（管）进口面积，m^2；v_3 为排渣筒进口及筒内流速，m/h，$v_3 = 200m/h$。

④ 排渣孔面积：

$$\omega_3' = \frac{Q_2}{v_3'} \quad \text{（单层池）}$$

式中，ω_3' 为排渣孔总面积，m^2；v_3' 为排渣孔进口流速，m/h，一般取 $20 \sim 40m/h$。

⑤ 穿孔集水槽：

$$b = 0.9q^{0.4}$$

$$h_1 = 0.75b$$

$$h_2 = 1.25b$$

式中，b 为槽宽，m；q 为每槽担负流量，m^3/s；h_1 为槽起点水深，m；h_2 为槽终点水深，m，孔口出流，孔口前淹没水深 $5cm$，孔口后水位跌落 $7cm$，集水槽超高 $15 \sim 20cm$。

⑥ 排泥：

$$D = 1.68d\sqrt{L}$$

$$q_n = \frac{\pi}{4}D^2 v_n$$

$$W = \frac{(S_1 - S_4)Q_0 T}{C_n}$$

$$T_0 = \frac{W'}{q_n}$$

$$W' = \frac{W}{n}$$

式中，D 为穿孔排泥管直径，mm，$D \geqslant 150mm$；d 为孔眼直径，mm，$d = 25 \sim 30mm$；q_n 为穿孔管末端流量，m^3/s；v_n 为穿孔管末端流速，m/s，参阅排泥管计算，一般为 $1.8 \sim 2.5m/s$；W 为泥渣室有效容积（排泥周期内泥渣体积），m^3；T 为泥渣浓缩时间

（排泥周期），h；S_4 为出水悬浮物含量，kg/m^3；T_0 为排泥历时，s；W' 为每根穿孔管在排泥周期内排流量，m^3；n 为穿孔排泥管数量。

（3）主要设备　气水分离设备、各种排泥阀等。

2.2.6.6　高密度沉淀池

高密度沉淀池为污泥体外循环接触絮凝与斜管沉淀的组合，其集絮凝、沉淀、污泥浓缩功能为一体，采用体外泥渣回流系统，在同一构筑物中完成深层阻碍沉淀和浅层斜管沉淀。

高密度沉淀池由絮凝区、斜管区、沉淀区、浓缩区、泥渣回流系统、剩余泥渣排放系统组成。运行过程为：原水加注混凝剂后经快速混合进入絮凝池，并与沉淀池浓缩区的部分沉淀泥渣混合，在絮凝区加入 PAM 并利用螺旋桨搅拌器完成絮凝反应。经搅拌后的水以推流方式进入沉淀区。在沉淀区中泥渣下沉，澄清水通过斜管区分离后由集水槽收集出水。沉降的泥渣在沉淀池底部浓缩，浓缩泥渣一部分通过螺杆泵回流与原水混合，多余部分由螺杆泵排出。加注混凝剂的原水经快速混合后进入絮凝池，并与沉淀池浓缩区的部分沉淀泥渣混合，在絮凝区中加入絮凝剂并完成絮凝反应。反应采用螺旋桨搅拌器。经搅拌反应后的水以推流方式进入沉淀区。在沉淀区中泥渣下沉，澄清水进一步经斜管分离后由集水槽收集出水。沉降的泥渣在沉淀池下部浓缩，浓缩泥渣的上层用螺杆泵回流与原水混合，以维持最佳的固体浓度，底部多余的泥渣由螺杆泵排出。

（1）主要特点

① 特殊的絮凝反应器设计。该单元是为有利于污泥循环的快速絮凝，又是为有利于矾花增长的慢速絮凝而设计的，兼具物理和化学反应。应用有机高分子絮凝剂结合投加聚合物，可以形成均质絮凝体及高密度矾花。

② 从絮凝区至沉淀区采用推流过渡。反应池分为两个部分，具有不同的絮凝能量，中心区域配有一个轴流叶轮，使流量在反应池内快速絮凝和循环，产生的流量约 10 倍于处理流量；在周边区域，主要是推流使絮凝以较慢的速度进行，并分散低能量以确保絮凝物增大致密。

③ 从沉淀区至絮凝区采用可控的外部泥渣回流。部分污泥在反应池内循环，通过全面控制的外部污泥循环来维持均匀絮凝所需的较高污泥浓度，适应性增强。

④ 采用斜管沉淀布置。将剩余矾花从该单元内去除，最终产生优质的水。

⑤ 具有污泥浓缩功能，无需额外的浓缩装置。

高密度沉淀池为污泥体外循环接触絮凝与斜管沉淀的组合，其集絮凝、沉淀、污泥浓缩功能为一体，池深较大、池子总高 6.7m。负荷在 $15\sim40mm^3/(m^2 \cdot h)$（$4\sim11mm/s$）之间，采用体外污泥回流有较好的可控性，污泥含水率 97%。藻类的去除率可达 90%，抗水量水质冲击能力强。

（2）设计要点　为了达到良好的处理效果，设计时应考虑以下几点。

① 在高密度澄清池上游设一混合池，在混合池内安装一个快速搅拌器对混凝剂进行快速搅拌或直接通过静态混合器进行混凝剂的在线投加。

② 加入混凝剂及循环污泥的原水进入反应池的底部，絮凝剂加入搅拌器的下部，反应池的搅拌系统需要高流速（大约比处理流速高 10 倍）以均匀地分散能量并在相对高速的情况下运行且不会破坏通过搅拌系统的矾花。

③ 贮泥斗上部的污泥通过容积式循环泵打到原水进水管用于保证反应池内的污泥一直处于最佳浓度，在不考虑原水浓度和流量的情况下，确保污泥的完整性及在澄清池内相对稳定的固体负荷。

④ 采用可靠的投加聚合电解质方式，控制稀释水量、聚合电解质的投加量。

⑤ 污泥层标高由 1 个或 2 个探测器控制及一系列的取样点进行检测。

⑥ 贮泥斗下部的浓缩污泥应及时排走，以免发酵，并使污泥层标高保持相对稳定。采用有效的刮泥机，澄清池底部设为斜坡，使底坡符合排泥要求。

⑦ 贮泥斗内污泥无需再浓缩，已满足污泥脱水的要求，可将排泥斗下部的污泥直接排到脱水机内进行脱水。

⑧ 高效斜管沉淀区选用高质量的斜管，斜管安装与水平成 60°角。

⑨ 采用清水收集槽下侧的纵向板对斜管区进行水力分布，这样可以改善配水情况，而且避免水流短路。

⑩ 采用自动化来控制高密度澄清池的启动及停运；根据原水流量、污泥层高度和刮泥机过转矩控制排泥；进行原水流量与投加药剂量间的线性控制；监控运行情况。

（3）设计参数　如表 1-2-5 所列。

表 1-2-5　高密度澄清池不同应用状况下的工程设计参数

参　　数	饮用水澄清处理		参　　数	饮用水澄清处理	
	一般取值	取值范围		一般取值	取值范围
混合反应区停留时间/min	8	6～10	沉淀区的进口速度/(m/h)	80	
推流反应区停留时间/min	4	3～5	浓缩污泥深度/m	0.35	0.2～0.5
搅拌浆板的外边缘线速度/(m/s)	3	2.8～3.2	刮泥机扭矩/(N/m²)	30	
污泥循环系数	0.04	0.01～0.05	刮泥机的外边缘线速度/(m/s)	0.02	
斜管区上升流速/(m/h)	22.5	12～25	刮泥机的最大外边缘线速度/(m/s)	0.055	
反应池内固体浓度/(kg/m³)	0.4	0.2～2	刮泥机的最小外边缘线速度/(m/s)	0.015	
排放污泥浓度/进水浓度	800	400～1200	沉淀池底板坡度	0.07	
固体负荷/[kg/(m²·h)]	6				

（4）主要设备　螺旋桨搅拌器，刮泥机，污泥螺杆泵（回流和排泥）等；稳流板，快速搅拌器，偏心螺旋泵，刮泥机，污泥位变送器，斜管及支撑，浊度计，pH 计。

2.2.6.7　微砂循环沉淀池

微砂循环沉淀池（ACTIFLO）为 OTV 公司于 1988 年开发应用的一种沉淀池，主要特点是微砂加重絮凝技术和斜管沉淀技术的结合。以细砂作为絮凝的核心物质，通过重力絮凝使悬浮物附着在微砂上，在高分子助凝剂的作用下聚合成易于沉淀的絮凝物。斜管沉淀技术大大提高了水的循环速度，减少了沉淀池底部的面积，从而缩短了絮凝时间，加快了沉淀过程。通过调节微砂和污泥的回流率应对水质水量的变化。对高浊、低温、高色、藻类暴发等难处理的原水处理效果明显，适应能力强。

ACTIFLO 沉淀池主要由混凝池、微砂投加池、絮凝熟化池及斜管沉淀池组成。

（1）混凝池　原水进入 ACTIFLO 池前投加混凝剂，进入混凝池进行快速混合、搅拌，使胶体颗粒脱稳。高分子助凝剂聚丙烯酰胺（PAM）应用于处理工艺中，通过有机高分子絮凝剂的黏结架桥作用，使形成的絮粒粗大、密实，具有较好的沉降性能，有利于在沉淀构筑物内沉降分离。

（2）微砂投加池　混凝池出水进入投加池中，加入细砂（粒径 0.08～0.5mm）。投加细砂提高了絮凝沉淀效果。细砂在该工艺中起到了重要的作用：细砂作为絮体的"凝核"，加强了絮体颗粒的形成；带有细砂的浆液混合可以机械破坏或打断藻类细胞；细砂增加了絮体的密度，加快了絮体在后续沉淀单元的沉降。

（3）絮凝熟化池 微砂投加池出水进入絮凝熟化池，搅拌强度进一步降低，熟化池投加聚合物（聚丙烯酰胺，PAM），其吸附架桥作用使絮体、悬浮固体和细砂之间聚结，形成更大、更重、更密实的絮体，有利于后面的沉淀。

（4）斜管沉淀池 絮凝熟化池出水进入斜管沉淀池沉淀，含砂絮体密度大因此沉速高。沉淀池底的泥在刮泥机的带动下汇集到中心，由砂循环泵抽入砂循环系统进行泥、砂分离，砂回用。沉淀出水进入后续原有过滤工艺。

（5）微砂循环 含有细砂的沉降污泥由砂循环泵连续泵入系统上方的水力旋流器，在水力旋流器里借助离心力，泥浆和细砂很好地分离，泥浆从旋流器的上部流出进入排泥水处理系统，泥浆占回流总量的 $80\%\sim90\%$；分离好的细砂由旋流器的下部流出被注入絮凝池中循环使用，细砂占回流总量的 $10\%\sim20\%$。污泥和微砂回流一般控制在 $3\%\sim6\%$ 处理水量。

（6）主要设计参数 混凝池混凝时间 3min；投加池混凝时间 3min；熟化室絮凝时间 8min；斜管沉淀池的表面上升流速 $40\sim60$m/h（$11\sim16$mm/s）；细砂粒经 $0.08\sim0.5$mm；污泥和微砂回流一般控制在 $3\%\sim6\%$ 处理水量。

（7）主要设备 搅拌器、水力旋流泥砂分离器、回流泵、排泥阀等。

2.2.6.8 上向流炭吸附反应澄清池

上向流炭吸附反应澄清池（PULSAZUR®）是法国得利满公司开发研究的一种炭和泥渣悬浮型的澄清池。是脉冲澄清池的改进型，其利用脉冲配水方法，自动调节炭和悬浮层泥渣浓度的分布，进水按一定周期充水和放水，使悬浮层的炭和泥渣交替地膨胀和收缩，增加原水颗粒与泥渣的碰撞接触机会，从而提高澄清效果。适合进水 SS 浓度小于 1000mg/L，水体受到微污染、夏季高温高藻和冬季低温低浊的源水水质特点（如水库水）。

上向流炭吸附反应澄清池由以下 4 个系统组成：a. 脉冲发生器系统；b. 配水稳流系统，包括中央充放水渠、配水干渠、多孔配水支管和稳流板；c. 澄清系统，包括悬浮层、清水层、多孔集水管和集水槽；d. 排泥系统，包括泥渣浓缩室和排泥管。

（1）工作原理 加入絮凝剂和粉末活性炭的原水经机械混合后，进入真空室，在真空室加入高分子助凝剂，从配水干渠经配水支管的孔口以全断面均匀通过泥渣悬浮层高速喷出，在稳流板下以极短的时间进行充分混合和初步反应。然后通过稳流板整流，以缓慢速度垂直上升，在"脉冲"水流的作用下悬浮层有规律地上下运动，时而膨胀，时而压缩沉淀，促进絮凝体颗粒的进一步碰撞、接触和凝聚，原水颗粒通过泥、炭悬浮层的碰撞和吸附，有机物被吸附，再经斜管组件进一步实现固液分离，从而使原水得到澄清。澄清水由集水槽引出，过剩泥渣则流入浓缩室，经穿孔排泥管定时排出。

（2）运行过程 通过鼓风机吸口的不断抽气，加药后的原水进入真空室。当水位上升到高水位时，立即由脉冲自动控制系统自动将进气阀打开，破坏真空，在大气压作用下，真空室内的水位迅速下降，进入配水系统，当降至低水位时，进气阀又关闭，使真空室再次造成真空，水位又逐渐上升，如此周而复始地运行。

（3）主要特点包括：a. 混合快速均匀，泥、炭悬浮层吸附充分，兼具物理和化学反应，沉淀作用间歇、静止交替进行；b. 通过调节充放比和排泥频率可以适应来水浊度较大的变化范围；c. 与其他澄清池相比，池深较浅，池底为平底，构造较简单；d. 无水下机械设备，机械维修工作少；e. 采用穿孔管实现全断面均匀配水；f. 采用斜管组件，实现高效沉淀，清水区上升流速一般采用 $3\sim6$m/h，最高可达 8m/h；g. 重力排泥，泥渣含水率 $97\%\sim98\%$。

（4）主要设计参数 脉冲周期一般为 40s，充放比为 3:1；斜管池清水区上升流速一般采用 3～6m/h，最高可达 8m/h；斜管斜长 0.75m，倾斜角度 60°，水力直径 50mm；池深较浅约 5m；重力排泥，泥渣含水率 97%～98%；其他与上述脉冲澄清池同。

（5）主要设备　真空系统、鼓风机、蝶阀、闸阀、放空阀等。

2.2.6.9　澄清池形式的选择

主要应根据原水水量及水质、出水水质要求、生产规模、水厂厂地条件、管理水平等进行技术经济比较后确定。不同形式澄清池比较见表 1-2-6。

表 1-2-6　不同形式澄清池比较

方式	优　缺　点	适　用　条　件
机械搅拌澄清池	优点：(1)处理效率较高，单位面积产水量较大； (2)适应性较强，处理效果稳定 缺点：(1)圆形，厂平面布置受限； (2)需要机械搅拌设备； (3)污泥水力回流，回流污泥浓度和回流量难以有效控制； (4)维修较麻烦	一般为圆形池子，适用于大、中型水厂
水力循环澄清池	优点：(1)无机械搅拌设备； (2)构造较简单 缺点：(1)投药量较大； (2)要消耗较大的水头； (3)对水质、水温变化适应性较差	一般为圆形池子，适用于中、小型水厂
脉冲澄清池	优点：(1)虹吸式机械设备较为简单； (2)混合充分，布水较均匀 缺点：(1)虹吸式水头损失较大，脉冲周期较难控制； (2)操作管理要求较高，排泥不好，影响处理效果； (3)对水质、水温变化适应性较差	可建成圆形或方形池子，适用于大、中、小型水厂
悬浮澄清池	优点：(1)构造较简单； (2)形式较多 缺点：(1)需设气水分离器； (2)对进水量、水温等因素敏感，处理效果不如机械搅拌澄清池稳定	(1)可建成圆形或方形池子； (2)一般流量变化每小时不大于 10%，水温变化每小时不大于 1℃
高密度沉淀池（DENSADEG）	优点：(1)矩形，易于厂区布置； (2)采用变频泵控制污泥回流量及排放，适应水量水质变化； (3)排泥含水率低 缺点：(1)机械设备多，维护管理复杂； (2)国外专利技术； (3)投资和运行成本较高	(1)可建成方形，易于集团式布置； (2)适合水温、浊度、藻类变化大的原水水质
微砂循环沉淀池（ACTIFLO）	优点：负荷高，占地面积小 缺点：(1)需要补砂； (2)设备较多，维护管理较烦琐	适合低温低浊水
上向流炭吸附反应澄清池（PULSAZUR®）	优点：(1)对水质水量水温适应性好，负荷较高； (2)除藻效果好，对有机物有去除效果； (3)矩形，占地面积较小 缺点：(1)国外专利技术； (2)砂循环对设备和管路有磨损	适合占地面积小，原水水量、水质、水温变化较大，原水含藻较高

2.2.7　气浮

重力作用下的固液分离，按照悬浮物在液体中的悬浮颗粒密度大于或小于液体密度分为两类：悬浮物在液体中的悬浮颗粒密度大于液体密度时为沉降分离；悬浮物在液体中的悬浮颗粒密度小于液体密度时为气浮分离。

气浮与絮粒重力自然沉降的沉淀、澄清工艺不同，它运用絮凝和浮选原理使杂质分离上浮从而去除。气浮依靠微气泡，使其黏附于絮粒上，实现絮粒强制性上浮，由于气泡的重度远小于水，浮力很大，因此，能促进絮粒迅速上浮，因而提高了固、液分离速度。

气浮工艺一般适于处理低浊（浊度<50NTU）、低密度悬浮物、高藻、低温、低溶解氧、臭味、腐殖质含量较高、高色度、含溶解性有机物的水库水。气浮对原水中隐孢子虫卵囊的去除有效。

气浮池形式主要有平流式气浮池、竖流式气浮池、与沉淀池相结合的气浮池、与过滤相结合的浮滤池。

气浮类型主要包括部分回流压力溶气气浮法、全部溶气压力溶气气浮法、分散空气气浮法、电解凝聚气浮法、全自动内循环射流气浮法等，目前使用较为普遍的是部分回流溶气气浮法。

部分回流压力溶气气浮法将回流循环 10% 的气浮池出水通过一个气/水饱和系统形成高压溶气水，喷射到气浮池中，与原水混合，调节减压阀使循环水的压力骤然减小，由于压力的变化产生大量微小气泡，气泡附着在絮凝颗粒上，并快速上浮至水面，形成稳定的悬浮污泥，当泥位到一定高度，开启气动快开阀，将浮渣排出。

局限性：需要一套供气、溶气、释放系统，设备多，维护量大，日常电费较高；在来水水质恶劣时可能带来的环境问题；对于高浊水（>100NTU）处理效果差，应在其前面增加预沉池。

2.2.7.1　平流式气浮池

平流式气浮池的特点是池深浅（有效水深约 2m），造价低，管理方便。但占地面积大，与后续滤池在高度上不易匹配。

2.2.7.2　竖立式气浮池

竖立式气浮池只有一个进水口。在内圆筒混凝捕捉区的外部有一个环形滤床，滤床内可装有各种活性填料，并有反冲增氧装置。被处理的水质经混凝分离后，净化水从混凝捕捉区溢流通过滤床排放，悬浮固体物则从澄清分离区上方自动溢流，由一个环状月牙形斜形槽排出。

2.2.7.3　浮沉池

浮沉池池体分为上下两层，上层设有混合区、絮凝区、气浮区和沉淀出水区，絮凝区设在混合区的一侧；下层设有下层沉淀区。浮沉池能够有效处理水质大幅变化的原水，根据水质不同，采用先沉淀后气浮的工艺或是单沉淀的工艺。采用双层组合布置，将混合、絮凝、沉淀、气浮工艺全部结合，节省了厂区用地以及各工艺之间管渠连通的水头损失，同时也便于统一管理。

2.2.7.4　浮滤池

浮滤池有砂滤料浮滤池和活性炭深床滤料浮滤池两种。

砂滤料浮滤池具有气浮过滤双重功能，运行灵活，节约占地。

活性炭深床滤料浮滤池是一种新型的给水组合处理工艺，它具有气浮过滤一体化、活性炭深床过滤、常规处理和深度处理一体化、节约占地面积、运行方式灵活等优点。在原水水质较好时以直接过滤的形式运行，在原水水质较差时则以正常形式运行。由于气浮工艺启动快、允许间歇运行，因此比较容易实现两工艺的切换。该池对高藻原水中有机物的去除效果较好，对 UV_{254} 的去除率为 54.3%，对 COD_{Mn} 的去除率为 63.6%，对 DOC 的去除率为 29.6%，对 BDOC 的去除率为 42.6%，对 AOC 的去除率为 72.2%。在显著提高出水水质的同时省掉了砂滤池，运行方式灵活。

(1) 设计要点

① 根据试验选择合适的溶气压力及回流比（指溶气水量与待处理水量的比值）。通常溶气压力采用 0.2～0.4MPa，回流比取 5%～10%。

② 根据试验确定絮凝形式、絮凝时间及絮凝剂的种类和投加量。通常絮凝时间取 10～20min。絮凝剂采用聚合氯化铝时，投药量为 20～30mg/L。

③ 为避免打碎絮粒，絮凝池宜与气浮池连建。进入气浮接触室的水流尽可能分布均匀，流速一般控制在 0.1m/s 左右。

④ 接触室应对气泡与絮粒提供良好的接触条件，其宽度还应考虑安装和检修的要求。水流上升流速一般取 10～20mm/s，水流在室内的停留时间不宜小于 60s。

⑤ 接触室内的溶气释放器需根据回流水量、溶气压力等确定合适的型号与数量，并力求布置均匀。

⑥ 气浮分离室应根据带气絮粒上浮分离的难易程度确定水流流速，一般取 1.5～2.0mm/s，即分离室表面负荷取 5.4～7.2m³/(m²·h)。

⑦ 气浮池的有效水深一般取 2.0～3.0m，池中水流停留时间一般为 15～30min。

⑧ 气浮池的长宽比无严格要求，一般以单格宽度不超过 10m，池长不超过 15m 为宜。

⑨ 气浮池排渣一般采用刮渣机定期排除。集渣槽可设置在池的一端、两端或径向。刮渣机的行车速度宜控制在 5m/min 以内。

⑩ 气浮池集水应力求均匀，一般采用穿孔集水管，集水管内的最大流速宜控制在 0.5m/s 左右。

⑪ 压力溶气罐的总高度可采用 3.0m，罐内需装填料，其高度为 1.0～1.5m，罐的截面水力负荷可采用 100～150m³/(m²·h)。

(2) 计算公式

① 加压溶气

水量 Q_p：

$$Q_p = R'Q$$

式中，Q 为气浮池设计产水量，m³/h；R' 为选定溶气力下的回流比，%。

② 气浮所需空气量 Q_g：

$$Q_g = Q_p \alpha \phi \quad (L/h)$$

式中，α 为选定溶气压力下的释气量，L/m³；ϕ 为水温校正系数，取 1.1～1.3（生产中最低水温与试验时水温相差大者取高值）。

③ 空压机所需额定气量 Q'_g：

$$Q'_g = \frac{Q_g}{60 \times 1000} \psi \quad (m³/min)$$

式中，ψ 为安全与空压机效率系数，一般取 1.2～1.5。

④ 接触室平面面积 A_c：

$$A_c = \frac{Q + Q_P}{3600 v_0} \quad (m²)$$

式中，v_0 为选定的接触室水流上升平均速度，m/s。

⑤ 分离室平面面积 A_s：

$$A_s = \frac{Q + Q_P}{3600 v_s} \quad (m²)$$

式中，v_s 为选定的分离室水流上升平均速度，m/s。

⑥ 池水深 H：

$$H = v_s t \quad (m)$$

式中，t 为分离室中水流停留时间，s。

⑦ 压力溶气罐直径 D：

$$D = \sqrt{\frac{4Q_P}{\pi I}} \quad (m)$$

式中，I 为单位罐截面积的过流能力，$m^3/(m^2 \cdot h)$，对填料罐一般选用 $100 \sim 200 m^2/(m^2 \cdot h)$

⑧ 压力溶气罐高度 Z：

$$Z = 2Z_1 + Z_2 + Z_3 + Z_4 \quad (m)$$

式中，Z_1 为罐顶、底的封头高度，m；Z_2 为布水区高度，m，一般取 $0.2 \sim 0.3$m；Z_3 为贮水区高度，m，一般取 $1.2 \sim 1.4$m；Z_4 为填料层高度，m，当采用阶梯循环时取 $1.0 \sim 1.3$m。

⑨ 容器释放器个数 n：

$$n = \frac{Q_P}{q}$$

式中，q 为选定溶气压力下，单个释放器的出流量，m^3/h。

(3) 主要设备 空压机，容器罐，刮渣机，阀门等；溶气释放器，压力溶气罐，空气压缩机，刮渣机。

2.2.8 过滤

过滤是借助粒状材料或多孔介质去除水中杂质的过程，是分离不溶性固体与液体的一种方法。过滤单元主要有深床过滤和表面过滤。深床过滤是依靠筛除、吸附、沉淀、接触絮凝等复杂的作用将水中悬浮物截留其中，由于其过滤效率高，出水水质好且稳定，在给水工程中被广泛应用。表面过滤中微滤、超滤等将在本篇第5章中介绍。

深床过滤滤池主要有V形滤池、虹吸滤池、移动罩滤池、普通快滤池、重力式无阀滤池等，目前采用较多的是气水联合冲洗的V形滤池。设计滤池时，滤料应保证具有足够的机械强度和抗蚀性能，可采用石英砂、无烟煤和重质矿石等。滤池形式的选择应根据设计生产能力、运行管理要求、进出水水质和净水构筑物高程布置等因素，结合厂址地形条件，通过技术经济比较确定。滤池的分格数应根据滤池形式、生产规模、操作运行和维护检修等条件通过技术经济比较确定，除无阀滤池和虹吸滤池外不得少于4格。滤池的单格面积应根据滤池形式、生产规模、操作运行、滤后水收集及冲洗水分配的均匀性，通过技术经济比较确定。滤料层厚度（L）与有效粒径（d_{10}）之比（L/d_{10} 值）：细砂及双层滤料过滤应大于1000；粗砂及三层滤料过滤应大于1250，除滤池构造和运行时无法设置初滤水排放设施的滤池外，滤池宜设有初滤水排放设施。

新型过滤工艺还包括生物滤池、炭砂过滤、浮滤池、翻板滤池等。过滤是水流通过粒状材料或多孔介质，以去除水中杂质的过程。

2.2.8.1 V形滤池

V形滤池全称为 AQUAZUR V形滤池，采用粒径较粗且较均匀的滤料，并在各滤池两侧设有V形进水槽，冲洗采用气水微膨胀兼有表面扫洗的冲洗方式，冲洗排泥水通过中央排水槽排出池外。

（1）原理及特点 V形滤池是恒水位过滤，池内的超声波水位自动控制可调节出水清水阀，阀门可根据池内水位的高低自动调节开启程度，以保证池内的水位恒定。V形滤池选用铺装厚度较大（约 1.40m），粒径较粗（0.95～1.35mm）的石英砂均质滤料。当反冲洗滤层时，滤料呈微膨胀状态，不易跑砂。V形滤池的另一特点是单池面积较大，过滤周期长，水质好，节省反冲洗水量。由于滤料层较厚，载污量大，滤后水的出水浊度普遍小于 0.5NTU。

V形滤池的冲洗一般采用气洗→气水同时冲洗→水冲洗＋表面扫洗的冲洗过程。V形滤池对施工的精度和操作管理水平要求较严。

（2）过滤过程 待过滤水由进水总渠经进水阀和两个过水窗（主要用于表面漂洗）后，溢过堰口再经侧孔进入 V形槽，分别经槽底均布配水孔和 V形槽堰顶进入滤池。被滤层过滤后的洁净水经滤头流入滤池底部，由配水窗汇入气水分配管渠，再经管廊中的水封井、出水堰、清水渠流入清水池。滤速可达 7～20m/h，一般可选 10m/h。

（3）反冲洗过程 关闭进水阀，进水阀两侧的两个过水窗依然处于常开状态，通过 V形槽底部的配水孔，形成表面漂洗。然后开启排水阀将池面水从排水槽中排出直至滤池水面与 V形槽顶相平，开始进行反洗操作。

（4）气冲 打开进气阀，开启供气设备，空气经气水分配总渠的上部小孔均匀进入滤池滤板底部，由长柄滤头喷入滤层，将滤料表面杂质擦洗下来并悬浮于水中，再由表面漂洗水冲入排水槽。

（5）气水同时反冲洗 在气冲的同时启动冲洗水泵，打开冲洗水阀门，反冲洗水也进入气水主分配渠，经下部配水窗流入滤池底部配水区，与反洗空气同时经长柄滤头均匀进入滤池，滤料得到进一步冲洗，表面漂洗依然继续进行。

（6）水冲 停止气冲，单独水冲，表面漂洗依然进行，最后水中、滤层中的杂质彻底被冲入排水槽，待滤料下沉后打开排水阀将上部反洗水排走。

滤池反冲洗时，应注意冲洗强度及时间，选用范围参考：a. 气冲强度 12～16L/(s·m²)，时间 3～4min；b. 气水同时反冲洗强度，气冲强度 10～12L/(s·m²)，水冲强度 2～3L/(s·m²)，时间 3～5min；c. 水冲强度 4～8L/(s·m²)，时间 6～8min。

（7）设计要点

① V形滤池冲洗前的水头损失可采用 2.0m。

② 滤层表面以上水深不应小于 1.2m。

③ V形滤池宜采用长柄滤头配气、配水系统。

④ V形滤池冲洗水的供应宜用水泵。水泵的能力应按单格滤池冲洗水量设计，并设置备用机组。

⑤ V形滤池冲洗气源的供应应设置备用机组。

⑥ V形滤池两侧进水槽的槽底配水孔口至中央排水槽边缘的水平距离宜在 3.5m 以内，最大不得超过 5m。表面扫洗配水孔的预埋管纵向轴线应保持水平。

⑦ V形进水槽断面应按非均匀流满足配水均匀性要求计算确定，其斜面与池壁的倾斜度宜采用 45°～50°。

⑧ 反冲洗空气总管的管底应高于滤池的最高水位。

⑨ V形滤池的进水系统应设置进水总渠，每格滤池进水应设可调整高度的堰板。

⑩ V形滤池长柄滤头配气配水系统的设计，应采取有效措施，控制同格滤池所有滤头滤帽或滤柄顶表面在同一水平高程，其误差不得大于±5mm。

⑪ V形滤池的冲洗排水槽顶面宜高出滤料层表面 500mm。

（8）计算公式

① 总过滤面积：

$$F = \frac{Q}{vT}$$

$$T = T_0 - t_0$$

$$f = \frac{F}{N}$$

② 单池滤头个数：

$$n = \beta \frac{f}{f_1}$$

每平方米滤头个数：

$$n_1 = \frac{n}{f} = \frac{\beta}{f_1}$$

③ 滤池高度：

$$H = H_1 + H_2 + H_3 + H_4 + H_5 + H_6 + H_7$$

④ 冲洗水泵扬程：

$$H_p = 9810 H_0 + (h_1 + h_2 + h_3 + h_4 + h_5)$$

⑤ 冲洗水箱高度：

$$H_t = \frac{1}{9810}(h_1 + h_2 + h_3 + h_4) + h_5$$

⑥ 冲洗用鼓风机出口压力：

a. 采用大阻力或长柄滤头先气洗后水冲洗时

$$P = P_1 + P_2 + KP_3 + P_4$$

b. 采用长柄滤头同时气水冲洗时

$$P = P_1 + P_2 + P_4 + P_5$$

（9）主要设备　阀门、蝶阀、止回阀、排气阀、水泵、鼓风机、空压机等。

2.2.8.2　虹吸滤池

虹吸滤池是以虹吸管代替进水和排水阀门的快滤池形式之一。滤池各格出水互相连通，反冲洗水由其他滤格的滤后水供给。过滤方式为等滤速变水位运行。

虹吸滤池是快滤池的一种形式，它的特点是利用虹吸原理进水和排走洗砂水，因此节省了两个闸门。此外，它利用小阻力配水系统和池子本身的水位来进行反冲洗，不需另设冲洗水箱或水泵，较易利用水力自动控制池子的运行。

① 虹吸滤池是由 6～8 个单元滤池组成的一个整体。滤池的形状主要是矩形。滤池的中心部分相当于普通快滤池的管廊，滤池的进水和冲洗水的排除由虹吸管完成。管廊上部设有真空控制系统。

② 滤池在过滤过程中滤层的含污量不断增加，水头损失不断增长，当滤池内水位上升到预定的高度时，水头损失达到了最大允许值（一般采用 1.5～2.0m），滤层就需要进行冲洗。

③ 虹吸滤池在过滤时，由于滤后水位永远高于滤层，保持正水头过滤，所以不会发生负水头现象。每个单元滤池内的水位由于通过滤层的水头损失不同而不同。

④ 滤池的配水系统采用小阻力配水系统。

⑤ 适用条件。虹吸滤池适用于中、小型给水处理厂。虹吸滤池进水浑浊度的要求与普通滤池一样，一般希望在 10mg/L 以下，滤池可以采用砂滤料，也可以采用双层滤料。虹吸滤池冲洗水头不高，所以滤料颗粒不可选得太粗，否则将引起冲洗水头不足，膨胀率很小，

冲洗不净的后患。

（1）设计要点　虹吸滤池的进水浊度、设计滤速、强制滤速、滤料、工作周期、冲洗强度、膨胀率等均参见普通快滤池的有关章节。此外，在设计虹吸滤池时还应考虑以下几点。

① 虹吸滤池适用的水量范围一般为 $15000\sim100000\mathrm{m^3/d}$。单格面积过小，施工困难，且不经济；单格面积过大，小阻力配水系统冲洗不易均匀。目前国内已建虹吸滤池单格最大面积达 $54\mathrm{m^2}$。

② 选择池形时一般以矩形较好。

③ 滤池的分格分组应根据生产规模及运行维护条件，通过技术经济比较确定。通常每座滤池分为 6～8 格，各格清水渠均应隔开，并在连通总清水渠的通路上考虑可临时装设盖阀或阀板的措施以备单格停水检修时使用。

④ 虹吸滤池为小阻力配水系统。为达到配水均匀，水头损失一般控制在 0.2～0.3m，配水系统应有足够的强度，以承担滤料和过滤水头的荷载，且便于施工及安装。

⑤ 真空系统。一般均利用滤池内部的水位差通过辅助虹吸管形成真空，代替真空泵抽除进排水虹吸管内的空气形成虹吸，形成时间一般控制在 1～3min。虹吸形成与破坏的操作均可利用水力实现自动控制。

⑥ 虹吸管按通过的流量确定断面。一般多采用矩形断面，也可用圆形断面。水量较小时可用铸铁管，水量较大时宜采用钢板焊制。虹吸管的进出口应采用水封，并有足够的淹没深度，以保证虹吸管正常工作。

⑦ 进水渠两端应适当加高，使进水渠能向池内溢流。各格间隔墙应较滤池外周壁适当降低，以便于向邻格溢流。

⑧ 进行虹吸滤池设计时应考虑各部分的排空措施；在布置抽气管时可与走道板栏杆结合；为防止排水虹吸管进口端进气，影响排水虹吸管正常工作，可在该管进口端上部设置防涡栅；清水出水堰及排水出水堰应设置活动堰板以调节冲洗水头。

⑨ 在虹吸滤池的最少分格数，应按滤池在低负荷运行时，仍能满足一格滤池冲洗水量的要求确定。

⑩ 虹吸滤池冲洗前的水头损失，可采用 1.5m。

⑪ 虹吸滤池冲洗水头应通过计算确定，宜采用 1.0～1.2m。

进水管 0.6～1.0m/s；排水管 1.4～1.6m/s。

（2）计算公式

① 滤池面积：

$$F=\frac{\frac{24}{23}Q_{处}}{v}$$

滤池工作按每日 23 小时计：

$$Q_{处}=1.05Q_{净}$$

（5%为自用水量）

$$f=\frac{F}{N}$$

$$f=BL$$

式中，F 为滤池总面积，$\mathrm{m^2}$；$Q_{处}$ 为滤池处理水量，$\mathrm{m^3/h}$；$Q_{净}$ 为净产水量，$\mathrm{m^3/h}$；v 为设计滤速，m/h，一般取 8～12m/h；f 为单格面积，$\mathrm{m^2}$，一般取<50m²；N 为格数，

个，一般取6~8个；B 为单格宽度，m；L 为单格长度，m。

② 进水虹吸管：

$$Q_进 = \frac{Q_处}{N-1}$$

$$\omega_进 = \frac{Q_进}{3600 v_进}$$

$$h_f = h_{f局} + h_{f沿}$$

$$h_{f局} = \Sigma\xi \frac{v_{进事}^2}{2g} \times 1.2$$

（1.2 为矩形系数）

$$h_{f沿} = \frac{v_{进事}^2}{C^2 R} L$$

式中，$Q_进$ 为虹吸管进水量（当一格冲洗时），m^3/h；$\omega_进$ 为断面面积，m^2；$v_进$ 为进水流速，m/s，一般取 0.4~0.6m/s；h_f 为进水虹吸管水头损失，m；$h_{f局}$ 为进水虹吸管局部水头损失，m；$h_{f沿}$ 为进水虹吸管沿程水头损失，m；$\Sigma\xi$ 为局部阻力系数和；$v_{进事}$ 为事故进水流速，m/s；C 为谢才系数；R 为水力半径，m；L 为虹吸管长度，m。

以上计算应以 $\frac{Q_进}{N-2}$ 进行校核。

③ 滤板水头损失：

$$v_板 = \frac{qf}{1000\omega_板}$$

$$\omega_板 = \frac{f\alpha}{100}$$

$$h_板 = \frac{v_板^2}{\mu^2 2g}$$

式中，$v_板$ 为滤板孔眼流速，m/s；$\omega_板$ 为滤板孔眼面积，m^2；q 为冲洗强度，$L/(m^2 \cdot s)$，一般取 13~15L/($m^2 \cdot s$)，15~20L/($m^2 \cdot s$)（双层滤料）；α 为开孔比，%；$h_板$ 为滤板水头损失，m，取 0.2~0.3m；μ 为孔口流量系数，一般取 0.65~0.79。

④ 排水虹吸管：

$$\omega_排 = \frac{qf}{1000 v_排}$$

式中，$\omega_排$ 为断面面积，m^2；$v_排$ 为排水虹吸管流速，m/s，一般取 1.4~1.6m/s。

⑤ 滤池高度：

$$H = H_0 + H_1 + H_2 + H_3 + H_4 + H_5 + H_6 + H_7 + H_8 + H_9 + H_{10}$$

式中，H 为滤池高度，m，一般取 5~5.5m；H_0 为集水室高度，m，一般取 0.3~0.4m；H_1 为滤板厚度，m，一般取 0.1~0.2m；H_2 为承托层厚度，m，一般取 0.2m；H_3 为滤料厚度，m，一般取 0.7~0.8m；H_4 为洗砂排水槽底至砂面距离，m；H_5 为洗砂排水槽高度，m；H_6 为洗砂排水槽堰上水头，m，一般取 0.05m；H_7 为冲洗水头，m，一般取 1.0~1.2m；H_8 为清水堰上水头，m，一般取 0.1~0.2m；H_9 为过滤水头，m，一般取 1.2~1.5m；H_{10} 为滤池超高，m，一般取 0.15~0.2m。

(3) 主要设备　真空系统，包括真空罐、真空泵。

2.2.8.3 移动罩滤池

移动罩滤池是上部设有可移位的冲洗罩，对各滤格按序依次进行冲洗的滤池。它由若干小滤格组成，并具有统一的进水和出水系统。

（1）设计要点

1）滤池分格数与分格面积

① 移动罩滤池的分格数应根据过滤总水量、反冲洗形式、地形条件和检修的可能性，经过技术经济比较后选定。如检修时不得中断出水，移动罩滤池至少应分成能独立工作的两组。

② 最多的滤格数 n 应不大于 $\dfrac{60T}{t+S}$（T 为总过滤周期；t 为各滤格冲洗时间；S 为移动罩体在两滤格之间运行及移动的时间，min）。

③ 滤格面积：a. 泵吸式移动罩滤池的滤格面积受到水泵流量与扬程的限制，一般不能太大，仅 $1m^2$ 左右；b. 虹吸式移动罩滤池的滤格面积可稍大，目前我国最大的滤格面积为 $9.6m^2$（$3m \times 3.2m$）。

2）进水布置。进水布置应尽量避免水流转弯造成的紊流和冲刷砂层。

在大、中型水厂中，为了检修及运转调度方便，移动罩滤池均分成两组以上，因而在设计上必须考虑各组水量的均匀分配。由于水厂的出水量随着季节的变化而变化，所以在设计时也应考虑小水量时的进、出水位的相应变化。

一般进水布置有下列几种。

① 堰板出流。最简单的均分流量的方法，但不适用于进水总流量变化较大的移动罩滤池。

② 淹没孔式进水形式。淹没孔的进水流速应小于 $0.5m/s$。这种形式较简单也容易布置，但容易冲击进水端的滤料层造成水质恶化。

③ 中央渠进水。在滤池上部设置中央进水渠，均匀地将进水量分配到各滤格上，目前设计的大型移动罩滤池均采用这种形式。

3）滤水系统

① 滤料层。粒径与厚度可参照普通快滤池。

② 支承层。粒径与厚度可参照重力式无阀滤池。

③ 配水系统。一般采用钢板或钢筋混凝土穿孔板的小阻力配水系统。孔板的开孔比控制在 $1.0\% \sim 1.2\%$，孔板上设 30 目/英寸（1 英寸＝2.54cm，下同）及 40 目/英寸的尼龙网两层，这种配水系统的缺点是尼龙网遇含氧量高的水容易老化。

④ 集水区。集水区高度按每滤格的大小、水流方向经过计算确定，一般采用 $40 \sim 70cm$；滤格面积小，采用小值；滤格面积大，采用大值。

4）出水布置

① 出水虹吸管中的水流速度采用 $1.0 \sim 1.5m/s$。

② 出水堰口标高、按滤池总水头损失及虹吸管中的阻力损失计算确定，一般采用滤池水位与出水堰口高程差 $H_f = 1.2 \sim 1.5m$ 设计是安全的。

③ 出水虹吸管管顶高程是影响滤池稳定工作的一个控制因素，必须严格控制。如果太低，当水位达到 L_1 时，发生溢流，失去虹吸作用；如太高，高出滤池水位 L_0 时，则滤池投产时难以形成虹吸。高程 G 应控制在 L_0 和 L_1 之间，一般可低于 L_0 约 10cm。

④ 出水虹吸管。为了保持滤池水位稳定，在出水虹吸管顶（上口）需装设水位稳定器。

5）滤池冲洗周期及自控系统

① 移动罩滤池各滤格的冲洗程序应采用等时间间隔冲洗。

② 自控冲洗系统。移动罩滤池反洗设备应配以自动控制系统，达到运行自动化。目前，采用的自控系统有：a. PMOS 集成电路的程序控制系统，可采用 CHK—2 型程控器，作为控制元件；b. 采用时间继电器，作为移动罩动作的指令原件，但时间继电器容易损坏，需经常检修与调换。

（2）主要计算公式

① 滤池总面积：

$$F = \frac{1.05Q}{v_平}$$

（考虑 5% 冲洗水量）

式中，F 为滤池总面积，m^2；Q 为净产水量，m^3/h；$v_平$ 为平均设计滤速，m/h，按《室外给水设计规范》采用。

② 每滤格净面积：

$$f = \frac{F}{n}$$

式中，f 为滤格面积，m^2；F 为滤池总面积，m^2；n 为滤格数。

③ 反冲洗流量：

$$q = fI$$

式中，q 为反冲洗流量，L/s；I 为反冲洗强度，$L/(s \cdot m^2)$，一般取 15$L/(s \cdot m^2)$。

④ 滤池内水位与出水槽堰板顶高差 H_t。H_t 取 1.2～1.5m。

⑤ 堰板顶高程与排水井水位差 H_b。H_b 通过排水虹吸管计算确定。

⑥ 出水虹吸管流速 v_1。v_1 一般采用 0.9～1.3m/s。

⑦ 反冲虹吸管流速 v_2。v_2 一般采用 0.7～1.0m/s。

以下计算从略：有关滤池计算见普通快滤池；有关虹吸管计算见无阀滤池。

主要设备有冲洗罩行车等。

2.2.8.4　普通快滤池

滤料一般为单层细砂级配滤料或煤、砂双层滤料，水头损失一般在 2.0～2.5m，滤速一般在 7～12m/h。

当采用三层滤料时水头损失在 2.0～3.0m，滤速在 9～12m/h。

冲洗采用单独水洗，可以采用水泵或高位水箱水塔。

（1）设计要点

① 滤池清水管应设短管或留有堵板，管径一般采用 75～200mm，以便滤池翻修后排放初滤水。

② 滤池底部宜设有排空管，其入口处设栅罩，池底坡度约 0.005，坡向排空管。

③ 配水系统干管的末端一般装排气管，当滤池面积小于 25m^2 时，管径为 40mm，滤池面积为 25～100m^2 时，管径为 50mm。排气管伸出滤池顶处应加截止阀。

④ 每个滤池上应装有水头损失计或水位尺以及取样设备等。

⑤ 滤池数目较少，且直径小于 400mm 的阀门，可采用手动，但冲洗阀门一般采用电动或液动。

⑥ 各种密封渠道上应有 1～2 个人孔。

⑦ 管廊门及通道应允许最大配件通过，并考虑检修方便。

⑧ 滤池池壁与砂层接触处抹面应拉毛，避免短流。

⑨ 滤池管廊内应有良好的防水、排水措施和适当的通风、照明等设施。

（2）计算公式　滤池总面积、个数及单池尺寸按下列方式计算。

① 滤池总面积：

$$F = \frac{Q}{vT}; \quad T = T_0 - t_0 - t_1$$

个数应根据技术经济比较确定，但不得少于 2 个。无资料时，可参见表 1-2-7。

表 1-2-7　滤池个数规定

滤池总面积/m²	滤池个数	滤池总面积/m²	滤池个数
小于 30	2	150	4～6
30～50	3	200	5～6
100	3 或 4	300	6～8

② 单池尺寸。单个滤池面积按下式计算：

$$f = \frac{F}{N} \quad (\text{m}^2)$$

（3）主要设备　水泵、闸阀等。

2.2.8.5　重力式无阀滤池

重力式无阀滤池为不设阀门的快滤池，每个滤池具有单独的进水系统，水头损失约 1.5m。在运行过程中出水水位保持恒定，进水水位随滤层水头损失增加而不断在虹吸管内上升，当水位上升到虹吸管管顶并形成虹吸时，即自动开始滤层反冲洗。一般水量小于 4000t/d，可采用重力式无阀滤池。

（1）主要设计参数

1）滤速：10m/h。

2）平均冲洗强度 15L/(s·m²)，冲洗历时 5min。

3）期终水头损失值采用 1.70m。

4）进水管流速控制在 0.5～0.7m/s 之间。

5）滤料

① 单层滤料石英砂：粒径 0.5～1.0mm，厚度 700mm。

② 双层滤料上层无烟煤：粒径 1.2～1.6mm，厚度 300mm。

③ 下层石英砂：粒径 0.5～1.0mm，厚度 400mm。

（2）设计要点

① 无阀滤池的分格数，宜采用 2～3 格。

② 每格无阀滤池应设单独的进水系统，进水系统应有防止空气进入滤池的措施。

③ 无阀滤池冲洗前的水头损失可采用 1.5m。

④ 过滤室内滤料表面以上的直壁高度应等于冲洗时滤料的最大膨胀高度再加保护高度。

⑤ 无阀滤池的反冲洗应设有辅助虹吸设施，并设调节冲洗强度和强制冲洗的装置。

（3）无阀滤池计算公式

① 滤池净面积：

$$F = 1.04 \frac{Q}{v}$$

（考虑冲洗水量 4%）

式中，F 为滤池净面积，m^2；Q 为设计水量，m^3/h；v 为滤速，m/h，按《室外给水设计规范》采用。

② 集水区高度：

$$H = \frac{M\alpha\beta}{2} \sqrt{\frac{v'}{\Delta v}}$$

式中，H 为集水区高度，m；M 为滤池长度，m；α 为流量系数；β 为开孔比（配水孔眼总面积/过滤面积），%；Δv 为孔口平均水流速度差，m/s；v' 为孔口平均水流速度，m/s。

③ 冲洗水箱高度（双格组合时）：

$$H_{冲} = \frac{60Fqt}{2 \times 1000F'}$$

$$F' = F + f_2$$

式中，$H_{冲}$ 为冲洗水箱高度，m；q 为冲洗强度，采用 $15L/(m^2 \cdot s)$；t 为冲洗历时，采用 5min；F' 为冲洗水箱净面积，m^2；f_2 为连通渠及斜边壁厚面积，m^2。

（4）主要设备　水泵、闸阀等。

2.2.8.6　翻板阀滤池

翻板阀滤池是瑞士苏尔寿公司研发的一种冲洗与排水非同步进行的滤池，由位于滤池一端的反冲洗翻板阀工作过程中在 0°～90°范围内来回翻转而得名。翻板阀滤池具有截污量大、过滤效果好、节约反冲洗水、反冲洗后滤料洁净度高等诸多优点，并且滤池结构简单、投资省，因此近年来在国内逐渐得以推广应用。

（1）过滤原理　翻板阀滤池来水通过进水（溢流）堰均匀进入滤池，再以重力渗透穿透过滤层，并以恒水头过滤后汇入集水室。翻板阀滤池结构如图 1-2-17 所示。

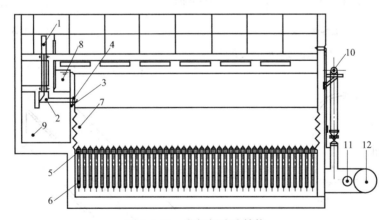

图 1-2-17　翻板阀滤池结构

1—翻板阀气缸；2—翻板阀连杆系统；3—翻板阀阀板；4—翻板阀阀门框；5—滤水异型横管；6—滤水异型竖管；7—滤料层；8—进水渠道；9—反冲排水渠道；10—反冲气管；11—滤后水出水管；12—反冲水管

（2）配水配气　翻板阀滤池的配水系统属于小阻力配水，由横向配水配气管、竖向配水配气管组成的配水配气系统构成了配水配气总渠和多条横向配水配气管（面包管）内的双层配水配气层。由于滤池内各配水配气管是独立分开的，使翻板阀滤池配水配气理论上具有较好的均匀性。图 1-2-18 为翻板阀滤池剖面图。

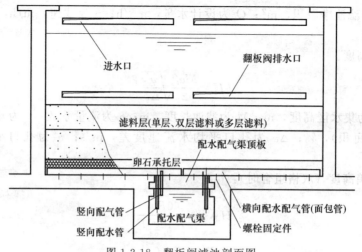

图 1-2-18　翻板阀滤池剖面图

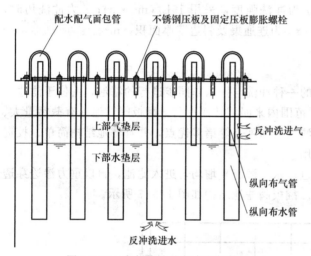

图 1-2-19　翻板阀滤池配水配气管图

横向配水配气管又称面包管，材质为 HDPE，面包管横断面为上圆下方，上部半圆形为配气空间，下部方形部分为配水空间。面包管底部按设计开孔比要求设置配水孔，配气孔设在面包管两侧，面包管顶部设置放气孔。图 1-2-19 为翻板阀滤池配水配气管图，图 1-2-20 为面包管大样图。

竖向配水管和竖向配气管材质为不锈钢，面包管上设有进水孔、进气孔。竖向配水管和配气管安装时确保配水配气管顶部底部标高一致。

（3）反冲洗过程　翻板阀滤池的冲洗方式与其他气水反冲滤池不同，

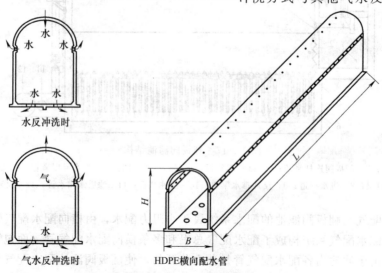

图 1-2-20　面包管大样图

翻板阀滤池采用闭阀的冲洗方式，冲洗和排水过程是分开的，滤池冲洗过程分气冲＋气水联冲＋水冲、单独水冲两大阶段，无论水冲、气冲都不向外排水，一个冲洗阶段结束后，静止 20～40s 后再排水，因此翻板阀滤池几乎不会出现滤料流失现象。

冲洗周期为 24～72h，采用气水联合反冲，冲洗强度见表 1-2-8。

表 1-2-8　反冲洗过程中冲洗强度

冲洗程序	冲洗强度/[L(m²·s)]
气冲	16.7
气、水同时冲	气 16.7
	水 3.33
水冲	10.6

（4）主要特点

① 可以选择多种滤料滤层。如由石英砂、陶粒、无烟煤、活性炭等组成的单层滤料或双层滤料。

② 滤料流失率低。冲洗时不排水，冲洗后 20～40s 后排水；翻板阀先开启 50％开度，再开到 100％。翻板阀内底比滤料层高出 0.2m，因此保证轻质滤料流失率低。

③ 反冲洗耗水量小。冲洗时不排水，冲洗用水量较小。

④ 滤速较高，占地面积较小。

⑤ 过滤周期较长，工程投资和运行成本较低。

⑥ 结构简单，不需要反冲洗排水槽，过滤面积大。

⑦ 施工简单，工期短。

（5）设计要点

① 翻板阀滤池冲洗前的水头损失可采用 2.0～2.5m。

② 滤层表面以上水深可取 1.8～2.0m。

③ 翻板阀滤池冲洗水的供应宜用水泵。水泵的能力应按单格滤池冲洗考虑，并设备用机组。

④ 翻板阀滤池冲洗气源的供应宜采用鼓风机，鼓风机的能力按单格滤池冲洗考虑，并设置备用机组。

⑤ 反冲洗空气总管的管底应高于滤池的最高水位。

⑥ 翻板阀滤池出水宜设单格滤池出水堰。

⑦ 翻板阀滤池的翻板阀内底宜高于滤料 0.2m。

⑧ 翻板阀滤池底部配水配气渠顶板宜安装竖向配水配气管后二次浇注。

（6）主要设备　翻板阀、阀门、蝶阀、止回阀、排气阀、水泵、鼓风机、空压机等。

2.2.8.7　高效炭砂滤地

（1）定义及原理　高效炭砂滤池是将粒状材料和多孔介质有机结合，有效去除水中无机和有机物的高效处理单元，是将传统滤池中的单层石英砂滤料部分替换为活性炭，成为活性炭和石英砂双层滤料滤池。

高效炭砂滤池既不同于传统砂滤池，也不同于在炭层下加 300mm 砂层用于防止生物泄漏的炭吸附池。它保留了砂滤池对颗粒物的去除截留作用，同时增加了活性炭对有机物的吸附作用和强化过滤层中微生物对污染物的生物降解作用，提高了对有机物和氨氮的去除效果，是集过滤、吸附、生物处理三大功能于一体的深度处理技术。由于高效炭砂滤池将常规净水工艺中的石英砂滤池和炭吸附池结合，因此在工程上的实现不需要在水厂增加新的处理构筑物，相对于砂过滤和臭氧-生物活性炭工艺而言流程较短，因此可以称之为短流程深度处理技术，特别适用于水厂用地紧张和升级改造的项目。

（2）特点

① 高效炭砂滤池通过滤层截留、活性炭吸附与生物降解的共同作用，能够有效提高有机物的去除效果，改善出水水质。

② 高效炭砂滤池可作为微絮凝直接过滤工艺处理低温低浊水。

③ 高效炭砂滤池对于有机物去除的缓冲能力较强，对滤速、反冲洗以及水力波动的适应能力强。

④ 高效炭砂滤池是现况水厂应对原水有机微污染的一种可行的升级改造方式，将普通砂滤池改造为高效炭砂滤池，可在不增加水厂用地的前提下，有效提高水厂对有机物的去除效果。

⑤ 高效炭砂滤池短流程深度处理技术基本建设费用和运行费用较低，管理难度小，占地面积小。

（3）设计要点

① 高效炭砂滤池型式可根据规模、运行管理要求和经验、进出水水质和净水构筑物高程布置等因素，结合厂址地形条件，通过技术经济比较确定。一般可采用普通快滤池、V形滤池和翻板阀滤池等形式，可采用降流式或升流式。

② 为防止炭床堵塞影响吸附效果、缩短吸附周期，高效炭砂滤池进水浊度宜小于 1NTU。

③ 高效炭砂滤池中的微生物丰富，为防止生物泄漏、提高供水的生物稳定性，应加强对滤后水的消毒灭菌工作。

④ 高效炭砂滤池运行受原水温度、溶解氧、水中絮体和颗粒、微生物营养物质等影响，应根据实际原水情况合理选择滤料种类及层厚、反冲洗程序及周期。

⑤ 高效炭砂滤池冲洗水的供应宜用水泵。水泵的能力应按单格滤池冲洗考虑，并设备用机组。

⑥ 高效炭砂滤池冲洗气源的供应宜采用鼓风机，鼓风机的能力按单格滤池冲洗考虑，并设置备用机组。

⑦ 反冲洗空气总管的管底应高于滤池的最高水位。

⑧ 高效炭砂滤池的进水系统应设置进水总渠，每格滤池进水应设可调节高度的堰板。

⑨ 高效炭砂滤池长柄滤头配气配水系统的设计应采取有效措施，控制同格滤池所有滤头滤帽或滤柄顶表面在同一水平高程，其误差不得大于 ± 5mm。

⑩ 高效炭砂滤池的冲洗排水槽顶面高出滤料层表面的距离应等于排水槽高度加冲洗时滤层的膨胀高度。

⑪ 高效炭砂滤池活性炭和石英砂的选择应综合考虑滤料成本、纳污能力、粒径、强度、反冲洗膨胀等因素。

⑫ 高效炭砂滤池的钢筋混凝土池壁与炭接触部位应采取防电化学腐蚀措施。

⑬ 高效炭砂滤池出水宜设单格滤池出水堰。

⑭ 其他设计要点可根据所选池型，参照相应滤池设计要点。

（4）设计参数

① 活性炭可采用 8目×30 目破碎活性炭，$d = 1.2 \sim 1.5$mm、$h = 2.0 \sim 3.0$mm 的颗粒

活性炭。

② 石英砂可采用 $d_{10}=0.6\sim1.2\mathrm{mm}$，$k_{80}\leqslant1.4$ 粒径的石英砂。

③ 滤速宜采用 $7\sim9\mathrm{m/h}$，强制滤速宜为 $9\sim12\mathrm{m/h}$。

④ 水与炭床的空床接触时间不宜少于 6min。

⑤ 宜采用气水反冲洗，冲洗强度和冲洗时间可按表 1-2-9 考虑。

表 1-2-9　冲洗强度和冲洗时间

冲洗程序		冲洗强度/[L/(m² · s)]	冲洗时间/min
气冲		13~17	1~2
气、水同时冲	气	13~17	3~4
	水	3~4	
水冲		5~10	5~8

⑥ 炭层和砂层的厚度应根据水质进行合理配比，炭层厚度可为 $0.6\sim1.2\mathrm{m}$，砂层厚度可为 $0.6\sim1.2\mathrm{m}$。

⑦ 冲洗前的水头损失可取 $2.0\sim2.5\mathrm{m}$。

⑧ 炭层表面以上水深可取 $1.8\sim2.2\mathrm{m}$。

⑨ 宜考虑初滤池排放设施，初滤水排放时间宜取 $15\sim30\mathrm{min}$。

高效炭砂滤池用普通快滤池形式时宜采用长柄滤头配气配水系统，用翻板阀滤池形式时宜采用面包管配水配气系统。配水配气系统应按冲洗气量、水量，按根据下列数据通过计算确定：a. 气干管进口端流速为 $10\sim15\mathrm{m/s}$；b. 配水干管进口端流速为 $1.0\sim1.5\mathrm{m/s}$；配水（气）渠顶上宜设排气管，排出口需在滤池水位以上。

⑩ 冲洗周期宜为 $24\sim48\mathrm{h}$。

（5）计算公式

① 滤池总面积：

$$F=\frac{Q}{v}$$

式中，F 为滤池总面积，$\mathrm{m^2}$；Q 为总流量，$\mathrm{m^3/h}$；v 为滤速，$\mathrm{m/h}$。

② 单池面积：

$$f=\frac{F}{n}$$

式中，f 为单池面积，$\mathrm{m^2}$；n 为滤池格数。

③ 排水槽断面模数：

$$X\approx0.45Q^{0.4}$$

$$Q=\frac{qL_0a_0}{1000}$$

式中，X 为排水槽断面模数，m；Q 为冲洗排水槽排水量，$\mathrm{m^3/s}$；L_0 为冲洗排水槽长度，m；a_0 为两条冲洗排水槽中心距，m，一般取 $1.5\sim2.0\mathrm{m}$。

④ 槽顶距滤料层砂面的高度：

$$H_e=eH_2+2.5x+\delta+0.07$$

式中，H_e 为冲洗排水槽槽顶距滤料面高度，m；H_2 为滤料层厚度，m；e 为冲洗时滤料层膨胀率；δ 为冲洗排水槽槽底厚度，m，一般取 0.05m；0.07（m）为冲洗排水槽超高。

⑤ 反冲洗水泵参数计算：

$$Q_\text{水}=qf/1000n_1$$

式中，$Q_\text{水}$ 为反冲水泵流量，m^3/s；q 为滤池冲洗强度，$\text{L}/(\text{m}^2 \cdot \text{s})$；$f$ 为单格滤池面积，m^2；n_1 为反洗用泵台数。

$$H=H_0+h_1+h_2+h_3+h_4+h_5$$

式中，H 为反洗水泵扬程，m；H_0 为滤池冲洗排水槽顶与吸水池最低水位的高差，m；h_1 为吸水池到滤池之间最长冲洗管道的局部水头损失、沿程水头损失之和，m；h_2 为滤池配水系统水头损失，m；h_3 为承托层水头损失，m；h_4 为滤料层水头损失；h_5 为富余水头，m，一般取 1～1.5m。

⑥ 反洗鼓风机参数计算：

$$Q_\text{气}=qf/1000n_2$$

式中，$Q_\text{气}$ 为反洗鼓风机流量，m^3/s；q 为滤池冲洗强度，$\text{L}/(\text{m}^2 \cdot \text{s})$；$f$ 为单格滤池面积，m^2；n_2 为反洗用鼓风机台数。

$$H_A=h_1+h_2+9810kh_3+h_4$$

式中，H_A 为鼓风机出口处静压力，Pa；h_1 为输气管道压力总损失，Pa；h_2 为配气系统的压力损失，Pa；h_3 为配气系统出口至空气溢出面的水深，m，采用长柄滤头时一般取 $2.5 \times 9810 = 24525\text{Pa}$；$h_4$ 为富余压力，一般取 $0.5 \times 9810 = 24905\text{Pa}$。

（6）主要设备　高效炭砂滤池的主要设备包括板闸、翻板阀、蝶阀、电动调节蝶阀、止回阀、水泵、鼓风机、起重机等。具体安装位置见表 1-2-10。

表 1-2-10　设备安装位置

序号	设备	安装位置
1	手电动板闸	进水、普通快滤池排水
2	翻板阀	翻板阀滤池排水
3	电动调节蝶阀	出水
4	电动蝶阀	初滤水
5	水泵	反冲用水
6	鼓风机	反冲用气
7	手动蝶阀	反洗水泵吸水管、压水管
8	电动蝶阀	反洗水泵压水管
9	止回阀	反洗水泵、鼓风机压水管
10	起重机	滤池管廊、设备间

2.2.8.8　滤池选用及适用条件

见表 1-2-11。

表 1-2-11　滤池选用及适用条件

滤池形式		滤池特点	优　缺　点	适用条件	
				滤前水悬浮物含量/(mg/L)	规模和其他
普通快滤池		下向流、砂滤料的四阀式滤池	优点： (1)有成熟的运转经验，运行稳妥可靠； (2)采用砂滤料，材料易得，价格便宜； (3)采用大阻力配水系统，单池面积可做得较大。池深适中； (4)可采用降速过滤，水质较好 缺点： (1)阀门多，价格贵，阀门易损坏； (2)必须设有全套冲洗设备		(1)一般适用于大、中型水厂； (2)单池面积一般不宜大于100m²； (3)有条件时尽量采用表面冲洗或空气助洗设备
双阀滤池		下向流、砂滤料的双阀式滤池	优点：同普通快滤池的优点，且能减少两只阀门，相应降低了造价和检修工作量 缺点： (1)必须设有全套冲洗设备； (2)增加形成虹吸的抽气设备		与普通快滤池相同
多层滤料滤池	三层滤料滤池	下向流、砂、煤和重质矿石滤料滤池	优点： (1)除污能力大； (2)可采用较大的滤速； (3)节约反洗用水； (4)降速过滤，水质较好 缺点： (1)滤料不易获得，价格贵； (2)管理麻烦，滤料易流失； (3)冲洗困难，易积泥球； (4)宜采用中阻力配水系统	＜ 10，个别达 15	(1)适用于中型水厂； (2)单池面积不宜大于50～60m²； (3)必须采用助冲设备
	双层滤料滤池	下向流、砂和煤滤料滤池	优点： (1)含污能力大； (2)可采用较高的滤速； (3)降速过滤，水质较好； (4)可方便地改建旧厂普通快滤池，以提高产水量 缺点： (1)滤料选择要求高，价贵； (2)滤料易流失； (3)冲洗困难，易积泥球		(1)适用于大、中型水厂； (2)单池面积一般不应超过100m²； (3)希望尽量采用大阻力反洗系统和助冲设备
	接触双层滤料滤池		优点： (1)滤前水的悬浮物含量适用幅度大，因而可作为一次过滤； (2)可以不用沉淀池，节约用地，投资省； (3)降速过滤，水质较好 缺点： (1)投药量较大，对运转的要求较高； (2)工作周期短； (3)其他同双层滤料滤池	＜70	(1)适用于5000t/d以下的小型水厂； (2)宜采用助冲设备

滤池形式	滤池特点	优　缺　点	适用条件	
			滤前水悬浮物含量/(mg/L)	规模和其他
虹吸滤池	下向流、砂滤料、低水头互洗式无阀滤池	优点： (1)不需大型阀门； (2)不需冲洗水泵或冲洗水箱； (3)易于自动化操作 缺点： (1)土建结构较复杂； (2)池深大，单池面积不能过大，反洗时要浪费一部分水量； (3)变水头等速过滤，水质不如降速过滤		(1)适用于中型水厂[水量(2~10)×10⁴t/d]； (2)单池面积一般不宜大于30m²
无阀滤池	下向流、砂滤料,低水头带水箱反洗的无阀滤池	优点： (1)不需设置阀门； (2)自动冲洗,管理方便； (3)可成套定型制作(钢)上马快 缺点： (1)运行过程看不到滤层情况； (2)清砂不便； (3)单池面积较小； (4)反洗时要浪费部分水量； (5)变水头等速过滤，水质不如降速过滤		(1)适用于小型水厂，一般水量在10000t/d以下； (2)单池面积一般不大于25m²
移动罩滤池	下向流、砂滤料低水头互洗式连续过滤滤池	优点： (1)造价低,不需大量阀门设备； (2)池深浅,结构简单； (3)能自动连续运行,不需冲洗水塔或水泵； (4)节约用地,节约电耗； (5)降速过滤 缺点： (1)需设移动洗砂设备,机械加工量较大； (2)起始滤速较高,因而滤池平均设计滤速不宜过高； (3)罩体与隔墙间的密封要求较高	< 10，个别达15	(1)适用于大、中型水厂； (2)单格面积不宜过大(小于10m²)
压力滤罐	下向流、砂滤料承压式四阀滤池	优点： (1)池体采用钢罐,可以预制,易于上马； (2)移动方便,特别适用于临时性给水； (3)降速过滤,水质较好 缺点： (1)运行过程看不到滤层； (2)排砂不便； (3)设备不宜做得过大,设计水量受限制		(1)只适用于小型水厂； (2)适用于工业和铁路给水站或建筑施工场地的用水； (3)可与除盐、软化交换罐串联使用
微滤机	采用不锈钢钢丝网进行简易的机械隔滤	优点： (1)除藻及除浮游生物的效率高； (2)不需要加药； (3)与其他除藻设备比,占地小 缺点： (1)不能去除浊度及细小悬浮物； (2)需耗用一定水量		(1)适用于潮水或水库水的除藻； (2)工业企业循环用水中去除较大悬浮物
翻板阀滤池	下向流、任何滤料组合的滤池	优点： (1)适用于多种滤料； (2)截污能力强； (3)滤料流失率低； (4)反洗水量小； (5)反冲洗净度高； (6)水头损失小； (7)反冲洗周期长； (8)气水分布均匀 缺点： (1)必须有全套冲洗设备； (2)配水管安装精度要求高		适用于大、中型水厂

2.2.9　消毒

生活饮用水必须消毒，滤后消毒的目的主要是杀菌和保持持续消毒能力。消毒方法、消毒剂、投加点、剂量的选择应根据原水水质、出水水质要求、消毒剂来源、消毒副产物形成的可能、净水处理工艺等，通过技术经济比较确定。

消毒剂的投加点应根据原水水质、工艺流程和消毒方法等，并适当考虑水质变化的可能确定，可在过滤后单独投加，也可在工艺流程中多点投加。

消毒剂的设计投加量宜通过试验或根据相似条件水厂运行经验按最大用量确定。出厂水消毒剂残留浓度和消毒副产物应符合现行生活饮用水卫生标准要求。

消毒剂与水要充分混合接触。接触时间应根据消毒剂种类和消毒目标以满足 CT 值的要求确定。各种消毒方法采用的消毒剂以及消毒系统的设计应符合国家有关规范、标准的规定。

消毒工艺主要有液氯消毒、氯胺消毒、二氧化氯消毒、次氯酸钠消毒、紫外消毒、臭氧消毒等，也可采用上述方法的组合，可以提高消毒效率（针对新型致病微生物：贾第鞭毛虫、隐孢子虫、冠状病毒）、减少消毒副产物产生（三卤甲烷、卤乙酸、卤代腈等）、提高管网水质生物稳定性（水中有机营养机质支持异养菌生长的能力）、保证饮水安全。

常规的化学消毒技术在降低了饮用水微生物风险的同时，由于消毒副产物的形成却增加了饮用水的化学物风险，而消毒剂本身对饮用水的安全性也有一定的影响。

为了进一步保障饮用水的安全，近年来多级屏障概念得到水处理工作者的广泛认同和推崇，多级屏障策略（multiple barrier strategy），就是从原水到自来水的处理过程中，为了确保水质的安全性，应设置多级保护屏障，使有害健康的成分无法进入自来水中。

单一地应用一个水处理工艺将难以保障饮用水的安全。水处理环节中，消毒成为保障饮用水安全的重要单元，安全消毒工艺的实现使得多级屏障的功能更得以保证。

由于每种消毒方式都有一定的局限性，于是组合消毒工艺的消毒方式被广泛关注，根据原水水质、出水水质要求、消毒剂来源、消毒副产物形成的可能、净水处理工艺等，采用两种以上的消毒手段组合使用，并通过技术经济比较确定所采用的消毒剂的组合方式，目前研究较多的是将臭氧或紫外光作为第一步的消毒工艺，有效地杀灭水中的各种病原微生物，其中利用紫外消毒可以有效地灭活水中的贾第鞭毛虫和隐孢子虫等原生动物，然后再投加二氧化氯、液氯或氯胺等不易分解的消毒剂来维持持续消毒效果，通过不同阶段各种消毒剂的相互协同作用，取长补短，扩大微生物控制的覆盖面，可以取得较好的消毒效果；同时可以大大减少消毒副产物形成，达到安全消毒的效果。

2.2.9.1　消毒方法比较

消毒方法比较如表 1-2-12 所列。

表 1-2-12　消毒方法比较

方法	分子式	优　缺　点	适　用　条　件
液氯	Cl_2	优点： (1)对细菌有较强的灭活能力,具有持续消毒作用； (2)生产厂家多,运输、贮存方便,价值成本较低； (3)操作简单,投量准确； (4)不需要庞大的设备； (5)国内已积累了大量安全运行经验 缺点： (1)原水有机物高时会产生有机氯化物消毒副产物； (2)原水含酚时产生氯酚味； (3)对病毒、(贾第鞭毛虫、隐孢子虫)灭活能力较弱,两虫对其有抗氯性； (4)氯气有毒,泄漏将危害人体健康,安全性较差	液氯供应方便的地点

续表

方法	分子式	优　缺　点	适　用　条　件
氯胺	NH_2Cl $NHCl_2$	优点： (1)能降低三卤甲烷和氯酚的产生； (2)能延长管网中余氯的持续时间抑制细菌生成； (3)减轻氯消毒时所产生的氯酚味或减低氯味 缺点： (1)消毒作用比液氯进行得慢，需较长接触时间； (2)需增加加氨设备，操作管理较麻烦； (3)氨气是有毒有害气体，其安全性比氯消毒还低	原水中有机物多，一级配水管线较长时
漂白粉 漂白精	$Ca(ClO)_2$	优点： (1)具有余氯的持续消毒作用； (2)投加设备简单； (3)价格低廉； (4)漂粉精含有效氯达60%～70%，使用方便 缺点： (1)同液氯，将产生有机氯化物和氯酚味； (2)易受光、热、潮气作用而分解失效，必须注意储存； (3)漂白粉的溶解及调制不便； (4)漂白粉含氯量只有20%～30%，因而用量大，设备容积大	漂白粉仅适用于生产能力较小的水厂，漂粉精使用方便，一般在水质突然变坏时临时投加，适用于规模小水厂
次氯酸钠	$NaOCl$	优点： (1)具有余氯的持续消毒作用； (2)操作简单，比投加液氯安全、方便； (3)使用成本虽较液氯高，但较漂白粉低 缺点： (1)不能贮存，必须现场制取使用； (2)目前设备尚小，产气量少，使用受限制； (3)必须耗用一定电能及食盐	适用于小型水厂或管网中途加氯
二氧化氯	ClO_2	优点： (1)不会生成有机氯化物； (2)较自有氯的杀菌效果好，能杀灭两虫等治病微生物； (3)具有强烈的氧化作用，可除臭、去色、氧化锰、铁等； (4)投加量少，接触时间短，余氯保持时间长 缺点： (1)成本较高； (2)一般需现场随时制取使用； (3)制取设备较复杂； (4)需控制氯酸盐和亚氯酸盐等副产物	适用于有机污染严重时
紫外光消毒	利用紫外光线在水中照射一定时间完成消毒过程	优点： (1)对致病微生物有广谱消毒作用，对两虫有特效，杀菌效果高，需要的接触时间短； (2)不改变水的物理、化学性质，不产生有毒有害物质，不会增加损害管网水质生物稳定性的AOC、BDOC等副产物，有降低嗅味和降解微量有机污染物的作用； (3)占地面积小，已具有成套设备，操作方便 缺点： (1)没有持续消毒作用，需与氯配合使用； (2)难以检验消毒效果； (3)灯管管壁易结垢，消毒效果会下降； (4)电耗较高，灯管寿命还有待提高，废弃灯管的回收问题没有很好解决	适用于工矿企业，集用用户用水不适合管路过长的供水

方法	分子式	优　缺　点	适　用　条　件
臭氧消毒	O_3	优点： (1)具有强氧化能力,为最活泼的氧化剂之一,对微生物、病毒、芽孢等均具有杀伤力,消毒效果好,用量少,接触时间短; (2)能除臭、去色及去除铁、锰和部分微量有机物; (3)能除酚,无氯酚味; (4)不会生成有机氯化物 缺点： (1)基建投资大,经常电耗高; (2)O_3 在水中不稳定,易挥发,无持续消毒作用; (3)与溴离子反应生成副产物溴酸盐,与有机物反应产生醛酮等副产物; (4)设备复杂、管理麻烦; (5)制水成本高	适用于有机污染严重、供电方便处可结合氧化用作预处理或活性炭连用
组合消毒	氯和氯氨联合;紫外光和氯(氯氨)联合;二氧化氯和液氯联合	充分结合各自消毒的优势,取长补短	适用范围广泛

2.2.9.2　各种消毒工艺主要设计参数

(1) 液氯消毒　由于投资和运行成本较低,目前国内大部分净水厂多采用液氯消毒工艺。

1) 投加设计要点：a. 投加氯气装置必须注意安全,不允许水体与氯瓶直接相连,必须设加氯机;b. 液氯气化成氯气的过程需要吸热,可采用淋水管喷淋;c. 氯瓶内液氯的气化及用量需要监测,除采用自动计量外,较为简便的办法是将氯瓶放置在磅秤上。

2) 加氯量计算

① 一般加氯量计算

Ⅰ. 设计加氯量应根据试验或相似条件下水厂的运行经验,按最大用量确定,并应使余氯量符合"生活饮用水卫生规程"的要求。投加氯量取决于氯化的目的,并随水中氯氨比、pH 值、水温和接触时间等变化。一般水源的滤前加氯为 $1.0\sim2.0mg/L$,地下水加氯为 $0.5\sim1.0mg/L$。

Ⅱ. 氯与水接触时间不小于 30min。

Ⅲ. 加氯量 Q 计算：

$$Q=0.001aQ_1(kg/h)$$

式中,a 为最大投氯量 mg/L;Q_1 为需消毒水量,m^3/h。

② 折点加氯。饮用水氯化的首要目的是消毒,但氯具有较强的氧化能力,能与水中氨、氨基酸、蛋白质、含碳物质、亚硝酸盐、铁、锰、硫化氢及氰化物等起氧化作用,消耗水中氯量而影响到水的氯化消毒。有时亦利用氯的氧化作用来控制嗅味、除藻、除铁、除锰及脱色等。当水中氨氮等含量较高时,可采用折点投加。

Ⅰ. 当水中含有无机氮时,pH＝7～8,氯与氨重量比随着加氯量的不断增加,氯、氨质量比＞15：1后,水中自有氯越来越高。

Ⅱ. 当水中含有有机氮时,水中氯化反应极为复杂,将生成各种有机氯化物,而使余氯值稳定需要很长时间,并取决于水中有机氮的复杂程度和其浓度。

3) 氯气消毒设备。加氯设备包括加氯机、液氯蒸发器和氯气吸收装置。

① 为保证液氯消毒时的安全和计量正确,需使用加氯机投加液氯。

② 为了提高氯瓶出氯量,并保证加氯系统均衡投加需使用液氯蒸发器。

③ 为了保证加氯间内发生重大事故时,泄漏氯气可以被迅速吸收保证安全操作而需要

设置氯气吸收装置。

（2）氯胺消毒　氯胺又称化合性有效氯（CAC），在水处理中通常按一定比例投加氯气和氨气合成氯胺。氯胺消毒较氯消毒可减少三卤甲烷的生成量，减轻氯酚味；并可增加余氯在供水管网中的持续时间，抑制管网中细菌生成。故氯胺消毒常用于原水中有机物较多和清水输水管道长、供水区域大的净水厂。

1）设计要点

① 用氯胺消毒必须保持正确的氨与氯比例。氨与氯的重量比应通过试验确定一般为（1∶3）～（1∶6）（按纯氨和纯氯计）。

② 在消毒方式上有"先氯后氨"或"先氨后氯"两种。一般认为"先氯后氨"杀菌效果稍好一些，但需较长的接触时间，以稳定杀菌后的剩余氯，当水中含有酚时，宜先加氨，可使氯主要与氨作用，避免生成氯酚臭。第二种药剂在前种药剂与水充分混合后再加入。

③ 采用氯胺消毒时与水接触时间不少于 2h。

2）主要设备。氯胺消毒设备主要有投加和调制设备。

（3）漂白粉消毒　漂白粉消毒作用同液氯。市售漂白粉含有效氯 25%～30%，但由于漂白粉较不稳定，在光线和空气中碳酸气影响下易发生水解，使有效氯减少，故设计时有效氯一般按 20%～25% 计算。漂白粉消毒通常用于小水厂或临时性给水。

1）设计要点

① 加氯量和接触时间与液氯消毒相同。

② 溶液池和溶药池一般采用两个，以便轮换使用，并应注意防腐蚀措施。

③ 溶药池与溶液池的底坡不小于 2%，室内地坪坡度不小于 5%，小型的漂白粉设备如果设置在泵房内，必须有墙隔开。

④ 漂白粉应根据用量大小，先制成浓度为 1%～2% 的澄清液（以有效氯计为 0.2%～0.5%）再通过计量设备注入水中。每日配制次数不大于 3 次。

⑤ 漂白粉溶液池底部，应考虑 15% 容积作为沉渣部分，池子顶部应有大于 0.10～0.15m 的超高。

⑥ 漂白粉（漂粉精）仓库宜与加注室相互隔离。药剂储备量按供应和运输等条件确定，一般按最大日用量的 15～30 天计算。同时还应根据具体情况，设置机械搬运设备。

⑦ 仓库应保持阴凉、干燥，且通风良好，勿使药剂受潮水解，失效。

⑧ 加漂白粉（漂粉精）时一般采用自然通风。

⑨ 滤后水投加漂白粉，漂白粉溶液必须经过 4～24h 澄清，以免杂质进入清水中。

2）计算公式

① 漂白粉用量：

$$Q = 0.1 \frac{Q_1 a}{C} \quad (kg/d)$$

式中，Q_1 为设计水量，m^3/d；a 为最大加氯量，mg/L；C 为漂白粉有效含氯量，%，一般采用 $C = 20\% \sim 25\%$。

② 溶液池容积：

$$W_1 = 0.1 \frac{Q}{bn} \quad (m^3)$$

式中，n 为每日调制次数；b 为漂白粉溶液百分浓度，%，一般采用 $b = 1\% \sim 2\%$。

③ 溶药池容积：

$$W_2 = (0.3 \sim 0.5) W_1 \quad (m^3)$$

④ 调制漂白粉所用水量：

$$q = \frac{100Q}{btn} \quad (L/s)$$

式中，t 为每次调制漂白粉的放水时间，s。

⑤ 给水管流量：

$$q_1 = 1.2q_2 + q_3 = 1.2q_2 + (5 \sim 6)q_4$$

式中，q_2 为冲洗池子所用水量，L/s；q_3 为水射器耗水量，L/s，$q_3 = (5 \sim 6)q_4$；q_4 为漂白粉溶液的投加量，L/s，$q_4 = \dfrac{Q}{864b}$。

3）主要设备

① 重力投加。利用重力将漂白粉溶液投加于水泵吸水管或净水池中。漂白粉重力投加系统与混凝剂的重力投加系统相同。

② 压力管道投加。压力管道压力不高时，可采用水射器投加；压力管道压力较高时，可采用带胶皮胆的密封溶液器和差压装置投加；氯片消毒器投加。

（4）次氯酸钠消毒　次氯酸钠（NaClO）是一种强氧化剂，在溶液中生成次氯酸离子，通过水解反应生成次氯酸，具有与其他氯的衍生物相同的氧化和消毒作用，但其效果不如 Cl_2 强。

因为氯酸钠所含的有效氯易受日光、温度的影响而分解，故一般采用次氯酸钠发生器现场制取，就地投加，不经贮运，操作简单，比投加液氯方便、安全。

采用次氯酸钠消毒时，应先制成浓度为 1%～2% 的澄清溶液，再通过计量设备注入水中。每日配制次数不宜大于 3 次。加氯系统的设计可根据净水厂的工艺要求采用压力投加或真空投加方式。压力投加设备的出口压力应小于 0.1MPa；真空投加时，为防止投加口堵塞，水射器进水要用软化水或偏酸性水，并应有定期对投加点和管路进行酸洗的措施。

主要设备：a. 次氯酸钠发生器（板式电极连续电解次氯酸钠发生器 HTS、HL 型和管式电极连续电解次氯酸钠发生器 WSB、ST 型）；b. 次氯酸钠重力投配设备，包括电解槽、贮液箱、液位箱、阀门、流量调节阀、投配箱、电磁阀、水泵；c. 次氯酸钠压力投配设备——水射器。

（5）二氧化氯消毒　二氧化氯消毒系统包括原料调制供应、二氧化氯发生、投加的成套设备，并必须有相应有效的各种安全设施。

二氧化氯与水充分混合，有效接触时间不应少于 30min。

二氧化氯制备、贮备、投加设备及管道、管配件必须有良好的密封性和耐腐蚀性；其操作台、操作梯及地面均应有耐腐蚀的表层处理。其设备间内应有每小时换气 8～12 次的通风设施，并应配备二氧化氯泄漏的检测仪和报警设施及稀释泄漏溶液的快速水冲洗设施。

二氧化氯的原材料库房贮存量可按不大于最大用量 10d 计算。二氧化氯消毒系统的设计应执行相关规范的防毒、防火、防爆要求。

1）设计要点

① 二氧化氯投加：a. 二氧化氯的投加量与原水水质和投加用途有关，为 0.1～1.5mg/L，需通过试验确定；b. 当仅作为消毒时，一般投加 0.1～1.3mg/L；c. 当兼用作除嗅时，一般投加 0.6～1.3mg/L；d. 当兼用作于前处理、氧化有机物和锰、铁时，投加量为 1～1.5mg/L；e. 投加量必须保证管阀末端有 0.05mg/L 的剩余氯。

② 投加浓度必须控制在防爆浓度以下，二氧化氯水溶液浓度可采用 6～8mg/L。

③ 必须设置安全防爆措施：a. 制取设备要能自动地校正氯水溶液的适当 pH 值，使二

氧化氯产量最大，而氯和亚氯酸离子的残留量最小；b. 制取设备需能调节产量的变化，适应供水量的变化和投加量的改变；c. 凡与氧化剂接触处应使用惰性材料；d. 对每种药剂应设置单独的房间，在房间内设置监测和警报装置，并要有排除和容纳溢流或渗漏药剂的措施；e. 要求有 ClO_2 制取过程中析出气体的收集和中和的措施；f. 在工作区内要有通风装置和空气的传感、警报装置；g. 在药剂贮藏室的门外应设置防护用具；h. 要有冲洗药剂贮存池和混合的措施，如药库、贮存池设有水位传送器，溢流时即发出报警，避免液体溢流，贮存池设在地下，采用能承受爆炸的混凝土结构物，贮存池周围不设地面排水沟，溢流液体用耐腐蚀泵抽出等；i. 为了观察反应作用，必须在反应器上设置透明的玻璃窗口；j. 在进出管线上设置流量监测设备；k. 要用软化后的水，以免钙积聚在设备上；l. 要经常检测药剂溶液的浓度，要有现场测试设备；m. 要定期地停止运转，并仔细地检查系统中各部件；n. 避免制成的 ClO_2 溶液与空气接触，以防在空气中达到爆炸浓度。

2）二氧化氯消毒设备。化学法二氧化氯消毒设备：国内主要以亚氯酸钠和氯酸钠为原料，故设备主要分为二氧化氯消毒剂发生器和二氧化氯复合消毒剂发生器两种。二氧化氯消毒剂发生器主要有 HTSC-Y、HSB 型等；二氧化氯负荷消毒发生器有 HTSC、华特 908、华特 909、F、CPF 型等。

电解法二氧化氯消毒设备：主要有电解法二氧化氯复合消毒剂发生器。LZ、BTT、TQ、BTT-W 型等。

（6）臭氧消毒 臭氧可杀菌消毒的作用主要与它的高氧化电位和容易通过微生物细胞膜扩散有关。臭氧能氧化微生物细胞的有机物或破坏有机体链状结构而导致细胞死亡。因此，臭氧对顽强的微生物如病毒、芽孢等有强大的杀伤力。此外，臭氧在杀死微生物的同时，还能氧化水中各种有机物，去除水中的色、嗅、味和酚等。

主要设备：气源设备，臭氧发生设备，接触反应设备和尾气处理设备。

（7）紫外消毒 近年来，研究人员发现在这些传统的化学药剂消毒过程中会产生一些有害的消毒副产物。由于紫外光消毒不需要往水中投加任何化学物质，并且可以灭活一些传统化学药剂不能杀死的顽固的有害微生物，如隐性孢子菌（*Cryptosporidium*）和蓝氏贾第鞭毛虫（*Giardia lamblia*）等，改善管网生物稳定性，因此紫外光消毒受到了特别的重视。随着紫外光消毒硬件设施生产技术的发展，主要体现在紫外灯、镇流器、紫外感应器（UV sensor）、清洗装置、监测与控制等技术领域的发展，降低了紫外消毒的投资和运行成本，提高了运行的稳定性，大大推动了该技术的应用。

1）紫外线的消毒机理。波长 254nm 及其附近波长区域能够高效破坏生物体的 DNA 结构，使其不能再繁殖，从而达到杀菌效果。其杀菌能力强，不残留有害物质。消毒优先次序为原虫＞细菌＞病毒，饮用水中 UV 消毒标准常规剂量为 $40mJ/cm^2$。

2）紫外线消毒的优点。包括：a. 对致病微生物有广谱消毒效果、消毒效率高；b. 对隐孢子虫卵囊有特效消毒作用；c. 不产生有毒、有害副产物；d. 不增加 AOC、BDOC 等损害管网水质生物稳定性的副产物；e. 能降低嗅、味和降解微量有机污染物；f. 占地面积小、消毒效果受水温、pH 影响小。

3）紫外光消毒的缺点及限制因素。包括：a. 紫外的优势在于瞬间杀除细菌和病毒，但没有持续消毒效果、对病毒的灭活作用弱，被杀灭的细菌有可能复活，需与氯、氯胺配合使用；b. 消毒效果受进水、SS 和温度影响，水质不稳定会缩短其工作周期和使用寿命，管壁易结垢、老化，降低消毒效果；c. 照射剂量的优化调节与控制关系难确定；d. 耗能高，紫外灯管寿命通常在 8000h 左右，运行成本高；e. 国内使用经验较小，对于大型水厂，紫外投资所占总投资比例小，但成本所占比例高。

4）紫外消毒设计原则

① 在给水工程消毒工艺确定过程中，应根据水源特征、进水水质、水处理工艺特点、出水水质的要求及配水管网条件，确定紫外线消毒工艺的必要性、可行性及经济合理性。

② 由于紫外线消毒不具有持续消毒效果，为保障管网水质生物安全性，应考虑紫外线消毒与其他消毒工艺联用。

③ 应根据处理流量、用地和供电条件，以经济合理、管理便利为原则，合理确定紫外灯管类型。

④ 紫外线消毒系统设计时，应根据水量、水力条件、水流流态等情况优化紫外灯管的布置，合理确定紫外线消毒反应器的数量和备用关系。优化消毒系统，减小水头损失。

⑤ 紫外线消毒设备应具有相关专业机构的饮用水紫外标准的认证，包括生物定剂量验证报告、水头损失认证、灯管老化系数认证、灯管套管结垢系数认证。

⑥ 管式紫外线消毒设备应提供独立的第三方认证报告，第三方检测方法参照《紫外线水消毒设备剂量测试方法》（GB/T 32091）。

⑦ 紫外线消毒设备涉水部分包括材料和清洗剂等，应按照卫生行政管理部门要求办理饮用水相关的卫生许可文件，获得省部级及以上卫生部门颁发的涉水产品卫生许可批件。

5）紫外消毒设计要点

① 给水厂中应选用密闭的压力管道式紫外线消毒设备；

② 紫外线消毒设备套数不应少于 2 套，宜考虑备用；

③ 紫外剂量（40mJ/cm^2）；

④ 紫外消毒间通常设置在滤池和清水池之间；

⑤ 紫外反应器前后应留有一定的直管段长度，以保证反应器内部水流的均衡稳定，一般为前 $5D$ 后 $3D$（D 为直管直径）；

⑥ 紫外消毒反应器水头损失包括紫外设备、中直管段及阀门等水头损失，控制在 0.5m 以下为宜；

⑦ 管道参考设计流速：1.0～1.8m/s；

⑧ 紫外线设备需安装在工艺管线的低位点，使紫外设备内达到满管流状态，以避免设备内积气，紫外设备需设置水位传感器；

⑨ 紫外消毒应与氯、氯胺等具有持续性消毒效果的消毒剂联合使用；

⑩ 紫外线设备使用环境温度应为 5～40℃，湿度不应高于 85%，控制室需要做防尘、降温、除湿、通风处理，宜将配电控制柜隔离在空调房进行保护；

⑪ 设计水温宜在 1～35℃，pH 值宜在 6.5～8.5 之间；

⑫ 设计进水浊度宜小于 1NTU；

⑬ 对于使用常规处理工艺的地表水厂，UVT（紫外穿透率）取值宜不高于 93%。对于以无污染的地下水为水源的水厂或使用超滤膜的水厂，UVT 取值以不高于 95% 为宜。

6）工艺组合要求

① 常规处理＋紫外线消毒＋加氯＋清水池＋补氯

② 预处理＋常规处理＋紫外线消毒＋加氯＋清水池＋补氯

③ 预处理＋常规处理＋深度处理＋紫外线消毒＋加氯＋清水池＋补氯

应根据原水水质情况选择经济合理的前处理工艺。

7）紫外消毒系统。包括紫外线消毒器（紫外灯、石英套管、紫外线强度传感器等）、在线自动清洗系统、紫外线剂量在线监测系统、配电控制系统和自动化监控系统（包括 PLC 及相关硬件和软件、人机界面等）。

8）紫外消毒反应器的选型。目前饮用水紫外消毒系统中常用的紫外灯管为低压灯 (LP)、低压高输出灯（LPHO，又可称作低压高强灯）和中压灯（MP）。这些灯管的主要特点见表 1-2-13，紫外消毒反应器技术参数见表 1-2-14。

表 1-2-13　常用紫外灯管参数比较

低压灯	低压高强输出灯	中压灯
（1）基本为 253.7nm 单波长输出； （2）单灯消毒紫外输出 30～40W； （3）光电转换效率 30%～40%； （4）灯管运行温度 40℃左右； （5）灯管保证寿命 8000～12000h； （6）灯管老化系数 50%～80%； （7）适用范围为小型自来水厂，用地较为充足	（1）基本为 253.7nm 单波长输出； （2）单灯消毒紫外输出 90～400W； （3）光电转换效率 30%～40%； （4）灯管运行温度 100℃左右； （5）灯管保证寿命 8000～12000h； （6）灯管老化系数 50%～80%； （7）适用范围为中、大型自来水厂，用地较为充足	（1）230～300nm 多频谱输出； （2）单灯消毒紫外输出 420～25kW； （3）光电转换效率 15%左右； （4）灯管运行温度 600～850℃； （5）灯管保证寿命 5000～9000h； （6）灯管老化系数 50%～80%； （7）适用范围为中、大型自来水厂，用地较为紧张

表 1-2-14　国外主要饮用水紫外消毒反应器生产商技术参数

灯管技术参数	Trojan(特洁安)	LIT(里特)	Wedeco(威德高)	Berson(博生)	Calgon(卡尔岗)
灯管类型	中压灯	低压高强灯	低压高强灯	中压灯	中压灯
功率调节	30%～100%	60%～100%	50%～100%	30%～100%	30%～100%
整流系统	电子整流				电磁整流
寿命(保证)	9000h	12000h	12000h	8000h	5000h
预期(寿命)	10000h 以上	12000～16000h	12000～18000h	10000h	
石英套管的影响		无老化现象	无老化现象		
灯管结垢系数	0.95		0.8		
灯管老化系数	0.94		0.87		
清洗方式	在线机械化学清洗	机械化学清洗	机械化学清洗	机械清洗	机械清洗
冷却循环系统	需要	无	无	需要	需要
第三方认证	德国 DVGW 及美国环保署(EPA)		美国环保署(EPA)	德国 DVGW	美国环保署(EPA)

2.2.9.3　消毒主要设备

（1）加氯消毒设备　加氯消毒设备（加氯设备一般由氯的贮存、采集、计量和投加等组成）主要包括有氯气消毒设备、二氧化氯消毒设备和次氯酸钠发生设备。具体又包括有氯发生设备、氯投加设备、氯吸收设备等。

① 真空加氯机。氯投加设备加氯机主要由氯压表、流量计、过滤器、调节阀、水射器等组成。加氯机使用于城镇给水、污水处理厂以及其他水处理工程中各加液氯点。加氯机类型主要有 J 型、JK 型、REGAL 型、Advance 型、SBD 型加氯机以及 ZJL-1 型真空加氯机；ZJ 型转子加氯机；MJL 型加氯机等。

② 液体蒸发器。

③ 自动切换器。

④ 真空投加器。

⑤ 液压秤。

⑥ 二氧化氯消毒设备。主要包括化学法二氧化氯消毒设备和电解法二氧化氯复合消毒剂发生器。具体型号主要有：华特 908 型二氧化氯水消毒剂发生器；HSB 型二氧化氯发生器；KW 型二氧化氯混合消毒剂发生器；二氧化氯协同发生器；二氧化氯混合消毒剂发生器；TS-Ⅲ型二氧化氯复合

消毒剂发生器；TK 型二氧化氯发生器；EYL 型二氧化氯混合气体发生器；PLM 型纯二氧化氯发生器，CD 型二氧化氯发生器；SYL 型二氧化氯混合消毒机发生器；SX98 型二氧化氯发生器。

⑦ 二氧化氯发生器/加氯机二合一机：HS 系列二氧化氯发生器/加氯二合一机。

⑧ 次氯酸钠消毒设备。次氯酸钠消毒设备主要包括次氯酸钠发生器和次氯酸钠投配设备。

次氯酸钠发生器为现场电解低浓度氯化钠溶液，生产次氯酸钠消毒剂的设备。适用于医院含菌污水的消毒杀菌处理。主要由溶液箱、电解槽、贮液箱、冷却水系统和电控系统等组成。按其运行方式大致可以分为连续式运行和间歇式运行两大类。具体型号主要有：HTS 型、HL 型、WSB 型、ST 型、JYW 型次氯酸钠发生器；ZWX 型次氯酸钠发生器；XFC 型次氯酸钠发生器；MG 型次氯酸钠发生器；LFQ 型次氯酸钠发生器和 CLF 型次氯酸钠发生器。

次氯酸钠投配设备主要分有重力投配设备和压力投配设备，其中重力投配设备主要包括电解槽、贮液箱、液位箱、阀门、流量调节阀、投配箱、电磁阀和水泵。压力投配设备主要是用水射器投加。

⑨ 自动加氨机。

⑩ 风机。

（2）氯气吸收装置　氯气吸收装置可以使加氯间内因事故泄漏的大量氯气迅速被吸收，是保证安全操作的一项措施，主要由喷射淋洗器、离心分离器、循环泵、碱液罐等组成。氯气吸收装置有 Re 型双水射器式和 LX 型等形式。

（3）臭氧消毒设备　臭氧消毒设备主要由臭氧发生器和臭氧氧化接触塔组成。

臭氧发生器类型大体有工频、中频和高频三种类型。具体型号主要有 SHF98 型臭氧发生器、LF-20-200 型臭氧发生器、ZP-98 型臭氧发生器、XG 型臭氧发生器、TKFC 型臭氧发生器、KX-G 型臭氧发生器等。

臭氧氧化接触塔是一种水与臭氧的混合装置，保证臭氧化空气能够有效地扩散到水中。主要有 YH 型臭氧氧化塔、YHT 型臭氧接触氧化处理设备。

常用臭氧消毒设备有：a. 离子体臭氧发生器；b. 气源系统；c. 臭氧扩散系统；d. 尾气处理设备。

（4）光催化消毒设备　光催化氧化消毒是近 20 年来出现的一种新的水处理技术，主要是指在紫外光的照射下，半导体催化剂如 TiO_2 满带上的电子被激发，由此引发一系列自由基反应并产生·OH、·O_2^- 等强氧化剂，可迅速降低水中有机污染物，并可杀死大部分细菌，通过破坏病原体的基本生理功能单元而达到使病原体灭活的一种光催化技术。其主要设备包括紫外光杀菌灯以及紫外光消毒器。

① 紫外光杀菌灯。紫外光消毒装置的关键部件是能产生紫外光的各种灯管。紫外光灯是一种低压汞灯，中心辐射波长在 253.7nm 的紫外光杀菌能力最强，能令微生物致命。另一种波长为 185nm 的紫外光灯。紫外光杀菌灯管所发出的紫外光波长约 95% 为 253.7nm。紫外光灯管是由以天然水晶为材料的纯石英玻璃管所制成。其类型主要有 T-6HOA 紫外光杀菌灯、细长型灯管杀菌灯、冷阴极杀菌灯、热阴极杀菌灯、预热型杀菌灯、U 形细管紫外光杀菌灯等。

② 紫外光消毒器。紫外消毒器可分为紫外光饮水消毒器和淹没式紫外光消毒器。紫外光消毒器型号主要有 TKZS 型紫外光杀菌器、FZS 型紫外光杀菌消毒器、NLC 型紫外水消毒系统；FC 型紫外光杀菌器。

（5）超声波消毒设备　超声波是一种特殊的声波，也是由震动在弹性媒质中的传播形成的，超声波的消毒作用主要源于其空化作用和热作用、机械作用等。超声波的频率、强度、照射时间、细菌浓度及病原微生物个体的大小等均影响超声波的效果，一般认为，低频率超声波的消毒效果较差。

超声波消毒设备主要就是超声波发生器，常用的超声波发生器有机械型、磁致伸缩型和压电式三种。

2.2.10　加药间

主要设备：隔膜加药泵、搅拌器、闸阀等。

2.2.11　配水泵房

向配水管网配水的重要环节。

主要设备有水泵、闸阀、止回阀、引水设备如真空系统、吊车、通风机、排水设备等。

2.2.11.1　配水泵的选型

应根据工艺流程和配水要求，从 5 个方面加以考虑，即液体输送量、装置扬程、液体性质、管路布置以及操作运转条件等。

2.2.11.2　附属设施

（1）引水设备　水泵启动前泵体必须充满水，其充水方式有正进水（自灌式）和负进水（吸入式）两种。当水泵安装在吸水水位以下时，可利用水位自流充满水泵即自灌式；反之则需要使泵体形成负压，将水引入泵体，可以采用真空泵直接引水的形式。

（2）起重设备　为便于水泵、电动机或阀门等设备的安装、检修和更换，泵房设置起重设备。

（3）通风设备　一般地面泵房宜采用自然通风，但当泵房为半地下式时，为保证良好的工作环境，并改善电动机的工作条件和使室内最高温度不超过 35℃，宜采用机械通风。机械通风分抽风式和排风式，泵房通风要求的风压不大，风机可采用低压风机。

（4）排水设备　主要是排除水泵运行时轴承冷却水，填料和压力水管上闸阀的漏水，停泵检修时排空放水以及发生事故等特殊情况的大量泄水。排水方式有自流式排入室外下水道，水射器或手摇泵排水和用电动水泵自动排水等形式。

2.2.12　污泥处理系统

污泥处理系统构筑物主要包括排水池、排泥池、浓缩池、脱水机房等。调节、浓缩、脱水及泥饼处置各工序的工艺流程选择（包括前处理方式）应根据总体工艺流程及各水厂的具体条件确定。当水厂排泥水送往厂外处理时，水厂内应设调节工序，将排泥水均质均量送出。排泥水处理系统产生的废水，经技术经济比较可考虑回用或部分回用，但排泥水不应影响净水厂出水水质，回流水量尽可能均匀，回流到混合设备前要与原水及药剂充分混合。

当调节池对入流流量进行匀质、匀量时，池内应设扰流设备，当只进行量的调节时，池内应分别设沉泥和上清液取出设施。沉淀池排泥水和滤池反冲洗废水宜采用重力流入调节池。调节池应设置溢流口，并宜设置放空管。

2.2.12.1　排水池（回流水池）

排水池主要接纳滤池反冲洗水，一般按照滤池最大一次反冲洗水量确定容积。

（1）排水池的设计要点

① 由排水池收集的水主要是滤池的反冲洗废水以及浓缩池的上清液。因而排水池设计需与滤池冲洗方式相适应。

② 排水池容量应大于滤池一格冲洗时的排水量，当滤池格数较多，需考虑同时冲洗两格时，排水池容量则应相应放大，当有浓缩池上清液排入时其水量需一并考虑。

③ 为考虑排水池的清扫和维修，排水池应设计成独立的两格。

④ 排水池有效水深一般为 2～4m，当排水池不考虑作为预浓缩时，池内宜设水下搅拌

机，以防止污泥沉积。

⑤ 排水池底部应设计有一定的坡度，以便清洗排空。

⑥ 当考虑排水池兼作预浓缩池时，排水池应设有上清液的引出装置及沉泥的排出装置。

⑦ 当考虑滤池冲洗废水回用时，排水泵容量的选择应注意对净水构筑物的冲击负荷不宜过大，一般宜控制在净水规模的 5% 左右。

⑧ 当滤池冲洗废水直接排放时，选择排水泵的容量要考虑一格滤池冲洗的废水量在下一格滤池冲洗前排完。如两个滤池冲洗间隔很短，也可考虑在反冲洗水流入排水池后即开泵排水，以延长水泵开启时间，减小水泵流量。

⑨ 当排水池只调节滤池反冲洗废水时，调节容积宜按大于滤池最大一次反冲洗水量确定。

⑩ 当排水池除调节滤池反冲洗废水外，还接纳和调节浓缩池上清液时，其容积还应包括接纳上清液所需调节容积。

⑪ 当排水池废水用水泵排出时，排水泵的容量应根据反冲洗废水和浓缩池上清液等的排放情况，按最不利工况确定；当排水泵出水回流至水厂时，其流量应尽可能连续、均匀；此外，排水泵的台数不宜少于 2 台，并设置备用泵。

（2）主要设备　排泥阀和水泵。

2.2.12.2　排泥池

排泥池间断接受沉淀池（澄清池）的排泥或排水池的底泥，以便对后续浓缩池进行量和质的调整。

（1）排泥池的设计要点

① 排泥池的容量不能小于沉淀池最大一次排泥量，或不小于全天排泥总量，排泥池容量中还需包括来自脱水工段的分离液和设备冲洗水量。当考虑高浊期间部分泥水在排泥池做临时贮存时，还应包括所需要的贮存容积。

② 为考虑排泥池的清扫和维修，排泥池应设计成独立的两格。

③ 排泥池的有效水深一般为 2~4m。

④ 排泥池内应设液下搅拌装置，以防止污泥沉积。

⑤ 排泥池进水管和污泥引出管管径应大于 $DN150mm$，以免管道堵塞。

⑥ 提升泵容量可按浓缩池连续运行条件配置。

⑦ 当排泥池出流不具备重力流条件时，应考虑设置浓缩池的主流程排泥泵；当需考虑超量泥水从排泥池排出时，应设置超量泥水排出泵。此外，还应考虑设置备用泵。

（2）主要设备　搅拌器、排泥阀和污泥泵。

2.2.12.3　污泥平衡池

污泥平衡池作为平衡浓缩池连续运行和脱水机间断运行而设置，同时可作为高浊度时污泥的贮存。

平衡池设计要点如下：a. 池容积根据脱水机房工作情况和高浊度时增加的污泥贮存量而定；b. 池有效深度一般为 2~4m；c. 池内应设液下搅拌机，以防止污泥沉积和平衡污泥浓度；d. 污泥提升泵容量和所需压力，应根据采用脱水机类型和工况决定；e. 污泥平衡池进泥管和出泥管管径应大于 $DN150mm$，以免管道堵塞。

2.2.12.4　浓缩池

浓缩池是污泥处理系统中的关键性构筑物之一。浓缩效果直接影响到后续污泥脱水效果。浓缩池有重力浓缩和机械浓缩。

（1）重力浓缩法　有沉淀浓缩法和气浮浓缩法两种。

沉淀浓缩法是污泥处理中最常用的方法，耗能少，在高浊度时有一定的缓冲能力。气浮浓缩法一般用于高有机质活性污泥和相对密度较小的亲水性无机污泥，其能耗较大，浓缩后泥渣浓度较低（2~3g/L）。污泥含水率在98%以下。

（2）机械浓缩法　有离心法和螺压式浓缩等方法。机械浓缩法的优点是设备紧凑、用地省，但能耗大，并需投加一定的高分子聚合物，在国内净水厂中使用较少。

常用的重力浓缩池有圆形辐流式浓缩池、上向流斜板或斜管浓缩池、泥渣接触型高效浓缩池等。

排泥水浓缩宜采用重力浓缩，当采用气浮浓缩和离心浓缩时，应通过技术经济比较确定。浓缩后的泥水含固率应满足选用脱水机械的进机浓度的要求，且不低于2%。重力浓缩当受占地面积限制时，通过技术经济比较，可采用斜板（管）浓缩池。当浓缩池为辐流式浓缩池时，宜采用机械排泥，当池子直径较小时，也可以采用多斗排泥。刮泥机上宜设置浓缩栅条，外缘线速度不宜大于2m/min。且浓缩泥水排出管管径不宜小于150mm。当重力浓缩池为间歇进水和间歇出泥时，可采用浮动槽收集上清液提高浓缩效果。

主要设备有刮泥机、排泥阀、浓缩栅条等。

2.2.12.5　污泥脱水

污泥脱水是污泥处理的最后环节，通过脱水，泥饼含固率提高到20%以上，体积大大缩小，便于运输和最后处置。脱水机械的选型应根据浓缩后泥水的性质、最终处置对脱水泥饼的要求，经技术经济比较后选用，可采用板框压滤机、离心脱水机，对于一些易于脱水的泥水也可采用带式压滤机。脱水机的台数应根据所处理的干泥量、脱水机的产率及设定的运行时间确定，但不宜少于2台。脱水机前应设平衡池，池中应有扰流设备，脱水机的容积应根据脱水机工况及排泥水浓缩方式确定。机械脱水间的布置除考虑脱水机机械及附属设备外，还应考虑泥饼运输设施和通道。另外，机械脱水间还应考虑通风和噪声消除设施。脱水机间宜设置滤液回收井，经调节后，均匀排出。

针对板框压滤机选用时还应注意，进入板框压滤机前的含固率不宜小于2%，脱水后的泥饼含固率不应小于30%。板框压滤机宜配置高压滤布清洗系统；板框压滤机投料泵配置时可选用容积式泵和自灌式启动泵。

离心脱水机选型则应根据浓缩泥水性状，泥量多少，运行方式确定，宜选用卧式离心沉降脱水机。离心脱水机应设冲洗设施，分离液排出管宜设空气排出装置。

污泥脱水可分为自然干化和机械脱水两大类。

（1）自然干化　利用露天干化厂将污泥自然干化，是污泥脱水最经济的方法，但由于自然干化脱水受地理、环境等条件的限制，仅适用于气候干燥，相对地域面积较大且用地方便、环境条件许可及处理规模较小的地区。

自然干化是将污泥排放到沙场上，利用太阳的热能和风的作用使污泥中的水分得到自然蒸发，同时部分水通过沙层排走。

（2）机械脱水　常用的几种污泥脱水设备有板框式压滤机、带式压滤机、离心式脱水机和集浓缩、脱水于一体的脱水机。辅助设备有加药设备、通风设备、污泥输送设备、冲洗水系统、真空系统等。

脱水设备：自然干化的主要设备为污泥干化床；常用的几种机械脱水设备有板框式压滤机，带式压滤机，离心式脱水机和集浓缩、脱水于一体的脱水机。各脱水机性能比较见表1-2-15。

表 1-2-15　脱水机性能比较

项目 ＼ 机型	板框式压榨机	带式压榨机	离心式脱水机
脱水原理	加压过滤	重力过滤和加压过滤	由离心力产生固液分离
工作状态	间断式	连续式	连续式
调节方法	调节加压时间和压力大小	调节滤布张力、行进速度和进入压力区的泥层厚度	调节转速、螺旋输送器传速差以及液环深度
管理难易	较复杂(滤布需定期更换)	较方便(滤带需定期更换)	方便(螺旋输送器叶片易磨损)
环境卫生条件	卫生条件相对较差	由于敞开式,卫生条件差	全封闭,卫生条件好
噪声	小	小	大(由于转速较高)
占地面积及土建要求	机身体积大,辅助设备多,占地面积大,土建要求高	与板框压榨机相比占地面积稍小	设备紧凑,占地面积最小
辅助设备	空压机系统,滤布清洗高压冲洗泵系统	空压机系统,滤布清洗高压冲洗泵系统	不需要辅助设备
自动化程度	实现全自动化有一定难度	实现全自动化有一定难度	容易实现全自动化
泥饼含固率/%	30～35	约 20	20～25
泥饼稳定性	好	较差	较好
能耗/(kW·h/tDS)	20～40	10～25,较低	30～60,较高
适应性	进泥含固率>2%	进泥含固率>3%	适合易脱水的污泥

2.3　主要设备

2.3.1　拦污设备

主要设备有格栅除污机、格网/滤网和螺旋输送压榨机等。

（1）格栅除污机　格栅设在取水头部或进水间的进水孔上,用来拦截水中粗大的漂浮物及鱼类。格栅由金属框架和栅条组成,框架外形与进水孔形状相同。栅条断面有矩形、圆形等。栅条厚度或直径一般采用 10mm。栅条净距视水中漂浮物情况而定,通常采用 30～120mm。栅条可以直接固定在进水孔上,或者放在进水孔外侧的导槽中。

栅渣的清除大多采用机械清污和自动控制,既有利于保持过水栅面的洁净,又减轻工人劳动强度,改善工作环境,保障安全生产。

净水厂通常采用的格栅除污机有弧形格栅除污机、回转式格栅除污机、钢丝绳牵引式格栅除污机、鼓式格栅除污机、阶梯式格栅除污机、齿耙格栅除污机、移动式格栅除污机。

格栅的生产厂家主要有江苏一环、扬州天雨、江苏兆盛、宜兴泉溪、南京蓝深、扬州清雨、琥珀 Huber、唐山清源、江苏天鸿、宜兴通用、莫诺 MONO、江苏亚太集团和北京海斯顿环保设备有限公司等。

格栅除污机的分类见表 1-2-16。

表 1-2-16　格栅除污机的分类

序号	类别	厂家型号
1	弧形格栅除污机	GSH 型弧形格栅除污机
2		HG 渠用弧形格栅除污机
3	回转式格栅除污机(自清式)	TGS 系列回转式格栅(齿耙)除污机
4	回转式格栅除污机(链条牵引)	XHG-I 型回转式格栅清污机
5	钢丝绳牵引式格栅除污机	BLQ 型格栅除污机
6	鼓式格栅除污机	ZG-I 型转鼓格栅除污机 SMB-I 旋转超细格栅机
7	阶梯式格栅除污机	XJT 型阶梯式格栅除污机
8	齿耙格栅除污机	SBD 型双栅式齿耙格栅除污机 XQ 型循环式齿耙清污机
9	移动式格栅除污机(悬吊式)	SGY 移动式格栅除污机 ZDG 型液压移动式抓斗清污机 YG 系列移动式格栅除污机

(2) 格网/滤网 格网/滤网设在取水口处,用以拦截水中的漂浮物。滤网分为平板滤网和旋转滤网两种(表1-2-17)。

格网/滤网的生产厂家主要有扬州绿都环境工程设备有限公司、江苏一环集团公司、江苏天雨集团、沈阳电力机械总厂、余姚市浙华给排水机械设备厂、宜兴市锦昌建筑环保有限公司。

表 1-2-17 滤网及其厂家型号

序号	设备类型	厂家型号
1	平板滤网	PLS、PLW 型平板格网
2	旋转滤网	XWC(N)型系列无框架侧面进水旋转滤网
3		XWZ(N)型系列无框架正面进水旋转滤网

(3) 螺旋输送机 螺旋输送机一般分为有轴、无轴两种,有轴螺旋输送机由螺杆、U形槽盖板、进出料口和驱动装置组成,而无轴螺旋输送机则把螺杆改为无轴螺旋,并在U形槽内装置有换衬体,结构简单,物料由进口输入,经螺旋推动后由出口输出,整个传输过程可在一个密封的槽中进行,降低了噪声,减少异味的排出。由于无轴螺旋输送机具有以上优点,因此目前使用较多的也为无轴螺旋输送机。

目前,根据设备的主要功能,主要分为螺旋输送机、螺旋压榨机和螺旋输送压榨一体机(表1-2-18)。主要的生产厂家有江苏兆盛水工业集团公司、江苏一环集团公司、江苏天雨集团公司、宜兴泉溪环保有限公司、宜兴市龙桥环保机械有限公司等。

表 1-2-18 螺旋输送机及其厂家

序号	设备类型	厂家型号
1	螺旋输送机	详见第三篇 6.3 节
2	螺旋压榨机	LY 型螺旋压榨机
3	螺旋输送压榨一体机	ZWLY 型无轴螺旋输送压榨一体机

2.3.1.1 移动式格栅除污机

(1) SGY 移动式格栅除污机

1) 适用范围。适用于多台平面格栅或超宽平面格栅,一般作为中、粗格栅使用。通常布置在同一直线上或弧线上,在轨道(分侧双轨和跨双轨)上移动并定位,以一机代替多机,依次有序的逐一除污。

2) 型号说明

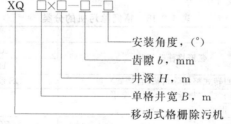

3) 设备特点。清污面积大,捞渣彻底,降速后甚至可抓积泥或砂;移动及停位准确可靠,效率高,投资省;水下无传动件,整机使用寿命长;与输送机配套可实现全自动作业;该设备有过极限及过力矩保护,使用安全;格栅的运行可按设定的时间间隔运行,也可根据格栅前后水位差自动控制。

4) 设备规格及性能。外形结构如图 1-2-21 所示。

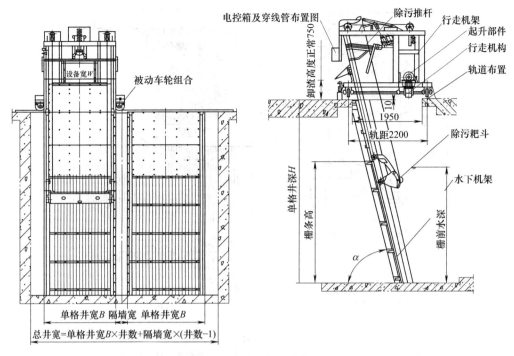

图 1-2-21　外形结构

技术性能参数如表 1-2-19 所列。

表 1-2-19　技术性能参数

参数 型号	井宽 B/m	设备 宽 B_1 /mm	栅条 间隙 b /mm	提升 功率 /kW	张耙 功率 /kW	行走 功率 /kW	行走 速度 /(m/min)	耙斗运 动速度 /(m/min)	过栅 流速 /(m/s)	卸料 高度 /mm
SGY2.0	2.0	1930	40、50、60、 70、80、90、 100、110、 120、130、 140、150	2.2~3.0	0.55~1.1	0.75	1.5	≤6	1	750 (1000)
SGY2.5	2.5	2430								
SGY3.0	3.0	2930								
SGY3.5	3.5	3430								
SGY4.0	4.0	3930		3.0~4.0	1.5~2.2	1.1				

生产厂家：江苏天雨环保集团有限公司。

（2）ZDG 型移动式抓斗清污机

1）适用范围。ZDG 型移动式抓斗清污机广泛用于各种取水口上，是一种简单而有效的粗格栅清污装置，是保证后续设备的第一道保护屏障。该机处理量大，范围广，可去除取水口大体积的杂物，如浮木、树枝等。

2）型号说明

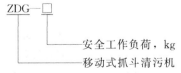

3）设备特点。一机多用，功能强大，省去了栅渣输送设备和卸渣设备；结构简单，土建施工费用低、无水下传动部件，维修方便；处理量大、耗电量低、安全性高。

4）设备规格及性能。ZDG 型移动式抓斗清污机结构如图 1-2-22 所示。

ZDG 型移动式抓斗清污机技术参数如表 1-2-20 所列。

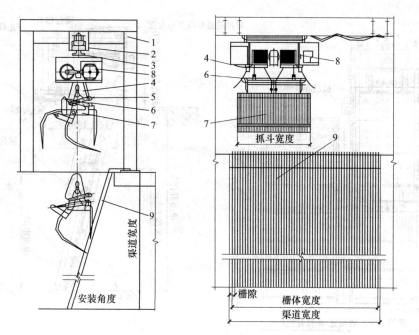

图 1-2-22　ZDG 型移动抓斗清污机结构

1—支撑架；2—导轨；3—移动小车；4—限位机构；5—平衡臂组件；6—液压合斗机构；

7—抓斗组件；8—卷扬机构；9—格栅栅体

表 1-2-20　ZDG 型移动式抓斗清污机技术参数

型号	250	500	3000	型号	250	500	3000
安全工作负荷/kg	250	500	3000	提升功率/kW	2.2	4	7.5
抓斗最小宽度/m	1.2	1.2	2.5	提升速度/(m/min)	10~20	10~20	10~20
抓斗最大宽度/m	1.5	2.5	5	移动功率/km	0.37	0.37	2×0.37
格栅最大深度/m	12	20	35	油泵电动功率/kW	1.5	1.5	1.5
最小格栅间距/mm	20	25	40	液压系统压力/bar	120	120	120
最大格栅间距/mm	200	200	300	轨道最小曲率半径/m	5	6	12

注：1bar＝10^5Pa，下同。

生产厂家：江苏兆盛水工业装备集团 ZDG 有限公司。

（3）YG 系列移动式格栅除污机

1）适用范围。适用于均布在同一直线或具有一定曲率半径工作轨迹上的城市给水、取水泵站等多进水渠道或宽栅面处的格栅清污设备。

2）型号说明

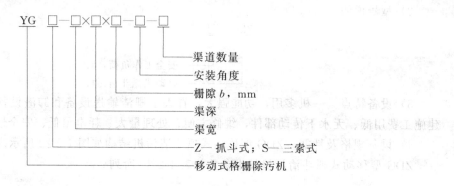

3）设备特点。无永久性浸泡部件，耐腐蚀性强，使用寿命长；整机结构紧凑、检修维护方便；整机运行能耗低，操作控制方便，能实现完全自动化；清渣齿耙的开闭采用电动或液压系统控制，性能稳定、结构简单、安全可靠；开放式结构使工作平台洁净，工作环境好；适用范围广，特别适用于多渠道或宽渠道进水的格栅清渣状况；安装简便，节约土建投资；特别适合格栅除污机的改造情况。

4）设备规格及性能。YGZ 抓斗移动式格栅外形图和技术参数如图 1-2-23 和表 1-2-21 所示。

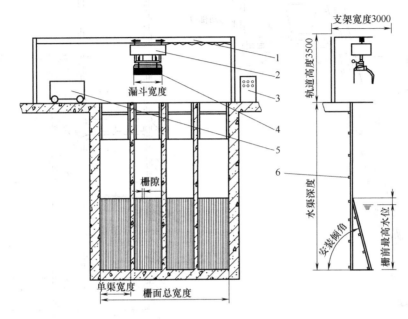

图 1-2-23　YGZ 抓斗移动式格栅外形

1—悬架导轨；2—移动小车；3—控制系统；4—液压抓斗；5—栅渣箱；6—格栅

表 1-2-21　YGZ 抓斗移动式格栅技术参数

参数型号	抓斗宽度 B/m	栅条间隙 b/mm	提升功率/kW	张耙功率/kW	行走功率/kW	行走速度/(m/min)	耙斗运动速度/(m/min)	过栅流速/(m/s)	卸料高度/mm
YGZ1.5	1.5	40～150	2.2～4.0	0.75	0.37×2	≈12	≤10	1	1500
YGZ2	2.0								

YGS 三索移动式格栅外形图和技术参数如图 1-2-24 和表 1-2-22 所示。

表 1-2-22　YGS 三索移动式格栅技术参数

参数型号	井宽 B/m	设备宽 B_1/mm	栅条间隙 b/kW	提升功率/kW	张耙功率/kW	行走功率/kW	行走速度/(m/min)	耙斗运动速度/(m/min)	过栅流速/(m/s)	卸料高度/mm
YGS2.0	2.0	1930	40～150	2.2～3.0	0.55～1.1	0.75	约1.5	≤6	1	750（1000）
YGS2.5	2.5	2430								
YGS3.0	3.0	2930								
YGS3.5	3.5	3430								
YGS4.0	4.0	3930		3.0～4.0	1.5～2.2	1.1				

生产厂家：江苏济川泵业有限公司。

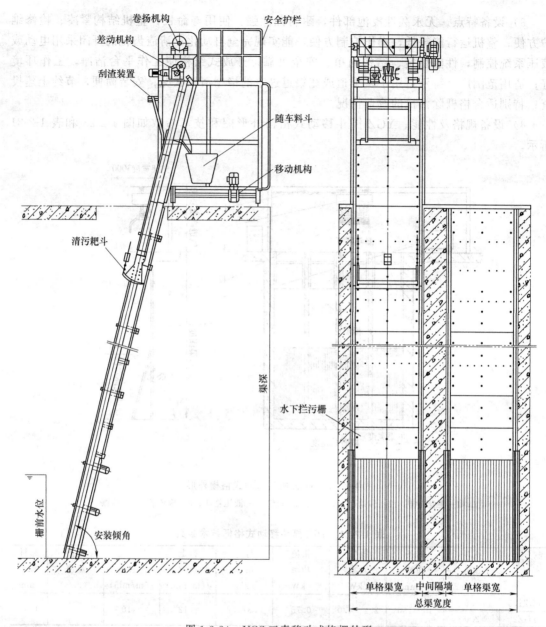

图 1-2-24 YGS 三索移动式格栅外形

2.3.1.2 齿耙格栅除污机

（1）SBD 型双栅式齿耙格栅除污机

1）适用范围。SBD 型双栅式齿耙格栅除污机是一种用于渠道深度较深的大中型粗格栅除污机，该机可放置在取水站、各类泵站、水厂进水口拦截进水渠道中的各种固体漂浮物，以保证后续设备的正常运行。这种格栅通常作为中、粗栅隙格栅使用。

2）型号说明

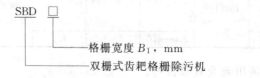

3）设备特点。前栅、后栅间隙可不同。操作简单，故障率低，使用寿命长，运行平稳，耗能少，噪声低。增设了用于卸渣的高强度尼龙刷毛，使卸渣效率得到了良好的改善。专用电流过载保护，反应灵敏，安全可靠。结构简单，安装维护方便。自动化程度高，能实现远程监控。

4）设备规格及性能。设备外形见图 1-2-25。

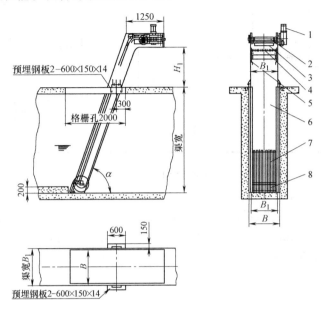

图 1-2-25　双栅式齿耙格栅除污机（单位：mm）
1—驱动装置；2—主动轴；3—转刷装置；4—齿耙；
5—链条装置；6—机架；7—后栅条；8—前栅条

设备规格参数见表 1-2-23 和表 1-2-24。

表 1-2-23　设备规格参数

型号 \ 参数	格栅宽度 B_1 /mm	渠宽 B /mm	安装宽度 L_0 /mm	栅条高度 /mm	卸渣高度 H_1 /mm
SBD600	600	700	940		
SBD800	800	900	1140		
SBD1000	1000	1100	1340		
SBD1200	1200	1300	1540		
SBD1400	1400	1500	1740	最高水深＋100	≥800
SBD1500	1500	1600	1840		
SBD1600	1600	1700	1940		
SBD1800	1800	1900	2140		
SBD2000	2000	2100	2340		

表 1-2-24　技术参数

参数　　　型号	格栅宽度/mm	安装角度α/(°)	提升质量/kg	栅条间距/mm	提升速度/(m/min)	栅条高度/mm	主电机功率/kW	转刷电机功率/kW
SBD600	600						0.75～1.1	
SBD800	800						0.75～1.1	
SBD1000	1000						0.75～1.1	
SBD1200	1200						1.1～1.5	
SBD1400	1400	60～75(推荐使用75)	≤50	20～70	2.3	最高水深+100	1.1～1.5	0.25
SBD1500	1500						1.1～1.5	
SBD1600	1600						1.1～1.5	
SBD1800	1800						1.1～1.5	
SBD2000	2000						1.1～1.5	

生产厂家：北京海斯顿环保设备有限公司。

（2）XQ 型循环式齿耙清污机

1）使用范围。一般用作为污水预处理的第二道（或第二道以后）格栅，作细格栅用，小规模最小间隙可达 1mm。当单台宽度较大（$B>1550$mm）时，应考虑制作成并联机（即一个驱动装置驱动多组栅面）。

2）型号说明

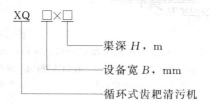

3）设备特点。无栅条，诸多小齿耙互相联成一个硕大的旋转面，捞渣彻底，有过载保护装置，运行可靠。

4）设备规格及性能。设备外形尺寸如图 1-2-26 所示。

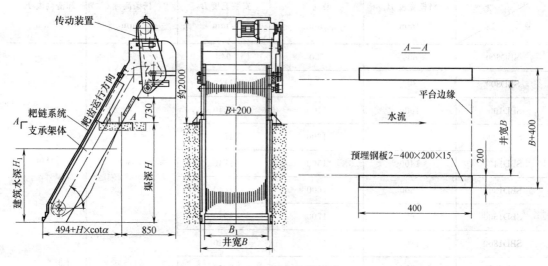

图 1-2-26　设备外形尺寸

设备规格性能参数如表 1-2-25 所列。

表 1-2-25　设备规格性能参数

型号规格	参数								设备宽度 B_1 /mm	井宽 B /mm
	功率			过水流量/(m³/h)						
	H/m			1	3	5	10	15		
	2.5	5	7.5							
XQ—300	0.37kW			150	300	450	460	460	300	350
XQ—400				170	340	420	510	540	400	450
XQ—500	0.55kW			240	480	590	730	750	500	550
XQ—600				308	620	764	920	960	600	680
XQ—700	0.75kW			360	720	930	1124	1160	700	780
XQ—800				440	880	1080	1330	1420	800	880
XQ—900				550	1024	1250	1450	1580	900	980
XQ—1000				580	1160	1450	1760	1830	1000	1080
XQ—1100	1.1kW			650	1310	1670	2000	2080	1100	1180
XQ—1200				710	1470	1750	2080	2250	1200	1280
XQ—1500	1.5kW			920	1840	2000	2250	2400	1500	1580

生产厂家：扬州清雨环保设备有限公司。

2.3.1.3　钢丝绳牵引式格栅除污机

BLQ 型格栅除污机

1) 适用范围。BLQ 型格栅除污机是一种由钢丝绳牵引的截污设备，按不同栅槽需要分为固定式（BLQ-G 型）和移动式（BLQ-Y 型）两种形式，格栅除污机一般适用于城市水厂、各类泵站、取水口，以截取进水中较大、较粗的杂物与垃圾，保护水泵叶轮不受损坏。保证后续处理工序的正常运转。

2) 型号说明

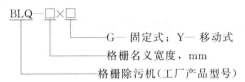

　　　　　　G— 固定式；Y— 移动式
　　　　　格栅名义宽度，mm
　　　格栅除污机（工厂产品型号）

3) 设备规格及性能。BLQ 型格栅除污机的外形见图 1-2-27。

规格和性能见表 1-2-26。

表 1-2-26　BLQ 型格栅降污机的规格和性能

型号	格栅宽度 /mm	栅条有效间隙 b/mm	安装角 α/(°)	齿耙额定载荷 /(kg/m)	适用井深 H/m	升降电机功率 /kW	翻耙电机功率 /kW	行走电机功率 /kW	流速 /(m/s)
BLQ—1000	1000	15~100	60~90	100	2~12	0.75~3.0	0.75~3.0	用于 BLQ—Y 型 0.55~0.8	≤1.0
BLQ—1200	1200								
BLQ—1400	1400								
BLQ—1500	1500								
BLQ—1800	1800								
BLQ—2000	2000								
BLQ—2400	2400								
BLQ—2600	2600								
BLQ—3000	3000								
BLQ—3500	3500								
BLQ—4000	4000								
BLQ—4500	4500								
BLQ—5000	5000								

注：大于 3500mm 可采用移动式格栅清污机。

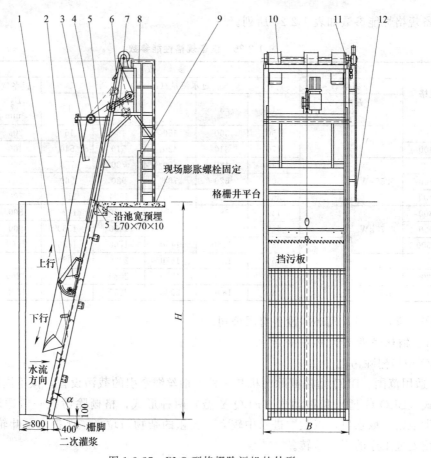

图 1-2-27   BLQ 型格栅除污机的外形

1—格栅；2—除污格栅；3—刮污机构；4—导向滑轮；5—门形架；6—钢丝绳张紧装置；7—开耙装置；
8—栏杆；9—电器控制箱；10—钢丝绳牵引装置；11—过载保护装置；12—膨胀螺栓

生产厂家：江苏一环集团有限公司。

2.3.1.4   回转式格栅除污机

（1）TGS 系列回转式格栅除污机

1）适用范围。TGS 回转式格栅除污机适用于净水厂预处理工艺，是目前国内先进的固液筛分设备。

2）型号说明

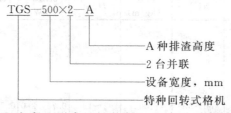

3）设备特点。自动化程度高，耐腐蚀性能好，机壳分碳钢和不锈钢两种，零件材料均为不锈钢、ABS 工程塑料或尼龙。该机设有过载安全保护，自控装置可根据水中杂物多少连续或间隙运行，当发生故障时自动切断电源并报警。

4）设备规格及性能。TGS 系列回转式格栅除污机外形及安装尺寸见图 1-2-28 和表 1-2-27。

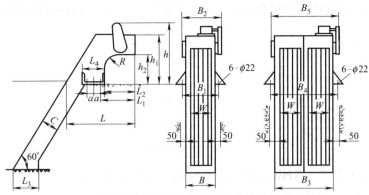

图 1-2-28　TGS 系列回转式格栅除污机外形及安装尺寸（单位：mm）

表 1-2-27　TGS 系列回转式格栅除污机外形尺寸

型号	B	B_1	B_2	W	型号	B_3	B_4	B_5
TGS—500	500	736	760	360	TGS—500×2	1000	1236	1260
TGS—600	600	836	860	460	TGS—600×2	1200	1436	1460
TGS—700	700	936	960	560	TGS—700×2	1400	1636	1660
TGS—800	800	1036	1060	660	TGS—800×2	1600	1836	1860
TGS—900	900	1136	1160	760	TGS—900×2	1800	2036	2060
TGS—1000	1000	1236	1260	860	TGS—1000×2	2000	2236	2260
TGS—1100	1100	1336	1360	960	TGS—1100×2	2200	2436	2460
TGS—1200	1200	1436	1460	1060	TGS—1200×2	2400	2636	2660
TGS—1300	1300	1536	1560	1160	TGS—1300×2	2600	2836	2860
TGS—1400	1400	1636	1660	1260	TGS—1400×2	2800	3036	3060
TGS—1500	1500	1736	1760	1360	TGS—1500×2	3000	3026	3260

TGS 系列回转式格栅（齿耙）除污机性能见表 1-2-28。

表 1-2-28　TGS 系列回转式格栅除污机性能

型号	电动机功率/kW	耙齿栅宽/mm	设备宽/mm	设备高/mm		设备总宽/mm	设备安装长/mm	水槽最小宽度/mm	排渣高度/mm	
				A 型	B 型				A 型	764B 型
TDS—500	0.55～1.1	360	500			850		600		
TDS—600		460	600			950		700		
TDS—700		560	700	4035～11035（地面至设备顶 2820，地下部分可任意加长）	3335～11035（地面至设备顶 2120，地下部分可任意加长）	1050	2320～11153	800	1464	764
TDS—800	0.75～1.5	660	800			1150		900		
TDS—900		760	900			1250		1000		
TDS—1000		860	1000			1350		1100		
TDS—1100	1.1～1.5	960	1100			1450		1200		
TDS—1200		1060	1200			1550		1300		
TDS—1300		1160	1300			1650		1400		
TDS—1400	1.1～2.2	1260	1400			1750		1500		
TDS—1500		1360	1500			1850		1600		

生产厂家：无锡市通用机械厂有限公司。

（2）XHG 型回转式格栅清污机

1）适用范围。XHG 型回转式格栅清污机是大中型给排水工程设施中水源进口处预处理的理想设备，广泛应用于城镇自来水厂进水中杂物的清除，达到减轻后续工序处理负荷的目的。

2）型号说明

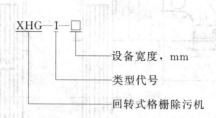

XHG—I—□

设备宽度，mm

类型代号

回转式格栅除污机

3）设备规格和性能。XHG 型回转式格栅除污机的规格和性能见图 1-2-29 和图 1-2-30，表 1-2-29 和表 1-2-30。

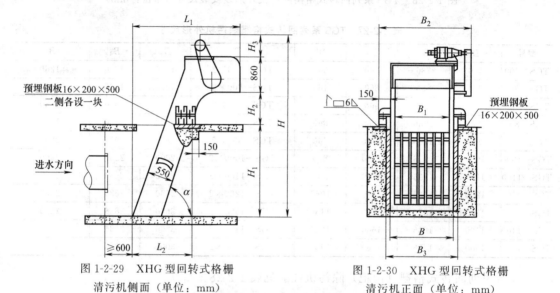

图 1-2-29   XHG 型回转式格栅
清污机侧面（单位：mm）

图 1-2-30   XHG 型回转式格栅
清污机正面（单位：mm）

表 1-2-29   XHG 型回转式固液分离机的规格和性能

型号	XHG—I 800	XHG—I 1000	XHG—I 1200	XHG—I 1400	XHG—I 1600	XHG—I 1800	XHG—I 2000	XHG—I 2200	XHG—I 2400	XHG—I 2600	XHG—I 2800	XHG—I 3000
安装角度 $\alpha/(°)$	$60°\sim80°$											
电机功率 /kW	$0.75\sim1.1$				$1.1\sim2.2$						$2.2\sim3.0$	
有效的栅宽 B_1/mm	$B_1=B-16$											
齿栅运动线速度 /(m/min)	约 3											
设备宽 B/mm	800	1000	1200	1400	1600	1800	2000	2200	2400	2600	2800	3000
设备总高 H/mm	$H=H_1+H_2+1480$											
设备总宽 B_2/mm	1150	1350	1550	1750	1950	2150	2350	2550	2750	2950	3150	3350
沟宽 B_3 /mm	900	1100	1300	1500	1700	1900	2100	2300	2500	2700	2900	3100

续表

型号	XHG—I 800	XHG—I 1000	XHG—I 1200	XHG—I 1400	XHG—I 1600	XHG—I 1800	XHG—I 2000	XHG—I 2200	XHG—I 2400	XHG—I 2600	XHG—I 2800	XHG—I 3000
设备安装总长 L_1 /mm	\multicolumn{12}{c}{$L_1 = L_2 + H_2 \cot \alpha + 250 \tan \alpha/2 + 500$}										
导流槽总长 L_2/(m/min)	\multicolumn{12}{c}{$L_2 = H_1 \cot \alpha + 500/\sin \alpha$}										
地面至卸料口高 H_2 /mm	\multicolumn{12}{c}{$900 \sim 1500$}										
沟深 H_1 /mm	\multicolumn{12}{c}{$2500 \sim 12000$（用户选定）}										

注：本设备为非标系列产品，标准型按沟深3000mm，排渣高度900mm，安装角度75°计。

表 1-2-30　过水流量

型　号		XHG—I 800	XHG—I 1000	XHG—I 1200	XHG—I 1400	XHG—I 1600	XHG—I 1800	XHG—I 2000	XHG—I 2200	XHG—I 2400	XHG—I 2600	XHG—I 2800	XHG—I 3000
栅前水深/m		\multicolumn{12}{c}{1.0}											
过栅流速/(m/s)		\multicolumn{12}{c}{1.0}											
水流量 10^4 m³/d	栅条间距/mm 10	2.6	3.39	4.18	4.97	5.76	6.55	7.34	8.13	8.92	9.71	11.29	12.17
	20	3.47	4.5	5.52	6.63	7.57	8.68	9.74	10.80	11.84	12.89	15.06	16.22
	30	3.78	5.0	6.15	7.45	8.52	9.78	10.96	12.15	13.33	14.51	16.85	18.27
	40	4.10	5.36	6.62	7.89	9.15	10.42	11.68	12.94	14.21	15.47	17.98	19.46
	50	4.26	5.60	6.90	8.28	9047	10.85	12.23	13.50	14.80	16.18	18.7	20.21
	60	4.40	5.78	7.10	8.52	9.94	11.17	12.55	13.87	15.25	16.57	19.4	20.85
	70	4.47	5.80	7.29	8.83	10.05	11.43	12.82	12.25	15.58	16.94	19.75	21.3
	80	4.54	5.99	7.45	8.94	10.11	11.55	13.00	14.52	15.79	17.24	20.1	21.63
	90	4.60	6.09	7.65	9.25	10.8	11.79	13.85	14.95	16.4	17.76	20.3	21.9
	100	4.65	6.15	7.75	9.35	10.94	12.15	14.1	15.68	17.1	18.25	20.57	22.15

生产厂家：江苏一环集团有限公司。

2.3.1.5　鼓式格栅除污机

本节介绍 ZG—I 型转鼓式格栅除污机

1）适用范围。ZG—I 型转鼓式格栅除污机能将水源取水口漂浮物和沉积物打捞清除，并将栅渣挤干脱水后排出。

2）型号说明

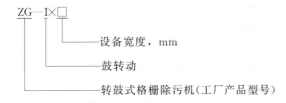

3）设备特点。格栅和水流形成 35°角，形成的折流可使厚度小于格栅缝隙的许多污物也能被分离出来；格栅装备有冲洗装置，具有自净功能；圆柱形结构使格栅比传统格栅过水流量增大，水头损失减少，格栅前堆积平面减少；不锈钢材质，防腐性能强，寿命长。

4）设备规格及性能。ZG—I型转鼓式格栅除污机的安装尺寸如图 1-2-31 所示。

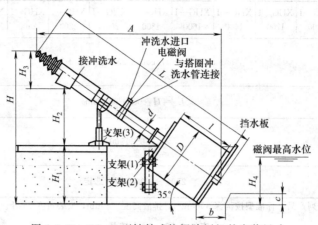

图 1-2-31　ZG—I 型转鼓式格栅除污机的安装尺寸

ZG—I 型转鼓式格栅除污机的过水流量和主要技术参数见表 1-2-31 和表 1-2-32。

表 1-2-31　ZG—I 型转鼓式格栅除污机的过水流量

型号规格 ZG—I			600	800	1000	1200	1400	1600	1800	2000	2200	2400	2600	3000
液体流速/(m/s)			1.0											
过水流量/(m³/h)	栅距/mm	0.5	80	135	237	310	450	586	745	920	1130	1380	2080	2410
		1	125	219	370	507	723	954	1209	1494	1803	2150	3280	4120
		2	190	330	558	765	1095	1443	1832	2260	2732	3254	4560	5600
		3	230	400	684	936	1340	1760	2235	2756	3334	3968	5450	6780
		4	237	432	720	1010	1440	2050	2700	3340	4032	4680	6230	7560
		5	252	468	795	1108	1576	2200	2934	3600	4356	5220	6750	8220

表 1-2-32　ZG—I 型转鼓式格栅除污机的技术参数

型号规格 ZG—I	600	800	1000	1200	1400	1600	1800	2000	2200	2400	2600	3000
转鼓直径 D/mm	600	800	1000	1200	1400	1600	1800	2000	2200	2400	2600	3000
输送管规格 d/mm	219	273	273	273	360	360	360	500	500	500	500	710
栅网长 I/mm	650	830	985	1160	1370	1500	1650	2000	2200	2200	2400	3000
最高水位 H_4/mm	400	500	670	800	930	1100	1200	1300	1500	1680	1800	2100
b/mm	125											
C/mm	70											
安装角度	35°											
渠深 H_1/mm	$H_1 = 600 \sim 2500$											
排渣高度 H_2/mm	按用户要求进行设计											
安装高度 H/mm	$H = H_1 + H_2 + H_3$											
安装长度 A/mm	$A = H \times 1.43 - 0.48D$											
设备总长 L/mm	$L = H \times 1.74 - 0.75D$											

生产厂家：江苏兆盛水工业装备集团有限公司。

2.3.1.6　阶梯式格栅除污机

XJT 型阶梯式格栅除污机

1）适用范围。用于去除水中的漂浮物和悬浮物。

2）型号说明

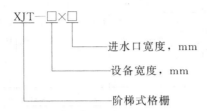

3）设备特点。该格栅水下无转动件，因此，在运行过程中不会有污物卡滞现象，运行可靠。格栅无需断流可更换栅片，使用维护方便。

4）设备规格及性能。设备外形尺寸如图 1-2-32 所示。

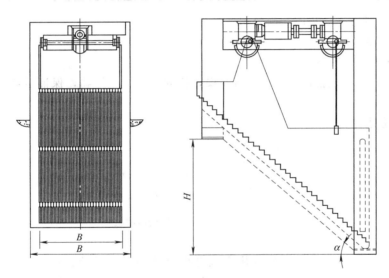

图 1-2-32　XJT 型阶梯式格栅除污设备外形尺寸

主要技术参数如表 1-2-33 和表 1-2-34 所列。

表 1-2-33　XJT 型阶梯式格栅除污机主要技术参数（一）

格型号	格栅有效宽度 B_0/mm	设备宽 B/mm	配套电机功率 N/kW	进水口深度 H/mm	允许流速 /(m/s)	格栅耙齿间隙 b/mm
XJT—500	350	500	≤0.75		0.5～1.0	
XJT—600	450	600	≤0.75		0.5～1.0	
XJT—800	650	800	≤1.1		0.5～1.0	
XJT—1000	850	1000	≤1.1		0.5～1.0	
XJT—1200	1050	1200	≤1.1	1000～2000	0.5～1.0	2～16
XJT—1500	1350	1500	≤1.5		0.5～1.0	
XJT—1800	1650	1800	≤2.2		0.5～1.0	
XJT—2000	1850	2000	≤2.2		0.5～1.0	

表 1-2-34　XJT 型阶梯式格栅除污机主要技术参数（二）

型号	500	600	700	800	900	1000	1100	1200	1300	1400	1500	1600	1700	1800	1900	2000
水深/m	0.5m															
流速/m/s	0.5															
栅隙/mm 2	3432	4464	5496	6528	7560	8568	9600	10632	11664	12696	13656	14736	15768	16800	17832	18864
3	4320	5544	6864	8160	9400	10704	12024	13248	14568	15864	17112	18408	19728	21048	12272	23592
4	4920	6360	7800	9360	10800	12240	13656	15216	16656	18192	19632	21072	22512	24048	25488	26928
5	5400	6936	8616	10152	11808	13368	15024	16680	18240	19776	21312	22992	24648	26328	27864	29544
6	5712	7392	9096	10800	12648	14328	16032	17712	19416	21264	22800	24504	26352	28056	29736	31440
8	6377	8434	10285	12137	13988	15840	17691	19542	21540	23400	25270	27140	29010	30880	32750	34610
10	6685	9000	10800	12857	14914	16714	18771	20828	22780	24750	26730	28710	30680	32660	34630	36610
12	7097	9252	11355	13268	15428	17588	19440	21600	23690	25750	27800	29850	31910	33960	36020	38070
14	7380	9576	11700	13680	15840	18000	20160	22320	24390	26500	28620	30730	32850	34960	37080	39190
16	7405	9874	11931	13988	16292	18514	20571	22628	24940	27100	29260	31430	33590	35750	37920	40080

生产厂家：江苏一环集团有限公司。

2.3.1.7　弧形格栅除污机

（1）GSH 型弧形格栅除污机

1）适用范围。该设备适用于水厂进水渠，拦截水中的漂浮物，保证后续工序安全正常运行。

2）型号说明

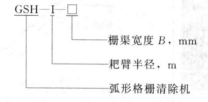

3）设备特点

图 1-2-33　GSH 型弧形格栅除污机外形

① 采用立式电机驱动的新型轴装式减速器，不用联轴器，无需对中，质量轻，占地面积比用行星摆线减速器小很多，便于多机组并列而少占用地。

② 具有液压缓冲装置，有效地降低了撇渣耙复位时产生的冲击和噪声。

③ 具有过扭保护机构，当耙臂因意外原因过载时，立即切断电源，停机报警。

4）设备规格及性能。设备外形见图 1-2-33。规格和性能见表 1-2-35。

表 1-2-35　弧形格栅除污机规格和性能

型号	参数						
	GSH1.7-800	GSH1.7-1000	GSH1.7-1200	GSH1.7-1400	GSH1.7-1600	GSH1.7-1800	GSH1.7-2000
栅渠宽度 B/mm	800	1000	1200	1400	1600	1800	2000
外形总宽 B_1/mm	$B_1 = B + 500$						
有效栅宽 B_2/mm	$B_2 = B - 50$						
栅条净距 b/mm	$10 \sim 25$						
电机功率/kW	0.37		0.55			0.75	

生产厂家：南京蓝深环境工程设备公司。

（2）HG 渠用弧形格栅除污机

1）适用范围。一种新型拦污设备，适用于中小型水厂或泵站水位较浅的渠道中，自动拦截和清除污水中垃圾及各种漂浮物，由弧形栅条、转动齿耙及驱动机构组成。

2）型号说明

3）设备特点。采用直立式电机驱动的新型轴装式减速机，不用联轴器，不需对中，质量轻，占地面积比用行星线减速器小得多，便于多机组并列而占地少。具有液压缓冲装置，有效地降低了摆渣耙复位时产生的冲击和噪声。具有过扭保护机构，当耙臂因意外原因过载时，立即切断电源，停机报警。

4）设备规格及性能。HGA 型、HGB 型格栅除污机结构和安装方式见图 1-2-34、图 1-2-35。

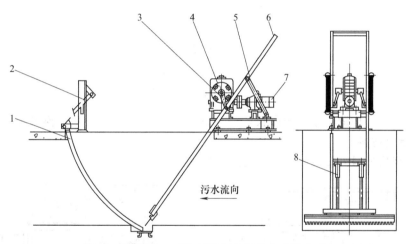

图 1-2-34　HGA 型格栅除污机结构和安装方式

1—弧形栅条；2—刮渣板架；3—曲柄；4—双出轴减速箱；
5—摇杆；6—摆臂及齿耙；7—电机减速机；8—齿耙缓冲器

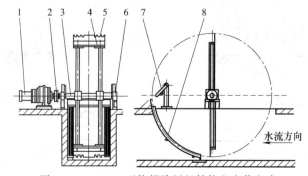

图 1-2-35　HGB 型格栅除污机结构和安装方式

1—带电机减速机；2—联轴器；3—传动轴；4—旋臂；
5—齿耙；6—轴承座；7—除污器；8—弧形栅条

主要性能参数见表1-2-36。

表 1-2-36　主要性能参数

回转半径/mm	500	800	1000		1200	1500	1600		2000
渠道宽度/mm	500～3000								
栅条间隙/mm	8	10	12	15	20	25	30	40	50
最高水位/mm	1500								
电机功率/kW	0.37～1.5								

生产厂家：宜兴泉溪环保有限公司。

2.3.1.8　平板滤网

BS（W）型平板格栅（格网）

1）适用范围。用于给水工程中的取水口处，拦截较大漂浮物，保护后续处理构筑物正常运行。

2）型号说明

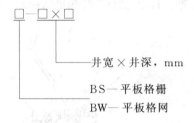

3）设备特点。构造简单，寿命长，适用性广；制造容易，检修更换方便；规格齐全，可根据水质指定材料。

4）设备规格型号。设备外形尺寸见图1-2-36。

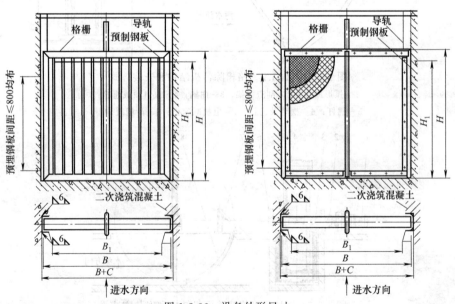

图 1-2-36　设备外形尺寸

设备规格型号见表1-2-37。

表 1-2-37　设备规格型号

进水口 $B_1 \times H_1$/mm	格栅(网) $B \times H$/mm	间隙 C/mm	导轨规格	进水口 $B_1 \times H_1$/mm	格栅(网) $B \times H$/mm	间隙 C/mm	导轨规格
700×800	800×800			1300×1700	1400×1800		
700×900	800×1000			1500×1000	1600×1100		
700×1100	800×1200			1500×1300	1600×1400		
900×700	1000×800	30	[10	1500×1500	1600×1600		
900×900	1000×1000			1500×1700	1600×1800		
900×1100	1000×1200			1500×1900	1600×2000		
900×1300	1000×1400			1700×1300	1800×1400		
1100×700	1200×800			1700×1500	1800×1600		
1100×900	1200×1000			1700×1700	1800×1800	50	[80a
1100×1100	1200×1200			1700×1900	1800×2000		
1100×1300	1200×1400			1900×2100	2000×2200		
1100×1500	1200×1600			1900×1500	2000×1600		
1300×900	1400×1000			1900×1700	2000×1800		
1300×1100	1400×1200			1900×1900	2000×2000		
1300×1300	1400×1400			2000×2100	2100×2200		
1300×1500	1400×1600			2000×2000	2100×2100		

生产厂家：江苏天雨集团公司。

2.3.1.9　旋转滤网

（1）XWC（N）型系列无框架侧面进水旋转滤网

1）适用范围。该设备是城市自来水供水系统的主要净水设备，适用深度可达 30m。

2）型号说明

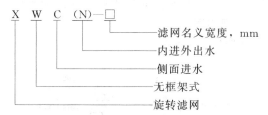

3）设备特点。XWC（N）型无框架侧面进水旋转滤网为无框架网板结构，侧面进水。驱动机构采用行星摆线针轮减速机和一级链传动，驱动牵引链带动拦污网沿导轨回转。

该型滤网的特点是除污率高，克服了传统板框滤网所遇到的侧流和滤渣带来的问题。

4）设备规格及性能。XWC（N）型无框架侧面进水旋转滤网外形及安装尺寸见图 1-2-37。XWC（N）型无框架侧面进水旋转滤网规格和性能见表 1-2-38。

表 1-2-38　XWC（N）型系列无框架侧面进水旋转滤网规格和性能

序号	技术参数项目	XWC(N) —2000	XWC(N) —2500	XWC(N) —3000	XWC(N) —3500	XWC(N) —4000
1	滤网名义宽度/mm	2000	2500	3000	3500	4000
2	单块网板名义高度(链板节距)/mm	600				
3	最大使用深度/m	10～30				
4	标准网孔净尺寸/mm	6.0×6.0(也可按用户选定的网孔净尺寸确定)				
5	设计允许间隙/mm	≤5(也可按用户选定的间隙尺寸确定)				
6	设计允许过网流速/(m/s)	0.8(在网板100%清洁条件下)				
7	设计水位差/mm	600(轻型)/1000(中型)/1500(重型)				
8	冲洗运行水位差/mm	100-200(轻型)/200-300(中型)/300-500(重型)				
9	报警水位差/mm	300(轻型)/500(中型)/900(重型)				
10	滤网运行时网板上升速度/(m/min)	3.6(单速电动机);3.6/1.8(双速电动机)				

续表

序号	技术参数项目		XWC(N)—2000	XWC(N)—2500	XWC(N)—3000	XWC(N)—3500	XWC(N)—4000
11	电动机功率/kW		4.0	5.5		7.5	
12	一台滤网共有喷嘴/只		25	31	37	43	49
13	喷嘴出口处冲洗水压不低于/MPa		≥0.3				
14	一台滤网冲洗水量/(m/h)		90	112	133	155	176
15	最大组件起吊高度/m		4				
16	最大组件起吊质量/kg		3650	3950	4250	4550	5000
17	设计水深20m时1台滤网的总质量/kg	海水	13733	14610	15596		
		淡水	14836	15836	17067		
18	高度变化1m时滤网增加(减少)质量/kg	海水	366	395	425		
		淡水	402	451	499		
19	淹没深度1m的过水量/(m³/h)		3250	4160	5050	6320	7200
20	预埋件图(检索号 D-SB88)		S6601-08-00	S6602-08-00	S6603-08-00	S6604-08-00	S6605-08-00

生产厂家：沈阳电力机械总厂。

（2）XWZ（N）型系列无框架正面进水旋转滤网

1）适用范围。该设备是城市自来水供水系统的主要净水设备，适用深度可达30m。

2）型号说明

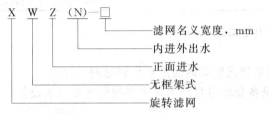

3）设备特点。XWZ（N）型无框架正面进水旋转滤网为无框架网板结构，正面进水。其驱动机构与XWC型旋转滤网相同。

4）设备规格及性能。外形见图1-2-38。

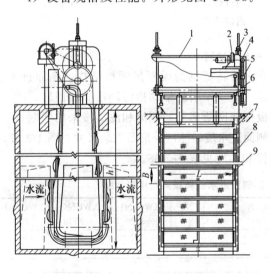

图1-2-37 XWC（N）型系列无框架
侧面进水旋转滤网

1—上部机架；2—带电动机的行星摆线针轮减速器；
3—拉紧装置；4—安全保护机构；
5—链轮传动系统；6—冲洗水管系统；
7—滚轮导轨；8—工作链条；
9—网板

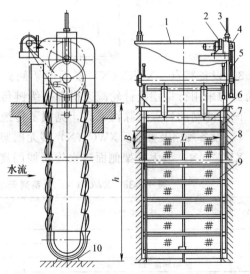

图1-2-38 XWZ（N）型系列无框架
正面进水旋转滤网
（注：h、B 根据现场情况而定）

1—上部机架；2—带电动机的行星摆线针轮减速器；
3—拉紧装置；4—安全保护机构；5—链轮传动系统；
6—冲洗水管系统；7—滚轮导轨；8—工作链条；
9—网板；10—底弧坎

XWZ（N）型无框架正面进水旋转滤网规格和性能见表 1-2-39。

表 1-2-39　XWZ（N）型系列无框架正面进水旋转滤网规格和性能

序号	技术参数项目		XWZ(N) —2000	XWZ(N) —2500	XWZ(N) —3000	XWZ(N) —3500	XWZ(N) —4000
1	滤网名义宽度/mm		2000	2500	3000	3500	4000
2	单块网板名义高度（链板节距）/mm		600				
3	最大使用深度/m		10～30				
4	标准网孔净尺寸/mm		6.0×6.0（也可按用户选定的网孔净尺寸确定）				
5	设计允许间隙/mm		≤5（也可按用户选定的间隙尺寸确定）				
6	设计允许过网流速/（m/s）		0.8（在网板100%清洁条件下）				
7	设计水位差/mm		600（轻型）/1000（中型）/1500（重型）				
8	冲洗运行水位差/mm		100-200（轻型）/200-300（中型）/300-500（重型）				
9	报警水位差/mm		300（轻型）/500（中型）/900（重型）				
10	滤网运行时网板上升速度/（m/min）		3.60（单速）；3.60/1.80（双速）				
11	电动机功率/kW		4.0	4.0	4.0	4.5	5.5
12	一台滤网共有喷嘴/只		25	31	37	43	49
13	喷嘴出口处冲洗水压/MPa		≥0.3				
14	一台滤网冲洗水量/（m/h）		90	112	133	155	176
15	最大组件起吊高度/m		4	4	4	4	4
16	最大组件起吊质量/kg		3650	3950	4250	4550	5000
17	设计水深20m时1台滤网的总质量/kg	海水	13733	14610	15596	16396	18182
		淡水	14836	15836	17067	18313	20614
18	高度变化1m时滤网增加（减少）质量/kg	海水	366	395	424	454	529
		淡水	402	451	489	538	651
19	淹没深度1m的过水量/（m³/h）		2500	3200	3850	4520	5150
20	预埋件图（检索号 D-SB88）		S6601-08-00	S6602-08-00	S6603-08-00	S6604-08-00	S6605-08-00

生产厂家：沈阳电力机械总厂。

2.3.1.10　无轴螺旋输送机

无轴螺旋输送机主要用于输送污泥、栅渣、半流体物质，可和机械格栅除污机配套使用，详见第三篇 6.3 部分。

2.3.1.11　螺旋压榨机

LY 型螺旋压榨机

1）适用范围。LY 型螺旋压榨机将格栅清污机捞出的水中漂浮物，由螺杆带动进入压榨机主体，在传送过程中被压榨、脱水，最后压渣被卸入收集容器中，使废料更易于运输、填埋及焚烧。

LY 型螺旋压榨机适用于城镇及规划小区污水处理厂，自来水厂和市政各雨、污水泵站的栅渣处理。

2）型号说明

3）设备结构特点。主要包括：a.压榨机由动力装置，压榨机主体，进出料装置，沼气控制箱等几部分构成；b.动力装置采用摆线针轮减速机，结构紧凑，安装维修极为方便；c.压榨机主体由压缩壳螺杆等组成，螺杆由不锈钢材质制造，强度大，极耐腐蚀；d.压榨机具有较低的进料面，使废料由格栅直接进入压榨机，其进料口和螺杆的长度适宜挤压各种

废料；e. 由于设备中没有高速运转的零件，传输螺杆磨损低，设备能耗省，噪声低；f. 废料自进料口由螺杆带动传送，在传送过程中被挤压、脱水，通过出料管，再进入盛料器，废水在压榨机中被挤压分离出后进入水槽而排出。整个工作过程在密闭的钢管中进行，降低了噪声干扰，减少臭味的传播。

外形安装尺寸见图 1-2-39。

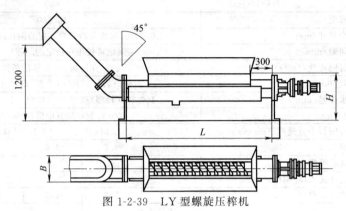

图 1-2-39　LY 型螺旋压榨机

4）设备规格及性能。设备规格参数见表 1-2-40。

表 1-2-40　设备技术参数

型　号		LY—200	LY—300	LY—400
螺杆外径/mm		200	300	400
螺杆转速/(r/min)			5.2	
处理量/(m³/h)		1.0	2.0	4.0
含水量/%	处理前		85～95	
	处理后		40～45	
电机功率/kW		1.1	2.2	4
L/mm		1500	1800	2000
H/mm		430	500	600
B/mm		360	430	560

生产厂家：宜兴市龙桥环保机械有限公司。

2.3.1.12　无轴螺旋输送压榨一体机

ZWLY 型无轴螺旋输送压榨一体机

1）适用范围。ZWLY 型无轴螺旋输送压榨一体机，是一种连续输送物料的短距离设备，在城市给水工程中，它与格栅清污机配套，将格栅清污机排出的物料，经脱水、压榨后，进入接料筒中。

2）型号说明

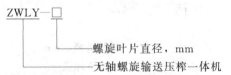

3）设备特点。无轴螺旋输送压榨一体机由驱动装置、壳体、无轴螺旋机、压榨过滤结构、尼龙衬垫、进出料口等主要部件组成。

本设备运行平稳，能耗低，安装方便，易操作维修。

螺旋体叶片由不锈钢制作，强度大，耐腐蚀。

设备外形结构见图 1-2-40。

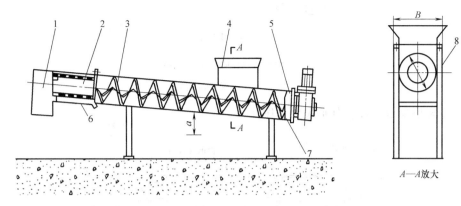

图 1-2-40 设备外形结构

1—出渣口；2—压榨过滤结构；3—螺旋体；4—进料口；5—驱动装置；

6—出水口；7—排水口；8—尼龙衬垫

4）设备规格及性能。设备主要技术参数见表 1-2-41。

表 1-2-41 主要技术参数

型 号	螺旋直径 D/mm	输送量/(t/h)	B/mm
ZWLY—200	200	1.7	280
ZWLY—260	260	3.8	340
ZWLY—300	300	5.7	380
ZWLY—360	360	10	440
ZWLY—400	400	13.6	480

生产厂家：江苏兆盛水工业装备有限公司。

2.3.2 混合设备

混合是将药剂充分、均匀地分散于水体的工艺过程，是取得良好混凝效果的重要前提。混合方式主要有水力混合和机械混合。生产混合设备的厂家主要有美国凯米尼尔有限公司、江苏一环集团公司、南京蓝深泵业集团有限公司、宜兴市华尧浩飞环保设备制造有限公司等。

2.3.2.1 水力混合-静态混合器

水力混合主要有水泵混合和管式混合两种。水泵混合的主要设备为水泵和浮球阀，该部分设备详见第三篇。管式混合的主要设备为管式静态混合器。水力混合设备见表 1-2-42。

表 1-2-42 水力混合设备

序 号	设备类型	产品型号
1	管式静态混合器	GJH 型管道混合器
2		GW 型管式静态混合器
3	搅拌机	JWH 型机械混合搅拌机

（1）GJH 型管道混合器

1）适用范围。主要用于流量变化较小的给水或水处理厂，属于静态混合。适用多股水流（或含泥水流）瞬时混合，完成整体扩散。当在原水中投加絮凝剂后能起到瞬时（10～20s）搅拌分散作用，使絮凝剂均匀扩散并溶解到整个水中。

2) 型号说明

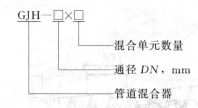

GJH—□×□

混合单元数量

通径 DN，mm

管道混合器

3) 设备规格参数。设备外形尺寸见图 1-2-41。

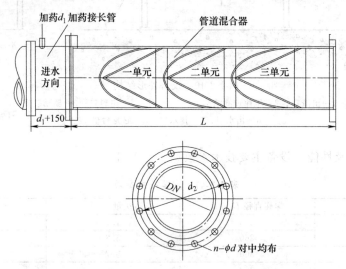

图 1-2-41   GJH 型管道混合器外形尺寸

设备规格参数见表 1-2-43。

表 1-2-43   GJH 型管道混合器规格参数

参数 型号	混合 单元	管长 /mm	推荐加 药管径 d_1/mm	法兰盘		公称压力 /MPa	管内 流速 /(m/s)	每个单元 压力损失 率/%	混合时间 /s
				n-ϕd/mm	d_2/mm				
GJH—100		720	32	4-ϕ18	170				
GJH—250		1250	32	12-ϕ18	335				
GJH—300		1360	32	12-ϕ23	395				
GJH—400		1790	32	16-ϕ23	495				
GJH—500		2100	40	16-ϕ23	600				
GJH—600	3 个	2380	40	20-ϕ26	705	0.25	≤1.2	≤5	5~20
GJH—700		2600	50	24-ϕ26	810				
GJH—800		2900	50	24-ϕ30	920				
GJH—900		3200	65	24-ϕ30	1020				
GJH—1000		3600	65	28-ϕ30	1120				
GJH—1200		4300	70	32-ϕ30	1320				
DN>1200				特殊订货					

生产厂家：江苏天雨集团有限公司。

(2) GW 型管式静态混合器

1) 适用范围。管式静态混合器是用于给水工程的高效混合装置，其混合单体元件以两个为一组，交叉组合，固定在管道内使投加的混凝剂、助凝剂、消毒剂在管道内瞬时混合。

2）型号说明

GW—□

管径，mm
管式静态混合器

3）设备特点。主要包括：a. 不需外加动力；b. 水流通过混合器，产生成对分流，交叉混合和反向旋流，效果显著，混合率达 90％～95％；c. 投资低廉，安装简易，一般不需维修、养护，管理方便，水头损失小；d. 混合器安装应尽量靠近沉淀池。

4）设备规格及性能。GW 型管式静态混合器的主要技术参数见表 1-2-44。

表 1-2-44　主要技术参数

管径 DN /mm	投药口 d /mm	管长 L /mm	法兰尺寸/mm							流速 V /(m/s)	流量 Q /(m³/s)	总损失 Δh /m
			D_0	D	D_1	D_2	b	n	d_0			
50	15	300	57	160	125	100	18	4	18			
100	15	410	100	215	180	155	22	8	18			
150	20	1000	150	280	240	210	24	8	23			
200	25	1100	207	335	295	265	24	8	23	<1	0.03	0.076
250	25	1400	251	390	350	320	26	12	23	<1	0.05	0.079
300	25	1650	300	440	400	368	28	12	23	<1	0.073	0.076
350	25	1800	359	500	460	428	28	16	23	<1	0.01	0.4
400	25	2200	410	566	515	474	30	16	25	<1	0.13	0.67
450	25	2400	464	615	565	532	30	20	25	<1	0.165	0.65
500	32	2600	500	670	620	585	38	20	25	<1.5	0.305	0.91
600	32	3400	614	780	725	685	36	20	30	<1.37	0.4	0.076
700	40	3600	700	895	840	800	36	24	30	<1.56	0.6	0.98
800	40	4200	802	1010	950	905	36	24	34	<1.59	0.8	1.01
900	40	4500	900	1110	1050	1005	36	28	32	<1.57	1.0	0.99
1000	65	5000	1000	1220	1160	1112	34	28	34	<1.53	1.2	0.94
1200	85	6000	1200	1450	1380	1325	48	32	40	<1.6	1.7	1.03
1400	100	7300	1396	1675	1590	1525	54	36	48	<1.6	2.0	1.05

生产厂家：江苏一环集团公司。

2.3.2.2　机械混合

机械混合是通过机械提供能量，改变水体流态，以达到混合目的。机械混合的主要设备为搅拌机。

JWH 型机械混合搅拌机

1）适用范围。机械混合搅拌机是给水、排水工程中投加絮凝剂、助凝剂作瞬时接触混合的设备。

2）型号说明

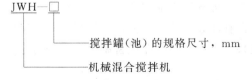

JWH—□

搅拌罐（池）的规格尺寸，mm
机械混合搅拌机

3）设备特点。该搅拌机是高速旋转的桨板（平板涡轮式）并联或串联使用，使投加的絮凝剂得到充分混合，使用方便，效率高，节约矾耗。

4）设备规格及性能。设备规格尺寸见图 1-2-42 和表 1-2-45。

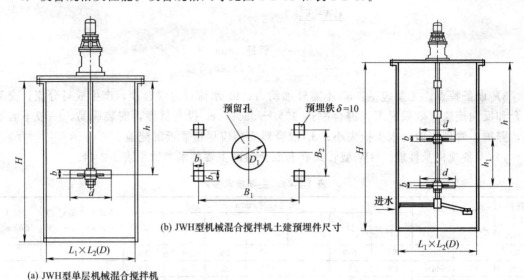

(b) JWH型机械混合搅拌机土建预埋件尺寸

(a) JWH型单层机械混合搅拌机

图 1-2-42　设备规格尺寸

表 1-2-45　设备规格尺寸

规格 型号	混合机长 h /mm	桨叶直径 d /mm	桨叶宽度 b /mm	桨叶间距 h_1 /mm	功率 N /kW	转速 n /(r/min)	桨叶外缘线速 v /(m/s)	混合池尺寸 $L_1 \times L_1(D) \times H$ /m	预埋件尺寸			
									D_1 /mm	B_1 /mm	B_2 /mm	$b_1 \times b_1$ /mm
JWH—1.5×3	1500	310	90	单层	4	300	5	1.5×1.5×3	160	1500	850	150×150
JWH—1.5×2.5	2000	350	40		4	136	2.5	1.5×1.5×2.5	180	1300	250	150×150
JWH—1.5×3	2265	400	110		4	300	6.28	1.5×1.5×3	260	1500	850	100×100
JWH—1.8×3	2265	460	120		5.5	166	4	1.8×1.8×3	580	1800	460	100×100
JWH—2.0×2.5	1350	650	120		5.5	136	4.36	2×2×2.5	830	2300	460	100×100
JWH—1.5×5.5	3500	520	100	800	7.5	167	4.55	1.5×1.5×5.5	700	1800	460	100×100

生产厂家：宜兴市华尧浩飞环保设备制造有限公司。

2.3.3　絮凝设备——搅拌机

絮凝是使胶体在外力扰动下相互碰撞集聚，并形成较大颗粒的过程。絮凝与混合一样分为两大类：水力絮凝和机械絮凝。

水力絮凝简单，但适应水量水质的变化能力差，主要设备为快开排泥阀，此设备详见本篇第3章。

机械絮凝是通过机械带动叶片而使液体搅动从而完成絮凝过程。主要设备为桨式搅拌机，根据搅拌轴的安放位置，可分为横轴式和立轴式，见表 1-2-46。

生产絮凝搅拌机的厂家有江苏一环集团公司、扬州清雨环保设备有限公司、南京蓝深制泵集团股份有限公司、宜兴市华尧浩飞环保设备制造有限公司等。

表 1-2-46　搅拌机

序号	设备类型	产品型号
1	立轴式搅拌机	LJF 型立轴式机械反应搅拌机
2	横轴式搅拌机	WFJ 型絮凝池反应搅拌机

2.3.3.1　立轴式搅拌机

LJF 型立轴式机械反应搅拌机

1) 适用范围。LJF 型立轴式机械反应搅拌机适用于水厂在完全混合之后的反应搅拌，使药剂在水体中结成絮凝绒体。

2) 型号说明

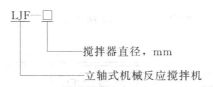

3) 设备规格及性能。设备外形及安装尺寸见图 1-2-43。

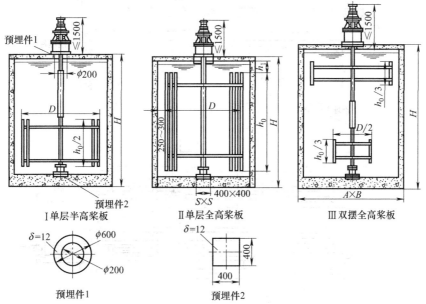

图 1-2-43　LJF 型立轴式机械反应搅拌机外形及安装尺寸

设备性能、外形及安装尺寸见表 1-2-47。

表 1-2-47　LJF 型立轴式机械反应搅拌机性能、外形及安装尺寸

型号 \ 参数	池子尺寸/m $A \times B$（长×宽）	H	搅拌器尺寸/mm D	h_0	h_1	搅拌功率/kW Ⅰ	Ⅱ	Ⅲ	搅拌器速度/(r/min) Ⅰ	Ⅱ	Ⅲ
LJF—1700	2.2×2.2	3.4	1700	2600	400	0.75	0.37	0.37	8	4	3.4
LJF—2875	3.25×3.25	4.0	2875	3500	350	0.75	0.37	0.37	5.9	3.9	3.2
LJF—3000	3.5×3.5	3.55	3000	2200	550	0.37	0.25	0.18	3.8	2.8	1.78
LJF—3800	4.3×4.3	3.4	3580	1200	550	0.75	0.37	0.37	3.9	2.5	1.5
LJF—4200	4.7×4.7	4	3580	1400	550	0.75	0.37	0.37	3.9	3.2	2.5

生产厂家：江苏一环集团有限公司。

2.3.3.2　横轴式机械搅拌机

WFJ 型絮凝池反应搅拌机

1) 适用范围。用于混凝过程的絮凝阶段，使胶体颗粒絮凝形成较大的颗粒，以利沉淀。

2) 型号说明

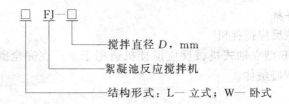

□ FJ—□

搅拌直径 D，mm
絮凝池反应搅拌机
结构形式：L— 立式；W— 卧式

3）设备规格及性能。设备外形如图 1-2-44 所示。

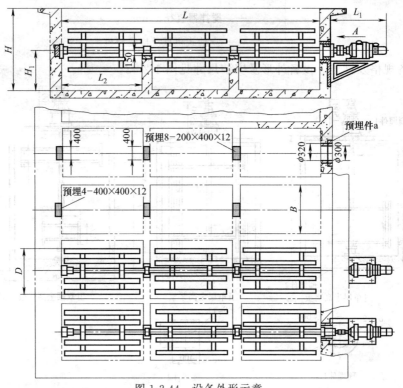

图 1-2-44　设备外形示意

设备性能参数如表 1-2-48 所列。

表 1-2-48　设备性能参数

参数 型号 规格	功率 /kW				转速 /(r/min)				L_1 /mm				搅拌器 直径 D /mm	桨板长 度 L_2 /mm	H_1 /mm	絮凝池尺寸 /m		
	Ⅰ	Ⅱ	Ⅲ	Ⅳ	Ⅰ	Ⅱ	Ⅲ	Ⅳ	Ⅰ	Ⅱ	Ⅲ	Ⅳ				L	H	B
WFJ—2900	4	1.5	0.75	0.75	5.2	3.8	2.5	1.8	1130	930	890	890	2900	3500	1700	11.8	4.3	3
WFJ—3000	7.5	3	1.5	1.5	5.2	3.8	2.5	1.8	1160	1100	1060	1150	3000	4000	1750	18.5	4.2	3.6

生产厂家：扬州清雨环保设备有限公司。

2.3.4　沉淀池——排泥设备

沉淀池主要使用的机械设备为排泥设备，主要用于将沉淀在池底的污泥刮吸排除。根据池型不同主要分为刮泥机和吸泥机两大类，刮泥机主要用于将沉淀在池底的污泥刮集至积泥坑，以便污泥回流或浓缩脱水，并将池面浮渣撇向集渣斗，通过浮渣漏斗排出池外，以便进一步处理。排泥设备主要生产厂家有江苏天雨集团有限公司、无锡市通用机械厂有限公司、江苏天鸿环境工程有限公司、唐山清源环保机械股份有限公司、宜兴泉溪环保有限公司、宜兴凌泰集团、扬州市天河水务设备有限公司等。排泥设备分类见表 1-2-49。

表 1-2-49 排泥设备分类

序号	池型	排泥设备类型		排泥设备型号
1	辐流式沉淀池	刮泥机	中心转动/刮泥机	ZXG 型中心传动刮泥机
2			周边传动刮泥机	ZBG 型周边传动刮泥机
3	斜管/斜板		潜水式刮泥机	QG 型钢丝绳牵引刮泥机
4	平流沉淀池	吸泥机	虹吸式桁车吸泥机	SX 型平流式沉淀池虹吸式吸泥机
5			泵吸式桁车吸泥机	SB 型平流式沉淀池泵吸式吸泥机

2.3.4.1 虹吸式桁车吸泥机

SX 型平流式沉淀池虹吸式吸泥机

1）适用范围。SX 型平流式沉淀池虹吸式吸泥机是沉淀池常用的机械排泥装置之一，广泛适用于给排水工程设置于地表或半地下的平流沉淀池沉积污泥的刮吸排除，尤其适用于作斜管（板）矩形沉淀池的沉淀污泥排除。

2）型号说明

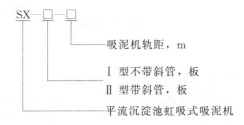

3）设备特点。主要包括：a. 利用虹吸排泥，运行平稳，能耗省；b. 设备结构简单，并简化沉淀池结构，节省工程投资；c. 边行走、边吸泥、往返工作，对污泥干扰小，排泥效果好；d. 根据污泥沉淀情况，可调整工作行程和排泥次数，提高沉淀效果；e. 自动化程度高，操作维护管理方便，不易发生故障。

SX—Ⅰ型外形结构见图 1-2-45。

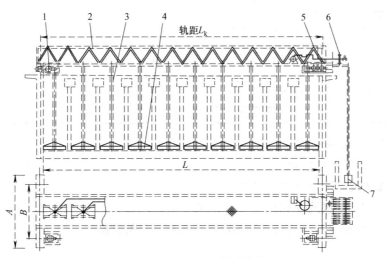

图 1-2-45 SX—Ⅰ型外形结构

1—端梁及驱动机构；2—主梁；3—虹吸系统；4—集泥器；5—钢轨；6—抽真空系统；7—水封

SX—Ⅱ型外形结构见图 1-2-46。

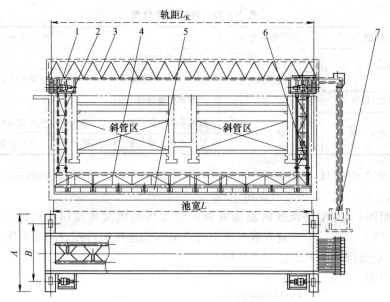

图 1-2-46　SX—Ⅱ型外形结构

1—端梁及驱动机构；2—吊梁；3—主梁；4—虹吸系统；5—集泥器；6—潜水泵抽真空系统；7—水封

4）设备规格及性能。SX 型平流式沉淀池虹吸式吸泥机主要技术参数见表 1-2-50。

表 1-2-50　SX 型平流式沉淀池虹吸式吸泥机主要技术参数

型号	外形尺寸/mm				行走速度 /(m/min)	驱动		安装轨道
	池宽	轨距 L_K	A	B		功率/kW	方式	
SX—4.0	3700	4000	2100	1500		0.55	中心驱动	15kg/m
SX—6.0	5700	6000	2100	1500				
SX—8.0	7700	8000	2500	1900		0.55×2		
SX—10	9700	10000	2500	2000				
SX—12	11700	12000	2600	2000				
SX—14	13700	14000	2600	2000			两边同 步驱动	
SX—16	15700	16000	2600	2000	1.0~1.5			22kg/m
SX—18	17700	18000	2600	2300				
SX—20	19700	20000	3000	2300				
SX—24	23700	24000	3000	2300		0.75×2		
SX—26	25700	26000	3000	2300				
SX—28	27700	28000	3200	2500				
SX—30	29700	30000	3200	2500				

生产厂家：江苏一环集团有限公司。

2.3.4.2　泵吸式桁车吸泥机

SB 型平流式沉淀池泵吸式吸泥机

1）适用范围。泵吸式吸泥机是沉淀池的主要排泥设备之一，广泛适用于给排水工程，尤其对地面与地面相对高度较低的矩形沉淀池池底污泥的排除。

2）型号说明

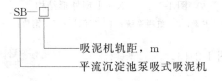

3）设备特点。往返工作，边行走边吸泥，并可根据沉淀池池底污泥沉积情况调整排泥次数及工程，排泥可靠，边刮边吸，对沉积污泥干扰小，提高沉淀效果；缩减池子地面高度，简化池子结构，降低工程造价，自动化程度高，操作维护管理方便，运行安全。

SB 型平流式沉淀池泵吸式吸泥机结构见图 1-2-47。

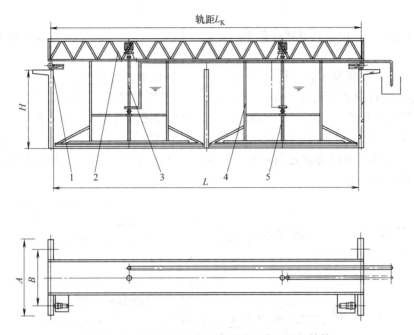

图 1-2-47　SB 型平流式沉淀池泵吸式吸泥机结构
1—端梁及驱动机构；2—主梁；3—泥浆泵；4—集泥架；5—泵吸系统

4）设备规格及性能。规格及主要技术参数见表 1-2-51。

表 1-2-51　SB 型平流式沉淀池泵吸式吸泥机规格及主要技术参数

型号	外形尺寸/mm				行走速度 /(m/min)	驱动		安装轨道
	池宽	轨距 L_K	A	B		功率/kW	方式	
SB—3.7	3400	3700	2100	1600		0.55	中心驱动	15kg/m
SB—4.8	4500	4800	2200	1600				
SB—6.3	6000	6300	2500	2250				
SB—8.0	7700	8000	2500	2250				
SB—10	9700	10000	3000	2300		0.55×2		
SB—12	11700	12000	3000	2300				
SB—14	13700	14000	3000	2300	1.0～1.5		两边同 步驱动	22kg/m
SB—16	15700	16000	3250	2600				
SB—18	17700	18000	3250	2600				
SB—20	19700	20000	3550	2900				
SB—24	23700	24000	3700	3100		0.75×2		
SB—26	25700	26000	3920	3300				
SB—28	28700	28000	4120	3500		1.10×2		

生产厂家：江苏一环集团有限公司。

2.3.4.3　潜水式刮泥机

QG 型钢丝绳牵引刮泥机

1）适用范围。适用于给水厂斜板（管）平流式沉淀池的刮泥。

2）型号说明

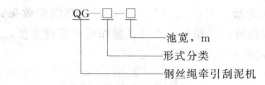

3）设备特点。该设备具有适应范围广、结构简单、操作方便、运行安全可靠、占用辅助面积少、自动化程度高等特点。

该机按其运行位置及工艺结构分为 A 型、B 型和 C 型 3 种类型。

① A 型。由行走式刮泥机、卷筒、钢丝绳、行程控制机构、减速驱动机构、导向滑轮和张紧装置等部件组成。刮泥车由单钢丝绳在驱动机构通过卷筒、导向滑轮的传动和行程控制机构的作用，牵引其往返单向或双向刮泥。行程控制机构为梯形螺杆与卷筒同转，根据池长与卷筒所对应钢丝绳的卷数进行调整，可用于斜板（管）平流式沉淀池单池的刮泥。A 型外形结构见图 1-2-48。

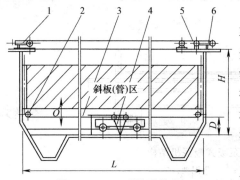

图 1-2-48　A 型外形结构

1—张紧装置；2—导向滑轮；3—钢丝绳；
4—行走式刮泥机；5—钢丝绳卷筒；
6—减速驱动机构及行程控制机构

② B 型。由刮泥机、轨道、钢丝绳、导向轮、驱动绳轮、从动绳轮、张紧重锤、集油管、行程开关、撞块等部件组成。刮泥机上部装有刮渣板在池面导轨上行走，采用摩擦轮转动钢丝绳牵引，两行程开关分别安装在池子两头，其工作原理与 A 型相同，适用于不设斜板（管）单列平流沉淀池的刮泥，并可同时对液面进行撇渣刮油。

③ C 型。结构基本与 A 型相同，其最大特点是由一台驱动卷扬装置通过双钢丝绳同时牵引两台刮泥车在池底交错往返运行，单向刮泥用于斜板（管）平流沉淀池并列布置的刮泥。

4）设备规格及性能。性能规格参数见表 1-2-52。

表 1-2-52　性能规格参数

型号	电机功率/kW	行速/(m/min)		适用沉淀池尺寸/m	
				最大长度	最大宽度
QG—A	0.55~1.1	1		40	10
QG—B	<0.55				
QG—C	0.75	定速型	1	25	6
		调速型	0.4~1.35		

生产厂家：江苏一环集团有限公司。

2.3.4.4　周边传动刮泥机

ZBG 型周边传动刮泥机

1）适用范围。ZBG 型周边传动刮泥机广泛用于给排水工程中较大直径的辐流式沉淀池排泥。

2）型号说明

3）设备特点。ZBG 型周边传动刮泥机由摆线针轮减速机直接带动车轮沿池周平台做圆周运动，池底污泥由刮板刮集到集泥坑后，通过池内水压将污泥排出池外。本机采用中心配水，中心排泥，液面可加设浮渣刮、集装置，起刮泥撇渣两种作用。本机行走车轮分钢轮和胶轮两种，当采用钢轮时，池周需铺设钢轨，钢轨型号按表 1-2-67 中所列周边压轮值选取，并按有关规范铺设；当采用胶轮时，池周需制作成水磨石面。

4）设备规格及性能。ZBG 型周边传动刮泥机外形见图 1-2-49。

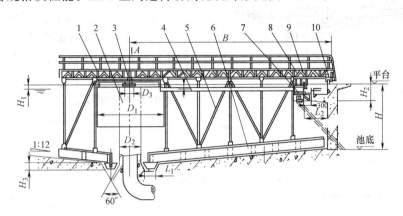

图 1-2-49　ZBG 型周边传动刮泥机外形

1—工作桥；2—导流筒；3—中心支座；4—浮渣刮板；5—桁架；6—刮板；

7—渣斗；8—浮渣耙板；9—冲洗机构；10—驱动装置

ZBG 型周边传动刮泥机性能见表 1-2-53。

表 1-2-53　ZBG 型周边传动刮泥机性能

型号	池径 ϕ/m	功率 /kW	周边线速 /(m/min)	推荐池深 H/mm	周边压轮 /kN	周边轮中心 ϕ_1/m
ZBG—14	14	1.1	2.14	3000~5000	18	14.36
ZBG—16	16	1.1	2.14	3000~5000	18	16.36
ZBG—18	18	1.1	2.2	3000~5000	20	18.36
ZBG—20	20	1.5	2.34	3000~5000	25	20.36
ZBG—24	24	1.5	3.0	3000~5000	35	24.36
ZBG—28	28	1.5	3.0	3000~5000	50	28.4
ZBG—30	30	2.2	3.2	3000~5000	60	30.4
ZBG—35	35	2.2	3.2	3000~5000	75	35.4
ZBG—40	40	2.2	40	3000~5000	80	40.5
ZBG—45	45	3.0	4.5	3000~5000	86	45.5
ZBG—55	55	3.0	4.5	3000~5000	95	55.5

生产厂家：无锡通用机械厂。

2.3.4.5　中心传动刮泥机

ZXG 型中心传动刮泥机

1）适用范围。ZXG 型中心传动刮泥机广泛用于池径较小的给排水工程中辐流式沉淀池的刮泥。

2）型号说明

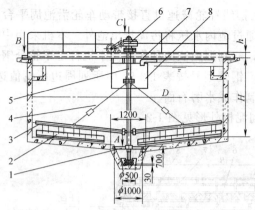

图 1-2-50　ZXG 型中心传动刮泥机外形尺寸
1—水下轴承；2—刮泥板；3—刮臂；4—拉杆；
5—主轴；6—传动装置；7—工作桥；8—稳流筒

主参数：池径，m

刮泥机

运行方式代号 ZX 为中心传动

3）设备结构与特点。ZXG 型中心传动刮泥机又称悬挂式中心传动刮泥机，其整机载荷都作用在工作桥中心。其结构由传动装置、工作桥、稳流筒、主轴、拉杆、刮臂、刮泥板、水下轴承等部件组成。

4）设备规格及性能。外形尺寸见图 1-2-50 。

ZXG 型中心传动刮泥机性能见表 1-2-54。

表 1-2-54　ZXG 型中心传动刮泥机性能

型号	池径 D/m	刮泥板外缘线速度/(m/min)	电动机功率/kW	推荐池深 H/m	工作桥高度 h/mm	质量/kg
ZXG—4	4	1.80	0.37		250	
ZXG—5	5	2.2			250	
ZXG—6	6	2.0		3.5	300	
ZXG—7	7	2.0	0.55		300	
ZXG—8	8	2.6			300	
ZXG—10	10	2.2			320	
ZXG—12	12	2.6	0.75	4.0	400	
ZXG—14	14	2.5			400	
ZXG—16	16	2.9			450	

生产厂家：江苏天雨集团有限公司。

2.3.5　澄清池设备

2.3.5.1　传统澄清设备

机械搅拌澄清池是利用机械搅拌的提升和搅拌作用促使泥渣循环完成泥渣回流和接触反应，使原水中杂质颗粒与泥渣接触絮凝和分离沉淀，主要配套设备有搅拌机和各类排泥装置，主要生产厂家有江苏天雨集团有限公司、江苏一环集团有限公司、江苏天鸿环境工程有限公司、扬州市天河水务设备有限公司、宜兴亨达环保有限公司、宜兴市裕华环保设备厂等。

BJ、GJ、JJ 型机械加速澄清池搅拌机、刮泥机

1）适用范围。主要包括：a. 该类型设备具有反应与沉淀双重功能，适用于中小型生活饮用水的澄清处理，一般当进水悬浮物含量不超过 1000mg/L、短时间不超过 3000mg/L 时，可不设置机械刮泥，当进水悬浮物含量经常超过 1000mg/L、短时间不超过 10000mg/L 时，需采用机械刮泥机；b. 当池径 $\phi > 24$m 时必须设置机械刮泥部分；c. 当悬浮物经常超过 5000mg/L 时应加预沉池；d. 出水浊度一般不大于 10mg/L，短时间不大于 50mg/L；e. 进水温度变化应不大于 2℃；f. 后续一般需配套无阀滤池，悬浮物含量可至 3～5mg/L；g. 可设计成带斜板或斜管形式，以提高沉淀效果。

2）型号说明

公称水量，m³/h

型号

BJ—机械加速澄清池搅拌机（无机械刮泥部分）；GJ—机械加速澄清池刮泥机（无机械搅拌部分）；JJ—机械加速澄清池搅拌、刮泥机。

3）设备特点。主要包括：a. 采用调速电机驱动的蜗轮杆传动平稳、噪声小，速度和开度均可调节以满足不同工况的要求；b. 公称水量不超过 600m³/h 的刮泥传动装置采用摆线加蜗轮蜗杆传动，并与搅拌机采用套轴结构以节约材料；c. 由于回流提升作用，散失污泥得到第二次絮凝反应，提高了沉淀效果；d. 出水采用辐条结构，均匀清澈；e. 复合式的池形结构，使整个工艺容积负荷更高；f. 公称水量在 600～2200m³/h 范围的一般采用销齿传动形式，刮泥机与搅拌机独立工作，刮泥机采用销齿后，传动力矩大，且有脉冲观测、控制装置，防止水下事故发生。

4）设备规格及性能。BJ20～120 外形尺寸见图 1-2-51 和表 1-2-55。

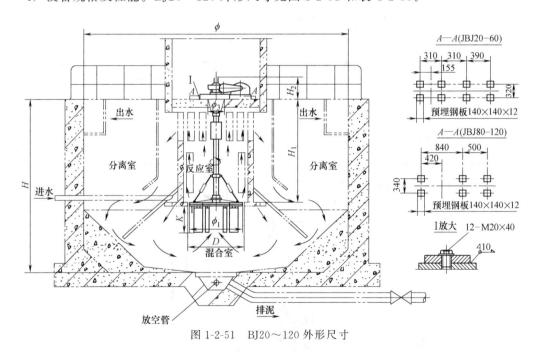

图 1-2-51　BJ20～120 外形尺寸

表 1-2-55　BJ20～120 外形尺寸　　　　　　　　单位：mm

尺寸 型号	H	H_2	D	ϕ_3
BJ20	3130	825	680	—
BJ40	3130	873	960	—
BJ60	3130	845	1160	—
BJ80	3130	781	1300	600
BJ120	3130	801	1560	600

JJ200～600 外形尺寸见图 1-2-52 和表 1-2-56。

JJ800～2200 外形尺寸见图 1-2-53 和表 1-2-57。

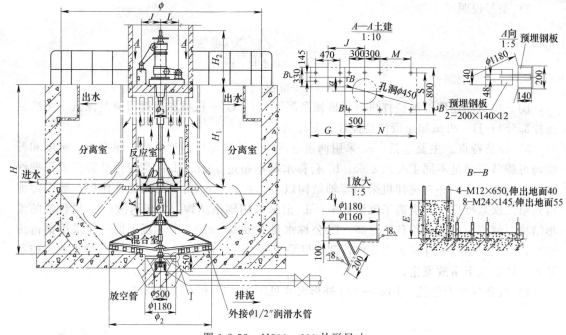

图 1-2-52　JJ200~600 外形尺寸

表 1-2-56　　JJ200~600 外形尺寸　　　　　　　　　　　单位：mm

尺寸 型号	H	H_2	D	ϕ_3	E	G	J	L	M	P	N	a	S
JJ200	2750	1945	2060	450	610	670	738	696	611	380	1400	184	600
JJ320	2750	1945	2060	450	610	670	738	696	611	380	1400	184	600
JJ430	2750	2370	2560	450	600	600	800	810	805	500	1750	235	630
JJ600	2850	2370	2560	450	600	600	800	810	805	500	1750	235	630

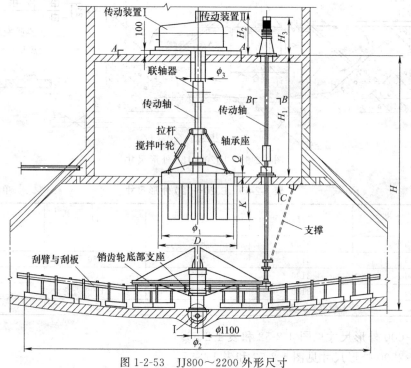

图 1-2-53　JJ800~2200 外形尺寸

表 1-2-57　JJ800～2200 外形尺寸　　　　单位：mm

尺寸 型号	H_1	H_2	H_3	D	ϕ_3	R	a	b	c	d	e	f	R_1
JJ—800	3060	1480	1160	3560		2144	1375	800	361	1150	504	380	1370
JJ—1000	3350												
JJ—1330	3550	1712	1419	4560	450	2563	1425	850	494	1190	536	420	2100
JJ—1800	4050												
JJ—2200	4950	1762	1495	4860		2891	1520	800	494	1190	640	300	2110

BJ、GJ、JJ 型机械加速澄清池搅拌机、刮泥机技术性能见表 1-2-58。

表 1-2-58　BJ、GJ、JJ 型机械加速澄清池搅拌机、刮泥机技术性能

参数 公称水量 /(m³/h)	池径 ϕ/m	池深 H/m	总容积 /m³	搅拌机						刮泥机		
				功率 /kW	叶轮直径 ϕ_1/m	叶轮高度 K/mm	开启度 Q/mm	外缘线速 /(m/min)		功率 /kW	刮管直径 ϕ_2/m	外缘线速 /(m/min)
20	3.1	4.7	29	0.75	0.62	550	0～60			—	—	—
40	4.5	5.0	66	0.75	0.90	600	0～70			—	—	—
60	5.5	5.13	101	0.75	1.10	700	0～80			—	—	—
80	6.2	5.15	130	1.5	1.24	750	0～90			—	—	—
120	7.5	5.15	193	1.5	1.50	800	0～110			—	—	—
200	9.8	5.3	315	3.0	2.0	850	0～110	0.5～1.5		0.75	6.0	
320	12.4	5.5	504	3.0	2.0	850	0～170			0.75	7.5	
430	14.3	6.0	677	4.0	2.5	1100	0～175			0.75	9.0	
600	16.9	6.35	945	4.0	2.5	1100	0～245			0.75	10.5	1.5～3.5
800	19.5	6.85	1260	5.5	3.5	1200	0～230			1.5	12.0	
1000	21.8	7.2	1575	5.5	3.5	1300	0～290			1.5	13.5	
1330	25.0	7.5	2095	7.5	4.5	1300	0～300			1.5	15.0	
1800	29.0	8.0	2835	7.5	4.5	1300	0～410			1.5	17.0	
2200	31.0	9.35	3200	11	4.8	1300	0～420			2.2	18.2	

生产厂家：江苏天雨集团有限公司。

2.3.5.2　改进型澄清池设备

机械搅拌澄清池设备包括搅拌机和刮泥机，各类排泥装置，如电磁排泥快开阀、电磁排泥虹吸装置或橡皮斗阀、刮泥机、排泥泵等。

（1）机械搅拌澄清池搅拌机

搅拌机是机械搅拌澄清池的核心设备，现有搅拌机可分为搅拌型叶轮搅拌机和加速型叶轮搅拌机，加速型叶轮为引进的新型叶轮，两类叶轮均实现了系列化。改进型机械搅拌澄清池与传统机械搅拌澄清池的差异也体现在搅拌机上，主要体现在搅拌机的叶轮形式及安装位置。

两类叶轮安装位置如图 1-2-54、图 1-2-55 所示。

叶轮为搅拌机的核心部件，传统型机械搅拌澄清池搅拌机叶轮尺寸一般较大，转速较慢，通过桨叶旋转进行搅拌，通过叶轮旋转进行提升。改进型机械搅拌澄清池搅拌机通过叶轮旋转同时实现搅拌和提升的作用，其尺寸一般较小，转速较高，传统型机械搅拌澄清池规格可分为 13 个型号。因此将传统型机械搅拌澄清池搅拌机命名为搅拌型叶轮搅拌机，将改进型机械搅拌澄清池命名为加速型叶轮搅拌机，改进型机械搅拌澄清池规格可分为 8 个型号。两叶轮结构如图 1-2-56、图 1-2-57 所示，所对应的规格见表 1-2-59、表 1-2-60。

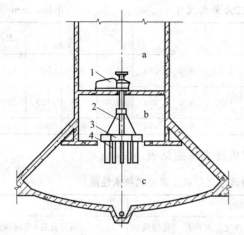

图 1-2-54　搅拌型（传统型）叶轮搅拌机安装示意

1—驱动装置；2—主轴；3—叶轮；4—搅拌桨；

a—机器间；b—第二反应室；c—第一反应室

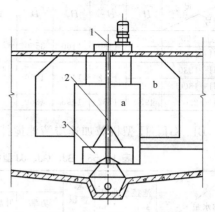

图 1-2-55　加速型（改进型）叶轮搅拌机安装示意

1—驱动装置；2—主轴；3—叶轮；

a—第一反应室；b—第二反应室

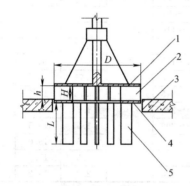

图 1-2-56　搅拌型（传统型）叶轮结构示意

1—叶轮上盖板；2—叶轮叶片；3—构筑物；4—叶轮下盖板；

5—搅拌桨；h—叶轮开度；H—叶轮出水口宽度；

D—叶轮直径；L—搅拌桨长度

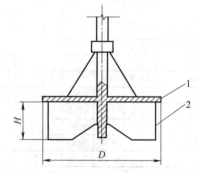

图 1-2-57　加速型（改进型）叶轮结构示意

1—叶轮上盖板；2—叶轮叶片；

H—叶轮出水口宽度；D—叶轮直径

表 1-2-59　搅拌型（传统型）叶轮搅拌机的规格及基本参数

公称水量 /（m³/h）	叶轮直径 /mm	叶轮转速 /（r/min）	叶轮出水口宽度 /mm
20	620	15.0～28.9	60
40	900	12.0～23.5	70
60	1100	11.0～20.7	80
80	1240	10.0～19.3	90
120	1500	8.0～16.2	110
200	2000	4.5～14.5	110
320			170
430	2500	3.5～11.5	175
600			245
800	3500	3.0～8.5	230
1000			290
1330	4500	2.0～6.2	300
1800			410

表 1-2-60　加速型（改进型）叶轮搅拌机的规格及基本参数

公称水量/(m³/h)	叶轮直径/mm	叶轮转速/(r/min)	叶轮出水口宽度/mm
200	1400	6～25	360
320			420
430	1800	5～23	500
600			520
800	2300	4～18	540
1000			560
1330	2800	4～15	580
1800			600

机械搅拌澄清池搅拌机材料可按表 1-2-61 选用。

表 1-2-61　搅拌机材料

名称	材料	牌号	标准
主轴	不锈钢	06Cr19Ni10、20Cr13	GB/T 1220、GB/T 14975
	碳素结构钢	Q235	GB/T 700
	优质碳素结构钢	20、45	GB/T 699
叶轮、搅拌桨	不锈钢	06Cr19Ni10	GB/T 3280、GB/T 4237
	碳素结构钢	Q235	GB/T 700
蜗杆	优质碳素结构钢	45	GB/T 699
蜗轮轮缘	铸造铜合金	ZCuAl10Fe3	GB/T 1176
减速器箱体、蜗轮轮毂、V 带轮	灰铸铁	HT275、HT300	GB/T 9439
螺栓、螺母	不锈钢	06Cr19Ni10、022Cr17Ni12Mo2	GB/T 1220
	碳素结构钢	Q235	GB/T 700
	优质碳素结构钢	35、45	GB/T 699

机械搅拌澄清池搅拌机的规格、基本参数、材料、要求、试验方法等可参考《机械搅拌澄清池搅拌机》（CJ/T 81—2015）。

（2）机械搅拌澄清池刮泥机

机械搅拌澄清池刮泥机分为弧形池底中心传动刮泥机、直线形池底中心传动刮泥机、销齿传动刮泥机三种类型，传统型机械搅拌澄清池多采用弧形池底中心传动刮泥机，小部分采用销齿传动刮泥机，而改进型机械搅拌澄清池多采用直线形池底中心传动刮泥机。

机械搅拌澄清池刮泥机的规格、基本参数、材料、要求、试验方法等可参考《机械搅拌澄清池搅拌机》（CJ/T 82—2015）。

同轴搅拌机及刮泥机的驱动为一体化设计，因此生产中可将同轴搅拌机及刮泥机按照一整套设备进行生产、采购及安装。

（3）改进型机械搅拌澄清池成套设备

改进型机械搅拌澄清池将传统机械搅拌澄清池内的混凝土结构用钢结构代替，并与其他设备采用机械连接，形成改进型机械搅拌澄清池的成套化设备。

机械搅拌澄清池在市政水处理行业多按照标准化规模设计，上文中的规格是按照公称水量进行区分，设计中可按照处理水量设计选型。

改进型机械搅拌澄清池成套设备规格多样，其中江苏一环集团有限公司生产的改进型机械搅拌澄清池（见图 1-2-58、表 1-2-62）传统设备有如下规格。

套轴式搅拌刮泥机：　　　JJ－(G)－□

└─────── 设备直径，m

套轴搅拌刮泥机专利号：ZL 2013 1 0635845.3

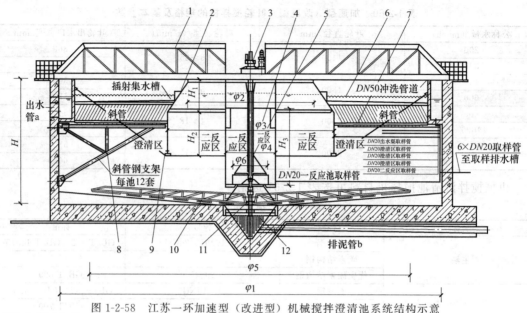

图 1-2-58　江苏一环加速型（改进型）机械搅拌澄清池系统结构示意

1—工作平台；2—第一反应室；3—驱动装置；4—第二反应室；5—搅拌机；6—集水槽；

7—斜管；8—斜管钢结构支撑；9—吊杆；10—刮臂；11—刮泥机；12—底刮板

驱动装置专利号：ZL 2013 1 0636151.1

表 1-2-62　江苏一环改进型机械搅拌澄清池尺寸规格

型号尺寸	JJ(G)-18	JJ(G)-19	JJ(G)-20	JJ(G)-21	JJ(G)-22	JJ(G)-23	JJ(G)-24	JJ(G)-25
φ_1	18000	19000	20000	21000	22000	23000	24000	25000
φ_2	5760	5760	7300	7300	7300	8230	8230	8230
φ_3	8000	8000	9800	9800	9800	10820	10820	10820
φ_4	2800	2800	3200	3200	3200	3520	3520	3520
φ_5	17030	18000	19380	19680	20500	22500	23000	23500
φ_6	1950	1950	2000	2000	2000	2600	2600	2600
H	6450	6450	6450	6450	6450	6450	7240	7240
H_1	1200	1200	1200	1200	1200	1620	1680	1680
H_2	3000	3000	3000	3000	3000	3000	3486	3486
H_3	5000	5000	5000	5000	5000	4710	5000	5000
搅拌机	功率：11kW,减速机选用进口品牌							
刮泥机	0.55kW,减速机选用进口品牌				0.75kW,减速机选用进口品牌			

生产单位：江苏一环集团有限公司。

江苏天雨集团有限公司生产的改进型机械搅拌澄清池结构及尺寸规格如图 1-2-59、表 1-2-63 所示。

表 1-2-63　江苏天雨改进型机械搅拌澄清池结构及尺寸规格

序号	型号	直径/mm	二反直径/mm	一反直径/mm	叶轮直径/mm	转速/(r/min)
1	JJC5	5000	2500	1800	1200	5～20
2	JJC9.8	9800	4500	2000	1600	4～30
3	JJC12.4	12400	6000	2200	1600	5～20
4	JJC15	15000	9200	3000	2300	4～18
5	JJC16	16000	7500	2800	2000	5～20
6	JJC22	22000	9200	3000	2280	4～18
7	JJC23	23000	10800	3250	2280	4～18
8	JJC23.17	23170	10800	3260	2280	4～18
9	JJC25	25000	10800	3250	2280	4～12
10	JJC29	29000	10800	3250	2280	4～18
11	JJC36	36000	10800	3250	2280	4～18

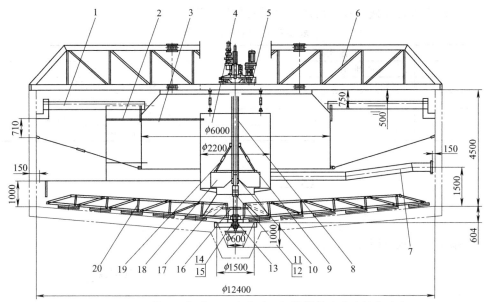

图 1-2-59　江苏天雨加速型（改进型）机械搅拌澄清池结构示意

1—集水槽；2—取样管；3—第二反应室；4—第一反应室；5—驱动装置；
6—工作桥；7—进水管道；8—搅拌机轴；9—刮泥机轴一；10—叶轮导向轴承；
11—夹壳联轴器 130；12—刮泥机轴二；13—底部轴承组合；14—刮泥机臂托架支撑夹；15—刮泥机臂托架；
16—角度调整夹；17—第一反应室延长段；18—搅拌叶轮；19—叶轮拉杆；20—刮泥机臂

生产单位：江苏天雨集团有限公司。

以上两家公司改进型机械搅拌澄清池成套设备特点如下。

① 澄清池按照普通的辐流式沉淀池结构，土建结构简单，施工方便。一反应室、二反应室采用钢结构，加大了澄清池的容量。

② 一反应室直径缩小，加大了分离、澄清区的平面空间。

③ 分离、澄清区沉淀的泥渣直接由刮泥板刮集至中心集泥坑，避免泥渣向下滑行时产生波动。

④ 一反应室向池底延伸，同时在一反应室下端设置导流装置，叶轮可直接将集泥坑上部的泥渣提升循环。

⑤ 一反应室内设置隔板，保证混合效果。

⑥ 缩小叶轮直径，提高叶轮转速保证提升流量。

⑦ 减速机与回转支承直联传动，传动效率高。

2.3.6　气浮设备

2.3.6.1　气浮池配套设备

气浮池配套设备包括压力溶气罐、刮渣机、溶气释放器、空压机和阀门等（表 1-2-64）。空压机和阀门请详见第三篇，本节中主要介绍压力溶气罐、刮渣机和溶气释放器，主要生产厂家有江苏大禹环保工程有限公司、洛阳毅腾环保工程有限公司、江苏天雨集团有限公司、无锡市正清环境保护设备厂、无锡工源机械有限公司、江苏一环集团有限公司、扬州市天河水务设备有限公司、江苏天鸿环境工程有限公司等。

（1）TR 型溶气罐

1）适用范围。一般与空压机、水泵等组成溶气系统，是气浮系统中重要的组成部分，压缩空气与压力水在溶气罐中通过传质、扩散、溶解过程，使空气大量溶于水中，形成溶气水，进入气浮主机，经减压释放后产生大量的微细气泡。

表 1-2-64　气浮配套设备

序　号	设 备 类 型	设 备 型 号
1	压力溶气罐	TR 型溶气罐
2	刮渣/刮沫机	XGZ 行车式刮渣机
3		SD 型刮沫机
4	溶气释放器	FD 系列高效防堵塞型溶气释放器
5		TJ 型释放器

2）型号说明

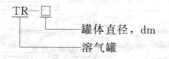

TR—□
　　　└── 罐体直径，dm
　└── 溶气罐

溶气罐工艺流程见图 1-2-60。

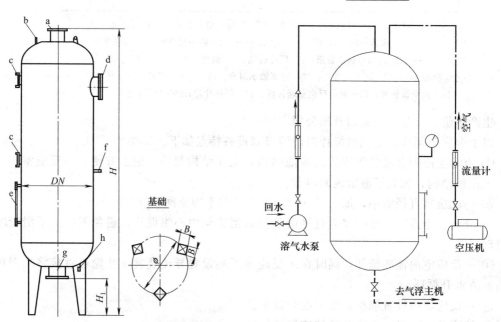

图 1-2-60　溶气罐工艺流程

a—进水管；b—进气管；c，d—人孔/手孔；e—液位计；f—放气管；g—出水管；h—放空管

3）设备规格及性能。设备技术参数见表 1-2-65。

生产厂家：江苏大禹环保工程有限公司。

（2）XGZ 行车式刮渣机

1）适用范围。XGZ 系列行车式刮渣机是水处理设施的配套设备，适用于刮除气浮处理工艺中产生的浮渣。刮渣机往返运行在长方形的气浮分离池的上方轨道上，前进时依靠刮板将漂浮在池面上的浮渣刮至排污槽内，后退时刮板抬起。

2）工作原理图。设备工作原理见图 1-2-61。

3）设备外形图。设备外形见图 1-2-62。

4）设备规格及性能。设备规格性能见表 1-2-66。

表 1-2-65　设备技术参数

型号 参数	过流量/(m³/h)	直径DN/mm	高度H/mm	H_1/mm	ϕ/mm	接管 DN/mm								预埋板$B \times B \times \delta$/mm
						a	b	c	d	e	f	g	h	
TR—2	3～6	200	2550	300	205	70	15	125		15	15	70	20	
TR—3	7～12	300	3180	340	305	70	15	125		15	15	70	25	
TR—4	13～24	400	3315	400	362	80	15	125		15	15	80	25	
TR—5	20～36	500	3446	500	463	100	15	125	200	15	15	100	25	200×200×12
TR—6	31～53	600	3525	500	563	120	15	125	200	20	15	125	32	
TR—7	43～70	700	3630	550	665	150	15	125	200	20	15	150	32	
TR—8	59～94	800	3765	600	500	150	15	125	450	20	20	150	40	
TR—9	76～115	900	3950	600	580	150	15	125	450	20	20	150	50	
TR—10	96～145	100	4130	600	630	200	15	125	450	20	20	200	50	
TR—12	119～210	1200	4277	668	790	200	15	125	450	20	20	200	50	
TR—14	185～288	1400	4300	564	900	200	15	125	450	20	20	200	50	250×250×16
TR—16	240～375	1600	4530	660	1050	250	15	125	450	20	20	250	50	

注：1. 溶气罐工作压力为 0.3～0.5MPa。

2. 3 块预埋钢板沿中心均布。

3. 选型时过水流量按气浮处理量的 15%～30% 选取。

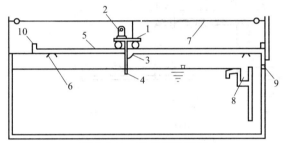

图 1-2-61　设备工作原理

1—行车；2—驱动装置；3—翻板机构；4—刮板；5—导轨；

6—挡块；7—电缆引线；8—排污槽；9—出水口；10—端头立柱

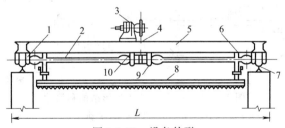

图 1-2-62　设备外形

1—车轮；2—传动轴；3—驱动装置；4—链条；5—行车；

6—翻板机构；7—轨道；8—刮板；9—轴承；10—联轴器

表 1-2-66　设备规格性能

型号	规格	行驶速度/(m/min)	功率/kW	导轨中心距离/m
XGZ—1.2	配 10m³/h 水处理机	5	0.55	1～1.5
XGZ—1.6	配 15m³/h 水处理机	5	0.55	1.4～1.8
XGZ—2	配 20～30m³/h 水处理机	5	0.75	2.25～2.5
XGZ—3	配 40～50m³/h 水处理机	5	1.1	2.8～3.2

生产厂家：洛阳毅腾环保工程有限公司。

（3）SD 型刮沫机

1）适用范围。SD 型刮沫机是气浮池工艺中不可缺少的设备之一，目的在于将池中表面气泡浮渣等杂物刮至下游（池端），以便集中处理，亦可用于刮集表面浮油。翻板动作由撞块完成，动作可靠，控制形式可根据用户要求。

2）型号说明

3）设备特点。包括：a. 翻板动作由撞块完成，动作可靠；b. 行程开关控制刮沫机在轨道上的极限位置，可手动操作，亦可设计成联机或定时动作；c. 结构紧凑，运行平稳；d. 刮板为橡胶板组成结构，刮渣彻底。

4）设备规格及性能。设备结构和尺寸见图 1-2-63。

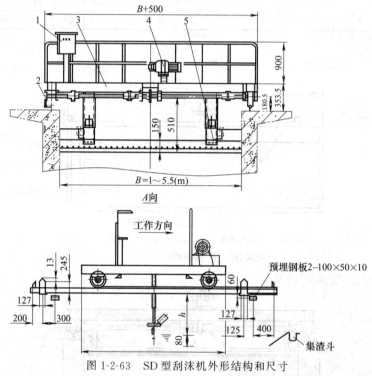

图 1-2-63　SD 型刮沫机外形结构和尺寸

1—电控箱；2—输电装置；3—机架；4—驱动装置；5—撇渣装置

设备技术参数见表 1-2-67。

表 1-2-67　设备技术参数

池宽 B/m	1～10，每隔 0.5 为一档
行走速度 v/(m/min)	5
行走功率 P/kW	0.37～0.75
配套轻轨/(kg/m)	当池宽 $B \leqslant 6$m：11
	当池宽 $B > 6$m：15
水位标高 h/mm	约 500
A/mm	1000～2000
H/mm	350～600

生产厂家：江苏大禹环保工程有限公司。

（4）FD 系列高效防堵塞型溶气释放器

1）适用范围。溶气释放器是压力溶气气浮法净化水系统的关键装置。压力溶气水只有通过该装置降压消能后，才能在水中产生大量的微细气泡。

2）设备特点如下。

① 自动避免堵塞，便于操作，减小劳动强度，克服了其他型释放器因容易堵塞而造成气浮设备停机、放空清洗而带来的麻烦；

② 释放出来的微细气泡的平均直径小于 $25\sim30\mu m$，气浮效率提高 1 倍以上；

③ 释放出来的溶气水停留时间大于 5min，确保固液分离处于最佳状态；

④ 释放出来的溶气水同时向下及四周扩散，增大溶气水的接触面积等特点。

设备外形见图 1-2-64。

图 1-2-64 FD 系列高效防堵塞型溶气释放器

3）设备规格及性能。FD 系列高效防堵塞型溶气释放器规格参数见表 1-2-68。

表 1-2-68 FD 系列高效防堵塞型溶气释放器规格参数

型号	规格	D/mm	L/mm	可调压力/MPa	可调流量/(m³/h)	处理污水量/(m³/h)
FD—1	$DN0.75''$	74	150	0.25～0.5	0.7～1.2	1～1.5
FD—1.5	$DN1''$	82	169	0.25～0.5	1.2～1.8	1.5～2
FD—2.5	$DN1.5''$	104	175	0.25～0.5	2～3	4～6
FD—5	$DN2''$	126	190	0.25～0.5	4～6	8～12
FD—5.5	$DN2.5''$	138	220	0.25～0.5	6～10	15～20

注：规格中数字单位为英寸，1 英寸≈2.54cm，下同。

生产厂家：洛阳市绿环环保工程有限公司。

（5）TJ 型释放器

1）设备原理和特点。溶气气浮净水法是将溶气系统产生的压力溶气水经释放器释放，产生大量的微细气泡引入待处理水中，利用黏附在固体杂质上气泡的浮力，达到固液快速分离，并提高浮渣浓缩程度的目的。

设备外形见图 1-2-65。

(a)　　　　　　　(b)　　　　　　　(c)

图 1-2-65 TJ 型释放器外观

主要特点：在 2kgf/cm² 压力下（1kgf/cm²＝98066.5Pa，下同），可有效工作；释出气泡平均直径在 $30\mu m$ 左右；释气完善程度为 99% 以上。

2）设备规格及性能。设备安装示意见图 1-2-66。

主要技术参数及主要尺寸见表 1-2-69。

生产厂家：无锡市正清环境保护设备厂。

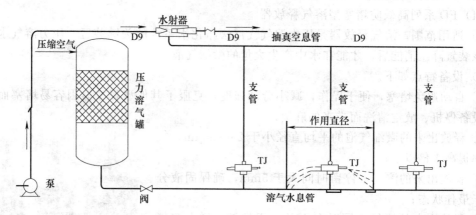

图 1-2-66　设备安装示意

表 1-2-69　主要技术参数及主要尺寸

型号	规格	溶气水进口直径/寸	接抽真空管直径/寸	不同压力下流量/(m³/h)					作用直径/mm
				2.0 kgf/cm²	2.5 kgf/cm²	3 kgf/cm²	3.5 kgf/cm²	4 kgf/cm²	
TJ—2.5	8×1/2″	1	1/2	2.37	2.59	2.81	2.97	3.14	600
TJ—5	8×1″	2	1/2	4.61	5.51	5.60	5.98	6.31	1000
TJ—10	8×1/2″	3	1/2	8.70	9.47	10.56	11.11	11.75	1200

2.3.6.2　一体化气浮设备

一体化气浮设备主要生产厂家有江苏天雨集团有限公司、无锡工源机械有限公司、无锡市正清环境保护设备厂、余姚市浙华环保工程有限公司、江苏一环集团有限公司、扬州市天河水务设备有限公司、江苏天鸿环境工程有限公司等。一体化气浮设备外形结构见表1-2-70。

表 1-2-70　一体化气浮设备

序　号	类　型	型　号
1	一体化气浮设备	CQF 型高效浅层气浮装置
2		GQF 型高效浅层气浮装置

（1）CQF 型高效浅层气浮装置

1）适用范围。CQF 型高效浅层气浮装置适用于处理量大于 50m³/h 的场合。广泛用于自来水厂原水的混凝气浮处理（除藻降浊）。

2）型号说明

3）设备结构特点。外形结构见图 1-2-67。

主要特点：a. 高效、节能、体积小、处理量大、安装方便；b. 采用调速电机拖动，适应性强，工艺条件好；c. 采用溶气水与原水完全分开布水的方式，配专用释放器，处理效果好；d. 自动化程度高，管理方便，运行可靠；e. 大型规格可采用混凝土结构，节省造价。

4）设备规格及性能。性能参数见表1-2-71，技术性能见表1-2-72。

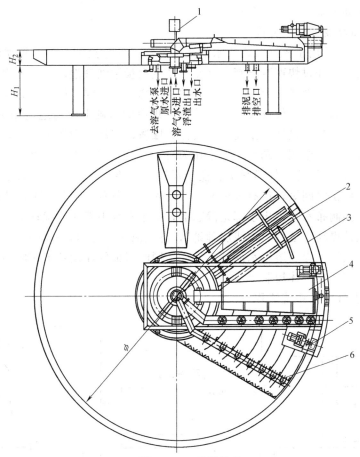

图 1-2-67　外形结构

1—集电装置；2—集水装置；3—池体；4—撒渣装置；5—工作桥与传动装置；6—布水布气装置

表 1-2-71　性能参数

池深/mm	600～780	溶气水压力/MPa	0.3～0.5
有效水深/mm	400～500	设计转速/(r/min)	1/5～1/3
水力停留时间/min	3～5	加药泵功率/kW	0.18～2.2
水力表面负荷/[m³/(m²·h)]	6～10	主机总功率/kW	1.2～4
回流比/%	污水约 30　净水约 10	空压机功率/kW	0.18～5
SS 去除率/%	≥90	出渣含固率/%	3～4
环境温度/℃	＞0		

表 1-2-72　技术性能

型号　参数	15	35	65	95	130	180	210	250	330	480	540	600	730	850	1000	1200	1350
池径 φ/m	2.3	3.2	4.1	4.8	5.5	6.3	6.6	7.4	8.6	10.2	10.4	11.3	12.1	13.2	14.3	15.3	16.4
处理量/(m³/h)	15	35	65	95	130	180	210	250	330	480	540	600	730	850	1000	1200	1350
行走功率/kW	0.55				0.75			1.1				1.5				22	
撒渣功率/kW	0.37							0.55				0.75			1.1		
H₁/mm	1150	1250	1350	1450	1480	1560		1600	1800	1840		1860	1920	1980	2070		2200
H₂/mm	850	850	900		950										985		
进水管 DN/mm	80		125		150		200		250	300	350		400			500	
出水管 DN/mm	80		125		150		200		250	300	350		400			500	

生产厂家：江苏天雨集团有限公司。

（2）GQF型高效浅层气浮装置

1）适用范围。主要用于密度接近于水的微细悬浮物的分离和去除。气浮法就是通过溶气系统产生的溶气水，经过快速减压释放在水中产生大量微细气泡，若干气泡黏附在水中絮凝好的杂质颗粒表面上，形成相对密度小于1的悬浮物，通过浮力使其上升至水面而使固液分离的一种净水法。高效浅层气浮装置在传统气浮理论的基础上成功地运用了"浅层理论"和"零速"原理，通过精心设计，集凝聚、气浮、撇渣、沉淀、刮泥为一体，是一种高效的水质净化处理设备。给水中用于湖水、河水作为自来水、景观用水的除藻降浊等。

2）设备特点。设备轻巧、外形紧凑、便于运输和安装，电耗省。自动化程度高，操作方便，管理简单。停留时间短，仅有3～5min，效率高。表面负荷大，净化处理量大。运用了"零速"原理，强制布水，进出水都是静态的，由于对水中絮体的扰动降到最小，浮渣瞬时清除，因而稳定性更高。运用了"浅层理论"，有效池深仅为400～600mm，占地面积小。采用高效可反冲释放器，提高溶气水的利用效率，同时保证气浮设备工作的稳定性。处理效果稳定，机电仪表实现了一体控制。

3）设备规格及性能。系统流程见图1-2-68。

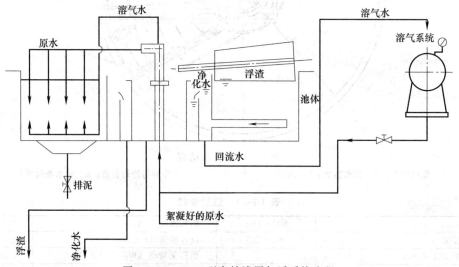

图1-2-68 GQF型高效浅层气浮系统流程

基本参数及主要性能指标见表1-2-73。

表1-2-73 基本参数及主要性能指标

型号	池径/mm	处理量/(m³/h)	主机总功率/kW	工作荷载/t	配套溶气系统功率/kW
GQF110	φ6000	70～100	3.3	28	17
GQF150	φ7000	110～150	3.3	40	21
GQF200	φ8000	160～200	3.3	45/37	23.5
GQF250	φ9000	210～250	3.3	46	23.5
GQF300	φ10000	260～300	5.2	57	31.5
GQF400	φ11000	310～400	6.2	68	45
GQF450	φ12000	410～480	6.2	81	45
GQF500	φ13000	490～550	6.2	93	46.5
GQF600	φ14000	560～650	6.2	110	46.5

2.3.7 翻板阀滤池

（1）翻板阀滤池的主要设备   主要设备为翻板阀。翻板阀因反冲洗排水阀板在工作过程中在 0°～90°范围内来回翻转而得名。采用压缩空气为动力，由气缸活塞杆带动驱动曲臂、阀门连杆使阀板 0°～90°翻转开启。

1）适用范围。可适用于给水处理中的翻板阀滤池，用于控制滤池反冲洗排水。

2）型号说明

3）设备特点。排水彻底，密封性强，耐腐蚀性强，安装、维护方便，使用寿命长，连杆长度可调整。

4）安装方式。阀体直接安装于池壁的预留洞里，驱动曲臂安装于排水渠壁上，气缸安装排水渠顶盖板上。

以 VAG 翻板阀为例给予介绍。

（2）VAG 翻板阀

1）结构特点。结构示意见图 1-2-69。

① 独特的 V 形门体设计。该阀门采用独特的 V 形结构设计，质量轻、刚性好，采用全不锈钢材质，具有良好的耐腐蚀性能。

② 可更换式密封结构。密封结构采用可更换形式，一旦出现损坏，可方便自由更换，能有效地延长整阀的使用寿命。

③ 长度可调式连杆结构。连杆长度可以调整，使阀门对土建工程有良好的适应性，同时大大降低了现场阀门的安装难度。

④ 最优化的支撑曲柄结构设计，能够最大地降低摩擦系数，延长使用寿命，并确保阀门开、关动作完全同步，从而保证密封不泄漏。

2）主要部件材质。主要部件材质如表 1-2-74 所列。

3）安装特点：a. 依靠化学螺栓和混凝土快速凝合；b. 无需预埋件，简易安装。

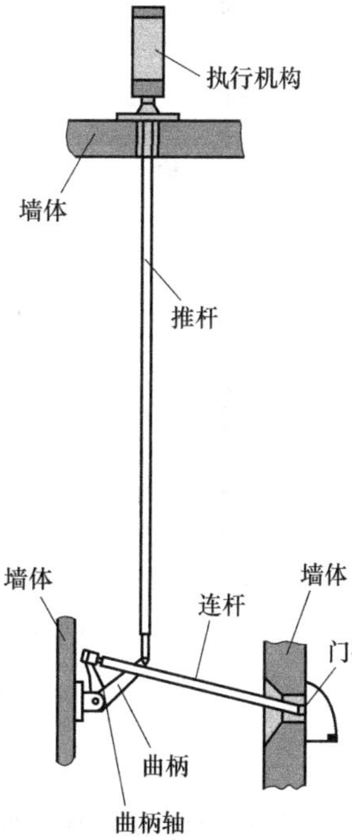

4）密封性能说明：a. 通过四面的整体橡胶材料和墙面的紧密结合达到密封效果；b. 低于 AWWAc501 标准 1%的泄漏率 0.0002L/(s·m)（全开/全关状态下）；c. 在满足水位要求的情况下，保证良好的密封无泄漏；d. 采用 EPDM 的橡胶双向密封，可有效保证滤池冲洗过程中滤料不会被冲出；e. 底部特殊的 EPDM 有较强的抗伸缩能力，可经过数十万次弹性形变过程，依旧保持良好密封特性。

图 1-2-69 VAG 翻板阀结构示意

表 1-2-74 主要部件材质

主要部件	材质	主要部件	材质
门体	SS304 或 SS316	曲柄	SS304 或 SS316
门框	SS304 或 SS316	推杆	SS304 或 SS316
密封橡胶	EPDM,其他材质可要求	轴承	GC-CuSn12 青铜
连杆	SS304 或 SS316	化学螺栓	SS316

注：其他材质可按照客户要求提供。

5）动作方式

① 翻板阀靠执行机构来驱动，执行机构可按需求选配手动、气动或电动形式，并可按照客户要求加装延长杆。

② 当推杆在上止点时，翻板阀门体和门框完美密封，执行机构停止运作［见图 1-2-70（a）］，此时滤池的反冲洗过程开始，水将滤料中的杂质和废料往上冲出。

③ 当执行机构开启时，推杆会下压，推动曲柄以曲柄轴为圆心，以圆弧运动方式，推杆连杆，开启翻板阀［见图 1-2-70（b）、（c）］，滤池中悬浮杂质开始外溢。

④ 当推杆在下止点时，翻板阀呈全开状态，滤池中杂质随水大量溢出，达到排污的效果［见图 1-2-70（d）］。

⑤ 执行机构将推杆从下止点再往上拉回，翻板阀重新关闭，恢复原状，达到恢复滤料过滤能力的功能。

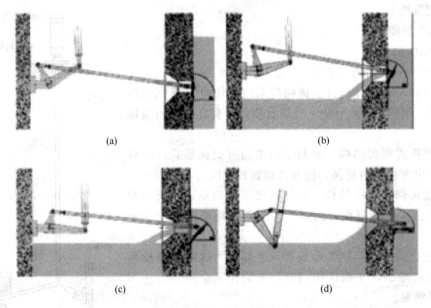

图 1-2-70　翻板阀动作方式

6）外形尺寸表：翻板阀外形及尺寸如图 1-2-71、表 1-2-75 所示。

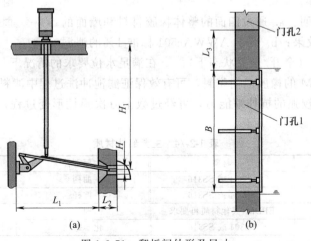

图 1-2-71　翻板阀外形及尺寸

表 1-2-75　翻板阀外形及尺寸

规格/mm	B/mm	H/mm	L_1	L_2	L_3	H_1
2000×150	2000	150				
2200×150	2200	150				
2400×150	2400	150				
2600×150	2600	150				
2800×150	2800	150	按客户要求	按客户要求	按客户要求	按客户要求
3000×150	3000	150				
3200×150	3200	150				
3400×150	3400	150				
3600×150	3600	150				
3800×150	3800	150				

注：可按客户要求尺寸进行设计生产。

（3）台州中昌水处理设备有限公司翻板阀

1）阀门构造。翻板阀主要由气缸、驱动曲臂、阀板框和阀板四部分组成，四部分的构件均采用高强度不锈钢材料制作。结构示意见图 1-2-72。

2）工作原理。采用后缩空气为动力，由气缸活塞杆带动驱动曲臂，阀门连杆使阀板 0°～90°翻转开闭。

3）安装方式。阀体直接安装于池壁的预留洞里，距离滤料面 10～20cm 处，驱动曲臂安装于排水渠壁上，气缸安装排水渠顶盖板上。

4）气动翻板阀的性能。气动翻板阀性能参数见表 1-2-76。规格型号见表 1-2-77。

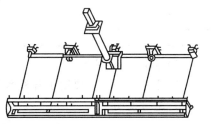

图 1-2-72　翻板阀结构示意

表 1-2-76　气动翻板阀性能参数

性能名称		单位	数值
最大工作水头		m	5
工作介质 pH 值			5～10
最大泄漏量（每米长度）		L/(m·min)	≤0.65
适用温度		℃	5～60
适用介质			污水、清水
标准材质	阀体		不锈钢
	转轴		不锈钢
	密封		橡胶
	其他		不锈钢、碳钢（表面热镀锌）
供气压力		MPa	0.4～0.7
外界温度		℃	−20～80
耗气量		min	0.1～0.7（每伸缩一次耗气量）
控制信号		V	24 DC(20 AC)开关量
反馈信号			全关到位/半开到位/全开到位开关量信号
温度		℃	−20～80
电气接口			1/2 内管螺纹

注：国家标准的最大泄漏量为 1.25L/(m·min)。

表 1-2-77　规格型号

序号	出水口的尺寸/m	气缸数	阀板数
1	2.8×0.15	1	2
2	3.2×0.15	1	2
3	3.2×0.2	1	2

注：公司可根据设计尺寸及用户要求定做。

生产厂家：无锡工源机械有限公司。

2.3.8　消毒设备

消毒设备主要有加氯机、二氧化氯发生器、次氯酸钠发生器、液氯蒸发器、超声波水处理器、液压秤、紫外消毒设备和氯吸收设备等，详见第三篇第5章。

2.3.9　加药设备

2.3.9.1　一体化加药设备

在给水处理过程中，常常投加各类化学药剂，作为混凝、絮凝、助凝之用，以达到水净化的目的。这些药剂有固体颗粒、液体及胶体，在投加过程中必须予以溶解、稀释及按配比定量投加方能取得最佳的效果。所以溶药投加装置是水处理工程中的常用设备之一。主要生产厂家有江苏天鸿环境工程有限公司、江苏一环集团有限公司、扬州市天河水务设备有限公司、江苏天雨环保集团有限公司、广州康凌环保设备有限公司、江西省净星水处理设备有限公司、大连合众金水科技有限公司、北京天御太和环境技术有限公司等。一体加药设备型号见表 1-2-78。

表 1-2-78　一体加药设备型号

序　号	类　型	型　号
1	一体化加药设备	JBY 加药装置
2		RYT 型溶药投加装置

（1）JBY 加药装置

1）适用范围。主要用于各种絮凝剂的制备和投加。

2）型号说明

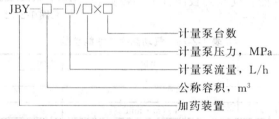

$$\text{JBY}-\square-\square/\square\times\square$$

计量泵台数
计量泵压力，MPa
计量泵流量，L/h
公称容积，m^3
加药装置

3）设备规格及性能。设备外形结构见图 1-2-73。

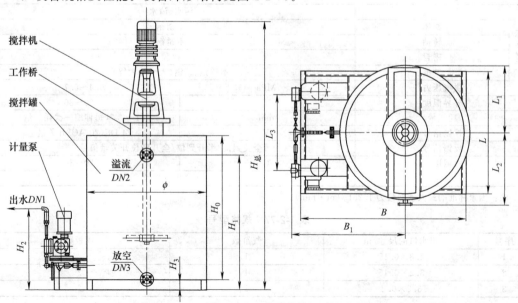

图 1-2-73　外形结构

设备性能及外形尺寸见表 1-2-79。

表 1-2-79　技术性能及外形尺寸

公称容积 /m³	搅拌功率 /kW	外形尺寸/mm															DN1	DN2	DN3
		φD	H	B	L	H₁	H₂	H₃	H₄	H₅	B₁	L₁	L₂	L₃					
1		1000	1300	1460	1050	100	500	1200	150	55	900	550	620	700					
1.25	0.75	1200	1500	1660	1250	100	500	1200	150	55	100	650	720	850					
1.6		1200	1450	1660	1250	100	500	1200	150	55	100	650	720	850	φ20	φ25	φ50		
2.0	1.5	1400	1300	1860	1450	140	550	1300	150	55	1100	750	820	950					
2.5		1400	1650	1860	1450	140	550	1300	150	55	1100	750	820	950					
3.2		1600	1600	2060	1650	140	550	1400	200	55	1200	850	920	1100					
4.0		1600	2000	2060	1650	140	550	1400	200	75	1200	850	920	1100					
5.0		1800	2000	2260	1850	160	650	1400	200	75	1300	950	1020	1250					
6.3	3	1800	2500	2260	1850	160	650	1400	200	75	1300	950	1020	1250					
8.0		2000	2600	2460	2050	160	650	1400	200	75	1400	1050	1120	1350	φ25	φ40	φ80		
10		2000	3250	2460	2050	160	650	1400	200	75	1400	1050	1120	1350					
12.5		2200	3300	2660	2250	200	700	1400	200	75	1500	1150	1220	1500					
16		2400	3600	2860	2450	200	700	1400	200	75	1600	1250	1320	1630					
20		2600	3800	3500	2650	200	700	1400	200	75	2200	1350	1420	1750					
25	4	2800	4100	3700	2850	200	800	1450	250	85	2300	1450	1520	1900					
32		3000	4550	3900	3050	200	800	1450	250	85	2400	1550	1620	2050	φ32	φ60	φ100		
40		3200	5000	4100	3250	200	800	1450	250	85	2500	1650	1720	2150					
50		3400	5550	4300	3450	200	800	1450	250	85	2600	1750	1820	1300					

注：1. 公称容积 1~16m³/h 时可配计量泵的流量为≤1000L/h，计量泵功率为 0.37~0.75kW。

2. 公称容积 20~50m³/h 时可配计量泵的流量为 1000~2500L/h，计量泵功率为 1.5~2.2kW。

生产厂家：江苏天鸿环境工程有限公司。

（2）RYT 型溶药投加装置

1）适用范围。广泛用于铁盐、铝盐、钙盐、钠盐、高分子絮凝剂，部分杀菌剂及酸、碱类中和反应剂等药剂的溶解和投加。

2）型号说明

3）设备特点。本装置采用水力循环搅拌溶解、稀释药剂并与投药系统组合成一体化设施。具有：a. 结构紧凑一体化、易于安装和搬移、体积小、占地少；b. 全速封闭结构、耐腐蚀性好、适用药剂广泛；c. 液位显示、计量准确、易操作管理；d. 水力循环搅拌溶药，运行无噪声；e. 设有溶药过滤器，溶药完全，可避免投药系统阻塞等特点。

4）设备规格及性能。规格及技术参数见表 1-2-80。

表 1-2-80　规格及技术参数

型号规格		RYT—800	RYT—650	RYT—500	RYT—400	RYT—300
有效容积/L		800	650	500	400	300
电机功率/kW		0.75			0.55	
设备尺寸 /mm	A₁	83				
	A₂	1300	1200	1100	1000	900
	A	1383	1283	1183	1083	983
	B₁	100				
	B₂	1128	978	928	828	728
	B	1228	1078	1028	928	828
	H	1520				

续表

型号规格		RYT—800	RYT—650	RYT—500	RYT—400	RYT—300
管径 DN/mm	反冲出水管	50			40	
	逆流出水管	32			25	
	进水管	20			15	
	辅助冲洗管	20				
	压力流出管	15				
	重力流出管	15				

生产厂家：江苏一环集团有限公司。

2.3.9.2　加药配套设备——搅拌机

加药配套设备主要包括隔膜计量泵和溶药设备，隔膜计量泵详见第三篇第 2 章。溶药设备主要是搅拌机，生产厂家主要有江苏天雨环保集团有限公司、南京蓝深制泵集团股份有限公司、余姚市浙东给排水机械设备厂、唐山清源环保机械股份有限公司等。溶药设备及其型号见表 1-2-81。

表 1-2-81　溶药设备及其型号

序　号	类　型	型　号
1	溶药设备	YJ 型药物搅拌机
2		RYT 型溶药投加装置

（1）YJ 型药物搅拌机

1）适用范围。搅拌机一般用于水质净化过程中絮凝剂（PAC、明矾、硫酸亚铁、三氯化铁等）、软化剂、中和剂、杀菌剂等多种药剂的配置。该型设备适用于较小池形的药物溶解，池型（或容器）结构一般为方形结构，圆形池（或容器）一般需设挡板，以增加混合效果。

2）型号说明

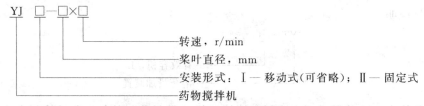

YJ □—□×□
- 转速，r/min
- 桨叶直径，mm
- 安装形式：Ⅰ—移动式(可省略)；Ⅱ—固定式
- 药物搅拌机

3）设备特点主要包括：a. 移动式和固定式，两种安装形式安装方便，使用简单；b. 移动式可在高度方向 100mm，倾角 30°内调节；c. 两种搅拌机均采用电机直接驱动，速度高，溶解快（转速有 750r/min 和 1500r/min 两种）。

4）设备规格及性能。YJ 外形结构尺寸见图 1-2-74，技术参数见表 1-2-82。

表 1-2-82　技术参数

型号规格	YJ_Ⅱ—80	YJ_Ⅱ—106		YJ—116		YJ_Ⅱ—128		YJ_Ⅱ—160	
桨叶外径 D/mm	80	106		116		128		160	
搅拌转速/(r/min)	750	750	1500	750	1500	750	1500	750	1500
搅拌功率/kW	0.37	0.55	1.1	0.75	1.1	0.55	1.1	1.1	2.2
H/mm	≤1000	≤1000	≤1250	876~988		≤1000	≤1250	≤1250	≤1250
h/mm	200	200	200	200	200	200	200	200	200
C/mm	250	250	250	250	250	250	250	250	300
H_1/mm	280	280	295	423~535		280	295	295	320
ϕ_1/mm	250	250	250	250	250	250	250	250	300
适用容积/m³				0.8	1.6				

生产厂家：江苏天雨环保集团有限公司。

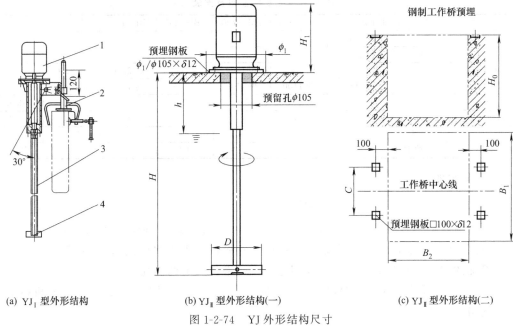

(a) YJ₁ 型外形结构　　(b) YJ_Ⅱ 型外形结构(一)　　(c) YJ_Ⅱ 型外形结构(二)

图 1-2-74　YJ 外形结构尺寸

1—电动机；2—支撑；3—搅拌轴；4—桨叶

（2）JBJ 型桨式搅拌机

1）适用范围。JBJ 型桨式搅拌机适用于各种药剂稀释、溶解搅拌。

2）型号说明

3）设备特点。构造简单、运行可靠、无堵塞现象，维护简单；可以在要求的混合时间内达到一定的搅拌强度，满足混合速度、均匀、充分等要求，而且水头损失小，并可适应水量的变化，适用于各种水量的水厂。

4）设备规格及安装尺寸。外形及安装尺寸见图 1-2-75，主要技术参数及安装尺寸见表 1-2-83。

生产厂家：南京蓝深制泵集团股份有限公司。

（3）JWH 型机械混合搅拌机

1）适用范围。JWH 型机械混合搅拌机适用于水厂的溶药搅拌，双层搅拌器适用于较深容器的混合搅拌。

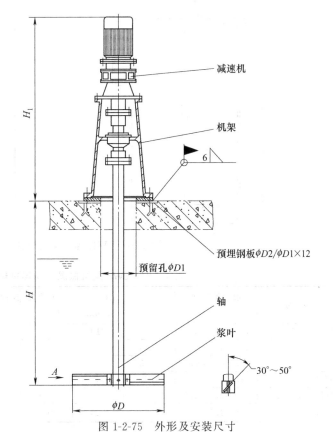

图 1-2-75　外形及安装尺寸

表 1-2-83　主要技术参数及安装尺寸

型　　号	JBJ—350	JBJ—500	JBJ—600	JBJ—700	JBJ—800	JBJ—1000	JBJ—1200	JBJ—1800
转速/(r/min)	111	111	88	88	65	65	52	32
电机功率/kW	0.75	1.5	1.5	2.2	3	3	4	4
H/mm	约1300	约1500	约1800	约1900	约2000	约2200	约2200	约2400
H_1/mm	约1020	约1100	约1100	约1100	约1200	约1200	约1200	约1400
D/mm	350	500	600	700	800	1000	1200	1800
D_1/mm	200	200	200	200	250	250	250	250
D_2/mm	450	450	450	450	550	550	550	550
适用容积/m³	约10	约10	约40	约40	约40	约60	约60	约90

2）型号说明

机械混合搅拌机————————————————搅拌罐（池）的规格尺寸，mm

3）设备特点。该混合搅拌设备是高速旋转的桨板（平板涡轮式），可并联也可串联使用，使投加的混凝剂得到充分混合，使用方便，效率高，节约药耗。

4）设备规格及安装尺寸。JWH 型机械混合搅拌机外形见图 1-2-76。JWH 型机械混合搅拌机规格和性能见表 1-2-84。

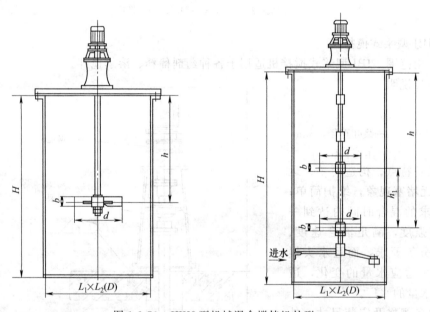

图 1-2-76　JWH 型机械混合搅拌机外形

表 1-2-84　JWH 型机械混合搅拌机规格和性能

型　　号	混合池尺寸 $L \times L(D) \times H$/m	桨板深度 h/mm	桨叶直径 d/mm	桨叶宽度 b/mm	搅拌器间距 h_1/mm	转速 n/(r/min)	桨叶外缘线速度/(m/s)	功率/kW	质量/kg
JWH—1.5×3	1.5×1.5×1.3	1500	310	90		300	5	4	443
JWH—1.5×2.5	1.5×1.5×2.5	2000	350	40		136	2.5	4	430
JWH—1.5×3	1.5×1.5×3	2265	400	110	单层	300	6.28	4	453
JWH—1.8×3	1.8×1.8×3	2265	460	120		166	4	5.5	475
JWH—2.0×2.5	2.0×2.0×2.5	1350	650	120		136	4.63	5.5	462
JWH—1.5×5.5	1.5×1.5×5.5	3500	520	100	800	167	4.65	7.5	686

生产厂家：江苏一环集团有限公司。

（4）SJB 型双桨搅拌机

1）适用范围。SJB 型双桨搅拌机适用于较深罐体的药剂搅拌或絮凝反应搅拌。

2）性能及外形尺寸。SJB 型双桨搅拌机外形尺寸见图 1-2-77，设备性能参数见表 1-2-85。

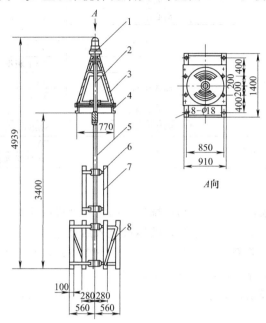

图 1-2-77　SJB 型双桨搅拌机外形尺寸

1—行星摆线针轮减速机；2—上端轴；3—机座；4—架子；5—下端轴；6—架铁；7—桨板；8—撑线

表 1-2-85　SJB 型双桨搅拌机性能参数

型　号	减速机型号	功率 /kW	搅拌桨转速 /(r/min)	外形尺寸 (长×宽×高) /mm	质量 /kg
SJB I 型	BLD0.75-2—71	0.75	20.2	1400×910×4940	544
SJB II 型	XLED0.37—63	0.37	8	1400×910×5200	754
SJB III 型	XLED0.37—63	0.37	3.9	1400×910×5200	754

生产厂家：唐山清源环保机械股份有限公司。

2.3.10　浓缩脱水设备

污泥浓缩脱水设备按照工艺流程主要包括进料泵、污泥切割设备、污泥浓缩设备和污泥脱水设备四大类。生产污泥浓缩脱水的厂家主要有北京沃特林克环境工程有限公司、天津市市政污水处理设备制造公司、上海奥德水处理科技有限公司、无锡市通用机械厂有限公司、杭州创源过滤机械有限公司、江苏天雨环保集团有限公司、江苏一环集团有限公司、杭州三力机械有限公司、浙江绿水环保有限公司、宜兴泉溪环保有限公司等，浓缩脱水设备及其型号见表 1-2-86。

表 1-2-86　浓缩脱水设备及其型号

序号	设备类型	类　别	设备型号
1	进料泵		详见第三篇第 2 章
2	污泥切割设备		Q-D 系列切割机
3			WQ 型污泥切割机

续表

序号	设备类型	类　别	设备型号
4	污泥浓缩设备	中心传动浓缩机	NC1 型中心传动浓缩机
5		周边传动浓缩机	NBS 型周边传动浓缩机
6		转鼓浓缩机	WZN 型污泥转筒浓缩机
7		离心浓缩机	LW 卧式螺旋离心浓缩
8	污泥脱水设备	带式脱水机	DY—N 型带式压榨过滤机
9			DY 型带式脱水机
10		板框压滤机	B_M^AY 板框式压滤机
11		厢式压滤机	X_M^A 型厢式压滤机
12			X_M^AZ 型全自动厢式压滤机
13		离心脱水机	Waterlink 离心脱水机
14		螺压脱水机	SMS3 螺压脱水机
15	浓缩脱水一体机		DY 系列带式浓缩脱水一体机
16			DYH 系列转鼓浓缩脱水一体机

2.3.10.1　进料泵

进料泵多采用螺杆泵，螺杆泵是利用螺杆的回转来吸排液体的。

螺杆泵的工作原理：螺杆泵工作时，液体被吸入后就进入螺纹与泵壳所围的密封空间，当主动螺杆旋转时，螺杆泵密封容积在螺牙的挤压下提高螺杆泵压力，并沿轴向移动。由于螺杆是等速旋转，所以液体出流流量也是均匀的。

螺杆泵特点为：螺杆泵损失小，经济性能好；压力高而均匀，流量均匀，转速高，能与原动机直联。

详见第三篇第 2 章。

2.3.10.2　污泥切割机

（1）Q-D 系列切割机

1）适用范围。Q-D 系列切割机适用于各类水厂污泥中纤维及块状物的破碎。

2）设备特点。Q-D 系列切割机切割轮采用特殊硬质合金钢，当物料太大时，叶轮可以反转将物料推出，再正转进行切割；对物料适应性强，大块柔软物体及长纤维物均可切割；处理能力大，适应连续工作，轻巧灵便，便于操作维修。

3）设备规格及性能。规格尺寸及技术参数见表 1-2-87。

表 1-2-87　规格尺寸及技术参数

型　　号	电机功率 /kW	生产能力 /(m³/h)	设备净重 /kg	外形尺寸 /mm
Q01D15	3.0	5～15	270	420×380×1200
Q01D22	3.0	10～20	340	420×380×1250
Q02D30	4.0	15～30	360	480×400×1300
Q03D40	4.0	25～40	430	520×440×1400
Q03D55	5.5	30～50	490	520×440×1500
Q04D75	7.5	50～80	550	550×480×1550

生产厂家：杭州三力机械有限公司。

（2）WQ 型污泥切割机

1）适用范围。WQ 型污泥切割机的作用主要是对污泥中的纤维缠绕物进行切碎。减速电机驱动主轴装置，使切割刀体以高速旋转，污水由壳体右端进入壳腔，经切割刀与刀盘之间产生的剪切力将纤维污泥切碎后流进离心机进行脱水处理。

2）设备特点。主要由壳体、电机支座、主轴、切割刀体及减速传动装置组成。材质为碳钢和不锈钢。WQ 型污泥切割机为密封式运转。壳体进、出料口，清水加水口，均配可调阀门，调节进料浓度可从观察窗中察看，根据浓度可加减清水进行切割粉碎及冲洗，使污泥固体颗粒浓度达到理想的处理状态。

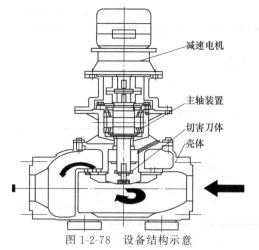

图 1-2-78　设备结构示意

主要优点：结构紧凑、体积小、占地面积少；操作简单、维护方便；连续工作、处理量大；能耗低、运行维修费用低、安全可靠。

3）设备规格及性能。设备结构见图 1-2-78，设备规格尺寸和技术参数见表 1-2-88。

表 1-2-88　设备规格尺寸和技术参数

型号	切割刀体直径 /mm	电机功率 /kW	生产能力 /(m³/h)	外形尺寸 L×W×H/mm	质量 /kg
WQ120	120	0.75	5～20	330×280×800	115
WQ160	160	1.5	15～30	330×300×845	165
WQ220	220	3	25～40	425×350×1050	225
WQ250	250	4	35～50	490×400×1200	315
WQ300	300	5.5	45～65	540×450×1300	395

生产厂家：浙江绿水环保有限公司。

2.3.10.3　浓缩机

（1）NC1 型中心传动浓缩机

1）适用范围。NC1 型中心传动浓缩机主要用于水厂污泥浓缩。

2）型号说明

3）设备特点。NC1 型中心传动浓缩机采用蜗杆传动（$D>$16m 采用中心回转齿轮），刮泥臂上设有纵向搅拌栅条，刮臂旋转时栅条起搅拌作用，加速活性污泥的下沉，刮泥板外缘线速度 $\leqslant$3m/min，整个刮泥机构可以手动调节 ±50mm。

NC1 型（$D\leqslant$18m）外形结构见图 1-2-79。

4）设备规格及性能。NC1 型规格及主要技术参数见表 1-2-89。

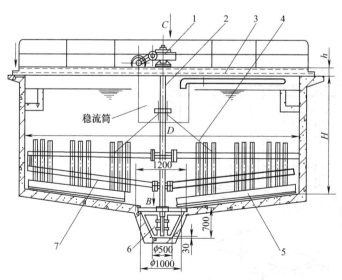

图 1-2-79　NC1 型外形结构

1—驱动机构；2—传动轴；3—工作桥；4—浓缩栅条；
5—刮板组合；6—底轴承及刮板；7—刮臂

生产厂家：江苏一环集团有限公司。

表 1-2-89　NC1 型规格及主要技术参数

参数 型号 规格	性能参数		基本尺寸/mm					推荐池深 H /m	池体坡度 (i)
	功率 /kW	外缘线速度 /(m/min)	D	A	B	C	H		
NC1—4	0.37	0.85	4000	200	340	55	250	3.5	1:10
NC1—6	0.56	1.4	6000						
NC1—8		1.76	8000				300		
NC1—10		1.3	10000	320					
NC1—12	0.75	1.56	12000				400		
NC1—14		1.63	14000						1:12
NC1—15		2.46	15000				450	4.5	
NC1—16	1.5	2.62	16000						
NC1—18		2.95	18000				474		

（2）NBS 型周边传动浓缩机

1）适用范围。NBS 型周边传动浓缩机主要用于大型水厂沉淀池排泥进一步浓缩，浓缩污泥含量相对较多，竖向栅条主要起缓慢梳理凝聚作用，以增加污泥致密性。工艺一般为中心进水，周边出水，中心排泥。一般不设浮渣刮集装置。

2）型号说明

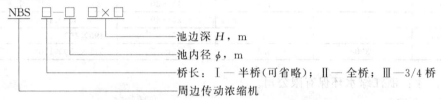

3）设备特点。NBS 型周边传动浓缩机由采用铰支式刮臂起到过载保护作用，有效降低运行成本；工作桥正常采用桁架梁，质量轻，刚度好，桥长可视工艺要求确定；对数螺旋形刮泥板底部设有滚轮，有效防止卡阻。

NBS 型周边传动浓缩机（3/4 桥）外形见图 1-2-80。

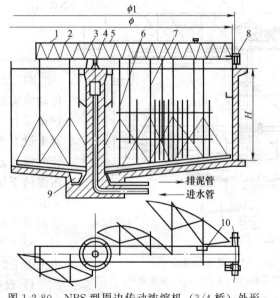

图 1-2-80　NBS 型周边传动浓缩机（3/4 桥）外形

1—栏杆；2—工作桥；3—稳流筒；4—集电装置；5—中心支座；6—支撑与栅条组合；

7—刮臂与刮板组合；8—端梁及驱动机构；9—泥坑小刮板；10—电控箱

4）设备规格及性能。NBS 型周边传动浓缩刮泥机性能见表 1-2-90。

表 1-2-90　NBS 型周边传动浓缩刮泥机性能

型　号	池径 φ/m	单边功率 /kW	周边线速 /(m/min)	推荐池深 H/m	周边轮压 p /kN	滚轮直径 φ₁/mm
NBS—14	14	0.55/0.37	2~3	3	18	14400
NBS—16	16					16400
NBS—18	18				20	18400
NBS—20	20	0.75/0.37			25	20400
NBS—24	24				35	24400
NBS—25	25				40	25400
NBS—28	28				50	28400
NBS—30	30				60	30400
NBS—35	35	1.1/0.75			75	35400
NBS—40	40			3.5	80	40400
NBS—42	42				82	42400
NBS—45	45	1.5/0.75		4	86	45400
NBS—55	55				95	55400

生产厂家：江苏天雨环保集团有限公司。

（3）WZN 型污泥转筒浓缩机

1）适用范围。WZN 型污泥转筒浓缩机可替代浓缩池，将污泥经转筒浓缩后进入带式脱水机进行污泥脱水。该设备可提高带式浓缩机的效率。

2）设备特点。主要包括：a. 分离浓缩效率高，费用低，可节省污泥投资费用的 1~2 倍；b. 系统可连续自动运行；c. 全封闭运行，生产环境良好；d. 完全可替代污泥浓缩池，提高污泥机或离心脱水机的产率 2~4 倍，大大提高了生产率，减少脱水机台数；e. 也可用于啤酒厂、酒厂及酒精厂、造纸等的工业废水处理中的固液分离。

设备结构见图 1-2-81。

3）设备规格及性能。设备性能及规格参数见表 1-2-91。

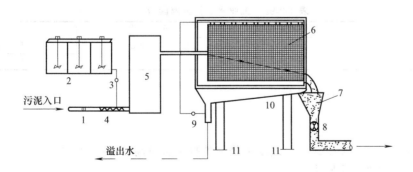

图 1-2-81　WZN 型污泥转筒浓缩机结构

1—污泥泵；2—聚凝剂提加装置；3—加药计量泵；4—管道混合器；5—旋流混合反应罐；
6—筛滤器；7—污泥斗；8—污泥泵；9—冲洗水泵；10—集水槽；11—浓缩机支座

表 1-2-91   性能及规格参数

型号	筛滤筒直径 ϕ/mm	转速 /(r/min)	转动功率 /kW	反冲泵功率 /kW	处理能力 /(m³/h)	外形尺寸 /m
WZN—8	800	4～22	1.5	1.5	10～30	4.8×1.0×1.65
WZN—10	1000	3.5～20	2.2	1.5	20～40	5.9×1.32×2.1
WZN—12	1200	3～16	2.2	2.2	40～60	7.1×1.55×2.4
WZN—14	1400	2.5～12	3.0	2.2	60～80	7.1×1.8×2.6
WZN—16	1600	2～10	3.0	2.2	80～100	7.1×2.0×2.8

生产厂家：江苏一环集团有限公司。

（4）LW 系列卧式螺旋离心浓缩机   离心沉降脱水机分立式和卧式两种。离心沉降的固相（污泥）卸除由差动螺旋输送器输送，固相物料（污泥）能翻动，分离效果好、生产能力大，通常污泥离心沉降脱水均采用卧式。

卧式螺旋离心浓缩机的总体结构如图 1-2-82 所示。

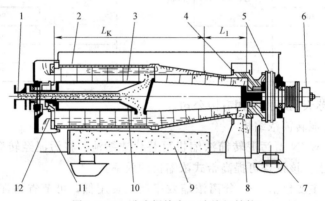

图 1-2-82   卧式螺旋离心浓缩机结构

1—进料口；2—转鼓；3—螺旋输送器；4—挡料板；5—差速器；6—扭矩调节；
7—减振垫；8—沉渣；9—机座；10—布料器；11—积液槽；12—分离液

分离因数越大，污泥所受的离心力越大，分离效果也越好。离心机分离因数 Fr 值如表 1-2-92 所列。

表 1-2-92   工业离心机分离因数

名　称	分离因数	名　称	分离因数
一般三足式过滤离心机	$Fr \leqslant 1000$	碟片式离心机	$5000 < Fr \leqslant 10000$
卧螺沉降离心机	$Fr \leqslant 4000$	管式离心机	$10000 < Fr \leqslant 250000$

生产厂家：杭州三力机械有限公司。

2.3.10.4   脱水机

（1）DY—N 型带式压榨过滤机

1）适用范围。DY—N 带式压榨过滤机是一种技术含量高、连续运转的分离机械，主要用于污泥经浓缩后的进一步脱水。

2）型号说明

3）设备特点。DY—N 带式压榨过滤机是一种技术含量高、连续运转、产量大、效率高、噪声小、能耗低、操作维修方便的分离机械设备，产品具有如下特点：a. 半封闭构造，操作环境优良；b. 无级调速、液压控制，运行平稳可靠；c. 二级翻转重力脱水，七辊压榨（共二十二辊），脱水效果好；d. 滤带自动纠偏，自动清洗；e. 整个系统可全自动控制（含进料、加料、卸料）。

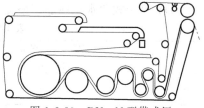

图 1-2-83　DY—N 型带式压榨过滤机外形

4）设备规格及性能。DY—N 型带式压榨过滤机外形见图 1-2-83。

DY—N 型带式压榨过滤机性能规格见表 1-2-93。

表 1-2-93　DY—N 型带式压榨过滤机性能规格

型号	滤带宽度/mm	重力滤面/m²	压榨滤面/m²	电动机功率/kW	滤带速度/(m/min)	洗涤水压/MPa	外形尺寸/mm		
							长	宽	高
DY500—N	500	1.95	2.5	1.1	0.7～0.5	≥0.5	2980	850	1980
DY1000—N	1000	3.90	5.0	1.1	0.7～0.5	≥0.5	2980	1392	1980
DY2000—N	2000	7.8	10	2.2	0.7～0.5	≥0.5	2980	2490	1980
DY3000—N	3000	10.7	15	3.0	0.7～0.5	≥0.5	2980	3326	1980

生产厂家：无锡市通用机械厂有限公司。

（2）DY 型带式脱水机

1）适用范围。DY 型带式脱水机主要功能是脱水，是将经浓缩池浓缩的污泥通过一系列的压辊、滚筒及上下两层压紧的滤带，使滤带上的污泥在剪力的作用下压榨脱水，从而使毛细水被分离。

2）型号说明

——有效带宽，mm
——带式压滤机
DY—□

3）设备特点。结构紧凑，整体刚度好；无极调速电机驱动，适应性强；自动纠偏，运行可靠，连续工作；占地面积小，噪声小。

4）设备规格及性能。DY 型带式压榨过滤机外形见图 1-2-84。

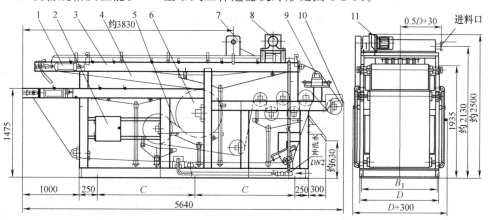

图 1-2-84　DY 型带式压榨过滤机外形

1—张紧机构；2—气柜；3—机架；4—集水斗；5—滤带；6—压榨辊；7—进料器；
8—冲洗系统；9—纠偏装置；10—刮泥板；11—驱动装置

DY 型带式脱水机性能规格见表 1-2-94。

表 1-2-94　DY 型带式脱水机性能规格

型　号	滤带宽度 B/mm	处理量 /(m²/h)	功率 /kW	冲洗水量 /(m²/h)	冲洗水压力 /MPa	冲洗水质	泥饼含水率 /%	进泥含水率 /%
DY—500	500	—4	1.1	≤4				
DY—1000	1000	—8	1.5	≤7	≥0.5	普通自来水	78～85	≤97.8
DY—1500	1500	—12	2.2	≤10				
DY—2000	2000	—15	3	≤15				

生产厂家：江苏天雨环保集团有限公司。

（3）$B_M^A Y$ 板框式压滤机

1）适用范围。该设备适用于给水行业各类悬浮液分离。

2）型号说明

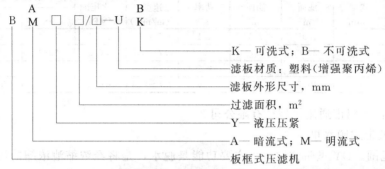

3）设备特点。主要包括：a. 滤板、滤框采用增强聚丙烯一次模压成型，相对尺寸和化学性能稳定，强度高、质量轻、耐酸碱、无毒无味，所有过流面均为耐腐介质；b. 机架大多采用高强度钢结构件，安全可靠，功能稳定，经久耐用；c. 大多机型采用液压机构压紧和放松滤板，最大压紧力高达 40MPa，采用电气控制实现保压；d. 设备最大工作压力箱式为 2.5MPa，板框式为 1MPa，确保了各类用户能够选择到适合自身工艺要求的产品；e. 设备的操作简单可靠，设备大多采用按钮控制，亦可采用非接触式的触摸屏控制，特殊工况可配备各种类型安全装置保证制作人员安全；f. 自动机型采用了液压执行、PLC 控制的模式，提高了设备控制的可靠性、稳定性和安全性。

4）设备规格及性能。设备规格和性能见表 1-2-95。

表 1-2-95　设备规格和性能

型　号	过滤面积 /m²	滤室总容量 /L	外框尺寸 /mm	滤板厚度 /mm	滤室数量 /个	滤饼厚度 /mm	外形尺寸 长×宽×高 /mm	电机功率 /kW	过滤压力 /MPa	整机质量 /kg
$B_M^A Y20/870—U_K^B$	20	300	870×870	30	18	30	3490×1320×1415	1.5	0.5	2600
$B_M^A Y25/870—U_K^B$	25	370	870×870	30	22	30	3730×1320×1415	1.5	0.5	2800
$B_M^A Y30/870—U_K^B$	30	450	870×870	30	27	30	4030×1320×1415	1.5	0.5	2900
$B_M^A Y40/870—U_K^B$	40	600	870×870	30	36	30	4570×1320×1415	1.5	0.5	3200
$B_M^A Y50/870—U_K^B$	50	760	870×870	30	45	30	5110×1320×1415	1.5	0.5	3500
$B_M^A Y60/870—U_K^B$	60	890	870×870	30	53	30	5650×1320×1415	1.5	0.5	9760
$B_M^A Y70/870—U_K^B$	70	1040	870×870	30	62	30	6190×1320×1415	1.5	0.5	4000
$B_M^A Y80/870—U_K^B$	80	1190	870×870	30	71	30	6730×1320×1415	1.5	0.5	4300
$B_M^A Y90/870—U_K^B$	90	1340	870×870	30	80	30	7270×1320×1415	1.5	0.5	4600
$B_M^A Y100/870—U_K^B$	100	1480	870×870	30	89	30	7810×1320×1415	1.5	0.5	4800

生产厂家：杭州创源过滤机械有限公司。

（4）BAJZ 型自动板框压滤机

1）适用范围。自动板框压滤机是间歇操作的加压过滤设备，适用于给水行业各类悬浮液分离。

2）型号说明

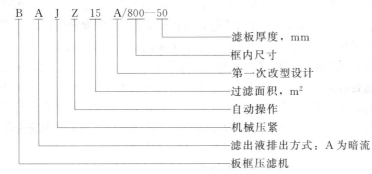

3）设备特点。机械传动，自动卸料；自动清洗滤布；铸铁滤板；带橡胶隔膜压榨。

4）设备规格及性能。BAJZ 型自动板框压滤机外形尺寸见图 1-2-85。

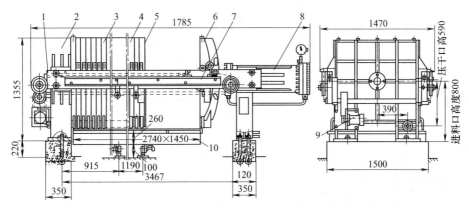

图 1-2-85　BAJZ 型自动板框压滤机外形尺寸

1—主梁；2—固定板；3—齿形滤板；4—隔膜滤板；5—橡胶隔膜；6—拉板机械手；

7—活动板；8—压紧油缸；9—拉板传动机构；10—收集槽

BAJZ 型自动板框压滤机性能规格见表 1-2-96。

表 1-2-96　BAJZ 型自动板框压滤机性能规格

型　号	过滤面积 /m²	滤室容积 /L	框内尺寸 /mm	滤框厚度 /mm	滤板数	滤框数	滤室厚度 /mm	滤布规格 /m	过滤压力 /MPa	电动机功率 /kW	质量 /kg
BAJZ15A/800—50	15	300	800×800	50	13	12	20	36×0.93	≤0.6	7.5	7500
BAJZ20A/800—50	20	400			17	16		45×0.93			8900
BAJZ30A/1000—60	30	750	1000×10000	60	16	15	25	51×1.13		11	1000

生产厂家：无锡通用机械厂。

（5）X_M^A 型厢式压滤机

1）适用范围。X_M^A 型厢式压滤机是间歇操作的加压过滤设备，广泛应用于水处理行业污泥脱水处理。

2）型号说明

$$X_M^A \quad \square/\square$$

- 滤板尺寸
- 过滤面积，m²
- 侧面进水

3）设备特点。主要包括：a. 滤板、滤框采用增强聚丙烯一次模压成型，相对尺寸和化学性能稳定，强度高、质量轻、耐酸碱、无毒无味，所有过流面均为耐腐介质；b. 机架大多采用高强度钢结构件，安全可靠，功能稳定，经久耐用；c. 大多机型采用液压机构压紧和放松滤板，最大压紧力高达 40MPa，采用电气控制实现保压；d. 设备最大工作压力厢为 2.5MPa，确保了各类用户能够选择到适合自身工艺要求的产品；e. 设备的操作简单可靠，设备大多采用按钮控制，亦可采用非接触式的触摸屏控制，特殊工况可配备各种类型安全装置保证制作人员安全；f. 自动机型采用了液压执行、PLC 控制的模式，提高了设备控制的可靠性、稳定性和安全性。

4）设备规格及性能。X_M^A 型厢式过滤机的性能参数见表 1-2-97。

表 1-2-97 X_M^A 型厢式过滤机的性能参数

型号	过滤面积/m²	滤室容量/L	滤板数量/块	压缩板数量	滤板尺寸/mm	滤室厚度/mm	过滤压力/MPa	压榨压力/MPa	电机功率/kW
$X_M^A 16—63/800$(u)	16~63	255~945	19~67	—	800×800	30	≤0.5	—	2.2
$X_M^A 32—120/1000$(u)	32~120	480~1800	21~79	—	1000×1000	30	≤0.7	—	2.2
$X_M^A G30—160/1000$(u)	30~160	480~2400	7~40	8~41	1000×1000（框内）	30	≤0.6	≤0.8	4
$X_{MZ}^{AK} 30—160/1000$(u)	30~160	480~2400	15~81	—	1000×1000	30	≤0.4/0.6	—	4
$X_{MZ}^{AK} G100—250/1250$(u)	100~250	1500~3750	19~48	20~49	1250×1250	30	≤0.8/1.0	≤1.0/1.2	4
$X_{MZ}^{AK} 100—250/1250$(u)	100~250	1500~3750	39~97	—	1250×1250	30	≤0.8/1.0	—	4
$XM_Z^K 200—600/1600$(u)	200~600	3000~9000	52~154	—	1500×1500	30(35)	≤0.6/0.8	—	4+2.2
$XM_Z^K 250—600/1600$(u)	250~600	3750~9000	57~138	—	1600×1600	30(35)	≤0.8	—	4+2.2
$X_{MZ}^{AK} 300—850/(2000×1600)$	300~850	5000~17000	51~147	—	1600×2000	40(35,32,30)	≤0.8	—	4+4
$X_{MZ}^{AK} 300—850/(2000×2000)$	700~1250	14000~25000	97~171	—	2000×2000	40(35,32,30)	≤1.2	—	4+4

生产厂家：杭州无锡市通用机械厂。

（6）$X_M^A Z$ 型全自动厢式压滤机

1）适用范围。$X_M^A Z$ 型全自动厢式压滤机是间歇操作的加压过滤设备，广泛应用于水处理行业污泥脱水处理。

2）型号说明

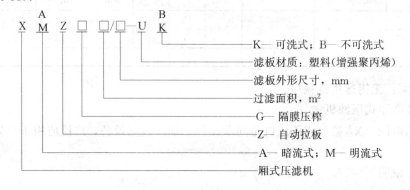

$$X \quad M \begin{matrix} A \\ \end{matrix} Z \quad \square \quad \square/\square \quad U \begin{matrix} B \\ K \end{matrix}$$

- K— 可洗式；B— 不可洗式
- 滤板材质：塑料（增强聚丙烯）
- 滤板外形尺寸，mm
- 过滤面积，m²
- G— 隔膜压榨
- Z— 自动拉板
- A— 暗流式；M— 明流式
- 厢式压滤机

3）设备特点。主要包括：a. 滤板、滤框采用增强聚丙烯一次模压成型，相对尺寸和化学性能稳定，强度高、质量轻、耐酸碱、无毒无味，所有过流面均为耐腐介质；b. 机架大多采用高强度钢结构件，安全可靠，功能稳定，经久耐用；c. 大多机型采用液压机构压紧和放松滤板，最大压紧力高达 40MPa，采用电气控制实现保压；d. 设备最大工作压力厢式为 2.5MPa、板框式为 1MPa，确保了各类用户能够选择到适合自身工艺要求的产品；e. 设备的操作简单可靠，大多采用按钮控制，亦可采用非接触式的触摸屏控制，特殊工况可配备各种类型安全装置保证制作人员安全；f. 自动机型采用了液压执行、PLC 控制的模式，提高了设备控制的可靠性、稳定性和安全性。

4）设备规格及性能。$X_M^A Z$ 型全自动厢式压滤机外形结构见图 1-2-86。

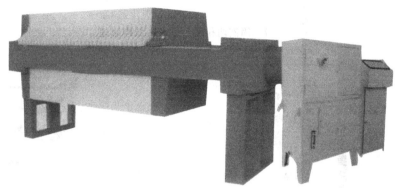

图 1-2-86　$X_M^A Z$ 型全自动厢式压滤机外形结构

$X_M^A Z$ 型全自动厢式压滤机性能参数见表 1-2-98。

表 1-2-98　$X_M^A Z$ 型全自动厢式压滤机性能参数

型 号	过滤面积/m²	滤室总容量/L	外框尺寸/mm	滤板厚度/mm	滤室数量/个	滤饼厚度/mm	外形尺寸（长×宽×高）/mm	电机功率/kW	过滤压力/MPa	整机质量/kg
$X_M^A Z32/1000—U_K^B$	32	480	1000×1000	60	20	30	3170×1380×1520	3	0.6	4730
$X_M^A Z40/1000—U_K^B$	40	600	1000×1000	60	24	30	3410×1380×1520	3	0.6	5030
$X_M^A Z50/1000—U_K^B$	50	750	1000×1000	60	30	30	3770×1380×1520	3	0.6	5470
$X_M^A Z60/1000—U_K^B$	60	900	1000×1000	60	36	30	4130×1380×1520	3	0.6	5910
$X_M^A Z70/1000—U_K^B$	70	1050	1000×1000	60	42	30	4490×1380×1520	3	0.6	6350
$X_M^A Z80/1000—U_K^B$	80	1200	1000×1000	60	48	30	4850×1380×1520	3	0.6	6790
$X_M^A Z90/1000—U_K^B$	90	1350	1000×1000	60	54	30	5210×1380×1520	3	0.6	7230
$X_M^A Z100/1000—U_K^B$	100	1500	1000×1000	60	60	30	5570×1380×1520	3	0.6	7670
$X_M^A Z110/1000—U_K^B$	110	1650	1000×1000	60	66	30	5930×1380×1520	3	0.6	8110
$X_M^A Z120/1000—U_K^B$	120	1650	1000×1000	60	72	30	6290×1380×1520	3	0.6	8550

生产厂家：杭州创源过滤机械有限公司。

（7）Waterlink 离心脱水机

1）适用范围。Waterlink 离心脱水机主要用于水处理行业污泥的脱水。

2）设备特点。主要包括：a. Waterlink 离心脱水机装配有液压驱动系统，通过液压驱动系统可以实现离心机差速度的自动调节和控制，离心机最大输出转矩可达 23000N·m，螺旋转矩是普通离心机的 2～3 倍；b. 离心脱水机的转鼓和螺旋选用不锈钢或双相不锈钢；螺旋表面涂有 2～3mm 碳化钨硬质合金；c. 离心脱水机外壳采用整体密闭设计，在外壳里侧喷磁漆涂层，大幅降低设备运转噪声；d. 在出泥挡板处有连续运行的刮刀，单独由电机驱动，可避免堵料等故障；e. 离心机安装有减振器；f. 出泥口采用耐磨陶瓷衬套保护，抗磨损能力大大提高，并且方便拆卸更换；g. 上清液出口可调节溢流堰板，可根据污泥性质调节出泥效果。

固液两相离心脱水机结构原理和传动原理见图 1-2-87 和图 1-2-88。

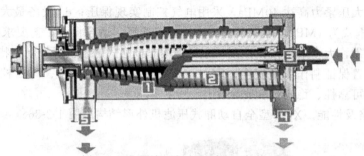

图 1-2-87　固液两相离心脱水机结构原理

1—转鼓；2—螺旋；3—进料口；4—排液口；5—卸料口

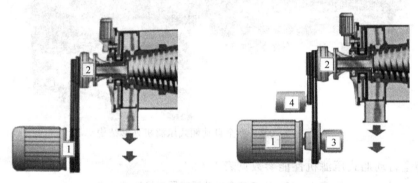

(a) 机械传动

1—电机(变频驱动)；2—减速箱

(b) 液压传动

1—电机(变频驱动)；2—减速箱；
3—液压泵；4—液压电机

图 1-2-88　固液两相离心脱水机传动原理

3) 设备规格和性能。Waterlink 离心脱水机外形见图 1-2-89，规格和性能见表 1-2-99。

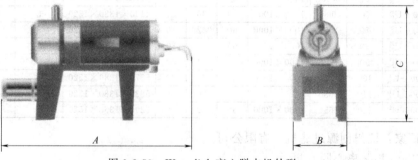

图 1-2-89　Waterlink 离心脱水机外形

表 1-2-99　Waterlink 离心脱水机规格和性能

型号	转鼓直径 /mm	主电机功率 /kW	转鼓最大转速度 /(r/min)	最大加速度 /(m/s²)	长度 A /mm	宽度 B /mm	高度 C /mm	质量 /kg	水力处理量 /(m³/h)	
									STD	H
125	240	5.5/9.2	6500	55600	1400	550	925	600	5	6
300	280	7.5/11	5900	53500	2250	700	1350	800	7	9
300L	280	7.5/11	5900	53500	2750	700	1350	1100	10	12

续表

型号	转鼓直径 /mm	主电机功率 /kW	转鼓最大转速度 /(r/min)	最大加速度 /(m/s²)	长度 A /mm	宽度 B /mm	高度 C /mm	质量 /kg	水力处理量 /(m³/h)	
									STD	H
400	390	11/15	4000	34200	2800	950	1500	1700	15	20
400L	390	15/18.5	4000	34200	3300	950	1500	1900	25	30
500	500	30/37	3400	31700	3400	1200	1800	2500	40	45
500L	500	37/45	3400	31700	4000	1200	1800	3300	50	60
650	630	45/55	2250	17500	4350	1500	1900	5900	80	90
650L	630	55/75	2250	17500	5000	1500	1900	6300	100	110
800	800	110	1900	15900	6000	2000	1800	11200	120	130

生产厂家：北京沃特林克环境工程有限公司。

（8）SMS3 螺压脱水机

1）适用范围。SMS3 螺压脱水机是一种低转速、全封闭、可连续运行的新型脱水机，适用于水处理行业的污泥脱水。

2）设备特点。当来自浓缩池、浓缩机或消化池的待处理含固量大于 3‰DS 的稀泥浆经与絮凝剂混合，再被送入专用絮凝反应器中，经絮凝反应后的稀浆形成絮状，流入进料分配槽，稀浆絮体在这段工序得到有效的絮体和澄清液分离，产生了预脱水效应。待脱水稀浆进入主装置压榨区域被进一步挤压脱水，在此过程中压力逐渐变化，稀浆逐渐被提升并越来越干，为使不锈钢滤网保持无堵塞运行，装置中的喷射清洗装置是按设定要求实行自动冲洗，冲洗时不影响机械的脱水效果。SMS3 螺压脱水机工作流程见图 1-2-90。

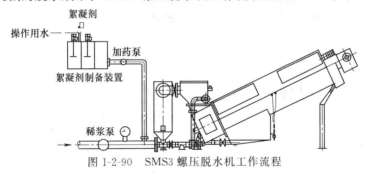

图 1-2-90　SMS3 螺压脱水机工作流程

3）设备规格及性能。外形结构见图 1-2-91。

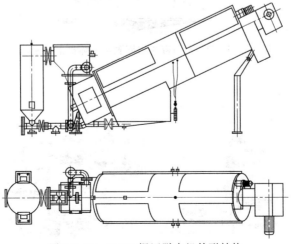

图 1-2-91　SMS3 螺压脱水机外形结构

SMS3 螺压脱水机的性能参数见表 1-2-100。

表 1-2-100　SMS3 螺压脱水机的性能参数

| 型号 | 处理量 /(m³/h) | 驱动电机 | | 压榨机转速 /(r/min) | 清洗系统的 驱动/kW | DN 系统管径 /mm | 运行质量 /kg |
		电容量 /kW	电压 /V				
SMS3.1	2～5	3	380	0～5	0.04	100/100	2500
SMS3.2	5～10	4.4	380	0～6	0.04	100/100	3700
SMS3.3	10～20	8.8	380	0～6	0.08	100/100	7400

生产厂家：宜兴市凌态环保设备有限公司。

2.3.10.5　浓缩脱水一体机

（1）DY 系列带式浓缩脱水一体机

1）适用范围。适用于污泥量大、进泥浓度低的大型水厂。

2）型号说明

3）设备特点。主要包括：a. 污泥浓缩机与污泥脱水机相结合，可节省污泥浓缩池，对各种稀污泥有很强的适应性；b. 超长的重力浓缩区和挤压脱水区，处理量大；c. 采用回转式气缸清洗技术，清洗能力强，滤布清洗均匀，所需水量小；d. 大型框架式结构，坚固耐用，易检修；e. 采用气弹簧张紧和调偏，精度高，故障率低。

DY 系列带式浓缩脱水一体机工作原理和外形见图 1-2-92 和图 1-2-93。

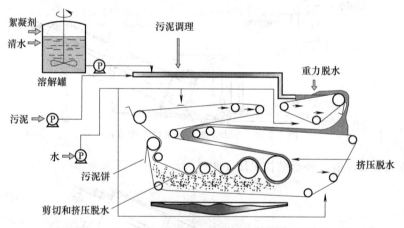

图 1-2-92　DY 系列带式浓缩脱水一体机工作原理

图 1-2-93　DY 系列带式浓缩脱水一体机外形

4）设备规格及性能。DY 系列带式浓缩一体机技术参数见表 1-2-101。

表 1-2-101　DY 系列带式浓缩一体机技术参数

机型	带宽 /mm	产量（按 DS 计） /（kg/h）	进料浓度 /%	出料浓度 /%	外形尺寸 长×宽×高/mm	配用动力 /kW	质量 /kg
DY—1000	1000	150～470	≥2	20～25	5590×2717×2562	2.2	3600
DY—1500	1500	250～600	≥2	20～25	5590×3717×2562	3.0	5900
DY—1800	1800	460～900	≥2	20～25	5590×3920×2562	4.0	8100
DY—2000	2000	530～1000	≥2	20～35	7300×3950×3047	4.0	10800
DY—2500	2500	640～1100	≥2	20～35	7300×4590×3047	5.5	12600
DY—3000	3000	720～1300	≥2	20～35	7300×4950×3047	7.5	15000

生产厂家：上海奥德水处理科技有限公司。

（2）DYH 系列转鼓浓缩脱水一体机

1）适用范围。该机型能耗低，泥饼含水率低，适用于一般规模水厂的污泥处理，尤其是进泥浓度较低，而出泥要求含固率较高的情况。

2）型号说明

3）设备特点。主要包括：a. 采用转鼓筛网浓缩系统，可适应低含固率污泥处理，省去污泥浓缩池，大大减少占地，节约投资费用；b. 滤布驱动机无级变速，可控制污泥处理量和含水量；c. 侧板密封式结构，水切割一次成型，确保机台耐腐蚀，无侧漏；d. 标准 PLC自动控制系统；e. 进口滤布，SUS316 接口，使用寿命更长；f. 智能控制自动清洗系统，用水更省；g. 超长挤压段设计，泥饼含固率高。

DYH 系列转鼓浓缩脱水一体机工作原理和外形见图 1-2-94 和图 1-2-95。

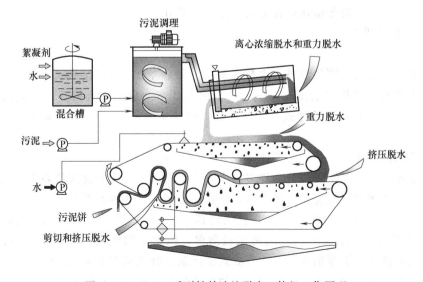

图 1-2-94　DYH 系列转鼓浓缩脱水一体机工作原理

4）设备规格及性能。DYH 转鼓式污泥浓缩脱水一体机的技术参数见表 1-2-102。

图 1-2-95　DYH 系列转鼓浓缩脱水一体机外形

表 1-2-102　DYH 转鼓式污泥浓缩脱水一体机的技术参数

型号	滤布宽度 /mm	处理量 (按 DS 计) /(kg/h)	含水率 /%	功率 /kW	质量 /kg	耗水量 /(m³/h)	材质	外形尺寸/mm				
								长 L	宽 W	高 H	出口高 D	转鼓直径
DYH—500	500	50～120	70～80	1.2	1030	4.0	SUS304	2520	1120	2300	620	750
DYH—800	800	70～210	70	1.5	1320	5.0	SUS304	2520	1350	2300	620	750
DYH—1000	1000	90～230	70	2.5	1610	6.0	SUS304	2730	1600	2630	620	1250
DYH—1500	1500	110～320	70	2.5	1930	7.0	SUS304	2730	2000	2630	620	1250
DYH—2000	2000	170～570	70	3.3	2800	9.5	SUS304	3600	2300	2630	620	1500
DYH—2500	2500	250～680	70	3.3	3200	11.5	SUS304	3600	3000	2630	620	1500

生产厂家：上海奥德水处理科技有限公司。

2.3.10.6　其他配套设备

（1）螺旋输送机　无轴螺旋输送机详见第三篇 6.3 部分。

（2）皮带输送机　皮带输送机详见第三篇 6.3 部分。

2.3.11　其他通用设备

2.3.11.1　水泵

水泵是水泵站中最主要的设备。水泵选型和配套是否合理将直接影响水泵站效率和工程投资，因此水泵的选型是水泵站设计中一个重要的环节。泵的种类很多，性能范围十分广泛。给水泵站主机一般采用叶片式水泵。叶片式水泵有离心泵、轴流泵和混流泵 3 种基本泵型。

离心泵为低比转速叶片泵，一般比转速 n_s＝50～300。离心泵按叶轮进水方式、泵内叶轮的数目、泵轴的装置等又可以分为许多种类。主要有单面进水悬臂式离心泵，双面进水离心泵，单级泵，多级泵，蜗壳式，导叶式，卧式离心泵和立式离心泵等。

轴流泵属于高比转速的叶片泵，一般比转速 n_s 在 500 以上，扬程比较低，从 1m 到 1.5m，流量比较大。中小型轴流泵结构比较简单，但大型轴流泵叶片调节机构比较复杂。轴流泵也有很多种类，按泵轴安装方式有立式轴流泵、卧式轴流泵和斜式轴流；按叶片调节方式，可分为固定叶片轴流泵、半调节叶片轴流泵和全调节叶片轴流泵。

混流泵的比转速介于离心泵和轴流泵之间，它在转动时叶片产生离心力和升力的混合作用，水从叶轮中流出。从外形和结构来看，低比转速卧式混流泵与离心泵相似；高比转速混流泵或立式混流泵与轴流泵相似。

　　详见第三篇第 2 章。

2.3.11.2　闸阀

　　闸阀主要有楔式闸阀、软密封闸阀和地埋式闸阀，详见第三篇第 3 章。

2.3.11.3　可调节堰（闸）

　　可调节堰（闸）主要用于控制和调节水位，也可用于配水排水等场合，详见第三篇第 3 章。

2.3.11.4　鼓风机

　　鼓风机主要分为罗茨鼓风机、离心鼓风机、磁悬浮鼓风机和空气悬浮鼓风机，主要用于滤池的气水反冲洗，详见第三篇第 4 章。

2.3.11.5　空压机

　　空压机主要用于滤池的气水反冲洗，详见第三篇第 4 章。

2.3.11.6　通风设备

　　通风设备主要分为离心通风机和轴流通风机，详见第三篇第 4 章。

2.3.11.7　起重设备

　　起重设备主要有电动葫芦、电动单梁起重、电动单梁悬挂起重机和电动单梁桥式起重机等，详见第三篇第 6 章。

第3章 预处理工艺

3.1 主要工艺

随着经济发展，水源水质已受到不同程度污染，污染成分越来越复杂，例如地表水主要污染物为高锰酸盐指数、氨氮、石油类；湖、库水源主要污染物 TN、TP、藻类及其分泌物；另外水土流失等造成原水含砂量增多。

当原水含砂量、色度、藻类、有机物、致突变前体物等含量较高、臭味明显时，经过常规处理工艺的净水不能达到水质目标时，在常规处理工艺基础上增加预处理以解决受污染饮用水源水处理。

预处理设施有连续运行、间歇运行和应急性处理装置。

预处理的工艺主要有预沉、生物预处理、化学预氧化、粉末活性炭吸附；此外，还有曝气法、水库蓄存、自然沉淀等，新的预处理方法如磁分离工艺等正在推广使用。

3.2 单元构筑物及设备

3.2.1 预沉

原水泥砂颗粒较大或浓度较高时，采用一次混凝沉淀和加大投药量仍难以满足沉淀出水要求，此时应设置预沉池。可根据原水含砂量、粒经、沉降性能、砂峰持续时间、排泥要求和条件、处理水量水质要求，结合地形、现有条件选择预沉方式。

预沉池常用的有沉砂、沉淀（自然沉淀、絮凝沉淀）、澄清等。原水中悬浮物多为砂性大颗粒时应采用沉砂池，原水含有较多黏土性颗粒时采用混凝沉淀、澄清等凝聚沉淀方式。

沉淀池有：沉砂池（旋流絮凝沉砂池、平流沉砂池、辐流式沉砂池、斜管沉砂池）；预处理沉淀池；预处理澄清池等。

3.2.1.1 旋流絮凝沉砂池

经过投加絮凝剂的原水，通过池上部进水管的喷嘴快速混合，并旋转向下流动，穿过固定网板和导流板，由絮凝室下端流入分离室，进行泥水分离，分离出来的清水向上汇集于环行集水槽内流出池外；分离出来的泥渣依自身重力向下进入池下部浓缩室进行浓缩；浓缩后的泥渣由池上部刮泥传动装置带动池底刮泥板，将泥渣刮入池中心集泥斗内；斗内泥渣借助与池内水的静压力，由池底所设的排泥管排出池外。

（1）设计要点 采用絮凝沉淀时，原水的最大含砂量不超过 $60kg/m^3$，混合絮凝时间为 $5\sim15min$，进水管喷嘴流速为 $2\sim3m/s$，喷嘴距水面的距离（或淹没水深）为 $0.2\sim0.3m$。絮凝室出口流速 $\leqslant0.02m/s$。泥渣浓缩时间一般取 $1.5\sim2.0h$，泥渣浓缩室截锥体斜壁与水平面夹角一般为 $50°\sim60°$。

（2）基本设计公式

1）絮凝室

① 絮凝室面积：

$$A_0 = Q/V$$

式中，Q 为单池设计进水量，m^3/min；V 为絮凝室流速，m/min。

② 絮凝室直径：

$$d = \sqrt{\frac{A_0}{0.785}}$$

③ 絮凝室容积：

$$W = Qt$$

式中，W 为絮凝室容积，m^3；t 为絮凝时间，min。

④ 絮凝室高度：

$$h_3 = W/A_0$$

2）分离室

① 分离室面积：

$$A_1 = \alpha Q_1/v_1$$

式中，A_1 为分离室面积，m^2；Q_1 为单池设计进水量，m^3/min；v_1 为絮凝室流速，m/min；α 为系数，一般取 $1.3 \sim 1.5$。

② 沉淀池总面积：

$$A = A_0 + A_1$$

式中，A_0 为絮凝室面积，m^2；A 为沉淀池总面积，m^2。

③ 沉淀池直径：

$$D = \sqrt{\frac{A}{0.785}}$$

3）浓缩室

浓缩室容积：

$$W_1 = \frac{1}{3} h_1 \left(F_1 + F_2 + \sqrt{F_1 \cdot F_2} \right)$$

$$h_1 = v_m T$$

式中，W_1 为浓缩室容积，m^3；h_1 为泥渣浓缩室高度，m；v_m 为泥渣层增长速度，m/s；T 为泥渣浓缩时间，s；F_1 为泥渣浓缩室上端锥体截面积，m^2；F_2 为泥渣浓缩室下端锥体截面积，m^2。

4）沉淀池高度

① 沉淀池中心高度：

$$H = h_1 + h_2 + h_3 + h_4$$

$$h_2 = \frac{Q}{\pi d v}$$

式中，H 为沉淀池中心高度，m；h_1 为泥渣浓缩室高度，m；h_2 为水流由浓缩室下沿流入分离室所需高度，m；h_3 为絮凝室有效高度，m；h_4 为絮凝室安全高度，m；Q 为进水量，m^3/s；d 为絮凝室直径，m；v 为絮凝室出口流速，m/s。

② 沉淀池周边高度：

$$H_1 = h_1 + h_5 + h_6 + h_7$$

式中，H_1 为沉淀池高度，m；h_1 为泥渣浓缩室高度，m；h_5 为泥渣悬浮层高度，m；h_6 为泥渣分离区高度，m；h_7 为沉淀池安全高度，m。

5）排泥含砂量

$$C_m = \frac{C}{4.6 + 0.246C} \times 100$$

式中，C_m 为排泥含砂量，kg/m^3；C 为设计进水含砂量，kg/m^3。

主要设备有排泥阀、搅拌器等。

3.2.1.2　平流沉砂池

平流沉砂池截留砂粒效果较好、构造简单、排砂较方便，其主要缺点是沉砂中夹杂有约15%的有机物，使沉砂的后续处理较困难。平流除砂池沉淀效果除受絮凝效果的影响外，与池中水平流速、沉淀时间、原水凝聚颗粒的沉降速度、进出口布置形式及排泥效果等因素有关，其主要设计参数为水平流速、沉淀时间、池深、池宽、长宽比、长深比等。

（1）设计要点　平流沉砂池的进口端要采取缓慢的扩散渐变形式，其扩散角不宜超过20°，进口段的长度一般取 15～30m，进水栏与池体底一般采用（1∶2.5）～（1∶1.3）的陡坡连接。采用定期水力冲砂的池宽不大于 6m，池深一般采用 4～6m。

（2）基本设计公式

① 沉淀池长度：

$$L = H_\rho \frac{v}{\omega}$$

式中，v 为池子首端流速，m/s；H_ρ 为沉淀池首端工作水深，m；ω 为计算粒径的泥沙的沉降速度，m/s。

$$H_\rho = H - h_y$$

式中，H 为水力冲砂时的沉淀池深度，m；h_y 为冲砂的设计泥砂淤积高度，一般为首端总深度的 25%～30%。

② 沉淀池的深度：

$$H + il_p \leqslant Z + q/v$$

式中，i 为池底纵坡；l_p 为沉淀池工作长度，m；Z 为沉淀池池上游水位和冲洗排泥管、沟下游水位之间的落差，m；q 为沉淀池单宽冲洗水量，$m^3/(s \cdot m)$，取（1.1～1.25）vh_R；v 为冲砂流速，m/s，一般取 2～2.5m/s；h_R 为冲砂时的平均水深，m。

主要设备：排泥阀、吸排砂机等。

3.2.1.3　斜管（板）沉砂池

在池内设置斜管（板），泥砂沿斜管（板）滑下。特点是沉淀效率高、池子容积小和占地面积少，但维护管理较复杂，斜管（板）需要定期清理和更换。

主要设备：快开排泥阀、潜水式刮砂机。

3.2.1.4　辐流式沉砂池

辐流式沉砂池多为池深较浅（周边水深 2.4～2.7m）的圆形构筑物。原水自池中心进入，沿径向以逐渐变小的速度流向周边，在池内完成沉淀过程后，通过周边集水装置流出。沉降在池底部的泥砂靠机械排除。

主要设备：周边传动刮泥机、排泥阀、进水阀等。

3.2.1.5　沉淀池和澄清池

沉淀池和澄清池描述及设计要点见 2.2.5 和 2.2.6 部分相关内容。需要注意的是在选择投药量、上升流速、水力负荷、进水方式和排泥方式等时要考虑原水水质高含砂量和高浊的特点。

3.2.2　生物预处理

生物预处理的主要作用是去除原水中氨氮、异臭、有机微污染物、藻类等，减少对后续工艺滤池的堵塞，达到生活饮用水水质标准。

生物预处理是利用依附在填料上的微生物自身生命代谢活动（氧化、还原、合成等过程），微生物的生物絮凝、吸附、氧化、生物降解和硝化等综合作用使水中氨氮、有机物等逐渐有效去除。生物预处理主要包括生物滤池和生物接触氧化两种方式。

生物预处理的形式和参数应通过试验或参照相似原水条件的净水厂运行经验确定。应注意水温、气温对生物活性的影响，一般水温应不低于 5℃。

主要设备有阀门、蝶阀、止回阀、排气阀、搅拌器、水泵、鼓风机、空压机等。

3.2.2.1　曝气生物滤池

曝气生物滤池（biological aerated filter，BAF）工艺是近年来国际上较为流行的一种新型水处理技术，该技术对氨氮的去除率达到 80% 以上，对耗氧量、浊度、色度、铁、锰等污染物均有较好的去除效果。

根据所使用的滤料不同，BAF 的工艺形式主要有两种：一种使用陶粒等密度大于水的物质作为滤料，类似于 Degrement 公司推出 BIOFOR 滤池，目前使用较多的是页岩陶粒；另一种则使用密度小于水的悬浮型轻质滤料，类似于 OTV 公司推出的 BIOSTYR 滤池（滤料主要成分为聚苯乙烯）。由于所采用的滤料的不同，两种滤池在运行方式上各有特点。

主要设计参数：填料粒径 2~5mm；填料高度 1.5~2m；水力负荷 3~8m³/(m²·h)；气水比 (0.5:1)~(1:1.5)；反冲洗周期 7~10d；反冲洗方式为气水联合反冲；反冲强度气、水均为 10~15L/(m²·s)；反冲时间 5~10min。

3.2.2.2　生物接触氧化池

生物接触氧化也叫浸没式生物膜法，是一种介于活性污泥法和生物滤池之间的生物膜法工艺，主要由池体、填料、布水装置和曝气系统 4 部分组成。生物接触氧化的优点是处理能力大，处理时间短，容积负荷高，水头损失小，对冲击负荷有较强的适应性，耐停运，出水水质较稳定，污泥产率低，投资和运行费较低，运行灵活，操作管理方便等。存在问题：生物膜增厚后不能仅靠自然脱落，要采取加大气量等措施控制其厚度，当池面积大时布水布气不易达到均匀，填料上较易生长水生动物。

生物接触氧化工艺水质净化效果取决于生物膜上的生物量及其活性，影响生物接触氧化工艺水质净化效果的主要环境因素有水源水质、水温、pH 值、有机物浓度、悬浮物、溶解氧、水力停留时间、气水比等。此外，曝气方式、填料类型、结构特点和填料比表面积等也对处理效果产生影响。

主要设计参数：水力停留时间宜为 1~2h；有效水深在 3.5~6.0m；曝气气水比宜为 (0.8:1)~(2:1)；氨氮负荷 0.05~0.08kg/(m³·d)；曝气强度范围 4.0~5.5m³/(m²·h)，一般不宜小于 4.0 m³/(m²·h)。

3.2.3　化学预氧化

在混凝工序前投加氧化剂可以去除微量有机污染物、除藻、除嗅味、控制氯化消毒副产物、去除铁锰等，并可起到助凝作用。在预氧化过程中，氧化剂与水中多种成分作用，能够提高对有害成分的去除效率，但在一定条件下也会产生某些副产物。目前给水处理预氧化药剂主要有臭氧、高锰酸钾（及高锰酸钾复合剂 PPC）、氯、二氧化氯等。由于二氧化氯的副产物对人体有害，其投量不宜过高，因此二氧化氯一般主要作为后续的消毒剂使用；高铁酸盐制备难度大、成本高、易分解，实际工程中使用的较少。下面主要针对水厂中常用的 3 种化学预氧化技术进行介绍。

3.2.3.1　预氯氧化

用预氯氧化工艺能够杀菌、杀藻，降低藻类和有机物对后续混凝沉淀的干扰，并防止藻类在沉淀池和滤池中滋生，保证构筑物的卫生环境和正常运行，效果明显、投资和成本低，但会生成氯化消毒副产物，氯氨生成的消毒副产物比氯要低得多。

主要设备有加氯机、加氨机、二氧化氯发生器、次氯酸钠发生、液氯蒸发器、液压称、氯吸收设备等。

3.2.3.2　预臭氧氧化

预臭氧氧化是在混凝沉淀前投加臭氧，作用是氧化铁、锰，去除色度和臭味，改善絮凝和过滤效果，取代前加氯，减少氯消毒副产物、氧化无机物以及促进有机物的氧化降解。

臭氧是一种强氧化剂，能够与水中易被氧化的还原性无机物质或小分子有机物例如亚硝酸盐、氰化物、甲醛和酚等发生反应，也会与一些大分子有机物反应，使其得到不同程度的降解，变成简单的有机物，随后去除。

臭氧和水中溴离子反应生成溴酸盐致癌物，臭氧投加浓度和接触时间应合理，预臭氧氧化应设置在混凝沉淀前。

主要设备：气源系统、臭氧发生器、增压泵、输送系统、臭氧投加设备、控制系统、尾气处理装置、臭氧破坏装置等。

气源系统：臭氧的制备系统需要较高纯度的氧气（92%以上）作为气源。氧气气源提供方式有空气现场制氧和现场液氧直接气化制氧两种。空气现场制氧又包括真空变压吸附现场制氧（VPSA）和变压吸附现场制氧（PSA）两种。

臭氧发生器国外厂家有奥宗尼亚（Ozonia）、威德高（Wedeco）、三菱（Mitsubishi）、富士（Fuji）等。

臭氧的输送应采用不锈钢材质。

臭氧的投加方式有水射器投加和曝气扩散器。预臭氧的投加多采用水射器扩散装置。

臭氧投加的控制有流量配比和余臭氧控制两种方式，预臭氧的投加多采用流量配比控制方式。

臭氧尾气消除方式有电加热分解、催化剂接触分解和活性炭吸附分解消除等。

3.2.3.3　高锰酸钾氧化

高锰酸钾属于过渡金属化合物，是水处理中常用的强氧化剂。

高锰酸钾尚未发现能生成对人体有毒害的氧化副产物，是较为安全的预氧化剂。高锰酸钾杀藻，藻内容物不外泄，也是较安全的。如在预处理中同时使用活性炭，比加氯更有优势。高锰酸钾作为有效的预氧化剂主要有以下几方面的作用：a. 去除二价铁、锰离子；b. 去除水中有机物；c. 降低三卤甲烷和其他氯化有机物的生成量；d. 控制饮用水中的嗅味；e. 氧化除藻。

高锰酸钾预氧化可以投加在取水口，如在净水厂内投加，需先于其他药剂的投加时间不少于 3min。后处理必须有过滤单元，以减少不溶性二氧化锰造成的水体颜色。高锰酸钾投加量应根据烧杯试验确定。

主要设备：高锰酸钾的投加设备可采取干粉或溶液两种方式。

3.2.3.4　预氧化药剂的选择

可以根据原水水质特点、设计要求和后续处理工艺，选择合适的氧化剂进行化学预氧化处理

（见表 1-3-1）。

表 1-3-1　化学预氧化药剂对水质的综合影响

影响	臭氧	高锰酸钾	氯
有机物去除	好	好	略有效果
藻去除	好	较好	很好
嗅味去除	好	一般	略有效果
减少氯化副产物	好	较好	—
助凝效果	好	好	较好
除铁锰	好	好	一般
主要副产物	醛、醇、有机酸、溴酸盐等	水合 MnO_2	THMs、HAAs 等多种氯化副产物
备注	除色效果很好；增加出厂水生物不稳定性；设备投资较大，运行管理较复杂	对水质副作用小，副产物（MnO_2）可被后续常规处理工艺去除；投资小，使用灵活；需控制投加量，过量时易引起出水浊度、色度以及锰超标	产生大量有毒氯化消毒副产物；产生氯酚和有机胺等，引起嗅味问题

3.2.4　粉末活性炭吸附（应急）

粉末活性炭吸附是完善常规处理工艺，去除水中有机污染物的有效方法之一。

当原水短时间内含较高浓度溶解性有机物、色嗅味异常时，采用投加粉末炭，主要作用是吸附溶解性物质和改善色、臭、味等感官性指标。由于连续大量投加粉末活性炭成本较高，因此只在应对突发水源事件时使用。

粉末炭一般投加在原水中，经过充分混合接触后（10～15min），再投加其他药剂。

粉末活性炭的投加方法有干式投加和湿式投加两种。目前常用于给水处理工艺中的是湿式投加法，即将粉末活性炭配置成悬浮液定量投加。悬浮液的质量百分比浓度采用 5% 为宜。

主要设备：粉末活性炭压缩空气进料系统、贮料仓、除尘过滤器、输送料斗、投加罐、进料器、螺旋投加器、计量泵等。

（1）设计要点　炭浆的输送可采用塑料水泵或普通离心泵，管道采用聚丙烯管道或 ABS 管道，管道内浆液流速一般在 $1.5 \sim 2.0 m/s$ 为宜，搅拌设备的功率按 $1 \sim 1.5 kW/m^3$ 设计，所有炭浆制备和投加池均要求密封且通气系统要设置空气过滤器，以防止粉末活性炭污染环境和空气中灰尘进入炭浆池，降低炭浆的吸附效率。

（2）计算公式

① 粉末活性炭干粉量及调配水量计算：

日常粉末活性炭干粉量＝已知处理数量×日常粉末活性炭的投加量

最大粉末活性炭干粉量＝已知处理数量×最大粉末活性炭的投加量

② 调配池容积和投加池容积：

投加池容积＝日常粉末活性炭的投加量×4h

调配池容积＝投加池容积/2

3.2.5　磁分离预处理技术 MIEX®

磁分离预处理技术 MIEX® 是由澳大利亚（ORICA）研究人员及企业合作研发的一种专利技术，在澳大利亚、新西兰、欧洲和美国被用于有效降低原水中的 DOC；有效去除原水中的硝酸盐、磷酸盐、硫酸盐、砷化物，控制溴酸盐的产生；能减少后续混凝剂的用量从而减少饮用水中铁和铝的含量；能降低嗅味，并达到对消毒副产物的控制作用。

MIEX 颗粒充满 Cl^-，是可重复使用的聚合物，粒径约 $180\mu m$，在 MIEX-DOC 离子交换工艺中，MIEX 颗粒被置于搅拌的电流接触池中，在磁场的作用下颗粒快速吸附水中溶解性 DOC，从而降低水中 DOC，处理水中 Cl⁻ 略有增高。MIEX 颗粒具有可再生性，再生过程中带有 DOC 的 MIEX 颗粒与水中 Cl⁻ 进行反方向置换，以提供最大的表面积，便于再次吸附水中 DOC。

在 MIEX-DOC 离子交换工艺中，MIEX 颗粒选择性地去除水中溶解性 DOC，且具有可再生性，通过再生可以使 MIEX 颗粒反复使用，环保、经济。

MIEX 工艺主要去除指标包括：浊度（NTU）35%，TOC（mg/L）22%，UV_{254} 33%，色度（度）36%。

主要设备：搅拌器、砂循环泵、再生设备等。

3.3 主要设备

3.3.1 除砂机

除砂机主要用于沉砂池沉砂的去除，其形式多种多样，常根据沉砂池的形式或砂水分离的需要进行分类，主要有链条式除砂机、链板式刮砂输砂机、钟式沉砂池吸砂机、行车泵吸式吸砂机、旋流式水砂分离器、砂水分离器等（表 1-3-2）。

表 1-3-2 除砂机分类表

序 号	类 别	厂家型号
1	链条式除砂机	LCS 型链条式除砂机
2	链板式刮砂输砂机	PGS 型刮砂输砂机
3	钟式沉砂池吸砂机	ZXS 型钟式沉砂池吸砂机
4	行车泵吸式吸砂机	PXS 型刮砂输砂机
5	旋流式水砂分离器	SFX 型旋流式水砂分离器
6	砂水分离器	SF 砂水分离器

生产厂家主要有扬州天雨给排水设备集团有限公司、唐山清源环保机械股份有限公司、南京贝特环保通用设备制造有限公司、江苏一环集团、潍坊紫光环保设备有限公司、江苏天鸿环境工程有限公司等、江苏天雨环保集团有限公司、江苏兆盛水工业装备集团有限公司、宜兴市凌泰环保设备有限公司、江苏鼎泽环境工程有限公司。

3.3.1.1 LCS 型链条式除砂机

（1）适用范围 LCS 型链条式除砂机用于水处理厂沉砂池或曝气沉砂池去除沉砂。

（2）型号说明

（3）结构及特点 LCS 型链条式除砂机由传动装置、传动支架、导砂槽、导砂筒、框架及导轨、链条及刮框、链轮、张紧装置、从动链轮等组成。结构简单，排出的砂接近于干砂。

（4）性能 LCS 型链条式除砂机性能见表 1-3-3。

表 1-3-3 LCS 型链条式除砂机性能

型 号	集砂槽净宽 /mm	刮板线速 /(m/min)	功率 /kW	排砂能力 /(m³/h)	质量 /kg
LCS—600	600	3	0.37	2.0	
LCS—1200	1200		0.75	4.5	

（5）外形及安装尺寸　LCS 型链条式除砂机外形及安装尺寸见图 1-3-1 和表 1-3-4、表 1-3-5。

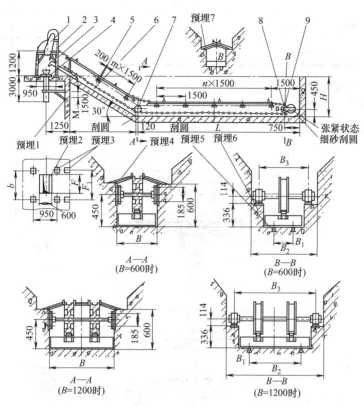

图 1-3-1　LCS 型链条式除砂机外形及安装尺寸（单位：mm）

1—传动装置；2—传动支架；3—导砂槽；4—导砂筒；5—框架及导轨；

6—链条及刮框；7—惰轮；8—张紧装置；9—从动链轮

表 1-3-4　LCS 型链条除砂机外形及安装尺寸　　　　　单位：mm

型　号	B	F	H	b	L	M	B_1	B_2	B_3	F_1
LCS—600	600	750	≤5000	750	≤10000	315	300	1000	720	675
LCS—1200	1200	1400		1530	≤15000	600	900	1600	1320	1275

表 1-3-5　LCS 型链条除砂机预埋件　　　　　单位：mm

预埋件号　　型号	1	2	3	4	5	6
LCS—600	800×150×10 上下共2块	700×100×10 共2块	150×150×12 共计6块	300×300×12 共计2块	970×150×12 共计2块	100×100×10 共计2(m+n+2)块
LCS—1200	800×150×10 上下共2块	1300×100×10 共2块	150×150×12 共计6块	300×300×12 共计2块	970×150×12 共计2块	150×150×10 共计2(m+n+2)块

生产厂家：扬州天雨给排水设备集团有限公司。

3.3.1.2　链板式刮砂输砂机

（1）适用范围　PGS 型刮砂输砂机适用于沉砂池中沉砂的去除。

（2）规格性能　见表 1-3-6。

表 1-3-6　PGS 型刮砂输砂机规格性能

参数 型号	池宽/mm	驱动功率/kW	运行速度/(m/min)	设备质量/kg
PGS3500	3500	2.2	0.8	6000
PGS4000	4000	2.2	0.8	6500
PGS4500	4500	2.2	0.8	7100
PGS5000	5000	2.2	0.8	7600
PGS5500	5500	2.2	0.8	8200

生产厂家：唐山清源环保机械股份有限公司、武汉阀门厂。

（3）技术说明　由链传动单刮板进行刮砂，返程时刮板自动抬起。

（4）外形及安装尺寸　见图 1-3-2。

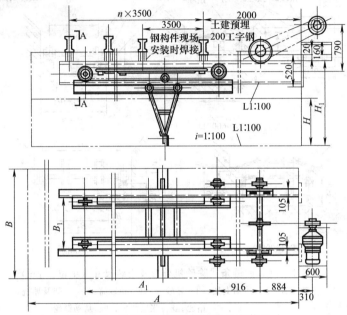

图 1-3-2　链板式刮输砂机外形及安装尺寸

3.3.1.3　钟式沉砂池吸砂机

（1）适用范围　钟式沉砂池及其吸砂设备是一种新型引进技术，用于给排水工程中去除水中的砂及粘在砂上的有机物质，它可去除直径 0.2mm 以上绝大部分砂。

（2）型号说明

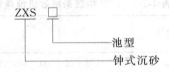

（3）规格性能见表 1-3-7。

表 1-3-7　ZXS 型钟式沉砂池吸砂机规格性能

参数 型号	处理水量 /(m³/h)	直径 /mm	电机功率 /kW	参数 型号	处理水量 /(m³/h)	直径 /mm	电机功率 /kW
ZXS1.8	180	1830	0.55	ZXS30	3000	4870	1.1
ZXS3.6	360	2130	0.55	ZXS46	4600	5480	1.1
ZXS6	600	2430	0.55	ZXS60	6000	5800	1.5
ZXS10	1000	3050	0.75	ZXS78	7800	6100	2.2
ZXS18	1800	3650	0.75				

（4）技术说明　ZXS 型钟式沉砂池吸砂机的向上倾斜的叶轮旋转时，产生离心力，不仅使水中砂粒沿池周及斜坡沉于池底的砂门中，同时将砂粒上黏附的有机物脱附并沉于池底。有节省能源、占地面积小，此外还有多种提升除砂方法和砂水分离方法，转速低，结构简单，便于保养维护的优点。

（5）外形及安装尺寸　见图 1-3-3、表 1-3-8。

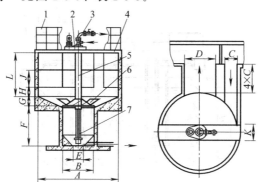

图 1-3-3　ZXS 型钟式沉砂池吸砂机（注：未标明参数符号可根据现场情况自定）

1—栏杆；2—驱动装置；3—除砂管；4—平台；5—驱动管轴；6—叶轮；7—吸砂系统

表 1-3-8　ZXS 型钟式沉砂设备外形及安装尺寸　　　　　　　单位：m

型　号	流量 /(m³/h)	A	B	C	D	E	F	G	H	J	K	L
ZXS1.8	180	1.83	1.0	0.305	0.610	0.30	1.40	0.30	0.30	0.20	0.80	1.10
ZXS3.6	360	2.13	1.0	0.380	0.760	0.30	1.40	0.30	0.30	0.30	0.80	1.10
ZXS6	600	2.43	1.0	0.450	0.900	0.30	1.35	0.40	0.30	0.40	0.80	1.15
ZXS10	1000	3.05	1.0	0.610	1.200	0.30	1.55	0.45	0.30	0.45	0.80	1.35
ZXS18	1800	3.65	1.5	0.750	1.500	0.40	1.70	0.60	0.51	0.58	0.80	1.45
ZXS30	3000	4.87	1.5	1.00	2.00	0.40	2.20	1.00	0.51	0.60	0.80	1.85
ZXS46	4600	5.48	1.5	1.10	2.20	0.40	2.20	1.00	0.61	0.63	0.80	1.85
ZXS60	6000	5.80	1.5	1.20	2.40	0.40	2.50	1.30	0.75	0.70	0.80	1.95
ZXS78	7800	6.10	1.5	1.20	2.40	0.40	2.50	1.30	0.89	0.75	0.80	1.95

生产厂家：南京贝特环保通用设备制造有限公司、江苏一环集团。

3.3.1.4　行车泵吸式吸砂机

（1）适用范围　该机型用于曝气沉砂池沉砂的排除。

（2）型号说明

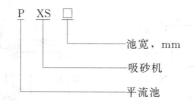

（3）结构原理　该机结构为行车式，通过液下污水泵吸砂并经管道排出池外。

（4）规格性能　见表 1-3-9。

表 1-3-9　PXS 型刮砂输砂机规格性能

参数 型号	池宽/mm	轨距 L/mm	功率/kW	运行速度/(m/min)
PXS2500	2500	B+b	5.15	1.3
PXS3500	3500	B+b	5.15	1.3
PXS4400	4400	B+b	5.15	1.3
PXS8400	8400	B+b	7.5	1.3

生产厂家：唐山清源环保机械股份有限公司、江苏一环集团环保工程有限公司、武汉阀门厂。

（5）技术说明　该机为行车式，液下泵排砂，动力线和信号线采用电缆卷筒或滑触线，可与微机控制联网。

（6）外形及安装尺寸　见图 1-3-4。

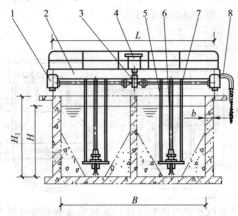

图 1-3-4　行车泵吸式吸砂机（A）型示意

1—行车梁；2—行车梁；3—驱动装置；4—电控箱；5—吸砂吊架；6—吸砂泵；7—传动轴；8—排砂管

3.3.1.5　旋流式砂水分离器

（1）SFX 型旋流式砂水分离器适用范围　主要应用于给水工程中去除水中的砂及黏附在砂上的有机物，可有效分离直径大于 0.2mm 的砂粒。

（2）型号说明

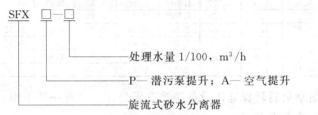

（3）主要技术参数　SFXA 型旋流式砂水分离器外形如图 1-3-5 所示，规格尺寸如表 1-3-10 所列。

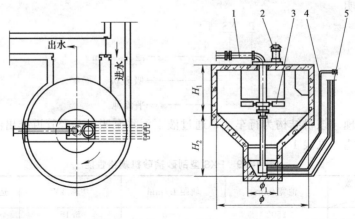

图 1-3-5　SFXA 型旋流式砂水分离器外形

1—排渣管；2—驱动装置；3—叶轮；4—空气管；5—冲洗气管

表 1-3-10 规格尺寸

型号	处理水量 /(m³/h)	池径 /m	电机功率 /kW	H_1 /m	H_2 /m	Θ /m
SFXA—1.8	180	1.83	0.55	1.1	1.7	1.0
SFXA—3.6	360	2.13	0.55	1.1	1.7	1.0
SFXA—6	600	2.43	0.55	1.15	1.85	1.0
SFXA—10	1000	3.05	0.75	1.35	2.0	1.0
SFXA—18	1800	3.65	0.75	1.45	2.3	1.5
SFXA—30	3000	4.87	1.1	1.85	3.2	1.5
SFXA—46	4600	5.48	1.1	1.85	3.2	1.5
SFXA—60	6000	5.80	1.5	1.95	3.8	1.5
SFXA—78	7800	6.10	2.2	1.95	3.8	1.5

SFXP 型旋流式砂水分离器安装示意见图 1-3-6，基础及预埋件布置见表 1-3-11。

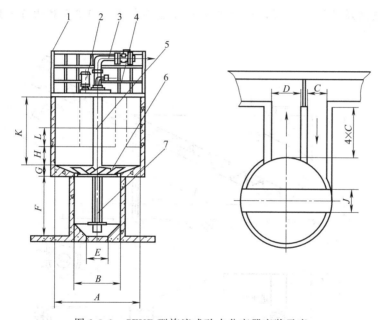

图 1-3-6 SFXP 型旋流式砂水分离器安装示意

1—栏杆；2—驱动装置；3—除砂管；4—平台；5—驱动管轴；6—叶轮；7—吸砂系统

表 1-3-11 基础及预埋件布置　　　　　　　　单位：m

型号	处理水量 /(m³/h)	A	B	C	D	E	F	G	H	I	J	K
FSXP—1.8	180	1.83	1.0	0.305	0.61	0.30	1.40	0.30	0.30	0.20	0.80	1.10
FSXP—3.6	360	2.13	1.0	0.38	0.76	0.30	1.40	0.30	0.30	0.30	0.80	1.10
FSXP—6	600	2.43	1.0	0.45	1.90	0.30	1.45	0.40	0.30	0.40	0.80	1.15
FSXP—10	1000	3.05	1.0	0.61	1.20	0.30	1.55	0.45	0.30	0.45	0.80	1.35
FSXP—18	1800	3.65	1.5	0.75	1.50	0.30	1.70	0.60	0.51	0.58	0.80	1.45
FSXP—30	3000	4.87	1.5	1.00	2.00	0.40	2.20	1.00	0.51	0.60	0.80	1.85
FSXP—46	4600	5.48	1.5	1.10	2.20	0.40	2.20	1.00	0.61	0.63	0.80	1.85
FSXP—60	6000	5.80	1.5	1.20	2.40	0.40	2.50	1.30	0.75	0.70	0.80	1.95
FSXP—78	7800	6.10	1.5	1.20	2.40	0.40	2.50	1.30	0.89	0.75	0.80	1.95

生产厂家：扬州天源环保工程有限公司。

3.3.1.6　砂水分离器

（1）SF 砂水分离器适用范围　SF 型属于轻型砂水分离设备，主要用于对水流沉砂池除砂设备排出的砂水混合物进行砂水分离，以利于运输。

（2）型号说明

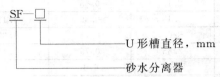

（3）特点　主要包括：a. 分离效率高达 96%～98%，可分离出粒径大于 0.2 mm 的砂粒；b. 采用无轴螺旋输送，无水中轴承，质量轻，维护方便；c. 采用最新减速机，结构紧凑，运行平稳，安装方便；d. U 形槽内衬柔性耐磨衬条，噪声低，更换方便；e. 整机安装简单，操作方便。

（4）设备规格及性能　外形，尺寸规格及性能参数如图 1-3-7 和表 1-3-12、表 1-3-13 所示。

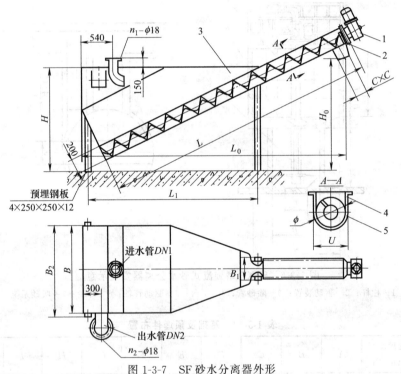

图 1-3-7　SF 砂水分离器外形

1—驱动装置；2—螺旋体；3—水箱；4—U 形槽；5—衬条

表 1-3-12　SF 砂水分离器尺寸规格　　　　　单位：mm

尺寸＼型号	SF260	SF320	SF360	SF420	尺寸＼型号	SF260	SF320	SF360	SF420
L	2800	2800	3800	3800	B_1	310	370	410	470
L_0	3840	4380	5760	6150	B_2	1250	1310	1470	1770
L_1	4000	4500	6000	6500	C	220	270	320	390
H	1600	1700	2150	2150	U	260	320	360	420
H_0	1550	1750	2400	2550	ϕ	220	280	320	380
B	1200	1260	1420	1720	DN	100	150	400	250

表 1-3-13　性能参数表

参数＼型号	SF-260	SF-320	SF-360	SF-420
螺旋直径/mm	220	280	320	380
处理量/(L/s)	5-12	12-20	20-27	27-35
点击功率/kW	0.37		0.75	
转速/(r/min)	5		4.8	

生产厂家：江苏天鸿环境工程有限公司。

3.3.2　预氯氧化设备

预氯氧化设备主要有加氯机、加氨机、二氧化氯发生器、次氯酸钠发生器、液氯蒸发器、液压秤、氯吸收设备等，此类设备与消毒设备相同，详见第三篇第 5 章。

3.3.3　臭氧设备

臭氧设备中的臭氧发生器、增压泵、尾气处理装置、臭氧破坏装置，详见第三篇第 5 章。

臭氧常用的投加方式有：鼓泡法、射流法、涡轮混合法、尼可尼混合法等。投加设备主要有：氧化塔、曝气头、射流器、臭氧混合泵等，预处理工艺主要用到的臭氧投加设备为射流器和臭氧混合泵。臭氧投加设备分类见表 1-3-14。

表 1-3-14　臭氧投加设备分类

序　号	类　别	厂家型号
1	射流器	YH 型射流器
		GW 系列文丘里射流系统
2	臭氧混合泵	QY 系列臭氧混合泵

3.3.3.1　射流器

（1）YH 型射流器　如图 1-3-8 所示。

（2）特点　主要有：a. 混合效率次于混合泵；b. 性价比高，造价便宜；c. 材料有不锈钢和氟胶塑料两种，耐氧化，耐腐蚀；d. 水流量 0.5～50t/h，可以多级并联。

（3）适用场合　与水泵配合使用。

射流器性能规格见表 1-3-15。

图 1-3-8　YH 型射流器

表 1-3-15　射流器性能规格

型　号	规格/mm	出水量/t	材质
YH—SB—50	出口直径 60,总长度 700 法兰连接	30～50	不锈钢
YH—SB—30	出口直径 40,总长度 500 法兰连接	25～30	不锈钢
YH—S—25	出口直径 38.1,总长度 275	10～25	氟塑料
YH—S—10	出口直径 25.4,总长度 230	5～10	氟塑料
YH—S—5	出口直径 19,总长度 152	1.5～5	氟塑料
YH—S—1	出口直径 12.5,总长度 100	0.5～1.5	氟塑料
YH—S—0.5	出口直径 12.5,总长度 100	0.06～0.3	氟塑料

生产厂家：济南艺浩机电设备有限公司。

（4）GW 系列文丘里射流系统

1）适用范围。臭氧与水体混合。

2）设备特点。GW系列文丘里射流器氧气传递效率高，安装维修简便。避免了占地面积大、噪声高、设备管道复杂、检修繁复、设备由于堵塞老化而效能下降等一系列问题。

3）GW系列文丘里射流器性能规格。GW系列文丘里射流器外形如图1-3-9所示，尺寸规格和型号及参数见表1-3-16、表1-3-17。

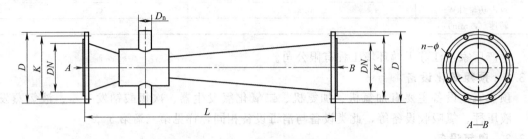

图1-3-9　GW系列文丘里射流器外形

表1-3-16　GW系列文丘里射流器尺寸规格

型　号	公称直径 DN/mm	外部连接安装尺寸/mm				吸入口口径 DN/mm	材　　质
		L	D	K	n-ϕ		
GW200	50	267	140	110	4-ϕ14	32	304/316/316L 不锈钢或 PVDF
GW300	80	390	190	150	4-ϕ18	50	304/316/316L 不锈钢或 PVDF
GW400	100	551	210	170	4-ϕ18	50	304/316/316L 不锈钢
GW800	150	766	265	225	8-ϕ18	50	304/316/316L 不锈钢
GW1200	200	1075	320	280	8-ϕ18	50	304/316/316L 不锈钢
GW3600	300	1576	440	395	12-ϕ22	80	304/316/316L 不锈钢

表1-3-17　GW系列文丘里射流器型号及参数

型　号	动力流量 /(m³/h)	进口压力 /(kgf/cm²)	装机功率 /kW	最大吸空气能力		制造材质
				吸空气压力 1atm 下	吸空气压力 1.6atm 下	
GW200	7.5～3.3	0.35～7.03	0.11～9	37	94	304/316/316L 不锈钢或 PVDF
GW300	17～74	0.35～7.03	0.3～20	56	142	304/316/316L 不锈钢或 PVDF
GW400	30～103	0.35～4.22	0.5～18	111	284	304/316/316L 不锈钢
GW800	82～303	0.35～4.92	1.5～58	383	980	304/316/316L 不锈钢
GW1200	140～480	0.35～4.92	2～92	608	1556	304/316/316L 不锈钢
GW3600	274～1010	0.35～4.57	4～180	1277	3269	304/316/316L 不锈钢

注：1kgf/cm²＝98.0665kPa，下同。

生产厂家：成都绿水科技有限公司。

3.3.3.2　臭氧混合泵

1）适用场合。臭氧混合泵适合臭氧气体与水体的混合。

2）设备特点。主要包括：a. 混合效率高，在1～5t/h混合时，混合效率在80％以上；b. 体积小，和具有同混合效率的曝气塔相比，其体积只有其1％；c. 功耗低，和水射器混合相比功耗相当，但混合效率是水射器3～5倍；d. 高入气率，传统混合泵气水比只有1∶9，臭氧专用混合泵可实现最高1∶3的气水混合；e. 专用于臭氧，主体采用不锈钢，密封材料采用特种材料，耐臭氧腐蚀。

3）设备规格与性能。见表1-3-18。

表 1-3-18　臭氧混合泵规格与性能

型　　号	QY-500L	QY-1T	QY-2T	QY-6T	QY-12T
最大产量	500L/h	1t/h	2t/h	6t/h	12t/h
臭氧水量	250L/h	500L/h	1t/h	2t/h	6t/h
最大进气量	150L/h	300L/h	300L/h	900L/h	1800L/h
电源	220V/50Hz	220V/50Hz	220V/50Hz	380V/50Hz	380V/50Hz
功率	370W	550W	1100W	3000W	5500W
进水尺寸	G3/4	G1	G1.5	G2
出水尺寸	G1/2	G3/4	G1.25	G1.5

生产厂家：合肥绿康环保科技有限公司。

3.3.4　粉末活性炭投加设备

粉末活性炭投加作为自来水水厂的一种改善水质的措施，具有运行操作灵活、处理效果明显、投资及运行成本低廉等特点，特别适合于间歇性、突发性有机污染的源水处理的自来水水厂水质改善。粉末活性炭投加装置是一套基于粉末活性炭悬浮吸附技术理论，独立的、完整的粉末活性炭应用装置。根据中国粉炭品质不稳定的情况，使用干式投加技术，系统采用高速射流强制分散技术：依靠高速水流动能和剪切力，将具有自凝聚特征的粉末活性炭强制分散，增大其比表面积，提高活性炭的使用效率。

粉末活性炭投加装置依据应用的规模和使用要求，主要由粉炭的贮存、在线定量配制、在线定量投加及强制扩散、自动控制系统等几部分有机组成。依据粉炭贮存的方式可以分为人工、半自动、全自动贮存等。粉末活性炭投加装置除粉体贮存分为人工、半自动及全自动外，其余部分，包括定量输送、定量配制、定量投加等均采用全自动运行方式，以保证整个系统的稳定运行，达到良好的除污染功效。粉末活性炭投加设备分类见表 1-3-19。

表 1-3-19　粉末活性炭投加设备分类

序　号	类　别	厂家型号
1	干法投加装置	IMFD 系列粉末炭干法投加装置
2	湿法投加设备	FTT 系列粉末活性炭投加设备

3.3.4.1　干法投加装置

1）适用场合。适合向水厂进水管道内投加，用于应急去除水中的微量污染物。

2）型号说明

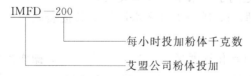

3）设备特点。由人工将袋装粉末活性炭投入投料站内，利用负压气流将粉末活性炭吸入料仓。粉末药剂被双螺旋计量送出，高速射流混合器产生的负压将粉末活性炭吸入进去并与水高速混合后，经管道输送至加药点。

粉末活性炭干法投加系统具有以下优势：a. 设备体积小，基建面积小，总成本低；b. 活性炭利用率提高 2～3 倍，极大节约耗材成本；c. 设备可靠性高，无堵塞管道现象；d. 扩散效果好，混合均匀度高；e. 投加精度高。

4）设备规格与性能。干法投加装置如图 1-3-10 所示。

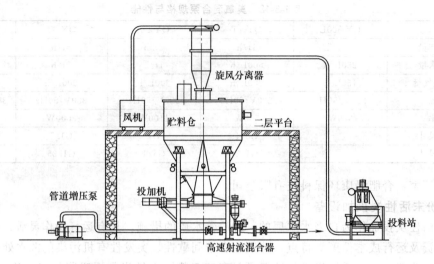

图 1-3-10 粉末活性炭干法投加装置

粉末活性炭干法投加系统配置见表 1-3-20。

表 1-3-20   粉末活性炭干法投加系统配置

每天投加量 /(t/d)	设备型号	投料站形式	每天上料次数/次	气流输送系统/套	投加机和高速射流混合器数量/套
0.75	IMFD—30	负压气流输送	1	1	1
	IMFD—30			1	
1.5	IMFD—96		2	1	1
	IMFD—96			1	
3	IMFD—200D		2	1	1
	IMFD—200D			1	
7.5	IMFD—300		2	1	1
	IMFD—300			1	

3.3.4.2 湿法投加设备

FTT 系列粉末活性炭投加设备通常由拆包系统（适合于袋装炭）、贮料系统、精密投配系统、炭浆制备系统、炭浆投送系统组成。

生产厂家：天津市艾盟科技发展有限公司。

系统设备也可以根据用户的场地或使用习惯设计。

（1）适用范围 a. 适用于自来水厂投加袋装粉末活性炭，对自来水进行除臭、除味和吸附有机物、氨氮等处理；b. 适用于自来水厂投加其他袋装粉体或颗粒，如絮凝药剂、膨润土、沸石、石灰等。

（2）设备特点 a. 自动化程度高，工人操作量少；b. 操作条件好，由于所有易产生扬尘的工作都在密闭环境下自动完成，周围环境非常干净；c. 效果好，各环节充分考虑了使用效果和活性炭吸附效率。

（3）主要规格型号和主要参数 规格型号参数见表 1-3-21。

表 1-3-21   规格型号参数

型号 \ 项目	FTTA—20	FTTB—20	FTTC—5	FTTD—1
适用处理水量/(10^4t/d)	20	20	5	<5
最大投炭量/(t/d)	4	4	1	0.2

续表

项目　　型号	FTTA—20	FTTB—20	FTTC—5	FTTD—1
浆料最大输送量/(m²/h)	5.6	5.6	1.4	0.3
总装机功率/kW	17	15	5	5
占地/m²	50	40	9	5

生产厂家：上海同瑞环保科技有限公司。

3.3.5　其他通用设备

其他在预处理工艺涉及的通用设备，如闸阀、鼓风机和冲洗水泵等，详见第三篇。

第4章　臭氧活性炭深度处理工艺

4.1　主要工艺

4.1.1　工艺简介

　　饮用水深度处理技术通常是在常规处理工艺的基础上，采用适当的处理方法，将常规处理工艺不能有效去除的微量有机污染物或消毒副产物的前体去除，提高和保证饮用水水质的安全。

　　臭氧-活性炭深度处理工艺集臭氧氧化、活性炭吸附、生物降解、臭氧消毒于一体，以去除污染的独特高效性而成为当今世界各国饮用水深度处理技术的主流工艺。

　　臭氧-活性炭法是在活性炭池之前投加臭氧，并在臭氧接触反应池中进行臭氧接触氧化反应。活性炭过滤前投加臭氧能氧化分解部分有机物为 H_2O 和 CO_2，从而减轻活性炭的有机负荷，使大部分有机物特别是产生的 THMs 的前体物质分解为易于被活性炭吸附的小分子有机物，增加水中的溶解氧及活性炭表面的氧含量，提高微生物对有机物的降解能力。在富氧状态下，活性炭的吸附性能和粗糙表面特性使好氧细菌在炭粒表面及大、中孔隙中生长繁殖。活性炭的吸附使有机物在其表面富集，生长在活性炭上的微生物，一方面直接吸附活性炭表面及大、中孔隙中的有机物；另一方面微生物分泌出的胞外酶与活性炭次微孔中有机物结合，使其脱稳而扩散出来，被微生物利用，同时起到了对活性炭的再生作用。臭氧-生物活性炭工艺能够有效地去除水中的有机物和氨氮，对水中的无机还原性物质、色度、浊度也有很好的去除效果，并且能有效地降低出水致突变活性，保证了饮用水的安全。

4.1.2　主要工艺流程

　　臭氧作为氧化剂在净水过程中的各个阶段，主要分为前臭氧化（又称预臭氧化）、中间臭氧化（又称主臭氧化）和后臭氧化。

　　通常，预臭氧化的作用是去除色度和臭味、改善絮凝效果。预臭氧化可部分降解天然有机物和灭活微生物，中间臭氧化主要为降解有机（毒）微污染物，去除三卤甲烷前体和提高微生物降解性能（为完全去掉上述有机物，通常在臭氧化后加砂滤或颗粒活性炭过滤）；而后臭氧化作用于末端消毒，可去除净水过程中的残余微生物、病原性寄生虫（如贾第鞭毛虫、隐孢子虫）及减少消毒副产物的形成。臭氧-活性炭法常见的三种工艺流程如图 1-4-1～图 1-4-3 所示。

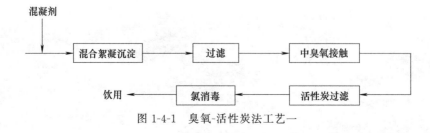

图 1-4-1　臭氧-活性炭法工艺一

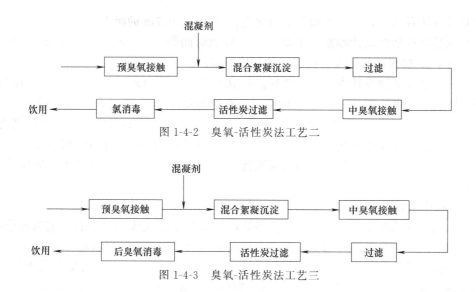

图 1-4-2　臭氧-活性炭法工艺二

图 1-4-3　臭氧-活性炭法工艺三

4.2　单元构筑物及设备

4.2.1　臭氧化法工艺系统

臭氧化法工艺系统由气源系统、臭氧发生系统、臭氧-水接触系统、尾气处理系统组成。

4.2.1.1　气源系统

臭氧发生装置的气源可采用空气或氧气。氧气供应方式可以在现场利用空气制取（V-GOX），或采购高纯度液态氧（LOX）现场贮存、经蒸发向发生器提供氧气。所供气体的露点应低于−60℃，其中的碳氧化合物、颗粒物、氮以及氩等物质的含量不能超过臭氧发生装置所要求的规定。气源装置的供气量及供气压力应满足臭氧发生装置最大发生量时的要求。气源品种及气源装置的形式应根据气源成本、臭氧的发生量、场地条件以及臭氧发生的综合单位成本等因素，经技术经济比较决定。供应空气的气源装置应尽可能靠近臭氧发生装置。供应氧气的气源装置应紧邻臭氧发生装置，其设置位置及输送氧气管道的敷设必须满足《氧气站设计规范》（GB 50030—91）的有关规定。

主要设备：空气压缩机、贮气罐、气体过滤设备、气体除湿干燥设备以及消声设备。

4.2.1.2　臭氧发生系统

臭氧发生装置应包括臭氧发生器、供电及控制设备、冷却设备以及臭氧和氧气泄漏探测及报警设备。臭氧发生装置必须设置在室内，尽可能设置在离臭氧接触池较近的位置，其产量应满足最大臭氧加注量的要求，并应考虑备用能力。在设有臭氧发生器的建筑内，用电设备必须采用防爆型。当净水工艺中同时有预臭氧和后臭氧接触池时，其设置位置宜靠近用气量较大的臭氧接触池。

主要设备有臭氧发生器、供电设备（调压器、升压变压器、控制设备等）及发生器冷却设备（水泵、热交换器等）。

4.2.1.3　臭氧-水接触系统

（1）臭氧接触池设计参数　主要有：a.臭氧接触池的个数或能够单独排空的分格数不宜少于 2 个；b.臭氧接触池的接触时间应根据不同的工艺目的和待处理水的水质情况，通过试验或参照相似条件下的运行经验确定；c.臭氧接触池必须全封闭，池顶应设置尾气排放管和自动气压释放阀，池内水面与池内顶宜保持 0.5～0.7m 的距离。

（2）预臭氧接触池设计参数　主要有：a. 接触时间为 2～5min；b. 接触池设计水深宜采用 4～6m；c. 接触池出水端应设置余臭氧检测仪。

（3）后臭氧接触池设计参数　主要有：a. 接触池由 2～3 段接触室串联而成，由竖向隔板分开；b. 总接触时间应根据工艺目的确定，宜控制在 6～15min 之间，其中第一段接触室的接触时间宜为 2min；c. 接触池的设计水深宜采用 5.5～6m，布气区的深度与长度之比宜大于 4，导流隔板间净距不小于 0.8m；d. 接触池出水端必须设置余臭氧检测仪。

主要设备：臭氧扩散装置、接触反应装置（微气泡扩散器、涡轮注入器、固定混合器、喷射器）。

4.2.1.4　尾气处理系统

当臭氧与水在接触器内接触后，从接触器排气管排出的气体中仍含有一定的残余臭氧，这些含有残余臭氧的气体被称为臭氧尾气。尾气中残余臭氧的量随臭氧同水的接触方法和处理水中维持的臭氧浓度有关，一般占臭氧总投量的 1%～15%。当尾气直接排入大气并使大气中的臭氧浓度大于 0.1mg/L 时，即会给人们的眼、鼻、喉以及呼吸器官带来刺激性，造成大气环境的二次污染，因此在设计水与臭氧的接触反应装置时，应同时考虑尾气中剩余臭氧的利用与处置。

臭氧尾气消除装置应包括尾气输送管、尾气中臭氧浓度检测仪、尾气除湿器、抽气风机、剩余臭氧消除器以及排放气体臭氧浓度监测仪及报警设备等。臭氧尾气消除宜采用电加热分解消除、催化剂接触催化分解消除或活性炭吸附分解消除等方式，以氧气为气源的臭氧处理设施中的尾气不应采用活性炭消除方式。臭氧尾气消除装置的设计风量应与臭氧发生装置的最大设计气量一致。抽风机宜设有抽气量调节装置，并可根据臭氧发生装置的实际供气量适时调节抽气量。

主要设备有臭氧尾气除湿器、剩余臭氧消除器等。

4.2.2　活性炭吸附池

活性炭吸附池可分为重力式和压力式。活性炭吸附池选择的一般规则是，当处理规模小于 320m³/h 时，采用普通压力滤池；当处理规模≥320m³/h 时，一般采用重力式，例如普通快滤池、虹吸滤池、双阀滤池等；当处理规模≥2400m³/h 时，炭吸附池型式以与过滤池型式配套为宜。目前，国内已建成水厂活性炭吸附池多采用普通快滤池，近年计划新建的活性炭池型有 V 形滤池，此外，已在国外得到广泛应用的翻版滤池也被引进国内，这三种滤池的特点对比见表 1-4-1。

表 1-4-1　常见生物活性炭滤池的特点对比

池　型	优　点	缺　点
普通快滤池	采用双层滤料，滤料含污能力强；可采用较高滤速；有成熟的运转经验，运行稳定可靠；反冲洗操作方便，设备比较简单	反冲洗易造成滤料损失，反冲洗强度大，冲洗水量大（占产水量的 3.8% 左右）；冲洗效果不如气水反冲洗
V 形滤池	采用单层均质滤料，滤料含污能力较强；采用 V 形槽进水（包括表面扫进水），布水均匀；气水反冲洗加表面扫洗，反冲洗效果好；反冲洗时，滤料微膨胀，可减少滤池深度，土建费用较普通滤池省；运行自动化程度高，管理方便	空气与水混合速度不当时，易造成滤料损失；设备费、运行电耗较其他池型高；土建施工技术要求高；反冲洗水量较大（占产水量的 2.6%）
翻版滤池	采用双层滤料，滤料含污能力强；采用气水反冲洗，由于反冲洗时关闭排泥水阀，可以告诉反洗，反冲洗效果好，耗水量少（仅占产水量的 1.56%）；反冲洗时不会出现滤料流失现象；土建结构简单，投资省，施工方便，运行自动化程度高，管理方便	设备较多，一次性投资略大；运行电耗较普通快滤池高

以上三种活性炭池型在技术上都是可行的，其中 V 形滤池和翻板滤池更具吸引力和代表性。

活性炭吸附池进水浊度应小于 1NTU，其过流方式可采用降流式或升流式。当采用升流式炭吸附池时，应采取措施防止二次污染。过流方式应根据原水水质、构筑物的衔接方式、工程地形条件、重力排水要求及当地运行管理经验等因素，通过技术经济比较后确定。炭吸附池个数及单池面积应根据处理规模和运行管理条件经比较后确定，吸附池不宜少于 4 个。

活性炭吸附池的主要设计参数如下。

① 处理水与炭床的空床接触时间宜采用 6～20min，空床流速 8～20m/h，炭层最终水头损失应根据活性炭的粒径、炭层厚度和空床流速确定。

② 冲洗周期宜采用 3～6d。常温下经常性冲洗时，冲洗强度宜采用 11～13L/(m² · s)，历时 8～12min，膨胀率为 15%～20%。定期大流量冲洗时，冲洗强度宜采用 15～18L/(m² · s)，历时 8～12min，膨胀率为 25%～35%。为提高冲洗效果，可采用汽水联合冲洗或增加表面冲洗方式。冲洗水宜采用滤池出水或炭吸附池出水。

③ 炭吸附池宜采用中、小阻力配水（气）系统。承托层宜采用砾石分层级配，粒径 2～16mm，厚度不小于 250mm。

④ 炭再生周期应根据出水水质是否超过预定目标确定，并应考虑活性炭剩余吸附能力是否能适应水质突变的情况。炭吸附池中失效炭的运出和新炭的补充宜采用水力输送，整池出炭、进炭总时间宜小于 24h。

4.2.3　其他构筑物

深度处理工艺中其他构筑物及相应设备见本篇第 1 章相关内容。

4.2.4　臭氧-活性炭工艺设计中应注意的问题

4.2.4.1　臭氧氧化工艺设计要点

臭氧氧化工艺应根据处理原水水质及出水水质情况，经与其他净水工艺作技术经济比较后确定。臭氧活性炭工艺的主要设计参数包括臭氧投加量、活性炭池的滤速、停留时间、炭层高度、垫层高度以及反冲洗条件等。

① 根据处理水的原水水质，通过试验确定臭氧氧化的投加量；一般去除水中臭味为主时，臭氧投加量为 1.0～2.5mg/L；去除色度为主时，臭氧投加量为 2.5～3.5mg/L；去除有机物为主时，臭氧投加量为 1.0～3.0mg/L。

② 通过调研分析及拟建工程的当地条件，确定臭氧发生器的气源类型。

③ 根据处理规模、场地等条件，选择臭氧氧化接触形式。

④ 根据臭氧氧化接触形式等，确定臭氧投加方式。

⑤ 为使环境与人身不受污染和危害，臭氧接触后的尾气必须选择合适的处理方法。

4.2.4.2　设计中应注意的其他问题

① 臭氧处理的管路系统的材质选择，考虑臭氧有极强的氧化性，一般选用 1Cr18Ni9Ti 不锈钢管件。

② 接触池设计要充分考虑钢筋的保护厚度。一般水处理构筑物钢筋保护厚度 ≥25mm，而对臭氧接触，其保护层厚度最好 ≥40mm。

③ 臭氧接触池的顶板设计应考虑正向压力与引风机抽尾气时可能产生负压情况。所以，顶板设计厚度一般为 500mm。

④ 接触池的人孔、检验仪表孔及仪表均应采用耐腐蚀性强的材料加工。

4.3　主要设备

臭氧设备主要有臭氧发生器、增压泵、尾气处理装置、臭氧破坏装置，其中臭氧发生器详见第三篇。

臭氧活性炭工艺主要的臭氧投加设备为氧化塔和臭氧曝气头。氧化塔是臭氧发生器配套使用产品，由喷头、塔顶、塔身、钛板布气组成，能有效地将臭氧与水充分混合，达到氧化、消毒、杀菌的目的。曝气头采用钛金属粉末经冷镦精压、真空烧结而形成的多孔（微孔$0.45\sim100\mu m$）材料，再经过不同的组合方式制作而成的气体投加装置。钛金属作分布板（分布头），具有优良的耐腐蚀性，而且具有质量轻、强度高、气泡均匀、不堵塞等优点。

4.3.1　氧化塔

LS系列氧化塔是水与臭氧的混合装置，设备上部是喷淋装置，下部是钛板曝气装置。气水逆向接触，使臭氧充分混合于水中。主要技术参数见表1-4-2。

表1-4-2　主要技术参数

型号	处理水量/(m³/h)	高/mm	直径/mm	进水口/mm	出水口/mm	进气口/mm	尾气出口/mm
LST—2	2	3600	400	D_g25	D_g40	D_g15	D_g15
LST—3	3	3800	500	D_g32	D_g50	D_g20	D_g20
LST—5	5	4225	600	D_g40	D_g65	D_g25	D_g25
LST—10	10	5200	800	D_g50	D_g80	D_g25	D_g25

生产厂家：北京隆生精英环保设备有限公司。

4.3.2　臭氧曝气头

4.3.2.1　管式曝气头

微孔钛滤管作分布头，具有优良的耐腐蚀性，而且具有质量轻、强度高、气泡均匀、不堵塞等优点。表1-4-3为管式曝气头的规格尺寸。

表1-4-3　管式曝气头的规格尺寸

项目型号	有效面积 S	进气管尺寸/mm	与主管连接方式	密封方式	高度 H/mm	外径 ϕ/mm
TB—2	$S=1/2\pi\phi^2+\pi\phi H$	15	管螺纹	橡胶	50~500	30~60

生产厂家：石家庄金钛净化设备有限公司。

4.3.2.2　盘式曝气头

壳体采用不锈钢材料，密封选用耐油、耐臭氧、耐腐蚀橡胶，布气由$\phi100\sim400mm$钛板组成，表1-4-4为盘式曝气头的规格尺寸。

表1-4-4　盘式曝气头的规格尺寸

项目型号	有效面积 S	进气管尺寸 M	与主管连接方式	密封方式	高度 H/mm	外径 ϕ/mm
TB—1—1	$S=50.24cm^2$ $\phi=80mm$	1/2#	管螺纹	氟橡胶	80~150	120
TB—1—2	$S=132.67cm^2$ $\phi=130mm$	1/2#	管螺纹	氟橡胶	80~150	170
TB—1—3	$S=254.34cm^2$ $\phi=180mm$	1/2#	管螺纹	氟橡胶	80~150	248

生产厂家：石家庄金钛净化设备有限公司。

4.3.2.3　球面曝气头

钛微孔球冠作分布头，具有优良的耐腐蚀性，而且具有质量轻、强度高、气泡均匀、气体分散范围广、不堵塞等优点。表1-4-5为球面曝气头的规格尺寸。

表 1-4-5　球面曝气头的规格尺寸

项目型号	有效面积 S	进气管尺寸 M	与主管连接方式	密封方式	高度 H/mm	外径 ϕ/mm
TB—3	314cm²	1/2♯-1	管螺纹	焊接	100	185

生产厂家：石家庄金钛净化设备有限公司。

4.3.3　其他通用设备

臭氧活性炭深度处理工艺涉及的通用设备如冲洗水泵、空压机、鼓风机、相关阀门等详见第三篇。

第5章 除铁、除锰、除氟工艺

5.1 主要工艺

5.1.1 工艺简介

地下水水源中铁、锰、氟含量超过生活饮用水卫生标准时需采用除铁、除锰、除氟工艺。

5.1.2 除铁工艺

地下水水源中铁含量超过生活饮用水卫生标准 0.3mg/L 时，需采用除铁工艺。

地下水除铁方法有接触氧化除铁、曝气氧化法、氯氧化法、接触过滤氧化法以及高锰酸钾氧化法等。实际应用以曝气氧化法、氯氧化法和接触过滤氧化法为多。

① 接触氧化除铁是利用接触催化作用，加快低价铁氧化速度从而除铁的方法。有一级曝气加一级过滤氧化，一级曝气加两级过滤，和两极曝气两级过滤等。

② 曝气氧化法是利用空气中的氧将二价铁氧化为三价铁，然后经过沉淀、过滤。$[O_2]=0.14a[Fe^{2+}]$；a 为过剩溶氧系数，一般取 3～5。

③ 氯氧化法可在较宽的 pH 值范围内将二价铁氧化为三价铁，氯氧化能力比曝气氧化更强，反应瞬间即可完成 $2Fe^{2+}+Cl_2 \longrightarrow 2Fe^{3+}+2Cl^-$。

④ 接触过滤氧化是以溶解氧为氧化剂，以固体催化剂为滤料，利用接触催化作用，加快低价铁氧化速度从而除铁的方法。有一级曝气加一级过滤氧化，一级曝气加两级过滤和两级曝气两级过滤等。

除铁工艺流程见表 1-5-1。

表 1-5-1 除铁工艺流程

I	原水→曝气→混凝沉淀→过滤→消毒
II	$Cl_2 \downarrow$ 原水→混凝→沉淀→过滤→消毒
III	原水→曝气→过滤→曝气→过滤→消毒

5.1.3 除锰工艺

地下水水源中锰含量超过生活饮用水卫生标准 0.1mg/L 时，需采用除锰工艺。

地下水中的锰一般以二价形态存在，是除锰的主要对象。锰不能被溶解氧氧化，也难以被氯直接氧化。主要采用：高锰酸钾氧化法、氯接触过滤法和生物固锰除锰法等。

（1）高锰酸钾氧化法 将水中二价锰氧化为四价锰。

$$3Mn^{2+}+2KMnO_4+2H_2O \longrightarrow 5MnO_2+2K^++4H^+$$

（2）氯接触过滤法 采用预加氯和天然锰砂滤料过滤。

（3）生物固锰除锰法 曝气氧化和生物除锰过滤。

除锰工艺流程见表 1-5-2。

表 1-5-2　除锰工艺流程

I	KMnO₄ ↓ 原水→混凝→沉淀→石英砂过滤→消毒
II	Cl₂ ↓ 原水 → 天然锰砂过滤→消毒
III	原水→曝气→生物锰砂过滤→消毒

5.1.4　除铁、除锰工艺

地下水中往往同时含有 Fe^{2+} 和 Mn^{2+}，在处理过程中存在相互干扰。因此在选择处理工艺时，应根据原水 Fe^{2+} 和 Mn^{2+} 的含量进行统一考虑。

除铁、除锰工艺见表 1-5-3。

表 1-5-3　除铁、除锰工艺

I	↓ Cl₂ 原水→混凝→沉淀→过滤(除铁)→过滤(除锰)→消毒
II	Cl₂ ↓ 原水→曝气→过滤(除铁)→过滤(除锰)→消毒
III	KMnO₄ ↓ 原水→曝气→过滤(除铁)→过滤(除锰)→消毒
IV	原水→曝气→生物除铁除锰过滤→消毒
V	原水→曝气→过滤(除铁)→曝气→生物除锰过滤→消毒

5.1.5　地下水含氟超标除氟工艺

地下水水源中氟化物含量超过生活饮用水卫生标准 $1.0mg/L$ 时需采用除氟工艺。选择除氟方法应根据水质、规模、设备和材料来源经过技术经济比较后确定。常用的有混凝沉淀法、离子交换法、活性氧化铝吸附过滤法、膜法等。

（1）混凝沉淀法　是在含氟废水中投加絮凝剂（铝盐），形成絮体吸附氟离子，经沉淀和过滤后去除。

（2）离子交换法　是利用离子交换树脂的交换能力，将水中氟离子去除。

（3）活性氧化铝吸附过滤法　是含氟水通过滤层，氟离子被吸附在活性氧化铝吸附剂滤料上。

（4）膜法　是利用半透膜分离水中氟化物，在去除氟化物的同时去除水中其他离子。包括电渗析、反渗透法。

除氟工艺流程见表 1-5-4。

表 1-5-4　除氟工艺流程

I	原水→空气分离→吸附过滤→消毒 ↑降低 pH 值
II	原水→混凝→沉淀→吸附过滤→消毒 ↑(药剂)
III	原水→吸附过滤→离子交换→消毒 ↑降低 pH 值
III	原水→吸附过滤→吸附过滤→消毒 ↑降低 pH 值
IV	原水→反渗透→消毒

5.2 单元构筑物及设备

除铁、除锰、除氟工艺流程中大部分构筑物及设备见本篇第1章。本节主要涉及曝气和除铁、除锰滤池。

5.2.1 曝气要求

气泡式曝气装置：射流泵曝气、压缩空气曝气、跌水曝气、叶轮表面曝气。

喷淋式曝气装置：喷嘴曝气、穿孔管曝气、接触曝气塔、机械通风曝气等。

主要有：跌水曝气池、接触曝气塔。

5.2.2 除铁、除锰滤池

滤池形式有多种（见1.2.8部分相关内容），滤池的类型应根据原水水质、工艺流程、处理水量等因素选择。

除铁滤池滤料多为石英砂和无烟煤，除锰滤池滤料一般为天然锰砂。

5.3 主要设备

5.3.1 曝气设备

曝气设备详见第二篇水下曝气设备。

5.3.2 成套设备

5.3.2.1 CT除铁锰装置

CT除铁锰装置广泛用于矿泉水、纯水预处理除铁锰沉淀，以及在地热工程和游泳池工程中的前期水处理除铁锰等。

除铁锰工艺流程如图1-5-1所示。

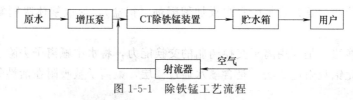

图1-5-1 除铁锰工艺流程

主要技术参数见表1-5-5。

表1-5-5 主要技术参数

型 号	处理水量/(m³/h)	滤速/(m/h)	滤层厚度/mm	滤料	运行荷载/t
CT—3	3				1.9
CT—5	5				3.2
CT—10	10	6~9	1000	石英砂或锰砂	8.0
CT—15	15				10.4
CT—20	20				13.4

生产厂家：宜兴市裕华环保设备厂。

5.3.2.2 GML型除铁、除锰过滤器

(1) 用途 GML型除铁、除锰过滤器采用活性生物膜接触氧化法，适用于中、小型水处理工程中除铁、除锰工艺。

(2) 型号说明

（3）设备特点　采用高效暖气装置，完成气水混合，代替空压机，成本低、噪声低，不需投加化学药剂，降低运行成本，减轻管道及设备腐蚀。

（4）设备规格及性能　除铁、除锰工艺流程如图 1-5-2 所示；性能、规格参数分别见表1-5-6、表 1-5-7。

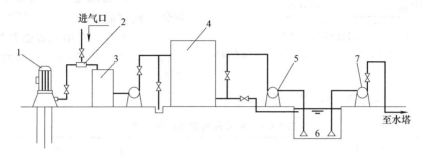

图 1-5-2　除铁、除锰工艺流程（重力式）

1—深井泵；2—射流泵；3—调节水箱；4—除铁、锰装置；5—反冲洗泵；6—清水池；7—二级泵

表 1-5-6　性能参数

原水条件			滤速/(m/h)	反冲洗强度/[L/(s·m²)]	反冲时间/min	反冲时间间隔/h
含铁量/(mg/L)	含锰量/(mg/L)	pH 值				
≤15	≤1	≥5.5	6～8	18	5～10	20～30

表 1-5-7　规格参数

型　号	GML—P—3	GML—P—5	GML—P—10	GML—P—15	GML—P—25	GML—P—35	GML—P—50	GML—P—60
额定处理水量/(m³/h)	3	5	10	15	25	35	50	60
常规工作压力/MPa	0.3（＞0.3 为特殊规格）							
设备运行质量/kg	3400	5000	6500	13600	21900	33300	47000	51000
进水阀门 DN/mm	32	50	50	180	10	100	125	125
出水阀门 DN/mm	100	100	125	150	250	300	350	350
反冲排水阀门 DN/mm		125						
筒体直径/mm	800	1000	1200	1600	2000	2400	3000	3200
设备高度/mm	3260	3300	3510	3780	4075	4275	4475	4500
型　号	GML—G—3	GML—G—5	GML—G—10	GML—G—15	GML—G—25	GML—G—35	GML—G—50	GML—G—60
进水阀门 DN/mm	32	50	50	80	100	100	125	125
出水阀门 DN/mm	50		80	100	125	150	200	200
反冲排水阀门 DN/mm	80	100	125	150	250	300	350	350
筒体直径/mm	800	1000	1200	1600	2000	2400	3000	3200
设备总高度/mm	4000	4000	4600	4600	4800	4800	5000	5000

生产厂家：江苏天鸿环境工程有限公司。

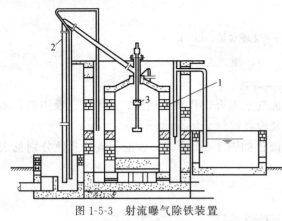

图 1-5-3 射流曝气除铁装置

1—重力式反冲滤池；2—反冲洗管；3—双级液气射流泵

5.3.2.3 射流曝气除铁装置

（1）工作原理及装置 射流曝气除铁装置主要由双级液气射流泵及重力式反冲滤池组成（图 1-5-3）。它的工作原理是：原水经水泵加压，压力水通过射流泵喷嘴喷出，在射流的紊动作用下吸入空气，并被粉碎为微小气泡，在射流器中和水均匀混合，空气中的氧转移到水中去，同时在滤池中形成强紊动，散除部分二氧化碳。当含溶解氧的地下水经过滤层过滤时，水中三价铁被滤料吸附。滤料吸附的三价铁经过定期的反冲洗被除去。

（2）射流曝气除铁装置性能 见表 1-5-8。

表 1-5-8 射流曝气除铁装置性能

型号	处理水量 /(m³/h)	吸气量 /(m³/h)	工作水压力 /MPa	工作水量 /(m³/h)	配套功率 /kW
SLP—15	300～350	15～20	0.1～0.13	15～20	5.5
SLP—25	600～700	25～35	0.1～0.13	25～30	7.5

生产厂家：双宏工程技术发展有限公司。

5.3.2.4 LCT 压力式地下水除铁除锰设备

（1）应用范围 LCT 压力式地下水除铁除锰设备适用于含铁量在 10mg/L 以下，最高不超过 15mg/L，pH 值不低于 5.5 的地下水除铁处理。经处理后水中含铁量小于 0.3mg/L，符合《生活饮用水水质标准》（GB 5749—2006）。特别适合中小城镇、农村供水、工矿企业自来水源的地下水除铁及工业用水软化，除盐工艺的预处理。

（2）技术指标 主要包括：a. 本系列除铁装置的处理能力为 120～2400t/d，根据生产需要处理能力可适当提高到 2500t/d；b. 原水含铁量小于 15mg/L 时处理出水含铁量可以符合国家生活饮用水标准，工业生产用水，对水中含铁量有特殊要求时可按要求专门设计；c. 本装置可以连续操作或间歇操作；d. 滤速为 8～12m/h，反冲洗强度为 15L/cm²。

（3）规格性能及主要尺寸 见表 1-5-9。

5.3.2.5 LCF 除氟装置

根据地下水含氟的多少，LCF 除氟装置按两种原理设计制造成 A 和 B 两种池型。A 型化学沉淀法一般适用于处理含氟量低于 2mg/L 的地下水，B 型交换吸附法适用于处理含氟量≤10mg/L 的地下水或超标的工业废水。

（1）规格性能

设备规格：本装置系列的处理水量 10～50t/h。

A 型技术参数：滤速 10m/h；冲洗强度 15L/(s·m²)；停留时间 40min。

B 型技术参数：滤速 5m/h；活性氧化铝层厚度 1.2m；再生周期 12～24h；再生历时 4h。

（2）主要技术参数 见表 1-5-10。

表 1-5-9　LCT 设备规格、性能、主要尺寸

名称＼型号	LCT-1-5	LCT-1-10	LCT-1-15	LCT-1-20	LCT-1-26	LCT-1-30	LCT-1-40	LCT-1-50	LCT-1-60	LCT-1-80	LCT-1-100	备注
运转质量/t	6	8	12	15	18	22	29	36	41	60	70	
块石基础/mm	2000	2500	2800	3000	3200	3400	3700	4000	4200	4700	5000	
冲洗水管/mm	80	100	100	150	150	200	200	250	250	250	250	
出水管/mm	80	80	80	100	100	100	150	150	150	150	200	
冲洗废水管/mm	80	100	100	150	150	200	200	250	250	250	250	
进水管/mm	80	80	80	100	100	100	150	150	150	150	200	
混凝土基础直径/mm	1000	1500	1800	2000	2200	2400	2700	3000	3200	3700	4000	
筒体直径/mm	800	1300	1600	1800	2000	2200	2500	2800	3000	3500	3800	
设备总质量/t	3.5	5	7	8	9.5	12	13	17	20	25	30	
设备高度/mm	2800	3200	3200	3400	3400	3400	3400	3400	3400	3400	3400	压力式①
出水管高度/mm	1400	1400	1400	170	170	200	200	225	225	225	250	
进水管高度/mm	650	610	610	710	710	810	810	910	910	910	940	
设备总质量/t	3	5	6	8	9	11	12	17	20	24	28	
进水与溢流距离/mm	310	310	310	340	340	380	380	400	400	450	450	
放空管高度/mm	23	23	23	23	30	30	36	36	36	36	50	
出水管高度/mm	120	120	120	160	160	180	180	205	205	205	230	重力式②
进水溢流管高度/mm	280	200	280	370	370	450	450	530	530	530	530	
设备高度/mm	3000	3000	3000	3000	3000	3400	3400	3400	3400	3400	3400	
放空管/mm	25	25	25	25	40	40	50	50	50	50	80	
溢流管/mm	50	80	80	80	80	100	100	100	100	100	100	

① 压力式进水方式设备相关参数。

② 重力式进水方式设备相关参数。

生产厂家：江苏蓝天水净化设备有限公司。

表 1-5-10　LCF 设备主要技术参数

产品型号	净水能力		直径×高度/m		占地面积
	t/h	t/d	A 型	B 型	/m²
LCF—1—10	10	240	1.65×3.2	1.5×3.0	2.0×3.0
LCF—1—15	15	360	2.0×3.2	1.8×3.0	2.0×2.0
LCF—1—20	20	480	2.3×3.2	2.1×3.0	2.5×2.5
LCF—1—25	25	600	2.5×3.2	2.3×3.0	3.0×4.0
LCF—1—30	30	720	2.82×3.4	2.5×3.2	3.5×4.0
LCF—1—40	40	960	3.26×3.4	2.9×3.2	3.5×4.0
LCF—1—50	50	1200	3.5×3.4	3.3×3.2	4.0×4.5

注：占地面积包括水泵和投加药剂设备等。

A 型管道直径和中心标高见表 1-5-11。

表 1-5-11　A 型管道直径及中心标高

产品型号	进水管		冲洗水管		冲洗废水管		出水管	
	管径/mm	中心标高/mm	管径/mm	中心标高/mm	管径/mm	中心标高/mm	管径/mm	中心标高/mm
LCF—1—10	70	0.35	150	0.10	200	1.90	70	0.10
LCF—1—15	80	0.45	200	0.15	250	1.90	80	0.15
LCF—1—20	100	0.50	200	0.15	250	1.90	100	0.15
LCF—1—25	100	0.55	250	0.20	300	1.90	100	0.20
LCF—1—30	100	0.55	250	0.20	300	1.90	100	0.20
LCF—1—40	125	0.60	300	0.20	350	1.90	100	0.20
LCF—1—50	125	0.60	300	0.20	350	1.90	100	0.20

注：表中管中心标高按装置底部标高为零算起。

生产厂家：江苏蓝天水净化设备有限公司、宜兴市海蓝净化设备有限公司。

第6章 超、微滤膜过滤技术

6.1 综述

膜技术被称为 21 世纪水处理领域的关键技术和绿色工艺。绿色净水工艺指所使用的原材料及其制造过程不产生有毒有害污染物，工艺过程能耗和药耗较低，并不产生不良副产物，不增加对外部环境的污染负荷。随着我国饮用水水源普遍受到不同程度的污染和饮用水水质标准的不断提高，且膜工业的快速发展，其费用也逐渐为人们接受，膜技术已经从工业水处理行业转移至净水领域。近年我国的无锡中桥水厂、山东东营南郊水厂和杭州清迈水厂均已使用了微滤和超滤膜技术。

膜技术分类中：以压力为推动力的膜分离技术可分反渗透（RO）、纳滤（NF）、超滤（UF）以及微孔过滤（MF）四类；以制造膜的材料来分又可分有机合成材料膜、陶瓷膜以及其他材料；膜组件形式又分平板式、管式、卷式和中空纤维四种类型。以膜的额定孔径范围作为区分标准时，则微孔膜（MF）的额定孔径范围为 $0.1 \sim 1\mu m$；超滤膜（UF）为 $0.005 \sim 0.1\mu m$；纳滤（NF）为 $0.05 \sim 0.001\mu m$，截流分子量在 $300 \sim 1000$；反渗透膜（RO）孔径小于 $0.5nm$，截流分子量为 $100 \sim 300$。

微滤是以压力为推动力的膜分离技术，结构为筛网型，孔径范围 $0.1 \sim 1\mu m$，微滤过程满足筛分机理，可去除 $0.1 \sim 10\mu m$ 的物质及尺寸与之相近的其他杂质，如细菌、藻类。微滤的应用主要有：去除颗粒物和微生物；与活性炭结合去除天然有机物和和成有机物；作为反渗透的预处理；用于净水厂净化工艺。

超滤膜是以压力为推动力的膜分离技术，介于微滤和纳滤之间，且三者无明显分界线。一般的，额定孔径范围为 $0.005 \sim 0.1\mu m$，截流分子量在 $1000 \sim 300000$ 之间，操作压力在 $0.1 \sim 0.5MPa$。其主要去除颗粒物、大分子有机物、细菌、病毒等。其具有工艺流程简单、占地少、适合分散式处理、出水水质好（0.1NTU）、高效截留病原微生物的特点。超滤几乎 100% 地对微生物截留，是最有效的去除"两虫"、除菌及病毒、除藻、除水蚤红虫等的方法。超滤能截留生物活性炭出水中的细微炭粒，防止其对微生物的保护作用，增加微生物安全性。

超滤/微滤的分离机理为筛孔分离过程，但膜表面的化学性质也是影响膜分离的重要因素。超滤和微滤膜对溶质的分离过程主要有：a. 在膜表面及微孔内吸附；b. 在孔中停留而被去除；c. 在膜面的机械截留。

与传统工艺比较，超滤和微滤具有出水水质更安全的优势，同时也存在待解决的问题。见表 1-6-1。

表 1-6-1 传统过滤与超滤/微滤比较

项目	传统工艺过滤	超滤/微滤膜过滤
1	需要化学辅助分离，凝聚剂用量大	无需可沉降的大矾花，凝聚剂用量少
2	出水水质受制于进水水质和进水流量变化	出水水质在 0.1NTU 以下，稳定可靠 几乎 100% 地对微生物截留，微生物安全性大大提高 好的设计能应对流量突变和进水水质短期突变

续表

项目	传统工艺过滤	超滤/微滤膜过滤
3	系统富余处理能力的额外成本较低	系统富余处理能力的额外成本较高
4	(1)百年工艺、经验丰富； (2)系统简单； (3)投资成本较低	(1)膜污染问题难以有效解决； (2)膜的强度和耐药性有待提高； (3)膜投资和成本有待降低； (4)膜单元尚未标准化

超滤和微滤在分离机理和孔径分布方面无明显界限，由于超滤膜的孔径更小，对颗粒物特别是对病原微生物、病毒等截流率更高，在饮用水领域使用超滤更为安全（表1-6-2）。故下面以超滤膜处理单元的叙述为主。

表 1-6-2   超滤与微滤比较

项 目	超滤	微滤
孔径范围/μm	0.005～0.1	0.1～1
去除物质	颗粒物、大分子有机物、细菌、病毒等	悬浮颗粒物为主
投资和成本	相当	
膜通量	微滤略大	

6.2   超滤膜处理单元

原水→混凝→沉淀→过滤→粉末活性炭→超滤。

超滤膜组件的主要技术参数包括：膜材料、膜孔径和膜结构的选择，操作压力、膜面流速、透水率、反清洗时间和反清洗周期等操作参数。膜形式包括：中空纤维（内压、外压）、板式、卷式。膜材料有：PVDF（聚偏氟乙烯）、PVC（聚氯乙烯）、PE（聚乙烯）、PES（聚醚砜）。

膜分离的主要控制因素有污水水质、膜面流速、温度、操作压力、pH值等，它们对水通量产生直接的影响。

（1）温度的影响   通常，温度上升，膜通量增大，这主要是因为温度升高后降低了活性污泥混合液的黏性，从而降低了渗透阻力。

（2）操作压力的影响   在控制活性污泥混合液特性基本不变的情况下，在不同的膜面流速下，操作压力对膜通量的影响基本呈现相同的趋势，都随着压力的增加而增加，但当压力达到一定值时，增大压力对水通量几乎没有影响。

（3）膜面流速的影响   膜面流速与压力对膜通量的影响是相互关联的。当压力较低时，膜面流速对渗透率影响不大，当压力较高，膜面流速对水通量影响很大。

6.3   工艺流程组合

膜过滤技术作为组合工艺的重要组成部分，形成混凝、活性炭吸附、生物吸附、超滤截留及安全消毒等多级屏障的工艺逐渐在国内大型水厂使用。主要组合工艺有：a.原水→混凝→粉末活性炭→超滤→消毒；b.原水→混凝→沉淀→粉末活性炭→超滤→消毒；c.原水→混凝→沉淀→过滤→粉末活性炭→超滤→消毒；d.原水→混凝→沉淀→超滤→臭氧活性炭→消毒；e.原水→混凝→沉淀→臭氧活性炭→超滤→消毒；f.原水→混凝→沉淀→过滤→臭氧活性炭→超滤→消毒。工艺流程如图1-6-1～图1-6-4。

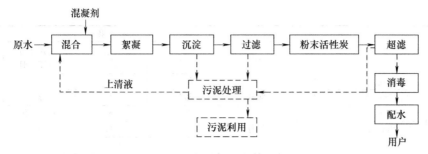

图 1-6-1 工艺流程（一）

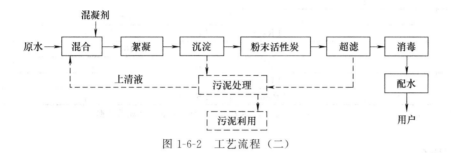

图 1-6-2 工艺流程（二）

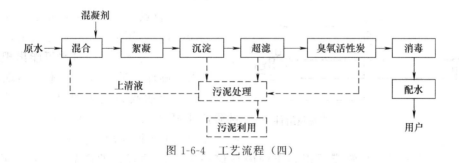

图 1-6-3 工艺流程（三）

图 1-6-4 工艺流程（四）

6.4 膜法在给水处理中的效果

膜法处理的效果见表 1-6-3。

表 1-6-3 膜法处理的效果

参数	处理后水水质	典型的去除率/%	去除效果				
			MF	UF	NF	化学药剂+UF/MF	活性炭+UF/MF
浊度	<0.1NTU	>97	★	★	★	★	★

续表

参数	处理后水水质	典型的去除率/%	去除效果				
			MF	UF	NF	化学药剂+UF/MF	活性炭+UF/MF
色度	<5度	≥90	部分	部分	★	＞70%	★
铁	<0.05mg/L	≥80	部分	部分	★	★	★
锰	<0.02mg/L	≥90	部分	部分	★	化学氧化	★
铝	<0.2mg/L	≥90	部分	部分	★	★	部分
硬度	□□	—	无	无	中等-好	无	无
三卤甲烷	<0.2mg/L	—	部分	部分	90%～99%	≤60%	≤70%
卤乙酸			无	部分	≥80%	≤32%	
TOC	—	—	20%～40%	≤50%	90%～99%	≤80%	≤75%
大肠菌群	0		LR≥4	LR≥4	100%		
粪大肠菌	0		LR≥4	LR≥4	100%		
隐孢子虫	0		LR≥4	LR≥4	100%		
贾第鞭毛虫	0		LR≥4	LR≥4	100%		
病毒	0		LR≥0.5	LR≥2	100%		

注：★表示去除效果很好。—表示效果与原水水质相关。表中空白处表示无相关数据。

6.5　设备及仪表

主要设备：透过液泵、鼓风机、加压泵、空压机（罐）、药剂冲洗设备、阀门。

主要仪表：温度、浊度、色度、颗粒计数仪、藻类计数仪。

6.5.1　超滤膜组件

超滤膜组件主要分为中空纤维膜和卷式膜，其生产厂家主要有美国海德能、天津膜天膜、荷兰诺瑞特、浙江欧美环境工程有限公司、日本东丽、海南立升、美国科式等。

6.5.1.1　HUF10系列中空超滤膜组件和HDN系列卷式超滤膜组件

（1）HUF10—90中空超滤膜组件　如图1-6-5所示。

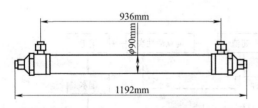

图1-6-5　HUF10—90中空超滤膜组件

1）性能特点。主要包括：a. 壳体采用抗冲击的ABS料，承压能力在16kg以上，并且壁厚加厚1mm，完全可承受进水可能出现的各种压力冲击，确保在冲击水压下不会出现破裂现象，避免了超滤膜在使用的过程中长期受压、材质产生蠕变引起漏水；b. 每一支HUF10—90膜装填1400根膜丝，长度加长100mm，增大了15%的膜面积，有效膜面积高于国内任何一家的同种规格的产品，提高了产水量；c. 端盖为半球凸出结构，与传统的端面平面结构相比，使进水在端面膜丝的分布更均匀，并且壁厚加厚1mm，确保在冲击水压下不破裂；d. 壳体与螺纹套之间的粘接选用法国进口胶水粘接，粘接长度加长了，连接间隙均匀一致，在使用过程中不会出现漏水、脱胶现象，并且完全达到卫生标准；e. 端盖与壳体的连接螺纹采用锯齿形螺纹，增大了扭矩和负载，不会出现滑牙、漏水现象；f. 膜的有效面积大，水通量大，纯水通量1800L，远高于国内同种规格产品；g. 耐压与防漏结构设计，确保HUF10—90超滤膜不会出现漏水、脱胶、滑牙、暴胶等现象；h. 进出水口为国标通用的直径45mm螺纹的活接套，可直接与1寸的ABS或PVC饮水管粘接，无需另外安装活接头，更换HUF10—90超滤膜组件时只需将进出水口的 4 个标准直径 45mm 的活接套拧下，即可将整个超滤膜取下，再换上新的 HUF10—90 超滤膜组件即可。

2）技术参数。见表 1-6-4。

表 1-6-4　HUF10—90 中空超滤膜组件技术参数

项　目	型号 HUF10—90	项　目	型号 HUF10—90
膜材质	改性聚氯乙烯（PVC）	最大透膜压差	0.2MPa
纤维内外径	0.9mm/1.5mm	进水 pH 值	2～12
截留分子量	10×10^4 Da	使用温度	5～45℃
组件尺寸	ϕ90mm×1192mm	产水浊度	＜0.1NTU
有效膜面积	3.58m²	污染密度指数（SDI）	＜1
纯水通量（0.12MPa,25℃）	900L/h	悬浮物,微粒（＞0.2μm）	100％去除
设计产水量	60～160L/（m²·h）	微生物、病原体	99.99％去除
壳体材质	ABS	进水水质	浊度≤15NTU（在使用地表水、河水、井水等其他水源时应增加前级处理,建议增加 100μm 以下精密过滤器使进水浊度≤15NTU）
端封材料	环氧树脂		
工作压力	0.1～0.3MPa		
最大进水压力	0.5MPa		

生产厂家：美国海德能公司。

（2）HUF10—160 中空超滤膜组件　如图 1-6-6 所示。

1）性能特点。主要包括：a. 不锈钢卡箍结构，承压能力更强，有效防止中型超滤系统瞬间的高压和冲击所导致的爆裂和漏水；b. 壳体选用高韧性的 UPVC 材料，该材料具有良好的抗老化、耐酸碱及化学稳定性的特点，适用广泛的工况条件；c. 采用独特的 7 扇区装丝工艺，使壳体内布水均匀；d. 装填膜丝 5000 根，16m² 的有效膜面积远高于同类产品，从而单支组件的水通量

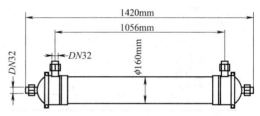

图 1-6-6　HUF10—160 中空超滤膜组件

更大；e. 进出水口均为国家标准 DN32mm 的接口，4 个活结螺纹端盖都是统一尺寸规格，安装维护方便；f. 膜的有效面积大，水通量大，纯水通量 3500L，远高于国内同种规格产品。

2）技术参数。见表 1-6-5。

表 1-6-5　HUF10—160 中空超滤膜组件技术参数

项　目	型号 HUF10—160	项　目	型号 HUF10—160
膜材质	改性聚氯乙烯（PVC）	最大透膜压差	0.2MPa
纤维内外径	0.9mm/1.5mm	进水 pH 值	2～12
截留分子量	10×10^4 Da	使用温度	5～45℃
组件尺寸	ϕ160mm×1420mm	产水浊度	＜0.1NTU
有效膜面积	15.8m²	污染密度指数（SDI）	＜1
纯水通量（0.12MPa,25℃）	3500L/h	悬浮物,微粒（＞0.2μm）	100％去除
设计产水量	60～160L/（m²·h）	微生物、病原体	99.99％去除
壳体材质	UPVC	进水水质	浊度≤15NTU（在使用地表水、河水、井水等其他水源时应增加前级处理,建议增加 100μm 以下精密过滤器使进水浊度≤15NTU）
端封材料	环氧树脂		
工作压力	0.1～0.3MPa		
最大进水压力	0.5MPa		

生产厂家：美国海德能公司。

（3）HUF10—200 中空超滤膜组件　如图 1-6-7 所示。

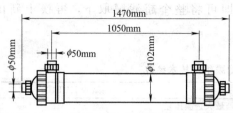

图 1-6-7　HUF10—200 中空超滤膜组件

1) 性能特点。主要包括：a. 壳体选用 100% 的 ABS 材料，可达到更高的卫生指标要求；b. 壳体壁厚达到 10mm，承压能力达 1MPa；c. 采用改良的集束分装工艺，使壳体内布水均匀，产水流道通畅；d. 装填膜丝 8000 根，32m² 的有效膜面积远高于同类产品，从而单支组件的水通量更大；e. 进出水口均为国家标准 DN50mm 接口，四个活结螺纹端盖都是统一尺寸规格，安装维护方便；f. 壳体的粘接选用法国进口胶水粘接，不漏水，不脱壳，完全达到卫生标准；g. 膜的有效面积大，水通量大，纯水通量 8000L，远高于国内同种规格产品。

2) 技术参数。见表 1-6-6。

表 1-6-6　HUF10—200 中空超滤膜组件技术参数

项目	型号 HUF10—200	项目	型号 HUF10—200
膜材质	改性聚氯乙烯（PVC）	最大透膜压差	0.2MPa
纤维内外径	0.9mm/1.5mm	进水 pH 值	2～12
截留分子量	$10 \times 10^4 Da$	使用温度	5～45℃
组件尺寸	$\phi 200mm \times 1470mm$	产水浊度	<0.1NTU
有效膜面积	31.8m²	污染密度指数（SDI）	<1
纯水通量（0.12MPa，25℃）	5000L/h	悬浮物、微粒（>0.2μm）	100% 去除
设计产水量	60～160L/(m²·h)	微生物、病原体	99.99% 去除
壳体材质	ABS	进水水质	浊度≤15NTU（在使用地表水、河水、井水等其他水源时应增加前级处理，建议增加 100μm 以下精密过滤器使进水浊度≤15NTU）
端封材料	环氧树脂		
工作压力	0.1～0.3MPa		
最大进水压力	0.5MPa		

（4）HUF10—250 中空超滤膜组件

1) 性能特点。主要包括：a. 壳体有 UPVC 和玻璃钢两种材料可选，以满足更多的客户需求；b. 组件内中心管结构，布水更均匀，反洗效果更好；c. 上下端出水口，可实现上下反洗，反洗效果更彻底；d. 快装接头设计，安装方便快捷。

2) 技术参数。HUF10—250 中空超滤膜组件外形尺寸和技术参数见图 1-6-8 和表 1-6-7。

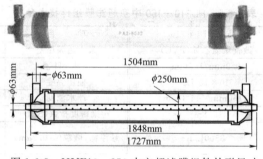

图 1-6-8　HUF10—250 中空超滤膜组件外形尺寸

表 1-6-7　HUF10—250 中空超滤膜组件技术参数

HUF—250A							
组件尺寸	$\phi 250mm \times 1402mm$						
具体型号	HUF—250A—H 常规型				HUF—250A—R 抗污染型		
有效膜面积/m²	29.7				18		
截留分子量/kPa	6	10	50	100	6	10	50	100

续表

HUF—250A								
纯水通量(0.2MPa，25℃)/(L/h)	5400	7200	1440	1800	2700	3600	7200	9000
设计产水量/(L/h)	720～2880	1080～3600	1800～4320	2160～5760	360～1440	540～1800	900～2160	1080～2880

HUF—250B								
组件尺寸/mm	$\phi250×1740$							
具体型号	HUF—250B—H 常规型				HUF—250B—R 抗污染型			
有效膜面积/m²	39.1				23.7			
截留分子量/kPa	6	6	10	50	6	10	50	100
纯水通量(0.2MPa，25℃)/(L/h)	7200	3600	4800	9600	3600	4800	9600	12000
设计产水量/(L/h)	960～3840	480～1920	720～2400	1200～2880	480～1920	720～2400	1200～2880	1440～3840

HUF—250C								
组件尺寸/mm	$\phi250×2108$							
具体型号	HUF—250C—H 常规型				HUF—250C—R 抗污染型			
有效膜面积/m²	49.2				29.8			
截留分子量/kPa	6	10	50	100	6	10	50	100
纯水通量(0.2MPa，25℃)/(L/h)	7200	9600	19200	24000	4500	6000	12000	15000
设计产水量/(L/h)	960～3840	1440～4800	2400～5760	2880～7680	600～2400	900～3000	1500～3600	1800～4800
壳体材质	UPVC							

生产厂家：美国海德能公司。

（5）HDN 系列卷式超滤膜元件　HDN 系列卷式超滤膜元件是由海德能公司采用国际先进的膜工艺和膜材料开发而成，具有产水量高、性能稳定、使用寿命长等特点，是目前国内为数不多的生产厂商之一。

HDN 系列卷式超滤膜元件在分离浓度较高的料液时具有显著的优越性，可应用于工业废水处理及再利用、料液的浓缩与提纯、乳品果汁及蛋白质浓缩、电泳漆回收、矿泉水制造、医用除热源、印染等领域。

HDN4040、HDN8040 卷式超滤膜元件技术参数分别见表 1-6-8、表 1-6-9。

表 1-6-8　HDN4040 卷式超滤膜元件技术参数

型　号		HDN4040	
		U-1	U-2
主要性能	膜片材质	聚砜	
	截留分子量/Da	$>16×10^4$	$(3～5)×10^4$
	产水量/gpd(m³/d)	2700(10.0)	2200(8.4)
	产水量误差/%	±15	
	有效膜面积/ft²(m²)	53.5(5.0)	
测试条件	操作压力/psi(MPa)	30(0.2)	
	单支膜元件水回收率/%	10	
	温度/℃	25	
	测试时间/min	运行 30 后	
使用极限条件	最高进水温度/℃	50	
	最高操作压力/psi(MPa)	70(0.48)	
	最高进水流量/gpm(m³/h)	16(3.6)	
	连续运行进水 pH 值范围	1～13	
	单支膜元件最大允许压降/psi(MPa)	13(0.09)	

注：1psi＝6894.76Pa，gpd 为加仑每天；gpm 为加仑每分钟；下同。

表 1-6-9　HDN8040 卷式超滤膜元件技术参数

型　号		HDN8040	
		U-1	U-2
主要性能	膜片材质	聚砜	
	截留分子量/Da	$>16\times10^4$	$(3\sim5)\times10^4$
	产水量/gpd(m³/d)	13200(50.0)	11100(42.0)
	产水量误差/%	±15	
	有效膜面积/ft²(m²)	267.5(25.0)	
测试条件	操作压力/psi(MPa)	30(0.2)	
	单支膜元件水回收率/%	10	
	温度/℃	25	
	测试时间/min	运行 30 后	
使用极限条件	最高进水温度/℃	50	
	最高操作压力/psi(MPa)	70(0.48)	
	最高进水流量/gpm(m³/h)	75(17.0)	
	连续运行进水 pH 值范围	1～13	
	单支膜元件最大允许压降/psi(MPa)	13(0.09)	

生产厂家：美国海德能公司。

6.5.1.2　MT 系列中空纤维超滤膜

MT 系列中空纤维超滤膜外观如图 1-6-9 所示。

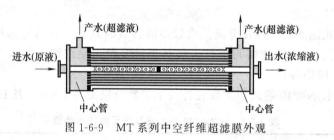

图 1-6-9　MT 系列中空纤维超滤膜外观

MT 系列中空纤维超滤膜技术指标及规格见表 1-6-10～表 1-6-13。

表 1-6-10　MT 系列中空纤维超滤膜（UF）技术指标及规格（一）热原型超滤膜、生物型超滤膜

型号	外形尺寸/mm	接口方式		截留分子量/Da	产水量/(L/h)	膜面积/m²	pH 值	膜材料	纤维内/外径/mm	操作压力/MPa
		A	B							
UEOS910	φ90×1166	Ⅰ	Ⅰ	6000	300～350	20	2～13	PS	0.25/0.4	≤0.15
UEOS810	φ80×1090	Ⅱ	Ⅲ	6000	200～250	14	2～13	PS	0.25/0.4	≤0.15
UEOS805	φ80×610	Ⅱ	Ⅲ	6000	120～150	7	2～13	PS	0.25/0.4	≤0.15
UEOS503	φ50×386	Ⅳ	Ⅳ	6000	15～20	1.5	2～13	PS	0.25/0.4	≤0.15
UEIP910	φ90×1166	Ⅰ	Ⅰ	10000	500～600	4.5	2～13	PES	0.8/1.2	≤0.15
UEIP905	φ90×596	Ⅰ	Ⅰ	10000	250～300	2.0	2～13	PES	0.8/1.2	≤0.15
UEIP503	φ50×386	Ⅳ	Ⅳ	10000	25～30	0.3	2～13	PES	0.8/1.2	≤0.15

注：1. 接口方式：A 为膜组件轴向进出水接口；B 为膜组件径向接口；Ⅰ 为 DN25mm 活接头；Ⅱ 为 φ50mm 快装式法兰；Ⅲ 为 φ14mm 直管；Ⅳ 为 φ12mm 直管。

2. 膜组件使用温度范围为 5～45℃。表中产水量测试条件为：25℃、0.1MPa、纯水。

3. 膜组件的操作压力是指工作时膜内外两侧的压力差。

表 1-6-11　MT 系列中空纤维超滤膜（UF）技术指标及规格（二）内压式蛋白型超滤膜、普通型超滤膜

型号	外形尺寸 /mm	接口方式		截留分子量 /10³Da	产水量 /(L/h)	膜面积 /m²	pH 值	膜材料	纤维内/外径/mm	操作压力 /MPa
		A	B							
UPIS8040	φ200×1400	Ⅵ	Ⅵ	20~50	4000~5000	20	2~13	PS	0.8/1.2	≤0.12
UPIS910	φ90×1166	Ⅰ	Ⅰ	20~50	900~1000	4.5	2~13	PS	0.8/1.2	≤0.12
UPIS905	φ90×596	Ⅰ	Ⅰ	20~50	400~500	2.0	2~13	PS	0.8/1.2	≤0.12
UPIS503	φ50×386	Ⅳ	Ⅳ	20~50	40~50	0.3	2~13	PS	0.8/1.2	≤0.12
UWIA8040	φ200×1400	Ⅵ	Ⅵ	60~80	5000~5500	20	2~10	PAN	0.9/1.3	≤0.12
UWIA910	φ90×1166	Ⅰ	Ⅰ	60~80	1000~1200	4.0	2~10	PAN	0.9/1.3	≤0.12
UWIA905	φ90×596	Ⅰ	Ⅰ	60~80	300~350	1.8	2~10	PAN	0.9/1.3	≤0.12
UWIA503	50×386	Ⅳ	Ⅳ	60~80	60~70	0.3	2~10	PAN	0.9/1.3	≤0.12

注：1. 接口方式：A 为膜组件轴向进出水接口；B 为膜组件径向接口；Ⅰ 为 DN25mm 活接头；Ⅳ 为 φ12mm 直管；Ⅵ 为 DN40mm 活接头。

2. 膜组件使用温度范围为 5~45℃。表中产水量测试条件为：25℃、0.1MPa、纯水。

3. 膜组件的操作压力是指工作时膜内外两侧的压力差。

表 1-6-12　MT 系列中空纤维超滤膜（UF）技术指标及规格（三）电泳漆型超滤膜

型号	外形尺寸 /mm	接口方式		截留分子量/Da	透过量 /(L/h)	膜面积 /m²	pH 值	膜材质	纤维内/外径 /mm	操作压力 /MPa
		A	B							
UQIA910-A	φ90×1126	Ⅴ	Ⅳ	60000	80~100	4.5	2~10	PAN	0.8/1.5	0.16~0.20
UQIA905-A	φ90×596	Ⅴ	Ⅳ	60000	40	2	2~10	PAN	0.8/1.5	0.16~0.20
UQIA910-C	φ90×1126	Ⅴ	Ⅳ	60000	80~100	4.5	2~10	PAN	0.8/1.5	0.16~0.20
UQIA905-C	φ90×596	Ⅴ	Ⅳ	60000	40	2	2~10	PAN	0.8/1.5	0.16~0.20

注：1. 接口方式：A 为膜组件轴向进出水接口，B 为膜组件径向接口；Ⅳ 为 φ12mm 快装式法兰；Ⅴ 为 φ115mm 快装式法兰。

2. 膜组件使用温度范围为 5~45℃。

3. 膜组件的操作压力是指工作时膜内外两侧的压力差。

4. 透过量为处理电泳漆时的通量。

表 1-6-13　MT 系列中空纤维超滤膜（UF）技术指标及规格（四）抗污染型超滤膜

型号	外形尺寸 φ×L/mm	接口方式		截留分子量/Da	产水量 /(L/h)	膜面积 /m²	pH 值	膜材质	纤维内外径 /mm	操作压力 /MPa
		A	B							
UIF910-AP-a	90×1106	Ⅰ	Ⅰ	80000	600~800	4.5	2~10	PVDF	0.8/1.3	≤0.12
UIF910-AP-b	90×1106	Ⅰ	Ⅰ	50000	1200~1500	4	2~10	PVDF	0.8/1.3	≤0.12

注：1. 接口方式：A 为膜组件轴向进出水接口，B 为膜组件径向接口；Ⅰ 为 DN25mm 活接头；Ⅳ 为 φ12mm 直管；Ⅵ 为 DN40mm 活接头。

2. 膜组件使用温度范围为 5~45℃；产水量测试条件为：25℃、0.1MPa、纯水。

3. 膜组件的操作压力是指工作时膜内外两侧的压力差。

生产厂家：天津膜天膜工程技术有限公司。

6.5.1.3　CAPFIL 系列超滤膜

（1）基本性能　包括：极性聚醚砜膜；毛细管膜，膜丝内外径 0.8mm、1.5mm；不对称膜/多微孔；内压式过滤；针对大型水净化工程设计；高性能，高抗污染性；膜单元可以通过反洗获得有效恢复。

（2）应用范围　包括：RO 和 NF 的预处理；地表水处理；饮用水和工艺用水。

（3）组成成分　聚维酮聚醚砜共混极性膜（专利产品）；M5：含有丙三醇保护膜孔，亚硫酸抑制微生物滋生。

（4）运行参数　CAPFIL 系列超滤膜运行参数见表 1-6-14。

表 1-6-14　运行参数

参　　数	数　　值	备　　注
过滤压降/kPa	−300~+300	
最大膜孔径/nm	20~25	

续表

参　数	数　值	备　注
截留分子量/kDa	150	在 1bar,1%(重量)PVP 情况下
净水膜通量/[L/(m²·h)]	500	实验采用 RO 出水
入水 pH 值范围	1~13	
耐氯性/[mg/(L·h)]	250000	0~40℃情况下,最大为 50mg/L
温度/℃	1~80	

生产厂家:荷兰诺瑞特。

6.5.1.4　SFP 系列超滤膜组件

产品选型表如表 1-6-15 所列。

表 1-6-15　SFP 系列超滤膜选型

适用范围	性能参数	工业给水预处理	废水、污水回用	饮用水处理
产品型号		SFP—2640 SFP—2660 SFP—2680	SFP—2860 S FP—2880	SFP—2660 SFP—2860 SFP—2880
尺寸	组件长度/mm	1356,1856,2356	1860,2360	1856,1860,2360
	组件外径/mm	165,165,165	225,225	165,225,225
	组件膜面积/m²	20,33,44	52,70	33,52,70
基本参数	形式	中空纤维(外压式)	中空纤维(外压式)	中空纤维(外压式)
	基础聚合物	PVDF	PVDF	PVDF
	公称孔径/μm	0.03	0.03	0.03
	中空纤维外径/mm	1.3	1.3	1.3
	通量/[L/(m²·h)]	50~120	40~100	60~120
	pH 值	2~11	2~11	2~11
	温度/℃	1~40	1~40	1~40
	进水最大压力/bar	6.0	6.0	6.0
	清洗用 NaClO 最大浓度/(mg/L)	5000	5000	5000
典型工艺条件	最大跨膜压力/bar	2.1	2.1	2.1
	进水最大悬浮固体(TSS)含量/(mg/L)	100	150	100
	进水最大颗粒直径/μm	50	50	50
	进水最大纤维类杂质含量/(mg/L)	300	300	300
	进水典型纤维类杂质含量/(mg/L)	5	5	5
	最大反洗压力/bar	2.5	2.5	2.5
	反洗流量/[L/(m²·h)]	100~200	100~200	100~200
	反洗周期	每隔 15~60min 一次	每隔 15~60min 一次	每隔 15~60min 一次
	反洗时间/s	30~60	30~60	30~60
	典型化学清洗周期	每年 4~12 次	每年 4~12 次	每年 4~12 次
	气洗周期	每天 1~12 次	每天 1~12 次	每天 1~12 次

注:1bar=10⁵Pa,下同。

生产厂家:浙江欧美环境工程有限公司。

6.5.2　微滤膜组件

6.5.2.1　MT 系列中空纤维微滤膜

三种中空纤维微滤膜组件结构如图 1-6-10~图 1-6-12 所示,技术指标及规格见表1-6-16、表 1-6-17。

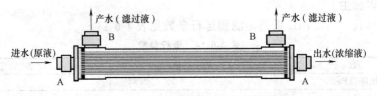

图 1-6-10　内压式中空纤维微滤膜组件

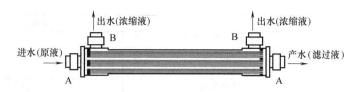

图 1-6-11　外压 A 式中空纤维微滤膜组件

图 1-6-12　外压 B 式中空纤维微滤膜组件

表 1-6-16　MT 系列中空纤维微滤膜（MF）技术指标及规格（一）普通型微滤膜

型号	外形尺寸 $\phi \times L$/mm	pH 值	接口方式 A	接口方式 B	孔径 /μm	膜面积 /m²	产水量 /(L/h)	操作压力 /MPa	纤维内/外径 /mm	膜材质
MOF1616	160×1730	2~10	Ⅵ	Ⅵ	0.2	42	6500~7000	≤0.15	0.6/1.0	PVDF
MOF910	90×1106	2~10	Ⅰ	Ⅰ	0.2	7	1400~1600	≤0.15	0.5/0.8	PVDF
MOF905	90×596	2~10	Ⅰ	Ⅰ	0.2	4	700~1000	≤0.15	0.5/0.8	PVDF
MOF503	50×386	2~10	Ⅳ	Ⅳ	0.2	0.2	180~200	≤0.15	0.5/0.8	PVDF
MIF910	90×1106	2~10	Ⅰ	Ⅰ	0.1	4	1200~1500	≤0.12	0.8/1.4	PVDF
MIF503	50×386	2~10	Ⅳ	Ⅳ	0.1	0.2	80~90	≤0.12	0.8/1.4	PVDF

注：1. 接口方式：A 为膜组件轴向进出水接口；B 为膜组件径向接口，Ⅰ 为 $DN25mm$ 活接头；Ⅳ 为 $\phi12mm$ 直管；Ⅵ 为 $DN40mm$ 活接头。

2. 膜组件使用温度范围为 5~45℃。产水量测试条件为：25℃、0.1MPa、纯水。

3. 膜组件的操作压力是指工作时膜内外两侧的压力差。

表 1-6-17　MT 系列中空纤维微滤膜（MF）技术指标及规格（二）特种抗污染型微滤膜

型号	外形尺寸 /mm	pH 值	接口方式 A	接口方式 B	孔径/μm	膜面积 /m²	产水量 /(L/h)	纤维内/外径 /mm	操作压力 /MPa	膜材质
MIF910-AP	$\phi90\times1106$	2~10	Ⅰ	Ⅰ	0.1	4	1200~1500	0.8/1.4	≤0.12	PVDF
MIF503-AP	$\phi50\times386$	2~10	Ⅳ	Ⅳ	0.1	0.2	80~90	0.8/1.4	≤0.12	PVDF

注：1. 接口方式：A 为膜组件轴向进出水接口；B 为膜组件径向接口；Ⅰ 为 $DN25$ 活接头；Ⅳ 为 $\phi12mm$ 直管；Ⅵ 为 $DN40mm$ 活接头。

2. 膜组件使用温度范围为 5~45℃。产水量测试条件为：25℃、0.1MPa、纯水。

3. 膜组件的操作压力是指工作时膜内外两侧的压力差。

生产厂家：天津膜天膜工程技术有限公司。

6.5.2.2　UNS—620A 浸没式微滤膜

（1）特点　对于高浊度原水、水质变动大的原水也可稳定运行；通过采用独特的反洗方法和组件的三角形布置设计，实现了高回收率并节省了空间；具有优良的机械强度，耐化学药品性、高透水性能、独特的高结晶度 PVDF 中空纤维膜具有寿命长，性价比高的优势。

（2）规格性能　见表 1-6-18。

表 1-6-18　UNS—620A 浸没式微滤膜规格性能

	膜材料	高结晶性聚偏氟乙烯（PVDF）
过滤膜	有效膜面积（外表面）/m²	50
	公称孔径/μm	0.1

续表

使用条件	过滤方式	浸没式吸引过滤
	使用最高温度/℃	40
	pH 值	1～10
	设计透水量/(m³/h)	2～6
使用材料	膜组件端盖	SCS13
	封胶剂	AVS 树脂
	黏合剂	聚亚胺脂
膜组件尺寸/mm		$\phi2164\times157$
膜组件质量/kg	润湿时	约 22
UNS—620A 单元(3 支)	尺寸/mm	2343L×330×350(含歧管连接器)
	质量(湿润时)/kg	约 75(含歧管连接器)

生产厂家：日本旭化成。

6.5.2.3 E 系列微滤膜

（1）适用范围　E 系列 EW 聚砜微滤膜元件膜孔径为 $0.04\mu m$，用于工艺澄清，包括悬浮物的去除。

（2）结构特点　EW4025T 具有胶带外壳及标准流道设计。EW4026F、EW4040F 及 EW8040F 膜元件具有玻璃钢外壳及标准流道。根据需要可选用其他结构材质及特殊流道设计。

（3）性能规格　EW4025T 膜元件外形如图 1-6-13 所示。规格性能参数见表 1-6-19～表1-6-21。

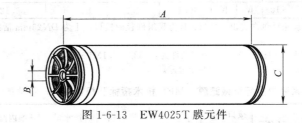

图 1-6-13　EW4025T 膜元件

表 1-6-19　EW4025T 膜元件尺寸

型号	尺寸/cm			干式包装质量/kg
	A	B	C	
EW4025T	24.57	5.57	5.57	5.57
EW4026T	24.57	5.57	5.57	5.57
EW4040T	41.5	8.36	8.36	8.36
EW8040T	136.08	32,52	32,52	32,52

表 1-6-20　标准膜元件规范

型号	产水量/(m³/d)	有效膜面积/m²
EW4025T	24.57	5.57
EW4026T	24.57	5.57
EW4040T	41.5	8.36
EW8040T	136.08	3252

表 1-6-21　操作和设计参数

典型操作压力	最高温度	pH 值	余氯范围
0.207～1.034MPa	50℃	操作范围 pH=2～11 清洗范围 pH=2～11.5	5000mg/L

生产厂家：美国通用。

第7章 其他处理工艺单元

7.1 主要工艺

7.1.1 离子交换技术

离子交换是指水通过离子交换柱时，水中的阳离子和水中的阴离子（HCO^- 等离子）与交换柱中的阳树脂的 H^+ 和阴树脂的 OH^- 进行交换，从而达到脱盐的目的。阳、阴混柱的不同组合可使水质达到更高的要求。离子交换器分为阳离子交换器（软化器）、阴离子交换器、混合离子交换器等。其缺点是树脂饱和后需要用酸、碱再生。

7.1.2 纳滤

通常认为纳滤膜（NF）传质机理为溶解-扩散方式。NF 膜通常用来截留多价或二价离子，允许一价离子通过，这个离子选择性特点使它能根据化学特性来分离不同的离子。

在饮用水处理领域中，NF 应用于水的软化、脱色、脱盐、降低三卤代烃的含量等。但 NF 膜大多为荷电膜，其对无机盐的分离行为不仅由化学势梯度的影响，同时也受到电势梯度的影响，即 NF 膜的行为与荷电性能以及溶质荷电状态和相互作用都有关系。其投资较高而运行成本较低。

设计要点：脱盐率 50%（视水中离子成分而定）；回收率 80%～90%；对一价离子的去除率 10%～20%；进水 SDI<3；进水浊度<1；运行压力<100psi（1psi＝6894.76Pa，下同）。

7.1.3 反渗透

在膜的原水一侧施加比溶液渗透压高的外界压力，原水透过只允许水通过的半透膜，其他杂质被截留在膜表面。渗透现象在自然界是常见的，如图 1-7-1 所示，如果用一个只有水分子才能透过的薄膜将一个水池隔断成两部分，在隔膜两边分别注入纯水和盐水到同一高度[图1-7-1(a)]，过一段时间就可以发现纯水液面降低了，而盐水的液面升高了。我们把水分子透过这个隔膜迁移到盐水中的现象叫做渗透现象。盐水液面升高不是无止境的，到了一定高度就会达到一个平衡点。这时隔膜两端液面差所代表的压力被称为渗透压[图1-7-1(b)]。渗透压的大小与盐水的浓度直接相关。

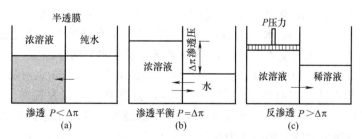

图 1-7-1 渗透和反渗透

在以上装置达到平衡后，如果在盐水端液面上施加一定压力，此时，水分子就会由盐水端向纯水端迁移。溶剂分子在压力作用下由浓溶液向稀溶液迁移的过程，这一现象被称为反渗透现象［图 1-7-1(c)］。如果将盐水加入以上设施的一端，并在该端施加超过该盐水渗透压的压力，我们就可以在另一端得到纯水。

上述现象就是水的反渗透（RO）处理的基本原理。

RO 膜通常用来截留各种离子，得到纯净水，其投资和运行成本均较高。

设计要点：脱盐率 90％～99％；回收率 50％～80％；进水 SDI＜3；进水浊度＜1NTU；运行压力＞100psi。

纳滤和反渗透的性能比较见表 1-7-1。

表 1-7-1　纳滤和反渗透的性能比较

项　目	RO	NF	项　目	RO	NF
膜孔径/nm	＜0.5	0.5～10	膜材料价格	较低	较高
分子量范围	100～300	300～1000	运行费用	较高	较低
一价离子截留率/%	90～97	20～50	使用寿命	较短	较长
二价离子截留率/%	97～99	80～95	大规模使用经验	较多	较少
分子量 80～300,有机物截留率/%	＞90	＞80	主要用途	纯水制备	地下水软化

7.1.4　电渗析

在外加直流电场的作用下利用阴离子膜和阳离子交换膜的选择透水性，使一部分离子透过离子交换膜迁移到另一部分水中，从而使一部分淡化使另一部分浓缩的过程。电渗析利用半透膜的选择透过性来分离不同的溶质粒子（如离子）。在电场作用下进行渗析时，溶液中的带电的溶质粒子（如离子）通过膜而迁移的现象称为电渗析。

电渗析与反渗透相比，它的价格便宜，但脱盐率低。当前国产离子交换膜质量亦很稳定，运行管理也很方便，自动控制频繁倒极电渗析（EDR），运行管理更加方便。原水利用率可达 80％，一般原水回收率在 45％～70％之间。电渗析主要用于水的初级脱盐，脱盐率在 45％～80％之间。它广泛被用于海水与苦咸水淡化；制备纯水时的初级脱盐以及锅炉、动力设备给水的脱盐软化等。

基本性能：操作压力 0.5～3.0kg/cm^2；操作电压 100～250V，电流 1～3A；本体耗电量每吨淡水 0.2～2.0kW·h。

电渗析法的特点为：a. 可以同时对电解质水溶液起淡化、浓缩、分离、提纯作用；b. 可以用于蔗糖等非电解质的提纯，以除去其中的电解质；c. 在原理上，电渗析器是一个带有隔膜的电解池，可以利用电极上的氧化还原，效率高。

在电渗析过程中也进行以下次要过程：a. 同名离子的迁移，离子交换膜的选择透过性往往不可能是百分之百的，因此总会有少量的相反离子透过交换膜；b. 离子的浓差扩散，由于浓缩室和淡化室中的溶液中存在着浓度差，总会有少量的离子由浓缩室向淡化室扩散迁移，从而降低了渗析效率；c. 水的渗透，尽管交换膜是不允许溶剂分子透过的，但是由于淡化室与浓缩室之间存在浓度差，就会使部分溶剂分子（水）向浓缩室渗透；d. 水的电渗析，由于离子的水合作用和形成双电层，在直流电场作用下，水分子也可从淡化室向浓缩室迁移；e. 水的极化电离，有时由于工作条件不良，会强迫水电离为氢离子和氢氧根离子，它们可透过交换膜进入浓缩室；f. 水的压渗，由于浓缩室和淡化室之间存在流体压力的差别，迫使水分子由压力大的一侧向压力小的一侧渗透。显然，这些次要过程对电渗析是不利因素，但是它们都可以通过改变操作条件予以避免或控制。

7.1.5　高级氧化技术

高级氧化技术研发工作已持续多年，在饮用水中主要去除原水中的天然有机物和农药残留物。目前该工艺的研究主要集中在 O_3/H_2O_2、O_3/UV、H_2O_2/UV、H_2O_2/M^{n+}、$H_2O_2/NaClO$ 等。由于该工艺在净水工艺流程中的最佳位置和定量关系难以确定，目前仍停留在实验室或生产性试验阶段。研究表明，高级氧化技术与传统的混凝技术结合，可以减少混凝剂投加量并减少污泥产量；高级氧化技术与活性炭处理技术结合可以去除天然有机物和农药残留物，因此被确定为前沿技术，将成为未来饮用水处理的应用技术。

7.2　单元构筑物及设备

NF、RO 和 EDR 系统一般根据原水水质特征和出水水质要求，结合不同产品特征进行单元集成和系统配置。其设备主要包括保安过滤器、加压水泵、膜组件、加药设备、阀闸、仪表、控制系统等。

7.3　主要设备

7.3.1　阴、阳离子交换器

阴、阳离子交换器按运行方式分为固定床、浮动床、混合床。按填装树脂形式又可分为单层床和双层床。按再生方式分为逆流型、顺流型。逆流再生又有气顶压和无顶压两种形式。根据水处理工艺要求，可分别填装强、弱型阴（阳）离子交换树脂，采用适合的床型及运行和再生方式，组成不同的软化除盐工艺系统。

固定床阴、阳离子交换器按再生方式可分为逆、顺流型两大类。逆流再生阴、阳离子交换器有 SAB 型、LJN 型、WNY 型（网板式）、LS（气顶压）型等形式，顺流再生阴、阳离子交换器有 LJS 型、LS 型等形式。

7.3.1.1　逆流再生阴、阳离子交换器

（1）SAB 型逆流再生阴、阳离子交换器

SAB 型逆流再生阴、阳离子交换器性能规格见表 1-7-2。

表 1-7-2　SAB 型逆流再生阴、阳离子交换器性能规格

型号	产水量 /(m³/h)	填料高度 /mm	本体质量 /kg	运行质量 /kg	技术性能
SAB—800	8	1500	500	1500	
SAB—1000	12	1500	700	3500	
SAB—1200	17	1500	800	4500	
SAB—1400	23	1500	900	6000	
SAB—1500	26	1500	1000	7000	工作压力：0.6～0.75MPa 工作温度：5～35℃
SAB—1800	38	1800	1100	9000	
SAB—2000	47	1800	1300	13500	
SAB—2200	57	1800	1500	16500	
SAB—2500	74	1800	1800	19000	
SAB—2800	92	2000	2000	29000	
SAB—3200	120	2000	3000	39000	

SAB 型逆流再生阴、阳离子交换器外形尺寸见图 1-7-2、表 1-7-3。

表 1-7-3　SAB 型逆流再生阴、阳离子交换器外形尺寸　　　　单位：mm

型号	ϕ	H_1	H_2	H_3	H_4	H_5	L_1	L_2	L_3	L_4	L_5	L_6	L_7	DN_1	DN_2	DN_3	DN_4	DN_5	DN_6
SAB—800	800	3300	700	343	400	500	550	300	410	540	640	240	450	40	40	40	32	25	15

续表

型号	φ	H_1	H_2	H_3	H_4	H_5	L_1	L_2	L_3	L_4	L_5	L_6	L_7	DN_1	DN_2	DN_3	DN_4	DN_5	DN_6
SAB—1000	1000	3500	700	330	400	500	650	300	450	650	750	260	550	50	50	50	32	25	20
SAB—1200	1200	3500	700	330	400	500	750	350	450	750	850	260	650	50	50	50	32	25	20
SAB—1400	1400	3600	720	315	400	550	880	400	470	865	965	260	750	65	65	65	32	32	20
SAB—1500	1500	3700	720	315	400	550	920	400	470	915	1020	260	800	65	65	65	32	32	20
SAB—1800	1800	4200	820	370	470	570	1080	470	500	1081	1180	260	950	80	80	80	40	40	20
SAB—2000	2000	4300	820	370	470	570	1180	470	500	1181	1280	260	1050	80	80	80	40	40	20
SAB—2200	2200	4500	820	370	470	570	1280	470	500	1281	1390	260	1150	80	80	80	40	40	20
SAB—2500	2500	4600	850	380	500	650	1450	500	550	1451	1560	260	1300	100	100	100	50	50	20
SAB—2800	2800	5000	850	380	500	650	1520	500	550	1601	1710	260	1450	100	100	100	50	50	20
SAB—3200	3200	5200	850	380	500	650	1820	500	550	1801	1920	260	1650	100	100	100	50	65	20

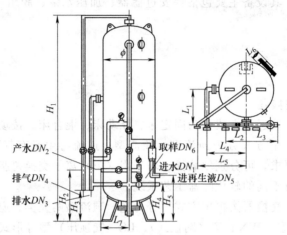

图 1-7-2　SAB 型逆流再生阴、阳离子交换器外形尺寸

（2）LJN 型逆流再生阴、阳离子交换器

LJN 型逆流再生阴、阳离子交换器性能规格见表 1-7-4。

表 1-7-4　LJN 型逆流再生阴、阳离子交换器性能规格

型号	直径 (DN)/mm	产水量 /(m³/h)	树脂层高 /mm	树脂体积 /m³	压脂层体积 /m³	本体质量 /kg	运行质量 /kg	技术性能
LJN—600	600	7	1600	0.45	0.06	652	1937	
LJN—800	800	12	1600	0.80	0.10	928	3306	
LJN—1000	1000	20	1600	1.26	0.16	1146	4962	
LJN—1200	1200	28	1600	1.81	0.23	1759	7433	
LJN—1400	1400	38	1600	2.46	0.33	2095	9732	工作压力：<0.6MPa
LJN—1600	1600	50	1600	3.20	0.40	2422	12603	工作温度：
LJN—1800	1800	63	1600	4.07	0.51	3535	14399	<35℃
LJN—2000	2000	78	1600	5.02	0.63	4559	18243	交换流速：
LJN—2200	2200	95	1600	6.08	0.76	5930	22757	25m/h
LJN—2400	2400	110	1600	7.23	0.90	6867	27393	
LJN—2500	2600	130	1600	8.49	1.06	7837	32201	
LJN—2800	2800	155	1600	9.85	1.23	9797	38524	
LJN—3000	3000	175	1600	11.30	1.41	10800	44407	

LJN 型逆流再生阴、阳离子交换器外形尺寸见图 1-7-3、表 1-7-5。

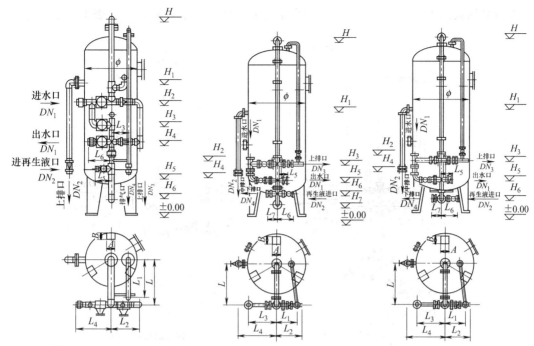

图 1-7-3 LJN—600~LJN—1000、LJN—1200~LJN—2600、LJN—2800~LJN—3000
逆流再生阴、阳离子交换器

表 1-7-5 LJN 型逆流再生阴、阳离子交换器外形尺寸　　　　　单位：mm

型号	H	H_1	H_2	H_3	H_4	H_5	H_6	H_7	L	L_1	L_2	L_3	L_4	L_5	L_6	L_7	ϕ	$A \times B$	DN_1	DN_2	DN_3	DN_4
LJN—600	4245	2590	1400	1100	900	600	215		520	400	310	200	400	280	195		530	120×160	40		20	25
LJN—800	4430	2700	1400	1100	900	600	270		640	520	360	250	460	310	226		660	140×180	50	40	25	32
LJN—1000	4545	2730	1400	1100	850	600	310		760	620	430	300	530	340	290		840	160×200	65		32	50
LJN—1200	4680	2800	1550	1400	1300	1000	700	332	880	435	535	603	840	195	316	192	1020	180×220	80	50	40	50
LJN—1400	4707	2772	1550	1400	1300	1000	700	324	1020	428	528	603	940	195	316	192	1190	210×250	80	50	50	65
LJN—1600	4858	2833	1600	1500	1300	1050	700	295	1150	508	608	720	1060	252	398	220	1370	230×270	100	65	65	65
LJN—1800	4840	2725	1640	1500	1300	1050	700	282	1250	583	683	754	1160	280	398	220	1540	260×300	125	65	65	80
LJN—2000	4970	2800	1640	1500	1300	1050	700	297	1390	583	683	754	1280	280	436	220	1720	280×320	125	80	80	80
LJN—2200	5138	2860	1680	1500	1300	1000	600	270	1495	605	705	847	1385	305	461	252	1900	300×340	150	80	80	100
LJN—2400	5238	2928	1680	1500	1300	1000	600	280	1595	605	705	847	1485	305	461	252	2080	320×360	150	80	80	100
LJN—2600	5370	3010	1680	1500	1300	1000	600	312	1725	598	698	928	1625	305	512	252	2260	340×380	150	100	100	125
LJN—2800	5505	3065	1710	1400	1300	850	282		1830	728	828	1068	1727	360	537	280	2450	350×400	200	100	100	125
LJN—3000	5610	3120	1710	1400	1300	850	287		1930	728	828	1068	1827	360	537	280	2620	380×420	200	100	100	125

（3）WNY 网板式无顶压逆流再生阴、阳离子交换器　　WNY 网板式无顶压逆流再生阴、阳离子交换器性能规格见表 1-7-6。

表 1-7-6　WNY 网板式无顶压逆流再生阴、阳离子交换器性能规格

型号	产水量 /(m³/h)	过滤面积 /m²	树脂层高 /mm	树脂体积 /m³	本体质量 /kg	技 术 性 能
WNY—60	4~7	0.28	1800	0.51	825	
WNY—80	7~12	0.5	1800	0.90	1152	
WNY—100	12~19	0.78	1800	1.41	1835	
WNY—120	17~28	1.13	1800	2.03	2586	工作压力：
WNY—150	26~44	1.76	2000	3.53	3754	≤0.6MPa
WNY—180	38~63	2.54	2000	5.10	4579	工作温度：
WNY—200	47~78	3.14	2000	6.28	5144	4~45℃
WNY—220	57~95	3.80	2400	9.12	6680	交换流速：
WNY—250	73~122	4.90	2400	11.76	8968	15~25m/h
WNY—280	95~154	6.16	2600	16.0	11615	
WNY—300	106~175	7.06	2600	18.38	12943	

WNY 网板式无顶压逆流再生阴、阳离子交换器外形尺寸见图 1-7-4、表 1-7-7。

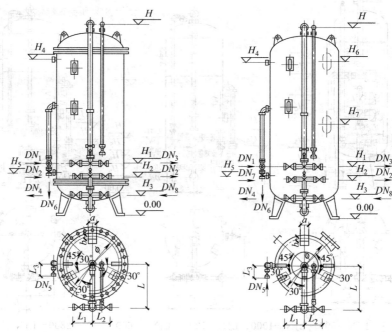

图 1-7-4 WNY—60～WNY—100、WNY—120～WNY—300 型网板式无顶压逆再生阴、阳离子交换器

表 1-7-7 WNY 网板式无顶压逆法再生阴、阳离子交换器外形尺寸　　　　单位：mm

型号	H	H_1	H_2	H_3	H_4	H_5	H_6	H_7	L	L_1	L_2	L_3	ϕ	a	b	DN_1	DN_2	DN_3	DN_4	DN_5	DN_6	DN_7	DN_8
WNY—60	4000	1400	1200	1000	3380	680			500	465	340	310	580	100	90	50	50	50	50	40	40	50	32
WNY—80	4180	1400	1150	900	3500	880			650	610	460	415	780	160	125	65	65	50	65	50	50	50	40
WNY—100	4500	1400	1150	900	3610	915			750	745	520	480	990	160	120	80	80	65	80	50			50
WNY—120	5200	1400	1150	900	4200	1250	3800	1500	9000	825	520	480	1050	170	130	80	80	65	80	65	65	65	65
WNY—150	5650	1500	1200	900	4600	1280	4000	1530	1050	1025	600	550	1450	180	140	100	100	80	100	80	80	80	80
WNY—180	5850	1500	1200	900	4600	1300	4100	1550	1250	1175	630	580	1600	220	180	100	100	80	100	80	80	80	80
WNY—200	5900	1600	1250	900	4700	1350	4200	1660	1350	1275	645	625	1800	250	200	125	125	100	125	80	100	80	80
WNY—220	6100	1600	1250	900	4800	1400	4500	1650	1450	1395	700	650	1900	300	250	1502	150	125	150	100	125	100	100
WNY—250	6750	1600	1250	900	5400	1430	4650	1730	1600	1545	750	710	2000	350	300	150	150	125	150	100	125	100	100
WNY—280	7300	1600	1200	800	5800	1500	4800	1800	1750	1715	900	870	2200	400	300	200	200	150	200	125	150	125	125
WNY—300	7350	1600	1200	800	5800	1600	5000	1950	1850	1815	900	870	2400	400	300	200	200	150	200	125	150	125	125

（4）LS 型气顶压逆流再生阴、阳离子交换器

LS 型气顶压逆流再生阴、阳离子交换器性能规格见表 1-7-8。

表 1-7-8 LS 型气顶压逆流再生阴、阳离子交换器性能规格

型　号	产水量 /(m³/h)	树脂体积 /m³	本体质量 /kg	运行质量 /kg	技 术 性 能
LS—1000	15.7～23	1.41	1810	6000	
LS—1200	23～24	2.04	2030	7600	
LS—1500	35～53	3.18	2596	11900	
LS—1800	50～76	4.58	3750	16100	进水浊度 3NTU
LS—2000	63～94	5.65	4450	17500	工作压力≤0.6MPa
LS—2200	76～114	6.85	5270	25300	工作温度 15～50℃
LS—2500	98～147	8.83	6870	31500	交换流速 20～30m/h
LS—2800	123～184	11.08	7535	36000	
LS—3000	140～210	12.72	9380	40000	

LS 型气顶压逆流再生阴、阳离子交换器外形尺寸见图 1-7-5、表 1-7-9。

表 1-7-9　LS 型气顶压逆流再生阴、阳离子交换器外形尺寸　单位：mm

型号	H	h_1	h_2	h_3	h_4	h_5	h_6	L	L_1	L_2	L_3	L_4	L_5	L_6	L_7	L_8
LS—1000	5070	174	430	1500	1000	1000	2727	710	391	435	724	700	327	366	560	454
LS—1200	5235	274	530	1500	1000	1150	2827	820	391	435	824	800	327	378	660	564
LS—1500	5260	244	560	1500	1000	1200	2797	1000	472	539	994	900	421	400	800	684
LS—1800	5500	207	600	1500	1000	1150	2897	1140	565	604	1146	1000	461	440	1000	747
LS—2000	5550	207	600	1500	1000	1300	2897	1240	565	604	1246	1200	461	500	1100	847
LS—2200	5690	219	686	1500	1000	1300	2947	1350	650	705	1376	1300	547	560	1200	884
LS—2500	5770	219	685	1500	1000	1300	2947	1500	650	705	1528	1400	547	600	1350	1034
LS—2800	6040	194	810	1500	1000	1300	3097	1650	840	848	1720	1550	600	620	1500	1084
LS—3000	6050	194	810	1500	1000	1300	3097	1760	840	848	1820	1650	600	640	1600	1194

生产厂家：宜兴市精诚压力容器有限公司、连云港市华银电力辅机厂。

7.3.1.2　顺流再生阴、阳离子交换器

将碱性阴树脂放在离子交换柱中，水流过此交换柱，从而水中各种阴离子被阴树脂上的活泼 OH^- 交换，水中阴离子交换到树脂上，OH^- 交换到水中，从而与阳床出水中的 H^+ 发生中和反应使水变成中性。直到树脂交换失效，用强碱交换树脂中的阴离子，从而可使树脂再生。再生时，再生液方向与水流方向方向相同，因此称为顺流再生。

LJS 型气顺流再生阴、阳离子交换器性能规格见表 1-7-10。

LJS 型气顺流再生阴、阳离子交换器外形尺寸见图 1-7-6～图 1-7-8、表 1-7-11。

7.3.2　纳滤膜

纳滤技术的核心是纳滤膜，纳滤膜的生产厂家主要有美国陶氏、海德能、通用、科式，日本的东丽等公司，国内的纳滤膜生产尚未规模化，仅处于实验室研究阶段。

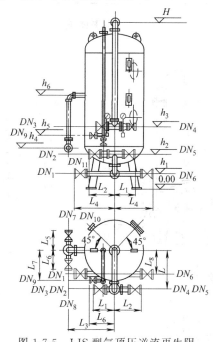

图 1-7-5　LJS 型气顶压逆流再生阴、阳离子交换器

表 1-7-10　LJS 型顺流再生阴、阳离子交换器性能规格

型号	产水量 /(m³/h)	原水浊度 /NTU	树脂体积 /m³	本体质量 /kg	运行质量 /kg	技术性能
LJS—600	7		0.45	610	1844	
LJS—800	12		0.80	872	3063	
LJS—1000	20		1.26	1076	4553	
LJS—1200	28		1.81	1649	6888	
LJS—1400	38		2.46	1966	9012	
LJS—1600	50	≤5	3.20	2274	11683	工作压力≤0.6MPa
LJS—1800	63		4.07	3546	13223	工作温度 50℃
LJS—2000	78		5.02	4337	16815	交换流速 25m/h
LJS—2200	95		6.08	5638	21006	
LJS—2400	110		7.23	6648	25338	
LJS—2600	130		8.49	7492	29818	
LJS—2800	155		9.85	9332	35726	
LJS—3000	175		11.30	10356	41228	

表 1-7-11 LJS 型顺流再生阴、阳离子交换器外形尺寸　　　　　　单位：mm

型号	H	H_1	H_2	H_3	H_4	H_5	H_6	H_7	L	L_1	L_2	L_3	L_4	L_5	L_6	L_7	φ	A×B	DN_1	DN_2	DN_3	DN_4
LJS—600	3925	1550	1400	1100	900	600	215		520	400	310	200	400	280	195		530	120×160	40	20	25	25
LJS—800	4110	1600	1400	1100	900	600	270		640	520	360	250	460	310	226		660	140×180	50	25	32	25
LJS—1000	4225	1600	1400	1100	850	600	310		760	620	430	300	530	340	290		840	160×200	65	32	50	25
LJS—1200	4360	1600	1550	1400	1300	700	700	332	880	435	535	350	603	840	195	192	1020	180×220	80	40	50	50
LJS—1400	4387	2972	1550	1400	1300	1000	700	324	1020	428	528	350	603	940	195	192	1190	210×250	80	50	65	50
LJS—1600	4538	3033	1600	1500	1300	1050	700	295	1150	508	608	400	720	1060	252	220	1370	230×270	100	65	65	65
LJS—1800	4520	2925	1640	1500	1300	1050	700	282	1250	583	683	400	754	1160	280	220	1540	260×300	125	65	80	80
LJS—2000	4650	3000	1640	1500	1300	1050	700	297	1390	583	683	400	754	1280	280	220	1720	280×320	125	80	80	80
LJS—2200	4818	3068	1680	1500	1400	1000	600	270	1495	605	705	500	847	1385	305	252	1900	300×340	150	80	100	100
LJS—2400	4918	3128	1680	1500	1400	1000	600	280	1595	605	705	500	847	1485	305	252	2080	320×360	150	80	100	100
LJS—2600	5050	3210	1680	1500	1400	1000	600	312	1725	598	698	550	928	1625	305	252	2260	340×380	150	100	125	100
LJS—2800	5185	3265	1710	1400	1300	850	282		1830	728	828	600	1068	1727	360	280	2450	350×400	200	100	125	125
LJS—3000	5290	3320	1710	1400	1300	850	287		1930	728	828	600	1068	1827	360	280	2620	380×420	200	100	125	125

生产厂家：江苏一环集团有限公司。

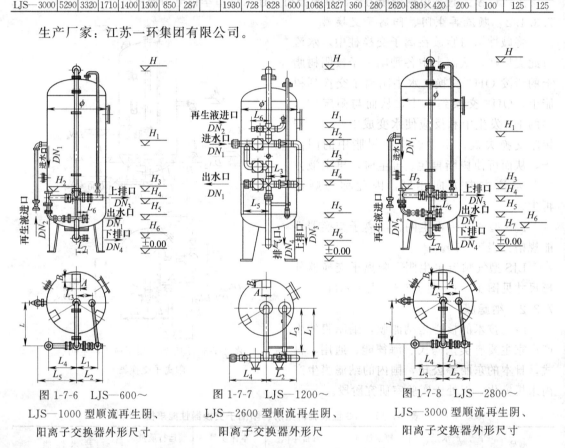

图 1-7-6　LJS—600～
LJS—1000 型顺流再生阴、
阳离子交换器外形尺寸

图 1-7-7　LJS—1200～
LJS—2600 型顺流再生阴、
阳离子交换器外形尺

图 1-7-8　LJS—2800～
LJS—3000 型顺流再生阴、
阳离子交换器外形尺寸

7.3.2.1　美国陶氏纳滤膜

（1）FILMTEC™ NF200—400 纳滤膜元件

1）性能特点。陶氏 FILMTEC™ NF200—400 纳滤膜元件面积大，产水量高，专门用于高度脱除水中总有机碳类有毒有害杂质等。该膜元件同时具有中等透盐率和中等硬度透过率。

2）性能参数。尺寸、外形及性能参数分别如图 1-7-9、表 1-7-12、表 1-7-13 所示。

表 1-7-12　FILMTEC™ NF200—400 纳滤膜元件尺寸

产　品	典型回收率/%	外形尺寸/in(mm)		
		A	B	C
NF200—400	15	40(1016)	1.5(38)	7.9(201)

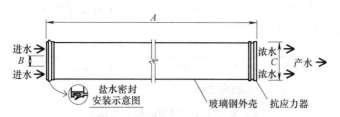

图 1-7-9 FILMTEC™ NF200—400 纳滤膜元件外形

表 1-7-13 性能参数

产 品	有效面积/m²	产水量/(m³/d)	稳定脱盐率 Cl⁻ /%
NF200—400	37		
CaCl₂		30.3	50~65
MgSO₄		25.7	3

（2）陶氏 FILMTEC™ NF270—400 纳滤膜元件

1）性能特点。FILMTEC™ NF270—400 纳滤元件面积大，产水量高，是专门为了高度脱除总有机碳（TOC）和三卤代烷（THM）前驱物而开发的产品，同时允许硬度成分中等程度通过，其他盐分中等或较高程度通过。

陶氏 FILMTEC™ NF270—400 是脱除地表水和地下水中的有机物并进行部分软化的理想膜元件，以达到特定要求的水质硬度，保持口感，保护输水管网。该元件膜面积大、所需净驱动压低，使得 NF270—400 低压运行就可去除水中有机化合物。

2）性能参数。外形及尺寸见图 1-7-10 及表 1-7-14，产品规格见表 1-7-15。

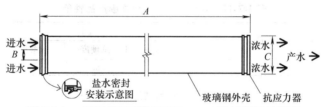

图 1-7-10 FILMTEC™ NF270—400 纳滤膜元件外形

表 1-7-14 FILMTEC™ NF270—400 纳滤膜元件尺寸

产 品	典型回收率/%	外形尺寸/in(mm)		
		A	B	C
NF270-400	15	40(1016)	1.5(38)	7.9(201)

表 1-7-15 产品规格

产品	有效面积/m²	产水量/(m³/d)	稳定脱盐率 Cl⁻ /%
NF270—400	37		
CaCl₂		55.6	40~60
MgSO₄		47.3	<3

7.3.2.2 美国科氏纳滤膜

（1）TFC®-S 系列纳滤膜

1）适用范围。TFC®-S 系列纳滤膜采用聚酰胺复合膜，对硬度的去除率达到 95%，在水质软化方面表现出色，其主要应用于以降低硬度和去除 THMFP 为主要目的的市政水处理。

2）性能规格。产品外形如图1-7-11所示。产品尺寸和质量见表1-7-16，性能及运行参数分别见表1-7-17、表1-7-18。

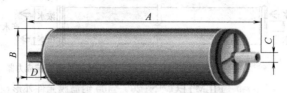

图1-7-11　TFC®-S系列纳滤膜外形

表1-7-16　TFC®-S系列纳滤膜尺寸及质量

型号	A /in(mm)	B /in(mm)	C /in(mm)	D /in(mm)	质量 /Lbs(kg)
TFC®-4920S	40.0(1016)	40(1016)	0.625(15.9)	1.2(30.5)	10(4.5)

注：Lbs表示磅；1in=2.54cm，下同。

（2）TFC®-SR2系列纳滤膜

1）适用范围。TFC®-SR2系列是KOCH公司较新的纳滤新产品，具有极强选择性截留能力，其对硫酸镁的去除率为97%，而对氯离子去除率仅10%～30%。由此可见TFC®-SR2对不同价态离子截留的区分能力突出，这也是评价纳滤膜性能的重要指标。TFC®-SR2纳滤膜的操作压力更低，同时水通量更大，在各种复杂的进料溶液中能有效截留90%以上的蔗糖分子（分子量为342Da），对多价态离子的截留率最佳。

表1-7-17　TFC®-S系列纳滤膜产品性能

型　号	产水量/(m³/d)	稳定脱盐率/%			有效膜面积/m²
		氯化物	总硬度	硫酸镁	
TFC®-4920S	7.6	85	98.5	99	7.2

表1-7-18　TFC®-S系列纳滤膜极限运行参数

常规运行压力	552kPa	pH值适用范围-短期清洗	2.5～11
最高运行压力	2410kPa	单支膜组件最大压差	69kPa
最高运行温度	45℃	单根压力容器最大压差	414kPa
最高清洗温度	45℃	最高进水浊度	1NTU
最高可持续耐受余氯	<0.1mg/L	最高进水SDI值(15mm)	5
pH值适用范围-连续运行	4～11	进水流道宽度	0.8mm

2）性能规格。见表1-7-19～表1-7-22。

表1-7-19　TFC®-SR2系列产品性能规格

膜化学成分	特种专利TFC®聚酰胺复合膜	膜结构	螺旋卷式，玻璃钢外壳
膜型号	TFC®-SR2	应用	用于分离溶液中分子量超过300～400Da的小分子或多价态离子

表1-7-20　TFC®-SR2系列纳滤膜产品性能规格

型　号	产水量/(m³/d)	稳定脱盐率/%		有效膜面积/m²
		氯化物	硫酸镁	
TFC®-4720SR2	9.1	10～30	97	7.3

表 1-7-21　TFC® SR2 系列纳滤膜极限运行参数

常规运行压力	552kPa	pH 值适用范围-短期清洗	2.5～9
最高运行压力	2410kPa	单支膜组件最大压差	69kPa
最高运行温度	45℃	单根压力容器最大压差	414kPa
最高清洗温度	45℃	最高进水浊度	1NTU
最高可持续耐受余氯	<0.1mg/L	最高进水 SDI 值(15mm)	5
pH 值适用范围-连续运行	4～9	进水流道宽度	0.8mm

表 1-7-22　型号尺寸

型号	A /in(mm)	B /in(mm)	C /in(mm)	D /in(mm)	质量 /Lbs(kg)
TFC®-4720SR2	40(1016)	4(101.6)	0.625(19.0)	1.2(30.5)	10(4.5)

7.3.2.3　美国海德能纳滤膜

(1) HNF—4040 系列纳滤膜元件

1) 特点及适用范围。HNF—4040 系列纳滤膜是海德能公司研制开发的用于自来水（或达到生活饮用水水质标准的原水）的脱盐的超低压芳香族聚酰胺复合膜元件。按其脱盐效果分为 HNF40—4040、HNF70—4040、HNF90—4040。

该膜对水中总有机碳类和有毒有害物质，如杀虫剂、除草剂、三卤代烷前驱物有高度脱除效果。对一价离子的脱盐率相对较低，仅为 70%～80%，所以能部分保留水中有益的成分。

主要用途：主要应用于小区、机关、学校等纯水系统，特别广泛应用于分质供水及管道直饮水系统。

2) 性能规格。HNF—4040 系列纳滤膜元件型号参数见表 1-7-23。

表 1-7-23　HNF—4040 系列纳滤膜元件型号参数

型　　号		HNF40—4040	HNF70—4040	HNF90—4040
脱盐率	NaCl	35%～45%	65%～75%	85%～95%
	MgSO₄	>90%	>95%	>95%
产水量		9.46m³/d	8.7m³/d	7.2m³/d
有效膜面积		7.0m²		
单支膜元件水回收率		15%		
测试压力		100psi(0.7MPa)		
测试温度		25℃		
测试浓度		500mg/LNaCl 溶液;500mg/LMgSO₄ 溶液		
测试 pH 值		6.5～8.5		
清洗 pH 值范围		3～10		
最高操作压力		600psi(4.14MPa)		
最高进水流量		16(3.6)		
进水温度		5～45℃		
最大进水 SDI		5		
进水自由氯浓度		0.1mg/L		
单支膜元件允许最大压力降		20psi(0.14MPa)		

注：1psi=6894.76Pa，下同。

(2) HNF—8040 系列纳滤膜元件

1) 特点及适用范围。HNF—8040 系列纳滤膜是海德能公司研制开发的用于自来水（或达到生活饮用水水质标准的原水）的脱盐的超低压芳香族聚酰胺复合膜元件。按其脱盐效果分为 HNF40—8040、HNF70—8040、HNF90—8040。

该膜对水中总有机碳类和有毒有害物质，如杀虫剂、除草剂、三卤代烷前驱物有高度脱除效果。对一价离子的脱盐率相对较低，仅为 70%～80%，所以能部分保留水中有益的成分。

主要用途：主要应用于小区、机关、学校等纯水系统，特别广泛应用于分质供水及管道直饮水系统。

2）性能规格。HNF—8040 系列纳滤膜元件型号参数见表 1-7-24。

表 1-7-24　HNF—8040 系列纳滤膜元件型号参数

型　号		HNF40—8040	HNF70—8040	HNF90—8040
脱盐率	NaCl	35%～45%	65%～75%	85%～95%
	MgSO₄	>90%	>95%	>95%
产水量		38m³/d	36m³/d	32m³/d
有效膜面积		35m²		
单支膜元件水回收率		15%		
测试压力		0.7MPa		
测试温度		25℃		
测试浓度		500mg/LNaCl 溶液；500mg/LMgSO₄ 溶液		
测试 pH 值		6.5～8.5		
清洗 pH 值范围		3～10		
最高操作压力		4.14MPa		
最高进水流量		16(3.6)m³/h		
进水温度		5～45℃		
最大进水 SDI		5		
进水自由氯浓度		0.1mg/L		
单支膜元件允许最大压力降		0.14MPa		

脱盐率中的 MgSO₄、测试浓度中的 MgSO₄ 按 $MgSO_4$ 处理。

7.3.2.4　日本东丽纳滤膜

（1）4 英寸标准型低压纳滤膜元件　型号 TMN10

1）适用范围。TMN10 膜元件适于以地表水和大多数井水为水源的市政用水的硬度软化、色度净化等高度处理，是专门设计用于脱除盐分、硝酸盐、杀虫剂、除草剂、THM 前驱物质等有机化合物、细菌和病毒。也适合于中小规模的锅炉补给水等各种工业用水、饮料水制造、分质供水在内的多种应用领域，能为客户带来显著的节能效益。

2）性能规格。膜元件外形如图 1-7-12 所示；性能规格及使用极限条件见表 1-7-25 和表 1-7-26。

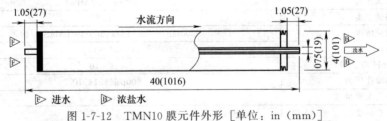

图 1-7-12　TMN10 膜元件外形 [单位：in（mm）]

表 1-7-25　性能规格

膜元件型号	标准脱盐率/%	透水量/(m³/d)	有效膜面积/m²
TMN10	85.0	5.5	7

表 1-7-26　使用极限条件

最高操作压力	300psi(2.1MPa)	连续运行时进水 pH 值范围	2～11
最高进水流量	15gpm(55m³/d)	化学清洗时进水 pH 值范围	1～12
最高进水温度	104℉(40℃)	单个膜元件最大压力损失	20psi(0.14MPa)
最大进水 SDI	5	单个膜组件最大压力损失	60psi(0.42MPa)
进水自由氯浓度	检测不到		

（2）标准型 8 英寸低压纳滤膜元件　型号 TMN20—370/400

1）适用范围。TMN20—370/400 膜元件适合于以地表水和大多数井水为水源的市政用水的硬度软化、色度净化等高度处理，是专门设计用于脱除盐分、硝酸盐、杀虫剂、除草剂、THM 前驱物质等有机化合物、细菌和病毒。也适合于中小规模的锅炉补给水等各种工业用水、饮料水制造在内的多种应用领域，能为客户带来显著的节能效益。

2）性能规格。膜元件外形尺寸如图 1-7-13 所示；性能规格及使用极限条件见表 1-7-27 和表 1-7-28。

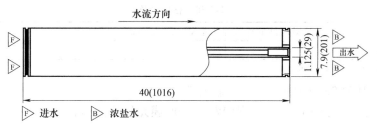

图 1-7-13　TMN20—370/400 膜元件外形尺寸［单位：in（mm）］

表 1-7-27　性能规格

膜元件型号	标准脱盐率/%	透水量/(m³/d)	有效膜面积/m²
TMN20—370	85.0	28	34
TMN20—400	85.0	30	37

表 1-7-28　使用极限条件

最高操作压力	300psi(2.1MPa)	连续运行时进水 pH 值范围	2～11
最高进水流量	70gpm(380m³/d)	化学清洗时进水 pH 值范围	1～12
最高进水温度	104℉(40℃)	单个膜元件最大压力损失	20psi(0.14MPa)
最大进水 SDI	5	单个膜组件最大压力损失	60psi(0.42MPa)
进水自由氯浓度	检测不到		

7.3.3　反渗透膜

7.3.3.1　美国陶氏反渗透膜

（1）陶氏 FILMTEC™BW30—365 反渗透元件

1）性能特点。陶氏 FILMTEC™BW30—365 膜元件公称有效膜面积 365ft²（1ft=0.3048m），标准测试条件下产水量为 36m³/d（9500gpd），其外径与其他标准 8in 元件相同。

陶氏 FIMTEC™BW30—365 不是通过提高膜通量及增加操作压力而是通过增加膜面积来提高产水量，因此能保持很低的污堵速率，从而维持长期高产水量，延长膜元件的寿命。同时其运行压力低，提高了系统运行的经济性。陶氏 FIMTEC™BW30—365 的高有效面积可使新设计的 RO 系统使用更少的元件，从而使系统紧凑，节省安装费用。

在改造旧系统时，陶氏 FIMTEC™BW30—365 可降低系统的运行压力，降低元件的污堵，延长元件的寿命。用该元件更换时，可增加原系统的产水量而无需扩建；或者可维持原产水量而缩小装置的外形尺寸。

2）性能参数。膜元件外形及尺寸如图 1-7-14、表 1-7-29 所示，性能规格见表 1-7-30。

表 1-7-29　FILMTEC™BW30—365 膜元件尺寸

产　　品	典型回收率/%	外形尺寸/in(mm)		
		A	B	C
陶氏 FILMTEC™BW30—365	15	40(1016)	1.125(29)	7.9(201)

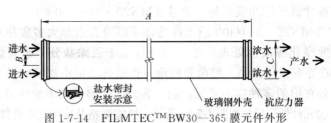

图 1-7-14 FILMTEC™BW30—365 膜元件外形

表 1-7-30 性能规格

产品	有效面积/m²	进水流道宽度/mil	产水量/(m³/d)	稳定脱盐率 Cl⁻/%
FILMTEC™BW30—365	34	34	36	99.5

注：1mil=25.4×10⁻⁶m，下同。

（2）陶氏 FILMTEC™BW30—400 膜元件

1）性能特点。陶氏 FILMTEC™BW30—400 膜元件的公称有效膜面积为 400ft²，标准测试条件下的产水量 40m³/d（10500gpd），其外径与其他标准 8in 元件相同。FILMTEC™ BW30—400 通过增加膜面积，而不是通过增加膜通量及给水压力来提高产水量，故能保持很低的污堵速率，从而维持长期高产水量，延长膜元件寿命。该元件运行压力低，增加了系统运行的经济性。增加了膜面积的 FILMTEC™BW30—400 可使新设计的 RO 系统使用更少的元件，从而使系统更紧凑，节省安装费用。

2）性能参数。外形及尺寸如图 1-7-15、表 1-7-31 所示，产品性能规格见表 1-7-32。

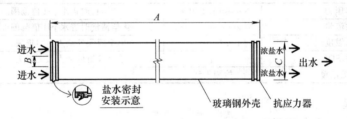

图 1-7-15 FILMTEC™BW30—400 膜元件外形

表 1-7-31 FILMTEC™BW30—400 膜元件尺寸

产　　品	典型回收率/%	外形尺寸/in(mm)		
		A	B	C
FILMTEC™BW30—400	15	40(1016)	1.125(29)	7.9(201)

表 1-7-32 产品性能规格

产品	有效面积/m²	进水流道宽度/mil	产水量/(m³/d)	稳定脱盐率 Cl⁻/%
FILMTEC™BW30—400	37	28	40	99.5

7.3.3.2 美国科氏反渗透膜

（1）科氏 FLUID SYSTEMS TFC®-ULP4 反渗透膜

1）适用范围。TFC®-ULP（即 ultra low pressure）超低压系列是现有高脱盐率反渗透产品中运行压力最低的反渗透膜，常规运行压力范围为 3.5～12.0kg/cm²，广泛应用于市政水处理、轻工业、饮用水领域。ULP 超低压系列是经济、节能和高科技的代表产品。

2）性能规格。见表 1-7-33～表 1-7-35，外形及尺寸见图 1-7-16、表 1-7-36。

表 1-7-33　FLUID SYSTEMS TFC®-ULP4 反渗透膜产品说明

膜化学成分	特种专利 TFC®聚酰胺复合膜	膜结构	螺旋卷式,玻璃钢外壳
膜型号	TFC®-ULP	应用	超低压力操作,应用于饮用水生产

表 1-7-34　FLUID SYSTEMS TFC®-ULP4 反渗透膜性能参数

型　号	产水量 /(m³/d)	稳定脱盐率 /%	有效膜面积 /m²
TFC®4820ULP	10.0	99.0	7.2

表 1-7-35　FLUID SYSTEMS TFC®-ULP4 反渗透膜极限运行参数

常规运行压力	345~1200kPa	pH 值适用范围-短期清洗	2.5~11
最高运行压力	2400kPa	单支膜组件最大压差	69kPa
最高运行温度	45℃	单根压力容器最大压差	414kPa
最高清洗温度	45℃	最高进水浊度	1NTU
最高可持续耐受余氯	<0.1mg/L	最高进水 SDI 值(15mm)	5
pH 值适用范围-连续运行	4~11	进水流道宽度	0.8mm

表 1-7-36　型号尺寸

型号	A /in(mm)	B /in(mm)	C /in(mm)	质量 /Lbs(kg)
TFC®4820	40(1016)	4(101.6)	0.75(19.0)	44(20)

(2) 科氏 FLUID SYSTEMS TFC®-ULP8 反渗透膜

1) 适用范围。TFC®-ULP8 的适用范围与 TFC®-ULR4 的适用范围一致。

2) 性能规格。见表 1-7-37~表 1-7-39。

表 1-7-37　FLUID SYSTEMS TFC®-ULP8 反渗透膜说明

膜化学成分	特种专利 TFC®聚酰胺复合膜
膜型号	TFC®-ULP
膜结构	螺旋卷式,玻璃钢外壳
应用	超低压力操作,应用于饮用水生产
可选择性	1016mm 标准长度标准/高膜面积两种结构或 1524 长度 Magnum

表 1-7-38　FLUID SYSTEMS TFC®-ULP8 反渗透膜性能参数

型　号	产水量 /(m³/d)	稳定脱盐率 /%	有效膜面积 /m²
TFC®8823ULP-400	49.2	99.0	37.2
TFC®8823ULP-575Magnum	70.5	99.0	53.4

测试条件:2000mg/LNaCl 溶液,压力 1000kPa,回收率 15%(Magnum 为 20%),温度 25℃,pH 值 7.5。

表 1-7-39　FLUID SYSTEMS TFC®-ULP8 反渗透膜极限操作参数

常规运行压力	345~1200kPa	pH 值适用范围-短期清洗	2.5~11
最高运行压力	2400kPa	单支膜组件 40″/60″最大压差	69/104kPa
最高运行温度	45℃	单根压力容器最大压差	414kPa
最高清洗温度	45℃	最高进水浊度	1NTU
最高可持续耐受余氯	<0.1mg/L	最高进水 SDI 值(15mm)	5
pH 值适用范围-连续运行	4~11	进水流道宽度标准	0.8mm

产品规格和质量如图 1-7-16 和表 1-7-40 所示。

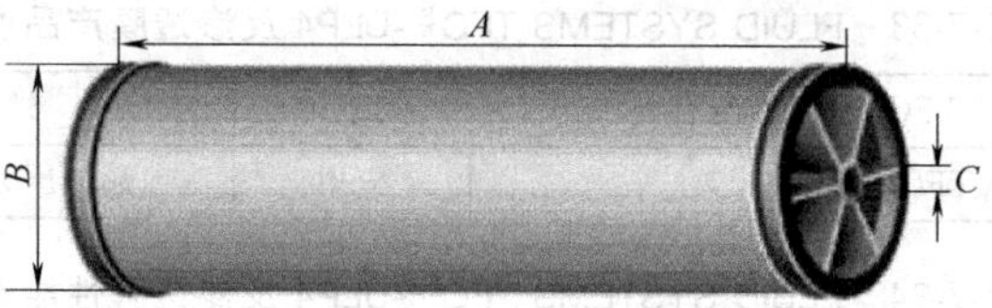

图 1-7-16 FLUID SYSTEMS TFC®-ULP 反渗透膜外形

表 1-7-40 型号尺寸

型 号	A /in(mm)	B /in(mm)	C /in(mm)	质量 /Lbs(kg)
TFC®	40(1016)	8(203.2)	1.50(38.1)	44(20)
TFC®	60(1524)	8(203.2)	1.50(38.1)	64(29)

7.3.3.3 美国海德能反渗透膜

(1) PA1—4040 超低压反渗透膜

1) 特点及适用范围。PA1—4040 膜元件是海德能公司研制开发的，主要针对的水源是低含盐量到中等含盐量的地表水、地下水等水源，它能在极低的操作压力条件下达到和常规低压膜同样的高水通量和高脱盐率。其运行压力约为常规低压复合膜运行压力的 2/3，脱盐率可达 99%。因为操作压力低，产水量高，脱盐率较高，所以经济效益明显。

PA1—4040 膜元件适用于含盐量 2000mg/L 以下的地表水、地下水、自来水、市政用水等满足生活饮用水源的脱盐水处理，主要应用于进水水温低的季节或地区，可获得更多的产水量。

2) 性能规格。见表 1-7-41。

(2) PA1—8040 超低压反渗透膜

1) 特点及适用范围。PA1—8040 膜元件特点及适用范围同 PA1—4040 膜元件。

2) 性能规格。见表 1-7-42。

表 1-7-41 PA1—4040 膜基本性能规格

性 能		测 试 条 件		使 用 条 件	
膜类型	聚酰胺复合膜	测试压力	150psi(1.0MPa)	最高操作压力	600psi(4.14MPa)
平均脱盐率	99%	测试温度	25℃	最高进水流量	16gpm(3.6m³/h)
平均透水量	2500gpd (9.5m³/d)	测试浓度	1500mg/L	进水温度	5～45℃
有效膜面积	85ft²(7.9m²)	测试 pH 值	6.5～7	最大进水 SDI	5
单支膜元件回收率	15%	测试时间	30min 后	进水自由氯浓度	0.1mg/L
		清洗 pH 范围	3～10	单支膜元件允许最大压力降	15psi(0.1MPa)

表 1-7-42 PA1—8040 膜基本性能规格

性 能		测 试 条 件		使 用 条 件	
膜类型	聚酰胺复合膜	测试压力	150psi(1.0MPa)	最高操作压力	600psi(4.14MPa)
平均脱盐率	99%	测试温度	25℃	最高进水流量	85gpm(19m³/h)
平均透水量	1200gpd (45.4m³/d)	测试浓度	1500mg/L	进水温度	5～45℃
有效膜面积	400ft²(37m²)	测试 pH 值	6.5～7	最大进水 SDI	5
单支膜元件回收率	15%	测试时间	30min 后	进水自由氯浓度	0.1mg/L
		清洗 pH 范围	3～10	单支膜元件允许最大压力降	15psi(0.1MPa)

7.3.3.4　日本东丽反渗透膜

（1）TMG104 英寸超低压反渗透膜元件

1）适用范围。TMG104 型号膜元件适用于含盐量约 2000mg/L 以下的给水。广泛应用于中小规模的纯水、锅炉补给水等各种工业用水，也用于市政用水、饮料水在内的多种苦咸水应用领域。

2）性能规格。TMG104 英寸超低压反渗透膜元件外形尺寸如图 1-7-17 所示。性能规范及运行条件见表 1-7-43、表 1-7-44。

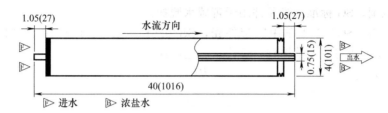

图 1-7-17　TMG104 英寸超低压反渗透膜元件外形尺寸 ［单位：in（mm）］

表 1-7-43　性能规格

膜元件型号	标准脱盐率/%	透过水量/（m³/d）	有效膜面积/ft²（m²）
TMG10	99.5	9	82（7.6）

表 1-7-44　运行条件

最高操作压力	365psi（2.5MPa）	连续运行时进水 pH 值范围	2～11
最高进水流量	15gpm（82m³/d）	化学清洗时进水 pH 值范围	1～12
最高进水温度	113℉（45℃）	单个膜元件最大压力损失	20psi（0.14MPa）
最大进水 SDI	5	单个膜组件最大压力损失	60psi（0.42MPa）
进水自由氯浓度	检测不到		

注：SDI 表示水污染指数。

（2）TMG20—400 8 英寸超低压反渗透膜元件

1）适用范围。TMG20—400 超低压反渗透膜元件拥有较大的有效膜面积，较低的运行压力（在较低的操作压力下如测试压力 0.76MPa，即可达到较高的产水量），可以大大节省系统的运行费用，适用于含盐量约 2000mg/L 以下的给水。可用于大中型规模的纯水、锅炉补给水等各种工业用水，也可用于市政用水、饮料水在内的多种苦咸水应用领域。

2）性能规格。TMG20 膜元件尺寸如图 1-7-18 所示；性能参数及适用条件见表 1-7-45、表 1-7-46。

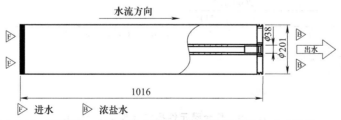

图 1-7-18　TMG20—400 8 英寸超低压反渗透膜元件尺寸（单位：mm）

表 1-7-45　TMG20—400 8 英寸超低压反渗透膜元件性能参数

膜元件型号	标准脱盐率/%	透过水量/gpd（m³/d）	有效膜面积/ft²（m²）
TMG20—400	99.5	10200（39）	400（37）

表 1-7-46　适用极限条件

最高操作压力	365psi(2.5MPa)	连续运行时进水 pH 值范围	2～11
最高进水流量	70gpm(382m³/d)	化学清洗时进水 pH 值范围	1～12
最高进水温度	104°F(40℃)	单个膜元件最大压力损失	20psi(0.14MPa)
最大进水 SDI	5	单个膜组件最大压力损失	60psi(0.42MPa)
进水自由氯浓度	检测不到		

7.3.3.5　美国 SG 反渗透膜

（1）SG 标准型

1）适用范围。SG 标准型膜元件用于苦咸水脱盐。

2）性能规格。SG4025T 采用胶带外壳，SG4026F、SG4040F 和 SG8040F 采用玻璃钢外壳。根据需要可选用其他结构材质及特殊流道设计。

膜元件外形、质量及尺寸见图 1-7-19、表 1-7-47，性能参数见表 1-7-48。

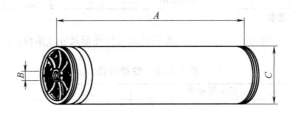

图 1-7-19　SG 标准型膜元件外形

表 1-7-47　SG 标准型膜元件质量及尺寸

型　号	尺寸/in(cm)			质量（干式包装）/Lbs(kg)
	A	B	C	
SG4025T	25.00(63.50)	0.625(1.59)	3.88(9.86)	5(2.27)
SG4026F	26.25(66.68)	0.625(1.59)	3.88(9.86)	6(2.72)
SG4040F	40.0(101.6)	0.625(1.59)	3.88(9.86)	12(5.45)
SG8040F	40.0(101.6)	1.125(2.88)	7.88(20.02)	32(14.53)

注：除 SG4025T 外，其他膜元件长度尺寸均包括 ATD，所有的膜元件采用干式运输。

表 1-7-48　标准膜元件性能参数

型号	产水量/GFD(m³/d)	NaCl 脱盐率平均值/最低值	有效膜面积/ft²(m²)
SG4025T	1200(4.54)		55(5.11)
SG4026F	1200(4.54)	98.5%/97%	55(5.11)
SG4040F	2000(7.56)		90(8.36)
SG8040F	7700(29.11)		350(32.52)

注：1. 测试条件：NaCl 溶液浓度 2000mg/L，操作压力 225psi(1.551MPa)，温度 25℃，pH 值 6.5，回收率 15%，运行 24h 后测试。

2. 单支膜元件的通量可能在±15% 的范围内变化。

3. SG4025T 最大操作压力 450psi(3.103MPa)。

操作和设计参数见表 1-7-49。

表 1-7-49　复合膜元件操作参数和设计参数

典型操作压力	最大压力	最高温度	pH 值	余氯范围
200psig(1.379MPa)	600psig(4.14MPa)	50℃	最佳 5.5～7.0操作范围 2～11清洗范围 1-11.5	500mg/(L·h)建议脱氯

（2）SE 高脱盐型

1）适用范围。SE 标准型膜元件用于苦咸水脱盐。

2）性能规格。SE4025T 膜元件性能参数同 SG4025T 型膜元件、极限运行参数见表1-7-50。

表 1-7-50　复合膜元件极限运行参数

典型操作压力	最大压力	最高温度	pH 值	余氯范围
300～500psig （2.069～3.448MPa）	600psig （4.14MPa）	50℃	最佳 pH 值：5.5～7.0 操作范围 pH 值：2～11 清洗范围 pH 值：1～11.5	500mg/（L·h） 建议脱氯

注：1. 进水浊度<1NTU。

2. 进水 SDI<5。

3. 最大产水流量不能超过以上规模。

7.3.4　电渗析器

7.3.4.1　DX 系列电渗析器

（1）设备简介　电渗析器是一种新兴的水处理设备，是利用离子交换膜和直流电场使溶液中电介质的离子产生选择性迁移，从而达到使溶液淡化、浓缩、纯化和精制的目的。该设备主要由阳膜、阴膜、端电极、共电极、隔板、夹紧板、多孔板、橡胶垫片等组成；另外，需配置硅整流器、流量计、过滤器、水箱等。

（2）设备型号参数　DX 系列电渗析器型号及参数如表1-7-51所列。

表 1-7-51　DX 系列电渗析器型号及参数

型号	隔板尺寸 /mm	组装形式	膜对数 /对	淡水产量 /（m³/h）	脱盐率 /%	外形尺寸 /m³	本机质量 /kg
DX—Ⅰ	800×1600×0.85	一级一段	200	30～40	40～50	1×1.25×2.4	2200
DX—Ⅰ	800×1600×0.85	二级一段	300	40～60	45～50	1.5×1.25×2.4	3000
DX—Ⅱ	400×1600×0.8	一级一段	200	10～12	50～60	0.9×0.75×2.25	1500
DX—Ⅱ	400×1600×0.8	二级二段	300	10～15	60～70	1.25×0.75×2.25	1800
DX—Ⅱ	400×1600×0.8	三级三段	300	8～10	70～80	1.3×0.75×2.25	1900
DX—Ⅱ	400×1600×0.8	四级四段	400	15～20	70～80	1.6×0.75×2.25	2100
DX—Ⅲ	400×800×0.85	三级三段	240	3～5	70～80	1.06×0.75×1.41	700
DX—Ⅲ	400×800×0.85	三级三段	320	3～5	>80	1.34×0.75×1.41	800
DX—Ⅲ	400×800×0.85	五级五段	400	3～5	>85	1.62×0.75×1.41	900
DX—Ⅲ	300×500×0.85	三级三段	300	1～2	60～70	1.24×0.65×1.1	300
DX—Ⅳ	300×500×0.85	三级三段	300	1～2	70～80	1.28×0.65×1.1	300
DX—Ⅳ	300×500×0.85	一级三段	150	0.3～0.8	70～80	0.74×0.65×1.1	150
DX—Ⅳ	300×500×0.85	一级四段	200	0.3～0.6	>85	0.9×0.65×1.1	150

生产厂家：上海山清水秀环境工程有限公司。

7.3.4.2　DSX 系列电渗析器

（1）设备简介　该设备由电离子交换膜、隔板、极板和夹具等组成。离子交换膜分阴膜、阳膜和复合膜 3 类。按结构分为均相膜、半均相膜、异相膜 3 种。水处理用的电渗析器常采用异相膜。隔板材料常采用聚氯乙烯和聚丙烯，其类型有填网式和冲膜式。电极材料有石墨电极、不锈钢电极、钛涂钌电极、钛镀铂电极及铅电极等。

（2）设备型号参数　DSX 系列电渗析器型号与参数见表1-7-52。

表 1-7-52 DSX 系列电渗析器型号与参数

型号	DSX—200	DSX—201	DSX—202	DSX—203	DSX—204	DSX—215	DSX—210	DSX—216
隔板尺寸/mm	800×1600×0.8	400×1600×0.8	400×800	310×800	150×805	260×520	200×800	200×600
组装方式/(级~段)	1~1	2~2	4~4	2~2	3~3	4~4	4~8	4~8
膜对总数/对	225	240	300	225	300	300	225	225
公称流量/(m³/h)	60	25	15	12	10	3~5	1.5	1
进口电导率/(μS/cm)	1000~1200	1000~1200	1000~1200	1000~1200	1000~1200	1000~1200	1000~1200	1000~1200
出口电导率/(μS/cm)	720	480	120	480	240	60	50	40
脱盐率/%	40	60	>90	60~70	70~80	90>95	90>95	95
工作电压/V	190~220	140	70~100	100~150	90~120	70~100	50~80	65~95
工作电流/A	40	60	45	28.1	25	26.5	8.8	7

生产厂家：沧州市新华区天添水处理设备厂。

7.3.5 诺氏高级氧化系统及设备

（1）产品特点 臭氧与紫外光之间的协同作用可显著地加快有机物的降解速率，大大降低其 COD 和 BOD 的含量。当臭氧被光照时，首先产生游离氧 O·，然后 O·与水反应生成·OH。UV 辐射除了可诱发·OH 产生外，还能产生其他激态物质和自由基，加速链反应，而这些激态物质和自由基在单一的臭氧氧化过程中是不会产生的。在中性或碱性溶液中，O_3/UV 过程产生较少的过氧化氢和较多的自由基·OH。有紫外光照射时反应速率比无紫外光照射时提高了 3~5 倍多。超声波与臭氧氧化技术结合可使臭氧充分分散与溶解，在减少臭氧的投加量的同时提高其氧化能力，借助于超声空化效应及其产生的物化作用来强化臭氧的分解，产生大量的自由基；废水中的污染物亦可直接在超声产生的高温高压"臭氧空化泡"中分解。超声波对氧化能力的强化作用不只是两者的简单相加，而是质的飞跃。同时超声可把有毒有机物降解为比原来有机物毒性小甚至无毒的小分子，降解速度快，不会造成二次污染。臭氧、紫外光、超声波的协同作用，一方面对高难度的有机废水起到强氧化作用，对废水的 COD、色度等进行降解；另一方面可作为废水的预处理，其处理后的废水更容易生化处理或其他的物化絮凝处理；还可作为废水的深度处理，对废水的中水回用和达标排放起到很好的作用。

（2）工艺原理及处理能力 工艺原理如图 1-7-20 所示。

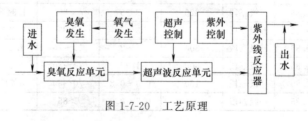

图 1-7-20 工艺原理

单台工业废水高级氧化处理设备的处理量为 1~20t/h，并可组合使用 5t/h 处理量的设备：尺寸 1500mm×900mm×600mm（长×宽×高）、功率 5kW。设备采用 PLC 自动控制，安装运行和维护方便，也可根据实际水量设计制造。

第8章 净水厂排泥水处理和设备

8.1 概述

净水厂在水处理工艺过程中会产生一定量的生产废水。净水厂排泥水处理处置是净水厂工艺的重要环节，与净水处理工艺系统相关，同时又具有独立性。

净水厂的排泥水处理主要包括处理、调节、浓缩、平衡、脱水、污泥处置。

净水厂排泥水量的大小和成分与水源特征和原水水质、处理构筑物选型和设备配置、排泥方法和水厂操作管理水平等因素有关，一般排泥水占水厂生产水量的3%～7%。

净水厂排泥水主要来自絮凝池、沉淀池的排泥水（气浮池浮渣）及滤池和炭池的反冲洗废水。如图1-8-1所示。

水源→混凝沉淀（气浮）→过滤→深度处理（炭滤池）→清水池→配水泵房→用户

排泥水（浮渣）　　　冲洗水　反冲洗废水

图1-8-1 排泥水流程

净水厂排泥水所产生的污泥一般为原水中的悬浮物质和部分溶解物质以及在净水过程中投加的各种药剂。原水中的杂质在加入混凝剂后形成了絮凝颗粒，这些颗粒在沉淀池和滤池中被截留，沉淀和截留的物质组成的排泥水主要成分为无机物质，但也含有部分有机物，占污泥质量的10%～15%。有机物质主要来自原水中的色度、浮游生物和藻类等动植物残骸，近年来随着江河湖泊的污染及富营养化，有机物的比例呈上升趋势。净水厂排泥水中悬浮物含量一般超过1000mg/L，污泥中还存在许多其他的污染物，如有机物、重金属离子、砷、氟、硝酸根和放射性物质等。如果不进行处理，直接排入水体或城市下水道，必将造成淤积或者堵塞下水道，造成水体污染和生态环境的恶化，而且浪费水资源和能源。

根据《污水综合排放标准》（GB 8978—1996），生产废水排入按《地面水环境质量标准》（GB 3838）规定的Ⅲ类水域执行一级标准，即悬浮物含量不能超过70mg/L；生产废水排入一般保护水域，悬浮物含量不能超过200mg/L；排入城市下水道并进入二级污水处理厂进行生物处理执行三级标准，悬浮物含量不能超过400mg/L。对于排入未设置二级污水处理的城市下水道，必须根据下水道出口受纳水体的功能要求，分别执行一级或二级标准。

净水厂的排泥水处置除了浓缩、脱水外，还有泥饼的最终处置。国外对泥饼的处置包括与生物污泥混合利用、土地利用、土地填埋、园林农业用土、工程建筑用材、陶瓷制品的原材料等。目前我国净水厂污泥处置大致有排入城市污水处理厂一并处理、脱水泥饼的陆上埋弃、泥饼的卫生填埋、泥饼的海洋投弃等。污泥最终处置费用高，对环境影响大，处置方法和路线仍在探讨中。

随着我国城镇化进程的加快，城市（镇）净水厂的数量与规模日益增加，净水厂的排泥水耗水量和对水环境可能造成的污染越来越引起社会的关注，净水厂排泥水的处理处置已成为环境污染防治领域的突出问题和面临的紧迫任务。

8.2　排泥水处理一般规定

①　排泥水处理工艺流程主要由处理、调节、浓缩、脱水、污泥处置组成，或由其中部分工序组成。

②　工艺流程的选择应根据水厂总体工艺流程和各水厂具体条件，考虑维护管理难易和建设管理费用，统筹考虑确定。

③　净水厂排泥水处理系统的规模应按满足全年 75％～95％ 天数的完全处理要求确定。

④　排泥水处理各类构筑物的个数或分格数不宜少于 2 个，按同时工作设计，并能单独运行，分别泄空。

⑤　排泥水处理系统的平面位置宜靠近沉淀池，并尽可能位于净水厂地势较低处。

⑥　当浓缩池上清液及脱水机滤液回用时，浓缩池上清液可流入排水池或直接回流到净水工艺，但不得回流到排泥池。脱水机滤液宜回流到浓缩池。

⑦　排泥水处理后排入河道沟渠等天然水体的水质应符合现行国家标准污水综合排放标准《污水综合排放标准》（GB 8978）。

⑧　处理过程中如果投加高分子絮凝剂聚丙烯酰胺，处理后排入河道沟渠等天然水体的水质应符合国家颁布的有关标准。根据《生活饮用水水质卫生规范》，丙烯酰胺单体限值为 0.0005mg/L。

⑨　排泥水处理系统产生的废水经技术经济比较可考虑回用或部分回用，但应符合下列要求：a. 不影响净水厂出水水质；b. 回流水量尽可能均匀；c. 回流到混合设备前与原水及药剂充分混合；d. 若排泥水处理系统产生的废水不符合回用要求，应经处理后再回用。

8.3　排泥水处理系统

8.3.1　基本工艺组成

净水厂的排泥水处理工艺主要包括调节、浓缩、平衡、脱水、处置基本工序。

①　调节是为了使排泥水处理构筑物均衡运行以及水质的相对稳定，一般在浓缩池前设置。净水厂滤池的冲洗水及絮凝沉淀池的排泥水都是间歇排放，调节池可使后续设施负荷均匀，有利于浓缩池的正常运行。通常把接纳滤池冲洗废水的调节池称为排水池，接纳沉淀池排泥水的称为排泥池。

②　浓缩的目的是提高污泥浓度，缩小污泥体积，以减少后续处理设备的能力。

③　平衡一般设在浓缩池后，主要目的是均衡脱水机的运行要求，可以满足原水浊度大于设计值时起到缓冲和贮存浓缩污泥的作用。

④　脱水设置在浓缩、平衡之后，目的是进一步降低含水率，减少容积，便于搬运和最后处置。

⑤　处置作为最后一道工序，主要是对脱水后的泥饼进行外运填埋或作为垃圾场的覆盖土以及作为建筑材料的原料、掺加料等。泥饼的成分应满足相应的环境质量标准以及污染控制标准。

⑥　处理后回用。随着相对水资源和水环境的重视的加强，排泥水在浓缩脱水前先进行

处理。其主要工艺有：a. 混凝沉淀过滤＋浓缩脱水＋污泥处置；b. 高效沉淀池＋脱水＋污泥处置；c. 微絮凝膜系统＋浓缩脱水＋污泥处置。

8.3.2 净水厂排泥水处理工艺流程

（1）典型工艺流程 如图 1-8-2 所示。

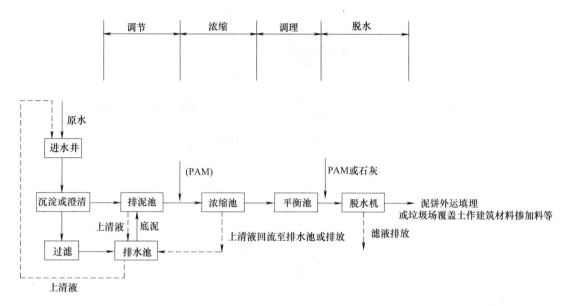

图 1-8-2 净水厂的典型排泥水处理流程

（2）排水池和排泥池合建

（3）排水池和排泥池分建

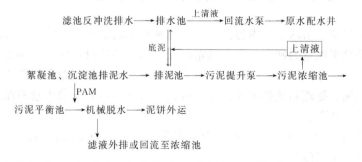

（4）排泥水经沉淀处理后回用 北京某水厂排泥处理系统流程如图 1-8-3 所示。

（5）排泥水经过膜处理后回用

加药（FeCl₃、PAC）

砂炭滤池反冲洗水→回流水池→机械混合→机械反应→膜组件→净水工艺砂滤池

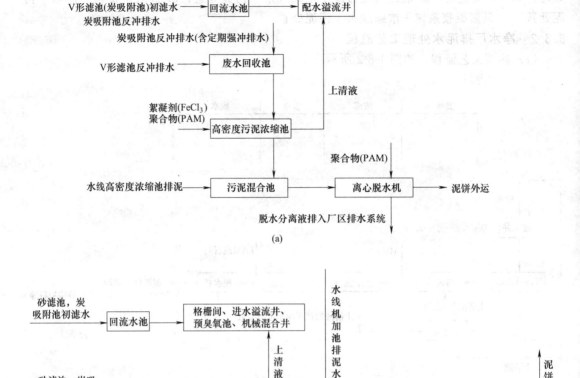

图 1-8-3   北京某水厂排泥水处理系统流程

8.4   排泥水处理系统规模确定和泥水平衡

排泥水系统规模包括两方面内容:一是排泥水总量的确定,它将决定排泥池和浓缩池的设计规模;二是总干泥量的确定,用来确定污泥脱水设备的设计规模。污泥量的确定直接影响整个排泥水处理工程的设计规模,从而影响整个工程的设备配置和投资规模。

为了确定排泥水处理系统各单元的设计规模,需要进行系统的水量和泥量平衡计算。

系统平衡过程如下。

① 确定设计干固体总量:根据水厂设计水量及采用的原水悬浮物固体、色度、混合剂投加量等计算水厂干固体总量。

② 确定沉淀池排泥水总量:可根据每日沉淀池排泥次数和每次排泥历时及排泥时流量进行计算,也可根据处理水量和沉淀池进出水固体总量及平均排泥水含固率计算。

③ 确定滤池冲洗排水量:根据滤池格数、冲洗周期及每次冲洗耗水量计算。

④ 计算排水池进出水量及干固体量:排水池的进水总量即滤池冲洗水量。进水干泥量

为滤池截留的悬浮固体量，可用滤池进水悬浮固体乘以设计水量求得。

　　⑤ 计算浓缩池进出水量和干固体量，浓缩池进水总量和小时流量与系统的运行方式有关系。

　　⑥ 脱水机房泥量平衡计算：脱水机房的工作一般是不连续的，脱水机小时进泥量取决于脱水机每天运行的时数。泥饼的量取决于含固率，在干泥总量不变的情况下，泥饼含固率越高，泥饼量越少，相应分离液量越大。

8.5　干泥量的计算和确定

　　(1) 干泥量　排泥水量即净水厂沉淀池排泥水、滤池反冲洗排水和其他生产废水中的干固体总量。干固体总量由原水中悬浮物及投加的药剂组成。

　　(2) 干泥量计算公式　目前中国、日本、美国、英国的干泥量计算公式如表 1-8-1 所列。

　　(3) 影响干泥量的因素　以《室外给水设计规范》中干泥量计算公式的分析：

$$S=(K_1 C_0 + K_2 D) \times Q \times 10^{-6}$$

式中　S——干泥量，t/d；

　　　C_0——原水浊度设计取值，NTU；

　　　K_1——浊度单位与 SS 单位换算系数，一般取 0.7～2.2；

　　　K_2——药剂转化为干泥量的系数；

　　　D——药剂投加量，mg/L；

　　　Q——水厂设计规模，m³/d。

　　1) 原水浊度设计取值。干泥量与原水浊度有关，原水浊度越大，水厂生产的干泥量就越大。规范确定排泥水处理的规模应满足全年 75%～95% 天数的完全处理要求，即浊度 C_0 的取值为年原水 75%～95% 天数的浊度。因此 C_0 值越大，干泥量越大，为了准确地测算干泥量，必须有近几年的原水浊度数据（逐日或逐月）。根据原水的浊度及规范提到的 75%～95% 保证率，对于原水浊度变化大，高浊度较频繁和超量排泥水可排入大江大河的地区可采用保证率的下限，这样可以节省投资，避免设备经常闲置浪费；相反，对于原水浊度变化不大、有些地方要求零排放的地区可按保证率的上限确定干泥量。

　　2) K_1：浊度单位与 SS 单位换算系数。K_1 与原水水质有关，由于浊度仪是根据光源通过被测水的散射光强弱来测定浊度，虽然能有效检测水中属胶体颗粒范围的杂质颗粒，但各种源水浊度（NTU）并不存在按某一固定值直接换算成 SS 值。因此，在确定净水厂污泥量之前，应先对全年不同时段的原水取样进行浊度单位 NTU 与 SS 单位 mg/L 的同步检测对比，对获取的数据进行相关分析，得出 NTU 与 SS 之间的相关关系。K_1 一般在 0.7～2.2 之间。

　　3) 加药量的种类及加药量。根据公式，投加的药剂量越多，产生的药剂量越多，所产生的干泥量越大。并且投加不同药剂，混凝剂换算成干泥量的 K_2 系数不同。

　　4) 水厂的处理水量。干泥量也与水厂所处理的原水水量有关，当原水浊度及投加药剂相同时，水厂所处理的水量越大，相应的干泥量也越大，污泥处理的规模也越大。

表 1-8-1　四国干泥量计算及对比

项目	中国	日本	美国	英国
干泥量的确定	室外给水设计规范： $S=(K_1C_0+K_2D)\times Q\times10^{-6}$ 式中　S——干泥量，t/d; 　C_0——原水浊度设计取值，NTU; 　K_1——浊度单位与SS单位换算系数，一般取 0.7~2.2; 　K_2——药剂转化为干泥量的系数; 　D——药剂投加量，mg/L; 　Q——水厂设计规模，m³/d	$S=(K_1C_0+K_2D)\times k_0Q\times10^{-6}$ 式中　S——干泥量，t/d; 　C_0——原水浊度设计取值，NTU; 　K_1——浊度单位与SS单位换算系数; 　K_2——药剂转化为干泥量的系数; 　D——药剂投加量，mg/L; 　Q——水厂设计规模，m³/d; 　k_0——水厂自用水耗水系数	对于包括去除碳酸盐硬度的石灰软化水厂，不论是否使用铝盐、铁盐或聚合物均适用的通式： $S=8.34Q(2.0Ca+2.6Mg+0.44Al+2.9Fe+SS+A)$ 式中　S——产生污泥量，lb/d; 　Q——水量，(100×10⁴gal/d); 　Al——铝盐净投量（含 Al_2O_3 17.1%），mg/L; 　SS——原水悬浮固体浓度，mg/L; 　A——其他化学添加剂，mg/L，如聚合物、黏土或粉末活性炭; 　Ca——钙硬度（以CaCO_3计算），mg/L; 　Mg——镁硬度[以Mg(OH)_2计]，mg/L; 　Fe——铁盐投加量（以Fe计），mg/L	英国干泥量计算公式： $S=(2C_0+0.2E+1.53D+1.9F)k_0Q\times10^{-6}$ 式中　S——干泥量，t/d; 　Q——水量设计规模，m³/d; 　D——铝盐投加率（以 Al_2O_3 计），mg/L; 　F——铁盐投加率（以Fe计），mg/L; 　E——原水色度; 　C_0——原水浊度，NTU; 　k_0——水厂自用水系数
计算公式的区别	净水厂排泥水处理系统设计处理的完全处理天数的规模应按全年 75%~95% 天数的处理要求确定。 K_1 为浊度单位与SS单位换算系数，需要实测	按全年 95% 天数的完全处理要求确定。 K_1 为浊度单位与SS单位换算系数，需要实测	包括了 Ca 及 Mg 硬度造成等干泥量直接以SS作为干泥量的计算干固量	包括色度造成的干泥量，NTU 与 SS 的换算系数定值为 2

注: 1lb≈0.45kg; 1gal≈3.785L。

8.6　污泥处理系统单元构筑物

8.6.1　调节工艺

8.6.1.1　一般规定

①　净水厂排泥水处理构筑物按其功能分为以接纳和调节沉淀池排泥水为主的排泥池以及以接纳和调节滤池反冲洗排水为主的排水池两种。根据两者的组合关系又可分为分建式调节池和合建式调节池两类：分建式调节池是排水池和排泥池分开建设；合建式调节池是排水池和排泥池合建。

②　排泥水处理系统的排水池和排泥池宜采用分建，但当排泥水送往厂外处理且不考虑废水回用或排泥水处理系统规模较小时可采用合建。

③　调节池（排水池和排泥池）出流流量应尽可能均匀连续。

④　当调节池对入流流量进行匀质、匀量时，池内应设扰流设施；当只进行量的调节时池内应分别设沉泥和上清液取出设施。

⑤　沉淀池排泥水和滤池反冲洗废水宜采用重力流入调节池。

⑥　调节池位置宜靠近沉淀池和滤池。

⑦　调节池应设置溢流口，并宜设置放空管。

8.6.1.2　排水池

排水池接纳的是滤池反冲洗废水。排水池按是否具备沉淀功能可分为两类：一类是不具备沉淀功能，只有单一调节功能；另一类不仅具有调节功能还具备沉淀功能。第一类设扰流设备进行均质，全部冲洗废水经排水池后全部直接引至水厂的原水配水井；第二类不设扰流装置，产生部分沉淀，并设排泥装置。反冲洗废水在排水池中进行沉淀，上清液回流至水厂配水井，沉淀下来的污泥再送到排泥池。

（1）设计要点

①　排水池设计需与滤池的冲洗方式相适应。

②　排水池容量应大于滤池一格冲洗时的排水量。当滤池格数较多，需考虑同时冲洗两格时，排水池容量则相应放大。当有浓缩池上清液排入时其水量需一并考虑。

③　为考虑排水池的清扫和维修，排水池应设计成独立的两格。

④　排水池有效水深一般为 2～4m，对于第一类排水池，池内宜设水下搅拌机，以防止沉积。对于第二类排水池，应设上清液的引出装置及沉淀的排出装置。

⑤　排水泵容量应根据反冲洗废水和浓缩池上清液等的排放情况按最不利工况确定。

⑥　当排水泵出水回流至水厂时，其流量应尽可能连续均匀，一般宜控制在净水规模的 5% 左右。

⑦　当滤池冲洗废水直接排放时，选择水泵的容量应考虑一格滤池冲洗的废水量在下一格滤池冲洗前排完。如两格滤池冲洗间隔很短，也可考虑在反冲洗水流入排水池后即开泵排水，以延长水泵运行时间，减少水泵流量。

⑧　排水泵的台数不宜少于 2 台，并设置备用泵。

（2）主要设备　潜水搅拌器、污泥泵。

8.6.1.3　排泥池

排泥池接受沉淀池排泥、排水池底泥或气浮池的泥渣。与排水池形似，排泥池按其功能也分为两类：第一类只调量不调质，池内设搅拌机等扰流设备；第二类调量也调质，排泥池带有初步浓缩的作用。

当净水厂沉淀池排泥水送往厂外集中处理，或经排泥池调节后送往下一道工序浓缩时，采用第一类排泥池将沉淀池排泥水均质均量送出。

（1）设计要点

① 排泥池调节容积应根据沉淀池排泥方式、排泥水量以及排泥池的出流工况，通过计算确定。但不小于沉淀池最大池一次排泥水量。

② 排泥池容量中还需包括来自脱水工段的分离液和设备冲洗水量。

③ 当考虑高浊期间部分泥水在排泥池作临时贮存时，还应包括所需要的贮存容积。

④ 为考虑排泥池的清扫和维修，排泥池应设计成独立的两格。

⑤ 排泥池的有效水深一般为 $2\sim4m$。

⑥ 排泥池内设液下搅拌装置，以防止污泥沉积。

⑦ 排泥池进水管和污泥引出管管径应大于 $DN150$，以免管道堵塞。

⑧ 当排泥池出流不具备重力流条件时，应设置排泥泵，排泥泵容量可按浓缩池连续运行或均匀排放至厂外集中处理系统配置。

⑨ 排泥泵台数不宜少于 2 台，并设置备用泵。

（2）主要设备　潜水搅拌器、污泥泵。

当净水厂排泥水处理系统与净水厂同步建成投产，排泥池上清液回流重复利用，或上清液处理后重复回用，底泥排入浓缩池时，采用第二类排泥池，主要型式有浮动槽排泥池和滗水器排泥池。第二类排泥池具有调节和浓缩双重功能。

8.6.1.4　综合排泥池

排水池和排泥池合建的综合排泥池，调节容积宜按滤池反冲洗水和沉淀池排泥水入流条件及出流条件，按调蓄方法计算确定。池中宜设扰流设备。

8.6.2　浓缩工艺

8.6.2.1　浓缩作用

浓缩是污泥脱水前的重要环节，目的是降低含水率，减少污泥体积。污泥的含水率越低，污泥浓度越高，脱水的速度越快。一般机械脱水要求污泥浓度在 2% 以上，而沉淀池排泥浓度远小于 2%，一般为 0.5% 左右，因此浓缩工艺不可缺少。浓缩池接纳的是排泥池的底泥。

8.6.2.2　浓缩方式

浓缩方式分重力浓缩及机械浓缩两种。

（1）重力浓缩　包括沉淀浓缩及气浮浓缩两种。沉淀浓缩法是净水厂污泥处理中最常用的方法，具有耗能少，对高浊度排泥水有缓冲作用。气浮浓缩法一般用于高有机质活性污泥，以及用于密度小的无机污泥，但能耗大。

（2）机械浓缩　包括离心法和螺压式浓缩法等。机械浓缩法的优点是设备紧凑、封闭式操作，用地省，但能耗大，并需投放一定的高分子聚合物，与重力浓缩工艺相比，没有池容的调节作用。净水厂排泥处理其泥臭味不如城市污水处理那么突出，也没有在污水处理当中因在浓缩池停留时间长而产生厌氧磷的释放问题。因此在净水厂污泥处理当中主要采用重力浓缩方式。

重力浓缩池宜采用圆形或方形辐流式浓缩池，当占地面积受限制时通过技术经济比较可采用斜板管浓缩池。

重力浓缩池面积可按固体通量计算，并按液面负荷校核。

固体通量和液面负荷宜通过沉降浓缩试验或按相似排泥水浓缩数据确定。

8.6.2.3　辐流式浓缩池工艺设计

辐流式浓缩池为沉淀式浓缩池中最常见的一种。按其进水形式分中心进水辐流式浓缩池和周边进水辐流式浓缩池，以中心进水池型最为普遍。

排泥水从浓缩池中央进入，经导流筒沿径向以逐渐变慢的速度流向周边，完成固液分离的过程。在池底部设置刮泥机和集泥装置，分离后的上清液通过周边溢流堰引出。在刮泥机装置上若干竖向"栅条"，随刮泥机旋臂一起旋转，以破坏污泥间架桥现象，帮助排出夹在污泥中的间隙水和气体，促进浓缩。

（1）计算公式

① 浓缩池面积应满足污泥浓缩的要求。

$$A = \frac{1000S}{24G}$$

式中，A 为浓缩池的排泥池面积，m^2；S 为干泥量（按干污泥计），t/d；G 为浓缩池的固体负荷，$kg/(m^2 \cdot h)$，根据《室外设计给水规范》（GB 50013—2006），固体通量（按干固体计）可取 $0.5 \sim 1.0 kg/(m^2 \cdot h)$。

② 污泥停留时间不小于 24h。

③ 核对是否满足污泥沉降的要求，对液面负荷进行核算。

$$Y = \frac{24Q}{A}$$

式中，Y 为浓缩池的液面负荷，$m^3/(m^2 \cdot h)$，根据《室外设计给水规范》（GB 50013—2006），液面负荷不大于 $1.0 m^3/(m^2 \cdot h)$；Q 为浓缩池进水流量，m^3/d；A 为浓缩池的面积，m^2。

（2）设计要点

① 池边水深一般取 $3.5 \sim 4m$，超高不小于 0.3m。为满足高浊度临时贮存污泥的要求，池边水深也可适当加大。

② 浓缩池坡度可取 $i = 0.08 \sim 0.1$。

③ 池数或分格数一般不宜小于 2 个。

④ 高浊度考虑污泥临时贮存时，若浓缩池和排泥池共同贮存高于原水设计取值部分的超量污泥，浓缩池的容积应考虑能贮存分担的这部分污泥量。

⑤ 刮泥机的周边线速度一般不大于 2m/min。

⑥ 刮泥机应设超负荷报警装置，以保护刮泥机的安全运行。

⑦ 浓缩池底流污泥引出管径不宜小于 150mm。

⑧ 每池宜设排放口，检修时便于放空。

⑨ 连续式浓缩池可设固定溢流堰收集上清液，为了不使沉降后污泥随上清液带出，堰的负荷率宜小于 $150 m^3/(m \cdot d)$。

⑩ 当浓缩池入流和出流难以保证连续，或为间歇式浓缩池时，可设浮动槽均匀连续收集上清液，提高浓缩效果；减少水位变化，便于管理。

（3）主要设备　刮泥机、浮动槽等。

8.6.2.4　浮动槽排泥浓缩池

浮动槽排泥浓缩池为调节浓缩一体化池型，该池型是中心进水、周边出水的辐流式调节浓缩池。浮动槽浮在液面上可上下移动收集上清液，使上清液连续均匀出流，底泥经排泥池内的刮泥机浓缩收集；同时浮动槽排泥池的池容满足沉淀池排泥水调节容积的要求。浮动槽系统见图 1-8-4。

该池型目前应用在国内的水厂有北京市第九水厂，水厂规模为 $1.5 \times 10^6 \, m^3/d$，采用浮动槽排泥池 3 座，单池平面尺寸 24m×24m；北京市田村山水厂，水厂规模 $3.4 \times 10^5 \, m^3/d$，采用浮动槽排泥池 2 座，单池平面尺寸 18m×18m；深圳笔架山水厂，水厂规模 $5.2 \times 10^5 \, m^3/d$，采用浮动槽排泥池 2 座，单池平面尺寸 18m×18m。

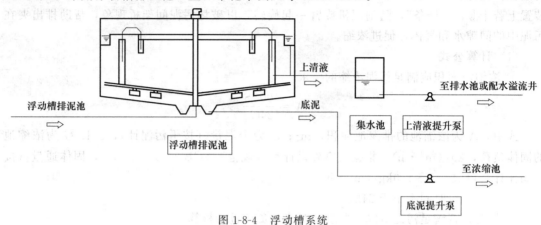

图 1-8-4　浮动槽系统

（1）系统组成　浮动槽排泥池包括进水系统、上清液收集系统（浮动槽系统）、溢流系统、排泥系统四部分组成。

1）进水系统。排泥水由排泥池底部中央的进水管进入，经导流筒沿径向以逐渐变慢的速度流向周边。进泥管按最大进泥量确定管径。

2）上清液收集系统（浮动槽系统）。上清液收集系统包括排泥池内的浮动槽和虹吸系统的浮动槽系统以及排泥池外的集水池和上清液泵上清液排放系统两部分。

① 浮动槽。浮动槽由浮动箱、集水槽组成。浮动槽位于池半径的 $(0.75 \sim 0.8)R$ 处收集上清液。浮动槽上下浮动幅度一般采用 1.5m。排泥池上清液通过浮动槽底开孔进入进水槽内。集水槽断面采用"凹"形断面，槽内流速一般在控制在 $0.4 \sim 0.6 m/s$，超高采用 0.2m。集水槽底部开孔孔口直径采用 $10 \sim 20mm$，过孔水头损失取 $0.05 \sim 0.07m$。

② 虹吸系统。虹吸系统包括虹吸管、阀门、水射器及导向柱等。集水槽内的上清液通过池子四角的虹吸管，被吸入四个导向柱中。虹吸排水系统为倒 U 形结构，安装在浮动槽四角的法兰支座上，与浮动槽一起浮动，出水管上设有阀门、水射器及水封装置。导向柱放置在排泥池的四角，导向柱采用混凝土结构。导向柱的内径应考虑虹吸管及水封的尺寸。上清液排水管从导向柱底部接出，汇集到总管然后排入集水池中。

根据虹吸系统的水头损失大小确定虹吸管进出口处的高度差。虹吸管结构示意见图 1-8-5。

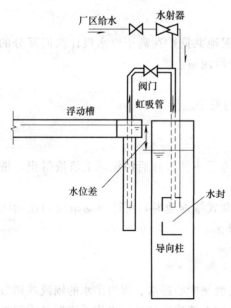

图 1-8-5　虹吸管结构示意

③ 集水池。浮动槽排泥池的上清液重力流入

集水池中，集水池的水位根据导向柱内水位及导向柱至集水池的水头损失确定。

④上清液泵。上清液泵应尽可能连续均匀回流，同时核对其回流比是否会对净水构筑物产生冲击负荷。应设置备用泵。

3）溢流系统。溢流系统包括溢流堰及排水管。

当浮动槽发生事故时，排泥池上清液由周边固定溢流堰溢出。溢流进水可采用三角形齿形堰口或矩形堰口。

4）排泥系统。浮动槽排泥池的底泥通过刮泥机刮至中央集泥槽，然后经由出泥管经底泥泵排至浓缩池。

排泥系统包括刮泥机、出泥管及底泥泵。

① 刮泥机。设刮泥机将池内底泥刮向中央、刮泥机周边线速度可取 0.6～2m/min。以不扰动池底浓缩污泥为宜。池底坡度取 0.08～0.1，池内设环形的集水槽，槽底接排泥管。

② 底泥泵。底泥泵按连续均匀出流计算。设置备用泵。

（2）设计要点

① 一般进泥量的含水率按 99.5％～99.95％考虑，浮动槽排泥池的底泥含水率按 98％～99％考虑，浮动槽上清液的含固率忽略不计。

② 池容大小应按调节功能和重力浓缩要求中大者确定。

③ 池面积满足辐流式浓缩池的固体通量（按干固体计）0.5～1kg/(m²·h)，液面负荷不大于 1.0m³/(m²·h)。

④ 池边水深宜为 3.5～4.5m。

⑤ 浮动槽排泥池的个数一般不宜少于 2 个，按同时工作设计，并能单独运行，分别泄空。

（3）计算公式　如表 1-8-2 所列。

（4）主要设备　刮泥机、溢流堰、污泥泵、浮动槽等。

表 1-8-2　计算公式

	计算公式	设计数据及符号说明
池容确定	池容大小应按调节功能和重力浓缩要求中大者确定。浮动槽排泥池可按辐流式浓缩池要求的固体通量和有效水深确定池容，再按排泥池所要求的调节容积确定。 （1）按辐流式浓缩池要求的固体通量确定排泥池面积 $$nA = 1000S/24G$$ $$H = 3.5 \sim 4.5m$$ （2）调节容积的确定 排泥池的调节容积应大于沉淀池最大一次的排泥量	A——浮动槽的排泥池面积，m² n——池子个数，个； S——干泥量，t/d； G——排泥池的固体负荷，kg/(m²·h)，根据《室外设计给水规范》(GB 50013—2006)，固体通量（按干固体计）可取 0.5～1.0kg/(m²·h)； H——池边水深，m
上清液流量及底泥流量	$$Q_2 = Q - Q_1$$ $$Q_1 = \frac{24GA}{1000\rho(1-P_1)}$$	Q_2——浮动槽上清液，m³/d； Q——排泥池进水流量，m³/d； Q_1——排泥池底泥出流量，m³/d； G——排泥池的固体负荷，kg/(m²·h)； A——浮动槽的排泥池面积，m²； ρ——湿污泥容重，t/m³； P_1——底泥污泥含水率

计算公式	设计数据及符号说明
浮动槽 3.1 浮动槽断面 $$Q_2 = b_2 h_2 v_2$$	Q_2——上清液流量，m^3/s； b_2——浮动槽宽，m； h_2——浮动槽高，m； v_2——浮动槽内流速，m/s
3.2 浮动槽长度(指浮动槽外侧) $$L = (0.75 \sim 0.8)D$$	L——浮动槽长，m； D——排泥池内径，m
3.3 浮动槽配水堰(按槽底孔淹没出流计算) $$h_1 = \xi_1 v_1^2/2g$$ $$q_1 = \frac{\pi d_1^2 v_1}{4}$$ $$n = \frac{Q_z}{86400 q_1}$$	h_1——过孔水头损失，m，一般取 $0.05 \sim 0.07m$； ξ_1——采用 1.06； v_1——过孔流速，m/s； q_1——单孔流量，m^3/s； d_1——孔口直径，mm，一般取 $10 \sim 15mm$； n——孔口数量
排泥池进泥管、底泥管 虹吸管 $$D_h = \sqrt{Q_2/86400\pi v_h}$$	D_h——虹吸管直径，m； V_h——虹吸管流速，m/s
(1)排泥池进泥管 $$D_i = \sqrt{Q/(86400\pi v_i n)}$$ (2)底泥池出泥管 $$D_o = \sqrt{Q_1/(86400\pi v_o n)}$$	D_i——进泥管直径，m； v_i——进泥管流速，m/s，一般取 $0.5 \sim 1m/s$； D_o——出泥管直径，m； v_o——出泥管流速，m/s，一般取 $0.5 \sim 1m/s$
溢流槽 溢流槽断面 $$Q_2 = 86400 b_3 h_3 v_3$$	b_3——溢流槽宽，m； h_3——溢流槽高，m； v_3——溢流槽内流速，m/s
底泥泵 $$Q_d = Q_1/24n$$ $$H_d = \sum h_d + (H_n - H_{pn})$$	Q_d——底泥泵流量，m^3/h； n——使用水泵台数，一般与浓缩池数量一致； H_d——底泥泵扬程，m； $\sum h_d$——排泥池至浓缩池的水头损失(包括沿线及局部损失的总和)，m； H_n——浓缩池的高水位，m； H_{pn}——排泥池池底高程，m
上清液泵 $$Q_上 = Q_1/24n$$ $$H_上 = \sum h_上 + (H_p - H_j)$$	$Q_上$——上清液泵流量，m^3/h； n——使用水泵台数； $H_上$——清水泵扬程，m； $\sum h_上$——集水池至排泥池的水头损失(包括沿线及局部损失的总和)，m； H_p——排水池的高水位，m； H_j——集水池的低水位，m

8.6.2.5　滗水器排泥浓缩池

滗水器排泥浓缩池为矩形沉淀池形式，在沉淀池末端出口设滗水器收集上清液。

滗水器排泥池属另一种调节浓缩一体化排泥池。该池型与污水处理构筑物的 SBR 池出水槽滗水器作用相似，一般为平流式矩形沉淀池形式。上清液通过池子一端的滗水器进行收集，底泥通过潜水泵收集排入浓缩池中。

滗水器排泥池适合对原池型是矩形排泥池的改造，很多老水厂建设的时候都没有完整的污泥处理工艺，只设了简单的排泥池进行量上的调节，增加滗水器后可以使这些排泥池既能调量也能调质，具有初级浓缩的效果，减轻后续浓缩池的负荷。

目前国内应用该池型的水厂有哈尔滨磨盘山水厂，一期水厂规模 $45 \times 10^4 \text{m}^3/\text{d}$，采用滗水器排泥池；天津泰达自来水公司净水厂，一、二、三期水厂总规模为 $32.5 \times 10^4 \text{m}^3/\text{d}$，原有排泥池改造为滗水器排泥池，1 座分两格，每格分别设置滗水器一台。

(1) 滗水器排泥池的组成 滗水器排泥池由进水系统、上清液收集系统（滗水器系统）、溢流系统、排泥系统四部分组成。

1) 进水系统。排泥水由排泥池一端进入，通过穿孔花墙进入排泥池，穿孔花墙目的是均匀配水。进泥管按最大进泥量确定管径。

2) 上清液收集系统（滗水器系统）。滗水器设在排泥池相对的一端，根据池宽确定滗水器的长度。滗水器由撇水堰槽、下降管、水平管、水下轴承组成一体，以水平管为转轴上下旋转，撇水堰槽随之上下移动，将水面表层澄清水撇入，再经下降管汇入水平管，最后从出水管排出。

3) 溢流系统。溢流系统包括溢流堰及排水管。当滗水器发生事故时排泥池上清液由溢流堰溢出。

4) 排泥系统。滗水器排泥池的底泥一般通过虹吸式排泥机或穿孔排泥管的方式排出。这两种排泥池方式设计规定与沉淀池的排泥方式基本相同。

① 虹吸式排泥机方式排泥：采用虹吸式排泥机排泥时，与平流沉淀池相似，池子的分格宽度还应配合机械刮泥机的宽度，池底为平坡。

② 穿孔排泥管方式排泥：穿孔排泥管的管径不小于 $DN200$，长度不宜超过 10m，孔眼间距一般为 $0.3 \sim 0.8 \text{cm}$，孔眼向下与垂线成 $45°$ 交叉排列。穿孔管的排泥阀门应采用快开式。由于排泥池与沉淀池相比，污泥浓度大，为了防止管道堵塞，宜在末端设空气管或压力冲洗水管，定期进行冲洗。

(2) 设计要点

① 一般进泥量的含水率按 $99.5\% \sim 99.95\%$ 考虑，排泥池的底泥含水率按 $98\% \sim 99\%$ 考虑，上清液的含固率忽略不计。

② 池容大小应满足调节功能，有效水深一般为 $3 \sim 3.5\text{m}$，超高一般为 $0.3 \sim 0.5\text{m}$。

③ 池的长宽比应小于 4：1。

④ 排泥池的个数一般不宜少于 2 个，按同时工作设计，并能单独运行，分别泄空。

⑤ 排泥池的底泥可通过穿孔排泥管及刮泥机进行收集。

(3) 主要设备 滗水器、虹吸式排泥机、排泥泵、溢流堰等。

8.6.2.6 高效浓缩池

(1) 高密度污泥浓缩池 高密度污泥浓缩池 Densadeg 是一种高速一体式沉淀/浓缩池，是由法国德利满公司开发研制的。该池主要特点是将沉淀回流与来水接触，增加絮凝效果，并增稠底泥浓度。

目前国内应用该池型的水厂有北京第三水厂，水厂规模为 $15 \times 10^4 \text{m}^3/\text{d}$，采用高密度污泥浓缩池 1 座，总面积 27m^2，液面负荷 $11.3\text{m}^3/(\text{m}^2 \cdot \text{h})$；保定中法供水有限公司净水厂，水厂规模 $26 \times 10^4 \text{m}^3/\text{d}$，采用高密度污泥浓缩池 1 座，池平面尺寸 $4.95\text{m} \times 4.95\text{m}$，液面负荷 $15\text{m}^3/(\text{m}^2 \cdot \text{h})$。

Densadeg 高密度浓缩池主要由混合区、反应区、沉淀/浓缩区组成，其组成见图 1-8-6，模型示意见图 1-8-7。

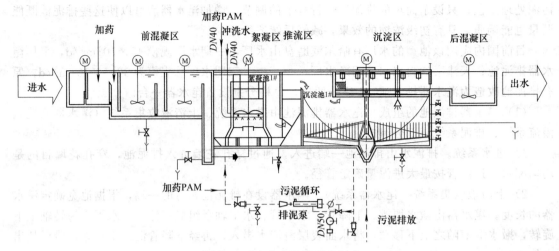

图 1-8-6　高密度浓缩池的组成

该工艺运行过程为：排泥水加注混凝剂后经快速混合进入絮凝池，并与沉淀池浓缩区的部分沉淀泥渣混合，在絮凝区加入 PAM 并利用螺旋桨搅拌器完成絮凝反应。经搅拌后的水以推流方式进入沉淀区。在沉淀区中泥渣下沉，澄清水通过斜管区分离由集水槽收集出水。沉降的泥渣在沉淀池底部浓缩，浓缩泥渣一部分通过螺杆泵回流与原水混合，多余部分由螺杆泵排出。

主要特点如下。

① 特殊的絮凝反应器设计：该单元是为利于污泥循环的快速絮凝，又是为有利于矾花增长的慢速絮凝而设计，兼具物理和化学反应。

② 从絮凝区至沉淀区采用推流过渡：反应池分为两个部分，具有不同的絮凝能量，中心区域配有一个轴流叶轮，使流量在反应池内快速絮凝和循环，产生的流量约 10 倍于处理流量；在周边区域，主要是推流使絮凝以较慢的速度进行，并分散低能量以确保絮凝物增大致密。

③ 从沉淀区至絮凝区采用可控的外部泥渣回流：部分污泥在反应池内循环，通过全面控制的外部污泥循环来维持均匀絮凝所需的较高污泥浓度。

④ 应用有机高分子絮凝剂：通过投加聚合物来提高矾花密度。

⑤ 采用斜管沉淀布置：将剩余矾花从该单元内去除，最终产生优质的水。

（2）兰美拉浓缩池　兰美拉沉淀法装置（见图 1-8-8）或逆向流斜板沉淀器是从国外引进的一种新型高效浓缩技术，现广泛用于自来水工程作沉淀池澄清和污泥浓缩池澄清反应处理。

该池型目前应用在国内的深圳市南山水厂一期工程，水厂总体规划规模为 $80 \times 10^4 \text{m}^3/\text{d}$，一期建设规模为 $20 \times 10^4 \text{m}^3/\text{d}$，采用兰美拉污泥浓缩池 2 座，浓缩池尺寸为 $10.2 \text{m} \times 10.2 \text{m} \times 6.6 \text{m}$，表面负荷 $0.6 \text{m}^3/(\text{m}^2 \cdot \text{h})$，固体通量为 $38.4 \text{kg}/(\text{m}^2 \cdot \text{d})$。

该装置充分采用了浅层沉淀理论，其基本原理是原水进入斜板单体，水流方向与颗粒沉淀方向相反，沉泥借自重而下滑进入下部集泥区，澄清后的水则经分离区，由上部集水系统导流出池外。该装置主要由斜板反应单元、密封板、固定支架、导板条、集水槽以及分割斜板单元体的肋条组成。

沉淀池沉淀效率一般与沉淀面积成正比，在一定的沉淀池容积内插进很多斜板，就会增

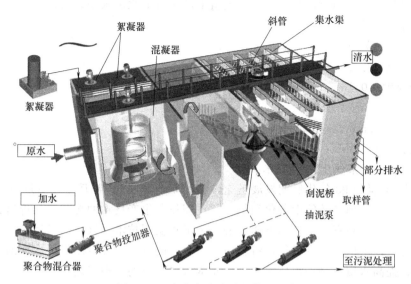

图 1-8-7　高密度浓缩池的模型示意

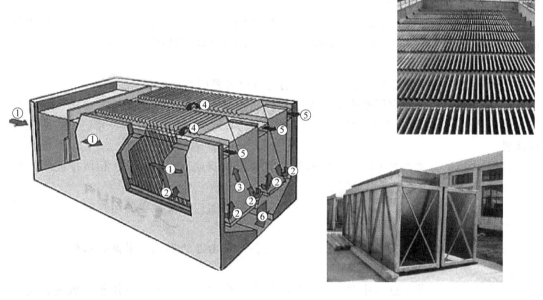

图 1-8-8　兰美拉浓缩池
1—进水；2—导流板反射区；3—斜板；4—集水槽；5—上清液出水；6—排泥

加很多沉淀面积，从而大大提高沉淀效率。在沉淀池内插进的斜板必须考虑连续排泥才不致堆积停产，因而斜板必须做成一定的滑泥坡度。逆向流斜板沉淀就是基于这一原理，在一定的平面面积的沉淀池内插进间隔为 20～200mm 的很多斜板，它一方面增加了沉淀面积；另一方面由于水流在斜板间隔内自下而上，使已沉淀在斜板面上的从原水中分离出来的污泥靠着水体的冲击力和污泥本身的重力滑向下方的污泥浓缩区内，而经斜板处理后的清水则由集水系统收集导往出水槽。逆向流斜板污泥浓缩池构造：在池内放置一定宽度的成组的斜板群，每个斜板组中有很多斜板单片，斜板沿宽度方向用肋条分为若干过水间隔，每块斜板又分为沉淀斜板和滑泥斜板两部分，在沉淀斜板的尽头，即滑泥斜板的端部设有清水集水支渠，集水支渠和集水渠构成清水系统，斜板组上部设有清水出水槽，斜板组下部为污泥浓缩区，其中设有排泥系统。

主要设计参数如下。

① 斜板间流速：20～15mm/s。

② 沉降速度：0.16～0.3mm/s。

③ 斜板长：2.0～2.5mm。

④ 斜板宽：10mm。

⑤ 材质：全不锈钢。

8.6.2.7　微絮凝膜系统＋浓缩脱水

膜技术在20世纪90年代后期发展迅速，特别是进入21世纪后，随着膜材料生产的规模化、膜组件及其处理产品的设备化和集成化，膜设备生产技术的普及化和价格大众化，膜技术的发展已经从实验室潜在技术迅速发展成为工程实用技术。该技术已经在许多大型工程中应用，并且可以与传统技术竞争。将膜用于净水厂的废水处理可以降低水厂的自耗水、增加供水能力、提高水质，是一种技术先进、非常行之有效的处理工艺。

8.6.3　污泥脱水工艺

污泥脱水是净水厂排泥水处理的主要环节，通过脱水，泥饼含固率提高到20％以上，体积大大缩小，便于运输和最终的污泥处置。

污泥脱水分为自然干化和机械脱水两大类。由于机械脱水不受自然条件影响、脱水效率高、运行维护管理方便，自动化水平高，在我国净水厂排泥水处理工艺中被广泛应用。

（1）一般规定

① 污泥脱水宜采用机械脱水，有条件的地方也可采用干化场。

② 脱水机械的选型应根据浓缩后泥水的性质，最终处置对脱水泥饼的要求，经技术经济比较后选用。可采用板框压滤机、离心脱水机，对于一些易于脱水的泥水，也可采用带式压滤机。

③ 脱水机的产率及对进机含固率的要求宜通过试验或按相同机型、相似排泥水性质的运行经验确定，并应考虑低温对脱水机产率的不利影响。

④ 脱水机的台数应根据所处理的干泥量、脱水机的产率及设定的运行时间确定，但不宜少于2台。

⑤ 脱水机前应设平衡池，池中应设扰流设备，平衡池的容积应根据脱水机工况及排泥水浓缩方式确定。

⑥ 泥水在脱水前若进行化学调质，药剂种类及投加量宜由试验或按相同机型、相似排泥水性质的运行经验确定。

⑦ 机械脱水间的布置除考虑脱水机械及附属设备外，还应考虑泥饼运输设施和通道。

⑧ 脱水间内泥饼的运输方式及泥饼堆置场的容积，应根据所处理的泥量、泥饼出路及运输条件确定。泥饼堆积容积可按饼量确定。

⑨ 脱水机间和泥饼堆置间地面应设排水系统，能完全排除脱水机冲洗和地面清洗时的地面积水。排水管应能方便清通管内沉积泥砂。

⑩ 机械脱水间应考虑通风和噪声消除设施。

⑪ 脱水机间宜设置滤液回收井，经调节后均匀排出。

⑫ 脱水机房应尽可能靠近浓缩池。

（2）机械脱水基本型式　板框压滤机、离心脱水机、带压滤机、浓缩脱水一体机。

8.7　污泥处理系统主要设备

8.7.1　设计及选用原则

净水厂排泥水处理工艺的不断改进和完善，必然要求排泥水处理设备的进一步完善和更新。排泥水处理设备的选择和使用需要根据具体的工艺过程考虑多方面的因素和问题，满足用户多方面的要求，最终的选择应是全面分析、综合协调的结果。总体来说要考虑以下因素。

（1）性能、构造及工作可靠性

① 设备应完全符合排泥水处理相关工艺过程和技术要求，体现设备的专用性和技术要求，其性能参数应满足需要的生产数据指标要求，同时运行参数应具有一定的可调节性，能适应生产过程中工况有一定变化的要求。

② 设备应具有完善合理的结构，既适应生产工艺流程的需要，又符合人机关系的协调，便于人员操作和满足控制需要，其外形结构尺寸应符合设备安装空间和位置的要求。

③ 设备应具有较高的工作可靠性，一方面要保证零部件的性能可靠性；另一方面要提高设备自身的环境适应性，即满足有关防护性能和防护等级的要求。可靠性关系到设备使用的耐久性和故障率，既影响设备的正常生产使用，又涉及设备的维修频率和寿命。

（2）智能化、自动化程度　设备应具有智能化、自动化的性能，以方便设备的操控和使用管理，包括设备运行状态的在线检测和故障诊断等。设备的智能化、自动化程度应根据企业实际生产情况、技术应用水平和企业发展需要确定，合理选择确定设备的操作和监控方式是手动、自动还是电脑远程监控。

（3）高效节能　设备的节能一方面涉及原材料消耗，在满足设备性能和用户要求的前提下尽量减少原材料的消耗，降低原材料价格；另一方面要求设备要有较高的运行效率，可通过设备自身技术或配套技术实现，达到节能效果。

（4）运行管理及安全性　运行管理是设备投入运行后的日常重要工作，为便于设备的运行管理，设备应易于操作和使用。另外，设备的日常维护保养要容易开展，有关检修工作也要比较容易进行和实现。

在运行过程中设备要能保证自身的安全和操作人员的安全，因此要求设备具有过载保护功能、连锁保护功能和异常报警功能，当设备有关运行参数出现异常时设备能产生有效的反应，以便能及时发现问题，防止危险和安全事故的发生。

（5）环保　随着社会对环保越来越重视，对设备的环保要求也提高到一定高度。要求设备振动小、噪声低、污染少，在使用过程中对生产和周围环境的影响要小。

（6）材质及成本　由于排泥水处理设备工作环境的特殊性，工作介质具有一定腐蚀性，环境气体中也有腐蚀性成分，温度、湿度变化较大，因此需要设备或其某些部件具有良好的防腐蚀耐磨损性能。为保证设备的使用性能和寿命，提高设备耐用性能和可靠性，应合理选择设备的材质。

在设备材质满足工艺要求的同时应考虑设备的成本。设备成本关系到用户的投资成本和建设成本。设备成本的控制，应根据企业的投资情况，在设备性能优良、能满足工程需要的前提下，选择性价比较高的设备。

8.7.2　调节浓缩设备

8.7.2.1　浮动取水槽

净水厂的排泥水首先要排放和收集到排泥池中，当排泥池的运行方式为间歇进水、连续出水时，需要使用浮动取水槽来均匀地收集和排出上清液。浮动取水槽是为排泥池设计的专用设备，可以在变水位的情况下均匀、连续地排出上清液，上清液的排出量不会随水位的变化而改变。

浮动取水槽由集水槽、浮动槽、排水管、调节阀和虹吸系统以及托架组成（见图1-8-9）。

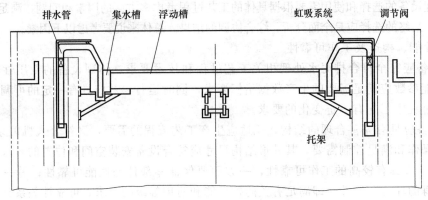

图 1-8-9　浮动取水槽

浮动取水槽安装在排泥池中，集水槽依靠浮动箱的浮力漂浮在水面上，可以随水位变化上下浮动，上清液由集水槽收集，经过虹吸排水管排入固定出水井中。浮动取水槽的浮动范围不宜大于 2.0m。

浮动取水槽的集水能力是由浮动槽的浮力、集水槽的开孔尺寸和开孔个数等综合因素决定的。浮动槽一般设计有配重，可以在现场根据实际情况，调节集水槽的吃水深度，从而调节出水量。浮动箱的吃水深度调整范围一般为 ±20mm。

浮动槽低水位的位置应设置托架，用于排泥池排空时放置浮动取水槽。

浮动槽的材质一般使用玻璃钢或不锈钢。

8.7.2.2　排泥池和浓缩池刮泥机

排泥水进入排泥池、浓缩池中进行固液分离，沉淀下来的浓缩污泥由刮泥机收集到泥斗中排出。

排泥池和浓缩池一般采用辐流式沉淀池形式，沉淀池中心进水，上清液由浮动取水槽及周边溢流渠收集排出，底部污泥由刮泥机沿池底刮向池中心排泥斗，经排泥管排出。

刮泥机为悬挂式中心传动旋转刮泥机，由驱动装置、主轴、刮泥耙、刮泥板、浓缩栅条和导流筒等部件组成。排泥池刮泥机与浓缩池刮泥机分别如图 1-8-10、图 1-8-11 所示。

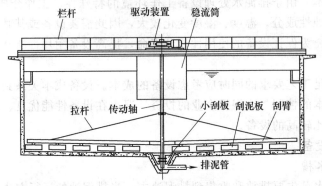

图 1-8-10　排泥池刮泥机

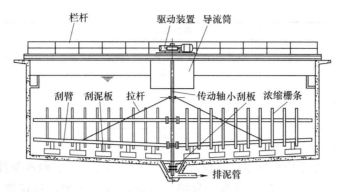

图 1-8-11　浓缩池刮泥机

刮泥机的驱动装置安装在池顶部的桥架上，驱动机构一般为齿轮驱动、蜗轮蜗杆驱动或摆线减速驱动。

刮泥机的外缘行走周边线速度一般≤2.0m/min，为了能够更好地适应污泥性质，保证浓缩效果，驱动装置应该设置 2～3 挡变速调节。

刮泥机的主轴采用空心管式，兼作沉淀池的进水布水管用。主轴上部开有出流窗，下部利用底轴承与排泥池和浓缩池的进水管相连接，泥水由池底部进入空心主轴经上部窗口溢出。

刮泥耙为两端平衡的全桥式，有桁架结构和钢缆牵拉等级等结构形式，一般采用刚度较好的桁架结构。

刮泥机的刮泥部分是由一个个独立的刮泥板按一定的规律合理排布组成，每个刮泥板之间都有重合的刮泥区域，避免出现刮泥死角。每块刮泥板上设有可调整高度的橡胶刮板，以适应不平的池底和磨损。

浓缩池刮泥机应装有增加浓缩效果的栅条，有利于泥水分离，提高浓缩效率。栅条应排列均匀，防止产生扰流。

刮泥机的材质一般使用玻璃钢或不锈钢。

8.7.3　污泥脱水处理设备

8.7.3.1　污泥脱水形式

污泥的脱水方式有自然干化和机械脱水两大类。机械脱水方式由于占地少、效率高、对环境污染小，在城市水厂的污泥处理中被广泛应用。

机械脱水设备分为压滤脱水和离心脱水两大类。压滤脱水是将污泥置于滤布中，经过加压或挤压使污泥中的水分通过滤布滤出，从而实现脱水。常用的压滤脱水机有带式压滤机和板框压滤机两种。离心脱水是将污泥置于转鼓中，利用水与污泥颗粒的离心力之差，使之相互分离，从而实现脱水。由于带式压滤机的脱水过程是相对开放的方式，因此对净水厂亲水性强的污泥处理效果非常差，不宜使用。目前净水厂常用的脱水设备有板框压滤机和离心脱水机，两种脱水设备的机械性能比较见表 1-8-3。

表 1-8-3　脱水设备性能比较

项目	板框压滤机	离心脱水机
进泥含固率/%	2～15	1～3
泥饼含固率/%	30～40	15～20
噪声	较大	大
占地面积	大	小，紧凑

续表

项目	板框压滤机	离心脱水机
运行状态	间歇运行	连续运行
能耗(按每吨 DS 计)/(kW·h/t)	5~20、15~40	25~65
运行环境	开放式	封闭式
冲洗水量	较大	小
维护工作量	较多	少
价格	高	较高

污泥脱水机械的选型应根据水厂规模、场地条件、污泥性质、经济条件和管理能力等实际情况,综合考虑设备的运行可靠性、自动化程度、脱水效果、建设投资及运行成本等因素。

8.7.3.2 板框压滤机

板框压滤机是一种适应性很强的脱水设备,其脱水能力高于其他各类脱水机械,泥饼含固率可高达 40%以上,能够回收多达 99.9%的固体物,因此对脱水污泥含固率要求较高和污泥性质比较难脱水的项目应使用板框脱水机。

板框压滤机主要结构组成见图 1-8-12,由滤板、滤布、主梁和框架、液压滤板压紧装置、滤板分离装置和滤布清洗装置组成。

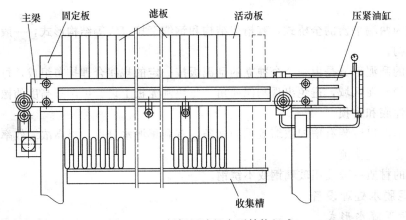

图 1-8-12 板框压滤机主要结构组成

(1) 板框压滤机形式和分类

1) 按过滤过程分类。可分为 2 类。

① 压力过滤:靠泥水压力将滤液滤出。

② 压力过滤和挤压过滤:压力过滤之后进行挤压过滤。挤压过滤是靠向滤板所带的薄膜内充水或压缩空气来实现。

2) 按排泥过程分类。可分为 4 类。

① 单室排泥:一个一个滤室按顺序排泥,排泥时需人工管理。

② 连续排泥:滤室像拉风箱一样被快速打开,泥饼一块接一块地连续落下。设备占地面积大,但排泥时间大大减少,仅为单室排泥的 1/3 左右。

③ 滤布振动排泥:设置振动装置,在排泥时振动滤布帮助泥饼脱落。

④ 滤布移动排泥:靠滤布的向下移动将泥饼排出,排净度高,排泥时不需人工管理。

3）按自动化程度分类。可分为 3 类。

① 手动：在滤板关闭、打开和排泥等过程中需要手动操作，多用于实验和少量污泥处理。

② 自动：整个循环运行过程都是自动化操作，只在排泥时需要人工巡视，处理个别排泥不净的情况。

③ 全自动：全部过程均为自动化操作，完全不需人工管理。

（2）板框压滤机的工作原理　板框压滤机的工作可分为压滤压滤和泥饼排出两大过程。

1）压滤脱水过程。压滤机工作时，一块块滤板（见图 1-8-13）在液压压紧装置的作用下闭合，并在凹形滤板间形成一个个空间，即滤室。滤板的表面有凸起的条纹以支撑外包的滤布，而凹进的沟槽则连通成滤液的出路。当泥水经泵压入滤室后，滤液在压力的作用下，经板间通路排出，泥水中的固体物则被滤布阻挡留在滤室内形成泥饼，此时每块滤板进泥孔中的污泥含水率仍很高，必须用压缩空气进行吹扫，从而完成全部脱水过程。

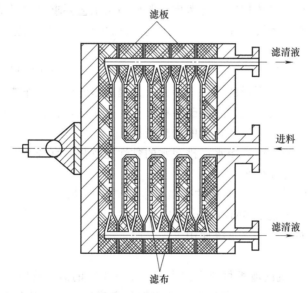

图 1-8-13　板框压滤机的滤板

挤压型压滤机的脱水过程分两个步骤：第一步与普通压滤机相同；第二步为薄膜挤压脱水，挤压型压滤机的滤板带有一层薄膜，在滤板后形成一个空腔。当向薄膜内充水或充气时，薄膜向滤室侧膨胀变形，使滤室体积变小，对泥饼进一步挤压，从而获得含水率更低的泥饼。

2）泥饼排出过程。脱水完成后，液压系统卸压并打开压滤机的活动端板，滤板分板钩将滤板一块块顺序打开，同时泥饼在自重的作用下落下排出。另外，压滤机可配置滤布振动或滤布行走辅助排泥装置，当泥饼黏性大、质量轻时，辅助排泥装置可帮助泥饼自动脱落排出。

压滤机还配有滤布清洗装置，在排泥完成后利用高压清洗水对滤布进行全面清洗。

（3）板框压滤机的技术特点　板框压滤机的最大特点是脱水泥饼的含固率高，给泥饼的进一步处置带来了便利，可以减少泥饼贮存场地、降低运输费用，减少泥饼干燥和焚烧的热能，使泥饼处置成本大大降低。另外，有些板框压滤机还可以做到不加药处理，在整个脱水过程中不需添加任何絮凝剂，使排泥水处理过程没有二次污染，有利于环境保护。

板框脱水机还具有可预留滤板数量的特点，当水厂污泥量增加时，只需在预留位置加装滤板即可提高板框压滤机的处理能力，大大减少了二次投资的费用。

但板框压滤机相对其他脱水设备，有造价高、辅助配套设备多、不能连续进出泥、占地面积大等不利因素，因此在以往的污泥处理工艺中使用不多。随着环境保护要求的不断提高，污泥排放标准也相应提高，板框压滤机的使用概率也会提高。一般来说，其他脱水机械处理不了的污泥都可以使用板框压滤机处理。

1）选型。板框压滤机的形式和种类很多，而污泥的种类和成分也都各不相同，因此为了获得理想的处理效果，压滤机的选型很重要。严格说来，每一项压滤机的选型都应该以实物试验为基础，实物试验可以由制造厂用小型试验机进行。如果选型不对，会给运行管理带来很大的困难。

在选择压滤机时，污泥浓度、泥饼含水率、运行周期、机型、设备成本等是需要考虑的几大因素，要根据工程的具体情况综合考虑，既要满足工艺要求又要经济易管理。

一般来讲，泥饼含固率要求在 30％以上时应选用板框压滤机。进入板框压滤机的污泥含固率不宜小于 1％。

在板框压滤机的脱水形式的选择上，宜选择薄膜挤压型板框压滤机。挤压型板框压滤机可以在短时间内获得含水率更低的泥饼，不但大大提高压滤机的工作能力，还可以自由选择过滤循环时间和泥饼成形的厚度，适用于各种性质的排泥水，在排泥水性质发生变化时，可以很容易地变更操作程序，而达到相同的处理结果。

对于排泥方式的选择，由于净水厂排泥水的黏性比较高，宜选择滤布振荡或滤布行走的自动排泥方式，以保证排泥效果。

2）薄膜挤压压力。薄膜挤压所用的介质有水和空气两种。

用水作介质，压力可达 2.5MPa，运行安全，但配套设备较笨重。用压缩空气作介质，压力一般在 1.5MPa 左右。如果系统使用气动阀门，部分压缩空气还可以作为气动阀门的气源。但运行中对安全要求较高。

3）滤板材料。压滤机的滤板材料有许多种，根据不同的需要选用。

① 钢加固橡胶膜滤板。用钢做骨架，外表面包敷橡胶。这种滤板特别坚固，可制成大型滤板。品种形式较多。

② PP 滤板。采用聚丙烯、聚乙烯材料制造。重量比金属滤板减轻约 1/4，具有较高的耐腐蚀性和耐久性。使用温度最高为 90℃。

③ 金属滤板。采用灰铸铁、球墨铸铁、不锈钢及铝制造。主要用于 100℃以上以及有特殊要求的工况。

薄膜滤板有钢加固橡胶膜滤板和 PP 滤板两种。水厂排泥水的污泥脱水压滤机一般采用这两种滤板。

4）滤布材料。常用的滤布材质有聚丙烯、尼龙和聚酯三种。

按滤布的编制方法及纱丝结构有平纹、斜纹和缎纹，单丝、复丝和超短纱线等不同类型。

正确地选择滤布对板框压滤机的脱水效果至关重要，滤布的类型要与污泥的性质相适应。通常在选择滤布时，除了参考以往工程经验外，还要通过实际试验来确定，这样才能得到最合理的配置，保证最好的脱水效果。

各类板框压滤机的比较如表 1-8-4 所列。

表 1-8-4　各类板框压滤机对比

类型	压滤型	挤压型	滤布移动型
处理能力	适用于易脱水的污泥,处理量范围广	适宜较难脱水的污泥,脱水效果好。效率高	适应各种性质的污泥,特别适合黏性污泥,排泥效果好
泥饼含水率	较低	低	低
循环时间	长	较短	短
运行管理	需人工辅助排泥;附属设备少,维修简单	需人工辅助排泥;附属设备多	自动排泥,自动化程度高;附属设备多
备注	价格低	价格较高	机构复杂,价格高

8.7.3.3　离心脱水机

离心机脱水机是一种利用离心力进行重力沉降分离的脱水设备。在连续运行的脱水机中具有较高的单机处理能力,泥饼含固率可达 25%,能够回收 95% 的固体物。由于离心脱水机的工作过程是封闭、连续的,因此脱水效率高,工作环境好,占地面积小,投资少,近年来已经成为净水厂排泥水处理的主流脱水设备。

离心脱水机的组成见图 1-8-14。脱水机由转鼓、螺旋输送器、布料器、驱动装置和支架等部件组成。

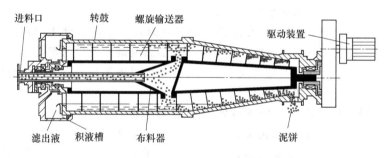

进料口　转鼓　螺旋输送器　驱动装置

滤出液　积液槽　布料器　泥饼

图 1-8-14　离心脱水机的组成

(1) 离心脱水机的工作原理　在市政水处理行业中使用的离心脱水机形式为卧式螺旋卸料沉降式离心机。离心机的卧式转鼓内装有一个卸料螺旋,离心机驱动装置分别驱动转鼓和卸料螺旋高速旋转,当转鼓和卸料螺旋出现转速差时卸料螺旋叶片外缘和转鼓壁之间就会形成相对位移,可将转鼓壁上的物料推向转鼓端部。

离心脱水机工作时,污泥从转鼓的一端通过布料器进入转鼓内,与转鼓一起高速旋转并产生较高的离心力,在此离心力的加速作用下,污泥的固液相按重量沉降分离。其中密度较大的固体颗粒沉降在泥水环的外圈,即沿转鼓的内壁形成泥环层,沉降污泥通过卸料螺旋与转鼓的差速被卸料螺旋缓慢推至转鼓锥端进一步脱水,脱水后的泥饼经过转鼓的环向排泥口排出。而密度较小的液体,则在泥环内侧形成滤液层,并通过转鼓内的溢流口排出转鼓。离心脱水机的转速、差转速和液相溢流出口(溢流堰板)的高度都是可以调节的,通过对离心机这些参数的调整可获得满意的脱水效果。

卧式螺旋沉降离心机按运行方式分为逆向流式和同向流式两种形式。一般情况下逆向流式多用于污泥脱水,同向流式则用于污泥浓缩。

(2) 离心脱水机的技术特点　离心机脱水机是一种连续运行的高能高效脱水设备,污泥脱水效果介于带式脱水机和板框脱水机之间，泥饼含固率可达 25％以上。离心脱水机最大特点是设备体积小、操作管理简单、占地面积少，由于污泥脱水过程在全封闭的情况下进行，大大降低了操作环境的污染，改善了操作人员的工作环境。

但离心机脱水机的工作噪声大，能耗高，当污泥中含有砂砾时对离心机的磨损会很大。另外，由于离心机是高速旋转设备，因此维修难度大，要求有较高的维修技术能力，特别是承受磨损的转子（卸料螺旋），只能送回制造厂，在厂内进行维修。

1）选型。离心脱水机在选型时要同时考虑和校核设备的两种负荷：固体负荷，即单位时间内离心机处理的绝干泥量，通常以进泥含固率≤10％确定最大负荷；水力负荷，即单位时间内离心机处理的泥水量，通常以进泥含固率 0～0.8％确定最大负荷；当进料污泥浓度较高时（超过 1.5％时）主要的考虑因素为固体负荷；当进料浓度较低时（小于1.5％时）主要的考虑因素为水力负荷。对于净水厂排泥水的污泥（含固率≤3％），一般来讲含固率越高，脱水效果越好，但如果在最大流量下运行，含固率增加时则回收率下降，滤液浊度高；同时，如果含固率低于 1％则不易脱水，需要提高分离因数即转速来保证脱水效果。因此在设备选型时要同时校核两种负荷，让设备在不利工况下也能保持良好的脱水效果。

离心脱水机的处理能力与直径、长径比和转速 3 个主要因素有关；其中前 2 个因素决定了机器体积的大小，也就是决定了离心机的分离面积和容积，而转速则决定了分离因数的大小。一般情况下，市政排泥水脱水用的离心机的分离因数值在 2000～3000G（G 指转速，下同）之间为最佳，低于 2000G 就很难达到良好的分离效果了，当分离因数高于 3000G 时，虽然高分离因数增加了机械沉降速度，但同时对投加絮凝剂所发生的絮凝也有不良作用，会破坏已形成的絮凝物，反而影响脱水效果，使分离的效果增加与分离因数的增加比例并不明显，随之而来的能耗及磨损却大大增加。

同样，离心脱水机的选型也应该以实物试验为基础，实物试验可以用车载试验机进行。试验首先确定离心机对脱水污泥的适应性，是否能够达到预定的脱水效果。其次测试转速、差转速、加药量等技术参数，作为选型的重要依据。特别是离心机对污泥的适应性，并不是同样的参数就能达到同样的效果，离心脱水机的内部结构也有决定性的作用。

2）驱动装置。离心脱水机在工作时，驱动装置驱动转鼓和卸料螺旋以不同的转速高速旋转，高转速产生离心力，使污泥脱水，而转速差则产生相对位移，将泥饼推出。离心脱水机转鼓的转速可达 4000r/min 以上，转鼓与卸料螺旋的转速差在 2～17r/min 之间可以调节，差速调节精度能够达到 0.01r/min。

离心脱水机的驱动方式有许多种，目前常用的污泥脱水机的驱动方式有双变频电机驱动和变频电机＋液压驱动两种。

双变频电机驱动方式是由主电机和副电机分别驱动转鼓和卸料螺旋，并通过各自的变频器调节转速。转鼓和卸料螺旋的转速都是独立的，当进泥工况发生变化时，可以通过变频器很灵活地调整转速，以保持泥饼的含固率。这种驱动装置结构简单，操作方便，经过特殊设计后还可以实现对副电机的能量回收，从而降低了能耗。

变频电机＋液压驱动方式是由主电机和液压差速器分别驱动转鼓和卸料螺旋，并通过各自的变频器调节转速。液压差速器具有推力平稳、输出扭矩大（输出扭矩≥5000N·m）的特点，可以在离心机锥端进行双向挤压，得到更干的泥饼。但液压驱动装置结构复杂，维护工作量大。

3）转子结构。转子由中心筒及布料器和卸料螺旋叶片组成。卸料螺旋叶片分为整体式和中空式两种，整体式螺旋叶片结构简单，动平衡易掌握。中空式螺旋叶片能使滤液排出顺畅，减少了对固体层的扰动，但叶片结构相对复杂。

4）防磨损保护。离心脱水机是一种高速旋转的设备，污泥中的泥砂对设备的磨损非常严重，必须采用有效的防磨损保护措施才能保证离心机的使用寿命。离心脱水机的防磨损保护主要体现在转子、转鼓和进出料口 3 个部位。

转子上的螺旋叶片与泥层接触的外缘是磨损最严重的地方，有喷焊碳化钨、碳化钨贴片和喷焊碳化钨的可更换式耐磨片三种防磨损保护方法。在螺旋叶片外缘直接喷焊碳化钨涂层是最常用的方法，但碳化钨涂层不能做得太厚，在处理磨蚀性强的物料时，涂层维修周期缩短，要将转子送到专业制造厂维修，维修工作量大。碳化钨贴片处理虽然能够大大提高耐磨周期，但如果贴片贴焊不牢脱落时，对离心机的损害是很大的。可更换式耐磨片在防磨表面喷焊碳化钨涂层，防磨性能与直接喷焊碳化钨涂层方式相同，但耐磨片更换简单，维修工作量小，维修费用低。

转鼓的防磨损保护措施是在转筒的内壁沿纵向焊有不锈钢耐磨条或是开有纵向沟槽，可以防止固相泥层在转筒内壁滑动引起的转鼓内壁磨损，同时避免泥层随卸料螺旋旋转而不排出。

转子上的进料口及转鼓上的出料口多采用可更换式的耐磨衬套进行保护。耐磨材料为陶瓷或碳化钨材质。

5）主要零部件材料。离心脱水机的转鼓应该采用离心浇铸工艺制造，使转鼓密度均匀，刚性好，动平衡性好。目前使用的材料有 316 系不锈钢和 329 双相不锈钢，双相不锈钢的浇铸性能要优于 316 不锈钢。

转子常用的材料为 316 系不锈钢。

6）自动清洗系统。离心脱水机在停机后必须进行内部清洗，防止残留的污泥在离心机再次启动时产生不平衡力，发生振动、设备损坏等情况。离心脱水机的自动清洗系统包括过滤器以及相关的管道、阀门等设备，在每次停机时都能够自动对转鼓进行清洗。

① 冲洗水水质：自来水或中水。

② 冲洗时间：5～15min。

③ 冲洗水压：≥3bar。

离心脱水机还应该在固相泥饼排出口设置专用的闸阀，在冲洗脱水机时阀门关闭，防止冲洗水从排泥口流出。

（3）影响脱水效果的主要因素　净水厂的水源、水质情况（主要特点为含有藻类、含砂量较高）以及净水处理工艺都会对净水厂排泥水的处理效果产生影响，影响污泥脱水效果的主要因素有导致泥饼含固率降低的因素及提高泥饼含固率的因素两类。

1）导致泥饼含固率降低的因素：含有铝盐，如氢氧化铝；含有铁盐，如氢氧化铁；有机物含量的偏高；含有胶体黏土；存在藻类；TOC/TSS 的比例偏高。

2）提高泥饼含固率的因素：含有石灰和钙类物质；含有硅酸盐；含有 Fe_2O_3 和 MnO_2；含有重黏土。

8.7.3.4　脱水系统附属设备

水厂的污泥脱水是一个系统过程，除脱水机之外，系统中还包括污泥切割机、污泥进料泵、加药泵、絮凝剂制备装置、泥饼输送装置以及管道和阀门等附属设备。所有附属设备都应与脱水机相配套，组成一个完整的污泥脱水系统。排泥系统如图 1-8-15 所示。

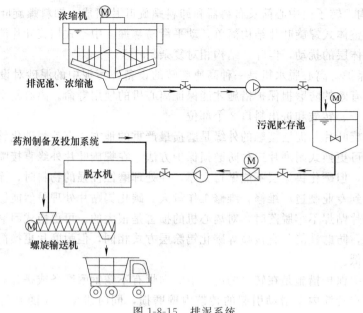

图 1-8-15　排泥系统

（1）污泥切割机　为防止污泥中有较大的物体对脱水机产生损坏，要设置污泥切割机对污泥进行破碎处理。污泥切割机一般为管道式结构，由壳体、轴承托架、驱动轴、刀体、刀刃、刀盘、轴封及驱动装置组成。其处理能力应该与污泥进料泵和离心脱水机相匹配，并与脱水机联动。污泥切割机要有大的清洗窗，便于清理腔体内残留物和排空异物。

（2）污泥进料泵　污泥进料泵要适应污泥浓度高并含有细小颗粒的情况，可选择的泵型有离心泵、隔膜泵、活塞泵、螺杆泵和凸轮转子泵等。板框脱水机在几十年的应用历史中，几种泵型都配套使用过，其特点是在整个进泥过程中的压力是由低到高变化的。离心脱水机的进泥过程就简单了，是一个低压连续的进泥过程，常用的进泥泵是螺杆泵和凸轮转子泵。各种泵的比较见表 1-8-5。

表 1-8-5　各种泵的比较

项　目	优　点	缺　点
离心泵	(1)技术成熟,投资成本较低; (2)流量大,进泥速度快	(1)剪切力大,只适合于稳定性极高的污泥; (2)高速运转设备,耐磨损性能差
隔膜泵	泵送动作较平顺,对介质没有剪切破坏	价格及运行费用高
活塞泵	(1)流量大,压力高,操作压力高达 20bar; (2)对介质的挤压剪切很小	(1)价格高; (2)维护成本高
螺杆泵	(1)可泵送高黏度、流动性差的介质; (2)对介质无剪切、无搅动,没有湍流脉动现象,泵送平稳; (3)体积小,结构简单; (4)有计量功能,可作一般计量泵使用	(1)耐磨损性能稍差; (2)维修成本较高
凸轮转子泵	(1)对介质的挤压剪切很小,泵送平稳,几乎没有脉动; (2)颗粒通过能力强; (3)耐磨损性能好; (4)可反向输送介质; (5)结构紧凑,占地面积小	输送压力低,压力稳定性稍差

1) 螺杆泵。在水厂污泥处理系统中使用的螺杆泵是一种容积式偏心单螺杆泵，有进泥泵、加药泵和泥饼输送泵 3 种。作为进泥泵时，对于板框压滤机压力较高的工况，要选择多级螺杆泵。离心脱水机则配套单级螺杆泵即可。用作泥饼输送泵的一般是在特殊情况下使用，例如垂直输送距离大、设备安装空间小等。

螺杆泵由定子、转子、万向节、驱动装置和支架等部件组成（见图 1-8-16）。

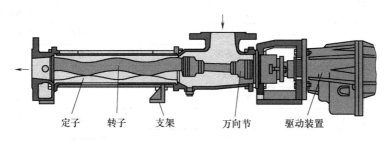

图 1-8-16　螺杆泵组成

螺杆泵的转子采用单头螺纹结构，其截面为圆形。泵的定子内表面则是双头螺纹结构，其截面为长圆形，定子内螺纹的旋向与转子外螺纹的旋向相同。由于转子和定子各自螺纹数目不同，在转子和定子表面之间会产生一个封闭的容积腔，这个腔内的污泥随着转子的旋转沿轴向被推出排泥口，从而将污泥从吸入端到排出端不断地送出。螺杆泵的流量和转速成正比，可以通过手动机械装置和变频器进行调节。

螺杆泵转子和定子的特殊空间几何结构使它们之间存在连续的过盈接触，形成一条密封线，从而在吸入端和排出端两侧之间形成可靠的密封。正是因为这个密封，使螺杆泵不但可以泵送较高的压力，还具有很高的自吸能力。

螺杆泵能够连续、均匀地输送介质，没有湍流、搅动、脉动和剪切现象，特别适用于泵送脱水污泥，能够最大限度地保持污泥性质，保护絮体不被破坏，从而获得最佳的脱水效果。

根据螺杆泵的特点，在使用中要注意以下问题。

① 用螺杆泵输送污泥时，介质中的杂质会对转子和定子造成磨损，使泵的容积效率降低，也就是在转速不变的情况下泵的流量会随着磨损的发生而减少。因此在设计确定泵的流量时，不但要按照最大流量选择，还要根据污泥性质考虑一定的余量，使泵始终在良好工况下运行。

② 螺杆泵的结构特点和密封性能使螺杆泵具有止回功能，停泵时，介质不会倒流，因此输送管路一般不用设置止回阀。但如果两台泵共用一个输送管道且输送压力超过 0.3MPa 时应该安装止回阀。另外，在转子和定子有磨损时会出现回流现象，因此对于磨损严重的工况，也可以考虑安装止回阀。

③ 由于污泥中的颗粒杂质较多，对设备的磨损比较严重，因此对于输送污泥的泵要控制转速，通过降低转速来减少磨损。转速一般不得超过 400r/min，如果污泥含砂量较高，转速不得超过 200r/min。

④ 螺杆泵在没有介质空转时，转子和定子之间的干摩擦会很快在定子表面产生过高的温度，使定子橡胶过热被烧毁，因此螺杆泵必须连续进泥，否则要安装干运行保护器，保护螺杆泵不会因此损坏。

⑤ 螺杆泵是根据正向位移原理进行工作的。如果在开泵时出现出口侧阀门关闭或介质沉淀而造成压力过高等过载情况时，会导致泵、驱动装置、管路等设备的损坏。因此，每一

台螺杆泵都要有可靠的过压保护装置。带有旁路的安全阀或油触式压力计都可以作为过压停泵的保护装置。

螺杆泵的材质选择主要是转子材料和定子材料的选择。各种材料及用途见表 1-8-6。

表 1-8-6　各种材质及用途

介　质	材　质	适应场合
泵体	灰铸铁	一般市政污泥及脱水泥饼
转子	工具钢表面硬化处理	一般市政污泥及脱水泥饼
	不锈钢表面硬化处理	具有腐蚀性的污泥及泥饼
	不锈钢 316	药剂投加
	双相不锈钢	氯离子含量较高的介质
定子	NBR 丁腈橡胶	一般市政污泥及脱水泥饼
	EPDM 三元乙丙橡胶	化学性能稳定,耐老化性能好,用于环境恶劣的场合
	CSM 氯磺化聚乙烯橡胶（海帕伦）	药剂投加

2）凸轮转子泵　凸轮转子泵比螺杆泵进入国内污水处理市场比较晚,是近些年使用较多的一种泥泵。一般来讲在污泥处理系统中凸轮转子泵只用作污泥进料泵。

凸轮转子泵也是一种容积泵,其转子叶轮有 2 叶、3 叶、4 叶和 6 叶、直线和螺旋等不同结构形式,不同品牌的产品有各自不同的结构特点。凸轮转子泵的工作原理与罗茨鼓风机相似（见图 1-8-17）,两个转子叶轮平行设置,在两个转子叶轮之间和转子与泵壳之间形成腔体,当转子配合旋转时,便将污泥吸入、排出,实现输送污泥的作用。以 3 叶转子泵为例,转子叶轮每旋转一周完成三次吸泥和排泥过程。

凸轮转子泵的特点和工作情况与螺杆泵有很多相似之处,螺杆泵的使用设计要点同样适用于凸轮转子泵,不同之处在于：a. 介质在凸轮转子泵中被传送的距离比较短,不像螺杆泵那样有很长的接触线,因此效率高,占地小,耐磨蚀性能好,检修维护费用较低;b. 凸轮转子泵可以反向输送介质,可以短时承受干运行而泵不会被损坏;c. 直线型凸轮转子泵在工作时会有较大的压力波动,采用螺旋型转子叶轮可以解决这个问题,将脉动降低到最小,基本实现无脉动输送介质;d. 凸轮转子泵也具有自吸能力,但自吸性能不如

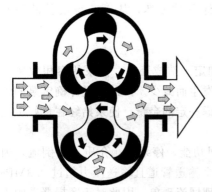

图 1-8-17　凸轮转子泵工作原理

螺杆泵,在转速大于 200r/min 的时候才可以产生很好的自吸能力;e. 凸轮转子泵由于结构原因,在小泵型规格上,价格高于螺杆泵,规格越小价格差越大,相反在大泵型上则规格越大,价格较螺杆泵就越低,从目前的生产情况看,价格平衡点在 40m³/h 左右。

凸轮转子泵的泵壳为铸铁材质,内表面进行激光硬化处理以增加耐磨性能。转子叶轮有外表面包覆各种耐腐蚀橡胶的碳钢或铸铁转子和不锈钢转子,对于较大的转子叶轮,采用转子尖部可拆卸的结构,当磨损严重时,只需更换被磨损的转子尖即可,减少了维修费用。

螺杆泵与转子泵的比较见表 1-8-7。

表 1-8-7　螺杆泵与转子泵的比较

项目	螺 杆 泵	转 子 泵
特点	(1)输送液体的种类和黏度范围广泛,能输送高固体含量的介质; (2)有比较好的自吸能力; (3)输送压力稳定,没有脉动现象; (4)通过增加级数可实现较高的输送压力; (5)压力、温度和转速对容积效率影响很小	(1)低摩擦结构设计,使效率提高,使用寿命长; (2)只需改变旋转方向即可反向泵送介质; (3)允许干运转; (4)颗粒通过能力强,粒径范围 25～70mm; (5)启动扭矩低; (6)结构紧凑,占用空间小; (7)拆装简单,维护方便,易损件少;配件成本低,寿命长
缺点	(1)不能干运行; (2)耐磨损性能低; (3)配件及维护成本高	(1)不能输送非流动性介质; (2)压力、温度和转速对容积效率有一定影响

（3）絮凝剂制备投加装置　为了保证污泥最终的脱水效果,在泥水进入脱水机前要投加高分子絮凝剂进行污泥调质处理。高分子絮凝剂商品有粉剂和液体两种,使用全自动的絮凝剂制备投加系统,可以将粉剂或液体原料按需要的浓度全自动配制并投加。

1）系统组成。絮凝剂制备投加系统可分为絮凝剂制备装置、加药装置和在线稀释系统三部分：絮凝剂制备装置由干粉投加系统（或药液投加系统）、溶解水系统、搅拌贮存系统和控制系统组成（见图 1-8-18）;加药装置由加药泵、流量计和阀门组成;在线稀释系统由水射器、转子流量计、静态混合器和阀门等组成。

2）絮凝剂制备装置工作原理及药剂制备过程。絮凝剂制备装置是一种全自动一体化集成式设备,从药剂制备、稀释及投加全部全自动完成,自动化程度高,配制浓度准确稳定。

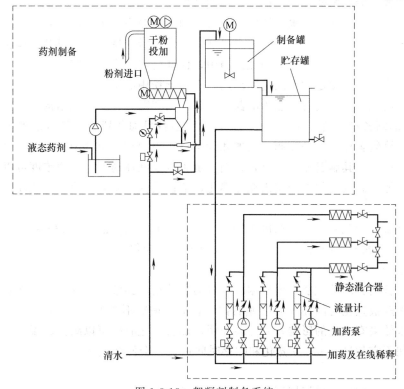

图 1-8-18　絮凝剂制备系统

　　工作时，如果是粉剂原料，首先由操作人员用设备单元配有的真空吸料器把絮凝剂药袋中的药粉吸送到粉料仓中备用。使用中当料仓内的料位降到低料位时，设备控制盘会给出加药提示，提醒操作人员补充粉料。如果是液体原料，则直接通过药泵进料。

　　配药时，通过预先精确标定的螺旋进料器（或选配的液体絮凝剂泵）精确计量投加絮凝剂，与溶解水一起加入配药罐中。

　　配药罐内装有搅拌器，适当的转速，既能保证溶液的均匀熟化，又不破坏絮凝剂分子链。罐内设有液位传感器，可实现罐内液位的高/低/超低三个点的液位控制。药液在此经过精确的浓度标定和充分搅拌熟化后放入贮药罐。

　　配置好的成品药液在贮药罐中贮存备用，从而完成药剂制备过程。贮药罐内也设有液位传感器，实现低/超低两个点的液位控制。超低液位信号可以提供对加药泵的防干转保护功能。

　　制备好的药液在投加时还需要进一步稀释，此时采用的是在线稀释装置。当系统运行需要投加絮凝剂时，加药泵从贮药罐抽取药液，经精确计量后输入稀释系统。稀释系统会根据控制信号自动开启相应的稀释水电磁阀，将适量的稀释水加入药液中，一起进入静态混合器，把药液均匀配制成最终使用浓度，并送到指定投加点，至此完成全部絮凝剂制备和投加过程。

　　将粉剂原料定量投加到配药罐中，目前有两种不同的方式。一种方式为使用双螺旋进料器对粉剂原料进行精确计量，计量后的粉剂进入溶药锥，溶药锥的涡流湿润装置将药和水均匀混合湿润成悬浊液（或乳浊液），再由水射器提供大量水力能，将水和药剂同时加压送入配药罐中。双螺旋进料器通过精确标定输送速度，以定时计量的方式控制每一批次的投加药量，同时通过控制配药罐液位，控制每批次的配置药液容积，从而掌握精确的配制浓度。使用此方式的装置一般为配药罐和贮药罐两罐式结构。

　　另一种方式为先打开溶解水系统的电磁阀，向配药箱内注水，同时安装在管路上的流量计将检测水流量。经过一段时间延时箱内达到一定水量后，螺旋给料机开始运转，将料斗内的原料根据设定地浓度定量地投加到配药箱中，保证药液浓度的恒定。同时，位于粉剂投加出口的加热器将会按照预定的时间定期加热，去除干粉中的水分，防止干粉因为遇潮而在管路内结团。使用此方式的装置一般为溶药箱、熟化箱和贮药箱三箱式结构。

　　3）絮凝剂制备投加装置的技术特点。絮凝剂制备投加装置是一种自动批次配制、连续投加的设备。该装置把药液的配制、投加和计量过程集中在一个处理单元中，设备集成化程度高，占地面积小。其制备原料可以是粉剂，也可以是液体药剂。药液浓度可以在一定范围内任意调节。能够高效均匀地配制出充分熟化，活性极强的聚合物溶液，使高分子聚合物得以充分利用。

　　絮凝剂制备装置配制药液的浓度范围为 0.2%～0.5%，经过在线稀释后的投加浓度为0.05%～0.1%。絮凝剂制备浓度经过自控系统设定后会保持不变，不随药剂处理量污泥流量的变化而改变。

　　絮凝剂制备装置的处理能力要根据脱水机的加药量、药液投加浓度和药液熟化时间来核算确定。其中药液熟化时间在 60min 左右比较合适，最短不能少于 40min。药液的熟化时间对污泥的脱水效果有一定的影响，有经验表明，加长熟化时间可以减少絮凝剂的投加量，但最长熟化时间不宜超过 90min。熟化和贮存时间过长，会使药液变质失效，反而失去助凝脱水功效。

　　加药泵一般选用偏心单螺杆泵，泵的形式及特点与污泥进料泵相同。螺杆泵能够连续、均匀地输送介质，没有湍流、搅动、和剪切现象，在这方面优于离心式泵，同时在输送稳定性、设备构造及价格方面又优于隔膜泵，特别适用于泵送高分子絮凝剂，能够最大限度地保持药液性质，使药效能够充分发挥作用，从而获得最佳的脱水效果。

加药泵在选型时，要按配药浓度来考虑泵的流量范围，而不是按稀释后的投加浓度选型。絮凝剂的投加量需要根据污泥流量和性质进行调节，可以采用变频调速方式，通过改变加药泵转速来调整加药量。

加药泵的材质根据药性选择，用于投加聚丙烯酰胺时，转子采用不锈钢材质，定子采用氯磺化聚乙烯（海帕伦）橡胶。

絮凝剂制备装置在配制药液时，为了保证高分子絮凝剂能够在短时间内充分混合溶解，装置需要稳定的水压来保证流量，供水压力要大于 0.35MPa。如果用户不能提供，要配套增压泵。同时还要配套稳压和缓冲设备，在过压和压力波动时保证系统设备安全。有些品牌的产品可以选配水源加压稳压设备，此时水源压力在 0.1MPa 左右即可。

（4）泥饼输送装置 污泥脱水机脱水后的泥饼要通过泥饼输送装置，将泥饼送至堆放场或直接送至运输车上运走。

目前使用的泥饼运输装置有无轴螺旋输送机、有轴螺旋输送机和皮带输送机 3 种形式。几种设备的适用工况见表 1-8-8。

表 1-8-8 几种设备适用工况

项 目	适用工况
无轴螺旋输送机	适用于连续均匀输送较松散的、有黏性的、易缠绕物料，输送物料的温度高，最大倾角小于 45°；输送距离长，可达 25m，并可根据用户需要，采用多级串联式安装，超长距离输送物料
有轴螺旋输送机	适用于污泥脱水后的输送、化工领域的颗粒状和粉末状物料的输送，螺旋输送机用于传输工业生产过程中产生的各种废物及滤渣，城市给排水中格栅输出栅渣，污泥脱水中输送泥饼等物料。 适用于水平或倾斜输送粉状、粒状和小块状物料，如煤、灰、渣、水泥、粮食等，物料温度小于 200°C。 不适于输送易变质的、黏性大的、易结块的物料
皮带输送机	胶带输送机适用于输送堆积密度小于 1.67t/m³，易于掏取的粉状、粒状、小块状的低磨琢性物料及袋装物料，如煤、碎石、砂、水泥、化肥、粮食等。被送物料温度小于 60°C。其机长及装配形式可根据用户要求确定，传动可用电滚筒，也可用带驱动架的驱动装置

1）无轴螺旋输送机。无轴螺旋输送机由驱动装置、U 形槽、柔性无轴螺旋和支腿等组成（见图 1-8-19）。

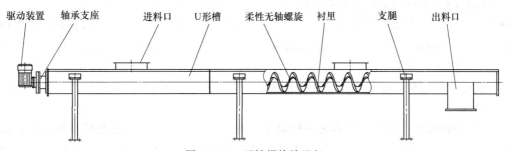

图 1-8-19 无轴螺旋输送机

无轴螺旋输送机工作时，驱动装置带动柔性无轴螺旋旋转，落入 U 形槽中的泥饼通过旋转的螺旋被推至输送机一端的出料口排出。无轴螺旋输送机根据需要可以水平布置，也可以倾斜放置。在输送机规格相同的情况下，倾斜安装的无轴螺旋输送机的输送能力要低于水平安装的输送机，倾斜角度越大，输送能力越低，不同安装角度时的输送量见表 1-8-9。

表 1-8-9   不同安装角度时的输送量

0°	5°	10°	15°	20°	25°	30°
100%	90%	80%	70%	65%	60%	55%

无轴螺旋输送机水平安装时也要有 5° 左右的向出料口方向上扬的角度，以利于 U 形槽中的积水排出。

无轴螺旋输送机的单机输送长度，在水平安装时可达 30m，倾斜安装时可达 28m。由于柔性无轴螺旋是一个连续整体的部件，过长的输送长度对设备加工、运行寿命和维修都有不利的影响，因此在布置脱水机的位置时要同时考虑无轴螺旋输送机的选择，使设备的选型更为合理。

柔性无轴螺旋是无轴螺旋输送机的关键部件，螺旋叶片放置在 U 形槽中，一端支撑与驱动轴联接，另一端为自由端。螺旋叶片在使用一段时间后会被拉长变形，此时可以将螺旋叶片切去一段后继续使用。螺旋叶片的加工方式有两种：一种为整体拉制叶片，原料为棒料；另一种为焊接叶片，原料为板材。螺旋叶片的常用材质有 16Mn 和优质不锈钢，对于净水厂污泥，含砂较多，腐蚀性弱的特点，选用 16Mn 材质比较合适。

U 形槽由不锈钢制成，槽内承托着螺旋叶片，其内表面必须耐磨损和耐腐蚀，一般使用高分子聚乙烯材料做衬里，需要每年更换一次。U 形槽可以做成封闭或半封闭式，根据使用需要确定。

2）有轴螺旋输送机。有轴螺旋输送机由驱动装置、U 形槽、有轴螺旋和支腿等组成（见图 1-8-20）。

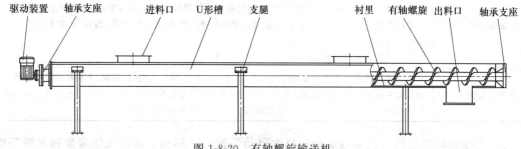

图 1-8-20   有轴螺旋输送机

有轴螺旋输送机的结构形式和工作原理与无轴螺旋输送机相似，不同之处在于螺旋叶片是固定在一个长轴上的，螺旋长轴两端支撑。这样的结构避免了螺旋叶片在使用一段时间后会拉长变形，同时两端支撑的螺旋轴使螺旋叶片与 U 形槽之间的摩擦减少，使 U 形槽衬里的磨损大大降低，减少了维修工作量和维修成本。

有轴螺旋输送机的螺旋轴标准长度是 6m，输送距离超过 6m 时，要分段拼接，输送长度可在 20m 以上。

3）皮带输送机。皮带输送机是一种敞开式的输送设备，相对于螺旋输送机来讲，机构复杂、体积大，工作环境差（见图 1-8-21）。以往的工程实例都是用在与板框脱水机配套使用，目前已经基本上被螺旋输送机取代了。

（5）管道及阀门

1）管道及管件。排泥水系统的污泥管路常用的是不锈钢制管道、管件，也可以使用钢

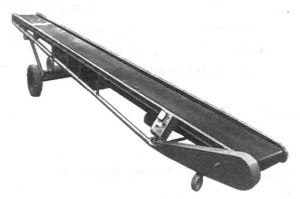

图 1-8-21　皮带输送机

制管道、管件。在管路上的适当位置要设置注水口与排水口，用于进行管道冲洗。

加药管采用耐腐蚀的不锈钢或非金属材质。

另外，要根据系统管路情况合理地配置管道补偿接头，补偿接头的配置要保证每个阀门都能方便地拆卸。

2）阀门。用于输送泥水的电动阀门宜采用偏心柱塞阀、刀闸阀、管夹阀等全通道、无阻塞、可快速开启的阀门。手动阀门采用浆液阀、软密封闸阀等全通道、无阻塞阀门。

8.8　案例及分析

8.8.1　浮动槽排泥池

深圳市某水厂原有规模 $32 \times 10^4 \, \mathrm{m^3/d}$，扩改建工程规模 $20 \times 10^4 \, \mathrm{m^3/d}$；其中常规净化构筑物按新增 $20 \times 10^4 \, \mathrm{m^3/d}$ 规模设计，预处理、深度处理、污泥处理按新建 $52 \times 10^4 \, \mathrm{m^3/d}$ 设计。

污泥处理构筑物包括浮动槽排泥池、浓缩池、污泥提升泵房和脱水机房，日处理干污泥 15.6t，干污泥量按原水年平均浊度 9NTU 的 2 倍、考虑总加药量 4mg/L、石灰投加量 30mg/L（有效含量 CaO70％计）计算。

（1）浮动槽排泥池　浮动槽排泥池接受新、旧系统沉淀池排泥、絮凝反应池第二、三反应室排泥及回流水池底部沉淀排泥，三者均为强制排泥，污泥含水率 99.0％～99.7％。污泥进入浮动槽排泥池前先进入污泥结合井和配泥井，然后由配泥井均匀分配给 2 座浮动槽排泥池。

浮动槽排泥池呈方形，单池平面尺寸为 $W \times B = 18\mathrm{m} \times 18\mathrm{m}$，有效水深 4m，进泥管直径 $DN300$，中心辐流式进泥，固体负荷为 $1\mathrm{kg/(m^2 \cdot h)}$。

为避免池子四角积泥，浮动槽排泥池结构形式采用上方下圆，由四周坡向中心，池底坡度 1：10。每池设 $D = 18\mathrm{m}$ 中心悬挂式刮泥机 1 台。设计周边线速度为 1.0 m/min。刮泥机将泥刮至池底中心，底流连续排泥，排泥管直径 $DN150$，底流泥经过污泥提升泵房内的提升泵送入 2 座浓缩池，上清液重力排到污泥提升泵房内的集水池后回流至配水井。

为了使浮动槽排泥池不仅具有调节作用，还有一定的浓缩作用，在浮动槽排泥池中设有浮动槽收集上清液。由于浮动槽随水面上下浮动，虽然浮动槽排泥池进泥是间断的，但浮动槽出水在大部分时间是连续的，因此浮动槽排泥池具有一定的浓缩作用。

浮动槽可动幅度为 1.5m，即从浮动槽排泥池最高水位 17.50m 至 16.00m。当池水位降至 16.00m 以下时，浮动槽停止出水。在浮动槽排泥池四角设 4 个导向柱，导向柱中埋管作为浮动槽的 4 个出水通道。浮动槽排泥池的上清液通过浮动槽下面孔口进入浮动槽，然后通过虹吸管进入导向柱里的管道，排出池外至污泥提升泵房内的集水池。虹吸管起动时，用水射器抽真空，水射器安装在虹吸管上面随浮动槽上下浮动，水射器压力水来自配水泵出水，其入口与 $DN40$ 压力水管球阀上的软管相接。虹吸管起动完成后关掉水射器进水阀。

浮动槽排泥池还设周边溢流槽，当浮动槽发生故障时，上清液可通过溢流槽进入污泥提升泵房内的集水池。溢流槽堰板采用钢制矩形薄壁堰。

由于水厂污泥重力排至浮动槽排泥池，因此浮动槽排泥池埋深较大，浮动槽排泥池放空时不能重力排入厂区排水系统，因此在厂平面中设放空井，在放空井中临时用潜水排污泵提升至厂区排水系统。

(2) 浓缩池 浓缩池接受浮动槽排泥池的底泥，为中心幅流式重力浓缩池。

设计浓缩池 2 座，为方形，单池平面尺寸为 $W \times B = 18m \times 18m$，池边有效水深 4m，进泥管直径 $DN150$，固体负荷为 $1kg/(m^2 \cdot h)$，污泥停留时间 40h。

浓缩池为中心幅流式进泥，污泥从浓缩池中心进入，进泥管直径 $DN150$，经导流筒后向四周辐流，上清液均匀流入溢流槽，重力排到污泥提升泵房内的集水池后回流至配水井。底流经浓缩后，污泥浓度达 $2\% \sim 3\%$，浓缩机将泥刮至池底中心，底流连续排泥，经 $DN150$ 排泥管进入污泥脱水机房内的平衡池。

(3) 脱水机房 脱水机房设备包括板框压滤机及附属系统（加药系统、进料系统、压缩空气系统、高压冲洗系统和给排水系统）。进脱水机污泥含水率小于 98%，处理干泥量 15.6t/d。

(4) 主要设备 隔膜挤压全自动板框压滤机 2 台。

8.8.2 滗水器排泥池

天津某开发区净水厂以引滦水为主要水源，一、二期工程建于 $1995 \sim 1999$ 年，设计规模分别为 $7.5 \times 10^4 m^3/d$ 和 $10 \times 10^4 m^3/d$，2009 年 8 月刚刚投产三期，规模为 $15 \times 10^4 m^3/d$。

泥线工艺流程如图 1-8-22 所示。

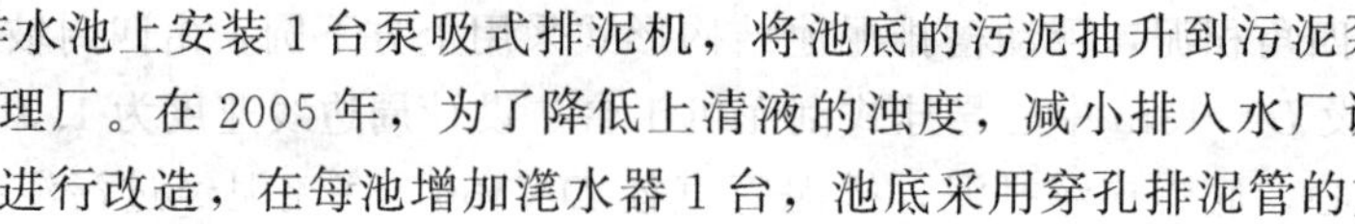

滤池冲洗排水、沉淀池排泥水 → 合建式排水池 → 底泥排至附近的污泥处理厂
↓上清液
回收至水厂调节池

图 1-8-22 泥线工艺流程

污泥处理采用合建式排水池接纳的是滤池反冲洗水及沉淀池排泥水，该池最初于 1995 年与一期同步建设，当时该排水池为 2 座，每座长 60m、宽 12m、水深 3m，容积为 $2160m^3$。每座排水池上安装 1 台泵吸式排泥机，将池底的污泥抽升到污泥泵房，然后流入到厂外的污泥处理厂。在 2005 年，为了降低上清液的浊度，减小排入水厂调节池的回流水浓度，对该排水进行改造，在每池增加滗水器 1 台，池底采用穿孔排泥管的方式排泥。单台滗水器宽 14m，滗水量 $900m^3/h$，$N = 1.2kW$，滗水深度 1.4m；穿孔排泥管采用 $DN200$ UPVC 管，沿池底布置，管间距采用 1.6m，采用膜片式快开排泥阀排泥至排泥沟，为了防止穿孔排泥管堵塞，在每根穿孔排泥管上接 $DN50$ 空气管。

8.8.3 高效沉淀池

北京市某水厂改建部分设计规模 $15 \times 10^4 m^3/d$，主要生产构筑物分为水线及泥线两部分，泥线主要生产构筑物包括回流水池、废水回收、高密度澄清池、污泥混合池、脱水机房、加药间。

泥线工艺流程如图 1-8-23 所示。

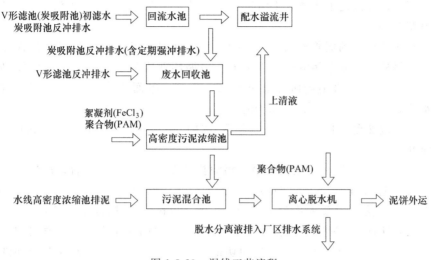

图 1-8-23　泥线工艺流程

高密度污泥浓缩池包括斜管沉淀和污泥循环回流。在高密池中投加絮凝剂及聚合物，悬浮固体从废水中分离下来并得到浓缩，而澄清水可送回水线。

（1）主要设计数据

① 设计水量 170m³/h。

② 数量 1 座。

③ 反应时间 2min。

④ 接触时间 3min。

⑤ 速度梯度 250s⁻¹。

⑥ 总面积 27m²。

⑦ 斜板上流速 11.3m³/(m²·h)。

⑧ 出泥含水率 99%～97%。

（2）高密池的组成　高密池包括进水池、溢流池、混凝池、絮凝池、沉淀池、上清液池等。

1）进水池、溢流池。废水回收池的水通过 DN250 管道进入高密池、进水分别经过 500mm×500mm 进水板闸、堰、2 个 400mm×300mm 过水孔进入混合池。溢流堰设在 DN250 进水池西侧。溢流水通过 DN250 溢流管进入厂区雨水系统。

2）混凝池。混合池平面尺寸 1.8m×1.8m，池底高 53.46m，池内水位 55.26m。池内设快速搅拌器 1 台，N=0.55kW。进混凝池前的池壁上设 DN50 的混凝剂（三氯化铁）穿孔加药管。

3）絮凝池。絮凝池平面尺寸 3.1m×3.1m。池内设絮凝搅拌器 1 台，N=0.55kW。来水通过 DN300 管道接池底预埋 DN400 钢管进入絮凝池，同时沉淀池的回流污泥通过 DN65 污泥循环管与 DN400 钢管相接与来水混合一同流入絮凝池。聚合物电解质（PAM）通过絮凝池内设聚合物电解质（PAM）投加环，并在 DN65 污泥循环管上投加 PAM，向絮凝池投加 PAM。

4）沉淀池。沉淀池平面尺寸 5.2m×5.2m，池底高 50.65m，池内水位 55.2m。池内设刮泥机 1 台，$N=0.37kW$，为了增强浓缩效果，刮泥桥配有扰动栅。絮凝池的来水先经过 1230mm 高的孔洞，然后经堰流入。

斜管分离区设在沉淀池上侧，上清液从经过斜管区后，进入 6 根澄清水槽，进入上清液总渠，总渠宽 0.8m。

底泥从与泥斗接出的泥管排出。其中剩余污泥通过 $DN80$ 污泥循环管从泥斗上侧排入污泥循环泵，另外部分剩余污泥通过 $DN80$ 污泥循环管从泥斗下侧排入污泥循环泵。

5）上清液池。上清液池与沉淀池出水总渠相接，平面尺寸 3m×2m，池底高 52.2m，池内开泵水位 54.75m，停泵水位 53.4m。

池内设上清液 2 台（1 用 1 备），单台 $Q=210m^3/h$，$H=17m$，$N=22kW$。上清液排至配水溢流井。

6）污泥循环排放系统。污泥循环泵、污泥排放泵及备用泵共 3 台，放置在高密池北侧的泵房内。泵房宽 4.5m，高密池的污泥泵放置在泵房的南侧，泵房底高 50.15m。污泥循环泵、污泥排放泵及备用泵采用偏心螺杆泵 $Q=6.8m^3/h$，扬程 $H=2bar$，$N=2.2kW$。$DN80$ 的污泥循环管、$DN80$ 污泥排放管与 3 台污泥泵的干管连接，污泥循环泵、污泥排放泵均通过手动闸阀与备用泵污泥循环泵的切换。污泥泵前后设手动闸阀及与冲洗水连接的 $DN25$ 手动球阀。污泥循环泵的 $DN65$ 出水管接到絮凝池的 $DN400$ 出水管上。污泥排放泵的 $DN65$ 出水管接到 2 个污泥混合池。

7）絮凝剂投加系统。絮凝剂（三氯化铁）投加设备放置在污泥处理车间北侧，包括混凝剂贮存罐、2 台加药泵及配套设备。设备放置的地面高度为 54m，脱水机房的地坪高 55.6m。在北墙上，运药罐车的注药管穿进墙内与贮存罐的 $DN32$ 进药管连接。加药泵 2 台（1 用 1 备），采用偏心螺杆泵（带变频调速）$Q=7L/h$，$H=2bar$，$N=0.12kW$。絮凝剂投加至高密池混凝池进水孔上侧。

8）聚合物投加系统。聚合物（PAM）投加系统放置在污泥处理车间南侧，高密池上清液池的西侧。包括聚合物自动配置单元、聚合物投加泵 2 台以及配套设备。PAM 配制装置采用干粉投加。袋装 PAM 干粉堆放在污泥处理车间南墙门旁边的贮药区。加药泵 2 台（1 用 1 备）$Q=130L/h$，$H=2bar$，$N=0.37kW$。聚合物投加至絮凝池。

8.8.4 兰美拉工艺

南山水厂总体规划规模为 $80×10^4m^3/d$，一期建设规模为 $20×10^4m^3/d$，于 2008 年 12 月建成投产。目前运行规模为（7～10）$×10^4m^3/d$，两组净化构筑物运行。设计以东湖水库、铁岗水库、西丽水库为水源，目前主要以东湖水库为水源，常年平均浊度为 5～6NTU，最高不超过 40NTU，pH＝6.8～7.4，藻类较多，主要净化构筑物为机械混合池（2 组）、折板絮凝反应池（2 组）、平流沉淀池（2 组）、气水反冲洗 V 形滤池（8 格）。

排泥水处理工艺流程如图 1-8-24 所示。

（1）调节　调节构筑物采用分建式，即分别设置回收水池与污泥调节池，回收水池接纳滤池反洗水及污泥浓缩池合格上清液，经调节、静沉后，上清液由回收水泵提升进入原水混合井回用，底泥定时由吸泥机排入污泥调节池。

污泥调节池接纳反应、沉淀池排泥水及回收水池排泥水，池内设有潜水搅拌器，经均质、均量后，由污泥提升泵提升进入后续污泥处理工序。

回收水池尺寸为 39.65m×22.1m×7.0m，分 2 格，有效调节容积 3328m³。

（2）浓缩　设高效兰美拉斜板浓缩池，中间进水，上向流斜板沉淀，由于污泥压缩区基本不受浓缩区进泥的影响，污泥处于相对静止的压密环境，浓缩效率高、效果好，底泥进入

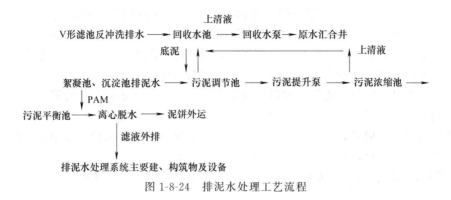

图 1-8-24　排泥水处理工艺流程

污泥平衡池。

浓缩池尺寸为 $10.2m \times 10.2m \times 6.6m$，2 座。

设兰美拉装置，斜板垂直高度 2.2m，倾角 60°，板距 80mm，板厚 1mm，斜板总面积 $208m^2$。

设中心传动浓缩机 2 台。

（3）脱水　由污泥平衡池、进泥系统、加药系统及离心脱水机组成。

污泥平衡池尺寸为 $7.0m \times 7.0m \times 3.5m$，有效容积 $147m^3$，设潜水搅拌器 2 台（1 用 1 备）。

离心脱水机 2 台，$Q = 17m^3/h$，$N = 30kW$。

8.8.5　微絮凝膜系统

北京某水厂采用浸没超滤膜处理滤池反冲洗排水。

水厂水源近期为河北四库，远期（2014 年以后）为丹江口水库，密云水库为备用水源，总净水规模为 $1.5 \times 10^6 m^3/d$，分三期建成，每期各 $5.0 \times 10^5 m^3/d$。

2009 年年底开始对滤池冲洗水处理工艺进行改造。主要对水厂滤池冲洗水进行膜处理，将处理后的水接入炭滤池前，经炭滤池吸附后进入清水池，以达到增加供水能力的目的。滤池反冲洗水单独处理规模为 $7 \times 10^4 m^3/d$，即膜工艺规模为 $7 \times 10^4 m^3/d$。

工艺总流程见图 1-8-25。

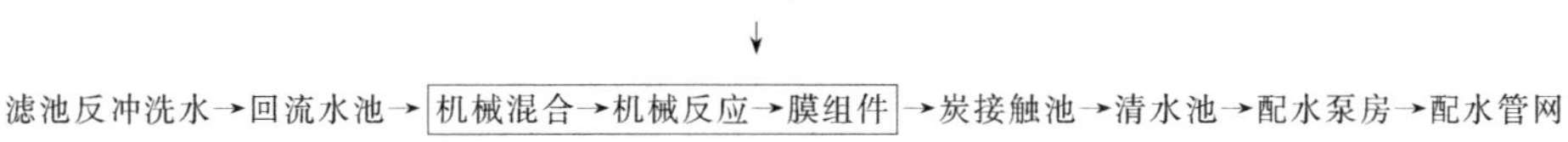

加药（$FeCl_3$、PAC）

滤池反冲洗水→回流水池→│机械混合→机械反应→膜组件│→炭接触池→清水池→配水泵房→配水管网

图 1-8-25　总工艺流程

改造后的砂滤池、炭滤池冲洗水经收集后，用泵提升至膜处理车间，经混合反应、精细过滤后进入浸没式膜池，膜池出水接至炭滤池进水，经炭滤池过滤后进入清水池。

冲洗水经过膜处理后出水水质：浊度≤0.1（保证率 95％），≤0.2（保证率 100％）；细菌去除率≥99.99％，两虫去除率≥99.99％，藻类去除率≥70％。

膜处理车间总平面尺寸为 $56m \times 40m$，包括混合池、絮凝池、提升泵房、精细过滤、膜池、膜反冲洗池以及膜配套设备。

（1）混合池　混合池采用 2 座，每池设 1 台轴流式搅拌机，混合时间 1～2min。

（2）絮凝池　絮凝池采用 2 座，每座设 2 格，每格设 1 套絮凝套筒的絮凝搅拌机，絮凝时间 15min。

（3）膜处理池　膜池采用浸没式膜，设 2 座，每座又可独立运行的 2 格。其中每格安装

6套膜设备，共72套膜设备。超滤膜为海南立昇产品，每组浸没式超滤膜组设计产水通量小于$30L/(m^2 \cdot h)$，材质为PVC，膜组面积$1680m^2$，有效孔径为$0.01\mu m$。

每组膜池池底设有1套往复式池底刮泥机，膜池的底泥浓度大于3%，通过抽泥泵排入厂区排泥系统，或在投加粉末活性炭的情况下将浓缩污泥回流至混合池。

（4）抽吸水泵、阀门及配管　浸没式超滤膜在一般条件下运行时，跨膜压差很小，但其变化的因数很多，如温度和膜的污染程度等。由于其水头变化范围只在几米以内，同时还要调节膜的产水量，一般叶轮泵无法达到满意的调节效果。因此该工程选用用德国引进的转子式的容积泵，共12台，单台$Q=370(706)m^3/h$，$P=10m$，$n=450(720)r/min$，$N=37kW$。其流量与转速成线形关系，而扬程则由背压决定，通过变频调节水泵转速，以调节水量。

（5）辅助设备　辅助设备包括擦洗鼓风机、空压机、化学清洗系统、中和系统、真空系统以及膜组完整性检测。

第9章 设备选型案例分析

9.1 北方地区某水厂设计案例

9.1.1 项目背景

北方某水厂原设计为地下水水厂，供水能力 $4.0 \times 10^5 m^3/d$，多年来随地下水水位下降，产水能力逐年衰减，造成服务地区管网供水压力不足。为满足供水需求，充分利用地表水，该水厂增加 $1.5 \times 10^5 m^3/d$ 以南水北调地表水为水源工艺处理系统，满足供水需求。

9.1.2 水源及水质情况

该水厂来水水源远期为南水北调丹江口水库来水，近期利用河北四个水库的水，这两种水源原水水质大多数指标符合《地表水环境质量标准》（GB 3838—2002）中Ⅱ类标准；但部分时期总氮指标超出Ⅲ～Ⅴ类标准；原水有机物含量较低，但部分时期有机物含量大于 $4mg/L$，藻类高时接近 10^4 个/L 量级，存在一定的富营养化问题。

原水主要水质特征指标见表 1-9-1。

表 1-9-1 原水主要水质特征指标（2006 年 5 月～2007 年 11 月）

名称	范围值	平均值	名称	范围值	平均值
浊度/NTU	0.12～19	5.25	总氮/(mg/L)	1.28～3.03	2.28
色度/度	7～109	18.63	COD_{Cr}/(mg/L)	4.77～23.84	11.79
氨氮/(mg/L)	0.002～0.46	0.06	pH 值	6.54～8.47	7.57
总磷/(mg/L)	0.015～0.024	0.014			

南水北调中线工程对供水水质的承诺为Ⅱ类，并且中线工程采用的是专用输水渠道，应该说供水水质是有一定保证的。但原水经过 1200 多公里明渠长距离输送，途经 700 多座村庄和横跨各种大小桥梁，有可能遭到有机污染（甚至突发水污染），水质情况仍具有很大不确定性。

9.1.3 主要工程内容

该工程总体包含取水、输水和净配水厂改造三部分。

取水、输水部分为新建，建设规模为 $1.5 \times 10^5 m^3/d$，取水泵站内的格栅间、吸水池、提升泵房、变配电控制室、次氯酸钠加药间集团式布置构成取水泵房，另取水泵站内还设有 PAC 间、$KMnO_4$ 间、值班宿舍、传达室、热泵机房辅助生产及附属生活设施等。

取水部分工艺流程：

投加次氯酸钠

$\boxed{DN1600mm 进水管} \rightarrow \boxed{格栅间} \rightarrow \boxed{吸水池} \rightarrow \boxed{提升泵房} \rightarrow \boxed{DN1400mm 出水管} \rightarrow \boxed{水厂}$

水厂改建部分主要生产构筑物分为水线及泥线两部分，水线包括配水井、预臭氧接触池、前混凝池、高密度澄清池、后混凝池、V 形滤池、主臭氧接触池、炭吸附池、滤池设备间、臭氧制备间、加药间；泥线主要生产构筑物包括回流水池、废水回收池、高密度澄清池、混合池、脱水机房、加药间。

净化工艺流程如下：

预氯 预臭氧　　　　混凝剂　　　　　　　　臭氧　　　主加氯　　　　　　补氯
↓　　↓　　　　　↓　　　　　　　　　↓　　　　↓　　　　　　　↓

原水 → 预臭氧接触池 → 高密度澄清池 → V形滤池 → 主臭氧接触池 → 炭吸附池 → 清水池
→ 配水泵房

9.1.4　取水部分主要构筑物设计参数及设备选型

9.1.4.1　取水泵房总体布置

取水泵房为半地下式，根据工艺流程依次布置，前端为格栅间、吸水池，后端为提升泵房，配电控制室位于吸水池上层，次氯酸钠加药间在取水泵房南侧、格栅间东侧。

格栅间分地上、地下两层。地下层为进水格栅间渠道，分2格，单格渠道宽1.9m，渠深8m。地上为操作间。

吸水池净尺寸：长12m，宽22.36m，深9.2m，吸水池分为2格。吸水池有效容积191m^3，大于一台水泵5min吸水量要求。

提升泵房为卧式泵房，泵房内分成地上和地下两层，在上层走道两端设楼梯至泵房下层操作平台。泵房地下部分深7.45m，通过敷设钢格栅盖板将下层操作平台分为管道层和操作层，并方便检修人员巡视。泵房内共安装4台套水泵，水泵机组为单排布置，进出水管为直进直出，每台水泵进出水管上安装相应配套设备。泵房地上部分总高8m。其西北侧开有供设备运输的门及吊装检修平台。泵房配电控制室设置在泵房的南侧、吸水池上部，通过泵房上层南两侧的人行走道板与之连接。

9.1.4.2　主要设备及性能

(1) 格栅间与吸水池　格栅间内设旋转式格栅除污机2台，1用1备，齿耙间隙选用8mm，倾角75°，格栅垂直高度8m，栅宽1.76m，前后设置用于检修的1.4m×1.4m手电动板闸，共4台。格栅间前后池壁设有便于水面过流的孔洞，安装0.5m×0.5m手动板闸，共4台。格栅间设有液位差计控制格栅除污机开停。后部配套设置栅渣压榨机1台，压缩管外径400mm，处理后栅渣含水率50%~55%。吸水池为方便检修，在两格间设有用于检修的1.4m×1.4m手电动板闸1台。

为保证格栅间设备的安装和检修，格栅间内设置起重量为5t的电动单梁悬挂桥式起重机1台。起重机起重量5t，L_k=7.5m。

(2) 提升泵房

1) 水泵选型。根据本工程来水流量和水位情况，在提升泵选型中对立式水泵和卧式水泵两种泵型做了方案比较，采用立式泵，泵房建在水池上，可减少占地面积；采用卧式水泵，泵房为半地下式，相对占地面积大，土建工程造价高；卧式泵效率普遍高于立式泵，且设备较立式泵便宜；经经济比较两者10年折现值相差不大。基于立式泵房的运行条件稍差于卧式泵房，加之管理单位对卧式泵的运行、检修和维护的经验要多于立式泵，最终推荐采用卧式泵方案。

2) 水泵机组设置。提升泵房输水能力为$1.5×10^5$m^3/d，泵站内自用水系数为1.05，内设置4台卧式离心泵，3用1备，单泵能力为Q=0.61m^3/s，H=25m、η=86%、$N_{轴}$=220kW。

水泵采用自灌式启动方式，单台水泵吸水管管径为 $DN700mm$，管道上安装手动蝶阀、法兰松套接头各 1 台；单台水泵出水管管径为 $DN600mm$，管道上安装止回阀（$DN600mm$）、手动蝶阀（$DN600mm$）各 1 台，其中手动蝶阀安装在泵房外。止回阀在泵站突然停电时即能起到止回阀的作用，又能消除水锤。为减少不均匀沉降的影响，出水管道出泵房外设球形补偿接头，并为检修方便设置检修井。

水泵机组的开停以及止回阀的操作，采用计算机一步化联动控制。

为保证水泵电机正常运行，电机的冷却方式为风冷。

3）起重设备。为保证泵房内水泵、电机、阀门等设备的安装和检修，泵房内设置起重量为 5t 的电动单梁悬挂桥式起重机 1 台。起重机起重量 5t，$L_k=7.2m$。

4）排水设备。为排除泵房内设备检修以及盘根漏水，泵房内铺设一条 $D=150mm$ 排水管至排水集水井（排水管在地面反梁之间的部分采用 350×350 素混凝土包封）。排水井平面尺寸为 $2.0m\times1.5m$，深 3.8m，井内设两台潜水排污泵，其中一台流量 $Q=40m^3/h$、扬程 $H=10m$、电机功率 $N=2.2kW$，另一台流量 $Q=10m^3/h$、扬程 $H=10m$、电机功率 $N=1.1kW$。平时采用小泵排水，水泵机组、阀门检修时采用大泵排水。液位控制排水泵开停。排水排至泵房外污水井。

（3）次氯酸钠加药间　次氯酸钠溶液（10%）加药量为 10.5mg/L。加药间内设次氯酸钠贮药罐 2 个，单罐直径 1.8m，有效水深 2.4m，有效容积 $6m^3$，总容积 $12m^3$，按 7 天用量储备。考虑到次氯酸钠具有腐蚀性，罐内壁做防腐层。

为方便次氯酸钠罐车在室外为贮药罐灌药，本工程从次氯酸钠加药间门外至贮药罐顶部铺设 $DN100mm$ PVC-U 输药管道。

次氯酸钠加药间设隔膜计量泵 2 台（1 用 1 备），$Q=59.6L/h$，$H=0.5MPa$，$N=1kW$。

控制方式：根据进水流量按比例投加。

加药管道采用 PVC-U 管道。

（4）取样泵　在取水泵房进水井上层设有取样池，取样池采用现场玻璃钢制作。取样池来水由取样泵抽取，取样泵安装在进水井人孔下面，由 $DN50mm$ 镀锌钢管输送至取样池。取样池排水直接排入进水井。

（5）伸缩接头　为避免管道的不均匀沉降，进、出水管出池外壁设伸缩接头。

9.1.5　净水厂部分主要构筑物设计参数及设备选型

9.1.5.1　配水井

配水井、预臭氧接触池、后混凝池分成两系列，构筑物布置方式为东西对称。前混凝池、高密度澄清池分为四个系列，构筑物布置方式为中心对称。

单系列配水井来水管管径为 $DN1000mm$。配水井包含进配水和溢流两部分，其中进配水部分单池平面尺寸为 $2.0m\times4.5m$，溢流部分单池平面尺寸为 $2.0m\times0.9m$；进水井深度为 12.25m。

为保证两系列间的水量平衡，在单座配水井配水部分设 1 台电动调节堰闸，堰闸尺寸 $3000mm\times800mm$，功率 $P=1.5kW$；为考虑事故时溢流情况，在溢流部分设 1 台溢流用电动调节堰闸，堰闸尺寸为 $3000mm\times500mm$，溢流量按 50% 来水量设计，每系列溢流量为 $q=0.45m^3/s$，溢流管管径为 $DN800mm$。

配水井的底部设 $DN200mm$ 排空管，管道上设 $DN200mm$ 手动阀门，阀门安装在阀门井中。

9.1.5.2　预臭氧接触池

预臭氧接触池总设计规模 $1.5 \times 10^5\,m^3/d$，分为两系列。预臭氧的投加率为 $0 \sim 2.0$ mg/L。预臭氧接触池设在配水井与高密度池中间，每池由进水室、臭氧扩散室和接触室串联而成。进水室平面尺寸为 $4.0m \times 6.0m$；扩散室上部为长方形平面尺寸 $4.65m \times 6.0m$，下部为圆柱形，圆柱直径为 3800mm；接触室分为三段，每段由竖向导流板分开，每段平面尺寸为 $2.0m \times 6.0m$，有效水深为 6.0m，单池有效容积为 $300m^3$。接触时间为 5.6min。在进水室的下部加压泵设备间，设备间内安装有 1 台加压泵（库存 1 台作为两系列加压泵的备用）、水射器以及相应配套设备，设备间平面尺寸为 $4.0m \times 6.0m$，每台水泵进水管设 1 个 $DN100mm$ 手动蝶阀，出水管设 2 个 $DN100mm$ 手动蝶阀、1 个止回阀。

预臭氧的气源来自臭氧设备间，臭氧管径为 $DN40mm$。加压泵的水源来自配水井，通过 $DN100mm$ 管道接入加压泵，加压泵流量为 $Q = 40m^3/h$，$H = 30m$。水流通过加压泵加压后进入水射器，水射器内的高速水流形成了负压把臭氧吸入水流中并充分混合。经混合后的气水混合物通过 $DN100mm$ 的管道输送至臭氧扩散室顶部的高效扩散装置内，并经过高效扩散装置加入臭氧扩散室中。从扩散装置喷射出来的臭氧形成无数小泡，大大增加了气、液间的接触面积，从而使溶解效率最大化。臭氧接触池的接触室内设导流墙，以防滞水。

每系列臭氧接触池出水端池顶设尾气臭氧浓度计 1 套，同时设 $DN100mm$ 尾气回收管 1 根。两个系列的 $DN100mm$ 尾气回收管最终合并为 1 根 $DN100mm$ 尾气回收管进入尾气破坏装置，尾气破坏装置设 2 套（1 用 1 备）。

每个臭氧接触池选用 $DN100mm$ 的安全阀 1 个。

为检修方便，每个臭氧接触池的接触室内均设密封人孔，共设 2 个 $D = 1000mm$ 密封人孔，材质为 SS316。同时考虑到两个系列出水后进入高密度澄清池的总进水渠，在每座臭氧接触池进入进水总渠处设有 $1200mm \times 1200mm$ 的方孔，并在方孔处设 1 台 $1200mm \times 1200mm$ 的手动方闸门，在正常运行状态下，闸门处于开启状态，当臭氧接触池单系列检修时，关闭本系列闸门防止另一系列中的水及臭氧进入检修系列中。

考虑构筑物检修过程中的排空，每座臭氧接触池在臭氧接触室池底设 $DN200mm$ 排空管，最终接入厂区排水系统中。排空管上设手动闸阀，闸阀安装在闸门井中。

9.1.5.3　前混凝池

前混凝池和高密度沉淀池合建，总设计规模为 $1.5 \times 10^5\,m^3/d$，分为四个系列，每座混凝池对应 1 座高密度沉淀池。前混凝池由进水池、机械混凝池及出水池组成。每座进水池平面尺寸为 $6.9m \times 2.0m$，$H = 2.5m$；机械混凝池由两个串联的单元组成，单元平面尺寸为 $2.55m \times 2.55m$，$H = 4.8m$；出水池平面尺寸为 $6.9m \times 2.0m$，$H = 9.375m$。

混合时间 2min，速度梯度 G 为 $250s^{-1}$，有效水深 3m。

为使四个系列灵活运行，在每座进水池进口处安装 1 台手电动方闸门 $800mm \times 800mm$，$N = 4kW$。同时考虑四个系列配水均匀，在每座进水池内安装等流量配水堰，堰长为 6900mm，堰宽为 150mm。机械混凝池每单元内设 1 台快速搅拌机，$N = 3.0kW$。

为日常生产中安全及检修方便，在进水池、机械混凝池顶除设备固定部分外采用活动盖板，在出水池部分设置 $800mm \times 800mm$ 的检修人孔。

考虑构筑物检修过程中的排空，每座前混凝池分别在机械混凝池和出水池池底设 $DN100mm$ 和 $DN200mm$ 排空管，排空管上设手动闸阀，闸阀安装在下层管沟内。因进水池和机械混凝池内均设有隔墙，为解决隔墙范围内水的排空，在隔墙两侧底部安装

$DN50$mm 的排放连通管。

9.1.5.4　高密度澄清池

设计规模 1.5×10^5 m³/d，共四个系列。

每座高密度澄清池由絮凝池、沉淀池、斜管分离池、中间出水渠及污泥循环系统组成。絮凝池平面尺寸为 6.9m×6.9m，$H=6.7$m；沉淀池平面尺寸为 12.7m×12.7m，$H=6.7$m；斜管分离池位于沉淀池顶部，平面尺寸为 9.47m×12.7m，$H=1.755$m；中间出水渠位于沉淀池顶部，平面尺寸为 9.47m×1.3m；污泥循环设备间设置在絮凝池与沉淀池之间，其平面尺寸为 6.9m×4.7m。

(1) 絮凝池　单池流量 1600m³/h；絮凝池单位容积 300m³；絮凝池搅拌机 1 台（$N=9.2$kW）。

(2) 沉淀池　刮泥机 1 台（$N=0.75$kW）。

(3) 斜管分离池　斜管面积 100m²；斜管上升流速 16m/h=4.44mm/s；斜管倾角 60°；斜管长度 750mm；二级澄清水槽尺寸为 350mm×350mm，共 12 套；二级澄清水槽配套凹口堰 24 套。

(4) 污泥循环设备间　污泥循环泵 1 台（$Q=65$m³/h，$H=2$bar，$N=11$kW）；污泥排放泵 1 台（$Q=65$m³/h，$H=2$bar，$N=11$kW）；污泥备用泵 1 台（$Q=65$m³/h，$H=2$bar，$N=11$kW）。

9.1.5.5　后混凝池

后混凝池和高密度沉淀池合建，总设计规模 1.5×10^5 m³/d，分为两个系列，其中 1# 和 3# 池对应 1# 后混凝池，2# 和 4# 池对应 2# 后混凝池。后混凝池由进水池、机械混凝池及出水池组成。每座进水池平面尺寸为 2.5m×2.6m，$H=2.4$m；机械混凝池平面尺寸为 2.6m×2.6m，$H=4.8$m；出水池平面尺寸为 2.5m×2.6m，$H=4.8$m。

混合时间 0.5min，有效水深 3.97m。

每座机械混凝池内设 1 台快速搅拌机，$N=3.0$kW。

9.1.5.6　V 形滤池

采用均粒滤料、恒水位、等滤速、气水反冲 V 形滤池。设计规模 1.5×10^5 m³/d，共 6 格。

(1) 基本设计参数

1) 设计规模：1.5×10^5 m³/d；自用水量系数 3%；单格面积 135m²；设计滤速 $v=7.95$m/h；强制滤速 $v_强=9.54$m/h（按 1 格冲洗计算）；最大滤速 $v_{max}=11.92$m/h（按 1 格冲洗 1 格检修计算）；过滤水头约 2.0m。

2) 过滤及配水、配气系统

① 滤层。滤池采用单层均质石英砂滤层，厚 1.2m。

物理特性：密度 2.65t/m³，容重 2.15t/m³。

粒径：$d_{10}=1.0$mm；$K_{80}\leqslant1.2$。

② 承托层。滤板上铺砾石承托层，厚 300mm，$d=2\sim32$mm，按 6 层铺设，每层厚 50mm。

砾石，密度 2.65t/m³，容重 1.85t/m³。

有效粒径 2~32mm。

③ 滤池采用长柄滤头小阻力配水系统，每平方米 56 个，滤头直径 $D=25$mm，滤板下配水室高 900mm。每池设 $D=700$mm 检修孔 2 个。

④ 砂面上水深：过滤时 1.35m；冲洗时 0.75m。

3）冲洗系统。工作周期 24h。

冲洗方式：采用气水联合冲洗滤池，总冲洗时间 12min，每次只允许冲洗 1 格。两次冲洗间隔均匀，见表 1-9-2。

表 1-9-2　不同冲洗程序的冲洗强度和时间

程序	冲洗强度/[L/(m² · s)]	冲洗时间/min	程序	冲洗强度/[L/(m² · s)]	冲洗时间/min
1. 先气冲	14	2	3. 水冲	6	6
2. 气冲加水冲	气14，水3	4	4. 表冲	1.8	12

滤池洗砂时水强度 9L/(m² · s)，冲洗时间 30min。

（2）各部分设计尺寸及设备　V 形滤池由进水渠、滤池、管廊组成。总占地面积 1621m²。滤池单排布置，共 6 格。滤池单格面积 135m²，池体高 5.55m，中间设宽度为 1.0m 排水槽，排水槽下部为集配水、配气渠。

1）进水系统。滤池进水部分由进水渠、进水孔、配水堰、分水槽、V 形槽、溢流堰等组成。

每单元滤池设一个宽 1.2m 总进水渠，每格滤池设 1 个 700mm×700mm 进水孔和电动调节板闸。700mm×700mm 进水电动板闸具有在滤池过滤时板闸全开，反冲洗时可调节板闸开度，滤池检修时全关的功能。滤池配水堰设调节堰板，堰宽 5.0m，堰高 0.2m。每池堰上水头 0.1m。分水槽长 10.5m，与单格滤池总宽度同。每格滤池设 2 条 V 形槽，单槽长度 15m，沿长度方向设 DN30mm 侧孔 100 个。

2）配水配气系统。滤池采用小阻力配水系统，钢筋混凝土滤板，单块滤板规格采用 1100mm×985(975)mm×100mm，滤板采用小柱加支承梁支撑，滤板和支承梁之间用螺栓连接。每格滤池安装标准滤板 15×4×2=120 块。采用长柄滤头，每块滤板安装滤头 56 个，每格滤池共安装滤头 56×120=6720 个，滤板加工时预埋滤头套管。每个滤头担负过滤面积 0.02009m²，每平方米安装滤头约 49 个。

滤池底部设集配水、配气空间，深度取 0.9m，两侧设有 150mm×150mm 配水孔 30×2=60 个和 DN30mm 配气孔 120×2=240 个，每池集配水渠两侧各设 D=700mm 检修人孔一个。

集配水、配气渠设于排水槽底部，渠宽与排水槽同为 1.0m，高度随排水槽底坡变化，在过滤时起集水作用，在冲洗时起配水、配气作用。

3）滤池出水系统。出水系统包括滤池出水管、出水电动调节阀等。滤池按恒水位等速过滤工作设计，每格滤池出水阀均采用电动调节阀，不断调节其开启度，以保持恒水位过滤。为保证滤池冲洗时工作滤池池内过滤水头恒定，在滤池出水设稳流槽，稳流槽内设出水堰保持水位稳定。

4）滤池初滤水系统。为保证供水水质，设 DN350mm 初滤水系统。初滤水系统与滤池出水系统相接，每格滤池初滤水阀均采用电动调节阀，在滤池停运或反冲后再投入运行的前 30min 内，不断调节电动调节阀的开启度，以保持恒水位过滤。为节水，初滤水不直接排出，而是排入回流水池再回流至高密度澄清池处理或视实际情况排入污泥处理系统。

5）滤池排水系统。每格设 1 条排水槽，槽宽为 $B_排$=1.0m，槽长与滤池同，$L_排$=15m，排水槽底坡取 5%。端部设排水孔及 800mm×800mm 电动板闸。V 形滤池反冲洗水排入污泥处理系统。

6) 滤池冲洗系统及冲洗设备。V 形滤池冲洗设冲洗水泵 3 台,2 用 1 备,单台水泵流量 $Q=1458m^3/h$,扬程 $H=13m$,电机功率 $N=75kW$。气水联合冲洗时,1 台水泵工作,冲洗强度可达 $3L/(m^2 \cdot s)$;单独水冲时,2 台水泵并联工作,水冲强度可达 $6L/(m^2 \cdot s)$;设备间内设鼓风机 3 台,2 用 1 备,单台风量 $Q=63m^3/min$,风压 $H=0.5bar$,电机功率 $N=82kW$。

单台滤池反冲洗水泵进水管上按水流方向设手动蝶阀及松套限位伸缩接头、偏心异径管各一。单台滤池反冲洗水泵出水管上按出水方向设止回阀、电动蝶阀、松套传力接头、手动蝶阀各一个。

反冲洗水泵从反冲洗水池设 1 个 $DN1000mm$ 吸水口吸水,水泵为自灌式启动,3 台 V 形滤池冲洗水泵安装于反冲洗设备间下层,高程为 52.35m 平面上;鼓风机安装于反冲洗设备间上层,高程为 55.60m 平面上。为检修和安装方便,反冲洗设备间设 3t 电动单梁悬挂式起重机 1 台,$L_k=8.0m$,起升高度 9m。为保证反冲洗水池清扫时不影响 V 形滤池和炭吸附池反冲洗,设置从炭吸附池 $DN1600mm$ 出水总管上至反冲洗泵吸水总管的 $DN1000mm$ 反冲洗泵吸水旁通管 1 条,反冲洗泵吸水旁通管设 1 个 $DN1000mm$ 手动蝶阀。

7) 滤池管廊。V 形滤池南侧设管廊,内设 $DN500mm$ 冲洗气管及电动阀、$DN100mm$ 排气管及电动阀、$DN600mm$ 出水管及电动调节蝶阀和 $DN700mm$ 冲洗水管及电动阀、$DN350mm$ 初滤水管及电动调节蝶阀和给排水管道、出水稳流槽。

滤池管廊内设 200mm×100mm 排水沟,接 $D=100mm$ 排水管至厂区排水系统。为滤池检修、冲洗方便,管廊内设 $DN50mm$ 给水管。

9.1.5.7　臭氧接触池

臭氧接触池 1 座,设在 V 形滤池与炭吸附池中间,分为 2 池,每池由三段接触室串联而成,由竖向隔板分开。每段接触室由布气区和吸收区组成,并由竖向导流隔板分开。臭氧气体通过设在布气区底部的微孔曝气盘直接向水中扩散,曝气盘的布置应保证布气量变化过程中的布气均匀,其中三段布气区的布气量体积比为 2:1:1。每池设 1 个 $DN100mm$ 安全阀、1 根 $DN1000mm$ 进水管、1 个 $DN1000mm$ 进水板闸。1 个 1200mm×1200mm 出水板闸、7 根 $DN100mm$ 放空管。每池设单独的进出水系统,可以单池停水检修。

臭氧接触池总尺寸 $L \times B=59.83m \times 6.80m$,有效水深 6m。单池有效容积 $900m^3$,总有效容积 $1800m^3$,停留时间 15.8min。

每个臭氧接触池在每段接触室池底设 $DN100mm$ 放空管,每段放空管接入 1 根 $DN100mm$ 放空总管,放空总管接入厂区排水系统中。放空总管上设手动闸阀,闸阀安装在闸门井中。

臭氧接触池内设导流墙,以防滞水。墙底留有 200mm×200mm 清扫孔,墙顶有 200mm×200mm 通气孔。

9.1.5.8　炭吸附池设计

设计规模 $1.5 \times 10^5 m^3/d$,共 6 格。

(1) 基本设计参数

1) 设计规模 $1.5 \times 10^5 m^3/d$;自用水量系数 3%;单格面积 $108m^2$;设计滤速 $v=9.84m/h$;强制滤速 $v_强=11.81m/h$(按 1 格冲洗计算);最大滤速 $v_{max}=14.76m/h$(按 1 格冲洗 1 格检修计算);过滤水头约 1.5m。

2) 过滤及配水、配气系统

①　滤层。滤池采用单层活性炭滤层，柱状颗粒炭厚 2.0m。

物理特性：吸水后饱和密度 $1.28t/m^3$，干容重 $0.55t/m^3$。

粒径：直径 1.5mm，高 2～3mm。

②　为保证出水水质，在活性炭滤层下增设均质石英砂滤层，厚 0.3m。

物理特性：密度 $2.65t/m^3$，容重 $2.15t/m^3$。

粒径：有效粒径 1.0mm；$d_{10}=1.0$mm；$K_{80}\leqslant 1.2$。

③　承托层：滤板上铺砾石承托层厚 300mm，$d=2\sim 32$mm，按 6 层铺设，每层厚度 50mm。

砾石密度 $2.65t/m^3$，容重 $1.85t/m^3$。

有效粒径 2～32mm。

④　滤池采用短柄滤头小阻力配水系统，每平方米 56 个，滤头直径 $D=25$mm，滤板下配水室高度 900mm。

⑤　炭面上水深：过滤时 2.2m；冲洗时 1.6m。

3）冲洗系统。工作周期 72～144h。

冲洗方式：采用单独水冲洗滤池，总冲洗时间 10min，每次只冲洗 1 格，两次冲洗间隔均匀。不同冲洗程序的冲洗强度和时间见表 1-9-3。

表 1-9-3　不同冲洗程序的冲洗强度和时间

程　序	冲洗强度/[L/(m² · s)]	冲洗时间/min
1. 水冲	12	10
2. 表冲	1.2	10

炭吸附池定期大流量冲洗时水强度 $18L/(m^2 \cdot s)$，并伴有表冲，表冲强度 $1.2L/(m^2 \cdot s)$，冲洗时间 10min。

（2）各部分设计尺寸及设备　炭吸附池由进水渠、滤池、管廊组成。总占地面积 $1297m^2$。炭池单排布置，共 6 格。炭池单格面积 $108m^2$，池体高 7.5m，中间设宽度为 1.0m 排水槽，排水槽下部为集配水、配气渠。

1）炭吸附池进水系统。炭池进水部分由进水渠、进水孔、配水堰、分水槽、V 形槽、溢流堰等组成。

每单元炭池设一个宽 1.2m 总进水渠，每格炭池设 1 个 700mm×700mm 进水孔和电动调节板闸。700mm×700mm 进水电动调节板闸具有在炭池过滤时板闸全开，反冲洗时可调节板闸开度，炭池检修时全关的功能。滤池配水堰设调节堰板，堰宽 5.0m，堰高 0.2m，与混凝土固定堰用螺栓连接。每池堰顶高差小于 ±2mm，堰上水头 0.1m。分水槽长 10.5m，与单格炭池总宽度同。每格炭池设 2 条 V 形槽，单槽长 12m，沿长度方向设 $DN30$mm 侧孔 54 个。

2）炭吸附池配水系统。炭池采用小阻力配水系统。混凝土滤板，单块滤板规格采用 1100mm×975mm×100mm，滤板采用小柱加支承梁支撑，滤板和支承梁之间用螺栓连接。每格滤池安装标准滤板 12×4×2＝96 块，滤板加工时预埋滤头套管。炭池采用短柄滤头，每块滤板安装滤头 56 个，每格滤池共安装滤头 56×96＝5376 个。每个滤头担负过滤面积 $0.02009m^2$，每平方米安装滤头约 49 个。

滤池底部设集、配水空间，深度取 0.9m，两侧设有 150mm×150mm 配水孔 48×2＝96 个，每池集配水渠两侧各设 $D=700$mm 检修人孔一个。

集配水渠设于排水槽底部，渠宽与排水槽同为 1.0m，高度随排水槽底坡变化，在过滤时起集水作用，在冲洗时起配水作用。

3）炭吸附池出水系统。出水系统包括炭池出水管、出水电动调节阀等。炭池按恒水位等滤速过滤工作设计。每格炭池出水阀均采用电动调节阀，不断调节其开启度，以保持恒水位过滤。为保证炭池冲洗时工作炭池池内过滤水头恒定，在炭池出水设稳流槽，稳流槽内设出水堰保持水位稳定。

4）炭吸附池初滤水系统。为保证供水水质，设 $DN450mm$ 初滤水系统。初滤水系统与炭池出水系统相接，每格炭池初滤水阀均采用电动调节阀，在炭池停运或反冲后再投入运行的前 30min 内，不断调节电动调节阀的开启度，以保持恒水位过滤。为节约用水，初滤水不直接排除，而是排入回流水池再回流至高密度澄清池处理或视实际情况排入污泥处理系统。

5）炭吸附池排水系统。每格设 1 条排水槽，槽宽为 $B_{排}=1.0m$，槽长与滤池同，$L_{排}=15m$，排水槽底坡取 0.05。端部设排水孔及 900mm×900mm 电动板闸。

6）炭吸附池冲洗系统及冲洗设备。炭吸附池冲洗设冲洗水泵 3 台，2 用 1 备，单台水泵流量 $Q=2333m^3/h$，扬程 $H=9m$，电机功率 $N=90kW$。单独水冲时，2 台水泵并联工作，水冲强度可达 12L/(m²·s)；大流量冲洗时，3 台水泵并联工作，不设备用泵，水冲强度可达 18L/(m²·s)。

单台炭池反冲洗水泵进水管上按水流方向设手动蝶阀及松套限位伸缩接头、偏心异径管各一。单台炭池反冲洗水泵出水管上按出水方向设止回阀、电动蝶阀、松套传力接头、手动蝶阀各一。

7）炭吸附池管廊。炭吸附池南侧设管廊，内设 $DN600mm$ 出水管及电动调节蝶阀和 $DN900mm$ 冲洗水管及电动阀、$DN450mm$ 初滤水管及电动调节蝶阀、给排水管道。

炭池管廊内设 200mm×100mm 排水沟，接 $D=100mm$ 排水管至厂区排水系统。为滤池检修、冲洗方便，管廊内设 $DN50mm$ 给水管。

9.1.5.9 臭氧系统设计

该工程臭氧系统设计包括新建一座液氧站及一座臭氧制备间。设计规模为 $1.5×10^5 m^3/d$。

（1）主要设计参数　臭氧最大投加量 2.5mg/L；臭氧发生器发生量（按 O_3 计（16kg/h；投加臭氧浓度 10%（质量浓度）。

（2）液氧站　包括液氧贮罐 1 座（$V=20m^3$，压力 1.6MPa）、汽化器 2 台［200（标）m³/h］、调压装置 1 套（工作压力 2.5MPa，进口压力 0.4～0.6MPa，出口压力 0.1～0.35MPa）、空气预热器 1 套［50（标）m³/h］，除空气预热器放置在控制室旁的房间内，其余设备均放置在室外臭氧制备间西侧的液氧站院内。

（3）氮气投加系统　臭氧车间安装 2 套氮气投加系统（1 用 1 备），每套氮气投加系统包括空压机、贮气罐、干燥器、过滤器以及配套管路、阀门及仪表。

氮气投加系统通过 $DN10mm$ 不锈钢 SUS304 管道将干燥后的压缩空气送进 $DN32mm$ 不锈钢 SUS304 的氧气管道，然后一同进入臭氧发生器以提高臭氧的生产效率。

（4）臭氧制备系统　设臭氧发生器及配套供电单元 2 套。

单台臭氧发生器在冷却水温≤30℃的状态下的设计产量（按 O_3 计）≥8kg/h，总产量（按 O_3 计）≥16kg/h，臭氧浓度≥10%（质量浓度），臭氧化氧气量 80kg/h。

当 1 台臭氧发生器出现故障时，其余 1 台发生器具有 12kg/h 的生产能力（按 O_3 计），此时单台臭氧最大产量12kg/h，臭氧浓度≥7％，臭氧化氧气量171.4kg/h。

臭氧发生器的产量可以根据进入接触池的总进水流量和臭氧投加率进行调节（10％～100％）。操作人员可以根据水质的变化手动设置臭氧投加率。

臭氧发生器分别连接$DN32mm$不锈钢SUS304氧气进气管、$DN32mm$不锈钢SUS304臭氧出气管以及$DN65mm$不锈钢SUS304冷却水进出水管。2台臭氧发生器臭氧出气管合并为一根$DN32mm$不锈钢SUS304管路后再分成两根$DN32mm$不锈钢SUS304管道，分别将臭氧投加至预臭氧接触池及主臭氧接触池。

（5）冷却水系统　冷却水来自厂区的自用水及滤池出水，分别为两根$DN100mm$管道，管道上分设止回阀、闸阀、压力表。两根$DN100mm$冷却水管合并为一根$DN100mm$管道接入热交换器，来水经热交换器后通过$DN100mm$不锈钢SUS304管道再分为两根$DN65mm$管道接入两台臭氧发生器，经臭氧发生器冷却后的水汇集分别经过$DN65mm$的管道然后合并为一根$DN80mm$的管道接入至冷却循环泵，管道上设膨胀水箱，经冷却循环泵后的水通过$DN80mm$的管道接入热交换器。

（6）排水系统　设置两根$D=110mm$排水管道排放臭氧制备间的压缩空气冷凝水及冷却循环泵等的室内排水。

9.1.5.10　加药间

（1）混凝剂　混凝剂的药剂种类是$FeCl_3$，最大投加量为45mg/L。投加的液体$FeCl_3$的浓度约为38％。

1）投加方式。混凝剂的投加分前后两次投加。

前混凝：投加点在高密度澄清池机械混合井第一格内，设计最大投加量为40mg/L。

后混凝：投加点在高密度澄清池后混凝反应池内，设计最大投加量为5mg/L。

2）三氯化铁溶液池。混凝剂$FeCl_3$贮存的溶液池为混凝土池，贮药量按7d设计，贮存投加池数量为2个，每座的溶液有效容积为58m³。单池尺寸为4.2m×4.2m，池深3.95m，有效水深3.3m。每座溶液池设有$DN50mm$进药管、$DN50mm$溢流管、$DN50mm$出液管、$DN50mm$排空管。溶液池西侧设有2m×0.8m×2m排水井，以排除泄漏、排空的药液或冲洗水。

三氯化铁溶液池的防腐蚀等级为强，溶液池的内壁及底板贴玻璃钢（布不少于5层）加玻璃鳞片涂料（涂层厚度不小于$300\mu m$），顶板贴玻璃钢（布不少于3层）加玻璃鳞片涂料（涂层厚度不小于$300\mu m$），具体做法详见结构设计图。

3）投加泵。加药泵为单头隔膜计量泵，共8台。前加药泵共5台，4用1备，最大投加率为40mg/L，单台流量$Q=125L/h$，扬程为0.5MPa。后加药泵共3台，2用1备，最大投加率为5mg/L，单台流量$Q=30L/h$，扬程为0.5MPa。

（2）聚合物电解质（PAM）　PAM聚合物电解质最大投加量是0.4mg/L。商品药剂为干粉。

1）投加方式。聚合物的投加在每座高密度澄清池分两点投加。第一点投加在絮凝区内，第二个投加点在污泥循环管路上。

2）贮药区及一体化设备区。聚合物电解质设贮药区1个，贮药区为6m×3m×1.9m。

商品药剂由药剂车进入加药间，将药剂放入贮药区待用。通过人工方式将PAM干粉加入一个小型PAM一体化设备，在该设备内用颗粒状聚合物按2g/L配置聚合物溶液，而后通过输药管路向沉淀池输送药液，输药管上设有手动隔膜阀、电动球阀及过滤器。

PAM一体化设备周边设有0.3m宽、0.6m深排水边沟，接至加药间外0.6m×0.6m×

1m 排水井,以排除泄漏、排空的药液或冲洗水。

3) 投加泵。加药泵为偏心螺杆泵,共设加药泵共 5 台,4 用 1 备,最大投加率为 0.4 mg/L,单台流量 $Q=325$L/h,扬程为 0.4MPa。

(3) 浓硫酸　浓硫酸的最大投加量为 20mg/L。投加为浓度约 98% 的发烟硫酸。

1) 投加方式。浓硫酸的投加点在高密池进水堰后,设计最大投加量为 20mg/L。

2) 贮药罐。浓硫酸的贮存在单独的贮药区内设置两个贮药罐,单罐容积为 6m³。单罐直径为 1.6m,有效高度为 3.0m。每罐设有 DN50mm 进药管、DN20mm 出液管、DN15mm 输液管、DN25mm 排空管。浓硫酸池西侧设有 0.8m×0.8m×0.8m 排水井,以排除泄漏、排空的药液或冲洗水。

3) 投加泵。加药泵为单头隔膜计量泵,设加药泵 5 台,4 用 1 备,最大投加率为 20mg/L,单台流量 $Q=20$L/h,扬程为 0.5MPa。

4) 排空管路。每个贮罐设有 DN25mm 排空管。接至浓硫酸贮存区西南角的排空井内。

浓硫酸加药泵下设 0.3m 宽的集液槽,集液槽固定在管道支架上,集液槽内的渗漏液接入贮液罐内收集排放。

5) 浓硫酸贮药区。由于浓硫酸属高危化学药品,具有非常强的腐蚀性和破坏性。为防止泄漏后对加药间造成重大破坏影响,现考虑设置浓硫酸封闭区域,在发生泄漏后不会漫流。现用三氯化铁溶液池北侧池壁和两侧池壁及 0.7m 高的硫酸区围墙围成一个 7.4m×3.65m×0.7m 的封闭区域,考虑到浓硫酸贮液罐分别为 6m³,泄漏的浓硫酸在该区域高程只有 0.23m 高。即使两罐同时泄漏也只有 0.45m 高。仍有 0.15m 超高,以保证浓硫酸不会泄漏出该区域,造成重大影响。

浓硫酸泄漏后排入排空井内,由固定的液下泵输送至浓硫酸进药井内,由硫酸罐车运走进行安全处理。

浓硫酸贮药区的防腐蚀等级为强,封闭区内的侧壁及底板贴玻璃钢(布不少于 5 层)加玻璃鳞片涂料(涂层厚度不小于 300μm)。

9.1.5.11　回流水池

回流水池接纳 V 形滤池初滤排放水、炭吸附池初滤排放水及炭吸附池反冲洗排放水。通常炭吸附池经常性定期强冲时,回流水池的水回流至配水溢流井,当炭吸附池定期大流量冲洗时,回流水池的水流入废水回收池处理。

(1) 主要设计数据

1) 排放水量。V 形滤池一格初滤水 30min,排放水量 536.46m³,炭吸附池一格初滤水 30min,排放水量 531.25m³。炭吸附池一格冲洗排水量 855.36m³,一格强冲洗水量 1244.16m³。

2) 回流水池容积。回流水池共设一座,分为两格,每格容积 $V=1632$m³,每格水池轮流使用,每格可收集两格 V 形滤池 30min 的初滤水或一格炭吸附池 30min 的初滤水或一格炭吸附池的反冲洗废水。两座回流水池合用可接纳一格炭吸附池强冲洗水量。

3) 回流水池水位。回流水池按 V 形滤池初滤水排放的高水位 54.55m,按炭吸附池初滤水排放的高水位为 53.80m,按炭吸附池冲洗水排放的高水位为 53.00m。回流水池的溢流水位为 54.90m。

(2) 回流水池的布置　回流水池自北向南包括进水蝶阀井、回流水池、泵坑及出水闸阀井。进水蝶阀井平面尺寸 2.25m×6m。回流水池分两格,单格平面尺寸 12m×20m,池深 6.8m。出水闸阀井平面尺寸 2.4m×5m。

（3）回流水池进水、溢流　回流水池的进水蝶阀井包括两根 $DN1200mm$ 进水管，每根进水管对应一格回流水池，每根进水管上设 $DN1200mm$ 电动蝶阀、单法兰伸缩接头。溢流堰设在回流水池北侧，单格堰长 7.8m，堰顶高程 54.68m，溢流水位 54.90m。$DN1200mm$ 溢流管接入厂区雨水系统。每格最大容积 1387m³。

（4）回流水池池内导流墙、通气罩　为防止回流水池内水流短路形成死水区积泥，池内设导流墙，每格水池共设导流墙 5 道，导流墙下设 200mm×100mm 泄水孔。

每格回流水池池顶上设两个 $DN400mm$ 罩型通气帽。

回流水池池底自北向南设 3‰的坡，坡向出水板闸。

（5）回流水池出水系统　回流水池南侧设泵坑一座，泵坑东西两侧底部通过 600mm×600mm 电动板闸与两格回流水池连通。泵坑内放置 3 台潜水泵，2（A、B）台（1 用 1 备）$Q=250m³/h$，$H=21m$，$N_{轴}=28kW$，用于提升至配水溢流井；1（C）台 $Q=250m³/h$，$H=11m$，$N_{轴}=15kW$，用于将炭吸附池定期大流量冲洗废水排量至废水回收池。

泵坑南侧设出水闸阀井，放置 3 台潜水泵的出水阀门，包括 3 台 $DN250mm$ 止回阀、3 台 $DN250mm$ 手动软密封闸阀。

9.1.5.12　废水回收池

废水回收池接纳 V 形滤池反冲排水以及从回流水池泵入的炭吸附池的反冲排水（包括定期强冲排水）。废水回收池的水流入高密度污泥浓缩池。

（1）主要设计数据

1）排放水量。V 形滤池一格冲洗排水量 563.76m³。炭吸附池一格冲洗排水量 855.36m³，一格强冲洗水量 1244.16m³。

2）废水回收池容积确定。废水回收池设一座，分为 2 格。每格水池均可收集一格 V 形滤池的反冲洗水或一座炭吸附池反冲洗废水。单格最大容积 869m³。

3）废水回收池水位确定。废水回收池按 V 形滤池反冲洗水排放的高水位 56.10m。废水回收池的溢流水位为 56.4m。

（2）废水回收池的布置　废水回收池自北向南包括进水蝶阀井、废水回收池、泵坑、出水闸阀井。进水蝶阀井平面尺寸 2.25m×6m。废水回收池分两格，单格平面尺寸 5.95m×20m，池深 8.3m。出水闸阀井平面尺寸 2.4m×7.7m。

（3）废水回收池进水、溢流　废水回收池的进水蝶阀井包括两根 $DN1000mm$ 进水管，每根进水管对应一格废水回收池，每根进水管上设 $DN1000mm$ 电动蝶阀、单法兰伸缩接头。溢流堰设在回流水池北侧，单格堰长 5.95m，堰高 56.2m，溢流水位 56.4m。$DN1000mm$ 溢流管接入厂区雨水系统。

（4）废水回收池池内设潜水搅拌机　为防止废水回收池内积泥，池内设潜水搅拌机。每格设 2 台，共 4 台，单台功率 4kW，桨叶直径 320mm。

废水回收池底自北向南设 3‰的坡，坡向出水板闸。

（5）废水回收池出水系统　废水回收池南侧设泵坑一座，泵坑东西两侧底部通过 600mm×600mm 电动板闸与两格水池连通。泵坑内放置 3 台潜水泵，2（A、B）台 $Q=70m³/h$，$H=11m$，$N_{轴}=4.2kW$，1（C）台 $Q=140m³/h$，$H=11m$，$N_{轴}=8.4kW$，用于提升废水回收池的水至高密度污泥浓缩池。

废水回收池南侧设出水闸阀井，放置 3 台潜水泵的出水阀门，包括 2 台 $DN125mm$ 止回阀、2 台 $DN125mm$ 手动软密封闸阀、1 台 $DN200mm$ 止回阀、1 台 $DN200mm$ 手动软密封闸阀。

9.1.5.13 高密度污泥浓缩池

高密度浓缩池包括进水池、溢流池、混凝池、絮凝池、沉淀池、上清液池。在高密池中投加絮凝剂及聚合物，悬浮固体从废水中分离下来并得到浓缩，而澄清水可送回水线。

(1) 主要设计数据 设计水量 170m³/h；数量 1 座；反应时间 2min；接触时间 3min；速度梯度 250s⁻¹；总面积 27m²；斜板上流速 11.3m³/(m²·h)；出泥含水率 97%～99%。

(2) 进水池、溢流池 废水回收池的水通过 $DN250mm$ 管道进入高密池，进水分别经过 500mm×500mm 进水板闸、堰、2 个 400mm×300mm 过水孔进入混合池。溢流堰设在 $DN250mm$ 进水池西侧。进水位高 55.27m，溢流水位高 55.46m。溢流水通过 $DN250mm$ 溢流管进入厂区雨水系统。

(3) 混凝池 混合池平面尺寸 1.8m×1.8m，池底高 53.46m，池内水位 55.26m。池内设快速搅拌器 1 台，$N=0.55kW$。进混凝池前的池壁上设 $DN50mm$ 的混凝剂（三氯化铁）穿孔加药管。

(4) 絮凝池 絮凝池平面尺寸 3.1m×3.1m，池底高 50.65m，池内水位 55.2m。池内设絮凝搅拌器 1 台，$N=0.55kW$。来水通过 $DN300mm$ 管道接池底预埋 $DN400mm$ 钢管进入絮凝池，同时沉淀池的回流污泥通过 $DN65mm$ 污泥循环管与 $DN400mm$ 钢管相接与来水混合一同流入絮凝池。聚合物电解质（PAM）通过絮凝池内设聚合物电解质（PAM）投加环，向絮凝池投加 PAM。

(5) 沉淀池 沉淀池平面尺寸 5.2m×5.2m，池底高 50.65m，池内水位 55.2m。池内设刮泥机 1 台，$N=0.37kW$，为了增强浓缩效果，刮泥桥配有扰动栅。絮凝池的来水先经过 1230mm 高的孔洞，然后经堰流入。

斜管分离区设在沉淀池上侧，上清液经过斜管区后，再进入 6 根澄清水槽，进入上清液总渠，总渠宽 0.8m。

底泥从与泥斗接出的泥管排出，其中剩余污泥通过 $DN80mm$ 污泥循环管从泥斗上侧排入污泥循环泵，另外部分剩余污泥通过 $DN80mm$ 污泥循环管从泥斗下侧排入污泥循环泵。

(6) 上清液池 上清液池与沉淀池出水总渠相接，平面尺寸 3m×2m，池底高 52.2m，池内开泵水位 54.75m，停泵水位 53.4m。

池内设上清液 2 台（1 用 1 备），单台 $Q=210m³/h$，$H=17m$，$N=22kW$。上清液排至配水溢流井。

(7) 污泥循环排放系统 污泥循环泵、污泥排放泵及备用泵共 3 台，放置在高密池北侧的泵房内。泵房宽 4.5m，高密池的污泥泵放置在泵房的南侧，泵房底高 50.15m。污泥循环泵、污泥排放泵及备用泵采用偏心螺杆泵 $Q=6.8m³/h$，$H=2bar$，$N=2.2kW$。$DN80mm$ 的污泥循环管、$DN80mm$ 污泥排放管与 3 台污泥泵的干管连接，污泥循环泵、污泥排放泵均通过手动闸阀与备用泵污泥循环泵切换。污泥泵前后设手动闸阀及与冲洗水连接的 $DN25mm$ 手动球阀。污泥循环泵的 $DN65mm$ 出水管接到絮凝池的 $DN400mm$ 出水管上。污泥排放泵的 $DN65mm$ 出水管接入 2 个污泥混合池。

(8) 絮凝剂投加系统 絮凝剂（三氯化铁）投加设备放置在污泥处理车间北侧，包括混凝剂贮存罐、2 台加药泵及配套设备。设备放置的地面高度为 54m，脱水机房的地坪高 55.6m。在北墙上，运药罐车的注药管穿进墙内与贮存罐的 $DN32mm$ 进药管连接。加药泵 2 台（1 用 1 备），采用偏心螺杆泵（带变频调速）$Q=7L/h$，$H=2bar$，$N=0.12kW$。絮凝剂投加至高密池混凝池进水孔上侧。

（9）聚合物投加系统　聚合物（PAM）投加系统放置在污泥处理车间南侧，高密池上清液池的西侧。包括聚合物自动配置单元、聚合物投加泵 2 台以及配套设备。PAM 配制装置采用干粉投加。袋装 PAM 干粉堆放在污泥处理车间南墙门旁边的贮药区。加药泵 2 台（1 用 1 备），$Q=130L/h$，$H=2bar$，$N=0.37kW$。聚合物投加至絮凝池。

9.1.5.14　污泥混合池

污泥混合池位于废水回收池西侧，分为 2 格。单格平面尺寸 8.9m×5.95m。池底高 48.8m，池内高水位 56.3m。

污泥混合池单格的容积为 397m³，贮湿泥量为 1.25d。

每格污泥混合池的进水包括 $DN200mm$ 进泥管（来自水线的高密池 $DN200mm$ 污泥泵排放管）、$DN65mm$ 进泥管（来自泥线的高密池 $DN65mm$ 污泥排放管）。污泥混合池的出泥管接至离心脱水机的污泥提升泵。

9.1.5.15　污泥离心脱水机系统

（1）设计要点

1）干泥量。根据处理水量 $Q=1.5\times10^5 m^3/d$，来水浊度最大 40NTU，平均浊度 20NTU，加药量按浓度 38% $FeCl_3$、最大投加量 40mg/L、平均投加量 20mg/L 考虑。确定平均干泥量 6.5t/d，最大 13t/d。

2）污泥离心脱水机系统包括污泥提升泵、污泥离心脱水机、PAM 投加系统、泥饼运输。

3）离心脱水机进泥含水率 97%～99%、加药量（按每吨干泥计）3～5kg/t，泥饼含水率小于 75%。

（2）污泥提升泵　离心脱水机的污泥提升泵放置在污泥混合池的西侧，采用 3 台偏心螺杆泵作为污泥提升泵，2 用 1 备，$Q=27m^3/h$，$H=2bar$，$N=5.5kW$。污泥泵进水管为 2 根 $DN100mm$ 接自 2 个污泥混合池，污泥泵分别设污泥切割机 1 台。污泥泵前后分别设手动软密封闸阀。污泥泵进出的连通管上设手动闸阀便于与备用泵的切换。污泥提升泵的 2 根 $DN100mm$ 出水管从泵坑接出后，沿脱水机房地面的管沟分别接入 2 个离心脱水机。

（3）离心脱水机及泥饼输送　采用 2 台离心脱水机。单台处理水量 Q 为 27m³/h，进泥的含水率 97%～99%，出泥的含水率小于 75%。

离心脱水机的出泥至机身下侧的水平无轴螺旋输送机（$L=8m$，$D=260mm$），再输送至倾斜无轴螺旋输送机（$L=10m$，$D=260mm$），倾角 20°，倾斜螺旋输送机将泥饼送至泥饼间的双向无轴螺旋输送机（$L=5m$，$D=260mm$）。最后掉至泥饼间的运泥车，定期外运。

离心脱水机的滤液排至 $DN200mm$ 排水管，排至厂区污水系统。

离心脱水机的冲洗给水管接自厂区用水，经过 $DN100mm$ 管道泵与脱水机的冲洗系统连接。管道泵 $Q=20m^3/h$，$H=4bar$，$N=5.5kW$。

（4）离心脱水机的加药系统　离心脱水机的加药系统包括 PAM 制备装置、絮凝剂投加泵及配套设备。放置在污泥处理车间南侧高密池 PAM 投加设备的西侧。

PAM 制备装置 $Q=3kg$（干粉）/h，投加泵采用偏心螺杆泵，3 台（2 用 1 备），$Q=0.2\sim1m^3/h$，$H=2bar$，$N=0.75kW$。加药泵前后设手动球阀，出药管上设在线稀释装置。

9.2　南方地区某水厂设计案例

9.2.1　项目概况

深圳市某水厂原有规模 $3.2 \times 10^5 \, m^3/d$，扩改建工程规模 $2.0 \times 10^5 \, m^3/d$。其中常规净化构筑物按新增 $2.0 \times 10^5 \, m^3/d$ 规模，预处理、深度处理、污泥处理按新建 $5.2 \times 10^5 \, m^3/d$ 规模设计。

9.2.2　水源及水质情况

该水厂水源为东江，通过深圳市的东深引水和东部供水工程输送至水厂。工程建设初期，由于东深引水四期工程尚未实施，沿线水源受到生活性有机污染，主要水质指标超过《地表水环境质量标准》（GB 3838—2002）Ⅱ类水体标准和《生活饮用水水源水质标准》二级水源水标准，其中氨氮最大值 $2.38 \, mg/L$、亚硝酸盐最大值 $0.784 \, mg/L$、生化需氧量 BOD_5 最大值 $12.4 \, mg/L$、高锰酸盐指数最大值 $5.13 \, mg/L$。分析结果见表 1-9-4。

表 1-9-4　原水水质分析比较（2001 年 1 月～2002 年 3 月）

项　目	实测值（max.）	GHZB1—1999（Ⅱ类）	生活饮用水水源水质标准（二级）
浊度/NTU	9.8		
氨氮（以氮计）/(mg/L)	2.38	≤0.5	≤1.0
亚硝酸盐（以氮计）/(mg/L)	0.784	≤0.1	
生化需氧量（BOD_5）/(mg/L)	12.4	≤3.0	
耗氧量（$KMnO_4$ 法）或高锰酸盐指数/(mg/L)	16.7 或 5.13	高锰酸盐指数≤4	≤6
总磷/(mg/L)	0.142	≤0.1	
溶解氧/(mg/L)	min. 3.95	≥6	

1999 年 1 月东深引水工程沙湾生物硝化预处理工程试投产初期，主要控制指标氨氮去除效果良好，实测值可基本符合《生活饮用水水源水质标准》二级水源水标准，但去除效果不稳定，实测氨氮值和总磷值时有超标。而且即使硝化后，N、P 等营养物质仍残留水中，为藻类等水生植物的繁殖提供了条件。

9.2.3　主要工程内容

该工程总体包含新增净配水厂 $2.0 \times 10^5 \, m^3/d$ 的常规净化工艺、新增 $5.2 \times 10^5 \, m^3/d$ 规模的预处理、深度处理、污泥处理工艺并根据可能突发的水质变化、运行工况的优化以及管网水质的化学稳定性和生物稳定性的要求改造原水厂加氯、加药间。

净化工艺流程如下（新建 $2.0 \times 10^5 \, m^3/d$）：

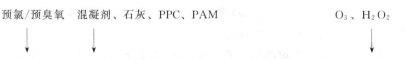

9.2.4　主要构筑物设计参数及设备选型

9.2.4.1　配水溢流井

配水溢流井分两系列，平面尺寸为 5.9m×4.96m。配水溢流井分为进水井和溢流井，配水井净尺寸为 5.9m×3.1m，溢流井净尺寸为 5.9m×1.56m；配水溢流井深 8.99m。

为保证两系列间的水量平衡，在配水井中设 2 台电动调节堰闸，每个堰闸尺寸为 2000mm×1200mm；设 2 台溢流用电动调节堰闸，保证事故时溢流，溢流量按 50% 来水量设计，每系列溢流量为 $q=0.6$ m^3/s。每个堰闸尺寸为 2000mm×1000mm。配水溢流井来水管管径为 $DN1400mm$。

配水井设 $DN400mm$ 回流管，接纳回流水池的上清液。

配水井的底部设 $DN200mm$ 排空管，管道上设 $DN200mm$ 手动阀门。

9.2.4.2　格栅间

格栅间分两系列，平面尺寸为 5.9m×4.81m。为防止较大渣物进入净化构筑物，每系列设循环式齿耙清污机 2 台。栅渠宽 2.08m，耙齿栅隙 3mm，格栅倾角 75°，栅前后工作液位差 0.1m，栅前有效水深 7.13m，过栅流速 0.42m/s。

格栅间的底部设 $DN200mm$ 排空管，管道上设 $DN200mm$ 手动阀门。

9.2.4.3　预臭氧接触池

预臭氧接触池分两系列，平面尺寸为 11.51m×5.7m，深 8.99m，有效水深 7.01m，内设导流墙。臭氧投加方式采用射流曝气，预臭氧投加量 1~1.5mg/L，接触时间 $t=6.44min$。

预臭氧接触池的底部设 $DN200mm$ 排空管，接入两系列之间的排泥沟中，管道上设 $DN200mm$ 手动阀门。

9.2.4.4　预臭氧加压泵房

预臭氧加压泵房 1 座，设在两座絮凝池之间，平面尺寸为 10.70m×2.86m，安装 3 台射流加压泵（2 用 1 备），单台流量 200m³/h，$H=32m$，$N=30kW$。加压泵为预臭氧投加设备提供压力水，水源来自平流沉淀池出水渠。每台水泵进水管设 $DN200mm$ 手动蝶阀，出水管设 $DN200mm$ 电动蝶阀、止回阀和手动蝶阀。

为排除泵房内设备检修以及盘根漏水，泵房内设 $DN100mm$ 排水管，排至排泥沟。

9.2.4.5　机械混合池

机械混合池分两系列，平面尺寸为 3.0m×3.0m，深 6.65m，有效水深 4.39m，有效容积为 38.51m³。每系列混合池内安装 1 台快速轴流式机械搅拌器，共 3 台（其中 1 台库房备用），单机容量 11.0kW。混合池混合时间为 33s，速度梯度 G 不小于 $500s^{-1}$。

在混合池内投加液态碱式氯化铝、石灰、PPC 及 PAM。池内加药管、加石灰管采用 $DN40mm$ 不锈钢管，池外加药管采用 UPVC 管。

9.2.4.6　高效网格反应池

高效网格反应是絮凝过程涡旋控制的一种水力强化混凝技术，其水头损失仅为传统网格反应池水头损失的 80% 左右，能力利用率高。同等条件下，比传统网格絮凝形成的矾花颗粒粒径大且密实，对于除藻和有机物具有一定优势。

高效网格絮凝池分两系列，每系列设两组，共 4 组。每组又分为 2 个独立工作的单元，共 8 个单元。每个单元分三级，设计水量为 0.30m³/s，超负荷水量 0.39m³/s。

有关设计参数见表 1-9-5。

每级高效网格反应池底部设 200mm 穿孔排泥管兼作排空管，管道上安装 $DN200mm$ 快开排泥阀，接至排空沟，由排空沟上接排泥管至室外，排至污泥处理厂。

9.2.4.7 平流沉淀池

平流沉淀池分两个系列，每系列一池，每池平面尺寸为 132.95m×23.74m，有效水深 3.18m，停留时间 138min，水平流速 16mm/s，表面负荷 1.35m³/(m²·h)。

表 1-9-5 高效网格反应池主要水力参数

项 目	第一级	第二级	第三级	过渡段	合计
通道速度/(cm/s)	11.7	9.0	6.3	3.7	
过网速度/(cm/s)	18.4	14.1	9.9	6.4	
停留时间/s	298	254	868		
水头损失/cm	0.1	0.1	0.1	0.05	0.35

为使布水均匀，在絮凝池与沉淀池之间设两道配水花墙，花墙上开 ϕ150mm 孔，过孔流速 0.1m/s。

为了增加水流稳定性，每池设 2 道导流墙，将沉淀池分成 3 道，每道宽度为 7.75m。

出水采用不锈钢指形集水槽集水，上设三角形出水堰，水流通过三角堰汇入集水槽，再由集水槽流入出水总渠。集水槽堰上水头 0.04m。

每池安装 1 台虹吸式吸泥机，共 2 台。吸泥机跨度 24.1m。

平流沉淀池叠合在清水池上方，池底设 0.3% 的横向坡度，坡向 4 根 DN300mm 放空管。2 座平流池之间设 2000mm×1250mm 排泥槽，槽底坡度 0.25%。

9.2.4.8 砂滤池

(1) 主要设计数据 滤池处理水量 $2.0×10^5$ m³/d；设计滤速 8.1m/h；强制滤速 9.26m/h；过滤水头 1.84m；气冲洗强度 $q_{气}$ =16L/(m²·s)，冲洗时间 t =4min；气水联合冲洗强度 $q_{气}$ =16L/(m²·s)、$q_{水}$ =4L/(m²·s)，冲洗时间 t =2～3min；水冲洗强度 $q_{水}$ =8L/(m²·s)，冲洗时间 t =4min；表面扫洗 $q_{水}$ =1.6L/(m²·s)，冲洗周期不小于 24h。

(2) 滤池布置形式 滤池呈单排布置，由进水系统、滤池、管廊三部分组成。滤池东侧为设备间及控制室，南侧为进水渠，北侧为管廊。滤池分 8 格，单格过滤面积 132m²，总面积 1056m²。池高 5.05m。

每个滤池由 2 个单室组成。单室过滤面积为 66m²（平面尺寸为 13.2m×5.0m）。每 2 个单室共设一条冲洗排水槽，排水槽底部为集配水渠。

管廊分上、中、下三层布置。上层为 PLC 控制器及巡视走廊。中层为管廊，设置滤后水槽、冲洗水管、冲洗空气管、压缩空气管、部分控制电缆以及与各类管道有关的阀门等。下层为清水渠，自 V 形滤池清水渠设 2 条 DN1400mm 出水管至活性炭吸附池。

滤池设备间及控制室设在滤池东侧。

(3) 进水系统 进水系统包括总进水渠、进水孔、配水堰、分水槽、溢流堰、V 形槽组成。总进水渠与沉淀池出水渠相接。

进水孔设 1 个 600mm×600mm 气动可调平板闸，该平板闸具有反冲洗时部分关闭，系统检修时全关的功能。

配水堰宽度为 6.2m，堰上水头 0.1m，堰后跌落 0.11m。

溢流堰布置在滤池进水渠的侧墙上。在配水堰两侧，对称布置。溢流量按来水量的 100% 考虑，堰宽 5.2m，堰上水头 0.11m，溢流水排入反冲洗排水渠。

V 形槽沿滤池侧壁设置，槽底部沿池长度方向开有配水孔。

(4) 滤床 滤床由石英砂滤料和砾石承托层组成。

采用单层均质石英砂滤料，选用粒径为 0.6~1.0mm，设计厚度为 1.2m，相对密度为 2.65。滤料中大于或小于设计粒径的不应大于 5%。

采用砾石承托层，设计厚度为 0.30m，相对密度为 2.65，容重为 $2.15t/m^3$，有效粒径为 2~32mm，分 6 层，由上至下的排列见表 1-9-6。

砾石承托层中，大于或小于设计粒径的不应大于 5%。石英砂滤料和砾石承托层的其他各项指标均应符合中华人民共和国建设部标准《水处理用石英砂滤料》（J 24.1—86）。

表 1-9-6　砾石承托层粒径及厚度

自上至下	粒径/mm	厚度/mm	自上至下	粒径/mm	厚度/mm
第 1 层	16~32	50	第 4 层	4~8	50
第 2 层	8~16	50	第 5 层	8~16	50
第 3 层	2~4	50	第 6 层	16~32	50

（5）配水、配气系统　采用钢筋混凝土滤板及长柄滤头小阻力配水、配气系统。滤板平面尺寸为 0.975m×0.990m，厚 0.1m。以排水槽为轴对称布置。每池长向布置 13 块板（13×0.990m），宽向布置 5 块板（一侧）（5×0.975m），板间缝隙约 0.02m。采用长柄滤头，每块滤板设滤头 49 个，每池共 6370 个。

滤板底部集、配水（气）空间高 0.90m。

排水槽底部设集配水（气）渠，渠宽 1.1m。渠两侧壁各设 $D=40mm$ 配气孔 95 个、150mm×400mm 配水孔 13 个。

（6）滤池出水系统　出水系统包括出水管、出水气动调节阀，滤后水槽、出水堰、清水渠、出水干管等。

每格滤池出水管管径 DN600mm，设 DN600mm 气动调节蝶阀，该阀能根据滤层的阻力及滤池水位自动调节阀门开度，以维持滤池恒水位过滤。

滤后水槽宽度与出水堰宽度相同为 2.8m，堰上水头 0.15m，堰后跌落 0.36m。

清水渠设在管廊下，宽 4.8m，深 1.8m，长 96.55m。在清水渠东侧端头设滤池冲洗水泵的吸水坑，长 4.0m，宽 4.8m，深 3.8m。在清水渠中部设 2 个滤池出水坑，每个长 6.0m，宽 4.8m，深 3.05m，设 2 根 DN1400mm 出水管。

（7）冲洗系统　采用气水联合冲洗方式。

水冲洗系统包括冲洗泵、冲洗水管及配水系统。选用 3 台冲洗水泵（变频调速），2 用 1 备。气冲洗系统包括鼓风机、空气管路及配气系统。选用 3 台鼓风机，2 用 1 备。

冲洗时，先气冲 4min，气冲强度 $16L/(m^2 \cdot s)$，然后气、水联合冲洗 2min，气冲强度 $16L/(m^2 \cdot s)$，水冲强度 $4L/(m^2 \cdot s)$，最后单独水冲 4min，水冲强度 $8L/(m^2 \cdot s)$，表面冲洗强度 $1.6L/(m^2 \cdot s)$，总冲洗时间 10min。

反冲洗进水管管径 DN800mm，设 DN800mm 气动蝶阀，进气管管径 DN400mm，设 DN400mm 气动蝶阀。每池 DN400mm 进气管上设 DN50mm 电磁阀，用于气冲结束水冲开始时排除集配水渠内气体。

（8）排水系统　每池设一条排水槽，槽宽 1.1m，槽长同池长，槽底坡度 5%。排水孔设 800mm×800mm 气动平板闸。

滤池反冲洗排水渠设在进水闸孔间及分水槽底部，内底与滤池内底齐，渠宽 1.8m，渠末端设 DN1000 钢管将反冲水排至回流水池。

每池出水管底部设 1 根 DN150mm 放空管，以利滤池清洗排空。排空管上安装阀门，阀门安装在管廊内。

（9）气源系统　保证滤池正常运行的主要阀门包括进水平板闸、出水调节阀、冲洗进气阀、冲洗进水阀、冲洗排水平板闸等均为气动阀门。为此，设置气源系统。

气源系统包括空压机、贮气罐、压缩空气管路及管道附件。

选用 2 台空压机，1 用 1 备，配置 1 台贮气罐。

（10）滤池设备间　设备间内安装冲洗系统和气源系统的主要设备，包括冲洗水泵、鼓风机、空气压缩机、贮气罐、有关电气设备、起重设备以及排水泵。

滤池设备间内设冲洗水泵 5 台（变频调速），其中 3 台用于冲洗 V 形滤池（2 用 1 备），单台水泵流量 $Q=520$ L/s，扬程 $H=10$ m，电机功率 $N=80.5$ kW；2 台用于冲洗活性炭吸附池（1 用 1 备），单台水泵流量 $Q=900$ L/s，扬程 $H=10$ m，电机功率 $N=132$ kW；鼓风机 3 台，2 用 1 备，风量 $Q=130$ m^3/min，扬程 $H=0.5$ bar，电机功率 $N=200$ kW；空压机 2 台，1 用 1 备，流量 $Q=2.5$ m^3/min，扬程 $H=7$ bar，电机功率 $N=15$ kW。

3 台 V 形滤池反冲洗水泵直接从 V 形滤池清水渠吸水，吸水干管直径 $DN1000$ mm；每台水泵进水管设 $DN700$ mm 手动蝶阀，出水管设 $DN600$ mm 电动蝶阀、$DN600$ mm 蝶式止回阀、$DN600$ mm 手动蝶阀。出水干管设 $DN800$ mm 电动调节蝶阀和 $DN800$ mm 电磁流量计。

2 台活性炭吸附池反冲洗水泵从 1$^\#$ 清水池 $DN1600$ mm 进水总管吸水，吸水干管直径 $DN900$ mm；每台水泵进水管设 $DN900$ mm 手动蝶阀，出水管设 $DN800$ mm 电动蝶阀、$DN800$ mm 蝶式止回阀、$DN800$ mm 手动蝶阀。出水干管设 $DN800$ mm 电动调节蝶阀和 $DN800$ mm 电磁流量计。

为了使水泵能自灌启动，5 台冲洗水泵安装高程较鼓风机和空压机低，因此，为检修和安装方便，5 台水泵设 5t 电动单梁悬挂式起重机 1 台，$L_k=8$ m，未考虑起吊空压机、鼓风机。

为排除泵房内设备检修以及盘根漏水，泵房内铺设一条 $DN100$ mm 排水铸铁管至排水井。排水井平面尺寸 $D=1.5$ m，深 3.0 m，井内设 1 台潜水排污泵，流量 $Q=60$ m^3/h，扬程 $H=11$ m，电机功率 $N=4$ kW，液位控制排水泵开停。

3 台鼓风机的形式应为三叶罗茨鼓风机，1 台用于 V 形滤池气冲，1 台用于炭吸附池气冲，1 台备用。每台鼓风机的出口设 $DN400$ mm 蝶式止回阀，出风干管设 $DN400$ mm 电动调节蝶阀和 $DN400$ mm 气体流量计。

9.2.4.9　臭氧制备与臭氧接触池

（1）臭氧制备　考虑氧源、安全、经济等因素，设计采用空气→纯氧→O_3 的方式制备臭氧，设臭氧制备间。

臭氧制备间供给全厂 5.2×10^5 m^3/d 规模预臭氧和臭氧化深度处理所需的臭氧量。臭氧接触池与活性炭吸附池合建，臭氧制备间设在臭氧接触池池顶上部。平面尺寸为 27.82 m×41.85 m。臭氧投加率 4 mg/L，臭氧最大产量 90 kg/h，臭氧浓度（质量比）11%。用电量（按每千克 O_3 计）14 kW/kg。

主要设备：30 kg/h O_3 发生器 3 套（含制氧设备、臭氧输送管道、布气设备、控制系统、尾气处理系统等配套设备），不考虑备用。

（2）臭氧接触池　臭氧接触池与活性炭吸附池合建，臭氧接触池分接受原系统 3.2×10^5 m^3/d 来水和接受新建 2.0×10^5 m^3/d 系统两部分来水。

接触池采用密封式矩形钢筋混凝土池，分 2 个系列，内设导流墙。臭氧采用曝气器布气方式。

技术参数：投加量 $1.0\sim2.5$mg/L。

原系统 3.2×10^5m³/d，臭氧接触时间 $t=9.94$min；原系统 2.0×10^5m³/d，臭氧接触时间 $t=14.74$min。

平面尺寸：原系统每系列 $L\times B=19.62$m$\times11.2$m，有效水深 6.0m，超高 0.75m。

新建系统每系列 $L\times B=19.62$m$\times11.2$m，有效水深 6.9m，超高 0.75m。

主要设备：曝气器 208 个。

9.2.4.10　活性炭吸附池

活性炭吸附池分接纳原有系统 3.2×10^5m³/d 和新建 2.0×10^5m³/d 两个系统。为节省占地，两个系统活性炭吸附池与臭氧接触池、臭氧制备间合建组合成一集团式构筑物。

考虑到新系统 2.0×10^5m³/d 适当留有余地，设计按 2.6×10^5m³/d 校核，接触时间在校核时不小于 12min。另为便于管理，新系统与旧系统（3.2×10^5m³/d）的活性炭池设置相同。

两系统活性炭吸附池设计均采用翻板阀滤池，滤池布置方式为双排布置，每排 4 格，共 8 格，单格尺寸为 14.5m$\times9.5$m，单格面积 137.75m²。每格活性炭吸附池设 1000mm$\times$600mm 气动进水板闸，DN700mm 气动调节出水蝶阀、800mm$\times$800mm 反冲排水板闸、DN800mm 气动反冲洗蝶阀。配水系统采用小阻力配水系统，短柄滤头 87808 个。每格池可单独放空检修。活性炭吸附池采用气、水联合冲洗，为便于管理，采用变频调速水泵及变频调速鼓风机。设备间与滤池设备间合建。技术参数见表 1-9-7。

表 1-9-7　技术参数

项　　目	2.0×10^5m³/d	3.2×10^5m³/d	项　　目	2.0×10^5m³/d	3.2×10^5m³/d
滤速/(m/h)	9.4	15.1	水冲洗强度/[L/(m²·s)]	8	
接触时间/min	13.3	8.4	水冲时间/min	8	
活性炭层厚度/m	2.1		气冲洗强度/[L/(m²·s)]	15	
砂垫层厚度/mm	300		气冲时间/min	2.5	
承托层厚度/mm	300		膨胀率/%	20~40	
冲洗周期/d	5~7		冲洗时间/min	8~10	

9.2.4.11　清水池

清水池平面尺寸为 110m$\times75$m，分 2 格。水池高 7.0m，水深 6.7m，其中有效水深 6.2m。清水池总容积 55275m³，有效容积 51150m³。

清水池内顶高程为 22.65m。清水池最高水位为 22.35m。清水池最低水位为 16.15m。清水池内底为 15.65m。池底设坡 0.30% 以利排水。

清水池包括附件（人孔、通气孔）、进出水管、溢流管、拍门、排空管。

进水管为 DN1600mm 钢管，出水管为 DN1600mm 钢管，溢流管为 DN600mm 钢管，每池排空管为 DN600mm、DN200mm 两根钢管。管道穿墙作防水套管，具体做法详见工艺设计图。

在清水池的进水管处设水封堰，堰上水头 0.15m，堰长 18.75m，堰顶标高 22.20m。

每座清水池设溢流堰，溢流量按 0.93m³/s 设计（来水量的 50%），堰长 14.50m，堰上水头 0.15m，溢流管直径采用 DN600mm，溢流水位为 22.45m。溢流水排入厂区雨水排除系统。

清水池通气孔最大通气量按最大来水量设计，每池选用 DN300mm 的通气孔 6 个。

清水池内设砖砌导流墙，以防滞水。墙底留有清洗排水孔。

清水池单格在出水坑设 $DN600mm$ 排空管，进水堰设 $DN200mm$ 排空管，以利清水池清洗排空。排空管上安装阀门，阀门安装在井室中。

为避免管道不均匀沉降，各种进、出水管道出池壁 1.0m 处均加设柔性接头。

9.2.4.12　配水泵房

新建配水泵房为规模为 $3.2×10^5 m^3/d$，高时变化系数 1.5，泵房采用半地下式，平面尺寸（净空）为长 54.05m，宽 11.54m。安装 5 台套水泵，预留 1 个泵位，水泵机组为单排布置。

（1）水泵机组　水泵采用双吸卧式离心泵，特征参数为流量 $Q=5000m^3/h$，扬程 $H=44m$，电机功率 $N>800kW$，效率 $\eta \geqslant 88\%$，电机额定转速 $\leqslant 1000r/min$，调速范围 70%～100%。启动采用清水池低水位自灌启动。

每台水泵吸水管上安装 $DN1000mm$ 手动蝶阀一个，每条出水管上安装 $DN900mm$ 液压缓闭止回阀、$DN900mm$ 电动蝶阀、$DN900mm$ 手动蝶阀各一个。液压缓闭止回阀具有停电时先速闭后缓闭的自闭功能，既能起止回阀的作用，又能消除水锤。

（2）电机冷却水管道　由每台水泵出水管上接出 $DN80mm$ 水冷管一根，接电机冷却系统进口，电机冷却系统排水也接出一根 $DN80mm$ 水冷管，接到水泵的进水管上。冷却水进水管上安装 $DN80mm$ 手动闸阀、减压阀、流量检测计各一个，冷却水出水管上安装 $DN80mm$ 手动闸阀一个。

（3）泵房内的起重设备　考虑泵房内水泵、电机、阀门等设备的安装和检修，泵房内设置一台电动葫芦双梁桥式起重机。起重机起重量主钩为 10t，副钩为 3.2t。$L_k=10.5m$。

（4）排水设备　为排除泵房内设备检修以及盘根漏水，泵房内铺设一条 $DN100mm$ 排水铸铁管至排水井。排水井平面尺寸为 $2.2m×2.2m$，深 5.25m，井内设两台潜水排污泵，其中一台流量 $Q=60m^3/h$、扬程 $H=13m$、电机功率 $N=4kW$；另一台流量 $Q=15m^3/h$、扬程 $H=10m$、电机功率 $N=1.5kW$。平时采用小泵排水，水泵机组、阀门检修时采用大泵排水。液位控制排水泵开停。

9.2.4.13　回流水池

回流水池平面尺寸为 $45.25m×11.0m$，地下深度为 12.3m，地面上高度为 4.35m。

回流水池容积按同时接纳 1 格活性炭吸附滤池、1 格新建 V 形滤池和 2 格原有系统滤池反冲洗水量计算，总容积为 $3408m^3$，有效容积为 $2565m^3$。回流水池分为 2 格，每格上口尺寸为 $11.0m×22.0m$，直壁高度 8.8m；下部为棱台，下口尺寸为 $4.0m×4.0m$，高度为 3.5m。

水泵选用潜水排污泵，湿式、固定安装，可定期将水泵、电机沿导杆从池中提上来检修、维护。每格安装 4 台，安装在不同的高程上，2 台为上清液回流泵，2 台为污泥回流泵。上清液回流泵将回流水池中的上清液回流至配水溢流井中；污泥回流泵将回流水池中的底部沉泥输送至污泥结合井中。

上清液回流泵共 5 台（4 用 1 备），水泵性能为：流量 $Q=100m^3/h$，扬程 $H=30.0m$，电机功率 $N=18.5kW$。每台水泵的出水管上安装 $DN150mm$ 止回阀、电动蝶阀和手动蝶阀。2 台水泵出水干管管径为 $DN250mm$。

污泥回流泵共 5 台（4 用 1 备），水泵性能为：流量 $Q=70m^3/h$，扬程 $H=14.0m$，电机功率 $N=5.5kW$。每台水泵的出水管上安装 $DN150mm$ 止回阀、电动蝶阀和手动蝶阀。2 台水泵出水干管管径为 $DN200mm$，每根出水干管上各安装污泥浓度计 1 台，共 2 台。

每池的 $DN800mm$ 进水管上各安装 1 个电动板闸。

9.2.4.14　均衡池

均衡池接受新、旧系统沉淀池排泥、絮凝反应池第二、三反应室排泥及回流水池底部沉淀排泥，其规模按新建 $5.2×10^5 m^3/d$ 规模设计。均衡池接收的污泥均为强制排泥，污泥含水率 $99.0\%～99.7\%$。污泥进入均衡池前先进入污泥结合井和配泥井，然后由配泥井均匀分配给 2 座均衡池。

设计均衡池 2 座，为方形，单池平面尺寸为 $W×B=18m×18m$，有效水深 4m，进泥管直径 $DN300mm$，中心辐流式进泥，固体负荷为 $1kg/(m^2·h)$。

为避免池子四角积泥，均衡池结构形式采用上方下圆，由四周坡向中心，池底坡度 1∶10。每池设 $D=18m$ 中心悬挂式刮泥机 1 台。刮泥机设计周边线速度为 1.0m/min。刮泥机将泥刮至池底中心，底流连续排泥，排泥管直径 $DN150mm$，底流泥经过污泥提升泵房内的提升泵送入 2 座浓缩池，上清液重力排到污泥提升泵房内的集水池后回流至配水井。

为了使均衡池不仅具有调节作用，还有一定的浓缩作用，在均衡池中设有浮动槽收集上清液。由于浮动槽随水面上下浮动，虽然均衡池进泥是间断的，但浮动槽出水在大部分时间是连续的，因此均衡池具有一定的浓缩作用。

浮动槽可动幅度为 1.5m，即从均衡池最高水位 17.50～16.00m。当池水位降至 16.00m 以下时，浮动槽停止出水。在均衡池四角设 4 个导向柱，导向柱中埋管作为浮动槽的 4 个出水通道。均衡池的上清液通过浮动槽下面孔口进入浮动槽，然后通过虹吸管进入导向柱里的管道，排出池外至污泥提升泵房内的集水池。虹吸管启动时，用水射器抽真空，水射器安装在虹吸管上面随浮动槽上下浮动，水射器压力水来自配水泵出水，其入口与 $DN40mm$ 压力水管球阀上的软管相接。虹吸管启动完成后，关掉水射器进水阀。

均衡池还设周边溢流槽，当浮动槽发生故障时，上清液可通过溢流槽进入污泥提升泵房内的集水池。溢流槽堰板采用钢制矩形薄壁堰。

每座均衡池进泥管上设污泥流量计 1 台，共 2 台，安装在厂平面；每座均衡池出泥管上设污泥浓度计 1 台，共 2 台；污泥流量计 1 台，共 2 台，安装在污泥提升泵房内。

由于水厂污泥重力排至均衡池，因此均衡池埋深较大，均衡池放空时不能重力排入厂区排水系统，因此在厂平面中设放空井，在放空井中临时用潜水排污泵提升至厂区排水系统。

9.2.4.15　浓缩池

浓缩池接受均衡池的底泥，为中心辐流式重力浓缩池。

设计浓缩池 2 座，为方形，单池平面尺寸为 $W×B=18m×18m$，池边有效水深 4m，进泥管直径 $DN150$，固体负荷为 $1kg/(m^2·h)$，污泥停留时间 40h。

为避免池子四角积泥，浓缩池结构形式采用上方下圆，由四周坡向中心，池底坡度 1∶10。每池设 $D=18m$ 中心悬挂式浓缩机 1 台。浓缩机为招标设备，设计周边线速度为 1.0m/min。

浓缩池为中心辐流式进泥，污泥从浓缩池中心进入，进泥管直径 $DN150mm$，经导流筒后向四周辐流，上清液均匀流入溢流槽，重力排到污泥提升泵房内的集水池后回流至配水井。底流经浓缩后，污泥浓度达 $2\%～3\%$，浓缩机将泥刮至池底中心，底流连续排泥，经 $DN150mm$ 排泥管进入污泥脱水机房内的平衡池。溢流槽上安装钢制三角形薄壁堰板。

9.2.4.16　污泥提升泵房

在均衡池与浓缩池之间设污泥提升泵房 1 座，由泵房和控制室组成，控制室下部为集水池。

污泥提升泵房平面尺寸为 $W×B=26.9m×6m$。

泵房内设 6 台离心污水泵，分 2 组，每组 3 台（2 用 1 备）。第一组为底泥提升泵，用于将均衡池底泥提升至浓缩池，流量 $Q=36m^3/h$，扬程 $H=9.7m$，电机功率 $N=4kW$；第二组为上清液回流泵，用于将集水池内均衡池和浓缩池的上清液提升回流至配水井，流量 $Q=108m^3/h$，扬程 $H=26m$，电机功率 $N=18.5kW$。上清液回流泵的开停由集水池液位高低控制。集水池有效容积 $100m^3$。

每台水泵的进水管上安装手动蝶阀和电动蝶阀，出水管上安装止回阀、电动蝶阀和手动蝶阀。

为检修方便，泵房内安装起重量为 1t 的 CDI 电动葫芦 1 台。

为排除泵房内设备检修及盘根漏水，设潜水排污泵 1 台，流量 $Q=9.6m^3/h$，扬程 $H=12m$，电机功率 $N=1.5kW$，安装在排水坑内，排水坑直径 $D=1200mm$，深 $H=2000mm$。根据排水坑内水位控制排污泵的开停。

9.2.4.17　脱水机房

脱水机房设备包括板框压滤机及附属系统（进料系统、压缩空气系统、高压冲洗系统、加药系统和给排水系统）。

日处理干污泥 16.2t，干污泥量按原水年平均浊度 9NTU 的 2 倍，并考虑总加药量 4mg/L、石灰投加量 30mg/L（有效含量 CaO70％计）计算。

脱水机房采用二层布置，上层是压滤机，下层是泥饼输送间。平面尺寸为 $W×B=30.8m×25.4m$。

脱水机选用隔膜挤压全自动板框压滤机 2 台，进泥取自污泥浓缩池，经 2 台污泥泵进入 2 座调理池，加高分子药剂后，经进料泵输入压滤机，脱水后泥饼外运。

每台压滤机每日工作二班（16h）计，不设备用。

进脱水机污泥含水率＞97％，泥饼含水率为＜70％。

投加药剂为聚丙烯酰胺（PAM），投加量按干泥量的 3‰计。每天最大用量 48.6kg，干药堆放按 1t 设计，存放 20d。

二层设 3t、8m 跨度悬挂式电动单梁吊车 2 台，1 台用于吊装药剂，另 1 台用于 2 台压滤机更换滤布、滤板、检修等质量在 3t 以下的物件吊放，不能用来安装压滤机，因压滤机大件质量远超过 3t，故应在脱水机房未封顶或侧墙未砌时，将 2 台压滤机就位，就位后需妥善保护。

一层设 3t 单轨电动葫芦 1 台，用于吊装压榨泵、进料泵。

9.2.4.18　加药间

（1）加药系统工艺流程　药车（带输药泵）→贮药池→溶液池→加药泵→投药点。

加药间内包括贮药池、溶液池。新建和原有系统共 4 个加药点，即各系统的混合井内。药剂为浓度 11％ 的液态碱式氯化铝，投加浓度 5％（纯品），投加率按 4mg/L（纯品，最大）计，按贮存 10d 设计，加药泵采用单缸单头隔膜计量泵。

（2）加药量　投加药剂为液体碱式氯化铝，设计最大投加率 4mg/L（纯品）。当日供水 $5.2×10^5 m^3/d$ 时，每天设计最大投加量为 2.18t。

（3）贮药池　碱式氯化铝药剂的贮存按 $5.2×10^5 m^3/d$ 设计，采用湿贮，建贮药池 4 座，单池尺寸为 $6.7m×4.25m$，池深 3.25m。有效容积 $84m^3$，贮药池总贮药能力为 $336m^3$，当投加率为 4mg/L 时，可贮药 15d。两池为一组，共 2 组，一组为新系统服务，另一组为原有系统服务。贮药池注满 5h 后方可输药，以使药渣沉于池底。贮药池与溶液池间以及贮药池外侧均有巡视廊道。每座贮药池均有 $DN50mm$ 冲洗水管、$DN100mm$ 排空管、

DN100mm 溢流管、DN50mm 贮药池连通管及液位计 1 台。

（4）溶液池　加药间内设溶液池 4 座，与贮药池一一对应。单池平面尺寸（净空）为 4.25m×2.3m，有效池深 1.4m。每座溶液池设液位计 1 台，以控制溶液池液面高度。每池设 1 台搅拌机，共 4 台，以使商品药剂能均匀、迅速地配成投加浓度的药剂。每座溶液池均有 1 条 DN50mm 加药泵吸药管、1 条 DN50mm 进水管、DN50mm 溢流管、1 条 DN50mm 排空管，在溶液池北侧设一条宽×高＝400mm×400mm 排水沟，以排除溶液池排空的药液或冲洗水。

（5）加药泵　加药泵为单缸单头隔膜计量泵，共 6 台，新系统 3 台（2 用 1 备），单台流量 Q＝600L/h，扬程 H＝3.5bar；原有系统 3 台（2 用 1 备），单台流量 Q＝800L/h，扬程 H＝3.5bar。

（6）搅拌机　搅拌机共 4 台，每座溶液池 1 台，单台功率 1.5kW，安装在溶液池。搅拌机的工作由液位控制开、时间控制停。

（7）负载减压阀　负载减压阀即安全阀，是防止加药泵压力过高，在每台加药泵出药管上装设的，并配有相应的管路。共设 6 台负载减压阀，3 台负载减压阀共用一条向溶液池泄压的管道。

（8）隔膜式均流器　均流器可消除隔膜计量泵流量脉动，加药泵的每条出药管路均设有一个 DN20mm 均流器。

（9）背压阀　为使加药管路保持一定的压力，加药泵的每个出药管路均设有一个 DN20mm 背压阀。

9.2.4.19　加氯间

（1）加氯量　加氯量预加氯率 1.0mg/L，主加氯率 2.0mg/L，出厂水补氯率 1.0mg/L，按最大加氯率计，总加氯率为 4.0mg/L。日供水 $5.2×10^5 m^3$ 时加氯量为 2340kg/d，高时日平均加氯量为 98kg/h。

（2）氯库　总贮氯量按日供水 $5.2×10^5 m^3$，8.5d 加氯量计算为 19890kg。采用吨级氯瓶共贮存 20 瓶。

氯瓶采用并联方式运行，两个氯瓶连成一组，设两组，组间采用液氯自动切换器切换。每库在线氯瓶下设电子秤 1 台，量程 0～2000kg。

每组氯瓶的液氯经柔性连接器输送至汇流排，然后经管道输送至蒸发器室的液氯蒸发器。两组气源由自动切换装置切换，互为备用。

氯瓶总重约 1800kg，选用电动单梁悬挂起重机，起重量为 3t，跨度 L_k＝6.0m。

考虑氯库日常通风换气，每库设轴流风机 3 台，风量 4504m³/h。

氯库设漏氯报警器探头 1 台，双探头。

氯库设宽×高＝400mm×400mm 地沟，通向氯吸收间。

（3）蒸发器室　为保证安全供气，蒸发器单独设在蒸发器室中。蒸发器共 2 台，1 用 1 备，能力为 120kg/h，室内的墙上安装有过滤器、减压阀、压力表、真空调压器等。

为检修蒸发器，蒸发器上部屋顶处设手拉葫芦吊钩，起重量 0.5t，共 2 台。

室内设宽×高＝400mm×400mm 地沟，通向氯吸收间。

（4）加氯机间　加氯间设 12 台真空自动加氯机。预加氯用加氯机 3 台，每台最大投加能力为 20kg/h，采用流量控制型；主加氯用加氯机 5 台，其中 2 台最大投加能力为 30kg/h，3 台最大投加能力为 20kg/h，采用余氯控制型。出厂水补氯用加氯机 4 台，每台最大投加能力为 20kg/h，采用余氯控制型。

（5）加氯点

1）新建部分。预加氯点为 1 点，在 $DN1800mm$ 进水管上，预加氯管道 2 根，管径 $DN25mm$，管道材料为 UPVC。加氯点安装在加氯井中，井中安装有水射器、手动球阀、电动球阀、止回阀、扩散器、给水管道等。

主加氯点为 1 点，在活性炭吸附池 $DN2000mm$ 出水管上，加氯管道 1 根，管径 $DN40mm$，管道材料为 UPVC。加氯设备安装在活性炭吸附池管廊内，管廊内的墙上安装有水射器、手动球阀、电动球阀、止回阀、给水管道、余氯分析仪等，扩散器安装在厂区井内。

补氯加氯点为 2 点，在 $2^\#$ 清水池的两根 $DN1600mm$ 出水管上，补氯管道 2 根，管径 $DN25mm$，管道材料为 UPVC。加氯点安装在加氯井中，井中安装有水射器、手动球阀、电动球阀、止回阀、扩散器、给水管道等。

2）原有部分。预加氯点为 2 点，在 2 根 $DN1200mm$ 进水管上，预加氯管道 2 根，管径 $DN32mm$，管道材料为 UPVC。加氯设备安装在原有加氯井中。

主加氯点为 2 点，在活性炭吸附池 $DN1400mm$ 和 $DN1600mm$ 出水管上，加氯管道 2 根，管径 $DN25mm$，管道材料为 UPVC。加氯设备安装在活性炭吸附池管廊内，管廊内的墙上安装有水射器、手动球阀、电动球阀、止回阀、给水管道、余氯分析仪等，扩散器安装在厂区井内。

补氯加氯点为 2 处 3 点，1 点在 $1^\#$ 清水池的 $DN1600mm$ 出水干管上，加氯设备安装在活性炭吸附池管廊内，管廊内的墙上安装有水射器、手动球阀、电动球阀、止回阀、给水管道、余氯分析仪等，扩散器安装在厂区井内；其余 2 点在原有清水池内。补氯管道 2 根，管径 $DN32mm$，管道材料为 UPVC。

（6）氯吸收装置　为防意外事故跑氯，造成危害，设置 1t 级氯吸收装置一套。

当氯库含氯浓度≥3mg/L 时，漏氯报警器发出信号；≥5mg/L 时，氯吸收装置开机，直到氯库的含氯浓度达到要求时，氯吸收装置停机。

9.2.4.20　加氨间

（1）加氨量　加氨率设计为 0.3mg/L，日供水 $5.2 \times 10^5 m^3$，高时系数 1.5，加氨量为 234kg/d，高时加氨量为 10kg/h。

（2）氨库　总贮氨量按日供水 $5.2 \times 10^5 m^3$，13d 加氨量计算为 130kg。采用 0.5t 氨瓶共贮存 6 瓶。

设计按自然蒸发量考虑，氨瓶在常温自然蒸发量为每瓶 3kg/h，并联氨瓶 3 瓶，设 2 组，互为备用。每库在线氨瓶下设电子秤 1 台，量程 0～1000kg，共 2 台。

每个氨瓶的氨气经柔性连接器输送至汇流排，然后经管道输送至过滤器、减压阀、真空调节器至加氨机。两组气源由自动切换装置切换，互为备用。

氨瓶总重约 900kg，选用防爆型单轨悬挂起重机，起重量为 2t，跨度 $L_k = 6.0m$。

考虑氨库通风换气，每库设防爆型轴流风机 3 台，风量 57m^3/min。

氨库设漏氨报警器一个，双探头，漏氨报警器设在加氨间值班室。

（3）加氨机间　加氨机间设 6 台真空加氨机，4 用 2 备，每台最大投加能力 5kg/h。加氨机采用流量比例投加型。

（4）加氨点

1）新建部分。加氨点 2 点，设在 $2^\#$ 清水池的两根 $DN1600mm$ 出水管上，与补氯点在同一井内，井中安装有水射器、手动球阀、电动球阀、止回阀、扩散器、给水管道等。加氨管道 2 根，管径 $DN20mm$，管道材料为 UPVC。

2）原有部分。加氨点 2 处 3 点，同补氯点，1 点在 $1^\#$ 清水池的 $DN1600mm$ 出水干管上，加氨设备安装在活性炭吸附池管廊内，管廊内的墙上安装有水射器、手动球阀、电动球阀、止回阀、给水管道等，扩散器安装在厂区井内；其余 2 点在原有清水池内。补氯管道 2 根，管径 $DN20mm$，管道材料为 UPVC。

9.3 改进型澄清池、翻板阀炭砂滤池及紫外线消毒水厂设计案例

9.3.1 项目背景

北京市是世界上严重缺水的城市之一，不仅地表水水源不足，地下水也由于连续大量开采，出现水位逐年下降，为解决北京水资源短缺问题，南水北调中线已于 2014 年 12 月建成通水。为满足供水需求，在北京昌平镇东南京密引水渠北侧新建地表水厂，水资源由南水北调来水进京后统一调配，水厂规模为 $1.5\times10^5\,m^3/d$。根据原水水质特征、水厂占地条件、运行管理经验等，采用了改进型澄清池、翻板阀炭砂滤池及紫外线消毒的多级屏障组合工艺。

9.3.2 水源及水质情况

该水厂主要将南水北调工程的丹江口水库水作为水源；河北省四大水库是南水北调京石段供水水源之一，也可作该水厂水源的备选方案；密云水库原水将作为备用水源，待南水输水系统检修或水量不足时使用。

1）丹江口水库水质特征：a. 丹江口水库原水水质大多数指标符合《地表水环境质量标准》（GB 3838—2002）中 Ⅱ 类标准；b. 部分时期总氮指标超出 Ⅴ 类标准；c. 有机物含量较低，基本达到 Ⅱ 类水体标准；d. 南水北调中线工程对供水原水水质承诺为 Ⅱ 类，但经过 1200 多千米输送，水质具有较大不确定性。

2）河北四库水质特征：a. 有机物含量较低，溶解氧、氨氮、高锰酸盐指数、化学需氧量、生化需氧量大部分符合《地表水环境质量标准》（GB 3838—2002）中 Ⅰ 类标准，其中氨氮存在逐渐升高的趋势；b. 总氮污染均比较严重，平均值为 $2.5mg/L$，超出 Ⅴ 类标准，高锰酸盐指数、化学需氧量指标超出 Ⅱ 类标准；c. 藻类高时接近 2.7×10^6 个/L 量级，存在一定的富营养化问题。

3）密云水库水质特征：a. 绝大多数指标如氨氮、硝酸盐氮、亚硝酸盐氮、硫酸盐、氯化物、铁、砷、汞、挥发酚、氰化物、铬、COD_{Cr}、BOD_5，均达到《地表水环境质量标准》（GB 3838—2002）Ⅰ 类水域标准；b. COD_{Mn}、总磷指标达 Ⅰ～Ⅱ 级；溶解氧一般大于 $7.5mg/L$，饱和度大于 75%，达 Ⅰ～Ⅱ 类标准；c. 其水质检测指标符合《地面水环境质量标准》（GB 3838—2002）中的二类水域相关指标；d. 近几年藻类浓度和不易沉淀的悬浮物增加，近年高藻期藻的含量达到 1.0×10^7 个/L 以上。

9.3.3 主要工程内容

该水厂总体包含输水管线、净配水厂、出厂配水干线，设计规模 $1.5\times10^5\,m^3/d$。

水厂部分主要生产构筑物分为水线及泥线两部分：水线及附属设施包括格栅间、集水池和进水泵房、配水溢流井、预臭氧接触池、机械混合池、改进型机械搅拌澄清池、主臭氧接触池、翻板阀炭砂滤池、滤池设备间、超滤膜和紫外消毒车间、清水池、配水泵房、粉炭投加间、氧源和臭氧制备间、加氯加药间；泥线主要生产构筑物包括回收水池、排水池、排泥池、污泥浓缩池、脱水机房和污泥加药间。

工艺流程如图 1-9-1 所示。

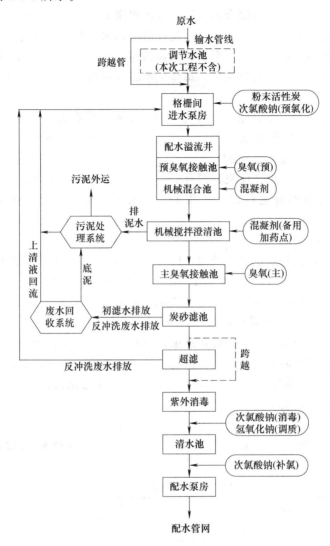

图 1-9-1　水厂工艺流程

9.3.4　主要构筑物设计参数及设备选型

9.3.4.1　格栅间、集水池和进水泵房

格栅间、集水池和进水泵房合建，设计规模 $1.5 \times 10^5 \, \text{m}^3/\text{d}$。

设格栅除污机 2 台，选用耙齿间隙 10mm，倾角 75°，格栅垂直高度为 11m，栅宽 1.5m。格栅前后各设 1500mm×1500mm 手电动板闸一道，栅后配无轴螺旋输送机，将栅渣外运处理。为了应对藻类等突发水污染，在格栅前后分别设置粉末活性炭、预加氯的加药点。

原水经格栅后，进入集水池。为方便检修，集水池分为 2 格；设置通气帽、检修人孔、集水坑等。

进水泵房采用卧式离心水泵 6 台，4 大（2 用 2 备）2 小（2 用）。为检修方便设置起重机 1 台；设置 1 座排水井，内设 2 台排水泵。

9.3.4.2 配水溢流井、预臭氧和机械混合池

配水溢流井、预臭氧和机械混合池合建，设计规模 $1.5×10^5 m^3/d$。

设置 2 座配水溢流井，通过堰板调节将提升后的原水分为 2 个系列。每座配水井中分别安装 2 台电动调节堰闸；设溢流堰 2 个，单个溢流量 $7.5×10^4 m^3/d$，每座配水溢流井设超声波液位计 2 个，分别计量堰前后水位。每座配水溢流井设置 1 根进水管、1 根的溢流管和 1 根放空管。

臭氧极强的氧化能力，可去除水中的色、嗅、味和微量有机污染物，具有杀菌、除藻、改善絮凝和过滤效果。设预臭氧接触池 2 座，采用水射器投加方式。预臭氧接触时间 5.0min，预臭氧最大投加量 1.5mg/L。

在预臭氧接触池后，共设 2 座机械混合池。每座混合池按串联方式布置 2 格，每格设 1 台快速搅拌机。在每格混合池设置 1 个混凝剂投加点。单池混合时间 60s，速度梯度为 $500\sim1000s^{-1}$。

9.3.4.3 改进型机械加速搅拌澄清池

工程采用改进型机械加速搅拌澄清池，设置加速型叶轮搅拌机及刮泥机，机械搅拌澄清池设计规模 $1.5×10^5 m^3/d$，校核流量 $2.1×10^5 m^3/d$；分 2 个系列，每个系列设 2 座机械搅拌澄清池，共 4 个池子，单池直径 $D=25m$，设计池体容积 $2843m^3$，其中地面以下 2.025m，单座机械搅拌澄清池设计规模 $1720m^3/h$。

两个系列机械搅拌澄清池设一条进水总渠，来水在进水总渠内通过进水板闸和配水堰，平均配至每座机械搅拌澄清池内。每座机械搅拌澄清池出水通过环形集水槽进入出水管至后续处理单元。每座机械搅拌澄清池内安装同轴搅拌机、池底刮泥机，清水区安装斜管。此外，在每座机加池进水堰处预留 1 处加药点。

单池斜管面积 $334m^2$；斜管上升流速 3.6m/h＝1mm/s。

改进型机械搅拌澄清池主要设计参数见表 1-9-8，改进型机械加速澄清池设计见图1-9-2。

表 1-9-8 机械搅拌澄清池设计参数

序号	机械搅拌澄清池设计参数	参数取值
1	澄清池形式	改进型机械搅拌澄清池
2	单池设计流量/($10^4 m^3/h$)	1720
3	池直径/m	25
4	搅拌提升水量	3～8 倍净产水能力
5	单池斜管面积/m^2	334
6	斜管上升流速/(mm/s)	0.8
7	单台搅拌刮泥机功率/kW	11.55
8	池总高度/m	6.5
9	有效水深/m	6
10	一反应室直径/m	3.25
11	二反应室直径/m	10.8
12	集水系统	辐射式＋环形集水槽集水
13	一二反应室停留时间/min	19
14	总停留时间/min	97.5

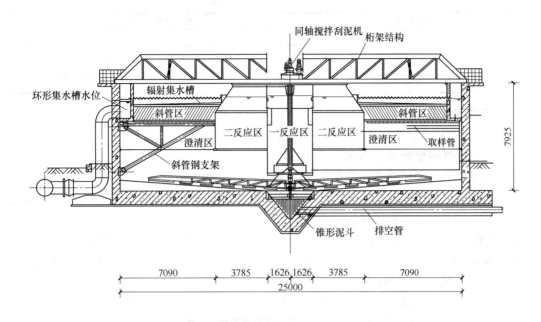

图 1-9-2　某地表水厂加速型机械搅拌澄清池及设备

池组中加速型叶轮搅拌机及刮泥机 4 台，电机功率 11.55kW；搅拌机叶轮直径 2.33m，叶轮高 450mm，叶轮转速 6～20r/min，搅拌机质量 7500kg。刮泥耙旋转直径 23m，刮泥机质量 500kg。

9.3.4.4　主臭氧接触池、高效炭砂滤池和设备间

主臭氧接触池、高效炭砂滤池和设备间合建，设计规模为 $1.5 \times 10^5 m^3/d$。

主臭氧接触池用密封式矩形钢筋混凝土池，分 2 个系列，内设导流墙。采用曝气盘布气方式。接触池顶部安装 2 套尾气破坏设备，通过设置在接触池顶部的尾气收集管收集尾气，在尾气破坏设备内通过加热分解为氧气，然后排放到大气中。最大臭氧投加量为 1.5mg/L，三段投加量比为 3∶3∶1，接触时间 12min，三段接触时间比为 1∶1∶2。

高效炭砂滤池采用翻板阀滤池，设计规模 $1.5 \times 10^5 m^3/d$，分为 8 格，单格过滤面积 $102 m^2$，设计滤速 7.66m/h，强制滤速 8.75m/h，接触时间 16.45min，水头损失 2.0m，滤层上水深 2.0m。北京某水厂高效炭砂滤池断面如图 1-9-3 所示。

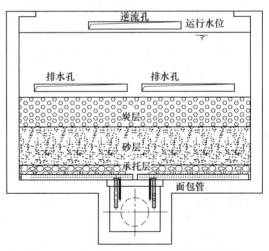

图 1-9-3　北京某水厂高效炭砂滤池断面图

滤料：8×30 目压块破碎活性炭，炭层厚 1.2m，石英砂 $d_{10}=1.0mm$，$k_{80}=1.4$，砂滤层厚 0.6m。

冲洗周期 24～72h，冲洗采用气水联合反冲，冲洗水来自炭砂滤池出水。冲洗后初滤水排放，排放时间 30min。如表 1-9-9 所列。

表 1-9-9　冲洗程序及强度

冲洗程序	冲洗强度/[L/(m²·s)]
气冲	16.7
气、水同时冲	气 16.7
	水 3.33
水冲	10.6

滤池设备间在滤池北侧，设备间内设置反冲洗水泵 4 台（3 用 1 备）和鼓风机 3 台（2 用 1 备）。为方便检修设置起重机 1 台和排水井 1 座。

9.3.4.5　超滤膜和紫外消毒车间

超滤膜处理和紫外消毒车间合建，设计规模为 1.5×10^5 m³/d。

（1）超滤膜　超滤膜处理系统由进水单元、超滤膜单元、产水单元、反冲洗水单元、化学清洗单元、中和单元及空压供气单元组成。

1）进水单元。进水缓冲池设 1 座，分两格，两格用板闸连通，停留时间约 15min。设置 1 根进水管和 1 根溢流管。进水泵 6 台，分 2 个系列，每系列 3 台（2 用 1 备）。自清洗过滤器 6 台，过滤精度 $300\mu m$，耗水率≤0.5%。

2）超滤膜单元。超滤膜 16 套，分 2 个系列，每系列 8 套。设计最低水温 5℃，平均膜通量 52L/(m²·h)，回收率 95%，总膜面积≥120000m²，膜孔径≤$0.02\mu m$。

3）产水单元。每系列超滤膜产水干管汇合至产水总管后进入紫外消毒。此外，超滤膜的产水分别向反洗水池和化学清洗单元进行补水。

4）反冲洗水单元。反洗水池设 1 座，反洗水泵 3 台，分 2 个系列，每系列 1 台，共同备用 1 台，并设置篮式过滤器和流量计等。每系列反洗排水干管汇合后回流至格栅间进水井。

5）化学清洗单元。化学清洗单元包括化学清洗罐、化学清洗泵和加药系统，设置在化学清洗间内。化学清洗罐 2 个，化学清洗泵 2 台，1 用 1 备。设置篮式过滤器等。

化学清洗投加药剂包括次氯酸钠、氢氧化钠、柠檬酸等，其中次氯酸钠和氢氧化钠药剂贮存和投加设备设置在加氯加药间。柠檬酸药剂贮存、配置和投加设备设置在化学清洗间内。

6）中和单元。废液中和单元包括中和水池、中和水泵和药剂投加，设置在化学清洗间内。中和水池 1 座，中和水泵 2 台，1 用 1 备，设置在中和水池内。中和单元需要投加的药剂除酸碱外，还有亚硫酸氢钠溶药及投加装置。

7）空压供气单元。空压供气系统主要为反洗曝气、气检、设备及仪表控制等供气，系统包括空压机、冷干机、过滤器、贮气罐等，设置在空压机间内。空压机 2 台，1 用 1 备，配套过滤器、冷干机等。工艺贮气罐 2 个，仪表控制贮气罐 2 个。

8）其他。在超滤进水和反洗泵房内设置 1 座排水井，设置潜水排污泵 2 台。为了方便水泵设备吊装，设置电动单梁悬挂起重机 1 台。

（2）紫外消毒　超滤膜出水后接紫外消毒反应器，用于消毒，本工程拟采用管道式 UV 反应器。紫外消毒利用波长 254nm 及其附近波长区域对微生物 DNA 的破坏，阻止蛋白质合成而使细菌不能繁殖。紫外线对隐孢子虫卵囊有很好杀灭效果，而且在常规消毒剂量范围内（40mJ/cm²）紫外线消毒不产生有害副产物。

紫外线消毒设备数量 3 套，每套设备含紫外线灯管 6 根；分别在紫外消毒器前后安装蝶阀，共 6 个。

9.3.4.6　清水池

清水池设计规模 $1.5 \times 10^5 \, m^3/d$，调蓄量按高日 20% 设计，总调蓄容积 $30800 \, m^3$，共 2 座。清水池内设导流墙，池顶设通气帽。每格设溢流，溢流量 100%。设超声波液位计 2 台。每格设置 1 根进水管、1 根溢流管、1 根出水管和 1 根放空管。

9.3.4.7　吸水井和配水泵房

吸水井和配水泵房设计规模为 $1.5 \times 10^5 \, m^3/d$，配水高时系数 1.4。

处理后的清水通过清水池后进入吸水井，由配水泵房内的水泵加压后经配水管道送出。水泵采用卧式离心泵，启动方式为自灌启动。配水泵房采用半地下式泵站，水泵采用变频控制（备用泵为定速）。同时，确定水泵数量时，兼顾考虑水厂近期运行规模较小因素，根据不同用水量要求调控配水泵开启数量。

该水厂配水泵房向两个地区分别供水，规模分别是 $1.0 \times 10^5 \, m^3/d$，交水点水压 35m；$5 \times 10^4 \, m^3/d$，交水点水压 40m。

9.3.4.8　粉炭投加车间

为应对原水可能出现的季节性或突发性污染物质增高，异臭、异味和 THM 前驱物质浓度很高，在调节池进口处设置粉炭应急投加条件，调节池未建成之前粉炭应急投加点设置在格栅前，用于吸附水中微污染有机物等。

因其仅为应急性质投加，故采用人工投料湿法投加，最大投加量 30mg/L。设粉末活性炭贮存区，贮炭量按最大投加量 7 天计算。

设计投加设备 2 套，每套含投料站、真空上料装置、料仓、螺旋给料机、溶解制备罐等。设备投加方式为连续投加，2 套同时使用可满足药剂最大投加量需求。

9.3.4.9　加氯加药间

加氯加药间设计规模为 $1.5 \times 10^5 \, m^3/d$，包括次氯酸钠、三氯化铁、碱式氯化铝、氢氧化钠和浓硫酸。

(1) 次氯酸钠　设加氯点 3 处，包括预加氯、主加氯和补氯。预加氯为季节性应急投加，投加点位于集水池的格栅后，主加氯点为清水池进水管路上，补氯点为吸水井。加氯率分别为 1.0mg/L、2.0mg/L、1.0mg/L（以 Cl_2 计），采用次氯酸钠（10% 浓度）投加。此外，超滤膜化学清洗需要的次氯酸钠贮存及投加设施在此一并考虑。贮罐按最大投加量 7 天容积考虑，设贮罐 2 个，每个容积 $30 \, m^3$。

(2) 三氯化铁　三氯化铁投加点设置在混合井，并在机械搅拌澄清池处预留备用投加点。最大投加率为 25mg/L，药剂采用 38% 浓度的三氯化铁溶液，设置 2 座贮药池，满足最大投加量 8d。设置 2 座溶药池，将药剂稀释至 20% 后投加。设置隔膜计量泵 4 台，其中 3 台（2 用 1 备）投加至混合井，另外 1 台为机械搅拌澄清池加药备用。

(3) 碱式氯化铝　碱式氯化铝投加点设置在混合井，并在机械搅拌澄清池处预留备用投加点。最大投加率为 40mg/L，药剂采用 10% 浓度的碱式氯化铝溶液，设置 2 座贮药池，满足最大投加量 7 天。设置 2 座溶药池，将药剂稀释至 5% 后投加。设置隔膜计量泵 4 台，其中 3 台（2 用 1 备）投加至混合井，另外 1 台为机械搅拌澄清池加药备用。

(4) 氢氧化钠　为了应对重金属污染等突发水污染问题，设置氢氧化钠投加系统。此外，超滤膜化学清洗需要的次氯酸钠贮存及投加设施在此一并考虑。

氢氧化钠投加点设置在混合井，并在清水池出水管预留备用投加点。最大投加率为 20mg/L，药剂采用 45% 浓度的氢氧化钠溶液，设置 2 个贮药罐，满足最大投加量 5 天。

(5) 浓硫酸　浓硫酸用于调节 pH 值，投加点设置在混合井，并在澄清池出水管预留备用投加点，浓度 98%。设置贮罐 2 个，满足最大投加量 5 天。设置隔膜计量泵 3 台，2 用 1 备。

此外，加药加氯间排水井内设置潜水排污泵 2 台，加酸加碱区域设置电动葫芦一个，起重量 3t，起重高度 9m。

9.3.4.10　气源和臭氧制备间

臭氧制备系统设计规模 $1.5 \times 10^5 \, m^3/d$，为预臭氧和主臭氧提供臭氧量，氧源为液氧。臭氧最大投加率为 2.0mg/L。

臭氧制备工艺：液氧→氧气→O_3

液氧贮罐 $20m^3$，1 个，配套汽化器、调压阀、输气管道、控制仪表共 2 套，1 用 1 备。

臭氧制备间选用 3 套臭氧发生器设备，两种型号，互为软备用。臭氧最大投加率 2.0mg/L；$4.0kgO_3/h$ 臭氧发生器 2 台，$8.0kgO_3/h$ 臭氧发生器 1 台；臭氧浓度（质量比）10%。

9.3.4.11　污泥处理系统

污泥处理系统设计规模为 $1.5 \times 10^5 \, m^3/d$，包括回收水池、排水池、泥水结合井、排泥池、浓缩、污泥平衡池、脱水机房等构筑物，其中回收水池、排水池、泥水结合井排泥池、浓缩池、污泥平衡池等构筑物合建。污泥处理工艺流程如图 1-9-4 所示。

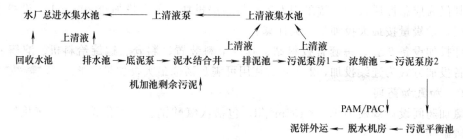

图 1-9-4　污泥处理工艺流程

设计按原水浊度取值 10NTU，投药量 40mg/L（10%浓度），投加粉末活性炭 15mg/L 计算，产生污泥量（按 DS 计）5.42t/d。

(1) 回收水池　回收水池收集炭砂滤池初滤水，收集的初滤水不需处理直接经回流水泵送回至集水池。设置回收水池 2 座，可以容纳 1 格炭砂滤池 30min 初滤水。池内设回流水泵，用于输送初滤水回流；池内设潜水搅拌器，用于防止池内杂质沉淀。池内设溢流管，事故工况时溢流至厂区雨水系统。设回流水泵 4 台，2 用 2 备，搅拌器 4 台。

(2) 排水池　排水池收集炭砂滤池反冲洗水，收集的反冲洗水上清液经上清液泵送回至集水池，底泥经底泥泵送至泥水结合井。设置排水池 2 座，可以容纳 1 格炭砂滤池 1 一次反冲洗水。池内设上清液泵及底泥泵。池内设溢流管，事故工况时溢流至厂区雨水系统。设上清液泵 4 台（2 用 2 备），底泥泵 4 台（2 用 2 备）。

(3) 泥水结合井　泥水结合井收集排水池底泥及机加池剩余污泥，二者在泥水结合井内混合后，通过 2 根泥管分别进入 2 座排泥池，每根进泥管上各设有 1 台手动刀闸阀及 1 台电磁流量计。

(4) 排泥池　排泥池采用浮动槽排泥池，设置排泥池 2 座，2 根管道将排水池底泥及机械搅拌澄清池排泥水送到 2 座排泥池中。每座排泥池设置 1 台刮泥机及 1 台浮动取水槽。经排泥池处理后的污泥含水率约为 99%，经污泥泵送入浓缩池。上清液经浮动取水槽进入导向柱，最后进入上清液池。

（5）浓缩池　排泥池底泥通过污泥泵输送至浓缩池。设置浓缩池 2 座，每座浓缩池设置 1 台刮泥机。经浓缩池处理后的污泥含水率约为 98％，经污泥泵送入污泥平衡池。上清液经溢流槽进入上清液池。

（6）上清液池　设置上清液池 1 座，用于收集排泥池、浓缩池上清液槽及浮动槽内的上清液。池内上清液通过上清液泵回流至集水池。

（7）污泥泵房　设置污泥泵房 2 间，用于放置排泥池污泥泵、浓缩池污泥泵、上清液泵及脱水机进泥泵。泵房内设置集水井，收集排水沟内的污水后经潜污泵送至厂区污水系统。设排泥池污泥泵 3 台，2 用 1 备；浓缩池污泥泵 3 台，2 用 1 备；上清液泵 2 台，1 用 1 备；脱水机进泥泵 3 台，2 用 1 备；潜污泵 2 台。

（8）污泥平衡池　设置污泥平衡池 2 座，用于收集浓缩池底泥。单座平衡池内污泥贮存时间 9h。每座池内设潜水搅拌器 2 台，用于防止池内污泥沉淀。

（9）脱水机房　厂区剩余污泥经过排泥池、浓缩池两级浓缩，含水率约为 98％。将污泥送入板框脱水机，经脱水机脱水后得到含水率 60％的泥饼，堆放在泥饼间外运。脱水机房机房为两层结构。

脱水机房主要设备有板框板框脱水机 2 台；进泥螺杆泵 3 台（2 用 1 备）；挤压水泵 3 台（2 用 1 备）；挤压水罐 1 台，$V=2m^3$；清洗水泵 2 台（1 用 1 备）；清洗水罐 1 台，$V=2m^3$；空压机 2 台（1 用 1 备）；贮气罐 1 台，$V=5m^3$；贮气罐 1 台，$V=1m^3$；无轴螺旋输送机 2 台；PAM 制备系统 1 套；PAM 加药泵 3 台（2 用 1 备）；PAC 制备系统 1 套；PAC 加药泵 3 台（2 用 1 备）；单梁悬挂起重机：1 台，$G=5t$。

9.4　高效炭砂滤池和超滤膜水厂设计案例

9.4.1　项目背景

北京某水厂设计规模 $5.0×10^5 m^3/d$。该水厂的实施，将缓解北京南部地区供水压力，大大提高北京市城市供水的安全性，保障供水量并改善供水水质，同时可置换出大量的地下水自备井用水，对涵养严重匮乏的地下水具有重大意义，可为首都社会经济的高速和可持续发展提供坚实基础。根据原水水质特点和出水水质的高标准要求，该水厂采用了高效炭砂滤池和超滤膜组合工艺。

9.4.2　水源及水质情况

水厂一期工程具有多水源供水特征，主要将南水北调工程的丹江口水库水作为水源；河北省四大水库是南水北调京石段供水水源之一，也可作该水厂水源的备选方案；密云水库原水将作为备用水源，待南水输水系统检修或水量不足时使用。各水源供水水质检测如表 1-9-10～表 1-9-12 所列。

表 1-9-10　丹江口水库水质（2015 年 4 月～2015 年 10 月）

检测项目	pH 值	浊度 /NTU	耗氧量 /(mg/L)	铁 /(mg/L)	藻类 /(10⁴ 个/L)	细菌总数 /(个/mL)
范围值	7.5～8.2	1.8～6.8	2.3～3.8	0.05～0.27	650～1770	48～280
平均值	8.04	3.65	2.86	0.18	1379.50	161.50

表 1-9-11　河北四库水质（2009 年 7 月）

检测项目	黄壁庄水库	岗南水库	王快水库	西大洋水库
温度	27	28	26.5	28.4
pH 值	8.24	8.2	8.20	8.30

续表

检测项目	黄壁庄水库	岗南水库	王快水库	西大洋水库
溶解氧/(mg/L)	9.76	9.96	10.8	9.92
高锰酸盐指数(O_2)/(mg/L)	3.55	3.57	2.89	4.04
化学需氧量(COD_{Cr})/(mg/L)	15.4	14.8	18.0	15.8
BOD_5/(mg/L)	1.21	1.08	1.14	1.14
氨氮/(mg/L)	<0.025	<0.025	0.129	<0.025
总磷/(mg/L)	<0.025	<0.025	<0.025	0.058
总氮/(mg/L)	1.77	1.86	1.85	2.66

表 1-9-12　密云水库（2010 年 10 月）

检测项目	2010.09 晴	2010.09 雨后	2010.10 晴	2010.10 雨后
温度	15.50	18.90	1.20	15.60
pH 值	8.42	7.78	7.71	8.80
溶解氧/(mg/L)	8.16	4.19	11.60	10.00
高锰酸盐指数(O_2)/(mg/L)	5.31	0.96	3.79	3.92
化学需氧量(COD_{Cr})/(mg/L)	23.20	26.80	29.20	12.8
BOD_5/(mg/L)	6.70	8.50	8.40	3.8
氨氮/(mg/L)	0.70	1.56	0.98	0.43
总磷/(mg/L)	0.01	0.01	0.07	0.07
总氮/(mg/L)	1.54	2.87	2.61	1.38

对于水源水质的不确定性及水源切换带来的主要问题如下。

① 原水有机物综合指标存在上升的趋势，尤其南水北调水经长距离输送后其水质情况存在不确定性，水处理工艺需要提供足够的水质安全余量。

② 对于明渠调水，沿途收到降雨等因素的影响，原水浊度变化可能较大，应充分做好应对原水浊度变化的准备。

③ 水中季节性藻类升高和藻类的去除是水处理工艺需要重视的问题。

④ 原水经过 1200 多公里明渠输送，沿途有可能出现有机污染或突发事故，水体中存在有毒、有害合成有机物的产生、致病微生物的侵入等，应有应急措施。

⑤ 水源切换后可能引起的现况配水管网体系化学稳定性的破坏问题需引起足够重视，应在净水工艺中增加相关水质调节措施应对。

⑥ 长距离原水迁移引起水质变化，需要进一步开展专题研究。

出水水质执行《城市供水水质标准》（CJ/T 206—2005）及《生活饮用水卫生标准》（GB 5749—2006）；其中出水浊度<0.3NTU（保证率>95%）。

出水水质标准：符合国家现行的《生活饮用水卫生标准》（GB 5749—006）、《城市供水水质标准》（CJ/T 206—2005）；其中出水浊度小于 0.3NTU，保证率>95%。

9.4.3　主要工程内容

该水厂设计规模 $5.0 \times 10^5 m^3/d$，分为 2 个系列，主要生产构筑物除 110kV/10kV 变电站外分为水线及泥线两部分，水线及附属设施包括格栅间、集水池、提升泵站、进水井、预臭氧接触池、机械混合井、机械加速澄清池、主臭氧接触池、炭吸附池、超滤膜车间、紫外消毒间、清水池、配水泵房、滤池设备间、配电控制室、臭氧制备间、加药间、加氯（氨）间、粉末炭投加间、加酸加碱间；泥线主要生产构筑物包括排泥池、污泥提升泵房、浓缩池、污泥混合池、脱水机房等。

水线工艺流程如图 1-9-5 所示。

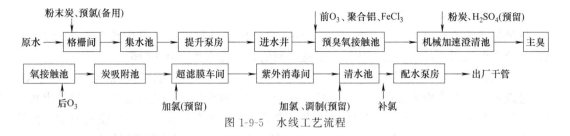

图 1-9-5　水线工艺流程

泥线工艺流程如图 1-9-6 所示。

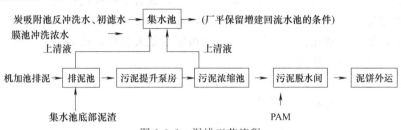

图 1-9-6　泥线工艺流程

9.4.4　主要构筑物设计参数及设备选型

9.4.4.1　格栅间、集水池及提升泵房

格栅间、集水池及提升泵房合建,设计规模为 $5.5 \times 10^5 \mathrm{m}^3/\mathrm{d}$。含自用水系数 10%,其中约 5% 为膜池冲洗水。

格栅间分 4 条进水渠道,共设回转式机械格栅 4 台,每条渠道前后设置 $1.9\mathrm{m} \times 1.9\mathrm{m}$ 手电动检修板闸各 1 套,共计 8 套。格栅宽度 1.8m,垂直深度约 12.5m,70°设置,格栅间隙采用 10mm;设置直径 260mm 螺旋输送器 1 台。为防止出现栅道内短流及便于排出浮渣,格栅前后上部流道共设置 $1.2\mathrm{m} \times 1.2\mathrm{m}$ 手电动板闸 8 台。

集水池分为独立 2 格,具备单池检修条件,集水池上部设置全厂总配电室。近期最低水位调蓄时间为 22min,近期设计水位调蓄时间为 45min。

提升泵房为卧式泵房,提升泵房内设置水泵 6 台(4 大 2 小),大泵采用调速电机,小泵采用定速电机。大泵 $Q = 2.55\mathrm{m}^3/\mathrm{s}$,$H = 20\mathrm{m}$,小泵 $Q = 1.27\mathrm{m}^3/\mathrm{s}$,$H = 20\mathrm{m}$,可在单格集水池检修清洗时满足满负荷运行工况以及近期低流量、远期挖潜等运行工况。

提升泵房内设电动双梁桥式起重机,起重量 16t。

9.4.4.2　进水井、预臭氧接触池、机械混合井

进水井、预臭氧接触池、机械混合井合建,设计规模为 $5.5 \times 10^5 \mathrm{m}^3/\mathrm{d}$,含自用水系数 10%,其中约 5% 为膜池冲洗水。

原水经提升泵提升后分出 2 条干管分至 2 个进水井内,再通过 4 个 $2\mathrm{m} \times 2\mathrm{m}$ 进水孔分别输送至 4 组预臭氧接触池内。提升泵房出水干管上分别设置 $DN2000$ 电磁流量计及电动调流蝶阀,通过流量计数值自动控制对应调流蝶阀,平衡两个系列水量。设堰宽为 6m 的溢流堰 2 座,总溢流量 $2.5 \times 10^5 \mathrm{m}^3/\mathrm{d}$。

预臭氧接触池:预臭氧采用水射器投加方式,设计投加量 0.5mg/L。设预臭氧接触池 4 座,单座 $W \times L \times H = 6.0\mathrm{m} \times 12.7\mathrm{m} \times 7.35\mathrm{m}$,有效水深 6m,接触时间约 4.5min。水射器的动力水取自机械加速澄清池出水管。

设 2 座机械混合井,每座混合井按串联方式布置 2 格,每格设 1 台快速搅拌机。单格混合时间 28s,单格速度梯度 G 为 $596\mathrm{s}^{-1}$,平面净尺寸 $4.5\mathrm{m} \times 4.5\mathrm{m}$,有效水深 4.5m。

9.4.4.3 传统机械加速澄清池

机械加速澄清池设计规模 $5.5\times10^5\,\mathrm{m^3/d}$，含自用水系数 10%，其中约 5% 为膜池冲洗水。共分 2 个系列，每系列设 6 座机械加速澄清池，对称布置，共 12 座。

每系列机械混合井出水通过 DN2000 进水管进入每个系列机械加速澄清池的进水总渠，并通过进水堰将来水均匀分配给每座机械搅拌澄清池。每座机械加速澄清池出水通过出水三角堰汇至 DN900 出水管道及 DN1400 出水总管最终进入主臭氧接触池。每座机械加速澄清池共设 5 根 DN150 排泥管和 1 根 DN400 放空管。每个泥斗排泥管设联通管与 DN400 放空管联通，用于冲洗斜管期间机加池排水使用，每根联通管上设阀门控制。每个系列机械加速澄清池排泥通过排泥渠排至厂区污泥处理系统，放空排至集水池。

设计采用同轴搅拌刮泥机，设备的传动结构发生很大变化，改为中心套轴式结构，将会大大降低设备的故障率，从而减少维修量。

每 6 座机加池的 DN400 放空管通过阀门连通在一起，可在停池恢复运行后，相互串泥，使其尽快达到正常出水水质要求。

单池设计水量 $Q=0.53\,\mathrm{m^3/s}$；二反应室提升水量为 $5Q$（$Q=0.53\,\mathrm{m^3/s}$）；总停留时间 90min；分离区上升流速 0.001m/s；二反应室流速 0.04m/s；配水三角槽流速 0.5m/s。

9.4.4.4 臭氧接触池、高效炭砂滤池

臭氧接触池与高效炭砂滤池合建，设计规模 $5.45\times10^5\,\mathrm{m^3/d}$，含自用水系数 9%，其中约 5% 为膜池冲洗水。

臭氧接触池分 2 个独立系列，每个系列分为对称 2 组，采用侧面进水，中央出水方式。池体为密封式矩形钢筋混凝土池结构，内设导流墙。采用曝气盘分三段布气方式，每段比例可调。臭氧接触时间 $t=11.69\mathrm{min}$，投加量 0.5mg/L。

每系列接触池顶部安装 2 套尾气破坏设备（1 用 1 备），通过设接触池顶部的尾气收集管收集尾气，在尾气破坏设备内通过加热分解为氧气，然后排放到大气中。

滤池采用了双层滤料高效炭砂滤池，分 2 个独立系列，共 24 格，每系列对称双排布置。单格过滤面积 112m²（14m×8m），池深 6.05m；为避免进水影响炭层的均匀度，采用多渠方式配水。设计滤速 7.75m/h，强制滤速 8.09m/h，接触时间 13.93min，水头损失 2.5m，滤层上水深 2.0m。北京某水厂高效炭砂滤池断面如图 1-9-7 所示。

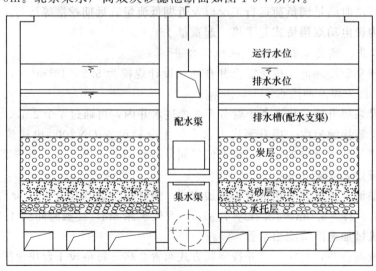

图 1-9-7 北京某水厂高效炭砂滤池断面

滤料：$d = 1.2 \sim 1.3mm$，$h = 2.0 \sim 3.0mm$ 柱状炭，炭层厚 0.6m，石英砂 $d_{10} = 1.0mm$，$k_{80} = 1.4$，砂滤层厚 1.2m。

冲洗周期 $24 \sim 72h$，冲洗采用气水联合反冲，冲洗水来自炭砂滤池出水。冲洗后初滤水排放，排放时间 30min。如表 1-9-13 所列。

表 1-9-13　冲洗程序及强度

冲洗程序	冲洗强度/[L/(m² · s)]
气冲	14
气、水同时冲	气 14
	水 3
水冲	6

设备间每系列设置 1 座，共 2 座，每座水泵设备间内设置反冲洗水泵 4 台（2 大 2 小，均采用变频调速），设鼓风机 3 台（2 用 1 备）用于炭池气洗，另设鼓风机 3 台（2 用 1 备）、空压机、真空泵，用于膜车间，设 $L_k = 9m$，5t 电动单梁悬挂起重机 1 台。

9.4.4.5　超滤膜车间及紫外消毒间

超滤膜车间与紫外消毒间合建，设计规模 $5.0 \times 10^5 m^3/d$，分为独立的 2 个系列。

超滤膜处理系统由进水单元、超滤膜单元、产水单元、反洗水单元、化学清洗单元、中和单元及空压机供气单元组成。

超滤膜共 48 套，分 2 个系列，每系列 24 套。设计最低水温 5℃，平均膜通量 55L/(m² · h)，回收率 95%。

紫外消毒间共分 2 个系列，为半地下式，为进清水池前的生产水进行紫外线消毒。采用管道式 UV 反应器，紫外消毒利用波长 254nm 及其附近波长区域对微生物 DNA 的破坏，阻止蛋白质合成而使细菌不能繁殖。紫外线消毒设备数量 8 套，采用吊装方式进行安装、检修。紫外消毒设备前后设蝶阀，共 16 个。

9.4.4.6　清水池（内置吸水井）

清水池共计 4 座，调蓄能力约为 26%。清水池设置溢流，允许最大溢流量 $5.0 \times 10^5 m^3/d$，接入厂区雨水系统处设置拍门井，共计 2 座。

为保证消毒效果，每座清水池内设置 $10 \sim 11$ 个流道，$L/D = 66 > 50$；低水位时 CT 值约为 $22.86mg \cdot min/L > 9mg \cdot min/L$。

内置吸水井的进口采用严密性相对较高的蝶阀，可确保任一清水池清扫时不影响正常供水。

清水池每座顶部设置 $D = 400$ 通气帽 4 个，吸水井顶部设置 $D = 400$ 通气帽 4 个，共计 24 个，每池底部设 $DN800$ 放空管。

9.4.4.7　配水泵房

配水泵房设计规模为 $5.05 \times 10^5 m^3/d$（含自用水系数 1%），高时系数 1.4。

处理后的清水通过清水池内置吸水井，经水泵加压后由配水管道送出。配水泵房采用半地下式泵房，水泵采用卧式离心泵，自灌启动，水泵数量 6 台（4 用 2 备），全部变频。泵房设电动双梁桥式起重机 1 台，起重量 10t。

9.4.4.8　加药间

加药间位于格栅间北侧，设计规模 $5.5 \times 10^5 m^3/d$，含自用水系数 10%。由三氯化铁、聚合铝投加间、次氯酸钠投加间、控制室、卫生间组合而成。具备铝盐、铁盐双药剂投加条件。混凝剂投加点位于机械混合井进口处，采用双管投加，每系列投加 1 处，合计 2 处。混凝剂投加系统：包括贮液池、加药泵。

（1）液态聚合氯化铝（10％商品溶液） 按最大投加量 4mg/L（纯品）计算，每天最大投加商品药液 22t。

聚合铝贮液池共计 2 座，并联设置，每座约 100m³，按 10％商品溶液计算，可满足最少约 10d 的药剂贮量。隔膜计量泵 10 台，8 用 2 备。其中机械混合井投加点 5 台，4 用 1 备，采用双管投加；预留机械加速澄清池加药箱投加点 5 台，4 用 1 备，采用单管投加。

（2）三氯化铁（38％商品溶液） 按最大投加量 25mg/L（38％商品）计算，每天最大投加商品药液 13.75t。

三氯化铁液贮池共计 2 座，并联设置，每座约 100m³，按 38％商品溶液计算，可满足最少约 20d 的药剂储量。隔膜计量泵 5 台，4 用 1 备。其中机械混合井投加点 5 台，4 用 1 备，采用双管投加；预留机械加速澄清池加药箱投加点与预留聚合氯化铝投加点共用 5 台投加泵（4 用 1 备），采用单管投加。

（3）次氯酸钠（预氯） 水厂内的次氯酸钠投加采用就近投加布置方式，分为预加氯、主加氯、补氯。预加氯与混凝剂投加间合建；主加氯与加酸、碱间合建；补氯与加氨间合建。

次氯酸钠投加量（10％商品）按 30mg/L 设计，投加点位于格栅后，单点双管投加。设置隔膜计量泵 3 台，2 用 1 备。2 个 PPH 贮罐（卧式），单罐容积 15m³，可满足最高日 1 天贮量要求。

9.4.4.9 主加氯、加酸、加碱间

主加氯、加酸、加碱间位于清水池西侧，设计规模 $5.0 \times 10^5 m^3/d$（超滤膜车间自用水系数 6％，清水池、配水泵房自用水系数 1％，机械混合井自用水系数 10％）。由次氯酸钠投加间、硫酸投加间、氢氧化钠投加间、盐酸投加间、亚硫酸氢钠投加间、控制室组合而成。

主加氯、加酸、加碱间除满足水厂主加氯及进水、出水预留 pH 值调节外，兼顾超滤膜车间内盐酸、次氯酸钠浸泡膜丝及其中和药剂的贮存投加需求。主加氯、加酸、加碱间设置起重量 1t，$L_k = 9m$ 电动单梁悬挂起重机 1 台。

（1）次氯酸钠 按最大 20mg/L（10％商品次氯酸钠）投加量设计，每日最大投加量 10.1t，设置 4 个 PPH 贮罐（卧式），单罐容积 12m³，可满足最高日 5.4d 贮存要求。清水池加氯设计量泵 3 台，2 用 1 备；膜车间加氯设计量泵 3 台，2 用 1 备。

（2）NaOH NaOH 最大投加量为 20mg/L，投加浓度为 45％，设置 2 个 PPH 贮罐（立式），单罐容积 22m³。可满足 7 天贮存要求。预留投加点位于配水泵房吸水井，共 2 处。

pH 值调节设置隔膜计量泵 3 台，2 用 1 备；膜车间强酸中和设置隔膜计量泵 3 台，2 用 1 备。

（3）H_2SO_4 H_2SO_4 最大投加量为 20mg/L，投加浓度为 98％，设置 2 个 PPH 贮罐（立式），单罐容积 15m³，可满足 7 天贮存要求，预留投加点位于混合井，共 2 处。设置隔膜计量泵 3 台，2 用 1 备。

9.4.4.10 粉末炭投加间

粉末炭投加间与格栅间集水池合建，设计规模 $5.0 \times 10^5 m^3/d$，自用水系数 2％。投加点位于格栅前的进水井内，最大投加量为 15mg/L，此外机械混合井出水管上预留投加点。

设料仓 2 个，体积 65m³，可满足平均日水量 6 天粉炭投加需求；除尘器 28m²，2 套；

气动镇打装置 2 套；空压机 0.6m³/min，12bar，1 套；多螺旋给料机 2 台，350kg/h；单螺旋推进器 2 台，350kg/h；混合罐（带搅拌器）2 个，体积 6.0m³；投加泵 3 台，2 用 1 备；称重系统 2 套；电动单梁悬挂起重机 1 台，起重量 1t，跨度 $L_k = 10.5m$。

9.4.4.11　补氯、加氨间

净水厂内补氯、加氨间合建，设计规模 $5.0 \times 10^5 m^3/d$，自用水系数 1%，高时系数 1.4。为地面式结构。本次工程加氨间仅实施土建部分，设备暂不安装。

（1）补氯　净配水厂内补氯点设置在清水池出口的柔口井内，共计 6 点投加。最大补氯量按 10mg/L 次氯酸钠投加量设置，控制出厂预氯 0.6～0.8mg/L。设置 8 台隔膜式计量泵，6 用 2 备。每日最大耗氯量约 5t，选用 22m³ 贮罐 2 个，可满足 10d 贮量。

（2）加氨系统　加氨系统及氨库仅做土建预留，设备不安装。

为保证管网中余氯持续有效，远期出厂水可改为氯氨消毒。加氨点共 1 处，分别设在清水池内置吸水井内，投加点共设 2 台水射器。设计最大加氨率为 0.4mg/L。液氨采用自然蒸发，氨库内设自动切换装置 1 套。

氨投加采用正压方式，加氨间内共设有 3 台加氨机（2 用 1 备），加氨量均为 10kg/h（总投加量为 11.7kg/h），按流量配比投加。氨库内可贮存 0.5T 氨瓶 12 个（包括在线氨瓶），贮存天数为 15 天，氨库内设 2T 电动电动单梁起重机 1 台。

氨的投加量按余氯中的自由余氯量比例投加。

9.5　改进型机械搅拌澄清池处理净水厂排泥水设计案例

9.5.1　项目背景

北京某水厂工程泥线采用改进型机械搅拌澄清池，接纳处理滤池反冲洗废水。

规划水厂远景总规模 $1.5 \times 10^6 m^3/d$，其中一期设计规模为 $5.0 \times 10^5 m^3/d$。

总体工艺方案结合原水水质特点和出厂水水质目标，选择国内外先进安全可靠的制水工艺技术路线，泥线采用改进型高效澄清池处理工艺，处理后的上清液回到工艺单元前端使用，减少净水厂排泥水量，充分体现净水厂的节能节水设计理念。

9.5.2　工艺流程

水厂水线工艺流程如图 1-9-8 所示。

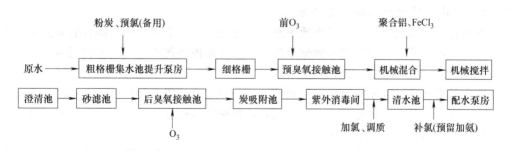

图 1-9-8　水厂水线工艺流程

水厂泥线工艺流程如图 1-9-9 所示：

污泥处理区位于厂区西北侧。将净水工艺中澄清池排泥水处理后，形成含固率 60%±

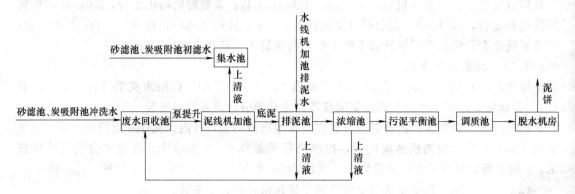

图 1-9-9　水厂泥线工艺流程

2%的泥饼外运。砂滤池、炭吸附池的反冲洗水重力排至废水回收池，泵送至泥线改进型机械搅拌澄清池（简称机加池，后同），改进型机加池上清液重力流至集水池，改进型机加池底泥重力排至排泥池。水线大机加池直接重力排至排泥池，排泥池上清液通过上清液集水池泵至废水回收池。排泥池底泥排至浓缩池，浓缩池上清液通过上清液集水池泵至废水回收池，浓缩池底泥进入污泥平衡池。污泥平衡池出泥进入调质池，随后进入污泥脱水间。污泥处理区包括废水回收池、泥线改进型机加池、排泥池、浓缩池、污泥泵房、上清液集水池、污泥脱水间等，设计规模 $5.0 \times 10^5 \mathrm{m}^3/\mathrm{d}$。

9.5.3　泥线构筑物及设备

9.5.3.1　废水回收池

废水回收池单格有效容积可接纳每天冲洗 24 格砂滤池和 5 格炭吸附池的冲洗水量及排泥池、浓缩池上清液（平均流量）。废水回收池内的水通过潜水泵均匀送至泥线改进型机加池。设置废水回收池 1 座，分 2 格，每格设置 2 台提升水泵，1 用 1 备。

（1）主要设计参数　单格平面净尺寸 18.5m×10.5m，有效水深 6m，共 2 格；总容积 2331m³。

废水回收池加房，平面尺寸 23.1m×19.9m。

（2）主要设备　提升水泵 6 台，4 用 2 备，单泵 $Q=250\mathrm{m}^3/\mathrm{h}$、$H=17\mathrm{m}$、$N=22\mathrm{kW}$；潜水搅拌机单格设置 2 台，$N=5.5\mathrm{kW}$，共 4 台；电动葫芦 1 台，起重量 2t。

9.5.3.2　泥线改进型机械搅拌澄清池

泥线改进型机加池接纳废水回收池来水。来水经管式静态混合器内混合后分配至 2 座改进型机加池。机加池内上清液重力回流至集水池；机加池底泥重力回流至排泥池。

（1）平面尺寸　43.7 m×22.1m。

（2）主要设备　设置泥线改进型机加池 2 座，每池设置澄清池同轴搅拌刮泥机 1 台。

（3）主要设计参数　每座直径 $D=14.3\mathrm{m}$，每座泥线机加池设置斜管，上升流速 1mm/s，斜管直径 $\phi50\mathrm{mm}$，$\alpha=60°$，斜长 1m。

（4）加药量　聚铝按最大投加量 20mg/L（商品）计算，每天最大投加商品药液 0.415t。三氯化铁最大投加量 40mg/L（商品）计算，每天最大投加商品药液 0.829t。

（5）主要设备　每根进水管上设静态混合器 1 台，共 2 台；每座改进型机加池设澄清搅拌刮泥机 1 台，$N=1.5\mathrm{kW}$，共 2 台；底泥放空泵 2 台，1 用 1 库备，单泵 $Q=700\mathrm{m}^3/\mathrm{h}$、$H=11\mathrm{m}$、$N=37\mathrm{kW}$；电动单梁悬挂式起重机 1 台，$L_k=14.0\mathrm{m}$，起重量 3t。

主要设计参数见表 1-9-14，结构形式见图 1-9-10、图 1-9-11。

表 1-9-14　北京某水厂工程泥线机械搅拌澄清池设计参数

序号	机械搅拌澄清池设计参数	北京某水厂(一期)工程
1	澄清池形式	改进型机械搅拌澄清池
2	设计规模/(m³/h)	1.03
3	池直径/m	14.3
4	搅拌提升水量	5~8 倍净产水能力
5	斜管上升流速/(mm/s)	1.1
6	单台搅拌刮泥机功率/kW	6.0
7	池总高度/m	6.97
8	有效水深/m	6.67
9	一反应室直径/m	2.0
10	二反应室直径/m	6.0
11	集水系统	环形集水槽集水
12	斜管	设置斜管

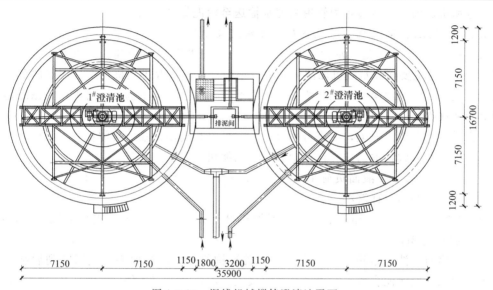

图 1-9-10　泥线机械搅拌澄清池平面

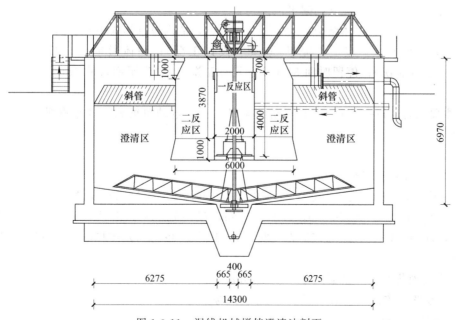

图 1-9-11　泥线机械搅拌澄清池剖面

9.5.3.3 干泥量及各阶段污泥含水率

污泥处理系统按满足全年 95％日数完全处理要求确定。

干泥量：高浊工况按原水浊度 $C_0=4NTU$，聚铝加药量 1mg/L，三氯化铁加药量 16mg/L，粉末炭 15mg/L 计算，干泥量为 20t/d。

各阶段污泥含水率见表 1-9-15。

表 1-9-15   各阶段污泥含水率

构筑物	进泥水	出泥水	输出泥饼
排泥池	99.9％	99％	
浓缩池	99％	98％	
脱水机房	98％		60％±2％

改进型机加池排泥通过重力管道将泥水输送至污泥处理车间。

9.5.3.4 浓缩池、排泥池、污泥泵房、上清液集水池

（1）排泥池   排泥池、浓缩池、污泥泵房、泥线机加池合建，平面尺寸 45.75m× 42.7m。排泥池主要接收水线机加池排泥水，预留接收泥线改进型机加池排泥水的条件。排泥池污泥通过污泥泵送至浓缩池，浓缩池污泥通过污泥泵送至平衡池。排泥池、浓缩池上清液经上清池收集后泵至废水回收池。

工程采用浮动槽排泥池，在进行调节的同时可进行初步浓缩。排泥池共设 2 座。池体结构形式采用上方下圆，池内设悬挂式中心驱动刮泥机。

1）主要设计参数：液面负荷 1.29m³/(m²·h)（设计工况）；停留时间 10.35h；单池平面尺寸 18m×18m，有效水深 4m。

2）主要设备：$D=18m$，中心驱动刮泥机 2 台；电动单梁悬挂式起重机 1 台，$L_k= 13.5m$，起重量 3t。

（2）浓缩池   浓缩是污泥处理系统中的关键构筑物，浓缩效果直接影响到后续脱水效果。进入脱水机的污泥含水率对泥饼产率有较大影响，在一定条件下泥饼产率与进泥含水率成反比关系，所以在进行机械脱水前需要把污泥含水率降低，进行污泥浓缩。工程采用传统的重力浓缩池。浓缩后污泥含固率可以达到 2％。

设置浓缩池 2 座，池体结构形式采用上方下圆，池内设悬挂式中心驱动刮泥机。

1）主要设计参数：接受干泥量 20t/d（设计工况）；固体通量（按 DS 计）1.29kg/ (m²·h)（设计工况）；停留时间 31.09h（设计工况）；单池平面尺寸 18m×18m；有效水深 4m。

2）主要设备：$D=18m$，中心驱动刮泥机 2 台；电动单梁悬挂式起重机 1 台，起重量 3t，$L_k=13.5m$。

（3）污泥泵房

1）平面尺寸：28.1m×6m。

2）主要设备：排泥池底泥泵 3 台，单台 $Q=40m^3/h$，$H=11m$，$N=1.5kW$；浓缩池底泥泵 3 台，单台 $Q=32m^3/h$，$H=10.3m$，$N=1.5kW$；上清液泵 3 台，单台 $Q= 112m^3/h$，$H=13m$，$N=7.5kW$；潜水泵 1 台，单台 $Q=15m^3/h$，$H=15m$，$N =2.2kW$。

（4）上清液集水池   平面尺寸 8.5m×6m。

9.5.3.5 污泥平衡池、污泥调质池、脱水机房

（1）污泥平衡池

1）主要设计参数：平衡池设置 2 座，调节时间 8h；单座尺寸 5m×6.2m，有效水深 6.5m，有效容积 201.5m³。

2）主要设备：每池均设置潜水搅拌器 2 台，$N=4kW$，共 4 台。

（2）污泥调质池

1）主要设计参数：调质池设置 1 座 2 格，每座调质池容积可以调质 2 台脱水机 2 批次处理的泥量（或 1 台脱水机 4 个批次的处理量）；调质池尺寸 5m×6.2m，有效水深 6.5m，有效容积 201.5m³。

2）主要设备：设置立式折浆搅拌器 2 台，$N=7.5kW$。

（3）脱水机房　污泥脱水机房设置板框压滤机 3 台，工作制为单台工作 16h（高浊）。主要设备包括 3 台螺杆污泥进料泵、3 台污泥切割机、絮凝剂一体化投加装置、螺杆加药泵和泥饼螺旋输送机。

主要设计参数：处理干泥量 20t/d（设计工况）；PAM 投加量（按每吨 DS 计）5kg/t；PAM 干粉贮存天数为 20d；脱水机工作时间，单台工作 16h（高浊）；污泥脱水机房平面尺寸 61.95m×12.5m；为方便安装和运行维护，设电动单梁悬挂式起重机 1 台，起重量 3t，$L_k=12m$。

第二篇

污水处理厂工艺与设备

第1章　污水处理厂工艺与设备概述

本篇对污水和污泥处理工艺与设备做了分类介绍，体例和内容特点如下。

（1）以工艺为框架介绍设备

污水处理设施由各个工艺单元组成，设备依托于工艺单元，在污水处理系统全流程中分布。本篇按照污水处理工艺流程划分章节，依次对预处理、沉淀、生物处理、过滤和污泥处理处置内容进行介绍。对于各处理工艺，一般首先进行工艺描述，然后介绍设计要点及计算方法，最后列出主要设备的性能和规格。通过图表等形式展示各类设备的系统组成、规格参数、技术特性、适用范围及生产厂商等信息。

（2）注重介绍新型工艺与设备

近年来，污水处理厂出水水质标准不断提高、节能减排需求日益强烈、建设运行限制条件愈加严格，对污水处理工艺和设备提出了更高的要求；与此同时，我国环保装备制造业也经历了从引进仿制到独立研发、从设备配套到提供整体解决方案的跨越式发展，在内部发展和外部需求的共同驱动下，我国的污水处理工艺与设备体系正向着设备化、集成化、模块化、智能化方向发展。

本篇在介绍典型工艺和设备的同时，也注重介绍处理效果稳定、适用性较强的新型工艺和设备，如本版新增的移动床生物膜反应器（MBBR）、高密度沉淀池、一体化膜生物反应器（MBR）、高效生物转盘、活性砂滤池、滤布滤池等工艺和设备，均在近年来的污水处理提标改造工作中得到普遍应用，相关内容可为工艺设计选型提供参考。

（3）注重介绍污泥处理设备

污水经处理排放后，污水中的氮、磷等营养物质，以及有机物、病毒微生物、寄生虫卵、重金属等环境污染物质以污水处理厂污泥的形式从水中分离，未经有效处理处置的污泥将产生严重的环境污染。污泥处理处置已成为当前业内持续关注的热点问题，其技术路线选择方法已在业内达成共识，即应按照先确定污泥处置方式再确定处理方法的原则，通过全生命周期的技术经济分析，因地制宜地确定污泥处理处置技术路线。

污泥处置方式主要由项目所在地的自然条件、社会经济发展水平、产业布局、发展理念等多方面因素决定，污泥处理即是为满足污泥处置所需泥质和泥量要求所做的一系列工作。与污水处理系统相比，污泥处理系统的设备化程度更高、门类更加复杂，本篇选取了污泥厌氧消化、好氧发酵、热干化等符合当前减量、循环、低碳发展方向的工艺与设备加以介绍，同时对污泥好氧发酵、热干化及其他处理工艺的技术原理、适用条件和规格参数做了系统性补充，便于技术人员在工艺选型时参考。

（4）注重介绍典型工程实例

本篇第一版提供了3个污水处理项目工程实例，本版增加至12个污水处理项目和8个污泥处理项目案例。至此，工程实例涵盖了城市污水处理、提标改造、小城镇污水处理和污泥处理等类型，涉及污水处理系统中的活性污泥法、生物膜法、MBBR法、深度处理以及污泥处理系统中的厌氧消化、好氧发酵、热干化及其他新型处理方法。工程实例可更加系统地展示工艺的设备组成、运行条件及与其他系统的衔接关系，为同类项目提供综合性资料。

1.1　活性污泥法

1.1.1　传统法工艺流程

传统法工艺流程如图 2-1-1 所示。

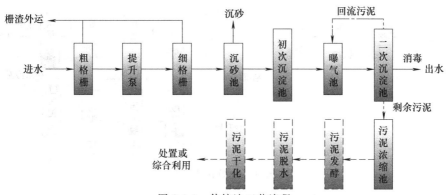

图 2-1-1　传统法工艺流程

1.1.2　A$_N$O 法工艺流程

A$_N$O（缺氧/好氧生物脱氮）法工艺流程如图 2-1-2 所示。

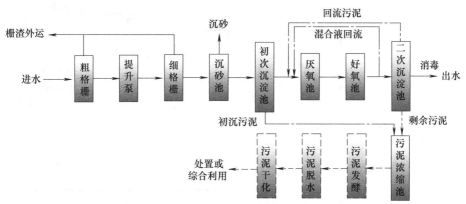

图 2-1-2　A$_N$O 法工艺流程

1.1.3　A$_P$O 法工艺流程

A$_P$O（厌氧/好氧生物除磷）法工艺流程如图 2-1-3 所示。

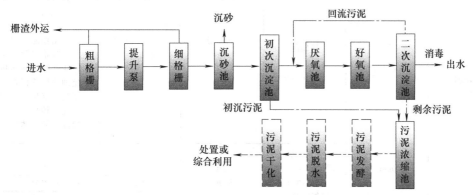

图 2-1-3　A$_P$O 法工艺流程

1.1.4　A²O法工艺流程

A²O（厌氧/缺氧/好氧生物同步脱氮除磷）法工艺流程如图2-1-4所示。

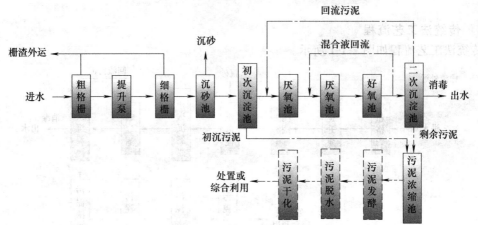

图2-1-4　A²O法工艺流程

1.1.5　传统法及其变法工艺对应设备

传统法及其变法工艺对应设备见表2-1-1。

表2-1-1　传统法及其变法工艺对应设备

工艺单元		处理构筑物		处理设备	
		名称	形式	类别	名称
进水单元	进水	进水泵房		进水泵	潜水排污泵 离心式潜污泵 混流式潜污泵
				起重机	电动葫芦 电动单梁起重机 电动单梁悬挂起重机
				阀门	楔式闸阀 软密封闸阀 蝶阀 止回阀
				闸门	圆形闸门 方形闸门
预处理	拦污	格栅间	粗格栅 细格栅	格栅除污机及配套设施	回转式格栅除污机 钢丝绳式格栅除污机 转鼓式格栅除污机 阶梯式格栅除污机 齿耙格栅除污机 弧型格栅除污机 移动式格栅除污机 抓斗式格栅除污机 超细格栅除污机 高链式格栅除污机 螺旋压榨机 螺旋压榨一体机
	沉砂	平流式沉砂池 旋流式沉砂池 竖流式沉砂池 曝气沉砂池	矩形 圆形	吸砂	桥式吸砂机 旋流式除砂机
				刮砂	链式刮砂机
				砂水分离	砂水分离器

续表

工艺单元		处理构筑物		处理设备	
		名称	形式	类别	名称
初次沉淀处理	初次沉淀	初次沉淀池	平流	平流式刮泥	行车式刮泥机 撇渣刮泥机
			辐流	辐流式刮泥	中心传动刮泥机 周边传动刮泥机 方形池扫角刮泥机
			竖流	竖流式刮泥	
生物处理	生化池	生化池	鼓风曝气	鼓风机	罗茨鼓风机 离心鼓风机 磁悬浮鼓风机 空气悬浮鼓风机
				盘式曝气器	刚玉盘式曝气器 橡胶微孔盘式曝气器 微孔陶瓷曝气器 动力扩散旋混曝气器
				管式曝气器	橡胶膜管式曝气器 刚玉管式微孔曝气器
				球形曝气器	球形刚玉曝气器
				其他形式曝气器	可提管式曝气器 悬挂链式曝气器 管式盘式一体曝气器
			水下曝气	潜水曝气	潜水离心式曝气机 深水曝气机 深水曝气搅拌机
			水下推流搅拌	潜水搅拌	潜水搅拌机 潜水低速推流器
			表面曝气	表面曝气	倒伞型叶轮表面曝气机 高速表面曝气机 高强度表面曝气机
二次沉淀处理	二次沉淀	二次沉淀池	平流	平流式吸泥	虹吸式吸泥机 泵吸式吸泥机
			辐流	辐流式吸泥	周边传动吸泥机 中心传动吸泥机
			竖流	静力排泥	
消毒处理		消毒设备			液氯消毒 二氧化氯消毒 次氯酸钠消毒 紫外线消毒 臭氧消毒
污泥处理	污泥浓缩	污泥输送设备 污泥浓缩池		剩余污泥及回流污泥泵	螺旋离心泵 潜水排污泵 螺杆泵
			圆形	浓缩刮泥及污泥搅拌	中心传动浓缩刮泥机 周边传动浓缩刮泥机 潜水搅拌机
	污泥厌氧消化	污泥消化池	圆柱形卵形	消化泥机械搅拌	桨叶式消化池搅拌机 叶轮式消化池搅拌机
				消化池沼气搅拌	沼气压缩机
				消化池热交换	管式热交换设备 螺旋式热交换设备

续表

| 工艺单元 | 处理构筑物 | | 处理设备 | |
	名称	形式	类别	名称
污泥处理	污泥厌氧消化	污泥控制间 沼气压缩机房 沼气发电机房	沼气利用设备	沼气贮气	双膜干式球形沼气柜 干式沼气贮气柜 湿式沼气贮气柜
			沼气脱硫净化	沼气干法脱硫塔 沼气湿法脱硫系统
			沼气发电及 沼气锅炉	沼气发电机 沼气发动机 沼气锅炉 沼气燃烧器
	污泥好氧发酵	污泥好氧 发酵车间	污泥静态好氧 发酵设备	机械翻堆	翻抛机
			主动供氧	微观接种混合器 柔和曝气系统
		污泥动态好氧 发酵设备	转筒式动态 发酵装置	发酵滚筒
			生物发酵塔	塔式发酵器
	污泥脱水干化	污泥脱水间	污泥浓缩脱水设备	污泥浓缩	转筒浓缩机 带式浓缩机 卧式螺旋离心浓缩机 螺压浓缩机
			污泥脱水	板框压滤机 带式压滤机 离心脱水机 折带式真空滤机 盘式真空滤机 叠式脱水机 螺压脱水机
			浓缩脱水 一体机	带式浓缩脱水一体机 转鼓带式浓缩脱水一体机 卧式离心浓缩脱水一体机
			浓缩脱水 配套设备	污泥切割机 絮凝剂投加系统
		污泥堆置棚			污泥斗 运输机
		污泥干化车间		污泥干化设备	流化床干化设备 带式干化设备 桨叶式干化设备 卧式转盘式干化设备 立式圆盘式干化设备 转鼓式干化设备 喷雾干化设备 两段式干化设备

1.1.6　SBR 工艺流程

SBR 工艺流程如图 2-1-5 所示。

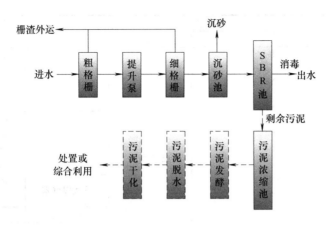

图 2-1-5　SBR 工艺流程

1.1.7　SBR 工艺对应设备

SBR 工艺对应设备见表 2-1-2。

表 2-1-2　SBR 工艺对应设备

工艺单元		处理构筑物		处理设备	
		名称	形式	类别	名称
进水单元	进水	进水泵房		进水泵	潜水排污泵 离心式潜污泵 混流式潜污泵
				起重机	电动葫芦 电动单梁起重机 电动单梁悬挂起重机
				阀门	楔式闸阀 软密封闸阀 蝶阀 止回阀
				闸门	圆形闸门 方形闸门
预处理	拦污	格栅间	粗格栅 细格栅	格栅除污机及 配套设施	回转式格栅除污机 钢丝绳式格栅除污机 转鼓式格栅除污机 阶梯式格栅除污机 齿耙格栅除污机 弧型格栅除污机 移动式格栅除污机 抓斗式格栅除污机 超细格栅除污机 高链式格栅除污机 螺旋压榨机 螺旋压榨一体机
	沉砂	平流式沉砂池 旋流式沉砂池 竖流式沉砂池 曝气沉砂池	矩形 圆形	吸砂	桥式吸砂机 旋流式除砂机
				刮砂	链式刮砂机
				砂水分离	砂水分离器

续表

工艺单元	处理构筑物		处理设备	
	名称	形式	类别	名称
生物处理	生化池	鼓风曝气	鼓风机	罗茨鼓风机 离心鼓风机 磁悬浮鼓风机 空气悬浮鼓风机
			盘式曝气器	刚玉盘式曝气器 橡胶微孔盘式曝气器 微孔陶瓷曝气器 动力扩散旋混曝气器
			管式曝气器	橡胶膜管式曝气器 刚玉管式微孔曝气器
			球形曝气器	球形刚玉曝气器
			其他形式曝气器	可提管式曝气器 悬挂链式曝气器 管式盘式一体曝气器
		水下曝气	潜水曝气	潜水离心式曝气机 深水曝气机 深水曝气搅拌机
		水下推流搅拌	潜水搅拌	潜水搅拌机 潜水低速推流器
		滗水机		旋转滗水机 虹吸滗水机 柔性管式滗水机 伸缩管滗水机
消毒处理	消毒设备			液氯消毒 二氧化氯消毒 次氯酸钠消毒 紫外线消毒 臭氧消毒
污泥处理	污泥浓缩	污泥输送设备 污泥浓缩池	剩余污泥及回流污泥泵	螺旋离心泵 潜水排污泵 螺杆泵
		圆形	浓缩刮泥及污泥搅拌	中心传动浓缩刮泥机 周边传动浓缩刮泥机 潜水搅拌机
	污泥厌氧消化	污泥消化池	圆柱形 卵形 消化泥机械搅拌	桨叶式消化池搅拌机 叶轮式消化池搅拌机
			消化池沼气搅拌	沼气压缩机
			消化池热交换	管式热交换设备 螺旋式热交换设备
	污泥厌氧消化	污泥控制间 沼气压缩机房 沼气发电机房	沼气利用设备 沼气贮气	双膜干式球形沼气柜 干式沼气贮气柜 湿式沼气贮气柜
			沼气脱硫净化	沼气干法脱硫塔 沼气湿法脱硫系统
			沼气发电及沼气锅炉	沼气发电机 沼气发动机 沼气锅炉 沼气燃烧器

续表

工艺单元		处理构筑物		处理设备	
		名称	形式	类别	名称
污泥处理	污泥好氧发酵	污泥好氧发酵车间	污泥静态好氧发酵设备	机械翻堆	翻抛机
				主动供氧	微观接种混合器 柔和曝气系统
			污泥动态好氧发酵设备	转筒式动态发酵装置	发酵滚筒
				生物发酵塔	塔式发酵器
	污泥脱水干化	污泥脱水间	污泥浓缩脱水设备	污泥浓缩	转筒浓缩机 带式浓缩机 卧式螺旋离心浓缩机 螺压浓缩机
				污泥脱水	板框压滤机 带式压滤机 离心脱水机 折带式真空滤机 盘式真空滤机 叠螺式脱水机 螺压脱水机
				浓缩脱水一体机	带式浓缩脱水一体机 转鼓带式浓缩脱水一体机 卧式离心浓缩脱水一体机
				浓缩脱水配套设备	污泥切割机 絮凝剂投加系统
		污泥堆置棚			污泥斗 运输机
		污泥干化车间		污泥干化设备	流化床干化设备 带式干化设备 桨叶式干化设备 卧式转盘式干化设备 立式圆盘式干化设备 转鼓式干化设备 喷雾干化设备 两段式干化设备

1.1.8　氧化沟工艺流程

氧化沟工艺流程如图 2-1-6 所示。

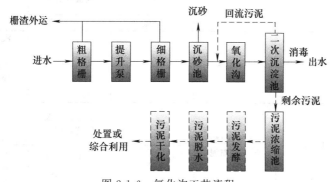

图 2-1-6　氧化沟工艺流程

1.1.9　氧化沟工艺对应设备

氧化沟工艺对应设备见表 2-1-3。

表 2-1-3　氧化沟工艺对应设备

工艺单元		处理构筑物		处理设备	
		名称	形式	类别	名称
进水单元	进水	进水泵房		进水泵	潜水排污泵 离心式潜污泵 混流式潜污泵
				起重机	电动葫芦 电动单梁起重机 电动单梁悬挂起重机
				阀门	楔式闸阀 软密封闸阀 蝶阀 止回阀
				闸门	圆形闸门 方形闸门
预处理	拦污	格栅间	粗格栅 细格栅	格栅除污机及 配套设施	回转式格栅除污机 钢丝绳式格栅除污机 转鼓式格栅除污机 阶梯式格栅除污机 齿耙格栅除污机 弧型格栅除污机 移动式格栅除污机 抓斗式格栅除污机 超细格栅除污机 高链式格栅除污机 螺旋压榨机 螺旋压榨一体机
	沉砂	平流式沉砂池 旋流式沉砂池 竖流式沉砂池 曝气沉砂池	矩形 圆形	吸砂	桥式吸砂机 旋流除砂机
				刮砂	链式刮砂机
				砂水分离	砂水分离器
生物处理		氧化沟	鼓风曝气	曝气机	转刷曝气机 转盘曝气机
			水下推 流搅拌	潜水搅拌	潜水搅拌机 潜水低速推流器
二次沉淀 处理	二次沉淀	二次沉淀池	平流	平流式吸泥	虹吸式吸泥机 泵吸式吸泥机
			辐流	辐流式吸泥	周边传动吸泥机 中心传动吸泥机
			竖流	静力排泥	
消毒处理		消毒设备			液氯消毒 二氧化氯消毒 次氯酸钠消毒 紫外线消毒 臭氧消毒
污泥处理	污泥浓缩	污泥输送设备 污泥浓缩泥		剩余污泥及 回流污泥泵	螺旋离心泵 潜水排污泵 螺杆泵
			圆形	浓缩刮泥及 污泥搅拌	中心传动浓缩刮泥机 周边传动浓缩刮泥机 潜水搅拌机

续表

工艺单元		处理构筑物		处理设备	
		名称	形式	类别	名称
污泥处理	污泥厌氧消化	污泥消化池	圆柱形 卵形	消化池机械搅拌	桨叶式消化池搅拌机 叶轮式消化池搅拌机
				消化池沼气搅拌	沼气压缩机
				消化池热交换	管式热交换设备 螺旋式热交换设备
		污泥控制间 沼气压缩机房 沼气发电机房	沼气利用设备	沼气贮气	双膜干式球形沼气柜 干式沼气贮气柜 湿式沼气贮气柜
				沼气脱硫净化	沼气干法脱硫塔 沼气湿法脱硫系统
				沼气发电及 沼气锅炉	沼气发电机 沼气发动机 沼气锅炉 沼气燃烧器
	污泥好氧发酵	污泥好氧 发酵车间	污泥静态好氧 发酵设备	机械翻堆	翻抛机
				主动供氧	微观接种混合器 柔和曝气系统
			污泥动态好氧 发酵设备	转筒式动态 发酵装置	发酵滚筒
			生物发酵塔		塔式发酵器
	污泥脱水干化	污泥脱水间	污泥浓缩脱水设备	污泥浓缩	转筒浓缩机 带式浓缩机 卧式螺旋离心浓缩机 螺压浓缩机
				污泥脱水	板框压滤机 带式压滤机 离心脱水机 折带式真空滤机 盘式真空滤机 叠螺式脱水机 螺压脱水机
				浓缩脱水 一体机	带式浓缩脱水一体机 转鼓带式浓缩脱水一 体机 卧式离心浓缩脱水一 体机
				浓缩脱水 配套设备	污泥切割机 絮凝剂投加系统
		污泥堆置棚			污泥斗 运输机
		污泥干化车间		污泥干化设备	流化床干化设备 带式干化设备 桨叶式干化设备 卧式转盘式干化设备 立式圆盘式干化设备 转鼓式干化设备 喷雾干化设备 两段式干化设备

1.1.10 稳定塘工艺流程

稳定塘工艺流程如图 2-1-7 所示。

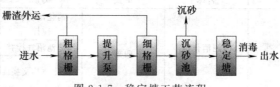

图 2-1-7 稳定塘工艺流程

1.1.11 稳定塘工艺对应设备

稳定塘工艺对应设备见表 2-1-4。

表 2-1-4 稳定塘工艺对应设备

工艺单元		处理构筑物		处理设备	
		名称	形式	类别	名称
进水单元	进水	进水泵房		进水泵	潜水排污泵 离心式潜污泵 混流式潜污泵
				起重机	电动葫芦 电动单梁起重机 电动单梁悬挂起重机
				阀门	楔式闸阀 软密封闸阀 蝶阀 止回阀
				闸门	圆形闸门 方形闸门
预处理	拦污	格栅间	粗格栅 细格栅	格栅除污机及配套设施	回转式格栅除污机 钢丝绳式格栅除污机 转鼓式格栅除污机 阶梯式格栅除污机 齿耙格栅除污机 弧型格栅除污机 移动式格栅除污机 抓斗式格栅除污机 超细格栅除污机 高链式格栅除污机 螺旋压榨机 螺旋压榨一体机
	沉砂	平流式沉砂池 旋流式沉砂池 竖流式沉砂池 曝气沉砂池	矩形 圆形	吸砂	桥式吸砂机 旋流式除砂机
				刮砂	链式刮砂机
				砂水分离	砂水分离器
生物处理		稳定塘		水下曝气	潜水离心式曝气机 深水曝气搅拌机
				表面曝气	倒伞型叶轮表面曝气机 高速表面曝气机
消毒处理		消毒设备			液氯消毒 二氧化氯消毒 次氯酸钠消毒 紫外线消毒 臭氧消毒

1.1.12　MBR 法工艺流程

MBR 法工艺流程如图 2-1-8 所示。

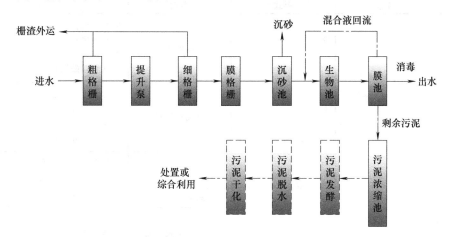

图 2-1-8　MBR 法工艺流程

1.1.13　MBR 工艺对应设备

MBR 工艺对应设备见表 2-1-5。

表 2-1-5　MBR 工艺对应设备

工艺单元		处理构筑物		处理设备	
		名称	形式	类别	名称
进水单元	进水	进水泵房		进水泵	潜水排污泵 离心式潜污泵 混流式潜污泵
				起重机	电动葫芦 电动单梁起重机 电动单梁悬挂起重机
				阀门	楔式闸阀 软密封闸阀 蝶阀 止回阀
				闸门	圆形闸门 方形闸门
预处理	拦污	格栅间	粗格栅 细格栅	格栅除污机及配套设施	回转式格栅除污机 钢丝绳式格栅除污机 转鼓式格栅除污机 阶梯式格栅除污机 齿耙格栅除污机 弧型格栅除污机 移动式格栅除污机 抓斗式格栅除污机 超细格栅除污机 高链式格栅除污机 螺旋压榨机 螺旋压榨一体机
	沉砂	平流式沉砂池 旋流式沉砂池 竖流式沉砂池 曝气沉砂池	矩形 圆形	吸砂	桥式吸砂机 旋流除砂机
				刮砂	链式刮砂机
				砂水分离	砂水分离器

工艺单元		处理构筑物		处理设备	
		名称	形式	类别	名称
生物处理		生化池	鼓风曝气	鼓风机	罗茨鼓风机 离心鼓风机 磁悬浮鼓风机 空气悬浮鼓风机
				盘式曝气器	刚玉盘式曝气器 橡胶微孔盘式曝气器 微孔陶瓷曝气器 动力扩散旋混曝气器
				管式曝气器	橡胶膜管式曝气器 刚玉管式微孔曝气器
				球形曝气器	球形刚玉曝气器
				其他形式曝气器	可提管式曝气器 悬挂链式曝气器 管式盘式一体曝气器
		膜池		膜组件	平板膜组件 圆管式膜组件 中空纤维式膜组件
消毒处理		消毒设备			液氯消毒 二氧化氯消毒 次氯酸钠消毒 紫外线消毒 臭氧消毒
污泥处理	污泥浓缩	污泥输送设备 污泥浓缩池		剩余污泥及 回流污泥泵	螺旋离心泵 潜水排污泵 螺杆泵
			圆形	浓缩刮泥及 污泥搅拌	中心传动浓缩刮泥机 周边传动浓缩刮泥机 潜水搅拌机
	污泥厌氧消化	污泥消化池	圆柱形 卵形	消化池机械搅拌	桨叶式消化池搅拌机 叶轮式消化池搅拌机
				消化池沼气搅拌	沼气压缩机
				消化池热交换	管式热交换设备 螺旋式热交换设备
		污泥控制间 沼气压缩机房 沼气发电机房	沼气利用设备	沼气贮气	双膜干式球形沼气柜 干式沼气贮气柜 湿式沼气贮气柜
				沼气脱硫净化	沼气干法脱硫塔 沼气湿法脱硫系统
				沼气发电及沼气锅炉	沼气发电机 沼气发动机 沼气锅炉 沼气燃烧器
	污泥好氧发酵	污泥好氧发酵车间	污泥静态好氧 发酵设备	机械翻堆	翻抛机
				主动供氧	微观接种混合器 柔和曝气系统
			污泥动态好氧 发酵设备	转筒式动态发酵装置	发酵滚筒
				生物发酵塔	塔式发酵器

续表

工艺单元		处理构筑物		处理设备	
		名称	形式	类别	名称
污泥处理	污泥脱水干化	污泥脱水间	污泥浓缩脱水设备	污泥浓缩	转筒浓缩机 带式浓缩机 卧式螺旋离心浓缩机 螺压浓缩机
				污泥脱水	板框压滤机 带式压滤机 离心脱水机 折带式真空过滤机 盘式真空过滤机 叠螺式脱水机 螺压脱水机
				浓缩脱水一体机	带式浓缩脱水一体机 转鼓带式浓缩脱水一体机 卧式离心浓缩脱水一体机
				浓缩脱水配套设备	污泥切割机 絮凝剂投加系统
		污泥堆置棚			污泥斗 运输机
		污泥干化车间		污泥干化设备	流化床干化设备 带式干化设备 桨叶式干化设备 卧式转盘式干化设备 立式圆盘式干化设备 转鼓式干化设备 喷雾干化设备 两段式干化设备

1.2　生物膜法

1.2.1　生物接触氧化工艺流程

生物接触氧化工艺流程如图 2-1-9 所示。

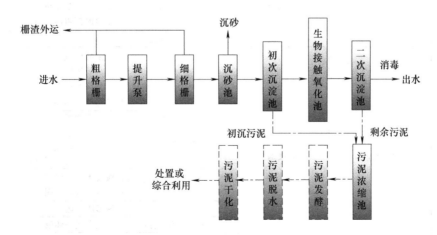

图 2-1-9　生物接触氧化工艺流程

1.2.2 生物接触氧化工艺对应设备

生物接触氧化工艺对应设备见表 2-1-6。

表 2-1-6 生物接触氧化工艺对应设备

工艺单元		处理构筑物		处理设备	
		名称	形式	类别	名称
进水单元	进水	进水泵房		进水泵	潜水排污泵 离心式潜污泵 混流式潜污泵
				起重机	电动葫芦 电动单梁起重机 电动单梁悬挂起重机
				阀门	楔式闸阀 软密封闸阀 蝶阀 止回阀
				闸门	圆形闸门 方形闸门
预处理	拦污	格栅间	粗格栅 细格栅	格栅除污机及配套设施	回转式格栅除污机 钢丝绳式格栅除污机 转鼓式格栅除污机 阶梯式格栅除污机 齿耙格栅除污机 弧型格栅除污机 移动式格栅除污机 抓斗式格栅除污机 超细格栅除污机 高链式格栅除污机 螺旋压榨机 螺旋压榨一体机
	沉砂	平流式沉砂池 旋流式沉砂池 竖流式沉砂池 曝气沉砂池	矩形 圆形	吸砂	桥式吸砂机 旋流式除砂机
				刮砂	链式刮砂机
				砂水分离	砂水分离器
初次沉淀处理	初次沉淀	初次沉淀池	平流	平流式刮泥	行车式刮泥机 撇渣刮泥机
			辐流	辐流式刮泥	中心传动刮泥机 周边传动刮泥机 方形池扫角刮泥机
			竖流	竖流式刮泥	
生物处理		生化池	鼓风曝气	鼓风机	罗茨鼓风机 离心鼓风机 磁悬浮鼓风机 空气悬浮鼓风机
				盘式曝气器	刚玉盘式曝气器 橡胶微孔盘式曝气器 微孔陶瓷曝气器 动力扩散旋混曝气器
				管式曝气器	橡胶膜管式曝气器 刚玉管式微孔曝气器
				球形曝气器	球形刚玉曝气器
				一体式曝气器	管式盘式一体曝气器
				填料	直管式成型填料 立体弹性填料

续表

工艺单元		处理构筑物		处理设备	
		名称	形式	类别	名称
生物处理		生化池	鼓风曝气	填料	软性纤维束填料 半软性填料 高效流化生物载体填料 同步脱氮流化生物载体填料 彗星式纤维填料
二次沉淀处理	二次沉淀	二次沉淀池	平流	平流式吸泥	虹吸式吸泥机 泵吸式吸泥机
			辐流	辐流式吸泥	周边传动吸泥机 中心传动吸泥机
			竖流	静力排泥	
消毒处理		消毒设备			液氯消毒 二氧化氯消毒 次氯酸钠消毒 紫外线消毒 臭氧消毒
污泥处理	污泥浓缩	污泥输送设备 污泥浓缩池		剩余污泥及 回流污泥泵	螺旋离心泵 潜水排污泵 螺杆泵
			圆形	浓缩刮泥及 污泥搅拌	中心传动浓缩刮泥机 周边传动浓缩刮泥机 潜水搅拌机
	污泥厌氧消化	污泥消化池	圆柱形 卵形	消化池机械搅拌	桨叶式消化池搅拌机 叶轮式消化池搅拌机
				消化池沼气搅拌	沼气压缩机
				消化池热交换	管式热交换设备 螺旋式热交换设备
		污泥控制间 沼气压缩机房 沼气发电机房	沼气利用设备	沼气贮气	双膜干式球形沼气柜 干式沼气贮气柜 湿式沼气贮气柜
				沼气脱硫净化	沼气干法脱硫塔 沼气湿法脱硫系统
				沼气发电及 沼气锅炉	沼气发电机 沼气发动机 沼气锅炉 沼气燃烧器
	污泥好氧发酵	污泥好氧发酵车间	污泥静态好氧发酵设备	机械翻堆	翻抛机
				主动供氧	微观接种混合器 柔和曝气系统
			污泥动态好氧发酵设备	转筒式动态发酵装置	发酵滚筒
				生物发酵塔	塔式发酵器
	污泥脱水干化	污泥脱水间	污泥浓缩脱水设备	污泥浓缩	转筒浓缩机 带式浓缩机 卧式螺旋离心浓缩机 螺压浓缩机
				污泥脱水	板框压滤机 带式压滤机 离心脱水机 折带式真空滤机 盘式真空滤机 叠螺式脱水机 螺压脱水机

续表

工艺单元		处理构筑物		处理设备	
		名称	形式	类别	名称
污泥处理	污泥脱水干化	污泥脱水间	污泥浓缩脱水设备	浓缩脱水一体机	带式浓缩脱水一体机 转鼓带式浓缩脱水一体机 卧式离心浓缩脱水一体机
				浓缩脱水配套设备	污泥切割机 絮凝剂投加系统
		污泥堆置棚			污泥斗 运输机
		污泥干化车间		污泥干化设备	流化床干化设备 带式干化设备 桨叶式干化设备 卧式转盘式干化设备 立式圆盘式干化设备 转鼓式干化设备 喷雾干化设备 两段式干化设备

1.2.3　曝气生物滤池工艺流程

曝气生物滤池工艺流程如图 2-1-10 所示。

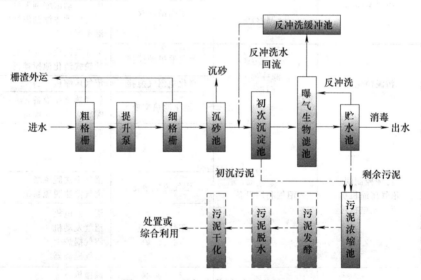

图 2-1-10　曝气生物滤池工艺流程

1.2.4　曝气生物滤池工艺对应设备

曝气生物滤池工艺对应设备见表 2-1-7。

表 2-1-7　曝气生物滤池工艺对应设备

工艺单元		处理构筑物		处理设备	
		名称	形式	类别	名称
进水单元	进水	进水泵房		进水泵	潜水排污泵 离心式潜污泵 混流式潜污泵
				起重机	电动葫芦 电动单梁起重机 电动单梁悬挂起重机

续表

工艺单元		处理构筑物		处理设备	
		名称	形式	类别	名称
进水单元	进水	进水泵房		阀门	楔式闸阀 软密封闸阀 蝶阀 止回阀
				闸门	圆形闸门 方形闸门
预处理	拦污	格栅间	粗格栅 细格栅	格栅除污机及配套设施	回转式格栅除污机 钢丝绳式格栅除污机 转鼓式格栅除污机 阶梯式格栅除污机 齿耙格栅除污机 弧型格栅除污机 移动式格栅除污机 抓斗式格栅除污机 超细格栅除污机 高链式格栅除污机 螺旋压榨机 螺旋压榨一体机
	沉砂	平流式沉砂池 旋流式沉砂池 竖流式沉砂池 曝气沉砂池	矩形 圆形	吸砂	桥式吸砂机 旋流式除砂机
				刮砂	链式刮砂机
				砂水分离	砂水分离器
初次沉淀处理	初次沉淀	初次沉淀池	平流	平流式刮泥	行车式刮泥机 撇渣刮泥机
			辐流	辐流式刮泥	中心传动刮泥机 周边传动刮泥机 方形池扫角刮泥机
			竖流	竖流式刮泥	
生物处理		曝气生物滤池	鼓风曝气	鼓风机	罗茨鼓风机 离心鼓风机 磁悬浮鼓风机 空气悬浮鼓风机
				盘式曝气器	刚玉盘式曝气器 橡胶微孔盘式曝气器 微孔陶瓷曝气器 动力扩散旋混曝气器
				管式曝气器	橡胶膜管式曝气器 刚玉管式微孔曝气器
				球形曝气器	球形刚玉曝气器
				一体式曝气器	管式盘式一体曝气器
				滤料	火山岩滤料 轻质陶粒滤料 轻质生物陶粒滤料
				反冲洗	反冲洗系统
消毒处理		消毒设备			液氯消毒 二氧化氯消毒 次氯酸钠消毒 紫外线消毒 臭氧消毒

工艺单元	处理构筑物		处理设备	
	名称	形式	类别	名称
污泥处理	污泥浓缩	污泥输送设备 污泥浓缩池		剩余污泥及 回流污泥泵	螺旋离心泵 潜水排污泵 螺杆泵
			圆形	浓缩刮泥及 污泥搅拌	中心传动浓缩刮泥机 周边传动浓缩刮泥机 潜水搅拌机
	污泥厌氧消化	污泥消化池	圆柱形 卵形	消化池机械搅拌	桨叶式消化池搅拌机 叶轮式消化池搅拌机
				消化池沼气搅拌	沼气压缩机
				消化池热交换	管式热交换设备 螺旋式热交换设备
		污泥控制间 沼气压缩机房 沼气发电机房	沼气利用设备	沼气贮气	双膜干式球形沼气柜 干式沼气贮气柜 湿式沼气贮气柜
				沼气脱硫净化	沼气干法脱硫塔 沼气湿法脱硫系统
				沼气发电及沼气锅炉	沼气发电机 沼气发动机 沼气锅炉 沼气燃烧器
	污泥好氧发酵	污泥好氧发酵车间	污泥静态好氧发酵设备	机械翻堆	翻抛机
				主动供氧	微观接种混合器 柔和曝气系统
			污泥动态好氧发酵设备	转筒式动态发酵装置	发酵滚筒
				生物发酵塔	塔式发酵器
	污泥脱水干化	污泥脱水间	污泥浓缩脱水设备	污泥浓缩	转筒浓缩机 带式浓缩机 卧式螺旋离心浓缩机 螺压浓缩机
				污泥脱水	板框压滤机 带式压滤机 离心脱水机 折带式真空滤机 盘式真空滤机 叠螺式脱水机 螺压脱水机
				浓缩脱水一体机	带式浓缩脱水一体机 转鼓带式浓缩脱水一体机 卧式离心浓缩脱水一体机
				浓缩脱水配套设备	污泥切割机 絮凝剂投加系统
		污泥堆置棚			污泥斗 运输机
		污泥干化车间		污泥干化设备	流化床干化设备 带式干化设备 桨叶式干化设备 卧式转盘式干化设备 立式圆盘式干化设备 转鼓式干化设备 喷雾干化设备 两段式干化设备

1.2.5　生物转盘工艺流程

生物转盘工艺流程如图 2-1-11 所示。

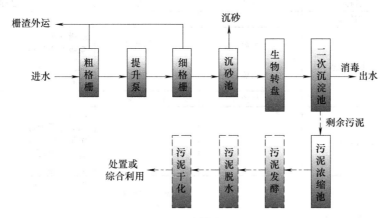

图 2-1-11　生物转盘工艺流程

1.2.6　生物转盘工艺对应设备

生物转盘工艺对应设备见表 2-1-8。

表 2-1-8　生物转盘工艺对应设备

工艺单元		处理构筑物		处理设备	
		名称	形式	类别	名称
进水单元	进水	进水泵房		进水泵	潜水排污泵 离心式潜污泵 混流式潜污泵
				起重机	电动葫芦 电动单梁起重机 电动单梁悬挂起重机
				阀门	楔式闸阀 软密封闸阀 蝶阀 止回阀
				闸门	圆形闸门 方形闸门
预处理	拦污	格栅间	粗格栅 细格栅	格栅除污机 及配套设施	回转式格栅除污机 钢丝绳式格栅除污机 转鼓式格栅除污机 阶梯式格栅除污机 齿耙格栅除污机 弧型格栅除污机 移动式格栅除污机 抓斗式格栅除污机 超细格栅除污机 高链式格栅除污机 螺旋压榨机 螺旋压榨一体机
	沉砂	平流式沉砂池 旋流式沉砂池 竖流式沉砂池 曝气沉砂池	矩形 圆形	吸砂	桥式吸砂机 旋流式除砂机
				刮砂	链式刮砂机
				砂水分离	砂水分离器

工艺单元		处理构筑物		处理设备	
		名称	形式	类别	名称
生物处理		生物转盘			生物转盘系统
沉淀处理	二次沉淀	二次沉淀池	平流	平流式吸泥	虹吸式吸泥机
					泵吸式吸泥机
			辐流	辐流式吸泥	周边传动吸泥机
					中心传动吸泥机
			竖流	静力排泥	
消毒处理		消毒设备			液氯消毒
					二氧化氯消毒
					次氯酸钠消毒
					紫外线消毒
					臭氧消毒
污泥处理	污泥浓缩	污泥输送设备 污泥浓缩池		剩余污泥及 回流污泥泵	螺旋离心泵
					潜水排污泵
					螺杆泵
			圆形	浓缩刮泥及 污泥搅拌	中心传动浓缩刮泥机
					周边传动浓缩刮泥机
					潜水搅拌机
	污泥厌氧消化	污泥消化池	圆柱形 卵形	消化池机械搅拌	桨叶式消化池搅拌机
					叶轮式消化池搅拌机
				消化池沼气搅拌	沼气压缩机
				消化池热交换	管式热交换设备
					螺旋式热交换设备
		污泥控制间 沼气压缩机房 沼气发电机房	沼气利 用设备	沼气贮气	双膜干式球形沼气柜
					干式沼气贮气柜
					湿式沼气贮气柜
				沼气脱硫净化	沼气干法脱硫塔
					沼气湿法脱硫系统
				沼气发电及沼气锅炉	沼气发动机
					沼气锅炉
					沼气燃烧器
	污泥好氧发酵	污泥好氧发酵车间	污泥静态好氧发酵设备	机械翻堆	翻抛机
				主动供氧	微观接种混合器
					柔和曝气系统
			污泥动态好氧发酵设备	转筒式动态发酵装置	发酵滚筒
				生物发酵塔	塔式发酵器
	污泥脱水干化	污泥脱水间	污泥浓缩脱水设备	污泥浓缩	转筒浓缩机
					带式浓缩机
					卧式螺旋离心浓缩机
					螺压浓缩机
				污泥脱水	板框压滤机
					带式压滤机
					离心脱水机
					折带式真空滤机
					盘式真空滤机
					叠螺式脱水机
					螺压脱水机
				浓缩脱水一体机	带式浓缩脱水一体机
					转鼓带式浓缩脱水一体机
					卧式离心浓缩脱水一体机
				浓缩脱水配套设备	污泥切割机
					絮凝剂投加系统

续表

工艺单元		处理构筑物		处理设备	
		名称	形式	类别	名称
污泥处理	污泥脱水干化	污泥堆置棚			污泥斗 运输机
		污泥干化车间		污泥干化设备	流化床干化设备 带式干化设备 桨叶式干化设备 卧式转盘式干化设备 立式圆盘式干化设备 转鼓式干化设备 喷雾干化设备 两段式干化设备

1.2.7 高负荷生物滤池工艺流程

高负荷生物滤池工艺流程如图 2-1-12 所示。

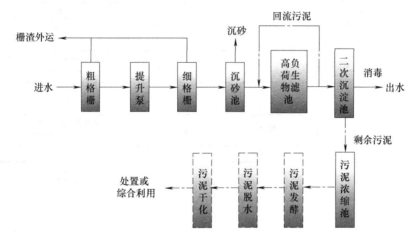

图 2-1-12 高负荷生物滤池工艺流程

1.2.8 高负荷生物滤池工艺对应设备

高负荷生物滤池工艺对应设备见表 2-1-9。

表 2-1-9 高负荷生物滤池工艺对应设备

工艺单元		处理构筑物		处理设备	
		名称	形式	类别	名称
进水单元	进水	进水泵房		进水泵	潜水排污泵 离心式潜污泵 混流式潜污泵
				起重机	电动葫芦 电动单梁起重机 电动单梁悬挂起重机
				阀门	楔式闸阀 软密封闸阀 蝶阀 止回阀
				闸门	圆形闸门 方形闸门

工艺单元		处理构筑物		处理设备	
		名称	形式	类别	名称
预处理	拦污	格栅间	粗格栅 细格栅	格栅除污机 及配套设施	回转式格栅除污机 钢丝绳式格栅除污机 转鼓式格栅除污机 阶梯式格栅除污机 齿耙格栅除污机 弧型格栅除污机 移动式格栅除污机 抓斗式格栅除污机 超细格栅除污机 高链式格栅除污机 螺旋压榨机 螺旋压榨一体机
	沉砂	平流式沉砂池 旋流式沉砂池 竖流式沉砂池 曝气沉砂池	矩形 圆形	吸砂	桥式吸砂机 旋流式除砂机
				刮砂	链式刮砂机
				砂水分离	砂水分离器
生物处理		高负荷生物滤池		布水	布水装置
				填料	卵石、石英石、花岗石填料 人工直管填料
沉淀处理	二次沉淀	二次沉淀池	平流	平流式吸泥	虹吸式吸泥机 泵吸式吸泥机
			辐流	辐流式吸泥	周边传动吸泥机 中心传动吸泥机
			竖流	静力排泥	
消毒处理		消毒设备			液氯消毒 二氧化氯消毒 次氯酸钠消毒 紫外线消毒 臭氧消毒
污泥处理	污泥浓缩	污泥输送设备 污泥浓缩池		剩余污泥及 回流污泥泵	螺旋离心泵 潜水排污泵 螺杆泵
			圆形	浓缩刮泥及 污泥搅拌	中心传动浓缩刮泥机 周边传动浓缩刮泥机 潜水搅拌机
	污泥厌氧消化	污泥消化池	圆柱形 卵形	消化池机械搅拌	桨叶式消化池搅拌机 叶轮式消化池搅拌机
				消化池沼气搅拌	沼气压缩机
				消化池热交换	管式热交换设备 螺旋式热交换设备
		污泥控制间 沼气压缩机房 沼气发电机房	沼气利用设备	沼气贮气	双膜干式球形沼气柜 干式沼气贮气柜 湿式沼气贮气柜
				沼气脱硫净化	沼气干法脱硫塔 沼气湿法脱硫系统
				沼气发电及沼气锅炉	沼气发电机 沼气发动机 沼气锅炉 沼气燃烧器
	污泥好氧发酵	污泥好氧发酵车间	污泥静态好氧发酵设备	机械翻堆	翻抛机
				主动供氧	微观接种混合器 柔和曝气系统

续表

工艺单元		处理构筑物		处理设备	
		名称	形式	类别	名称
污泥处理	污泥好氧发酵	污泥好氧发酵车间	污泥动态好氧发酵设备	转筒式动态发酵装置	发酵滚筒
				生物发酵塔	塔式发酵器
	污泥脱水干化	污泥脱水间	污泥浓缩脱水设备	污泥浓缩	转筒浓缩机 带式浓缩机 卧式螺旋离心浓缩机 螺压浓缩机
				污泥脱水	板框压滤机 带式压滤机 离心脱水机 折带式真空滤机 盘式真空滤机 叠螺式脱水机 螺压脱水机
				浓缩脱水一体机	带式浓缩脱水一体机 转鼓带式浓缩脱水一体机 卧式离心浓缩脱水一体机
				浓缩脱水配套设备	污泥切割机 絮凝剂投加系统
		污泥堆置棚			污泥斗 运输机
		污泥干化车间		污泥干化设备	流化床干化设备 带式干化设备 桨叶式干化设备 卧式转盘式干化设备 立式圆盘式干化设备 转鼓式干化设备 喷雾干化设备 两段式干化设备

1.3　移动床生物膜反应器

1.3.1　典型 MBBR 工艺流程

典型 MBBR（Moving Bed Biofilm Reactor）工艺流程如图 2-1-13 所示。

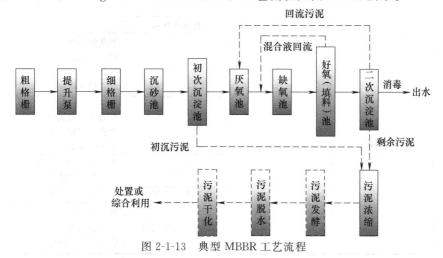

图 2-1-13　典型 MBBR 工艺流程

1.3.2 典型 MBBR 工艺对应设备

典型 MBBR 工艺对应设备见表 2-1-10。

表 2-1-10 MBBR 工艺对应设备

工艺单元		处理构筑物		处理设备	
		名称	形式	类别	名称
进水单元	进水	进水泵房		进水泵	潜水排污泵 离心式潜污泵 混流式潜污泵
				起重机	电动葫芦 电动单梁起重机 电动单梁悬挂起重机
				阀门	楔式闸阀 软密封闸阀 蝶阀 止回阀
				闸门	圆形闸门 方形闸门
预处理	拦污	格栅间	粗格栅 细格栅	格栅除污机 及配套设施	回转式格栅除污机 钢丝绳式格栅除污机 转鼓式格栅除污机 阶梯式格栅除污机 齿耙格栅除污机 弧型格栅除污机 移动式格栅除污机 抓斗式格栅除污机 超细格栅除污机 高链式格栅除污机 螺旋压榨机 螺旋压榨一体机
	沉砂	平流式沉砂池 旋流式沉砂池 竖流式沉砂池 曝气沉砂池	矩形 圆形	吸砂	桥式吸砂机 旋流式除砂机
				刮砂	链式刮砂机
				砂水分离	砂水分离器
初次沉淀处理	初次沉淀	初次沉淀池	平流	平流式刮泥	行车式刮泥机 撇渣刮泥机
			辐流	辐流式刮泥	中心传动刮泥机 周边传动刮泥机 方形池扫角刮泥机
			竖流	竖流式刮泥	
生物处理		生化池	鼓风曝气	鼓风机	罗茨鼓风机 离心鼓风机 磁悬浮鼓风机 空气悬浮鼓风机
				盘式曝气器	刚玉盘式曝气器 橡胶微孔盘式曝气器 微孔陶瓷曝气器 动力扩散旋混曝气器
				管式曝气器	橡胶膜管式曝气器 刚玉管式微孔曝气器
				球形曝气器	球形刚玉曝气器
				其他形式曝气器	可提管式曝气器 悬挂链式曝气器 管式盘式一体曝气器

工艺单元		处理构筑物		处理设备	
		名称	形式	类别	名称
生物处理		生化池	鼓风曝气	填料	高密度聚乙烯悬浮载体填料 聚丙烯及其改性材料载体填料 彗星式纤维填料 聚氨酯泡沫
二次沉淀处理	二次沉淀	二次沉淀池	平流	平流式吸泥	虹吸式吸泥机 泵吸式吸泥机
			辐流	辐流式吸泥	周边传动吸泥机 中心传动吸泥机
			竖流	静力排泥	
消毒处理		消毒设备			液氯消毒 二氧化氯消毒 次氯酸钠消毒 紫外线消毒 臭氧消毒
污泥处理	污泥浓缩	污泥输送设备 污泥浓缩池		剩余污泥及 回流污泥泵	螺旋离心泵 潜水排污泵 螺杆泵
			圆形	浓缩刮泥及 污泥搅拌	中心传动浓缩刮泥机 周边传动浓缩刮泥机 潜水搅拌机
	污泥厌氧消化	污泥消化池	圆柱形 卵形	消化池机械搅拌	桨叶式消化池搅拌机 叶轮式消化池搅拌机
				消化池沼气搅拌	沼气压缩机
				消化池热交换	管式热交换设备 螺旋式热交换设备
		污泥控制间 沼气压缩机房 沼气发电机房	沼气利用设备	沼气贮气	双膜干式球形沼气柜 干式沼气贮气柜 湿式沼气贮气柜
				沼气脱硫净化	沼气干法脱硫塔 沼气湿法脱硫系统
				沼气发电及沼气锅炉	沼气发电机 沼气发动机 沼气锅炉 沼气燃烧器
	污泥好氧发酵	污泥好氧发酵车间	污泥静态好氧 发酵设备	机械翻堆	翻抛机
				主动供氧	微观接种混合器 柔和曝气系统
			污泥动态好氧 发酵设备	转筒式动态 发酵装置	发酵滚筒
			生物发酵塔		塔式发酵器
	污泥脱水干化	污泥脱水间	污泥浓缩脱水设备	污泥浓缩	转筒浓缩机 带式浓缩机 卧式螺旋离心浓缩机 螺压浓缩机
				污泥脱水	板框压滤机 带式压滤机 离心脱水机 折带式真空滤机 盘式真空滤机 叠螺式脱水机 螺压脱水机

工艺单元		处理构筑物		处理设备	
		名称	形式	类别	名称
污泥处理	污泥脱水干化	污泥脱水间	污泥浓缩脱水设备	浓缩脱水一体机	带式浓缩脱水一体机
					转鼓带式浓缩脱水一体机
					卧式离心浓缩脱水一体机
				浓缩脱水配套设备	污泥切割机
					絮凝剂投加系统
		污泥堆置棚			污泥斗
					运输机
		污泥干化车间		污泥干化设备	流化床干化设备
					带式干化设备
					桨叶式干化设备
					卧式转盘式干化设备
					立式圆盘式干化设备
					转鼓式干化设备
					喷雾干化设备
					两段式干化设备

第 2 章　预处理工艺与设备

2.1　格栅工艺与设备

2.1.1　格栅工艺描述、设计要点及计算

（1）工艺描述　常规污水生物处理的第一道工序是格栅。它可拦截雨水、生活污水和工业废水中较大的漂浮物及杂质，起到净化水质、保护水泵的作用，也有利于后续处理和排放。

格栅按形状可分为平面格栅和曲面格栅。按栅条净间隙可分为粗格栅（50～100mm）、中格栅（15～40mm）、细格栅（3～10mm）三种。近年来，净间隙小于 3mm 的格栅（也称精细格栅）也被大量应用于深度处理中。按清渣方式格栅可分为人工清除和机械清除两种。常规情况下，每日栅渣大于 $0.2m^3$ 应采用机械清除方式。近些年来，机械清除方式被广泛应用，并同时辅以人工清除方式。

格栅的间隙应根据水体中污染物的实际情况确定，通常流程下，需要搭配设置粗、细等不同间隙格栅保证截留各种漂流物的目的。

污水泵房后、沉砂池前需设细格栅，细格栅间布置要求、计算公式与粗格栅间基本相同，栅条净间隙通常采用 6mm。近些年，污水再生回用工程也常采用净间隙小于 3mm 的精细格栅。

（2）设计要点　在粗格栅间通常设粗、中两道格栅，其中粗格栅以 50mm 间隙较多，中格栅以 20mm 间隙较多。栅渣量与地区特点、格栅间隙大小、污水流量和下水道系统的类型等因素有关。通常情况下，格栅间隙为 16～25mm 时，每 $1000m^3$ 污水的渣量为 0.1～0.05m^3，格栅间隙为 30～50mm 时，每 $1000m^3$ 污水的渣量为 0.03～0.01m^3。栅渣含水率一般为 80% 左右，容重约为 $960kg/m^3$。

污水在栅前渠道内的流速一般控制在 0.4～0.9m/s 之间，经过格栅的流速一般采用 0.6～1.0m/s。过栅流速太大和太小都会直接影响到截污效果和栅前泥砂的沉积。污水过栅水头与过栅流速有关，一般水头损失在 0.1～0.3m 之间，最大不超过 0.5m。机械格栅不宜少于 2 台。如为 1 台时应设人工清除格栅备用。格栅安装倾角，一般采用 45°～75°。格栅间必须设置工作平台，台面应高出栅前最高设计水位 0.5m。工作平台上应有安全和冲洗设施。机械格栅的动力装置一般宜设在室内，如在室外应采取其他保护措施。格栅间必须考虑设有良好的通风措施。最新的规范要求，污水厂格栅间必须安装除臭设施及有毒有害气体检测设备。格栅间内应安装吊运设备，以进行格栅及其他设备的检修、栅渣的日常清除。格栅间的高度应满足吊运设备有效安装高度要求。

（3）计算公式

栅槽宽度

$$B = S(n-1) + bn$$

式中，S 为栅条宽度，m；b 为栅条间隙，m；n 为栅条间隙数，个。

$$n = \frac{Q_{max}\sqrt{\sin\alpha}}{bhv}$$

式中，Q_{max} 为最大设计流量，m^3/s；α 为格栅倾角，（°）；h 为栅前水深，m；v 为过栅流速，m/s。

每日栅渣量

$$W = \frac{Q_{max}W_1 \times 86400}{K_2 \times 1000}$$

式中，W_1 为栅渣量，$m^3/10^3 m^3$ 污水；K_2 为生活污水流量总变化系数。

格栅间隙为 $16 \sim 25mm$ 时，$W_1 = 0.10 \sim 0.05 m^3/10^3 m^3$ 污水；格栅间隙为 $30 \sim 50mm$ 时，$W_1 = 0.03 \sim 0.01 m^3/10^3 m^3$ 污水。

2.1.2　格栅主要设备

2.1.2.1　粗格栅除污机

（1）XHG 型回转式格栅清污机

1）适用范围。XHG 型回转式格栅清污机是大中型给排水工程设施中水源进口处预处理的理想设备，广泛应用于城镇污水处理厂、自来水厂及城镇规划小区雨、污水的预处理，电厂、钢厂的进水中杂物的清除，以达到减轻后续工序处理负荷的目的，用于渠深 $2.5 \sim 12m$，安装角度 $60° \sim 80°$，栅隙 $10 \sim 150mm$，多用作粗格栅。

2）设备型号说明

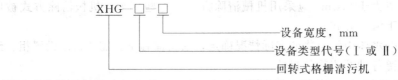

3）设备性能及外形尺寸。XHG—Ⅰ型回转式格栅清污机的设备外形及安装尺寸见图 2-2-1，图 2-2-2；XHG—Ⅱ型回转式格栅清污机的设备外形及安装尺寸见图 2-2-3。

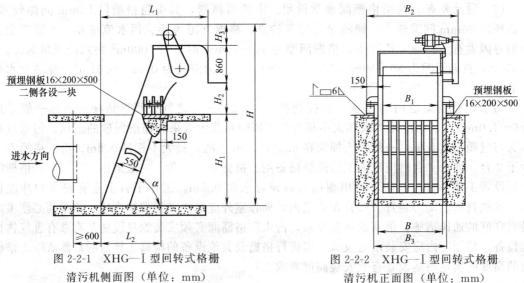

图 2-2-1　XHG—Ⅰ型回转式格栅
清污机侧面图（单位：mm）

图 2-2-2　XHG—Ⅰ型回转式格栅
清污机正面图（单位：mm）

4）规格及技术参数。XHG—Ⅰ型回转式格栅清污机设备技术参数及外形安装尺寸见表 2-2-1，过水流量见表 2-2-2。XHG—Ⅱ型回转式格栅清污机设备技术参数及外形安装尺寸见表 2-2-3，过水流量见表 2-2-4。

（2）钢丝绳牵引式格栅除污机

1）SG 型钢丝绳牵引式格栅除污机

① 适用范围。SG 型钢丝绳牵引式格栅除污机适用于渠深较深的市政给排水处理厂的进水渠，栅隙较大（一般为 $20 \sim 100mm$，用作粗格栅），安装角度为 75°及 90°，渠宽一般不大

于 4m 的场合，一般用于处理含泥渣的污水。

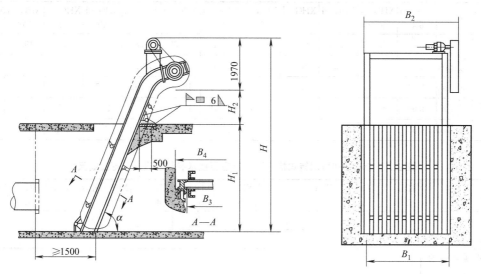

图 2-2-3　XHG—Ⅱ型回转式格栅清污机安装外形尺寸（单位：mm）

表 2-2-1　XHG—Ⅰ型回转式格栅清污机主要技术参数及设备外形安装尺寸

型　号	XHG—Ⅰ 800	XHG—Ⅰ 1000	XHG—Ⅰ 1200	XHG—Ⅰ 1400	XHG—Ⅰ 1600	XHG—Ⅰ 1800	XHG—Ⅰ 2000	XHG—Ⅰ 2200	XHG—Ⅰ 2400	XHG—Ⅰ 2600	XHG—Ⅰ 2800	XHG—Ⅰ 3000
安装角度 α/(°)	\multicolumn{12}{c}{60~85}											
电机功率/kW	0.75~1.1			1.1~2.2						2.2~3.0		
有效的栅宽 B_1/mm	\multicolumn{12}{c}{$B_1 = B - 160$}											
齿栅运动线速度/(m/min)	\multicolumn{12}{c}{约 3.8}											
设备宽 B/mm	800	1000	1200	1400	1600	1800	2000	2200	2400	2600	2800	3000
设备总高 H/mm	\multicolumn{12}{c}{$H = H_1 + H_2 + 1480$}											
设备总宽 B_2/mm	1150	1350	1550	1750	1950	2150	2350	2550	2750	2950	3150	3350
沟宽 B_3/mm	900	1100	1300	1500	1700	1900	2100	2300	2500	2700	2900	3100
设备安装总长 L_1/mm	\multicolumn{12}{c}{$L_1 = L_2 + H_2\cot\alpha + 250\tan\alpha/2 + 500$}											
导流槽总长 L_2/mm	\multicolumn{12}{c}{$L_2 = H_1\cot\alpha + 550/\sin\alpha$}											
地面至卸料口高 H_2/mm	\multicolumn{12}{c}{900~1500}											
沟深 H_1/mm	\multicolumn{12}{c}{2500~12000（用户选定）}											

注：本设备为非标系列产品，标准型按沟深 3000mm、排渣高度 900mm、安装角度 75°计。

表 2-2-2　XHG—Ⅰ型回转式格栅清污机过水流量

型　号			XHG—Ⅰ 800	XHG—Ⅰ 1000	XHG—Ⅰ 1200	XHG—Ⅰ 1400	XHG—Ⅰ 1600	XHG—Ⅰ 1800	XHG—Ⅰ 2000	XHG—Ⅰ 2200	XHG—Ⅰ 2400	XHG—Ⅰ 2600	XHG—Ⅰ 2800	XHG—Ⅰ 3000
栅前水深/m			\multicolumn{12}{c}{1.0}											
过栅流速/(m/s)			\multicolumn{12}{c}{1.0}											
水流量/(10⁴ m³/d)	栅条间距/mm	10	2.6	3.39	4.18	4.97	5.76	6.55	7.34	8.13	8.92	9.71	11.29	12.17
		20	3.47	4.5	5.52	6.63	7.57	8.68	9.74	10.80	11.84	12.89	15.06	16.22
		30	3.78	5.0	6.15	7.45	8.52	9.78	10.96	12.15	13.33	14.51	16.85	18.27
		40	4.10	5.36	6.62	7.89	9.15	10.42	11.68	12.94	14.21	15.47	17.98	19.46
		50	4.26	5.60	6.90	8.28	9047	10.85	12.23	13.50	14.80	16.18	18.7	20.21

型　号			XHG—I 800	XHG—I 1000	XHG—I 1200	XHG—I 1400	XHG—I 1600	XHG—I 1800	XHG—I 2000	XHG—I 2200	XHG—I 2400	XHG—I 2600	XHG—I 2800	XHG—I 3000
水流量 /(10⁴ m³/d)	栅条间距 /mm	60	4.40	5.78	7.10	8.52	9.94	11.17	12.55	13.87	15.25	16.57	19.4	20.85
		70	4.47	5.80	7.29	8.83	10.05	11.43	12.82	12.25	15.58	16.94	19.75	21.3
		80	4.54	5.99	7.45	8.94	10.11	11.55	13.00	14.52	15.79	17.24	20.1	21.63
		90	4.60	6.09	7.65	9.25	10.8	11.79	13.85	14.95	16.4	17.76	20.3	21.9
		100	4.65	6.15	7.75	9.35	10.94	12.15	14.1	15.68	17.1	18.25	20.57	22.15

表 2-2-3　XHG—Ⅱ型回转式格栅清污机主要技术参数及设备外形安装尺寸

型　号	XHG—Ⅱ 3000	XHG—Ⅱ 3200	XHG—Ⅱ 3400	XHG—Ⅱ 3600	XHG—Ⅱ 3800	XHG—Ⅱ 4000	XHG—Ⅱ 4200	XHG—Ⅱ 4400	XHG—Ⅱ 4600	XHG—Ⅱ 4800	XHG—Ⅱ 5000
电机功率/kW	2.2～3.0					3.0～4.0					
安装角度 α/(°)	60～80										
栅耙运动线速度/(m/min)	3										
设备宽 B/mm	3000	3200	3400	3600	3800	4000	4200	4400	4600	4800	5000
有效栅宽 B₁/mm	2600	2800	3000	3200	3400	3600	3800	4000	4200	4400	4600
设备总宽 B₂/mm	3250	3450	3650	3850	4050	4250	4450	4650	4850	5050	5250
格栅后沟宽 B₃/mm	2770	2970	3170	3370	3570	3770	3970	4170	4370	4570	4770
格栅前沟宽 B₄/mm	3100	3300	3500	3700	3900	4100	4300	4500	4700	4900	5100
沟深 H₁/mm	3～20(用户自定)										
排渣高度 H₂/mm	900～1500										
设备总高 H/mm	$H = H_1 + H_2 + 1970$										

表 2-2-4　XHG—Ⅱ型回转式格栅清污机过水流量

型　号			XHG—Ⅱ 3000	XHG—Ⅱ 3200	XHG—Ⅱ 3400	XHG—Ⅱ 3600	XHG—Ⅱ 3800	XHG—Ⅱ 4000	XHG—Ⅱ 4200	XHG—Ⅱ 4400	XHG—Ⅱ 4600	XHG—Ⅱ 4800	XHG—Ⅱ 5000	XHG—Ⅱ 3000
栅前水深/m			1.0											
过栅流速/(m/s)			1.0											
水流量 /(10⁴ m³/d)	栅条间距 /mm	40	18.6	19.96	21.39	22.82	24.24	25.67	27.1	28.52	29.95	31.37	31.37	32.80
		50	19.2	20.95	22.28	23.62	25.4	26.74	28.22	29.71	31.20	32.68	32.68	34.17
		60	19.8	21.39	23	24.6	26.2	27.5	29.03	30.56	32.09	33.61	33.61	35.14
		70	20.6	21.84	23.7	24.96	26.82	28.07	29.64	31.20	32.76	34.31	34.31	35.87
		80	20.7	22.1	23.96	25.66	27.1	28.52	30.1	31.69	33.27	34.68	34.68	36.44
		90	20.86	22.46	24.06	26	27.27	28.88	30.48	32.09	33.69	35.30	35.30	36.90
		100	21.07	23.17	24.42	26.29	27.63	29.17	30.79	32.41	34.03	35.65	35.65	37.27
		110	21.57	23.34	24.51	26.47	27.75	29.41	31.05	32.68	34.31	35.95	35.95	37.58
		120	21.92	23.53	24.6	26.74	27.97	29.62	31.26	32.91	34.55	36.20	36.20	37.85
		130	22.01	23.75	25.14	26.88	28.14	29.8	31.45	33.11	34.76	36.42	36.42	38.07
		140	22.2	23.9	24.48	26.95	28.28	29.95	31.61	33.27	34.94	36.60	36.60	38.27
		150	22.34	24.06	25.6	27.2	28.41	30.08	31.75	33.42	35.09	36.77	36.77	38.44

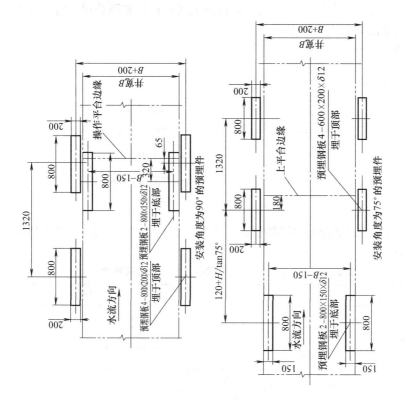

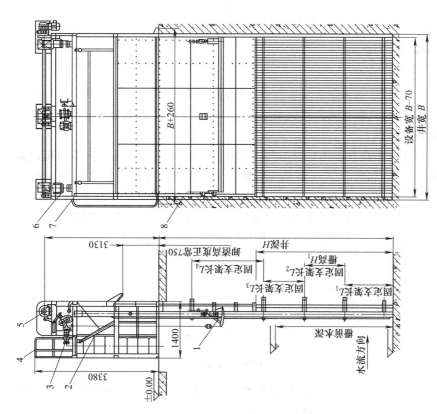

图 2-2-4　SG 型钢丝绳牵引式格栅除污机外形及安装尺寸

1—除污耙斗；2—除污推杆；3—差动机构；4—栏杆及爬梯；5—起升部件；6—电器管线布置图；7—地面机架；8—机架

生产厂家：江苏一环集团有限公司、无锡市通用机械厂有限公司、宜兴市凌泰环保设备有限公司、宜兴泉溪环保股份有限公司。

② 型号说明

SG 型钢丝绳牵引式格栅除污机的设备外形及安装尺寸见图 2-2-4，设备技术参数及外形安装尺寸见表 2-2-5。

表 2-2-5　SG 型钢丝绳牵引式格栅除污机主要技术参数

型号规格	井宽 B/m	栅条间隙 b/mm	提升功率/kW	张耙功率/kW	过栅流速/(m/s)	卸渣高度/mm
SG1.5	1.5		1.5	0.37		
SG2.0	2.0		2.2	0.55		
SG2.5	2.5	15、20、25、30、40、50、60、70、80、90、100	2.2	0.75	≤1	750(1000)
SG3.0	3.0		3.0	0.75		
SG3.5	3.5		4.0	1.1		
SG4.0	4.0		4.0	1.1		

注：1. 过水面有效率对应栅隙 70%～85%。

2. 表中功率对应井深 10m，超过 10m 时，功率需加大。

3. 括号内尺寸不推荐，如需应在订货时说明。

生产厂家：江苏一环集团有限公司、江苏天雨环保集团有限公司、无锡市通用机械厂有限公司、江苏兆盛水工业装备有限公司、南京远蓝环境工程设备有限公司。

2）BLQ 型格栅除污机

① 适用范围。BLQ 型格栅清污机是一种由钢丝绳牵引的截污设备，按不同栅槽需要分为固定式（BLQ—G 型）和移动式（BLQ—Y 型）两种形式，格栅清污机一般适用于城镇污水处理厂、自来水厂以及各类泵站、城市防洪捞渣等设施的取水口，以截取进水中较大、较粗的杂物与垃圾，保证后续处理工序的正常运转。BLQ 型格栅清污机用于渠深 2～12m，安装角度为 60°～90°，栅隙为 15～100mm，多用作粗格栅。

② 型号说明

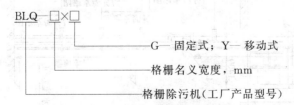

③ 设备规格及尺寸。BLQ—G 型格栅清污机及 BLQ—Y 型移动式格栅除污机外形见图 2-2-5，图 2-2-6；BLQ 型格栅清污机设备规格及性能见表 2-2-6。

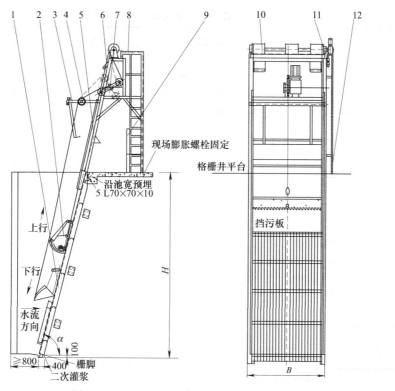

图 2-2-5　BLQ—G 型移动式格栅除污机外形

1—格栅；2—清污格栅；3—刮污机构；4—导向滑轮；5—门形架；6—钢丝绳张紧装置；7—开耙装置；
8—栏杆；9—电器控制箱；10—钢丝绳牵引装置；11—过载保护装置；12—膨胀螺栓

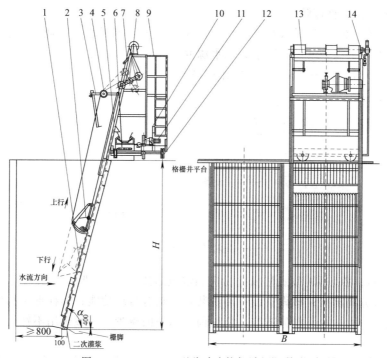

图 2-2-6　BLQ—Y 型移动式格栅除污机外形

1—格栅栅片；2—清污机构；3—刮污机构；4—导向滑轮；5—门形架；6—皮带输送机；
7—钢丝绳张紧装置；8—开耙装置；9—栏杆；10—电器控制箱；11—行走驱动装置；
12—膨胀螺栓；13—钢丝绳牵引装置；14—过载保护装置

表 2-2-6　BLQ 型格栅清污机的规格和性能

型号	格栅宽度/mm	栅条有效间隙 b/mm	安装角 α/(°)	齿耙额定载荷/(kg/m)	适用井深 H/m	升降电机功率/kW	翻耙电机功率/kW	行走电机功率/kW	流速/(m/s)
BLQ—1000	1000							用于BLQ-Y型	
BLQ—1200	1200								
BLQ—1400	1400								
BLQ—1500	1500								
BLQ—1800	1800								
BLQ—2000	2000								
BLQ—2400	2400	15～100	60～90	100	2～12	0.75～3.0	0.75～3.0	0.55～0.8	≤1.0
BLQ—2600	2600								
BLQ—3000	3000								
BLQ—3500	3500								
BLQ—4000	4000								
BLQ—4500	4500								
BLQ—5000	5000								

注：大于 3500mm 可采用移动式格栅清污机。

生产厂家：江苏天雨环保集团有限公司、江苏一环集团有限公司、无锡市通用机械厂有限公司、江苏兆盛水工业装备有限公司、南京远蓝环境工程设备有限公司。

（3）ZG 型转鼓式格栅除污机

1）适用范围。ZG 型转鼓式格栅除污机广泛适用于城市污水、工业废水、食品加工业、造纸业等污水处理工程。该设备用于去除水源取水口漂浮物和沉积物，并将栅渣挤干脱水后排出。该设备栅隙为 0.5～12mm，多用作细格栅。

2）型号说明

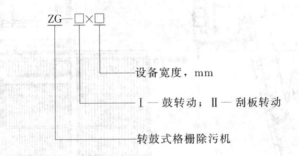

3）设备特点。ZG 型转鼓式格栅除污机和水流形成 35°角，形成的折流可使小于格栅缝隙的许多污物被分离出来；该设备设有冲洗装置，具有自净功能；圆柱形结构使该设备比传统格栅过水流量增大，水头损失减少，格栅前堆积平面减少；一般选用不锈钢材质，防腐性能强，寿命长。

4）设备规格性能及安装尺寸。ZG—Ⅰ型转鼓式格栅除污机技术参数及过水流量见表 2-2-7、表 2-2-8，ZG—Ⅱ型转鼓式格栅除污机技术参数及过水流量见表 2-2-9、表 2-2-10；ZG—Ⅰ型及 ZG—Ⅱ型转鼓式格栅除污机安装尺寸见图 2-2-7、图 2-2-8。

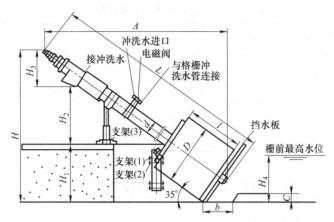

图 2-2-7　ZG—Ⅰ型转鼓式格栅除污机安装尺寸

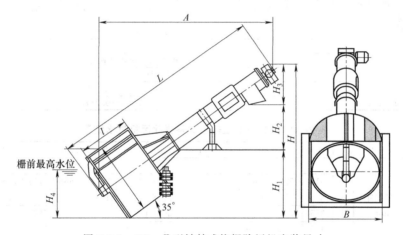

图 2-2-8　ZG—Ⅱ型转鼓式格栅除污机安装尺寸

表 2-2-7　ZG—Ⅰ型转鼓式格栅除污机主要技术参数

型号规格 ZG—Ⅰ	600	800	1000	1200	1400	1600	1800	2000	2200	2400	2600	3000
转鼓直径 D/mm	600	800	1000	1200	1400	1600	1800	2000	2200	2400	2600	3000
输送管规格 d/mm	219	273	273	273	360	360	360	500	500	500	500	710
栅网长 l/mm	650	830	985	1160	1370	1500	1650	2000	2200	2200	2400	3000
最高水位 H_3/mm	400	500	670	800	930	1100	1200	1300	1500	1680	1800	2100
b/mm	125											
C/mm	70											
安装角度 α/(°)	35											
渠深 H_1/mm	$H_1 = 600 - 2500$											
排渣高度 H_2/mm	按用户要求进行设计											
安装高度 H/mm	$H = H_1 + H_2 + H_3$											
安装长度 A/mm	$A = H \times 1.43 - 0.48D$											
设备总长 L/mm	$L = H \times 1.74 - 0.75D$											

表 2-2-8　ZG—Ⅰ型转鼓式格栅除污机过水流量

型号规格 ZG—Ⅰ			600	800	1000	1200	1400	1600	1800	2000	2200	2400	2600
流体流速/(m/s)			1.0										
过水流量/(m³/h)	栅条间距/mm	0.5	80	135	237	310	450	745	920	1130	1380	2080	2410
		1	125	219	370	507	723	1209	1494	1803	2150	3280	4120
		2	190	330	558	765	1095	1832	2260	2732	3254	4530	5600
		3	230	400	684	936	1340	2235	2756	3334	3968	5450	6780
		4	237	432	720	1010	1440	2700	3340	4032	4680	6230	7560
		5	252	468	95	1108	1576	2934	3600	4356	5220	6750	8220

表 2-2-9　ZG—Ⅱ型转鼓式格栅除污机主要技术参数

型号规格 ZG—Ⅱ	600	800	1000	1200	1400	1600	1800	2000	2200	2400	2600	2800	3000
栅筒直径 D/mm	600	800	1000	1200	1400	1600	1800	2000	2200	2400	2600	2800	3000
栅筒长度/mm	500	620	700	800	1000	1150	1250	1350	1450	1650	1950	2150	2400
输送管直径 d/mm	219	273	273	300	300	360	360	500	500	500	500	700	700
渠道宽度 B/mm	650	850	1050	1250	1450	1650	1850	2070	2270	2470	2670	2870	3070
栅前最高水位 H_3/mm	350	450	540	620	750	860	960	1050	1150	1280	1490	1630	1800
安装角度 α/(°)	35												
渠深 H_1/mm	$H_1=600-3000$												
排渣高度 H_2/mm	按用户要求进行设计												
H_3/mm	根据减速机形式确定												
安装高度 H/mm	$H=H_1+H_2+H_3$												
安装长度 A/mm	$A=H\times1.43-0.48D$												
设备总长 L/mm	$L=H\times1.743-0.75D$												

表 2-2-10　ZG—Ⅱ型转鼓式格栅除污机过水流量

型号规格 ZG—Ⅱ		600	800	1000	1200	1400	1600	1800	2000	2200	2400	2600	2800	3000
过栅流速/(m/s)		1.0												
过水流量/(m³/h)	栅条间距/mm													
	6	314	590	962	1263	1892	2475	3105	3775	4568	5757	7765	9372	11290
	8	357	676	1080	1414	2145	2778	3505	4250	5130	6477	8773	10554	12740
	10	385	731	1172	1534	2325	3021	3787	4594	5546	7000	9482	11439	13795
	12	406	769	1238	1625	2487	3183	4000	4857	5900	7425	10042	12090	14586

生产厂家：江苏兆盛水工业装备集团有限公司、江苏一环集团有限公司、江苏天雨环保集团有限公司、江苏鼎泽环境工程有限公司、宜兴市凌泰环保设备有限公司。

（4）XQ 型循环式齿耙清污机

1）适用范围。XQ 型循环式齿耙清污机一般用作为污水处理厂预处理的第二道（或第二道以后）格栅作细格栅用，该设备的最小间隙可达 1mm。当单台宽度较大（$B>$ 1550mm）时应考虑制作成并联机（即一个驱动装置驱动多组栅面）。

2）型号说明

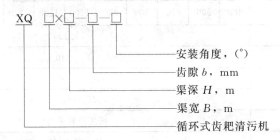

3）设备特点。XQ 型循环式齿耙清污机不设置栅条，诸多小齿耙互相联成一个硕大的旋转面，捞渣彻底。该设备设有过载保护装置，运行可靠。

4）设备规格及性能。XQ 型循环式齿耙清污机的规格性能见表 2-2-11，外形及安装尺寸见图 2-2-9。

表 2-2-11　XQ 型循环式齿耙清污机规格性能参数

参数 型号	设备 净宽 B_1/mm	渠宽 B/m	过水面有效率/%					功率/kW	
			栅隙/mm					渠深/m	
			1、3、5、10、15					1.5、5、7.5	
XQ0.4	350	0.4	23	35	44	54	58	0.37	0.37
XQ0.5	450	0.5							0.55
XQ0.6	550	0.6						0.55	0.55
XQ0.7	620	0.7						0.55	0.75
XQ0.8	720	0.8							0.75
XQ0.9	820	0.9						0.75	0.75
XQ1.0	920	1.0							1.1
XQ1.1	1020	1.1						1.1	1.1
XQ1.2	1120	1.2						1.1	1.5
XQ1.5	1420	1.5						1.5	1.5

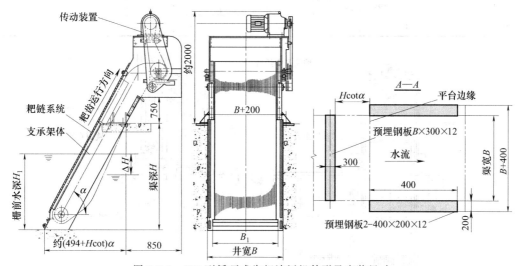

图 2-2-9　XQ 型循环式齿耙清污机外形及安装尺寸

生产厂家：江苏天雨环保集团有限公司、江苏兆盛水工业装备集团有限公司、无锡市通用机械厂有限公司。

（5）SGY 移动式格栅除污机

1）适用范围。SGY 移动式格栅除污机适用于多台平面格栅或超宽平面格栅，栅条间隙为40～150mm，一般作为粗格栅使用。通常布置在同一直线上或弧线上，在轨道（分侧双轨和跨双轨）上移动并定位，以一机代替多机，依次有序地逐一除污。

2）型号说明

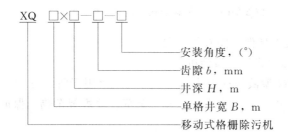

3）设备特点。SGY 移动式格栅除污机清污面积大，捞渣彻底，降速后甚至可去除积泥或砂；移动及停位准确可靠，效率高，投资省；水下无传动部件，使用寿命长；该设备与输送机配套可实现全自动作业；该设备有过极限及过力矩保护，使用安全；格栅的运行可按设定的时间间隔运行，也可根据格栅前后水位差自动控制。

4）设备规格及性能。SGY 移动式格栅除污机技术参数见表 2-2-12，外形及结构见图 2-2-10。

表 2-2-12　SGY 移动式格栅除污机技术参数

参数\n型号	井宽 B /m	设备宽 B_1 /mm	栅条间隙 b /mm	提升功率 /kW	张耙功率 /kW	行走功率 /kW	行走速度 /(m/min)	耙斗运动速度 /(m/min)	过栅流速 /(m/s)	卸料高度 /mm
SGY2.0	2.0	1930	40、50、60、70、80、90、100、110、120、130、140、150	2.2～3.0	0.55～1.1	0.75	1.5	≤6	1	750 (1000)
SGY2.5	2.5	2430								
SGY3.0	3.0	2930								
SGY3.5	3.5	3430								
SGY4.0	4.0	3930		3.0～4.0	1.5～2.2	1.1				

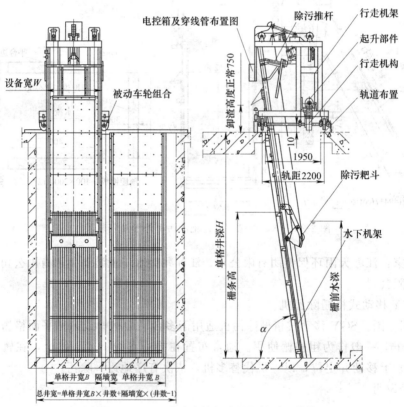

图 2-2-10　SGY 移动式格栅除污机外形及结构

生产厂家：江苏天雨环保集团有限公司。

（6）ZDG 型液压移动式抓斗清污机

1）适用范围。ZDG 型液压移动式抓斗清污机广泛用于污水处理厂、自来水厂、工业废水处理及雨水排涝等，以截取污水中的树枝、杂草、垃圾等杂物，保证后续处理工序的正常运转。

2）型号说明

ZDG—□

安全工作负荷

液压移动式抓斗清污机

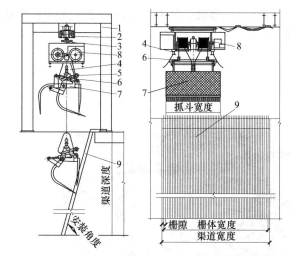

图 2-2-11　ZDG 型液压移动式抓斗清污机外形及结构

1—支撑架；2—导轨；3—移动小车；4—限位机构；5—平衡臂组件；6—液压合斗机构；7—抓斗组件；8—卷扬机构；9—格栅栅体

3）设备特点。ZDG 型液压移动式抓斗清污机一机多用，省去了栅渣输送设备和卸渣设备；结构简单，土建施工费用低、无水下传动部件，维修方便；处理量大、耗电量低、安全性高。

4）设备规格及性能。ZDG 型液压移动式抓斗清污机技术参数见表2-2-13，外形及结构见图 2-2-11。

表 2-2-13　ZDG 型液压移动式抓斗清污机技术参数

型　　　号	250	500	3000
安全工作负荷/kg	250	500	3000
抓斗最小宽度/m	1.2	1.2	2.5
抓斗最大宽度/m	1.5	2.5	5
格栅最大深度/m	12	20	35
最小格栅间距/mm	20	25	40
最大格栅间距/mm	200	200	300
提升功率/kW	2.2	4	7.5
提升速率/(m/min)	10～20	10～20	10～20
移动功率/kW	0.37	0.37	2×0.37
油泵电机功率/kW	1.5	1.5	1.5
液压系统压力/bar	120	120	120
轨道最小曲率半径/m	5	6	12

注：1bar＝10^5Pa，下同。

生产厂家：江苏兆盛水工业装备集团有限公司。

（7）高链式格栅除污机

1）适用范围。高链式格栅除污机一般适用于污水处理厂或泵站等，该格栅清污机用于渠深小于 2m，安装角度为 75°，栅隙 20～60mm，用作粗格栅。

2）型号说明

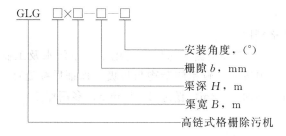

GLG　□×□-□-□

安装角度，（°）

栅隙 b，mm

渠深 H，m

渠宽 B，m

高链式格栅除污机

3）设备特点。高链式格栅除污机主传动链及链轮等主要部件均在水面以上，因此不易腐蚀，使用寿命长，工作情况易于观察，维护保养方便，并设有过载保护装置，可实行点动、周期性连续运行。

4）设备技术参数、外形及结构尺寸。高链式格栅除污机设备外形见图 2-2-12，结构尺寸见图 2-2-13；技术参数见表 2-2-14。

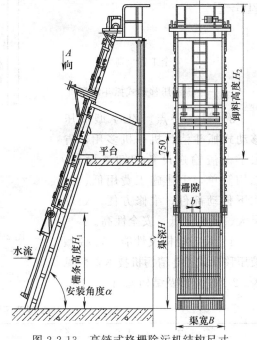

图 2-2-12   高链式格栅除污机外形   图 2-2-13   高链式格栅除污机结构尺寸

表 2-2-14   高链式格栅除污机技术参数

型号	渠宽 B /m	栅条高度 H_1/m	栅隙 b/mm	耙渣速度 /(m/min)	安装角度 α/(°)	卸料高度 H_2/mm	功率 /kW
GLG1	1						0.75
GLG1.2	1.2						
GLG1.3	1.3						
GLG1.4	1.4		20				
GLG1.5	1.5	2(1～2.5，每0.5一档)	30	4.5	75	750	1.1
GLG1.6	1.6		40				
GLG1.8	1.8		50				
GLG2	2		60				1.5
GLG2.2	2.2						
GLG2.4	2.4						
GLG2.5	2.5						2.2

注：过水面有效率对应栅隙为 70%～80%。

生产厂家：江苏天雨环保集团有限公司、宜兴泉溪环保股份有限公司、江苏兆盛水工业装备集团有限公司。

2.1.2.2   细格栅除污机设备

（1）XJT 型阶梯式格栅除污机

1）适用范围。XJT 型阶梯式格栅除污机广泛用于城市污水及工业废水中的漂浮物和悬浮物的清除。以截取进水中较大、较粗的杂物与垃圾，保证后续处理工序的正常运转。XJT 型阶梯式格栅清污机用于渠深 1～2m，栅隙 2～15mm，多用作细格栅。

2）型号说明

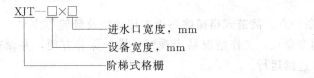

3）设备特点。该格栅水下无转动部件，因此，在运行过程中不会有污物卡滞现象，运行可靠。设备运行时无需断流即可更换栅片，使用维护方便。

4）设备规格及性能。XJT 型阶梯式格栅除污机技术参数及过水流量见表 2-2-15，表 2-2-16；XJT 型阶梯式格栅除污机安装尺寸见图 2-2-14。

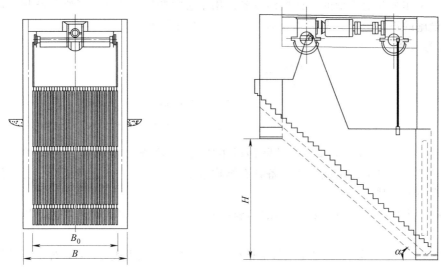

图 2-2-14　XJT 型阶梯式格栅除污机外形尺寸

表 2-2-15　XJT 型阶梯式格栅除污机技术参数

规格型号	格栅有效宽度 B_0/mm	设备宽 B/mm	配套电机功率 N/kW	进水口深度 H/mm	允许流速 /(m/s)	格栅耙齿间隙 b/mm
XJT—500	350	500	≤0.75		0.5～1.0	
XJT—600	450	600	≤0.75		0.5～1.0	
XJT—800	650	800	≤1.1		0.5～1.0	
XJT—1000	850	1000	≤1.1	1000～2000	0.5～1.0	2～16
XJT—1200	1050	1200	≤1.1		0.5～1.0	
XJT—1500	1350	1500	≤1.5		0.5～1.0	
XJT—1800	1650	1800	≤2.2		0.5～1.0	
XJT—2000	1850	2000	≤2.2		0.5～1.0	

表 2-2-16　XJT 型阶梯式格栅除污机过水流量

型号		500	600	700	800	900	1000	1100	1200	1300	1400	1500	1600	1700	1800	1900	2000
水深/m		0.5															
流速/(m/s)		0.5															
栅隙 /mm	2	3432	4464	5496	6528	7560	8568	9600	10632	11664	12696	13656	14736	15768	16800	17832	18864
	3	4320	5544	6864	8160	9400	10704	12024	13248	14568	15864	17112	18408	19728	21048	12272	23592
	4	4920	6360	7800	9360	10800	12240	13656	15216	16656	18192	19632	21072	22512	24048	25488	26928
	5	5400	6936	8616	10152	11808	13368	15024	16680	18240	19776	21312	22992	24648	26328	27864	29544
	6	5712	7392	9096	10800	12648	14328	16032	17712	19416	21264	22800	24504	26352	28056	29736	31440
	8	6377	8434	10285	12137	13988	15840	17691	19542	21540	23400	25270	27140	29010	30880	32750	34610
	10	6685	9000	10800	12857	14914	16714	18771	20828	22780	24750	26730	28710	30680	32660	34630	36610
	12	7097	9252	11355	13268	15428	17588	19440	21600	23690	25750	27800	29850	31910	33960	36020	38070
	14	7380	9576	11700	13680	15840	18000	20160	22320	24390	26500	28620	30730	32850	34960	37080	39190
	16	7405	9874	11931	13988	16292	18514	20571	22628	24940	27100	29260	31430	33590	35750	37920	40080

生产厂家：江苏一环集团有限公司、江苏天雨环保集团有限公司、江苏兆盛水工业装备集团有限公司、宜兴泉溪环保股份有限公司、宜兴市凌泰环保设备有限公司。

（2）GH 型弧形格栅除污机

1）适用范围。GH 型弧形格栅除污机适用于污水处理厂、大型取水口、污水及雨水的提升泵站，是作为浅池栅槽的一种拦污设备。用于去除杂草、垃圾、纤维等杂物，以确保水泵及后续设施的正常运行。渠深 2.0m，一般多用作细格栅。

2）型号说明

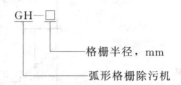

3）结构及特点。GH 型弧形格栅除污机主要由驱动装置、栅条组、传动轴、耙板、旋转耙臂、副耙装置等部件组成。该设备具有结构紧凑、占地少、土建费用低、自动控制、运行平稳、噪声低等特点。

工作时，齿耙缓慢地绕着安装在弧形格栅曲率中心处的水平轴转动，去除格栅条上被拦截的污物。

4）技术参数及外形结构。GH 型弧形格栅除污机技术参数见表 2-2-17，外形及结构见图 2-2-15。

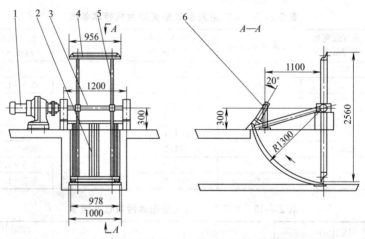

图 2-2-15   GH 型弧形格栅除污机外形及结构

1—驱动装置；2—链条组；3—传动轴；4—耙板；5—旋转耙臂；6—副耙装置

表 2-2-17   GH 型弧形格栅除污机技术参数

参数 型号	格栅半径 /mm	过栅流速 /(m/s)	齿轮转速 /(r/min)	栅条组宽 /mm	电机功率 /kW
GH—1300	1300	0.9			
GH—1500	1500		0.8~1.0	800~2000	0.75~1.5
GH—1800	1800	0.8~1.0			
GH—2000	2000				

生产厂家：江苏一环集团有限公司、江苏兆盛水工业装备集团有限公司、宜兴泉溪环保股份有限公司。

（3）SMB—Ⅰ旋转超细格栅机

1）适用范围。SMB—Ⅰ旋转超细格栅机广泛适用于城市污水处理，食品加工业及造纸等废水处理工程。该设备格栅栅隙小，能去除污水中的较细漂浮物、悬浮物，栅渣经传输压榨后排出。该设备用于渠深 0.6～2.5m，安装角度 35°，栅隙 0.3～0.5mm，多用作超细格栅。

2）型号说明

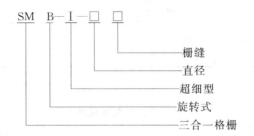

3）设备结构特点。SMB—Ⅰ旋转超细格栅机结构设计精巧，全部零部件为不锈钢材质，无高速运动件。该设备全自动控制，运转平稳，能耗低，噪声小。借助流体导流，该设备分离效率可达 98%，整个设备的栅缝均可在设备运行过程中实现自清洗。

4）性能、技术参数及外形及安装尺寸。SMB—Ⅰ旋转超细格栅机技术参数及过水流量见表 2-2-18，表 2-2-19；SMB—Ⅰ旋转超细格栅机技术性能见表 2-2-20，外形及安装尺寸见图2-2-16。

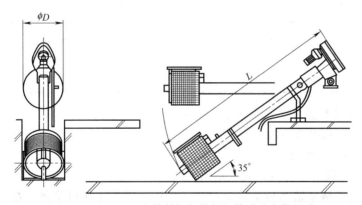

图 2-2-16　SMB—Ⅰ旋转超细格栅机外形及安装尺寸

表 2-2-18　SMB—Ⅰ旋转超细格栅除污机技术参数

型号规格	ϕD/mm	处理量/(m³/d)	质量/kg	功率/kW
SMB—600—2	600	4560	600	1.1
SMB—800—2	800	7920	80	1.1
SMB—1000—2	1000	13392	900	1.1
SMB—1200—2	1200	18360	1000	1.5
SMB—1400—2	1400	26280	1600	1.5
SMB—1600—2	1600	34632	2000	1.5
SMB—1800—2	1800	43968	2300	1.5
SMB—2000—2	2000	54240	3500	2.2
SMB—2200—2	2200	65586	3900	2.2
SMB—2400—2	2400	78096	4500	2.2
SMB—2600—2	2600	108450	6000	2.2
SMB—3000—2	3000	133350	9000	3.0

表 2-2-19 SMB—I 旋转超细格栅除污机过水流量

型号规格			SMB—600	SMB—800	SMB—1000	SMB—1200	SMB—1400	SMB—1600	SMB—1800	SMB—2000	SMB—2200	SMB—2400
液体流速/(m/s)			1.0									
栅缝尺寸/mm	处理水量/(m³/h)	1	125	219	370	507	723	954	1209	1494	1803	2150
		2	190	230	558	765	1095	1443	1832	2260	2732	3254
		3	230	400	684	936	1340	1760	2235	2756	3334	3968
		4	237	432	720	1010	1440	2050	2700	3340	4032	4680
		5	252	468	795	1108	1576	2200	2934	3600	4356	5220

注: 1. 旋转格栅最大长度 L 达 12m。

2. 旋转格栅重量按总长 $a=6$m 计算。

表 2-2-20 技术性能

型号规格	SMB—600	SMB—800	SMB—1000	SMB—1200	SMB—1400	SMB—1600	SMB—1800	SMB—2000	SMB—2200	SMB—2400
格栅直径 D/mm	550	750	950	1150	1350	1550	750	1950	2150	2350
输送管规格 d/mm	219	273	273	273	360	360	360	500	500	500
栅网长 L/mm	650	830	985	1160	1370	1500	1650	2000	2200	2400
最高水位 H_4/mm	400	500	670	800	900	1100	1200	1300	1500	1680
B/mm	125									
C/mm	70									
安装角度/(°)	35									
渠深/mm	$H_1=600-2500$									
设备安装高度/mm	$H_2=800-2000$									
安装长度/mm	$H=H_1+H_2+H_3$									
设备总长/mm	$L=H\times174-0.75D$									

生产厂家：宜兴市凌泰环保设备有限公司。

2.1.2.3 格栅除污机配套设备

（1）XLY 型螺旋压榨机

1）适用范围。XLY 型螺旋压榨机适用于城镇污水处理厂、自来水厂和市政污水泵站的栅渣处理。该设备将格栅清污机去除的栅渣，由螺杆带入压榨机主体，在传送过程中被压榨、脱水。最后压榨的栅渣被卸入收集器中，使废料更易于运输、填埋及焚烧。

2）型号说明

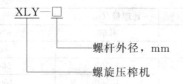

3）结构和工作原理。XLY 型螺旋压榨机主要由动力装置、压榨机主体、进出料装置、电气控制箱等几部分构成。

XLY 型螺旋压榨机主体由压缩管和螺杆等组成，螺杆由不锈钢材质制造，强度大，耐腐蚀。压榨机具有较低的进料面，使栅渣由格栅直接进入压榨机，其进料口和螺杆的长度适宜挤压栅渣。由于设备中没有高速运转的零件，致使传输螺杆磨损低，设备能耗省，噪声低。

4）设备技术参数及外形结构。XLY 型螺旋压榨机主要技术参数见表 2-2-21，设备外形见图 2-2-17。

表 2-2-21　XLY 型螺旋压榨机技术参数

型　　号	XLY—200	XLY—300	XLY—400
螺杆外径/mm	200	300	400
螺杆速度/(r/min)		6.2	
处理量/(m³/h)	1.0	2.0	4.0
含水量：处理前/%		85～95	
含水量：处理后/%		40～45	
电机功率/kW	1.1	2.2	4
L/mm	1500	1800	2000
H/mm	430	500	600
B/mm	360	430	560

　　生产厂家：江苏一环集团有限公司、无锡市通用机械厂有限公司、江苏天雨环保集团有限公司、江苏兆盛水工业装备集团有限公司、宜兴泉溪环保股份有限公司。

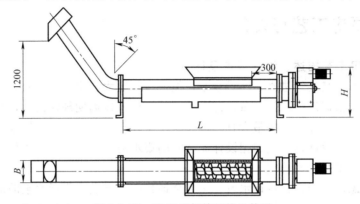

图 2-2-17　XLY 型螺旋压榨机外形

　　(2) ZWLY 型无轴螺旋输送压榨一体机

　　1) 适用范围。ZWXY 型无轴螺旋输送压榨一体机是一种连续输送物料的短距离设备，在城市排污工程中与格栅清污机配套，将格栅清污机排出的物料经脱水、压榨后进入接料筒中。

　　2) 型号说明

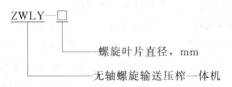

　　3) 设备特点。无轴螺旋输送压榨一体机是由驱动装置、壳体、无轴螺旋机、压榨过滤结构、尼龙衬垫、进出料口等主要部件组成的。

　　本设备运行平稳，能耗低，安装方便，易操作维修。

　　螺旋体叶片由不锈钢制成，强度大，耐腐蚀。

　　4) 设备规格型号。设备主要技术参数见表 2-2-22，设备外形结构见图 2-2-18。

表 2-2-22　ZWLY 型无轴螺旋输送压榨一体机主要技术参数

型号	螺旋直径 D/mm	输送量/(t/h)	B/mm
ZWLY—200	200	1.7	280
ZWLY—260	260	3.8	340
ZWLY—300	300	5.7	380
ZWLY—360	360	10	440
ZWLY—400	400	13.6	480

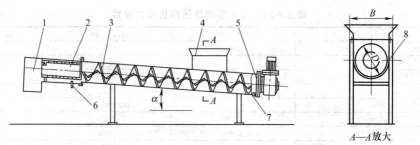

图 2-2-18 ZWLY 型无轴螺旋输送压榨一体机外形结构

1—出渣口；2—压榨过滤结构；3—螺旋体；4—进料口；5—驱动装置；6—出水口；7—排水口；8—尼龙衬垫

生产厂家：江苏兆盛水工业装备有限公司。

2.2 进水泵房工艺与设备

2.2.1 进水泵房工艺描述、设计要点及计算

污水泵站的特点是连续进水、水量较小，但变化幅度大、水中污染物含量多、对周围环境的污染影响大。根据近远期污水量，污水泵站的规模宜按远期规模设计，水泵机组按近期规模配置。污水泵站设计流量按最大日、最大时流量计算，并应以进水管最大充满度的设计流量为准。污水泵的设计扬程应根据设计流量时的集水池水位与出水管水位差和水泵管路系统的水头损失以及安全水头确定。

选泵时应考虑以下因素：设计水量、水泵全扬程的工况点应靠近水泵的最高效率点；由于水泵在运行过程中，集水池的水位是变化的，所选水泵在这个变化范围内处于高效点；当泵站内设有多台水泵时，选择水泵应当注意不但在联合运行时，而且在单泵运行时都应该在高效区；尽量选用同型号水泵，方便维护管理；水量变化大时，水泵台数较多时，采用大、小水泵搭配较为合适；远期污水量发展的泵站，水泵要有足够的适应能力；污水泵站尽量采用污水泵，并且根据来水水质采用不同的材质。

常用污水泵：WL、WTL 型立式污水泵，MN、MF 型立、卧式污水泵，PW、PWL 型立、卧式污水泵，WQ 型潜污泵，F 型耐腐蚀污水泵。

排水泵站按使用水泵的泵型，分为离心泵站、轴流泵站、潜水泵站、立式泵站、卧式泵站等。泵房形式可分为干式泵房和湿式泵房、合建式泵房和分建式泵房、圆形泵房和矩形泵房及组合型泵房、自灌式泵房和非自灌式泵房、半地下式泵房和全地下式泵房。

立式轴流泵房可以布置为干式泵房和湿式泵房。潜水泵为湿式泵房。合建式与分建式泵房主要指集水池与机器间是合建在一起，还是分成两个独立的构筑物。

泵房下部集水池和上部机器间的形状与水量大小、机组台数、施工条件及工艺要求有关。采用较多的有圆形、下圆上方形、矩形、矩形与梯形组合形等结构形式。

水泵启动时，叶轮和吸水管应及时灌水。灌水的方式有自灌（包括半自灌）和非自灌两种。当最低水位高于叶轮淹没水位时为自灌式，最高水位低于叶轮淹没水位为非自灌式。叶轮淹没水位在最高与最低水位之间为半自灌式。

泵房的机器间包括地上及地下两部分的称为半地下式泵房；地面以上没有厂房，水泵、电机机组全部封闭在地面以下的称为全地下式泵房。

污水泵站集水池的容积不应小于最大一台水泵 5min 的出水量；设计最高水位，应按进水管充满度计算；设计最低水位，应满足所选水泵吸水头的要求；自灌式泵房尚应满足水泵叶轮浸没深度的要求。

2.2.2　进水泵房主要设备

2.2.2.1　泵

进水泵房常用的有 WQ 系列潜水排污泵、QW 离心式潜水泵、ZQB 轴流潜水泵、HQB 混流潜水泵、WQG 系列潜水切割泵等，用于污水经粗格栅处理后的提升。详见第三篇第 1 章的相关内容。

2.2.2.2　起重设备

进水泵房配套的起重设备主要有 CD/MD 型电动葫芦、LD 型电动单梁起重机、LX 型电动单梁悬挂起重机、LD 型电动单梁桥式起重机。污水处理厂除进水泵房设置有起重设备外，其他的设备间也多设置起重设备，用于设备吊重装卸。详见第三篇第 5 章的相关内容。

2.2.2.3　阀门

进水泵房等设施用作管道连接的阀门主要有楔式闸阀、软密封闸阀、地埋式闸阀、浆液阀、蝶阀、排泥阀、止回阀、球阀等阀门及阀门电动装置，详见第三篇第 2 章的相关内容。

2.2.2.4　闸门

污水处理厂格栅间等设施用于截流和调节流量的设备主要有圆形闸门、方形闸门、可调节堰（闸门）等，详见第三篇第 2 章的相关内容。

2.3　沉砂池工艺与设备

沉砂池是城市污水处理必不可少的处理设施之一。沉砂池的主要功能是去除密度较大的无机颗粒（如泥砂、煤渣等）。沉砂池一般设于泵房、倒虹管前，以便减轻无机颗粒对水泵、管道的磨损；也可设于初次沉淀池前，以减轻沉淀池负荷及改善污泥处理构筑物的处理条件。沉砂池的形式，按池型可分为平流式沉砂池、竖流式沉砂池、曝气式沉砂池和旋流式沉砂池。

沉砂池按去除相对密度 2.65、粒径 0.2mm 以上的砂粒设计；沉砂池个数或分格数不应少于 2 个，并宜按并联系列设计；当污水量较少时，可考虑 1 格工作、1 格备用；分流制的城市污水沉砂量可按每 10^6 m³ 污水产生沉砂量 30m³ 计算，其含水率为 60%，容重为 1500kg/m³。

2.3.1　平流式沉砂池工艺描述、设计要点及计算

2.3.1.1　工艺描述

平流式沉砂池是常用的沉砂池形式，池内污水沿水平方向流动，具有构造简单、截流无机颗粒效果较好的优点。平流式沉砂池由入流渠、出流渠、闸板、水流部分及沉砂斗组成。

2.3.1.2　设计要点

平流式沉砂池两端设有闸板，以控制水流，池底设 1～3 个贮砂斗，下接排砂管。平流式沉砂池设计流速为 0.15～0.3m/s，最大流量停留时间一般为 30～60s，有效水深 0.5～1.2m，每格宽度不小于 0.6m。进水头部应采取消能和整流措施。池底坡度一般为 0.01～0.02。

2.3.1.3　计算公式

（1）池体长度

$$L = vt \quad \text{（m）}$$

式中，v 为最大设计流量时的流速，m/s；t 为最大设计流量时的流行时间，s。

（2）水流断面面积

$$A = Q_{\max}/v \quad \text{（m}^2\text{）}$$

式中，Q_{max} 为最大设计流量，m^3/s。

（3）池总宽度

$$B = A/h_2$$

式中，h_2 为设计有效水深，m。

（4）贮砂室所需容积

$$V = \frac{Q_{max}XT \times 86400}{K_z \times 10^6} \quad (m^3)$$

式中，X 为城市污水沉砂量（按每 $10^6 m^3$ 污水计），m^3，一般采用 $30m^3/10^6 m^3$ 污水；T 为清除沉砂的间隔时间，d；K_z 为生活污水流量总变化系数。

2.3.2 平流式沉砂池主要设备

2.3.2.1 HXS 型桥式吸砂机

（1）适用范围 HXS 型桥式吸砂机主要用于污水处理厂的平流式曝气沉砂池，去除沉砂池底部的沉砂。吸砂机在钢轨上沿沉砂池长度方向往复运动，机上的吸砂泵（潜污泵）将池底的砂水混合物吸出排至水沟，或提升至一定高度，进入配套设备（砂水分离器）进行分离，设备可设置撇渣板将水面上的浮渣刮至池末端的渣槽中。

（2）型号说明

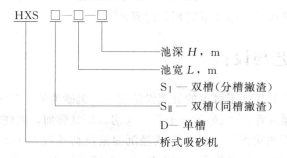

（3）设备特点 包括：a. 技术先进，结构简单；b. 采用无堵塞潜污泵吸砂，安全可靠；c. 传动同步，运行平稳；d. 操作简单，维护方便。

（4）设备主要技术参数及结构 HXS 桥式刮砂机主要技术参数见表 2-2-23，结构见图 2-2-19。

表 2-2-23 HXS 桥式刮砂机技术参数

参数 \ 型号	HXS—3	HXS—4	HXS—6	HXS—8	HXS—10	HXS—12
池宽 L/m	3	4	6	8	10	12
池深 H/m	3(2~4，每 0.5 一档)					
行驶速度/(m/min)	2~5					
驱动功率/kW	0.37	0.55	2×0.37		2×0.55	
配套潜污泵	$Q=22m^3/h, H=7m, P=1.4kW$			$Q=42m^3/h, H=7m, P=2.9kW$		
钢轨型号	15kg/m					
L/mm	3000	4000	6000	8000	10000	12000
L_1/mm	3300	4300	6300	8300	10300	12300

生产厂家：江苏天雨环保集团有限公司、江苏一环集团有限公司、江苏鼎泽环境工程有限公司、江苏兆盛水工业装备集团有限公司、南京贝特环保通用设备制造有限公司。

2.3.2.2 LCS 型链条除砂机

（1）适用范围 LCS 型链条除砂机主要用于污水处理厂的平流式沉砂池，该设备可将沉砂池底部的沉砂刮至池外。

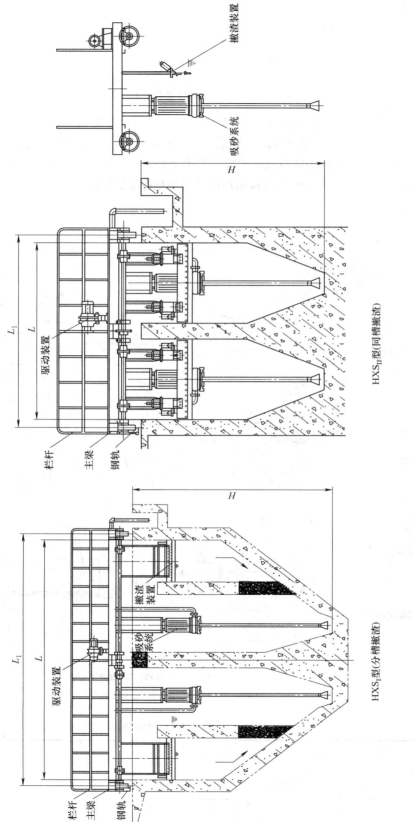

图 2-2-19 HXS 桥式刮砂机结构

（2）型号说明

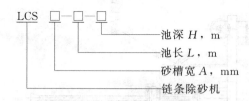

池深 H，m
池长 L，m
砂槽宽 A，mm
链条除砂机

（3）特点　包括：a. 采用特制链条，传动可靠；b. 采用防水轴承，寿命长；c. 结构合理，运行平稳；d. 刮砂彻底，效率高；e. 若采用带滚轮刮板，池底可不设轨道。

（4）设备结构　LCS 型链条除砂机技术性能见表 2-2-24，外形尺寸见表 2-2-25，预埋件参数见表 2-2-26；LCS 型链条除砂机结构及预埋件尺寸见图 2-2-20。

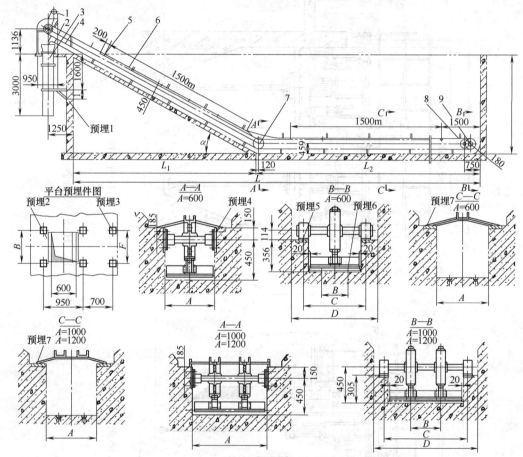

图 2-2-20　LCS 型链条除砂机结构及预埋件尺寸

1—传动装置；2—传动支架；3—导砂筒；4—导砂槽；5—框架及导轨；
6—链条及刮板；7—换向齿轮；8—张紧装置；9—从动链轮

表 2-2-24　LCS 型链条除砂机技术性能

型号 \ 参数	集沙槽净宽/mm	刮板线速/(m/min)	功率/kW	排砂能力/(m³/h)	L_1/m	L_2/m	α/(°)	H/m
LCS600	600	约3	>0.37	2		18(范围为10~20，每1一档)	30	3(范围为2.5~5，每0.5一档)
LCS1000	1000		>0.55	3.5	$H/\tan\alpha$			
LCS1200	1200		>1.5	4.5				

表 2-2-25　LCS 型链条除砂机外形尺寸　　　　　　　　　单位：mm

型号	A	B	C	D	E	F	G	J
LCS600	600	300	720	1000	750	700	700	315
LCS1000	1000	700	1100	1500	1320	1068		
LCS1200	1200	900	1320	1600	1530	1400	1275	600

表 2-2-26　LCS 型链条除砂机预埋件参数　　　　　　　　单位：mm

尺寸 型号	1	2	3	4	5	6	7
LCS 600	800× 150×10，上下共 2 块	700×50×10，共 2 块	150×150× 12，共 2 块	300×300× 12，共 2 块			100×100×102 $(m+n+2)$块
LCS 1000		1100×50× 12，共 2 块		350×350× 12，共 2 块	970×150× 12，共 2 块	9# 轻轨高 于池底 5mm	150×150×102 $(m+n+2)$块
LCS 1200		1300×50× 12，共 2 块		350×350× 12，共 2 块			150×150×102 $(m+n+2)$块

生产厂家：江苏天雨环保集团有限公司、江苏鼎泽环境工程有限公司、江苏一环集团有限公司、宜兴泉溪环保股份有限公司。

2.3.3　竖流式沉砂池工艺描述、设计要点及计算

2.3.3.1　工艺描述

竖流式沉砂池是污水自下而上由中心管进入池内，无机物颗粒借重力沉于池底。由于其处理效果一般，目前大规模污水厂较少采用。

2.3.3.2　设计要点

通常流速为 0.02～0.1m/s，最大流量停留时间为 30～60s，进水中心管最大流速为 0.3m/s。

2.3.3.3　计算公式

（1）池子直径

$$D=\sqrt{\frac{4Q_{max}(v_1+v_2)}{\pi v_1 v_2}}\ (m)$$

式中，Q_{max} 为最大设计流量，m^3/s；v_1 为污水在中心管内的流速，m/s；v_2 为池内水流上升速度，m/s。

（2）贮砂室所需容积

$$V=\frac{Q_{max}XT\times86400}{K_z\times10^6}\ (m^3)$$

式中，X 为城市污水沉砂量（按每 $10^6 m^3$ 污水计），m^3 一般采用 30 $m^3/10^6 m^3$ 污水；T 为清除沉砂的间隔时间，d；K_z 为生活污水流量总变化系数。

2.3.4　竖流式沉砂池主要设备

竖流式沉砂池常用的设备有吸砂泵等，详见第三篇第 1 章的相关内容。

2.3.5　曝气沉砂池工艺描述、设计要点及计算

2.3.5.1　工艺描述

曝气沉砂池一般为矩形，在池的一侧通入空气，使进水沿池旋转前进，从而产生与主流垂直的横向恒速环流。曝气沉砂池的优点是通过调节曝气量，可以控制污水的旋流速度，除砂受流量变化的影响较小，效率较稳定。同时，通入空气还对污水起到一定的曝气作用。

2.3.5.2 设计要点

曝气沉砂池内水平流速一般为 $0.06\sim0.12m/s$，旋流速度应保持在 $0.25\sim0.3m/s$，有效水深一般为 $2\sim3m$，长宽比可达5，深宽比为 $1\sim2$。如进水方向与水流方向垂直，溢流堰板处应设置出水挡板。停留时间为 $1\sim3min$，曝气一般采用穿孔管，孔眼直径为 $5\sim6mm$，也可采用振动式扩散器或橡胶膜片扩散器。曝气沉砂池的单位污水曝气量一般控制在每立方米污水充气量为 $0.1\sim0.3m^3$。

2.3.5.3 计算公式

（1）池子总有效容积

$$V=60Q_{max}t \quad (m^3)$$

式中，Q_{max} 为最大设计流量，m^3/s；t 为最大设计流量时的流行时间，min。

（2）水流断面积

$$A=\frac{Q_{max}}{v_1}$$

式中，v_1 为最大设计流量时的水平流速，m/s，一般采用 $0.06\sim0.12m/s$。

（3）池总宽度

$$B=\frac{A}{h_2} \quad (m)$$

式中，h_2 为设计有效水深，m。

（4）池长

$$L=\frac{V}{A} \quad (m)$$

每小时所需空气量：

$$q=3600dQ_{max} \quad (m^3/h)$$

式中，d 为每立方米污水所需空气量，m^3。

2.3.6 曝气沉砂池主要设备

污水处理厂曝气沉砂池底部沉砂的去除设备主要采用桥式吸砂机。吸砂机在钢轨上沿沉砂池长度方向往复运动，机上的吸砂泵（潜污泵）将池底的砂水混合物吸出，并送入砂水分离器进行分离。吸砂机上可设撇渣板将水面上的浮渣刮至池末端的渣槽中。

以 HXS 系列移动式桥式吸砂机为例。

（1）适用范围　HXS 系列移动式桥式吸砂机适用于污水处理厂曝气沉砂池，可将沉砂池底部沉砂和污水的混合物提升并输送至砂水分离器。

（2）型号说明

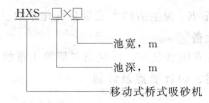

（3）结构和工作原理　HXS 系列移动式桥式吸砂机由主梁、驱动装置、潜污泵、撇渣装置、轨道和控制箱等组成。

吸砂机在置于池顶的钢轨上根据设定的周期自动往复运行，将池底部砂水混合液提升并排至池边的集水渠，当顺水流行驶时，撇渣耙下降刮集浮渣并送至池末端的渣槽；反向行驶时，撒渣耙提升，离开液面以防浮渣逆行，亦可根据工艺要求，反向撒渣。HXS 型双槽、单槽吸砂机（带撒渣装置）结构见图 2-2-21，HXS 型移动式桥式吸砂机主要技术参数见表 2-2-27。

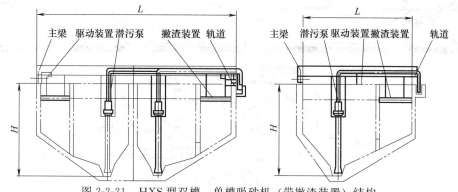

图 2-2-21　HXS 型双槽、单槽吸砂机（带撒渣装置）结构

表 2-2-27　HXS 型移动式桥式吸砂机主要技术参数

参数＼型号	HXS—2	HXS—4	HXS—6	HXS—8	HXS—10	HXS—12
池宽/m	2	4	6	8	10	12
池深/m	1～3					
潜水泵型号	AV14—4（潜水无堵塞泵）					
潜水泵特性	扬程 5.8m，流量 22m³/h，功率 1.4kW					
提耙装置功率/kW	0.55（单耙）					
驱动装置功率/kW	≤2×0.37					
行驶速度/(m/min)	2～5					
钢轨型号/(kg/m)	15					
轨道预埋件断面尺寸/mm	(b_1-20)60×10（b_1:沉砂池墙体壁厚）					
轨道预埋件间距/mm	1000					

　　桥式吸砂机生产厂家：江苏一环集团有限公司、江苏天雨环保集团有限公司、江苏兆盛水工业装备有限公司、宜兴泉溪环保有限公司。

2.3.7　旋流式沉砂池工艺描述、设计要点及计算

　　（1）工艺描述　近年来，旋流式沉砂池被日益广泛使用。它是利用机械力控制流态和流速，加速无机颗粒的沉淀，而有机物则被留在水中，具有沉砂效果好、占地省等优点。

　　通常它由进水口、出水口、沉砂分选区、集砂区、砂提升管、排砂管等组成。污水由流入口沿切线方向流入沉砂区，利用电动机及传动装置带动转盘和斜坡式叶片旋转，在离心力的作用下，污水中密度较大的砂粒被甩向池壁，掉入砂斗，有机物则被留在污水中。沉砂用压缩空气经砂提升管、排砂管清洗后排除，清洗水回流至沉砂区。

　　（2）设计要点　最高时流量的停留时间不应小于 30s，设计水力表面负荷宜为 150～200m³/(m²·h)，有效水深宜为 1.0～2.0m，池径与池深比宜为 2.0～2.5。池中应设立式浆叶分离机。

2.3.8　旋流式沉砂池主要设备

2.3.8.1　XLC 型旋流沉砂器

　　（1）适用范围　XLC 型旋流沉砂器一般用于城市生活污水处理厂的初沉池前，格栅后，分离污水中的较大无机颗粒（一般直径大于 0.5mm），多采用空气提砂，若采用砂泵提砂时一般对磨损要求较高。钢制池体适用于中小型流量使用。XLC 型旋流沉砂器的典型工艺布置见图 2-2-22。

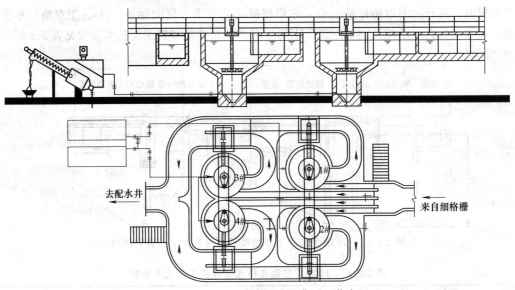

图 2-2-22 XLC 型旋流沉砂器典型工艺布置

（2）型号说明

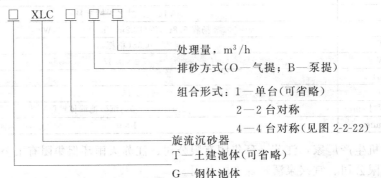

处理量，m³/h
排砂方式（O—气提；B—泵提）
组合形式：1—单台（可省略）
2—2 台对称
4—4 台对称（见图 2-2-22）
旋流沉砂器
T—土建池体（可省略）
G—钢体池体

（3）工作原理 原水从切线方向进入 XLC 型旋流沉砂器，初步形成旋流，再由叶轮形成一定的流速与流态，使黏附有机物的砂逐渐互相洗涤，且依靠重力和旋流阻力的作用沉至砂斗中心，剥离的有机物沿轴向随水流向上溢走。砂斗积聚的沉砂经空气提升泵提升，进入

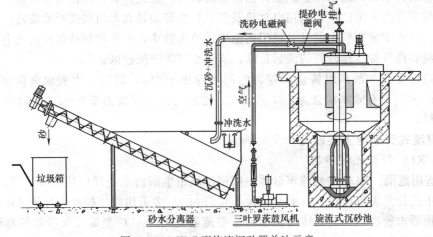

图 2-2-23 XLC 型旋流沉砂器单池示意

砂水分离器进行分离，分离后的沉砂排至垃圾箱（筒）外运，分离后的污水排放至格栅井。

（4）设备特点　包括：a. 结构紧凑，占地面积小，对周围环境影响很小；b. 沉砂效果受水量变化影响小，砂水分离效果好，分离出的砂子含水率低，便于运输；c. 系统采用 PLC 自动控制除砂，运行简单，可靠。

（5）技术参数　XLC 型旋流沉砂器主要技术参数见表 2-2-28；XLC 型旋流沉砂器单池示意见图 2-2-23，外形及排砂方式见图 2-2-24。

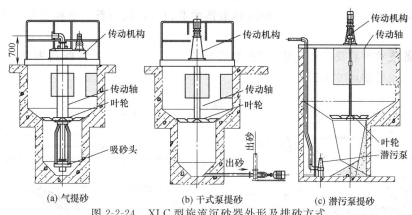

图 2-2-24　XLC 型旋流沉砂器外形及排砂方式

表 2-2-28　XLC 型旋流沉砂器主要技术参数

型号\尺寸	处理量 /(m³/h)	叶轮转速 /(r/min)	功率 /kW	砂水排量 /(m³/h)	进水流速 /(m/s)	水力停留时间 /s	泵开启数 /(次/d)	去除砂粒属性	鼓风机		
									风量 /(m³/min)	气压 /kPa	功率 /kW
XLC180	180	12～20	0.75/1.1（进口/国产）	18	0.6～1	0～60	4（每次10min）	相对密度>2.65 粒径>0.1mm	1.5	34.3	1.5
XLC360	360									34.3	2.2
XLC720	720			34					2	39.2	2.2
XLC1080	1080										
XLC1980	1980			40					2.5	44.1	3
XLC3170	3170									53.9	4
XLC4750	4750	12～20	0.75/1.5（进口/国产）	48					2.8		
XLC6300	6300									58.8	4
XLC7200	7200										
XLC9000	9000									69	7.5
XLC12600	12600			72					3	78	7.5
XLC14400	14400									88	11

生产厂家：江苏天雨环保集团有限公司、江苏一环集团有限公司、宜兴泉溪环保股份有限公司、江苏兆盛水工业装备集团有限公司、江苏神州环境工程有限公司。

2.3.8.2　SF、LSF 型螺旋式砂（粗颗粒）水分离机

（1）适用范围　SF 型属于轻型砂水分离设备，主要用于对水流沉砂器等设备排除的砂水混合物的进一步分离，以利于运输，多适用于城镇污水处理工程。

LSF 型属于重型（砂量多，密度大）砂水分离设备，主要适用于钢铁厂，化工厂等工业废水处理系统，用以连续不断地分离废水中的氧化铁皮，冲洗过程产生的砂粒、沉积物等。一般采用有轴结构，螺旋直径一般大于同处理量的 SF 型。

SF 型和 LSF 型一般都采用钢制整体式结构。

（2）型号说明

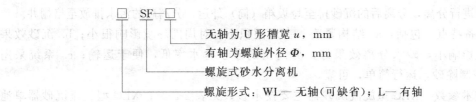

无轴为 U 形槽宽 u，mm

有轴为螺旋外径 Φ，mm

螺旋式砂水分离机

螺旋形式：WL— 无轴(可缺省)；L— 有轴

（3）设备特点　包括：a. 采用螺旋输送，无水下轴承，质量轻，维护方便；b. 结构紧凑，运行平稳，安装方便；c. U 形槽内衬柔性耐磨衬条，噪声低，更换方便；d. 整机安装简单，操作方便。

（4）设备技术参数及外形尺寸　SF 型螺旋式砂水分离机技术性能见表 2-2-29，尺寸参数见表 2-2-30；外形尺寸见图 2-2-25。

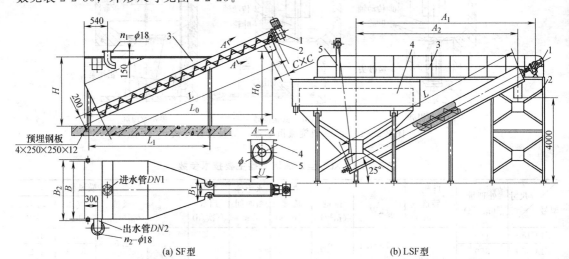

1—驱动装置；2—螺旋体；3—水箱；4—U 形槽；5—衬条　　1—输送装置；2—架体；3—走道；4—池体；5—提升装置

图 2-2-25　SF 型螺旋式砂水分离机外形尺寸

表 2-2-29　SF 型螺旋式砂水分离机技术性能

型号 尺寸	SF—260	SF—320	SF—360	SF—420	SF—460
螺旋外径/mm	220	280	320	380	420
处理量/(m³/h)	18~43	43~72	72~97	97~128	126~155
电机功率/kW	0.37		0.75	1.5	1.5
转速/(r/min)	5		4.8		5

表 2-2-30　SF 型螺旋式砂水分离机尺寸参数　　　　　　　　　单位：mm

尺寸 型号	螺旋外径	L_1	L_0	L	H	H_0	B	B_1	B_2	C	U	DN_1	n_1/n_2	DN_2
SF—260	220	2800	3840	4000	1600	1550	1200	310	1250	220	260	100	4/8	150
SF—320	280	2800	4380	4500	1700	1750	1260	370	1310	270	320	150	8/8	200
SF—360	320	3800	5760	6000	2150	2400	1420	410	1470	320	360	200	8/12	250
SF—420	380	3800	6150	6500	2150	2550	1720	470	1770	390	420	250	12/12	300
SF—460	420	3800	6250	6500	2250	2560	1970	490	2000	440	460	300	12/12	350

生产厂家：江苏天雨环保集团有限公司、江苏兆盛水工业装备集团有限公司、南京贝特环保通用设备制造有限公司、宜兴市凌泰环保设备有限公司、江苏鼎泽环境工程有限公司。

第3章 沉淀处理工艺与设备

3.1 初次沉淀池工艺与设备

沉淀处理的目的是去除易沉淀的固体和悬浮物质，从而降低悬浮固体的含量。初次沉淀池可去除 50%～70% 的悬浮物和 25%～40% 的 BOD。

初沉池按水流方式分为平流式、竖流式和辐流式。每种沉淀池均包含 5 个区，即进水区、沉淀区、缓冲区、污泥区和出水区。

3.1.1 平流式沉淀池工艺描述、设计要点及计算

3.1.1.1 工艺描述

平流式沉淀池为矩形，具有沉淀效果好、对冲击负荷和温度变化的适应能力较强、施工简易、平面布置紧凑、排泥设备已趋定型等优点。同时，也有配水不易均匀和采用多斗排泥时每个泥斗需单独设排泥管、排泥操作量大、采用机械排泥时设备复杂、对施工质量要求高等不足。平流式沉淀池适用于大、中、小型污水处理厂。

3.1.1.2 设计要点

设计时池子长度与宽度之比不应小于 4，长度与有效水深的比值不小于 8，沉淀池一般采用机械刮泥，刮泥机的行走速度为 0.6～0.9m/min。沉淀时间为 1～2h，表面水力负荷为 1.5～3.0m³/(m²·h)，并按水平流速校核。池内最大水平流速为 7mm/s；污泥区容积不宜大于 2d 的污泥量；排泥管直径不应小于 200mm；一般生活污水负荷每人每日污泥量为 10～25g，污泥含水率按 95%～97% 计；另外出水堰的最大负荷不宜大于 2.9L/(m·s)，以保证沉淀效率。

3.1.1.3 计算公式

（1）池子总表面积

$$A = \frac{3600Q}{q'} \ (\text{m}^2)$$

式中，Q 为日平均流量，m³/s；q' 为表面负荷，m³/(m²·h)。

（2）池长

$$L' = 3.6vt \ (\text{m})$$

式中，v 为水平流速，mm/s；t 为沉淀时间，h。

（3）池子总宽度

$$B = \frac{A}{L'} \ (\text{m})$$

3.1.2 平流式沉淀池主要设备

3.1.2.1 HTG 行车式抬耙刮泥机

（1）适用范围　HTG 行车式抬耙刮泥机适用于给排水工程中平流式沉淀池，将沉降在池底的污泥刮集至集泥槽，并将池面的浮渣撇向集渣槽。

（2）型号说明

（3）设备主要技术参数及结构　HTG 行车式抬耙刮泥机主要技术参数见表 2-3-1 及表 2-3-2；HTG 行车式抬耙刮泥机结构示意见图 2-3-1，安装示意见图 2-3-2。

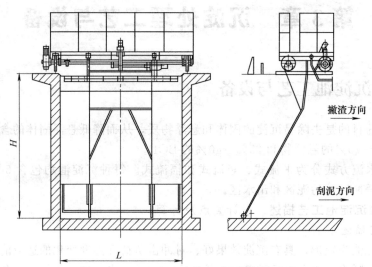

图 2-3-1　HTG 行车式抬耙刮泥机结构示意

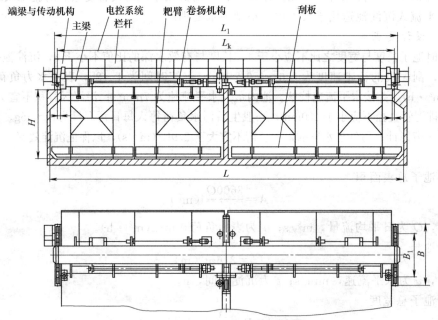

图 2-3-2　HTG 行车式抬耙刮泥机安装示意

表 2-3-1　HTG 行车式抬耙刮泥机主要技术参数 Ⅰ

尺寸　　　型号	L/m	L_k/mm	行走功率/kW	卷扬功率/kW	推荐池深/mm	基本尺寸/mm			轻轨/(kg/m)
						B	B_1	L_1	
HTG—4	4	4300	0.37	0.37				4568	
HTG—5	5	5300	0.37	0.37		2000	1400	5568	
HTG—6	6	6300	0.75	0.37	3500			6568	15
HTG—7	7	7300	0.75	0.55		2400	1800	7500	
HTG—8	8	8300	0.75	0.55				8500	

表 2-3-2　HTG 行车式抬耙刮泥机主要技术参数 Ⅱ

尺寸 型号	L/m	L_k/mm	行走功率/kW	卷扬功率/kW	行走速度/(m/min)	提升速度/(m/min)	推荐池深/mm	轻轨/(kg/m)
HTG—10	10	10.3	0.55×2	0.55	1	0.85		
HTG—12	12	12.3	0.55×2	0.75	1	0.85	3500	15
HTG—15	15	15.3	0.75×2	1.1	1	0.85		
HTG—20	20	20.3	0.75×2	1.5×2	1	0.85		

生产厂家：宜兴泉溪环保股份有限公司、江苏天雨环保集团有限公司、无锡通用机械厂有限公司、南京远蓝环境工程设备有限公司。

3.1.2.2　PJ 型撇渣（油）刮泥机

(1) 适用范围　PJ 型撇渣（油）刮泥机主要用于平流式（矩形）沉淀池，是污水处理工程中沉砂池、初沉池、二沉池及隔油池等矩形池的常用设备，该设备在池底刮集泥砂，同时又可对沉淀池水面浮油及浮渣进行撇除。

(2) 结构和工作原理　PJ 型排泥撇渣机按工艺结构及工作方式分为提板式及链条牵引式两种类型。

PJ—T 型提板式撇渣（油）刮泥机主要由驱动减速装置、撇渣机构、排泥机构、升落卷筒及电控装置等部分组成，该设备在电控装置的指令下，撇渣机构、刮泥机构随桁车架沿池面敷设的轨道直线往复运行。升落卷筒定时（定程）提升或降落刮板，使撇渣、刮泥分别单项工作，将池底泥砂和沉淀池水面油渣分别刮集于集泥槽和排渣管排除池外。

PJ—L 型链条牵引式撇渣（油）刮泥机主要由固定于池面的减速驱动装置及设置于池内带刮板的牵引链、传动链副及张紧装置、安全保护装置等组成。

减速驱动装置通过链轮副将动力传递于牵引链带动刮板沿池内上下轨道作定向回转连续运行，运行过程中刮板将池底泥砂、池面油渣不断分别刮集于集泥槽、排渣管排除池外。

(3) 型号说明

(4) 设备技术参数及外形结构及预埋件尺寸　PJ 型排泥撇渣机主要技术参数见表2-3-3；PJ 型排泥撇渣机设备外形见图 2-3-3，PJ—L 型链条牵引式撇渣（油）刮泥机结构见图 2-3-4，PJ—L 型链条牵引式撇渣（油）刮泥机预埋钢板尺寸见图 2-3-5，PJ—T 型提板式撇渣（油）刮泥机外形结构见图 2-3-6。

(a)

(b)

图 2-3-3　PJ 型排泥撇渣机设备外形

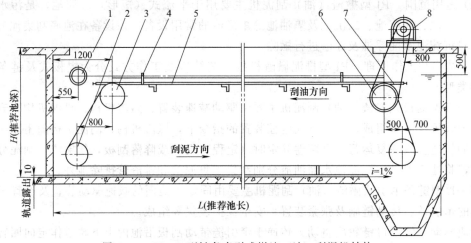

图 2-3-4　PJ—L 型链条牵引式撇渣（油）刮泥机结构

1—集油管；2,3—从动轮组；4—刮板组合；5—导轨及支架；6—主动轮组；7—链条张紧机构；8—驱动机构

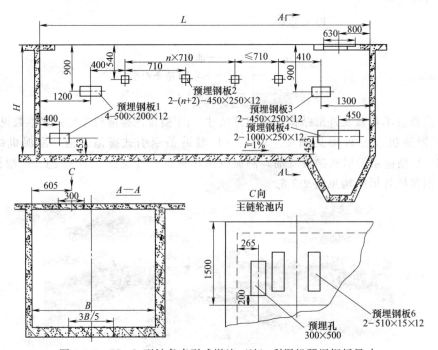

图 2-3-5　PJ—L 型链条牵引式撇渣（油）刮泥机预埋钢板尺寸

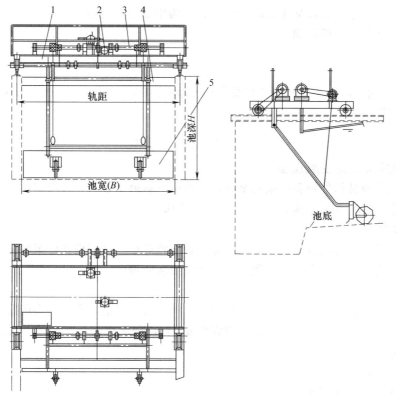

图 2-3-6　PJ—T 型提板式撇渣（油）刮泥机外形结构

1—桁车架；2—驱动减速装置；3—转动轴；4—撇渣机构；5—刮泥机构

表 2-3-3　PJ 型排泥撇渣机主要技术参数

型号	适用池子尺寸/m			电机功率/kW		行走速度 /(m/min)	卷扬提板速 率/(m/min)	链板间 距/m
	宽度	长度	深度	行走	卷扬			
PJ—T	3～10	5～50	2～5	0.37～2.0	0.75	<1	<2	
PJ—L	4～6	5～25		0.37～2.0				1～1.5

生产厂家：江苏一环集团有限公司、无锡通用机械厂有限公司。

3.1.3　竖流式沉淀池工艺描述、设计要点及计算

3.1.3.1　工艺描述

竖流式沉淀池具有排泥方便，管理简单；占地面积较小等优点。但若池子深度大，则会造成施工困难、对冲击负荷和温度变化的适应能力较差等问题，所以池径不宜过大，否则会产生布水不匀。一般适用于小型污水处理厂。

3.1.3.2　设计要点

竖流式沉淀池直径与有效水深的比值应不大于 3.0，池直径不宜大于 8m，目前最大的有达 10m，中心管内流速应不大于 30mm/s，中心管下口应设喇叭口及反射板，板底面距泥斗内泥面不小于 0.3m，运行时利用水位差进行定期排泥，排泥管下端距池底不大于 0.2m，管上端超出水面不小于 0.4m。

3.1.3.3　计算公式

（1）中心管面积

$$f=\frac{q_{\max}}{v_0}\ (\mathrm{m}^2)$$

式中，q_{max} 为每池最大设计流量，m^3/s；v_0 为中心管内流速。

（2）沉淀部分有效断面积

$$F = \frac{q_{max}}{K_z v} \ (m^2)$$

式中，K_z 为生活污水流量总变化系数；v 为污水在沉淀池中的流速，m/s。

（3）沉淀池直径

$$D = \sqrt{\frac{4(F+f)}{\pi}} \ (m)$$

3.1.4 竖流式沉淀池主要设备

竖流式沉淀池常用的设备有吸泥泵等，详见第三篇第 1 章的相关内容。

3.1.5 辐流式沉淀池工艺描述、设计要点及计算

3.1.5.1 工艺描述

辐流式沉淀池多为机械排泥，运行可靠，管理较简单；排泥设备已定型化。但机械排泥设备复杂，对施工质量要求高。适用于大、中型污水处理厂。

3.1.5.2 设计要点

辐流式沉淀池通常采用周边进水、周边出水的形式，目前也有较少采用周边进水、中心出水的形式。池子直径与有效水深的比值宜为 6～12，刮泥机的刮泥板其外缘的线速度不宜大于 3m/min。

3.1.5.3 计算公式

（1）沉淀部分水面面积

$$F = \frac{Q}{nq'} \ (m^2)$$

式中，Q 为日平均流量，m^3/s；q' 为表面负荷，$m^3/(m^2 \cdot h)$；n 为池数，个。

（2）池子直径

$$D = \sqrt{\frac{4F}{\pi}} \ (m)$$

3.1.6 辐流式沉淀池主要设备

3.1.6.1 ZG 型中心传动刮泥机

（1）适用范围 ZG 型中心传动刮泥机适用于池径较小的圆形沉淀池的排泥。

（2）型号说明

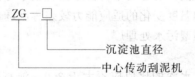

（3）工作原理 ZG 型中心传动刮泥机主要由工作桥、传动装置、稳流筒、传动轴、刮臂、刮泥板等组成。该机设有横跨池子的固定平台，工作时其整机载荷都作用在工作桥中心；污水经池中心稳流筒均匀流向四周。随着过流面积增大而流速降低，污水中的沉淀物沉淀于池底，刮泥机将沉淀的污泥刮集到中心集泥坑中，利用水压将其自污泥管中排出。该机结构简单，传动平稳，动力消耗低，刮泥效果好，是一种理想的排泥设备。

（4）设备主要技术参数、结构及安装 ZG 型中心传动刮泥机主要技术参数见表 2-3-4；结构及安装示意见图 2-3-7、图 2-3-8。

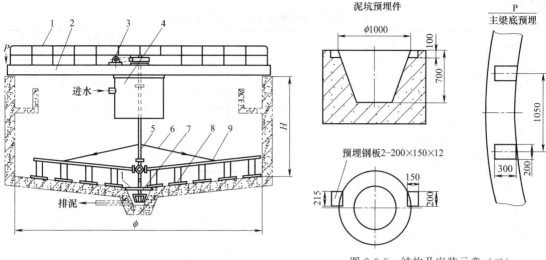

图 2-3-7 结构及安装示意 (一)

图 2-3-8 结构及安装示意 (二)

1—栏杆; 2—工作桥; 3—传动装置; 4—稳流筒; 5—传动轴;

6—拉杆; 7—小刮板; 8—刮泥板; 9—刮臂

表 2-3-4 ZG 型中心传动刮泥机主要技术参数

参数 型号	池径/m	周边线速/(m/min)		电机功率/kW	推荐池深/m
		初沉池	二沉池		
ZG—4	4			0.37	
ZG—5	5				
ZG—6	6				
ZG—7	7	2～3	1.5～2.5	0.55	3～4.4
ZG—8	8				
ZG—9	9				
ZG—10	10				
ZG—12	12				
ZG—14	14			0.75	
ZG—16	16				

生产厂家: 宜兴泉溪环保股份有限公司、江苏天雨环保集团有限公司、江苏一环集团有限公司、无锡通用机械厂有限公司、江苏兆盛水工业装备集团有限公司、江苏鼎泽环境工程有限公司、江苏神州环境工程有限公司、天津市市政污水处理设备制造公司。

3.1.6.2 BG 型周边传动刮泥机

(1) 适用范围及工作原理 BG 型周边传动刮泥机广泛应用于给水排水工程中的圆形沉淀池排泥。周边驱动装置带动工作桥沿池周边平台缓慢旋转，桥架下部设置的刮臂带动刮板将池周污泥刮向池中心集泥坑，上部浮渣通过撇渣机构刮进排渣斗排出池外。刮臂采用可自动抬起的刮板，刮泥能力强，在污泥堆积过厚或遇到池底障碍时具有自动调节功能。

(2) 型号说明

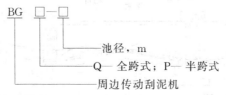

(3) 设备主要技术参数、结构及安装图 BG 型周边传动刮泥机主要技术参数见表

2-3-5；结构及安装示意见图 2-3-9。

表 2-3-5 BG 型周边传动刮泥机主要技术参数

型号 参数	池径 /m	周边线速 /(m/min)	单边功率 /kW	周边单个轮压 /kN	滚轮轮距 /m	池边深 /mm
BG—14	14			18	14.4	
BG—16	16		0.55/0.37	18	16.4	
BG—18	18			20	18.4	
BG—20	20			25	20.4	
BG—24	24		0.75/0.37	35	24.4	
BG—25	25			40	25.4	
BG—28	28	2~3		50	28.4	3000~5000
BG—30	30			60	30.4	
BG—35	35		1.1/0.75	75	35.4	
BG—40	40			80	0.4	
BG—42	42			82	42.4	
BG—45	45		1.5/0.75	86	45.4	
BG—55	55			95	55.4	

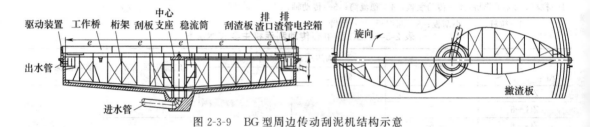

图 2-3-9 BG 型周边传动刮泥机结构示意

生产厂家：宜兴泉溪环保股份有限公司、江苏天雨环保集团有限公司、江苏一环集团有限公司、无锡通用机械厂有限公司、江苏兆盛水工业装备集团有限公司、江苏鼎泽环境工程有限公司、江苏神州环境工程有限公司、天津市市政污水处理设备制造公司。

3.1.6.3 中心传动扫角式刮泥机

（1）适用范围 中心传动扫角式刮泥机适用于方形沉淀池。在需要进行流量控制和固体

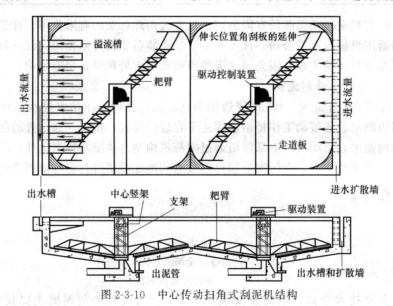

图 2-3-10 中心传动扫角式刮泥机结构

沉积物收集的情况下较为适宜。

（2）技术说明　中心进水和十字形流量可以通过选择适当的溢流槽、进水井和扫角装置来完成。通过带坡度砂浆的圆角可以最有效地处理积聚在池角的固体，其刮耙臂为可伸缩的。

（3）中心传动扫角式刮泥机结构　中心传动扫角式刮泥机结构见图 2-3-10。

生产厂家：江苏新纪元环保有限公司。

3.2　二次沉淀池工艺与设备

3.2.1　二次沉淀池工艺描述、设计要点及计算

3.2.1.1　工艺描述

二次沉淀池又称二沉池，池型与初沉池设计原理基本相似。它除了进行泥水分离外，还需进行污泥浓缩，并需暂时贮存污泥。由于二沉池需要起到污泥浓缩的作用，往往所需要的池面积大于只进行泥水分离所需要的面积。

3.2.1.2　设计要点

一般二沉池的固体表面负荷可达到 150kg/（m² · d）。斜板（管）二沉池可考虑加大到 192kg/（m² · d）。

池边水深建议值见表 2-3-6。

表 2-3-6　池边水深建议值

池径/m	池边水深/m	池径/m	池边水深/m
10～20	3.0	30～40	4.0
20～30	3.5	>40	4.0

二沉池出水堰负荷可按 1.5～2.9L/（s · m）考虑。

3.2.1.3　计算公式

污泥区按不小于 2h 贮泥量考虑。

污泥区容积

$$V = \frac{4(1+R)QR}{1+2R} \ (\mathrm{m^3})$$

式中，Q 为曝气池设计流量，$\mathrm{m^3/h}$；R 为回流比。

3.2.2　二次沉淀池主要设备

3.2.2.1　SX 型平流式沉淀池虹吸式吸泥机

（1）适用范围　SX 型平流式沉淀池虹吸式吸泥机是沉淀池常用的机械排泥装置之一，广泛适用于给排水工程。设置于地表或半地下的平流沉淀池沉积污泥的刮吸排除，尤其适用于作斜管（板）矩形沉淀池的沉淀污泥排除。

（2）型号说明

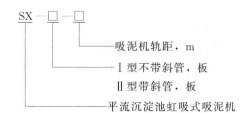

（3）特点　包括：a. 利用虹吸排泥，运行平稳，能耗省；b. 设备结构简单，并简化沉淀池结构，节省工程投资；c. 行走同时吸泥，往返工作，对污泥干扰小，排泥效果好；

d. 根据污泥沉淀情况，可调整工作行程和排泥次数，提高沉淀效果；e. 自动化程度高，操作维护管理方便，不易发生故障。

（4）技术参数及外形结构　SX—Ⅰ型平流式沉淀池虹吸式吸泥机主要技术参数见表2-3-7；外形结构见图2-3-11。

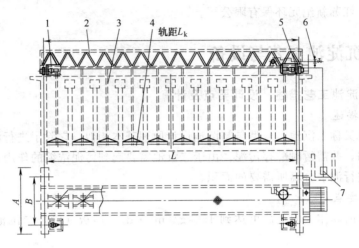

图 2-3-11　SX—Ⅰ型平流式沉淀池虹吸式外形结构

1—端梁及驱动机构；2—主梁；3—虹吸系统；4—集泥器；5—钢轨；6—抽真空系统；7—水封

表 2-3-7　SX—Ⅰ型平流式沉淀池虹吸式吸泥机主要技术参数

型号	外形尺寸/mm				行走速度/(m/min)	驱动		安装轨道/(kg/m)
	池宽	轨距 L_k	A	B		功率/kW	方式	
SX—4.0	3700	4000	2100	1500		0.55	中心驱动	15
SX—6.0	5700	6000	2100	1500				
SX—8.0	7700	8000	2500	1900				
SX—10	9700	10000	2500	2000		0.55×2		
SX—12	11700	12000	2600	2000			两	
SX—14	13700	14000	2600	2000			边	
SX—16	15700	16000	2600	2000	1.0~1.5		同 步 驱 动	22
SX—18	17700	18000	2600	2300				
SX—20	19700	20000	3000	2300				
SX—24	23700	24000	3000	2300		0.75×2		
SX—26	25700	26000	3000	2300				
SX—28	27700	28000	3200	2500				
SX—30	29700	30000	3200	2500				

生产厂家：江苏一环集团有限公司、宜兴泉溪环保股份有限公司、江苏兆盛水工业装备集团有限公司、江苏神州环境工程有限公司、江苏天雨环保集团有限公司、南京远蓝环境工程设备有限公司。

3.2.2.2　SB平流式沉淀池泵吸式吸泥机

（1）适用范围　泵吸式吸泥机是沉淀池的主要排泥设备之一，广泛适用于给排水工程，尤其适用于地面与地面相对高度较低的矩形沉淀池池底污泥的排除。

（2）型号说明

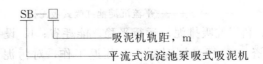

（3）特点　泵吸式吸泥机往返工作，边行走边吸泥，并可根据沉淀池池底污泥沉积情况调整排泥次数及工作行程，排泥可靠，边刮边吸，对沉积污泥干扰小，提高沉淀效果；该设备可缩减池子地面高度，简化池子结构，降低工程造价，自动化程度高，操作维护管理方便，运行安全。

（4）结构和工作原理　泵吸式吸泥机主要由行车梁、集泥装置、驱动装置及电器控制装置等部件组成。

集泥装置与吸泥装置随行车梁在驱动装置的驱动下，按池面两侧所敷设的轨道和与其组合的行程限位开关控制，作直线往复运行。集泥装置不断将池底污泥送至吸泥装置的吸口，利用泵的抽吸排出池外。

（5）设备主要技术参数及结构　SB 型平流式沉淀池泵吸式吸泥机主要技术参数见表2-3-8；外形结构见图 2-3-12。

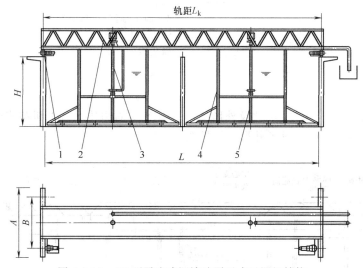

图 2-3-12　SB 型平流式沉淀池泵吸式吸泥机结构

1—端梁及驱动机构；2—主梁；3—泥浆泵；4—集泥架；5—泵吸系统

表 2-3-8　SB 型平流式沉淀池泵吸式吸泥主要技术参数

型号	外形尺寸/mm				行走速度/(m/min)	驱动		安装轨道/(kg/m)
	池宽	轨距 L_k	A	B		功率/kW	方式	
SB—3.7	3400	3700	2100	1600		0.55	中心驱动	15
SB—4.8	4500	4800	2200	1600				
SB—6.3	6000	6300	2500	2250				
SB—8.0	7700	8000	2500	2250				
SB—10	9700	10000	3000	2300		0.55×2		
SB—12	11700	12000	3000	2300			两边同步驱动	
SB—14	13700	14000	3000	2300	1.0～1.5			22
SB—16	15700	16000	3250	2600				
SB—18	17700	18000	3250	2600				
SB—20	19700	20000	3550	2900		0.75×2		
SB—24	23700	24000	3700	3100				
SB—26	25700	26000	3920	3300		1.10×2		
SB—28	28700	28000	4120	3500				

生产厂家：江苏一环集团有限公司、宜兴泉溪环保股份有限公司、江苏兆盛水工业装备集团有限公司、江苏天雨环保集团有限公司、江苏神州环境工程有限公司、南京远蓝环境工

程设备有限公司。

3.2.2.3　ZBX 型周边传动吸泥机

(1) 适用范围　ZBX 型周边传动吸泥机用于大型（一般指流量大于 500m³/h）污水处理工程的辐流式沉淀池，特别适用于二沉池池底污泥的刮集和外排。池形一般采用中心进水、周边出水、中心排泥，池底可不设坡度（平底结构），二沉池使用尤为广泛。水面浮渣、浮沫等杂物可由浮渣刮集装置刮排至池外渣坑或渣斗。

(2) 型号说明

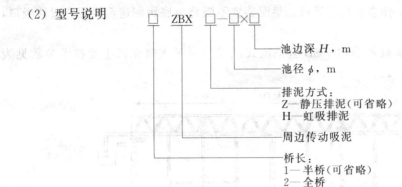

(3) 设备技术性能、设备尺寸及外形结构　ZBX 型周边传动吸泥机技术性能见表2-3-9，设备尺寸参数见表 2-3-10；设备外形结构见图 2-3-13。

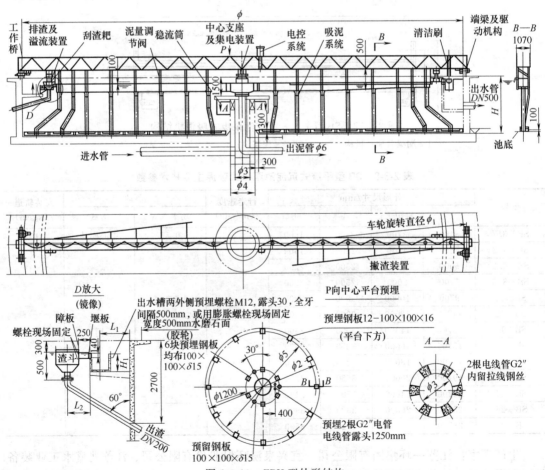

图 2-3-13　ZBX 型外形结构

表 2-3-9　ZBX 型周边传动吸泥机技术性能

型号 ＼ 参数	ZBX—20	ZBX—25	ZBX—30	ZBX—35	ZBX—40	ZBX—45	ZBX—50	ZBX—55
池径 ϕ/mm	20000	25000	30000	35000	40000	45000	50000	55000
最小沉速表面负荷/(mm/s)	0.25	0.25	0.25	0.22	0.22	0.22	0.22	0.22
滚轮中心直径 ϕ_1/m	20.4	25.4	30.4	35.4	40.4	45.4	50.4	55.4
周边单轮压/kN	22.5	25.0	26.5	28.5	30.0	32.5	39.0	42.5
周边线速/(m/min)	2～3							
单边功率/kW	0.37	0.37	0.37/0.75	0.37/0.75	0.55/0.75	0.55/1.1	0.75/1.1	0.75/1.1
推荐池深/mm	3000			3500			4000	

表 2-3-10　ZBX 型周边传动吸泥机尺寸参数　　　　单位：mm

型号 ＼ 参数	ZBX—20	ZBX—25	ZBX—30	ZBX—35	ZBX—40	ZBX—45	ZBX—50	ZBX—55
ϕ	20000	25000	30000	35000	40000	45000	50000	55000
$\phi2$	$\phi3850$	$\phi4050$	$\phi4250$	$\phi4450$	$\phi4650$	$\phi4850$	$\phi5050$	$\phi5250$
$\phi3$	$\phi600$	$\phi700$	$\phi1000$	$\phi1200$	$\phi1300$	$\phi1500$	$\phi1700$	$\phi1800$
$\phi4$	$\phi1100$	$\phi1200$	$\phi1600$	$\phi1800$	$\phi2100$	$\phi2300$	$\phi2500$	$\phi2600$
$\phi5$	$\phi3580$	$\phi3780$	$\phi3980$	$\phi4180$	$\phi4380$	$\phi4580$	$\phi4780$	$\phi4980$
$\phi6$	$\phi300$	$\phi350$	$\phi400$	$\phi450$	$\phi500$	$\phi600$	$\phi600$	$\phi700$
L_1	1500	1500	1500	2000	2500	2500	2500	2500
L_2	650	650	750	750	750	750	750	750
B	450	500	500	550	550	600	600	600
H_1	500	500	500	600	600	700	700	700

生产厂家：江苏天雨环保集团有限公司、无锡通用机械厂有限公司、宜兴泉溪环保股份有限公司、南京远蓝环境工程设备有限公司、天津市市政污水机械制造公司。

3.2.2.4　ZXX 型中心传动单（双）管式吸泥机

（1）适用范围　ZXX 型中心传动单（双）管式吸泥机作用与 ZBX 型周边传动吸泥机基本相似。工作性能优于周边传动形式，一般采用周边进水和周边出水，单管或双管吸泥至池中心，再靠池外泥阀控制排出。可带有浮渣刮集装置（包括配水槽），一般可将惰性污泥和活性污泥分层收集外排。

（2）型号说明

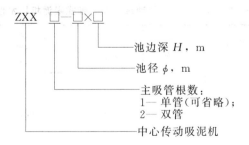

（3）设备特点　包括：a. 周边配水经过水力模型验算，布水孔按不均匀分布设计，布水合理，沉淀效率高；b. 中心支墩采用钢制结构，减少了施工难度，保证传动精度；c. 垂架吸泥管，经合理配重，运行平稳、可靠；d. 液位及流量可调节或控制；e. 新型传动装置，传递力矩大且可控并设置过载保护；f. 集泥管及刮板系列为针对性设计，刮排泥彻底。

（4）外形结构及技术性能　ZXX 型中心传动单（双）管式吸泥机的外形结构见图2-3-14，技术性能见表 2-3-11。

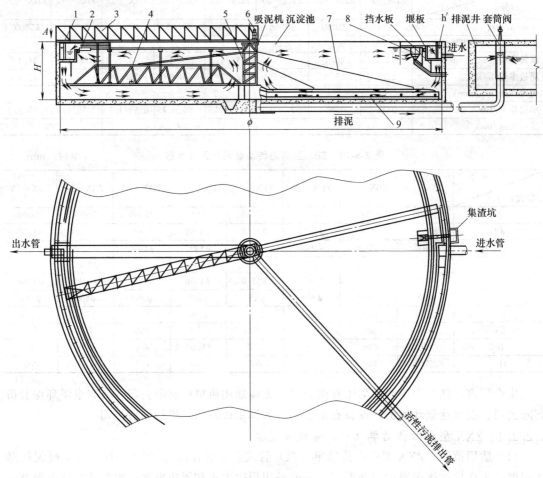

图 2-3-14　ZXX 型中心传动单（双）管式吸泥机外形结构

1—进水槽撇渣板；2—撇渣机构；3—工作桥；4—撇渣架；5—中心竖架；

6—传动机构；7—拉杆；8—排渣斗；9—吸泥管

表 2-3-11　ZXX 型中心传动单（双）管式吸泥机技术性能

参数 型号	池径 /m	周边线速 /(m/min)	电机功率 /kW	推荐池深 /m	最小沉速 (表面负荷) /(mm/s)	配水水头 h/mm	配水内差 Δh/mm
ZXX—25	25		0.37				
ZXX—36	36						
ZXX—40	40	3~4.5		3.5	0.3~0.5	约 100	≤50
ZXX—42	42		0.55				
ZXX—50	50						

注：1. 表中配水水头指配水槽平均水位与池中水位高度差。

　　2. 表中配水内差指配水槽内最高与最低水位差。

生产厂家：江苏天雨环保集团有限公司、宜兴泉溪环保股份有限公司、国美（天津）水务设备工程有限公司、广州市新之地环保产业有限公司、江苏兆盛水工业装备集团有限公司、余姚市浙东给排水机械设备厂。

3.3　高密度沉淀池工艺与设备

3.3.1　工艺描述、设计要点及计算

3.3.1.1　工艺描述

　　高密度沉淀池是混凝沉淀计算的总结与发展，该工艺将澄清技术与污泥浓缩技术结合起来，能够进一步去除二级出水中 SS、TP 以及部分 COD 等污染物。高密度沉淀池分为反应区、沉淀区、出水区三个区域（图 2-3-15）。在反应区，涡轮搅拌机以达到 10 倍进水的内循环率进行搅拌，对水中原有的悬浮固定进行剪切，重新形成大的易于沉降的絮凝体。在沉淀区，易于沉淀的高密度悬浮物快速沉降，而微小絮体被斜管捕获，最终高质量的出水通过池顶集水槽收集排出。

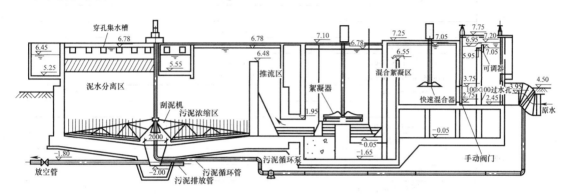

图 2-3-15　高密度沉淀池剖面图

　　污水首先进入快速混合池，与投加的混凝剂进行快速混合，混凝剂可采用铝盐或铁盐。混合之后，污水流入絮凝反应池，投加高分子絮凝剂，通常采用聚丙烯酰胺，并与沉淀池回流的污泥进行慢速搅拌，完成絮凝反应，循环固体加速絮凝过程并促进密实、均匀的絮体颗粒形成。随后水流经推流区从絮凝池进入污泥浓缩区，清水通过斜管/斜板流入池顶集水槽；大部分悬浮固体在泥水分离区直接分离，剩余的絮凝颗粒在斜板/斜管中被拦截沉淀。底部设带栅条浓缩刮泥机，浓缩后污泥一部分回流到快速混合池出水端，其余污泥排放。

　　为了控制斜板/斜管上生物附着而产生的堵塞，可考虑设置冲洗系统进行周期性冲刷或人工定期冲洗。

　　与传统沉淀池相比，高密度沉淀池有以下特点。

　　① 设有污泥回流，回流量占处理水量的 2%～10%，具有接触絮凝作用。

　　② 在絮凝区和回流污泥中使用助凝剂及有机高分子絮凝剂作为促凝药剂，提高整体凝聚效果，加快泥水分离。

　　③ 沉淀区设置斜管，提高表面水力负荷，可进一步分离出水中细小杂质颗粒。

　　④ 可以通过监控关键部位的工况，实现整个系统的自动化调控。如通过调整絮凝搅拌机速度、投加药量、回流污泥量以及弃置污泥量等手段实现不同工况下的最佳效果。

　　⑤ 快速混合池与絮凝池均采用机械方式搅拌，便于对应不同运行工况下调控。

　　⑥ 池内设置栅条式浓缩刮泥机，可有效提高排泥浓度，沉淀-浓缩在一池内完成，排泥活性好、浓度高，可直接进入污水脱水设备。

3.3.1.2　设计要点

高密度沉淀池设计参数见表 2-3-12。

表 2-3-12　高密度沉淀池设计参数

参数		典型值	范围
快速混合池	快速混合池搅拌机		
	水力停留时间/min	2.0～3.5	1.5～5
	单位消耗功率/(W/m³)	120～170	100～300
	速度梯度 G/(L/s)		300～500
絮凝池	絮凝池搅拌机		
	水力停留时间/min	7～10	6～12
	单位消耗功率/(W/m³)	30～55	25～70
	速度梯度 G/(L/s)		75～250
	涡轮提升量/原污水比值	8～12	7～15
	导流筒		
	筒内流速/(m/s)	0.4～1.2	
	筒外流速/(m/s)	0.1～0.3	
	出水区(上升区)流速/(m/s)	0.01～0.1	
	出水区水力停留时间/min	2.0～4.0	1.5～5.0
	污泥回流量/%	2～5	2～10 原污水流量
沉淀浓缩池	斜管表面负荷/[m³/(m²·h)]		12～25
	斜管直径/mm	60～80	50～100
	斜管倾角/(°)	60	
	斜管斜长/mm		600～1500
	清水区高度/m		0.5～1.0
	污泥浓缩时间/h		5～10
	储泥区高/m		0.65～1.05

3.3.2　主要设备

3.3.2.1　HHJ 型混合池搅拌机

(1) 型号说明

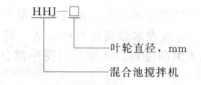

(2) 特点

① 能在混合池内产生均匀的由下而上的流体形态。

② 采用立式机械搅拌器,户外型电动机,齿轮减速装置,高效变迎角轴流型桨叶。叶轮在混合池中位置可避开进出口水流的冲击,行成水体良好的上下环流,在设计的停留时间内水流循环次数不少于 1.5 次,以达到快速均匀混合的功能。

③ 叶轮采用悬吊式设计,所有池内部件如叶轮、轴等都均在有水运行条件下,从安装孔顶部装入、拆出和调整。整机可分段安装和拆卸,电机及减速装置为一体组装。

④ 设备能在原水游离氯 3mg/L 的流体环境下满负荷连续运行,在额定负荷条件下运行的无故障运行大于 2 万小时,使用寿命大于 10 年。

(3) 结构和工作原理　搅拌机主要由电机、减速机、桨叶、轴、机架、支架等组成。电机直接驱动轴、桨叶,达到均匀搅拌作用。

(4) 设备主要技术参数　如表 2-3-13 所列。

表 2-3-13　搅拌机主要技术参数

型号	转速 (r/min)	电机功率 /kW	B/mm	D/mm	H_1/m	适用容积 /m³
HHJ—800	83	3.0	150	900	3.1	1.5×1.5×3.8
HHJ—1100	69	5.5	180	1100	3.2	2.0×2.0×3.9
HHJ—1500	50	7.5	210	1500	3.3	2.5×2.5×4.1

3.3.2.2　FYJ 型反应池搅拌机

（1）型号说明

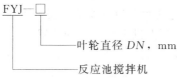

叶轮直径 DN，mm

反应池搅拌机

（2）特点

① 能在絮凝池内促进形成良好的絮状体并不会破坏原有的矾花。

② 叶轮采用悬吊式设计，所有池内部件如叶轮、轴等均在有水运行条件下，从安装孔顶部装入、拆出和调整。整机可分段安装和拆卸，电机及减速装置为一体组装。

③ 设备能在原水游离氯 3mg/L 的流体环境下满负荷连续运行，在额定负荷条件下运行的无故障工作时间大于 2 万小时，使用寿命大于 10 年。

（3）结构与工作原理　搅拌机主要由电机、减速机、桨叶、轴、机架、支架等组成（见图 2-3-16）。搅拌机由电机驱动，使胶体颗粒絮凝形成大颗粒的矾花以利于沉淀。

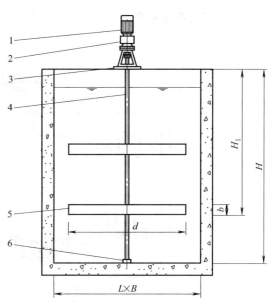

图 2-3-16　FYJ 型反应池搅拌机结构
1—电机；2—减速器；3—支座；4—搅拌轴；
5—桨板；6—水下支座

（4）设备主要技术参数及结构　FYJ 型反应池搅拌机主要技术参数见表 2-3-14。

表 2-3-14　搅拌机主要技术参数

型号	桨叶直径 D /mm	转速 /(r/min)	功率 /kW	反应池尺寸		
				L/m	B/m	H/m
FYJ—2000	2000	7.0	0.75	2.5	2.5	4.5
		4.8	0.55			
		2.6	0.37			
FYJ—2900	2900	6.0	2.20	3.5	3.5	4.7
		4.0	1.10			
		2.3	0.75			
FYJ—3400	3400	5.6	3.00	4.0	4.0	5.0
		3.3	1.50			
		2.1	0.75			

3.3.2.3　NG 型中心传动污泥浓缩刮泥机

（1）型号说明

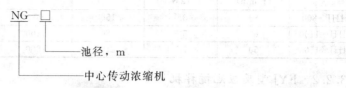

（2）特点　a. 结构简单、质量轻；b. 维护简单方便，运行费用低；c. 传动力矩大，效率高，设有扭矩保护装置；d. 电气元件为户外型，安全可靠，可随机控制或远程控制。

（3）结构和工作原理　浓缩刮泥机主要由驱动装置、搅拌轴、拉杆、栅条、转臂、转臂固定架、泥斗刮板、喇叭罩电机等组成（见图 2-3-17）。浓缩刮泥机由中心传动装置驱动传动轴、刮臂等旋转，刮臂上的刮板将污泥由池边逐渐刮至池中的泥坑中，通过排泥管排出池外，刮臂上固定有浓缩栅条，旋转时提供絮状污泥的沉淀空间，加速污泥的下降，提高浓缩效果。

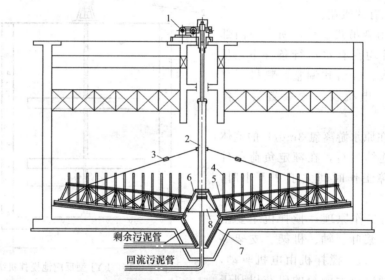

图 2-3-17　NG 型中心传动污泥浓缩刮泥机结构

1—驱动装置；2—搅拌轴；3—拉杆；4—栅条；
5—转臂；6—转臂固定架；7—泥斗刮板；8—喇叭罩

第4章 生物处理工艺与设备

4.1 活性污泥法工艺与设备

活性污泥法是用于城市污水和工业废水生物处理的常规方法。它是一种好氧悬浮生长系统，微生物悬浮生长在许多不同形式的生物反应池中以去除水中有机物质。

4.1.1 传统法工艺描述、设计要点及计算

4.1.1.1 工艺描述

活性污泥法通常由曝气池、沉淀池、污泥回流和剩余污泥排出系统组成。污水和回流的活性污泥一起进入曝气池形成混合液。曝气池是一个生物反应池，通过曝气设备充入空气，空气中的氧溶入污水使活性污泥混合液产生好氧代谢反应。曝气设备不仅传递氧气进入混合液，同时使混合液得到足够的搅拌而呈悬浮状态。这样，污水中的有机物、氧气同微生物能充分接触和反应。随后混合液流入沉淀池，混合液中的悬浮固体在沉淀池中沉下来，与水分离，使沉淀池出水澄清净化达到生物处理的水质要求。沉淀池中的污泥大部分回流到生物池，称为回流污泥。回流污泥的目的是使曝气池内保持一定的悬浮固体浓度，即保持一定的微生物浓度。曝气池中的生化反应引起微生物的增殖，增殖的微生物通常从沉淀池中排除，以维持活性污泥系统的稳定运行。这部分污泥称为剩余污泥。剩余污泥中含有大量的微生物，排放之前应进行合理的处理，并最终妥善处置。

传统法的曝气池有以下几种工艺形式。

（1）传统推流式 污水及回流污泥从池前端流入，呈推流式至池末端流出，进口处有机物浓度高并沿池长逐渐降低，需氧量也是沿池长降低的。活性污泥经历了一个生长周期，处理效果较好。

该工艺成熟，与完全混合工艺相比，能更有效地去除氨氮。

（2）完全混合式 污水和回流污泥同时进入曝气池后与池中原有的混合液充分混合、循环流动，进行吸附和代谢活动，直到进入二沉池。

由于进入曝气池的污水得到很好的稀释，使波动的进水水质得到均化，因此进水水质的变化对活性污泥影响将降低到很小的程度，从而能较好地承受冲击负荷。在处理高浓度有机污水时不需要稀释，仅需随浓度的高低程度在一定污泥负荷率范围内适当延长曝气时间即可。该池内各点水质均匀一致，F/M 值、微生物群数量和性质基本一致，因此节省动力费用。其缺点是连续进水，出水可能造成短路，易引起污泥膨胀。

（3）多点进水式 该进水形式特点是污水沿池长多点进水，有机负荷分布均匀，使供氧量均匀，克服了推流式供氧的弊病。沿池长 F/M 分布均匀，充分发挥了其降解有机物的能力。该法可提高空气利用率，提高生物池的工作能力，水质适用范围广，并能减轻二沉池的负荷。该工艺缺点是进水若得不到充分混合会使处理效果的减弱。

（4）吸附再生式 又称生物吸附法或接触稳定法。污水与回流污泥在吸附池内混合接触15～60min，使污泥吸附大部分呈悬浮、胶体状的有机物和一部分溶解性有机物，然后混合液流入二沉池。

由二沉池分离出来的污泥进入再生池，活性污泥在这里将所吸附的有机物进行代谢，使有机物降解，微生物增殖，污泥的活性吸附功能得到充分恢复，然后再与污水一同进入吸附池。

该工艺的特点是污水和活性污泥在吸附池的接触时间较短，吸附池的容积较小。该工艺能承受一定的冲击负荷，当吸附池活性污泥遭到破坏时，可由再生池的污泥予以补救。

（5）延时曝气法　类似于传统推流式，在微生物生长曲线的内源呼吸期运行，需要较低的有机负荷及较长的曝气时间。适用于小型污水厂，但预处理阶段一般不设置初沉池。

该工艺的特点是出水水质好、设计和运行相对简单、能处理高峰/有毒负荷、污泥能很好地被稳定。

4.1.1.2　设计要点

生物反应池的始端可设缺氧区（池）选择器，缺氧区（池）水力停留时间可采用 0.5～1.0h。

阶段曝气生物反应池一般宜采取在生物反应池始端 1/2～3/4 的总长度内设置多个进水口配水的措施。

生物反应池的超高：当采用鼓风曝气时为 0.5～1.0m；当采用机械曝气设备时，其设备平台宜高出设计水面 0.8～1.2m。

廊道式生物反应池的池宽与有效水深比宜采用（1∶1）～（2∶1）。有效水深应结合流程设计、地质条件、供氧设施类型和选用风机压力等因素确定，一般可采用 4.0～6.0m，在条件许可时水深尚可加大。

生物反应池中的好氧区（池），采用鼓风曝气器时，每立方米污水的供气量不应小于 $3m^3$。当采用机械曝气器时，混合全池污水体积所需功率一般不宜小于 $25W/m^3$。传统活性污泥法去除碳源污染物的主要设计参数见表 2-4-1。

表 2-4-1　传统活性污泥法去除碳源污染物的主要设计参数

类　别	L_s/[kg/(kg·d)]	X/(g/L)	L_v/[kg/(m³·d)]	污泥回流比/%	总处理效率/%
普通曝气	0.2～0.4	1.5～2.5	0.4～0.9	25～75	90～95
阶段曝气	0.2～0.4	1.5～3.0	0.4～1.2	25～75	85～95
吸附再生曝气	0.2～0.4	2.5～6.0	0.9～1.8	50～100	80～90
完全混合曝气	0.25～0.5	2～4	0.5～1.8	100～400	80～90

注：L_s 为 BOD_5 污泥负荷；X 为混合液悬浮固体平均浓度；L_v 为 BOD_5 容积负荷。

4.1.1.3　计算公式

（1）按污泥负荷计算

$$V = \frac{24Q(S_0 - S_e)}{1000 L_s X}$$

（2）按污泥泥龄计算

$$V = \frac{24QY\theta_c(S_0 - S_e)}{1000 X_v(1 + K_d\theta_c)}$$

式中，V 为生物反应池容积，m^3；S_0 为生物反应池进水 BOD_5，mg/L；S_e 为生物反应池出水 BOD_5，mg/L（当去除率大于 90% 时不计入）；Q 为进水设计流量，m^3/h；L_s 为 BOD_5 污泥负荷（按每千克 MLSS 计），kg/(kg·d)；X 为混合液悬浮物浓度（按 MLSS 计），g/L；Y 为污泥产率系数（按每千克 BOD_5 含 VSS 的质量计），kg/kg，宜根据实验资料确定，无实验资料时一般取 0.4～0.8kg/kg；X_v 为混合液挥发性悬浮物浓度 g/L；θ_c 为污泥泥龄，亦称污泥停留时间，d，0.2～15d；K_d 为衰减系数，d^{-1}，20℃时为 0.04～0.075d^{-1}。

（3）水力停留时间（HRT）

$$t_m = \frac{V}{Q}$$

$$t_s = \frac{V}{(1+R)Q}$$

式中，t_m 为名义水力停留时间，d；t_s 为实际水力停留时间，d；R 为污泥回流比。

（4）泥龄

$$\theta_c = \frac{1}{YF_w - K_d} = \frac{1}{y}$$

式中，θ_c 为泥龄，亦称污泥停留时间，即 SRT，d；Y 为污泥产泥系数（按每千克 BOD_5 产 VSS 计），$kg/(kg \cdot d)$，20℃ 时为 0.4～0.8kg/(kg · d)；K_d 为衰减系数（按 VSS 计），$kg/(kg \cdot d)$ 或 d^{-1}，20℃ 时为 $0.04～0.075d^{-1}$；y 为每千克活性污泥日产泥量，$kg/(kg \cdot d)$ 或 d^{-1}。

（5）剩余污泥排放量

当剩余污泥由曝气池排出时：

$$q = \frac{V}{\theta_c}$$

当剩余污泥由二沉池排出时：

$$q = \frac{VR}{(1+R)\theta_c}$$

式中，q 为剩余污泥排放流量，m^3/d；R 为污泥回流比。

曝气池需氧量：

$$O = aQL_r + bVN_{WV}$$

式中，O 为系统中混合液每日需氧量，kg/d；a 为氧化每千克 BOD_5 需氧千克数，kg/kg，一般为 0.42～0.53kg/kg；b 为污泥自身氧化需氧率（按每千克 MLVSS 计），$kg/(kg \cdot d)$ 或 d^{-1}，一般 $0.19～0.11d^{-1}$。

4.1.2　传统法主要设备

4.1.2.1　鼓风机

鼓风机一般分为罗茨鼓风机、离心鼓风机、磁悬浮鼓风机、空气悬浮鼓风机，主要用于生化处理时曝气池的充氧及搅拌。详见第三篇第 3 章的相关内容。

4.1.2.2　盘式曝气器

盘式曝气器曝气面积大、氧转移效率及动力效率高、使用寿命长。安装在生化池池底用作生物处理水体的充氧和混合均质。

（1）刚玉盘式曝气器

1）适用范围。适用于污水生物处理、水源水预处理，河道水质保护及其他水体充氧、混合和搅拌。

2）设备特点。刚玉盘式曝气器具有高效、阻力小、充气量大、搅动性强、运行可靠、耐老化、防腐蚀、寿命长等特点。

3）外形及性能参数。刚玉盘式曝气器外形见图 2-4-1，其技术参数见表 2-4-2。

表 2-4-2　刚玉盘式曝气器技术参数

项　目	技　术　参　数		项　目	技　术　参　数	
直径/mm	230	260	气孔率/%	60	60
氧吸收率（6m 水深）/%	38	39	曝气量/(m³/h)	3	3.5
服务面积/(m²/个)	≤0.6	≤0.8	耐压强度/kN	8	8
阻力损失/Pa	≤2500	≤2500	动力功率（按 O_2 计）/[kg/(kW·h)]	7.95	7.9

生产厂家：宜兴市凌泰环保设备有限公司、江苏菲力环保工程有限公司、江苏兆盛水工业装备集团有限公司、江苏神州环境工程有限公司、宜兴诺庞环保有限公司、宜兴市诗画环保有限公司。

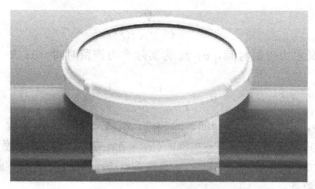

图 2-4-1　刚玉盘式曝气器

（2）橡胶膜微孔盘式曝气器

1）适用范围。橡胶膜微孔盘式曝气器适用于污水生物处理，水源水预处理，河道水质保护及其他水体充氧、混合和搅拌。压缩空气通过具有弹性的橡胶膜时，其上孔缝张开；当停止供气时弹性恢复，其上孔缝闭合。微孔橡胶膜外观应光洁、平整、无杂质、气泡和裂纹。

2）性能规格及外形尺寸。橡胶膜微孔盘式曝气器的规格与性能见表 2-4-3，其外形尺寸见图 2-4-2。

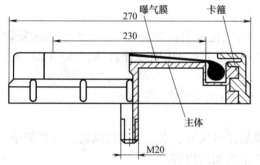

图 2-4-2　橡胶膜微孔盘式曝气器外形尺寸

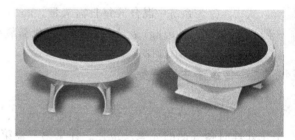

图 2-4-3　微孔陶瓷曝气器

表 2-4-3　橡胶膜微孔盘式曝气器的规格与性能

项　目	技术参数		
橡胶盘外径/mm	230	260	300
膜片厚度/mm	1.8	2	2
通气量/(m³/h)	0～3	1～4	1～6
阻力损失[通气量 1(标)m³/h,水深 6m]/mm	≤250	≤230	≤230
曝气器布置密度/(m²/个)	0.5	0.7	0.9
气泡直径/mm	1～2(微孔);2～3(细孔)		
氧利用率(清水)/%	38(微孔)～32(细孔)		
橡胶膜材料	EPDM	硅橡胶	氨基甲酸酯
橡胶膜密度/(g/cm³)	1.1	1.2	1.1
橡胶膜长期工作温度/℃	−5～100		
橡胶膜扯断伸长率/%	≥500	≥500	≥420

生产厂家：宜兴市凌泰环保设备有限公司、宜兴诺庞环保有限公司、江苏菲力环保工程有限公司、宜兴泉溪环保有限公司。

（3）微孔陶瓷曝气器

1）特点。微孔陶瓷曝气器结构合理，机械强度高，通气量大，布气均匀，搅动性强，安装方便，曝气盘面积大，充氧能力强，服务面积大。ϕ178mm 陶瓷微孔曝气器具有高效低耗运行可靠、不易堵塞、充气量大、搅动性强、阻力小、抗老化、防腐蚀、寿命长的特点。其外形见图 2-4-3。

2）主要技术参数。包括：曝气器直径 178mm；微孔孔径 200μm；气孔率 36%～42%；耐压强度 8kN；曝气量 3m³/(h·个)；服务面积 0.3～0.75m²/个。

生产厂家：宜兴永城环保设备有限公司、宜兴诺庞环保有限公司。

（4）JD 型动力扩散旋混曝气器

1）适用范围。JD 型动力扩散旋混曝气器适用于城市生活和工业废水的活性污泥法和接触氧化法的曝气充氧。

2）型号说明

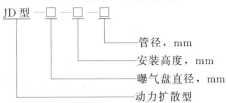

3）设备特点。动力扩散旋混曝气器由多功能动态旋混芯、分流圈、夹层扩散齿罩、倒齿扩散罩等主要部件组成。通过旋流、阻挡、碰撞等作用，使具有相当大上浮动力的气泡得到了充分破碎。动力扩散旋混曝气器采用大孔排气方式经动力扩散作用形成细泡，使其具有排气阻力损耗小、不易堵塞、系统止回、效率高等特点。

4）设备规格及性能。JD 型动力扩散旋混曝气器产品结构见图 2-4-4，规格及主要技术参数见表 2-4-4。

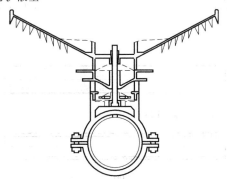

图 2-4-4 JD 型动力扩散旋混曝气器结构

表 2-4-4 JD 型动力扩散旋混曝气器规格及主要技术参数

JD 型/mm	280×230	服务面积/(m²/只)	约 0.5
连接管径/mm	φ90、φ75、φ63	曝气量/(m³/h)	2～3
氧利用率/%	21	动力效率(按 O₂ 质量计)/[kg/(kW·h)]	4.80
阻力损失/Pa	<80		

生产厂家：玉环县捷泰环保设备有限公司、宜兴市海兴环保填料有限公司、玉环县中兴水处理设备有限公司限公司。

4.1.2.3 管式曝气器

（1）橡胶膜管式曝气器

1）适用范围。橡胶膜微孔曝气管采用进口三元乙丙胶制成，空气管道为 ABS 工程塑料，外加抱箍、调节底座等。橡胶膜片扩散出来的气泡直径小，气液界面面积大，开有大量的自闭孔眼，随着充氧和停止运行，孔眼能自动张开和闭合，因此不产生孔眼堵塞，沾污等弊病。广泛应用于城市生活污水、各种工业废水、饮用水源微污染处理工艺中的充氧曝气。

2）性能特点。a.耐酸、碱、苯、酚、油等介质；b.氧利用率、动力效率高、服务面积大、能耗低；c.气泡细小、均匀，有较好的流速、状态；d.采用环路布置、安装方便、布气均匀、水阻小；e.橡胶膜中添加加强切纱，不易破裂，使用寿命长；f.无需空气净化，不需反冲洗，管理方便；g.造价仅为盘式橡胶膜曝气器的 60%；h.原使用风机鼓风曝气的各种曝气装置，在原风机、进气管道不变的条件下可直接改造为管式曝气器。

3) 结构。橡胶膜微孔曝气管采用三元乙丙胶为主要原料制作的管式微孔橡胶膜，微孔橡胶膜外观应光洁，平整，无杂质、气泡和裂纹。结构及安装布置见图 2-4-5。

4) 性能。管式橡胶膜微孔曝气器的充氧性能指标见表 2-4-5。

表 2-4-5　管式橡胶膜微孔曝气器的充氧性能指标

曝气器规格	YHW—65/90—500	YHW—65/90—750	YHW—65/90—1000
膜片材质	采用进口三元乙丙胶或硅橡胶		
橡胶膜直径/mm	65/90		
膜片厚度/mm	1.8～2.0		
适应水深/m	≤10	≤10	≤10
标准气量/(m³/h)	4.0	5.0	6.0
气泡直径/mm	1～2	1～2	1～2
服务面积/(m²/只)	0.5	0.8	1.2
氧的利用率/%	38.12	32.38	28.19
通气阻力/Pa	3788	3842	4168

生产厂家：江苏神州环境工程有限公司、江苏菲力环保工程有限公司、江苏兆盛水工业装备集团有限公司、宜兴诺庞环保有限公司。

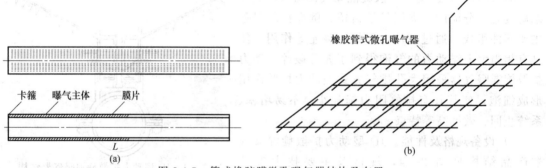

图 2-4-5　管式橡胶膜微孔曝气器结构及布置

（2）刚玉管式微孔曝气器

1) 曝气器结构。YSZ 型刚玉微孔管式曝气器是由微孔陶瓷管制成的一端封闭的中空管状，另一端开口由端封的连接管封闭，组成曝气单元。

2) 曝气器特点。YSZ 型刚玉微孔管式曝气器扩散管有许多空隙，气体在压力作用下通过空隙产生 3mm 以下的小气泡，沿管柱整个外表面向污水水体扩散，因此曝气面积大，充氧能力强。并且可以底面曝气，可以达到消除底部污泥沉淀，充分利用活性污泥中的微生物。

3) 曝气器性能参数及外形。YSZ 型刚玉微孔管式曝气器外形见图 2-4-6，规格及性能参数见表 2-4-6。

表 2-4-6　刚玉微孔管式曝气器规格及主要技术参数

规格 直径×管长/mm	气量 /(m³/h)	阻力损失 /Pa	充氧能力（按 O₂ 质量计） /(kg/h)	氧利用率 /%	理论动力效率（按 O₂ 质量计） /[kg/(kW·h)]
55×750	3	1904	0.38	45.60	7.32
	4	2312	0.42	37.59	6.00
	5	2856	0.53	38.00	6.00
70×750	4	2312	0.44	39.38	6.28
	5	2856	0.56	40.32	6.33
	6	3264	0.67	39.76	6.26

续表

规格 直径×管长/mm	气量 /(m³/h)	阻力损失 /Pa	充氧能力(按 O₂ 质量计) /(kg/h)	氧利用率 /%	理论动力效率(按 O₂ 质量计) /[kg/(kW·h)]
70×1000	4	2450	0.476	42.53	6.78
	7	3027	0.60	43.54	6.83
	10	3459	0.72	42.94	6.76
100×750	4	2496	0.49	43.32	6.91
	7	3084	0.62	44.35	6.96
	10	3525	0.74	43.74	6.89
100×1000	5	3005	0.62	51.19	7.85
	10	3825	0.84	46.36	7.91
	15	4569	0.94	43.73	7.82

生产厂家：宜兴市诗画环保有限公司，江苏神州环境工程有限公司。

4.1.2.4　BG—Ⅱ型球形刚玉微孔曝气器

（1）适用范围　BG—Ⅱ型球形刚玉微孔曝气器单位面积充氧效率高，适用于城市污水处理的生化曝气。

（2）主要特点　BG—Ⅱ型球形刚玉微孔曝气器的主要特点如下。

1）结构简单、组装方便。整个曝气器仅由曝气头、通气螺杆、螺帽三部分组成。

2）材质强度高、化学性能好。曝气头为全刚玉材质，永不锈蚀；通气螺杆、螺帽为 ABS 工程塑料，密封件为丁腈橡胶。

图 2-4-6　刚玉管式微孔曝气器

3）形状独特。球形曝气器球形形状强度好，可减小曝气器厚度，并可减小阻力；球形形状还可以减少由于停气而产生的污泥沉积，沉淀下来的污泥可以自曝气头上自动脱落，有利于重新启动投入运行。

图 2-4-7　BG—Ⅱ型球形刚玉微孔曝气器

（3）主要技术参数　包括：a. 曝气器尺寸 ϕ178mm；b. 氧利用率 21%～34%；c. 曝气器阻力损失≤3000Pa；d. 通气量 2～3m³/(h·个)；e. 充氧能力（按 O₂ 质量计）>0.22～0.27kg/(m³·h)；f. 服务面积 0.3～0.5m²/个；g. 充氧动力效率（按 O₂ 质量计）4.5～7.5kg/(kW·h)。

（4）设备外形图　BG—Ⅱ型球形刚玉微孔曝气器外形见图 2-4-7。

生产厂家：宜兴市诗画环保有限公司、天津国水设备工程有限公司。

4.1.2.5　其他形式曝气器

（1）GB—Ⅲ可提升管式微孔曝气器

1）适用范围。GB—Ⅲ可提升式微孔曝气器操作简单，维护便捷，适用于新建污水处理厂和现有污水处理厂的改造，是一种高效率的曝气装置。

2）型号说明

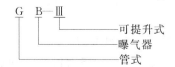

3）设备特点。GB—Ⅲ可提升式微孔曝气器具有如下优点：安装简单，使用寿命长；维修方便，维修成本低；容易拆卸和改装，在同一污水处理厂，对于不同的曝气要求可较为方便地对曝气管结构和部件膜进行更换和改进；在对老的污水处理厂的固定式曝气系统进行改造时，可以保留主要通风管路。

4）设备安装示意图。GB—Ⅲ可提升式微孔曝气器安装示意见图 2-4-8。

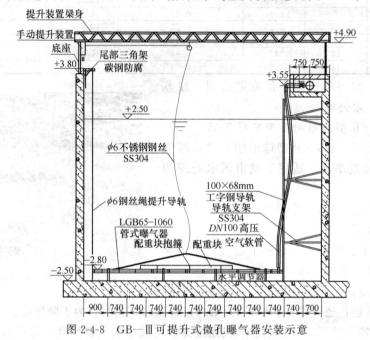

图 2-4-8　GB—Ⅲ可提升式微孔曝气器安装示意

生产厂家：宜兴市凌泰环保设备有限公司、宜兴市鹏鹚环保有限公司、宜兴市诗画环保有限公司。

（2）LGB—Ⅱ悬挂链式曝气系统

1）设备简介。悬挂链式曝气系统用于生化法污水处理工艺的好氧段，该设备与其他曝气器的区别在于：供气管道漂浮于水面，曝气器依靠布气软管悬浮于水中，不与池底接触，可自由移动，在水下没有固定部件，维修时乘小船将其捞出水面即可进行维修和更换。该技术已广泛应用于美国、德国、芬兰、意大利、希腊等国家。

2）型号说明

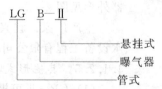

3）结构形式说明。悬挂链式曝气装置由漂浮在水面上的供气管道、悬浮于水中的管式曝气单元组及连接单元组和供气管道的布气软管组成。悬挂链式曝气单元组的结构形式也多种多样，"非"字形、"口"字形、"十"字形。

4）技术参数。悬挂链式曝气装置在 6m 清水水深、气温 23～24℃、水温 23.7℃、气压 0.06MPa 状态下：曝气管总长度 1060mm；曝气管有效曝气长度 1000mm；曝气管的通气量（单根）5～8m³/h；曝气管的通气量（单组 8 根）40～64m³/h；氧利用率≥32%；理论动力效率（按 O₂ 质量计）≥6.8kg/(kW·h)；阻力损失≥3000Pa。

5）性能参数。悬挂链式曝气装置性能参数见表 2-4-7。

表 2-4-7　悬挂链式曝气装置性能参数

序号	型号	通气量(1组)/(m³/h)	淹没深度/m	服务面积/m²
1	LGB65—1000×8	54.4	3～6	5～10
2	LGB93—2000×2	44	3～6	5～8
3	LGB100—2000×2	55	3～6	5～10

生产厂家：宜兴市凌泰环保设备有限公司。

（3）BPE.G 高分子管式盘式一体曝气器

1）适用范围。BPE.G 高分子管式盘式一体曝气器适用于城市污水处理厂的生化曝气。

2）型号说明

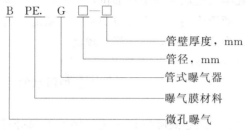

3）设备特点。BPE.G 高分子管式盘式一体曝气器曝气阻力≤250mm 水柱；孔隙率≥80％，空隙均匀，比橡胶膜可节能 15％。氧利用率≥41％；动力效率（按 O_2 质量计）≥9kg/(kW·h)（6m 水深）；曝气孔径稳定，不随压力而变化；曝气单元下半部分有自动排除冷凝水功能，使管线的有效通气量得到保障，并防止开启风机时产生水锤。

4）设备技术参数及外形图。BPE.G 高分子管式盘式一体曝气器的技术参数见表 2-4-8；外形及结构见图 2-4-9、图 2-4-10。

表 2-4-8　BPE.G 高分子管式盘式一体曝气器技术参数

项　　目	技　术　参　数	
型号	BPE.G100—10	BPE.G120—12
管径×长度/(mm×mm)	100×1070	120×1070
管壁厚度/mm	10	12
单管通气量/[m³/(m·h)]	5～25	10～40
设计通气量(推荐)/[m³/(m·h)]	8～15	10～20
气泡直径/mm	1.8～3.5	1.8～4.0
氧转移效率/%	40	45
长期工作温度/℃	－50～＋100	
阻力损失/Pa	1300～3000	
动力效率(按 O_2 质量计)/[kg/(kW·h)]	8.0～10	
测试条件	气量 12(标)m³/(m·h)，水深 6m	气量 15(标)m³/(m·h)，水深 6m

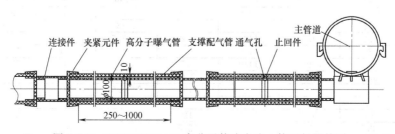

图 2-4-9　BPE.G100×10 高分子管式盘式一体曝气器外形

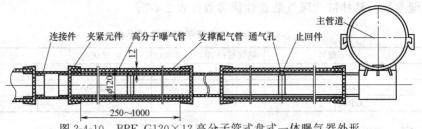

图 2-4-10　BPE. G120×12 高分子管式盘式一体曝气器外形

生产厂家：宜兴市凌泰环保设备有限公司。

4.1.2.6　水下曝气机械设备

水下曝气器装置安装在曝气池底部的中央部位，运行时自动吸入空气或由鼓风机送入空气，在叶轮的剪切及强烈的紊流作用下，空气被切割成细微的气泡，并向水中分布。由于紊流强烈，气液接触充分，气泡分散良好，氧转移率较高。

（1）QXB 型潜水离心式曝气机

1）适用范围。QXB 型潜水离心式曝气机适用于各种污水的生化处理工艺，作为曝气及搅拌的专用设备。

2）工作原理。QXB 型潜水离心式曝气机可用于污水好氧处理的供氧和混合，它集泵、鼓风机、气液混合强化器于一体，完全在水下运行，可置于污水曝气池底部，也可固定于水中。叶轮旋转使定子内产生真空，并通过空气管自动吸入空气，水与空气在叶轮内充分混合，在离心力作用下，气水二相流沿叶轮的切线方向经流道整流，向圆周方向扩散，达到高效传氧和混合的效果。

3）型号说明

4）结构特点。QXB 型潜水离心式曝气机自重定位，安装方便，可在不中断设备运行的状态下自由布置；设计结构紧凑，利用自吸功能无需外接气源；主机潜水作业可减少占地面积，噪声小；可直接在氧化塘中使用，节省基建成本；是可独立移动的曝气装置，曝气时兼有搅拌功能。

5）设备技术参数及外形。QXB 型潜水离心式曝气机技术参数见表 2-4-9，外形及结构见图 2-4-11。

表 2-4-9　QXB 型潜水离心式曝气机技术参数

型号	功率 /kW	额定电流 /A	叶轮转速 /(r/min)	作用范围 ϕ/m	潜水深度/m	空气吸入管径/mm	进气量 /(m³/h)	质量 /kg
QXB0.75—32	0.75	2	1390	2.8	1～2	32	15～10	62
QXB1.5—32	1.5	3.7	1400	3.5	1～3	32	25～18	105
QXB2.2—50	2.2	4.9	1430	4.8	1～3.5	50	44～25	182
QXB3—50	3	6.8	1430	5.5	2～4	50	50～40	198
QXB4—50	4	9	1440	6.5	2～4	50	75～45	234
QXB5.5—65	5.5	11	1440	8.0	2～4.5	65	120～70	298
QXB7.5—80	7.5	15	1440	10	2～4.6	80	160～75	318
QXB11—80	11	22.6	1460	11	2～4.8	80	260～120	382
QXB15—100	15	30.3	1460	12	2～5	100	325～220	413
QXB18.5—100	18.5	36.0	1470	12.5	2～5	100	375～260	476
QXB22—100	22	43.2	1470	13.5	2～5	100	470～260	495

续表

型号	功率 /kW	额定电流/A	叶轮转速/ (r/min)	作用范围 φ/m	潜水深度/m	空气吸入管径/mm	进气量 /(m³/h)	质量 /kg
QXB30—150	30	56.8	1470	16	2～5	150	510～390	1200
QXB37—150	37	69.8	1480	16	2～5	150	570～390	1296
QXB45—150	45	84.2	1480	16	2～5	150	630～460	1380
QXB55—150	55	103	1480	16	2～5	150	825～620	1430

生产厂家：南京贝特环保通用设备制造有限公司、南京远蓝环境工程设备有限公司、江苏一环集团有限公司、江苏源泉泵业有限公司。

（2）QSB 型深水曝气机

1）适用范围。QSB 型深水曝气机适用于市政水、污水及垃圾渗滤液处理，以及食品、印染、造纸、化工等行业污水流量大、COD 含量高的场所。

2）型号说明

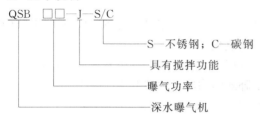

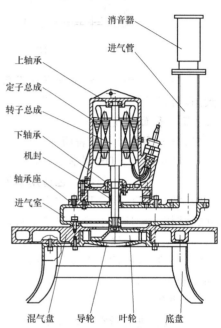

图 2-4-11 QXB 型潜水离心式曝气机结构

3）QSB 型深水曝气机结构特点

① 深水。由于采用深水电机密封技术，使曝气池在垂直方向布置，池深可达 20m，可节约占地面积，减少空气污染；由于水深，空气在水中停留时间长，加之水下温度均衡，故氧转移率高。

② 曝气。实际充氧能力是通过进气与水的混合机能完成的，因此只要控制好水气混合比和工作时间，就可达到所需的最佳连续稳定的曝气性能，生化处理工艺自动控制简单、可靠。

③ 搅拌。设备利用开放式的叶轮结构设计，无堵塞之忧，在完成高速曝气后可自动切换到低速状态作为搅拌混合设备，沿圆周出口处可保持 3～5r/min 的流速，通过池壁的反射在水下形成环流能有效地防止悬浮物的沉降。

④ 安装。设备依靠自重定位，一体化的吊装设计无需任何辅助配件，布置灵活。在无需排水和不中断工艺运行的情况下可实现快速吊装。

4）QSB 型深水曝气机规格和性能参数见表 2-4-10，外形见图 2-4-12。

表 2-4-10 QSB 型深水曝气机规格和性能参数

型　　号	电机额定功率/kW	自重 /kg	设备总高 /mm	直径 /mm	进气量 /(m³/min)	可安装水深 /m
QSB5.5/3—J	5.5/3	550	1600	1430	0～12	5～20
QSB7.5/4—J	7.5/4	800	1800	1830	0～15	5～20
QSB11/5.5—J	11/5.5	850	1800	1830	0～18	5～20
QSB15/7.5—J	15/7.5	1650	2100	2300	0～30	5～20
QSB22/11—J	22/11	1700	2200	2300	0～40	5～20
QSB30/15—J	30/15	1780	2200	2300	0～46	5～20
QSB37/18.5—J	37/18.5	1850	2300	2400	0～52	5～20
QSB45/22—J	45/22	2010	2300	2500	0～56	5～20

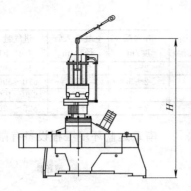
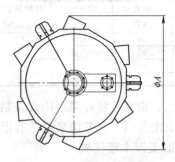

图 2-4-12 QSB 型深水曝气机外形

生产厂家：南京贝特环保通用设备制造有限公司、南京远蓝环境工程设备有限公司、江苏天雨环保集团有限公司、江苏源泉泵业有限公司。

4.1.2.7 表面曝气设备

（1）DS 倒伞形立式表面曝气机

1）适用范围。DS 倒伞形立式表面曝气机是污水处理专用机械设备。广泛适用于活性污泥污水处理工艺的构筑物，也适用于河流曝气及氧化塘。

2）特点。DS 倒伞形立式表面曝气机采用专用立式减速机，结构紧凑、质量轻；由于采用立式结构，减速机不设置水平密封，根除了卧式结构输入轴端漏油的缺点；叶轮径向推流能力强，完全混合区域广，动力效率高，不堵塞。

3）构造。DS 倒伞形立式表面曝气机由电动机、立式减速机、机架、联轴器、主轴、叶轮和控制柜等组成。

DS 倒伞形立式表面曝气机在叶轮的强力推进作用下，处理水体成幕状自叶轮边缘甩出，形成的水域裹进大量空气，使空气中氧分子迅速溶于污水中，同时由于污水上下循环，不断更新液面，使污水大量与空气接触，进而有效地吸氧，对污水进行生化和氧化作用，达到净化污水的效果。

4）设备技术参数及外形。DS 倒伞形立式表面曝气机规格和性能参数见表 2-4-11，外形见图 2-4-13。

表 2-4-11 DS 倒伞形立式表面曝气机规格和性能参数

参数 \ 型号	DS—1.4	DS—2.25	DS—3
叶轮直径 D/mm	1400	2250	3000
充氧量/(kg/h)	18	38	75
电机功率/kW	11	22	45
H/mm	1100	1150	1300
参考质量/kg	1800	2500	3850

（2）BBQ 型系列高速表面曝气机

1）适用范围。BBQ 型系列高速表面曝气机适用于生活污水及工业废水的生化法处理曝气池中，也可用于氧化塘中的充氧。

2）型号说明

3）工作原理。BBQ 型系列高速表面曝气机的叶轮与电机直联，以获取高速旋转，将液体吸起后高抛形成水幕，液体在飞行过程中与空气接触而溶氧；同时，被抛液体落下时撞击液面形成波浪，使水中含氧增加。

4）结构及特点。BBQ 型系列高速表面曝气机的先进水力模型设计，使叶轮与介质间的表面压力较低，有效地提高了动力效果；叶轮与电机直联，使叶轮保持高速旋转，从而获取足够的提升流量，液体在强大的动能作用下，抛撒距离远，形成水幕范围广，充氧多，设备外形见图 2-4-14。

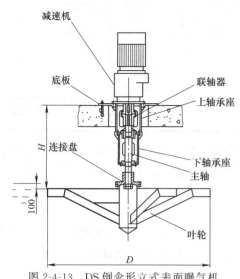

图 2-4-13　DS 倒伞形立式表面曝气机

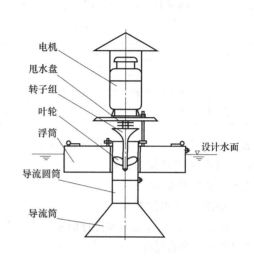

图 2-4-14　BBQ 型系列高速表面曝气机外形

（3）PE 泵型高强度表面曝气机

1）适用范围。PE 泵型高强度表面曝气机适用于城市生活污水及工业废水采用活性污泥法的生化处理曝气池中，对污水进行充氧和混合。

2）型号说明

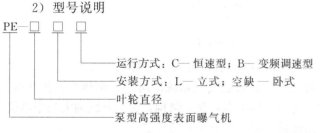

3）工作原理。PE 泵型高强度表面曝气机的工作原理如下。

① 液面更新。由于叶轮的喷水及吸水作用，污水快速上下循环，不断地进行液面更新，缺氧的污水大面积与空气接触，从而高效高速地吸氧。

② 水跃。在叶轮叶片的强力推进作用下，水呈水幕状自轮缘喷出，形成水跃，裹进大量空气，空气中的氧气迅速溶于水中。

③ 负压吸氧。污水快速流经叶轮内部的导流锥顶时，产生负压区，从引气孔中吸入空气，进一步

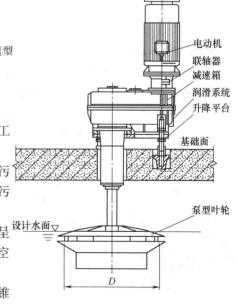

图 2-4-15　PE 泵型高强度表面曝气机外形

提高了充氧量，并降低能耗。

④ 由于叶轮的喷水、吸水及旋转作用，水呈螺旋线状上下循环运动，对污水污泥进行充分混合，好氧菌及时获得大量氧气，加速污水进行生化作用，从而达到了快速高效净化污水的效果。

4）设备性能规格。PE 泵型高强度表面曝气机设备性能规格见表 2-4-12，设备外形见图 2-4-15。

表 2-4-12　PE 泵型高强度表面曝气机设备性能规格

型号	叶轮直径/mm	电机功率/kW	转速/(r/min)	充氧量/(kg/h)	提升力/N	叶轮提升动程/mm	质量/kg
PE040LC	400	1.5	216	5	680	±80	600
PE040LB		2.2	167～252	2.5～8.0	420～1420		610
PE172LC	1720	30	49	74	16260	±100	3400
PE172LB		45	39～57.2	38～102	8190～26160		3530
PE193LC	1930	45	44.4	96	21900		3600
PE193LB		55	34.5～51.6	48～130	10370～29930		3700

表面曝气机生产厂家：南京远蓝环境工程设备有限公司、安徽国桢环保节能科技股份有限公司、江苏天雨环保集团有限公司、江苏一环集团有限公司、江苏源泉泵业有限公司。

4.1.2.8　水下推流搅拌设备

（1）QJB 型潜水搅拌机

1）适用范围。QJB 型潜水搅拌机主要适用于市政和工业污水处理过程中的混合、搅拌和环流，也可用作景观水循环的推流设备，通过搅拌创建水流，有效阻止悬浮物沉降。

2）型号说明

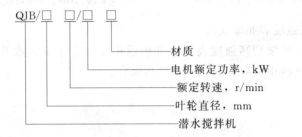

QJB/□ □□/□ □

材质
电机额定功率，kW
额定转速，r/min
叶轮直径，mm
潜水搅拌机

3）设备性能参数及外形。QJB 型潜水搅拌机作为水处理工艺中的关键设备之一，在水处理工艺流程中，可实现生化过程中固液二相流和固液气三相流的均质、流动的工艺要求。它由潜水电机、叶轮和安装系统等组成。潜水搅拌机为直联式结构，它与传统的大功率电机通过减速机降速相比，具有结构紧凑、能耗低、便于维护保养等优点。

QJB 型潜水搅拌机性能见表 2-4-13，外形见图 2-4-16。

表 2-4-13　QJB 型潜水搅拌机性能

型　　号	电机功率/kW	额定电流/A	叶轮转速/(r/min)	叶轮直径/mm	推力/N	质量/kg
QJB210/1460—0.37/C/S	0.37	1.12	1460	210	138	45/50
QJB230/1400—0.55/C/S	0.55	1.35	1400	230	145	45/50
QJB260/740—0.85/C/S	0.85	3.2	740	260	163	55/65
QJB360/980—1.5/C/S	1.5	4	980	260	163	55/65
QJB320/740—2.2/C/S	2.2	5.9	740	320	582	88/93
QJB320/960—4/C/S	4	10.3	960	320	609	88/93
QJB400/740—1.5/C/S	1.5	5.2	740	400	600	74/82
QJB400/740—2.5/C/S	2.5	7	740	400	800	74/82

续表

型　　号	电机功率/kW	额定电流/A	叶轮转速/(r/min)	叶轮直径/mm	推力/N	质量/kg
QJB400/740—3/C/S	3	8.6	740	400	920	80/88
QJB400/980—4/S	4	10.3	980	400	1200	80/88
QJB620/480—4/S	4	14	480	620	1400	190/206
QJB620/480—5/S	5	18.2	480	620	1800	196/212
QJB720/480—7.5/S	7.5	28	480	720	2600	240/256
QJB720/480—10/S	10	32	480	720	3300	250/266

生产厂家：南京贝特环保通用设备制造有限公司、南京远蓝环境工程设备有限公司。

（2）QDT 型潜水低速推流器

1）适用范围。潜水搅拌机主要适用于市政和工业污水处理过程中的混合、搅拌和环流，也可用作景观水循环的推流设备，通过搅拌创建水流，有效阻止悬浮物沉降。

2）型号说明

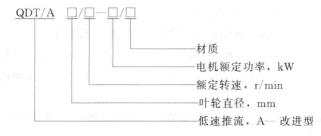

3）设备性能参数及外形。QDT 型潜水搅拌机性能见表 2-4-14，外形见图 2-4-17。

表 2-4-14　QDT 型潜水搅拌机性能

型　　号	电机功率/kW	额定电流/A	叶轮转速/(r/min)	叶轮直径/mm	推力/N	质量/kg
QDT1000/85—1.5/P/G	1.5	4	85	1000	1780	170
QDT1100/135—3/P/G	3	6.8	135	1100	2410	170
QDT1400/36—1.5/P/G	1.5	4	36	1400	696	180
QDT1400/42—2.2/P/G	2.2	4.9	42	1400	854	180
QDT1600/36—2.2/P/G	2.2	4.9	36	1600	1058	190
QDT1600/52—3/P/G	3	6.8	52	1600	1386	190
QDT1800/42—1.5/P/G	1.5	4	42	1800	1480	198
QDT1800/52—3/P/G	3	6.8	52	1800	1946	198
QDT1800/63—4/P/G	4	9	63	1800	2750	198
QDT2000/36—2.2/P/G	2.2	4.9	36	2000	1459	200
QDT2000/52—4/P/G	4	9	52	2000	1960	200
QDT2200/52—4/P/G	4	9	52	2200	1986	220
QDT2200/63—5/P/G	5	11	63	2200	2590	220
QDT2500/36—3/P/G	3	6.8	36	2500	1243	215
QDT2500/42—4/P/G	4	9	42	2500	2850	250
QDT2500/52—5/P/G	5	11	52	2500	3090	250
QDT2500/63—7.5/P/G	7.5	15	63	2500	4275	280
QDTA1800/34—3/G	3	6.8	34	1800	2480	210
QDTA2500/34—4/G	4	9	34	2500	3620	245

生产厂家：南京贝特环保通用设备制造有限公司、南京远蓝环境工程设备有限公司。

4.1.3　A_NO（缺氧/好氧生物脱氮）法工艺描述、设计要点及计算

4.1.3.1　工艺描述

近年来，随着水环境污染和水体富营养化现象在许多国家和地区日益严峻，生物脱氮工艺越来越多地受到人们的广泛重视，对污水厂出水水质制定了严格的氨氮排放标准。

图 2-4-16　QJB 型潜水搅拌机外形　　　　　图 2-4-17　QDT 型潜水低速推流器外形

$A_N O$ 生物脱氮工艺流程中，原污水先进入缺氧池，再进入好氧池，并将好氧池的混合液与沉淀池的污泥同时回流到缺氧池。污泥和好氧池混合液的回流保证了缺氧池和好氧池中有足够的微生物并使缺氧池得到好氧池中硝化产生的硝酸盐。而原污水和混合液的直接进入又为缺氧池反硝化提供了充足的碳源有机物，使反硝化反应能在缺氧池中得以进行。反硝化反应后的出水又可在好氧池中进行 BOD_5 的进一步降解和硝化作用。缺氧池和好氧池可以是两个独立的构筑物。

生物脱氮的机理是通过污水的硝化和反硝化实现的。硝化是含氮化合物转化为硝态氮的过程，是好氧过程，所以在好氧区进行。反硝化是异养微生物将硝态氮转化为氮气的过程，在无氧条件下硝态氮作为有机物氧化过程中的最终电子受体，所以它在缺氧区进行。因此脱氮过程又称缺氧-好氧工艺（anoxic-oxic），简称 $A_N O$ 工艺。

4.1.3.2　设计要点

污水中的五日生化需氧量与总凯氏氮之比宜大于 4。

BOD_5 污泥负荷（按每千克 MLSS 计）0.05～0.15kg/(kg·d)；总氮负荷（按每千克 MLSS 计）应低于 0.05kg/(kg·d)；污泥浓度（MLSS）为 2.5～4.5g/L；污泥龄 11～23d；污泥产率系数（按每千克 BOD_5 含 VSS 计）0.3～0.6kg/kg；需氧量（按每千克 BOD_5 计）1.1～2.0kg/kg；水力停留时间 8～16h，其中缺氧段 0.5～3h；污泥回流比 50%～100%；混合液回流比 100%～400%。

4.1.3.3　计算公式

（1）缺氧池容积

$$V_n = \frac{0.001Q(N_k - N_{te}) - 0.12\Delta X_V}{K_{de}X}$$

$$K_{de(T)} = K_{de(20)} 1.08^{(T-20)}$$

$$\Delta X_V = yY_t \frac{Q(S_0 - S_e)}{1000}$$

式中，V_n 为缺氧区（池）容积，m^3；Q 为生物反应池的设计流量，m^3/d；X 为生物反应池内混合液悬浮固体平均浓度，g/L；N_k 为生物反应池进水总凯氏氮浓度，mg/L；N_{te} 为生物反应池出水总氮浓度，mg/L；ΔX_V 为排出生物反应池系统的微生物量（按 MLVSS 计），kg/g；K_{de} 为脱氮速率（按每千克 MLSS 含 $NO_3^- \text{-} N$ 计）kg/(kg·d)，通过试验确定，无试验条件时，20℃的 K_{de} 值可采用 0.03～0.06kg/(kg·d)，并按公式进行温度校正；$K_{de(T)}$、$K_{de(20)}$ 分别为 T℃和 20℃时的脱氮速率；Y_t 为污泥总产率系数（按每千克 BOD$_5$ 含 SS 计），kg/kg，应通过试验确定，无试验条件时系统有初沉池时取 0.3～0.85，无初沉池时取 0.6～1.0；y 为活性污泥中 VSS 所占比例；S_o、S_e 分别为生物反应池进出水五日生化需氧量浓度，mg/L。

（2）好氧池容积

$$V_O = \frac{Q(S_o - S_e)\theta_{CO}Y_t}{1000X}$$

$$\theta_{CO} = F\frac{1}{\mu}$$

$$\mu = 0.47\frac{N_a}{K_N + N_a}e^{0.098(T-15)}$$

式中，V_O 为好氧区（池）容积，m^3；θ_{CO} 为设计污泥龄值，d；F 为安全系数，为 1.5～3.0；μ 为硝化菌生长速率，d^{-1}；N_a 为生物反应池中氨氮浓度，mg/L；K_N 为硝化作用中氮的半速率常数，mg/L；0.47 为 15℃时硝化菌最大生长速率，d^{-1}。

（3）混合液回流量

$$Q_{Ri} = \frac{1000V_n K_{de}X}{N_t - N_{ke}} - Q_R$$

式中，Q_{Ri} 为混合液回流量，m^3/d，不宜大于 40%；Q_R 为回流污泥量，m^3/d；N_{ke} 为生物反应池出水总凯氏氮浓度，mg/L。

4.1.4　A$_N$O（缺氧/好氧生物脱氮）法主要设备
4.1.4.1　鼓风机
鼓风机一般分为罗茨鼓风机、离心鼓风机、磁悬浮鼓风机、空气悬浮鼓风机，主要用于生化处理时曝气池的充氧及搅拌。详见第三篇第 3 章的相关内容。
4.1.4.2　曝气器
曝气器见 4.1.2 相关内容。
4.1.4.3　水下曝气设备、表面曝气设备
水下曝气设备、表面曝气设备见 4.1.2 相关内容。
4.1.4.4　水下推流搅拌设备
水下推流搅拌设备见 4.1.2 相关内容。

4.1.5　A$_P$O（厌氧/好氧生物脱氮）法工艺描述、设计要点及计算
4.1.5.1　工艺描述
除磷是通过聚磷菌在好氧条件下过剩摄取磷酸，在厌氧条件下释放磷酸的功能，将磷以聚合的形态贮藏在菌体内，形成高磷污泥排出系统外，达到从污水中除磷的效果。除磷过程又称厌氧-好氧工艺（anaerobic-oxic），简称 A$_P$O 工艺。

污水和污泥顺次经厌氧和好氧交替循环流动。反应池分为厌氧区和好氧区，回流污泥进入厌氧池可吸收去除一部分有机物，并释放出大量磷，进入好氧池的有机物得到好氧降解，同时污泥将大量摄取水中的磷，部分富磷污泥以剩余污泥的形式排出，实现磷的去除。
4.1.5.2　设计要点
污水中的五日生化需氧量与总磷之比宜大于 17；BOD$_5$ 污泥负荷（按每千克 MLSS 含 BOD$_5$ 计）0.05～0.15kg/(kg·d)；污泥浓度（MLSS）为 2.0～4.0g/L；污泥龄 3.5～7d；污泥产率系数（按每千克 BOD$_5$ 含 VSS 计）0.4～0.8kg/kg；污泥含磷量（按每千克 VSS 含 TP 计）0.03～0.07kg/kg；需氧量（按每千克 BOD$_5$ 含 O$_2$ 计）0.7～1.1kg/kg；水力停

留时间 $3\sim8h$，其中厌氧段 $1\sim2h$，$A_P:O=(1:2)\sim(1:3)$；污泥回流比40%~100%。

4.1.5.3　计算公式

厌氧池容积：

$$V_P=\frac{T_PQ}{24}$$

式中，V_P 为厌氧区（池）容积，m^3；T_P 为厌氧区（池）停留时间，h，宜为 $1\sim2$；Q 为设计污水流量，m^3/d。

4.1.6　A_PO（厌氧/好氧生物脱氮）法主要设备

4.1.6.1　鼓风机

鼓风机一般分为罗茨鼓风机、离心鼓风机、磁悬浮鼓风机、空气悬浮鼓风机，主要用于生化处理时曝气池的充氧及搅拌。详见第三篇第3章的相关内容。

4.1.6.2　曝气器

曝气器见4.1.2相关内容。

4.1.6.3　水下曝气设备、表面曝气设备

水下曝气设备、表面曝气设备见4.1.2相关内容。

4.1.6.4　水下推流搅拌设备

水下推流搅拌设备见4.1.2相关内容。

4.1.7　A^2O（厌氧/缺氧/好氧生物同步脱氮除磷）法工艺描述、设计要点及计算

4.1.7.1　工艺描述

即同步脱氮除磷工艺（anaerobic-anoxic-oxic），是城市污水处理厂常用的工艺，有成熟的运转经验。本工艺将生化池分为三段，进口段为厌氧段，然后为缺氧段，最后是好氧段。污水和回流污泥首先进入厌氧池，在此出现磷的释放，为防止污水产生沉淀，在此段设水下搅拌器；在缺氧段，反硝化菌利用在好氧阶段产生的、由混合液回流带入的硝酸盐作为最终电子受体，氧化进水中的有机物，同时自身被还原为氮气从水中逸出，达到脱氮的目的。此段可设水下搅拌器或一定数量的曝气器；在好氧池进行曝气充氧，去除污水中的 BOD_5，同时进行硝化和磷的吸收。

4.1.7.2　设计要点

BOD_5 污泥负荷（按每千克 MLSS 计）$0.1\sim0.2kg/(kg\cdot d)$；污泥浓度（MLSS）为 $2.5\sim4.5g/L$；污泥龄 $10\sim20d$；污泥产率系数（按每千克 BOD_5 含 VSS 计）$0.3\sim0.6kg/kg$；需氧量（按每千克 BOD_5 需 O_2 计）$1.1\sim1.8kg/kg$；水力停留时间 $7\sim14h$，其中厌氧段 $1\sim2h$，缺氧段 $0.5\sim3h$；污泥回流比 20%~100%；混合液回流比大于 200%。

4.1.7.3　计算公式

参见 A_NO 法、A_PO 法相关计算公式。

4.1.8　A^2O（厌氧/缺氧/好氧生物同步脱氮除磷）法主要设备

4.1.8.1　鼓风机

鼓风机一般分为罗茨鼓风机、离心鼓风机、磁悬浮鼓风机、空气悬浮鼓风机，主要用于生化处理时曝气池的充氧及搅拌。详见第三篇第3章的相关内容。

4.1.8.2　盘式曝气器

（1）盘式刚玉微孔曝气器

1）适用范围。适用于污水生物处理、水源水预处理、河道水质保护及其他水体充氧、混合和搅拌。

2）型号说明

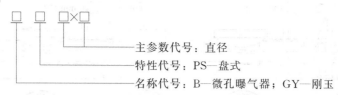

主参数代号：直径

特性代号：PS—盘式

名称代号：B—微孔曝气器；GY—刚玉

3）性能。盘式刚玉微孔曝气器技术参数见表 2-4-15。

表 2-4-15　盘式刚玉微孔曝气器技术参数

技术参数	产品类型						
直径/mm	178		250		300		
通气量/(m³/h)	2	3	2	3	3	4	5
标准氧转移速率 SOTR(按 O₂ 计)/(kg/h)	0.27	0.37	0.28	0.40	0.40	0.50	0.60
标准氧转移效率 SOTE/%	38	35	39	37	38	36	34
理论动力效率(按 O₂ 计)/[kg/(kW·h)]	8.4	7.6	8.6	8.2	8.0	7.7	7.5
阻力损失/Pa	≤3500	≤4000	≤3500	≤4000	≤4000		

注：测试水深为 6m，TDS≤1000mg/L，CND≤2000ms/cm。氧转移速率、氧转移效率及理论动力效率的数值不低于表中所示数值。

生产厂家：宜兴诺庞环保有限公司、江苏菲力环保工程有限公司、宜兴市凌泰环保设备有限公司、江苏兆盛水工业装备集团有限公司。

4）设备外形。盘式刚玉微孔曝气器外形见图 2-4-18。

（2）盘式微孔橡胶膜曝气器

1）适用范围。盘式微孔橡胶膜曝气器适用于市政污水处理、工业废水处理、湖泊及河道水处理、养鱼池增氧及其他需扩散空气的工艺，起到充氧、搅拌和混合等作用。

2）性能规格及外形尺寸。盘式微孔橡胶膜曝气器性能规格见表 2-4-16，其结构及外形尺寸见图 2-4-19；盘式微孔橡胶膜曝气器布置见图 2-4-20。

图 2-4-18　盘式刚玉微孔曝气器外形尺寸

1—橡胶垫；2—通气螺杆；3—刚玉曝气板；4—密封圈；5—底座；6—进气管

表 2-4-16　盘式微孔橡胶膜曝气器性能规格

型　号	规格/mm	通气量/[m³/(h·个)]	表面积/m²	氧利用率/%	理论动力效率(按 O₂ 计)/[kg/(kW·h)]	阻力损失/mmH₂O	气泡直径/mm
PWX—215/90	φ215	1～5	0.025	28～32	>5	180～260	1～3
PWX—300/90	φ300	0.5～8	0.06	28～32	>5	180～240	1～3

生产厂家：南京蓝深制泵集团股份有限公司、江苏菲力环保工程有限公司、宜兴泉溪环保有限公司。

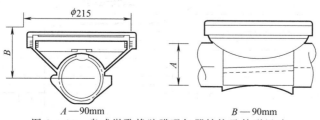

A—90mm　　　　　　　　B—90mm

图 2-4-19　盘式微孔橡胶膜曝气器结构及外形尺寸

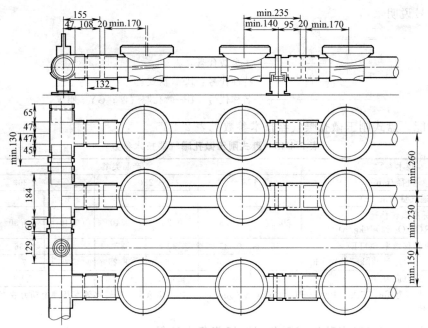

图 2-4-20　盘式微孔橡胶膜曝气器布置参考图

3）特性曲线。PWX215 盘式微孔橡胶膜曝气器及 PWX300 盘式微孔橡胶膜曝气器的供氧性能曲线见图 2-4-21 及图 2-4-22；其阻力损失表见图 2-4-23。

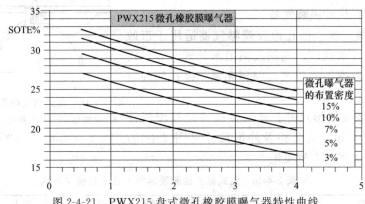

图 2-4-21　PWX215 盘式微孔橡胶膜曝气器特性曲线

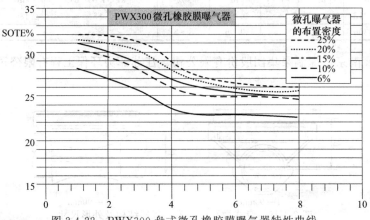

图 2-4-22　PWX300 盘式微孔橡胶膜曝气器特性曲线

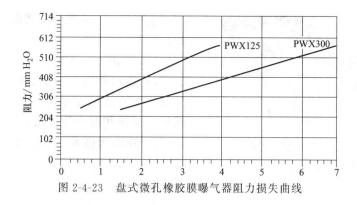

图 2-4-23　盘式微孔橡胶膜曝气器阻力损失曲线

（3）高密度聚乙烯复盘形微孔曝气器

1）适用范围。用于市政污水处理、工业废水处理、水源水预处理，起到充氧、搅拌和混合等作用。

2）特性。当空气通过高密度聚乙烯多孔曝气板时，在水中产生小于 3mm 气泡，高密度聚乙烯复盘形微孔曝气器是一种高效的充氧器。其材质特性见表 2-4-17。

表 2-4-17　高密度聚乙烯材质特性

型　号	曝气板规格 /mm	密度 /(g/cm³)	拉伸强度 /MPa	热变形温度 /℃	孔隙率 /%
BD·PPE	φ178×8 φ180×8	0.930	29	85	42

3）技术参数。高密度聚乙烯复盘形微孔曝气器性能规格见表 2-4-18，其外形尺寸见图 2-4-24、图 2-4-25。

表 2-4-18　高密度聚乙烯复盘形微孔曝气器性能规格

型号	规格 /mm	通气量 /[m³/(h·个)]	服务面积 /(m²/个)	充氧能力（按 O₂ 计） /(kg/h)	氧利用率 /%	理论动力效率（按 O₂ 计） /[kg/(kW·h)]	阻力损失 /Pa
BD·PPE	185	2	0.5	0.193	28.30	6.89	2300
	210	3	0.5	0.275	26.78	6.38	2920

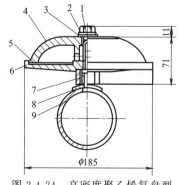

图 2-4-24　高密度聚乙烯复盘型
（φ185）微孔曝气器外形尺寸

1—通气夹紧螺栓；2—垫圈；3,5—橡胶垫圈；
4—聚乙烯曝气壳；6—底盘；7—连接套；
8—连接座；9—布气管

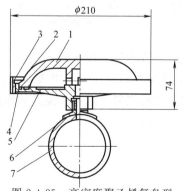

图 2-4-25　高密度聚乙烯复盘型
（φ210）微孔曝气器外形尺寸

1—聚乙烯曝气壳；2,4—橡胶垫圈；3—压紧圈；
5—底盘；6—联接座；
7—布气管

图 2-4-26 JEP—T 薄膜管式微孔
曝气器外形尺寸

生产厂家：江苏宜兴诺庞环保有限公司。

4.1.8.3 管式曝气器

（1）JEP—T 薄膜管式微孔曝气器

1）适用范围。用于市政及工业废水生物处理、湖泊及河道水处理等，起到对水体的充氧、搅拌和混合等作用。

2）性能规格及外形尺寸。JEP—T 薄膜管式微孔曝气器性能规格见表 2-4-19，其外形见图2-4-26。

表 2-4-19 JEP—T 薄膜管式微孔曝气器性能规格

直径 /mm	长度 /mm	通气量 /[m³/(h·m)]	服务面积 /(m²/m)	氧利用率 /%	理论动力效率（按 O₂ 计）/[kg/(kW·h)]	阻力损失 /Pa	气泡直径 /mm
φ63，φ70，φ90，φ120	L500，L750，L1000	4～15	1～2	≥35	7.2	≤3500	0.9～2

生产厂家：宜兴市荆溪环保设备有限公司。

3）性能曲线。JEP—T 薄膜管式微孔曝气器的供氧性能曲线及压降曲线见图 2-4-27 及图2-4-28。

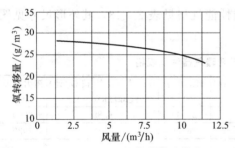

图 2-4-27 JEP—T 薄膜管式微孔
曝气器供氧性能曲线

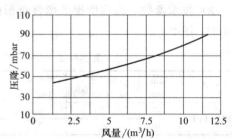

图 2-4-28 JEP—T 薄膜管式微孔
曝气器压降曲线

（2）橡胶膜管式微孔曝气器

1）适用范围。适用于市政污水处理、工业废水处理，水源水预处理、河道水处理等，起到对水体的充氧、混合和搅拌的作用。

2）型号说明

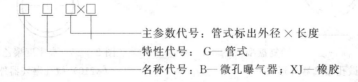

主参数代号：管式标出外径×长度
特性代号：G—管式
名称代号：B—微孔曝气器；XJ—橡胶

3）结构及性能。橡胶膜管式微孔曝气器其规格用外径×长度表示，其优点是采用三元乙丙胶为主要原料制作管式微孔橡胶膜，微孔橡胶膜外观应光洁、平整，无杂质、气泡和裂纹。橡胶膜管式微孔曝气器的技术参数见表 2-4-20。

表 2-4-20　橡胶膜管式微孔曝气器技术参数

项　　目	产品类型								
	管式橡胶膜								
直径×长度/mm	70×500			70×1000			100×1000		
通气量/(m³/h)	6	8	10	6	8	10	6	8	10	12
标准氧转移速率 SOTR(按 O₂ 计)/(kg/h)	0.83	1.02	1.24	0.88	1.08	1.16	0.99	1.21	1.41	1.60
标准氧转移效率 SOTE/%	38	35	32	40	37	32	45	42	39	37
理论动力效率(按 O₂ 计)/[kg/(kW·h)]	8.3	7.4	6.5	8.8	8.2	6.9	10.2	9.3	8.7	8.0
阻力损失/Pa	≤4500	≤5000		≤4500	≤5000		≤4500	≤5000		≤5500

注：测试水深为 6m，TDS≤1000mg/L，CND≤2000ms/cm。氧转移速率、氧转移效率及理论动力效率的数值不低于表中所示数值。

生产厂家：江苏神州环境工程有限公司、苏兆盛水工业装备集团有限公司、宜兴诺庞环保有限公司。

4）设备外形。橡胶膜管式微孔曝气器外形见图 2-4-29。

在本章中介绍的其他形式的曝气器也可考虑选用。

4.1.8.4　水下曝气设备、表面曝气设备

水下曝气设备、表面曝气设备见 4.1.2 相关内容。

4.1.8.5　水下推流搅拌设备

水下推流搅拌设备见 4.1.2 相关内容。

4.1.9　SBR 工艺描述、设计要点及计算

图 2-4-29　橡胶膜管式微孔曝气器外形

4.1.9.1　工艺描述

SBR 工艺又称序批式活性污泥法，是由按一定顺序间歇操作运行的 SBR 反应池组成的。每个 SBR 反应池包括五个阶段的操作过程，即进水期、反应期、沉淀期、排水排泥期及闲置期。

与连续式活性污泥系统相比较，SBR 工艺系统组成简单，无需污泥回流设备，不设二沉池，曝气池容积小于连续式，建设和运行费用低；大多数情况下可不设置调节池；SVI 较低，污泥易于沉淀，一般情况下不产生污泥膨胀；通过运行方式调节，在单一的曝气池内能够进行脱氮和除磷反应。

近二十年来，自控技术及曝气装置的迅速发展和自动化水平的提高重新为 SBR 注入了活力，SBR 法已成为城市污水处理厂的主导工艺之一。

随着人们对 SBR 工艺的机理及其在工艺上的性能特点有了更深层次的了解，新型的 SBR 变型工艺不断涌现，主要有 ICEAS 工艺、CAST 工艺、DAT-IAT 工艺、UNITANK 工艺、CSBR 工艺等。

（1）ICEAS 法　即间歇式循环延时曝气活性污泥法，主要特点是在主反应池的进水端增加了一个预反应区，运行方法为连续进水（沉淀期和排水期仍保持进水），间歇排水，没有明显的反应阶段和闲置阶段。污水连续进入预反应区，污水中有机物被活性污泥吸附，一起进入主反应区。

当主反应区处于停曝搅拌状态进行反硝化时，连续进水的污水可提供反硝化所需的碳源，从而提高了脱氮效率。

当主反应区处于沉淀或滗水阶段，连续进水进入厌氧污泥层，为聚磷菌释放磷提供所必要的碳源，因而提高了脱磷效果。

由于连续进水，配水稳定，简化了操作程序。

（2）CAST（CASS/CASP）法　即循环式活性污泥法，主要特点是在进水端设一个生物选择器并将主反应区中部分剩余污泥回流至选择器中。在运行方式上沉淀阶段不进水，使

排水的稳定性得到保障。通常分为三个反应区：一区为生物选择区（保持厌氧环境），二区为缺氧区，三区为好氧区；各区容积比为 1∶5∶30。

其方法具有以下特点：工艺流程简单，土建和设备投资低（无初沉池、二沉池和较大的污泥回流泵房）；能很好地缓冲进水水质、水量的波动，运行灵活；在进行生物脱氮除磷操作时，整个工艺的运行得到良好的控制，处理出水水质，尤其是脱氮除磷的效果明显优于活性污泥法；运行简单，操作模式由控制软件指定，任何运行方式的调整只需通过调整软件中的基本操作参数来实现，具有高度的可控性和灵活性。

（3）DAT-IAT 法　即需氧池-间歇式曝气法，反应机理以及污染物去除机理和连续活性污泥法相同，主体构筑物由一个连续曝气池（DAT）和一个间歇曝气池（IAT）串联而成。DAT 为预反应池，也称为连续曝气池，DAT 连续进水，连续曝气（或间歇曝气），池中水流呈完全混合流态，绝大部分有机物在这个池中降解。其出水连续流入 IAT，IAT 是间歇曝气，该池相当于一个传统的 SBR 池。运行操作由进水、完成反应、沉淀、出水和待机五个阶段组成。清水和剩余活性污泥由 IAT 池排出。

DAT 连续进水，连续曝气，使系统接近于完全混合式，加强了系统对有机物的降解，增加了工艺处理的稳定性，提高了池容和设备的利用率；另外，系统还可根据脱氮除磷要求，调整曝气时间，创造缺氧或厌氧环境，增加了整个系统的灵活性。

（4）UNITANK 系统　主体为三个矩形池，三池之间为连通形式，每池设有曝气系统，可采用鼓风曝气或采用表面曝气，在外侧两个矩形池设有固定的出水堰及剩余污泥排放口，两池交替作为曝气池和沉淀池，污水可进入三池中的任意一个，中间一个矩形池只作为曝气池。

系统采用连续进水，在恒水位下周期交替运行，能够充分利用反应池的有效容积，可以不设浮动式滗水器，不建单独沉淀池，并由于沉淀池定时转换为曝气池也可省去污泥回流设施，从而节省大量投资与运营费用。

另外，系统可在曝气期内设置非曝气阶段，形成缺氧、厌氧和好氧交替状态，实现脱氮除磷的功能。

4.1.9.2　设计要点

反应池宜为矩形池，水深宜为 4.0～6.0m；反应池长度与宽度之比：间歇进水时宜为（1∶1）～（2∶1），连续进水时宜为（2.5∶1）～（4∶1）。

沉淀时间宜为 1h；排水时间宜为 1.0～1.5h。

（1）高负荷运行　高负荷运行（间歇进水）时技术参数通常取以下值：BOD_5 污泥负荷（按每千克 MLVSS 计）0.1～0.4kg/(kg·d)；MLSS1500～5000mg/L；周期数 3～4；排除比（每一周期排水量与反应池容积之比）（1∶4）～（1∶2）；安全高度（活性污泥界面以上最小水深）50cm 以上；需氧量（按每千克 BOD_5 计）0.5～1.5kg/kg；污泥产量（按每千克 VSS 含 MLSS 计）约 1kg/kg，好氧时溶解氧≥2.5mg/L，进水时 0.3～0.5mg/L，沉淀、排水时＜0.7mg/L。

（2）低负荷运行　低负荷运行（间歇进水或连续进水）时技术参数通常取以下值：BOD 污泥负荷（按每千克 MLVSS 计）0.03～0.1kg/(kg·d)；MLSS 1500～5000mg/L；周期数 2～3；排除比（每一周期排水量与反应池容积之比）（1∶6）～（1∶3）；安全高度（活性污泥界面以上最小水深）50cm 以上；需氧量（按每千克 BOD_5 计）1.5～2.5kg/kg；污泥产量（按每千克 VSS 含 MLSS 计）约 1kg/kg，好氧时溶解氧≥0.75mg/L，进水时 0.3～0.5mg/L，沉淀、排水时＜0.7mg/L。

4.1.9.3　计算公式

（1）反应池容积

$$V=\frac{24QS_0}{1000X_aU_st_R}$$

式中，Q 为每个周期进水量，m^3；t_R 为每个周期反应时间，h；S_0 为生物反应池进水 BOD_5，mg/L；X_a 为混合液悬浮物浓度，g/L；U_s 为污泥负荷（按每千克 MLVSS 计），$g/(kg \cdot d)$。

（2）进水时间

$$t_F = \frac{t}{n}$$

式中，t_F 为每池每周期所需要的进水时间，h；t 为每个运行周期所需要的时间，h；n 为每个系列反应池个数。

（3）反应时间

$$t_R = \frac{24 S_0 m}{1000 L_s X}$$

式中，m 为充水比，高负荷运行时宜为 $0.25 \sim 0.5$，低负荷运行时宜为 $0.15 \sim 0.3$；L_s 为 BOD_5 污泥负荷（按每千克 MLSS 计），$kg/(kg \cdot d)$。

（4）一个周期所需时间

$$t = t_R + t_s + t_D + t_b$$

式中，t_b 为闲置时间，h；t_s 为沉淀时间，h，宜为 1h；t_D 为排水时间，h，宜为 $1.0 \sim 1.5h$。

4.1.10　SBR 法主要设备

4.1.10.1　旋转滗水器

（1）XB 型旋转滗水器

1）适用范围。XB 型旋转滗水器适用于各种大中型城市生活污水处理及各类工业水处理。

2）型号说明

```
XB—500
   └──── 排水量
 └────── 旋转滗水器
```

3）结构及特点。XB 型旋转滗水器滗水范围大，滗水深度可达 3m，可调性好，工艺适应性强；根据业主的具体情况，驱动机构可以选择单机驱动或一拖二驱动；滗水器运行在最佳的堰口负荷范围内，堰口下的液面不起任何搅动，堰口处设有挡渣浮筒、挡渣板等部件，确保出水水质达到最佳；滗水装置由全不锈钢组成，使用寿命长；采用智能化控制系统，设备全自动运行。

4）性能。XB 型单机驱动滗水器技术数据见表 2-4-21，XB 型滗水器一拖二驱动技术数据见表 2-4-22。

表 2-4-21　XB 型单机驱动滗水器技术数据

型　号	XB300	XB400	XB500	XB600	XB700	XB800	XB1000	XB1200
最小排水量/(m³/h)	300	400	500	600	700	800	1000	1200
堰口长度/m	3.0	4.0	5.0	6.0	7.0	8.0	10.0	12.0

表 2-4-22　XB 型滗水器一拖二驱动技术数据

型　号	XB400×2	XB400×2	XB400×2	XB400×2	XB400×2	XB400×2	XB400×2	XB400×2
最小排水量/(m³/h)	800	1000	1200	1400	1600	1800	2000	2400
堰口长度/m	8.0	10.0	12.0	14.0	16.0	18.0	20.0	24.0

生产厂家：天津市百阳环保设备有限责任公司、江苏鼎泽环境工程有限公司、南京远蓝环境工程设备有限公司、宜兴泉溪环保有限公司。

5）外形。XB 型滗水器外形见图 2-4-30。

（2）XPS 旋转式滗水器

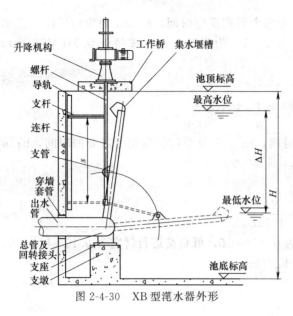

图 2-4-30　XB 型滗水器外形

升降机构　工作桥　集水堰槽
螺杆
导轨
支杆
连杆
支管
穿墙套管
出水管
总管及回转接头
支座
支墩

池顶标高
最高水位
ΔH
H
最低水位
池底标高
S

1）适用范围。XPS 旋转式滗水器是一种适用于各种间歇式循环活性污泥法污水处理系统（如 SBR、CASS 等）的上清液排出设备。本设备设计加工中考虑了水表面浮渣和底部污泥层对排水质量的影响，设备滗水槽前设置了一浮桶，既保证将上清液收集，又保证不携带浮渣及底部污泥。

当需滗水时，电机由自动系统操作开始以较快速度通过拉杆带动滗水槽接近水面。到达水面后控制系统发出指令，电机经变频调速后，按指定的慢速推动滗水槽匀速排水。当滗水高度达到预定值后，由自控系统发出指令，滗水器以较快速度抬升恢复至原位。一般滗水高度为 0.5～3.0m，排水时间 0.6～2.0h。

2）型号说明

XPS—200
　　　　最大排水能力
　　旋转式滗水器

3）性能、特点

① 本设备自动化程度高，自开始至恢复到原始状态，运行周期内无需人工调节。

② 本设备设有自动保护功能。

③ 设备水下部分采用不锈钢材质，美观大方，耐腐性强。

④ 水下活动关节无卡阻及转动不灵活的现象。

⑤ 排水质量好，匀速下降对污泥层不产生扰动，浮渣也由于浮桶作用进不到滗水管中。

⑥ 本设备耗电小，电机功率在 0.75～1.5kW 之间。

⑦ 设备运行可靠且易于维护。

4）XPS 旋转式滗水器技术参数及外形。旋转式滗水器外形见图 2-4-31，技术性能见表2-4-23。

表 2-4-23　XPS 旋转式滗水器技术性能

参数 型号	滗水量 /(m³/h)	堰流负荷 /[L/(m·s)]	L_1 /mm	L_2 /mm	DN /mm	ΔH /m	E /mm
XPS—300	300			250	300		
XPS—400	400		600				400
XPS—500	500			300	400		
XPS—600	600						
XPS—700	700			350			
XPS—800	800	20～40			500	2 (1.0～3.0) 每 0.5 为一档	500
XPS—1000	1000			400			
XPS—1200	1200						
XPS—1400	1400		800		600		
XPS—1500	1500			500			600
XPS—1600	1600				700		
XPS—1800	1800						
XPS—2000	2000		600	600	700		700

注：1. 池内最低水位与池外排水量最小水位差 0.5m。

2. 堰长 $L = Q/3.6u$，u 为堰口负荷，结合工艺要求圆整确定。

生产厂家：江苏天雨环保集团有限公司、宜兴泉溪环保有限公司、无锡市通用机械厂有限公司。

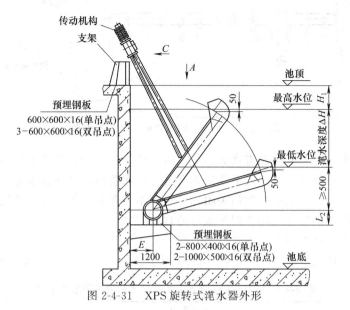

图 2-4-31　XPS 旋转式滗水器外形

4.1.10.2　HPS 型虹吸滗水器

（1）适用范围　HPS 型滗水器以虹吸方式自动排出 SBR 反应池中的上清液，当需排水时，电磁阀打开，积聚在管上部的空气被放掉，关闭电磁阀，使之形成虹吸，自动排水，直至真空破坏后，停止排水，等待下一个循环。该设备是一种对水量水质变化有很强适应性，无机械转动、无需动力驱动的高效节能污水处理设备。

（2）型号说明

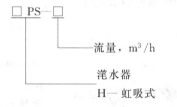

流量，m³/h

滗水器

H—虹吸式

（3）性能规格及外形结构　HPS、FPS 虹吸滗水器性能规格见表 2-4-24，外形结构见图 2-4-32。

表 2-4-24　HPS、FPS 型虹吸滗水器技术性能参数

HPS 型滗水器			FPS 型滗水器		
型号	出水管/mm	出水量/(m³/h)	型号	出水管/mm	出水量/(m³/h)
HPS—30	$DN150$	30	FPS—25	$DN100$	30
HPS—60	$DN200$	60	FPS—60	$DN150$	60
HPS—100	$DN250$	100	FPS—125	$DN200$	125
HPS—150	$DN300$	150	FPS—250	$DN300$	250

生产厂家：江苏天雨环保集团有限公司、宜兴泉溪环保有限公司、江苏源泉泵业有限公司。

4.1.10.3　KRB 型可调节柔性管式滗水器

（1）适用范围　KRB 型可调节柔性管式滗水器通过柔韧性波纹管将 T 形排水系统与收

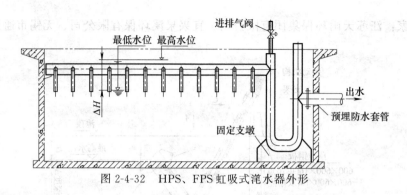

图 2-4-32　HPS、FPS 虹吸式滗水器外形

水系统相连，收水系统由浮筒及进水头组成。由于浮筒的浮力，使滗水器的进水头可随水面的变化而变化，可保证排水时水面上浮渣不会进入排水管内，开始排水时，打开闸门，浮动进水头开始排水，停止排水时，闸门关闭，滗水器不工作时，闸门处于常闭状态，本滗水器还可通过与其他装置的联合使用实现污水厂的自动控制。

滗水器主体为不锈钢材料，连接管为高强度橡胶管。

（2）设备主要技术参数　KRB 型可调节柔性管式滗水器主要技术参数见表 2-4-25。

表 2-4-25　KRB 型可调节柔性管式滗水器主要技术参数

名称	型号	排水能力 /(m³/h)	最大排水高度 (ΔH)/mm	备注
柔性管式滗水器	KRB—200	0～200	2500	排水量可调
	KRB—400	0～400		
	KRB—600	0～600		
	KRB—800	0～800		
	KRB—1000	0～1000		

生产厂家：江苏一环集团有限公司、宜兴泉溪环保有限公司。

（3）设备外形及安装　KRB 型可调节柔性管式滗水器外形及安装见图 2-4-33。

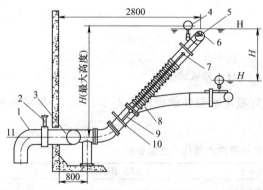

图 2-4-33　KRB 型可调节柔性管式滗水器外形及安装
1—出水弯管；2—闸门安装自定；3—T 形管；4—浮筒；
5—浮动进水头；6—闸门；7—导杆；8—波纹管；
9—支撑杆；10—限位板；11—出水管

4.1.10.4　SSB 伸缩管滗水器

（1）适用范围　SSB 伸缩管滗水器是一种污水处理的专用设备，适用于各种间歇循环活性污泥法污水处理系统，在排水阶段，可将已经处理的上清液自表面撇出，达到稳定排水的目的。

（2）结构原理　SSB 伸缩管滗水器由浮动进水头、特制排水伸缩管、排水弯管及控制电磁阀等组成，需排水时，进气电磁阀自动关闭，排气电磁阀自动打开，浮动进水头环形空气室内的空气排出，浮动头下沉淹没进水口，开始排水。单位时间排水量可以调节，以控制排水时间。当排水至下限水位时，水位

讯号器发出讯号，排气电磁阀自动关闭，进气电磁阀自动打开，浮动头上浮，进水口离开水面，停止排水。进入下一循环。

（3）性能规格及外形结构　SSB 伸缩管滗水器性能规格见表 2-4-26，外形结构见图 2-4-34。

表 2-4-26　SSB 伸缩管滗水器技术性能参数

型　　号	伸缩管内径/mm	排水流量/(m³/h)	浮头尺寸/mm
SSB—150	150	60	φ870×550
SSB—200	200	150	φ1000×650
SSB—250	250	200	φ1200×750
SSB—300	300	300	φ1000×1000

生产厂家：江苏一环集团有限公司、江苏源泉泵业有限公司。

4.1.10.5　鼓风机

鼓风机一般分为罗茨鼓风机、离心鼓风机、磁悬浮鼓风机、空气悬浮鼓风机，主要用于生化处理时曝气池的充氧及搅拌。详见第三篇第 3 章的相关内容。

4.1.10.6　球形橡胶膜微孔曝气器

（1）适用范围　球形橡胶膜微孔曝气器适用于污水生物处理、水源水预处理、湖泊及河道水质处理，起到充氧、搅拌和混合等作用。

（2）特性　空气通过球形表面具有弹性的橡胶膜时，其上孔缝张开；当停止供气时弹性恢复，其上孔缝闭合，在水中产生直径小于 3mm 的气泡。橡胶膜片主要理化学指标见表 2-4-27。

表 2-4-27　橡胶膜片主要理化力学指标

型　　号	硬度(邵尔 A)/度	撕裂强度/(N/m)	回弹性/%	耐酸系数(28%H_2SO_4×24h)	耐碱系数(38%NaOH×24h)
BZQ—W	60±2	≥1.7×10³	≥40	1.0	0.9

（3）性能规格及外形尺寸　球形橡胶膜微孔曝气器性能规格见表 2-4-28，其外形及结构见图 2-4-35。

表 2-4-28　球形橡胶膜微孔曝气器性能规格

型　号	规格/mm	通气量/[m³/(h·个)]	服务面积/(m²/个)	充氧能力(按 O_2 计)/(kg/h)	氧利用率/%	理论动力效率(按 O_2 计)/[kg/(kW·h)]	阻力损失/Pa
BZQ—W	φ192	2～3	0.35～0.60	0.169～0.244	25.68～6.84	6.58～6.84	≤3400
		2～3	0.35～0.60	0.227～0.316	30.82～33.38	7.03～7.48	≤3500

生产厂家：宜兴市凌泰环保设备有限公司、江苏菲力环保工程有限公司、宜兴泉溪环保有限公司。

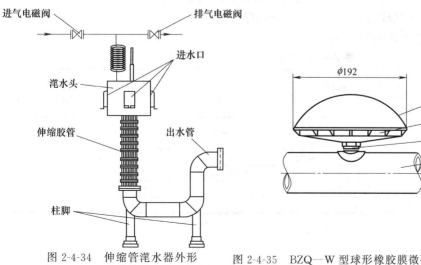

图 2-4-34　伸缩管滗水器外形　　　　图 2-4-35　BZQ—W 型球形橡胶膜微孔曝气器外形尺寸

1—橡胶膜；2—支承托盘；3—接头；4—进气管

4.1.10.7 管式曝气器

（1）刚玉管式微孔曝气器

1）适用范围。适用于市政污水生物处理、工业废水处理、水源水预处理等，起到对水体的充氧、混合和搅拌的作用。

2）型号说明

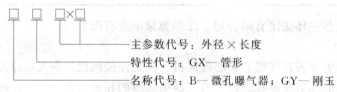

主参数代号：外径×长度
特性代号：GX—管形
名称代号：B—微孔曝气器；GY—刚玉

3）结构及性能。刚玉管式微孔曝气器的规格用外径×长度表示，其技术参数见表2-4-29。

表 2-4-29 刚玉管式微孔曝气器技术参数

项 目	产品类型					
	管式刚玉微孔曝气器					
直径×长度/mm	70×750			100×750		
通气量/(m³/h)	3	5	7	4	7	10
标准氧转移速率 SOTR(按 O₂ 计)/(kg/h)	0.40	0.63	0.83	0.58	0.94	1.27
标准氧转移效率 SOTE/%	17	16	15	19	17	16
理论动力效率(按 O₂ 计)/[kg/(kW·h)]	8.1	7.6	7.0	8.8	8.0	7.6
阻力损失/Pa	≤4000	≤4500	≤5000	≤4000	≤4500	≤5000

注：测试水深为 6m，TDS≤1000mg/L，CND≤2000ms/cm。氧转移速率、氧转移效率及理论动力效率的数值不低于表中所示数值。

生产厂家：宜兴诺庞环保有限公司、江苏神洲环境工程有限公司。

4）设备外形。刚玉管式微孔曝气器外形见图 2-4-36。

图 2-4-36 刚玉管式微孔曝气器外形

（2）可变孔曝气软管

1）适用范围。可变孔曝气软管适用于市政污水及工业废水的生物处理等，起到对水体的充氧、混合和搅拌的作用。

2）特性。当空气通过表面布满气孔的改良化纤维增强塑料曝气软管，在水中产生 3～5mm 气泡，可变孔曝气软管是一种高效节能的曝气管。

可变孔曝气软管性能规格见表 2-4-30。

表 2-4-30 可变孔曝气软管性能规格

型号	规格		氧利用率/%	理论动力效率(按 O₂ 计)/[kg/(kW·h)]	阻力损失/Pa	水深/m	通气量/(m³/h)
	管径/mm	孔缝长/mm					
HA80	φ80	5.0～5.5	15.22～22.46		≤3800		
		6.0～6.5	13.41～15.96		≤3050		
HA65	φ65	5.0～5.5	14.74～13.59	4.74	≤5000	4	2～4
		6.0～6.5	11.22～13.59	3.58～4.00	≤3800		
HA50	φ50	5.0～5.5	11.22～17.14		≤6000		
		6.0～6.5	10.55～13.00		≤4750		

生产厂家：宜兴市凌泰环保设备有限公司。

4.1.10.8 盘式曝气器

（1）盘式橡胶膜微孔曝气器

1）用途。适用于市政污水处理、工业废水处理、水源水预处理、河道水质处理，起到对水体的充氧、混合和搅拌的作用。

2）型号说明

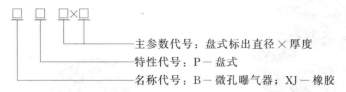

主参数代号：盘式标出直径×厚度

特性代号：P—盘式

名称代号：B—微孔曝气器；XJ—橡胶

3）结构。橡胶膜微孔曝气器，其规格用微孔橡胶膜的直径×厚度。其优点是采用三元乙丙胶为主要原料制作微孔橡胶膜，其各种配合剂的组成应具有规定要求的技术性能和良好的硫化工艺性能。微孔橡胶膜外观应光洁，平整，无杂质、气泡和裂纹。

4）性能。盘式橡胶膜微孔曝气器的技术参数见表 2-4-31，其外形见图 2-4-37。

表 2-4-31　盘式橡胶膜微孔曝气器的技术参数

技术参数	产品类型								
	盘式橡胶膜								
直径/mm	192			250			300		
通气量/(m³/h)	2	3	4	2	3	4	4	5	6
标准氧转移速率 SOTR(按 O₂ 计)/(kg/h)	0.29	0.39	0.49	0.30	0.40	0.48	0.56	0.64	0.74
标准氧转移效率 SOTE/%	40	36	34	41	37	34	38	34	33
理论动力效率(按 O₂ 计)/[kg/(kW·h)]	8.8	8.0	8.0	9.0	8.2	7.3	8.5	7.2	7.39
阻力损失/Pa	≤3500			≤3500	≤4000		≤4500		

注：测试水深为 6m，TDS≤1000mg/L，CND≤2000ms/cm。氧转移速率、氧转移效率及理论动力效率的数值不低于表中所示数值。

生产厂家：宜兴诺庞环保有限公司、江苏兆盛水工业装备集团有限公司、宜兴泉溪环保有限公司、宜兴市凌泰环保设备有限公司。

（2）JEP—G 刚玉陶瓷盘形微孔曝气器

1）适用范围。用于市政污水生物处理、工业废水处理、湖泊及河道水处理等，起到充氧、搅拌和混合等作用。

2）性能规格及结构外形。JEP—G 刚玉陶瓷盘形微孔曝气器性能规格见表 2-4-32，其外形见图 2-4-38。

表 2-4-32　JEP—G 刚玉陶瓷盘形微孔曝气器性能规格

规格 /mm	通气量 /[m³/(h·个)]	服务面积 /(m²/个)	理论动力效率(按 O₂ 计) /[kg/(kW·h)]	阻力损失 /Pa	气泡直径 /mm
φ178,φ220, φ260,φ300,	2~8	0.4~1.5	6.7	≤2900	1~3

生产厂家：宜兴市荆溪环保设备有限公司。

3）性能曲线。JEP—G 薄膜盘式微孔曝气器的供氧性能曲线及压降曲线见图 2-4-39 及图 2-4-40。

（3）JEP—D 薄膜盘式微孔曝气器

1）适用范围。用于市政污水处理、工业废水处理、湖泊及河道水处理等，起到充氧、搅拌和混合等作用。

2）性能规格及结构外形。JEP—D 薄膜盘式微孔曝气器性能规格见表 2-4-33，其外形见图 2-4-41。

图 2-4-37　盘式橡胶膜微孔曝气器外形　　　图 2-4-38　JEP—G 刚玉陶瓷盘形微孔曝气器外形

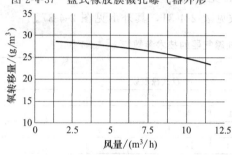
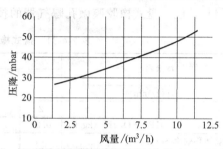

图 2-4-39　JEP—G 刚玉陶瓷盘形　　　　图 2-4-40　JEP—G 刚玉陶瓷盘形

微孔曝气器供氧性能曲线　　　　　　　微孔曝气器压降曲线

表 2-4-33　JEP—D 薄膜盘式微孔曝气器性能规格

型号	规格 /mm	通气量 /[m³/(h·个)]	服务面积 /(m²/个)	理论动力效率（按 O₂ 计） /[kg/(kW·h)]	阻力损失 /Pa	气泡直径 /mm
JEP—D	$\phi215,\phi235,$ $\phi260,\phi300$	2~6	0.4~1.5	7.3	≤3000	0.9~2

生产厂家：宜兴市荆溪环保设备有限公司。

3）性能曲线。JEP—D 薄膜盘式微孔曝气器的供氧性能曲线及压降曲线见图 2-4-42、图 2-4-43。

在本章中介绍的其他形式的曝气器也可考虑选用。

4.1.10.9　水下推流搅拌设备

水下推流搅拌设备见 4.1.2 部分相关内容。

4.1.11　氧化沟工艺描述、设计要点及计算

4.1.11.1　工艺描述

氧化沟是常规活性污泥法的一种发展，其曝气池呈封闭的沟渠型，在水力流态上不同于传统的活性污泥法。污水和活性污泥的混合液在环状的曝气渠道中不断循环流动，依靠转刷推动污水和混合液流动并进行曝气。整个过程如进水、曝气、沉淀、污泥稳定和出水等全部集中在氧化沟内完成。它通常采用延时曝气，连续进出水，所产生的微生物污泥在污水曝气净化的同时得到稳定，不需设置初沉池和污泥消化池，处理设施大大简化。

氧化沟独特的水流特征使其兼有完全混合式和推流式的特点。在适宜的控制条件下，使沟中产生交替循环的好氧区和缺氧区，从而使得氧化沟不仅净化程度高、耐冲击负荷、能耗低，还具有良好的脱氮效果。因此是非常经济的。

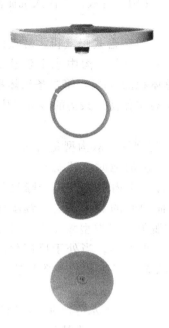

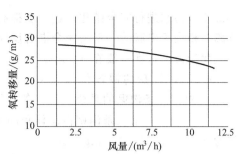

图 2-4-42　JEP—D 薄膜盘式微孔
曝气器供氧性能曲线

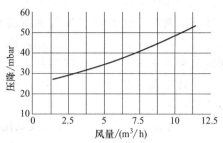

图 2-4-41　JEP—D 薄膜盘式
微孔曝气器外形

图 2-4-43　JEP—D 薄膜盘式微孔
曝气器压降曲线

由于氧化沟出水水质好、运行稳定、管理方便，已经在国内外广泛地应用于生活污水和工业污水的处理。目前应用较为广泛的氧化沟类型包括卡鲁塞尔（Carrousel）氧化沟、奥尔伯（Orbal）氧化沟、交替式氧化沟和一体化氧化沟。这些氧化沟由于在结构和运行上存在差异，因此各具特点。

（1）Carrousel 氧化沟　Carrousel 氧化沟法工艺又称平行多渠型氧化沟。这种工艺是在传统活性污泥法的基础上进行改进的，取消初沉池，增加生物氧化池，使有机物彻底降解，并发生硝化反应；生物氧化池呈环状，污水在其中循环流动，提高对进水的稀释缓冲能力；如果沿环形池水流方向改变曝气强度，可形成缺氧段，进行反硝化反应；加长污泥泥龄，可取消污泥消化池，简化污泥的处理工艺；加大二沉池，保证泥水分离。如果在氧化沟前加设厌氧池，即可达到除磷的要求。

Carrousel 氧化沟采用竖轴低速表面曝气器，水深可达 $4\sim4.5m$，沟内流速达 $0.3\sim0.4m/s$，混合液在沟内每 $5\sim20min$ 循环一次，在沟内循环的混合液为入流水量的 $30\sim50$ 倍。在沟内转弯处设导流板，其作用是防止水流短路。规模小至每日处理污水数百立方米，大到 $65000m^3/d$。BOD_5 去除率可达 95% 以上，脱氮率可达 90%，除磷效率约为 50%。

（2）Orbal 氧化沟　Orbal 系统是一种多道式氧化沟，一般由 3 条同心环形渠道组成，渠与渠之间是串联形式。Orbal 氧化沟的平面形状是由几条同心椭圆形沟渠套在一起组成的，一般采用三沟型，污水首先进入最外圈的沟渠，然后依次进入下一个沟渠，最后由中心的沟渠流出进入沉淀池。在流态上各渠道内呈现有一定的完全混合型流态，也存在推流性质，而渠道与渠道之间则呈推流流态。Orbal 氧化沟的充氧是通过曝气转碟完成的。

污水和回流污泥进入外渠道，经曝气盘曝气混合，发生 BOD_5 去除和硝化作用，由于外渠中的溶解氧控制在 $0.5mg/L$ 以下，在该渠中同时有反硝化作用发生。处理后的混合液由外环依次经过中间渠和内渠，在这两条渠道中的溶解氧分别控制在 $0.5\sim1.5mg/L$ 和 $1.5\sim$

2.5mg/L，污水进行完全硝化，进一步提高出水水质。氧化沟混合液出水流入沉淀池进行泥水分离。相当于串联的一系列完全混合反应池的组合。

氧化沟设计深度一般在 4.0m 以内。一般采用水平轴的转盘式曝气机，转盘的转速为 43～55r/min，转盘的浸没深度可在 230～530mm 范围内调节，沟中水平流速为 0.3～ 0.6m/s。对设三条沟渠的系统，第一条沟的体积约为总体积的 60％，第二条沟体积占总体积的 20％～30％，第三条沟则占总体积的 10％左右。运行中保持三条沟的溶解氧依次递增，通常为 0、1.0mg/L、2.0mg/L。

（3）交替式氧化沟　交替式氧化沟包括双沟型和三沟型等。双沟型是由两个容积相同的单沟串联组成，两沟被交替用作曝气池和沉淀池，作沉淀池时，转刷停开。三沟型氧化沟由三个单沟平排组建在一起作为一个整体运行，每个沟内都装有用于曝气和推动循环的转刷，两侧氧化沟可起曝气和沉淀的双重作用，而中间的氧化沟则连续曝气。三沟型氧化沟有两种工作方式：一是去除 BOD_5；二是生物脱氮。三沟型氧化沟的脱氮是通过双速电机来实现的，曝气转刷能起到混合器和曝气器双重作用。当处于反硝化时，转刷低转速运转仅仅保持池中污泥悬浮，而池内处于缺氧状态。好氧和缺氧阶段完全可由转刷转速的改变进行自控。

（4）一体化氧化沟　又称合建式氧化沟，它集曝气、沉淀、泥水分离和污泥回流功能为一体，无需建造单独的二沉池。此外，污泥可在系统内自动回流，可省掉污泥回流泵房，目前已出现多种不同构造形式的一体化氧化沟。

4.1.11.2　设计要点

除考虑有机物的去除和污泥稳定的要求外，目前氧化沟的设计中，通常考虑脱氮，同时还要考虑除磷的要求。

泥龄通常取值为 10～30d。泥龄与温度、脱氮、除磷要求和要求稳定污泥的程度相关。

有机负荷取值（按 BOD_5 计）为 0.16～0.35kg/(m³·d)。污泥负荷（按每千克 MLSS 含 BOD_5 计）0.03～0.10kg/(kg·d)。水力停留时间：对于城市污水取 6～30h。氧化沟内的平均流速宜大于 0.25m/s，系统宜采用自动控制。

4.1.11.3　计算公式

（1）碳氧化、氮硝化容积

$$V_1 = \frac{YQ(L_0 - L_e)\theta_c}{X(1 + K_d\theta_c)} \quad (\text{m}^3)$$

式中，Q 为污水设计流量，m³/d；X 为污泥浓度，kg/m³，一般为 2000～6000kg/m³；L_0、L_e 分别为进、出水 BOD_5 浓度，mg/L；θ_c 为生物固体平均停留时间（污泥龄），d，去除 BOD_5 时通常取 5～8d，去除 BOD_5 并硝化时通常为 10～20d，去除 BOD_5 并反硝化时通常为 30d；Y 为污泥净产率系数（按每千克 BOD_5 含 MLSS 计），kg/kg，通常与污泥龄存在一定对应关系，对城市污水通常取 0.3～0.5kg/kg；K_d 为污泥自身氧化率系数，d^{-1}，对于城市生活污水其取值一般为 0.05～0.1d^{-1}。

（2）反硝化容积

$$V_2 = \frac{\Delta S_{\text{NO}_3^- \text{-N}}}{Xr'_{\text{DN}}} \quad (\text{m}^3)$$

式中，$\Delta S_{\text{NO}_3^- \text{-N}}$ 为去除的硝酸盐氮量，kg/d；r'_{DN} 为反硝化速率（按每毫克 VSS 含硝态氮计），mg/(mg·d)，在温度为 15～27℃时城市污水取值范围 0.03～0.11mg/(mg·d)。

（3）氧化沟总容积

$$V = V_1 + V_2 \quad (\text{m}^3)$$

（4）最大需氧量

$$O_2 = Q\frac{S_0 - S_e}{1 - e^{-Kt}} - 1.42\Delta X_{VSS} + 4.5Q(N_0 - N_e) - 0.56\Delta X_{VSS} - 2.6Q\Delta N_{NO_3^--N}$$

式中，S_0 为进水 BOD_5，mg/L；S_e 为出水 BOD_5，mg/L；K 为速率常数，d^{-1}；t 为 BOD 试验天数，d，对 BOD_5，$t = 5d$；ΔX_{VSS} 为每日产生的生物污泥量（VSS）；N_0 为进水氮浓度（按凯式氮计），mg/L；N_e 为出水氮浓度（按凯式氮计），mg/L；$\Delta N_{NO_3^--N}$ 为还原或反硝化的硝酸盐氮量（按硝态氮计），mg/L。

（5）剩余活性污泥量

$$X_w = \frac{Q_{\Psi}L_r}{1 + K_d\theta_c}$$

式中，Q_{Ψ} 为污水平均日流量，m^3/d；L_r 为去除的 BOD_5 浓度（$L_0 - L_e$），mg/L。

（6）水力停留时间

$$t = \frac{24V}{Q}$$

式中，V 为氧化沟容积，m^3；t 为水力停留时间，h，一般为 $10 \sim 24h$。

（7）污泥回流比

$$R = \frac{X}{X_R - X} \times 100\%$$

式中，R 为污泥回流比，%，一般为 $60\% \sim 200\%$；X_R 为二沉池底污泥浓度，mg/L。

（8）污泥负荷

$$N_s = \frac{Q(L_0 - L_e)}{VX_V}$$

式中，N_s 为污泥负荷（按每千克 MLSS 含 BOD_5 计），$\text{kg}/(\text{kg} \cdot \text{d})$，一般为 $0.05 \sim 0.15\text{kg}/(\text{kg} \cdot \text{d})$；$X_V$ 为 MLVSS 浓度，mg/L。

4.1.12　氧化沟主要设备

4.1.12.1　转刷曝气机

（1）YHG 型水平轴转刷曝气机

1）适用范围。YHG 型水平轴转刷曝气机是氧化沟处理系统中最主要的机械设备，兼有充氧、混合、推进等功能。广泛用于城市生活污水和各种工业废水的氧化沟处理工艺。

2）型号说明

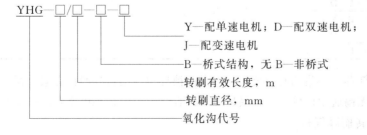

3）结构及特点。YHG 型水平轴转刷曝气机主要由电动机、减速装置、转刷主体及连接支承等部件组成。为满足三沟式氧化沟的工艺需要，该设备配有双速及单速两种立式三相异步电动机。YHG 型水平轴转刷曝气机主体由连接支承固定于氧化沟内，并与减速装置相连接，在电动机的驱动下定向转动，设备主体上的叶片在旋转过程中不断将空气溶于水体

中，并推动水流在氧化沟内循环流动。

该设备具有结构质量轻、强度好、耐腐蚀性强；运行平稳、动力效率好、充氧效果好；安装方便、操作简单、可连续或间断运行等特点。

4）设备性能及外形。YHG 型水平轴转刷曝气机规格性能参数见表 2-4-34、表 2-4-35；设备外形见图 2-4-44。

表 2-4-34　水平轴转刷曝气机规格性能（一）

水平轴转刷曝气机			电机功率/kW	转速/(r/min)	浸深/cm
规格型号	直径/mm	有效长度/mm			
YHG—1000/1.5—B—Y	700	1500	7.5	70	15～30
YHG—1000/2.5—B—Y		2500	11		
YHG—1000/3.5—B—J		3500	15	40～80	
YHG—1000/4.5—B—Y	1000	4500	22	70	15～30
YHG—1000/4.5—B—J			15	40～80	15～30
YHG—1000/4.5—B—D			18.5/22	48/72	
YHG—1000/4.5—B—Y			22	72	
YHG—1000/6.0—B—D		6000	22/28	48/72	15～30
YHG—1000/6.0—B—Y			30	72	
YHG—1000/7.5—B—D		7500	26/32	48/72	
YHG—1000/7.5—B—Y			37	72	
YHG—1000/9.0—B—D		9000	32/42	48/72	
YHG—1000/9.0—B—Y			45	72	

表 2-4-35　水平轴转刷曝气机规格性能（二）

水平轴转刷曝气机			充氧能力（按 O₂ 计）/[kg/(m·h)]	动力效率（按 O₂ 计）/[kg/(kW·h)]	氧化沟设计有效水深/m	推动能力/(m³/h)
规格型号	直径/mm	有效长度/mm				
YHG—1000/1.5—B—Y	700	1500	4.0～4.5		2.0～2.5	>155
YHG—1000/2.5—B—Y		2500				
YHG—1000/3.5—B—J		3500				
YHG—1000/4.5—B—Y	1000	4500	6.5～8.5	2.0～2.5	3.0～3.5	
YHG—1000/4.5—B—J			4.0～6.0		2.5～3.0	
YHG—1000/4.5—B—D						
YHG—1000/4.5—B—Y						
YHG—1000/6.0—B—D		6000	6.5～8.5		3.0～3.5	>500
YHG—1000/6.0—B—Y						
YHG—1000/7.5—B—D		7500				
YHG—1000/7.5—B—Y						
YHG—1000/9.0—B—D		9000				
YHG—1000/9.0—B—Y						

生产厂家：江苏一环集团有限公司、安徽国祯环保节能科技股份有限公司、江苏天雨环保集团有限公司、无锡通用机械厂、宜兴泉溪环保有限公司、宜兴市凌泰环保设备有限公司。

（2）BZS 型转刷曝气机

1）适用范围。BZS 型转刷曝气机用于城市生活污水以及各种工业污水处理。本机通过刷片的旋转冲击水体，推动水体作水平层流，同时进行充氧。足够的水流速度可以防止活性污泥沉淀，并使污水和污泥充分混合，有利于微生物生长。通过转刷曝气机的工作，有效地达到氧化沟工艺中对混合、充氧和推流的要求。

2）型号说明

BZS □×□

$\square$×10 转刷主轴长度，mm

$\square$×10 转刷直径，mm

转刷曝气机

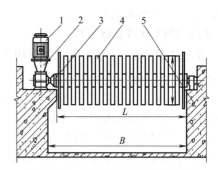

图 2-4-44　水平轴转刷曝气机外形
1—电动机；2—减速装置；3—柔性联轴器；
4—转刷主体；5—氧化沟池壁

3）设备特点。

① 采用立式户外电机，下端面距液面近 1m，减少了转刷溅起的水雾对电机的影响。

② 减速箱采用圆锥、圆柱齿轮传动，承载能力大、结构紧凑、运转平稳。

③ 采用弹性柱销齿式联轴器，传递扭矩大，允许一定的径向和角度误差，安装简单。

④ 刷片组合成抱箍式，呈螺旋状排布，入水均匀、负荷平稳。

⑤ 尾部采用调心轴承及游动支座，可以克服安装误差，自动调心。同时，能补偿转刷轴因温差引起的伸缩，保证正常运行。

4）设备规格及性能。BZS 型转刷曝气机设备规格及性能参数见表 2-4-36，外形见图2-4-45。

表 2-4-36　BZS 型转刷规格参数

型　　号	直径/mm	主轴长度/mm	浸没最大深度/mm	充氧量（按 O_2 计）/(kg/h)	电机额定功率/kW	总高度/mm	整机质量/kg
BZS070×300	700	3000	200	10	5.5	1425	2200
BZS070×450	700	4500	200	14	7.5	1425	2400
BZS070×600	700	6000	200	20	11	1550	2600
BZS100×300	1000	3000	300	27	15	1550	2200
BZS100×450	1000	4500	300	40	22	1655	2400
BZS100×600	1000	6000	300	54	30	1775	2700
BZS100×750	1000	7500	300	67	37	1806	3000
BZS100×900	1000	9000	300	81	45	1900	3200

生产厂家：安徽国祯环保节能科技股份有限公司、无锡通用机械厂、江苏源泉泵业有限公司、江苏鼎泽环境工程有限公司。

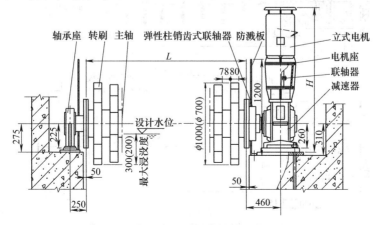

图 2-4-45　BZS 型转刷曝气机外形

4.1.12.2　转盘曝气机

（1）ZPQ 型转盘曝气机

1）适用范围。转盘曝气机主要用于奥贝尔（Orbal）型氧化沟，通常称之为曝气转盘或曝气转碟。

该设备利用安装于水平转轴上的转盘转动时对水体产生切向水跃推动力，促进污水和活性污泥的混合液在渠道中连续循环流动，进行充氧与混合。

转盘曝气机是氧化沟的专用机械设备，在推流与充氧混合功能上，具有独特的性能。运转中可使活性污泥絮体免受强烈的剪切，SS 去除率较高，充氧调节灵活。随着氧化沟技术发展，这种新型水平推流曝气机械设备使用越来越广泛。它适用于各种类型氧化沟的曝气充氧、混合推流。

2）结构组成。本设备由电机、减速机、主轴、主轴支座和曝气转盘等主要部件组成。经过减速机减速，电机带动主轴上的盘片在旋转过程不断将水扬起，增大了气液接触面积，使氧气溶于水中，同时推动沟中水流流动。

3）规格和性能见表 2-4-37。

表 2-4-37　ZPQ 型转盘曝气机性能参数

型号	转盘直径/mm	转速/(r/min)	盘片数量/(片/m)	单位单盘片功率/kW	最大浸没深度/mm	动力效率（按O_2计）/[kg/(kW·h)]	单沟跨度/m
ZPQ	1320	56	4	0.5	460	2.3	≤1.1
	1400	50		0.75	500		

生产厂家：江苏天雨环保集团有限公司、宜兴市凌泰环保设备有限公司、无锡通用机械厂、江苏源泉泵业有限公司、南京远蓝环境工程设备有限公司、国美（天津）水务设备工程有限公司。

4）外形及安装尺寸见图 2-4-46。

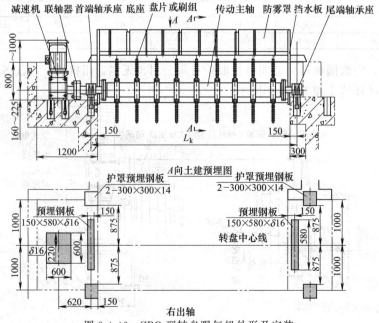

图 2-4-46　ZPQ 型转盘曝气机外形及安装

（2）AD 型剪切式转盘曝气机

1）适用范围。AD 型剪切式转盘曝气机主要用于由多个同心沟渠组成的 Orbal 氧化沟。

2）型号说明

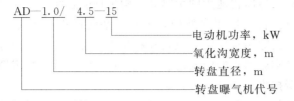

3）结构及特点。AD 型剪切式转盘曝气机主要由电动机、减速装置、柔性联轴节、主轴、转盘、轴承和轴承座等部件组成。电动机为立式户外形。减速装置由圆锥-圆柱齿轮减速。齿轮均为硬齿面，承载力大、结构紧凑、运行平稳。主轴由无缝钢管及端法兰组成，用螺栓和轴头或联轴器连接。钢管经调质处理，外表镀锌或沥青漆防腐。连接支承采用柔性联轴器直接将动力输入转刷，允许一定的径向和角度误差，方便安装。剪切式转盘曝气机由两个半圆形圆盘以半法兰与主轴相连接，盘片两侧开有不穿透的曝气孔，表面设有剪切式叶片。与传统盘片相比，提高了充氧能力和推动力。转盘采用轻质高强度、耐腐蚀玻璃钢压铸而成。轴承和轴承座采用调心式，提供带调整板的游动支座，保证轴承座在三维方向上的自由调节定位。转盘结构见图 2-4-47。

4）设备性能、外形及安装尺寸。AD 型剪切式转盘曝气机性能见表 2-4-38，其外形见图 2-4-48。

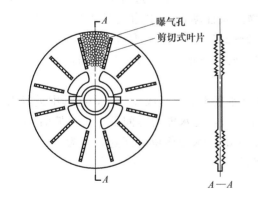

图 2-4-47　剪切式曝气盘片结构示意

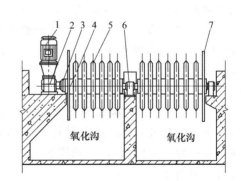

图 2-4-48　AD 型剪切式转盘曝气机外形

1—电动机；2—减速装置；3—弹性联轴节；4—主轴；

5—转盘；6—轴承及轴承座；7—挡水盘

表 2-4-38　AD 型剪切式转盘曝气机性能

转盘				充氧能力（按 O₂ 计）/[kg/(片·h)]	动力效率（按 O₂ 计）/[kg/(kW·h)]	电动机功率/(kW/片)	单轴最大长度/m	氧化沟设计有效水深/m
直径/mm	转速/(r/min)	浸没深度/mm	安装密度/(片/m)					
1000～1400	40～60	300～550	3～5	0.5～2.0	1.5～4.0	约 1.0	≤9	2.5～5.0

生产厂家：江苏一环集团环保工程有限公司。

4.1.12.3 水下推流搅拌设备

水下推流搅拌设备见 4.1.2 相关内容。

4.1.13 稳定塘工艺描述、设计要点及计算

4.1.13.1 工艺描述

稳定塘是一类利用天然净化能力的生物处理构筑物的总称。主要利用菌藻的共同作用处理污水中的有机污染物。稳定塘污水处理系统具有基建投资和运转费用低、维护和维修简单、便于操作、能有效去除污水中的有机物和病原体、无需污泥处理等优点。在我国，特别是缺水干旱的地区，是实施污水的资源化利用的有效方法，所以稳定塘处理污水近年来成为我国着力推广的一项新技术。

稳定塘对污水的净化过程和天然水体的自净过程很相近，除曝气塘外，其余类型的稳定塘一般不采取实质性的人工强化措施。

根据塘水中微生物优势群体类型和塘水的溶解氧工况，稳定塘可分为好氧稳定塘、兼性稳定塘、厌氧稳定塘、曝气稳定塘。

4.1.13.2 设计要点

厌氧塘、兼性塘、好氧塘应按 BOD_5 表面负荷确定水面面积。厌氧塘亦可按 BOD_5 容积负荷设计，完全曝气塘亦可按 BOD_5 污泥负荷进行设计。

好氧塘水深一般不超过 0.5m，主要由藻类供氧，全部塘水呈好氧状态，由好氧微生物起有机污染物的降解与污水净化作用。

每座塘的面积以不超过 $40000m^2$ 为宜。塘表面以矩形为宜，长宽比取（2~3）：1。

兼性塘水深一般在 1.0m 以上，从塘面到一定深度（0.5m 左右），藻类光合作用旺盛，溶解氧比较充足，呈好氧状态，塘底为沉淀污泥，处于厌氧状态，进行厌氧发酵，介于好氧与厌氧之间为兼性区，存活着大量兼性微生物。兼性塘的污水净化是由好氧、兼性、厌氧微生物协同完成的。兼性塘塘深一般采用 1.2~2.5m，污泥层厚度取 0.3m，保护高度 0.5~1.0m，冰盖厚度一般为 0.2~0.6m。停留时间一般为 7~180d。BOD_5 表面负荷率 0.0002~0.010kg/（m²·d）。

厌氧塘水深 2.0m 以上，有机负荷率高，整个塘水基本上都呈厌氧状态，在其中进行水解、产酸以及甲烷发酵等厌氧反应全过程，净化速度低，污水停留时间长。厌氧塘的 BOD 表面负荷率（按 BOD_5 计）建议值为 20~60g/（m²·d），水力停留时间建议值为 30~50d，厌氧塘长宽比为 2~（2.5：1）。塘深 3~5m，单塘面积不应大于 $8000m^2$。

4.1.13.3 计算公式

好氧塘的表面面积：

$$A = \frac{QS_0}{N_A}$$

式中，A 为好氧塘的有效面积，m^2；Q 为污水设计流量，m^3/d；S_0 为原污水 BOD_5 浓度，kg/m^3；N_A 为 BOD 面积负荷率，$kg/（m^2·d）$。

4.1.14 稳定塘主要设备

4.1.14.1 水下曝气机械设备

（1）QXB 型潜水离心式曝气机

见 4.1.2 部分相关内容。

（2）SBJ 型深水曝气搅拌机

1）适用范围。SBJ 型深水曝气搅拌机主要应用在硝化/反硝化生化反应池、污泥池、氧

化塘以及需要进行深水曝气搅拌和要求氧转移率高的场所。

2）型号说明

3）结构特点

① 深水：由于采用深水电机密封技术，使曝气池在垂直方向布置，池深可达 20m，可节约占地面积，减少空气污染；由于水深，空气在水中停留时间长，加之水下温度均衡，故氧转移率高。

② 曝气：实际充氧能力是通过进气与水的混合机能完成的，因此只要控制好水气混合比和工作时间，就可达到所需的最佳连续稳定的曝气性能；达到生化处理工艺自动控制系统的简单、可靠。

③ 搅拌：设备利用开放式的叶轮结构设计，无堵塞之忧，在完成高速曝气后可自动切换到低速状态作为搅拌混合设备，沿圆周出口处可保持 3～5r/min 的流速，通过池壁的反射在水下形成环流，能有效地防止悬浮物的沉降。

④ 安装：设备依靠自重定位，一体化的吊装设计无需任何辅助配件，布置灵活。在无需排水和不中断工艺运行的情况下可实现快速吊装。

4）SBJ 型深水曝气搅拌机规格和性能参数见表 2-4-39，外形见图 2-4-49。

表 2-4-39　SBJ 型深水曝气搅拌机规格和性能参数

型号	电机额定功率/kW	自重/kg	设备高度/mm	直径/mm	可安装水深/m
SBJ3/5.5—D	3/5.5	550	1600	1430	4～20
SBJ4/7.5—D	4/7.5	800	1800	1830	4～20
SBJ5.5/11—D	5.5/11	850	1800	1830	4～20
SBJ7.5/15—D	7.5/15	1650	2100	2300	4～20
SBJ10/20—D	10/20	1700	2200	2300	4～20

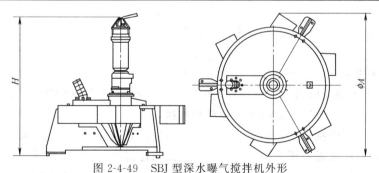

图 2-4-49　SBJ 型深水曝气搅拌机外形

生产厂家：南京贝特环保通用设备制造有限公司、南京远蓝环境工程设备有限公司、江苏一环集团有限公司、江苏源泉泵业有限公司

4.1.14.2　表面曝气设备

表面曝气设备见 4.1.2 部分相关内容。

4.1.15　MBR 工艺描述、设计要点及计算

4.1.15.1　工艺描述

膜生物反应器是将高效膜分离技术与污水生物处理工艺相结合而开发的新型系统。膜生物反应器主要是由膜组件和生物反应器两部分组成，污染物在生物反应池中被微生物降解，

通过膜组件的过滤作用实现污泥与水的分离。过滤的动力一般来自泵的真空抽吸。

膜组件通常浸没于反应池中，除反应池的微孔曝气外，膜组件下部还设有大孔径的空气管曝气，以避免污泥的沉积，延缓膜污染。为避免膜的堵塞，运行中必须进行定时的反冲洗、化学清洗、放空清洗。

（1）工艺特点 MBR对悬浮固体（SS）浓度和浊度有着非常良好的去除效果。由于膜组件的膜孔径非常小（$0.01\sim1\mu m$），可将生物反应器内全部的悬浮物和污泥都截留下来，其固液分离效果要远远好于二沉池，MBR对SS的去除率在99%以上，甚至达到100%；浊度的去除率也在90%以上，出水浊度与自来水相近。另外，由于膜组件的高效截留作用，将全部的活性污泥都截留在反应器内，使得反应器内的污泥浓度达到较高水平，大大降低了生物反应器内的污泥负荷，提高了MBR对有机物的去除效率。

由于膜组件的分离作用，使得生物反应器中的水力停留时间（HRT）和污泥停留时间（SRT）是完全分开的，这样就可以使生长缓慢、世代时间较长的微生物（如硝化细菌）也能在反应器中生存下来，保证了MBR除具有高效降解有机物的作用外，还具有良好的硝化作用。

MBR对细菌和病毒也有着较好的去除效果，这样就可以省去传统处理工艺中的消毒工艺，大大简化了工艺流程。

在DO浓度较低时，在菌胶团内部存在缺氧或厌氧区，为反硝化创造了条件。仅采用好氧MBR工艺，虽然对TP的去除效率不高，但如果将其与厌氧进行组合，则可大大提高TP的去除率。

MBR工艺（筛网过滤＋MBR）流程短、占地面积小，有利于对污水处理厂的升级扩容。还可根据实际情况，增减膜组件的片数，完成产水量调整，非常简单、方便。

对于传统的活性污泥法工艺中出现的污泥膨胀现象，MBR由于不用二沉池进行固液分离，可以轻松解决。大大减轻了管理操作的复杂程度，同时，MBR工艺非常易于实现自动控制，提高了污水处理的自动化水平。

MBR工艺中，污泥负荷非常低，反应器内营养物质相对缺乏，微生物处在内源呼吸区，污泥产率低，因而使得剩余污泥的产生量很少，SRT得到延长，排除的剩余污泥浓度大，可不用进行污泥浓缩，而直接进行脱水，这就大大节省了污泥处理的费用。

（2）工艺分类 根据膜组件与生物反应器的组合方式可将膜生物反应器分为分置式膜生物反应器、一体式膜生物反应器和复合式膜生物反应器。

1）分置式膜生物反应器。分置式膜生物反应器是指膜组件与生物反应器分开设置，相对独立，膜组件与生物反应器通过泵与管路相连接，该工艺膜组件和生物反应器各自分开，独立运行，因而相互干扰较小，易于调节控制，而且，膜组件置于生物反应器之外，更易于清洗更换，但因加压泵需要压力较高，以使膜表面高速错流，延缓膜污染，造成动力消耗较大，是传统活性污泥法能耗的10~20倍，因此能耗较低的一体式膜生物反应器的研究逐渐得到了人们的重视。

2）一体式膜生物反应器。一体式膜生物反应器是将膜组件直接安置在生物反应器内部，有时又称为淹没式膜生物反应器（SMBR），减少了处理系统的占地面积，而且该工艺用重力、抽吸泵或真空泵抽吸出水，动力消耗费用远远低于分置式膜生物反应器，每吨出水的动力消耗约是分置式的1/10。如果采用重力出水，则可完全节省这部分费用。但由于膜组件浸没在生物反应器的混合液中，污染较快，而且清洗起来较为麻烦，需要将膜组件从反应器中取出。

3）复合式膜生物反应器。复合式膜生物反应器也是将膜组件置于生物反应器之中，通过重力或负压出水，与其他生物反应器不同点在于，在生物反应器中安装填料，形成复合式处理系统。安装填料的目的有 2 个：a. 提高处理系统的抗冲击负荷，保证系统的处理效果；b. 降低反应器中悬浮性活性污泥浓度，减小膜污染的程度，保证较高的膜通量。

4.1.15.2　设计要点

（1）膜材料　膜材料包括高分子有机膜材料和无机膜材料。其中高分子有机膜材料包括：聚烯烃类、聚乙烯类、聚丙烯腈、聚砜类、芳香族聚酰胺、含氟聚合物等。无机膜材料包括金属、金属氧化物、陶瓷、多孔玻璃、沸石、无机高分子材料等制成的半透膜。有机膜成本相对较低，造价便宜，膜的制造工艺较为成熟，膜孔径和形式也较为多样，应用广泛，但运行过程易污染、强度低、使用寿命短。无机膜耐有机溶剂、抗微生物腐蚀、孔径大小易控制、寿命长、结构稳定。但造价昂贵、弹性小、膜的加工制备有一定困难。

（2）膜组件　为了便于工业化生产和安装，提高膜的工作效率，在单位体积内实现最大的膜面积，通常将膜以某种形式组装在一个基本单元设备内，在一定的驱动力下，完成混合液中各组分的分离，这类装置称为膜组件。

工业上常用的膜组件形式有 5 种：板框式、螺旋卷式、圆管式、中空纤维式和毛细管式；前 2 种使用平板膜，后 3 种使用管式膜。圆管式膜直径大于 10mm，毛细管式膜直径介于 0.5～10.0mm 之间，中空纤维式膜直径在 0.5mm 左右。

（3）膜组件的数量　选择合适的膜通量；确定所需要的膜面积；根据单支元件的膜面积确定膜组件的数量；MBR 膜在运行过程中涉及反洗等操作，因此必须综合考虑水的利用率以及组件的停歇时间。

曝气系统主要为膜生物反应池的微生物生长代谢提供氧气。生物作用需氧量中氧的主要作用有：将一部分有机物氧化分解；对自身细胞的一部分物质进行自身氧化；对原水中的氨氮进行氧化。

4.1.15.3　计算公式

（1）膜通量

$$J = \frac{\Delta P}{\mu R_t}$$

式中，J 为膜通量，$m^3/(m^2 \cdot s)$；ΔP 为膜两侧压力差，Pa；μ 为滤液的黏度，$Pa \cdot s$；R_t 为过滤的总阻力，m^{-1}。

总的膜过滤阻力包括膜本身固有的阻力、浓差极化引起的极化层阻力、膜表面由于固体的沉淀和吸附导致的滤饼层的阻力以及由于物质吸附在膜孔内部导致的膜内堵塞阻力。

（2）污泥负荷率

$$N = \frac{QS_0}{VX}$$

式中，N 为 BOD_5 污泥负荷（按每千克 MLSS 计），$kg/(kg \cdot d)$；V 为曝气池的容积，m^3；X 为曝气池污泥浓度，mg/L；S_0 为曝气池进水 BOD_5，mg/L；Q 为进水设计流量，m^3/h。

4.1.16　MBR 主要设备

4.1.16.1　MBR 膜组件

（1）MOTIMO 帘式膜组件

1）使用范围。帘式膜组件是 MBR 工艺的主要设备，

图 2-4-50　外形图

设置于曝气生物处理池中，可用于市政污水和有机物含量较高的工业废水处理。该设备能够进行固液分离过程而取代传统的二沉池沉淀过程，极大地提高污水深度处理后的水质。

2）规格性能。帘式膜组件采用 PVDF 材质，过滤孔径 $0.2\mu m$。其规格性能见表 2-4-40，外形见图 2-4-50。

表 2-4-40 MOTIMO 帘式膜组件的规格性能

型号	规格性能	MBR10	MBR20	MBR30	MBR40
膜组件数量/帘		10	20	30	40
膜组件架体结构/行		1	2	2	2
尺寸/mm	长度 L	1200	1200	1700	2200
	宽度 W	700	1400	1400	1400
	高度 H	1700	1700	1700	1700
材料	壳体、集水管	SUS304/316 不锈钢			
接口法兰	集水管	DN32	DN40	DN65	DN65
	曝气管	DN40	DN65	DN80	DN80
操作条件	温度/℃	5~40			
	pH 值	5~10			
	MLSS/(mg/L)				
	工作跨膜压差/kPa				
	膜清洗压差/kPa				
	清洗剂和浓度(离线)/(mg/L)	NaClO(有效氯)≤1000			
	清洗剂和浓度(在线)/(mg/L)	NaClO(有效氯)≤5000			
	产水量/(m³/h)	2~3.3	4~7	6~10	8~14
	曝气量/[L/(min·膜组件)]	500~1000	1000~2400	1500~3600	2000~4800

（2）Microza MUNC—620A 膜组件

1）适用范围。Microza MUNC—620A 膜组件应用于污水处理、食品业废水处理、电子业废水处理、化学工业废水处理、畜牧业废水处理。

2）设备特点。Microza MUNC—620A 膜组件具有低成本稳定运行，易于维修的圆筒形结构。采用耐药性强和高强度的中空纤维膜，可以获得高品质产水。

3）设备规格及性能参数。Microza MUNC—620A 膜组件规格及性能参数见表 2-4-41，设备外形见图 2-4-51。

表 2-4-41 规格及性能参数

	膜材料	高结晶型聚偏氟乙烯(PVDF)
过滤膜	有效膜面积/m²	25
	公称孔径/μm	0.1
适用条件	过滤方式	浸入膜吸引过滤
	最大透膜压力/kPa	300
	上限温度/℃	40
	pH 值范围	1~10
	标准设计过滤水量/(m³/d)	0.2~0.7
	卡盒头、裙体	ABS 树脂
	黏合剂	聚亚胺脂
微滤膜组件尺寸/mm		2.164×167
微滤膜组件质量/kg		14

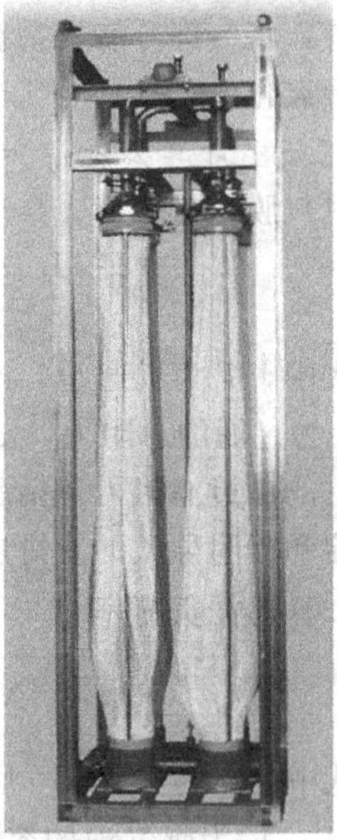

图 2-4-51 Microza MUNC—620A
膜组件外形

MBR 膜组件生产厂家：天津膜天膜科技有限公司、旭化成、西门子。

4.1.16.2 MBR 膜生物反应器

（1）适用范围　膜生物反应器宜用于生活污水的处理，污水中的有机物被池内微生物吸附降解，最终得到净化。膜生物反应器的核心为膜组件，膜组件可将活性污泥及大分子有机物等截留在反应池内，使反应池的出水水质大大优于二沉池的出水。

（2）型号说明

$$\text{MBR} \square$$

处理量 Q，m^3/h

膜生物反应器

（3）特点　a. 工艺流程简单，减少了二沉池；b. 占地面积小，投资省；c. 出水水质稳定；d. 剩余污泥少，处理费用低；e. 容易实现自动运行，操作简单，维护方便。

（4）规格及性能　膜生物反应器的规格及性能见表 2-4-42，外形示意见图 2-4-52。

表 2-4-42　规格性能

型号		MBR-2	MBR-4	MBR-6	MBR-8
产水量/(m^3/h)		2	4	6	8
整机功率/kW		2.38	4.55	6.25	8.6
外形尺寸/mm	长度 L	3600	4800	7100	7200
	宽度 W	2400	3500	3500	4600
	高度 H	2400			
运行质量/t		38	77	115	154

生产厂家：江苏天雨环保集团有限公司。

4.1.16.3　鼓风机

鼓风机一般分为罗茨鼓风机、离心鼓风机、磁悬浮鼓风机、空气悬浮鼓风机，主要用于生化处理时曝气池的充氧及搅拌。详见第三篇第 3 章的相关内容。

4.1.16.4　管式曝气器

管式曝气器主要有 PHLIP—7、PHLIP—9 系列管式微孔曝气器。

（1）适用范围　PHLIP—7、PHLIP—9 系列管式微孔曝气器适用于市政污水及工业废水的生物处理等，起到对水体的充氧、混合和搅拌等作用。

图 2-4-52　膜生物反应器外形示意

（2）优点　PHLIP—7、PHLIP—9 系列管式微孔曝气器具有以下优点：a. 高效的氧利用率；b. 可信赖的间歇式曝气设备；c. 低能耗；d. 可用于硝化和反硝化工艺；e. 使用寿命长；f. 简单的安装工艺。

（3）规格及性能　PHLIP—7 系列管式微孔曝气器的技术参数见表 2-4-43，PHLIP—9 系列管式微孔曝气器的技术参数见表 2-4-44；PHLIP—7、PHLIP—9 系列管式微孔曝气器外形见图2-4-53；PHLIP—7 系列管式微孔曝气器的结构及外形尺寸见图 2-4-54，PHLIP—9 系列管式微孔曝气器的结构及外形尺寸见图 2-4-55。

表 2-4-43　PHLIP—7 系列管式微孔曝气器技术参数

参　数		PHLIP7—500F	PHLIP7—750F	PHLIP7—1000F
材质	橡胶膜片	DPDM 膜片, 肖氏硬度 45°		
	支托管	7-500F:开封口设计		
	夹座	7-750F,7-100F,ABS(7-750F,7-100F),开封口设计		
直径×长度(有效长度)/mm		67×550(500)	67×800(750)	67×1050(1000)
气泡尺寸/mm		1～3		
运行温度范围/℃		0～100		
空气进气口接头		R3/4″NPT		
气流范围/(m^3/h)	最佳连续运行	3～6(2～3.5cfm)	5～10(3～6cfm)	6～12(3.5～7cfm)
	最大连续运行	12(7cfm)	20(12cfm)	24(14cfm)

表 2-4-44　PHLIP—9 系列管式微孔曝气器技术参数

参　数		PHLIP9—500F	PHLIP9—750F	PHLIP9—1000F
材质	橡胶膜片	\multicolumn{3}{}DPDM 膜片,肖氏硬度 45°		
	支托管	ABS,开封口设计		
直径×长度(有效长度)/mm		95×550(500)	95×800(750)	95×1050(1000)
气泡尺寸/mm		1～3		
运行温度范围/℃		0～100		
空气进气口接头		R3/4″NPT		
气流范围/(m³/h)	最佳连续运行	3～6(2.5～5cfm)	6～12(4～7cfm)	10～20(6～12cfm)
	最大连续运行	20(12cfm)	24(14cfm)	40(24cfm)

生产厂家：江苏菲力环保工程有限公司。

图 2-4-53　PHLIP—7、PHLIP—9 系列管式微孔曝气器外形

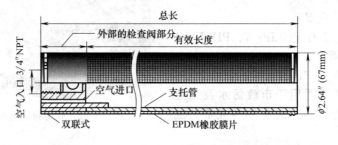

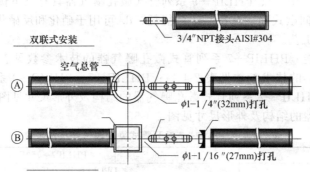

Ⓐ MK7A-3R,MK7A-4R,3″,4″打孔
　　MK7A-90,MK7A-100,90和100mm打孔
Ⓑ MK7B-80S,MK7B-90S,80mm,90mm打孔

图 2-4-54　PHLIP—7 系列管式微孔曝气器结构及外形尺寸

4.1.16.5　盘式曝气器

（1）盘式膜片微孔曝气器

1）用途。适用于市政污水处理、工业废水处理、水源水预处理、河道及湖泊水质处理，

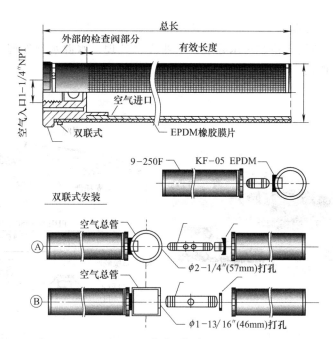

图 2-4-55　PHLIP—9 系列管式微孔曝气器结构及外形尺寸

起到对水体的充氧、混合和搅拌等作用；还可用于海滩和鱼池的曝气、臭氧的投加、垃圾渗滤液处理、CO_2 中和的曝气等。

2）优点。盘式膜片微孔曝气器具有以下优点：高效的氧利用率；可信赖的间歇式曝气设备；不堵塞，自洁型；简单的安装工艺；使用寿命长。

3）性能。盘式膜片微孔曝气器技术参数见表 2-4-45。

表 2-4-45　盘式膜片微孔曝气器技术参数

参　　数		HILIP—250V	HILIP—350V
材质	橡胶膜片	EPDM 膜片，肖氏硬度 60°	
	支托	上凸型，玻纤加强型 ABS	
	夹座	尼龙 ABS 和其他塑料材料	
直径		254mm(10in)	355mm(14in)
气泡尺寸/mm		1～3	
运行温度范围/℃		0～100	
接头		R3/4″NPT	
气流/(m³/h)	最佳连续运行	2～4	4～8
	可运行流量	8	17
PHILIP—300V	充氧能力(按 O_2 计)/(kg/h)	＞0.255	
	氧利用率/%	＞35	
	理论动力效率(按 O_2 计)/[kg/(kW·h)]	≥7.8	
	阻力损失/Pa	2500②	
	服务面积/(m²/只)	＞0.5	

① 1in≈2.54cm。

② 测定条件：单只曝气量 2m³/h，水深 6m。

生产厂家：江苏菲力环保工程有限公司、宜兴诺庞环保有限公司。

4）设备外形。盘式膜片微孔曝气器外形见图 2-4-56，结构见图 2-4-57。

（2）盘式微孔曝气器

1）适用范围。适用于市政污水处理、工业废水处理、水源水预处理，起到对水体的充氧、混合和搅拌等作用。

图 2-4-56　盘式膜片微孔曝气器外形　　　　　图 2-4-57　盘式膜片微孔曝气器结构

2）优点。盘式微孔曝气器具有以下优点：使用可回收的原材料；固定可靠；系统灵活；安装工艺简单。

3）结构。PIK300 盘式膜片微孔曝气器结构见图 2-4-58。

4）性能。KKI215、HKL215、MKL215、MKC215、PIK300 盘式微孔曝气器的技术参数见表 2-4-46；KKI215 盘式膜片微孔曝气器的氧转移效率见图 2-4-59，KKI215、HKL215、MKL215 盘式微孔曝气器的阻力损失流值域见图 2-4-60；PIK300 盘式膜片微孔曝气器的标准氧气转换效率见图 2-4-61，PIK300 盘式膜片微孔曝气器的曝气压力损失见图 2-4-62；KKI215、HKL215、MKL215、MKC215 盘式微孔曝气器的主要外形尺寸见图 2-4-63、图 2-4-64。

表 2-4-46　盘式微孔曝气器的技术参数

项　目	KKI215（橡胶膜）	PIK300（橡胶膜）	HKL215（聚乙烯）	MKL215（聚乙烯）	MKC215（陶瓷）
通气量/(m³/h)	0.5~4	1~8	1~5	1.5~6	1.5~6
曝气头设置密度/%	2~24				
曝气头表面积/m²	0.025	0.06	0.025	0.025	0.025
适用最高空气温度/℃	80~85	90~100	80~85	80~85	80~90
质量/kg	0.77	0.795	0.79	0.79	1.18
气泡尺寸/mm	1~3				

生产厂家：宜兴诺庞环保有限公司。

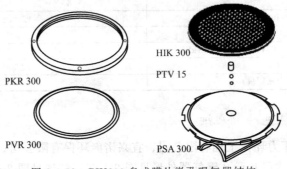

图 2-4-58　PIK300 盘式膜片微孔曝气器结构

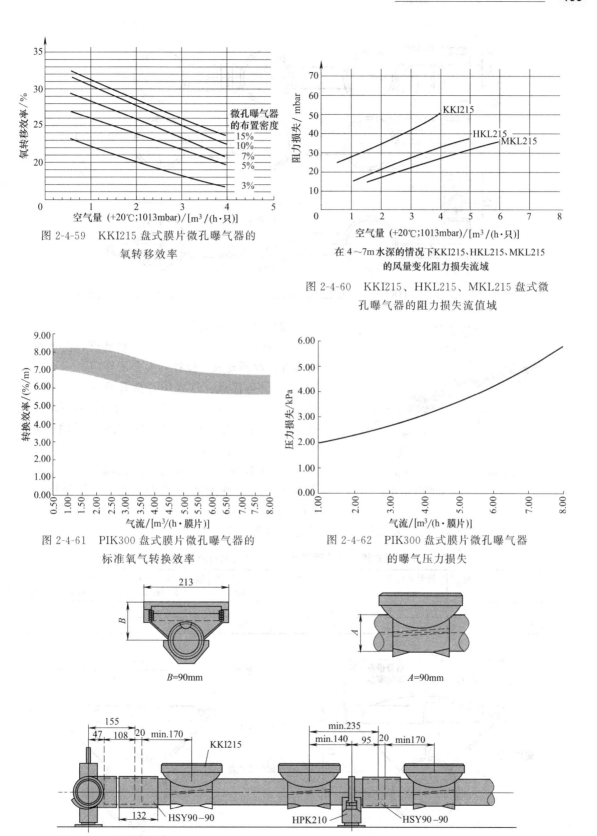

图 2-4-59 KKI215 盘式膜片微孔曝气器的
氧转移效率

图 2-4-60 KKI215、HKL215、MKL215 盘式微
孔曝气器的阻力损失流值域

图 2-4-61 PIK300 盘式膜片微孔曝气器的
标准氧气转换效率

图 2-4-62 PIK300 盘式膜片微孔曝气器
的曝气压力损失

图 2-4-63 KKI215、HKL215、MKL215、MKC215 盘式微孔曝气器的主要外形尺寸（1）

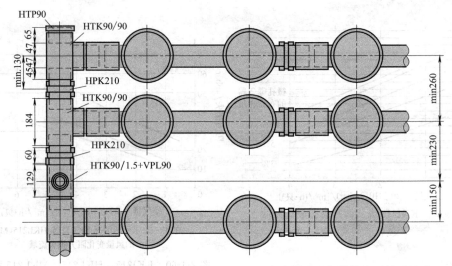

图 2-4-64　KKI215、HKL215、MKL215、MKC215 盘式微孔曝气器的主要外形尺寸（2）

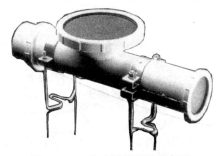

图 2-4-65　盘式膜片微孔曝气器、
盘式陶瓷微孔曝气器外形

（3）盘式微孔曝气器

1）适用范围。用于市政污水处理、工业废水处理等，起到充氧、搅拌和混合的作用。

2）设备优点。盘式膜片微孔曝气器、盘式陶瓷微孔曝气器具有以下优点：比同类设备可减少能耗 50%；更高的氧气转移效率；相对较低的压头损失；运行费用低；全平面的布置方式。

3）技术参数。盘式膜片微孔曝气器、盘式陶瓷微孔曝气器性能规格见表 2-4-47，其外形见图 2-4-65；盘式膜片微孔曝气器结构及外形尺寸见图 2-4-66，盘式陶瓷微孔曝气器结构及外形尺寸见图 2-4-67。

表 2-4-47　盘式膜片微孔曝气器、盘式陶瓷微孔曝气器性能规格

项目	通气量/(m³/h)	最大通气量/(m³/h)	理论动力效率(按 O₂ 计)/[kg/(kW·h)]	曝气头外径/mm	曝气头布置密度/(个/m²)	空气控制孔尺寸/mm	质量/kg
膜片式	1~6.5	0.85~8.4	2.5~6	267	0.6~6	5~9	1.1
陶瓷式	1~6.5	0.85~10	3~6.5	267	0.6~6	5~9	1.1

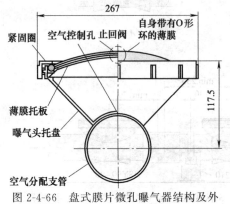

图 2-4-66　盘式膜片微孔曝气器结构及外
形尺寸（单位：mm）

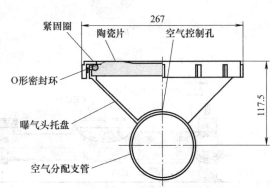

图 2-4-67　盘式陶瓷微孔曝气器结构及
外形尺寸（单位：mm）

生产厂家：ITT 飞力（沈阳）泵业有限公司。

4.1.16.6 GY—Q 型球形微孔曝气器

（1）适用范围 GY—Q 型球形微孔曝气器适用于市政污水、工业废水等的生物处理，起到充氧、搅拌和混合等作用。

（2）主要特点 GY—Q 型球形微孔曝气器的主要特点如下。

① 结构简单、组装方便。整个曝气器仅由陶瓷曝气头、通气螺杆、螺帽三部分组成，密封部位面积小。

② 材料强度高、化学性能好。曝气头为刚玉砂烧制的微孔陶瓷，永不锈蚀；通气螺杆、螺帽为 ABS 工程塑料，密封件为丁腈橡胶。

③ 形状独特。球形曝气器球形形状强度好，可减小曝气器厚度，并可减小阻力；球形形状可达到全方位曝气，充氧效率高，应力分布均匀；球形曝气器还可以减少由于停气而产生的污泥沉积，沉淀下来的污泥可以自曝气头上自动脱落，有利于重新启动投入运行。

（3）主要技术参数 GY—Q 型球形微孔曝气器主要技术参数见表 2-4-48。

表 2-4-48 GY—Q 球形微孔曝气器性能规格

型 号	规格 /mm	通气量 /[m³/(h·个)]	服务面积 /(m²/个)	充氧能力 （按 O_2 计） /(kg/h)	氧利用率 /%	能力效率 （按 O_2 计） /[kg/(kW·h)]	阻力损失 /Pa
GY—Q	φ178	2～6	0.4～0.8	0.24～0.5	25～40	5～9	≤2300

生产厂家：宜兴市诗画环保有限公司、天津国水设备工程有限公司。

（4）设备外形及结构图 GY—Q 型球形刚玉微孔曝气器外形见图 2-4-68，结构示意见图 2-4-69。

图 2-4-68 GY—Q 型球形刚玉
微孔曝气器外形

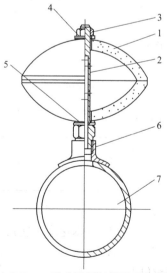

图 2-4-69 GY—Q 型球形刚玉微孔曝气器结构示意
1—曝气壳（刚玉）；2—通气螺杆（ABS）；3—紧固螺母（ABS）；
4,5—密封垫圈（橡胶）；6—连接块（ABS）；7—通气支管（UPVC）

在本章中介绍的其他形式的曝气器也可考虑选用。

4.1.16.7 一体化 MBR 膜生物反应器

（1）MBR 膜生物反应器

详见 4.1.16.2 部分相关内容。

（2）A/O＋MBR 一体化膜生物反应器

1）适用范围。A/O＋MBR 一体化膜生物反应器适用于以生活污水为主的农村、小城镇以及风景区等的污水分散式处理。

2）工艺原理及系统组成。A/O＋MBR 一体化膜生物反应器以 MBR 工艺为基础，与 A/O 工艺协同对污水进行处理，在通过大量富集微生物去除水中污染物的同时有效控制污泥的排放。

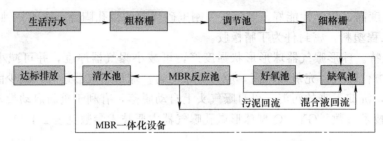

图 2-4-70　A/O＋MBR 一体化膜生物反应器工艺流程

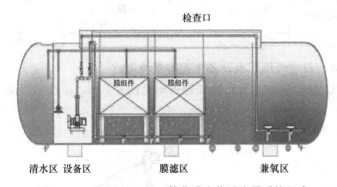

图 2-4-71　A/O＋MBR 一体化膜生物反应器系统组成

A/O＋MBR 一体化膜生物反应器的工艺流程和系统组成分别如图 2-4-70 及图2-4-71所示。

3）型号说明

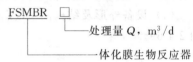

4）规格及性能。A/O＋MBR 一体化膜生物反应器的规格参数见表 2-4-49，设备外形见图 2-4-72。

表 2-4-49　A/O＋MBR 一体化膜生物反应器规格参数

设备型号	长度 L/mm	宽 B/mm	高 H/mm
FSMBR—25	4600	2000	2500
FSMBR—50	5700	2400	2900
FSMBR—100	8700	2400	2900
FSMBR—200	12000	2800	3300
FSMBR—500	10700	3200	3800
FSMBR—1000	15100	3200	3800

生产厂家：杭州天创环境科技股份有限公司。

（3）A²/O＋MBR 一体化膜生物反应器

1）适用范围。A²/O＋MBR 一体化膜生物反应器兼备 A²/O 与 MBR 的优点，将生物处理单元与膜单元结合，适用于小规模、分散式生活污水的处理。

2）型号说明

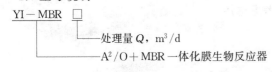

图 2-4-72　A/O＋MBR 一体化膜生物反应器实体外形

3）特点。A²/O＋MBR 一体化膜生物反应器结合了 A²/O 与 MBR 两种工艺的优点，同时克服了其各自工艺的不足，脱氮除磷效果明显。且该反应器反应流程短、占地面积小、出水水质稳定、剩余污泥少，系统操作简单、维护方便，并且易于实现自动控制，适用于分散式生活污水处理。

4）规格及性能。A²/O＋MBR 一体化膜生物反应器的规格性能见表 2-4-50。

表 2-4-50　A²/O＋MBR 一体化膜生物反应器的规格性能表

型号		YI—MBR—50	YI—MBR—100	YI—MBR—150
产水量/(m³/d)		50	100	150
整机功率/kW		3.5	6.0	7.2
外形尺寸/mm	长度 L	8000	10000	12000
	宽度 W	2500	3000	3500
	高度 H		2500	

生产厂家：北京中科奥水环保工程技术有限公司。

4.2　生物膜法工艺与设备

4.2.1　生物接触氧化工艺描述、设计要点及计算

4.2.1.1　工艺描述

生物接触氧化法又称浸没式曝气池，它是一种兼有活性污泥法和生物膜法特点的废水处理构筑物。由池体、填料、布水装置和曝气系统等部分组成，采用与曝气池相似的曝气方法提供氧量并起到搅拌混合作用。常用的形式有鼓风曝气式生物接触氧化池、表面曝气式生物接触氧化池和循环洒水式接触氧化池。

在曝气池中填充填料，使填料表面长满生物膜，净化污水主要依靠填料上的生物膜作用，并且池内尚存在一定浓度类似活性污泥的悬浮生物量，使污水中有机物氧化分解而得到净化。

生物接触氧化池具有容积负荷高，停留时间短，有机物去除效果好，对冲击负荷有较强的适应能力，污泥生成量少，无污泥膨胀的危害，无需污泥回流，运行管理简单和占地面积小等优点。但如果设计或运行不当，容易引起填料堵塞。

4.2.1.2　设计要点

生物接触氧化池的个数或分格数应不小于 2 个，并按同时工作设计。

填料的体积按填料容积负荷和平均日污水量计算，当无试验资料时，容积负荷（按 BOD₅ 计）一般采用 1000～1500g/(m³·d)。

污水在氧化池内的有效接触时间一般为 1.5～3.0h。

填料层总高度一般为 3m。当采用蜂窝型填料时，一般应分层装填，每层高为 1m，蜂窝孔径应不小于 ϕ25mm。

进水 BOD₅ 浓度应控制在 150～300mg/L 范围内。

接触氧化池中的溶解氧含量一般维持在 2.5～3.5mg/L 之间，气水比为 (15～20)∶1。

为保证布水布气均匀，每格氧化池面积一般应不大于 25m²。

4.2.1.3　计算公式

（1）生物接触氧化池的有效容积

$$V = \frac{Q(L_a - L_t)}{M} \quad (m^3)$$

式中，Q 为平均日污水量，m³/d；L_a 为进水 BOD₅ 浓度，mg/L；L_t 为出水 BOD₅ 浓

度，mg/L；M 为容积负荷（按 BOD_5 计），$g/(m^3 \cdot d)$。

（2）氧化池总面积

$$F = \frac{V}{H} \quad (m^2)$$

式中，H 为填料层高度，m，一般取 3m。

（3）氧化池格数

$$n = \frac{F}{f}$$

式中，n 为氧化池格数，个，$n \geq 2$ 个；f 为每个氧化池面积，m^2，$f \leq 25m^2$。

（4）校核接触时间

$$t = \frac{nfH}{Q} \times 24 \quad (h)$$

（5）氧化池总高度

$$H_0 = H + h_1 + h_2 + (m-1)h_3 + h_4$$

式中，H_0 为氧化池总高度，m；h_1 为超高，m，一般取 $0.5 \sim 0.6m$；h_2 为填料上水深，m，一般取 $0.4 \sim 0.5m$；h_3 为填料层间隙高，m，一般取 $0.2 \sim 0.3m$；h_4 为配水区高度，m，当采用多孔管曝气时，不进入检修时取 0.5m，进入检修时取 1.5m；m 为填料层数，层。

（6）需气量

$$D = D_0 Q \quad (m^3/d)$$

式中，D_0 为每立方米污水需气量（按空气计），m^3/m^3，一般取 $15 \sim 20 m^3/m^3$。

4.2.2　生物接触氧化主要设备

生物接触氧化主要设备有填料等。污水处理用填料近年来有较快发展，广泛应用于生物接触氧化池、填料活性污泥法等工艺中。填料被用作微生物的载体，能够增加单位反应容积的生物量，并能提高生物处理的容积负荷。

4.2.2.1　直管式成型填料

成型填料的结构一般为塑料类材质，填料表面的挂膜性能以及防止生物絮体堵塞是选择填料的重要因素。

JD 型全塑共聚级蜂窝直管如下。

（1）适用范围　JD 型全塑共聚级蜂窝直管填料主要用于生物接触氧化池、生物塔滤、生物转盘的微生物载体。

（2）型号说明

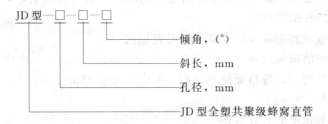

（3）设备特点　JD 型全塑共聚级蜂窝直管填料采用乙丙共聚级塑料，红外线恒温机械热压成型、尺寸准确、比表面积大、色白、安全无毒、耐腐蚀、耐老化、壁面光滑、易冲洗、支承简便。

（4）设备规格及性能　JD 型全塑共聚级蜂窝直管结构及外形见图 2-4-73，规格指标见表 2-4-51。

表 2-4-51　JD 型全塑共聚级蜂窝直管不同内切圆孔径斜管最佳设计上升流速 V_O 与相应 Re、Fr 值

斜长	1000mm	壁厚	0.4～0.8mm	倾角	60°
孔径/mm	V_O/(mm/s)		Re		Fr
30	2.8		19.5		15.2×10^{-4}
35	2.5		20		8.16×10^{-5}
50	1.35		23.38		3.12×10^{-5}
80	1.2		26.04		1.07×10^{-5}

生产厂家：玉环县捷泰环保设备有限公司、宜兴市海兴环保填料有限公司、宜兴市永诚环保设备有限公司。

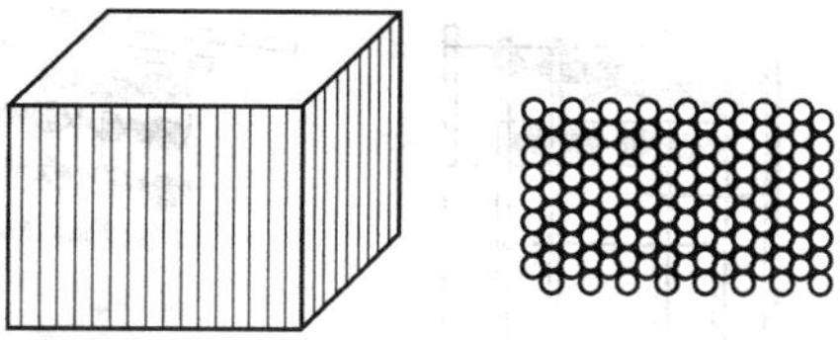

4.2.2.2　立体弹性填料

（1）适用范围　立体弹性填料在不同的工艺水质条件时，可调节丝条粗细密度及不同的组装形式。立体弹性填料广泛适用于生化处理的厌氧、兼氧、好氧等处理工艺。

图 2-4-73　JD 型全塑共聚级蜂窝直管结构及外形

（2）结构特点　立体弹性填料的丝条呈立体均匀排列辐射状态，可以形成悬挂式立体弹性填料的单体，填料在有效区域内能立体全方位均匀舒展满布，使气、水、生物膜得到充分接触交换，生物膜不仅能均匀地着床在每一根丝条上，保持良好的活性，而且能在运行过程中获得越来越大的表面积，又能进行良好的新陈代谢。

（3）填料材质特性及性能参数　立体弹性填料材质特性见表 2-4-52，技术参数见表 2-4-53，适用条件见表 2-4-54；立体弹性填料结构及安装形式见图 2-4-74。

表 2-4-52　立体弹性填料材质特性

结构部件	材质	密度/(g/cm³)	断裂强力/N	拉伸强度/MPa	连续耐热温度/℃	脆化温度/℃	耐酸碱稳定性
线条	聚酰胺	0.93	120	＞30	800～100	−15	稳定
中心绳		0.95	71.4	＞15	80～100	−15	稳定

表 2-4-53　立体弹性填料技术参数

填料单元直径/mm	80	100	120	150	173	180	200	220
丝条直径/mm		0.20			0.35		0.50	
丝条密度	A 高密度		B 中密度			C 中低密度	D 低密度	
比表面积/(m²/m³)				50～30				
孔隙率/%				＞90				
成膜质量/(kg/m³)				50～110				

表 2-4-54　立体弹性填料适用条件

废水 COD_{Cr} 浓度/(mg/L)	BOD_5/(mg/L)	温度/℃	酸碱性(pH 值)
好氧＞100～2000			
兼氧＞100～10000	＞0.3	4～40	5～8
厌氧＞5000～30000			

生产厂家：江苏鼎泽环境工程有限公司、江苏神州环境工程有限公司、宜兴市海兴环保填料有限公司、玉环县捷泰环保设备有限公司。

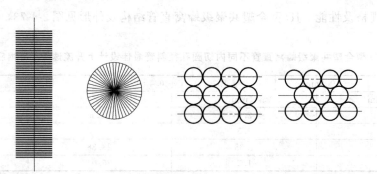

图 2-4-74　立体弹性填料结构及安装形式

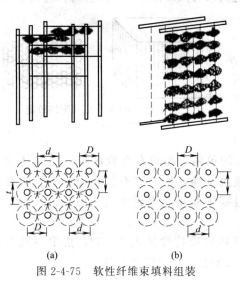

图 2-4-75　软性纤维束填料组装

4.2.2.3　软性纤维束填料

（1）适用范围　污水处理中的生物接触氧化工艺，一般在生化反应空间加装成型填料作为生物载体。填料表面的生物膜与污水混合液中的生物絮体共同繁殖代谢，大大增加了单位池容内的生物量。软性填料适用于生物接触氧化处理工艺，其缺点是存在填料区水力通径的堵塞问题。

（2）填料特点　软性填料充做生物接触氧化池的填料就很顺利地解决了填料水力通径的堵塞问题。装有软性纤维束填料的生化反应池也可以用于浓度较高的污水，并且容易挂膜，长期运行不堵塞。

（3）填料性能参数　软性填料的规格型号和材质特性见表 2-4-55、表 2-4-56，纤维束填料的组装形式见图2-4-75。

表 2-4-55　纤维束填料型号规格

型号项目	A_1	B_1	C_1	D_1	E_1	F_1
纤维束长度/mm	60	80	100	120	140	160
束间距离/mm	30	40	50	60	70	80
安装距离/mm	60	80	100	120	140	160
纤维束量/(束/m³)	9259	3906	2000	1157	729	488
单位质量/(kg/m³)	10~12	6~7	4~5	2.5~3	2~2.5	1.5~2
成膜后基本质量/(kg/m³)	200	110	72	60	39	28
空隙率/%	>99					
理论比表面积(按每 m³ 池子计)/(m²/m³)	9891	5563	3561	2472	1987	1390

表 2-4-56　纤维束填料材质特性

材　质	密度/(g/cm³)	抗拉强度/(g/单丝)	伸长率/%	耐酸性(pH=2~4)	耐碱性(pH=10~12)	失重率/(%/100℃)
合成纤维	1.02	6.8~7.1	4	无变化	无变化	≤1

生产厂家：江苏鼎泽环境工程有限公司、玉环县捷泰环保设备有限公司、江苏神洲环境工程有限公司、宜兴市海兴环保填料有限公司。

4.2.2.4 BR 型半软性填料

（1）适用范围 BR 型半软性填料有圆形、方形两种结构形式，广泛应用于生物接触氧化工艺。

（2）填料特点 BR 型半软性填料采用高分子聚合物材料一次注塑成型，具有耐腐蚀、耐老化、耐生物降解的性能，有良好的布气、布水性，该填料空隙率大，流阻小，在水中能充分展开，有利于生物膜的及时脱落及更新，长期使用不易变形，从而提高对废水的处理能力。

（3）填料性能参数 BR 型半软性填料材质特性及技术参数见表 2-4-57、表 2-4-58；外形见图 2-4-76。

表 2-4-57 BR 型半软性填料材质特性

材质	材质特性			
材质	拉伸强度/(kg/m²)	耐热温度/℃	脆化温度/℃	耐酸碱
聚乙烯树脂	260～300	120	−70	耐

表 2-4-58 BR 型半软性填料技术参数

规格 /mm	填料直径 /mm	片距 /mm	理论比表面积 /(m²/m³)	安装间距 /mm	挂膜湿质量 /(kg/m³)
φ150×60	150	60	25	150	80
φ150×80	150	80	18	150	50

生产厂家：玉环县捷泰环保设备有限公司、江苏神洲环境工程有限公司、宜兴市海兴环保填料有限公司、玉环县捷泰环保设备有限公司。

图 2-4-76 BR 型半软性填料外形

4.2.3 曝气生物滤池工艺描述、设计要点及计算

4.2.3.1 工艺描述

即淹没式曝气生物滤池（biological aeration filtration），是在普通生物滤池、高负荷生物滤池、塔式生物滤池、生物接触氧化等生物膜法的基础上发展而来的，被称为第三代生物滤池。

曝气生物滤池是一种高负荷淹没式固定膜三相反应池，由滤床、布气系统、布水系统、排水系统和反冲洗系统组成。它采用粒径较小的粒状材料作为滤料，滤料浸没在水中，利用鼓风曝气供氧。污水流经时，利用滤料上高浓度生物膜的强氧化降解能力对污水进行快速净化。同时，滤料呈压实状态，利用滤料粒径较小的特点及生物膜的生物絮凝作用，截留污水中的大量悬浮物，且保证脱落的生物膜不会随水漂出。在曝气生物滤池中生长着不同性质的菌群。在距进水端较近的滤层中，污水中的有机物浓度较高，各种异养菌占优势，主要是用以去除 COD。在距出水口较近的滤料层中，污水中的有机物浓度已经很低，自养型的硝化菌将占优势，可进行氨氮的硝化反应。

（1）工艺特点

① 水力负荷、容积负荷大大高于传统污水处理工艺，节约了占地和投资。

② 改变了传统的高负荷生物滤池自然通风的供气方式，采取强制鼓风曝气，强化处理效果，出水水质提高。

③ 耐冲击负荷能力强，耐低温，特别适合于工业废水所占比例越来越高的现代城市污水处理。

④ 生物填料对空气有相互切割作用，明显提高氧气利用率，可节省能源消耗。

⑤ 根据需要可以组合成具有生物除磷脱氮功能的工艺。

⑥ 集生物氧化和截留悬浮固体功能于一身，不需设置二沉池和污泥回流泵房，在保证处理效果的前提下使处理工艺简化，节省了投资。

⑦ 采用特制轻质填料，截污能力强，挂膜性能强，没有污泥膨胀问题，因此，日常运行管理简单，处理效果稳定。

（2）工艺分类　近年来曝气生物滤池发展迅速，工艺形式不断推陈出新，曝气生物滤池按污水流向可分为上向流滤池和下向流滤池。早期曝气生物滤池的应用形式大都是下向流态，如 BIOCARBON，但随着工程经验的不断增长，近年来国内外实际工程中绝大多数采用上向流曝气生物滤池结构，如 BIOFOR 和 BIOSTYR。上向流曝气生物滤池在结构上采用气水平行上向流态，同时采用强制鼓风曝气技术，使气、水得到极好的均分，防止了气泡在滤料中的凝结，氧气利用率高且能耗低；同时，采用气水平行上向流，使空间过滤作用能被更好地运用，空气能将污水中的悬浮物带入滤床深处，在滤池中得到高负荷、均匀的固体物质，延长反冲洗周期，减少清洗时间和清洗需水、气量。

1）BIOCARBONE 滤池。滤料选用密度比水大的膨胀板岩或球形陶粒。经预处理的污水从池顶部流入，向下流出滤池，在滤池中下部进行曝气，气水处于逆流。在反应器中，有机物被微生物氧化分解，并能实现硝化和部分反硝化。但是单个 BIOCARBONE 滤池中硝化/反硝化效果不是很理想。

BIOCARBONE 属早期曝气生物滤池，其缺点是负荷不够高，且大量被截留的 SS 集中在滤池上端几十厘米处，滤池纳污率不高，容易堵塞，运行周期短。最新的曝气生物滤池如 BIOFOR 和 BIOSTYR 则克服了 BIOCARBONE 的这些缺点。

2）BIOFOR 滤池（上流式生物膨胀黏土工艺）。底部为气水混合室，其上为长柄滤头、曝气管、垫层、滤料。所用滤料密度大于水，自然堆积。运行时一般采用上向流，污水从底部进入气水混合室，经长柄滤头配水后，通过垫层进入滤层，在此进行 COD_{Cr}、BOD_5、NH_4^+-N、SS 的去除。反冲洗时，气、水同时进入混合室，经长柄滤头配水、配气后进入滤层。

滤池供气系统分两套管路，置于填料层内的工艺空气管用于工艺曝气，并将滤料分为上、下两区，上部为好氧区，下部为缺氧区。根据不同的原水水质、处理目的和出水要求，填料高度可以变化。滤池底部的空气管路是反冲洗气管。

3）BIOSTYR 滤池（上流式生物聚苯乙烯工艺）。填料密度小于水，一般为聚苯乙烯小球，在水中呈悬浮状态，正常运行时滤料呈压实状态。将曝气空气管设于滤床中，人为地将滤床分为缺氧区和好氧区，并设有回流泵将出水回流至进水端。碳化、硝化和反硝化可以在一个池子里完成。由于是轻质填料，易于反冲洗。反洗时采用气、水联合反冲洗，反洗水由上向下流过滤床，无需反冲洗泵。

与 BIOCARBONE 相比，BIOSTYR 池中没有表面堵塞层，其水头损失增长与运行时间成正相关，可以实现更长时间的运行。

4.2.3.2　设计要点

曝气生物滤池前应设沉砂池、初沉池或絮凝沉淀池等预处理设施，进水悬浮固体浓度不宜大于 60mg/L，池体高度宜为 5～7m。

容积负荷与要求出水水质相关，当要求出水 $BOD_5 < 20mg/L$ 或 $BOD_5 < 30mg/L$ 时，建议 BOD_5 容积负荷取 2.5～4.0kg/(m^3·d)。若污水中溶解性 BOD_5 的比例高，或要求出水 BOD_5 浓度低，应取低值，否则取高值。硝化处理或脱氮时负荷（以 NH_3-N 计）为 0.5～

$2kg/(m^3 \cdot d)$；反硝化（以 $NO_3^- \text{-} N$ 计）$0.8 \sim 5kg/(m^3 \cdot d)$。

气水比的大小与进水水质、曝气生物滤池功能和形式、滤料粒径大小和滤层厚度等因素有关。气水比一般采用（$1 \sim 3$）：1。

生物处理停留时间约 3h；填料高度 $2 \sim 3m$；滤池分格数一般不应少于 3 格，每格的最大平面尺寸一般不大于 $100m^2$；滤料粒径 $3 \sim 6mm$；反冲洗系统宜采用气水联合反冲洗，通过长柄滤头实现。反冲洗空气强度宜为 $10 \sim 15L/(m^2 \cdot s)$，反冲洗水强度不应超过 $8L/(m^2 \cdot s)$，反冲洗周期 $24 \sim 48h$；反冲洗时间 $15 \sim 20min$。

曝气生物滤池对填料的一般要求：表面粗糙；密度适中；有一定的强度、耐摩擦；无毒、化学性质稳定；价格适中。

4.2.3.3　计算公式

（1）滤料层体积

$$V = \frac{QS_0}{1000N}$$

式中，V 为滤料体积，m^3；Q 为进水流量，m^3/d；S_0 为进水 BOD_5 或氨氮的浓度，mg/L；N 为相当于进水的 BOD_5 或氨氮容积负荷，$kg/(m^3 \cdot d)$。

（2）单格滤池的面积

$$A = \frac{V}{nH_1}$$

式中，A 为每格滤池的面积，m^2；n 为分格数；H_1 为滤料层高度，m。

（3）滤池的高度

$$H = H_1 + H_2 + H_3 + H_4 + H_5$$

式中，H 为滤池的总高度，m；H_2 为底部布气、布水区高度，m；H_3 为滤层上部最低水位，m，一般取值约 $0.15m$；H_4 为最大水头损失，m，一般取值约 $0.6m$；H_5 为保护高度，m，一般取值约 $0.5m$。

（4）每小时的空气用量

$$Q_a = A \Delta S_{BOD_5} + B \Delta P_{BOD_5}$$

式中，Q_a 为每小时的空气用量（标），m^3/h；ΔS_{BOD_5} 为每小时去除溶解性 BOD_5 的千克数，kg/h；ΔP_{BOD_5} 为每小时去除颗粒性 BOD_5 的千克数，kg/h；A 为去除每千克溶解性 BOD_5 的空气用量（标），m^3/kg；B 为去除每千克颗粒性 BOD_5 的空气用量（标），m^3/kg。

A、B 的系数与滤料层的高度和污水的性质等因素有关，若无实验资料，对于一般的污水，当滤料层的高度为 $2.0m$ 时，可取 $A = 48.7$（标）m^3/kg，$B = 27.9$（标）m^3/kg。

4.2.4　曝气生物滤池主要设备

4.2.4.1　曝气生物滤池滤料

曝气生物滤池一般采用火山岩和陶粒等作为滤料，这些滤料作为一种生物载体，具有优良的特性。其表面粗糙，密度适中，强度高，耐摩擦；其容积负荷较高、曝气量小，反冲周期长，可减少运行费用。

（1）火山岩滤料

1）适用范围。火山岩滤料在曝气生物滤池中作为生物膜载体，能处理市政污水、可生化的有机工业废水、微污染水源水等；可取代石英砂、活性炭、无烟煤等用作给水滤池的过滤介质。

2）型号说明

HT—□

粒径范围，mm

火山岩陶粒

3）滤料特性。火山岩滤料表面粗糙，挂膜速度快，生物膜质量高；无尖粒状，对水流阻力小，不易堵塞，不板结，布水布气均匀；火山岩为天然蜂窝，材质轻、比表面积大，具有菌胶团最佳的生长环境，截污能力强；具有耐摩擦、耐酸碱、使用寿命长等优点；密度适中，反冲洗时容易悬浮且不易跑料，可以节能降耗。

4）性能参数。各项物理性能参数见表 2-4-59，其外形见图 2-4-77。

表 2-4-59　各项物理性能参数

序号	型号规格	HT3—5	HT4—6	HT6—8	备注
1	粒径范围/mm	3～5	4～6	6～8	粒径范围等性能参数可根据需要，在加工制造中灵活调整
2	K_{60}	1.1			
3	真密度/(g/cm³)	2.0～2.10			
	表观密度/(g/cm³)	1.60～1.70			
	堆积密度/(g/cm³)	0.7～0.8			
4	粒内孔隙度/%	18～19			
	堆积孔隙度/%	54～55			
5	抗压强度/MPa	≥5			
6	磨损破损率/%	≤2			
7	盐酸可溶率/%	<1.2			
8	比表面积/(cm²/g)	≥12.5×10⁴			

生产厂家：北京嘉瑞环保股份有限公司。

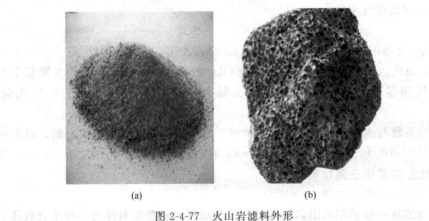

(a)　　　　　　　　　(b)

图 2-4-77　火山岩滤料外形

（2）球形轻质陶粒滤料

1）适用范围。球形轻质陶粒滤料用于给水双层滤料滤池，在曝气生物滤池中可作为生物膜载体，能处理市政污水、可生化的有机工业废水、微污染水源水等。

2）型号说明

3）滤料特性。球形轻质陶粒滤料使用无机惰性材料，水中长期浸泡不释放任何有毒物；出水水质高。精心设计的粒径级配，容污能力强；滤料为类球形，水头损失增加缓慢、运行周期长、产水量大、反冲洗用水量少、能耗低，表面粗糙、多微孔，比表面积大、具有菌胶团最佳的生长环境，挂膜速度快，生物膜质量高；密度适中、均匀，反冲洗中不易跑料，耐摩擦，寿命长。

4）性能参数。球形轻质陶粒滤料的性能参数见表 2-4-60，外形见图 2-4-78。

图 2-4-78　球形轻质陶粒外形

表 2-4-60　球形轻质陶粒滤料性能参数

序号	型号规格	QT0.8—1.2	QT1.0—2.0	QT1.6—2.5	QT2—4	QT3—5	QT4—6	备注
	粒子形状	类球形(应用于给水处理)			规则球形(应用于污水处理)			
1	粒径范围/mm	0.8～1.2	1.0～2.0	1.6～2.5	2～4	3～5	4～6	
2	K_{60}	1.2	1.26		≤1.38			
3	真密度/(g/cm³)	1.8～2.0			1.8～2.3			各项性能参数可根据不同需要在加工制造中调整
	堆积密度(松散容重)/(g/cm³)	0.7～0.8			0.85～0.95			
	表观密度/(g/cm³)	1.1～1.2			1.20～1.60			
4	孔隙率/%	<55			40～50			
5	抗压强度/MPa	6～7			7～13			
6	磨损破损率/%	≤1.62			≤2			
7	盐酸可溶率/%	≤2.0			≤2.0			
8	比表面积/(cm²/g)	$0.5×10^4～1.5×10^4$			$0.8×10^4～2.0×10^4$			

生产厂家：巩义市金辰水处理材料有限公司。

（3）高效挂膜轻质生物陶粒

1）适用范围。FP—B2.0～FP—B6.0 轻质陶粒填料的适用范围见表 2-4-61。

表 2-4-61　轻质陶粒适用范围

陶粒型号	规格/mm	适用范围
FP—B6.0		适用于污水生化处理，当进水 COD 为 1000～2500mg/L 时用作曝气生物滤池(BAF)—C/N 池的滤料
FP—B5.0		适用于污水生化处理，当进水 COD 为 750～1500mg/L 时，用作 BAF—C/N 池的滤料
FP—B4.5		适用于城市污水生化处理，当进水 COD 一般为 300～750mg/L 时，用作 BAF—C/N 池的滤料
FP—B4.0	3～5，4～6，6～8，8～10	适用于城市污水三级生化处理或二级处理后深度处理回用。进水 COD 经预处理已低时，可用作 BAF—N 池滤料
FP—B3.5		适用于城市污水三级生化处理或二级处理后浓度处理回用。进水 COD 低于 1000mg/L 时，可用作 BAF—N 池滤料
FP—B3.0		适用于城市污水厂二级处理后浓度处理回用。一般可用作 BAF—N 池滤料
FP—B2.5		可用于 BAF—N 池或 DN—P 滤池。适用于城市污水脱氮除磷深度处理回用，也可用于给水中微污染原水的处理
FP—B2.0		可用于 BAF—N 池或 DN—P 滤池。适用于城市污水脱氮浓度处理回用，也可用于给水中污染原水的预处理

2）性能。轻质陶粒填料性能参数见表 2-4-62。

表 2-4-62　轻质陶粒填料性能参数

项　目	性　能	项　目	性　能
外观	球状，表面红褐色，多微孔	比表面积/(m²/g)	≥4
型号	FP—B1.5～FP—B6.0	不均匀系数	$K_{80}<1.50$
粒径/mm	ϕ2-4ϕ3-5/ϕ4-6/ϕ8-10	盐酸可溶率/%	<2
堆积密度/(g/cm³)	0.75～0.95	溶出物	不含对人体有害的微量元素
表观密度/(g/cm³)	1.6～1.8	抗压强度/MPa	≥4.0
孔隙率/%	≥40		

生产厂家：萍乡市三和陶瓷有限公司。

3）特点

① 滤料表面多微孔，比表面积大，适合各类微生物的生长，在其表面能形成稳定的、高活性的生物膜。

② 滤料层孔隙分布均匀，克服了因滤料层孔隙分布不均匀而引起的水头损失大，易堵塞、板结的缺陷。

③ 堆积密度适中，反冲洗容易进行，能耗低，反冲洗时不跑料。

④ 可采用不同的粒径级配，纳污能力强，滤料利用率高，水头损失增加缓慢，运行周期长，产水量大。

⑤ 强度大、耐摩擦，物理、化学稳定性高，寿命长等。

4）轻质陶粒填料性能参数及外形。轻质陶粒填料性能参数见表 2-4-63，其外形见图 2-4-79。

表 2-4-63　轻质陶粒填料性能参数

项　目	性　能	项　目	性　能
外观	球状，表面红褐色，多微孔	比表面积/(m²/g)	≥4
型号	FP—B1.5 ～ FP—B6.0	不均匀系数	$K_{80}<1.50$
粒径/mm	ϕ2-4ϕ3-5/ϕ4-6/ϕ8-10	盐酸可溶率/%	<2
堆积密度/(g/cm³)	0.75～0.95	溶出物	不含对人体有害的微量元素
表观密度/(g/cm³)	1.6～1.8	抗压强度/MPa	≥4.0
孔隙率/%	≥40		

生产厂家：萍乡市三和陶瓷有限公司，萍乡市新兴化工环保填料厂。

图 2-4-79　轻质陶粒

4.2.4.2　鼓风机

鼓风机一般分为罗茨鼓风机、离心鼓风机、磁悬浮鼓风机、空气悬浮鼓风机，主要用于生化处理时曝气池的充氧及搅拌，亦可用于曝气沉砂池的曝气，详见第三篇第 3 章的相关内容。

4.2.4.3　曝气器

曝气器见 4.1.2 活性污泥传统法等工艺相关内容。

4.2.4.4　反冲洗系统

曝气生物滤池的反冲洗系统一般设置反冲洗风机和反冲洗水泵。反冲洗风机和反冲洗水泵的介绍见第三篇的鼓风机与水泵相关内容。

4.2.5　生物转盘工艺描述、设计要点及计算

4.2.5.1　工艺描述

生物转盘法是由一系列平行的旋转圆盘、旋转横轴、机械动力及减速装置、氧化槽等部分组成。

盘面上生长着一层生物膜（厚 1～4mm），当圆盘浸没于污水中时，污水中的有机物被盘片上的生物膜吸附；当圆盘离开污水时，盘片表面形成一层薄薄的水膜。水膜从空气中吸氧，同时在生物酶的催化下，吸附的有机物在生物膜上被氧化分解。这样，生物圆盘污染物不断分解氧化。

在运行过程中，生物膜将逐渐增长厚度，但圆盘不停地转动，产生了恒定的剪切力，使生物膜逐渐脱落，脱落的生物膜具有较高的密度，易于在二沉池中沉淀下来。

工艺特点如下。

① 适用范围广。生物转盘对 BOD_5 高达 10000mg/L 以上的高浓度有机污水和 10mg/L 以下的超低浓度污水都具有良好的处理效果。

② 微生物浓度高。混合液中浓度可高达 10000～20000mg/L。F/M 值较低，使其运行效率高，并具有较强的抗冲击负荷的能力。

③ 生物转盘具有硝化和反硝化的功能。这是由于污泥龄长，像硝化菌等生长时间长的微生物可以在转盘上繁殖。

④ 污泥产量少，且易于沉淀。

⑤ 不需要曝气，不产生污泥膨胀和二次污染等问题，便于维护和管理。

4.2.5.2　设计要点

生物转盘的组数应不小于两组，并按同时工作设计。当污水量很少，而且允许间歇运行时，可考虑只设 1 组。

二级处理生物转盘一般按平均日污水量计算。有季节性变化的污水应按最大季节的平均日污水量计算。进入转盘的 BOD_5 浓度按经调节沉淀后的平均值计算。

转盘面积按 BOD_5 面积负荷计算，用水力负荷或停留时间校核。不同性质的污水 BOD_5 面积负荷和水力负荷一般应通过试验确定。无试验条件时，一般采用五日生化需氧量表面有机负荷，以盘片面积计，宜为 0.005～0.02kg/(m² · d)，首级转盘不宜超过 0.03～0.04kg/(m² · d)；表面水力负荷以盘片面积计，宜为 0.04～0.2m³/(m² · d)。

转盘盘片尺寸：直径 2～3m，厚度 1～15mm，进水段净距 25～35mm，出水段净距 10～20mm。对于繁殖藻类的转盘，为保证阳光能照射到盘中部，间距应以 6mm 为宜。盘体与氧化槽表面的净距不宜小于 150mm，转轴中心与氧化槽水面的距离，一般控制 $d/D=0.05～0.10$ 为宜（d 为轴中心与水面的距离，D 为转盘直径），轴中心在水面以上不得小于 150mm。转盘转速 0.8～3.0r/min，线速度 15～18m/min。浸没率（转盘浸没在水中的面积与总面积之比）20%～40%。产泥量（按每千克 BOD_5 产污泥量计）0.3～0.5kg/kg。转盘级数不小于三级。

4.2.5.3　计算公式

（1）转盘总面积（按面积负荷计算）

$$F=\frac{Q(L_a-L_t)}{N}$$

式中，F 为转盘总面积，m²；Q 为平均日污水量，m³/d；L_a 为进水 BOD_5 浓度，mg/L；L_t 为出水 BOD_5 浓度，mg/L；N 为面积负荷（按 BOD_5 计），g/(m² · d)。

（2）转盘总面积（按水力负荷计算）

$$F=\frac{Q}{q}$$

式中，Q 为水力负荷，m³/(m² · d)。

（3）转盘盘片总数

$$m=\frac{4F}{2\pi D^2}=0.637\frac{F}{D^2}$$

式中，m 为盘片总数，片；D 为盘片直径，m。

（4）每组转盘的盘片数

$$m_1=\frac{0.637F}{nD^2}$$

式中，m_1 为每组转盘的盘片数，片；n 为转盘组数，组。

（5）每组转盘转动轴有效长度（即氧化槽有效长度）

$$L=m_1(a+b)K$$

式中，L 为每组转盘转动轴有效长度，m；a 为盘片厚度，m；b 为盘片净距，m；K 为考虑循环沟道的系数，$K=1.2$。

（6）每个氧化槽的有效容积

$$W=0.32(D+2C)^2L$$

式中，W 为每个氧化槽的有效容积，m^3；C 为转盘与氧化槽表面间距，m。

（7）每个氧化槽的净有效容积

$$W'=0.32(D+2C)^2(L-m_1a)$$

式中，W' 为每个氧化槽的净有效容积，m^3。

（8）每个氧化槽的有效宽度

$$B=D+2C \quad （m）$$

（9）污水在氧化槽中的停留时间

$$t=\frac{W'}{Q_1}$$

式中，t 为污水在氧化槽中的停留时间，h，一般取 $0.25\sim2h$；Q_1 为每个氧化槽的污水量，m^3/h。

4.2.6　生物转盘主要设备

生物转盘是一种生物膜法处理设备。其主要组成部分有转动轴、转盘（蜂窝体）、废水处理槽和驱动装置。用于去除 BOD_5、生物脱氮、除磷，适用于市政污水处理、含有机污染物工业废水的处理。

4.2.6.1　ROTORDISK 生物转盘

（1）适用范围　该设备是一种成套的污水处理系统。系统内设有初沉池的装置，能有效地截留污水中的固体污物，其生化处理的结构简单，操作简便，可适用于市政污水等多种废水的处理。

（2）规格型号　ROTORDISK 生物转盘的规格型号见表 2-4-64。

表 2-4-64　ROTORDISK 生物转盘规格型号

型号	处理量		型号	处理量	
	/(gal/d)	/(t/d)		/(gal/d)	/(t/d)
B15	3963	15	B160	42268	160
B30	7925	30	B190	50193	190
B50	13209	50	B220	58118	220
B70	18492	70	B270	71327	270
B100	26417	100	B570	150579	570
B130	34342	130			

注：本表中 gal 为美制。

生产厂家：加拿大新能国际有限公司。

（3）ROTORDISK 生物转盘工艺流程　ROTORDISK 废水生物系统集 4 项单独的处理过程于一体：a. 初次沉淀箱，去处悬浮固体和粗砂；b. 多级转动式生物接触器（RBC），活性生物去除有机物；c. 最终的沉淀箱，去除生物固体；d. 生物固体贮存器，降低了固体管理的费用。

该设备安装在初次沉淀箱之上的转盘区，由一个槽和一根轴组成。轴上安装了相连成级的圆盘片，转盘的 40% 部分浸入所有处理的废水中。每个转盘由高密度的聚乙烯网制成，比平滑或波纹状的转盘能提供更大的有效接触面积。这些转盘缓慢地转动，使附着的微生物轮流接触废水和空气，从而吸收污染物和氧气。自然产生的微生物（或者活性生物），去除污水中的有机废物。其工艺流程见图 2-4-80。

（4）生物转盘的结构及外形　该生物转盘的结构见图 2-4-81，外形见图 2-4-82。

4.2.6.2　SP 生物转盘

（1）适用范围　生物转盘作为一种实用的生化处理构筑物而得到国内外的重视和推广。它具有节省能源、处理效果好、工作稳定、出水质量好的特点。

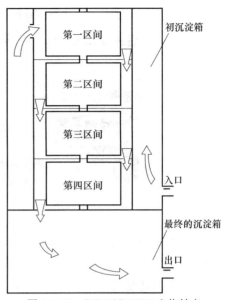

图 2-4-80　ROTORDISK 生物转盘工艺流程

生物转盘应用范围广，可适用于市政污水及工业废水的二级生化处理，更适用于生活污水的处理。

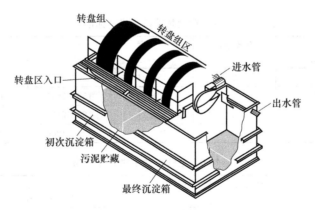

图 2-4-81　ROTORDISK 生物转盘结构

（2）机械传动生物转盘的特点

① 污水停留时间短，只有 60min 左右，而活性污泥法要 4～24h；

② 悬浮物固体含量只有 100mg/L，而活性污泥法的悬浮物固体含量为 2000～3000mg/L；

③ 没有回流污泥；

④ 适应性强，高低浓度均能处理，且适合各行业的有机废水处理；

图 2-4-82　ROTORDISK 生物转盘外形

⑤ 设备结构简单，便于维修及管理。

（3）气动生物转盘的特点

① 该生物转盘利用空气进行转动，噪声低，环境卫生；

② 在空气驱动的运行中，能增加污水中的溶解氧；

③ 作为空气驱动，轴受力均匀，轴径为 200mm 左右（只需噪声小的气泵，通过管道将空气送入氧化槽布气管中，驱动转盘），轴系自动减轻，克服单侧受扭的现象，减少设备故障。

（4）规格和性能　机械传动生物转盘规格和性能见表 2-4-65；空气传动生物转盘规格和性能见表 2-4-66。

表 2-4-65　机械传动生物转盘规格（标准型/高密型）

型号	转盘直径 /m	有效轴长 /m	线速度 /(m/min)	表面积 /m²	处理水量 /(m³/d)	电机功率 /kW
SPD—2—2	2	2	18～21	760/960	70/89	0.75
SPD—2—4	2	4	18～21	1520/1920	140/177	0.75
SPD—3—2	3	2	18～21	1680/2100	155/194	1.1
SPD—3—4	3	4	18～21	3360/4200	311/388	2.2

表 2-4-66　空气传动生物转盘规格

型号	转盘直径 /m	有效轴长 /m	线速度 /(m/min)	表面积 /m²	气泵气量 /(m³/min)	处理水量 /(m³/d)	电机功率 /kW
SPQ—3—2.0	3	2	18～22	1600	0.9	148	1.1
SPQ—3—4.0	3	4	18～22	3200	1.8	296	1.5
SPQ—3.6—1.5	3.6	1.5	18～22	2200	1.25	203	1.1
SPQ—3.6—3.0	3.6	3.0	18～22	4400	2.5	407	2.2

生产厂家：宜兴水汽净化设备有限公司。

（5）生物转盘外形　机械传动生物转盘构造见图 2-4-83；空气传动生物转盘构造见图 2-4-84。

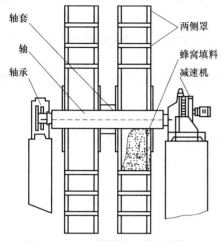

图 2-4-83 机械传动生物转盘构造

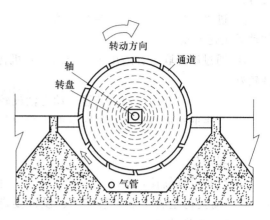

图 2-4-84 空气传动生物转盘构造

4.2.6.3 HRBC 高效生物转盘

（1）适用范围 HRBC 高效生物转盘适应于小规模的村镇污水处理，其适用水质、水量条件如表 2-4-67 所列。

表 2-4-67 HRBC 高效生物转盘工艺适用水质、水量

项目	水量 /(m³/d)	水温 /℃	BOD₅/COD	pH 值	COD /(mg/L)	NH₃-N /(mg/L)
适应范围	30～5000	8～35	≥0.3	6～9	50～300	5～50

（2）规格型号 HRBC 高效生物转盘的规格型号如表 2-4-68 所列。

表 2-4-68 HRBC 高效生物转盘规格型号

单台设备型号	处理规模/(m³/d)	占地面积/m²	装机功率/kW
HRBC-1800	50～100	9～19	0.55～1.1
HRBC-2400	100～200	19～24	0.75～1.5
HRBC-3000	200～300	24～28	1.5～2.2
HRBC-3600	300～500	28～46	2.2～4.0

生产厂家：北京桑德环保集团有限公司。

（3）HRBC 高效生物转盘技术原理 HRBC 高效生物转盘为生物膜法处理技术，由盘片、反应槽、主轴及驱动装置组成。盘片为波纹状盘面结构，大幅提高单位设备体积的有效面积，提高处理效率。盘片由内外圆板组装成片插入主轴，浸没率为 40%～45%。反应槽可以为钢体或混凝土，水流方向平行于主轴，生物膜在盘片上沿轴向自然分级。盘片尺寸 1.8～3.6m，厚度 1mm，盘片净间距 30～35mm，转盘转速 1～3r/min，线速度 16～20m/min，盘片在主轴上等间隙分布，盘片面积负荷（按 BOD₅ 计）8～10g/(m²·d)。反应槽与盘片之间间距 20mm，可半圆形、可多边形。

设备标准化、根据设计水量确定设备台数，串并联组合，生物转盘设备少于 4 台可并联布置，多于 4 台可并联、可串联。设备使用需设置预处理设施有效拦截垃圾、沉淀悬浮物、调节水质水量。

（4）HRBC 高效生物转盘特点

① 生物转盘的微生物量较大，以 5mg/cm² 的生物膜量来考虑，折算成氧化槽内的混合液污泥浓度可高达 40～60g/L。

② 微生物随反应槽内有机物浓度的逐渐减少形成自然分级状态，有利于硝化反应的进行。

③ 进水水质、水量波动在 2.5 倍范围内，生物系统不会因为受冲击而造成瘫痪，可在波动后迅速恢复。

④ 通过串并联组合适用于各种浓度有机污水处理，对于负荷较低的村镇污水处理适用性较好。

⑤ 不需曝气和污泥回流装置，动力消耗较低。

⑥ 产生的污泥量少，而且脱落的生物膜具有较高的密度，沉速可以高达 4.6～7.6m/h，易于沉淀。

⑦ 噪声低，基本不滋生滤池蝇，不产生恶臭和泡沫。

⑧ 维护管理简便，日常设备定期保养即可，无需专业技术人员操作管理。

4.2.7　高负荷生物滤池工艺描述、设计要点及计算

4.2.7.1　工艺描述

高负荷生物滤池由池体、填料、布水装置和排水系统等部分组成，其构造与普通生物滤池基本相同，只是滤料粒径较大，一般为 70～100mm，以提高其孔隙率。它是在解决、改善普通生物滤池在净化功能和运行中存在的实际弊端的基础上开创的，是生物滤池的第二代工艺。

高负荷生物滤池大大提高了滤池的负荷率，其 BOD 容积负荷率高于普通生物滤池 6～8倍，水力负荷率则高达 10 倍。高负荷生物滤池内的生物膜生长非常迅速，必须采用较高的水力负荷，利用水力冲刷作用，及时冲走过厚和老化的生物膜，促进生物膜更新，防止滤池堵塞。抑制厌氧层发育，使生物膜经常保持较高的活性；抑制滤池蝇的过度滋长；减轻散发的臭味。

4.2.7.2　设计要点

滤料粒径一般为 40～100mm，滤料层较厚，为 2～4m。滤料一般采用卵石、石英石、花岗石，但以表面光滑的卵石较好。

布水一般采用旋转布水器。

高负荷生物滤池按平均日污水量设计，进水 BOD₅ 应小于 200mg/L。当污水的 BOD₅大于 200mg/L 时，必须采用处理水回流稀释到 BOD₅ 浓度在 200mg/L 以下，回流比经计算求得。

容积负荷（按 BOD₅ 计）一般不大于 1.8kg/(m³·d)。

面积负荷（按 BOD₅ 计）为 1100～2000g/(m³·d)。

水力负荷 10～30m³/(m²·d)。

4.2.7.3　计算公式

（1）滤池总面积

$$F = \frac{Q(n+1)L_{a1}}{M} \ (m^2)$$

式中，Q 为平均日污水量，m³/d；L_{a1} 为稀释后进水 BOD₅ 浓度，mg/L；n 为回流稀释倍数；M 为容积负荷（按 BOD₅ 计），g/(m³·d)。

（2）滤池水力负荷

$$q = \frac{M}{L_{a1}} \ \ [m^3/(m^3 \cdot d)]$$

当 $q<10\mathrm{m}^3/(\mathrm{m}^3\cdot\mathrm{d})$ 时，应加大回流稀释倍数，使 q 达到 $10\mathrm{m}^3/(\mathrm{m}^3\cdot\mathrm{d})$ 以上，否则应减小滤料层厚度。

（3）滤池直径

$$r=\sqrt{\frac{4F_1}{\pi}}$$

式中，F_1 为每一个滤池的面积，m^2。

4.2.8　高负荷生物滤池主要设备

4.2.8.1　XBS 型旋转布水器

（1）适用范围及特点　该设备用于高负荷生物滤池和塔式圆形生物滤池的均匀布水。该设备结构紧凑，布水均匀，淋水周期短，水力冲刷作用强，能够及时冲走过厚和老化的生物膜，促进生物更新，防止滤池堵塞。

（2）结构及性能　XBS 型旋转布水器结构见图 2-4-85，性能见表 2-4-69。

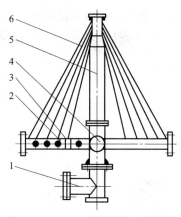

图 2-4-85　XBS 型旋转布水器结构
1—进水管；2—布水管；3—布水板；
4—均水桶；5—立柱；6—拉杆

表 2-4-69　XBS 型旋转布水器性能参数

型　号	滤池直径 /m	布水横管 直径/mm	布水小孔直径 /mm	布水横管距滤料 层高度/mm	进水压力 /kPa
XBS—20	$\phi20$	$\phi133$	$\phi20$	150	$\geqslant8$
XBS—25	$\phi25$	$\phi159$	$\phi20$	150	$\geqslant8$
XBS—30	$\phi30$	$\phi159$	$\phi20$	200	$\geqslant8$
XBS—35	$\phi35$	$\phi180$	$\phi20$	250	$\geqslant8$
XBS—40	$\phi40$	$\phi180$	$\phi20$	250	$\geqslant8$

生产厂家：潍坊翔宇环保工程有限公司。

4.2.8.2　填料

（1）卵石、石英石、花岗石填料

1）适用范围。卵石分天然型和机械加工型两种，机械加工型是破碎后经球磨、水洗筛选而成。卵石外表面光滑成球状，适用于高负荷生物滤池的填料和各种滤料下面的承托层。

2）规格和性能。卵石的规格见图 2-4-86、图 2-4-87；卵石性能见表 2-4-70。

图 2-4-86　纯色卵石

图 2-4-87　杂色卵石

表 2-4-70　卵石性能参数

分析项目	测试数据	分析项目	测试数据
SiO_2/%	$\geqslant98$	密度/(g/cm³)	2.66
盐酸可溶率/%	$\leqslant0.2$	堆密度/(g/cm³)	1.85

生产厂家：巩义市宏达滤料厂，巩义市绿源纤维球有限公司。

（2）直管人工填料

1) 适用范围。聚氯乙烯和聚丙烯等材料制成的直管状人工填料也广泛应用于高负荷生物滤池和生物接触氧化池等，作为微生物的载体对污水进行生化处理。

图 2-4-88　聚氯乙烯直管状填料外形

2) 主要特点

① 使用该填料的高负荷生物滤池，其处理效率高于活性污泥法，水力负荷高。

② 使用该填料的高负荷生物滤池，污泥量少，减少了污泥处理的工作量。

③ 产生的生物膜沉降性能好，有利于后段的处理效果。

④ 使用该填料的高负荷生物滤池，适应性强，可适应不同的污水水质。

3) 性能及规格。聚氯乙烯直管状填料的性能及规格见表 2-4-71，其外形见图 2-4-88。

表 2-4-71　聚氯乙烯直管状填料规格性能

材料	规格 /mm	管壁厚 /mm	比表面积 /(m²/m³)	空隙率 /(m³/m³)	参考单位质量 /(kg/m³)
聚氯乙烯	$d25$	0.5	236.0987	0.9487	80
	$d30$	0.5	169.4159	0.9570	64
	$d40$	0.5	148.4537	0.9675	48
	$d50$	0.5	119.0055	0.9739	40
	$d60$	0.5	99.3071	0.9781	33

注：d 为内切圆直径，聚丙烯滤料的质量是聚氯乙烯的 3/4。

生产厂家：玉环县捷泰环保设备有限公司、宜兴市海兴环保填料有限公司。

4.3　MBBR 工艺与设备

4.3.1　工艺描述、设计要点及计算

4.3.1.1　工艺描述

MBBR 工艺结合活性污泥法和生物膜法原理，同时兼具传统流化床和生物接触氧化的优点，是一种新型高效的污水处理工艺。

MBBR 工艺处理系统由生化池、填料、布水装置和曝气系统等部分组成。系统依靠设备曝气和水流的提升作用使投加在反应池内的填料载体处于流化状态，形成了悬浮生长的活性污泥和附着填料生长的生物膜，充分利用反应池的空间进行生化反应，同时发挥了附着相生物和悬浮相生物两者的优势作用。另外，通过在反应池中投加一定数量的填料，可大幅提高反应池中的生物量和生物种类，从而有效提高系统的处理效率。且由于选用填料密度接近于水，故在曝气时填料与水呈现出完全混合的状态，通过填料的碰撞和剪切作用，使空气气泡更加微小，从而增加氧气的利用率。同时，MBBR 工艺处理系统中，因填料中每个载体内外均生长着不同种类的微生物（内部生长厌氧菌或兼氧菌，外部生长好氧菌），每个独立的载体都似一个微型生化反应器，使反应池内硝化与反硝化反应同时进行，故而提高了污水处理的效率。

MBBR 工艺的关键在于在生化池中投加了密度接近于水、轻微搅拌下易于随水自由运动的生物填料，它具有有效比表面积大、适合微生物吸附生长的特点。MBBR 工艺适用性

强，应用范围广，既可用于有机物去除，也可用于脱氮除磷；既可用于新建的污水处理厂，更可用于现有污水处理厂的工艺改造和升级换代。

MBBR 工艺的优点如下。

① 容积负荷高，紧凑省地。特别对现有污水处理厂（设施）升级改造效果显著，不增加用地面积仅需对现有设施简单改造，污水处理能力可增加 2～3 倍，并提高出水水质。

② 耐冲击性强，性能稳定，运行可靠。冲击负荷以及温度变化对流动床工艺的影响要远远小于对活性污泥法的影响。当污水成分发生变化或污水毒性增加时，生物膜对此耐受力很强。

③ 搅拌和曝气系统操作方便，维护简单。曝气系统采用穿孔曝气管系统，不易堵塞。搅拌器采用外形轮廓线条柔和的搅拌叶片，不损坏填料。整个搅拌和曝气系统很容易维护管理。

④ 生物池无堵塞，生物池容积得到充分利用，没有死角。由于填料和水流在生物池的整个容积内都能得到混合，杜绝了生物池的堵塞可能，因此池容得到完全利用。

⑤ 灵活方便。工艺的灵活性体现在两个方面：一方面，可以采用各种池型（深浅方圆都可），而不影响工艺的处理效果；另一方面，可以很灵活地选择不同的填料填充率，达到兼顾高效和远期扩大处理规模而无需增大池容的要求。对于原有活性污泥法处理厂的改造和升级，流化床生物膜工艺可以很方便地与原有的工艺有机结合起来，形成活性污泥-生物膜集成工艺或流化床活性污泥组合工艺。

⑥ 使用寿命长。优质耐用的生物填料，曝气系统和出水装置可以保证整个系统长期使用而不需要更换，折旧率低。

4.3.1.2 设计要点

① 系统运行温度宜控制在 15～30℃ 之间。

② 系统运行 pH 值应控制在 6.5～8.5 之间。

③ 填料比表面积与填料类型与性状相关，通常在 100～300m²/m³ 范围内。

④ 填料填充比应根据填料容积负荷、平均日污水量及硝化液回流比例进行计算，范围应控制在 20%～65% 之间。

⑤ 系统运行时 MLSS 宜控制在 2500～3500mg/L。

4.3.1.3 计算公式

（1）生物膜部分 污染物容积负荷 M

$$M = N\delta F$$

式中，M 为污染物容积负荷，$kg/(m^3 \cdot d)$；N 为污染物生物膜表面负荷，$kg/(1000m^2 \cdot d)$；δ 为填料单位体积比表面积，m^2/m^3；F 为填料填充比例，%，$F \leqslant 65\%$。

（2）悬浮活性污泥部分 根据所去除的目标污染物不同进行计算。具体计算公式参见本篇 4.1 中活性污泥法工艺的相关内容。

（3）需气量

$$D = D_0 Q \quad (m^3/d)$$

式中，D_0 为每立方米污水需气量（按空气计），m^3/m^3；Q 为污水处理量，m^3/d。

4.3.2 MBBR 主要设备

4.3.2.1 MBBR 生物载体填料

（1）LT 型高效流化生物载体填料

1）适用范围。LT 型高效流化生物载体填料可以广泛应用于城市生活污水、小区生活污水处理、工业废水处理、中水回用处理、微污染源水预处理等工程中。

2）型号说明

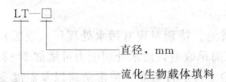

LT—□

直径，mm
流化生物载体填料

3）结构与特点。LT型高效流化生物载体填料由数十叶片通过环状连接组成合理球形结构，表面经过特殊处理，增加了其表面粗糙度和亲水性能，从而挂膜比较容易，经专业自动机械设备一次加工成型，抗磨、抗拉强度高，使用寿命长。

具有比表面积大、处理效率高、传质效益高、挂膜快、耗气少、动力省、安装更换方便、脱氮效果好、污泥产量少等特点。

4）性能参数及外形。LT型高效流化生物载体填料的性能参数见表2-4-72，外形见图2-4-89。

表 2-4-72　LT 型高效流化生物载体填料的性能参数

填料规格	外形尺寸/mm	填料表面积/(m²/只)	比表面积/(m²/m³)	空隙率/%	排列个数/(个/m³)	排列重量/(kg/m³)	材　质	适用水温/℃	技术特点
LT50	φ50	0.018	144	93	8000	71	改性塑料	95	根据不同气水比要求有不同的密度
LT100	φ100	0.106	106	95	1000	50	改性塑料	95	

生产厂家：广州市鑫都环保设备有限公司。

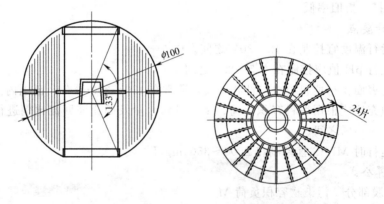

图 2-4-89　LT 型高效流化生物载体填料外形

（2）同步脱氮流化生物载体填料

1）适用范围。同步脱氮流化生物载体填料在新建或升级改造的城市生活污水处理、中水回用处理、微污染源水预处理等工程中具有广阔的应用前景。

2）基本原理与特点。同步脱氮流化生物载体填料由于填料的独特结构，内外角受气水冲击强度不同，形成不同厚度的生物膜，使膜内好氧、缺氧和厌氧产生不同的分区，满足低碳源同步硝化、反硝化的要求。

同步脱氮流化生物载体填料具有生物量高、比表面积大、脱氮效果好、污泥浓度高、传质效率高、挂膜快、耗气少、氧利用率高、污泥产量少、使用方便等特点。

3）类型、性能参数及外形。填料类型及其性能参数参见表2-4-73，填料外形参见图2-4-90～图2-4-93。

表 2-4-73　填料类型及其性能参数

类型	填充比/%	比表面积 /(m²/m³)	最佳 MLSS /(mg/L)	12℃时好氧区最小 水力停留时间/h
高密度聚乙烯悬浮载体填料 聚丙烯及其改性材料载体 填料	20～40	100～150	2500	4
彗星式纤维填料 聚氨酯泡沫	20～65	150～300	3500	4

图 2-4-90　高密度聚乙烯悬浮载体填料

图 2-4-91　聚丙烯及其改性材料载体填料

图 2-4-92　彗星式纤维填料

图 2-4-93　聚氨酯泡沫

4）生产厂家：安徽巢湖市德林水处理工程设备有限公司，北京世泽实华环境技术有限公司，达斯玛环境科技（北京）有限公司，江苏裕隆环保有限公司。

4.3.2.2　鼓风机

鼓风机一般分为罗茨鼓风机、离心鼓风机、磁悬浮鼓风机、空气悬浮鼓风机，主要用于生化处理时的充氧及搅拌。设备详细情况参见本篇 4.1 部分中活性污泥法工艺的相关内容。

4.3.2.3　曝气器

设备详细情况参见本篇 4.1 部分中活性污泥法工艺的相关内容。

第 5 章　过滤处理工艺与设备

5.1　活性砂滤池工艺

活性砂滤池基于逆流原理，待处理的原水经进水管，通过位于过滤器底部的布水器进入

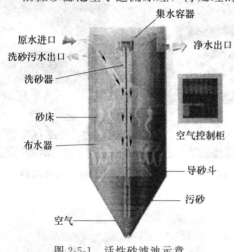

图 2-5-1　活性砂滤池示意

过滤器，水流由下向上逆流通过滤床，经过滤后的过滤液在过滤器顶部聚集，经溢流口流出。在此过程中，原水被过滤，水中的污染物含量降低，同时石英砂滤料中污染物的含量增加，并且下层滤料层的污染物含量高于上层滤料。底层的石英砂滤料在空压机的作用下提升至过滤器顶部的洗砂器中清洗。砂粒清洗后返回滤床，同时将清洗所产生的污染物外排。

此外，利用水体中丰富的污染物作为食物，微生物可以在滤砂的表面生长和繁殖，并形成生物挂膜，在去除固性悬浮物的同时可将废水中的BOD、氨氮等污染物转化去除，进而更进一步净化水质。

（1）适用范围　活性砂滤适用于对悬浮物、TP 以及 TN 有较高要求的污水厂，特别是城市污水处理厂的提标改造中。

（2）设备特点　占地面积小，处理规模大；抗冲击能力强，出水效果稳定；连续自动冲洗，高度自动化，操作控制简单；内部提砂，能耗小；池体结构多样化，工程投资低；兼有生物脱氮功能。

（3）技术参数　如表 2-5-1 所列。

表 2-5-1　活性砂滤池主要参数

型号	过滤面积 /m²	砂床高度 /m	砂床体积 /m³	水力负荷/ [m³/(m²·h)]	容积负荷(按 NO_x-N 计)/ [kg/(m³·d)]
CS—500—20	6	2.0	12		—
CS—500—25	6	2.5	15	<10	<2
CS—500—30	6	3.0	18		<2.4

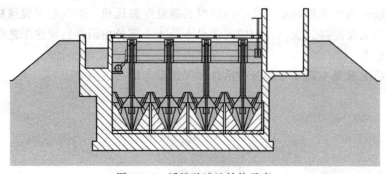

图 2-5-2　活性砂滤池结构示意

单台用气量 7.8~15.6m³/min，压力 7bar。

（4）设备外形结构　如图 2-5-2 所示。

（5）生产厂家　帕克环保技术（上海）有限公司。

5.2　滤布滤池工艺

滤布滤池是目前世界先进的过滤器之一，其主要工艺原理为原水进入滤池经挡板消能后，通过固定在支架上的微孔滤布，固体悬浮物被截留在滤布外侧，过滤液通过中空管收集，重力流通过溢流槽排出滤池。过滤中，污泥吸附于滤布外侧，逐渐形成污泥层，随着滤布上污泥的积累，滤布过滤阻力增加，池内液位逐渐升高，当液位上升到设定值时，PLC同时开启反抽吸泵及传动装置，圆盘转动过程中，固定于滤布外侧的刮板与滤布表面摩擦，刮去滤布表面的污泥，同时圆盘内的水被由内向外抽吸，清洗滤布微孔中的污泥，池底设排泥管，通过时间设定，由 PLC 自动开启排泥泵将污泥排出。

（1）适用范围　主要用于深度处理，设置于常规活性污泥法、延时曝气法、SBR 系统、氧化沟系统、滴滤池系统、氧化塘系统之后，可用于以下领域：a. 去除总悬浮固体；b. 结合投加药剂可去除磷；c. 可去除重金属等。滤布转盘过滤器用于过滤二沉池出水，设计水质：进水 SS30mg/L，出水 SS≤10mg/L，实际运行出水更优质。

（2）设备特点　处理效果好并且水质水量稳定；运行维护简单方便；经济上，设备闲置率低，总装机功率低；设备简单紧凑，附属设备少，整个过滤系统的投资低并且占地小，处理效果好，出水水质高。

（3）技术参数　如表 2-5-2 所列。

表 2-5-2　滤布滤池主要技术参数

型号	盘片直径/mm	处理能力/(m³/h)	盘片个数/个	设备总功率/kW
MFT 220	2000	220	4	4.75
MFT 450	2200	450	8	4.75
MFT 650	2000	650	12	8.75

（4）设备外形结构　主要由箱体、滤盘、清洗机构、排泥机构、中心管、驱动机构、电气控制、泵、阀机构组成。如图 2-5-3 所示。

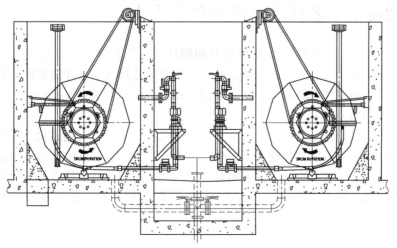

图 2-5-3　滤布滤池结构示意

1) 箱体。碳钢焊接,内部用进口防腐涂料,外部用环氧富锌防腐漆处理,箱体结构紧凑,质量轻,占地面积小。副箱可调节水位落差的大小。

2) 滤盘。每个滤盘由 6 个独立的分片组成,上面覆盖以滤布及衬底。

3) 清洗机构。由清洗吸口、管道、清洗吸口支架部件等组成。用于滤布的清洗。

4) 排泥机构。由排泥吸口、管道、排泥吸口支架部件等组成。用于清理滤池底部的污泥。

5) 中心。中水经处理后通过中空管流入副箱,中空管既可输送中水又可带动滤盘旋转。

6) 驱动机构。由减速机、链轮、链条等组成,用来带动中心管和滤盘转动。

7) 电气系统。由电控箱、PLC、触摸屏、液位监测等电控元件组成,用于控制反洗、排泥过程,使其运行自动化,并可调整反洗间隔时间、排泥间隔时间。

8) 泵、阀机构。由离心泵、管道、电动球阀组成,用于清洗和排泥。

(5) 运行方式　运行状态包括静态过滤过程、负压清洗过程、排泥过程。

1) 静态过滤过程。污水重力流进入滤池,滤池中设有挡板消能设施。污水通过滤布过滤,过滤液通过中空管收集,重力流通过溢流槽排出滤池。整个过程为连续。

2) 负压清洗过程。过滤时部分污泥吸附于滤布外侧,逐渐形成污泥层。随着滤布上污泥的积聚,滤布过滤阻力增加,滤池水位逐渐升高。通过测压监测装置检测池内的水位高度。当该水位达到清洗设定值(高水位)时,PLC 即可启动反抽吸泵,开始清洗过程。清洗时,滤池可连续过滤。

过滤期间,滤盘处于静态,有利于污泥的池底沉积。清洗期间,滤盘以 1r/min 的速度旋转。抽吸泵负压抽吸滤布表面,吸除滤布上积聚的污泥颗粒,滤盘内的水被同时抽吸,水自里向外对滤布起清洗作用,并排出清洗过的水。抽洗面积仅占全滤盘面积的 1%。清洗过程为间歇。

3) 排泥过程。滤池的滤盘下设有斗形池底,有利于池底污泥的收集。污泥池底沉积减少了滤布上的污泥量,可延长过滤时间,减少清洗的用水量。经过一设定的时间段,PLC 启动排泥泵,通过池底排泥管路将污泥回流至污水预处理构筑物。

(6) 生产厂家　浦华控股有限公司生产的微滤布转盘过滤机;HUBER 公司生产的 RO-DISK 转盘微滤装置;西门子 USfilter 生产的 FORTY-X Disk Filter。

5.3　其他滤池工艺描述、设计要点及计算

目前在污水深度处理中常用的池形还有四阀滤池、V 形滤池等。上述滤池虽构造形式不同,但从过滤机理上都属于快滤池的范畴。过滤系统选用气水反冲洗滤池,使滤料反冲洗更充分,最大限度地发挥滤料截留杂质的能力。该工艺描述、设计要点及计算可参照本书第一篇 2.2.8 部分中相关内容。

将曝气生活滤池设计成具有好氧区域和缺氧区域的形式,可实现硝化、反硝化过程,在去除有机物的同时达到脱氮的目的。当反硝化需要有机物时,通过内部污水回流或外部投加碳源的方式,使工艺过程加快,确保反硝化过程的顺利进行。目前普遍采用的外加碳源为甲醇、乙酸等有机物。该工艺描述、设计要点及计算可参照本篇 4.2.3 及 4.2.4 部分中相关内容。

第6章 污泥处理及处置工艺与设备

6.1 集泥池工艺与设备

6.1.1 集泥池工艺描述、设计要点及计算

6.1.1.1 工艺描述

集泥池可与污泥泵房分开，有条件时污泥泵房可与污水泵房合并于同一建筑物中。集泥池一般不设格栅，但在采用明槽输送污泥时，则应考虑格栅，栅条间隙可适当加大。在抽升初沉污泥或消化污泥的泵房中，集泥池容积应根据初次沉淀池或消化池的一次排泥量计算；在抽升活性污泥时，集泥池的容积可按不小于一台回流泵 5min 抽送能力计算。回流泵的抽升能力，除考虑最大回流量外，还应考虑剩余污泥的排除量。

6.1.1.2 计算公式

当抽升活性污泥时，集泥池容积：

$$V = \frac{Q_0 t \times 60}{1000} \quad (\text{m}^3)$$

式中，Q_0 为一台污泥泵的最大抽升能力，L/s；t 为抽升时间，min，一般不小于 5min。

当抽升沉淀新鲜污泥或消化污泥时，集泥池容积按一次排泥量计算。

6.1.2 集泥池主要设备

污泥泵的特点是提升的介质为黏稠度比污水大的污泥。设计中应根据抽升污泥的性质、输送的水力特性和密度的大小选择适用的污泥泵及配用功率。

选择污泥泵时，在任何情况下，主要的考虑都是泥液能否顺畅地流入泵内、运行是否可靠，然后考虑经济效益、管理养护等。

① 对于低黏度的污泥，通常用离心污水泵（如 PW 型和 PWL 型）和排污泵，也可使用螺旋泵，详见第三篇第 1 章的相关内容。

② 初沉和初沉加二沉污泥，经重力、浮选或离心法浓缩的污泥、消化污泥及经过调治的污泥，都属于高黏度污泥。高黏度污泥不易流入，则要求水泵提吸能力提高。一般采用单螺杆泵，详见第三篇第 1 章的相关内容。

③ 浮渣和栅渣。沉淀池浮渣的抽送与初沉污泥的抽送有密切关系，初沉污泥泵往往兼作浮渣泵。当栅渣不作单独处理时，可设破碎机磨碎，然后再返回到初沉前的污水中，作为初沉污泥处置。

④ 泥饼。含 25% 以上二沉生物污泥的泥饼具有触变性，在搅动时流动性提高，可用连续式螺旋泵抽送。这种泵也可用以抽送含铁和明矾沉淀物的混合污泥。初沉和二沉的混合污泥，如果含二沉污泥少，泥饼不是触变性的，就难以输送。初沉和二沉混合污泥中含有石灰时，当钙的浓度以碳酸钙计在 50% 以下，且脱水到总固体浓度小于 30% 时有可能抽送。采用石灰法除磷时，污泥含碱性磷酸钙，流动性较好，因此当碱性磷酸钙含量高时也可能较易抽送。

6.2 重力浓缩池工艺与设备

6.2.1 重力浓缩池工艺描述、设计要点及计算

6.2.1.1 工艺描述

重力浓缩本质上是一种沉淀工艺，属于压缩沉淀。连续流污泥浓缩池可采用沉淀池形式，一般为竖流式或辐流式。

6.2.1.2 设计要点

污泥浓缩池面积应按污泥沉淀曲线试验数据决定的污泥固体负荷来进行计算。浓缩后的污泥含水率可到 97.5% 左右。当为初次沉淀污泥及新鲜活性污泥的混合污泥时，其进泥的含水率、污泥固体负荷及浓缩后的污泥含水率，可按两种污泥的比例进行计算。浓缩池的有效水深一般采用 4m，当为竖流式污泥浓缩池时，其水深按沉淀部分的上升流速一般不大于 0.1mm/s 进行核算。浓缩池的容积应按浓缩 10~16h 进行核算，不宜过长。否则将发生厌氧分解或反硝化，产生 CO_2 和 H_2S。

连续式污泥浓缩池一般采用圆形竖流式或辐流式沉淀池的形式。污泥室容积应根据排泥方法和两次排泥间隔时间而定，当采用定期排泥时两次排泥间隔一般采用 8h。

6.2.1.3 计算公式

重力连续流污泥浓缩池的污泥层厚度为：

$$H_s = \frac{Q_0 C_0 t_u (\rho_s - \rho_w)}{\rho_s (\rho_m - \rho_w) A} \quad (\text{m})$$

式中，Q_0 为入流污泥量，m^3/h；C_0 为入流污泥固体浓度，kg/m^3；A 为浓缩池设计表面积，m^2；t_u 为达到排泥浓度所需时间，h；ρ_s 为污泥中的固体物密度，kg/m^3；ρ_m 为污泥中的平均密度，kg/m^3；ρ_w 为清液的密度，kg/m^3，一般取 1000kg/m^3。

6.2.2 重力浓缩池主要设备

重力浓缩池中设置污泥浓缩机。污泥浓缩机与圆池刮泥机基本相似，在刮臂上装有垂直排列的栅条，在刮泥的同时起着缓速搅拌作用，以提高浓缩的效果。浓缩机的形式有中心传动浓缩机和周边传动浓缩机。

6.2.2.1 NC 型中心传动浓缩机

（1）使用范围 NC_1 型中心传动浓缩机适用于市政、轻工等行业中活性污泥的浓缩；NC_2 型重型适用于矿山、钢铁等行业污水处理中密度大、下沉速度快的污泥浓缩。

（2）型号说明

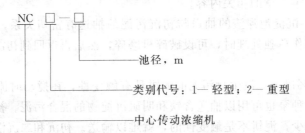

（3）NC_1 型原理（轻型） NC_1 型（轻型）中心传动浓缩机采用蜗杆传动（$D>16\text{m}$ 采用中心回转齿轮），刮泥臂上设有纵向搅拌栅条，刮臂旋转时栅条起搅拌作用，加速活性污泥的下沉，刮泥板外缘线速度≤3m/min，整个刮泥机构可以手动调节±50mm。该机的外

形结构见图2-6-1，规格及性能见表 2-6-1。

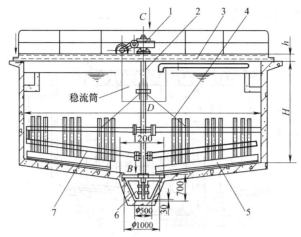

图 2-6-1　NC$_1$ 型外形结构图（$D \leqslant 18m$）

1—驱动机构；2—传动轴；3—工作桥；4—浓缩栅条；5—刮板组合；6—底轴承及刮板；7—刮臂

表 2-6-1　NC$_1$ 型规格及主要技术参数

参数 型号规格	性能参数		基本尺寸/mm					推荐池深 H /m	池底坡度 i
	功率 /kW	外缘线速度 /(m/min)	D	A	B	C	H		
NC$_1$—4	0.37	0.85	4000	200	340	55	250	3.5	1：10
NC$_1$—6	0.56	1.4	6000						
NC$_1$—8		1.76	8000				300		
NC$_1$—10	0.75	1.3	10000	320			300		1：12
NC$_1$—12		1.56	12000				400		
NC$_1$—14		1.63	14000						
NC$_1$—15		2.46	15000				450	4.5	
NC$_1$—16	1.5	2.62	16000						
NC$_1$—18		2.95	18000				474		

中心传动浓缩机生产厂家：江苏一环集团有限公司、江苏天雨环保集团有限公司、无锡市通用机械厂有限公司、宜兴泉溪环保有限公司、天津市市政污水处理设备制造公司。

6.2.2.2　NBS 型周边传动浓缩机

（1）适用范围　NBS 型周边传动浓缩机主要用于大型污水厂，对初沉及二沉池排泥进一步浓缩，浓缩污泥含量相对较多，竖向栅条主要起缓慢梳理凝聚作用，以增加污泥致密性。工艺一般为中心进泥，周边出水，中心排泥。一般不设浮渣刮集装置。

（2）型号说明

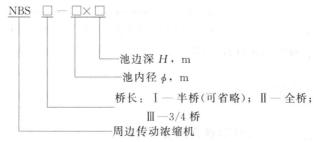

（3）结构与特点　NBS 型周边传动浓缩机采用铰支式刮臂，起到过载保护作用，有效降低运行成本；工作桥正常采用桁架梁，质量轻，刚度好，桥长可视工艺要求确定；对数螺

旋形刮泥板，底部设有滚轮，能有效防止卡阻。

（4）NBS 型周边传动浓缩机（3/4 桥）　外形见图 2-6-2。

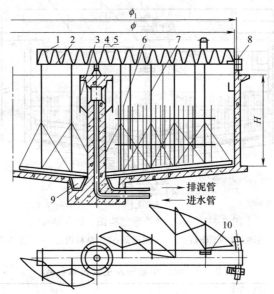

图 2-6-2　NBS 型周边传动浓缩机（3/4 桥）外形

1—栏杆；2—工作桥；3—稳流筒；4—集电装置；5—中心支座；6—支撑与栅条组合；

7—刮臂与刮板组合；8—端梁及驱动机构；9—泥坑小刮板；10—电控箱

（5）性能　NBS 型周边传动浓缩刮泥机性能见表 2-6-2。

表 2-6-2　NBS 型周边传动浓缩刮泥机性能

型号	池径 φ/m	单边功率 /kW	周边线速 /(m/min)	推荐池深 H/m	周边轮压 p /kN	滚轮轮距 l/mm
NBS—14	14	0.55/0.37	2～3	3	18	14400
NBS—16	16	0.55/0.37			18	16400
NBS—18	18				20	18400
NBS—20	20				25	20400
NBS—24	24	0.75/0.37			35	24400
NBS—25	25				40	25400
NBS—28	28				50	28400
NBS—30	30				60	30400
NBS—35	35	1.1/0.75			75	35400
NBS—40	40			3.5	80	40400
NBS—42	42				82	42400
NBS—45	45	1.5/0.75			86	45400
NBS—55	55			4	95	55400

周边传动浓缩机生产厂家：江苏天雨环保集团有限公司、无锡通用机械厂有限公司、江苏一环集团有限公司、宜兴泉溪环保有限公司、天津市市政污水处理设备制造公司。

6.3　厌氧消化工艺与设备

6.3.1　厌氧消化工艺描述、设计要点及计算

6.3.1.1　工艺描述

污泥厌氧消化是一种使污泥达到稳定状态的非常有效的处理方法。厌氧消化是利用兼性

菌和厌氧菌进行厌氧生化反应，分解污泥中有机物质的一种污泥处理工艺。

消化池是一种人工处理污泥的构筑物，在处理过程中加热搅拌，保持泥温，达到使污泥加速消化分解的目的。消化池按其容积是否可变，分为定容式和动容式两类。定容式系指消化池的容积在运行中不变化，也称为固定盖式，该种消化池往往需附加可变容式的气柜，用以调节沼气产量的变化。动容式消化池的顶盖可上下浮动，因而消化池的气相容积可随气量的变化而变化，该种消化池也称为浮动盖式消化池，其后一般不需放置气柜。动容式消化池适用于小型污水处理厂的污泥消化。

6.3.1.2 设计要点

当中温消化时池中温度控制在 $33\sim36℃$，最佳温度 $35℃$，其消化天数一般为 $25\sim30d$，即总投配率的 $3\%\sim4\%$。当采用两级消化时，一级消化池和二级消化池的停留天数的比值可采用 $1:1$、$2:1$ 或 $3:2$。当新鲜污泥含水率为 $96\%\sim97\%$，要求污泥中的有机物经厌氧消化后分解 50% 以上时，总的消化天数一般采用 $25\sim30d$。当一级消化池的产气率为总产气率的 90%，二级消化池的产气率为剩余的 10% 时，消化天数的比值一般采用 $2:1$。污泥固体含量设计值采用 $3\%\sim4\%$，目前最大可行的污泥固体浓度范围为 $10\%\sim12\%$。二级消化后的污泥含水率一般可达 92% 左右。

消化池容积：小型消化池为 $2500m^3$ 以下；中型消化池为 $5000m^3$ 左右；大型消化池为 $10000m^3$ 以上。当为圆柱形消化池时，其直径一般为 $6\sim35m$。柱体部分的高度约为直径的 $1/2$，总高与直径之比为 $0.8\sim1.0$。池子的直径很少大于 $35m$。池底坡度一般采用 8%。

6.3.1.3 计算公式

（1）消化池有效容积

$$V=100\frac{V'}{P}$$

式中，V' 为新鲜污泥量，m^3/d；P 为污泥投配率，$\%$。

（2）每座消化池的有效容积

$$V_0=\frac{V}{n}$$

式中，n 为消化池座数。

6.3.2 厌氧消化主要设备

6.3.2.1 机械搅拌设备

机械搅拌系在消化池内装设搅拌桨或搅拌蜗轮。

（1）XJ 型桨叶式消化池搅拌机

1）适用范围。$\phi400$ 推进式消化池搅拌是设有水封装置的特殊搅拌机，用于污泥处理系统中，封闭式污泥消化池污泥搅拌能有效地防止封闭式污泥消化池内的沼气及其他有毒气体的外溢。

2）型号说明

3）外形结构及主要性能参数。XJ 型搅拌机外形结构见图 2-6-3，主要性能参数见表 2-6-3。

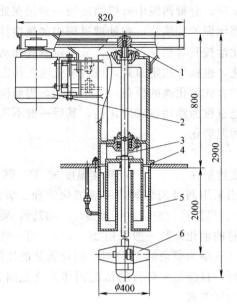

图 2-6-3　XJ 型外形结构

1—皮带轮；2—防爆电机；3—搅拌轴；
4—机座；5—水封套；6—搅拌器（叶轮）

表 2-6-3　主要性能参数

桨叶直径/mm	400	容器内气体压力/MPa	0.004
桨叶转速/(r/min)	320	防爆电机功率/kW	2.2
桨叶转向	以俯视为顺时针方向	搅拌机总重/kg	300

（2）TJBG 型叶轮式消化池搅拌机

1）适用范围。TJBG 型叶轮式消化池搅拌机采用先进的翼形叶轮技术，结合流体搅拌技术，通过流体运动使液体充分混合。适用于污水处理厂污泥处理工段消化池的污泥搅拌。

2）型号说明

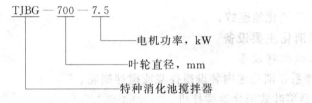

3）结构及特点。TJBG 型叶轮式消化池搅拌机由驱动装置、垂直的叶轮轴、机架、安装法兰、叶轮、导流板、导流筒、轴承部件和密封部件组成。TJBG 搅拌机采用单轴结构，形成轴向流动以适应消化污泥包括纤维物质的搅拌。搅拌机叶轮采用独特的设计，防止纤维在搅拌轴和叶轮上的缠绕。搅拌机能够正传或反转。在叶轮轴的下部安装有一个三叶片叶轮，此叶轮可以反转。叶轮形状为螺旋形，以防止在工作时条形及纤维物质在叶轮上缠绕。叶轮采用铸铁制造。叶轮可以同样的效率向上或向下泵送污泥。

TJBG 型叶轮式消化池搅拌机分为消化池内和消化池外两种形式。

4）性能规格及结构。TJBG 型叶轮式消化池搅拌机性能规格参数见表 2-6-4；消化池池外搅拌机结构见图 2-6-4，安装尺寸见图 2-6-5、表 2-6-5；消化池池内搅拌机结构见图 2-6-6，安装尺寸见图 2-6-7、表 2-6-6。

表 2-6-4　TJBG 型叶轮式消化池搅拌机规格性能

型号	流量 /(m³/h)	导流筒直径 /mm	叶轮直径 /mm	流速 /(r/min)	电机功率 /kW	质量 /kg
TJBG—500—4.0	1250	600	500	420	4	1250
TJBG—600—5.5	1800	700	600	350	5.5	1850
TJBG—700—7.5	2500	800	700	300	7.5	2200
TJBG—800—11	3500	900	800	275	11	2600
TJBG—900—7.5	4500	1000	900	200	7.5	3200
TJBG—900—15	5500	1000	900	250	15	3800

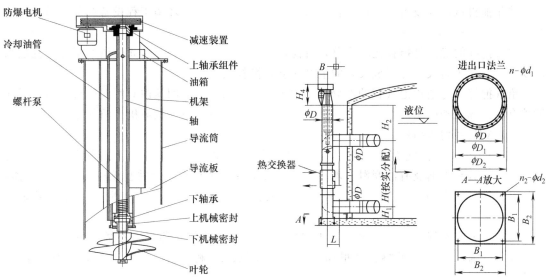

图 2-6-4　TJBG 型叶轮式消化池外部搅拌机结构　　　图 2-6-5　TJBG 型叶轮式消化池搅拌器池外安装尺寸

表 2-6-5　TJBG 型叶轮式消化池池外搅拌器安装尺寸　　　　　单位：mm

型　号	ϕD	H_1	H_2	H_3	H_4	H_5	ϕD_1	ϕD_2	$n\text{-}\phi d_1$	B_1	B_2	$n_2\text{-}\phi d_2$
TJBG—500—4.0	600	750	按用户 要求	按用户 要求	1100	850	725	780	20-ϕ30	600	800	4-ϕ33
TJBG—600—5.5	700	800			1100	900	840	895	24-ϕ30	700	900	4-ϕ33
TJBG—700—7.5	800	850			1250	900	950	1010	24-ϕ30	800	1000	4-ϕ33
TJBG—800—11	900	1000			1250	1000	1050	1110	24-ϕ30	800	1100	4-ϕ40
TJBG—900—7.5	1000	1000			1350	1000	1120	1180	28-ϕ30	1000	1200	4-ϕ40
TJBG—900—15	1000	1000			1350	1000	1120	1180	28-ϕ30	1000	1200	4-ϕ40

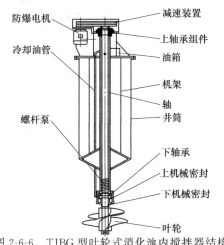

图 2-6-6　TJBG 型叶轮式消化池内搅拌器结构

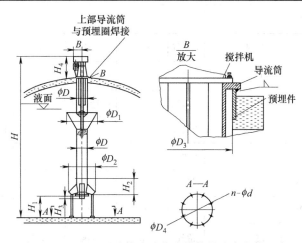

图 2-6-7　TJBG 型叶轮式消化池搅拌器池内安装尺寸

表 2-6-6　TJBG 型叶轮式消化池池内搅拌器安装尺寸　　　　单位：mm

型　号	H	H_1	H_2	H_3	H_4	ϕD	ϕD_1	ϕD_2	ϕD_3	ϕD_4	B	$n-\phi d$
TJBG—500—4.0		750	900	100	1100	600	1300	1100	700	950	500	8-ϕ28
TJBG—600—5.5		800	900	100	1100	700	1400	1200	800	1050	560	8-ϕ28
TJBG—700—7.5	按用于	850	1000	150	1250	800	1500	1300	900	1150	560	8-ϕ28
TJBG—800—11	要求	1000	1000	150	1250	900	1600	1400	1000	1250	630	8-ϕ28
TJBG—900—7.5		1000	1100	150	1350	1000	1800	1500	1100	1350	630	8-ϕ28
TJBG—900—15		1000	1100	150	1350	1000	1800	1500	1100	1350	630	8-ϕ28

　　消化池机械搅拌设备生产厂家：乐清市水泵厂、南京远蓝环境工程设备有限公司。

6.3.2.2　沼气搅拌设备

　　沼气搅拌的优点是搅拌比较充分，可促进厌氧分解，缩短消化时间。沼气搅拌装置吃水深度大，气体压力大，能形成较强的上升速度，搅拌效果显著。

　　沼气搅拌系将消化池气相的部分沼气抽出，经压缩后再通回池内对污泥进行搅拌。沼气搅拌有自由释放和限制性释放两种形式，常用的空压设备有罗茨鼓风机、沼气压缩机。

　　（1）VW 系列压缩机

　　1）适用范围。沼气压缩机适应沼气回收、集气、注气、扫线、增压、输送等不同工况需要。产品具有无油及有油润滑、水冷、风冷及箱式等多种形式，并且该机备有后冷却器，输气温度低，还兼有体积小、质量轻、噪声低、自动化程度高、运转平衡、安全可靠等特点。

　　VW 系列天然气、沼气、化工类压缩机可压缩：天然气、沼气、乙烯、丙烯、二氧化碳、煤气、氯乙烯、二甲醚、氟里昂、氮气、液氨、二氟乙烷、液化气等各种化工特殊气体。

　　2）特点。VW 系列压缩机具有结构简单、运行平稳、噪声低、操作方便、安全可靠等特点。

　　3）性能参数。VW 系列压缩机规格及性能参数见表 2-6-7。

表 2-6-7　VW 系列压缩机规格及性能参数

产品型号、名称	压缩介质	公称容积流量/(m³/min)	吸气压力/MPa	排气压力/MPa	冷却方式	外形尺寸 $L \times W \times H$/mm	全机总重/t	转速/(r/min)	驱动机	
									型号	功率/kW
VW—3.5/1—9	天然气	3.5	0.1	0.9	水冷	1850×1650×1600	2.5	980	YB250M—6	37
VW—5/1—40	天然气	5	0.1	4.0	水冷	3000×1870×1650	3.0	980	YB315S—6	75
VW—6.5/1—4	天然气	6.5	0.1	0.4	水冷	2600×1750×1650	2.5	980	YB280S—6	45
VFW—7/(1—3)—25	天然气	7	0.1~0.3	2.5	风冷	3700×1870×1600	3.5	980	YB355M—6	160
VFW—9.5/(1—3)—25	天然气	9.5	0.1~0.3	2.5	风冷	3700×1870×1600	4.0	740	YB355L—8	185
VW—5.6/(1—2)—25	天然气	5.6	0.1~0.2	2.5	水冷	2600×1850×1780		740	YB315L2—8	110
VW—32/1—5	天然气	32	0.1	0.5	水冷	2850×1850×1650	4.5	980	YB315M—6	90
VW—6/3	沼气	6	常压	0.3	水冷	1850×1650×1600	2.5	740	YB280S—8	30
VW—9.8/4	沼气	9.8	常压	0.4	水冷	1850×1780×1600	2.5	980	YB280S—6	45
VW—40/2.5	沼气	40	常压	0.25	水冷	3000×1850×1780	3.5	980	YB315L2—6	132

4）外形结构。VW 系列压缩机外形结构见图 2-6-8、图 2-6-9。

图 2-6-8　VW 系列压缩机外形（一）

图 2-6-9　VW 系列压缩机外形（二）

（2）L 形旋转叶片式沼气压缩机

1）适用范围。L 形旋转叶片式沼气压缩机用于污水处理厂中的污泥搅拌环节中，污泥消化处理环节产生大量沼气贮存于贮气柜中，沼气压缩机将贮气柜中的沼气送回消化池进行污泥搅拌。

2）型号说明

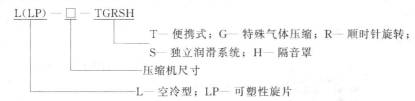

3）设备工作原理及特点。L 形旋转叶片式压缩机的工作原理见图 2-6-10。

L 形旋转叶片式沼气压缩机具有以下特点：极高的寿命和运行的可靠性；在 1500r/min 低转速的条件下，能有效地产生大流量的压缩气体；两个轴承点所承受的载荷极小；产生的压缩气体是绝对无脉动的；维护率极低、节能成效十分显著。

4）设备规格及性能。L 形旋转叶片式沼气压缩机规格型号见表 2-6-8，规格性能参数见表 2-6-9。

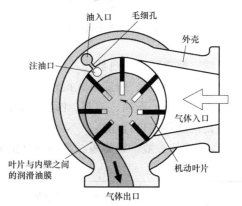

图 2-6-10　L 形旋转叶片式压缩机的工作原理

表 2-6-8　L 形旋转叶片式沼气压缩机规格型号

压力 型号	流量/(m³/h)				功率/kW			
	2.0bar	2.5bar	3.0bar	3.5bar	2.0bar	2.5bar	3.0bar	3.5bar
L20TG	114	108	101	94	3.8	5.2	6.3	7.1
L30TG	148	140	131	122	4.9	6.7	8.1	9.2
L40TG	198	187	175	163	6.5	9.0	10.8	12.3
L50TG	266	255	245	233	9.6	11.8	14.3	16.5
L75TG	375	357	344	326	13.2	16.9	19.8	22.4
L100TG	510	486	464	444	17.6	22.4	27.2	31.6

注：1bar＝10⁵Pa，下同。

表 2-6-9 规格性能参数表

型　　号	转速/(r/min)	润滑油量/L	质量(不包括电机)/kg
L20TG	1450	3.2	130
L30TG	1450	3.2	170
L40TG	1450	3.2	200
L50TG	1450	4.5	290
L75TG	1450	4.5	340
L100TG	1450	4.5	410

沼气压缩机生产厂家：蚌埠市正大压缩机有限公司、蚌埠市鸿申特种气体压缩机厂、泰州市晨阳压缩机有限公司、Gardner Denver Wittig（中国）办事处武汉佳德沃博格风动技术有限公司。

6.3.2.3 消化池热交换设备

（1）管式换热器　管式热交换器是一种传统的、应用最广泛的热交换设备。它结构坚固，且能选用多种材料制造，故适应性极强，尤其在高温、高压和大型装置中得到普遍应用。管式热交换器由管箱、壳体、管束等主要元件构成。管束是热交换器的核心，换热管作为导热元件，与折流板一起决定热交换器的传热性能。管箱与壳体则决定热交换器的承压能力及操作运行的安全可靠性。热交换器换热管内构成的流体通道之和称为管程，换热管外构成的流体通道称为壳程。管程和壳程分别通过两种不同温度的流体时，温度较高的流体通过换热管壁将热量传递给温度较低的流体，进而实现两种流体换热的目的。管式热交换设备外形见图 2-6-11。

说明：非标设计，工厂订货。

图 2-6-11 管式热交换设备

（2）螺旋板式换热器

1）适用范围。螺旋板式换热器是一种高效换热设备，适用于汽-汽、汽-液、液-液传热。它适用于化学、石油、溶剂、医药、食品、轻工、纺织、冶金、轧钢、焦化等行业。可对进入消化池的污泥进行加热。

2）性能参数。螺旋板式换热器性能参数见表 2-6-10。

表 2-6-10 性能参数

型　　号	换热面积/m²	换热量/kW	设计压力/MPa	一次水(80~130℃)		二次水(70~95℃)	
				流量/(m³/h)	阻力降/MPa	流量/(m³/h)	阻力降/MPa
SS 50—10	11.3	581.5	1	10.4	0.02	20.6	0.03
SS 100—10	24.5	1163	1	20.8	0.02	41.2	0.035
SS 150—10	36.6	1744.5	1	31	0.03	62	0.045
SS 200—10	50.4	2326	1	41.5	0.035	82	0.055
SS 250—10	61.1	2907.5	1	52	0.04	103	0.065
SS 50—15	11.3	581.5	1.5	10.4	0.02	20.6	0.035
SS 100—15	24.5	1163	1.5	20.8	0.02	41.2	0.04
SS 150—15	36.6	1744.5	1.5	31	0.03	62	0.055
SS 200—15	50.4	2326	1.5	41.5	0.04	82	0.065
SS 250—15	61.1	2907.5	1.5	52	0.04	103	0.07

3）外形结构。螺旋板式换热器外形结构见图 2-6-12。

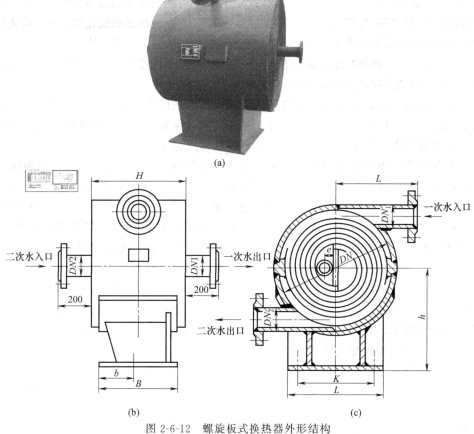

图 2-6-12　螺旋板式换热器外形结构

生产厂家：北京四季青换热器厂、无锡华宝药化设备有限公司。

6.4　沼气系统工艺与设备

6.4.1　沼气系统工艺描述

污泥中的有机物厌氧消化后主要产物是沼气。在顺利地进行消化时，对于含水率97%左右的投入污泥，每千克有机物产气量350～550L，产生7～10倍投入污泥量的沼气。沼气的成分因污泥的消化状态不同而异，一般沼气主要成分见表2-6-11。

表 2-6-11　污泥消化产生沼气的成分（体积分数）　　　　　　单位：%

甲烷	二氧化碳	氢	氮	硫化氢
50～65	30～35	0～2	0～6	0.01～0.02

同时，空气中沼气含量达到一定浓度会具有毒性，沼气与空气以 1：（8.6～20.8）（体积比）混合时如遇明火会引起爆炸。

污泥厌氧沼气系统一般分为沼气收集净化贮存系统、沼气搅拌系统、沼气利用系统和废气燃烧系统4个子系统。

为了安全可靠地使用沼气，污水处理厂除了保证污泥消化系统的正常运转外，还要顺利完成沼气的收集、运输、贮存和脱硫等工作。

（1）沼气收集　消化池中产生的气体从污泥表面挥发出来聚集于消化池顶部集气罩中。消化池中沼气的收集必须注意：保持消化池池顶的气密性，不得从消化池的缝隙中漏出气体，因此混凝土的接缝必须进行特殊处理；沼气为湿态气体，而且还有腐蚀性强的硫化氢，为了防止这一腐蚀作用，在污泥泥位以上的消化池内壁应结合紧密，以免脱落失去作用；池顶的入孔、管件等钢制部件要完全密封，并必须在浇灌混凝土之前预埋，以防气密性能不好；气体的捕集应考虑污泥的投加及消化污泥的排除，以及由于脱离液排出引起的产气量与气压的变化。

（2）沼气输送　从消化池出来的气体压力很低，本来可以考虑使用薄壁钢管，但是由于气体的腐蚀作用，应使用管壁较厚的钢管。尤其比较麻烦的是焊缝，必须涂上耐腐蚀沥青防腐。从安全方面考虑，气罐出口侧的气管管径以气体流速 $3\sim5m/s$ 来确定。

（3）沼气贮存　由于污泥消化过程中产气量和沼气用户的用气量不相等，必须设置贮气装置——贮气罐。贮气罐的容量根据处理厂的规模（日产气量）和沼气的日用气量来决定。对于用气量变化，通常只做白天调整，贮气量一般为日产气量的 $25\%\sim40\%$。大型处理厂可设置贮存 25% 日产气量的贮气罐，小型污水厂可设置贮存 40% 日产气量的贮气罐。

贮气罐分有水式和无水式。有水式是用水切断沼气的方式，无水式是用橡胶等密封切断沼气的方式。贮气罐分低压式和中压式，通常采用低压式，气罐内压力为 $1.96\sim3.92kPa$。

（4）脱硫装置　消化气中的硫化氢一般为 $100\sim200mg/L$，但是根据处理的状况不同，也有达到 $400\sim600mg/L$ 的。硫化氢是腐臭味显著的无色气体，相对密度为 1.2，毒性强。特别是在潮湿状态下，含 $600mg/L$ 硫化氢时，就会迅速地腐蚀金属。另外，硫化氢燃烧时会产生腐蚀性很强的亚硫酸气体。因此沼气一般应进行脱硫。

脱硫可采用湿法工艺，采用二级逆流式洗涤吸收塔（塔径根据沼气量选定），每去除 $1kgH_2S$ 需 $4\sim8kgNa_2CO_3$，用药量与沼气湿度有关。脱硫也可采用氧化铁干式吸附法。

脱硫要控制硫化氢在 $50mg/L$ 以下。一般来说，让消化气通过碱洗涤或脱硫剂，可使消化气硫化氢含量达到 $20mg/L$ 以下。

硫化氢在潮湿状态下的腐蚀性比干燥状态下强烈，所以应尽量用沉淀物捕集器去除消化气中的水滴，或者迅速地排出气体配管内的冷凝水。

6.4.2　沼气系统主要设备

6.4.2.1　沼气贮气柜

（1）双膜干式球形沼气贮气柜

1）应用范围。双膜干式球形沼气贮气柜用于市政污水处理厂、农场、牧场等沼气系统贮存罐。

2）工作原理。采用沼气专用膜材，具有良好的耐老化、抗甲烷渗透性能，适用于各种类型的沼气工程。双层膜沼气罐外形为 3/4 球体，由钢轨固定于水泥基座上。主体由特殊加工聚酯材质（主要成分为PVDF-聚偏氟乙烯和特殊防腐蚀配方）制成，罐体由外膜、内膜、底膜及附属设备组成，具有抗紫外光及各种微生物的能力，高度防火。内膜与底膜之间形成一个容量可变的气密空间用于贮存沼气，外膜构成贮存柜的球状外形。利用外膜进气鼓风机恒压，当内膜沼气量减少时，外膜通过鼓风机进气，保持内膜沼气的设计压力，当沼气量增加时，内膜正常伸张，通过安全阀将外膜多余空气排出，使沼气压力始终恒定在一个需要的设计压力。

可调节膜式沼气贮气柜的保温原理：在内外膜之间充入空气，能有效阻挡外界冷空气进入。

3）设备主要特点。适用温度 $-30\sim70℃$；抗风，抗雪，抗地震；气罐无水封/油封/弹簧，不怕结冰，不需加温，不需调整；没有导轨，没有升降活塞，无需配重；施工周期短，只需基本水泥基座；自重轻，整体气罐质量不大于 5t，大大简化及节省基座土建费用；最高沼气压力 50mbar（50cm 水柱），为同类型中最高；出口沼气压力恒定，进/出口沼气流量大，适用范围广。双膜干式球形沼气贮气柜外形见图 2-6-13。

4）规格。贮气柜容积：$100m^3$、$300m^3$、$500m^3$、$750m^3$、$1000m^3$、$1500m^3$、$2000m^3$。

双膜式沼气柜生产厂家：四川蒙特工程建设有限公司。

（2）湿式沼气贮气柜　湿式沼气贮气柜外形见图 2-6-14。

图 2-6-13　双膜干式球形沼气贮气柜　　　　　　　图 2-6-14　湿式沼气贮气柜

说明：非标设计，工厂订货。

湿式沼气贮气柜生产厂家：山东油罐钢结构网架安装总公司。

6.4.2.2　沼气脱硫净化装置

（1）干法脱硫

1）工作原理。干法脱除沼气气体中硫化氢（H_2S）的设备基本原理是使 H_2S 氧化成硫或硫氧化物的一种方法，也可称为干式氧化法。干法设备的构成是，在一个容器内放入填料，填料层有活性炭、氧化铁等，气体以低流速从一端经过容器内填料层，硫化氢（H_2S）氧化成硫或硫氧化物后余留在填料层中，净化后气体从容器另一端排出。

2）干法脱硫的特点：a. 结构简单，使用方便；b. 工作过程中无需人员值守，定期换料，一用一备，交替运行；c. 脱硫率新原料时较高，后期有所降低；d. 与湿式相比需要定期换料；e. 运行费用偏高。

沼气干式脱硫设备外形见图 2-6-15。

（2）湿法脱硫　湿法脱硫可以归纳分为物理吸收法、化学吸收法和氧化法 3 种。物理和化学方法存在硫化氢再处理问题，氧化法是以碱性溶液为吸收剂，并加入载氧体为催化剂，沼气中的硫化氢（H_2S）与碱性溶液产生氧化反应，生成单质硫。吸收硫化氢的液体有氢氧化钠、氢氧化钙、碳酸钠、硫酸亚铁等。成熟的氧化脱硫法，脱硫效率可达 99.5% 以上。

图 2-6-15　沼气干法脱硫设备

湿法脱硫的特点：a. 设备可长期不停地运行，连续进行脱硫；b. 用 pH 值来保持脱硫效率，运行费用低；c. 工艺复杂需要专人值守；d. 设备需保养。

在大型的脱硫工程中，一般先用湿法进行粗脱硫，之后再通过干法进行精脱硫。沼气湿法脱硫设备外形见图 2-6-16。

图 2-6-16 沼气湿法脱硫系统

说明：非标设计，工厂订货。

沼气脱硫塔生产厂家：济柴牌燃气机成套销售公司、山东恒能环保能源设备有限公司。

6.4.2.3 沼气发电机组

（1）12V、16V 系列沼气发电机组

1）适用范围。沼气的主要成分是甲烷，占 60%～80%。甲烷是一种理想的气体燃料，它无色无味，与适量的空气混合后即能燃烧。沼气的来源很广，沼气产生装置规模也越来越大，城市垃圾的甲烷化以及污水处理更拓宽了沼气产生的领域。

2）设备性能参数。12V、16V 系列沼气发电机组性能参数见表 2-6-12。

表 2-6-12 性能参数

型 号	12V190 系列	12V240 系列	16V280 系列
机组型号	500GF—T（RW、RZ、RJ、RG）	1200GF—（RW、RZ、RJ、RG）	2000GF—（RW、RZ、RJ、RG）
额定功率/kW	500（500、500、400、400）	1200（1200、1200、800、800）	2000（2000、2000、1500、1500）
额定转速/(r/min)	1000（1000、1000、1500、1500）	1000	1000
额定电压/V	400	400	400
额定电流/A	902（902、902、722、722）	2166（2166、2166、1625、1625）	3610（3610、3610、2708、2708）
额定频率/Hz	50	50	50
额定功率因数（cos）	0.8（滞后）	0.8（滞后）	0.8（滞后）
燃气热耗率/[MJ/(kW·h)]	10	10	10
机油消耗率/[g/(kW·h)]	1.5	2.0	2.0
外形尺寸/mm	5040×1970×2278	6300×2200×3280	7000×2300×3400
机组总质量/kg	1250	2500	3200

3）设备类型。12V、16V 系列沼气发电机组设备类型见表 2-6-13。

表 2-6-13 设备类型表

型 号	额定功率	额定电压	额定频率
全系列	125～3250kW	400V、6.3kV、11kV	50Hz
ZeNZ700	700kW	220V	50Hz
500GF—RZ	500kW	400V	50Hz

（2）8012Z、8012CZ 沼气发电机组 沼气作为一种新型再生能源燃料已越来越受到人们的重视。沼气发动机具有低排放、低污染、再生资源利用等优点。

8012Z 型沼气发电机组：功率 660kW，转速 1500r/min。

8012CZ 型沼气发电机组：功率 450kW，转速 1000r/min。

8012Z、8012CZ 沼气发电机组外形见图 2-6-17。

沼气发动机主要性能参数见表 2-6-14。

图 2-6-17 沼气发动机及发电机组

表 2-6-14　沼气发动机主要性能参数

代　号	114LZ	1012CZ	1112CZ	1512Z	1812Z
形式	四冲程、水冷、非增压火花塞点火	四冲程、水冷、中冷、增压、预燃室、火花塞点火	四冲程、水冷、非增压、预燃室、火花塞点火	四冲程、水冷、中冷、增压、火花塞点火	四冲程、水冷、中冷、增压、火花塞点火
混合方式	机械外混式			电控外混式	机械内混式
气缸排列	直列	V 形、60°夹角			
缸径×行程/mm	190×210				
活塞总排量/L	23.8	71.5			
标定转速/(r/min)	1500	1000		1500	
怠速/(r/min)	700				
标定功率/kW	190	500	450	660	
平均有效压力/MPa	0.616	0.84	0.76	0.74	
热耗率/[kJ/(kW·h)]	≤11340				
机油消耗率/[g/(kW·h)]	≤1.6				
涡轮前排气温度/℃	<650				
稳定调速率/%	≤5				
润滑方式	压力润滑和飞溅润滑				
启动方式	气启动或电启动	电马达启动(24VDC)			
曲轴转向(自飞轮端视)	逆时针				
大修期/h	≥18000				

沼气发电机组的技术规格和技术性能见表 2-6-15。

表 2-6-15　沼气发电机组的技术规格和技术性能

型　号		804LZ	8012CZ	8112CZ	8012Z
功率/kW		150	450	400	600
额定电流		270A	328A	288A	1082A
额定电压/V		400			
额定频率/Hz		50			
功率因数		0.8(滞后)			
发电机励磁方式		无刷			
发电机接线方式		三相四线			
发电机工作方式		连续			
绝缘等级		F 级			
机组电气性能指标					
电压	稳态调整率/%	≤±2.5			
	瞬态调整率/%	≤+20−15			
	稳定时间/s	≤1.5			
	波动率/%	≤0.5			
频率	稳态调整率/%	≤5			
	瞬态调整率/%	≤±10			
	稳定时间/s	≤7			
	波动率/%	≤0.5			
起动方式		24DC 直流电起动			
冷却水循环方式		开式带热交换器			
大修期/h		18000			

沼气发电机生产厂家：康达机电工程有限公司、郑州载能科技发展有限公司、昆明绿橄榄环保科技有限公司、上海铁泽石油天然气技术发展有限公司（全系列）、胜动集团胜利动力机械有限公司。

6.4.2.4　立式、卧式沼气锅炉

（1）适用　工业、农业生产及污水处理厂污泥处理过程中会产生相当数量的废气，含有

一定甲烷、甲醛、一氧化碳等可燃成分，具有燃烧热值较高［2000～6000（标）kcal/m³］、可燃性好、有害物质含量少等特点，是一种理想的清洁能源，通过焚烧不仅可以将有害物质彻底分解，而且可以产生非常好的经济效益和社会效益。

（2）主要特点　节能：内肋列管式强化换热技术，热转换效率高。智慧：微电脑自动控制，液晶显示水温，双脉冲自动点火；水温自由设定、控制主机运行、停歇、复燃。安全：IC 离子检焰，能在程序熄火与意外熄火后 2s 瞬即关闭双电磁阀，防止燃气外溢。耐久：1mm 不锈钢外壳，2mm 铝板与型材购置炉胆经久耐蚀；不锈钢燃烧器，铜阀不锈钢件，有色金属整体。环保：燃后废气中 CO 含量低于 0.04%。

（3）设备规格及性能　沼气锅炉规格及性能见表 2-6-16，立式锅炉示意见图 2-6-18，卧式锅炉示意见图 2-6-19。

表 2-6-16　沼气锅炉规格及性能

型　号	形式	适用燃料	燃料耗量	适用范围
RSDQ	立式	各类沼气	1m³/h	取暖、洗浴
CLSG0.05～2.8	立式	各类沼气	116m³/t	工业、民用
WNS/LSG/CLSG/CWNS	卧式	各类发热值的沼气		工业用汽、用水以及农村取暖
WNS0.5—10	卧式	沼气	116m³/(t·h)	工业和民用
WNS/LSG/CLSG/CWNS	卧式	各类发热值的沼气		工业用汽、用水以及农村取暖

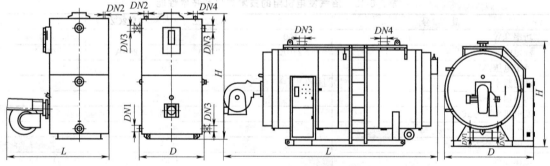

图 2-6-18　立式锅炉示意　　　　　　图 2-6-19　卧式锅炉示意

图 2-6-20　沼气燃烧器外形

沼气锅炉生产厂家：南京工业锅炉厂、河南省太康锅炉厂、晋城市信源锅炉有限公司、河南省四通锅炉有限公司。

6.4.2.5　沼气火炬

沼气燃烧器自动点火监控系统由点触发信号发生源、PLC 控制单元、高能电子点火装置、火焰检测元件等五大部分构成。其外形见图 2-6-20。

生产厂家：沈阳元天燃烧器厂、宜兴市高塍楠阳环保设备厂。

6.5　污泥浓缩脱水工艺与设备

污泥脱水的方法，一般有自然干化、机械脱水、污泥烘干等方法。

自然干化最经济，适用于气候比较干燥，占地不紧张以及环境卫生条件允许的地区。污泥干化场一般适用于村镇小型污水处理厂的污泥脱水，维护管理工作量大，但由于会产生大范围的恶臭，蚊蝇滋生，卫生环境较差，基本上很少采用。

机械脱水与自然干化相比，其特点是脱水效果好、效率高、占地少、恶臭环境影响小，但运行维护费用较高。机械脱水的种类很多，按脱水原理可分为真空过滤脱水、压滤脱水和离心脱水三大类。

6.5.1　压滤浓缩脱水工艺描述、设计要点及计算

压滤脱水设备可分为板框式压滤脱水机和带式压滤脱水机两种，目前带式压滤脱水机应用较为广泛。

6.5.1.1　设计要点

带式压滤机的处理能力主要由进泥量及进泥固体负荷确定。一般情况下，进泥量 q 可达到 $4 \sim 7 m^3/(m \cdot h)$，进泥固体负荷 q_s 可达到 $150 \sim 250 kg/(m \cdot h)$。不同型号带式压滤机带宽不同，但不宜超过 3m。

板框压滤机的过滤压力为 $400 \sim 600 kPa$（为 $4 \sim 6 kgf/cm^2$）；过滤周期不大于 5h；每台过滤机可设污泥压入泵一台，泵宜选用柱塞式；压缩空气量为每立方米滤室不小于 $2 m^3/min$（按标准工况计）。

6.5.1.2　计算公式

板框式加压过滤机的过滤面积：

$$A = 1000(1-W)\frac{Q}{V}$$

式中，A 为过滤面积，m^2；Q 为污泥量，kg/h；V 为过滤能力（按干污泥计），$kg/(m^2 \cdot h)$；W 为污泥含水率，%。

6.5.2　压滤浓缩脱水主要设备

6.5.2.1　转筒浓缩机

（1）WZN 型污泥转筒浓缩机

1）适用范围。污泥浓缩是污泥处理中的重要环节，为了提高脱水机的工作效率，在污泥脱水前一般均需进行预浓缩。WZN 型污泥转筒浓缩机可替代浓缩池的作用，将污泥经转筒浓缩后进入带式脱水机进行污泥脱水。

2）设备特点。a. 分离浓缩效率高，费用低，可节省污泥投资费用的 $1 \sim 2$ 倍；b. 系统可连续自动运行；c. 全封闭运行，生产环境良好；d. 可替代污泥浓缩池，提高脱水机的产率，减少脱水机台数；e. 也可运用于啤酒厂、酒厂及酒精厂、造纸等的工业废水处理中的固液分离。

3）性能及规格。WZN 型污泥转筒浓缩机性能及规格参数见表 2-6-17。

表 2-6-17　性能及规格参数

型　号	筛滤筒直径/mm	转速/(r/min)	转动功率/kW	反冲泵功率/kW	处理能力/(m³/h)	外形尺寸/m
WZN—8	φ800	4～22	1.5	1.5	10～30	4.8×1.0×1.65
WZN—10	φ1000	3.5～20	2.2	1.5	20～40	5.9×1.32×2.1
WZN—12	φ1200	3～16	2.2	2.2	40～60	7.1×1.55×2.4
WZN—14	φ1400	2.5～12	3.0	2.2	60～80	7.1×1.8×2.6
WZN—16	φ1600	2～10	3.0	2.2	80～100	7.1×2.0×2.8

4）设备结构。WZN 型污泥转筒浓缩机结构见图 2-6-21。

生产厂家：江苏一环集团有限公司。

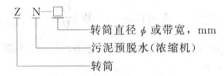

图 2-6-21　WZN 型污泥转筒浓缩机结构
1—污泥泵；2—聚凝剂提加装置；3—加药计量泵；4—管道混合器；5—旋流混合反应罐；
6—筛滤器；7—污泥斗；8—污泥泵；9—冲洗水泵；10—集水槽；11—浓缩机支座

（2）ZN 型污泥浓缩（预脱水）机

1）适用范围。转筒式污泥预脱水机，也称污泥浓缩机。由于其完全靠重力脱水，只能使污泥含固率从 1%～2%增至 10%（出泥含水率约 90%），故只能起到预脱水作用。污泥预脱水是污泥处理中的重要环节，毕竟相当于去除了 80%～90%的水分，故污泥预脱水机可完全替代浓缩池的作用，有利于带式脱水机进行污泥脱水。一般需配套絮凝搅拌装置。也可用于酒厂、毛纺厂、造纸厂等多种工业废水的糟粕分离。

2）型号说明

$$ Z\ N-\square $$

转筒直径 ϕ 或带宽，mm
污泥预脱水（浓缩机）
转筒

3）性能及规格。ZN 型污泥浓缩机性能及规格见表 2-6-18。

表 2-6-18　性能及规格

型号	转速/(r/min)	转动功率/kW	反冲泵功率/kW	处理能力/(m³/h)	进口含固率/% 二沉池污泥	进口含固率/% 初沉池污泥	进口含固率/% 消化污泥	出口含固率/% 二沉池污泥	出口含固率/% 初沉池污泥	出口含固率/% 消化污泥	外形尺寸/m
ZN—550	4～15	0.55	0.75	10～20							2.5×1.0×1.4
ZN—800	4～22	1.5	1.5	10～30							4.8×1.0×1.7
ZN—1000	3.5～20	2.2	1.5	20～40	0.5～0.8	2～4	3～5	3～6	6～8	5～10	5.9×1.4×2.1
ZN—1200	3～16	2.2	2.2	40～60							7.1×1.6×2.4
ZN—1400	2.5～12	3.0	2.2	60～80							7.1×1.8×2.6
ZN—1600	2～10	3.0	2.2	80～100							7.1×2.0×2.8

4）外形结构。ZN 型污泥浓缩机外形结构见图 2-6-22。

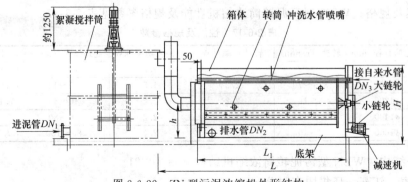

图 2-6-22　ZN 型污泥浓缩机外形结构

生产厂家：江苏天雨环保集团有限公司。

6.5.2.2　带式压滤机

带式压滤机是污泥脱水的专用设备，具有生产连续、处理能力高、耗电量在各种形式脱水机中为最低、处理量大、允许负荷有较大范围的变化、污泥脱水效果好等优点。污泥与投加的絮凝剂经充分混合后进入带式压滤机的污泥重力脱水区，依靠污泥本身重力脱去大量水分，重力区设有布泥装置，可将污泥均布于滤带，继而进入上下层网带之间楔形压榨段，进行预压缩脱去游离水，最后进入压榨区，形成泥饼。带式压滤机的脱水过程分为污泥絮凝、重力脱水、楔形脱水和压榨脱水4步进行。带式压滤机一般为连续运行工作制，当进泥须进行前处理时，也可能是间歇工作制。其进泥的含水率一般为96%~97%，脱水后滤饼的含水率为80%左右。

（1）DYQ型带式压滤机

1）适用范围。城市污水处理厂和造纸、皮革、印染、纺织、啤酒厂、陶瓷、冶金、煤炭、化工、发电等行业污水处理工程中的污泥脱水。

2）设备规格及性能。DYQ型带式压滤机规格及性能见表2-6-19。DYQ型带式压滤机外形及构造见图2-6-23，DYQ型带式压滤机脱水原理见图2-6-24，DYQ型带式压滤机工艺组成见图2-6-25。

表 2-6-19　DYQ型带式压滤机规格及性能

项目 \ 型号	DYQ500	DYQ1000	DYQ1500	DYQ2000	DYQ2500	DYQ3000
滤带宽度/mm	500	1000	1500	2000	2500	3000
污泥处理量/(m³/h)	3~5	7~9	11~13	14~17	19~22	23~28
滤饼含水率/%	≤80					
污泥回收率/%	≥95					
滤带张力/(kN/m)	0~5					
滤带线速度/(m/min)	1.3~6.6					
冲洗水耗量/m³ 回用水	<4.2	<7.5	<10.8	<15	<19.5	<24
冲洗水耗量/m³ 净水	<1.8	<3.2	<4.6	<6	<7.8	<10.1
冲洗水压力/MPa 回用水	≥0.4					
冲洗水压力/MPa 净水	≥0.7					
电机功率/kW	0.75	0.75	1.5	1.5	2.2	2.2
絮凝混合器电机/kW	0.55	0.75	0.75	1.1	1.1	1.1
主机质量/kg	1800	2400	3000	3600	4400	5300
外形尺寸/mm	4150×1250×2250	4150×1750×2250	4150×2250×2250	4150×2750×2250	4150×3250×2250	4150×3750×2250

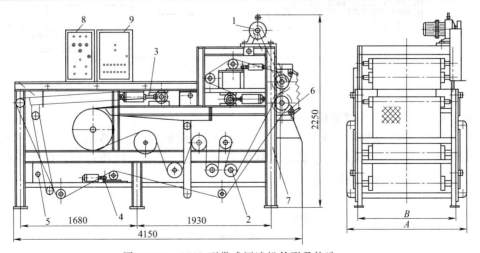

图 2-6-23　DYQ型带式压滤机外形及构造
1—传动机构；2—滤带运行辊筒；3—滤带气动张紧机构；4—滤带跑偏调速机构；
5—滤带清洗装置；6—卸泥饼装置；7—机架；8—气动控制系统；9—电控系统

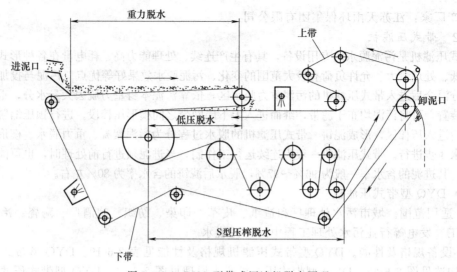

图 2-6-24 DYQ 型带式压滤机脱水原理

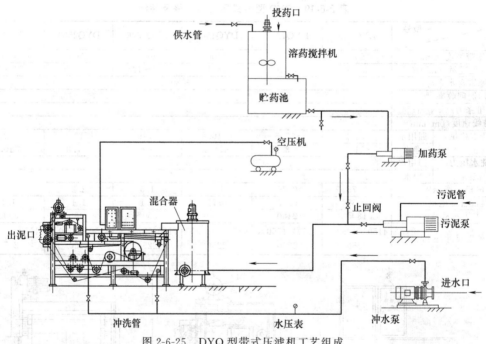

图 2-6-25 DYQ 型带式压滤机工艺组成

（2）DY 型带式压榨过滤机

1）适用范围。该机适用于煤炭、冶金、化工、医药、轻纺、造纸和城市给排水等各行业污泥的处理。其特点脱水效率高，处理能力大，连续过滤，性能稳定，操作简单，体积小，质量轻，节约能源，占地面积小。

2）型号说明

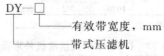

3）性能规格。DY 型带式压榨过滤机性能规格见表 2-6-20。

表 2-6-20　DY 型带式压榨过滤机性能规格

型　号	滤带宽度 B/mm	处理量 /(m²/h)	功率 /kW	冲洗水量 /(m²/h)	冲洗水压力 /MPa	冲洗水质	泥饼含水率 /%	进泥含水率 /%
DY—500	500	—4	1.1	≤4				
DY—1000	1000	—8	1.5	≤7	≥0.5	普通自来水	78～85	≤97.8
DY—1500	1500	—12	2.2	≤10				
DY—2000	2000	—15	3	≤15				

4）外形示意图。DY 型带式压榨过滤机外形见图 2-6-26。

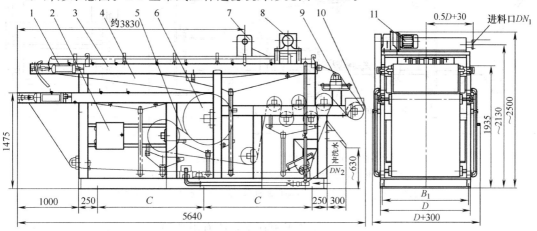

图 2-6-26　DY 型带式压榨过滤机外形
1—张紧机构；2—气柜；3—机架；4—集水斗；5—滤带；6—压榨辊；7—进料器；
8—冲洗系统；9—纠偏装置；10—刮泥板；11—驱动装置

　　带式压榨过滤机生产厂家：江苏天雨环保集团有限公司、江苏一环集团有限公司、宜兴泉溪环保有限公司、杭州创源过滤机械有限公司、上海奥德水处理科技有限公司、天津市市政污水处理设备制造公司。

　　（3）DNDYQ 型带式浓缩压榨一体过滤机

　　1）适用范围。城市污水处理厂和造纸、皮革、印染、纺织、啤酒厂、陶瓷、冶金、煤炭、化工、发电等行业污水处理工程中的污泥脱水。

　　2）设备规格性能及外形。DNDYQ 型带式浓缩压榨一体过滤机规格及性能见表 2-6-21，外形构造见图 2-6-27。

表 2-6-21　规格及性能参数

项目 ＼ 型号		DNDYQ500	DNDYQ1000	DNDYQ1500	DNDYQ2000	DNDYQ2500	DNDYQ3000
滤带宽度/mm		500	1000	1500	2000	2500	3000
污泥处理量/(m³/h)		6～8	12～15	17～22	23～28	34～40	45～55
滤饼含水率/%		≤80					
污泥回收率/%		≥95					
滤带张力/(kN/m)		0～5					
压榨滤带线速度/(m/min)		1.3～6.6					
浓缩滤带线速度/(m/min)		2.9～14.5					
冲洗水耗量 /m³	回用水	<6	<11	<16	<21	<26	<30
	净水	<2.7	<4.8	<6.9	<9	<11.7	<15.1
冲洗水压力 /MPa	回用水	≥0.4					
	净水	≥0.7					
压榨带电机功率/kW		0.75	0.75	1.5	1.5	2.2	2.2
浓缩电机功率/kW		0.55	0.55	0.75	0.75	0.75	0.75
絮凝混合器电机/kW		0.75	0.75	1.1	1.1	1.1	1.5
主机质量/kg		2500	3100	3900	4500	5300	6100
外形尺寸/mm		6050×1250× 2250	6050×1750× 2250	6050×2250× 2250	6050×2750× 2250	6050×3250× 2250	6050×3750× 2250

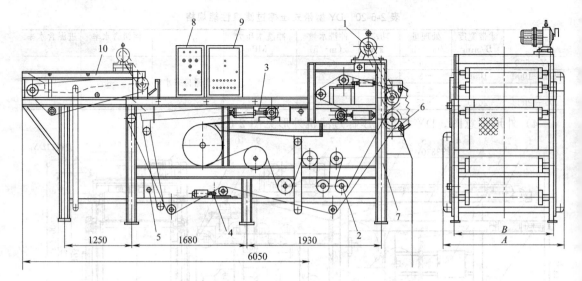

图 2-6-27 DNDYQ 型带式浓缩压榨过滤机外形构造

1—传动机构；2—滤带运行辊筒；3—滤带气动张紧机构；4—滤带跑偏调整机构；5—滤带清洗装置；

6—卸泥饼装置；7—机架；8—气动控制机构；9—电控系统；10—污泥浓缩机

带式浓缩压榨一体机生产厂家：江苏天雨环保集团有限公司、杭州创源过滤机械有限公司、江苏一环集团有限公司、无锡市通用机械厂有限公司、天津市市政污水处理设备制造公司、川源股份有限公司。

（4）DNDY 型带式浓缩脱水一体机

1）适用范围。用于未经浓缩池浓缩的污泥的处理（如 A/O 法、SBR 法的剩余污泥），具有浓缩、脱水双重功能。浓缩段及脱水段均采用滤带，适合污泥处理量较大的场合。

2）型号说明

有效带宽 B，mm

带式脱水机

DN—带式浓缩

3）设备特点。带式浓缩脱水一体机处理量大，可连续工作；组合结构，便于运输、清洗、维护；自动控制，操作强度低，运行可靠。

4）设备技术性能。DNDY 型浓缩脱水一体机技术性能见表 2-6-22。

表 2-6-22 技术性能参数

脱水机类型	型号	带宽 B /mm	处理量 /(m³/h)	功率 /kW	冲洗水量 /(m³/h)	冲洗水质	冲洗水压 /MPa	泥饼含水率/%	进泥含水率/%
带式浓缩带式脱水机	DNDY500	500	约 8	0.55+0.75	≤7		≥0.5	75～80	≤99
	DNDY1000	1000	约 15	0.75+1.1	≤12				
	DNDY1500	1500	约 25	0.75+1.5	≤18				
	DNDY2000	2000	约 40	1.1+2.2	≤23				

5）DNDY 型外形结构。DNDY 型带式浓缩脱水一体机外形结构见图 2-6-28。

带式浓缩脱水一体机生产厂家：江苏天雨环保集团有限公司、杭州创源过滤机械有限公司、江苏一环集团有限公司、无锡市通用机械厂有限公司、天津市市政污水处理设备制造公司、川源股份有限公司。

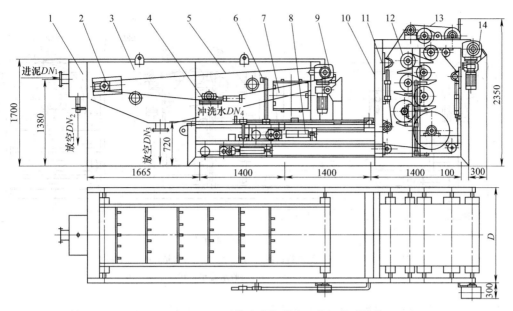

图 2-6-28　DNDY 型带式浓缩脱水一体机外形结构

1—进泥装置；2—浓缩张紧；3—浓缩架体；4—浓缩纠偏；5—浓缩滤带；6—冲洗装置；7—气控箱；8—脱水张紧；
9—浓缩驱动；10—脱水支架；11—张紧纠偏；12—张紧滤带；13—脱水滤带；14—脱水驱动

（5）转筒浓缩带式脱水机

1）适用范围。ZNDY 型浓缩脱水机主要用于未经浓缩池浓缩的污泥处理（如 A/O 法剩余污泥），依靠转筒浓缩，带式脱水，即相当于具有浓缩、脱水双重功能，处理量较单纯压滤脱水高。

2）型号说明

有效带宽 B，mm
带式脱水机
ZN—转筒浓缩

3）设备特点。设备整体结构紧凑，外观美观大方；处理量大，固体捕获率 98% 以上；可自动控制，操作强度极低，运行可靠；设备占地面积小，可连续工作，噪声小。

4）设备技术性能。ZNDY 型浓缩脱水机技术性能见表 2-6-23。

表 2-6-23　ZNDY 型浓缩脱水机技术性能

脱水机类型	型号	带宽/mm	处理量/(m³/h)	功率/kW	冲洗水量/(m³/h)	冲洗水质	冲洗水压/MPa	泥饼含水率/%	进泥含水率/%
转筒浓缩带式脱水机	ZNDY1000	1000	约 10	0.75+1.1	≤10	自来水	≥0.5	75~80	≤99
	ZNDY1500	1500	约 18	0.75+1.5	≤15				
	ZNDY2000	2000	约 30	0.75+2.2	≤20				

注：1. 表中处理量为参考值，与污泥性质和絮凝效果有关。

2. 泥饼含水率与滤带速度及处理量均成正比，滤带实际速度一般根据试运确定。

5）设备外形结构。ZNDY 型浓缩脱水机外形结构见图 2-6-29。

生产厂家：江苏天雨环保集团有限公司。

（6）转鼓浓缩脱水一体机

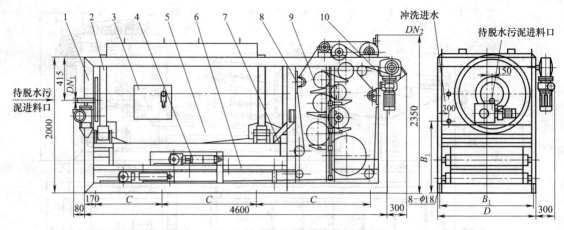

图 2-6-29　ZNDY 型浓缩脱水机外形结构

1—机架；2—转筒；3—气控箱；4—自动张紧；5—集水箱；6—滤带脱水；

7—冲洗系统；8—自动纠偏；9—脱水滤辊；10—驱动机构

1）适用范围。转鼓浓缩脱水一体机适用于城市污水处理厂及工业等污泥处理，尤其适用于进泥浓度较低而出泥要求含固率较高的污泥脱水项目。

2）设备特点

① 采用转鼓筛网浓缩专利技术，可适用于低含固率的污泥处理，省去污泥浓缩池，减少占地面积，节省投资费用。

② 滤布驱动无级变速，可控制污泥处理量及含水率。

③ 侧板密封式结构，水切割一次成型，确保设备耐腐蚀、无测漏。

④ 进口滤布，SUS316 接口，使用寿命长。

⑤ 超长挤压段设计，泥饼含固率高。

3）构造及性能参数。设备由主机、调理搅拌槽、转鼓浓缩装置、电控箱、空压机等组成，其技术参数见表 2-6-24，设备的工作原理见图 2-6-30，外形见图 2-6-31。

表 2-6-24　转鼓浓缩脱水一体机技术参数

型号	带宽 /mm	处理量（按 DS 计）/(kg/h)	功率 /kW	质量 /kg	外形尺寸/mm					转鼓直径 /mm
					L	W	H	H_1	H_2	
DYH—800	800	70~125	0.9	1530	2360	1250	2420	1500	450	420
DYH—1000	1000	90~230	1.1	2210	2940	1500	2520	1550	450	540
DYH—1500	1500	110~300	1.2	2630	2940	2000	2520	1550	450	700
DYH—2000	2000	170~450	1.3	3500	3300	3060	2520	1800	450	900
DYH—2500	2500	280~680	1.8	4550	3300	3560	2630	1850	450	900

生产厂家：上海奥德水处理科技有限公司。

（7）转鼓浓缩带式污泥脱水机

1）适用范围。转鼓浓缩带式污泥脱水机适用于城市污水处理厂及工业等污泥处理。

2）设备特点

① 制造精度高，使用寿命长。

② 设计合理，处理量大。

③ 专有的结构设计，脱水污泥含水率低。

④ 全封闭式设计，作业环境好。

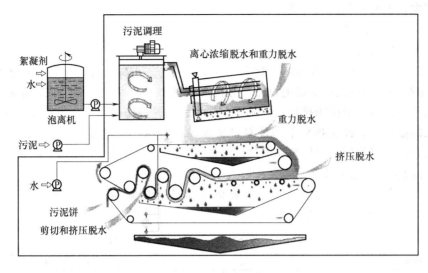

图 2-6-30　转鼓浓缩脱水一体机工作原理

⑤ 智能控制系统，可实现人工和智能相结合的合理化控制。

3）设备构成及技术参数。转鼓浓缩带式污泥脱水机主要由转鼓浓缩区、楔形预压榨区、低压压榨区、高压压榨区及智能控制系统组成，其设备外形见图 2-6-32，技术参数见表2-6-25。

图 2-6-31　转鼓浓缩脱水一体机外形

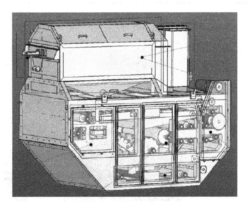

图 2-6-32　转鼓浓缩带式污泥脱水机外形

表 2-6-25　转鼓浓缩带式污泥脱水机技术参数

型号	绝干污泥处理量 /(kg/h)	带宽 /mm	使用功率/HP[①]	外形尺寸/mm			质量 /kg
				长	宽	高	
NBP—R—500	45～90	500	1；1/4；1/2	3000	1250	2200	2000
NBP—R—750	65～135	750	1；1/4；1/2	3000	1500	2200	2200
NBP—R—1000	90～170	1000	2；1/2；1/2	3600	1750	3000	3000
NBP—R—1250	100～220	1250	2；1/2；1/2	3600	2000	3000	3200
NBP—R—1500	135～270	1500	2；1/2；1	3600	2250	3000	3400
NBP—R—1750	150～315	1750	2；1/2；1	4000	2500	3500	3600
NBP—R—2000	230～450	2000	3；1/2；1×2	4000	2750	3500	4000
NBP—R—2250	250～500	2250	3；1/2；1×2	4400	3000	3500	4200
NBP—R—2500	275～550	2500	3；1/2；1×2	4400	3250	3500	4400

① 1HP≈0.7457kW，下同。

生产厂家：上海仁创机械科技有限公司。

6.5.2.3 板框式压滤机

(1) 板框式压滤机

1) 适用范围。适用于污泥脱水、化工、食品、制药、矿山、冶炼、等液固分离行业。

2) 工作原理。板框式压滤机的过滤部分由隔膜滤板、配板、滤布组成，滤板的外层都是滤布，隔膜滤板与配板间隔排列，形成了若干个独立的过滤单元——滤室过滤开始时，料浆在进料泵的推动下，经止推板上的进料口进入各滤室内，并借进料泵产生的压力进行过滤。由于滤布的截留作用，固体留在滤室内形成滤饼，滤液透过滤布排出。滤饼通过隔膜滤板 2～3MPa 的挤压，进一步脱水，脱水后污泥含水率可达 60%。

3) 设备型号、规格性能及外形图。板框式压滤机的设备型号、规格及性能参见表2-6-26，板框式压滤机外形见图 2-6-33。

表 2-6-26 板框式压滤机型号、规格及性能

设备型号	处理量(按 DS 计)/(t/d)	过滤面积/m²	外形尺寸/mm
XMGZ800/2000—U	15～16	800	14700×3420×2390
XMGZ700/2000—U	13～14	700	13450×3420×2390
XMGZ600/2000—U	11～12	600	12200×420×2390
XMGZ500/2000—U	9～10	500	10950×3420×2390
XMGZ450/1500—U	8.5～9	450	11000×2100×1900
XMGZ400/1500—U	7.5～8	400	10000×2100×1900
XMGZ350/1500—U	6.5～7	350	9000×2100×1900
XMGZ300/1500—U	5.5～6	300	8000×2100×1900

图 2-6-33 板框式压滤机外形

4) 生产厂家：景津环保股份有限公司。

(2) 高压隔膜压滤机

1) 适用范围。适用于化工、食品、制药、矿山、冶炼、等液固分离行业，尤其适用于要求滤饼含水率更低的污泥脱水和食品行业。

2) 工作原理及设备结构图。污水处理厂浓缩后含水率97%以下的污泥进入污泥调理池与絮凝剂进行充分混合反应，反应后的污泥分别由高、低压泵泵送至高压隔膜压滤机，同时在进泥泵入口投加药剂。进料完成后，启动压榨泵，将清水注入各个模板的膜腔内，在3.2MPa压力下压缩滤饼，将其中的水分挤出，压榨过程大约持续40min。压榨完成后，反吹风系统开启，压缩空气吹入压滤机的中心进料孔，进一步降低滤饼含水率，反吹风过程持续大约5min。经高压隔膜压滤机处理后的污泥含水率可达45%～60%，其工作流程如图

2-6-34所示。

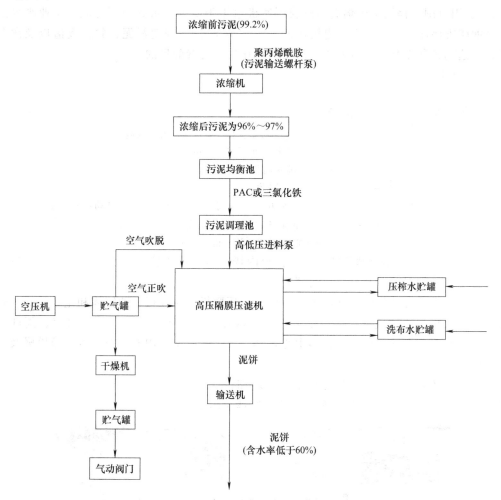

图 2-6-34　高压隔膜压滤机工作流程图

高压隔膜压滤机外形结构如图 2-6-35 所示。

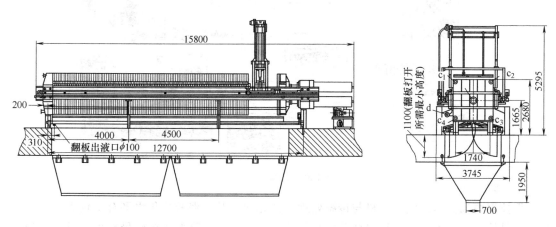

图 2-6-35　高压隔膜压滤机外形结构

3）生产厂家：景津环保股份有限公司。

（3）程控聚丙烯高压隔膜压滤机

1）适用范围。程控聚丙烯高压隔膜压滤机适用于城市污水处理厂污泥、工业废水处置污泥（如印染污泥、造纸污泥、电镀污泥、食品污泥等）、河道淤泥、餐厨废渣以及禽畜粪便等，以达到各种需要的固液分离，污泥减量化处理处置的目的。

2）型号说明

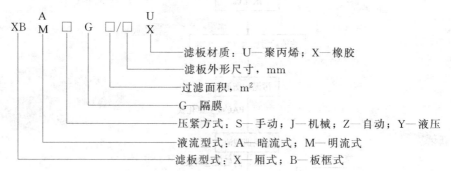

滤板材质：U—聚丙烯；X—橡胶

滤板外形尺寸，mm

过滤面积，m²

G—隔膜

压紧方式：S—手动；J—机械；Z—自动；Y—液压

液流型式：A—暗流式；M—明流式

滤板型式：X—厢式；B—板框式

3）设备构造、工作原理及特点。程控聚丙烯高压隔膜压滤机主要由机架部分、过滤部分、液压部分、卸料装置和电气控制部分组成。

机架部分是整套设备的基础，主要由机座、压紧板、止推板、油缸体和主梁组成；过滤部分主要由滤板和滤布组成；液压部分主要由液压站、液压缸、各种压力仪表、阀件等组成；电气控制部分是整个系统的控制中心，其主要由电控柜、PLC、变频器、触摸屏及电器元件组成。

程控聚丙烯高压隔膜压滤机是将化学调理和机械脱水相结合，可直接将含水率98%以下的污泥脱水至60%以下。其污泥压滤工作原理见图2-6-36。

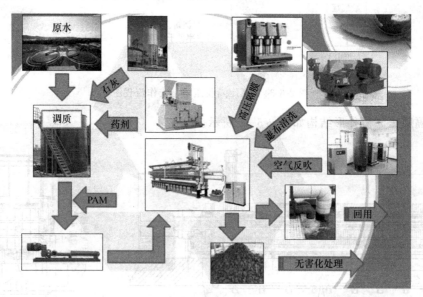

图2-6-36　压滤工作原理

程控聚丙烯高压隔膜压滤机与传统处理工艺相比，其污泥减量化水平有了较大提高，污泥产生量体积可大大减小，稳定性并能得到改善，同时大大降低了污泥最终处置难度和处置成本。并具有以下特点：a. 技术成熟，自动化程度高，运行可靠；b. 处理量大，滤液清澈，滤饼含固量高；c. 占地少，投资省；d. 经济合理，运行成本低；e. 脱水后污泥呈干饼状，没有恶臭产生，环境好。

4）设备规格及性能。程控聚丙烯高压隔膜压滤机有 800 型、900 型、1000 型、1250 型、1500 型、1600 型、1500×2000 型和 2000 型等规格，其 2000 型程控聚丙烯高压隔膜压滤机技术参数见表 2-6-27，设备外形见图 2-6-37。

表 2-6-27 2000 型程控聚丙烯高压隔膜压滤机技术参数

型号	隔膜板厚 95mm，厢式板厚 85mm											
	过滤面积/m²	滤室数量/个	滤板规格/mm	滤饼厚度/mm	滤室容积/m³	过滤压力/MPa	地脚中心/mm	外形尺寸/mm			整机质量/kg	电机功率/kW
								长	宽	高		
XMAZG560/2000—UK	560	80	2000×2000	45	12.56	0.5~1.6	9370	12170	2900	2450	57500	11
XMAZG600/2000—UK	600	86			13.51		9920	12720			59000	
XMAZG630/2000—UK	630	90			14.14		10280	13080			60050	
XMAZG670/2000—UK	670	96			15.10		10830	13630			61600	
XMAZG710/2000—UK	710	100			15.90		11190	13990			63150	
XMAZG750/2000—UK	750	106			16.85		11740	14540			64600	
XMAZG800/2000—UK	800	114			17.96		12470	15270			66500	
XMAZG850/2000—UK	850	120			19.07		13010	15810			68300	
XMAZG900/2000—UK	900	128			20.18		13740	16540			70400	
XMAZG950/2000—UK	950	136			21.30		14470	17270			72100	
XMAZG1000/2000—UK	1000	142			22.41		15010	17810			73900	

生产厂家：景津环保股份有限公司。

图 2-6-37 2000 型程控聚丙烯高压隔膜压滤机外形

（4）程控自动液压厢式压滤机

1）适用范围。程控自动液压厢式压滤机适用于城市污水处理厂污泥、工业废水处置污泥（如印染污泥、造纸污泥、电镀污泥、食品污泥等）、河道淤泥、餐厨废渣以及禽畜粪便等，以达到各种需要的固液分离，污泥减量化处理处置的目的。

2）型号说明

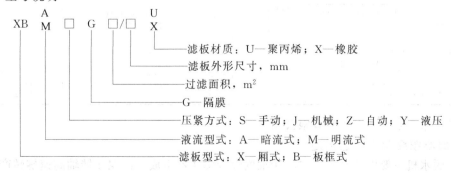

3）设备构造、工作原理及特点。程控自动液压厢式压滤机主要由机架部分、过滤部分、液压部分、卸料装置和电气控制部分组成。

机架部分是整套设备的基础，主要由机座、压紧板、止推板、油缸体和主梁组成；过滤部分主要由滤板和滤布组成；液压部分主要由液压站、液压缸、各种压力仪表、阀件等组成；程控自动厢式压滤机的卸料装置主要由一个小功率变频减速电机和拉板器、传动轴、链轮、链条、变频器和 PLC 等组成；电气控制部分是整个系统的控制中心，其主要由电控柜、PLC、变频器、触摸屏及电器元件组成。

程控自动液压厢式压滤机是将化学调理和机械脱水相结合，可直接将含水率 98％以下的污泥脱水至 60％以下。其污泥压滤工作原理同图 2-6-36。

程控自动液压厢式压滤机与传统处理工艺相比，其优越性及设备特点参见前文"（3）程控聚丙烯高压隔膜压滤机"。

4）设备规格及性能。程控自动液压厢式压滤机有 800 型、900 型、1000 型、1250 型、1500 型、1600 型和 2000 型等规格，其 2000 型的技术参数见表 2-6-28，设备外形见图2-6-38。

图 2-6-38　2000 型程控自动液压厢式压滤机外形

表 2-6-28　2000 型程控自动液压厢式压滤机技术参数

型号	厢式板厚 83mm											
	过滤面积/m²	滤室数量/个	滤板规格/mm	滤饼厚度/mm	滤室容积/m³	过滤压力/MPa	地脚中心/mm	外形尺寸/mm			整机质量/kg	电机功率/kW
								长	宽	高		
XMAZ560/2000—UK	560	80			11.16		8800	10600			56500	
XMAZ600/2000—UK	600	86			12.01		9310	12110			58000	
XMAZ630/2000—UK	630	90			12.58		9640	12440			59000	
XMAZ670/2000—UK	670	96			13.43		10150	12950			60500	
XMAZ710/2000—UK	710	101	2000×2000	40	14.13	0.5～1.6	10570	13370	2900	2450	62000	11
XMAZ750/2000—UK	750	107			14.98		11070	13870			63300	
XMAZ800/2000—UK	800	114			15.97		11660	14460			65200	
XMAZ850/2000—UK	850	121			16.96		12250	15050			67000	
XMAZ900/2000—UK	900	128			17.95		12840	15640			69000	
XMAZ950/2000—UK	950	135			18.94		13420	16220			70600	
XMAZ1000/2000—UK	1000	142			19.92		14010	16810			72300	

生产厂家：景津环保股份有限公司。

6.5.3　离心浓缩脱水工艺描述

离心脱水机主要由转鼓和带空心转轴的螺旋输送器组成。污泥在转轴高速旋转产生的离心力作用下甩入并贴在转鼓内壁上，而水分在固环层内形成液环层外排达到脱水效果。

离心脱水机的转鼓转速是重要的机械因素。转鼓的直径决定了转速的高低。而分离因数表达了两者之间的关系：

$$\alpha = \frac{n^2 D}{1800}$$

式中，α 为分离因数；n 为转鼓的转速，r/min；D 为转鼓的直径，m。

为了提高污泥脱水的效果，污泥处理中需要投加药剂进行污泥的化学调质。一般情况下，常规投加有机高分子混凝剂。当污泥有机物含量高时，一般选用阳离子型；污泥有机物含量低时，选用阴离子型。最常用的为阳离子聚丙烯酰胺。

为了提高污泥脱水效果，常规在机械脱水前设置机械浓缩设备与脱水机配套。

6.5.4 离心浓缩脱水主要设备

6.5.4.1 卧式螺旋离心浓缩机

离心沉降浓缩机分立式和卧式两种。离心沉降的固相（污泥）卸除，由差动螺旋输送器输送，固相物料（污泥）能翻动，分离效果好、生产能力大，通常污泥离心沉降浓缩均采用卧式。

卧式螺旋离心浓缩机的总体结构，见图 2-6-39。

分离因数越大，污泥所受的离心力越大，分离效果越好。目前国内工业离心机分离因数 Fr 值，见表 2-6-29。

城镇污水处理中的污泥浓缩和污泥脱水，卧式螺旋离心浓缩机分离因数为 1000～2000。可通过离心模拟实验或直接对离心机进行调试得出。

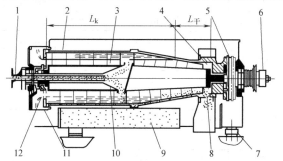

图 2-6-39 卧式螺旋沉降离心浓缩机

1—进料口；2—转鼓；3—螺旋输送器；4—挡料板；
5—差速器；6—扭矩调节；7—减振垫；8—沉渣；
9—机座；10—布料器；11—积液槽；12—分离液

表 2-6-29 工业离心机分离因数

名　　称	分离因数	名　　称	分离因数
一般三足式过滤离心机	$Fr \leqslant 1000$	碟片式离心机	$5000 < Fr \leqslant 10000$
卧螺沉降离心机	$Fr \leqslant 4000$	管式离心机	$10000 < Fr \leqslant 250000$

卧式螺旋离心浓缩机生产厂家：中国绿水分离设备有限公司、中国杭州三力机械有限公司、重庆江北机械有限责任公司、佛山安德里茨技术有限公司、阿法拉伐、贝亚雷斯技术咨询（北京）有限公司。

6.5.4.2 卧式螺旋离心脱水机

离心脱水机作为大型污水处理厂污泥脱水设备，有一定的优势，适用于分离含固体粒径大于 5μm 的悬浮液，更适合浓度、颗粒变化范围较大的悬浮物处理。

当装有污泥的容器旋转角速度达到一定值时，其离心加速度大于重力加速度时，污泥中的固相和液相就很快分层，这就是离心沉降。利用离心作用原理，污泥通过中心进料管引入转子，在离心力的作用下很快分为两层，较重的固相沉积在转鼓内壁上形成沉渣层；而较轻的液相则形成内环分离液层，沉渣脱水后由出渣口甩出，分离液从溢流口排出，从而完成污泥脱水的过程。

应用离心沉降原理进行污泥脱水的机械称为离心脱水机。该设备具有应用范围广，可连续操作，自动化程度高，生产环境好，无滤网滤布，结构紧凑，占地面积小，维修方便等优点。

（1）LW 型卧式螺旋卸料沉降离心机

1）技术指标。进料浓度范围 0.3%～35%；固体回收率约 99%；处理能力 0.3～88m³/h；泥饼含水率（城市污泥）≤75%；噪声<85dB（A）；长径比 2.42～5.1；分离因数 630～4000（最大可达 4200）。

2）型号及技术参数。LW 型卧式螺旋卸料沉降离心机技术参数见表 2-6-30。

表 2-6-30 LW 型卧式螺旋卸料沉降离心机技术参数

型号	转鼓长度/mm	转鼓转速/(r/min)	分离因数	电机功率/kW	生产能力/(m³/h)	外形尺寸/mm	整机质量/kg	差速器
LW250	750	max4500	2800	11&3.0	0.2～2.0	2200×750×1080	970	行星齿轮
LW280	1120	max5050	4000	11&4.0	0.5～4	2710×790×1230	1350	行星齿轮
LW320A	1120	max4720	4000	15&4.0	3～6	2700×790×1270	1730	行星齿轮
LW320B	1350	max4720	4000	15&5.5	4～8	2950×790×1270	2010	行星齿轮
LW355A	1280	max4500	4000	22&5.5	6～13	2980×820×1300	2050	行星齿轮
LW355B	1490	max4500	4000	22&7.5	8～20	3200×820×1300	2580	行星齿轮
LW400A	1400	max4200	4000	30&7.5	8～21	3260×870×1380	3170	行星齿轮
LW400B	1680	max4200	4000	30&7.5	9～24	3500×870×1380	3690	行星齿轮
LW400C	2040	max4200	4000	37&11	10～28	3870×890×1380	4420	行星齿轮
LW430	1500	max4100	4000	30&11	11～25	3650×950×1400	3720	行星齿轮
LW430A	1800	max4100	4000	30&11	12～23	3620×950×1400	4180	行星齿轮
LW430B	2190	max4100	4000	37&15	13～38	4020×950×1400	4950	行星齿轮
LW450	1580	max4000	4000	37&7.5	14～32	3420×1260×1530	4270	行星齿轮
LW450A	1890	max4000	4000	37&11	15～40	3750×1260×1530	4460	行星齿轮
LW450B	2300	max4000	4000	45&11	16～45	4140×1260×1530	4730	行星齿轮
LW480A	2020	max3900	4000	45&11	18～44	3800×2000×1250	5110	行星齿轮
LW480B	2450	max3900	4000	45&15	20～50	4290×1400×1430	5750	行星齿轮
LW530A	2230	max3700	4000	55&15	20～51	3800×2000×1250	5500	行星齿轮
LW530B	2230	max3700	4000	75&15	20～52	4520×1530×1630	6070	行星齿轮
LW560A	2240	max3500	3800	55&15	22～55	3800×2000×1250	5620	行星齿轮
LW560B	2240	max3500	3800	75&15	22～55	4520×1530×1630	6280	行星齿轮
LW580A	2320	max3400	3700	75&15	25～60	4000×2000×1350	5860	行星齿轮
LW620A	1860	max2750	2600	75&15	25～68	3700×2000×1400	5720	行星齿轮
LW620B	2170	max2700	2500	75&15	30～70	4000×2000×1400	6150	行星齿轮
LW680A	2040	max2570	2500	75&18.5	32～72	3800×2100×1530	6760	行星齿轮
LW680B	2180	max2520	2400	75&22	35～76	4000×2100×1530	7210	行星齿轮
LW750A	2250	max2350	2300	90&22	38～78	4150×2200×1570	7930	行星齿轮
LW750B	2400	max2300	2200	90&30	40～81	4300×2200×1570	8140	行星齿轮
LW820A	2460	max2200	2100	110&30	43～83	4500×2400×1650	8760	行星齿轮
LW820B	2620	max2200	2100	110&37	45～88	4700×2400×1650	9350	行星齿轮

3）结构特点。LW 型卧式螺旋卸料沉降离心机转鼓采用双相不锈钢整体离心浇铸，进出料口适用特殊耐磨材料，强度与刚度远高于普通不锈钢，振动更小，耐腐蚀性更好，使用寿命更长；采用大长径比结构，加长了沉淀区，延长了分离时间，处理量更大、效果更好；螺旋结构设计具有针对性，即保证出泥干度又使排渣顺畅；独有的渐开线行星齿轮差速器，具有传动比大、差转速和扭矩可以灵活调节；特制型钢机架，承载力大、不变形、确保设备稳定运行；螺旋叶片耐磨部件为专用耐磨合金材料，保证耐磨损强度，保证无破裂故障。

4）设备结构。LW 型卧式螺旋卸料沉降离心机结构见图 2-6-40。

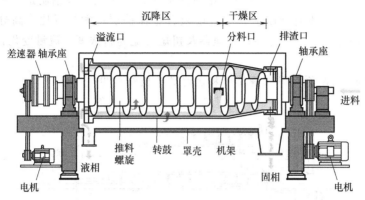

图 2-6-40　LW 型卧式螺旋卸料沉降离心机结构

（2）LW 系列卧式螺旋卸料沉降离心机

1）应用范围。城市生活水及各种工业废水处理中污泥的浓缩、脱水；造纸、化工、石油、矿山、化纤、纺织、印染、酒精等行业的固液分离；高岭土、石墨等物料的分级分离。

2）设备规格及技术参数。LW 系列卧式螺旋卸料沉降离心机规格及技术参数见表2-6-31。

表 2-6-31　LW 系列卧式螺旋卸料沉降离心机规格及技术参数

型号	主要技术参数				电机型号功率		外形尺寸 $L \times W \times H$/mm	整机质量/kg	差速器形式
	转鼓直径/mm	转鼓长度/mm	转鼓转速/(r/min)	分离因数	主电机/kW	辅电机/kW			
LW245×1000	245	1000	max5400	max5400	11		1850×1200×600	820	摆线针轮
LW300×800	300	800	max4200	max2960	15	5.5	1830×1900×870	990	行星齿轮
LW300×1000	300	1000	max4200	max2960	15/22	5.5/7.5	2030×1900×970	1250	行星齿轮
LW300×1200	300	1200	max4200	max2960	15	5.5	2450×1420×887	2100	行星齿轮
LW360×1260	360	1260	max4200	max3550	15/22	7.5	2650×1580×1040	1890	行星齿轮
LW360×1500	360	1500	max4200	max3550	22/30	7.5	2890×1580×1040	2340	行星齿轮
LW420×1750	420	1750	max4000	max3750	30/37/45	7.5/11	3120×1580×1070	3450	行星齿轮
LW420×2100	420	2100	max4000	max3750	30/37/45	7.5/11	3280×1580×1070	3950	行星齿轮
LW500×2000	500	2000	max3800	max4000	45/55	11	3600×2300×1400	6500	行星齿轮
LW500×2200	500	2200	max3800	max4000	55/75	11/15	3800×2300×1400	6950	行星齿轮
LW500×2500	500	2500	max3800	max4000	75/90	15	4100×2300×1400	7950	行星齿轮
LW550×1950	550	1950	max3200	max3154	37/45	11/7.5	3460×1806×1118	4550	行星齿轮
LW550×2350	550	2350	max3200	max3154	55/75	11	3860×1806×1118	5400	行星齿轮
LW650×2300	650	2300	max2650	max2500	55/75	11/15	4200×2300×1400	7800	行星齿轮

续表

| 型号 | 主要技术参数 | | | | 电机型号功率 | | 外形尺寸 $L×W×H$/mm | 整机质量/kg | 差速器形式 |
	转鼓直径/mm	转鼓长度/mm	转鼓转速/(r/min)	分离因数	主电机/kW	辅电机/kW			
LW650×2600	650	2600	max2650	max2500	75/90	15	4500×2300×1400	8950	行星齿轮
LW720×1800	720	1800	max2540	max2600	132		5411×1610×2273	10000	行星齿轮
LW720×2500	720	1800	max2540	max2600	250		5411×1610×2273	12800	行星齿轮
LW1000×2500	1000	2500	max1800	max1810			6330×2066×2423	15800	行星齿轮

3）结构特点。转鼓等主要零部件采用耐蚀不锈钢或优质合金钢制造；推料螺旋采用特殊耐磨措施，可镶装硬质合金耐磨瓦堆焊硬质合金保护层；大长径比、高分离因数；重负载、大传动比、渐开线行星差速器；差速器及扭矩可随物料浓度、流量变化自动调节的微机控制系统。

4）设备结构。LW 系列卧式螺旋卸料沉降离心机结构见图 2-6-41。

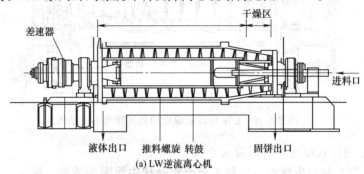

(a) LW逆流离心机

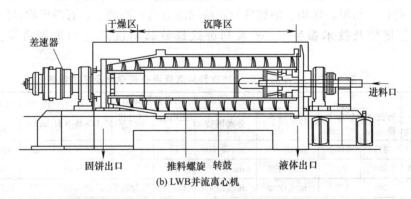

(b) LWB并流离心机

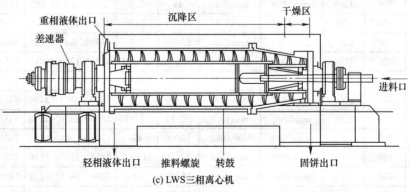

(c) LWS三相离心机

图 2-6-41　LW 系列卧式螺旋卸料沉降离心机结构

LW 系列卧式螺旋卸料沉降离心机生产厂家：中国杭州三力机械有限公司、中国绿水分离设备有限公司、重庆江北机械有限责任公司、佛山安德里茨技术有限公司、贝亚雷斯技术咨询（北京）有限公司。

（3）LW（D）系列卧式螺旋卸料沉降离心机

1）适用范围。卧式螺旋卸料沉降离心机按照物料在转鼓内的流动方式可分为逆流式和并流式两种。其作用是利用离心沉降原理将悬浮液中的固体和液体分开，或是将乳浊液中的两种互不溶解且密度不相同的液体分开。它是目前使用非常广泛的一种离心机，具有连续自动操作、处理能力大、分离效果好、性能稳定、结构紧凑、能耗低、对物料适应性好等特点，广泛应用于石油、化工、制药、食品、采矿、环保、轻工等工业行业中数百种物料的固液分离，并且新的应用范围还在不断发展之中。

适应于浓度变化范围较大，粒度细小等数百种物料的处理，固相粒度为 0.005～2mm，悬浮液浓度为 1%～40%，温度 0～90℃。

2）型号说明

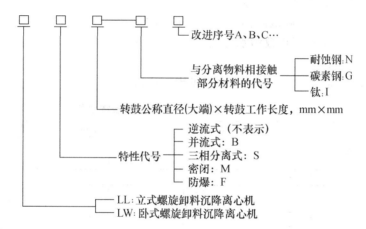

3）设备特点。该机可自动显示主要技术参数，实现一机多用（并流型和逆流型复合一体），对物料可进行一种或多种液相的澄清，悬浮液的固/液分离及固相脱水和粒度分级等。

分离性能高，螺旋输送器叶片采用带状叶片，最大限度地减小了螺旋对分离液的扰动作用，提高了分离效果，保证有效分离，固相回收率可达 95%～99%。可以分别适应浓缩和脱水需要，实现浓缩脱水一体化。

可靠性高，采用进口德国摆线差速器，结构紧凑、可靠性高，较其他的离心机差速器可靠性和使用寿命高 3～5 倍。针对污泥浓缩脱水的特点，选用大扭矩、大速比的摆线差速器，在提高差速器承载能力的同时，又可获得较小的差转速，较好地满足了离心污泥浓缩脱水的需要。

4）设备规格及性能。设备外形及结构示意见图 2-6-42，规格及性能见表 2-6-32。

表 2-6-32　卧式螺旋卸料沉降离心机规格及性能

规　格	LW180(D1)	LW(Y)260(D2)	LW(Y)340(D3)	LW(Y)430(D4)	LW(Y)520(D5)	LW(Y)650(D6)
转鼓直径/mm	180	260	340	430	520	650
转速/(r/min)	5000～7000	4000～5000	3000～4000	2500～3500	2500～3500	2000～2400
最大分离因数	4940	3640	3045	2950	3560	2100
电机功率/kW	5.5～7.5	7.5～15	15～30	22～37	30～75	45～110

生产厂家：中国杭州三力机械有限公司、中国绿水分离设备有限公司、重庆江北机械有限责任公司、佛山安德里茨技术有限公司、贝亚雷斯技术咨询（北京）有限公司。

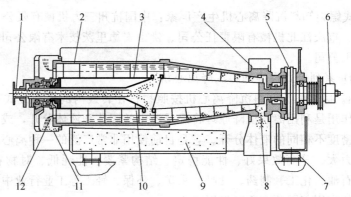

图 2-6-42 设备外形及结构示意

1—进料口；2—转鼓；3—螺旋推料器；4—挡料板；5—差速器；6—扭矩调节；
7—减震垫；8—沉渣；9—机座；10—布料器；11—积液槽；12—分离液

（4）卧式螺旋离心浓缩脱水一体机

1）应用范围。卧式螺旋沉降离心机广泛应用于环保、化工、医药、生物、食品加工、葡萄酒制酒等行业。可用于市政污水处理厂各种污泥的浓缩和脱水。

2）设备技术参数。

3）卧式螺旋沉降离心机设备技术参数见表 2-6-33。

表 2-6-33 卧式螺旋沉降离心机设备技术参数

型　　号	主电机功率/kW	最大处理量/(m³/h)	长度/mm	宽度/mm	高度/mm
BABY1	5.5	2～3	1700	785	1090
BABY2	7.5	4～6	1900	785	1090
FP600/M	11～18	6～8	2250	1050	1400
FP600 RS/M	11～18	9～11	2550	1050	1400
FP600 2RS/M	15～22	12～15	3000	1050	1400
JUMBO 1	30～45	25～30	3000	1470	1650
JUMBO 2	37～52	35～40	3500	1470	1650
JUMBO 3	45～60	45～50	3910	1470	1650
JUMBO 4	45～60	55～60	4385	1470	1650
HERCULES 470/2	45～60	35～40	3380	1635	1720
HERCULES 470/3	52～67	45～50	3920	1635	1720
HERCULES 470/4	52～67	55～60	4330	1635	1720
MAMMOTH 2	45～75	65～75	4350	1920	1985
MAMMOTH 3	55～90	85～100	5010	1920	1985
GIANT 2	75～110	110～120	5200	2200	2200
GIANT Ⅱ	90～200	120～140	5000	3000	1300
GIANT Ⅲ	110～250	150～170	5000	3000	1400
GIANT Ⅳ	150～300	180～200	5500	3300	1500

4）设备结构。卧式螺旋沉降离心机结构示意见图 2-6-43。

生产厂家：中国杭州三力机械有限公司、中国绿水分离设备有限公司、重庆江北机械有限责任公司、佛山安德里茨技术有限公司、贝亚雷斯技术咨询（北京）有限公司。

6.5.5　螺压及叠螺浓缩脱水设备

6.5.5.1　螺压浓缩机

（1）适用范围　螺压浓缩机适用于活性生物污泥的浓缩。SMS2 型螺压浓缩机是一种将稀浆液进行机械性浓缩的新型设备。区别于传统浓缩池处理方法，螺压浓缩机可实现机械化、连续化、全封闭方式运行。当含固量在 0.5%DS 左右的稀浆液进入螺压浓缩主机时，先进入圆形搅拌槽内，对稀浆液进行缓慢搅拌，使其浓度均质稳定。对于需要投加絮凝剂的稀浆液在进入搅拌槽前可投加干粉状或液体状絮凝剂，使溶药后的浆液在搅拌槽内进行反应，再通过溢水堰道进入螺压浓缩机主装置。SMS2 型压榨主装置的絮凝浆液经压榨转动作用被缓慢提升、压榨，直到浓缩含固量达到 6%～12%DS，过滤液则穿过筛网排出。筛网的洗刷则是在运转过程中实现，通过转动自清洗保证设备边运行边清洗。浓缩后的污泥卸入集泥漏斗，进入后续处理或进一步脱水干化。螺压浓缩机工作流程示意见图 2-6-44。

图 2-6-43 卧式螺旋沉降离心机结构示意

1—主电机；2—液力耦合器（或其他驱动方式）；3—转鼓；4—开放式螺旋；5—可调溢流堰板叶；6—ROTOVARIATOR®差转速自动调节装置（可选择）；7—行星齿轮减速器；8—刮板装置电机（专利系统）；9—沉积物刮板间（专利系统）；10—往复式可调进料管；11—支架；12—固相出口；13—溢流液相出口；14—减震系统；15—清洁孔；16—差转速传感器

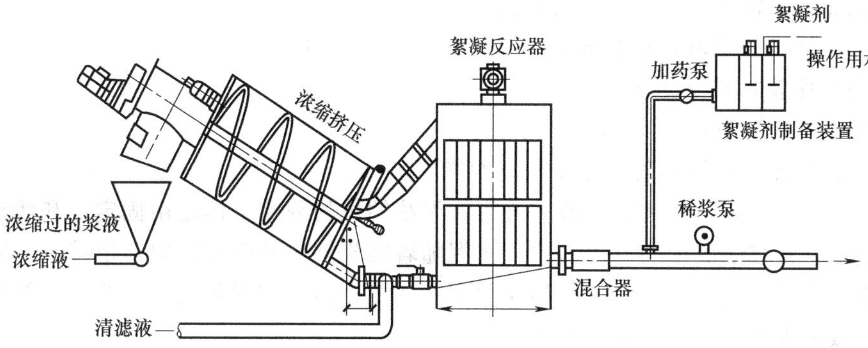

图 2-6-44 螺压浓缩机工作流程

（2）技术参数　螺压浓缩机技术参数见表 2-6-34。

表 2-6-34　螺压浓缩机技术参数

型号	处理量 /(m³/h)	电容量 /kW 驱动电机	电压 /V	压榨机转速 /(r/min)	反应器 /kW	搅拌机转速 /(r/min)	清洗系统的驱动/kW	系统管径 DN/mm	运行质量 /kg
SMS2.1	8～15	0.55	380	0～12	0.55	0～23.5	0.04	80/100	3300
SMS2.2	18～30	1.1	380	0～9.1	0.55	0～23.5	0.04	100/125	3400
SMS2.3	35～50	2.2	380	0～9.7	0.55	0～23.5	0.04	100/150	4700
SMS2.4	40～100	4.4	380	0～7.5	0.37	0～9.9	0.04	200/150	9000

（3）外形结构　螺压浓缩机结构示意见图 2-6-45。

螺压浓缩机生产厂家：宜兴市凌泰环保设备有限公司。

6.5.5.2　叠螺污泥浓缩机

（1）适用范围　叠螺污泥浓缩机是在叠螺污泥脱水机的基础上研发的新型污泥浓缩设备，可用于二沉池污泥的快速连续浓缩，也可用于含水率为 95%～99.8%污泥的浓缩。

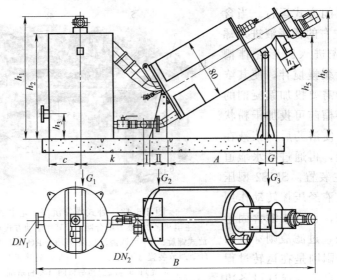

图 2-6-45　螺压浓缩机结构示意

（2）设备特点

① 浓缩污泥效率高，占地面积小。

② 无滤布、自清洗、无堵塞，无需高压反冲洗水。

③ 低速运转，能耗低，运行成本低，无振动，无噪声。

④ 封闭式作业，减少臭气产生。

⑤ 易损部件少，维修成本低，使用寿命长。

⑥ 全自动控制，连续运行，维护管理简单。

（3）工作原理、性能及技术参数　叠螺污泥浓缩机的浓缩主体是由固定环和活动环相互层叠，螺旋轴贯穿其中的浓缩过滤装置，污泥随着螺旋轴的转动持续向前推移，主体腔体体积不断压缩，滤液从叠片间隙滤出，污泥含固率逐渐升高，实现污泥快速浓缩。叠螺污泥浓缩机技术参数见表 2-6-35，设备外形见图 2-6-46。

表 2-6-35　叠螺污泥浓缩机技术参数

机型	绝干污泥处理量 /(kg/h)	尺寸/mm			质量/kg		电机功率 /kW
		长	宽	高	净重	运行	
TECN—201	15～30	2520	790	1450	370	750	0.5
TECN—202	30～60	2570	1120	1450	550	900	0.9
TECN—203	45～90	2610	1250	1450	780	1300	1.2
TECN—301	60～120	3250	1090	1780	900	1300	1.0
TECN—302	120～240	3550	1430	1750	1300	2300	1.5
TECN—303	190～360	3550	1640	1725	1600	3000	2.3
TECN—401	180～300	4520	1350	2000	1800	3500	1.9
TECN—402	360～600	4954	1780	2240	2500	4500	3.2
TECN—403	720～900	4954	2050	2240	3000	7000	4.3

生产厂家：上海同臣环保股份有限公司。

6.5.5.3　螺压脱水机

（1）适用范围及工作原理　螺压脱水机适用于各行业不同类型的泥浆脱水要求。SMS3 型螺压脱水机是一种低转速、全封闭、可连续运行的新型脱水机。当来自浓缩池、浓缩机或消化池的待处理含固量大于3%DS左右的稀泥浆经与絮凝剂混合，再被送入专用絮凝反应器中，经絮凝反应后的稀浆形成絮状，流入进料分配槽，稀浆絮体在这段工序得到有效的絮体和澄清液分离，产生了预脱水效应。待脱水稀浆进入主装置压榨区域被进一步挤压脱水，在此过程中压力逐渐变化，稀浆逐渐被提升并越来越干，为使不锈钢滤网保持无堵塞运行，装置中的喷射清洗装置是按设定要求实行自动冲洗，冲洗时不影响机械的脱水效果。SMS3型螺压脱水机工作流程示意见图2-6-47。

图 2-6-46　叠螺污泥浓缩机外形

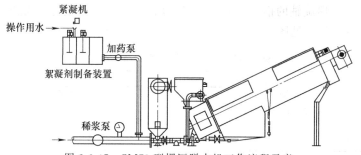

图 2-6-47　SMS3 型螺压脱水机工作流程示意

（2）设备技术参数　SMS3型螺压脱水机技术参数见表2-6-36。

表 2-6-36　SMS3 型螺压脱水机技术参数

型　号	处理量 /(m³/h)	电容量/kW	电压/V	压榨机转速 /(r/min)	清洗系统的 驱动/kW	系统管径 DN /mm	运行质量 /kg
		驱动电机					
SMS3.1	2～5	3	380	0～5	0.04	100/100	2500
SMS3.2	5～10	4.4	380	0～6	0.04	100/100	3700
SMS3.3	10～20	8.8	380	0～6	0.08	100/100	7400

（3）设备外形结构　SMS3型螺压脱水机外形结构见图2-6-48。

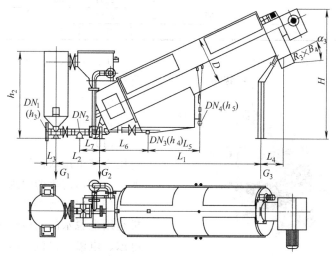

图 2-6-48　SMS3 型螺压脱水机外形结构

螺压脱水机生产厂家：宜兴市凌泰环保设备有限公司。

6.5.5.4　叠螺污泥脱水机

（1）适用范围　叠螺污泥脱水机可广泛用于市政污水处理工程及石化、轻工、化纤、造纸、制药、皮革工业行业的水处理系统。

（2）设备特点

① 专有旋盘预浓缩设计，适用污泥浓度3000～50000mg/L。

② 设置的动定环取代滤布，自清洗、无堵塞，易处理含油污泥。

③ 设备低速运转，无噪声，低能耗，仅为带式机的1/8，离心机的1/20。

④ 可直接处理曝气池、二沉池污泥，降低基建投资成本，提升处理效果。

⑤ 全自动控制，运行管理简单。

（3）设备原理及性能参数　污泥进入滤筒后，受到螺旋轴旋片的推送向卸料口移动，由于螺旋轴旋片之间的螺距逐渐缩小，污泥受力逐渐增大，水分从固定板和活动板的过滤间隙流出，泥饼脱水后在螺旋轴的推动下从卸料口排出。叠螺污泥脱水机性能独特，其技术参数见表2-6-37，设备的外形见图2-6-49。

表 2-6-37　叠螺污泥脱水机技术参数

机型	绝干污泥处理量 /(kg/h)	尺寸/mm			重量/kg		电机功率 /kW
		长	宽	高	净重	运行	
TECH—101	3～5	1904	962	1138	200	300	0.44
TECH—102	6～10	1904	944	1138	300	450	0.62
TECH—103	9～15	2029	923	1160	360	520	0.80
TECH—104	12～20	1969	1317	1160	450	700	1.17
TECH—201	9～15	2906	964	1335	400	750	0.70
TECH—202	18～30	2906	1112	1335	600	900	0.95
TECH—203	27～45	2956	1193	1465	850	1300	1.20
TECH—204	36～60	3057	1528	1507	1100	1600	1.63
TECH—301	30～50	3346	974	1949	1000	1600	1.38
TECH—302	60～100	3576	1349	1950	1500	2300	2.13
TECH—303	90～150	3757	1638	1950	2000	3000	2.88
TECH—304	120～200	4230	2114	2030	2500	3800	3.83
TECH—401	90～150	5028	1541	2264	2000	3500	1.93
TECH—402	180～300	5028	1545	2261	3000	4500	3.03
TECH—403	270～450	5358	2125	2361	4000	7000	4.13
TECH—404	360～600	5432	2636	2345	5000	7500	5.23

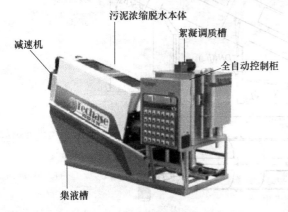

减速机　污泥浓缩脱水本体　絮凝调质槽　全自动控制柜　集液槽

图 2-6-49　叠螺污泥脱水机外形

生产厂家：上海同臣环保股份有限公司。

6.5.5.5　（韩国）电渗析污泥脱水机（ELOSYS 电脱水机）

（1）适用范围　ELOSYS 电脱水机适用于城市用水污泥、废水污泥、化学污泥、造纸污泥等的脱水。

（2）电脱水原理　ELOSYS 电脱水机是用电脱水的新概念污泥处理设备，分电泳、电渗、机械挤压、电加热干燥4个过程完成污泥脱水。电泳过程是带有

（一）电荷的污泥挤压至正极板，电渗过程是带有（＋）电荷的结合水与表面水移向负极板，机械挤压过程是采用机械挤压的方式脱除聚集在正极板处的水分，电加热干燥过程是用电加热的方式将水分蒸发，达到污泥脱水的效果。

（3）设备结构及技术参数　ELOSYS 电脱水机分为滚筒连续式电脱水机及带式挤压一体型电脱水机，滚筒连续式电脱水机是滚筒与链轨以连续式组成，并具有结构紧凑、安装简便、操作简单、容易管理的特点。滚筒连续式电脱水机技术参数见表 2-6-38，设备外形见图 2-6-50；带式挤压一体型电脱水机技术参数见表 2-6-39，设备外形见图 2-6-51。

表 2-6-38　滚筒连续式电脱水机技术参数

型号		ELO—S03	ELO—S08	ELO—S12	ELO—S16	ELO—S20	ELO—S24
处理容量/(t/h)		0.2	0.6	0.8	1.0	1.3	1.6
进入污泥含固率/%		15～25					
脱水污泥含固率/%		40±5					
耗电量/(kW·h)		40	96	142	191	235	280
洗涤用水量/(L/min)		12	16	20	28	32	36
主机质量/t		2.22	4.04	5.84	7.63	9.5	11.1
主机外形尺寸/mm	长	2920	2920	3020	3020	3020	3020
	宽	2085	2650	3210	3800	4360	4920
	高	2577					

生产厂家：大连陆兴国际国际贸易有限公司（代理）。

图 2-6-50　滚筒连续式电脱水机外形

图 2-6-51　带式挤压一体型电脱机外形

表 2-6-39　带式挤压一体型电脱水机技术参数

型号		ELO—BS03	ELO—BS08	ELO—BS12	ELO—BS16	ELO—BS20
处理容量/(t/h)		1.5-2.5	4.5-6	6.75-9	9-12	11-15
进入污泥含固率/%		1～3				
脱水污泥含固率/%		40±5				
耗电量/(kW·h)		45	106	155	206	250
洗涤用水量/(L/min)		13	18	24	34	40
主机质量/t		4.22	7.14	10.84	14.63	20.5
主机外形尺寸/mm	长	6710	6710	7520	7540	7540
	宽	2090	2650	3210	3800	4360
	高	2555				

生产厂家：大连陆兴国际国际贸易有限公司（代理）。

6.5.6　浓缩脱水配套设备

6.5.6.1　切割机

（1）Q-D 系列切割机

1）适用范围。Q-D 系列切割机适用于各类污水处理厂污泥中纤维及块状物的破碎。

2）设备型号及技术参数。Q-D 系列切割机技术参数见表 2-6-40。

表 2-6-40　Q-D 系列切割机技术参数

型　　号	电机功率/kW	生产能力/(m³/h)	设备净重/kg	外形尺寸/mm
Q01D15	3.0	5～15	270	420×380×1200
Q01D22	3.0	10～20	340	420×380×1250
Q02D30	4.0	15～30	360	480×400×1300
Q03D40	4.0	25～40	430	520×440×1400
Q03D55	5.5	30～50	490	520×440×1500
Q04D75	7.5	50～80	550	550×480×1550

图 2-6-52　Q-D 系列
切割机外形

3）结构特点。Q-D 系列切割机切割轮采用特殊硬质合金钢，当物料太大时，叶轮可以反转将物料推出，再正转进行切割；对物料适应性强，大块柔软物体及长纤维物均可切割；处理能力大，适应连续工作，轻巧灵便，便于操作维修。

4）设备外形。Q-D 系列切割机外形见图 2-6-52。

（2）WQ 型污泥切割机

1）概述。污泥切割机是离心污泥脱水系统的重要配套设备，它的作用主要是对污泥中的纤维缠绕物进行切碎。设备电机驱动主轴装置，使切割刀体以高速旋转，污水由壳体右端进入壳腔，经切割刀与刀盘之间产生的剪切力将纤维污泥切碎后流进离心机进行脱水处理。

2）规格及技术参数。WQ 型污泥切割机规格及技术参数见表 2-6-41。

表 2-6-41　WQ 型污泥切割机规格及技术参数

型号	切割刀体直径/mm	电机功率/kW	生产能力/(m³/h)	外形尺寸 L×W×H/mm	质量/kg
WQ120	120	0.75	5～20	330×280×800	115
WQ160	160	1.5	15～30	330×300×845	165
WQ220	220	3	25～40	425×350×1050	225
WQ250	250	4	35～50	490×400×1200	315
WQ300	300	5.5	45～65	540×450×1300	395

3）结构。WQ 型污泥切割机结构见图 2-6-53。

污泥切割机生产厂家：杭州三力机械有限公司、绿水分离设备有限公司。

6.5.6.2　絮凝剂投加系统

（1）ZJ 型全自动加药装置

1）概述。ZJ 型全自动加药装置专供药液的配制与投加之用，结构紧凑、安装容易、维护方便、配制齐全、可自动化操作。对厂矿车间中各种混合液的配制与投加均可使用，广泛应用于环保、石油、化工、制药、轻工等行业。

2）型号说明

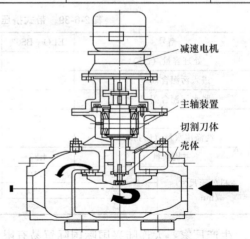

图 2-6-53　WQ 型污泥切割机结构

（图中标注：减速电机、主轴装置、切割刀体、壳体）

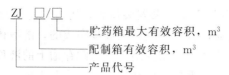

3）加药装置技术功能。加药装置技术参数见表 2-6-42。

表 2-6-42 加药装置技术参数

型 号	适用范围		电机容量/kW		外形尺寸	质量
	药剂性质	水温/℃	搅拌机（单机）	送料机（单套）	/mm	/kg
ZJ0.5/0.7	混凝剂等	≤50	0.75	0.37	2350×890×2800	890
ZJ1.0/1.2			0.75	0.37	2780×1380×2850	1060
ZJ1.5/1.8			1.1	0.37	3266×1621×2940	1450
ZJ2.0/2.3			1.1	0.37	4100×1876×3000	1970
ZJ3.0/3.3			1.1	0.37	4230×1876×3000	2370
ZJ5.5/5.8			1.5	0.37	6115×2015×3000	2915

（2）PY 自动加药装置

1）适用领域。用于在水处理工艺中制备及投加混凝剂和助凝剂。可自动、精确地进行药剂制备和投加。

2）设备型号及技术参数。PY 自动加药装置技术参数见表 2-6-43。

表 2-6-43 PY 自动加药装置技术参数

机 型	产量/(L/h)	料斗/L	管径/mm		设备外廓尺寸/mm				质量/kg	功率/kW	材质
			进水口	出水口	长	宽	总高	药槽高			
PY3—500	500	45	DN25	DN32	1420	800	1700	760	350	1.3	SUS304
PY3—500	1000	45	DN25	DN32	1730	1180	1790	900	400	1.3	SUS304
PY3—500	1500	45	DN25	DN32	1850	1230	1790	900	470	1.3	SUS304
PY3—500	2000	45	DN25	DN40	2450	1230	1840	900	500	1.8	SUS304
PY3—500	3000	45	DN25	DN40	2490	1470	1900	1120	650	2.4	SUS304
PY3—500	5000	60	DN25	DN50	3660	1650	1900	1100	900	3.4	SUS304
PY3—500	8000	60	DN25	DN50	4350	1850	1900	1200	1280	5.0	SUS304
PY3—500	500	45	DN25	DN32	800	800	1500	800	320	0.5	SUS304
PY3—500	1000	45	DN25	DN32	1000	1000	1700	1000	360	0.5	SUS304
PY3—500	1500	45	DN25	DN32	1500	1000	1700	1000	400	0.7	SUS304
PY3—500	2000	45	DN25	DN40	2000	1000	1700	1000	40	0.95	SUS304

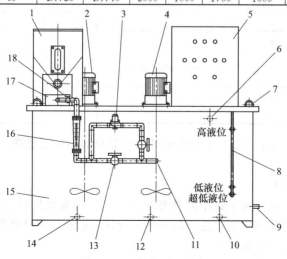

图 2-6-54 设备原理示意

1—干粉投加系统；2—第一搅拌机；3—进水控制电磁阀；4—第二搅拌机；5—电控箱；6—溢流口；7—吊耳（4 只）；
8—液位传感器；9—计量泵接口；10—贮存槽排污口；11—自来水入口；12—熟化槽排污口；13—进水调控阀；
14—溶解槽排污口；15—箱体；16—进水流量计；17—干粉浸润器；18—浸润水幕调整阀

3）设备特点。该设备可预留加药泵安装位置，可方便地改变为 PAM 乳液稀释及投加装置，干粉溶液制备过程是通过各个溶液分级逐步完成的，溶液槽之间隔开，保证每个溶液槽内的最佳反应时间和恒定浓度，自动控制系统与贮存槽上的液位控制器相连，一旦液位达到低位，触发进水电磁阀打开，干投机启动，投加量按照水量设定以获得精确浓度，当液位达到最高点，此循环过程就停止。

4）设备原理。PY 自动加药装置原理示意见图 2-6-54。

絮凝剂投加设备生产厂家：上海奥德水处理科技有限公司。

6.6 污泥堆置棚工艺与设备

6.6.1 污泥堆置棚工艺描述

污泥的最终处置，基本上有弃置法和回收利用法两种。弃置法包括卫生填埋和焚烧处置。回收利用法包括污泥的土地利用、污泥堆肥以及工业利用。

卫生填埋需设置污泥堆置棚（场）。污泥填埋前（填垫、堆置、与城市生活垃圾一起填埋）必须先将含水率降低到低于 85%。露天填埋的最大缺点是占地大，场地四周极易产生恶臭，污泥受雨水冲刷，渗滤液又会造成对地下水源的污染。人工基础（填埋场采用人工防渗措施）隔离层的垃圾填埋场应配套设置渗滤液收集和净化设施，避免对地下水源的污染。当干化的污泥和垃圾配置到设计高度后，覆以一定的土层，修建排除雨水的沟系，筑路，种植绿化。

6.6.2 污泥堆置棚主要设备

6.6.2.1 QD 型气动污泥斗

（1）使用范围 QD 型气动污泥斗装置为污泥贮仓，常与箱式压滤机配套使用，可实现污泥的定期排放，便于污泥脱水系统的运行管理，是较为先进的污泥贮存设备。

（2）设备主要技术参数 QD 型气动污泥斗技术参数见表 2-6-44。

表 2-6-44 QD 型气动污泥斗技术参数

型　　号	最大容积/m³	L_1/mm	H/mm	W/mm
QD2	2.5	2200	1900	1900
QD4	4.5	2500	200	2200
QD6	6.5	2700	2450	2500
QD10	10.8	3200	3000	2700
QD12	12.8	3700	3000	2700
QD14	14	4200	3000	2700

（3）QD 型气动污泥斗 QD 型气动污泥斗外形及结构示意见图 2-6-55，外形及外形尺寸见图 2-6-56。

6.6.2.2 WD 型污泥斗

（1）适用范围 该设备用于集中贮存和输送经过污泥脱水机脱水后的含水率在 80% 左右的污泥，驱动形式有底部为颚式落料口和底部带螺旋输送机两种结构。一般小于 15m³ 的污泥斗宜采用颚式落料口形式。

（2）设备特点 环境整洁，无露天污泥，防止污染；解决人工或机械的铲运过程，节省人力和成本；可与无轴螺旋输送机进行联控，自动化程度高；可制作成颚式落料口或底部带螺旋输送机，实现定时给运输车上料。

（3）技术参数　WD 型污泥斗技术参数见表 2-6-45。

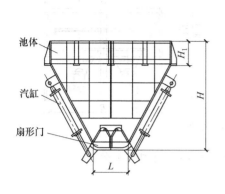

图 2-6-55　设备外形及结构示意

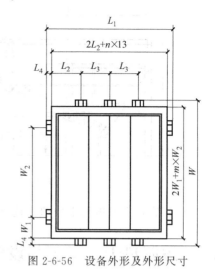

图 2-6-56　设备外形及外形尺寸

表 2-6-45　WD 型污泥斗技术参数

参数 \ 型号	WD3	WD5	WD6	WD8	WD10	WD12	WDS20	WDS25	WDS30	WDS45
A/mm	1700	2200	2400	3040	3040	3040	4000	4000	4800	6000
B/mm	1700	2060	2060	2060	3040	3040	4000	4000	4000	4000
C/mm	1600	2000	2300	2600	2800	3000	3000	4000	4000	4000
D/mm	850	950	950	950	950	950				
容积/m³	3	5	6	8	10	12	20	25	30	45
启闭力/kgf	700	1000	1750	1750	1750	2500				
功率/kW	1.1	1.5	2.2	2.2	2.2	2.2	2×4kW	2×4kW	2×5.5kW	2×7.5kW
螺旋直径/mm							320	360	380	400

注：1kgf＝9.80665N。

（4）设备外形结构　颚式污泥斗外形结构见图 2-6-57，螺旋污泥斗外形结构见图 2-6-58。

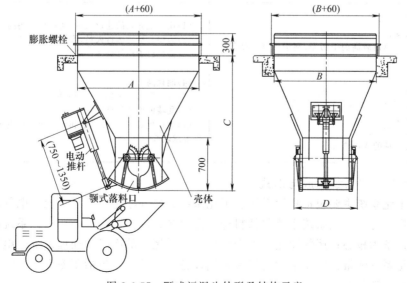

图 2-6-57　颚式污泥斗外形及结构示意

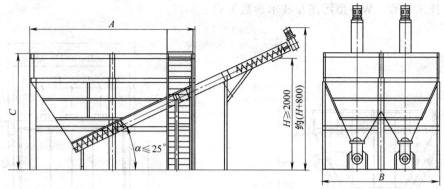

图 2-6-58　螺旋污泥斗外形及结构示意

生产厂家：上海奥德水处理科技有限公司、江苏天雨环保集团有限公司。

6.7　污泥热干化工艺与设备

6.7.1　污泥热干化工艺描述

污泥热干化处理技术是利用热或压力破坏污泥胶体结构，并向污泥提供热能，使其中水分蒸发的技术。根据最终产品含水率的不同，又可分为"半干化"和"全干化"。半干化主要指最终产品含固率在 50％～65％之间的类型，而全干化指最终产品含固率在 85％以上的类型。

污泥热干化处理技术最初是从传统的食品化工等行业的热干燥技术演变而来的，通过对设备及工艺的改造，使其更适合于干燥污泥。20 世纪 90 年代，随着污泥在填埋、投海、农用等方面受到严格限制，以及污泥干化设备的改造与完善，污泥干化技术在欧洲很多国家得到大规模应用，其中包括对污泥进行预处理用于焚烧以及将干化产品出售用作肥料等。

污泥热干化处理的特点如表 2-6-46 所列。

表 2-6-46　污泥热干化处理特点

优　点	缺　点
(1)体积明显减小； (2)公众易接受； (3)产品为低位热值较高的干污泥,利于后续焚烧等资源化利用； (4)异味便于控制； (5)产品稳定性高； (6)易于操作、贮存和运输； (7)占地面积小； (8)市场选择范围广； (9)经过良好验证的成功技术	(1)比其他方式的建设、运行及维护费用高； (2)需要合格的运行人员,维护工作量较大； (3)需要设置尾气处理设施,控制大气污染； (4)能耗高； (5)若初沉污泥干化前未经消化处理会导致产品有异味； (6)受辅助燃料价格波动影响大； (7)对粉尘爆炸、产品过热和燃烧等方面的安全风险的控制要求较高

6.7.2　污泥热干化系统组成与形式

污泥热干化系统主要包括贮运系统、干化系统、尾气净化与处理系统、电气自控仪表系统及其辅助系统等。贮运系统主要包括料仓、污泥泵、污泥输送机等；干化系统以各种类型的干化工艺设备为核心；尾气净化与处理包括干化后尾气的冷凝和处理系统；电气自控仪表系统包括满足系统测量控制要求的电气和控制设备；辅助系统包括压缩空气系统、给排水系统、通风采暖、消防系统等。

根据传热方式的不同,污泥热干化可以分为直接加热、间接加热和混合加热三类,其中直接加热是污泥与热载体相接触,间接加热的热量由换热设备提供。一般来说,直接加热必须通过返混（细颗粒）来增加进泥的固体含量来避免"黏性"或"塑化"阶段。间接加热有部分工艺需要污泥返混,热效率一般较高,更适用于干污泥产能或燃烧的情况。但是其产品（颗粒物质）比直接加热产品含尘量高,因此在某些情况下无法直接使用。热干化系统主要厂商见表 2-6-47。

表 2-6-47　热干化系统主要厂商

传热方式	传　导	对　流
直接加热	无	Andritz(转鼓式) Sernagiotto(转鼓式) Kruger(带式) Andritz(带式) Huber(带式) 喷雾式 离心式
间接加热	Fenton(螺旋推进式) Komline-Sanderson(桨叶式) Siemens / US Filter(桨叶式) Seghers 天通(转盘式) Stord(碟式,圆盘式) SMS(薄层式) 转鼓式	Kruger(带式) Andritz(带式) Huber(带式)
混合加热	Andritz(流化床) InnoPlana(薄层和带式) Schwing(流化床) VOMM(涡轮薄层)	

其他干化形式还有闪蒸式干燥器、多效蒸发器、微波干化器、多床干燥器、离心干化机、喷淋式多效蒸发器、多重盘管式干化器等。

6.7.3　污泥热干化主要设备

目前应用较多的污泥热干化设备包括流化床干化、带式干化、桨叶式干化、卧式转盘式干化、立式圆盘式干化、转鼓式干化、喷雾干化、两段式干化等。干化工艺和设备应综合考虑技术成熟性和投资运行成本,并结合不同污泥处理处置项目的要求进行选择。

6.7.3.1　流化床干化

流化床干化设备单机蒸发水量 $1000\sim20000kg/h$,单机处理能力 $30\sim600t/d$（含水率以 80% 计）。可用于各种规模的污水处理厂,尤其适用于大型和特大型污水处理厂。

国内有成功工程经验可以借鉴,但投资和维修成本较高;当污泥含砂量高时应注意采用防磨措施。

流化床干化既可对污泥进行全干化处理,也可进行半干化处理,最终产品的污泥颗粒分布较均匀,干化产品直径 $1\sim5mm$。

流化床干化一般采用间接加热方式,热介质温度 $180\sim220℃$,污泥温度在 $40\sim85℃$ 之间。热介质通常为蒸汽或导热油,可利用天然气、燃油、蒸汽等各种热源。

流化床干化一般需污泥返混,干燥器内的脱水污泥通过激烈的流态化运动形成均匀的污泥颗粒,整个系统在一个封闭气体回路中运行,烟气中的细颗粒用旋风除尘器收集,然后与少量湿泥混合后送回干燥器。干燥系统氧含量 $<3\%$。

流化床干化车间要求具有极良好的通风条件,并处于微负压状态;系统（包括干污泥传送带、料仓等）需完全封闭，并需配置全程惰性化系统。尾气产生量少，恶臭污染物浓度低，但粉尘浓度远高于 $300g/m^3$，经除尘和冷凝后增压返回干燥器循环利用。排出的少量尾气需经脱臭处理，与焚烧工艺结合时可用作助燃空气。

6.7.3.2　带式干化

带式干化有低温和中温两种方式。低温干化装置单机蒸发水量一般小于 $1000kg/h$，单机污泥处理能力一般小于 30t/d（含水率以 80％计），只适用于小型污水处理厂；中温干化装置单机蒸发水量可达 $5000kg/h$，全干化时单机污泥处理能力最高可达约 150t/d（含水率以 80％计），可用于大中型污水处理厂。

该工艺的主要特点是可利用各种热源，尤其是有余热、废热的地方。由于主体设备运行速度低，磨损部件少，设备维护成本低，运行过程中不产生高温和高浓度粉尘，安全性好，国内有工程实例。但设备体积较大，循环风量较大，热效率相对其他工艺形式稍低。

带式干化设备既适用于污泥全干化，也适用于污泥半干化。出泥含水率可以自由设置，使用灵活。在部分干化时，出泥颗粒的含水率一般可在 15％～40％之间，出泥颗粒中灰尘含量很少；当全干化时含水率小于 15％，粉碎后颗粒粒径范围在 3～5mm。

带式干化设备可采用直接或间接加热方式，可利用各种热源，如天然气、燃油、蒸汽、热水、导热油、来自于气体发动机的冷却水及排放气体等，工作温度从环境温度到 65℃。

带式干化无需干泥返混，系统氧含量＜10％。

（1）热泵技术干化污泥的设备

1）适用范围。将热泵作为热源进行干燥、干化和脱水等作业。该技术已应用于各个领域，如在木材、化工产品、食品干燥、蔬菜脱水和污泥粪便干化等方面都取得了良好的效果。针对污泥和粪便干化问题，热泵干化技术具有运行费用低和对环境无任何污染的两大优势。

热泵干燥设备由热泵的热力循环系统和热风干燥循环系统组成。热泵循环系统为热风干燥系统提供热源和降低热风湿度。热风干燥系统，通过循环热风与物料直接接触，提供蒸发水分热量，带走物料中的水分。

由于热泵干化污泥在封闭的环境中进行，在干化过程中产生的一切有臭有害气体可以做到不外泄，对周围环境可以降到最低的污染，有利于在居民点附近进行干化操作。热泵技术干化污泥设备原理见图 2-6-59。

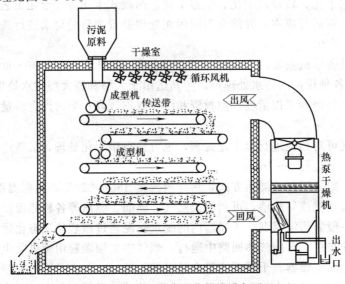

图 2-6-59　热泵技术干化污泥设备原理

2）热泵技术干化污泥的特点。主要包括：a. 能耗费用低；b. 不污染环境；c. 污泥干化质量好。

若以处理 1t 含水率 60% 污泥干化成含水率 20% 的颗粒肥料为例，提供相等的干化热量，其能耗成本计算结果见表 2-6-48。

表 2-6-48　能耗成本计算结果

干燥热源	能源转换效率	干燥效率	处理 1t 污泥成本
煤	$\eta_T = 0.7$	$\eta_干 = 0.9$	25 元
煤气	$\eta_T = 0.85$	$\eta_干 = 0.9$	89 元
燃油	$\eta_T = 0.8$	$\eta_干 = 0.9$	93 元
热泵	cop = 4.0	$\eta_干 = 0.96$	41 元

注：循环性能系数 cop 为制热量与输出入功率的比率。

由上表可见，各种热源的干燥装置，除煤外采用热泵干燥，比燃油、煤气成本均低。但使用煤的实际成本比上表所列要高，因为除干燥设备外还需要投资庞大的锅炉房、锅炉设备和支付繁杂的管理费用，如增加环保设施、管理操作人员、煤的堆场、煤和渣的运输等。

将污泥干化成颗粒肥料，采用热泵除湿干燥装置与其他供热方式的干燥装置比较，其优缺点见表 2-6-49。

表 2-6-49　干燥装置优缺点比较

不同热源干燥	能耗成本比例	操作简易性	环境污染	干燥质量控制
热泵	1	易	无	好
煤	0.61	较复杂	较重	不易稳定
煤气	2.17	一般	较轻	较好
燃油	2.27	一般	较轻	较好

生产厂家：天津甘泉集团。

（2）低温污泥除湿干化机

1）适用范围。低温污泥除湿干化机适用于生活污泥、印染、造纸、电镀、皮革、化工等类型污泥干化系统（包括含砂量大污泥）。

2）工作原理。低温污泥除湿干化机采用热泵进行空气脱湿加热方式而达到污泥干化，除湿热泵是除湿（去湿干燥）和热泵（能量回收）的结合，其是利用制冷系统使湿热空气降温脱湿的同时通过热泵原理回收空气水分凝结潜热加热空气的一种装置；空气为对流干燥的载热湿介质，利用干燥热空气作为干燥介质，低温污泥除湿干化机输送带上摊放污泥中的水分吸收空气中热量汽化至空气中，而达到污泥干化的目的。

3）构造及技术参数。低温污泥除湿干化机主要由热泵装置和网带输送装置组成，其设备主要组成及外形见图 2-6-60，设备技术参数见表 2-6-50。

图 2-6-60　低温污泥除湿干化机主要组成及外形

表 2-6-50　低温污泥除湿干化机技术参数

低温污泥除湿干化机(带式、连续式)						
型号	SBDD1000FL	SBDD2000FL	SBDD4000FL	SBDD6000FL	SBDD8000FL	SBDD12000FL	SBDD16000FL
去湿量/(kg/24h)	1000	2000	4000	6000	8000	12000	16000
去湿量/(kg/h)	42	83	166	249	333	500	667
总功率/kW	14	26	50	74	98	138	185
热泵模块数/台	1	1	2	3	2	3	4
压缩机台数/台	2	4	8	12	8	12	16
冷却方式	风冷 FL				水冷 SL		
制冷剂	R134a						
干燥温度/℃	48~56(回风),65~80(送风)						
控制系统	触摸屏+PLC 可编程控制器						
湿泥适用范围	含水率 70%~83%(或其他含水率)						
干料含水率/%	变频调节,含水率 10~50						
成型方式	切条、造粒						
外形尺寸/mm	2435×2190×2420	3760×2190×2420	6460×2190×2420	9160×2190×2420	7900×3110×3300	11150×3110×3300	14400×3110×3300
结构形式	整装				组装		

低温污泥除湿干化机(带式、连续式)						
型号	SBDD20000FL	SBDD24000FL	SBDD28000FL	SBDD32000FL	SBDD36000FL	SBDD40000FL
去湿量/(kg/24h)	20000	24000	28000	32000	36000	40000
去湿量/(kg/h)	833	1000	1167	1333	1500	1667
总功率/kW	230	276	322	368	415	460
热泵模块数/台	5	6	7	8	9	10
压缩机台数/台	20	24	28	32	36	40
冷却方式	水冷 SL(冷却介质:空气及水)					
制冷剂	R134a					
干燥温度/℃	48~56(回风),65~80(送风)					
控制系统	触摸屏+PLC 可编程控制器					
湿泥适用范围	含水率 70%~83%(或其他含水率)					
干料含水率/%	变频调节,含水率 10~50					
成型方式	切条、造粒					
外形尺寸/mm	17650×3110×3300	20900×3110×3300	24150×3110×3300	27400×3110×3300	30650×3110×3300	33900×3110×3300
结构形式	组装					

多层干污泥化机						
型号	SBDD40000FL	SBDD48000FL	SBDD56000FL	SBDD64000FL	SBDD72000FL	SBDD80000FL
去湿量/(kg/24h)	40000	48000	56000	64000	72000	80000
去湿量/(kg/h)	1666	2000	2334	2666	3000	3334
总功率/kW	460	552	644	736	830	920
热泵模块数/台	10	12	14	16	18	20
压缩机台数/台	40	48	56	64	72	80
冷却方式	水冷 SL					
制冷剂	R134a					
干燥温度/℃	48~56(回风),65~80(送风)					
控制系统	触摸屏+PLC 可编程控制器					
湿泥适用范围	含水率 70%~83%(或其他含水率)					
干料含水率/%	变频调节,含水率 10~50					
成型方式	切条、造粒					
外形尺寸/mm	17650×3110×6600	20900×3110×6600	24150×3110×6600	27400×3110×6600	30650×3110×6600	33900×3110×6600
结构形式	组装					

生产厂家：广州晟启能源设备有限公司。

（3）低温余热干燥机

1）适用范围。低温余热干燥机适用于生活污泥、印染、造纸、电镀、皮革、化工等类型污泥干化系统。

2）设备特点

① 节能：采用低温余热干化方式，可适合烟气热回收、蒸汽冷凝水、厌氧消化（燃气制热水）、污泥裂解气化燃烧制热水等热源。

② 安全：80℃以下低温干化过程，系统运行安全，无爆炸隐患，无需充氮运行；污泥静态摊放，与接触面无机械静电摩擦；无城市污泥干化过程"胶黏相"阶段（60％左右）；干料为颗粒状，无粉尘危险；出料温度低（<50℃），无需冷却，直接贮存。

③ 高效：可直接将 83％ 含水率污泥干化至 10％，无需分段处置（如：板框压滤＋热干化、薄层干化＋带式干化等）；干化过程有机成分无损失，干料热值高，适合后期资源化利用。

④ 智能：全自动运行，节约大量人工成本；PLC＋触摸屏智能控制，可实现远传集中控制。

⑤ 耐用：采用不锈钢等耐腐材料、换热器采用电镀防腐处理，使用寿命长；运行过程无机械磨损，无易损、易耗件。

3）设备外形及技术参数。低温余热干燥机外形见图 2-6-61，其技术参数见表 2-6-51。

图 2-6-61　低温余热干燥机外形

表 2-6-51　低温余热干燥机技术参数

型号	SBWHD5000	SBWHD10000	SBWHD15000	SBWHD20000	SBWHD25000
去水量/(kg/24h)	5000	10000	15000	20000	25000
去水量/(kg/h)	208	416	624	832	1040
总功率/kW	13	26	39	52	65
标准供热功率/kW	200	400	600	800	1000
标准供热工况/℃	90/70（热水等）				
标准冷却功率/kW	180	360	540	720	900
冷却工况/℃	33/45（冷却水）				
热交换模块数/台	1	2	3	4	5
标准干燥温度/℃	48～60（回风），68～85（送风）				
热源	烟气余热(换热)、蒸汽冷凝水、厌氧消化(燃气制热水)、污泥裂解气化燃烧制热水等				
控制系统	触摸屏＋PLC 可编程控制器				
湿泥适用范围	含水率70％～83％（或其他含水率）				
干料含水率/%	变频调节,含水率10～50				
成型方式	切条（70％～83％）				
外形尺寸/mm	4650×3110×3300	7900×3110×3300	11150×3110×3300	14400×3110×3300	17650×3110×3300
结构形式	整装	组装			
型号	SBWHD30000	SBWHD35000	SBWHD40000	SBWHD45000	SBWHD50000
去水量/(kg/24h)	30000	35000	40000	45000	5000
去水量/(kg/h)	1248	1458	1667	1875	2083
总功率/kW	78	91	104	117	130
标准供热功率/kW	1200	1400	1600	1800	2000
标准供热工况/℃	90/70（热水等）				

续表

型号	SBWHD30000	SBWHD35000	SBWHD40000	SBWHD45000	SBWHD50000
标准冷却功率/kW	1080	1260	1440	1620	1800
冷却工况/℃	33/45(冷却水)				
热交换模块数/台	6	7	8	9	10
标准干燥温度/℃	48~60(回风),68~85(送风)				
热源	烟气余热(换热)、蒸汽冷凝水、厌氧消化(燃气制热水)、污泥裂解气化燃烧制热水等				
控制系统	触摸屏＋PLC可编程控制器				
湿泥适用范围	含水率70%~83%(或其他含水率)				
干料含水率/%	变频调节,含水率10~50				
成型方式	切条(70%~83%)				
外形尺寸/mm	20900×3110×3300	24150×3110×3300	27400×3110×3300	30650×3110×3300	33900×3110×3300
结构形式	组装				
型号	SBWHD60000	SBWHD70000	SBWHD80000	SBWHD90000	SBWHD100000
去水量/(kg/24h)	60000	70000	80000	90000	100000
去水量/(kg/h)	2496	2916	3334	3750	4166
总功率/kW	156	182	208	234	260
标准供热功率/kW	2400	2800	3200	3600	4000
标准供热工况/℃	90/70(热水等)				
标准冷却功率/kW	2160	2520	2880	3240	3600
冷却工况/℃	33/45(冷却水)				
热交换模块数/台	12	14	16	18	20
标准干燥温度/℃	48~60(回风),68~85(送风)				
热源	烟气余热(换热)、蒸汽冷凝水、厌氧消化(燃气制热水)、污泥裂解气化燃烧制热水等				
控制系统	触摸屏＋PLC可编程控制器				
湿泥适用范围	含水率70%~83%(或其他含水率)				
干料含水率/%	变频调节,含水率10~50				
成型方式	切条(70%~83%)				
外形尺寸/mm	20900×3110×6600	24150×3110×6600	27400×3110×6600	30650×3110×6600	33900×3110×6600
结构形式	组装				

生产厂家：广州晟启能源设备有限公司。

6.7.3.3 桨叶式干化

桨叶式干化设备单机蒸发水量最高可达8000kg/h,单机污泥处理能力达240t/d(含水率以80%计),适用于各种规模的污水处理厂。

桨叶式干化设备结构简单、紧凑;运行过程中不产生高温和高浓度粉尘,安全性高;国内有成功的工程经验可以借鉴。但污泥易黏结在桨叶上影响传热,导致热效率下降,需对桨叶进行针对性设计。

桨叶式干化既可全干化也可半干化。出口污泥的含水率可以通过轴的转动速度进行调节,全干化污泥的颗粒粒径小于10mm,半干化污泥为疏松团状。

桨叶式干化一般采用间接加热,热媒温度150~220℃,污泥颗粒温度<80℃。热媒首选蒸汽,也可采用导热油(通过燃烧沼气、天然气或煤等加热)。通过采用中空桨叶和带中空夹层的外壳加热,具有较高的热传递面积和物料体积比。为了提高能源利用效率,当项目具有余热及废热资源时应优先利用余热废热作为干化热源。

桨叶式干化无需污泥返混,系统氧含量<10%。

(1) WG型污泥干化机

1）适用范围。污泥干化机是一种直接接触型污泥干化设备，它利用电厂余热作为热源，可迅速减少污泥体积，提高固体质量，且热能消耗少，工艺操作环境粉尘少，可用于市政、纺织、造纸、皮革等经沉淀处理后的污泥干化操作，为污水处理厂产生的污泥提供了理想的干化设备，WG型污泥干化机外形见图 2-6-62，其工艺流程见图2-6-63。

图 2-6-62　WG 型污泥干化机外形

2）设备特点。楔形桨叶具有自清洁能力，设备结构紧凑，单位体积传热面积大，可处理高含水率污泥。快速降低污泥中的高含湿水分，实现污泥减量化。随桨叶的旋转，污泥被不断压缩、膨胀；传热面上的污泥不断交替更迭，使得干化机具有很高的传热效率。热效率高、处理能力大。能耗低，散热损失小，热效率高达80%～90%，尾气处理量少，辅助设备少，配套设备简单。占地面积小，节省投资及运行成本。干化后的污泥含有一定的热值和有机质成分，具有很好的利用价值。实现污泥无害化、资源化和环境保护的要求。

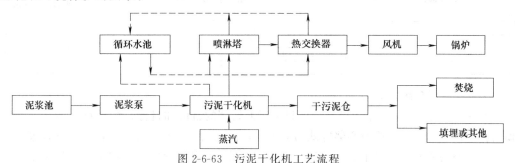

图 2-6-63　污泥干化机工艺流程

3）设备特性参数。WG 型污泥干化机技术参数见表 2-6-52。

表 2-6-52　WG 型污泥干化机技术参数

型　号	干燥面积/m²	水分蒸发能力/(t/h)	装机功率/kW	湿污泥处理量(含水率从 85%降到 40%)/(t/d)
WGS—9	60	0.6～0.84	约 22	20
WGS—10	85	0.85～1.20	约 30	30
WGS—11	125	1.25～1.75	约 45	60
WGT—10	160	1.60～2.24	约 75	70
WGT—11	220～250	2.50～3.50	90～110	100
WGT—14	480～520	5.70～7.20	150～180	200

（2）JGZ 型桨叶式干燥机

1）应用场合。JGZ 型桨叶式干燥机可用于物料的干燥，如污泥、合成树脂、纳米碳酸钙、氢氧化钠等；用于加热如合成树脂、酚醛树脂、烟草等；用于杀菌，如各种菌体；用于冷却，如无机药品等。

2）型号说明

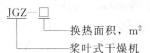

JGZ—□
└── 换热面积，m²
└── 桨叶式干燥机

3）设备特点。JGZ 型桨叶式干燥机能处理含水率高的物料；设备紧凑，占地面积小；

具有自净能力，传热系数大，热量利用率高；不仅用于干燥，也可用于冷却。

4）设备技术参数。JGZ 型桨叶式干燥机干燥运行状态的技术参数见表 2-6-53，冷却运行状态的技术参数见表 2-6-54。

表 2-6-53　JGZ 型桨叶式干燥机干燥运行状态的技术参数

参数 规格	干燥面积 /m²	主轴转速 /(r/min)	电机功率 /kW	有效容积 /m³	介质最高 工作压力 /MPa	蒸发强度 /[kg/(m²·h)]	传热 介质	外形尺寸/mm
JGZ—3	3	5～25	1.5	0.065				3600×710×865
JGZ—8	8	5～20	4	0.05				4780×860×1200
JGZ—13	13		5.5	1				5780×1120×1500
JGZ—25	25		11	1.65				6810×1620×1840
JGZ—40	40		18.5	3.4	≤0.6	10～60	饱和水蒸气、导热油、热水	7860×1970×2705
JGZ—60	60	5～16	45	5.3				9450×2250×2300
JGZ—80	80		55	6.4				9400×2640×2700
JGZ—100	100		70	11.6				9410×2760×2880
JGZ—125	125		90	14.2				9600×3000×3100
JGZ—200	200		180	200				10000×2500×3100

表 2-6-54　JGZ 型桨叶式干燥机冷却运行状态的技术参数

参数 规格	传热面积 /m²	主轴转速 /(r/min)	电机功率 /kW	处理量 /(t/h)	有效容积 /m³	冷却水用量 /(t/h)	外形尺寸/mm
JGZ—30	30	15～30	15	10	1.68		7000×1980×1960
JGZ—50	50	15～30	30	20	3.2	1832	9000×2200×2560
JGZ—80	80	15～25	55	30	6.4		9400×2640×2700
JGZ—100	100	15～25	75	40	11.2		9410×2760×2880

（3）RD 多层多级多效污泥干燥机

RD 多层多级多效污泥干燥机是根据我国污泥处理的目的和目标，结合目前污水处理厂的规模所排出的污泥量，在原空心桨叶式污泥干燥机的基础上开发出的一种新型干燥装置，整套装置移植了空心桨叶干燥机干燥污泥的成熟技术，另配套热泵热能回收技术、多效蒸发节能技术，通过多层结构将三种技术结合在一起，同时实现了空心桨叶干燥机的大型化制造。

RD 干燥装置与目前常用的干燥设备相比有着显著的特点，除了能耗低、处理量大、无二次污染等特点外，还具有一个突出的特点是该装置的可扩产特性。由于 RD 多层多级多效干燥装置在结构上是多层的，每层都可单独操作，又可叠加组合，增加层数就可加大传热面积，提高产量，一旦扩大产量，增加至 5～6 层，无需增加设备占地面积。

1）适用范围。适用于污水厂排出的污泥、化学石膏、电石渣、糟渣类的干燥处理。

图 2-6-64　RD 多层多级多效污泥干燥装置外形

2）工作原理。RD 多层多级多效干燥装置（简称 RD 干燥装置）整合了空心桨叶干燥机、各种多层干燥机和多效蒸发器的工作原理和结构形式，其工作原理与空心桨叶干燥机一样。层数可根据生产需要组合 3～5 层。根据物料在干燥过程中的粉、粒体物理性质的变化，水分蒸发速度的变化，综合传热系数的变化等变化因素，进行各级叶片的结构设计。操作参数实现最优设计和最佳选择。

3）RD 多层多级多效干燥装置外形见图 2-6-64、安装尺寸见表 2-6-55。由于设备结构紧凑，且辅助装置少，散热损失也减少。用多效干燥将干燥蒸发的二次蒸汽作为热源加以利用。RD 干燥装置优势包括：a. 热量利用率可达 80%～90%；b. 处理每吨污泥仅需 250～300kg 蒸汽；c. 单台装置最大传热面积可达 800m²；d. 单台装置每小时最大可处理污泥 10t；e. 无二次污染；f. 不需要尾气处理装置；g. 占地面积小。

采用多层结构，多层组装，大型化制造、运输，安装方便。

表 2-6-55　RD 多层多级多效污泥干燥机安装尺寸　　　单位：mm

规格	A	B	C	D	E	f_{1-2}	g_{1-2}	h_{1-2}	x	y	z	p	q	L×W×H
RD—30	100×150	HG5010-58 Pg2.5 Dg100	HG5010-58 Pg2.5 Dg100	HG5010-58 Pg6 Dg25	120×120	ZG1/2	HG5010-58 Pg6 Dg25	ZG11/4	1295	595	180	650	500	3600×700×865
RD—80	220×150	GHJ45-91 25-0.25	GHJ45-91 150-0.25	HGJ45-91 25-2.6	200×200	ZG1	HGJ45-91 25-0.6	ZG1	2334	1110	250	530	273	4780×660×865
RD—250	250×300	HGJ45-91 100-0.25	HGJ45-91 400-0.25	HGJ45-91 40-0.25	300×100	ZG3	HGJ45-91 40-1.0	ZG2	2850	1560	280	867	470	6810×1620×1839
RD—300	φ380	HGJ45-91 150-0.25	HGJ45-91 150-0.25		φ380	ZG21/2	HGJ45-91 50-1.0	ZG11/2	3500	1350	250	969	645	6670×1771×1985
RD—400	300×400		HGJ45-91 400-0.25	HGJ45-91 50-1.0	φ350	ZG2		ZG21/2	4600	2700	310	1115	600	7860×1976×2707
RD—500	300×500	HGJ45-91 100-0.25		HGJ45-91 80-1.0	HGJ45-91 500-0.25	ZG3	GHJ45-91 80-1.0	ZG4	4500	2450	250	1239	640	9007×1950×2440

生产厂家：洛阳瑞岛干燥工程有限公司、三门峡瑞泰化工装备技术有限责任公司。

（4）SZ 空心桨叶搅拌干燥机

1）工作原理。SZ 空心桨叶搅拌干燥机是一种间接加热低速搅拌型干燥机，可连续操作，属于高效节能型干燥设备。设备内部有 2 根或 4 根空心转动轴，空心轴上密集排列着楔形中空桨叶，热介质经空心轴流经桨叶。热轴内流道特殊，设计巧妙，两轴反向转动，轴间产生挤压和松弛作用。借助于楔形桨叶，不断对物料进行翻动和搅拌，使物料受热面不断更新，蒸发效率大幅提高。根据干燥温度，常用热介质有蒸汽、导热油、热水、冷却水，可完成干燥、冷却、加热、反应等单元操作，如图 2-6-65、图 2-6-66 所示。

图 2-6-65　SZ 空心桨叶搅拌干燥机

图 2-6-66　SZ 空心桨叶干燥机轴体工作

2）设备特点：a. 国产化重大装备科技攻关成果；b. 楔形桨叶传热面具有自清洁功能；c. 设备结构紧凑，占地面积小，操作简便；d. 全密封作业，车间粉尘很少，环境污染小；e. 设备外壁设置保温层，能耗低，热效率可达95％。

3）适应物料

① 环保行业：印染厂污泥、皮革厂污泥、市政污泥、净水厂淤泥、锅炉烟灰、药厂废渣、糖厂废渣、味精厂废渣等。

② 石化行业：聚丙烯、聚乙烯、聚氯乙烯、聚苯硫醚、聚酯、尼龙、工程塑料、醋酸纤维等。

③ 化工行业：纯碱、活性炭、碳酸钙、白炭黑、钛白粉、硫酸钡、EDTA钠盐、分子筛、高岭土、复合肥。

④ 饲料行业：酒糟、酱渣、醋渣、鱼粉、豆粕、饲料添加剂、苹果渣、骨基饲料、生物渣泥等。

⑤ 食品行业：大米、胡椒、淀粉、可可豆、玉米粒、食盐、奶粉、医药品及中间体。

⑥ 用于冷却：炸药、石膏、氧化铁、氢氧化钠、芒硝、食盐、尼龙粒子。

4）技术参数。见表2-6-56。

表 2-6-56　SZ空心桨叶干燥机技术参数

规格	传热面积/m²	电机功率/kW	外形尺寸/mm		
			L	W	H
SZ—2.5	2.5	3～5	2500	600	1200
SZ—8.5	8.5	5～7.5	3800	900	1300
SZ—10	10	7.5～11	4000	1250	1450
SZ—15	15	11～15	5200	1400	1720
SZ—25	25	15～22	6000	1700	2000
SZ—50	50	22～35	6500	2000	2200
SZ—60	60	35～55	8150	2150	2400
SZ—100	100	55～75	9300	3000	2700

5）结构原理。见图2-6-67。

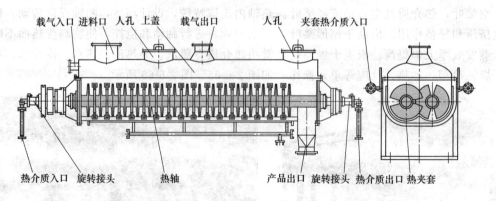

图 2-6-67　SZ空心桨叶干燥机结构原理

（5）KJG系列空心桨叶干燥机

1）适用范围。桨叶干燥机用于工业污泥、食品、化工、石化、染料等领域。

2）工作原理。该产品可对膏状、颗粒状、粉状、浆状物料间接加热或冷却，可完成干燥、冷却、加热、灭菌、反应、低温煅烧等单元操作。设备中特殊的楔型搅拌传热桨叶具有较高的传热效率和传热面自清洁功能。

空心轴上密集排列着楔型中空桨叶，热介质经空心轴流经桨叶。单位有效容积内传热面积很大，热介质温度 40～320℃，可以是水蒸气，也可以是液体型，如热水、导热油等。间接传导加热，没有空气带走热量，热量均用来加热物料。热量损失仅为通过器体保温层向环境的散热。楔型桨叶传热面具有自清洁功能。物料颗粒与楔型面的相对运动产生洗刷作用，能够洗刷掉楔型面上附着物料，使运转中一直保持着清洁的传热面。桨叶干燥机的壳体为 Ω 形，壳体内一般安排 2～4 根空心搅拌轴。壳体有密封端盖与上盖，防止物料粉尘外泄及收集物料溶剂蒸汽。出料口处设置一挡板，保证料位高度，使传热面被物料覆盖而充分发挥作用。传热介质通过旋转接头，流经壳体夹套及空心搅拌轴，空心搅拌轴根据热介质的类型而具有不同的内部结构，以保证最佳的传热效果。见图 2-6-69。

3）主要特点

① 桨叶干燥机能耗低：由于间接加热，没有大量空气带走热量，干燥器外壁设置保温层，对浆状物料，蒸发 1kg 水仅需 1.2kg 水蒸气。

② 桨叶干燥机系统造价低：单位有效容积内拥有巨大的传热面，缩短了处理时间，设备尺寸变小，极大地减少了建筑面积及建筑空间。

③ 处理物料范围广：使用不同热介质，既可处理热敏性物料，又可处理需高温处理的物料。常用介质有水蒸气、导热油、热水、冷却水等。既可连续操作也可间歇操作，可在很多领域应用。

④ 环境污染小：不使用携带空气，粉尘物料夹带很少。物料溶剂蒸发量很小，便于处理。对有污染的物料或需回收溶剂的工况，可采用闭路循环。

⑤ 操作费用低：该设备正常操作，仅 1h/(d·人)；低速搅拌及合理的结构；磨损量小，维修费用很低。

⑥ 操作稳定：由于楔型桨叶特殊的压缩——膨胀搅拌作用，使物料颗粒充分与传热面接触，在轴向区间内，物料的温度、湿度、混合度梯度很小，从而保证了工艺的稳定性。

KJG 系列空心桨叶干燥机结构原理见图 2-6-68。

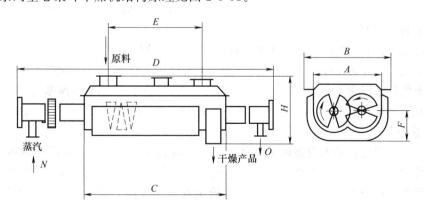

图 2-6-68　KJG 系列空心桨叶干燥机

4）技术参数。见表 2-6-57。

表 2-6-57　KJG 系列空心桨叶干燥机技术参数

型号 项目	KJG—3	KJG—9	KJG—13	KJG—18	KJG—29	KJG—41	KJG—52	KJG—68	KJG—81	KJG—95	KJG—110
传热面积/m²	3	9	13	18	29	41	52	68	81	95	110
有效容积/m³	0.06	0.32	0.59	1.09	1.85	2.8	3.96	5.21	6.43	8.07	9.46
转速范围/(r/min)	15-30	10-25	10-25	10-20	10-20	10-20	10-20	10-20	5-15	5-15	5-10
功率/kW	2.2	4	5.5	7.5	11	15	30	45	55	75	95
器体宽 A/mm	306	584	762	940	1118	1296	1474	1652	1828	2032	2210
总宽 B/mm	736	841	1066	1320	1474	1676	1854	2134	1186	2438	2668
器体长 C/mm	1956	2820	3048	3328	4114	4724	5258	5842	6020	6124	6122
总长 D/mm	2972	4876	5486	5918	6808	7570	8306	9296	9678	9704	9880
进出料距 E/mm	1752	2540	2768	3048	3810	4420	4954	5384	5562	5664	5664
中心高 F/mm	380	380	534	610	762	915	1066	1220	1220	1220	1220
总高 G/mm	762	838	1092	1270	1524	1778	2032	2362	2464	2566	2668
进汽口 N/寸	3/4	3/4	1	1	1	1	11/2	11/2	11/2	11/2	2
出水口 O/寸	3/4	3/4	1	1	1	11/2	11/2	11/2	11/2	11/2	2

注：1 寸≈3.33cm，下同。

生产厂家：常州市钱江干燥工程设备有限公司。

（6）双向剪切楔形扇面叶片式污泥干燥机

1）工作原理。污泥专用干燥机是一种间接加热低速搅拌型干燥机。设备内部有 2 根或者 4 根空心转动轴，空心轴上密集并联排列着扇面楔形中空叶片，结构设计特殊巧妙。轴体

图 2-6-69　双向剪切楔形扇面叶片式污泥专用干燥机

相对转动，利用角速度相同而线速度不同的原理和结构巧妙地达到了轴体上污泥的自清理作用，最大限度地防止了污泥干化过程中的"抱轴"现象。该干燥机以最快速度使得污泥在干化过程中迅速冲过"胶黏化相区域"，同时巧妙的结构使得污泥在干化过程中达到了双向剪切状态。采用夹套式壳体结构，使得污泥在机器内部各个界面均匀受热，轴体转动，污泥在设备内不断翻腾，受热面不断翻新，从而大大提高了设备的蒸发效率，既达到了污泥干化的目的，又实现了整套装置的低成本运行。如图 2-6-69 所示。

2）工艺技术规格

① 污泥来源：市政污泥，工厂污泥（如印染厂、制革厂、造纸厂等）。

② 全干化：来泥含水率 80%～85%（湿基）干化后含水率 10%（湿基）。

③ 半干化：来泥含水率 80%～85%（湿基）干化后含水率 40%（湿基）。

④ 湿泥处理量：10t/d，20t/d，30～35t/d，50～60t/d，70t/d，80t/d，100～120t/d。

3）设备特点

① 节能化：节能化是本设备的最大优点，节能降耗保证成套设备的低成本运行。

② 集约化：单台机器日处理污泥可以达到 100t，使得成套设备达到了集约化。

③ 环保化：系统设备全部密封运行，无粉尘及气味外泄。成套设备为负压运行，现场干净卫生，环保性能良好。

④ 智能化：系统设备全部采用智能检测，自动控制和手动控制两条线，更利于生产现场的稳定化作业。

⑤ 简单化：由于设备结构的巧妙和化整为零的思路，更利于设备的检修和维护，既降低了生产工人的劳动强度也降低了对使用现场维修设备的更高级的要求，更适合于发展中地区的使用和生产实践的需求。

⑥ 减量化：干化后的污泥体积是湿污泥体积的 1/5，极大地降低了污泥的后处理费用及运输成本。干化前的污泥性状见图 2-6-70，干化后的污泥性状见图 2-6-71。

图 2-6-70　干化前的污泥性状

图 2-6-71　干化后的污泥性状

4）结构原理。见图 2-6-72。

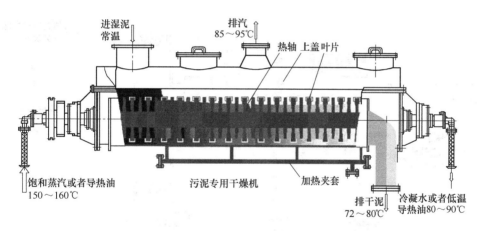

图 2-6-72　双向剪切楔形扇面叶片式污泥干燥机结构原理

生产厂家：广州楷诚干燥设备有限公司。

（7）桨叶式干燥机

1）污泥处理工艺一：应用于电厂污泥处理。桨叶式干燥机是污泥燃料化即污泥干化处理的关键设备。

其工作原理为：空心轴上密集排列着楔形中空桨叶，热介质经空心轴流经桨叶，单位有效面积内传热面积很大，从 -40℃ 至 320℃ 可以是水蒸气，也可以是液体型如热水、导热油等。间接传导加热，没有携带热空气带走热量，热量均用来加热物料。热量损失仅为通过器体保温层向环境的散热。楔型桨叶传热面具有自清洁功能。物料颗粒与楔形面的相对运动产生洗刷作用，能够洗刷掉楔形面上的附着物料，使用中一直保持着清洁的传热面。桨叶干燥机的壳体壳体内布有 4 根空心搅拌轴。壳体有密封端盖与上盖，防止物料粉尘外泄及收集物料溶剂蒸气。传热介质通过旋转接头，流经壳体夹套及空心搅拌轴，空心搅拌轴依据热介质的类型而具有不同的内部结构，以保证最佳的传热效果。

该设备有以下优点：a. 加热均匀、蒸发速度、热效率高、出料干化均匀；b. 电力消耗低、机械磨损少；c. 干化过程中排出的水汽中携带的污泥颗粒和空气少；d. 可通过对其转速等的调节，任意控制污泥出料水分。

桨叶式干燥机技术参数见表 2-6-58。

表 2-6-58 桨叶式干燥机技术参数

型 号	规格/[21h/(t·d)]	干燥面积/m²	主轴数量
SY—GZJ10	10～15	32	2
SY—GZJ20	15～20	64	2
SY—GZJ30	25～30	95	2
SY—GZJ40	35～40	125	2
SY—GZJ50	45～50	160	4
SY—GZJ60	55～60	190	4
SY—GZJ75	65～75	240	4

2) 污泥处理工艺二：应用于污水处理厂、印染厂等。

在非电厂中处理污泥，例如印染厂、污水处理厂等，其工艺流程见图 2-6-73，主要有干燥机、焚烧和余热锅炉、废气冷凝系统、干污泥输送系统、加热蒸气或导热油系统。

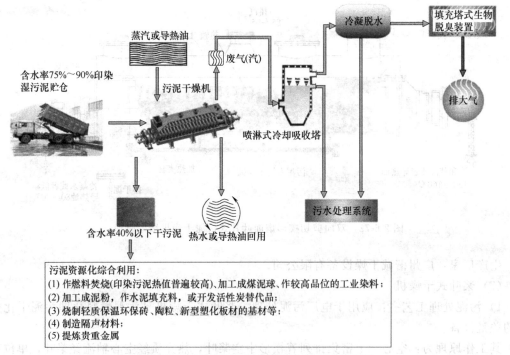

图 2-6-73 印染厂污泥干化综合处理工艺流程

生产厂家：绍兴市新民新能源工程技术有限公司。

6.7.3.4 卧式转盘式干化

卧式转盘式干化设备单机蒸发水量为 1000～7500kg/h，单机污泥处理能力为 30～225 t/d（含水率以 80% 计），适用于各种规模的污水处理厂。

卧式转盘式干化设备结构紧凑，传热面积大，设备占地面积较省。但可能存在污泥附着现象，干化后成疏松团状，需造粒后方可作肥料销售。

卧式转盘式干化既可全干化，也可半干化。全干化污泥为粒径分布不均匀的颗粒，半干化污泥为疏松团状。

卧式转盘式干化采用间接加热，热媒温度 200～300℃，全干化工艺颗粒温度 105℃，半干化工艺颗粒温度 100℃。热媒首选饱和蒸汽，其次为导热油（通过燃烧沼气、天然气或煤等加热），也可以采用高压热水。

卧式转盘式干化污泥需返混，返混污泥含水率一般需低于 30%，系统氧含量<10%。

（1）SDK 系列超圆干燥机

卧式转盘式干化机种类较多，天通吉成机器技术有限公司的超圆盘干燥机技术参数如表 2-6-59、表 2-6-60 所列。

表 2-6-59　SDK 系列超圆盘干燥机技术参数

型号 SDK—	蒸发水量 /(kg/h)	功率 /kW	传热面积 /m²	全容积 /m³	主轴转速 /(r/min)	外形尺寸 /mm×mm×mm
60D	570	15	78	4.5	0～9	5200×1900×2700
85D	760	22	107	6	0～9	6400×1900×2700
130D	1050	45	150	9	0～9	6200×2500×3000
170D	1350	45	190	11.5	0～9	7500×2500×3000
210D	1680	55	240	15	0～9	9000×2500×3000
240D	1875	75	270	17.5	0～9	8600×2800×3300
280D	2380	75	329	20	0～9	10100×3000×3300
370D	2976	90	411	26	0～9	10100×3000×3550

注：蒸汽品质，≤0.70MPaG 饱和蒸汽。

表 2-6-60　FDK 系列圆盘式干燥机技术参数

型号 FDK—	蒸发水量 /(kg/h)	功率 /kW	传热面积 /m²	全容积 /m³	主轴转速 /(r/min)	外形尺寸 /mm×mm×mm
1	40	5	5.8	0.29	0～9	3500×800×550
2	75	7.5	10.8	0.57	0～9	4000×900×600
3	125	10	17.3	0.98	0～9	4500×1050×680
4	168	15	23.6	1.52	0～9	4600×1300×810
5	230	15	31.9	1.97	0～9	5500×1300×810
6	315	20	43.6	3.27	0～9	5600×1600×1000
7	430	30	59.4	4.23	0～9	6800×1600×1000

注：蒸汽品质，≤0.70MPaG 饱和蒸汽。

（2）ZPG 真空耙式干燥机

1）工作原理。被干物料从机体上方进料口加入，在不断正反转动耙齿的搅拌下，物料轴向来回转动，与壳体内壁接触的表面不断更新，受到蒸汽的间接加热，耙齿的均匀搅拌，粉碎棒的粉碎，使物料内部水分快速汽化，在真空系统的作用下，汽化的水分经除尘器、冷凝器、从真空泵出口放空。

2）主要特点

① 该机通过外壳夹套与内搅拌同时加热，传热面积大、热效率高。

② 该机设有搅拌装置，使物料在筒体内形成连续循环状态，进一步提高了物料受热均匀度、提高传热传质效果。

3）适用范围：a. 适用于浆状、膏状、糊状、粉状的物料；b. 要求低温干燥的热敏性物料；c. 易氧化、易爆、刺激性强、剧毒的物料；d. 要求回收有机溶剂的物料。

4）技术参数。见表 2-6-61。

表 2-6-61　ZPG 真空耙式干燥机技术参数

型号 项目	ZPG—500	ZPG—750	ZPG—1000	ZPG—1500	ZPG—2000	ZPG—3000	ZPG—5000
工作容积 /L	300	450	600	900	1200	1800	3000
内筒尺寸 /mm	$\Phi600\times1500$	$\Phi800\times1500$	$\Phi800\times2000$	$\Phi1000\times2000$	$\Phi1000\times2600$	$\Phi1200\times2600$	$\Phi1400\times3400$
搅拌转速 /(r/min)	7～6						
功率 /kW	4	5.5	5.5	7.5	11	15	22
夹层设计 压力/MPa	0.3						
筒内压力 /MPa	$-0.096\sim-0.15$						

生产厂家：常州市常航干燥设备有限公司。

5）结构示意。见图 2-6-74。

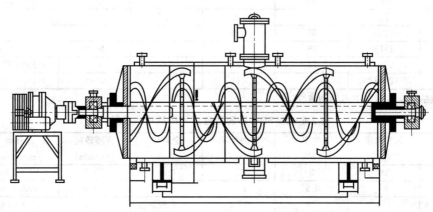

图 2-6-74　ZPG 真空耙式干燥机结构

（3）SMS 卧式薄层干化机

1）适用范围。SMS 卧式薄层干化机适用于环境能源、石油化工、医药等行业。

2）设备结构。SMS 卧式薄层干化机主要由外壳、转子和叶片、驱动装置三大部分组成；其壳体夹套间可注入蒸汽或导热油作为污泥干燥工艺的热媒，壳体材质为欧标的耐高温锅炉钢；内筒壁作为与污泥接触的传热部分，提供主要的换热面积以及形成污泥薄层的载体，Naxtra-700 高强度结构钢的内筒壁材质广泛适用于市政/化工行业污泥干化；转子和叶片具备布层、推进、搅拌、破碎的功能；在转子的转动及叶片的涂布下，进入干化机的污泥会均匀地在内壁上形成一个动态的薄层，污泥薄层不断地被更新，在向出料口推进的过程中，污泥不断地被干燥。

SMS 卧式薄层干化机污泥干化原理见图 2-6-75。

3）SMS 卧式薄层干化机污泥干化工艺流程

半干化工艺流程如下。

① 机械脱水后的污泥达到 20％含固率，由污泥给料泵连续送入干化机，污泥给料泵变频控制，24h 连续运行。

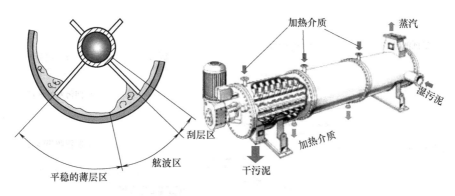

图 2-6-75　SMS 卧式薄层干化机污泥干化原理

② 进入卧式薄层干化机中的污泥被转子分布于热壁表面，转子上的桨叶在对热壁表面的污泥反复涂抹、翻混的同时向前输送到出泥口。在此过程中，污泥中水分被蒸发。

③ 卧式薄层干化机产出的含固率满足设计要求的干污泥，进入污泥冷却器，污泥产品通过冷却器壳体内流动的冷却水进行冷却。冷却后的污泥根据要求输送到干污泥料仓等待后续外运处理。

④ 干化过程中产生的废蒸汽在干化机内部与污泥逆向运动，由污泥进料口上方的蒸汽管口排出，进入冷凝器。冷凝器使用喷淋水对尾气进行降温，其中一些不凝气进入液滴分离器进行分离。降温后的尾气约 50℃，通过风机进入臭气处理系统进行处理。

⑤ 自干化系统排出的废气由引风机排出，废气引风机使整个干化系统处于负压状态，这样可以避免臭气及粉尘的溢出。由于本工艺废气量很小，可直接通入污水场现有臭气处理装置进行处理。

⑥ 卧式薄层污泥干化机设置可能漏入空气的两端轴封和干化产品出料星形阀进行氮气密封，严格控制干化系统含氧量低于 4%。

⑦ 可以根据污泥的性质将卧式薄层干化系统设置为全防爆。

SMS 卧式薄层干化机半干化工艺流程见图 2-6-76。

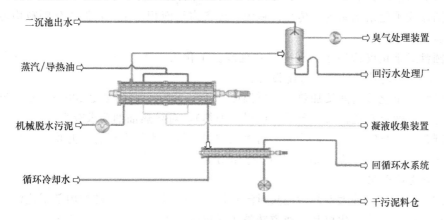

图 2-6-76　SMS 卧式薄层干化机半干化工艺流程

全干化工艺流程：SMS 卧式薄层干化机全干化工艺流程，是相对于半干化工艺流程而言的，是仅在卧式薄层干化机后增加线性干化机，利用线性干化机叶片转速慢的特点降低干化后污泥对干化机的磨损，可延长干化系统使用寿命。SMS卧式薄层干化机全干化工艺流程见图2-6-77。

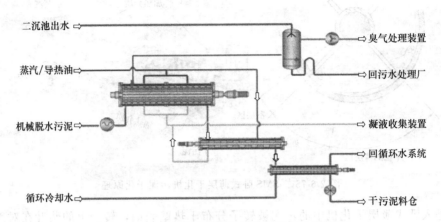

图2-6-77　SMS卧式薄层干化机全干化工艺流程

生产厂家：北京艺科天和环境工程技术有限公司。

4）SMS卧式薄层干化机工艺特点

① 安全：a. 安全可靠——在SMS卧式薄层污泥干化工艺历史上从无任何爆炸燃烧等安全事故；b. 保护措施——除了完善的工艺设计和机械密封设计外，还可依据物料性质采用低压蒸气、氮气和喷淋水作为附加的安全措施。

② 经济：a. 单机蒸发水量大，单位面积蒸发效率高，可以用最小的干燥机完成设计要求，是其他间接干化设备无法比拟的；b. 低能耗——系统热能消耗最低，系统无外加载气循环，省去载气反复冷凝、再加热的热量损失；c. 设备满足长寿命设计和低维护要求。

③ 灵活：a. 适用于多种不同种类的污泥干化；b. 不受污泥含固率限制，无需返混，产出任一含固率污泥；c. 固体载荷低，排空时间短，启停方便。

6.7.3.5　立式圆盘式干化

立式圆盘式干化又被称为珍珠造粒工艺，设备的单机蒸发水量一般为3000～10000kg/h，单机污泥处理能力从90～300t/d（含水率以80％计），适用于大中型污水处理厂。

立式圆盘式干化结构紧凑，传热面积大，设备占地面积较小；污泥干化颗粒均匀，可适应的消纳途径较多。

立式圆盘式干化仅适用于污泥全干化处理。干化污泥颗粒粒径分布均匀，平均直径在1～5mm之间，无需特殊的粒度分配设备。

立式圆盘式干化采用间接加热，热媒温度250～300℃，颗粒温度100～40℃。热媒一般只采用导热油（通过燃烧沼气、天然气或煤等加热），对导热油的要求较高。

立式圆盘式干化需返混，返混的干污泥颗粒与机械脱水污泥混合，并将干颗粒涂覆上一层薄的湿污泥，使含水率降至30％～40％。系统氧含量<5％。

6.7.3.6　转鼓式干化

转鼓式干化机是一种大型的污泥热对流直接干燥的设备。按照转鼓内部干化污泥的通道数量分为单通道转鼓式干化机和三通道转鼓式干化机。由于三通道转鼓式干化机在干燥效果等各方面具有明显的优势，目前三通道转鼓式干化机为转鼓式干化机的主流设备。适用于规模较大的污泥干化项目。

转鼓式污泥干化一般适用于全干化处理，为了保证污泥干化效果，防止污泥在转鼓干化设备中出现黏结和局部过热等问题，应采用稳定的驱动装置以保证转鼓式干化机的连续转动，其转动速率通常为 $10\sim20r/min$。采用转鼓式干化工艺干化的合格产品污泥的含固率应不低于 90%，尺寸为 $1\sim4mm$。

干污泥应经筛分装置筛分，合格的产品污泥输送至干污泥料仓。大颗粒干污泥必须经破碎装置破碎后，与细颗粒干污泥一同作为返混物料至循环污泥贮仓。

转鼓式污泥干化需返混，以保证达到设计干化效果。

为了保证转鼓式干化机的安全运行，应采用工艺气体循环工艺，保证燃烧炉供出的热风氧浓度低于 6%。通常工艺气体的循环比例在 80% 左右，剩余的 20% 由风机抽出作为废气处理。

Combi-Dry 转鼓带式污泥干化机如下。

(1) 适用范围　Combi-Dry 转鼓带式污泥干化机适用于市政污泥、造纸污泥、发酵残留物质、木料和生物质垃圾、颗粒物料等的干化。

图 2-6-78　Combi-Dry 转鼓带式污泥干化外形

(2) 设备结构及工艺流程　Combi-Dry 转鼓带式污泥干化机引进德国克莱因技术。该设备由干化转鼓、干化集装箱和技术集装箱组成，设备外形见图 2-6-78。

(3) 技术参数　Combi-Dry 转鼓带式污泥干化机技术参数见表 2-6-62。

表 2-6-62　Combi-Dry 转鼓带式污泥干化机技术参数

项　　目	技　术　参　数
水蒸发能力/(kg/h)	$100\sim150$
进泥含固量/%	$20\sim35$
出泥含固量/%	$90\sim93$
热能消耗(按每吨 H_2O 计)/(kW/t)	约 1000
电能消耗(按每吨 H_2O 计)/(kW/t)	约 120

生产厂家：宜兴华都琥珀环保机械制造有限公司。

(4) 设备特点　包括：a. 结构坚固，易保养；b. 全自动操作运转；c. 可利用废热能源；d. 节省厂房，可室外安装布置；e. 干化后污泥可作为燃料在焚烧装置水泥厂内进行能源回收。

6.7.3.7　喷雾干化

(1) 喷雾干化概述　喷雾干化系统是利用雾化器将原料液分散为雾滴，并用热气体（空气、氮气、过热蒸汽或烟气）干燥雾滴。原料液可以是溶液、乳浊液、悬浮液或膏糊液。干燥产品根据需要可制成粉状、颗粒状、空心球或团粒状。喷雾干化工艺设备的单机蒸发能力一般为 $5\sim12000kg/h$，单机处理能力最高可达 $360t/d$（含水率以 80% 计），适用于各种规模的污水处理厂。

喷雾干化干燥时间短（以秒计）、传热效率高、干燥强度大；采用污泥焚烧高温烟气时，干燥强度可达 $12\sim15kg/(m^3 \cdot h)$；干化污泥颗粒温度低，结构简单，操作灵活，安全性高，易实现机械化和自动化，占地面积小。但干燥系统排出的尾气中粉尘含量高，有恶臭，需经两级除尘和脱臭处理。

喷雾干化既可用于污泥半干化，也可用于全干化。脱水污泥经雾化器雾化后，雾化液滴

粒径在 $30\sim150\mu m$ 之间；干化污泥颗粒粒径分布均匀，平均粒径在 $20\sim120\mu m$ 之间。

喷雾干化采用并流式直接加热，采用污泥焚烧高温烟气时，进塔温度为 $400\sim500℃$，排气温度为 $70\sim90℃$，污泥颗粒温度小于 $70℃$。热媒首选污泥焚烧高温烟气，其次为热空气（通过燃烧沼气、天然气或煤等产生），也可采用高压过热蒸汽。喷雾干化无需污泥返混。

（2）转筒喷雾造粒机如下。

1）适用范围。转筒喷雾造粒机（喷浆造粒干燥机），集喷雾、造粒、干燥于一体，在复合肥生产应用中工艺已经非常成熟，随着各行业对粉粒体的性能要求的发展，该设备的技术已经向环保、饲料等行业进行了成功的移植。

2）工作原理。经粉碎的材料由炉头加入转筒内，转筒内炒板将粉体扬起，形成料幕，需干燥的液体物料由炉头喷枪喷入转筒内，雾状的液体与粉体料幕形成颗粒核心，在由炉头至炉尾运动过程中不断变大成球粒，同时热风由炉头通入，顺流干燥。干燥后的颗粒经筛分，不合格的颗粒经粉碎后再返至炉头重新进行处理。

3）结构及外形尺寸，技术参数及安装尺寸。见图 2-6-79、表 2-6-63。

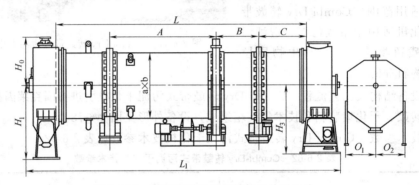

图 2-6-79   转筒喷雾造粒机结构及外形尺寸

表 2-6-63   转筒喷雾造粒机技术参数及安装尺寸   单位：mm

型　号		I	II	III	IV	V	VI	VII	VIII
规格尺寸/mm		$\phi2000\times$ 11800	$\phi3000\times$ 12000	$\phi4250\times$ 14000	$\phi4250\times$ 11600	$\phi4250\times$ 16000	$\phi4500\times$ 16000	$\phi47500\times$ 18000	$\phi47500\times$ 18000
容积/m³		37	85	195	223	215	254	300	360
操作压力/mmH₂O		0~50							
操作温度/℃	进口	350	350	400~500	350~500	350~500	550~600	530~600	550~600
	出口	90	100	90	80~100	80~100	90~100	90~115	90~115
填充系数/%		造粒15，干燥13							
转速/(r/min)		6.1	5	4.074	4	4.13	4.08	4.039	4.15
倾斜度/%		1	1	1	1	1.5	1	1	2
生产能力/(t/d)		100	150	240	320	300	400	500	500
主传动	电动	30kW	Y250M-4-WF1-B3 55kW	Y355M1-8 132kW	Y315S-4 160kW	Y355L2-8 185kW	Y355L2-6 250kW	Y4501-8 315kW	Y4501-8 315kW
	减速机	8LH65-20-I	ZLH85-355-I	ZL115-11-I	ZL130-17-II	ZSY450-22.4-I	ZSY560-22.4-II	ZSY560-22.4-II	ZSY560-25-II
设备净重/kg		36980	66423	108975	148726	114371	198173	230718	250858

生产厂家：广州市德章机械设备有限公司、洛阳瑞岛干燥工程有限公司。

6.7.3.8　两段式干化

（1）两段式干化概述

　　两段式组合型干燥工艺包括两级干化，其中一级处理阶段多余的能量部分转换成热量，提供给二级处理阶段。该工艺可利用天然气、燃油、沼气、蒸汽等热源。

　　一级处理污泥含固率达到 $40\%\sim50\%$，随后二级干化处理污泥含固率达到 $65\%\sim90\%$。根据污泥最终用途的不同，污泥颗粒的尺寸也可在 $1\sim10mm$ 的范围内调整。

　　国内已有采用两段式干化工艺的污泥干化工程案例，其主要特点是安全、节能。工作温度较低、不含粉尘以及封闭的环境都是对安全的保证，该工艺可防止颗粒燃烧和引发爆炸的风险。能量回收系统可节能 15% 左右。但该工艺系统复杂、设备费用较高。

　　污泥热干化过程中会产生一些废气，废气量与热干化工艺形式有关，废气中含有大量的杂质和臭味，如直接排放会对周围环境造成严重污染，因此必须处理后排放。可采用生物处理工艺、化学处理工艺或两种工艺的组合。对干化设施内所有可能产生臭气的部位及设备均应进行臭气收集，换气倍数根据收集的部位或设备而定。收集的臭气宜与干化过程产生的废气合并处理，废气应在冷凝分离后与臭气进行混合。

　　(2) 两段式污泥干化装置系统

　　1) 适用范围。两段式污泥干化装置系统适用于市政及工业污泥的干化。

　　2) 装置系统工作原理。两段式污泥干化装置系统主要由薄层蒸发器、切碎机、带式干燥机组成。将 $18\%\sim30\%$ 干度的污泥连续泵入薄层蒸发器，被蒸发器的旋转叶片均匀地分布在圆筒的内壁形成薄层，在中空壳体之间循环流动的热流体对附着的污泥薄层进行加热干燥；薄层蒸发器出口的具有一定延展性的污泥落入切碎机的孔格网，污泥经切碎机挤压形成面条状的污泥串；切碎机预成型的污泥在带式干燥机传输带上形成颗粒层，热空气逆向扫过并穿透传输带上颗粒层对污泥进行加热干燥，使 $40\%\sim50\%$ 干度的污泥逐渐达到所要求的 $65\%\sim90\%$ 干度，在干燥过程中污泥保持在 $90℃$，最终阶段经风冷后污泥温度迅速降至 $40\sim50℃$，带式干燥机为微负压运行，以避免臭气外溢。

　　两段式污泥干化装置系统工作原理见图 2-6-80，切碎机挤出产品见图 2-6-81，带式干燥机外形见图 2-6-82。

　　生产厂家：得力满水处理系统（北京）有限公司。

　　3) 装置系统特点

　　① 系统节能降耗：可节省能量 $30\%\sim40\%$，吨水蒸发能耗 $650\sim750kW\cdot h$。

　　② 运行安全可靠：工作温度低，属无尘工艺，废气排放量少。

　　③ 产品优质稳定：无需造粒机就能达到最佳粒径，可调节成品污泥干度为 $65\%\sim90\%$，可调节污泥颗粒尺寸为 $1\sim10mm$。

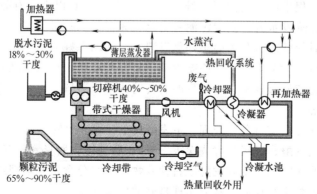

图 2-6-80　两段式污泥干化装置系统工作原理

④ 操作维护简便：系统简单，易于操作；全自动化控制；磨损件少，维护量低。

6.7.4　环境影响

为防止污泥干化焚烧过程中臭气外泄，干化焚烧装置必须全封闭，污泥干化机内部和污泥干化焚烧间需保持微负压。干化后污泥应密封贮存，以防止由于污泥温度过高而导致臭气挥发。干化焚烧系统恶臭污染物控制与防治应符合《恶臭污染物排放标准》(GB 14554) 的规定。

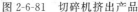

图 2-6-81　切碎机挤出产品

图 2-6-82　带式干燥机外形

干化焚烧系统的噪声应符合《城市区域环境噪声标准》(GB 3096) 和《工业企业厂界噪声标准》(GB 12348) 的规定，对建筑物内直接噪声源控制应符合《工业企业噪声控制设计规范》(GB J87) 的规定。干化焚烧系统噪声控制应优先采取噪声源控制措施。厂区内各类地点的噪声控制宜采取以隔声为主，辅以消声、隔振、吸声的综合治理措施。

污泥干化后蒸发出的水蒸气和不可凝气体（臭气）需进行分离。水蒸气通过冷凝装置冷凝后处理。污泥焚烧系统的废水经过处理后应优先回用。污泥焚烧系统产生的废水含有较高浓度的盐类、重金属和有机物。当废水需直接排入水体时，其水质应符合《污水综合排放标准》(GB 8978) 的规定。

6.8　污泥好氧发酵工艺与设备

6.8.1　污泥好氧发酵工艺描述、设计要点

6.8.1.1　工艺描述

污泥好氧发酵是通过好氧微生物的生物代谢作用，使污泥中有机物转化成稳定的腐殖质的过程。伴随代谢过程中产生的热量，堆料温度可升至 55℃ 以上，有效杀灭病原菌、寄生虫卵和杂草种子，并蒸发水分，实现污泥稳定化、无害化、减量化。

根据物料发酵时的状态可分为静态好氧发酵方法和动态好氧发酵方法。其中常见的静态好氧发酵方法包括自然发酵堆肥法、静态主动供氧发酵堆肥、机械翻堆静态发酵堆肥、容器发酵堆肥方式等；动态好氧发酵方法常见的有转筒式堆肥装置、生物发酵塔等。

6.8.1.2　设计要点

好氧发酵工艺通常由前（预）处理、主发酵（亦可称一次发酵、一级发酵或初级发酵）、后发酵（亦可称二次发酵、二级发酵或次级发酵）、后处理、脱臭和贮存等工序组成。

污泥发酵过程非常复杂，受到发酵原料营养物质、水分含量和物理结构的影响，需要对工艺过程中的相关参数进行控制，从而实现良好的发酵效果。

在好氧发酵过程中原料 pH 值应控制在 6～9 之间，最佳 pH 值为 8，其发酵时间根据具

体工艺不同,差异较大。污泥发酵原料的 C/N 宜控制在 25～35,C/P 控制在 75～150,含水率控制在 50%～60%。

发酵堆体的空隙率与发酵堆肥的方式和原料的含水率、有机质含量有关,一般静态堆肥的空隙率不应小于 50%,动态堆肥的空隙率不应小于 35%。原料含水率、有机质含量较高时,空隙率也应相应增大。

氧气是好氧发酵过程中有机物降解和微生物生长所必需的物质,因此,保证良好的通风条件,提供充足的氧气是污泥好氧发酵正常进行的基本保证。通风供氧在污泥好氧发酵过程中起到 3 个作用:a. 为微生物提供新陈代谢所需的氧气;b. 通过通风带走物料中的部分水分;c. 可以起到控制物料堆体温度的作用。好氧发酵的理论需氧量可通过有机物分解反应式计算得到,其实际供氧量通常为理论值的 2～10 倍,根据原料堆体的水分、温度、氧传递效率不同,取值不同。

6.8.2 好氧发酵工艺主要设备

6.8.2.1 翻抛机

(1) TS-CF 槽式翻抛机

1) 适用范围。适用于槽式堆肥的翻抛设备。

2) 设备工作原理及特点。翻抛机在发酵槽上进行工作,由于翻抛机滚筒的高速旋转,滚筒上的刀片对发酵槽内发酵物料进行破碎、混合,同时物料被滚筒向后翻抛并松散堆置。通过电动传动装置,翻抛机可以实现滚筒升降、带动翻抛机滚筒转动。翻抛机通过移行车实现从一个发酵槽到另一个发酵槽的移行,设备在环境温度为 -20～50℃ 的条件下均可使用,对发酵物料的特性也有很强的适应性。

设备型号、外形结构及主要性能参数见表 2-6-64。

表 2-6-64 TS-CF 槽式翻抛机设备型号及主要性能参数

型 号	TS—CF30	TS—CF50
规格/m×m×m	4.230×3.710×2.300	5.450×5.931×3.620
翻堆高度/m	3.000	5.000
物料的最大高度/m	2.200	2.200
处理能力/(m³/h)	600	1200

TS-CF 槽式翻抛机外形如图 2-6-83、图 2-6-84 所示。

3) 生产厂家:北京天时成方环保机械设备有限公司。

(2) 匀翻机

1) 适用范围。匀翻机(也称翻抛机或翻堆机)广泛应用于有机固体废物好氧发酵堆肥处理工程及污染土壤修复工程,是市政污泥堆肥处置工艺中的翻堆设备。

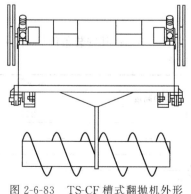

图 2-6-83 TS-CF 槽式翻抛机外形

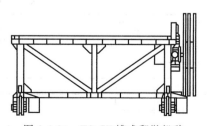

图 2-6-84 TS-CF 槽式翻抛机移
行车外形示意

2）结构和组成。匀翻机主要由滚筒、提升机构、行走机构、控制系统 4 部分组成。其结构见图 2-6-85。滚筒通过高速旋转翻动和抛撒物料，实现物料与氧气的充分接触；提升机构采用独立大臂实现滚筒的升降；行走机构采用 4 轮轨道行走；控制系统可采用手动控制和自动控制两种方式，通过遥控器、控制面板和人机界面进行操作，同时能实时监控设备运行的关键参数，辅助操作者正确操控设备。

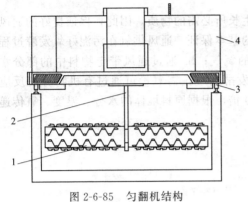

图 2-6-85　匀翻机结构

1—滚筒；2—提升机构；3—行走机构；4—控制系统

3）设备功能、技术参数和特点。匀翻机可有效翻动和抛撒物料。

① 设备功能。匀翻机适用于有机固体废物好氧发酵处理工程及污染土壤修复工程中质地均一、结构松散物料的翻动和抛撒。本设备通过滚筒的高速旋转对物料进行翻动和抛撒，可实现物料与氧气的充分接触，消除堆体层次差异，增加物料的孔隙度，促使物料充分发酵。

匀翻机通过移行车位移到槽壁轨道上，由驱动轮带动设备沿发酵槽前行，高速转动的滚筒翻动物料扬起后抛。高速旋转的滚筒能对翻动的物料进行充分的搅拌，使之疏松、透气。

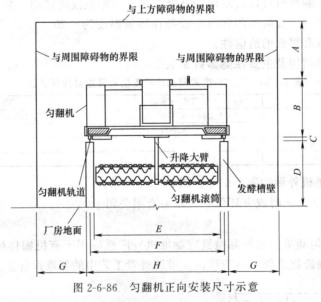

图 2-6-86　匀翻机正向安装尺寸示意

匀翻机的正向及侧向安装尺寸见图 2-6-86、图 2-6-87 和表 2-6-65；其安装条件见表 2-6-66。

表 2-6-65　匀翻机安装尺寸

序号	标注	含义	技术参数/mm
1	A	上方障碍物距离匀翻机最高点的高度	1000～1500
2	B	匀翻机设备高度	2265
3	C	匀翻机轨道高度	134
4	D	发酵槽净高	2200
5	E	发酵槽净宽	5000
6	F	发酵槽壁上方轨距	5300
7	G	匀翻机两侧距离障碍物距离	≥300
8	H	发酵槽总宽度（含槽壁）	5600

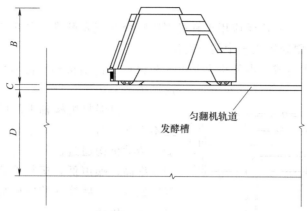

图 2-6-87 匀翻机侧面安装尺寸示意

表 2-6-66 匀翻机安装条件

序 号	项 目	安装要求
1	厂房条件	通风、散热良好
2	工作环境温度/℃	-5～55
3	发酵池宽/mm	5000±10
4	轮轨跨距/mm	5300±5
5	物料堆积高度/mm	≤2000
6	设备质量/t	12
7	外形尺寸/mm×mm×mm	5750×4060×2265

生产厂家：北京中科博联环境工程有限公司。

② 匀翻机技术参数如下。

电源：三相 380V；电压波动＜5％。

设计动荷载：约 30t。

静荷载：约 12t。

装备质量：约 12t。

槽壁高度：2.2m。

轨道型号：30～38kg/m。

轨道跨距：5300mm。

匀翻能力：≥1000m³/h。

匀翻深度：0～2.0m。

行走速度：0～4.5m/min（变频调速）。

控制方式：手动控制和自动控制。

总功率：115kW。

工作噪声：≤70dB（A）（设备 1m 外）。

物料要求：城市污泥、畜禽粪便、生活垃圾、土壤等松软固体废物。

③ 设备特点。匀翻机具有匀翻效率高、可双向翻抛、匀翻深度可调、自动定位可选、噪声低、无尾气污染、结构紧凑、传动效率高、能耗低、操作方便等特点，匀翻机的人机操作界面（HMI）可实时显示整机工作状态，进行设备故障诊断和报警提示。

（3）混料机

1）适用范围。混料机广泛应用于有机固体废物好氧发酵堆肥处理工程及污染土壤修复工程，是市政污泥堆肥处置工艺中的混料设备。

2）设备的结构和组成。混料机主要由混料机构、传动机构和混料筒组成。其结构和组成见图 2-6-88。

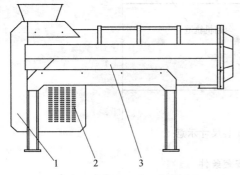

图 2-6-88   混料机结构和组成
1—混料机构；2—传动机构；3—混料筒

混料机混料机构轴上的叶片适量重叠相交但互不干涉，与物料接触部分均选用不锈钢材料制造；传动机构通过链传动与混料轴连接，动力传动效率高，噪声低，运行平稳可靠。混料方式为双轴螺旋式，后掠式桨叶圆周等距均布。驱动方式采用链传动。

3）设备功能、技术参数和特点

① 设备功能。混料机适用于脱水后的市政污泥、畜禽粪便、餐厨垃圾、造纸污泥等高湿、高黏有机废弃物与有机辅料（秸秆、锯末、稻壳、花生壳、酒糟等）和回填料（腐熟料）的混合、搅匀。生产过程中以上各种物料经各自料仓计量配料后，通过皮带输送机输送进混料机进料口，并在混料机内部进行混合、搅匀后自混料机出料口排出，以保证进入发酵槽的物料具有适宜的湿度和孔隙率。混料机的外形见图 2-6-89；其安装尺寸见图 2-6-90、表 2-6-67。

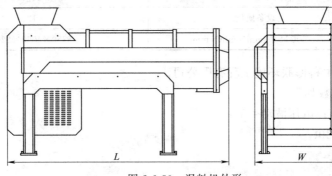

图 2-6-89   混料机外形

表 2-6-67   混料机安装尺寸   单位：mm

机型	L	W	H	A	B	C	D	E	F	K	P
BLHL—90	4090	1712	2600	4000	2000	1500	2356	250	276	1550	1250
BLHL-50	3500	1412	2256	3500	2000	1500	1776	250	276	1350	1050
BLHL-30	2786	1128	1802	3000	2000	1500	1392	208	276	1088	832

生产厂家：北京中科博联环境工程有限公司。

② 混料机的技术参数如下。

混料能力：$5\sim120m^3/h$。

混料后最大粒径：$\leqslant60mm$。

控制方式：现场手动控制或远程自动控制。

装机功率：$\leqslant22kW$。

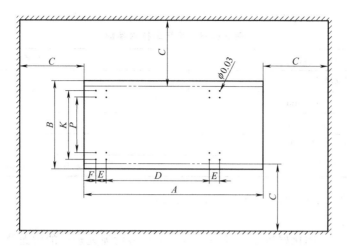

图 2-6-90　混料机安装尺寸示意

最大机型额定电流：45A。

③ 设备特点。混料机具有结构紧凑、机架轻巧、能耗低、生产效率高等优点。其特点为：a. 混料均匀、松散，混料效率高；b. 防黏结、防缠绕、防异物、防堵塞；c. 变异系数 CV≤5%，装填充满数可变范围大，为 0.4～0.8；d. 壳体采用碳钢材质（Q235），有效防腐，轴和桨叶均采用不锈钢材质，使用寿命较长。

（4）移行车

1）适用范围。移行车广泛应用于有机固体废物好氧发酵堆肥处理工程及污染土壤修复工程，是市政污泥堆肥处置工艺中的翻堆设备。

2）结构和组成。移行车主要由机架、行走机构和电气控制系统 3 大部分组成。其中，机架为整体式桁架焊接结构，在移送匀翻机时保持轨距的稳定；行走机构由变频调速电机驱动，在移送匀翻机时，能够使轨道与发酵槽轨道精确对接；电气控制系统可实现为移行车供电的同时为匀翻机提供电力支持，通过电气控制箱仪表板可以监控作业中匀翻机的电流、电压、电机温度、位置等工况参数。其结构见图 2-6-91。

3）设备功能、特点和技术参数

① 设备功能。移行车为匀翻机在各个发酵槽间换槽移动的平台，为专属设备，与匀翻机配合使用，同时为匀翻机供电。工程应用中，各发酵槽的入口处外侧和移行车的上方均安装轨道，移行车在与发酵槽顶的轨道实现对接后，匀翻机可以开到移行车上，在发酵槽的入口处外侧既定轨道上行走，通过移行车的移动，实现匀翻机在各个发酵槽间的换槽作业。

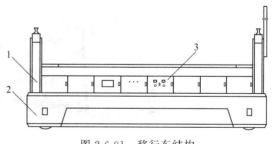

图 2-6-91　移行车结构
1—机架；2—行走机构；3—电气控制系统

移行车与匀翻机配套使用，移行车为成套装置，配置控制箱、滑触线等安全、有效和可靠运行必需的附件。

② 设备特点。结构合理，整体刚性好；运行平稳，动作灵敏、制动距离短；移送匀翻机时轨距稳定，轨道与发酵槽轨道可精确对接等特点。

③ 设备技术参数见表 2-6-68。

表 2-6-68 移行车技术参数

项 目	技 术 参 数
车载轨距/mm	5400
车轮轮距/mm	3500
行走速度/(m/min)	0～8.5(变频调速)
装机功率/kW	≤8
控制方式	手动控制和自动控制

生产厂家：北京中科博联环境工程有限公司。

(5) 一体化好氧发酵设备

1) 适用范围。一体化好氧发酵设备适用于中小型污泥处理厂的污泥处置，是 CTB 智能控制好氧发酵干化工艺的集成化设备，可独立运行；还可适用于畜禽粪便、生活垃圾、土壤等松软固体废物的处理处置。

2) 设备结构及组成。一体化好氧发酵设备主要由发酵仓体、进料布料系统、物料输送系统、匀翻系统、曝气系统、除臭系统、出料系统和智能控制系统组成，可实现连续生产、全过程智能化控制，集输送、发酵、供氧、匀翻、监测、控制、除臭等于一体。一体化好氧发酵设备的结构及组成见图 2-6-92，其外形见图 2-6-93。

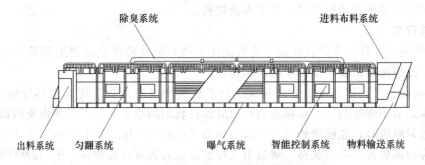

图 2-6-92 一体化好氧发酵设备的结构及组成

图 2-6-93 一体化好氧发酵设备外形

① 输送系统。物料经混料机混合后，通过皮带输送机输送至一体化设备的上方，物料由进料口进入料仓，跌落至一体化设备内。一体化设备底部设置物料输送装置，物料输送装置的移动速度根据每天生产情况确定，腐熟物料由输送装置另一端连续自动地输出。

② 发酵系统。发酵系统包括平料装置和发酵装置。通过一体化设备内部安装的平料装

置，平整物料，以保证装置内部堆体高度的一致性，使料仓空间得以充分利用。发酵装置对应发酵过程升温、高温、腐熟三个阶段分成三个发酵区间，以满足不同发酵区间的控制条件，从而保证发酵成品的稳定性。

③ 供氧系统。一体化设备底部设置有独特的曝气供氧系统，氧气监测探头采集到的数据，经信号采集器输入计算机控制系统，实时反馈自动调节。

④ 匀翻系统。一体化设备内设有匀翻装置，在物料发酵高温期结束后对物料进行匀翻，以改善发酵堆体水分和温度空间上的不均匀性，使死角处的物料也能够充分发酵，提高产品质量。

⑤ 监测系统。装置内部多处设置温度、氧气等数据采集装置，实时在线监测堆体的发酵状态；堆体上方设置环境监测装置，监测堆体上方的臭气浓度。

⑥ 智能控制系统。实时在线采集发酵过程的运行参数，经信号采集器输入计算机控制系统，根据反馈的运行参数实时调节鼓风曝气量和时间。

⑦ 除臭系统。当环境监测系统监测到有害气体达到预设危害浓度时，系统报警并启动除臭装置，及时处理产生的臭气，保证厂区及周边的环境质量。

生产厂家：北京中科博联环境工程有限公司。

3）设备原理。一体化好氧发酵设备为 CTB 智能控制好氧发酵干化工艺的集成化设备，发酵过程开始后，在鼓风机提供氧气的条件下，好氧微生物迅速增殖，堆体温度迅速升高，2～3d 后堆体进入高温期。通过一体化设备自动监测和控制系统使物料在 50℃ 以上的高温阶段维持 5～7d 以上，以达到充分杀灭病原菌和杂草种子，实现物料的无害化和稳定化的目的。高温期结束后，内部匀翻装置对物料进行匀翻，使不同部位的物料进一步混匀，提高产品质量。

为自动控制并优化发酵过程，一体化设备中设置有温度监测探头，探头采集的数据经信号采集器输入计算机控制系统，实时反馈控制鼓风曝气的强度和时间。配有除臭系统，监测有害气体浓度达到预设危害浓度时系统报警并启动除臭装置，使产生的臭气及时得到处理，保证厂区周边的环境质量。

4）设备特点

① 智能控制：发酵、除臭可实现智能控制，人工操作量小，管理方便，效果稳定。

② 供氧高效均匀：独特的内部结构和供氧系统，保证发酵过程中充足均匀地供给氧气及高效运行。

③ 功能高度集成：实现输送、发酵、供氧、匀翻、监测、控制、除臭等功能的高度集成。

④ 发酵产品稳定：发酵装置分区设计、发酵过程智能控制、后期匀翻腐熟，保证发酵产品质量的稳定。

⑤ 占地面积省：工艺设备集成设置，实现了功能的高度集成，大大节省占地面积。

⑥ 处理规模灵活：每套装置相对独立运行，可通过增减装置数量调整处理规模。

⑦ 施工周期短，投资省：可取消传统厂房，减少大量基础设施建设，缩短施工周期，节省投资。

⑧ 无二次污染：装置全密闭生产，且内部设置通风除臭设施，可实现无臭味运行，保证厂区环境质量。

5）技术指标

① 额定有功功率：115kW；实际正常进出料时工作功率约为 85kW；在进出料结束后的

工作功率为 32kW，由曝气系统 22kW、除臭系统 10kW 共同组成。

② 堆体最大高度：1.5m。

③ 物料要求：城市污泥、畜禽粪便、生活垃圾、土壤等松软固体废物。

④ 进入设备的物料含水率要求：60％±2％。

⑤ 设备宽度为 3.4m，净宽度为 3.2m。

6.8.2.2 静态好氧发酵工艺设备

（1）静态好氧发酵工艺原理 污泥静态好氧堆肥工艺的重要前提是在预调理阶段将污泥与调理剂及返混物料进行充分混合，改变脱水污泥含水率高、致密、黏稠、透气性差的物理特性，使其在微观上具有较大的比表面积，形成疏松、有结构、透气性良好、适于生化氧化的物料体系。通常添加一定比例的调理剂（如农作物秸秆、木屑等）及部分发酵熟料对污泥的含水率、碳氮比及物理状态进行预调理，采用专业的微观接种混合设备，混合后的物料运至发酵车间进行好氧堆肥。

发酵过程为全静态，采用强制通风的方式，堆体下面铺设有通风管，通风管上设有多个特制防堵风嘴，每个发酵堆体单独配置一个小功率风机。以柔和通风的工艺理念，一方面降低系统能耗；另一方面避免堆体内过高的风速以及布气不均的现象，同时减少气味物质的吹脱。

发酵工艺选用直接插入堆体内的氧气浓度、温度探枪，实时在线监测发酵堆体的工况。利用堆体的氧气浓度和温度信号联合控制通风和引风系统。智能化控制保证最高效率利用生物热，维持物料的有氧条件，实现源头臭气控制，同时将废气量降至最低。

静态好氧发酵工艺主发酵周期为 10～14d，发酵完成后一部分成品作为返混物料送回预调理车间与湿污泥混合，另一部分进行深度腐熟。腐熟之后运送至筛分车间，进行筛分、包装计量后存储或外运使用。发酵过程中产生的臭气通过引风管路收集后进行集中处理，达标后排入大气。

（2）静态好氧发酵工艺参数 工艺参数：调理剂添加量 0～30％（含水率 20％）；发酵熟料添加量 10％～120％（含水率 40％），混合后物料含水率 55％～60％，物料容重 0.75 t/m³ 左右。

6.8.2.3 静态好氧发酵工艺主要设备

（1）犁铧式微观接种混合器

1）适用范围。犁铧式微观接种混合器采用机械驱动流化床设备，利用犁铧原理，使物料在筒体内通过犁铧式搅刀的特殊曲面设计，确保物料精确与充分地微观混合，同时实现物料的改性。

2）设备工作原理及特点

① 引入犁铧原理，使物料在较小的能量作用下通过刀的特殊曲面被抛起、离散、为混合提供了最大的接触表面积。

② 混料器采用特制的犁刀组合，构成空间往复运动，具有较高的空间利用率。

③ 为连续混合系统，在实现径向的均匀混合的同时实现轴向的定量扰动，进而杜绝物料的短路，同时实现混料器中的物料流态化。

④ 在机械搅拌的作用下产生流化床，确保物料精确与充分地微观混合（见图 2-6-94）；

⑤ 特制搅拌元件保证物料连续排出。

⑥ 针对块状或饼状的泥饼，设计有特制侧刀，将物料打散、破碎。

3）设备型号、外形结构及主要性能参数。犁铧式微观接种混合器设备型号及主要性能

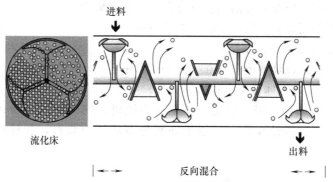

图 2-6-94　犁铧式混合元件及流化床式的微观接种示意

参数见表 2-6-69，外形结构如图 2-6-95 所示。

表 2-6-69　犁铧式微观接种混合器设备型号及主要性能参数

类　型	最大处理能力/(m³/h)	功率/kW	L/mm	W/mm	H/mm
类型 B	2	4	2480	610	855
类型 C	5	5.5	2760	810	1010
类型 D	10	11	3570	850	1110
类型 F	21	22	4290	1200	1210
类型 G	32	45	5026	1150	1510
类型 H	50	55	5450	1330	1655
类型 K	70	75	6090	1670	1810

4）生产厂家：北京万若环境工程有限公司、罗迪格（北京）机械设备有限公司。

（2）静态发酵系统

1）适用范围。适用于敞开式条垛堆肥、模块化条垛堆肥、密闭仓式好氧发酵及集装箱式好氧发酵等。

2）发酵系统工作原理及特点

① 发酵温度高（50～80℃）、温度稳定。对物料的预调理要求较高，通过流化床式微观接种混合技术，改变物料微观结构，增加物料的透气性并进行深度接种，升温及水分蒸发迅速、发酵周期短，10～14d 内含水率降至 40%。

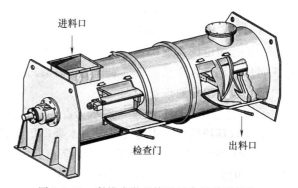

图 2-6-95　犁铧式微观接种混合器外形结构

② 曝气系统依据"柔和通风"理念，采用一对一小功率风机，通过特殊设计的布风装置，实现布气均匀、能耗低、维护简单的工艺效果。

③ 实现智能化控制，采用特制的氧-温检测技术，在线检测堆体中的真实工况，利用发酵堆中的氧气相对浓度信号来控制风机的启停，从而保证堆体的氧浓度在一个稳定的范围内。

④ 臭气源头控制、曝气与引风联动控制，对除臭设施压力最小。

⑤ 对调理剂短缺和较高水分的物料具有更大的承受能力。

⑥ 投资及运行费用相对较低，系统维护量较低。

3）系统技术参数及设备外型结构

① 系统技术参数。设计通风量 $0.05\sim0.1m^3/(min\cdot m^3)$，采用中低压离心风机，堆体长度<50m，曝气管根据堆体长宽配置适宜数量，主发酵周期 $10\sim14d$。

② 系统设备外型结构。曝气采用小功率离心风机，如图 2-6-96 所示，根据气量要求选型；布风管路采用特殊设计的专门用于好氧静态堆肥的装置，其外型结构如图 2-6-97 所示。

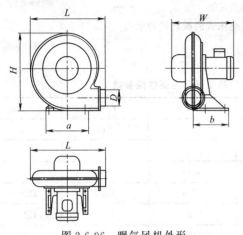

图 2-6-96　曝气风机外形

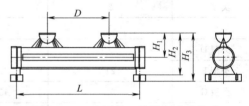

图 2-6-97　布风装置及曝气喷嘴外形

4）生产厂家：万若（北京）环境工程技术有限公司。

6.8.2.4　动态好氧发酵设备

SG-DACT® 滚筒动态好氧高温发酵装置

（1）适用范围　适用于以园林绿化、土地改良等土地利用为最终污泥处置目的，且污泥中无明显有毒有害物质、有机质含量较高的污水处理厂。

（2）设备工作原理及特点

① 广泛适用于污水处理厂脱水污泥的稳定化、无害化、减量化、资源化处理，特别适合周边区域环境敏感、占地受限等污水处理厂项目。

② 滚筒的连续运转增强了物料混合和翻抛效果，提高了传质及反应效率，可快速进入 $55\sim70℃$ 的高温期，可缩短主发酵时间至 $5\sim7d$。

③ 发酵滚筒全密闭，筒内废气全收集处理，系统无臭气释放，环境友好，操作条件安全。

④ 发酵滚筒全保温，系统散热量较小，发酵温度易保持，杀菌效果明显，运行效果受地域和季节变化影响较小。

⑤ 系统占地小，设备布置灵活，可于污水处理厂内建设。

⑥ 分区按需智能通风技术，可实现发酵各阶段根据堆体温度和氧气浓度进行按需供风，既保证好氧环境又减少了通风量和废气处理量。

⑦ 系统机械化、自动化程度高，运行及维护简单，劳动强度较小。

（3）设备型号、外形结构及主要性能参数　设备型号及主要性能参数参见表 2-6-70，设备外形结构如图 2-6-98 所示。

表 2-6-70 SG-DACT®滚筒动态好氧高温发酵装置型号及主要性能参数

设备型号	处理能力/(t/d)	设备规格/m	系统装机功率/kW	占地面积/m²
DACT—1	5	φ2.5×25	60	300~500
DACT—2	10	φ3.0×30	70	500~700
DACT—3	15	φ3.5×35	80	750~1200
DACT—4	20	φ3.8×40	95	1200~2000
DACT—5	25	φ4.0×40	110	1500~2500

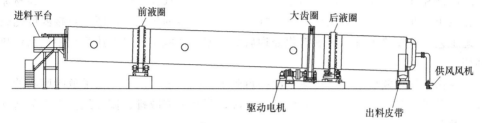

图 2-6-98 SG-DACT®滚筒动态好氧高温发酵装置外形示意

（4）生产厂家：中持水务股份有限公司。

6.9 其他污泥干化工艺与设备

6.9.1 污泥低温真空脱水干化工艺与设备

6.9.1.1 污泥低温真空脱水干化工艺描述

（1）工艺简介 低温真空脱水干化成套技术设备是一种新型固液分离设备，将物料的脱水与干化工序合成一体，在同一设备上连续完成。该技术利用低温（<100℃）真空干化原理，达到传统热力干化的脱水效果，最低含水率可达 20％以下。

低温真空脱水干化成套技术可广泛应用于市政、石油化工、有色冶炼、表面处理、化学制药等领域的污泥脱水干化。

在市政污泥处理领域，由于无需添加钙、铁等物质，污泥干基量不会显著增加，从而减少污泥处置出路的限制和环境风险，使污泥用途实现了多元化，可选择性地作为低质燃料、建材原料及园林绿化用土。此外，该工艺除可处理常规污水处理产生的污泥外，还可接收热水解、厌氧消化处理后的温度较高的污泥，并实现对上述系统中低品位热源的高效利用。

在工业污泥处理领域，由于污泥从源头得到了大幅减量，降低了危险废物的处置规模和成本，并可充分利用余热蒸汽等低品位热源，从而可创造一定环境效益和经济效益。

（2）工艺流程 浓缩后的污泥进入贮泥池，经进料泵送入低温真空脱水干化主机系统，同时在线投加絮凝剂，利用泵压使滤液通过过滤介质排出，完成液固两相分离。在密实成饼阶段，通过隔膜板内的高压水产生压榨力，使滤饼压密，将残留在颗粒空隙间的滤液挤出；在隔膜压滤结束后，利用压缩空气将滤板进料中心孔和污泥管道的残余污泥吹扫至贮泥池内，同时，对滤饼中的毛细水进行穿流置换，使滤饼中的毛细水进一步排出。

在此基础上，低温真空脱水干化成套技术增加了真空干化功能，即在隔膜压滤结束后，加热板和隔膜板中通入热水，加热腔室中的滤饼，同时开启真空泵，对污泥腔室进行抽真空，使其内部形成负压，降低水的沸点。滤饼中的水分随之沸腾汽化，被真空泵抽出的汽水混合物经过冷凝器、缓冲罐汽水分离后，液态水进入贮液罐定期排放，尾气经化学洗涤除臭设备处理后达标排放。

经过上述各阶段的脱水干化，污泥含水率降至20%以下，基本达到污泥减量化和无害化的要求，同时为后续进一步资源化创造了条件。

6.9.1.2　污泥低温真空脱水干化主要设备

（1）适用范围　低温真空脱水干化成套技术可广泛应用于市政、石油化工、有色冶炼、表面处理、化学制药等领域的污泥脱水干化。

在市政污泥处理领域，由于不需要钙、铁等添加剂，污泥干基量不会增加，减少污泥处置出路的限制和环境风险，使污泥用途实现了多元化，可选择性作为低质燃料、建材原料及园林绿化用土。此外，该工艺除可对接常规污水处理产生的污泥外，还可对接温度比较高的污泥处理工艺，例如热水解、厌氧消化处理后的污泥，并能实现对上述系统中低品位热源的高效利用。

在工业污泥处理领域，由于污泥从源头得到了大幅减量，从而降低了危险废物的处置规模和成本，并可充分利用余热蒸汽等低品位热源，可在节能减排、循环经济方面创造环境效益和经济效益。

（2）设备特点　低温真空脱水干化成套技术将物料的脱水与干化工序合成一体，在同一设备上连续完成。该技术利用低温（<100℃）真空干化原理，达到传统热力干化的脱水效果，最低含水率可达20%以下。此设备可节约占地面积、节约人力、减少脱水和干化设备间转换时间。

（3）设备规格及性能　低温真空脱水干化成套设备主要由污泥调质系统、机体系统、液压系统、进料系统、压滤系统、加热系统、真空系统、卸料系统、空压系统、除臭系统、电控系统组成。如图2-6-99、图2-6-100、表2-6-71所示。

（4）生产厂家　上海复洁环保科技股份有限公司。

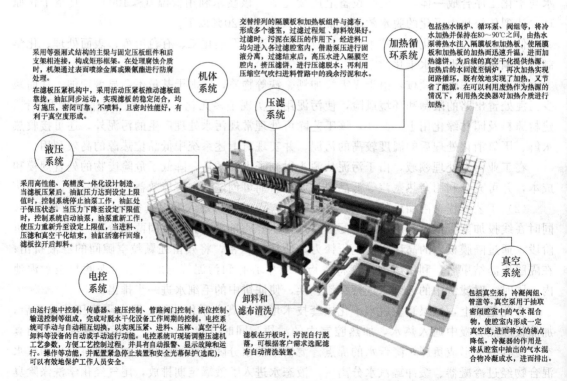

图2-6-99　低温真空脱水干化工艺系统组成

图 2-6-100 低温真空脱水干化系统外形

表 2-6-71 **低温真空脱水干化系统规格**

型号	过滤面积 /m²	滤板规格 /mm	主机外型尺寸 /m	总质量 /t	批次产量(按 DS 计) /(t/批)	装机容量 /kW
DZG—1300/50	50		5.7×1.8×2.0	16	0.12~0.15	80~120
DZG—1300/75	75	1300×1360	6.6×1.8×2.0	20	0.18~0.22	80~120
DZG—1300/100	100		7.5×1.8×2.0	25	0.25~0.30	100~150
DZG—1500/100	100		7.0×2.0×2.5	25	0.25~0.30	100~150
DZG—1500/150	150	1500 ×1560	8.2×2.0×2.5	30	0.35~0.40	120~180
DZG—1500/200	200		9.5×2.0×2.5	35	0.50~0.60	120~180
DZG—2000/300	300		9.5×2.5×3.0	45	0.70~0.80	120~180
DZG—2000/400	400		11.0×2.5×3.0	60	0.90~1.10	150~220
DZG—2000/500	500	2000 ×2060	12.5×2.5×3.0	70	1.20~1.30	150~220
DZG—2000/600	600		14.2×2.5×3.0	80	1.40~1.60	150~220
DZG—2000/800	800		17.8×2.5×3.0	110	1.70~2.00	200~250

6.9.2 污泥碳化工艺与设备

6.9.2.1 污泥碳化工艺描述

污泥碳化技术是污泥热解技术之一。在无氧或缺氧状态下，污泥加热到一定温度后，污泥中的水分首先蒸发，接着污泥中含有碳、氢、氧以及氮元素等有机成分被干馏、热分解，生成甲烷、乙烷以及乙烯等低分子物质。由于水分的蒸发和分解气体的挥发，在表面和内部形成了众多的小孔。在进一步的升温后有机成分持续减少，最终形成富含固定碳素的碳化产品。

在碳化炉内，干燥污泥的中的水分首先进一步蒸发，此后干燥污泥中含有碳、氢、氧以及氮元素等有机成分被干馏热分解，可燃挥发性气体析出。可燃挥发性气体主要成分是甲烷、乙烷以及乙烯等低分子物质及油类等高分子物质。可燃挥发性气体从螺旋输送管壳体上部设有的气孔中逸出后，在高温及有氧的碳化炉中燃烧，作为碳化炉内干燥污泥和碳化处理的热源。

外热多段式碳化加热炉由多段螺旋输送管上下贯通，螺旋传送器外面有一层设有小孔的外壳，由分段式的螺旋输送管依次被移送到上段、中段、下段。碳化炉下部的预热炉燃烧产生 650～800℃高温，从而将碳化加热炉螺旋输送管的壳体加热至 450～650℃，通过碳化加热炉螺旋输送管内的干燥污泥在低氧状态下受热分解。

污泥碳化技术具有减量化明显、能量有效回收利用、温室气体减排、重金属固化、避免产生二噁英、占地少、运行成本低等特点。污泥经过碳化高温处理后的产品具有无臭味和化学性质稳定的特点，在碳化过程中，重金属被固化在碳化物产品中，性质趋于稳定且对环境无危害。

6.9.2.2　污泥碳化主要设备

(1) 适用范围　污泥碳化装置适用于污泥处理工程，还可用于其他行业中有机质含量高的颗粒物料处理，如活性炭等原料生产等。

(2) 设备特点　采用干化碳化装置，脱水污泥中水分在预干化装置内有效去除。立式多段外热螺旋式炉型，充分回收利用污泥自身热量，污泥有机质热解后燃烧产生的热量用于污泥预干化和碳化处理过程，高效节能。

碳化反应速度快、时间短，炉内螺旋输送管纵向配置，使设备更紧凑、占地面积小。

碳化装置调节容易，通过控制碳化停留时间和炉内温度，生产出稳定的碳化产品。

由于碳化加热炉的热传导方式为外热式，污泥与加热烟气介质不直接接触，烟气中飞灰较少。

污泥在碳化炉螺旋管内低速传送，螺旋管内污泥充满度低，对设备磨损小，设备维护量小。

处理过程能减少二噁英的排放，污泥碳化产生的烟气在 850℃ 的高温环境中停留 2.5s 以上，使二噁英完全分解。处理后高温烟气进入干燥机，在快速蒸发脱水污泥水分的同时，在数秒钟内烟气降低至 200℃ 左右，避免了二噁英的重新生成环境。

污泥经过碳化高温处理后的产品具有无臭味和化学性质稳定的特点，在碳化过程中，重金属被固化在碳化物产品中，变得非常稳定且对环境无危害。

图 2-6-101　污泥碳化系统外形

（3）设备规格及性能　污泥碳化工艺设备主要由污泥接收系统、污泥干燥系统、污泥碳化系统（见图 2-6-101）、热量回收系统、废气净化处理系统等组成。其中污泥碳化系统包括污泥碳化炉（见表 2-6-72）、预热炉、再燃炉、污泥碳化给料器、碳化物冷却器、碳化物贮仓、运行控制设备等。

表 2-6-72　污泥碳化炉规格

型　号	处理量/(t/d)	外形尺寸($L \times W \times H$) /mm×mm×mm	螺旋管段数 /段	传热面积 /m^2	电机功率 /kW
BSTH—10	10	1400×800×1550	4	2.28	3
BSTH—20	20	2300×1400×2400	4	5.71	4.4
BSTH—30	30	2300×1600×4150	6	10.21	6.6
BSTH—50	50	2300×1600×4330	6	12.01	6.6
BSTH—75	75	2500×3200×5000	6	22.81	13.2
BSTH—100	100	3000×3500×5000	6	29.49	13.2

（4）生产厂家　中节能博实（湖北）环境工程技术股份有限公司、日本巴工业株式会社。

6.9.3　污泥太阳能干化工艺与设备

6.9.3.1　污泥太阳能干化工艺描述

太阳能污泥干化处理技术指的是利用太阳能为主要能源对污水处理厂污泥进行干化和稳定化的污泥处理技术。该技术运用太阳能，借助传统温室干燥工艺，具有低温干化、运行费用低廉、操作简单、运行安全稳定、干化后的污泥仍保留原有的农用价值等特点。太阳能干化可处理含水率 80% 的脱水污泥，也可以处理经过深度脱水后含水率小于 60% 的污泥。

空气是各种气体的混合物，其中含有水蒸气，一般称为空气湿度。如果污泥很热（内部较大的水蒸发压力）和空气干燥（外部较小的水蒸发压力），则可以获得最大的水蒸发效果。太阳能干化装置的主要目的是通过太阳辐射能量和空气非饱和程度，将污泥水蒸发出来。主要是通过以下技术手段来实现这一目的：a. 尽可能多地让太阳辐射能直接到达污泥表面，通过污泥吸附转化成热能；b. 尽可能大量通风，使大量非饱和空气在污泥表面上流动，带走污泥中的水分。太阳辐射能量会在黑色污泥表面大量被吸附，从而导致污泥内部的温度上升，污泥和环境空气之间的水蒸发能力差也会相应变大。在空气中的水分必须尽可能快地从干化车间排出，这样才能保证在空气内的反向水蒸发能力不会上升太高。水分随着空气或水雾形式排出室外。

在污泥太阳能干化系统中，脱水污泥倾倒进入贮料仓，通过进料输送系统，输送到自动污泥翻抛布料机料斗，通过料斗螺旋机进入太阳能干化室；在翻抛布料机的工作下，实现污泥均匀摊铺及切割；通过热空气射流系统及进排风机组启动加速水分蒸发，在夜间、冬季或阴雨条件下使用生物质燃料配合空气换热器、二级热泵及常压热水锅炉为车间加温，通过热水管道、蒸发器换热；在此过程中污泥水分不断蒸发，逐渐成为颗粒状并随布料机移动至干料收料槽，当被干化污泥含水率 40% 后，由集中收料系统将干料输送至干料仓库。

6.9.3.2　污泥太阳能干化主要设备

（1）太阳能高温双热源热泵污泥干化装置

1）应用场合。该技术结合太阳能集热器用于污泥干化工程起到节能清洁等多种作用与效果。同样该技术还可用于其他行业干燥物料，如木材、化工原料、茶叶、种子等多种行业干燥。

2）型号说明

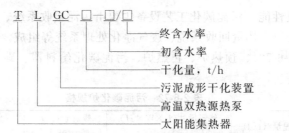

3）设备特点。太阳能高温双热源热泵污泥干化装置采用了热泵和太阳能双重节能效果；干燥箱结构合理，干燥质量好；产品经多次试验，安全性能好；自动化程度高；采用闭环模式运行，无二次污染。

4）工艺流程。太阳能高温双热源热泵污泥干化装置工艺流程见图 2-6-102。

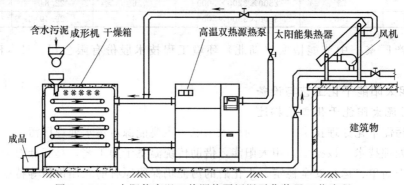

图 2-6-102 太阳能高温双热源热泵污泥干化装置工艺流程

生产厂家：浙江省化工研究院有限公司、江苏天雨环保集团有限公司。

（2）污泥太阳能干化系统

污泥太阳能干化系统主要包括如下内容：太阳能温室系统；全自动污泥翻抛布料机；湿物料输送系统；干料收集系统。

1）系统组成。太阳能温室系统为阳光板温室。规格为 7200mm×1600mm×5500mm，H 形钢架结构，聚碳酸酯 PC 阳光板覆盖。阳光板安装采用专用压条固定，阳光板表面及固定处无螺钉过孔，完全避免屋面渗水现象。温室设有防雷接地及照明设备。

① 太阳能温室技术参数：温室跨度为 16m，共 3 跨；温室间距为 4m；肩高 5.5m；顶高 6.3m；温室主体骨架使用年限不少于 20 年；风载 $\geq 0.5 kN/m^2$；雪载 $\geq 0.3 kN/m^2$；吊挂荷载 $\geq 20 kg/m^2$；最大排雨水能力为 130mm/h；抗震烈度 ≥ 6 度，地震加速度值 $0.05g$；环境温度为 $-10 \sim 41 ℃$；电参数为 220V/380V（$\pm 5\%$，50Hz，单相/三相）；山墙长为 16m；侧墙长为 72m；面积为 $3456 m^2$。

② 阳光板技术参数：阳光板规格为 8mm 中空（PC）；拉伸屈服强度 $\geq 60 MPa$；弯曲强度 $\geq 80 MPa$；邵氏硬度（D）$\geq 80 HD$；热变形温度（1.8MPa）$\geq 125 ℃$；线膨胀系数（$-30 \sim 30 ℃$）$\leq 6.5 \times 10^{-5} ℃$；透光率（8mm）$\geq 80\%$；落锤冲击性能 $1/10(m \cdot kg)$。

阳光板安装示意见图 2-6-103。

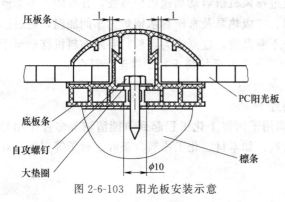

图 2-6-103 阳光板安装示意

③ 水源热泵机组技术参数见表 2-6-73。

表 2-6-73　水源热泵机组技术参数

组　成	项　目	参　数
基本参数	型号	LSBLG1700RM/2
	制热量/kW	1365.2
	制热功率/kW	379.2
压缩机	类型	半封螺杆压缩机
	冷媒	R22
	电源	380V/3N～/50Hz
	台数	2
负载侧换热器	类型	壳管式换热器
	进水温度/℃	55
	出水温度/℃	48
	水阻/kPa	≤80
	污垢系数/(m²·℃/kW)	0.086
	接管尺寸/mm	DN200
	接管方式	卡箍
	地下水工况负载侧水流量/(m³/h)	167.69
源水侧换热器	类型	壳管式换热器
	进水温度/℃	15
	出水温度/℃	7
	水阻/kPa	≤80
	污垢系数/(m²·℃/kW)	0.086
	接管尺寸/mm	DN200
	接管方式	卡箍
	地下水工况源水侧水流量/(m³/h)	105.98

④ 空气源热泵机组技术参数见表 2-6-74。

表 2-6-74　空气源热泵机组技术参数

组　成	项　目	参　数
基本参数	型号	LSBLG450RF
	制热量/kW	365.3
	制热功率/kW	101.7
压缩机	类型	半封螺杆压缩机
	冷媒	R22
	电源	380V/3N～/50Hz
	台数	1
负载侧换热器	类型	壳管式换热器
	进水温度/℃	55
	出水温度/℃	48
	水阻/kPa	≤80
	污垢系数/(m²·℃/kW)	0.086
	接管尺寸/mm	DN100
	接管方式	卡箍
	地下水工况负载侧水流量/(m³/h)	44.87
空气侧换热器	类型	翅片式换热器
	进风干球温度/℃	12.9
	进风湿球温度/℃	9.07
	风机数量	8
	风机功率/kW	1.1
	接管尺寸/mm	DN200

2）生产厂家。景津环保股份有限公司

（3）太阳能污泥干化系统

1）适用范围。太阳能污泥干化系统适用于市政污水处理等污泥的干化。

2）工艺原理。市政污水处理含水率70％～85％机械脱水的污泥，经太阳能污泥干化系统干化后，生产含水率为20％～30％的污泥颗粒产品。太阳能污泥干化系统厂房及相关设备见图2-6-104，厂房内污泥干化床在曝气及翻抛作业见图2-6-105，厂房内污泥干化床的干化原理见图2-6-106，市政污水处理污泥经太阳能污泥干化系统干化后，生产的干污泥颗粒见图2-6-107。

图 2-6-104　太阳能污泥干化系统厂房及相关设备

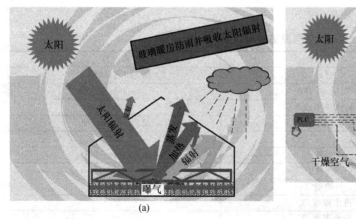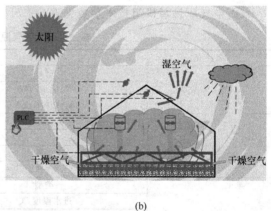

(a)　　　　　　　　　　　　　　　　(b)

图 2-6-105　污泥干化床的干化原理

3）工艺特点

① 不受进泥量的波动影响，连续或者批处理模式运行，进泥层厚度大于40cm，污泥小球团贮存厚度大于80cm。

② 在整个堆场宽度方向上进行一次性翻抛和曝气操作，具有每小时大于400m³的耕种和曝气能力，能自动进料和出料，彻底并快速地进行整个干化床的曝气以及翻抛。

③ 干化床的曝气及翻抛功能，使得厌氧区域无腐烂，污泥干化过程没有臭气产生。

④ 维护成本低。

图 2-6-106　太阳能污泥干化系统厂房内
干化床在曝气及翻抛作业

图 2-6-107　干化后的干污泥颗粒

⑤ 最终产物是无味的，容易处理和贮存，是能回用的污泥颗粒。

⑥ 干化系统具有高灵活性。

4）产品特点

① 固含量 70%～80%。

② 体积缩小。

③ 密度 0.7～0.8t/m³。

④ 易处理成疏松物质。

⑤ 无气味（泥土味）。

⑥ 二次燃料（2～3kW·h/kg 干泥＝8～11MJ/kg 干泥）。

⑦ 保证处理或回用的可能性。

太阳能污泥干化系统的污泥颗粒产品，在污泥干化过程中减少了诸多不利因素，保留了污泥中的可利用价值，并使产品得到了增值。太阳能污泥干化系统产品的特性见表 2-6-75。

表 2-6-75　太阳能污泥干化系统特性

减少部分	保留部分	增加部分
体积和质量	肥料价值	价值
病原体	热值	可选择回用
运输成本	矿物质	
倾倒费用		比热干化运行成本
土地利用		的 2%还要低
气味		
昆虫		

生产厂家：昆山德沃特水工业系统设备有限公司。

6.9.4　污泥石灰干化工艺与设备

6.9.4.1　污泥石灰干化工艺描述

污泥石灰干化工艺是指将生石灰（CaO）等添加剂与脱水污泥进行混合，一方面，利用生石灰和水在环境温度下的水和反应热，形成蒸发，从而降低含水率的目的；另一方面，通过石灰与水反应产生的热量以及 pH 值的提高，对混合反应器中的全部污泥进行消毒杀菌。主化学反应如下：

$$1kg\ CaO + 0.32kg\ H_2O \longrightarrow 1.32kg\ Ca(OH)_2 + 1177kJ$$

根据这一反应，每投加 1kg 的氧化钙有 0.32kg 的水被结合成为氢氧化钙，反应所生成的热量相当于蒸发约 0.5kg 水所需要的热量，即每向污泥中投加 1kg 的氧化钙就可以消耗掉约 0.82kg 的水，从而大大降低污泥的含水率。而后，生石灰与水反应生成的氢氧化钙还会继续与空气中 CO_2 以及污泥中的其他物质如重金属离子、无机离子、有机酸、脂肪等发生反应。通过以上反应，污泥中臭味物质得到分解。

同时，生石灰与水反应后产生了碱性环境，可以杀死大量微生物，并将 NH_4^+ 转化为氨气并释放出来。从污泥中释放出的含 NH_3 气体必须进行处理，否则会造成二次污染。

6.9.4.2　污泥石灰干化主要设备

（1）KM-DW-F 型机械搅拌流化床

1）适用范围。适用于中小型污水处理厂，通过石灰（氧化钙）与污泥、垃圾等混合可达到杀菌、干化、钝化金属离子、改性颗粒化、稳定化、固化的目的。此外，根据不同的应用目的，还可以向物料中添加其他辅料和废料，如水泥、粉煤灰、煤渣等。

2）设备特点。可解决以往污泥等物料同添加剂混合处理中添加剂用量大、物料混合不均、物料结块、混合时间长、工艺调整空间小等一系列问题，利用添加剂精密计量投加及污泥高效混合反应技术，使生石灰与黏稠污泥类物料也可迅速实现微观均匀混合。混合反应产物可卫生填埋、用于酸性土壤改良、制砖烧水泥等建材利用，或矿山修复等。

3）技术参数

① 型号：KM-DW-F。

② 形式：机械搅拌流化床。

③ 设计能力：10～21t/h。

④ 单机功率：22kW。

⑤ 设备总体尺寸：约 4200mm×1000mm×1200mm。

4）设备外形结构如图 2-6-108 所示。

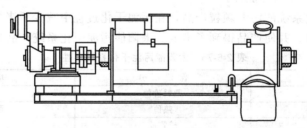

图 2-6-108　KM-DW-F 型机械搅拌流化床外形结构

5）生产厂家：万若（北京）环境工程技术有限公司。

（2）MixDrum® 污泥加钙碱性稳定干化装置

1）适用范围。适用于以填埋和建材利用为最终处置方式的中小型污水处理厂，特别是针对有在线提标改造和脱臭要求的污水处理厂、工业园区污水处理场站以及含有有毒有害物质的污泥。

该设备具有较高的灭菌、脱臭能力，系统全封闭，环境友好，操作条件好，适合周边区域环境敏感的污水处理厂；系统占地小且布置灵活，可于厂内建设且不拆除/停运现有脱水系统，特别适于用地受限的项目；系统可靠，管理简单，维修量小，可与现有污泥脱水系统实现一体化管理，不增加管理及人员负担；项目建设周期短，可迅速解决污泥的无害化、稳定化及干化等要求，特别适合建设周期紧张、任务要求紧迫的应急工程。

2）技术参数如表 2-6-76 所列。

表 2-6-76　MixDrum®污泥加钙碱性稳定干化装置技术参数

处理能力/(t/h)	功率/kW		系统占地/m²	
	运行功率	装机总功率	核心设备占地	系统占地
1	17.5	30	20	90～125
2	22.5	40	24	125～175
3	30	50	32	175～300
4～5	45	70	48	300～400
7.5	55	90	60	350～450

3）设备外形结构如图 2-6-109、图 2-6-110 所示。

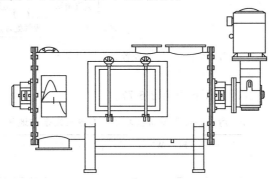

图 2-6-109　MixDrum®旋转式干燥器外形示意

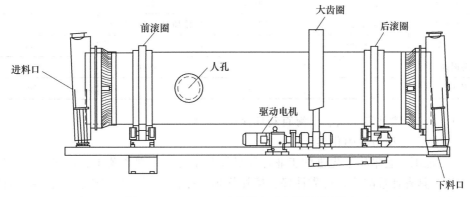

图 2-6-110　MixDrum®混合反应器外形示意

4）生产厂家：中持水务股份有限公司。

（3）污泥快速干燥机

1）适用范围。主要用于污水处理厂脱水后的污泥、河道清淤污泥、工业废水排放出的污泥的处置。外形见图 2-6-111。

2）工作原理。污泥处置设备（污泥快速干燥机）有自动控制系统、自动配料系统、搅拌系统、反应系统和除臭系统五大系统。污泥在处置中采用化学反应的方式，在不增加任何热源的情况下可使污泥中的大肠杆菌、蛔虫卵、细菌总数下降数千倍，达到无害化、减量化、资源化的目的。

图 2-6-111　污泥快速干燥机外形

3）污泥处置设备工艺流程见图 2-6-112。

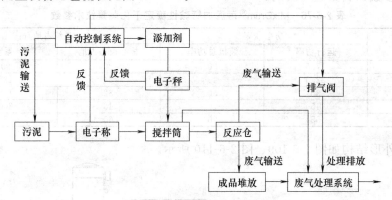

图 2-6-112　污泥处置设备工艺流程

4）技术性能参数及设备占地面积见表 2-6-77。

表 2-6-77　污泥快速干燥机技术性能参数及设备占地面积

型　号	TBP—WN3—B 型	TBP—WN5—C 型	TBP—WN10—D 型	TBP—WN2—E 型
总功率/kW	24	26	35	15
处理量/(t/h)	3～5	5～10	10～15	1～2
设备重量/t	7.5	10.5	15	3.5
添加剂与污泥配比	添加剂 15%～20%	添加剂 15%～20%	添加剂 15%～20%	添加剂 15%～20%
噪声/dB(A)	＜80	＜80	＜80	＜80
无故障时间/h	3000	3000	3000	3000
设备占地面积/m²	30	40	60	10

生产厂家：天津甘泉集团、上海百利环保设备有限公司。

（4）WGB-300 型污泥固化拌和机

1）适用范围。它采用了先进的工业计算机控制系统，实现了黄土、污泥、水泥和石灰的自动配比，具有计量准确、可靠性好、搅拌均匀、操作方便、环保性能好、生产效率高、故障率低等特点，特别适合连续作业，是污水处理厂处理污泥的理想设备。

2）系统基本参数见表 2-6-78。

3）工艺流程见图 2-6-113。

表 2-6-78　WGB-300 型污泥固化拌和机基本参数

项　目	单　位	性能参数		
产品型号		WGB—100	WGB—200	WGB—300
最大处理能力	t/h	100	200	300
总功率	kW	约 115	约 130	约 160
拌合骨料最大料径	mm	50	60	60
粉料计量精度	%	≤1	≤1	≤1
骨料计量精度	%	≤1	≤1	≤1
占地面积	m²	40×20＝800		
控制形式		电脑全自动控制（或手动单位）		

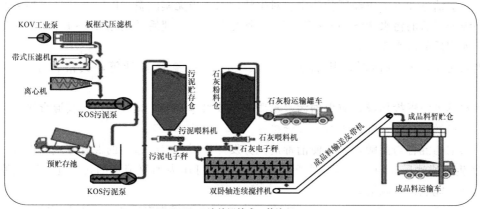

(a) WGB-L连续搅拌式工艺流程

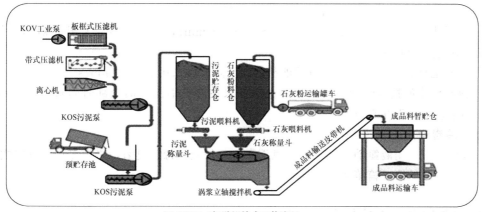

(b) WGB-J间歇搅拌式工艺流程

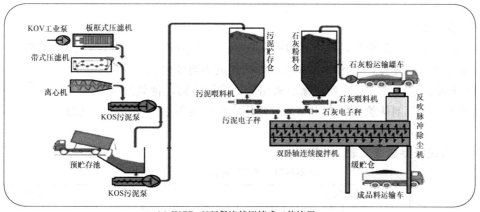

(c) WGB-H环保连续搅拌式工艺流程

图 2-6-113 WGB-300 型污泥固化拌和机工艺流程

生产厂家：青州市圣洁环境设备科技有限公司。

6.10 消毒设施工艺与设备

6.10.1 消毒设施工艺描述

目前最常用的污水消毒剂是液氯，其次还有漂白粉、臭氧、次氯酸钠、氯片、紫外光等。污水氯消毒加氯量应经试验确定。对生活污水，当无实测资料时，可参考下列数值。

一级处理后的污水 20～30mg/L；不完全人工二级处理后的污水 10～15mg/L；完全人工二级处理后的污水 5～10mg/L。

当采用漂白粉消毒时，其加氯量应按实际活性氯含量计算，其溶液浓度不得大于 2.5%。

污水臭氧消毒投加量，应根据污水水质和排放水体要求，试验确定。其混合接触一般采用专用的接触氧化塔，气、水对流混合接触。

消毒剂的混合与接触：为了使消毒剂充分发挥作用，应有适当的混合方式和接触时间。

① 生物滤池后面的二沉池，当污水不回流时，可作为加氯消毒的接触池。曝气池后的二沉池则不能兼作接触池。

② 在用漂白粉消毒时，一般需设置混合池，混合池通常有隔板式与鼓风式两种。

③ 混合池设计要点见第一篇。

④ 鼓风式混合池，最低供氧量为 $0.2m^3/(m^3 \cdot min)$，空气压力应大于 12kPa，污水在池中的流速应大于 0.6m/s。

⑤ 接触池计算公式与竖流式沉淀池相同。沉降速度采用 1～1.3mm/s。

⑥ 氯与污水的接触时间（包括接触池后污水在管渠中流动的全部时间），采用 30min，并保证剩余氯不少于 0.5mg/L。

6.10.2　消毒设施主要设备

污水消毒可采用液氯消毒、二氧化氯消毒、紫外光消毒、臭氧消毒等多种消毒方式，消毒间主要设备详见第三篇第 4 章。

6.11　除臭设施工艺与设备

6.11.1　洗涤塔

在市政污水中，最常见的臭气为 H_2S、吲哚、甲基吲哚（粪臭素）和氨气等。由于它们的挥发对环境造成极大的污染，环境保护已经成为当务之急。

（1）F 系列洗涤塔　F 系列洗涤塔采用卧式舱体结构，待处理气体从舱体一端进入，水平通过填料床，药剂从舱顶部向下喷洒。洗涤塔的折流板系统确保气流通过足够长的填料长度，以达到良好的处理效果。

F103 型洗涤器选型见表 2-6-79。

表 2-6-79　F103 型洗涤器选型

型号	处理气量 /CFM	舱体尺寸 （长×宽×高）/m	水泵功率 /hp
F103—18S	500	2.10×0.45×1.00	1
F103—22S	1000	2.10×0.55×1.10	1
F103—28S	2000	2.10×0.75×1.25	1
F103—32S	3000	2.10×0.81×1.35	2
F103—41S	5000	2.10×1.04×1.58	2
F103—52S	8000	2.10×1.32×1.85	2
F103—58S	10000	2.10×1.47×1.98	2
F103—69S	14000	2.10×1.75×2.24	2
F103—74S	16000	2.10×1.88×2.36	5
F103—79S	18000	2.10×2.00×2.46	5
F103—84S	20000	2.10×2.13×2.56	5

续表

型号	处理气量 /CFM	舱体尺寸 （长×宽×高）/m	水泵功率 /hp
F103—96S	25000	2.10×2.44×2.60	5
F103—112S	30000	2.10×2.85×2.60	5
F103—157S	40000	2.10×3.98×2.60	$7^{1/2}$
F103—202S	50000	2.10×5.13×2.60	$7^{1/2}$
F103—247S	60000	2.10×6.25×2.60	$7^{1/2}$

注：CFM 为立方尺每分钟，1CFM＝28.3185L/min，下同；hp 表示马力，1hp＝745.7W，下同。

F105 型洗涤器选型见表 2-6-80。

表 2-6-80　F105 型洗涤器选型

型号	处理气量 /CFM	舱体尺寸 （长×宽×高）/m	水泵功率 /hp
F105—18S	500	2.70×0.45×1.00	2
F105—22S	1000	2.70×0.55×1.10	2
F105—28S	2000	2.70×0.75×1.25	2
F105—32S	3000	2.70×0.81×1.35	2
F105—41S	5000	2.70×1.04×1.58	2
F105—52S	8000	2.70×1.32×1.85	5
F105—58S	10000	2.70×1.47×1.98	5
F105—69S	14000	2.70×1.75×2.24	5
F105—74S	16000	2.70×1.88×2.36	5
F105—79S	18000	2.70×2.00×2.46	$7^{1/2}$
F105—84S	20000	2.70×2.13×2.56	$7^{1/2}$
F105—96S	25000	2.70×2.44×2.60	$7^{1/2}$
F105—112S	30000	2.70×2.85×2.60	$(2)7^{1/2}$
F105—157S	40000	2.70×3.98×2.60	$(2)7^{1/2}$
F105—202S	50000	2.70×5.13×2.60	$(2)7^{1/2}$
F105—247S	60000	2.70×6.25×2.60	$(2)7^{1/2}$

生产厂家：宜兴鹏发环保设备制造有限公司等。

(2) Purafil TS 系列槽式洗涤气器系统　Purafil（普拉费尔）的除臭技术可满足中小污水处理厂的臭气处理，免除了昂贵的设备费用。它综合了臭气处理设施，如湿式洗涤器、生化过滤器、生化洗涤器。

Purafil 的槽式涤气器（TS 系列）为控制在污水处理应用上由污水产生的臭气提供了一个经济和有效的解决方案。槽式涤气器（TS）适用于较大处理气量，处理量如下：TS-1000 型槽式涤气器，$Q＝1700m^3/h$（1000CFM）；TS-2000 型槽式涤气器，$Q＝3400m^3/h$（2000CFM）；TS-3000 型槽式涤气器，$Q＝5100m^3/h$（3000CFM）；TS-4000 型槽式涤气器，$Q＝6800m^3/h$（4000CFM）；TS-6000 型槽式涤气器，$Q＝10200m^3/h$（6000CFM）。

它能广泛、有效地除去 99.5% 的污水臭气成分。

应用地点：泵房、中途泵站、湿井、渠道工程、消化池、沉淀池、污泥脱水机房。

(3) Purafil 100/300/500/1000 型桶形洗涤气器　Purafil 环境系部（ESD）制造的 100/300/500/1000 型桶形涤气器（DS100-1000）是用于泵房、中途泵站，湿井、压力干管和污水处理厂理想的除臭设备。

DS-系列型桶形涤气器适用于普通标准处理气量，处理量如下：DS-100 型槽式涤气器，$Q＝170m^3/h$（100CFM）；DS-300 型槽式涤气器，$Q＝510m^3/h$（300CFM）；DS-500 型槽式涤气器，$Q=850m^3/h$（500CFM）；DS-1000 型槽式涤气器，$Q=1700m^3/h$（1000CFM）。

ESD 高效除臭控制系统的核心是干燥剂和空气过滤介质，DS 系列型桶形涤气器中填充多层 Odorcarb 和 Odormix 介质，它能广泛、有效地除去 99.5% 以上的污水臭气成分。

应用地点：泵房、中途泵站、湿井、渠道工程、消化池、沉淀池、污泥脱水。

处理气体：硫化氢、氧化硫、氨、乙醛、硫醇、有机化合物。

生产厂家：北京天传海特环境发展有限公司。

6.11.2 BF 系列生物过滤除臭装置

（1）系统原理 生物过滤除臭法是利用自然界细菌和微生物对臭气的吸附、吸收、消化和降解过程来自然除臭的方法。收集到的废气在适宜的条件下通过长满微生物的固体载体（填料），气味物质先被填料吸收，然后被填料上的微生物氧化分解，完成废气的除臭过程，固体载体上生长的微生物承担了物质转换的任务。因为微生物生长需要的足够的有机养分，所以固体载体必须具有很高的有机成分，还要创造一个适宜的湿度、pH 值、氧气含量、温度和营养成分的良好条件来保持微生物活性。该系统适用于：污水处理、排污泵站、垃圾处理、石油化工、冶金工业、化工制药、电子工业、禽畜饲养、食品加工、烟草加工、塑料加工、皮革印染、浆纸制造、涂料喷涂。

（2）BF 生物过滤系统选型 见表 2-6-81。

表 2-6-81 BF 生物过滤系统选型

型　号	流量 /(m³/h)	过滤器规格/mm			
		直径(D)/长(L)×宽(W)	高度(H)	装机负荷/kW	
BF—501C	500	1500D	2800	1.5	
BF—102C	1000	2200D	2800	2	
BF—202C	2000	3000D	3000	2.5	
BF—252C	2500	4200×2200	3000	3	
BF—302C	3000	4200×2750	3000	3.5	
BF—502C	5000	4400×4200	3000	5.5	
BF—103C	10000	8800×4200	3000	8	
BF—153C	15000	13200×4200	3000	15	
BF—203O	20000	9200×8000	3200	23	
BF—303O	30000	12400×9000	3200	31	
BF—503O	50000	15400×12000	3200	40	
BF—104O	100000	20600×18000	3200	80	

注：气量大于 15000m³/h，需根据用户要求定制。

生产厂家：北京天传海特环境发展有限公司。

（3）生物过滤系统结构形式

1）封闭式 BF—C：封闭式生物反应舱（罐）体形式、舱体采用 FRP 材质、H_2S 去除率在 95% 以上、最大单台处理流量 2500m³/h、入口处 H_2S 浓度可达 200cm³/m³。

2）敞开式 BF—O：敞开式半地下或全地下池体形式、池体为钢筋混凝土结构、H_2S 去除率在 95% 以上、处理量不限入口处 H_2S 浓度不高于 200cm³/m³。

（4）系统组成

1）气体收集输送系统：由构筑物封闭加盖、管路系统、风机等组成。

2）加湿控制系统：加湿器用来对较高臭气浓度气体和不满足湿度条件的气体进行预处理，降低部分气体峰值，使之达到较为理想的温度和湿度，以保障微生物能有效地去除臭气。

3）生物过滤器系统：依据过滤床面积、建造工程成本和材料等多种因素选定过滤器的结构——舱式、罐式、池式。生物过滤舱包括气流布分装置、过滤介质支撑层、给水和排水装置，管道过滤舱上装有压力、温度等相关检测设备，装有喷淋装置，舱内有介质支撑系统。为方便操作维护，舱壁周围和顶部开有进出口与检修口等。

生物过滤池内为滤料床，上部装有一定高度的滤料，下部为支撑体，配有喷淋加湿系统，用来对滤料加湿。过滤器介质以自然木质为主，配以多种其他材料，用预先培养的微生物溶液做预处理。

4）检测控制系统：检测仪表对系统的温度、湿度、浓度、流量、pH 值、压力等参数进行在线检测。控制系统根据现场实际情况选择系统的运行模式——手动/自动控制。

（5）系统特点　主要包括：a. 一般处理流量范围 500～100000m³/h；b. 建设成本与后期运行费用低；c. 一级过滤处理，一体化结构，安装移动快速；d. 使用操作简便，无需人工值守；e. 滤料使用期限较长，一次配置 3～5 年；f. 运行稳定性好，抗冲击负荷能力强；g. 占地面积小，少许空间即可安装；h. 是一种环保设备，不产生二次污染；i. 能源（水、电）消耗量小，价格低廉，维护简便。

6.11.3　全过程除臭装置

（1）适用范围　CYYF 城镇污水厂全过程除臭工艺可以广泛地适用于传统活性污泥、A/A/O、A/O、SBR、氧化沟等活性污泥法污水处理工艺。

（2）工艺原理　CYYF 城镇污水厂全过程除臭工艺技术是将含有组合生物填料的培养箱安装于污水处理厂生物池内，活性污泥混合液经过培养箱，其中的生物填料对除臭微生物的生长、增殖产生诱导和促进作用，增殖强化除臭微生物，将二沉池排出的活性污泥回流于污水厂进水端，除臭微生物与水中的恶臭物质发生吸附、凝聚和生物转化降解等作用，使得污水厂各构筑物恶臭物质在水中得到去除，实现污水厂恶臭的全过程控制。工艺流程见图 2-6-114。

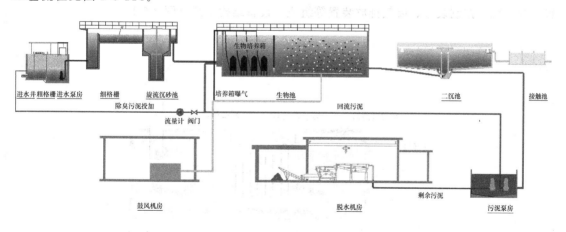

图 2-6-114　CYYF 城镇污水厂全过程除臭工艺流程

CYYF 除臭系统由微生物培养系统和除臭污泥投加系统两部分组成。微生物培养系统为在污水处理厂生物池内安装一定数量的微生物培养箱，每台培养箱提供微量空气。除臭污泥投加系统为在污泥回流泵房安装污泥泵，铺设管道输送至污水厂进水端。本除臭工艺在除臭污泥投加量为 2%～10% 进水量的条件下，污水厂恶臭污染源恶臭得到大幅消减，对污水厂出水水质无负面影响。

（3）除臭效果　以某大型污水处理厂为例，CYYF 城镇污水厂全过程除臭系统投入运行后，粗格栅、细格栅和沉砂池处 H_2S 明显降低。改造前后 H_2S 浓度均值对比见表 2-6-82。

表 2-6-82　改造前后 H_2S 浓度均值变化

项目	粗格栅	细格栅	沉砂池
改造前 H_2S 均值/10^{-6}	77.8	114.1	104.6
改造后 H_2S 均值/10^{-6}	3.7	6.1	7.9
去除率/%	95.2	94.7	92.5

生产厂家：天津创业环保集团股份有限公司。

6.11.4　离子除臭装置

（1）适用范围　污水、垃圾处理厂等市政行业（用于污水厂、污水泵站、污泥堆场、粪便处理场等），用于去除有害气体，消除悬浮物及异味，减少灰尘，杀灭病毒。

（2）技术原理　离子除臭技术通过离子管利用高频高压静电的特殊脉冲放电方式（活性氧发射电极每秒钟可产生上千亿个高能离子）产生高密度的高能活性氧（介于氧分子和臭氧之间的一种过渡态氧），这些活性正负离子、光电子及羟基自由基等强氧化性的活性基团迅速与污染物分子碰撞，激活有机分子，并直接将其破坏；同时，空气中的氧分子被激发产生二次活性氧，与有机分子发生一系列链式反应，并利用自身反应产生的能量维系氧化反应，进一步氧化有机物质，生成二氧化碳和水以及其他小分子。

它可以与空气当中的挥发性有机化合物（VOCs）接触，打开 VOCs 分子化学键，分解成二氧化碳和水；对硫化氢、氨同样具有分解作用；离子发生装置发射离子与空气中尘埃粒子及固体颗粒碰撞，使颗粒荷电产生聚合作用，形成较大颗粒靠自身重力沉降下来，达到净化目的；发射离子还可以与室内静电、异味等相互发生作用，同时有效地破坏空气中细菌生存的环境，降低室内细菌浓度，并将其完全消除。

（3）离子除臭系统组成　离子除臭系统主要由气体收集系统、空气过滤器、离子发生装置、抽风机、控制装置、废气排放装置等组成。设备结构示意见图 2-6-115。

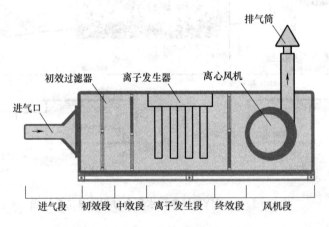

图 2-6-115　离子除臭系统结构示意

（4）技术特点

① 高能离子除臭系统在所有指定除臭空间范围内的除臭达到国家规定的标准。除臭后气体排放符合国家标准 GB 18918—2002 及 GB 3095—96 中厂界废气排放最高允许浓度二级标准值。

② 高能离子除臭系统对 H_2S、NH_3 等气体的去除率达到 85% 以上，对其他 VOCs 气体的去除率也能够达到 75% 以上。

③ 高能离子除臭系统在额定风量下可连续工作，主机寿命 15 年以上，离子管寿命 20000h。离子除臭设备在运转时无异常噪声，离子除臭设备操作时在其 1m 半径范围内产生的噪声≤60dB。

④ 高能离子除臭系统的装机功率很低，每处理 1000m³/h 在 1.0kW 以下。

（5）设备参数　见表 2-6-83。

表 2-6-83　离子除臭设备参数

设备型号	建议风量 /(m³/h)	设备尺寸 /mm×mm×mm	风口尺寸 /mm×mm	功率 /kW
THLZ010	≤1000	2380×760×760	200×200	1.5
THLZ020	≤2000	2380×960×960	200×200	1.5
THLZ030	≤3000	2700×1100×1100	300×300	1.5
THLZ050	≤5000	3360×1260×1260	360×360	3.0
THLZ060	≤6000	3460×1300×1300	360×360	3.0
THLZ080	≤8000	3460×1490×1490	400×400	4.0
THLZ100	≤10000	4460×1620×1620	450×450	7.5
THLZ200	≤20000	4570×2250×2250	630×630	11
THLZ300	≤30000	6500×2250×2250	680×680	18
THLZ500	≤50000	7500×2250×2250	1000×1000	22
THLZ700	≤70000	8500×2250×2250	1000×1000	28

生产厂家：长春天浩环境科技有限公司。

6.11.5　光微波除臭

（1）适用范围　污水处理厂、污水泵站、垃圾压缩站等场所的废气处理，市政污水厂消毒杀菌，中央空调消毒杀菌，食品加工、医疗行业消毒杀菌等。

（2）原理介绍　光微波除臭技术是采用无极光源对恶臭分子链进行净化的除臭技术，光微波采用微波发射器激发光源，发射器本身带有的辐射对恶臭气体起到杀菌破坏作用，此为第一重处理；运用 253.7nm 波段切割、断链、燃烧、裂解臭（废）气分子链，改变分子结构，此为第二重处理；运用 185nm 波段对臭（废）气进行催化氧化，使破坏后的分子或中子与 O_3 进行结合，使有机或无机高分子恶臭化合物分子链，在催化氧化过程中转变成低分子化合物使之成为 CO_2、H_2O 等，此为第三重处理；最后根据不同臭（废）气组成配置 7 种以上相对应的惰性催化剂，惰性催化剂在 338nm 光源以下发生反应，其激发的效果类似

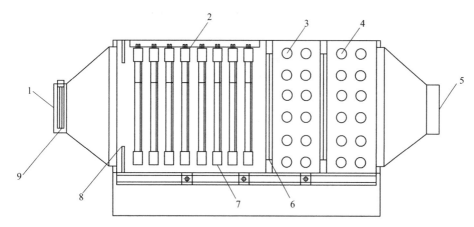

图 2-6-116　光微波除臭设备结构

1—进气口；2—镇流器；3—恶臭催化剂；4—27 种催化剂；5—排气口；
6—挡板；7—UV 光管；8—检查门；9—过滤网

于植物光合作用，对废气进行净化效果，此为第四重处理。通过四重处理后的臭（废）气其除臭最高可达99％以上，净化除臭效果超过国家标准《恶臭污染物排放标准》（GB 14554）的要求。光微波除臭设备结构见图2-6-116。

（3）技术特点

① 设备占地小、质量轻，如：处理$1 \times 10^5 \, m^3/h$风量的废气，设备占地只需$3m^2$，总质量仅为200多千克。

② 设备无需添加任何易耗材料，整体设备使用寿命在5年以上，无需人工看管维护。

③ 设备运行过程中单台设备运行只需耗电$1 \sim 6kW \cdot h$，$6kW \cdot h$电可以处理$1 \times 10^5 \, m^3/h$风量的臭（废）气。

④ 整机所有配件均属于持续性材料，适用于24h不间断运行。

（4）设备参数　光微波除臭设备技术参数见表2-6-84。

表2-6-84　光微波除臭设备参数

设备型号	建议风量/(m³/h)	设备尺寸/mm	风口尺寸/mm	功率电压/(kW/V)
THWB—3000	3000	1700×800×1080	500×500	2/220
THWB—5000	5000	1800×900×1180	600×600	2/220
THWB—8000	8000	1900×1000×1280	700×700	2/220
THWB—10000	10000	2000×1100×1380	800×800	3/220
THWB—20000	20000	2100×1200×1480	900×900	3/220
THWB—30000	30000	2200×1300×1580	900×900	3/220
THWB—40000	40000	3400×1300×1580	1000×1000	4/220
THWB—50000	50000	3600×1300×1580	1000×1000	4/220
THWB—60000	60000	3800×1300×1580	1000×1000	4/220
THWB—70000	70000	4000×1300×1580	1000×1000	4/220
THWB—80000	80000	4200×1300×1580	1000×1000	6/220
THWB—100000	100000	4400×1300×1580	1000×1000	6/220

生产厂家：长春天浩环境科技有限公司。

第7章 工程实例

7.1 A/O法天津市某污水处理厂污水处理及再生水利用工程实例

7.1.1 工程概况

天津市某污水处理厂污水处理及再生利用一期工程是天津市环境综合治理的大型工程，是集污水处理、再生水利用、污泥处理同步实施于一体，实现了"水、泥并治"的现代污水处理理念的处理标准高、功能全的污水处理厂。建设规模为：污水厂一期规模 $2.0 \times 10^5 \mathrm{m}^3$/d、再生水厂一期 $6.0 \times 10^4 \mathrm{m}^3$/d，污泥处理规模 300t/d。污水厂采用 AO 脱氮除磷+反硝化深床滤池工艺，再生水厂采用双膜法+臭氧脱色，污泥处理采用好氧发酵技术。其设计进水水质如表 2-7-1 所列。

表 2-7-1 污水处理厂设计进出水水质   单位：mg/L

项目	BOD_5	COD_{Cr}	SS	$NH_3\text{-}N$	TN	TP
进水	300	500	400	55	70	8
一级 A 出水	≤10	≤50	≤10	≤5(8)	≤15	≤0.5

注：括号内数值是水温小于12℃的控制指标，括号外数值是水温大于12℃的控制指标。

7.1.2 工程设计及设备选型

7.1.2.1 工艺系统描述

该项工程的工艺流程见图 2-7-1。

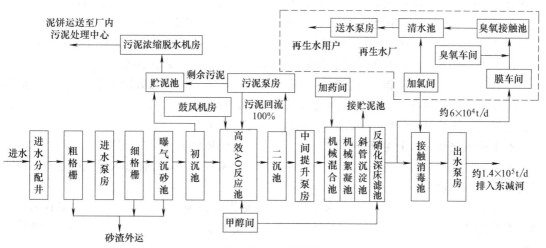

图 2-7-1 工艺流程

（1）预处理 天津市市政污水含泥砂较多，因此污水处理系统中的沉砂单元非常重要。城市污水处理厂常用旋流沉砂池以及曝气沉砂池，但由于旋流沉砂池沉砂效果相对较差，该项目采用曝气沉砂池。

（2）生物池处理 生物处理是污水处理厂的核心构筑物，其承担着 COD、N、P 等主要污染物的处理任务，处理工艺的选择应当既满足国家污水排放标准，又节省投资。在污水处理厂处理标准越来越严格的背景下，AO 系列工艺凭借稳定的处理效果和广泛的运行管理经验，逐步成为污水处理行业的主导工艺。本工程所采用的高效 AO 工艺也是以 AO 理论为基础，但通过工艺配置优化了碳源的分配，提高了工艺的处理效率，适用于 TN 含量较高的污水处理。

本工程设 4 座生物反应池，每 2 座共用 1 座综合管廊。单座反应池长约 104m，宽约 71m，有效水深 6.3m，由 4 个连续的 AO 系列组成，污水分别由 4 个 A 池进入，O 池末端设有机动段。针对工艺设计分组进水的特点，在工程中采用中心管廊的方案，管廊长约 104m，宽 6m，两侧分别设有 $DN1000mm$ 的进水干管、$DN800mm$ 的空气干管及电缆桥架等。其中每级进水管设有进水调节阀和流量计，便于在运行管理中准确便利地调节流量。从空气主管中分出四路管线分别为 O 池曝气，在管道起端设有曝气控制系统，一方面解决传统工艺中溶解氧浓度过高带来的电能浪费问题；另一方面解决高效 AO 工艺自身的主要缺陷——过度曝气引起的处理效果逐级恶化问题，进一步确保了工艺运行的经济性和安全性。反应池中还设有在线生物除臭装置 80 套，利用曝气池培养生物除臭菌种，通过污泥回流将除臭菌种分布至污水处理系统各个工段，省去了常规生物除臭技术中需要增加的"反应池加盖和除臭收集管路"等工程费用。

经过生物处理后的污水进入 8 座周进周出式辐流二沉池进行泥水分离。

（3）深度处理　本工程中所采用的深度处理工艺采用集约化设计，内含中间提升泵房、机械混合池、机械絮凝池、斜板沉淀池和反硝化深床滤池，其中反硝化深床滤池是专为解决高氮城镇污水所开发的处理技术，国外已有较多的应用业绩，但在国内刚处于起步阶段。滤池之前主要为除磷功能，滤池进口处设投加碳源点，进一步提高 TN 的处理效果。本工程设计了适应季节性变化的多模式深度处理工艺，其中所包含的混凝沉淀组合池与滤池应可独立运行也可联合同时运行，设计共提出了 3 种运行模式，在保证工艺达标运行的基础上，运行管理方可根据污水进水水质的实际情况灵活运行，达到进一步节省运行成本的目的。

（4）再生水　本工程再生水规模为产水 $6\times10^4 m^3/d$，主要供地区工业用于循环冷却水，此外还将供给附近新市镇用于城市杂用。再生水处理采用在天津地区广泛应用的双膜法＋臭氧脱色工艺。主要处理指标为浊度、溶解性总固体、色度和卫生学指标。

（5）厂内污泥处理工程　本工程作为天津市首个同步实施污泥处理工程的污水处理厂，在厂内设有完善的污泥流程，工艺路线为好氧发酵，设计规模 300t/d（80％含水率）。主要内容包括污泥浓缩脱水机房、污泥输送系统及污泥处理中心。

本工程污泥从来源上主要分为初沉污泥、生物污泥和化学污泥三个部分。由于含水率不同，生物污泥和化学污泥首先进入污泥浓缩机，然后和初沉污泥混合进入污泥脱水机。脱水后的污泥由螺旋输送机输送至污泥输送系统。

污泥输送系统主要用于将 80％含水率的污泥输送至污泥处理处置中心。本工程采用地埋管道的方式压力输送污泥。由于污泥在完全封闭的管道内输送，不会对厂内环境造成影响。

污泥处理采用好氧发酵技术，设污泥处理中心 1 座，其中包括污泥发酵区、料仓间及混料区、填充料贮存区、成品贮存区和筛分区。发酵后的熟料经皮带输送机输送至筛分区，部分作为返混料与进泥继续混合，其余作为成品外运用于园林绿化。

好氧发酵供氧系统采用负压抽吸技术，通过变频风机从发酵槽中吸入空气，在完成供氧的同时将收集起来的空气送入除臭系统进行处理，同常规的正压供氧方式相比，负压抽吸降低了臭气的散发程度，有利于发酵过程的臭气控制。此外，工程对发酵槽周边采用 PVC 隔离幕进行隔离，对所有输送机进行封闭处理，以达到更好的环境污染控制效果。在污泥处理中心东侧设生物除臭滤池 1 座，用于处理负压抽吸所收集的臭气。

7.1.2.2　主要工艺参数、设备选型及性能参数

(1) 预处理　设计流量 200000m³/d（时变化系数 1.3）。结构形式为钢筋混凝土。

曝气沉砂池尺寸 50.575m×26.4m（含细格栅），停留时间 5min，曝气量（按每 m³ 污水产 O_2 计）0.285m³/m³。

初沉池 4 座，中进周出式，单池直径 33m，表面负荷：$q=3.2$m³/(m²·h)，沉淀时间 1.0h。

选用设备如下。

回转式粗格栅：4 台，宽度 $B=1.2$m，栅条间隙 20mm。

鼓式细格栅：6 台，宽度 $B=2.2$m，栅条间隙 5mm。

潜水提升泵：6 台，$Q=2167$m³/h，$H=13.5$m，3 台变频。

曝气沉砂池：2 台桥式吸砂机（轨距 8.6m），底部设震动式曝气器；2 台 $Q=60$m³/h 的砂水分离器。

中心传动刮泥机：4 台，直径 33m。

(2) 生物处理　设计流量 200000m³/d。结构型式为钢筋混凝土。

反应池尺寸：104m×71m×6.3m　4 座。

平均 MLSS：4500mg/L。

污泥负荷（按每千克 MLSS 含 BOD_5 计）：0.070kg/(kg·d)。

停留时间：17.8h。

辐流式周进周出沉淀池：8 座；单池设计流量 $Q=1354$m³/h；表面负荷 $q=1.26$m³/(m²·h)（高日高时）；直径 $D=37$m。

鼓风机房：地上式框架结构；尺寸 $L×B=48.68$m×15.55m；总供气量 $Q=74400$m³/h。

选用设备如下。

管式曝气器：6200m。

潜水搅拌器：96 台，单台功率 $N=3.7$kW。

潜水导流泵：12 台，$N=7.5\sim15$kW。

中心传动单管吸泥机：8 台，直径 37m。

单级高速离心鼓风机，6 台（4 用 2 备）。

风量 $Q=18600$m³/h，压力 $H=78$kPa，$N=500$kW。

(3) 深度处理　设计流量 200000m³/d（时变化系数 1.3）。结构型式为钢筋混凝土；深度处理工艺尺寸 72m×68m；混合时间不小于 30s，絮凝时间 12min，沉淀池上升流速 13.8m/h。

反硝化深床滤池单系列为 7 格，单格尺寸 28m×3.56m，滤床深度约 1.8m，峰值滤速 7.7m/h。气冲强度 92m³/(m²·h)，水冲强度 14.7m³/(m²·h)。

消毒：二氧化氯投加量为 8~10mg/L。

选用设备如下。

机械搅拌机：2 台，$N=7.5$kW。

变频搅拌器：16 台，单台功率 2.2kW。

潜水排污泵：$Q=60m^3/h$，$H=10m$，$N=3kW$，共设 4 台。

中心驱动刮泥机：$D=14m$，4 台，$N=2.2kW$。

反冲洗清水泵：3 台，$Q=1460m^3/h$，$H=11m$，$N=72kW$。

反冲洗废水泵：2 台，$Q=310m^3/h$，$H=9m$，$N=12kW$。

反洗鼓风机：3 台，$Q=5500m^3/h$，$H=76kPa$，$N=160kW$。

（4）再生水　设计流量 $60000m^3/d$。结构形式为钢结构；臭氧接触池，接触时间 20min，臭氧投加浓度 5mg/L。

选用设备：浸没式超滤膜和反渗透膜组各 6 套；臭氧发生器 3 台，单台发生量 6.3kg/h。

（5）厂内污泥处理工程

1）浓缩脱水机房。结构型式为地上二层框架结构，尺寸 $L×B=66.4m×22.25m$。

选用设备：螺压浓缩机 5 台，$Q=85m^3/h$；螺杆泵 5 台，$Q=50～130m^3/h$，$H=40m$；螺压脱水机 6 台，$Q=20m^3/h$，固体负荷（按 DS 计）600kg/h；螺杆泵 6 台，$Q=15～25m^3/h$，$H=2bar$。

2）污泥好氧发酵。设计规模 300t/d（80％含水率）。

结构型式为框架结构；发酵区尺寸 115m×84m，12300m²；好氧发酵周期 21d；55～70℃持续时间不少于 6d。

主要设备包括：带宽 1.0m 的皮带输送机，总长度约 410m；容积 $50m^3$ 的料仓 4 台；混料机 1 台，能力 $100m^3/h$。负压供氧风机分 4 种类型，每种 4 台，均为变频，参数为：$Q=5500m^3/h$，$P=5kPa$；$Q=8000m^3/h$，$P=5kPa$；$Q=5500m^3/h$，$P=3kPa$；$Q=4000m^3/h$，$P=3kPa$。

2 台翻抛机（配套移行车），能力 800～1100m³/h；1 台筛分机，能力 160m³/h。

7.2　A/A/O 法污水处理工程实例

7.2.1　工程概况

北京市某污水处理厂是北京总体规划中 15 座污水处理厂之一，其流域范围内除雨季排泄洪水以外，平时无清洁水源，河道流域内大量为未经处理的生活污水、工业废水，水质恶化严重。实施该污水处理厂将彻底改善沿途河道的环境污染状况，改善城市河道景观，解决流域内大部分污水治理问题，同时可补充河道水源，使处理厂下游地区农业灌溉水质得到改善，节省清水水源。

污水处理厂原水水质见表 2-7-2。

表 2-7-2　污水处理厂原水水质

BOD₅	COD	SS	TKN	NH₄⁺-N	TP	最低水温	最高水温
200mg/L	450mg/L	230mg/L	40mg/L	25mg/L	5mg/L	13℃	25℃

该污水处理厂处理后的出水为农业灌溉或河道景观用水，并最终排入下游河道，根据北京市防洪排水和河湖治理整体规划，该河道属国家（GB 3838—88）Ⅴ类水体，因此确定出水水质见表 2-7-3。

表 2-7-3　出水水质

BOD₅	COD	SS	NH₄⁺-N	TP
≤30mg/L	≤120mg/L	≤30mg/L	≤25mg/L	≤1mg/L

7.2.2　工程设计及设备选型

7.2.2.1　工程规模

污水处理厂近期占地 48.68hm²，远期占地 75.27hm²，近期设计水量 6.0×10^5 m³/d，变化系数 1.3，峰值水量 7.8×10^5 m³/d。远期服务人口约 241.5 万，总处理水量 9.0×10^5 m³/d。

7.2.2.2　处理工艺的选择

根据上述进水、出水水质，该处理厂的主要功能为去除有机污染物和磷，无硝化和脱氮要求，同时考虑到为使出水水质在较长时期内满足逐步严格的排放要求，为后期的再生水处理创造良好的水质条件，避免再进行大规模的工程改造，设计采用可以除磷脱氮的 A/A/O 工艺。处理后出水水质见表 2-7-4。

表 2-7-4　处理后出水水质　　　　　　　　　　　　单位：mg/L

BOD₅	COD	SS	NH₄⁺-N	磷酸盐（以 P 计）
20	60	20	5	1

处理工艺流程污水处理采用除磷脱氮的 A/A/O 工艺；污泥处理采用"浓缩/消化/脱水"工艺。工艺流程见图 2-7-2。

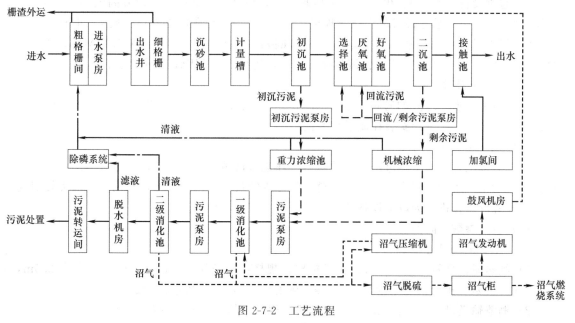

图 2-7-2　工艺流程

7.2.2.3　粗格栅进水泵房

（1）处理工艺　粗格栅间和进水泵房主要分为进水闸井、格栅渠道、集水池、泵房机器间和值班室等。原水经由 3400mm×3000mm 方沟进入进水闸井，闸井内设置 $W \times H = 1400\text{mm} \times 2500\text{mm}$ 手动板闸。

粗格栅渠道 4 条，每条渠道宽 1.8m，渠深 9.6m，在粗格栅间通常设粗、中格栅两道格栅，栅条间隙分别为 100mm 和 30mm，4 条渠道共安装 8 台，每条渠道后设带式输送机 1 台，将中粗格栅的栅渣收集并输送至渣斗内。

泵房机器间内主要安装污水泵等设备，泵吸水管上安装手电动蝶阀。考虑水泵及电机的安装、维护和检修，泵房内安装桥式起重机 1 台，起重量 16t。

同时在水泵层设手动环形小车及手动葫芦 1 台，用于水泵层内小型设备材料维修吊装，起重量 3t。

泵房内污水通过排水边沟汇到集水坑内，由小型潜水泵提升排除。泵房为半地下式结构，泵房设离心通风机和轴流通风机。

（2）技术参数 设计平均流量 $6.94m^3/s$；设计峰值流量 $9.03m^3/s$。

格栅按峰值流量计算，不考虑备用，当 1 台格栅检修时适当提高另 3 台负荷，不影响污水厂正常运转。

（3）主要工艺设备

1）手电动板闸。型号：闸杆上升式手电动不锈钢闸门。规格：$1400mm \times 2500mm$。数量：8 套。

2）粗格栅。型号：回转耙式格栅。规格：栅条间隙 100mm，宽 1.8m，渠深 9.6m，倾角 75°。参数：单台最大流量 $2.26m^3/s$，栅前水深约 2m。数量：4 套。

3）中粗格栅。型号：回转链式格栅。规格：栅条间隙 30mm，宽 1.8m，渠深 9.6m，倾角 75°。参数：单台最大流量 $2.26m^3/s$，栅前水深约 1.9m。数量：4 套。

4）带式输送机。型号：皮带式输送机。规格：皮带宽 800mm，长 12m。数量：2 套。

5）起重设备。型号 1：电动单梁悬挂起重机；规格：起重量 2t，起升高度 18m。数量：1 套。型号 2：电动悬挂桥式起重机；规格：起重量 16t，起升高度 20m。数量：1 套。

6）污水提升泵。型号 1：立式污水泵。规格：流量 $3.5m^3/s$，扬程 0.14MPa；数量 2 套。型号 2：立式污水泵。规格：流量 $2.5m^3/s$，扬程 0.14MPa；数量 2 套。

7.2.2.4 流量计井

在泵房和出水井之间的管道上设置 DN1200mm、DN1400mm 电磁流量计各 2 台，用于污水流量计量。流量计安装在流量计井内。

7.2.2.5 细格栅间

（1）处理工艺 来水越过出水井的堰后，在进入格栅渠道前汇合，渠道共 4 条，每条渠道前设叠梁闸，用于检修格栅时关闭渠道。渠道内安装回转式细格栅，格栅后安装无轴螺旋输送机及螺旋压榨机。为以上设备及栅渣的吊装安装起重设备。

（2）设计参数 同前。

（3）主要工艺设备

1）细格栅。型号：机械除污回转式格栅。规格：栅条间隙 6mm，宽 3m，渠深 2.5m，倾角 75°。参数：单台最大流量 $2.26m^3/s$，栅前水深约 2m。数量：4 套。

2）栅渣输送机。型号：无轴螺旋输送机。规格：长度 16m。数量：1 台。

3）栅渣压榨机。型号：无轴螺旋压榨机。规格：长度 3m。数量：1 台。

4）起重设备。型号：电动单梁悬挂起重机。规格：起重量 3t，起升高度 9m。数量：1 套。

5）闸。型号：叠梁闸。规格：铝合金闸板 5 块/套，单块尺寸 $3.0m \times 0.5m$。数量：闸槽 4 套，闸板 2 套。

7.2.2.6 旋流沉砂池

（1）处理工艺 沉砂池的功能是去除密度较大的无机颗粒（如泥砂、煤渣等）。沉砂池一般设于泵站前，以便减轻无机颗粒对水泵、管道的磨损；也可设于初次沉淀池前，以减轻沉淀池负荷及改善污泥处理构筑物的处理条件。设计采用 4 座圆形池，对称布置。

沉砂池进水渠末端为一下降斜坡，污水经过进水渠道从沉砂池的切线方向进入沉砂池下层，沉砂池内安装螺旋桨搅拌机，将水流带向池心，然后向上，由此形成了一个涡形水流。进水渠末端的斜坡也可使部分沉降于渠道的砂粒顺坡进入沉砂池。较重的砂粒在靠近池心的一个环形孔口落入砂斗，而较轻的有机物由于桨叶的作用而与砂粒分离，最终引向出水渠。

沉砂汇集在池底的砂斗中，由鼓风机提供气体采用气提方式将沉砂提升，通过渠道输送到砂水分离机，在砂管进入砂水分离机前设置隔离罐，释放空气，防止发生虹吸。每2座沉砂池合用1个隔离罐。

沉砂池出水渠道上设置叠梁闸，用于细格栅和沉砂池的检修。

（2）设计参数　最大设计流量 $780000m^3/d$，单池处理量为 $195000m^3/d(2.26m^3/s)$。

（3）主要工艺设备

① 气提式除砂设备含螺旋桨搅拌器。规格：形式与沉砂池匹配；数量：4套。

② 鼓风机。规格：形式与沉砂池匹配。数量：4套。

③ 砂水分离器。规格：流量35L/s。数量：2套。

④ 闸。型号1：叠梁闸；规格：铝合金闸板5块/套，单块尺寸 $2.0m×0.5m$。数量：闸槽4套，闸板2套。型号2：闸杆上升式手动钢闸门（出水渠道内）；规格：$1600mm×1600mm$；数量：4套。型号3：闸杆上升式手动钢闸门（超越井内）；规格：$2000mm×2000mm$；数量：1套。

7.2.2.7　初沉池配水井

初沉池配水井每系列1座，全厂共4座。主要作用是将来自沉砂池的污水经过堰均匀地分配到每系列2座初沉池。每座配水井内设 $1100mm×1100mm$ 手电动板闸2台，全厂共8台。

7.2.2.8　初沉池

（1）处理工艺　每系列2座初沉池，全厂共8座。污水进入初沉池，去除部分SS和BOD。初沉池池型为中心进水辐流式初沉池。每座初沉池直径55m，池边水深4m。

初沉池内设1台刮泥机，池内污泥靠静压排至污泥泵井。

（2）设计参数　单池平均流量 $75000m^3/d$；平均表面负荷 $1.315m^3/(m^2 \cdot h)$；污泥总量72t/d；污泥含水率97.5%。

（3）主要工艺设备　刮泥机型号：周边驱动机械刮泥机。规格：与初沉池匹配。数量：1套。

7.2.2.9　曝气池

（1）处理工艺　曝气池为矩形钢筋混凝土池，共4个系列，每系列分4个池，可独立运行。每池分3个廊道，每个廊道宽9m，池长95m，池内水深6.5m。

处理厂采用生物除磷技术：在污水处理工艺流程中，通过创造聚磷菌适宜环境，增强对磷的释放和吸收，达到去除污水中大部分磷元素的目的。

首先在曝气池前端设置厌氧区，进水和二沉池的回流污泥进入该池，利用进水中易降解的BOD作为碳源去除部分有机物并释放出磷。厌氧池后端设缺氧池，曝气池尾端的混合液采用内回流泵回流到此进行硝化反应，减少出水中氮类营养物，同时减少回流污泥中的化合态氧对后续厌氧区的不利影响，从而保证厌氧区的稳定性和除磷效果。缺氧区后的曝气池需根据需氧量和耗氧速率分配气量，将曝气头沿池长方向布置为渐减形式，为聚磷菌的磷吸收创造最佳环境，及时排出所产生的剩余污泥。

每座曝气池在厌氧区和缺氧区内均安装了潜水搅拌器以防止污泥沉淀，并形成完全混合区域，保证进水与回流污泥充分混合。在好氧区内安装充氧效率高的橡胶膜式曝气头。

厌氧区、缺氧区、好氧区之间设置隔墙以减少返混现象，使功能区区分更加明确。每系列4座曝气池间可联通，每2座曝气池共用1条回流污泥渠道。进水和回流污泥均进入厌氧区并由闸门控制。每系列曝气池出水汇合后，出水管进入二沉池配水井。

（2）技术参数　单池平均流量37500m³/d，共4个系列16池。

水力停留时间10.67h；其中厌氧：缺氧：好氧＝1：3：6.67；有效总容积266760m³；水深6.5m；污泥浓度3000mg/L；内回流比100%～200%；污泥回流比100%；好氧泥龄9.6d；污泥负荷（按每千克MLSS含BOD$_5$计）0.172kg/(kg·d)；供气总量149537m³/h；污泥含水率97.5%。剩余污泥（按DS计）：52t/d，含水率99.4%，8737m³/d；折合产泥系数（按每千克BOD$_5$产SS计）：0.61kg/kg。

（3）主要工艺设备　曝气头型号：ϕ220。规格：单个曝气头供气量2.5m³/h。数量：60000个。

7.2.2.10 二沉池配水井

全厂共设4座二沉池配水井，每座配水井负责4座二沉池的配水、出水和出泥收集。本构筑物为同心环状布置，由里到外依次为配水环、出泥环、出水环，曝气池出水从中心出水井溢流至配水环，配水管进水端安装手电动圆闸，控制配水，二沉池污泥进入配泥环，在出口处安装手电动板闸，沉淀池出水进入出水环，汇集后进入出水管。

7.2.2.11 二沉池

（1）处理工艺　全厂共设4个系列二沉池，每系列4座。

二沉池为中心进水，周边出水辐流式沉淀池，出水槽为双边堰出水，池中安装全桥式刮吸泥机。

（2）工艺参数　单池平均流量37500m³/d，共4个系列16池；单池直径55m；池边水深4.5m；平均表面负荷0.658m³/(m²·h)；最大表面负荷0.855m³/(m²·h)；平均固体负荷95.5kg/(m²·d)；最大固体负荷10.8kg/(m²·d)；平均固体负荷95.5kg/(m²·d)；过堰负荷1.34L/(m·s)；峰值过堰负荷1.74L/(m·s)。

7.2.2.12 回流及剩余污泥泵井

回流及剩余污泥泵井每系列2座，共8座，每座对应2座曝气池。污泥回流比为100%，每座回流及剩余污泥泵井内安装3台（2用1备）潜水轴流泵，用于将回流污泥提升进入曝气池前端。还安装2台剩余污泥泵，将剩余污泥送至贮泥池。

7.2.2.13 接触池

接触池主要用于污水处理厂季节性加氯，设计水量6.0×10^5m³/d，加氯接触时间30min，接触池有效水深4.0m。

7.2.2.14 初沉污泥贮泥池

（1）处理工艺　由于初沉污泥和剩余污泥分别进行浓缩，故需将初沉污泥存放在初沉污泥贮泥池中。

（2）工艺参数　污泥总量2880m³/d；容积按2h计为7m×7m×6.1m（水深5.3m）。

（3）主要工艺设备　型号为潜水搅拌器；规格2.2kW；数量2套。

7.2.2.15 剩余污泥贮泥池

（1）处理工艺　由于初沉污泥和剩余污泥分别进行浓缩，故需将剩余污泥存放在剩余污泥贮泥池中。

（2）工艺参数　污泥总量8667m³/d；容积按2h计为14m×10m×6.1m（水深5.3m）。

（3）主要工艺设备　型号为潜水搅拌器；规格 2.2kW；数量 2 套。

7.2.2.16　浓缩污泥贮泥池

（1）处理工艺　由于初沉污泥和剩余污泥分别进行浓缩后，都存放在浓缩污泥贮泥池中，然后再由污泥泵送至污泥消化池。

（2）工艺参数　污泥总量 3000m³/d；容积按 1.6h 计为 7m×7m×6.1m（水深 5.3m）。

（3）主要工艺设备　型号为潜水搅拌器；规格 3.3kW；数量为 1 套。

7.2.2.17　消化污泥贮泥池

（1）处理工艺　消化后的污泥需进行脱水，消化后的污泥与来自除磷系统的污泥一并存放在消化污泥贮泥池中，然后再由污泥泵送入脱水机进行污泥脱水。

（2）工艺参数　污泥总量 4333m³/d；容积按 8h 计为 28m×10m×6.1m（水深 5.3m）。

（3）主要工艺设备　型号为潜水搅拌器；规格 4.4kW；数量 3 套。

7.2.2.18　消化池

（1）处理工艺　国内外大中型污水处理厂常用的硝化池有柱状池和卵形池 2 种，由于卵形池具有搅拌充分、能耗低、无死角、浮渣少、热损小、结构合理等优点，一般采用卵形池。

搅拌形式常用沼气循环搅拌法，污泥加热是将污泥抽出，用泥水热交换器加热后再送回消化池。

（2）主要工艺设备　型号为真空减压阀。规格：流量 265m³/h；压力 4~8kPa；真空度 0.5~5kPa；数量 5 个。

7.2.2.19　污泥泵房

（1）处理工艺　来自浓缩污泥贮泥池的污泥经污泥泵送至污泥环管，通过污泥环管分别通向各个消化池的循环污泥出泥管。与循环污泥结合后，一同进入泥水热交换器进行污泥加热，加热后的污泥经管道通向各自对应的消化池。

循环污泥从消化池底部经底部连接管进入设备层，经循环污泥泵提升，先于来自浓缩污泥贮泥池的污泥混合，然后进入泥水热交换器进行加热，加热后的污泥经管道通向各自对应的消化池。

消化池上清液、排泥管及放空管均由消化池底部经连接管进入设备层，排泥管、放空管排入排泥环管，最终排入消化污泥贮泥池。

（2）主要工艺设备

① 循环污泥泵。型号为管道泵。规格：流量 120m³/h；压力 0.3kPa；数量 10 台（5 用 5 备）。

② 热水泵。型号为管道泵。规格：流量 90m³/h；压力 0.2kPa；数量 5 台。

③ 混合器。规格：流量 190m³/h；数量 5 台。

④ 热水交换器。规格：流量 90m³/h；进水温度 75℃；出水温度 67~71℃；泥量 120m³/h；进泥温度 35℃，出泥温度 38~41℃；污泥含水率 95.9%~97%；数量 5 台。

⑤ 电葫芦。

⑥ 屋顶风机。

⑦ 沼气压缩机。

7.2.2.20　浓缩脱水机房

（1）污泥浓缩工艺设计　浓缩污泥分两部分：一部分为初沉污泥；另一部分为剩余污泥，经污泥浓缩机浓缩后体积减小，含水率下降。浓缩后的污泥均排入浓缩污泥贮泥池。

投药系统设 4 套全自动配药及投加系统，1 套用于初沉污泥浓缩，3 套用于剩余污泥浓缩。药液经稀释装置稀释后由加药泵加压与污泥充分混合后经加药泵进入浓缩机，加药泵与浓缩机一一对应。

(2) 污泥浓缩设计参数　浓缩前初沉污泥量 72t/d；初沉污泥含水率 97.5%；初沉污泥体积 2880m³/d；剩余污泥量 52t/d；剩余污泥含水率 99.4%；剩余污泥体积 8667m³/d。

浓缩后初沉污泥含水率 94.3%；初沉污泥体积 1267m³/d；剩余污泥含水率 97%；剩余污泥体积 1733m³/d。

干粉聚丙烯酰胺高分子絮凝剂投加量（按每千克 DS 计）1.5g/kg。

(3) 污泥浓缩主要工艺设备

① 浓缩污泥进泥泵。流量 15~82m³/h；压力 0.2MPa；功率 3kW；数量 8 台（其中 1 台备用）。

② 转鼓浓缩机。流量 80m³/h；转筒直径 2-D 1m；工作时间 24h/d；功率 2.6kW；数量 8 台（其中 1 台备用）。

③ 配药及投加系统。流量<9700L/h；数量 4 套。

④ 初沉污泥加药泵。流量 300~1000L/h；压力 0.2MPa；功率 0.55kW；数量 3 台（其中 1 台备用）。

⑤ 剩余污泥加药泵。流量 100~650L/h；压力 0.2MPa；功率 0.25kW；数量 5 台（其中 1 台备用）。

(4) 污泥脱水工艺设计　脱水机的来泥包括两部分：一部分为消化后的消化污泥；另一部分为滤液除磷系统的化学污泥。

投药系统设 4 套全自动配药及投加系统，1 套用于初沉污泥浓缩，3 套用于剩余污泥浓缩。药液经稀释装置稀释后由加药泵加压与污泥充分混合后经加药泵进入脱水机与污泥混合后脱水，加药泵与脱水机一一对应。

污泥脱水后经螺旋输送器送至污泥堆置棚。

(5) 污泥脱水设计参数　脱水前消化污泥量 89.9t/d；消化污泥含水率 97%；消化污泥体积 2983m³/d；化学污泥量 13.5t/d；化学污泥含水率 99%；化学污泥体积 1350m³/d；总泥量 103.4t/d；总体积 4333m³/d；总含水率 97.6%。

脱水后污泥含水率<80%；污泥体积 492m³/d。

干粉聚丙烯酰胺高分子絮凝剂投加量（按每千克 DS 计）3~5g/kg。

(6) 污泥脱水主要工艺设备

① 消化污泥进泥泵。流量 16~80m³/h；压力 0.2MPa；功率 11kW；数量 8 台（其中 1 台备用）。

② 带式脱水机。流量 39m³/h；按 DS 计则为 300kg/(m·h)；带宽 3.0m；工作时间 16h/d；功率 2.5kW；出泥含固率>20%；数量 8 台（其中 1 台备用）。

③ 污泥泵。型号螺杆泵；流量 63m³/h；压力 0.5MPa；功率 15kW；数量 4 台（2 用 2 备）。

④ 冲洗水泵。流量 15m³/h；压力 0.6MPa；功率 5.5kW；数量 8 台（其中 1 台备用）。

⑤ 空压机。流量 3.4L/s；压力 0.3MPa；功率 1.5kW；数量 8 台（其中 1 台备用）。

⑥ 无轴螺旋输送器（略）。

⑦ 起重设备（略）。

⑧ 风机（略）。

7.2.2.21　除磷系统

（1）处理工艺　由于污泥处理采用厌氧消化、机械脱水工艺，故脱水工程中排出的滤液含有大量的磷，需要进入除磷系统进一步处理。设计采用化学除磷法。

设调节池对脱水机滤液进行调节，设地下室贮药池贮存 PAC 原液，内设 2 台潜水搅拌器，池顶设通风机。滤液经滤液泵送至水力循环澄清池，PAC 原液由投药泵送入搅拌池经机械搅拌后稀释，稀释后溶液排至集药池，经投药泵送至滤液泵出水管，药剂与滤液经静态混合器混合后排至水力循环澄清池。

（2）工艺设计参数　设计水量 $6.0 \times 10^5 \mathrm{m^3/d}$。

除磷系统进水滤液总量 $5538 \mathrm{m^3/d}$；含水率 99％；总磷含量 $1620 \mathrm{kg/d}$。

调节池工艺尺寸 $L \times W \times H = 25\mathrm{m} \times 18\mathrm{m} \times 4.5\mathrm{m}$；有效水深 $h = 4.0\mathrm{m}$；贮存滤液时间 $T = 8\mathrm{h}$。

贮药池工艺尺寸 $L \times W \times H = 9\mathrm{m} \times 9\mathrm{m} \times 5.3\mathrm{m}$；有效水深 $h = 4.0\mathrm{m}$；贮存滤液时间 $T = 10\mathrm{h}$。

加药系统投药浓度 5％；投药量 $80 \mathrm{m^3/d}$；PAC 原液浓度 10％；PAC 原液密度 $1.23\mathrm{t/m^3}$。

（3）主要工艺设备

① 滤液泵。流量 $120\mathrm{m^3/h}$；压力 0.3MPa；功率 20kW；数量 3 台（2 用 1 备）。

② 投药泵。流量 $0.7\mathrm{m^3/h}$；压力 0.3MPa；功率 1.1kW；数量 3 台（2 用 1 备）。

③ 机械搅拌器。功率 1.5kW；数量 2 台。

④ 轴流风机。

⑤ 手动葫芦。

7.3　A/A/O 法天津市某污水处理厂改造工程实例

7.3.1　工程概况

天津市某污水处理厂始建于 1989 年 8 月，是天津市"八五"计划期间的重点建设项目，1993 年 4 月投产运行，实际处理水量达到 $4.0 \times 10^5 \mathrm{m^3/d}$，污水厂主要承担天津市"赵沽里排水系统"的污水处理任务。污水处理主要采用传统活性污泥法，其中 $6 \times 10^4 \mathrm{m^3/d}$ 采用 A/O 脱氮工艺；污泥处理采用重力浓缩、二级中温厌氧消化、带式脱水工艺。原设计出水指标中仅要求 $\mathrm{BOD_5} \leqslant 40\mathrm{mg/L}$、$\mathrm{SS} \leqslant 60\mathrm{mg/L}$，其他水质指标无明确要求。

根据天津市排水规划和多年实际进水量，确定改造总规模为 $4.0 \times 10^5 \mathrm{m^3/d}$。依据排水出路确定其中 $1.2 \times 10^5 \mathrm{m^3/d}$（新建）出水水质达到《城镇污水处理厂污染物排放标准》（GB 18918—2006）的一级 A 标准，为厂区东南角现状再生水厂提供水源；剩余 $2.8 \times 10^5 \mathrm{m^3/d}$（改造＋新建）出水水质达到一级 B 标准，排入北塘排污河。

改造工程设计进出水水质如表 2-7-5 所列。

表 2-7-5　污水处理厂设计进出水水质　　　　单位：mg/L

序号	项目	设计进水水质指标	设计出水水质指标及污水处理程度			
			$12 \times 10^4 \mathrm{m^3/d}$ 系列（下文简称 A 系列）		$28 \times 10^4 \mathrm{m^3/d}$ 系列（下文简称 B 系列）	
1	$\mathrm{BOD_5}$	300	≤10	96.7％	≤20	93.3％
2	$\mathrm{COD_{Cr}}$	500	≤50	90％	≤60	88％
3	SS	400	≤10	97.5％	≤20	95％

续表

序号	项目	设计进水水质指标	设计出水水质指标及污水处理程度			
			$12\times10^4\mathrm{m^3/d}$ 系列（下文简称 A 系列）		$28\times10^4\mathrm{m^3/d}$ 系列（下文简称 B 系列）	
4	NH₃-N	35	≤5(8)	85.7%(77.1)%	≤8 (15)	77.1%（57.1%）
5	TN	45	≤15	66.7%	≤20	55.6%
6	TP	8	≤0.5	93.8%	≤1	87.5%

注：括号外数值为水温＞12℃时的控制指标，括号内数值为水温≤12℃时的控制指标。

7.3.2 改造关键技术问题及主要单体设计参数

7.3.2.1 改造关键技术问题

该项改造工程改造后工艺流程见图 2-7-3。

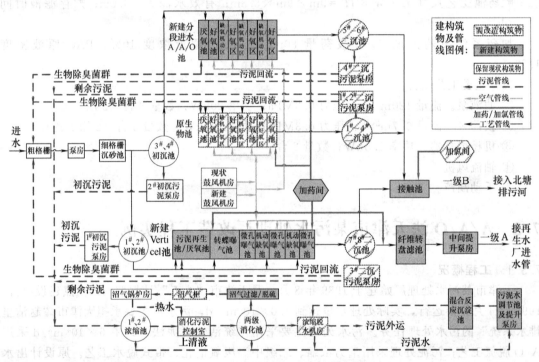

图 2-7-3　污水处理厂改造后新工艺流程

（1）二级处理阶段改造关键问题　该工程升级改造的重点是除磷脱氮。改造后分为 A、B 两大系列。其中 B 系列进水指标取值 TN 为 45mg/L、NH₃-N 为 35mg/L，出水执行国标一级 B 标准。原水营养物比值为 $BOD_5/TN=6.67$，$BOD_5/NH_3\text{-}N=8.5$，$BOD_5/TP=37.5$，属于碳源充足情况，根据相关工程设计经验，采用分段进水 A/A/O 工艺能满足处理要求。对应设计方案为改造现有生物池（改造后处理规模 $2.0\times10^5\mathrm{m^3/d}$）及在预留区域新建生物池（处理规模 $8\times10^4\mathrm{m^3/d}$）。

A 系列较为特殊，要求进水按照 TN 为 100mg/L、NH₃-N 为 75mg/L 进行校核计算，出水执行国标一级 A 标准，作为再生水厂水源，水质保证率要求较高。最不利情况下原水营养物比值为 $BOD_5/TN=3$、$BOD_5/NH_3\text{-}N=4$，属于碳源不足情况。常规 A/A/O 系列工艺难以满足处理要求。根据相关工程中试结果，采用由缺氧曝气的 VLR 立环氧化沟和微孔曝气组成的 Verticel 工艺，辅以化学除磷设施，能够达到处理目标。该工艺采用混合曝气方式，具有碳源利用率高特点，可减少外加碳源投加量，降低运行成本。

（2）污泥水处理阶段改造关键问题　对污泥处理系统的上清液、滤液等进行单独处理也可以提高污水处理系统的脱氮除磷能力。有资料表明，活性污泥法所去除的氮中约 50% 又随上清液回流污水处理系统，对上清液进行单独处理至可有效降低对进水水质的冲击负荷，使污水处理系统的处理能力提高 15%～20%。设计将浓缩池上清液、消化池上清液及污泥浓缩机、脱水机的冲洗废水排放至调节池，由潜水泵提升至混合反应沉淀池，投加絮凝剂经机械搅拌混合反应后，进入上向流斜管沉淀池沉淀。沉淀池污泥由排泥泵送至污泥浓缩脱水机房，沉淀池上清液回流至进水泵房。

（3）总图专业改造关键问题　为利用原生物池和二沉池，使全厂水力高程设计受到限制。为确保新旧设施顺利接合，对现状构筑物关键点位高程进行校核测量，对旧有管线水力计算参数进行校核选取，确保整体流程水力损失计算精准。管线综合布设考虑 A、B 两个系列的独立运管和相互可控联通，确保再生水厂源水的水量和水质满足使用要求。结合施工不停产要求，与施工方案紧密结合，综合考虑施工临时调水方案和土方平衡等。改造后处理厂增加甲醇投加间和沼气过滤处理车间等单体，防火防爆要求较高，通过危险等级和防爆区域的划分、各个建（构）筑物之间防火间距的控制以及消防给水管网等消防灭火设施的设置，辅以合格的单体建筑物消防安全设计，有效防止和减少厂区火灾危害的发生。

7.3.2.2　主要工艺参数、设备选型及性能参数

（1）新建分段进水 A/A/O 池设计　设计规模为 $8×10^4 m^3/d$。反应池数量：新建 1 座。设计有效水深为 5.5m。廊道数量：共计 8 个廊道。

廊道具体布置：第 1 廊道为厌氧池长 80m，宽 8m，设置潜水推流器 4 台；第 2 廊道为好氧池，长 80m，宽 8m，设置刚玉曝气头 1600 个；第 3 廊道长 102m，宽 8m，其前半段为缺氧区，设置潜水搅拌器 4 台，后半段为机动区，设置刚玉曝气头 1020 个；第 4 廊道为好氧池，长 102m，宽 8m，设置刚玉曝气头 2040 个；第 5 廊道布置及设备同第三廊道，但在其缺氧段内布置刚玉曝气头 2040 个；第 6 廊道布置及设备同第 4 廊道；第 7 廊道布置及设备同第 5 廊道；第 8 廊道布置及设备同第 4 廊道，在其出水末端增设混合液回流泵 3 台。

主要设计参数：平均 MLSS 为 5000mg/L，最大污泥回流比为 100%，最大混合液回流比为 150%，单池曝气量为 32340（标）m^3/h。

（2）原生物池改造设计　设计规模为 $2.0×10^5 m^3/d$。反应池数量：4 座，其中 3 座采用常规活性污泥法，1 座采用生物脱氮工艺。单座反应池尺寸：每座总长 68.8m，总宽 66.55m。

单池设计有效水深为 5.2m。单座廊道数量：每池分为 8 个廊道，单廊道有效宽度为 8m。

廊道具体布置：第 1 廊道改为厌氧池，池内新增 2 台潜水推流器，拆除原有刚玉曝气头；第 2 廊道维持好氧池不变，拆除原有刚玉曝气头，更换为膜片式微孔曝气器，单廊道共计 1056 个；第 3 廊道改为从池首至池尾等分为三段，分别设置为缺氧段、机动段及好氧段，其中缺氧段新增 1 台潜水搅拌器，拆除原有刚玉曝气头；机动段新增 1 台潜水搅拌器，拆除原有刚玉曝气头，更换为膜片式微孔曝气器，本机动段共计 341 个；好氧段拆除原有刚玉曝气头，更换为膜片式微孔曝气器，本好氧段共计 341 个；第 4 廊道维持好氧段不变，利用前述拆除的刚玉曝气头及新增一部分膜片式微孔曝气器，单廊道共计 1056 个；第 5、第 7 廊道改造情况同第 3 廊道；第 6、第 8 廊道改造情况同第 4 廊道，其中在第 8 廊道好氧池出水端增设 1 台混合液回流泵，水泵形式采用潜水轴流泵井筒悬吊式安装，水泵出水接入进水配

水渠道,与原水进水汇合后进入曝气池,分别在单数廊道(缺氧区)的起端设置进水闸门,流量比控制在 0.35 : 0.35 : 0.25 : 0.05 左右。

主要设计参数:平均 MLSS 为 4660mg/L;最大污泥回流比为 100%;最大混合液回流比为 150%;最大单池曝气量为 18680m³/h。

(3) 新建 Verticel 池设计   设计规模为 12×10⁴m³/d。反应池数量为 2 座。单座反应池尺寸:单座总长 90m,总宽 84m。设计有效水深为 5.5~6.2m。

廊道具体布置:污泥再生池和厌氧池长 80m,宽 8m,设置 4 台潜水推流器;转碟曝气缺氧池长 80m,单廊道宽 8m,共计 4 格,上层设置 12 组转碟曝气机,其中 4 组变频,中置横隔板竖向环流;微孔曝气好氧池长 80m,宽 7.35m,共计 6 格(其中第 2、第 4 廊道后半段为好氧/缺氧机动区),设置刚玉曝气头 8920 个,设置穿墙内回流泵 4 台;总停留时间 15.7h。

主要设计参数:平均 MLSS 为 4500mg/L;最大污泥回流比为 100%;最大混合液回流比为 200%;最大单池鼓风曝气量为 31500m³/h;混合液回流至转碟曝气缺氧池起端,污泥回流至污泥再生池;厌氧池、缺氧池、好氧池进水比例控制在 0.4 : 0.2 : 0.4 左右。

(4) 全过程生物除臭系统设计(A 系列+B 系列)   除臭系统在二级生物池中安装除臭培养箱,其中在 B 系列新建分段进水 A/A/O 池的厌氧段安装 32 台,在 B 系列 2 座改造反应池的厌氧段分别安装 40 台,在 A 系列 2 座 Verticel 反应池的厌氧段分别安装 24 台,并就近接入鼓风空气。利用二级系统污泥泵房将除臭微生物的污泥回流至进水泵房。主要设计参数生物培养箱负荷为<3000m³ 污水/(d·箱),生物培养箱工作气量为 10m³/h(安装深度 5m),预处理段污泥回流体积比例为进水量 0.05%。

(5) 污泥水处理系统设计(A 系列+B 系列)   设计规模为 6000m³/d;其中调节池及提升泵房合建为全地下钢筋混凝土结构池体。池体数量:全厂 1 座 2 格,总尺寸 22.5m×10m×5m。

主要设备参数:设置 2 台低速潜水搅拌器,3 台自搅拌潜污泵,流量 250m³/h;其中混合反应沉淀池为半地上钢筋混凝土结构池体。

池体数量为 2 个系列。

主要设计参数:每个系列设置 1 格机械混合池尺寸为 1.35m×1.35m×3.75m,停留时间(混合时间)60s;设置 2 格竖轴桨板式机械反应池,尺寸为 3.0m×3.0m×3.75m,反应时间 25min;设置 1 格斜管沉淀池,尺寸为 11m×11m×5.0m,表面负荷 1.7m³/(m²·h),并配套中心传动刮泥机,浓缩后污泥通过流量为 30m³/h 排泥泵提升至脱水机房前池。

7.4   A/A/O 法郑州市某污水处理厂工程实例

7.4.1   工程概况

郑州市某污水处理厂一期工程位于郑州市中州大道以东、贾鲁河以南、马头岗军用机场以西、马林支渠以北,于 2007 年 9 月建成投运。一期处理规模 3.0×10⁵m³/d,尾水经过次氯酸钠消毒后排入贾鲁河,出水执行《城镇污水处理厂污染物排放标准》(GB 18918—2002)二级标准;污泥经机械浓缩、机械脱水后,大部分外运至中牟八岗污泥处置厂进行好氧堆肥,发酵后作为土壤改良剂,小部分运至垃圾填埋场填埋。2010 年 7 月该污水处理厂升级改造工程开工建设,2011 年 8 月通过环保验收,尾水经紫外消毒后水质达到 GB 18918—2002 一级 B 标准。

该污水处理厂二期工程，处理规模 $3.0 \times 10^5 \, \mathrm{m^3/d}$，尾水经过二氧化氯消毒后排入贾鲁河，出水执行《城镇污水处理厂污染物排放标准》（GB 18918—2002）一级 A 排放标准；目前二期工程水区已通过环保验收。

2012 年 4 月，《郑州市环境保护"十二五"规划》正式实施，规划要求加强污水处理厂脱氮除磷功能，对不能稳定达到一级 A 排放标准的污水处理厂实施升级改造。强化污水处理厂再生水回用，以电厂冷却循环用水、河道景观补水、市政绿化消防用水等为途径，逐步实现再生水的多元化及资源化利用。

为尽快落实《郑州市环境保护"十二五"规划》，为进一步解决环境问题，郑州市委市政府决定，兴建郑州市某污水处理厂一期一级 A 升级改造工程。

7.4.2　一期工程设计出水水质

污水处理厂一期工程设计进水水质见表 2-7-6；本工程尾水排放执行《城镇污水处理厂污染物排放标准》（GB 18918—2002）二级标准，出水水质见表 2-7-7。

表 2-7-6　污水处理厂一期工程设计进水水质

项目	COD_{Cr}/(mg/L)	BOD_5/(mg/L)	SS/(mg/L)	NH_3-N/(mg/L)	TP/(mg/L)	pH 值
进水水质	≤480	≤220	≤350	≤55	≤7.0	6~9

表 2-7-7　污水处理厂一期工程设计出水水质

项目	COD_{Cr}/(mg/L)	BOD_5/(mg/L)	SS/(mg/L)	NH_3-N/(mg/L)	TP/(mg/L)	pH 值
出水水质	≤80	≤20	≤30	≤20	≤3.0	6~9

7.4.3　一期一级 B 升级改造工程设计进出水水质

污水处理厂一期一级 B 升级改造工程设计进水水质见表 2-7-8。

表 2-7-8　处理厂一期一级 B 升级改造工程设计进水水质

项目	BOD_5	COD	SS	NH_3-N	TN	TP
水质/(mg/L)	250	480	400	45	60	8.0

根据国家环保总局文件（环发〔2005〕110 号）《关于严格执行〈城镇污水处理厂污染物排放标准〉的通知》，本次升级改造工程出水水质应达到《城镇污水处理厂污染物排放标准》（GB 18918—2002）中的一级 B 排放标准，主要污染物控制标准见表 2-7-9。

表 2-7-9　处理厂一期一级 B 升级改造工程设计出水水质

项目	BOD_5	COD	SS	NH_3-N	TN	TP
指标/(mg/L)	20	60	20	8(15)	20	1.0

注：1. 按照月平均出水 COD 达到该值进行设计，且进水中不可降解 COD 值小于 20mg/L 时才能保证出水指标。

2. 按照月平均出水 TN 达到该值进行设计。

3. 括号外数值为水温＞12℃时的控制指标，括号内数值为水温≤12℃时的控制指标。

7.4.4　一期工程设计及设备选型

7.4.4.1　工艺系统描述

一期工程工艺流程见图 2-7-4。

7.4.4.2　主要工艺参数、设备选型及性能参数

（1）粗格栅及进水泵房

1）粗格栅

① 参数：设计高峰流量 $Q_{max} = 39 \times 10^4 \, \mathrm{m^3/d}$；设计平均流量 $Q_{ave} = 30 \times 10^4 \, \mathrm{m^3/d}$。

② 主要设备为钢丝绳牵引式格栅除污机。

设备数量 6 台。设备参数：a. 栅宽 1500mm；b. 栅条间隙 20mm；c. 渠深 17m；d. 安

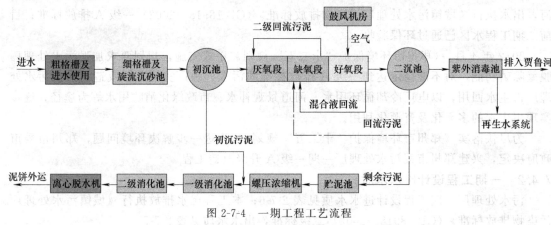

图 2-7-4   一期工程工艺流程

注：一期的消化系统实际并未建设，与二期工程一并建设

装倾角 75°；e. 栅前水深 2.4m。

③ 运行方式：粗格栅的开停由现场 PLC 根据栅前、后水位差自动控制，信号输送到 PLC 系统。

2）进水泵房

① 参数：设计高峰流量 $Q_{max} = 39 \times 10^4 \, m^3/d$；设计平均流量 $Q_{ave} = 30 \times 10^4 \, m^3/d$。

② 主要设备为潜水排污泵。设备数量为 7 台（5 用 2 备，其中 1 台库房备用）。设备参数：单泵流量 $Q = 3250 \, m^3/h$；扬程 $H = 21.0m$。

③ 运行方式：PLC 系统根据水位控制水泵开停，也可使泵按交替方式运行。南北两侧的水泵必须均匀运行。

（2）细格栅及旋流沉砂池

1）细格栅

① 类型：钢筋混凝土结构，直壁平行渠道。

② 参数：设计高峰流量 $Q_{max} = 39 \times 10^4 \, m^3/d$；设计平均流量 $Q_{ave} = 30 \times 10^4 \, m^3/d$。

③ 主要设备为螺旋细格栅机。设备数量 6 台。设计参数：a. 直径 2.0m；b. 安装角度 35°；c. 有效过水间隙 5mm。

2）旋流沉砂池

① 类型：旋流钟式沉砂池。

② 数量：4 座。

③ 尺寸：直径 6.0m。

④ 参数：a. 设计高峰流量 $Q_{max} = 39 \times 10^4 \, m^3/d$；b. 设计平均流量 $Q_{ave} = 30 \times 10^4 \, m^3/d$；c. 停留时间 50s。

⑤ 主要设备：a. 轴流螺旋桨，设备数量为 4 套；设计参数中功率 $N = 1.5kW$；b. 鼓风机，设备类型与主机配套；设备数量 4 套，设备参数中 $Q = 2.7 \, m^3/min$，排放压力 1.7bar，功率 $N = 7.5kW$；c. 砂水分离器，设备类型与主机配套，设备数量 4 套，设备参数中处理能力 20L/s，功率 0.5kW。

（3）计量槽   为了提高污水处理厂的工作效率和运转管理水平，积累技术资料，以总结运转经验，并正确掌握处理污水量及动力消耗，反映运行成本，在沉砂池后设置了计量槽，设计选用了巴氏计量槽，其优点是水头损失小，不易发生沉淀，精确度可达 95%～98%。每个计量槽安装 1 台流量计，对每个处理系统污水进行连续监测。

① 功能：用于处理厂的进水计量。

② 类型：巴氏计量槽。

③ 数量：共 4 条，与后续处理系列相匹配。

④ 参数：设计高峰流量 $Q_{max}=39\times10^4\,m^3/d$；设计平均流量 $Q_{ave}=30\times10^4\,m^3/d$；喉口宽度 1.0m；测量范围 $0.300\sim2.100\,m^3/s$。

⑤ 主要设备：每个计量槽上设一套巴氏流量计。

(4) 初沉池

① 类型：辐流式中心进水周边出水沉淀池。

② 数量：4 座。

③ 设计参数：设计高峰流量 $Q_{max}=39\times10^4\,m^3/d$；设计平均流量 $Q_{ave}=30\times10^4\,m^3/d$；表面负荷 $2.55\,m^3/(m^2\cdot h)$（高峰流量时）；表面负荷 $1.96\,m^3/(m^2\cdot h)$（平均流量时）；沉淀时间 1.57h（高峰流量时）；池径 45m；池边水深 4.0m。

④ 主要设备：设备类型为周边传动刮泥机；设备数量：4 台；设备参数中直径 $\phi=45m$；电机功率 $N=1.5kW$。

(5) 生物反应池

1) 类型：推流式反应池。

2) 数量：4 座。

3) 尺寸：厌氧区 $L\times B\times n=74.6m\times6.5m\times3$；缺氧区 $L\times B\times n=20.1m\times8.0m\times10$；好氧区 $L\times B\times n=157.6m\times8.0m\times5$。

4) 参数：设计峰值流量 $Q_{max}=36\times10^4\,m^3/d$（变化系数 1.2）；设计平均流量 $Q_{ave}=30\times10^4\,m^3/d$；有效水深 $h=6.0m$；反应泥龄 12d；MLSS 3000mg/L；设计水温 12℃；污泥负荷（按每千克 MLSS 含 BOD_5 计）$0.104kg/(kg\cdot d)$；剩余污泥产率（按每千克 BOD_5 产 DS 计）0.91kg/kg；剩余污泥量 39585kg/d；最大供气量 114646（标）m^3/h；气水比 7.6：1；外回流比 50%～100%（可调）；内回流比 150%；混合液回流比 50%～150%（可调）。

停留时间：厌氧区水力停留时间 2.33h（实际停留时间 0.93h）；缺氧区水力停留时间 2.53h（实际停留时间 1.69h）；好氧区水力停留时间 10.13h（实际停留时间 6.76h）。

反应池总停留时间 14.99h。实际需氧量（AOR）（按 O_2 计）为 5659kg/h；标准需氧量（SOR）（按 O_2 计）为 8025kg/h。

5) 主要设备（4 池总数量）

① 充氧设备：设备类型为微孔曝气器；设备数量 50000 个；设备参数为单个曝气头充氧能力 $2.5\,m^3/($个$\cdot h)$；布置方式为渐减曝气。

② 潜水搅拌器：设备类型为潜水推进器。设备数量：厌氧区 60 台，单台功率 $N=5.5kW$；机动区 40 台，单台功率 $N=5.5kW$；缺氧区 40 台，单台功率 $N=10kW$。

运行方式：厌氧区和缺氧区连续工作，可根据进水流量及实际运行情况控制其开停设备台数。机动区根据季节和水质的变化控制开停。

③ 内回流泵：设备数量 14 台（库房备用 2 台）；设备参数 $Q=1875\,m^3/h$，$H=1.5m$。

④ 混合液回流泵：设备数量 12 台；设备参数 $Q=1875\,m^3/h$，$H=1.5m$。

（6）二沉池配水井

① 数量：2座，每座对应4座二沉池。

② 参数：设计高峰流量 $Q_{max}=39\times10^4 m^3/d$；设计平均流量 $Q_{ave}=30\times10^4 m^3/d$。

（7）二沉池　二沉池采用周边进水，周边出水辐流式沉淀池。

① 类型：周进周出辐流式沉淀池。

② 数量：8座。

③ 设计参数：设计高峰流量 $Q_{max}=39\times10^4 m^3/d$；设计平均流量 $Q_{ave}=30\times10^4 m^3/d$；表面负荷 $1.28m^3/(m^2\cdot h)$（高峰流量时）；表面负荷 $0.98m^3/(m^2\cdot h)$（平均流量时）；池径45m；池边水深4.2m；污泥回流比50%～100%。

④ 主要设备：设备类型为中心传动单管吸泥机；设备数量8台；设备参数中直径 $\phi=$ 45m；电机功率 $N=1.5kW$。

（8）回流污泥泵房

1）数量：4座。

2）参数：设计高峰流量 $Q_{max}=36\times10^4 m^3/d$；设计平均流量 $Q_{ave}=30\times10^4 m^3/d$；污泥回流比50%～100%；剩余污泥干泥量39585kg/d；污泥含水率99.2%。

3）主要设备

① 回流污泥泵：设备类型为潜水轴流泵；设备数量16台；设备参数中单泵流量 $Q=$ 260L/s，扬程 $H=6m$。

② 剩余污泥泵：设备类型为潜污泵；设备数量6台（4用2备）；设备参数中单泵流量 $Q=27L/s$，扬程 $H=18m$。

③ 电动葫芦：设备数量4台（每座泵房1台）；设备参数 $W=1t$。

（9）鼓风机房

1）类型：地上式框架结构。

2）数量：1座。

3）参数：总供气量 $Q=114646m^3/h$；气体压力 $P=0.72bar$。

4）主要设备：电驱动鼓风机。设备类型为单级高速离心鼓风机设备数量8套（6用2备）。

设备参数：风量 $Q=20000$（标）m^3/h；气体压力 $H=7.2m$；功率 $N=500kW$。

（10）消毒单元

1）数量：1座。

2）参数：设计高峰流量 $Q_{max}=39\times10^4 m^3/d$；设计平均流量 $Q_{ave}=30\times10^4 m^3/d$；TSS 低于30mg/L（最大值）；紫外穿透率≥65%；有效剂量≥16，$000\mu W\cdot s/cm^2$（灯管达到寿命末期时）。

3）主要设备

① 紫外消毒模块，设备数量3套；设备参数中渠宽3.0m；清洗方式为在线自动清洗。

② 电动葫芦，设备数量1套；设备参数 $W=1t$。

7.4.5　二期工程设计进出水水质

二期工程进水水质见表2-7-10。

表 2-7-10　二期工程建议设计进水水质

项目	BOD5	COD	SS	NH3-N	TN	TP
水质/(mg/L)	250	480	400	45	60	8.0

根据《郑州市排水工程规划（2009—2020 年）》，规划郑州市污水处理标准全部提高至一级 A 或一级 B 标准，规划及环评确定的本工程二期工程出水水质为一级 A 标准，具体出水水质见表 2-7-11。

表 2-7-11　污水处理厂出水水质　　　　　　　　　单位：mg/L

项目	COD_{Cr}	BOD_5	SS	NH_3-N	TN	TP	粪大肠菌群/(个/L)	色度/度
数值	≤50	≤10	≤10	≤5(8)	15	0.5	≤1000	≤30

注：括号内数值为水温小于 12℃的控制指标，括号外数值为水温大于 12℃时的控制指标。

7.4.6　二期工程设计及设备选型

7.4.6.1　工艺系统描述

二期工程工艺流程见图 2-7-5。

7.4.6.2　主要工艺参数、设备选型及性能参数

（1）粗格栅及进水泵房

1）粗格栅

① 参数：按照高峰流量 $Q_{max}=3.9\times10^5 m^3/d$ 设计。

② 设备种类：三索式钢丝绳格栅除污机。

③ 设备数量：6 台。

④ 设备参数：栅宽 1500mm；栅条间隙 20mm。

⑤ 渠深：17.5m，栅条长 12m。

⑥ 安装倾角：70°。

⑦ 栅前水深：2.6m。

2）进水泵房

① 参数：按照高峰流量 $Q_{max}=3.9\times10^5 m^3/d$ 设计；粗格栅及进水泵房总尺寸 35×20×19m。

② 主要设备为潜水排污泵。设备数量 6 台（4 用 2 备，其中 2 台变频）。设备参数：单泵流量 $Q=4063 m^3/h$；扬程 $H=21m$。

（2）细格栅及曝气沉砂池　参数按照高峰流量 $Q_{max}=3.9\times10^5 m^3/d$ 设计。

1）细格栅。细格栅渠道总尺寸 15m×18m×2.0m。螺旋细格栅机，设备数量 8 台；设计参数直径 2.0m；安装角度 35°；格栅间隙 6mm，$N=2.2kW$。

2）曝气沉砂池。型式为 4 格 4 桥式。

① 设计参数：停留时间 10.6min（均日）；曝气沉砂池总尺寸 30m×28m×4.5m。

② 主要设备：吸砂桥。

设备数量：4 套。

设备参数：宽 6.5m，有效水深 3.4m。

设计参数：功率 $N=1.8kW$。

（3）计量槽　参数按照高峰流量 $Q_{max}=3.9\times10^5 m^3/d$ 设计。

1）构筑物

① 数量：配水计量槽为与后续处理系列相匹配，采用 4 条。

② 参数：每条流量 $Q=1.13 m^3/s$，喉宽 1.0m。

③ 总尺寸：26m×10m×2.0m。

2）主要设备

① 每个计量槽上设一套超声波传感器和变送器。

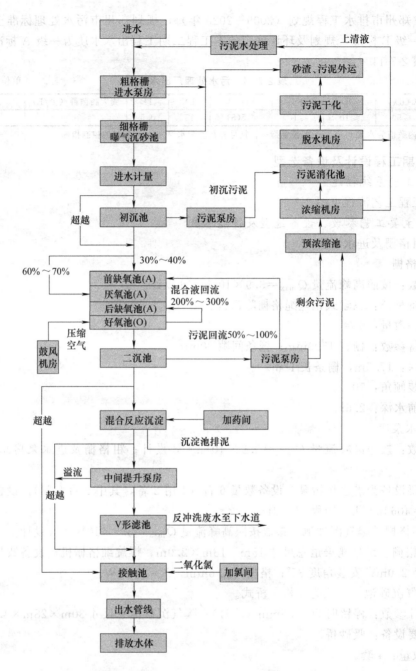

图 2-7-5　二期工程工艺流程

注：一期的消化系统实际并未建设，与二期工程一并建设

② 计量槽闸门：设备形式为提板闸；设备数量 4 个；设备参数 2100mm×1200mm。

（4）初沉池　类型：辐流式中心进水周边出水沉淀池。

1）数量：4 座。

2）主要参数：表面负荷 3.25m³/(m²·h)（高峰流量时）；表面负荷 2.5m³/(m²·h)（平均流量时）；初沉污泥量 27t/d；沉淀时间 1h（高峰流量时）；池径为 40m；池边水深 3.25m。

3) 主要设备：周边传动半桥式刮泥机；设备数量 4 台；设备直径 $\phi = 40\text{m}$；电机功率 $N = 1.5\text{kW}$；出水堰 1000m。

（5）初沉污泥泵房　数量 2 座；单座尺寸 $L \times B \times H = 12\text{m} \times 10\text{m} \times 4.0\text{m}$。

单座构筑物主要设备为排泥泵。设备数量 2 台（1 用 1 备）；设备流量 $Q = 30\text{L/s}$；扬程 $H = 15\text{m}$；功率 $N = 15\text{kW}$。

（6）A^2O 生物反应池

1) 构筑物　参数按照流量 $Q_{\max} = 30 \times 10^4\,\text{m}^3/\text{d}$ 设计；类型为钢筋混凝土矩形池；数量 4 座；总有效容积 250000m³；单座有效容积 62500m³；单座尺寸 $L \times B \times H = 130\text{m} \times 84\text{m} \times 6.0\text{m}$；有效水深 $h = 6.0\text{m}$；反应泥龄 16d；MLSS 3500mg/L；设计水温 12℃；污泥负荷（按每千克 MLSS 含 BOD_5 计）0.07kg/（kg·d）；剩余污泥产率（按每千克 BOD_5 产 DS 计）0.9kg/kg；剩余污泥量 50.8t/d；回流比，外回流 50%～100%，内回流 200%～300%。设计停留时间 20h；预缺氧区水力停留时间 1.5h（7.5%）；厌氧区水力停留时间 1.5h（7.5%）；缺氧区水力停留时间 5.5h（27.5%）；好氧区水力停留时间 11.5h（57.5%）。实际需氧量（AOR）（按 O_2 计）4122.3kg/h，标准需氧量（SOR）（按 O_2 计）5701.2kg/h。供气量 90495m³/h。气水比为 7.3∶1。

2) 主要设备

① 充氧设备：设备类型为刚玉曝气器；设备数量 36200 个；单个曝气头充氧能力 2.5m³/（个·h）。

② 搅拌器：96 台（厌氧区＋缺氧区），单台功率 $N = 5.5\text{kW}$。

运行方式：连续工作，可根据进水流量及实际运行情况控制其开停设备台数。

③ 内回流泵：设备数量 14 台（12 用 2 备）；设备参数 $Q = 3750\text{m}^3/\text{h}$，$H = 0.8 \sim 1.0\text{m}$，$N = 22\text{kW}$。

（7）鼓风机房　参数按照高峰流量 $Q_{\max} = 3.9 \times 10^5\,\text{m}^3/\text{d}$ 设计；地上式框架结构；数量 1 座；尺寸 $L \times B \times H = 50\text{m} \times 12\text{m} \times 9\text{m}$；供气量 $Q = 90495\text{m}^3/\text{h}$；气体压力 $P = 0.72\text{bar}$。

运行方式：根据进水水量及实际运行情况，控制风机风量、调节供气量。

主要设备：电驱动鼓风机；设备数量 6 台（套）（5 用 1 备）；风量 $Q = 20000\text{m}^3/\text{h}$；气体压力 $H = 7.2\text{m}$；功率 550kW。

（8）二沉池

1) 构筑物。参数按照流量 $Q_{\max} = 3.9 \times 10^5\,\text{m}^3/\text{d}$ 设计；类型为辐流式周进周出沉淀池；数量 6 座。参数：设计流量 $Q = 4.17\text{m}^3/\text{s}$；表面负荷 $q = 1.28\text{m}^3/（\text{m}^2·\text{h}）$（高日高时），$q = 1.18\text{m}^3/（\text{m}^2·\text{h}）$（高日平均时），$q = 0.98\text{m}^3/（\text{m}^2·\text{h}）$（平均日平均时）；直径 $D = 52\text{m}$；池边水深 $h = 4.2\text{m}$。

2) 主要设备。吸泥机；设备数量 6 台；设备直径 $\phi = 52\text{m}$；电机功率 $N = 2.5\text{kW}$。

（9）中间提升泵房

1) 功能：二次提升。

2) 参数：按照高峰流量 $Q_{\max} = 3.9 \times 10^5\,\text{m}^3/\text{d}$ 设计；进水泵房总尺寸 $L \times B \times H = 10\text{m} \times 20\text{m} \times 4\text{m}$。

3) 主要设备

① 潜水排污泵：5 台 4 用 1 备（1 台变频，1 控 2）；单泵流量 $Q = 4063\text{m}^3/\text{h}$；扬程 $H = 3.5\text{m}$，功率 $N = 75\text{kW}$。

运行方式：PLC 系统根据水位控制水泵开停，也可使泵按交替方式运行。

② 电动单梁悬挂起重机：1 台；起重量 $W=5t$。

（10）二沉淀池配水井及回流剩余污泥泵房

1）构筑物：参数按照高峰流量 $Q_{max}=3.9\times10^5\,m^3/d$ 设计；数量 2 座；单座尺寸 $D\times H=\phi18m\times6m$。

2）单座主要设备

① 回流污泥泵：潜污泵，4 台；单泵流量 $Q=520L/s$；扬程 $H=3m$；功率 30kW。

② 剩余污泥泵：潜污泵，3 台（2 用 1 冷备）；单泵流量 $Q=50L/s$；扬程 $H=10m$；功率 7.5kW。

（11）混合反应沉淀池 由混凝区、絮凝区、平流沉淀区及泥渣回流系统和剩余泥渣排放系统组成。

1）参数。按照高峰流量 $Q_{max}=3.9\times10^5\,m^3/d$ 设计，混凝沉淀过滤共产生化学污泥约 12t/d。反应池共 4 个系列，每个系列两座混合反应沉淀池。

每个系列：尺寸 33.8m×31.75m×7.5m，有效水深 6.2m；

其中混合池 1 座，4m×4m×6.2m，混合池时间 87.9s；

絮凝池 4 座，每座 4.8m×4.8m×6.2m，絮凝时间 16.88min；

沉淀池 2 座，每座平面尺寸 16m×16m，表面负荷 7.93m³/(m²·h)。

2）主要设备情况

① 潜水排污泵：10 台（8 用 2 冷备）；$Q=80m^3/h$，$H=15m$，$N=9kW$。

② 混合搅拌器：4 台；叶片 $D=3000mm$，$N=7.5kW$。

③ 反应搅拌器：设备数量 8 台；叶片 $D=4000mm$，$N=1.5kW$。

④ 反应搅拌器：8 台；叶片 $D=4000mm$，$N=1.1kW$。

⑤ 反应搅拌器：8 台；叶片 $D=4000mm$，$N=0.75kW$。

⑥ 反应搅拌器：8 台；叶片 $D=4000mm$，$N=0.55kW$。

⑦ 中心驱动刮泥机：8 套；$\phi16m$，$N=2.2kW$。

⑧ 斜管：2048m²；$\phi50mm\times1000mm$。

⑨ 镶铜铸铁圆闸门：4 台；$\phi1200$。

⑩ 电动阀门：24 台；$DN200$。

（12）V 形滤池 参数按照流量 $Q_{max}=3.9\times10^5\,m^3/d$ 设计；1 座。V 形滤池及设备间平面尺寸 97.6m×42.28m，反冲洗废水池平面尺寸 20m×10m。

1）设计参数：V 形滤池共 16 格；单格平面尺寸为 15m×(2×4)m＝120m²，池深 4.55m，滤板以上池深 3.35m；V 形滤池设计滤速（平均日平均时）$V=6.5m/h$，强制滤速控制在 $V=6.94m/h$，滤料粒径 1.35mm，不均匀系数小于 1.3，滤料层厚度 1.2m，每平方米滤板安装长柄滤头 56 个，为运行方便，在滤池进水总渠道上设闸板将每个系列滤池分开；气冲强度 15L/(s·m²)，水冲强度 4L/(s·m²)，扫洗强度 1.8L/(s·m²)。

2）主要设备情况

① 反冲洗鼓风机：设备数量 3 台（2 用 1 备）；$Q=54m^3/min$，$H=6m$，功率 90kW。

② 空压机：2 台（1 用 1 备）；$Q=0.8m^3/min$，$H=5m$，功率 7.5kW。

③ 反冲洗水泵：3 台（2 用 1 备）；$Q=900m^3/h$，$H=8.4m$，功率 37kW。

（13）接触池 为保证消毒效果，设置接触池。由于日后可能为电场供水，考虑部分调节容积。参数按照高峰流量 $Q_{max}=3.9\times10^5\,m^3/d$ 设计。类型为钢筋混凝土矩形池；数量为 1 座；有效容积 12250m³；停留时间 0.75h。

（14）二氧化氯间及原料库　按照均日流量 $Q_{max}=3.0\times10^5\,m^3/d$ 设计。

1）建筑物：数量 1 座；尺寸 $L\times B=29.7m\times11.1m$；有效氯投加量为 8mg/L（均日），原料库按 10d 贮氯量考虑。

2）主要设备：二氧化氯发生器，6 台；加氯量 20kg/h，9.3kW。

（15）污泥预浓缩池　参数按照平均流量 $Q_{max}=6.0\times10^5\,m^3/d$ 设计。

1）构筑物：钢筋混凝土圆形池；数量 1 座；$\phi=30m$，池边水深 4.3m；浓缩污泥总量 122.8t/d（一期剩余污泥 60t/d，二期剩余污泥 50.8t/d，二期化学污泥 12t/d），污泥含水率 99.2%；停留时间 4h；出泥含水率 98%～98.5%。

2）主要设备为刮泥机，数量 1 套；$\phi=30m$。

（16）污泥浓缩机房　参数按照均日流量 $Q_{max}=6.0\times10^5\,m^3/d$ 设计。

1）构筑物：地上框架结构，数量 1 座；尺寸 $L\times B=51.67m\times20.25m$，混合污泥尺寸 $L\times B\times H=18.05m\times10.05m\times5.0m$，浓缩污泥池尺寸 $L\times B\times H=25.85m\times10.05m\times5.0m$，浓缩后污泥含水率 95%。

2）浓缩部分主要设备

① 污泥浓缩机：离心浓缩机，6 台（套）（5 用 1 备）；$Q=120m^3/h$，$N=137.5kW$；每天工作时间 18h。将一期改造新增的 2 套浓缩机拆移至此，并再新购 4 套。

② 污泥进料泵：螺杆泵，浓缩机配套；6 台（5 用 1 备）；$Q=140m^3/h$，$H=20\sim30m$，$N=37kW$。

③ 加药泵：6 台（5 用 1 备），絮凝剂制备装置配套；$Q=1000\sim4000L/h$，$H=20\sim30m$，$N=2.2kW$。

④ 絮凝剂制备系统：1 套；与主机配套，$N=5kW$。

（17）加药间　参数按照高日高时流量 $Q_{max}=3.9\times10^5\,m^3/d$ 设计。建筑物数量 1 座，加药间与乙酸钠间合建，本构筑物内设计考虑药剂采用液体 PAC。加药间尺寸 10.9m×12.3m，外设混凝土贮药池 1 座；溶药池总尺寸 17.7m×12.2m×5.1m。

1）设计参数：化学除磷量 3.5mg/L；磷和铝的摩尔比为 1：2。加药种类：液体 PAC，Al_2O_3 含量为 10%。生物除磷液体 PAC 投加量为 116mg/L，混合反应池液体 PAC 投加量为 200mg/L，液体 PAC 总投加量为 316mg/L。

2）主要设备情况：加药螺杆泵，9 台（8 用 1 备）；流量 $Q=600L/h$，扬程 $H=60m$，功率 $N=1.1kW$。

（18）乙酸钠加药间　参数按照高日高时流量 $Q_{max}=3.9\times10^5\,m^3/d$ 设计。投加量 15t/d。

1）建筑物：结构型式为框架结构，数量 1 座，$L\times B=18.3m\times12.3m$。

2）主要设备：投加泵，设备类型为液压隔膜式计量泵；6 台（4 用 2 备）；$Q=0.1\sim1.0m^3/h$，$H=3bar$，0.75kW。

7.5　SBR 法污水处理工程实例

7.5.1　工程概况

某经济技术开发区是全国发展规模大、建设速度快、效益好的开发区之一。开发区污水处理厂 1998 年 1 月完成初步设计，1998 年 8 月开始施工，1999 年 9 月底正式通水运行。污水处理厂占地 6.71hm²，工程总投资 1.6 亿元人民币。

该处理厂设计规模 $1.0 \times 10^5 \text{t/d}$，开发区为新建区，排水体制采用雨污分流制。污水主要来源于区内生活污水和工业园区的生产废水，进水水质和出水水质见表 2-7-12，污水经二级生化处理后排入河口入海。

表 2-7-12　进出水水质

项　目	BOD$_5$/(mg/L)	COD/(mg/L)	SS/(mg/L)
进水水质	150	400	200
出水水质	30	120	120

7.5.2　工程设计及设备选型

7.5.2.1　工程规模

日处理量 1.0×10^5t 二级处理厂一座，设计处理量 60% 为工业废水，40% 为生活污水。

7.5.2.2　污水处理厂工艺

当前国内城市污水处理厂绝大多数采用活性污泥法，这种方法能有效去除城市污水中的各种污染物质，并且处理费用最低。开发区污水水质与大多数城市污水相似，也是以有机污染为主，因此宜采用活性污泥法处理。

针对开发区的具体情况，选择了活性污泥法中的 DAT-IAT 法，DAT-IAT 系统是普通活性污泥法与传统 SBR 有机结合的一种形式，其具有以下几个优势。

① 开发区污水水质的可生化性较差，处理这种污水正是 SBR 工艺的独特优点，可以不设调节池，并能达到排放要求。

② 该工艺无二沉池及污泥回流系统，因而节省占地。

③ 由于 DAT-IAT 工艺中 DAT 的连续曝气和 IAT 间歇曝气，使该工艺与其他间歇曝气工艺相比曝气容积比最高，可达到 66.7%，一种节省基建投资的工艺。

7.5.2.3　工艺流程

天津经济开发区污水处理厂工艺流程见图 2-7-6。

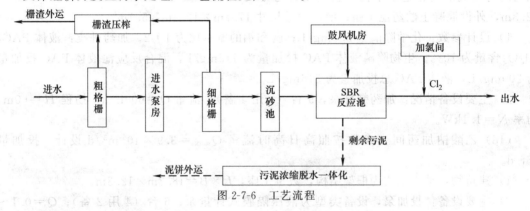

图 2-7-6　工艺流程

7.5.2.4　合建泵房与进水格栅

污水处理厂进水泵房设计水量 $Q = 1.157 \text{m}^3/\text{s}$，进水管径 $DN1200\text{mm}$，管底高程 0.400mTD，出水管径 $DN1000\text{mm}$，出水水位 7.70mTD。根据开发区污水处理厂的实际情况，进水泵房采用潜水泵。

(1) 工艺设计　进水闸井：闸井是处理厂第一道预处理设施，共分为两格，每格内各设 $\phi1200\text{mm}$ 铸铁闸门，可以全开通水，也可以分别断水互为备用。闸井内设置两格进水渠道，每个宽度 1300mm。

(2) 主要工艺设备选型

1）进水闸井中闸门的选型。闸门的适用介质为水（原水、清水、污水），多用于进水渠道、泵站等部位，以便处理厂运行时控制流量及设备维修时截住污水。

闸门一般分为圆闸门和方闸门两种形式，根据工艺对进水闸井的设计，其进出水管采用 $DN1200mm$ 的铸铁进、出水管，因此其闸门形式选为圆闸门。见第三篇第 2 章中 ZMQY 铸铁圆闸门，可选 ZMQY—1200 铸铁圆闸门，其规格为：公称管径为 $DN1200mm$。

该闸门主要由闸座、闸板、镶铜密封圈、可调楔块、提升杆组成，闸门由启闭机实施启闭，闸门的选型应选配置启闭机的形式。

2）进水闸井中格栅除污机及配套设备的选型。格栅除污机是截除进水中粗大漂浮物、树枝、杂草、碎木、塑料制品废弃物及生活垃圾等杂质，达到保护泵的安全运行、减轻后续工序负荷的目的。

根据进水闸井的工艺设计，闸井内设置 2 格进水渠道，每个宽度 1300mm，渠深 4.5m。见本篇第 2 章拦污设备中 BLQ 型格栅清污机，选取的粗格栅清污机规格型号为 BLQ—1400，格栅宽度 1200mm，格栅栅条间隙为 20mm，安装角度 75°，过栅流速 $\leqslant$ 1m/s。

根据工艺设计，污水进入沉砂池前设置 2 格进水渠道，每个宽度 1100mm，渠深 1.5m。见第二篇第 2 章中 GH 型弧形格栅清污机，选取的细格栅清污机规格型号为 GH—1500，格栅宽度 1020mm，齿耙转速 0.8～1r/min，过栅流速 $\leqslant$0.9m/s。该工艺的细格栅也可选用阶梯格栅。

螺旋输送压榨机为格栅除污机的配套设备，其选型根据进水渠道的总宽度，闸井进水渠道的总宽度为 2.8m，沉砂池前进水渠道宽度 2.6m。见本篇第 2 章中螺旋输送机及螺旋输送压榨机，粗格栅除污机选取螺旋输送机的型号为 XJS—360，栅渣输送量为 13.2m³/h；细格栅除污机选取螺旋输送机的型号为 XJS—320，栅渣输送量为 8m³/h。

见本篇第 2 章中螺旋输送机及螺旋压榨机，粗格栅除污机及细格栅除污机配套栅渣压榨机选取螺旋压榨机的型号为 XLY—200，栅渣处理能力为 1t/h。

3）进水泵的选型。进水泵设置于进水闸井中，是自进水闸井取水，将污水送至旋流沉淀池的进水渠道。根据工艺设计，污水处理厂进水泵房设计水量 $Q=1.157m³/s=4165m³/h$，进水管管底高程 0.400mTD，出水水位 7.70mTD，进水泵的提升高度为 7.3m。见第三篇第 1 章中潜污泵，可选取 QW 系列潜水排污泵，其规格型号为：350QW1100—10—45。该泵的性能见表 2-7-13。

表 2-7-13　潜污泵性能参数

水泵型号	流量 /(m³/s)	扬程 /m	效率 /%	转速 /(r/min)	配用功率 /kW
K300—380/376VA	0.31	10	74.6	980	45

选取潜污泵 6 台（4 用 2 备），4 台的流量为 1116m³/h×4＝4464m³/h，满足进水泵房的设计水量（4165m³/h），潜污泵的扬程为 10m；满足进水闸井进水管管底标高至旋流沉池的进水渠道水位标高，共计（7.7-0.4）m＝7.3m 的要求。

4）进水闸井中止回阀和闸阀的选型。进水闸井及出水管：为保证水泵运行安全便于检修，在每台水泵出水管上安装了止回阀和闸阀，将 6 台水泵的出水管并联，汇合后输送到旋流沉砂池进水渠道。

① 止回阀的选型。根据工艺设计，选取潜污泵 6 台（4 用 2 备），单台的流量为

$0.31m^3/s\times4＝1.24m^3/s$，出水管管径 $DN500mm$，见第三篇第 2 章中 H47X—$\frac{10}{16}$ 蝶形缓冲

止回阀，可选取 H47X—$\frac{10}{16}$—500 蝶形缓冲止回阀，其规格为：公称管径为 $DN500mm$。

② 闸阀的选型。根据工艺设计，选取潜污泵 6 台（4 用 2 备），单台的流量为 $0.31m^3/s\times4＝1.24m^3/s$，出水管管径 $DN500mm$，见第三篇第 2 章中伞齿轮传动法兰连接软密封闸阀，可选取 YQZ545X—$PN1.0MPa$ 软密封闸阀，其规格为 $DN500mm$。

7.5.2.5　沉砂池

（1）工艺设计　污水进入沉砂池前先经过细格栅除污机处理，沉砂池采用旋流沉砂处理工艺，设计流量为 $4166m^3/h$，设 2 座沉砂池（1 用 1 备），也可同时工作。

污水经过沉沙池处理除去的砂质，用砂泵（2 台互为备用）送入砂水分离器，脱水后的砂装进贮砂箱。

（2）主要工艺设备选型

1）旋流沉砂器的选型。根据工艺设计，沉砂池采用旋流沉砂处理工艺，设计流量为 $4166m^3/h$，设 2 座沉砂池（1 用 1 备），单池处理量为 $2083m^3/h$，见本篇第 2 章中除砂设备及配套设备，旋流沉砂器的处理水量为 $3170m^3/h$，砂水去除量为 $40m^3/h$，故选取 XLC 旋流沉砂器的型号为 XLC3170。其技术参数为：进水流量 $0.6\sim1m^3/s$，叶轮转速 $12\sim20r/min$，砂水排量为 $40m^3/h$（11.1L/s），电机功率 0.75kW。

2）砂泵的选型。根据工艺设计，旋流沉砂器的泥砂去除量为 $40m^3/h$，见第三篇第 1 章中 WQ 型离心式潜污泵，可选取离心式潜污泵泥砂排量为 $60m^3/h$，故选取 80QW60—13—4，符合工艺设计的泥砂去除量为 $40m^3/h$。

砂泵的技术参数：流量 $60m^3/h$，扬程 13m，电机功率 4kW。

砂泵选取离心式潜污泵，在与设备厂家订货时，说明使用在旋流沉砂器的泥砂输送，应对砂泵的腔体及叶轮作耐磨处理。

3）砂水分离器的选型。砂水分离器是污水处理厂沉砂池的配套设备，使沉砂池排除的砂水混合液进行砂水分离。

根据工艺设计，旋流沉砂器的泥砂排除量为 $40m^3/h$（11.1L/s），见本篇第 2 章中除砂设备及配套设备，可选取无/有轴螺旋砂水分离器，处理量为 12L/s，其规格型号为 LSSF—260。

LSSF—260 无/有轴螺旋砂水分离器的技术参数为：处理量 12L/s，机体长 3840mm，机体最大宽度 1170mm，电机功率 0.25kW。

7.5.2.6　SBR 反应池（DAT-IAT 池）

（1）工艺设计　污水处理厂 DAT-IAT 池是处理工艺中的核心构筑物，DAT-IAT 池由 DAT 池和 IAT 池串联组成，DAT 连续进水，连续曝气（也可间歇曝气），IAT 也是连续进水，但间歇曝气，清水和剩余活性污泥均由 IAT 排出。其运行操作由进水、反应、沉淀、出水和待机五个阶段组成。DAT-IAT 是变水位运行，一个周期内从最低水位到最高水位再回到最低水位，按 $T＝3h$ 的运行周期，池水位的变化见图 2-7-7。

1）DAT-IAT 池工艺设计条件。DAT-IAT 池设计水量 $100000m^3/d$；DAT-IAT 池容 $57692m^3$；设 6 组 DAT-IAT 池，单池有效池容积为：$V_{h1}＝V_h/6＝57692/6m^3＝9615m^3$，反应池中 DAT 池和 IAT 池相同，设单池池长 $L＝80m$，各长 40m，池宽 $B＝32m$，池高为 4.6m。

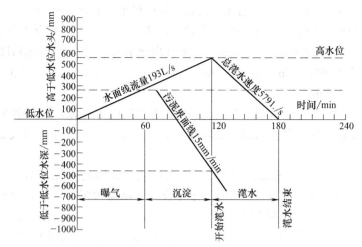

图 2-7-7　DAT-IAT 工艺运行周期水位变化示意

单池每小时进水量 $q=100000/(6\times24)\mathrm{m^3/h}=694\mathrm{m^3/h}$，由图 2-7-7 知，每周期的时间为 3h，则单池滗水器排水量为 $694\mathrm{m^3/h}\times3=2082\mathrm{m^3/h}$

2）DAT-IAT 池鼓风曝气系统设计。DAT-IAT 池鼓风曝气系统是生化处理系统的重要部位，鼓风系统的设备采用鼓风曝气，曝气系统的设备为膜片式微孔曝气器。

供气量计算见表 2-7-14。

表 2-7-14　供气量计算

序号	项　目	DAT	IAT	备　注
A	需氧量/(kg/h)	807	375	
B	污水中氧的转移系数	0.43	0.43	
C	标准传氧速率/(kg/h)	1877	872	A/B
D	标准氧转移率	0.21	0.22	
E	需气量/(m³/h)	29794	13212	E=C/0.3×D
F	每个曝气器供气量/(m³/h)	3.5	3.5	
G	工作的曝气器数	8513	3775	G=E/F
H	曝气器总数			8513+3×3775=19838

根据表 2-7-14 供气量的计算，6 座 DAT 供气量为 $29794\mathrm{m^3/h}$；6 座 IAT 有 2 座同时曝气，供气总量为 $13212\mathrm{m^3/h}$，DAT-IAT 池总曝气量为 $29794\mathrm{m^3/h}+13212\mathrm{m^3/h}=43006\mathrm{m^3/h}$。

3）DAT-IAT 池混合液回流系统设计。为保持 DAT 内足够的混合液浓度，需从 IAT 将混合液回流到 DAT，单池回流污泥量为 $0.868\mathrm{m^3/s}$。

4）DAT-IAT 池剩余污泥产量的计算

剩余污泥产量 $W=QY\dfrac{L_\mathrm{j}-L_\mathrm{ch}}{1000}=100000\times1.1\times\dfrac{150-30}{1000}\mathrm{kg/d}=13200\mathrm{kg/d}$，剩余污泥浓度按 5.5g/L 计，每日剩余污泥产量体积为 $V_\mathrm{s}=13200/5.5\mathrm{m^3/d}=2400\mathrm{m^3/d}$。

单池每日排泥量 $V_\mathrm{sa}=2400/6\mathrm{m^3/d}=400\mathrm{m^3/d}$，按每周期排泥一次，每天每池运转 8 个周期，每次排泥量 $\Delta V=400/8\mathrm{m^3}=50\mathrm{m^3}$，每次排泥需半小时，排除时间在曝气阶段结束或沉淀阶段。

（2）主要工艺设备选型

1）鼓风机的选型。根据工艺设计，SBR 反应池（DAT-IAT 曝气系统）的需气总量为

43006m³/h，DAT-IAT 池有效最高水位 4.3m，鼓风机出口升压 6500mmH₂O。见第三篇第 3 章多级离心鼓风机，选取鼓风机的型号为 C300—1.9。鼓风机台数为 4 台，3 用 1 备，单台鼓风机的技术参数为 $Q=300m³/min$；鼓风机出风升压为 $P=7000mmH_2O$，额定功率 402.6kW，转速为 2965r/min。300m³/min×60min=18000m³/h，3 台鼓风机同时运行 18000m³/h×3=54000m³/h。

2）曝气器的选型。根据工艺供气量计算表（表 2-7-14）计算，选用单个曝气器供气量 3.5m³/h。见本篇第 4 章中曝气机械，选取曝气器的型号为 $\phi300mm$，曝气器的技术参数为供气量 4m³/h。

3）回流污泥泵的选型。根据工艺设计，DAT-IAT 池回流污泥量为 5.2m³/s，单池回流污泥量为 5.2m³/s/6=0.868m³/s，IAT 单池设 2 台回流污泥潜污泵，单台潜污泵流量为 $Q=0.434m³/s=1563m³/h$，回流污泥由 AT 池底部设置的回流污泥潜污泵水平输送至 DAT 池的前端。第三篇第 1 章中 QW 系列潜水排污泵，选取回流污泥泵的型号为 400QW1692—7.25—55。回流污泥泵的性能参数为 $Q=1692m³/h$，$H=7.25m$，额定功率 55kW。

4）剩余污泥泵的选型。根据工艺设计，按每周期排泥一次，每次排泥需半小时，单池排泥量 50m³，DAT-IAT 池池高为 4.6m。剩余污泥泵流量应选 100m³/h 左右，扬程 10～15m。见第三篇第 1 章中 QW 系列潜水排污泵，选取剩余污泥泵的型号为 150QW100—15—11。剩余污泥泵的性能参数为 $Q=100m³/h$，$H=15m$，额定功率 11kW。

5）滗水器的选型。滗水器是 SBR 工艺最常采用的排出澄清水设备，它能从静止的池表面将澄清水滗出而不搅动沉泥，确保出水水质。

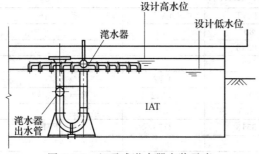

图 2-7-8 虹吸式滗水器安装示意

按照工艺设计，IAT 运行周期为 3h，这段时间内全池进污水量为 3×694m³=2082m³，而滗水时间为 1h，因此滗水器的能力应为 2082m³/h。本工程选用虹吸式滗水器，每池 3 台，每台滗水能力为 700m³/h。

见本篇第 4 章中 PS 型虹吸式滗水器，选取滗水器的型号为 FPS—700，滗水量为 700m³/h。

滗水器安装在 IAT 尾部，其安装示意见图 2-7-8。

污水处理厂出水，近期排入厂外的北排明渠，远期部分回用，剩余部分排入河口入海。

7.5.2.7 消毒间

（1）工艺设计 污水经二级处理后，一般采用投加液氯消毒剂消毒，加氯间设计按投氯量 8mg/L 计，加氯设备采用手动真空加氯机 2 台，单台加氯量 5.6g/s，并设有双探头漏氯报警器。为防止意外事故发生，设置了一套 1000kg/h 的漏氯吸收装置。

（2）主要工艺设备选型

1）加氯机的设备选型。根据工艺设计参数单台加氯机投加量=5.6g/s=20.2kg/h，见第三篇第 4 章中 AALLDOS145 系列加氯机，选取加氯机的型号为 145—200/M01，技术参数为氯气投加量 3.5～70kg/h。

2）氯瓶秤的设备选型。根据工艺设计单只氯瓶重 2t，见第三篇第 4 章中消毒设备，氯瓶秤性能参数，选取氯瓶秤的称质量为 0～2500kg。

3）漏氯吸收装置的设备选型。根据工艺设计，为保证加氯系统的安全运行，消毒间设置漏氯吸收装置，见第三篇第 4 章中消毒设备，选取 DQ—S 漏氯吸收装置的型号为 DQ—S500 型（双塔），技术参数为：吸收能力为 1000kg/h；吸收塔数量为 2 台；吸收塔直径 800mm；适用氯库体积为 1000m³。

7.5.2.8　污泥脱水机房

（1）工艺设计　污水处理厂剩余污泥无需进行厌氧消化处理，剩余污泥以间歇的方式排至脱水机房，每日剩余污泥产量体积为 $V_s = 2400 \text{m}^3/\text{d}$，为保证脱水机的正常运行，应设置污泥调节池，并配置 3 台污泥输送泵和 3 台脱水机，单台污泥浓缩脱水一体机的处理量应为 33.3m³/h。计量泵将污泥直接打入对应的污泥浓缩脱水一体机中，脱水后泥饼含水率≤80%。脱水后的污泥从带式压滤机排出，由皮带运输机运至室外污泥堆场。

（2）主要工艺设备选型

1）污泥浓缩脱水一体机的设备选型。根据工艺设计，污泥浓缩脱水一体机的单台处理量为 33.3m³/h，见本篇第 5 章中带式压滤机，选取的型号为 3DP 浓缩脱水一体机，技术参数为带宽 1.5m，总长 6.88m，总宽 2.54m，总高 3m。

2）污泥输送泵的设备选型。根据工艺设计，污泥浓缩脱水一体机的单台处理量为 33.3m³/h，因此污泥输送泵的输送流量为 33.3m³/h。见第三篇第 1 章中 EH 型单螺杆泵，选取污泥输送泵的型号为 EH—1500。污泥输送泵的性能参数为 $Q = 39.7 \text{m}^3/\text{h}$，$P = 0.4 \text{MPa}$，额定功率 7.5kW。

3）皮带输送机运的设备选型。根据工艺设计，3 台污泥浓缩脱水一体机脱水后的污泥排至机外，由皮带输送机运至室外污泥堆场。见第三篇第 5 章中，选取带宽为 500mm 的皮带输送机。皮带输送机的性能参数为最大输送能力 60t/h，滚筒直径 320mm，单位功率 0.5kW/m。

7.6　氧化沟法污水处理工程实例

7.6.1　工程概况

本工程污水处理厂的流域范围总面积为 86km²，污水处理厂近期规模为 $2.0 \times 10^5 \text{t/d}$，远期规模达到 $3.5 \times 10^5 \text{t/d}$。

一期工程规模为 $2.0 \times 10^5 \text{t/d}$，总变化系数为 1.2。进水水质和出水水质见表 2-7-15。

表 2-7-15　进出水水质

项　　目	BOD$_5$/(mg/L)	COD/(mg/L)	SS/(mg/L)
进水水质	200	350	250
出水水质	20	60	30

7.6.2　工艺设计及设备选型

本工程为二级生化污水处理，处理工艺采用氧化沟活性污泥法。其主要工艺流程如下。

（1）污水处理工艺

原污水→粗格栅→水泵提升→细格栅→曝气沉砂池→选择/厌氧池→氧化沟沉淀池→排河。

（2）污泥处理工艺

剩余污泥→污泥浓缩池→脱水机房→外运填埋。

7.6.2.1　格栅间及泵房

（1）工艺设计　全厂设进水格栅间及泵房 1 座。

原污水由进水总干管接入本构筑物后分为三条渠道，渠道宽度为 3m。每条渠道前端设置 1 台手电动板闸。尺寸：宽×长＝1500mm×2500mm。

每条渠道内安装粗格栅 1 台，细格栅 2 台；粗格栅为直立式格栅，宽度为 3m，栅条间距为 40mm，三渠格栅出渣高度分别为 1.2～1.6m；细格栅为回转式细格栅，宽度为 1.25m，格栅倾角为 70°，栅条间距为 10mm，三渠细格栅出渣高度分别为 1.0m、1.32m 和 1.65m。

在粗格栅和细格栅后各安装无轴螺旋输送器，负责将栅渣输送至渣斗内，无轴螺旋输送器直径为 320mm，长度为 12.5m，倾角为 50°。在每条渠道后端设置叠梁闸槽，库房内备用叠梁闸一套，用于格栅检修。

渠道出水汇入泵房集水池。泵房内共安装 6 台潜水泵，其中 3 台型号为 CP3531，流量为 2912.4m³/h，扬程为 13.2m；3 台型号为 CP3400，流量为 1778.4m³/h，扬程为 13.4m。2 种泵交替安装。

为改善潜水泵处水力条件，特在泵间设置隔墙，并在泵后设置挡墙，避免形成旋流，使泵吸入空气，造成气蚀。

潜水泵出水经计量后直接接入位于沉砂池的出水井，每台潜水泵对应一个出水井。

（2）设备选型参考

1）粗格栅。进水泵房粗格栅采用直立式耙式格栅，安装在进水泵房前，用于将进水中的大块物体拦截、捞出运走。

① 主要结构。格栅由框架、栅条、齿耙、驱动装置、排渣口等部件组成。

格栅为直立式，框架为碳钢防腐，安装件及栅条、齿耙为不锈钢 304L；格栅宽度 3000mm，电机功率 3.0kW，设备质量约 4t；共 3 台。

② 工作原理。安装在框架上的驱动装置带动链条，使刮耙在栅条上运行，将污物捞出排至无轴螺旋输送器。

粗格栅为间断运行，由时间继电器和液位差计控制。

2）细格栅。进水泵房细格栅采用回转式机械格栅，安装在进水泵房前，用于将粗格栅漏过的细小物体及塑料袋、棉丝等拦截、捞出运走。

① 主要结构。格栅由框架、驱动装置、齿耙、排渣口等部件组成。

格栅为回转式，框架为碳钢防腐，齿耙为尼龙，安装件及齿耙轴为不锈钢；格栅宽度 1250mm，电机功率 3kW，安装角度为 70°，质量约 5t；共 6 台。

② 工作原理。格栅为回转式，安装在框架上的驱动装置带动链条转动，从而使齿耙沿上下两链轮作循环转动，将污水中污物捞出，排入无轴螺旋输送器。

3）无轴螺旋输送器。进水泵房粗、细格栅的栅渣采用无轴螺旋输送器输送，安装在粗、细格栅后，用于将粗、细格栅捞出的栅渣输送至池外，装车运走。

① 主要结构。无轴螺旋输送器由支架、U 形槽、无轴螺旋叶片、盖板、漏斗槽、驱动装置等部件组成。

其中无轴螺旋叶片由特殊钢制造，其他为不锈钢，螺旋支架 280mm，电机功率 2.2kW，长度 12500mm，设备质量约 400kg，共 2 台。

② 工作原理。由驱动装置带动无轴螺旋叶片旋转，将进料斗进来的栅渣通过无轴螺旋叶片推向出口，排入料斗。

7.6.2.2   曝气沉砂池

（1）工艺设计   工程设计规模为 $2.0×10^5$ t/d。曝气沉砂池为泵房出水井、沉砂池、鼓风机房、洗砂车间合建构筑物，由前至后依次为泵房出水井、曝气沉砂池和鼓风机房、洗砂车间。

泵房出水井分为 6 格，每格对应 1 台潜水泵，出水在堰后汇合，在此处设置一台超越闸，尺寸为 1300mm×1100mm；曝气沉砂池 4 台进水闸也设在此处，尺寸为 1300mm×1100mm。

曝气沉砂池分为两系列，两系列之间为鼓风机房。每系列沉砂池由 2 条沉砂池组成，共用 1 台桥式除砂机。每条沉砂池宽度为 4m，长度为 20m，设计水深为 3.5m；20 万吨/天流量时其停留时间为 4.03min。为便于沉砂，避免形成死角，将沉砂池底四面均设计为坡底，坡向集砂槽，汇集沉降下的砂粒。沉砂池曝气装置设置在池内一侧，每条池采用 70 个曝气头。沉砂池进水口位于进水端一侧，由 1300mm×1100mm 板闸控制；出水采用薄壁堰；两系列出水进入出水渠，再通过 2 根 $DN1300mm$ 钢管分别去往南北两系列配水井，管端各设置 1 台 1300mm×1300mm 板闸；出水渠内另设置 1200mm×800mm 板闸用于使两系列出水相互独立或汇合。

曝气沉砂池的除砂系统采用移动桥式除砂机，每 2 条池安装 1 台。每台移动桥上装有 2 台小空气压缩机，将集砂槽内的沉砂通过气提方式提升，排入沉砂池一侧的出砂槽，再进入洗砂车间。移动桥式除砂机由时间继电器控制，沿池往返运行。

每条沉砂池曝气装置相对一侧沿池长均设置浮渣挡板，浮渣挡板与池壁距离为 1100mm，沉砂池内产生的浮渣均集中在此区域内，由浮渣刮板刮至浮渣槽内排出池外；在本区域前端安装 2 个曝气头，用以避免浮渣淤积。

在两系列沉砂池的中间设置鼓风机房，内装 3 台罗茨鼓风机，用于沉砂池内曝气。3 台鼓风机中 2 台工作 1 台备用。鼓风机房内设置 1t 电动葫芦 1 台，便于鼓风机安装检修。鼓风机房与洗砂车间相通。

沉砂池出砂经出砂槽进入洗砂车间内的无轴螺旋式洗砂机。洗砂车间内设置 2 台洗砂机，分别与 2 台移动桥式除砂机联动。出砂经砂水分离后，砂中的含水率大大降低，排入砂斗外运填埋处理。洗砂间内设 1 台 2t 单梁悬挂式起重机，用于设备安装和检修。

沉砂池放空井与浮渣井合建，浮渣通过设在池内的浮渣槽排至池外浮渣井，浮渣槽内设冲洗管道，并由除砂机控制开、闭，冲洗水源由安装在出水渠内的浮渣冲洗泵提供；清液由浮渣井内溢流管排至厂区内污水管线，浮渣由浮渣车抽送至厂外处置。

曝气沉砂池前为流量计井，井内安装 6 台电磁流量计，其中 3 台为 $DN800mm$，3 台为 $DN700mm$，与泵房内潜水泵一一对应。

(2) 设备选型参考——曝气沉砂池除砂机　曝气沉砂池上安装 2 台除砂机，用于将沉积于沉砂池底部的沉砂提升，通过排砂管排入砂槽。

除砂机由桥架、端梁、驱动装置、行走装置、行走轮、吸砂装置、鼓风机、浮渣刮除装置、电缆卷筒、导向轮等部件组成。

1) 主要结构。除砂机为行走桥气提吸砂式结构。除砂机主要由桥架、驱动装置、刮泥板等部件组成。行走轮中心跨距 8700mm，行走距离 16550mm（池长 20000mm），除砂机的运行速度约为 6cm/s（高速），4cm/s（低速），行走电机功率 0.36/0.6kW。除砂机总功率 7.22kW，行走轮为胶轮。

2) 工作原理。除砂机由端梁上的驱动装置带动橡胶行走轮转动，使除砂机在曝气沉砂池上往复运行。吸砂行程运行速度 4cm/s，返回行程运行速度 6cm/s。在沉砂池两端设有行程开关，通过桥架上的开关接触装置控制驱动装置的运行。

桥架上方的空压机启动，随着桥车运行，将池底的沉砂提升通过 $DN125mm$ 排砂管排入砂槽中。

浮渣刮板在除砂机前进行程时刮渣，在返回行程时抬起，放下、抬起运动由浮渣刮板提升系统完成。

行走电机、空压机、浮渣刮板提升系统由电缆卷筒供电。

7.6.2.3　氧化沟配水、配泥井

全厂设进水配水配泥井 2 座，分别为南、北两系列氧化沟服务，每座配水负责每系列 3 座氧化沟的配水及配泥工作。

来自沉砂池的污水，经 $DN1300mm$ 管道进入本构筑物的配水部分。构筑物配水部分安装 3 台 5m 手动可调堰，每台可调堰对应本系列的一条氧化沟，可以控制对应氧化沟的进水流量。进水经过可调堰后进入出水渠道，最终通过 $DN800mm$ 管道流入氧化沟的选择池。

来自回流污泥泵房的回流污泥通过 $DN1000mm$ 管道进入本构筑物的配泥部分。构筑物配泥部分同样安装 3 台 5m 手动可调堰，每台可调堰也对应本系列的一条氧化沟，用以控制对应氧化沟的污泥回流情况。回流污泥经过可调堰后送入出泥渠道。去往氧化沟的回流污泥分为两部分：一部分通过 $DN400mm$ 管道接入，来自配水部分对应的 $DN800mm$ 管道后，一同进入氧化沟选择池；另一部分通过 $DN600mm$ 管道直接进入氧化沟的厌氧池部分。回流污泥的按比例分配依靠设置在每条出泥渠道内的叠梁闸来实现。渠道内安装 3 套叠梁闸槽和 1 套叠梁闸，闸槽分别安装在可调堰全长的 20％、30％、40％ 的位置上，这样可通过调整叠梁闸的位置得到回流污泥量的 20％、30％ 或 40％ 进入氧化沟选择池，余下部分进入氧化沟厌氧池。

进水流量增大时，氧化沟水位会随着上升；当水位上升超过氧化沟转刷的允许最大浸没深度时，会造成转刷电机损坏。为防止进入氧化沟的水量超过允许值，在配水井内设置溢流渠道，将超量来水通过溢流管排入泵房。溢流堰采用薄壁堰板，并开长孔，便于调节、控制溢流水位。图纸中所注溢流堰高程为理论计算值，实际运行中可根据实际情况进行调节。

7.6.2.4　氧化沟

(1) 工艺设计　工程设计规模为 $2.0 \times 10^5 t/d$。设计采用单沟式氧化沟工艺，全厂共分为南、北两大系列，每系列由 3 组氧化沟组成。每组氧化沟对应一座沉淀池。南、北两大系列轴对称布置。

为改善污泥的性能、抑制污泥膨胀的发生、考虑除磷脱氮，设计中考虑在氧化沟前设置了选择池、厌氧池。这样每组氧化沟由选择池、厌氧池和单沟式氧化沟组成，每组氧化沟总长为 174.3m，宽度为 44m，设计水深 3.5m；选择池容积为 447m³，厌氧池容积为 1500m³，氧化沟容积为 19800m³，总名义停留时间为 15.7h。氧化沟内 MLSS 为 4g/L，剩余污泥量为 33t/d。

原污水由配水井经 $DN800mm$ 管道进入每组氧化沟的选择池，途中接入来自配泥井 $DN400mm$ 回流污泥管，可根据运行情况由配泥井内分 3 挡调节污泥流量。选择池内设 1 台潜水搅拌器。其余的回流污泥由配泥井经 $DN600mm$ 管道进入厌氧池与选择池出水汇合。厌氧池分为 2 格，每格内均设 1 台潜水搅拌器。每系列氧化沟设置搅拌器起吊设备 1 套，全厂共设置 2 套，使用时安装到对应搅拌器处的池顶底座。

每组氧化沟分为 4 条廊道，每条廊道宽为 10.5m，长度约为 160m。曝气装置采用 9m 长转刷，电机功率为 45kW。每组氧化沟安装 12 台转刷，转刷由进水端依次编为 1～12 号，其中 1～4 号为双速转刷，5～12 号为单速转刷。转刷的最大浸没深度为 240mm，正常运转

时浸没深度为 232mm。转刷两端安装防溅板，用以防止池内水进入转刷电机安装平台，且在转刷下游均安装导流板。每系列氧化沟沿池宽方向设置 3 条通行桥，桥宽为 4.8m，转刷均交错安装于桥下。每座通行桥上均设置 2 台转刷起吊装置，用于转刷、电机、减速箱的起吊、检修。

每组氧化沟内均安装 DO 仪、ORP 仪和污泥浓度计，安装位置位于氧化沟出水堰处。污泥浓度计周围设置不锈钢挡板，以保证污泥浓度计周围水流稳定。3 种仪表中，DO 仪和 ORP 仪参与控制转刷转速及工作台数，污泥浓度计用于监测沟内污泥浓度。

氧化沟出水堰长度为 40m，位于氧化沟侧壁，安装不锈钢薄壁堰板。出水进入渠道，渠道末端接入 DN1100mm 钢管，直接进入对应沉淀池。

（2）设备选型参考——转刷曝气器　转刷曝气器安装在氧化沟上，共 72 台，其中 48 台为单速电机，24 台为双速电机。供货商：DEGREMONT。型号：BIGOX19Op20。

1）主要结构。转刷曝气器由转刷、电机、减速机、轴承座等部件组成。转刷轴为无缝钢管，直径 400mm，长度 9000mm；叶片由螺栓和螺母固定在中心轴上，直径 1000mm；电机功率 45kW，转速为 73r/min 和 73/49r/min；充氧量（按 O_2 计）为 74kg/h。

2）工作原理。电机减速箱通过联轴器和轴承座带动转刷转动。

7.6.2.5　沉淀池

（1）工艺设计　工程设计规模为 2.0×10^5 t/d，沉淀池共 6 座，单池直径为 55m，中心进水，周边出水的辐流式沉淀池，池边水深为 4.0m，池底坡度为 5%，表面负荷为 0.585m^3/（$m^2 \cdot h$），平均水力停留时间为 3.4h，每座沉淀池表面积为 2376m^2。设计每座沉淀池对应 1 座氧化沟，6 座沉淀池，序号为 A~F，分为 2 组，每组 3 座沉淀池，共用 1 座出水井和污泥泵房。

沉淀池采用直径 55m 的中心传动吸泥机，通行桥为固定式，上设空压机 1 台，用于虹吸启动；污泥由 16 根 DN250mm 吸泥管汇集至中心集泥槽，排泥量由阀门控制，然后通过虹吸方式进入 DN800mm 污泥管，最终汇入污泥泵房。

沉淀池放空井与浮渣井合建，浮渣通过设在池面的浮渣斗排至池外浮渣井，浮渣斗设冲洗装置，并由吸泥机控制开、闭；清液由浮渣井内溢流管排至厂区内污水管线，浮渣由浮渣车抽送至厂外处置。

沉淀池出水通过池内出水堰汇入出水槽后直接排入沉淀池出水井，由出水井经退水管道排入厂外河。

沉淀池内设置的出水堰板和浮渣挡板采用耐腐蚀性强的 3mm 厚不锈钢板加工成形，高度均为 300mm；出水堰板、浮渣挡板及压板、连接件均随吸泥机提供。

沉淀池进水管、排泥管及放空管均在沉淀池底板以下，由于埋深较大，设计中采用混凝土满包方式以保证其强度。

沉淀池出水堰板用压板固定，便于堰口调平且安装简单，压板采用膨胀螺栓固定在出水槽壁。

（2）设备选型参考——沉淀池吸泥机　该污水处理厂工程吸泥机为进口设备，生产及供货商为 DEGREMONT。吸泥机共 6 台，安装于沉淀池上，用于去除沉淀的污泥及池面的浮渣。

1）主要结构。吸泥机采用中心传动，静压及虹吸排泥，由主梁（固定）、中心驱动装置、刮泥耙、吸泥管、浮渣刮板、中心泥筒、虹吸装置等部件组成。

电机功率 0.55kW，周边速度 2m/min，电机形式 DAC2，设备总重量 34600kg。

2）工作原理。中心驱动装置带动吸泥管架沿沉淀池圆周方向转动，行走速度 2m/min，污泥通过吸泥管进入中心集泥槽，然后通过 2 个虹吸管将污泥排出，吸泥机为连续运行，排泥量可根据需要由上部调节阀调节。

浮渣刮板将浮渣刮至池边，由浮渣漏斗排出池外。

7.6.2.6 沉淀池出水井和污泥泵房

（1）工艺设计 沉淀池出水井和污泥泵房为沉淀池出水井、污泥泵房的合建构筑物。本构筑物全厂共设 2 座，南、北两系列各 1 座。

主构筑物主要功能为：a. 每系列 3 座沉淀池的出水汇集在出水渠道内，然后通过 $DN1400$mm 总出水管道排至退水管；b. 每系列 3 座沉淀池的出泥汇入污泥泵房内，然后通过回流污泥泵输送到氧化沟前的配泥井，剩余污泥则由剩余污泥泵输送到浓缩池进行浓缩；c. 将沉淀池部分出水提升回用。

3 座沉淀池的出水通过 3 根 $DN800$mm 管道进入构筑物的最外层环形出水渠道内，每根管道均设置 1 台 800mm×800mm 手电动板闸。沉淀池出水在渠道内汇集后通过 1 根 $DN1400$mm 管道向东接入厂区退水管道，$DN1400$mm 管道进口处设置 1 台 1400mm×1400mm 手电动板闸。出水渠道内安装 1 台流量为 150m³/h 的回用水泵，通过 $DN200$mm 管道将部分沉淀池出水输送至污泥脱水机房，供冲洗脱水机滤布及用于其他目的。

3 座沉淀池的出泥也通过 3 根 $DN800$mm 管道进入本构筑物的中心筒，中心筒分为 3 个独立区域，每座沉淀池对应一个区域。污泥由中心筒经过薄壁堰进入构筑物的第二层环形渠道内，汇入污泥泵房。污泥泵房内设置有 1 台剩余污泥泵，流量为 87.6m³/h；1 台变频回流污泥泵，流量范围为 707～1404m³/h；2 台流量为 1404m³/h 的回流污泥泵。

在剩余污泥管道上设支管返回污泥泵房，支管上设置电动调节阀，通过设置在主管道上的电磁流量计测定的流量信号控制电动调节阀的开度，调节返回污泥泵房的污泥量，从而达到控制剩余污泥排放量的目的。

（2）设备选型参考

1）沉淀池出水井 1400mm×1400mm 钢闸门。1400mm×1400mm 闸门采用钢板闸门，共 2 台，安装在沉淀池出水井和污泥泵房的环形出水渠道的 $DN1400$mm 总出水管处。产品由 DEGREMONT 提供。

① 主要结构。闸门由闸框、闸板、启闭机、丝杠、密封及连接件组成。

闸门为钢板闸门，闸板、丝杠及连接螺栓为 304L 不锈钢；安装螺栓为 316L 不锈钢；闸框为 E24 碳钢；密封材料为丙烯腈。

闸口尺寸为 1400mm×1400mm，外形尺寸（闸框）为 1690mm×3360mm，重量是 700kg。

② 工作原理。安装在工作平面上的启闭机通过丝杠带动闸板在闸框中上下行走，达到开启、关闭的目的。启闭机为手、电两用。

2）沉淀池出水井 800mm×800mm 钢闸门。800mm×800mm 闸门采用钢板闸门，共 6 台，安装在沉淀池出水井和污泥泵房的环形出水渠道的 $DN800$mm 沉淀池出水管处。产品由 DEGREMONT 提供。

① 主要结构。闸门由闸框、闸板、启闭机、丝杠、密封及连接件组成。

闸门为钢板闸门、闸板、丝杠及连接螺栓为 304L 不锈钢；安装螺栓为 316L 不锈钢；闸框为 E24 碳钢；密封材料为丙烯腈。

闸口尺寸为 800mm×800mm，外形尺寸（闸框）为 1200mm×2300mm，质量

是 230kg。

② 工作原理。安装在工作平面上的启闭机通过丝杠带动闸板在闸框中上下行走，达到开启、关闭的目的。启闭机为手、电两用。

7.6.2.7 浓缩池

（1）工艺设计 一期工程规模为 2.0×10^5 t/d。浓缩池设计为 2 座，直径 22m 圆形，池序号为 A、B。采用中心进水，周边出水重力浓缩池。总进泥量为 4125m³/d，混合污泥含水率为 99.2%，浓缩后污泥含水率为 96%，单池固体表面负荷率为 43.4kg/(m² · d)，直径为 22m，池边水深为 4.4m，超高 0.5m，池底纵坡为 20%，水力停留时间为 16.8h，2 座浓缩池表面积共为 760m²。

浓缩池安装进口浓缩机，为周边驱动半桥式浓缩机，行走轮采用胶轮，排泥采用静压方式，将浓缩后污泥送至污泥脱水机房。

浓缩池上清液通过池内出水堰板汇入出水槽后，排至厂区污水管，最终排入进水泵房再行处理。

（2）设备选型参考污泥浓缩机 其工作原理是污水由中心进泥井流入浓缩池，浓缩机转动由刮泥板将池底沉淀的污泥收集至中心泥斗排出。在刮臂上安装有竖向栅条，刮臂旋转时带动栅条作缓慢的搅拌，以提高污泥浓缩的效果。在浓缩池池周安装有 12 块不锈钢堰板，上清液经堰板流出。

供货商：DEGREMONT。

1）主要结构。浓缩机为半桥式周边传动结构。浓缩机主要由桥架、驱动装置、刮泥板中心支撑和栅条等部件组成。浓缩池的池径为 22m，池底坡度为 20%，浓缩机的运转速度约为 4cm/s，电机功率为 0.55kW。行走轮为胶轮。

2）工作原理。污水由中心进泥井流入浓缩池，浓缩机转动由刮泥板将池底沉淀的污泥收集至中心泥斗排出。在刮臂上安装有竖向栅条，刮臂旋转时带动栅条做缓慢的搅拌，以提高污泥浓缩的效果。在浓缩池池周安装有 12 块不锈钢堰板，上清液经堰板流出。电机减速箱通过联轴器和轴承座带动转刷转动。

7.6.2.8 污泥脱水机房

本污水处理厂一期工程规模为 2.0×10^5 t/d，共生产剩余干污泥 33t/d，污泥脱水后体积为 184m³/d，此时污泥含水率 82%。

污泥脱水机房设计以外方提供资料为依据。剩余污泥经污泥泵提升到污泥浓缩池、浓缩后污泥经污泥泵加压进入脱水机房带式脱水机，进行污泥脱水，脱水后污泥经无轴螺旋输送机直接装车外运。当脱水后污泥暂时运输不出去时，堆放在堆泥场，最终农用或与城市垃圾一并处置。

正常运行状况下剩余污泥经污泥浓缩池浓缩后，由污泥泵加压给脱水机脱水。脱水机、污泥泵及加药泵、冲洗水泵一一对应，连续运行。

主要设备见表 2-7-16。

表 2-7-16 主要设备

设 备 名 称	型 号 规 格	数量	备 注
污泥螺杆泵	MV45i5,$H=20$m,$Q=4.7\sim30$m³/h	10	PCM
带式污泥脱水机	LP30,带宽 3m,$Q=20\sim30$m³/h	4	DEGREMONT
冲洗水泵	SPI-30-50-250/185 $H=70$m,$Q=3\times55$m³/h$=165$m³/h	3	FLYGT
溶药设备	AUTOFLOC8540	2	TMI

设 备 名 称	型 号 规 格	数量	备 注
加药泵	MV2200F4,$Q=0.37\sim1.66m^3/h,H=40m$	4	PCM
空压机	AZB102T,$Q=9m^3/h,H_{LOW}=7bar,H_{HIGH}=10bar$	5	COMPAIR
无轴螺旋输送器	U355-P/SSL=11m	4	SPIRAC
轴流风机	AXIPALBZVA50-3-11,$Q=2200m^3/h$	4	ABB
电动单梁悬挂式起重机	LX2t；跨度11m	1	国产
离心式屋顶风机	DW4-75-11N05.6,$Q=3000\sim6000m^3/h$	4	国产
轴流风机	03-12A 机号3,$Q=105m^3/min$	1	国产
潜污泵	WQ-10-1,$Q=10m^3/h$	1	国产
冲洗水罐	$\phi3000mm$	1	国产

7.6.2.9 污泥堆置场

污泥堆置场负责将脱水机房脱水后的泥饼暂存，然后用污泥运输车将其运走。每日处理干污泥量33t，按含水率82%计算，体积为183m³。

污泥堆置场工程包括堆置棚、堆置场、排水边沟及闸井。

堆置棚作为泥饼短期倒运、贮存。结构形式为钢网架，棚长57m、宽39m，净空为6m。在不外运情况下可贮存脱水泥饼约1500m²，存泥8d。

堆置场面积为9133m²，设置在厂区东北部，污泥脱水机房东侧，面积为9133m²。污泥堆置场主要考虑污泥脱水后进一步处置时兴建所需设施用地。其地面铺装为现浇混凝土地面。

堆置场四周设排水边沟（参PT04-01）$W=360mm$，$H=550\sim700mm$，1♯～5♯井坡度为0.0019，1♯～5-1♯坡度为0.0016，边沟上设铸铁箅子。因污泥渗出泥水，边沟需1周清掏1次，或边沟堵塞时，应急清掏。尽量减少厂区污水管线堵塞的可能。

场内排水最终经$W\times B=1000mm\times1000mm$闸井接入厂内污水、雨水管内，依据堆置场排水水质情况而定，有2座手动闸门$W\times H=400mm\times500mm$可切换。当场内无泥下雨时，水质较清，关闭污水闸门，打开雨水闸门，场内水排入雨水管；当场内有泥下雨时，水质较混，关闭雨水闸门，打开污水闸门，场内水排入污水管。要严格按此说明操作，否则直接污染亮马河水质。

堆置场内竖向设计主要根据已设计的污水处理厂内路面标高及堆置场的平面布局、厂内边沟排水方向等条件来考虑。排水方向基本上由堆置场中部排向东、南、北侧，坡度为0.3%左右。堆置场地面起点、终点与已设计厂内道路及堆置棚地面接顺。

污泥堆置场机械设备有轮式装载机一台，铲斗容积为1.7m³；污泥运输车10辆。

机械设备。本污水处理厂工程主要机械设备（除细格栅外）均为国外进口，供货商为法国DEGREMONT公司。

盖板：盖板由铝合金搁板和铝合金花纹钢板焊接，周边粘接橡胶，防止水进入电机底座及轴承座，其中盖板Ⅰ、Ⅱ、Ⅲ在电机端，盖板Ⅳ在对面轴承座上部，南、北两系列各加工36套。

折流板：由空心方钢和钢板焊接而成，材料为不锈钢，支撑架用膨胀螺栓固定在边墙上，具体安装位置由外方人员现场指导安装。

防溅板：防溅板安装在转刷两端，防止水花进入电机座和轴承座内。防溅板用膨胀螺栓固定在边墙上。

7.7　MBR 工艺污水处理工程实例

7.7.1　工程规模

北京某污水处理厂再生水回用工程是北京市污水处理和资源化的重要工程项目，工程建设规模为 $8 \times 10^4 \mathrm{m}^3/\mathrm{d}$，它以二级处理出水为水源，经过深度处理使水质达到回用要求，向海淀区及朝阳区部分区域提供城市绿化、住宅区冲厕等用途的市政杂用水，以及河湖水系定期补、换水，尤其是作为奥运公园水面的景观水体的补充水。

7.7.2　处理工艺选择

进水水质标准为污水处理厂二级出水水质标准。再生水出水水质标准是采用《地表水环境质量标准》（GB 3838—2002）水体标准和《城市污水再生利用　城市杂用水水质》（GB/T 18920—2002）中车辆冲洗水质标准综合而成。如表 2-7-17 所列。

表 2-7-17　设计进出水水质

项　　　目	进水标准/(mg/L)	出水标准/(mg/L)
pH 值(无量纲)		6~9
五日生化需氧量(BOD$_5$)	20	6
化学需氧量(COD$_{Cr}$)	60	30
氨氮(NH$_3$-N)	1.5	1.5
总氮(TN)	10	8
总磷(TP)	0.5	0.3
总大肠菌群		<3 个/L

该再生水厂工艺流程如图 2-7-9 所示。

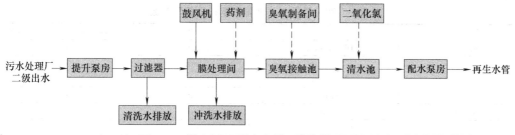

图 2-7-9　再生水厂工艺流程

7.7.3　膜处理间

膜处理间主要由膜池、活性炭滤池、鼓风机间、加药间、贮药间、配电室和控制室组成。

7.7.3.1　膜池

膜处理系统共 6 列膜池，每列膜池安装 9 只 ZW-1000 膜箱，其中 7 个膜箱内装 57 个膜元件，2 个膜箱内装 60 个膜元件。

每系列膜池对应 1 台透过液泵，整个系统共 6 台透过液泵；单台泵流量 $Q = 637 \mathrm{m}^3/\mathrm{h}$，扬程 $H = 12\mathrm{m}$。

整个膜系统安装 2 台反冲洗水泵，1 用 1 备，单台泵流量 $Q = 1065 \mathrm{m}^3/\mathrm{h}$，扬程 $H = 15\mathrm{m}$。安装 2 台化学清洗水泵，1 用 1 备，单台泵流量 $Q = 430 \mathrm{m}^3/\mathrm{h}$，扬程 $H = 12\mathrm{m}$。安装 2 台鼓风机，1 用 1 备，单台流量 $Q = 1023 \sim 1106 \mathrm{m}^3/\mathrm{h}$，风压 $H = 37.4 \mathrm{kPa}$。安装 2 台空压机、配套冷干机及相应的过滤器和贮罐，空压机能力为 $Q = 2.75 \mathrm{m}^3/\mathrm{min}$。安装 3 台真空泵，

2用1备，单台能力为 $Q=300\text{m}^3/\text{h}$。

膜系统的加药装置包括次氯酸钠加药装置、柠檬酸加药装置、亚硫酸氢钠加药装置、次氯酸钠室外贮罐及转运泵。超滤膜工艺设计参数如表2-7-18所列。

表 2-7-18　超滤膜工艺设计参数

平均日产水量/(m³/d)	80000	每个膜箱膜元件数/个	57/60
设计名义通量/[L/(m²·h)]	23	每列安装膜元件数/个	519
超滤膜材质	聚四氟乙烯(PVDF)	安装膜元件总数/个	3114
标称孔径/μm	0.02	每个膜元件膜表面积/m²	46.5
膜池数量/列	6	使用寿命/年	5～8
每列膜池膜箱数/只	9		

7.7.3.2　活性炭滤池

该再生水厂的设计考虑在膜处理系统后设置活性炭滤池，以便在有需要的时候进一步降低出水色度。

(1) 活性炭滤池系统工艺设计参数　如表2-7-19所列。

表 2-7-19　活性炭滤池系统工艺设计参数

总过滤面积/m²	252	承托层/m	300
设计滤速/(m/h)	13.2	滤板/m	100
规格尺寸/m	9.0×7.0 (4座)	长柄滤头/个	12200
接触时间/min	8.2	反冲洗强度/[L/(s·m²)]	11
活性炭滤料	圆柱形；$D=1.5\text{mm}$	反冲洗时间/min	8
滤层厚度/m	1.8		

(2) 砾石承托层级配要求　滤板上铺砾石承托层，厚度300mm，$d=2\sim32\text{mm}$ 按6层铺设，每层厚度50mm。如表2-7-20所列。

表 2-7-20　活性炭滤池砾石承托层级配参数

自上至下	粒径	厚度	四座滤池所需体积/m³
第1层	16～32mm	50mm	12.60
第2层	8～16mm	50mm	12.60
第3层	2～4mm	50mm	12.60
第4层	4～8mm	50mm	12.60
第5层	8～16mm	50mm	12.60
第6层	16～32mm	50mm	12.60

7.8　MBR工艺污水处理工程小城镇应用实例

7.8.1　工程概况

陕西某污水处理厂位于当地国家农业示范区，其污水处理设施于2014年8月开始建设，采用一体化膜生物反应器，共配置3套系统，每套系统处理量500m³/d，共1500m³/d。该污水处理设施于2015年3月正式投运。

7.8.2　工程设计及设备选型

7.8.2.1　工程规模

该工程污水处理量为1500m³/d，由3套处理系统进行处理，每套系统的处理能力为500m³/d。

7.8.2.2　设计进、出水水质

该工程要求系统处理后的出水水质应达到《城镇污水处理厂污染物排放标准》一级A

标准。该工程设计进出水水质如表 2-7-21 所列。

表 2-7-21　设计进出水水质

序号	项目	设计进水水质	设计出水水质
1	温度/℃	10～35	25～35
2	pH 值	6～9	6～9
3	COD_{Cr}/(mg/L)	≤400	≤50
4	BOD_5/(mg/L)	≤200	≤10
5	SS/(mg/L)	≤350	≤15
6	氨氮/(mg/L)	≤35	≤5
7	总磷/(mg/L)	—	≤0.5
8	类大肠菌群数/(个/L)	—	10^3

7.8.2.3　处理工艺的选择

综合考虑污水处理量、进出水水质、建设用地，以及建设、运营费用等因素后，该工程采用一体化膜生物反应器（A/O＋MBR）对污水进行处理。一体化膜生物反应器（A/O＋MBR）利用膜取代传统生物处理工艺中的二沉池，对生化工艺的泥水混合物进行固液分离，通过对开放式中空纤维膜元件的使用，将膜组件直接置于好氧池中，经泵负压抽吸，使水透过膜表面，从中空纤维膜内侧抽出。

7.8.2.4　设备选型

一体化膜生物反应器（A/O＋MBR）的单机处理能力为 $500m^3/d$，其一体化装置中包含缺氧单元、好氧膜单元、加药清洗及电气自控单元。系统除了一体化的装置外，现场还配备格栅井和调节池。一体化装置内部设备名称及其性能参数如表 2-7-22 所列。

表 2-7-22　一体化膜生物反应器（A/O＋MBR）内部设备

序号	设备及部件名称	性能参数	数量	单位	材料
一	本体构筑物	14500mm×2800mm×2800mm	2	座	碳钢防腐
二	主体设备				
1	粗格栅	栅隙 3mm	1	台	SS304
2	格栅	栅隙 0.5mm	1	台	SS304
3	提升泵	$Q=21m^3/h, H=10mH_2O, N=2.2kW$	1	台	铸铁
4	填料	$\phi180mm$	1	套	
5	微孔曝气管	池底布置	1	套	
6	鼓风机	$Q=10.89m^3/min, P=40kPa, N=15kW$	1	台	
7	MBR 膜组件	20 片/台	5	台	组合
7.1	MBR 膜片	$15m^2$	100	片	PVDF
7.2	膜箱	膜架、含曝气穿管、集水管	5	套	
8	清水抽吸泵	$Q=24m^3/h, H=14mH_2O, N=4kW$	1	台	SS304
9	清洗系统				
9.1	次氯酸钠计量泵	$Q=44L/h, P=10bar$	1	台	PVC
9.2	次氯酸钠计量泵	$Q=249L/h, P=10bar$	1	台	PVDF
9.3	次氯酸钠罐	180L	1	个	PE
9.4	清洗泵	$Q=7m^3/h, H=15m, N=0.75kW$	1	台	SS304
10	污泥回流泵	$Q=21m^3/h, H=10m, N=2.2kW$	1	台	SS304
三	仪表	含流量计、压力表、液位计等	1	套	
四	阀门	手动阀门若干	1	套	
五	管道	连接管道及配件	1	套	
六	电气控制系统		1	套	

7.9 生物转盘工艺污水处理工程小城镇应用实例

7.9.1 工程概况

兴化市某污水处理厂是兴化市 14 个乡镇污水处理厂 BOT 项目中的一个,处理规模为 1500m^3/d。该水厂服务范围内主要收集集镇生活污水,其设计进水水质如表 2-7-23 所列。

表 2-7-23 污水处理厂设计进水水质

项目	COD$_{Cr}$/(mg/L)	BOD$_5$/(mg/L)	SS/(mg/L)	NH$_3$-N/(mg/L)	TP/(mg/L)	pH 值
进水水质	≤250	≤120	≤120	≤35	≤3	6~9

本工程尾水排放执行《城镇污水处理厂污染物排放标准》(GB 18918—2002)一级 A 标准。具体出水水质及去除率见表 2-7-24。

表 2-7-24 污水处理厂设计出水水质

项目	COD$_{Cr}$/(mg/L)	BOD$_5$/(mg/L)	SS/(mg/L)	NH$_3$-N/(mg/L)	TP/(mg/L)	pH 值
出水水质	≤60	≤20	≤20	≤8(15)	≤1	6~9

注:括号外数值为水温>12℃时的控制指标,括号内数值为水温≤12℃时的控制指标。

7.9.2 工程设计及设备选型

7.9.2.1 工艺系统描述

(1)格栅及提升泵站 小城镇污水一般含泥砂较多,因此污水处理系统中的沉砂单元非常重要。但城市污水处理厂常用的旋流沉砂池以及曝气沉砂池太过复杂,不适宜水量很小的小城镇污水处理厂。该项目采用定期清掏的平流沉砂渠及提篮格栅。

(2)调节沉淀池 调节沉淀池集沉淀、水质水量调节、反硝化及污泥贮存等功能为一体,不仅将传统预处理中所包含的初沉池及生物反应区中的缺氧段的功能合并,同时还可短期贮存初沉污泥和剩余污泥(约为 15d)。污泥经由泵抽至罐车运至较大的污水处理厂的脱水机房进行浓缩脱水处理。该池的使用,极大地减小了占地面积,简化了流程,便于自动化运行,管理简单。调节区设置潜污泵,将污水提升至生化段进一步去除污染物质。

(3)高效生物转盘 高效生物转盘的主要组成部分有转动轴、转盘、废水处理槽和驱动装置等。垂直固定在水平轴上附着一层生物膜的圆形盘片,上半部露在大气中,下半部 40%~45% 的盘面浸没在污水中。工作时,污水流过水槽,驱动装置带动转盘转动,当盘面某部分浸没在污水中时,盘上的生物膜便对污水中的有机物进行吸附;当盘片离开液面暴露在空气中时,盘上的生物膜从空气中吸收氧气对有机物进行氧化。这样转轴带动转盘以一定的速度不停地转动,生物膜交替的与废水和空气接触,形成一个连续的吸氧、吸附、氧化分解过程,使氧化槽内污水中的有机物减少,使污水得到净化。与此同时转盘上的生物膜也同样经历挂膜、生长、增厚和老化脱落的过程,脱落的生物膜可在沉淀池中去除。高效生物转盘除能有效地去除有机污染物外,随着膜的增厚,内层的微生物呈厌氧状态,还具有硝化、脱氮与除磷的功能。

(4)双效滤池 双效滤池的池体为钢筋混凝土结构,过滤系统主要由水平滤网、滤盘、中心传动装置、支架、反冲洗装置、排泥装置等组成。高效生物转盘出水重力流经水平旋转滤网进入滤池,滤池中设有挡板消能设施。污水通过滤布过滤,过滤液通过中空管收集,重力流通过溢流槽排出滤池。

过滤中部分污泥吸附于滤布外侧,逐渐形成污泥层。随着滤布上污泥的积累,滤布过滤阻力增加，滤池水位逐渐升高。通过测压装置可以监测滤池与出水池之间的水位差。当该水位差达到反冲洗设定值时，PLC 即启动反冲洗泵，开始反冲洗。

过滤期间，滤盘处于静态，有利于污泥的池底积泥。反冲洗期间，滤盘以 1r/min 的转速旋转。反冲洗泵利用中空管内的滤后水冲洗滤布，洗出滤布上积聚的污泥颗粒，并排除反冲洗水。

双效滤池设有斗型池底，有利于池底污泥的收集。污泥池底沉积减少了滤布上的污泥量，可延长过滤时间，减少反冲洗水量。经过一设定的时间段，PLC 启动排泥泵，通过池底排泥管将污泥排放至多功能预处理池。其中，排泥间隔时间及排泥历时可予以调整。

（5）紫外消毒渠　紫外消毒渠与双效滤池合建。污水在该段与紫外线充分接触，去除水中的病原微生物，保证公共安全，防止传染性疾病传播。

（6）综合工房　用于放置污泥脱水设备、加药设备，同时设置化验室、值班室等。污泥处理采用直接机械浓缩脱水方案，脱水后泥饼外运。在污泥浓缩脱水机前设置贮泥池，这是为了在浓缩脱水机有故障时贮泥池可以起到一定的缓冲作用。但贮泥池的停留时间不能太长。

污泥浓缩脱水采用叠螺式污泥脱水机，该脱水机可直接接受沉淀池的来泥，减少浓缩池工艺环节，当进料含水率在 99.5% 时，经浓缩脱水后含水率可降至 75%～80%。与其他脱水机械相比，该机具有处理能力大、使用费用低、操作简单、安全可靠、连续自动化运行等优点。加药设备用于投加絮凝剂，用于辅助降低出水总磷含量及 SS 含量。

7.9.2.2　主要工艺参数、设备选型及性能参数

（1）格栅及提升泵站　设计流量 1500m³/d（时变化系数 2.0）。结构型式：钢筋混凝土。格栅渠及提升泵站尺寸：3.8m×4.8m×6.5m，1 座。选用设备：提篮格栅 1 台，栅隙宽 10mm×10mm；附壁式铸铁圆闸门 1 台，提升高度 600mm，手动；污水提升泵 3 台，$Q=45m³/h$，$H=13m$，$N=4kW$，2 台变频，自耦安装；栅渣小车 1 台，有效容积 0.25m³。

（2）调节沉淀池　设计流量 1500m³/d。结构型式：钢筋混凝土。尺寸：12.0m×5.0m×5.0m，1 座。总停留时间：4.0h。选用设备：浮筒式滗水器 1 台，$Q=150m³/h$。

（3）高效生物转盘　尺寸：13.2m×8.2m×1.8m，1 座。结构型式：钢筋混凝土。选用设备：转盘直径 3.6m；有效面积 8200m²/台；数量 3 台；功率=4.0kW。

（4）双效滤池（包括紫外消毒渠）　尺寸：11.64m×3.0m×3.5m（包括紫外消毒渠）。结构型式：钢筋混凝土。选用设备：滤盘直径 2.0m；数量 4 组；功率=1.65kW；紫外消毒模块 $N=8×0.32kW$，1 套。

控制通过测压装置监测滤池与出水池之间的水位差实现，当该水位差达到反冲洗设定值时 PLC 即启动抽吸水泵，开始反冲洗过程。

（5）综合工房　尺寸：15.6m×5.1m×3.5m。结构型式：砖混。选用设备：隔膜计量泵 2 台，$Q=120L/h$，$P=7bar$，$N=0.25kW$；PAC 溶药箱 1 台，容积=2.0m³；搅拌机 1 台，$N=1.5kW$；轴流风机 2 台，$N=0.18kW$。

7.10　曝气生物滤池污水处理工程小城镇应用实例

7.10.1　工程概况

河北省香河县廊坊市某村集装箱式污水处理项目，设计处理量 200m³/d。污水处理站设计进水水质如表 2-7-25 所列。

表 2-7-25 污水处理站设计进水水质

项目	COD_{Cr} /(mg/L)	BOD_5 /(mg/L)	SS /(mg/L)	NH_3-N /(mg/L)	TN /(mg/L)	TP /(mg/L)	pH 值
进水水质	≤350	≤200	≤200	≤40	≤40	≤4	6~9

本工程尾水排放执行《城镇污水处理厂污染物排放标准》（GB 18918—2002）一级 A 标准。设计出水水质见表 2-7-26。

表 2-7-26 污水处理站设计出水水质

项目	COD_{Cr} /(mg/L)	BOD_5 /(mg/L)	SS /(mg/L)	NH_3-N /(mg/L)	TN /(mg/L)	TP /(mg/L)	pH 值
进水水质	≤50	≤10	≤10	≤5(8)	≤15	≤0.5	6~9

注：括号外数值为水温>12℃时的控制指标，括号内数值为水温≤12℃时的控制指标。

7.10.2 工程设计及设备选型

7.10.2.1 主要工艺技术指标

设计水量 200m³/d。曝气生物滤池工艺流程见图 2-7-10。

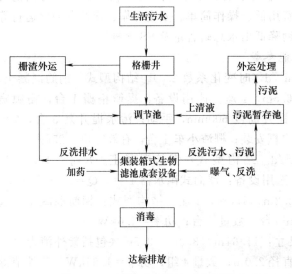

图 2-7-10 曝气生物滤池工艺流程

7.10.2.2 主要处理单元

（1）综合池 本工程中格栅井、调节池和贮泥池合建为综合池，尺寸为 5m×5m×4.5m。

1）格栅井。格栅井设置于污水提升泵前，主要作用是拦截较大的污物，以保护污水提升泵不受损害。

配套设置回转式格栅除污机 1 台。格栅栅隙不大于 2mm。为便于检修，可考虑设置闸门。

2）调节池。污水调节池，污水处理站污水来源为农村生活污水，故水质水量变化较大，调节池的起均质调节作用。每个调节池内设置 2 台污水提升泵，安装方式为自动耦合。潜水排污泵的运行工况及运行台数根据液位进行控制。

配套调节池污水提升泵型号：$Q=10\text{m}^3/\text{h}$，$H=10\text{m}$，$N=0.75\text{kW}$，配套自耦及导杆，数量 2 台。

3）贮泥池。贮泥池的作用是接收来自反硝化滤池、曝气生物滤池和多介质过滤器的反洗废水，静置后，清液排入调节池，沉淀后的泥水混合物定期经环卫车抽吸外运处理。

（2）集装箱式生物滤池 JR-SSL（Ⅱ）系列成套设备 以 JR-SSL（Ⅱ）系列集装箱为污水处理的核心设备，尺寸为 5.5m×12.5m×5m，工艺流程为反硝化生物滤池、曝气生物滤池、中间水池、清水池、多介质过滤器及紫外消毒装置。JR-SSL（Ⅱ）系列集装箱的特点有：整个污水处理站占地面积小，为传统工艺的 1/2~2/3；全自动控制，预留远程监控，操作简单，运行维护人员少；处理效果好，能稳定地控制处理水的 BOD_5、COD_{Cr}、N、P、NH_3-N 等指标满足《城镇污水处理厂污染物排放标准》（GB 18918—2002）一级 A 标排放标准。配套设备如下。

① 管道混合器：$Q=20m^3/h$，数量 1 台。

② 加药箱：$Q=0.3m^3$，数量 1 个。

③ 加药计量泵：$Q=2L/min$，$P=0.1MPa$；数量 1 台。

④ DNF 池提升泵：$Q=15m^3/h$，$H=8m$，$N=0.75kW$，配套自耦及导杆；数量 2 台。

⑤ 回流泵：$Q=10m^3/h$，$H=10m$，$N=0.75kW$，配套自耦及导杆；数量 2 台。

⑥ 反洗水泵：$Q=45m^3/h$，$H=8m$，$N=2.2kW$，配套自耦及导杆；数量 1 台。

⑦ 曝气风机：$Q=0.94m^3/min$，$P=49.0kPa$，$N=1.5kW$；数量 1 台。

⑧ 反洗风机：$Q=1.53m^3/min$，$P=58.8kPa$，$N=3.0kW$；数量 1 台。

（3）其他设备

① 多介质过滤器：$\phi1500mm\times2.8m$；数量 1 台。

② 过滤器提升泵：$Q=10m^3/h$，$H=10m$，$N=0.75kW$，配套自耦及导杆；数量 2 台。

③ 紫外消毒器：$Q=15m^3/h$；数量 1 台。

曝气生物滤池结构及外观分别如图 2-7-11 所示。

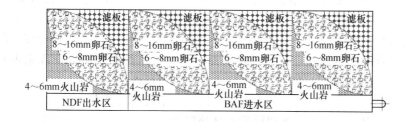

(a) 滤池系统平面布置图

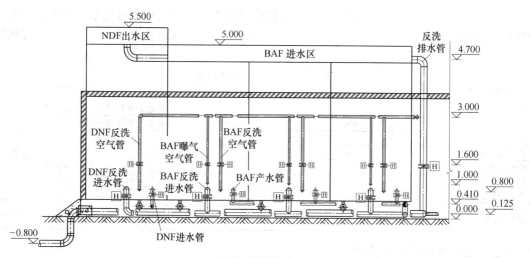

(b) 滤池系统侧视图

(c) 外观实物图

图 2-7-11 曝气生物滤池结构及外观

生产厂家：北京嘉瑞环保股份有限公司。

7.11 MBBR 工艺污水处理工程实例

7.11.1 工程概况

北京市某污水处理厂是北京市建设的第一座大型城市污水处理厂，总设计处理污水 1.0×10^6 t/d。由于历史原因，设计出水水质执行《污水综合排放标准》（GB 8978—1996）的二级标准。随着社会经济发展，环境保护意识、要求和污水资源再利用需要的逐步提高，同时考虑北京市水资源严重短缺，河湖天然补给水匮乏，迫切需要污水资源化再利用等因素，故对该污水处理厂进行提标改造，提高出水水质，满足再生水水质要求，建设再生水输水管线，输送再生水，用于城区河道补水、工业回用、市政杂用等方面。

该工程主要内容为：改造现有处理设施提高处理能力，新建深度处理设施，使出水水质达到再生水水质要求。再生水厂出水主要用于北京市内的河湖补水、工业回用水以及城市杂用水等。按照处理厂出水的主要用途，该工程设计出水水质满足相关再生水水质要求，部分水质要求达到《地表水环境质量标准》中Ⅳ类水体的标准。该再生水厂的进出水水质详见表 2-7-27。

表 2-7-27 设计进出水水质

项目	总进水	出水	备注
BOD_5/(mg/L)	200	≤6	满足地表水环境质量标准Ⅳ类
COD_{Cr}/(mg/L)	400	≤30	满足地表水环境质量标准Ⅳ类
SS/(mg/L)	320	—	
TN/(mg/L)	57	≤10	参考集中式生活饮用水地表水源地水质标准
NH_4^+-N/(mg/L)	40	≤1	满足循环冷却水系统补水要求
TP/(mg/L)	6	≤0.3	满足地表水环境质量标准Ⅳ类
粪大肠杆菌群/(个/L)	—	≤500	满足景观用水水质要求
色度/度	—	≤15	参考生活饮用水源水质标准
浊度/NTU	—	≤5	满足景观用水水质要求

7.11.2 工程设计及设备选型

7.11.2.1 工程规模

该污水处理厂承担着北京市中心区及东郊地区总计 9661hm² 流域范围内的污水处理，

规划服务人口 240 万，占地 1020 亩（1 亩≈666.7m²，下同），建设规模 1.0×10⁶t/d，约占全市污水处理总量的 40%。按照原设计，污水厂按 1.0×10⁶t/d 的规模运行，总变化系数为 1.2。

7.11.2.2　处理工艺的选择

污水厂原设计污水水质如下。

① 由于工业废水的影响，污水 COD 最高达 800mg/L 以上，一般在 500～600mg/L 之间。

② 污水 SS 值偏高，特别是当降雨初期。

③ 根据实测资料，二期工程设计中采用基本资料为：BOD=200mg/L，SS=250mg/L，NH_4^+-N=30mg/L，水温 15～25℃。

④ 考虑北京的水资源缺乏，出水水质要利于后续的深度处理和消毒，以便回用。设计出水水质：BOD_5<20mg/L，SS<30mg/L，NH_4^+-N<3mg/L。

污水处理厂原分为四个系列，每系列设计处理规模为 2.5×10⁵t/d，一、二系列属于一期工程，三、四系列为二期工程。采用传统活性污泥法二级处理工艺：一级处理包括格栅、泵房、曝气沉砂池和矩形平流式沉淀池；二级处理采用空气曝气活性污泥法，退水排入通惠河。二期四系列曝气池按 A/O 脱氮工艺设计，增加了曝气池活性污泥混合液从末端输送至前端的内回流装置，其余三个系列为 A/O 除磷工艺，未设混合液内回流设施。污泥处理采用中温两级厌氧消化技术，污泥经重力浓缩池后进入中温二级厌氧消化处理，消化后经脱水的泥饼外运作为农业和绿化的肥源。消化过程中产生的沼气，用于发电可解决处理厂内部分用电。

该工程再生水厂是在原污水处理厂升级改造及建设深度处理设施的基础上进行设计的，以控制氮、磷排放为重点，以各类再生水水质和Ⅳ类水质主要指标为目标，采用和借鉴国际先进、成熟的现代生物、物化技术，对现有设施进行改造和优化设置，全面提升和改善污水处理水平。

再生水厂设计进出水水质如表 2-7-28、表 2-7-29 所示。

表 2-7-28　设计进水水质

项目	BOD_5 /(mg/L)	COD_{Cr} /(mg/L)	SS /(mg/L)	TN /(mg/L)	TP /(mg/L)	水温 /℃	pH 值
设计值	200	420	320	58	6	14～25	6～8

表 2-7-29　设计出水水质

项目	出水	备注
BOD_5/(mg/L)	≤6	满足地表水环境质量标准Ⅳ类
COD_{Cr}/(mg/L)	≤30①	满足地表水环境质量标准Ⅳ类
SS/(mg/L)	—	
TN/(mg/L)	≤10②	参考集中式生活饮用水地表水源地水质标准
NH_4^+-N/(mg/L)	≤1	满足循环冷却水系统补水要求
TP/(mg/L)	≤0.3	满足地表水环境质量标准Ⅳ类
粪大肠杆菌群/(个/L)	≤500	满足景观用水水质要求
色度/度	≤15	参考生活饮用水源水质标准
浊度/NTU	≤5	满足景观用水水质要求

① 按照月平均出水 COD 值达到该指标进行设计，且进水中溶解性不可降解 COD 值<20mg/L 时才能保证该出水指标。

② 按照月平均出水 TN 值达到该指标进行设计。

为达到设计出水要求，该工程选择了"A/A/O（填料）＋反硝化生物滤池＋膜过滤"工艺作为再生水厂水处理主要工艺，设计流程如图 2-7-12 所示。这其中包括了对现有设施的升级改造和新建深度处理设施两部分内容，其间相互关联。

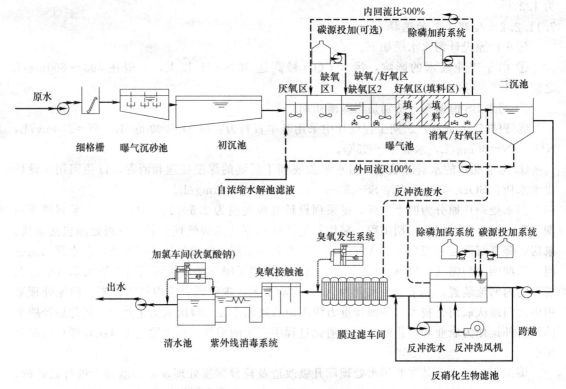

图 2-7-12 再生水厂水处理工艺流程

对现有设施进行升级改造，采用 A/A/O（填料）工艺，将现有二级生物处理系统改造成改进型 A/A/O 工艺，并在好氧曝气池的硝化段添加填料，提高局部硝化污泥浓度，强化硝化反应，使出水水质基本达到一级 B 标准，且出水氨氮浓度小于 1mg/L；通过加强生物处理运行，辅助采用化学除磷措施，出水总磷浓度小于 1mg/L。

原污水通过进水泵房提升，经细格栅、曝气沉砂池，拦截和分离污水中悬浮物和砂粒，再经初沉池去除大部分可沉淀污染物，出水进入厌氧池、缺氧池和好氧池，去除 BOD_5、N、P 等污染物；同时，厌氧池中加入来自浓缩水解池含丰富碳源的上清液，加强生物除磷、脱氮效果。实际运行过程中，还需根据出水水质情况投加化学除磷药剂和碳源。最后，混合液进入已建二沉池，经沉淀分离，上清液进入深度处理阶段。

新建深度处理设施采用"反硝化生物滤池＋膜过滤"工艺，将二沉池出水中残留的有机污染物、悬浮物、N、P 等通过生物滤池和膜过滤等设施去除。由于氨氮浓度已经达标，新建深度处理设施中只设反硝化生物滤池。二沉池出水经过提升泵站提升后，进反硝化滤池脱氮、除磷，滤后水加压经保安过滤器和微滤（超滤）膜过滤，除去水中各种胶体和颗粒物，膜后水经臭氧氧化脱色，紫外线消毒，在清水池暂作停留，最后由出水泵房泵入再生水管网，送到再生水用户。根据出水水质情况，在反硝化生物滤池前补充碳源，投加化学除磷药剂。在清水池前和配水泵前投加少量次氯酸钠，防止清水池和输水管线中生长微生物。

改再生水厂的污泥处理保持原工艺，即"污泥浓缩＋厌氧消化＋污泥脱水"，并且改造、新建部分设施，提高污泥浓缩、脱水能力，并增加初沉污泥水解单元，为生物除磷脱氮补充碳源；增加污泥破碎设施，提高厌氧产气率；收集消化池上清液、污泥脱水的滤液，进行化学除磷，减轻污水处理区除磷负担等。

污泥处理工艺流程详见图 2-7-13。

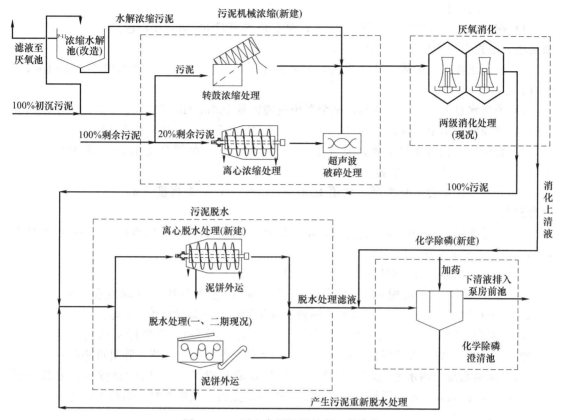

图 2-7-13　再生水厂污泥处理工艺流程

7.11.2.3　污水处理区

7.11.2.3.1　粗、细格栅及曝气沉砂池

（1）处理工艺　污水厂的现状机械格栅设置在提升泵房的进水渠道处，共两道：粗格栅 10 套，间隙为 25mm；中（细）格栅为回转式，6 台格栅间隙 10mm，4 台格栅间隙 5mm。增设细格栅可有效去除较细小悬浮物，特别是减少丝状物对后续处理工艺的不利影响，保证曝气池内悬浮填料的正常运行。

污水厂一期和二期污水处理系统前段分别已建有 1 座曝气沉砂池，每座沉砂池分为 2 系列，共 4 格。新建细格栅间设在曝气沉砂池的配水井与曝气沉砂池之间，共 2 座，每座分 2 组，每组渠道可单独运行。

细格栅旱季处理水量 1.0×10^6 t/d，峰值系数为 1.2，雨季处理水量 1.5×10^6 t/d。通常雨季时总泵房提升 1.2×10^6 t/d，雨水泵房提升 3.0×10^5 t/d。

每座细格栅间设渠道 8 条，中间 6 条渠道安装细格栅，外侧 2 条为溢流超越渠。在细格栅渠道的进口和出口端设有闸门，用于格栅检修。溢流渠道内只安装自撑式闸门（下开式），可调节溢流水位以适应来水量的变化。为方便细格栅维修，格栅间结构设计上设起吊装置，需要维修时将细格栅部件吊起。网板式细格栅及溜槽采用栅后水进行冲洗，同时也将厂区中水（或称生产用水）接入备用，中水管上设有防污截断阀。

（2）新增细格栅技术参数　数量为 2 组；单组旱季设计流量 500000m³/h（5.79m³/s）；单组雨季设计流量 750000m³/h（8.68m³/s）；格栅形式为网板式格栅；格栅间隙 3mm 网孔；单组格栅数量 6 套（4 用 2 备）；格栅最大损失 0.7m；过栅流速约 0.4m/s。

（3）主要新增工艺设备

1）细格栅。网板式格栅，筛孔 3mm，单套格栅流量 6770m³/h，包括配冲洗设备、栅渣溜槽、电控设备；12 台（8 用 4 备）。

2）栅渣压榨机。栅渣清洗压榨机，出渣含水率≤55%，冲洗水量 3.0L/s，3.0kW；8 套（4 用 4 备）。

3）栅后水过滤设备。过滤器，单个系统过滤流量 100m³/h，25kW；8 套（4 用 4 备）。

4）增压泵。单个系统设计流量 100m³/h，扬程 51.5m，22kW；8 套（4 用 4 备）。

5）叠梁闸。铝合金叠梁闸，渠道宽 2.5m，深 3.7m，闸板高度 4.5m，配专用起吊设备，每套闸门 2 套闸框；12 套。

6）叠梁闸。铝合金叠梁闸，渠道宽 2.5m，深 4m，闸板高度 5m，配专用起吊设备，每套闸门 2 套闸框；16 套。

7）自撑式闸门。手动铸铁闸板，$W \times H = 1.8m \times 2.5m$，正向水压 0.9m，电机功率 4.0kW，下开式；4 套。

8）砂水分离器。27～35L/s，$N = 0.75kW$；4 套。

9）除臭系统（细格栅间除臭设备）。生物除臭滤塔系统，处理气量 18000m³/h，108kW，包括风机、循环水泵、内置加热器、收集管路、除臭设施等；2 套。

10）除臭系统（污水处理厂原一期曝气沉砂池除臭设备）。生物除臭滤池，处理气量 24000m³/h，144kW，包括风机、循环水泵、内置加热器、收集管路、除臭设施等；1 套。

11）除臭系统（污水处理厂原二期曝气沉砂池除臭设备）。生物除臭滤池，处理气量 18000m³/h，108kW，包括风机、循环水泵、内置加热器、收集管路、除臭设施等；1 套。

7.11.2.3.2　初沉池

（1）处理工艺　初沉池主要是靠重力沉降作用去除进水中的可沉淀物。污水处理厂原初沉池分 4 个系列，每个系列有 6 组沉淀池，每组由 2 个廊道组成，单廊道尺寸为：长 75m，宽 14m，水深 3.5m。旱季时初沉池处理水量 1.0×10^6 t/d，峰值系数 1.2；雨季时处理水量 1.5×10^6 t/d，初沉池出水渠溢流堰的溢流水量约 4.0×10^5 t/d。

再生水厂工程对原有初沉池进行改造，解决初沉池的除臭问题，缓解进水渠沉砂问题，更换排泥泵并满足升级改造后的流量及扬程要求，配合除臭方案更换刮泥机系统，按新水力流程要求改造出水渠溢流堰，增加初沉进水口，实现减少旱季初沉池运行数量，降低初沉池对污水中有效碳源的去除量。

（2）技术参数　旱季设计平均流量 1000000m³/d（11.6m³/s）；旱季峰值流量 1200000m³/d（13.9m³/s）；雨季设计流量 1500000m³/d（17.4m³/s）；系列数量为 4 系列；每系列初沉池数量 6 组；有效水深 2.5m；平均水力停留时间 3.02h；峰值水力停留时间 2.52h；平均表面负荷 0.83m/h；峰值表面负荷 0.99m/h；雨季表面负荷 1.25m/h；SS 去除率（按厂进水计）40%～60%；COD 去除率（按厂进水计）20%～35%；BOD 去除率（按厂进水计）20%～35%；初沉污泥含水率约 97%；初沉池产泥量（按 DS 计）（旱季）180t/d，228t/d（含泥处理区循环泥）；初沉池产泥量（按 DS 计）（雨季）263t/d，322t/d（含泥处理区循环泥）。

（3）主要新增工艺设备

1）链条式刮泥机。渠宽 6.8m，功率 0.55kW；96 台（48 用 48 备）。

2）推流器。推流式搅拌器；水深 2m，渠宽 2.5m，单台功率 5kW；14 台。

3）手电动闸门（初沉池进口）。手电动铸铁板闸，$W \times H = 0.8m \times 0.5m$，平台至闸中心 2.06m，正向水压 1.71m；20 台。

4）手电动闸门（初沉池新增出水口）。手电动铸铁圆闸，$DN800$，平台至闸中心 2.06m，正向水压 1.71m；4 台。

5）污泥转子泵。流量 90m³/h，$P = 3bar$，功率 18.5kW；24 台。

6）流体切割机。流量 90m³/h，$P = 3bar$，功率 8.5kW；14 台。

7）除臭系统。生物除臭滤池系统，处理气量 38000m³/h，每套包括生物滤池 1 座，离心风机 1 台，单台风机功率 22.5kW；循环水泵 1 台，单台水泵功率 5.5kW；内置加热器 1 台，单台功率 114kW，含 41780m² 封闭系统、收集系统和处理系统等；8 套。

7.11.2.3.3 曝气池及污泥泵站

（1）处理工艺 曝气池主要采用生物处理的方法对污水中有机物、氮、磷等污染物的降解。原污水厂曝气池分 4 个系列，每个系列有 6 组曝气池，每组由 3 个廊道构成，每个廊道尺寸为长 96.2m、宽 9.28m、有效水深 6m。

再生水厂工程维持曝气池现有结构形式，通过改造工艺分区，形成厌氧/缺氧/好氧（填料）工艺，即 A/A/O（填料）工艺，加强生物除磷脱氮功能；通过在好氧区中、后部设置悬浮填料区，强化硝化作用；改造、增加回流、曝气、搅拌、排泥、碳源投加等设施。

1）生化池。在原污水厂曝气池中，Ⅰ、Ⅱ 系列第一廊道的前 2/3 段及 Ⅲ、Ⅳ 系列第一廊道的前半部分为厌氧区或缺氧区，其后直至第三廊道末端均为好氧区。经过本次改造后，处理厂可根据实际运行情况，调整好氧区、厌氧区和缺氧区的容积、比例，实现多种工艺形式运行［厌氧/缺氧/好氧（填料）工艺、厌氧/好氧（填料）工艺和缺氧/好氧（填料）工艺］。

在第一廊道的后 1/3 段（Ⅰ、Ⅱ 系列）或后半部分（Ⅲ、Ⅳ 系列）至第二廊道的前 1/4 段安装潜水推流器，使其成为缺氧区/好氧区，可根据实际运行情况，选择按照缺氧或好氧方式运行。

在第二、三廊道转弯 3/4 处设置流化填料区，拆除第二、三廊道间部分隔墙，形成环形渠道，设置潜水推流器，在填料区形成环流，防止填料堆积。填料区改用悬浮填料专用曝气器，保证填料的悬浮。

在曝气池第三廊道的后 1/4 段安装隔墙、潜水推流器，使其成为消氧区，可停止该区的曝气，消减混合液中的溶解氧含量，提高混合液回流反硝化的效果。

2）混合液回流系统。为保证脱氮效果，增加内回流泵，每组设 1 台，内回流比为 300%。回流起点在消氧池，出水点设在厌氧区和缺氧池的起端，安装有闸门，根据运行工艺要求选择回流出水点。

3）剩余污泥泵系统。改造工程完成后，剩余污泥量增大，且不再进入初沉池，直接送入污泥处理区。

4）曝气区溶解氧控制设施。生物段的曝气部分划分为 3 个供气分区，各区单独设置气量分配控制系统，通过调节阀和空气流量计进行控制。

5）碳源投加。由于进水碳源较低，为了尽可能发挥曝气池生物除磷脱氮的作用，需对厌氧、缺氧区域补充碳源。泥区初沉污泥水解产生的含有丰富 VFA 的浓缩池上清液投加到回流污泥渠道内，随回流污泥均匀分配到各组生物池的厌氧区。甲醇作为外加碳源，由泵送至每个系列曝气池，每组生物池设 2 个投加点，厌氧池和缺氧池按运行需要选择投加点。

6）除臭设施。为了改善厂区环境，本次工程对曝气池中部分臭味较大的区域进行除臭处理。除臭区域如下：所有回流污泥渠道；每组曝气池的厌氧区、缺氧区及缺氧区/好氧区。除臭设施包括生物滤池、除臭封盖以及 $DN200\sim800$ 除臭风管。

（2）技术参数　4 系列；每系列曝气池数量为 6 组（每组含 3 个廊道）；单系列平均设计流量 250000m^3/d（2.89m^3/s）；峰值系数 1.10；设计水温 14～27℃；Ⅰ、Ⅱ系列曝气池尺寸，长 182.79m，宽 109.73m，高 7.1m；Ⅲ、Ⅳ系列曝气池尺寸，长 183.22m，宽 109.73m，高 7.1m；单组曝气池中每廊道尺寸，长 96.2m，宽 9.28m，高 7.1m；填料区、好氧区中采用悬浮填料，有效比表面积大于 450m^2/m^3，填充比 49%；总水力停留时间 9.26h；各分区的水力停留时间，Ⅰ、Ⅱ系列中厌氧区：缺氧区：好氧区：消氧区 = 1.05h：（1.03～2.81）h：（6.41～4.63）h：0.77h，Ⅲ、Ⅳ系列中厌氧区：缺氧区：好氧区：消氧区=1.05h：（0.47～2.81）h：（6.97～4.63）h：0.7h；有效水深 6m；活性污泥浓度 2500～3500mg/L；系统泥龄 8～11d；剩余污泥产量（按 DS 计）171.8t/d（含再生水处理区产泥量）；剩余污泥含水率 99.4%；污泥回流比 30%～100%；混合液回流比 100%～300%；系统标准供气量（最大）7284m^3/min；气水比约 10.5；外加碳源种类为甲醇；硝酸盐去除量（按 NO_3^--N 计）5mg/L（最大）；碳源投加浓度（按甲醇计）17mg/L（最大）；碳源产泥量（按 DS 计）7.0t/d（最大）。

（3）主要工艺设备

1）管道式潜水推流器（内回流用）。Q=5200m^3/h，H=0.8m，31kW，变频调节，含导杆及吊架；28 套，其中 4 套库房备用。

2）搅拌器 1。潜水推流器，功率 4.5kW；76 套，其中 4 套库房备用。

3）搅拌器 2。潜水推流器，功率 5.5kW；152 套，其中 8 套库房备用。

4）曝气装置。橡胶膜微孔曝气器及管路系统，橡胶曝气头，单盘气量 2m^3/h，氧利用率＞25%，池水深 6m，含水下空气管道及固定连接件；45504 套。

5）填料。悬浮填料，有效比表面积大于 450m^2/m^3，密度小于 1g/cm^3，单体尺寸小于 25mm×25mm×25mm，含曝气、水力系统等；95000m^3。

6）除臭设备。每套包括生物滤池 1 座，离心风机 1 台，单台功率 37.0kW，循环水泵 1 台，单台功率 4kW，内置加热器 1 台，单台功率 133kW；8 套。

7）剩余污泥泵（Ⅰ、Ⅱ系列）。离心式潜水泵 Q=250m^3/h，H=25m，单台泵功率 30kW；7 台，其中 1 台备用。

8）剩余污泥泵（Ⅲ、Ⅳ系列）。离心式潜水泵 Q=250m^3/h，H=20m，单台泵功率 22kW；7 套，其中 1 台库房备用。

9）手电动闸门 1。手电动不锈钢闸门，$W×H$=1.6m×1.0m，平台至闸中心 2.275m，正反向水压 1.3m，电机功率 2.2kW；24 个。

10）手电动闸门 2。手电动铸铁闸门，ϕ1000mm，池顶至闸中心 3.1～3.3m，正反向水压 2.0～2.2m，电机功率 2.2kW；48 个。

11）手动闸门。手动铸铁闸门，ϕ1000mm，平台至闸中心 5.6m，正反向水压 4.5m。

7.11.2.3.4　污水处理厂原一期鼓风机房

（1）处理工艺　鼓风机房的主要功能是通过向生物池中曝气，为生物反应提供氧气。

原一期鼓风机房共 1 座，分上下两层，地下一层为管廊。鼓风机房长 54.39m，宽

12.00m，地上高 9.6m，地下高 3.5m。

通常情况下鼓风机房按正常工况运行：一期鼓风机房共安装鼓风机 8 台，6 用 2 备；污水厂改造过程中，需更换一期鼓风机房中 4 台鼓风机，可与 Ⅰ 系列曝气池的改造同时进行，此时全厂进水由其余 3 个系列曝气池处理，并由一期鼓风机房中剩余 4 台鼓风机及二期鼓风机房 8 台鼓风机进行供气，更换这 4 台鼓风机时需事先关闭其出风管上的 DN600 电动蝶阀。

（2）技术参数　一期鼓风机房数量为 1 座；供气量 3600m³。

（3）主要工艺设备　单级离心鼓风机；$Q = 600\text{m}^3/\text{min}$，压差 73kPa，功率 900kW；4 套。

7.11.2.3.5　碳源加药设施

（1）处理工艺　为了达到深度脱氮及除磷的效果，必要时在厌氧池、缺氧池、反硝化生物滤池中投加碳源，提高 NO_3^--N 的反硝化效率，该处理厂外加碳源为甲醇。全厂共设两套碳源投加设施，分别为碳源加药间（一）和碳源加药间（二），为污水处理区的反硝化池提供碳源。

（2）技术参数　数量为 2 系列；碳源种类为甲醇；甲醇浓度 99%；单系列碳源投加量 0.5~3m³/h（最大）。

（3）主要工艺设备

1）碳源加药间的碳源贮罐：容积 49m³；8 套。

2）碳源加药间的加药泵：计量泵，$Q = 1000\text{L/h}$，4bar，电动隔膜泵，配防爆电机；全部变频调节；含全套管路阀门及控制系统；12 台（8 用 4 备）。

3）碳源加药间的恒压供水系统：立式离心泵，流量 50m³/h，扬程 25~30m，变频控制，含配贮水罐、稳压罐、2 台泵等，变频气罐稳压、防爆、全套阀门及控制系统；2 套。

4）泡沫消防泵房：$Q = 100\text{m}^3/\text{h}$，$H = 40\text{m}$；4 台；泡沫罐；容积 6m³；2 台；泡沫比例混合器，2 台。

7.11.2.3.6　化学除磷设施（污水处理区）

（1）处理工艺　为了提高二级生物处理的除磷效果，减轻再生水处理设施的负担，以化学除磷方法作为生物除磷工艺的辅助措施，该污水处理厂在生物池出口及生物池中间好氧段的起点投加化学除磷药剂，通过形成磷酸盐化学沉淀去除溶解态磷。处理厂采用硫酸铝溶液作为化学除磷药剂。

处理设施包括贮药池、溶药池和设备间，为建在地下的混凝土池，每座长×宽×高 = 14.6m×8.6m×3.4m。

（2）技术参数　2 座；化学除磷量从 3mg/L 至 1mg/L；投药比例（按每摩尔 P 计）为 2.5mol/mol；加药浓度（按 Al_2O_3 计）8.2mg/L（最大）；化学除磷产泥量（按 DS 计）17.4t/d（最大）；化学药剂为 8% 液态 $Al_2(SO_4)_3$；药剂密度约为 1.1kg/L；贮药时间为 6d；溶药次数为 3 次/d；投加方式为湿投；投药浓度为 5%；单套最大投药能力为 6m³/(h·座)。

（3）主要工艺设备

1）化学除磷药剂输送系统：计量泵，$Q = 2.2\text{m}^3/\text{h}$，0.3MPa，$N = 1.1\text{kW}$；4 套（2 用 2 备）。

2）化学除磷药剂投加系统：计量泵，$Q = 3\text{m}^3/\text{h}$，0.6MPa，$N = 0.75\text{kW}$；8 套，4 用 4 备。

3）搅拌机：竖轴式搅拌机，$N=1.1kW$；4套。

7.11.2.4　再生水处理区

深度处理工程处理规模为 $1.0\times10^6 m^3/d$。

深度处理建构筑物分为 4 个系列，每个系列设计规模为 $250000 m^3/d$，包括提升泵房、生物滤池、配水泵房、膜过滤车间、臭氧接触池；氧气制备车间和臭氧制备车间分为 2 个系列；紫外消毒车间、清水池、配水泵房（一）和配水泵房（二）各系列共用。

7.11.2.4.1　提升泵房

（1）处理工艺　将污水处理区的出水提升至生物滤池进水渠，经反硝化生物滤池进入膜车间。提升泵房采用湿式泵房的形式，与生物滤池合建，共设置 4 个系列。

（2）主要技术参数　平均设计流量 $41670 m^3/h$（$11.57 m^3/s$）；最大设计流量 $52917 m^3/h$（$14.70 m^3/s$）；4 个系列。每系列泵站数量为 1 座；单系列最大设计流量为 $13229 m^3/h$（$3.67 m^3/s$）。

（3）主要工艺设备

1）提升泵：潜水混流泵，$Q=4410 m^3/h$，$H=12m$，250kW；16 套，12 用 4 备，其中 8 台变频调节。

2）进水闸门：手-电动铸铁板闸，$W\times H=1.0m\times1.0m$，平台至闸中心 8.3m，正反向水压 6.5m；16 套。

7.11.2.4.2　生物滤池及设备间

该处理厂采用反硝化生物滤池（DN 池）。池前端生物处理的出水经泵提升后，进入反硝化生物滤池，滤料中附着的微生物利用水中残留有机物及外加碳源，在缺氧环境中降解硝酸盐氮，释放氮气。

生物滤池过滤采用上向流，反冲洗采用空气和水定期清洗。滤料采用球形轻质多孔陶粒或火山岩颗粒，粒径 $\phi4\sim6mm$。

由于二级生物处理的出水中可生化利用的有机物较少，硝酸盐氮浓度较高，接近 20mg/L，而反硝化过程需要消耗有机物，因此需要补充部分碳源。深度处理区的碳源投加点设在生物滤池上的进水渠（设多个投加点供选择），为反硝化滤池中硝酸盐氮的降解补充碳源。

再生水处理区设置化学处理药剂投加系统，作为生物同化作用除磷的补充措施，确保出水总磷含量达标。化学除磷产生的沉淀在生物滤池中通过过滤、截留和吸附等方式去除。化学除磷药剂投加点设在生物滤池上的进水渠处。

为了保护生物滤池的滤头，防止其阻塞，在生物滤池前设置人工格栅，间隙约 1.2mm。

（1）技术参数　4 系列，单系列平均设计流量 $10417 m^3/h$（$2.89 m^3/s$），单系列平均最大流量 $13229 m^3/h$（$3.67 m^3/s$）；单系列反硝化生物滤池个数为 16 格，单格尺寸 $L\times B=10.8m\times7.2m$；反硝化生物滤池滤料高度 3m；设计水温 14～24℃；反硝化生物滤池滤速约为 8.4m/h；硝酸盐氮容积负荷（按 NO_3-N 计）约为 $1.1kg/(m^3\cdot d)$；水反冲洗强度约为 $25m^3/(m^2\cdot h)$；气反洗强度约为 $54m^3/(m^2\cdot h)$；碳源种类为甲醇；硝酸盐去除量（按 NO_3-N 计）10mg/L（最大）；碳源投加浓度（按甲醇计）33mg/L（最大）；碳源产泥量（按 DS 计）14t/d（最大）；化学药剂种类为硫酸铝；化学除磷浓度从 1.0mg/L 降至 0.3mg/L；最大加药浓度（按 Al_2O_3 计）3.5mg/L；最大产泥量（按 DS 计）7.3t/d。

（2）主要工艺设备

1）细格栅：细格栅及栅渣收集槽；人工格栅，栅条间隙 1.2mm，楔形断面，每套面积

1.55m×3.5m，安装角度为15°；材质为 AISI304；64 套。

2）蝶阀：气动蝶阀，$DN600$，$PN10$；192 套/系列。

3）蝶阀：气动蝶阀，$DN300$，$PN10$；136 套/系列。

4）蝶阀：气动蝶阀，$DN150$，$PN10$；64 套/系列。

5）滤头及滤板：现浇滤板；滤头 248832 套，现浇滤板 4977m^2。

6）反冲洗风机：罗茨鼓风机，风量 40m^3/min，风压 8m，110kW，变频调节；12 套，8 用 4 备。

7）反冲洗水泵：干式离心泵，流量 1170m^3/h，扬程 12m，90kW，变频调节；12 套，8 用 4 备。

8）反冲水排水泵：潜水离心泵，流量 480m^3/h，扬程 21m，55kW；12 套，8 用 4 备。

9）曝气充氧装置：陶瓷曝气头，$D=178$，单盘气量 2m^3/h，氧利用率＞25%，池水深 8m；1600 套。

10）充氧（曝气）鼓风机：罗茨鼓风机，风量 10m^3/min，风压 9m，22kW，变频调节；4 套。

7.11.2.4.3　膜过滤车间

（1）处理工艺　该工程再生水处理过滤设施采用膜过滤工艺，通过超滤或微滤膜的过滤作用去除水中残留的细小颗粒物、胶体、微生物等。

反硝化滤池出水或污水处理区的出水进入膜过滤车间泵房集水井内，由泵房内加压泵提升，送至膜车间，经膜过滤处理，去除水中的颗粒物、胶体、微生物等，出水进入后续的臭氧处理设施。

化学清洗过程采用的 2 种化学药剂为次氯酸钠和柠檬酸。次氯酸钠用于去除有机和生物污堵，柠檬酸用于去除无机污堵。

（2）技术参数　设计平均流量 41670m^3/h（11.57 m^3/s），设计最大流量 50833m^3/h（15.28 m^3/s）；4 系列，单系列设计平均流量 10417m^3/h（2.89 m^3/s），单系列设计最大流量 13750m^3/h（3.82 m^3/s）；膜系统设计最大通量≤65L/(m^2·h)（考虑膜清洗、进水量的峰值系数等因素）；膜保安过滤精度≤200μm；外压式超滤膜，膜材料 PVDF（聚偏氟乙烯），膜丝内/外径 0.7(mm)/1.3(mm)，外形尺寸（mm）为 225×2168（ϕ80）；单系列膜组器 20 个；单个膜组器膜元件数为 180+4（空位）；单支膜元件膜面积 70（m^2），单个膜组器膜面积 12600（m^2），总膜面积 1008000（m^2）。

（3）主要工艺设备

1）进水提升泵：卧式离心泵，流量 2250m^3/h，扬程 32m，电机功率 250kW，变频控制；36 套，32 用 4 备。

2）自清洗过滤器：额定流量 1800m^3/h，过滤精度 200μm；64 套，48 用 16 备。

3）膜组件系统：外置压力式膜；单个组器处理能力 12500m^3/d；80 套。

4）反冲洗水泵：卧式离心泵，流量 900m^3/h，扬程 29m，功率 90kW，变频控制；12 套，8 用 4 备。

5）反冲洗排水泵：潜水离心泵，流量 970m^3/h，扬程 27m，功率 100kW，12 套，8 用 4 备。

6）空压系统：25.2m^3/min，$H=0.7MPa$，$P=132kW$，含空压机、冷干机、贮气罐等；8 套。

7）曝气鼓风机：罗茨鼓风机，20m^3/min，$H=90.0kPa$，$P=55kW$；8 套。

8）化学清洗泵：$Q=220m^3/h$，$H=26m$，$N=22kW$；12套。

9）排污泵：$Q=100m^3/h$，$H=32m$，$N=22kW$；4套。

7.11.2.4.4　臭氧接触池

（1）处理工艺　臭氧接触池用于进水与臭氧混合，进行氧化、脱色反应。接触池分为8个过水渠道，每个渠道进水设闸、出水设堰，渠道内分3个区域布置微气泡曝气系统。

（2）技术参数　8系列，单系列设计平均流量5208m³/h（1.45m³/s）；峰值系数1.1；停留时间14.3min。

（3）主要工艺设备

1）臭氧尾气处理系统：臭氧尾气破坏及监控系统；热催化剂，处理量410（标）m³/h，配套尾气空调系统，10kW，含安全阀、管路中相关控制阀等，由臭氧制备系统成套供货；10套，8用2备。

2）曝气头：微孔曝气头，单头曝气量1~3m³/h，含不锈钢管道和支架等；750套。

3）进水闸门：手电动不锈钢闸门，$W×H=1.2m×1.2m$；8套。

4）闸门（用于膜系统调试时回流膜出水）：手电动不锈钢闸门，$W×H=2.0m×2.0m$；1套。

7.11.2.4.5　紫外线消毒间

（1）处理工艺　该工程对再生水出水采用紫外线照射的消毒方式，进水来自臭氧接触池，平均流量$1.0×10^6t/d$。根据再生水的用途不同，消毒的要求也有分别：总流量中的70%用于景观河道补水或工业循环冷却水补水，粪大肠菌群数≤500个/L，紫外线有效照射剂量大于30mJ/cm²；其余的30%主要用于市政杂用水，总大肠菌群数≤3个/L，紫外线有效照射剂量大于80mJ/cm²。

（2）技术参数　消毒渠数量10条，单渠道设计平均流量1.16m³/s；峰值系数为1.1；出水指标1（景观水）中粪大肠菌群数≤500个/L，出水指标2（杂用水）中总大肠菌群数≤3个/L；紫外线剂量1（景观水）≥30mJ/cm²，紫外线剂量2（杂用水）≥80mJ/cm²。

（3）主要工艺设备

1）紫外线消毒系统1：渠道式紫外消毒设备；低压高强紫外线消毒系统，平均流量$1.0×10^5t/d$，出水粪大肠杆菌总数<500个/L，系统包括紫外灯模组、镇流器、水位控制器（可调堰）等以及在线清洗、自控监测等配套系统，功率120kW；7套。

2）紫外线消毒系统2：渠道式紫外消毒设备；低压高强紫外线消毒系统，平均流量$1.0×10^5t/d$，出水大肠杆菌总数<3个/L，系统包括紫外灯模组、镇流器、水位控制器（可调堰）等以及在线清洗、自控监测等配套系统，功率230kW；3套。

3）闸门1：手电动不锈钢闸门，$W×H=1.5m×1.5m$；10套。

4）闸门2：手电动不锈钢闸门，$W×H=1.4m×1.4m$；2套。

5）闸门3：手电动不锈钢闸门，$W×H=1.6m×1.6m$；2套。

6）闸门4：手电动不锈钢闸门，$W×H=2.0m×1.4m$；1套。

7）叠梁闸：铝合金叠梁闸，$W×H=1.5m×2.5m$；20套闸框和10套闸板。

7.11.2.5　污泥处理区

再生水处理厂污泥处理工艺为"污泥机械浓缩+污泥厌氧消化+污泥机械脱水"。水处理工艺中产生的污泥分为初沉污泥和剩余污泥，经独立输送系统进入污泥处理区。污泥首先进入新建的污泥机械浓缩机房，采用污泥转鼓浓缩机对初沉污泥和剩余污泥分别进行浓缩，出泥混合后含水率低于 97%，泵入现状污泥厌氧消化系统进行厌氧分解并产生沼气，出泥进入污泥脱水机进行脱水处理，产生的泥饼含水率约 80%，外运或进入拟建的污泥干化系统处置。厌氧消化池的上清液和污泥脱水处理产生的滤液收集后，进行化学除磷处理，产生的沉泥送入污泥脱水系统或初沉污泥系统。雨季时，初沉污泥量（按 DS 计）增至 263t/d，另含泥区回流污泥量（按 DS 计）59t/d。

7.11.2.5.1　污泥浓缩机房

（1）处理工艺　对来自污水处理系统的污泥进行机械浓缩处理，代替现有的污泥重力浓缩池。进入污泥处理区污泥总干固量（按 DS 计）为 400t/d，分为初沉污泥和剩余污泥两部分，采用转鼓式浓缩机分别进行浓缩处理。

（2）技术参数　如表 2-7-30 所列。

表 2-7-30　污泥浓缩机房设计参数

项目	单位	初沉泥浓缩（旱季）	剩余泥浓缩	污泥浓缩破碎	初沉泥浓缩（雨季）
进泥干固量（按 DS 计）	t/d	228	172	34.4	322
进泥含水率	%	97	99.4	99.4	97
进泥流量	m³/d	7611	28632	5726	10733
工作时间	hr/d	24	24	24	24
小时处理量	m³/h	317	1193	239	447
浓缩机工作数量	套	8	12	2	10
PAM 最大投加比例（按每吨 DS 计）	kg/t	4	4	4	4
固体回收率	%	93	93	95	93
出泥量（按 DS 计）	t/d	212	160	32	299
出泥含水率	%	95	97	95	95
出泥体积	m³/d	4247	5326	653	5989

（3）主要工艺设备

1）污泥浓缩机 1（初沉污泥浓缩机）：转鼓式浓缩机，单台能力 20～50m³/h，10kW，进泥含水率 97%，出泥 95%；10 套，8 用 2 备。

2）污泥浓缩机 2（剩余泥浓缩机）：转鼓式浓缩机，单台能力 80～110m³/h，10kW，进泥含水率 99.4%，出泥 97%；14 套（12 用 2 备）。

3）污泥浓缩机 3：离心式浓缩机，剩余泥破碎，单台能力 110～140m³/h，200kW，进泥含水率 99.4%，出泥 95%；3 套（2 用 1 备）。

4）浓缩机进泥泵 1：转鼓浓缩机进泥转子泵，$Q = 40～110m³/h$，$P = 2bar$，15kW，变频控制；10 套（8 用 2 备）。

5）浓缩机进泥泵 2：转鼓浓缩机进泥转子泵，$Q = 80～110m³/h$，$P = 2bar$，15kW，变频控制；14 套（12 用 2 备）。

6）浓缩机进泥泵 3：离心浓缩机进泥转子泵，$Q = 110～140m³/h$，$P = 2bar$，15kW，变频控制；3 套（2 用 1 备）。

7）浓缩机出泥泵：浓缩机出泥螺杆泵，$Q = 1～30m³/h$，$P = 2bar$，7.5kW，变频控制；24 套（20 用 4 备）。

8）出泥泵：消化池进泥转子泵；螺杆泵，$Q = 50m³/h$，$P = 4bar$，15kW，变频控制；16 套。

9）超声波破碎进泥泵：超声波破碎进泥转子泵，$Q = 1～10m³/h$，$P = 2bar$，1.5kW，变频控制；6 套（4 用 2 备）。

10）加药泵：加药螺杆泵，$Q=0.1\sim2.0\text{m}^3/\text{h}$，$P=2\text{bar}$，1.1kW，变频控制；27 套（22 用 5 备）。

11）冲洗水泵：管道式离心泵，$Q=5\text{m}^3/\text{h}$，$P=6\text{bar}$，2.2kW，包含 2 套泵组（1 用 1 备）；1 套。

12）污泥切割机：$Q=40\sim140\text{m}^3/\text{h}$，功率 4kW；27 套（22 用 5 备）。

13）超声波污泥处理设施：超声波污泥破碎器，$30\text{m}^3/\text{d}$，5kW；24 套。

14）絮凝剂制备装置：制备能力 $40\text{kg}/(\text{h}\cdot\text{台})$，溶液浓度 0.5%，含絮凝剂带干粉 PAM、原液抽吸和投加装置，配稀释装置，最终稀释到 0.2%，15kW；3 套（2 用 1 备）。

15）絮凝制备用稳压装置：包含隔膜气压水罐及水泵机组（每套含 2 台水泵），变频控制，7.5kW；3 套（2 用 1 备）。

16）搅拌机 1：竖轴式搅拌机，初沉泥进泥贮池；2 套。

17）搅拌机 2：竖轴式搅拌机，剩余泥进泥贮池；8 套，每池 4 套。

18）搅拌机 3：竖轴式搅拌机，出泥贮池；4 套。

19）搅拌机 4：竖轴式搅拌机，超声波进泥贮池；2 套。

20）闸门 1：手电动铸铁板闸，$W\times H=1.0\text{m}\times1.0\text{m}$，初沉泥池；1 套

21）闸门 2：手电动铸铁板闸，$W\times H=1.0\text{m}\times1.0\text{m}$，剩余泥池；1 套

22）闸门 3：手电动铸铁板闸，$W\times H=1.0\text{m}\times1.0\text{m}$，出泥池；3 套。

23）闸门 4：手电动铸铁板闸，$W\times H=0.5\text{m}\times0.5\text{m}$，超声波进泥贮池；1 套。

24）闸门 5：手电动铸铁圆闸，$DN200$，出泥贮池进泥管；4 套。

25）除臭系统：处理气量 $41000\text{m}^3/\text{h}$，包括除臭处理站、除臭罩、配套收集管路、控制阀、排风扇等；1 套。

7.11.2.5.2 污泥脱水机房

（1）处理工艺　用于浓缩后污泥或厌氧消化后污泥的脱水，污泥脱水能力为日处理 $5.0\times10^5\text{t}$ 污水的产泥量。采用离心脱水机，脱水后的泥饼（含水率≤80%）用柱塞泵送至规划建设中的污泥干化车间（另一工程）进行后续处理。

（2）技术参数　如表 2-7-31 所列。

表 2-7-31　污泥脱水机房设计参数

项　目	单　位	消化后脱水	浓缩后脱水（雨季）
进泥固体量（按 DS 计）	t/d	148	230
进泥含水率	%	96.9	95.9%
进泥体积	m³/d	4712	5657
脱水机工作时间	h/d	24	24
小时处理量	m³/h	196	236
PAM 最大投加比例（按 DS 计）	kg/h	5841	9087
脱水机运行数量	套	6	8
PAM 最大投加量（按每吨 DS 段 PAM 计）	kg/t	4	4
出泥干固量（按 DS 计）	t/d	140	218
出泥含水率	%	80	80
出泥体积	m³/d	657	1077

（3）主要工艺设备

1）污泥脱水机：离心式污泥脱水机，单台 $Q=30\sim40\text{m}^3/\text{h}$，进泥含水率 96%～97%，$1400\text{kg}/(\text{h}\cdot\text{套})$（按 DS 计），出泥含水率≤80%，功率 90kW；8 套，6 用 2 备。

2）进泥泵：进泥转子泵，$Q=30\sim40\text{m}^3/\text{h}$，$P=2\text{bar}$，7.5kW，变频调速；8 套，6 用 2 备。

3）絮凝剂制备装置：制备能力 30kg/(h·台)，溶液浓度 0.5%，含絮凝剂带干粉 PAM、原液抽吸和投加装置，配稀释装置，最终稀释到 0.2%，15kW；2 套（1 用 1 备）。

4）絮凝剂制备用稳压装置：包含隔膜气压水罐及水泵机组（每套含 2 台水泵），变频控制，7.5kW；2 套（1 用 1 备）。

5）絮凝剂制备贮水箱：$12m^3$，不锈钢，带液位显示及高低液位开关；1 个。

6）加药泵：加药螺杆泵，$Q=2.0\sim3.0m^3/h$，$P=2bar$，1.5kW，变频控制；8 套（6 用 2 备）。

7）冲洗水泵：多级离心泵，流量扬程与污泥脱水机配套，包含 2 套泵组（1 用 1 备）；1 套。

8）柱塞泵系统设备：$Q=35m^3/h$，$H=76bar$，带出泥口阀门，160kW；3 套（2 用 1 备）。

9）柱塞泵污泥接收料斗：$V=3m^3$，带喂料装置，带卸料导管，料位高度在能实现控制范围内；3 套（2 用 1 备）。

10）螺旋输送机：水平安装螺旋输送机，输送距离 22m，水平固定，输送能力为 $32m^3/h$，双卸料口，带 2 个手电动关闭滑阀，10kW；2 套。

11）进泥储池搅拌机：竖轴式搅拌机，立式安装，7.5kW；2 套。

12）闸门：手电动铸铁板闸，$W\times H=1.0m\times1.0m$，泥池连通；1 套。

13）除臭系统：处理气量 $11000m^3/h$，包括除臭处理站、除臭罩、配套收集管路、控制阀、排风扇等。

7.11.2.5.3　化学除磷系统

（1）处理工艺　将两级消化池上清液、污泥脱水滤液中的超标磷进行化学去除，以减轻污水处理区除磷负担。废液进入除磷系统与化学药剂进行反应，生成的磷酸盐沉淀用泵送至新建脱水机房泥池进行污泥脱水，处理后滤液排入厂区污水管、回流至总进水泵房前池进行再处理。本除磷系统处理规模为 $12000m^3/d$，主要来自脱水滤液、冲洗水和消化池上清液。

（2）技术参数　数量：1 套，处理规模 $12000m^3/d$；化学除磷浓度 50mg/L；化学除磷量 540kg/d；硫酸铝投药比例（按每摩尔磷投加 Me 计）为 $1\sim1.5mol/mol$；PAM 投药量为 $3.0g/m^3$；化学除磷产泥量（按 DS 计）为 2.6t/d；磁粉回收率 99%。

（3）主要工艺设备

1）化学除磷系统。磁分离化学除磷系统，包括反应池、澄清池、磁粉回收子系统（含高剪器和磁分离器等）、除磷药剂投配子系统（含硫酸铝、PAM、磁粉及加药泵等）以及各种配套在线监测子系统等。整套系统由厂家成套供货。1 套。

2）紧急淋浴洗眼器：带快速淋浴和洗眼功能的成套设备；1 套。

3）除臭系统：处理气量 $7000m^3/h$，包括除臭处理站、除臭罩、配套收集管路、控制阀、排风扇等；1 套。

7.11.2.5.4　污泥浓缩水解池

（1）处理工艺　为从碳源丰富的初沉污泥中回收部分碳源，补充污水生物除磷脱氮处理所需碳源，减少外加碳源的用量，降低运行成本。将现况一期浓缩池改造成水解池，初沉污泥在水解池中停留 $2\sim3d$，污泥中颗粒态有机物溶解，溶解性有机物发酵成为 VFAs，再通过浓缩池出泥循环回和沉淀浓缩过程的固液分离，使初沉污泥里的溶解性有机物随上清液排出，送至污水处理区，用作补充碳源。

（2）技术参数　如表 2-7-32 所列。

表 2-7-32　污泥浓缩水解池设计参数

项　　目	单　位	参　　数
进泥干重量(初沉污泥)(按 DS 计)	t/d	228
进泥含水率	%	97
出泥含水率	%	95
浓缩池污泥回流循环比	%	50
固体回收率	%	85
浓缩池数量	座	6
浓缩池直径	m	23.5
单池处理干泥质量(按 DS 计)	t/d	56.3
单池处理湿泥流量	m³/d	1649
泥层水深	m	3.5
上清液水深	m	1.5
水力停留时间	h	41.6
污泥固体停留时间	d	2.3

（3）主要工艺设备

1）刮泥机：中心传动栅条式刮泥机，池径 $D=23.5\text{m}$，电机功率 $P=2.2\text{kW}$，固定混凝土桥；6 套。

2）污泥循环泵：污泥转子泵，$Q=50\text{m}^3/\text{h}$，$P=2\text{bar}$，7kW，时序控制；6 套。

3）污泥排泥泵：污泥转子泵，$Q=50\text{m}^3/\text{h}$，$P=2\text{bar}$，7kW，时序控制；12 套（6 用6 备）。

4）上清液回流泵：干式立式离心泵，$Q=40\text{m}^3/\text{h}$，$H=40\text{m}$，11kW，变频控制；6 套（4 用 2 备）。

5）潜水推流器：圆形池 $D\times H=20\text{m}\times2.8\text{m}$，输出功率 2.2kW；2 套。

6）除臭系统：处理气量 32000m³/h，包括除臭处理站、除臭罩、配套收集管路、控制阀、排风扇等；1 套。

7.12　过滤工艺污水处理工程实例

7.12.1　工程概况

北京某再生水厂二期改造建设规模为 $8\times10^4\text{m}^3/\text{d}$。本工程出水水质达到《城市污水再生利用景观环境用水水质》要求，部分水质指标满足《地表水环境质量标准》（GB 3838—2002）的Ⅳ类地表水水质要求，其中总氮要求参照"集中式生活饮用水地表水源地"的有关标准制定。该再生水厂二期工程处理设施主要功能为去除氮、磷、悬浮物、有机物等污染物及改善出水色度。

7.12.2　工程设计及设备选型

7.12.2.1　工程规模

二期改造建设规模为 $8\times10^4\text{m}^3/\text{d}$，其中生物滤池及配套设施、甲醇加药间、除磷加药间、臭氧制备间建设规模为 $8\times10^4\text{m}^3/\text{d}$；滤布滤池车间、加氯间、臭氧接触池及氯接触池建设规模为 $4\times10^4\text{m}^3/\text{d}$。

7.12.2.2　进出水水质

再生水厂的水源为处理厂二级生物处理的出水，其出水水质除 TN、TP 外基本达到一级 B 标准。该水厂出水要求满足《再生水回用于景观水体的水质标准》，部分水质满足《地表水环境质量标准》(GB 3838—2002) 的 Ⅳ 类地表水水质标准,其中 TN 要求参照"集中式生活饮用水地表水源地"的有关标准制定。设计进水水质如表 2-7-33 所列。

表 2-7-33 设计进水水质

项目	设计进水水质	设计出水水质	备注
BOD_5/(mg/L)	220	≤6	
COD_{Cr}/(mg/L)	430	≤30	
SS/(mg/L)	270	—	
TN/(mg/L)	78	≤10	
NH_4^+-N/(mg/L)	50	≤1.5	
TP/(mg/L)	7.0	≤0.3	
总大肠杆菌群/(个/L)		≤3	城市杂用标准
粪大肠杆菌群/(个/L)		500	回用景观水体标准
色度/度		≤15	

注:1. 按照月平均出水 COD 达到该值进行设计,且进水不可降解 COD<20mg/L 时才能保证该出水指标。
2. 按照月平均出水 TN 达到该值进行设计。
3. 总大肠杆菌控制排入再生水管网部分出水指标;类大肠杆菌控制排入新开渠出水指标。

7.12.2.3 处理工艺

再生水厂的二期工程保留并利用现况污水处理厂和再生水厂的处理设施,通过改造现况污水处理设施及新建深度处理设施满足出水水质要求。

来自沉砂池 $8×10^4 m^3/d$ 的出水经配水井进入现况 SBR 生物池,通过对现况 SBR 池进行改造,加强生物处理效果。SBR 池出水经水泵提升,进入 $8×10^4 m^3/d$ 处理规模的两级生物滤池,SBR 池出水先进硝化滤池完成硝化反应,再入反硝化滤池脱氮。同时,在反硝化滤池前投加甲醇,补充少量碳源,增强反硝化效果,并通过投加化学除磷药剂,对磷进行深度降解。

经两级生物滤池处理后的 $4×10^4 m^3/d$ 出水经提升进入现况再生水厂处理设施(砂滤池及 UV 消毒渠、臭氧接触池、清水池配水泵房、再生水管网),其余 $4×10^4 m^3/d$ 出水自流进入新建滤布滤池过滤,出水经臭氧脱色和二氧化氯消毒后达到设计出水水质要求,通过处理厂现况出水泵站提升排放至新开渠。工艺流程见图 2-7-14。

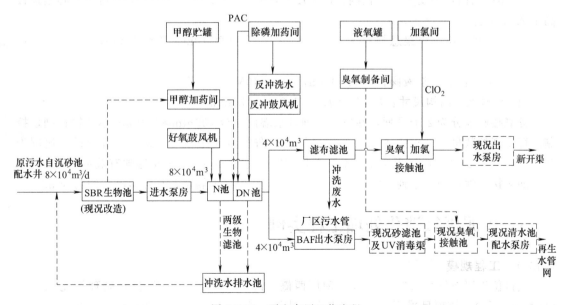

图 2-7-14 再生水厂工艺流程

（1）SBR 池改造　为提高 SBR 池的脱氮能力，使其充分利用进水中的碳源进行反硝化，减少后续深度处理部分反硝化滤池的外加碳源用量，同时提高 SBR 池的除磷能力，使出水总磷低于 1mg/L，再生水厂对原 SBR 池进行改造。增加选择区潜水搅拌器，平均流速 0.3m/s，推力 670N，并设置可旋转导杆及起吊装置，数量 32 套；增加反应区潜水搅拌器，平均流速 0.3m/s，所推力 4350N，并设置可旋转导杆及起吊装置，数量 8 套；增加回流污泥泵，采用流量 300m³/d，扬程 2.0m 的潜水泵，数量 8 套。

（2）生物滤池　生物滤池由 10 座硝化滤池，5 座反硝化滤池串联组成。单格池平面 $L\times W=10.8m\times7.2m$。滤料高度：反硝化滤池 3.0m，硝化滤池 3.0m。硝化滤池平均流量滤速 4.3m/h，硝化滤池强制滤速 4.8m/h（不包括反冲自用水量），反硝化滤池平均滤速 8.6m/h，反硝化滤池强制滤速 10.8m/h（不包括反冲自用水量）。硝化负荷（按 NH_4^+-N 计）0.45kg/(m³·d)，反硝化负荷（按 NO_3^--N 计）2.54kg/(m³·d)。实际需氧量（按 O_2 计）5.3t/d。最大反冲洗水强度 25m³/(m²·h)，最大反冲洗气强度 60m³/(m²·h)。滤头密度 33.3 个/m²。

主要设备如下所述。

1）滤头：生物滤池专用滤头，长柄，双滤头形式，滤缝 2mm，为曝气生物滤池专用，可调整高度，滤板采用整体浇筑，厚度 200mm；38880 套。

2）空气扩散器：单孔膜空气扩散器，供气量 0.15～0.4m³/h，氧利用率＞23%，阻力损失小于 0.25m；26280 套。

（3）滤布滤池　滤布滤池主要由进水井、进水渠道、滤池、出水渠道、出水井、反冲洗系统和排泥系统组成。此设计将滤池分为 4 组，平均滤速＜8m/h。

主要工艺设备如下。

1）滤布过滤器滤布转盘；转盘滤速小于 8m/h；4 套。

2）反冲洗水泵干式泵；与滤布过滤器配套；8 套。

3）热泵取水泵潜水泵；流量 90m³/h，扬程 24m；2 套。

4）进水闸门：手动不锈钢板阀；$W\times H=600mm\times600mm$，中心至顶板高 2.2m；4 套。

5）超越闸门：手动不锈钢板闸；$W\times H=1000mm\times1000mm$，向下开启，中心至顶板高 1.2m；1 套。

6）起重机：电动单梁悬挂起重机；$T=1t$，起升高度 10m，跨度 8.0m，含配套葫芦；1 套。

7）放空阀：手动浆液阀；$DN200mm$，$PN=10MPa$；4 套。

（4）接触池　结构尺寸：$L\times W\times H=26.80m\times9.30m\times7.80m$。

臭氧接触池分为 2 个系列，在每个系列进水端设 1 台 700mm×700mm 不锈钢板闸，控制运行系列的数量。臭氧投加分为 3 级，每级均布置微气孔曝气系统，三级的投加比例为 50%、25% 和 25%，内设混凝土隔墙，总停留时间为 15min，臭氧接触池有效水深为 6m。

加氯接触池，为 1 系列、2 个渠道，其前端设置混凝土隔墙，总停留时间约为 30min。

7.13　污泥厌氧消化处理工程实例

7.13.1　工程规模

项目位于河南省某某市第一污水处理厂西侧，占地面积 20 亩，设计日处理污泥 220t/d（含水率 80%）。该项目采用 BOT 模式投资建设，概算总投资 7403.97 万元。项目于 2013

年 11 月正式开工建设，2014 年 12 月 21 日建成投入试运行。采用"高浓度中温厌氧消化＋热电联产＋阳光棚干化"技术，年产沼气 $3.0 \times 10^6 \text{m}^3$，节约电能 $4.0 \times 10^6 \text{kW} \cdot \text{h}$。

7.13.2　工艺流程

本项目用于处理该市目前 4 座污水处理厂产生的全部污泥。其中该市第一污水处理厂位于污泥处理厂东侧，污泥产量 160t/d（80% 含水率），经机械浓缩至含水率约 92% 后泵送至接收调配池；此外，还接收来自其他污水处理厂的含水率 80% 的污泥约 40t/d，在接收调配池内稀释至含水率 92%。污泥处理处置项目工艺流程如图 2-7-15 所示。

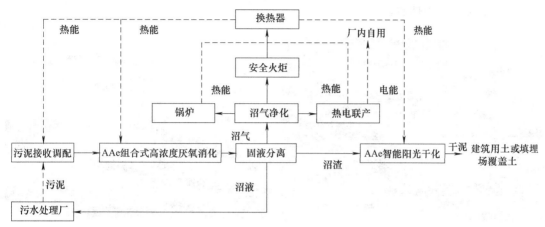

图 2-7-15　污泥处理处置项目工艺流程

工艺主体为"污泥高浓度厌氧消化＋电热联产＋智能阳光干化"，其核心设备为 AAe 高浓度生物厌氧消化反应器、AAe 智能阳光余热干化棚。产生的沼气用于产热或热电联产；沼液输送至污水处理厂处理；沼渣脱水后经太阳能干化处理，含水率降至 60% 以下后运至垃圾卫生填埋场做覆盖土。

7.13.3　高浓度厌氧消化系统

来自各污水处理厂的污泥首先进入 2 座容积各为 400m³ 的圆柱形接收调配池，调配至含水率约 92% 后输送至高浓度厌氧消化反应器。脱水污泥接收口、接收调配池现场分别见图 2-7-16、图 2-7-17。

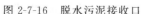

图 2-7-16　脱水污泥接收口　　　　　　　　图 2-7-17　接收调配池

项目设有 4 座高浓度厌氧消化反应器（见图 2-7-18），采用不锈钢复合钢板作为罐体材料，内至外分别由 316L 不锈钢板、热水盘管、保温材料和彩钢板组成。厌氧消化反应器由该公司专有自动化设备生产线现场制作，集成了进料、出料、增温保温、搅拌、沼气贮存、自动排砂及自控系统，实现了模块化设计建造。

单座反应器直径 17m，高 15m，液位高 11.5m，有效容积 2700m³，反应器内温度 37℃±1℃。顶部设有沼气存储气囊，气囊容积约 700m³，气囊压力 30mmH₂O（5mmH₂O 可将气囊顶起）。消化反应器内设导流筒，底部设有 2 台功率为 22kW 的搅拌机（见图 2-7-19），其轴线与罐体轴线呈一定角度设置，每 3h 运行 20min，单位能耗 4W/m³。导流筒和搅拌机的配合使用，实现了全方位立体化搅拌，保证物料均匀混合、防止浮渣结壳、利于排砂。

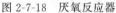

图 2-7-18　厌氧反应器

图 2-7-19　反应器搅拌机

厌氧消化反应器交替间歇式进料，单座反应器进料量 125m³/d，每天分 8 次进料，物料含固率约 8%，停留时间 23~25d；进料有机质含量为 49%~52%，出料有机质含量约 30%。

厌氧消化反应器的出料首先进入出料暂存罐（见图 2-7-20），然后通过 2 台 LW530 型卧螺离心脱水机（上海市离心机械研究所有限公司）进行固液分离，沼渣脱水后含水率约 78%，产量 140~150t/d。固液分离产生的沼液约 350t/d，由该市第一污水处理厂接收处理。污泥脱水机房见图 2-7-21。

图 2-7-20　出料暂存罐

图 2-7-21　污泥脱水机房

沼气产量 8000m³/d，甲烷含量 65% 以上，采用氧化铁干式脱硫（见图 2-7-22），进气 H₂S 浓度 300~1000cm³/m³，出气 H₂S 浓度 20~30cm³/m³。沼气经净化后，供给锅炉或发电机用于燃烧产热或热电联产。在持续时间为 3~4 个月的冬季，沼气基本全部用于锅炉燃烧；热电联产的产发电量约 $4.0×10^6$ kW·h。换热器输出热媒为 65~70℃的热水，用于消化污泥的增温保温和阳光干化棚的加热。锅炉房见图 2-7-23。

图 2-7-22　干式脱硫塔　　　　　　　图 2-7-23　锅炉房

7.13.4　污泥智能阳光干化系统

污泥厌氧后产生的沼渣经脱水、干化后作为建筑用土或垃圾填埋场覆盖土，未来也可能用于园林绿化。

污泥智能阳光干化系统设有 3 个阳光干化单元，每个干化单元均为高度透明通光的密封体，污泥经装载机摊铺后，干化单元内的智能污泥抛翻机器人对污泥进行均匀、充分地抛翻，促进水分蒸发、加快干化效果，抛翻机器人由 2 台功率 2kW 的电动机驱动，抛翻机器人每小时抛翻一次（抛翻速度可调）。每个干化单元的污泥摊铺面积为 1350m³，设轴流风机 6 台，每台风量 $2.2×10^4$ m³/h；污泥停留时间 6d，污泥摊铺高度 20~30cm，阳光棚内温度 35~60℃（冬天 40℃、夏天 60℃）；设计进泥含水率 80%，出泥含水率 40%~60%。阳光棚外部结构及内部设施见图 2-7-24、图 2-7-25。

图 2-7-24　阳光棚外部结构　　　　　　图 2-7-25　阳光棚内部设施

系统设有气象站，可实时监测室外太阳辐射量、风力、风向、室内外温度、湿度等环境参数，智能控制干化过程的抛翻、通风、换气排湿及调节温度。在太阳辐照受气候等因素影响时，可利用系统余热为阳光棚进行地暖增温。

7.14　污泥浓缩脱水工程实例

7.14.1　工程概况

北京市某污水处理厂现况规模为 $1.0×10^6t/d$，目前正在进行提标改造工程，改造后污水厂污泥的处理工艺技术路线为：将剩余污泥和初沉污泥分别经过浓缩后（其中初沉污泥浓缩前进行除砂），再混合进入预脱水机房，之后经过热水解系统处理使污泥性质发生改变后，再进入消化池进行厌氧消化。

7.14.2　工艺设计及设备选型

7.14.2.1　工程规模

污泥脱水规模（按 DS 计）为 240t/d。进料含固率为 2%～3%，有机物含量为 45%～55%，要求脱水后污泥含固率为 60%。

7.14.2.2　处理工艺选择

（1）污泥调理池　现有污水处理厂污水处理规模 $1.0×10^6t/d$，经浓缩后污泥含固量为 2%～3%（绝干约 240t/d）的污泥进入污泥调理池。根据工艺需要污水厂设置了 6 组污泥调理池，每组由 2 个调理池组成，交替运行，单池外形尺寸为 8m×8m×6m。每个调理池由阀门控制污泥的进料和出液，同时由超声波液位计对池中的液位进行监控。选用 18 台压滤机对污泥进行脱水，分为 2 组，每组 9 台，每 3 台分为一个小组，供一组污泥调理池使用。

主要工艺设备：XAZGFQDP800/2000-U 高压隔膜压滤机；单台处理量（按 DS 计）15t/d；18 台。

（2）加药系统　根据工艺的需要，在污泥调理池中加入石灰和氯化铁作为絮凝剂。

石灰加药系统贮料仓容积为 60m³，含有振打系统、除尘系统、星型下料器、石灰输送等部分，根据运行要求调节加药量（一般加药量为污泥绝干量的 10%～15%）。

系统投加的氯化铁为液态，一般浓度为 30%～39%，根据试运行滤饼的成型情况调整加药量（一般加药量为污泥绝干量的 8%～12%），由加药泵泵入调理池，连同石灰一起通过搅拌与料浆充分混合经过充分絮凝搅拌和调理，由进料泵泵入压滤机。

（3）进料系统　进料时料浆从中间孔进入滤板，洁净的水透过滤布从 4 个角孔流出，固体被滤布截留在滤板的空腔中。过滤过程中漏液滴落在翻板上时则从翻板两侧的小槽流入排液孔。进料采用低压泵、高压泵双泵模式，保证节能、进料稳定。同时，采用前后双进料模式，提高进料速度的同时还可以提高滤饼成型质量。进料管路上配有阀门（分别控制低压泵和高压泵的进料情况）、压力变送器和压力表。

主要工艺设备如下。

1）低压泵：$Q=120m^3/h$，$H=60m$，变频；1 台。

2）高压泵：$Q=40m^3/h$，$H=120m$，变频；1 台。

（4）压榨系统　由压榨水箱、压榨泵、管路、阀门和对对应仪表组成。压榨泵启动后，将进水阀打开，使清水注入隔膜板的膜腔内，随着膜腔逐渐充满清水，压缩所形成的滤饼，使其变薄，滤饼内的水分被挤出，压力增加。当压力达 1.8～2.0MPa 时，变频器控制压榨泵进行恒压补水，持续 30min 左右，压榨程序结束，排液阀门打开，膜腔内的清水自动回流到压榨水箱内备用。

主要工艺设备如下。

压榨泵：$Q=16m^3/h$，$H=189m$，变频；1 台

（5）吹风系统　吹风分为反吹和角吹两个过程。

系统首先进行反吹，打开反吹阀门和回流阀门，通过贮气罐内的压缩空气将滤板中心进料孔内的残余料浆吹回到料浆池，持续 10s 左右后再进行角吹，持续 10~20s，进一步降低滤布和滤板支撑点以及滤饼中的水分。

（6）滤布清洗系统　滤布清洗系统包括滤布清洗水箱和高压柱塞滤布清洗泵。

长时间的过滤会导致滤布孔隙的堵塞，影响过滤速度，此时应启动洗布程序（根据滤布堵塞程度，一般 2~3d 洗 1 次）。滤布清洗时，将滤板拉开，固定在水洗横管上的喷嘴从滤板的左右两侧同时以 5~6MPa 的高压水冲洗滤布，将表面和内部的固体颗粒冲洗掉，使滤布恢复良好的过滤性能。洗布水被翻板接住，通过两侧的小槽排出。

主要工艺设备：滤布清洗泵，$Q=15m^3/h$，$H=6.0MPa$；1 台。

7.15　污泥静态好氧堆肥处理工程实例

7.15.1　工程概况

北京市某污泥处置厂是建成最早也是北京市内最大的好氧堆肥厂，工艺升级改造采用"污泥深度接种预调理＋强制通风＋氧-温智能化控制"相结合的静态堆肥模式，将湿污泥、回流污泥、辅料经各自计量系统后进入混合设备，经高效混合预调理后用自卸车运至堆肥车间进行指定布料成垛；在每个条垛下有相应的通风系统，发酵条垛在氧温集成探枪的检测下进行合理通风充氧，保证堆体内微生物的好氧需求。

7.15.2　工艺设计及设备选型

7.15.2.1　工程规模

该污泥处理厂为污泥集中处理中心，主要处理城市污水处理厂含水率 80% 左右的脱水污泥，处理能力：夏季最大能至 500t/d，冬季 300t/d 左右。堆肥处理后的污泥满足《城镇污水处理厂污泥处置　园林绿化用泥质》（GB/T 23486—2009）标准。

产品最终处置途径：a. 园林绿化肥料；b. 生产有机肥基肥；c. 土地修复中作为营养土。

7.15.2.2　处理工艺选择

采用条垛式静态堆肥工艺，实现了"污泥深度接种预调理＋强制通风＋氧-温智能化控制"相结合的堆肥模式，工艺流程如图 2-7-26 所示。

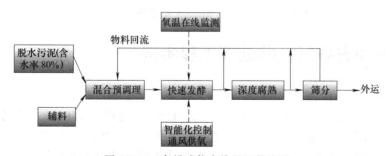

图 2-7-26　条垛式静态堆肥工艺流程

7.15.2.3　深度接种预调理单元

（1）处理工艺　污泥、调理剂、返混物料分别通过料仓暂存，料仓底部配备有出料螺旋，通过变频电机控制其出料量，采用皮带输送机输将 3 种物料送至微观接种混合器，出料

由皮带输送机输送装车，之后将物料运送至堆肥车间进行条垛式布料。

污泥预调理单元采用专业犁铧式混合器，犁铧元件柔和地（避免机械拍打作用而形成密实）将黏稠、不规则、密度差异较大的不同物料破碎，并以不同的方向抛起，形成一个流化床的效果，在疏松的状态下不同物料以其最大的比表面积状态交错接触并微观混合。使物料在微观上具有大的比表面积，疏松，形成有结构的、透气性良好的、适于生化氧化的物料体系。

（2）技术参数 调理剂选用蘑菇渣（含水率20％左右），添加量10％～20％，根据季节不同，冬季添加量较多为20％～25％，夏季较少约10％；发酵熟料添加量50％～80％（含水率40％），混合预调理后物料含水率约58％，物料容重0.70～0.75t/m³，物料疏松，透气性好。

（3）主要工艺设备

1）料仓：分别贮存湿污泥、调理剂、返混料；双锥形；$L \times W \times H = 4.0m \times 2.0m \times 2.8m$，有效容积9m³，料仓底部配备螺旋输送机，变频控制；$Q = 20 \sim 30 m^3/h$；3座。

2）皮带输送机：收集3种物料并输送至混合器，包括集料皮带，上料皮带，出料；TD75-500/800/1200mm；$L = 15m/17m/20m$；$Q = 70 m^3/h$；3台。

3）犁铧式微观接种混合器：混合＋接种；卧式筒状；$L \times W \times H = 6090mm \times 1670mm \times 1810mm$；$Q = 70 m^3/h$；1台。

7.15.2.4 静态发酵单元

（1）处理工艺 混合后的物料通过自卸车运至堆肥车间，沿曝气管长度方向布料，条堆呈梯形，每个条垛下铺有2根布风管，布风管上设有多个特制防堵风嘴，并对应1台小功率离心风机，每2个条堆镜像布料作为1个条垛，共40个条垛，在条堆末端距门留有6m左右的过道，方便铲车、自卸车等车辆转弯。

该设计控制灵活，条垛进出污泥调整方便，同时小风量的设计（柔和通风理念）一方面降低了系统能耗；另一方面也避免了条垛内过高的风速以及空气分布不均的现象，减少了气味物质的吹脱。

（2）技术参数 单个条堆长40m，宽4.5m，高1.6m；设计通风量0.1m³/(min·m³)，采用中低压离心风机，每个条垛下铺设有2根布风管，主发酵周期14d。

（3）主要工艺设备

1）曝气风机：强制通风设备；TB-150；$L \times W \times H = 4.0m \times 2.0m \times 2.8m$，$N = 4kW$，$P = 4kPa$；$Q = 2800 m^3/h$；80台。

2）布风装置：均匀布气；一体化布风管；de（塑料管外径）160mm×1000mm；通风量0.1m³/(min·m³)，管间距750mm；(76m×2)/条垛。

7.16   污泥动态好氧发酵处理工程实例

7.16.1   工程概况

华北某城市污水处理厂，处理规模为$5 \times 10^4 t/d$，污泥产量15t/d；该污水处理厂污泥建设的污泥滚筒好氧发酵处理项目，是国家环保产业协会"2014年国家重点环境保护实用技术示范工程"、国家水体污染控制与治理科技重大专项"城市污水厂污泥处理处置技术装备产业化"示范工程。

项目采用SG-DACT®滚筒动态好氧高温发酵技术，系统运行稳定，最终产品满足《城镇污水处理厂污染物综合排放标准》《城镇污水处理厂污泥处置 园林绿化用泥质》中污泥处理处置的要求。

7.16.2　工艺设计及设备选型

7.16.2.1　工程规模

该项目建于污水处理厂污泥脱水单元旁空地上，日处理脱水污泥 15t，工程总占地面积 1030m²，为传统工艺的 1/3，实现厂内建设。

7.16.2.2　处理工艺选择

污泥滚筒好氧发酵处理项目核心设备采用 15t/d 的 SG-DACT® 滚筒动态好氧高温发酵装置，以玉米秸秆、玉米芯为辅料调节物料含水率和孔隙率，发酵温度 55~70℃，污泥发酵时间 5~7d。污泥经高温好氧发酵后，污泥有机物降解率 50%，年消减有机物 258t，去除水分 2500t，含水率降至 45% 以下，粪大肠杆菌值 >0.01，蛔虫卵死亡率 >95%，种子发芽率 >75%，污泥腐熟度良好，年产营养土 3000t，实现了污泥的无害化、稳定化和资源化。工艺流程如图 2-7-27 所示。

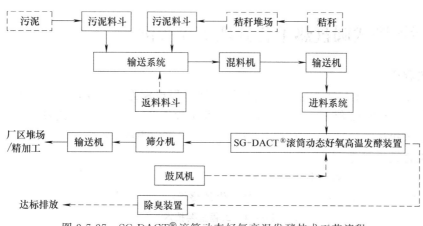

图 2-7-27　SG-DACT® 滚筒动态好氧高温发酵技术工艺流程

7.16.2.3　预处理系统

（1）收料及暂存系统　收料及暂存系统主要由污泥料斗和秸秆料斗组成；污水处理厂脱水污泥和秸秆堆场的压缩秸秆分别经过皮带输送机输送至污泥料斗和秸秆料斗中。其中污泥料斗容积为 5m³，配有下料螺旋，下料螺旋处理量为 0~25t/d；秸秆料斗容积为 5m³，配有下料螺旋，下料螺旋处理量为 0~2.5t/d。

（2）输送系统　由 2 组皮带输送机分别由污泥料斗和秸秆料斗的下料螺旋出料口输送至双轴螺旋混料机；2 组皮带输送机的规格为 $B=500mm$，输送能力为 0~3.5t/d。

（3）混合系统　混合系统为 1 台双轴螺旋混料机，处理量为 0~3.5t/d。

7.16.2.4　发酵处理单元

（1）推料螺旋　经混合后的污泥和辅料通过无轴推料螺旋进入 SG-DACT® 滚筒动态好氧高温发酵装置，推料螺旋输送长度小于 3m，处理量为 3.5t/d。

（2）SG-DACT® 滚筒动态好氧高温发酵装置　该套装置处理能力为 15t/d，滚筒设备尺寸为 $\phi3.5m \times 36m$，配备整套变频电机及传动装置。

7.16.2.5　后处理系统

（1）出料输送系统　出料输送系统由一套皮带输送机组成，皮带输送机规格为 $B=500mm$，输送能力为 3.5t/d。

（2）筛分机　筛分机型号为 GS12X30，处理量为 3t/h；配套出料皮带输送机，规格为 $B=500mm$，输送能力为 3.5t/d。

7.16.2.6　供风系统

（1）供风系统风机　采用变频风机，功率为 3.7kW，送风量为 3000m³/h。

（2）布风系统　由一套供风管道及布气系统构成，管道规格为 DN200；配有曝气装置等部件。

7.16.2.7　除臭系统

（1）除臭系统引风机　采用变频风机，功率为 2.2kW，送风量为 3500m³/h。

（2）喷淋除臭塔　塔体材质为玻璃钢，配备循环水泵，功率为 0.55kW，流量为 2m³/h。

7.16.2.8　辅助系统

配备整套在线监控仪表，可实时监控 SG-DACT® 滚筒动态好氧高温发酵装置内温度，氧浓度等指标。

7.17　污泥卧式圆盘热干化处理工程实例

7.17.1　工程概况

苏州市某污泥干化焚烧综合利用项目的一期工程规模为 300t/d，二期建成后总规模为 500t/d。该项目于 2012 年 10 月正式动工，一期工程于 2013 年 4 月正式投运，二期工程于 2016 年底正式投运。项目总占地面积约 3370m²，建筑面积约 2500m²。

7.17.2　工程设备及选型

7.17.2.1　主要工艺技术指标

工程主要技术指标见表 2-7-34；污泥干化焚烧综合利用现场如图 2-7-28 所示。

表 2-7-34　工程主要技术指标

指标名称	承诺值	实际测试值	备注
日处理量	100t	100～120t	含水率由 80% 干化至 40% 以下
吨湿污泥蒸汽耗量	0.83t	0.76～0.80t	含水率由 80% 干化至 40% 以下
吨湿污泥电耗	≤40kW·h	28～35kW·h	
运行状况		连续稳定满运行	

7.17.2.2　干燥设备介绍

干燥机的主体由一个圆筒形的外壳、一根中空轴及一组焊接在轴上的中空圆盘组成，热介质从这里流过，把热量通过圆盘间接传输给污泥。污泥在超圆盘与外壳之间通过，接收超圆盘传递的热，蒸发水分。产生的水蒸气聚集在超圆盘上方的穹顶里，被少量的通风带出干燥机。特点总结如下：a. 运行时氧含量、温度和粉尘量低，安全性好；b. 卧式圆盘干燥机每个竖立圆盘的左右两面传热，传热面积大，结构紧凑，外

图 2-7-28　污泥干化焚烧综合利用工程现场

形尺寸小；c. 干燥机内部污泥为湿污泥，为防止污泥黏结在转盘上，在外壳内壁有固定的较长刮刀，伸到圆盘之间的空隙，起到搅拌污泥、清洁盘面的作用；d. 采用低温热源（≤180℃）加热，圆盘上的污泥在停车时不会过热；e. 所需辅助空气少，尾气处理设备小；f. 卧式圆盘干燥机可应用于半干化工艺，也可应用于全干化工艺；g. 采用蒸汽传热。

7.17.2.3 系统组成

本系统主要由湿污泥接收与泵送系统、圆盘干燥机、尾气处理系统、蒸汽及凝结水系统、干污泥输送系统等子系统组成，其工艺流程见图 2-7-29。

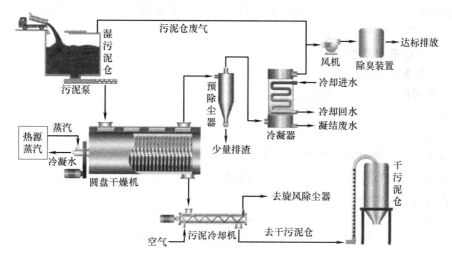

图 2-7-29 污泥卧式圆盘热干化系统工艺流程

（1）湿污泥接收与泵送系统 本系统由污泥接收仓、污泥泵、污泥管路等组成。具体选型如下。

1）污泥接收仓：地下钢结构；3 座；150m³；φ8000×3000mm；碳钢＋内防腐；10m³/h；液压驱动。

2）污泥泵：液压柱塞泵；3 台；5～10m³/h；0～40bar。

3）污泥管路：碳钢；φ168×7mm。

（2）圆盘干燥机 SDK370D；3 台；热源压力 0.5～0.6MPa，热源温度：159～165℃；传热面积 411m²；尺寸 10100mm×3000mm×3550mm；转速 0～9r/min；倾角 0°；单台蒸发能力 2778m³/h。材质：与污泥和废气接触的部位均为 340L，其他为碳钢。

（3）尾气处理系统

1）尾气除尘器：3 台；7500m³/h；介质入口温度 100～110℃，介质出口温度 100～110℃；除尘效率 90%；材质为不锈钢 304。

2）尾气冷凝器：3 台；处理流量 7500m³/h；介质入口温度 100～110℃，介质出口温度：50℃。冷却水：进口温度 30℃、出口温度 38℃；冷却水量 300m³/h。

3）尾气引风机：2 台（1 用 1 备）；处理流量 13000m³/h；全压 11000Pa。

（4）蒸汽凝结水系统 配套蒸汽供应量为 10.5t/d、0.5～0.6MPa 饱和蒸汽。配套 20m³ 蒸汽凝结水水箱，用于贮存蒸汽换热后的冷凝水，并通过一套热水泵输送至电厂除氧器内。

（5）干污泥输送系统 全密封带式输送；1 套；输送量 10m³/h；输送距离根据实际输送距离确定。

7.18 低温真空脱水干化处理工程实例

7.18.1 工程概况

上海某市政污水处理厂，设计处理污水总规模 $1.0 \times 10^5 m^3/d$，日均污泥量约为 100t

（含水率80%）。原采用离心脱水工艺，技术改造工程中选用低温真空脱水干化工艺，将含水率97%左右的污泥一次性脱水干化至含水率30%以下，处理后污泥总量为28.6t，比技改前可减量70%以上。

该工程项目主要包括新建污泥脱水干化车间、污泥泵房、污泥脱水干化系统设备、电气、仪表自控等工程。

7.18.2 工程设备及选型

7.18.2.1 主要工艺技术指标

1）处理规模：100t/d（按污泥含水率80%计）。

2）进泥含水率：96%～98%。

3）出泥含水率：≤30%。

4）设备名称：低温真空脱水干化成套设备。

5）规格型号：DZG-2000/600×3套（预留1套安装位）。

6）占地面积：900m²。

7）配套条件：总配电功率850kW，最大运行功率为350kW；药剂配制用水量约10m³/d；天然气热源用量150m³/h（管道最大供气量）；车间、构筑物（池体）。

7.18.2.2 系统描述

该工程采用低温真空脱水干化成套技术，包括污泥泵房、污泥干化车间内所有干化系统工艺设备与系统集成的全套连接管路。主要分为低温真空脱水干化主机系统、污泥进料系统、压滤系统、加热系统、真空系统、冷却循环系统、空气压缩系统、卸料系统、除臭系统、自控系统等。系统工艺流程如图2-7-30所示。

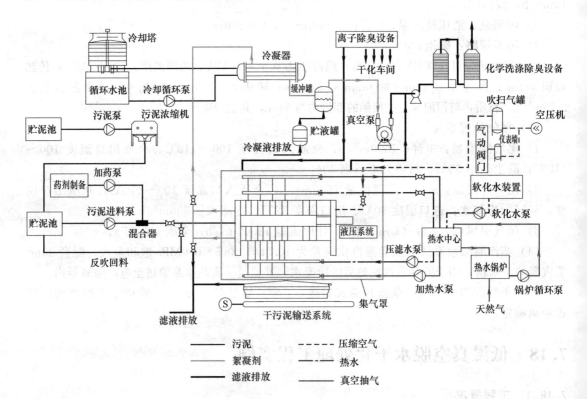

图2-7-30 污泥低温真空脱水系统工艺流程

7.18.2.3　干化主机系统

包括低温真空脱水干化主机、隔膜板、加热板和翻板单元等。

主机系统由箱形主梁与止推板、压紧板、油缸座及支脚构成矩形框架机架，油缸座与支脚采用滑动结构，能有效纠正因主梁温差等引起的形变影响。

1）规格型号：DZG—2000/600。

2）单台过滤面积：600m²。

3）单台处理能力：35t/d（含水率80%计）。

4）数量：3台。

7.18.2.4　污泥进料系统

包括污泥螺杆泵、加药螺杆泵、静态混合器和PAM制备装置等设备。

经调质过的污泥通过进料系统进入系统主机，污泥通过滤布过滤后的滤液通过角孔汇集到总管排放。污泥经进料螺杆泵进料的同时实现在线加药，由加药螺杆泵将所需药剂，与污泥在混合器内完成污泥的絮凝，不同进料阶段的进料流量、加药流量的变化，全部在PLC上完成，运行中无需人工干预，降低了劳动强度，也降低了人工调整的系统风险。

调理池容积150m³；PAM配备装置1.5～6kg/h；进泥螺杆泵，$Q=60$m³/h，$H=100$m；加药螺杆泵，$Q=2$m³/h，$H=100$m；加药种类为PAM；加药量（按每吨DS计）1～1.5kg/t。

7.18.2.5　压滤系统

包括压滤水泵和水箱。进料过滤结束后，高压水进入隔膜空腔内，挤压滤饼，进行压滤脱水。

7.18.2.6　加热系统

包括热水泵、锅炉循环、燃气热水锅炉、软化水装置和软化水加压水泵等设备。在压滤一定时间后，通过热水泵将热水注入滤板，使其加热面迅速升温，进而加热滤饼，为后续的真空干化提供热源，热水回流经锅炉再次加热后进入滤板，形成闭路循环。主要设备有：燃气热水锅炉，1.05MW，$9×10^5$kcal/h（1kcal≈4185.85J）；软化水装置，2m³/h；加热介质为90℃水；循环泵，240m³/h。

7.18.2.7　真空系统

包括真空泵、冷凝器、缓冲罐和贮液罐等设备。真空泵用于抽取密闭腔室中的汽水混合物，使腔室内形成一定真空度，进而将水的沸点降低。从腔室中抽出的汽水混合物经冷凝后排放。主要设备有：真空泵，39m³/min，3.3kPa；冷凝器，200m²（缓冲罐0.8m³，贮液罐1.5m³）。

7.18.2.8　冷却循环系统

包括冷却循环塔和冷却水泵。冷却循环系统是为真空系统配套设置的，为冷凝器提供冷却水。主要设备为：冷却循环塔，150t/h。

7.18.2.9　空气压缩系统

包括螺杆式空压机、冷干机、空气贮罐和仪表贮罐等设备。空压系统满足工艺设备用气和仪表用气要求。真空干化开始前，利用压缩空气吹扫滤板中心孔和进料管路。

7.18.2.10　卸料系统

卸料系统包括自动拉板装置辅助卸料和螺旋输送机。当真空干化结束，油缸活塞杆回缩，自动拉板装置启动，滤板逐块拉开，滤饼自行脱落后进入螺旋输送机，输送至污泥斗内，外运进行后期处置。主要设备有：a. 双螺旋输送机，10t/h，$L=13000$mm；b. 污泥装卸料斗，5m³。

7.18.2.11　除臭系统

为降低设备运行中及卸料过程中的臭气散发，本脱水干化系统配套了除臭系统，经收集系统收集后的臭气，经除臭系统处理后达标排放。主机设置了主体设备密闭收集罩，对主体设备散发的臭气进行密闭收集，通过控制抽气系统和离子送风系统的气量使除臭罩内形成负压抽吸状态，保证内部设备维修时的操作空间。为便于设备操作和维修，密闭除臭罩侧面及顶部为移门式结构。

除臭设备采用化学除臭工艺，对污泥脱水干化设备进行强化臭气收集，对污泥斗、污泥输送设备等采用全密封设计并设置臭气收集管道。主要设备有：a. 脱水干化一体机密闭收集罩，$16.0m \times 3.5m \times 3.5m$；b. 化学洗涤除臭，$20000m^3/h$；c. 离子除臭设备，$40000m^3/h$。

7.18.2.12　自控系统

由配电系统、PLC 系统、在线监控仪表等组成，以实现进料、压滤、真空干化、卸料等自动或手动运行功能。电控系统可现场调整系统运行工艺参数，具有运行状态显示、故障报警等功能，并配置紧急停止装置，可有效地保护工作人员安全。主要设备有电控柜/PLC柜，包括 PLC、触摸屏、变频器、工控机等。

7.19　污泥碳化处理工程实例

7.19.1　工程概况

湖北省某市污泥处理处置工程的服务对象为城市污水处理厂产生的脱水污泥。项目设计规模为日处理脱水污泥 60t，采用连续高速污泥碳化工艺，占地面积 $1400m^2$。

7.19.2　工程设备及选型

污泥碳化系统工艺流程如图 2-7-31 所示。

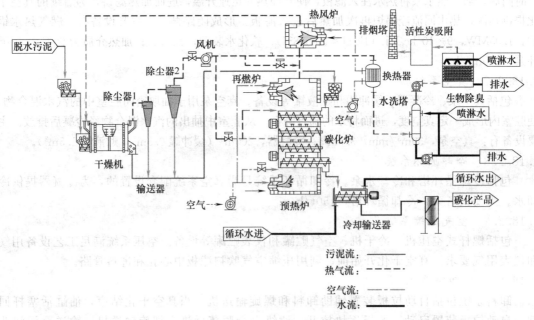

图 2-7-31　污泥碳化系统工艺流程

7.19.2.1　湿污泥贮存、输送系统

（1）脱水污泥接收仓　设置半地下式钢制方形贮存仓 1 座，用于接收脱水污泥，容积 $4m^3$，便于脱水污泥通过卡车直接倾倒入仓。

（2）污泥螺杆泵 设置污泥螺杆泵 1 台，将脱水污泥输送到污泥贮存仓，污泥输送量 2500kg/h，压力 20bar（1bar＝10^5Pa，下同）。

（3）脱水污泥贮存仓 设置脱水污泥贮存仓 1 座，容积为 40m³，设有电动推杆的顶盖可以随时关闭，以防止臭气泄漏。同时仓顶设有臭气抽吸管，将臭气抽吸至尾气处理系统进行除臭处理。贮仓配置有电子称重装置和高、低料位报警装置。

脱水污泥贮存仓下部设有四轴 ϕ400mm 螺旋输送机将污泥送出仓外，污泥输送量 2500kg/h，可变频调节，通过调节螺旋输送器的转速来控制系统脱水污泥的处理量。

7.19.2.2 污泥干燥系统

带内破碎机构的回转式干燥机采用直接顺流式干燥方式，筒内设旋转的破碎搅拌轴。带内破碎机构的回转式干燥机具有系统安全性、热利用率高、运行稳定、操作弹性大，能充分利用碳化炉的高温烟气，大大提高了能源利用率的特点，将烟道气与污泥直接进行接触混合，使污泥中的水分得以蒸发并最终得到干燥污泥产品。

脱水污泥经污泥螺杆泵送至干燥机进料斗，脱水污泥经过进料斗下段螺旋输送器从内破碎机构的回转式干燥机的上端落下，在干燥机筒内炒板的翻动和旋转的破碎搅拌轴作用下，脱水污泥迅速被打碎成小块，以便与温度为 800～850℃的热烟气流充分接触混合，提高干燥效率，小块污泥进一步碎成粒状，最终得到含水率 20%的干燥污泥产品。

（1）带有内破碎机构的回转式干燥机 1 台，污泥处理量 2500kg/h；干燥前含水率 80%，干燥后含水率 20%～30%；外形尺寸 ϕ2800mm×10225mm(L)；容积 20.8m³；入口烟气温度 700～850℃；出口烟气温度 180～250℃。

（2）热风炉、燃烧器及燃气/空气点火、控制系统 当污泥碳化过程产生的可燃性干馏气体燃烧产生的热量不足以提供污泥干燥所需热量时，热风炉将启动为干燥机提供热量。热风炉为圆筒横置型直火式炉体，外形尺寸 ϕ1930mm×2695mm(L)，主要材质为碳钢，敷设绝热和保温浇注料。

7.19.2.3 干污泥贮存、输送系统

（1）干燥污泥刮板输送机 设置干燥污泥刮板输送机 1 台，将干燥机处理后污泥及除尘器捕获的粉尘输送至位于碳化炉上层平台的干燥污泥贮存仓。

污泥刮板输送机为 "Z" 形刮板输送机，刮板宽度 160mm，干燥污泥输送量 625kg/h，输送线速度 5.3m/min，水平段长度 4300mm，垂直段长度 9300mm。

（2）干化污泥储存仓 设置干化污泥贮存仓 1 座，容积为 6m³，主要材质为不锈钢，仓顶设有臭气抽气管，将臭气抽到尾气处理部分进行除臭处理，上部方形尺寸为 $L×W×H=$ 2000mm×2000mm×1000mm、下部锥形尺寸为 $L×W×H=$2000mm×2000mm×1500mm 的钢制贮仓。

干化污泥贮存仓下部设有 ϕ250mm 螺旋输送机将污泥送出仓外，污泥输送量 625kg/h，变频调节。

7.19.2.4 污泥碳化系统

（1）外热多段式碳化加热炉 设置外热多段式碳化加热炉 1 台，干燥污泥处理量 625kg/h，敷设绝热和保温浇注料，外形尺寸 $L×W×H=$2600mm×1600mm×4050mm，由 6 段螺旋输送管上下贯通。

（2）预热炉、燃烧器及燃气/空气点火、控制系统 预热炉为圆筒横置型直火式炉体，外形尺寸 L2800mm×1800mm。

（3）再燃炉、燃烧器及燃气/空气点火、控制系统 再燃炉为圆筒横置型直火式炉体，

外形尺寸 $\phi1600 \times 7400mm(L)$。

7.19.2.5 碳化产品冷却和贮存系统

污泥经碳化处理后温度在 450℃ 左右，含水率为 0%，考虑到碳化污泥存放过程中存在自燃的隐患，因此需采取措施降低污泥碳化产品的温度，本项目通过水夹式冷却螺旋输送器夹套中的冷却水热传导方式，以及通过冷却螺旋输送器中设置的喷淋喷头向污泥碳化产品喷淋 10% 左右的水分，进一步降低污泥碳化产品温度、增加含水率，防止自燃现象。

(1) 水冷夹套输送机　设置规格为 $\phi300mm$ 的水冷夹套输送机 1 台，主要材质为碳钢，设有冷却水夹套和喷淋装置，耗水量 2.14m³/h。

(2) 碳化污泥刮板输送机　设置碳化污泥刮板输送机 1 台，经水冷夹套输送机冷却后的碳化污泥送至位于碳化污泥存储仓。

污泥刮板输送机为"Z"形刮板输送机，刮板宽度 160mm，输送线速度 5.3m/min，水平段长度 8100mm，垂直段长度 6000mm。

(3) 碳化污泥贮存仓　设置碳化污泥贮存仓 1 座，容积为 8m³，仓顶设有臭气抽气管，将臭气抽到尾气处理部分进行除臭处理，上部方形尺寸为 $L \times W \times H = 2000mm \times 2000mm \times 1000mm$、下部锥形尺寸为 $L \times W \times H = 2000mm \times 2000mm \times 1800mm$ 的钢制储仓。

碳化污泥贮存仓下部设有 $\phi300mm$ 螺旋输送机将污泥送出仓外，污泥输送量可变频调节。

7.19.2.6 送风及粉尘收集系统

(1) 旋风除尘器　设置旋风除尘器 1 台。由于本系统的污泥干燥处理后含水率 20%，为颗粒状；碳化处理采用热传导方式为外热式，干燥污泥与烟气不直接接触，因此本系统的粉尘、飞灰很少。

旋风除尘器处理风量 130～220m³/h，使用温度 180～250℃，外形尺寸 $\phi1400 \times 5700mm（H）$。

(2) 加热炉燃烧风机、引风机　风机为单吸、离心式风机，采用皮带传动方式。

7.19.2.7 热量回收系统

干燥和碳化处理中产生烟气，在引风机的作用下，进入热管式气气热交换器回收部分烟气热量后，部分返回碳化炉和热风炉循环利用，剩余部分经烟气处理系统处理后达标排放。

热管式气气热交换热器的低温侧加热空气供各加热炉燃烧器使用。

热管式气气热交换热器的高温侧烟气回收热量、降低温度后进入"水洗降温＋生物除臭＋活性炭吸附"组成的生物净化处理系统处理后达标排放。

壳体材质为碳钢，热管内是化学药剂。

7.19.2.8 烟气处理系统

本项目废气处理系统采用"水洗降温＋生物除臭＋活性炭吸附"工艺对高温、高浓度废气进行处理。

前置水洗塔能够降低废气的温度，以及其中的粉尘颗粒及烟气的浓度，使除臭滤池系统中的微生物具有良好的生存、处理环境，再通过生物除臭系统处理绝大部分有机物，最后通过活性炭吸附装置吸附无法生物降解的所有无机物颗粒，达标后的尾气经进入烟囱排放到大气中。

7.20　污泥石灰干化处理工程实例

7.20.1　工程概况

华北某城市污水处理厂污水设计处理能力 $8 \times 10^4 m^3/d$，目前为满负荷运行，脱水污泥量产量为 40t/d（含水率 80％）。该污水处理厂污泥处置采用 MixDrum® 污泥加钙碱性稳定干化处理技术，进泥含水率 80％，出泥含水率不大于 60％，粪大肠菌群值＞0.01，蠕虫卵死亡率＞95％，堆放 3d 后含水率≤50％，7d 后≤20％。

7.20.2　工程设备及选型

7.20.2.1　主要工艺技术指标

污泥加钙稳定干化处理工艺采用处理量为 5t/h 的 MixDrum® 污泥加钙碱性稳定干化处理技术，系统占地面积 588.24m²，生石灰最大投加率 30％，反应温度 55～80℃。

污泥经过加钙稳定处理后，含水率降至 60％以下，粪大肠杆菌值＞0.01，蠕虫卵死亡率＞95％，出泥满足《城镇污水处理厂污泥处置　混合填埋用泥质》（GB/T 23485—2009）、《城镇污水处理厂污泥处置　制砖泥质》（CJ/T 291—2008）、《城镇污水处理厂污泥处置 水泥熟料生产用泥质》（CJ/T 314—2009）、《恶臭污染物排放标准》（GB/T 14554—93），后续可进行建材利用、水泥厂协同焚烧、土地利用（如园林绿化、土壤改良）、卫生填埋等，实现了污泥的无害化、稳定化和资源化。

7.20.2.2　系统描述

污泥加钙稳定干化处理系统工艺流程如图 2-7-32 所示。

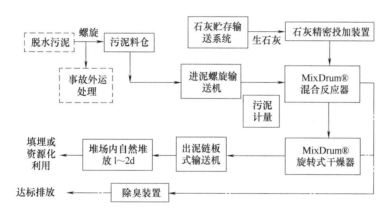

图 2-7-32　MixDrum® 污泥加钙碱性稳定干化系统工艺流程

7.20.2.3　湿污泥输送及计量系统

湿污泥输送及计量系统主要包括包括进泥螺旋输送机、事故螺旋输送机和污泥称重装置，由进泥螺旋输送机输送污水处理厂脱水污泥进入污泥加钙稳定干化系统，事故螺旋输送机作为事故排放用途，污泥称重装置完成对进入系统湿污泥的称重计量。

螺旋输送机输送能力为 5t/h，称重装置称重范围为 0～7.5t/h。

7.20.2.4　生石灰贮存及精密投加系统

生石灰贮存及精密投加系统主要包括石灰料仓、石灰输送螺旋和精密投加装置。石灰料仓贮存的生石灰可供系统正常运行 5～7d，生石灰从石灰料仓经由石灰螺旋输送机输送至精密投加装置，精密投加装置根据污泥称重计量信号，以合适的比例投加生石灰，与湿污泥在混合反应器内进行混合。

石灰料仓容积为 80m³，石灰输送螺旋输送能力为 0～3m³/h，石灰精密投加装置生石灰投加能力为 0.75～2.0t/h。

7.20.2.5　混合反应系统

混合反应系统由 MixDrum® 混合反应器、推料螺旋和 MixDrum® 旋转式干燥器组成。

MixDrum®混合反应器能够实现湿污泥和生石灰的充分混合与破碎，破碎后的污泥经由推料螺旋输送机输送至MixDrum®旋转式干燥器内，最后于干燥器尾部进入出泥系统。

MixDrum®混合反应器处理能力为5t/h，推料螺旋输送机输送能力为5~7.5t/h，MixDrum®混合反应器处理能力为5t/h。

7.20.2.6　成品污泥输送系统

成品污泥输送系统有出泥链板输送机组成，由MixDrum®混合反应器干燥后的出泥经由出泥链板输送机输送至污泥堆棚，经1~3d堆放后，选择进行填埋或做资源化利用。

7.20.2.7　废气收集处理系统

废气收集处理系统主要包括除臭管道、引风机、除臭喷淋塔以及烟囱。污泥加钙稳定干化处理系统产生的废气由引风机通过除臭管道引至除臭喷淋塔内，经循环水喷淋实现净化，再通过烟囱排至室外。

除臭管道规格为DN300；引风机为变频风机，风量为3500m³/h；除臭喷淋塔材质为玻璃钢，配有循环水泵，流量为2m³/h。

第三篇

净水厂、污水厂通用设备

第1章 净水厂和污水处理厂通用设备概述

净水厂和污水厂为满足工艺正常运行的需要，配置了大量的机械设备。工艺运行的过程中，在各个构筑物中都配置了相应的机械设备。其中各种工艺所需要的专用设备在前两篇中都在相应的章节中做了介绍，主要包括：除砂设备、曝气设备、排泥设备、污泥消化设备、污泥浓缩、脱水设备、絮凝搅拌设备、滤池设备、气浮设备；SBR工艺的各种滗水器；氧化沟工艺中的转刷、转盘设备。

同时，在净水厂和污水厂的运行中，还需配置各种通用设备，这些包括水泵、阀门、闸门、鼓风机、空压机、通风机、起重机、消毒设备等。为了方便读者的使用和避免重复，本手册在第三篇中对通用设备做较详细的介绍。

1.1 水泵

主要介绍离心泵、潜水泵、长轴泵、真空泵、污泥泵、耐腐蚀泵、气液增压泵和计量泵。

在离心泵中，介绍了通用性强、性能范围宽、效率高、工作可靠的IS型单级单吸离心泵及SH（S）型单级双吸清水离心泵。

在潜水泵中，介绍了QXG型潜水给水泵及QW型潜水排污泵。

在轴流、混流泵中，着重介绍了系列潜水轴流泵，该泵电机与水泵构成一体，潜入水中运行，具有传统水泵机组无法比拟的优点。操作方便，运行可靠，维修保养方便。

在长轴泵中介绍了可扩大离心泵和污泥泵的适用范围的新型立式长轴泵。

在污泥泵中介绍了专门用于污水处理厂混合液回流、反消化脱氮的专用泵机，可用于多种需要微扬程、大流量场所。可抗堵塞、抗缠绕；结构紧凑，安装、维修方便。

在耐腐蚀泵中介绍了可长期输送任意浓度的腐蚀性介质，具有耐腐蚀性、机械强度高、不老化、无毒无分解、性能参数全、效率高、结构紧凑的氟塑料泵。

在计量泵中介绍了可计量输送絮凝剂、活性炭、石灰液、酸液、消毒液等多种介质的安动隔膜泵。

1.2 阀门

阀门种类很多，在给水厂和污水厂各种构筑物中有非常广泛的应用，其使用的可靠性和耐久性更是非常值得关注的问题。以下介绍几种阀门。

（1）闸阀 运用于给水、排水、供热和蒸汽管道作通断之用。软密封闸阀，阀板用三元乙丙橡胶整体包覆（无毒、卫生）；阀板下密封为双密封面，密封性能好，渗漏率为零。

（2）截止阀 适用于气、液管路和设备，用于截断和接通管路中介质之用。具有密封性能好、操作方便、密封面不易损伤、使用寿命长、不易产生水锤现象等特点。JI44X系列电磁-液（气）动角式截止阀，主要安装在各类池子外部，作排除泥砂用。

（3）蝶阀 蝶阀结构简单，较闸阀质量轻，体积小，开启迅速，可在任意位置安装。适用于不同流体。主要类型有对夹式蝶阀、法兰式蝶阀、偏心蝶阀、双偏心蝶阀、三偏心蝶阀、伸缩蝶阀、蓄能器式液控缓闭蝶阀以及地埋式对夹蝶阀和 ABS 蝶阀。法兰式双偏心软密封地埋蝶阀（竖式、横式）特点：采用双偏心结构，密封性能可靠，启闭时密封面摩擦力小，启闭力矩小，减少密封面磨损，使用寿命长。

（4）浆液阀　该阀可适用于污水、泥浆、混合物等介质。SZ73X 型疏齿式浆液阀，保证疏通面积最大，小流阻。

（5）闸门　广泛用于介质为水（原水、清水和污水），最大水头≤10m 的管道口、交汇窖井、沉砂池、沉淀池、引水渠、泵站进水口和清水井等处，以实现流量和液面控制。主要有铸铁圆闸门、铸铁方闸门、平面钢闸门、不锈钢闸门等。

1.3　风机

包括罗茨鼓风机、离心鼓风机、磁悬浮鼓风机、空气悬浮鼓风机、空压机和通风设备。

（1）罗茨鼓风机　特点是在设计压力范围内，管网阻力变化时，流量变化很小，工作适应性强。3L30 三转子式罗茨鼓风机，具有效率高、气流脉动小、运转平稳、噪声低等特点。

（2）ABS、HST 磁悬浮鼓风机　特点是采用先进的磁悬浮轴承技术，无齿轮箱变频高速电机和无油无接触式的磁悬浮轴承，保证了鼓风机运行经济可靠，减少维护量。整台鼓风机结构紧凑，体积小，质量轻，无振动。

（3）MAX 空气悬浮鼓风机　采用了"高速直联电机"和"空气悬浮轴承"空气冷却系统，高效、低噪、节能环保、运行可靠、运行时只需变频控制电机转速就可在 40%～100% 范围内调节鼓风机的进风流量。

1.4　消毒设备

消毒主要是杀灭细菌等有害微生物，使饮用水达到国标规定的标准；对于处理过的污水和回用水使其达到国家标准规定的无害化程度，不会对人和环境造成有害影响。

消毒主要设备有加氯设备、加氨设备、二氧化氯发生器、次氯酸钠发生器、超声波水处理器、紫外线消毒设备和臭氧发生器。根据不同的水质要求和工艺方法，进行技术经济比较，选取相应的单一消毒方式或组合消毒方式。

1.5　其他通用设备：起重设备和输送机

（1）电动单梁起重机　结构紧凑、外形美观、体积小、质量轻、操作灵活、安全可靠、安装和维修方便。

（2）门吊　适应多种工况使用，简单易行，举重若轻。

（3）立柱式悬臂吊　可以安装在任何地方，几乎完全独立，是一种理想的工作岗位起重机。

（4）墙壁式悬臂吊　直接安装在墙壁或立柱上，质轻，载荷移动灵活方便，安装简便。

输送机介绍了带式输送机、有轴螺旋输送机、无轴螺旋输送机。

随着净水厂、污水厂工艺设备的发展和进步，通用设备也日新月异，根据工艺流程和构筑物形式对所需的机械设备做技术经济比较，并根据设备的参数、结构在满足工艺要求的前提下进行选取；同时，结合设备的使用环境合理选择材质。

第2章 泵

2.1 离心泵

2.1.1 单级离心清水泵

2.1.1.1 IS型单级单吸悬臂式离心泵

（1）适用范围 IS型泵系单级单吸（轴向吸入）离心泵，供输送清水或物理及化学性质类似于清水的其他液体之用。适用于温度不高于80℃，工业和城市给水、排水及农田排灌。

（2）性能范围 流量（Q）$6.3\sim400\,\mathrm{m^3/h}$；扬程（$H$）$5\sim150\,\mathrm{m}$；转速（$n$）$1450\,\mathrm{r/min}$和$2900\,\mathrm{r/min}$。

（3）型号说明

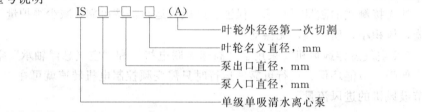

（4）规格与性能 见图3-2-1、表3-2-1。

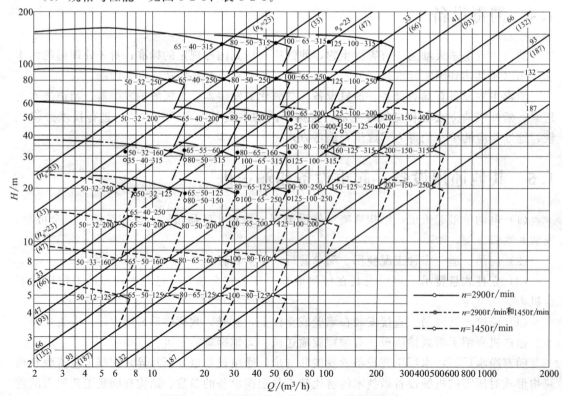

图 3-2-1 IS型单级单吸悬臂式离心泵性能范围

注：＊带括号的表示 $n=2900\mathrm{r/min}$ n_s 值，不带括号的表示 $n=1450\mathrm{r/min}$ n_s 值

（5）外形和安装尺寸　见图 3-2-2 及表 3-2-2。

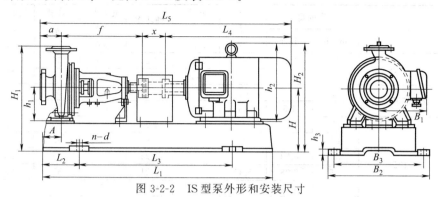

图 3-2-2　IS 型泵外形和安装尺寸

表 3-2-1　IS 型泵性能

| 型　　号 | 流量 Q | | 扬程 H | 转速 n | 轴功率 | 电动机功率 | 效率 η | 气蚀余量 (NPSH)r | 质量 |
	m³/h	L/s	/m	/(r/min)	/kW	/kW	/%	/m	/kg
IS50—32—125	7.5	2.08	22	2900	0.96	2.2	47	2.0	32.5
	12.5	3.47	50		1.13		60	2.0	
	15	4.17	18.5		1.26		60	2.5	
	3.75	1.04	5.4	14500	0.13	5.5	43	2.0	
	6.3	1.74	5		0.16		54	2.0	
	7.5	2.08	4.6		0.17		55	2.5	
IS50—32—125A	11.2	3.1	16	2900	0.84	1.5	58	2.0	32.5
	5.6	1.56	4	1450	0.12	0.55	52		
IS50—32—160	7.5	2.08	34.3	2900	1.59	3	44	2.0	38.5
	12.5	3.47	32		2.02		54	2.0	
	15	4.17	29.6		2.16		56	2.5	
	3.75	1.04	8.5	1450	0.25	0.55	35	2.0	
	6.3	1.74	8		0.29		48	2.0	
	7.5	2.08	7.5		0.31		49	2.5	
IS50—32—160A	11.7	3.25	28	2900	1.70	2.2	52	2.0	38.5
	5.9	1.64	7	14500	0.24	0.55	46		
IS50—32—160B	10.8	3	24	2900	1.41	2.2	50	2.0	38.5
	5.4	1.35	6	14500	0.20	0.55	44		
IS50—32—200	7.5	2.08	52.5	2900	2.82	5.5	38	2.0	46
	12.5	3.47	50		3.54		48	2.0	
	15	4.17	48		3.95		51	2.5	
	3.75	1.04	13.1	1450	0.41	0.75	33	2.0	
	6.3	1.74	12.5		0.51		42	2.0	
	7.5	2.08	12		0.56		44	2.5	
IS50—32—200A	11.7	3.25	44	2900	3.05	4	46	2.0	46
	5.9	1.64	11	1450	0.44	0.75	40		
IS50—32—200B	10.8	3	38	2900	2.55	4	44	2.0	46
	5.4	1.5	9.5	1450	0.37	0.75	38		
IS50—32—250	7.5	2.08	82	5387		28.5	2.0		80
	12.5	3.47	80	2900	7.16	11	38	2.0	
	15	4.17	78.5		7.83		41	2.5	
	3.75	1.04	20.5		0.91		23	2.0	
	6.3	1.74	20	1450	1.07	1.5	32	2.0	
	7.5	2.08	19.5		1.14		35	2.5	

续表

型　号	流量 Q		扬程 H	转速 n	轴功率 /kW	电动机功率 /kW	效率 η	气蚀余量 (NPSH)r	质量 /kg
	m³/h	L/s	/m	/(r/min)			/%	/m	
IS50—32—250A	11.7	3.25	70	2900	6.20	7.5	36	2.0	80
	5.9	1.64	17.5	1450	0.94	1.5	30		80
IS50—32—250B	10.8	3	60	2900	5.21	7.5	34	2.0	80
	5.4	1.5	15	1450	0.79	1.1	28		80
IS50—50—125	15	4.17	21.8		1.54		58	2.0	38
	25	6.94	20	2900	1.97	3	69	2.0	
	30	8.33	18.5		2.22		68	2.5	
	7.5	2.08	5.35		0.21		53	2.0	
	12.5	3.47	5	1450	0.27	0.55	64	2.0	
	15	4.17	4.7		0.30		65	2.5	
IS65—50—125A	22.4	6.22	16	2900	1.46	2.2	67	2.0	38
	11.2	3.11	4	1450	0.20	0.55	62		
IS65—50—160	15	4.17	35		2.65		54	2.0	40
	25	6.94	32	2900	3.35	5.5	65	2.0	
	30	8.33	30		3.71		66		
	7.5	2.08	8.8		0.36		50	2.0	
	12.5	3.47	8.0	1450	0.45	0.75	60	2.0	
	15	4.17	7.2		0.49		60	2.5	
IS65—50—160A	23.4	6.5	28	2900	2.83	4	63	2.0	40
	11.7	3.25	7	1450	0.38	0.75	58		
IS65—50—160B	21.7	6.03	24	2900	2.33	3	61	2.0	40
	10.8	3	6	1450	0.32	0.55	56		
IS65—40—200	15	4.17	53		4.42		49	2.0	49
	25	6.94	50	2900	5.67	7.5	60	2.0	
	30	8.33	47		6.29		61	2.5	
	7.5	2.08	13.2		0.63		43	2.0	
	12.5	3.47	12.5	1450	0.77	1.1	55	2.0	
	15	4.17	11.8		0.85		57	2.5	
IS65—40—200A	23.4	6.5	44	2900	4.83	7.5	58	2.0	49
	11.7	3.25	11	1450	0.66	1.1	53		
IS65—40—200B	21.7	6.03	38	2900	4	5.5	56	2.0	49
	10.8	3	9.5	1450	0.55	1.1	51		
IS65—40—250	15	4.17	82		9.05		37	2.0	87
	25	6.94	80	2900	10.89	15	50	2.0	
	30	8.33	78		12.02		53	2.5	
	7.5	2.08	21		1.23		35	2.0	
	12.5	3.47	20	1450	1.43	2.2	46	2.0	
	15	4.17	19.4		1.65		48	2.5	
IS65—40—250A	23.4	6.5	70	2900	8.75	11	51	2.0	87
	11.7	3.25	17.5	1450	1.21	2.2	46		
IS65—40—250B	21.7	6.03	60	2900	7.24	11	49	2.0	87
	10.8	3	15	1450	1.01	1.5	44		
IS65—40—315	15	4.17	127		18.5		28	2.5	119
	25	6.94	125	2900	21.3	30	40	2.5	
	30	8.33	123		22.8		44	3.0	
	7.5	2.08	32.3		2.63		25	2.5	
	12.5	3.47	32.0	1450	2.94	4	37	2.5	
	15	4.17	31.7		3.16		41	3.0	

续表

型 号	流量 Q		扬程 H /m	转速 n /(r/min)	轴功率 /kW	电动机功率 /kW	效率 η /%	气蚀余量 (NPSH)r /m	质量 /kg
	m³/h	L/s							
IS65—40—315A	23.9	6.64	114	2900	19.02	30	39	2.5	119
	11.9	3.31	28.5	1450	2.58	4	36		
IS65—40—315B	22.7	6.31	103	2900	16.74	22	38	2.5	119
	11.3	3.14	25.8	1450	2.28	3	35		
IS65—40—315C	21.4	5.94	92	2900	14.48	18.5	37	2.5	119
	10.7	3	23	1450	1.97	3	34		
IS80—65—125	30	8.33	22.5		2.87		64	3.0	42.5
	50	13.9	20	2900	3.63	5.5	75	3.0	
	60	16.7	18		3.98		74	3.5	
	15	4.17	5.6		0.42		55	2.5	
	25	6.49	5	1450	0.48	0.75	71	2.5	
	30	8.33	4.5		0.51		72	3.0	
IS80—65—125A	44.7	12.42	16	2900	2.80	4	73	3.0	42.5
	22.4	6.22	4	1450	0.37	0.55	69	2.5	
IS80—65—160	30	8.33	36		4.82		61	2.5	44
	50	13.9	32	2900	5.97	7.5	73	2.5	
	60	16.7	29		9.59		72	3.0	
	15	4.17	9		0.67		55	2.5	44
	25	6.94	8	1450	0.79	1.5	69	2.5	
	30	8.33	7.2		0.86		68	3.0	
IS80—65—160A	46.8	13	28	2900	5.03	7.5	71	2.5	44
	23.4	6.5	7	1450	0.65	1.1	67		
IS80—65—160B	43.3	12.03	24	2900	4.1	5.5	69	2.5	44
	21.7	6.03	6	1450	0.55	0.75	65		
IS80—50—200	30	8.33	53		7.87		55	2.5	51
	50	13.9	50	2900	9.87	15	69	2.5	
	60	16.7	47		10.8		71	3.0	
	15	4.17	13.2		1.06		51	2.5	
	25	6.94	12.5	1450	1.31	2.2	65	2.5	
	30	8.33	11.8		1.44		67	3.0	
IS80—50—200A	46.8	13	44	2900	8.37	11	67	2.5	51
	23.4	6.5	11	1450	1.11	1.5	63		
IS80—50—200B	43.3	12.03	38	2900	6.9	11	65	2.5	51
	21.7	6.03	9.5	1450	0.92	1.5	61		
IS80—50—250	30	8.33	84		13.2		52	2.5	81
	50	13.9	80	2900	17.3	22	63	2.5	
	60	16.7	75		19.2		64	3.0	
	15	4.17	21		1.75		49	2.5	
	25	6.94	20	1450	2.27	3	60	2.5	
	30	8.33	18.8		2.52		61	3.0	
IS80—50—250A	46.8	13	70	2900	14.64	18.5	61	2.5	81
	23.4	6.5	17.5	1450	1.92	3	58		
IS80—50—250B	43.3	12.03	60	2900	12	15	59	2.5	81
	21.7	6.03	15	1450	1.58	2.2	56		
IS80—50—315	30	8.33	128		25.5		41	2.5	121
	50	13.9	125	2900	31.5	37	54	2.5	
	60	16.7	123		35.3		57	3.0	
	15	4.17	32.5	1450	3.4		39	2.5	

续表

型　　号	流量 Q		扬程 H /m	转速 n /(r/min)	轴功率 /kW	电动机功率 /kW	效率 η /%	气蚀余量 (NPSH)r /m	质量 /kg
	m³/h	L/s							
IS80—50—315	25	6.94	32	1450	4.19	5.5	52	2.5	121
	30	8.33	31.5		4.6		56	3.0	
IS80—50—315A	47.7	13.25	114	2900	28.48	37	52	2.5	121
	23.8	6.61	28.5	1450	3.70	5.5	50		
IS80—50—315B	45.4	12.6	103	2900	25.45	30	50	2.5	121
	22.7	6.31	25.8	1450	3.40	5.5	48		
IS80—50—315C	42.9	11.92	92	2900	22.36	30	48	2.5	121
	21.4	5.94	23	1450	2.91	4	46		
IS100—80—125	60	16.7	24		5.86		67	4.0	43
	100	27.3	20	2900	7.0	11	78	4.5	
	120	33.3	16.5		7.23		74	5.0	
	30	8.33	6		0.77		64	2.5	
	50	13.9	5	1450	0.91	1.5	75	2.5	
	60	16.7	4		0.92		71	3.0	
IS100—80—125A	89.4	24.8	11.6	2900	5.12	7.5	76	4.5	43
	14.7	12.42	4	1450	0.67	1.1	73	2.5	
IS100—80—160	60	16.7	36		8.42		70	3.5	63
	100	27.3	32	2900	11.2	15	73	4.0	
	120	33.3	28		12.2		75	5.0	
	30	8.33	9.2		1.12		67	2.0	
	50	13.9	8.0	1450	1.45	2.2	75	2.5	
	60	16.7	6.8		1.57		71	3.5	
IS100—80—160A	93.5	26	28	2900	9.39	11	76	4.0	63
	46.8	13	7	1450	1.22	2.2	73	2.5	
IS100—80—160B	86.3	24.1	24	2900	7.63	11	74	4.0	63
	43.3	12.03	6	1450	0.99	1.5	71	2.5	
IS100—65—200	60	16.7	54		13.6		65	3.0	77
	100	27.8	50	2900	17.9	22	76	3.6	
	120	33.3	47		19.9		77	4.8	
	30	8.33	13.5		1.84		60	2.0	
	50	13.0	12.5	1450	2.33	4	73	2.0	
	60	16.7	11.3		2.61		74	2.5	
IS100—65—200A	93.5	26	44	2900	15.15	18.5	74	3.6	77
	46.8	13	11	1450	1.97	3	71	2.0	
IS100—65—200B	86.6	24.1	38	2900	12.53	15	72	3.6	77
	43.3	12.03	9.5	1450	1.63	2.2	69	2.0	
IS100—65—250	60	16.7	87		23.4		61	3.5	92
	100	27.8	80	2900	30.3	37	72	3.8	
	120	33.3	74.5		33.3		73	4.8	
	30	8.33	21.3		3.16		55	2.0	
	50	13.9	20	1450	4.00	5.5	68	2.0	
	60	16.7	19		4.44		70	2.5	
IS100—65—250A	93.5	26	70	2900	25.49	30	70	3.8	92
	46.8	13	17.5	1450	3.38	5.5	66	2.0	
IS100—65—250B	86.6	24.1	60	2900	20.5	30	68	3.8	92
	43.3	12.03	15	1450	2.77	4	64	2.0	
IS100—65—315	60	16.7	133	2900	39.6		55	3.0	170
	100	27.8	125		51.6	75	66	3.6	

型　号	流量 Q		扬程 H /m	转速 n /(r/min)	轴功率 /kW	电动机功率 /kW	效率 η /%	气蚀余量 (NPSH)r /m	质量 /kg
	m³/h	L/s							
IS100—65—315	120	33.3	113	2900	57.5		67	4.2	170
	30	8.33	34	1450	5.44		51	2.0	
	50	13.9	32		6.92	11	63	2.0	
	60	16.7	30		7.67		64	2.5	
IS100—65—315A	95.5	26.53	114	2900	46.33	55	64	3.6	170
	47.7	13.25	28.5	1450	6.07	7.5	61	2.0	
IS100—65—315B	90.8	25.2	103	2900	41.04	55	62	3.6	170
	45.5	12.6	25.8	1450	5.4	7.5	59	2.0	
IS100—65—315C	85.8	23.83	92	2900	35.82	45	60	3.6	170
	42.9	11.92	23	1450	4.71	7.5	57	2.0	
IS125—100—200	120	33.3	57.5	2900	28.0		67	4.5	92.5
	200	55.6	50		33.6	45	81	4.5	
	240	66.7	44.5		36.4		80	5.0	
	60	16.7	14.5		3.83		62	2.5	
	100	27.8	12.5	1450	4.48	7.5	76	2.5	
	120	33.3	11.0		4.79		75	3.0	
IS125—100—200A	187	51.9	44	2900	28.39	37	79	4.5	92.5
	93.5	26	11	1450	3.79	5.5	74	2.5	
IS125—100—200B	173	48.06	38	2900	23.27	30	77	4.5	92.5
	86.5	24.03	9.5	1450	3.12	4.0	72	2.5	
IS125—100—250	120	33.3	87	2900	43.0		66	3.8	165
	200	55.6	80		55.9	75	78	4.2	
	240	66.7	72		62.8		75	5.0	
	60	16.7	21.5		5.59		63	2.5	
	100	27.8	20	1450	7.17	11	76	2.5	
	120	33.3	18.5		7.84		77	3.0	
IS125—100—250A	187	51.94	70	2900	46.96	55	76	4.2	165
	93.5	26	17.5	1450	6.03	7.5	74	2.5	
IS125—100—250B	173	48.06	60	2900	38.24	45	74	4.2	165
	86.5	24.03	15	1450	4.92	7.5	72	2.5	
IS125—100—315	120	33.3	132.5	2900	72.1		60	4.0	178
	200	55.6	125		90.8	110	75	4.5	
	240	66.7	120		101.9		77	5.0	
	60	16.7	33.5		9.4		58	2.5	
	100	27.8	32	1450	11.9	15	73	2.5	
	120	33.3	30.5		13.5		74	3.0	
IS125—100—315A	191	53.1	114	2900	81.30	110	73	4.5	178
	95.5	26.53	28.5	1450	10.67	15	71	2.5	
IS125—100—315B	181.6	50.4	103	2900	71.74	90	71	4.5	178
	90.8	25.2	25.8	1450	9.24	11	69	2.5	
IS125—100—315C	171.6	47.7	92	2900	65.13	75	66	4.5	178
	85.8	23.83	23	1450	7.87	11	67	2.5	
IS125—100—400	60	16.7	52		16.1		53	2.5	198
	100	27.8	50	1450	21.0	30	65	2.5	
	120	33.3	48.5		23.6		67	3.0	
IS125—100—400A	93.5	26	44	1450	17.8	22	63	2.5	198
IS125—100—400B	86.5	24.03	38	1450	14.66	18.5	61	2.5	

续表

型　号	流量 Q		扬程 H /m	转速 n /(r/min)	轴功率 /kW	电动机功率 /kW	效率 η /%	气蚀余量 (NPSH)r /m	质量 /kg
	m³/h	L/s							
IS150—125—250	120	33.3	22.5		10.4		71	3.0	
	200	55.6	20	1450	13.5	18.5	81	3.0	129
	240	66.7	17.5		14.7		78	3.5	
IS150—125—250A	187	51.9	17.5	1450	11.29	15	79	3.0	129
IS150—125—250B	173	48.06	15	1450	9.15	11	77	3.0	
IS150—125—315	120	33.3	34		15.87		70	2.5	
	200	55.6	32	1450	22.05	30	79	2.5	206
	240	66.7	29		23.68		80	2.5	
IS150—125—315A	187	51.94	28	1450	18.78	22	76	2.5	206
IS150—125—315B	173	48.1	24	1450	15.29	18.5	74	2.5	
IS150—125—400	120	33.3	53		27.9		62	2.0	
	200	55.6	50	1450	36.3	45	75	2.8	251
	240	66.7	46		40.6		74	3.5	
IS150—125—400A	187	51.94	44	1450	30.71	37	73	2.8	251
IS150—125—400B	173	48.1	38	1450	25.24	30	71	2.8	
IS200—150—250	240	66.7	21.5		19.8		71	3.5	
	400	111.1	20	1450	26.6	37	82	4.3	180
	460	127.8	17.5		27.4		80	5.0	
IS200—150—250A	374	87.2	17.5	1450	22.31	30	80	4.3	180
IS200—150—250B	346	96.1	15	1450	18.14	22	78	4.3	
IS200—150—315	240	66.7	37		34.6		70	3.0	
	400	111.1	32	1450	42.5	55	82	3.5	245
	460	127.8	28.5		44.6		80	4.0	
IS200—150—315A	374	103.9	28	1450	36.62	45	80	3.5	245
IS200—150—315B	346	96.1	24	1450	29.02	37	78	3.5	
IS200—150—400	240	66.7	55		48.6		74	3.0	
	400	111.1	50	1450	67.2	90	81	3.8	275
	460	127.8	45		74.2		76	4.5	
IS200—150—400A	374	103.9	44	1450	56.68	75	79	3.8	275
IS200—150—400B	346	96.1	38	1450	46.54	55	77	3.8	

表 3-2-2　IS 型单级单吸悬臂式离心泵出口管尺寸　　　　　单位：mm

型　号	DN_3	d_3	D_{13}	D_3	f_3	b_3	n_3-ϕd_{03}	DN_4	d_4	D_{14}	D_4	f_4	b_4	n_3-ϕd_{04}	L_5
IS50—32—125 IS50—32—160 IS50—32—200 IS50—32—250	32	78	100	140	2	18		50	102	125	165				100
IS65—50—125 IS65—50—160	50	102	125	165		20		65	122	145	185		20	4-17.5	
IS65—40—200 IS65—40—250 IS65—40—315	40	88	110	150		18	4-17.5	65	122	145	185	3			150
IS80—65—125 IS80—65—160	65	122	145	185	3	20		80	133	160	200		22		100
IS80—50—200 IS80—50—250 IS80—50—315	50	102	125	165										8-17.5	175

续表

型　　号	DN_3	d_3	D_{13}	D_3	f_3	b_3	$n_3-\phi d_{03}$	DN_4	d_4	D_{14}	D_4	f_4	b_4	$n_3-\phi d_{04}$	L_5
IS100—80—125 IS100—80—160	80	133	160	200		22	8-17.5	100	158	180	220		24		150
IS100—65—200 IS100—65—250 IS100—65—315	65	122	145	185		20	4-17.5								175
IS125—100—315 IS125—100—400 IS125—100—200 IS125—100—250	100	158	180	220		24		125	184	210	250		26		150
IS150—125—250 IS150—125—315 IS150—125—400	125	184	210	250		26	8-17.5	150	212	240	285				
IS200—150—250 IS200—150—315 IS200—150—400	150	212	240	285				200	268	295	240		30	12-22	250

生产厂家：上海凯泉泵业有限公司、长沙耐普泵业有限公司、上海凯士比泵有限公司、山东双轮集团有限公司、重庆水泵厂有限责任公司、沈阳水泵厂、山东博泵科技股份有限公司、新乡泵业有限责任公司、沈阳泵业制造有限公司、上海东方泵业（集团）有限公司。

2.1.1.2　sh（s）型单级双吸清水离心泵

（1）适用范围　sh（s）型单级双吸清水离心泵供输送清水及物理化学性质类似于水的液体用。液体温度不得超过 80℃。适合于工厂、矿山、城市供水、电站、大型水利工程、农田灌溉和排涝等。

（2）性能范围　扬程 9～140m；流量 111～12500m³/h。

（3）规格与性能　见图 3-2-3、表 3-2-3。

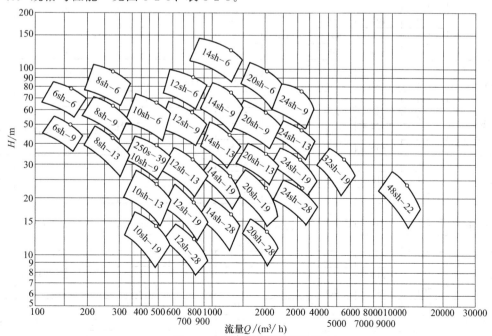

图 3-2-3　sh（s）型泵型谱图

表 3-2-3　sh（s）型泵性能

型号	流量 Q		扬程 H /m	转速 n /(r/min)	功率 P/kW		效率 η /%	气蚀余量 (NPSH)r /m	叶轮直径 D /mm	泵质量 /kg
	m³/h	L/s			轴功率	电动机功率				
6sh—6	126	35	84	2950	40	55	72	4.7	251	165
	162	45	78		46.5		74			
	198	55	70		52.4		72			
6sh—6A	111.6	31	674	2950	30	45	68	4.7	223	165
	144	450	62		33.8		72			
	180	50	55		38.5		70			
6sh—9	130	36.2	52	2950	25	37	73.9	4.7	200	155
	170	47.2	47.2		27.6		79.8			
	220	61.2	35.0		31.3		67			
6sh—9A	111.6	31	43.8	2950	18.5	30	72	4.7	186	155
	144	40	40		20.9		75			
	180	50	35		24.5		70			
8sh—6	180	50	100	2900	81.8	110	69	5.2	284	309
	234	65	93.5		86.3		69			
	288	80	82.5		91.1		71			
8sh—9	213	60	69	2900	55		74	4.4	233	242
	288	80	62.5		61.6	75	79,5	5.2		
	351	97.5	50		67.8		70.5	6.7		
8sh—9A	180	50	54.5	2900	41		65	4.2	218	241
	270	70	46		48.3	55	70	4.7		
	324	90	37.5		51		65	5.9		
8sh—13	216	60	48	2900	34.9		81	4.7	204	219
	288	80	41.3		38.1	55	85	6.1		
	346	95	35		40.2		81	6.7		
8sh—13A	198	55	43	2900	30.5		76	4.5	193	219
	270	75	36		33.1	45	80	5.5		
	310	86	31		34.4		76	6.7		
10sh—6	360	100	71	1450	88.1		79	3.7	460	565
	486	135	65.1		112	132	71			
	612	170	56		129.6		72			
10sh—6A	342	95	61	1450	72		79	3.7	430	565
	486	130	54		86	110	80			
	540	150	50		98		75			
10sh—9 (250s39)	360	100	42.5	1450	55.5		75	3.7	357	408
	486	135	38.5		61.5	75	83			
	576	160	25		47.8		82			
10sh—13A	342	95	22.2	1450	25.8		80	3.7	270	420
	414	115	20.3		27.6	37	83			
	482	134	17.4		28.6		90			
10sh—19	360	100	17.5	1450	21.4		80	3.7	240	405
	486	135	14		21.8	30	85			
	576	160	11		22.1		78			
10sh—19A	320	89	13.3	1450	15.4		78	3.7	244	404
	432	110	11		15.8	22	82			
	504	140	8.6		15.8		76			
12sh—6	590	164	98	1450	213		74	4.3	540	845
	792	220	90		250	300	77.5	5.2		
	936	260	82		279		75	6.2		

续表

型号	流量 Q		扬程 H/m	转速 n/(r/min)	功率 P/kW		效率 η/%	气蚀余量 (NPSH)r/m	叶轮直径 D/mm	泵质量/kg
	m³/h	L/s			轴功率	电动机功率				
12sh—6A	576	160	86		190	260	71	4.2	510	845
	755	210	78	1450	217		74	5		
	918	255	70		246		71	6.1		
12sh—6B	540	150	72	1450	151	230	70	4.1	475	845
	720	200	67		180		73	4.8		
	900	250	57		200		70	5.9		
12sh—9	576	160	65	1450	127.5	185	80		435	809
	792	220	58		150		83.5	5.2		
	972	270	50		167		79			
12sh—9A	530	147	55	1450	99.2	160	80	5.2	402	809
	720	200	49		115.6		83			
	893	248	42		131		78			
12sh—9B	504	140	47.2	1450	82.5	132	79	5.2	378	809
	684	190	43		97.7		82			
	835	232	37		108		78			
12sh—13	612	170	38	1450	76.2	110	83	5.2	352	709
	792	220	32.3		80.3		86.5			
	900	250	28		86		80			
12sh—13A	551	153	31	1450	58.1	75	80	5.2	322	709
	720	200	26		60.7		84			
	810	225	24		68		78			
12sh—19	612	170	23	1450	47.9	55	80	5.2	290	660
	792	220	19.4		51		82			
	935	260	14		47.6		75			
12sh—19A	504	140	20	1450	30.2	45	80	5.2	260	660
	720	200	16		32		81			
	900	250	11.5		33.1		74			
12sh—28A	522	145	11.8	1450	23.3	37	72	5.2	225	660
	684	190	10		23.9		78			
	792	220	87		24.7		76			
14sh—6	850	236	140	1470	462	680	70	6.2	655	1580
	1250	347	125		545		78			
	1660	461	100		623		72.5			
14sh—6A	803	223	125		391	570	70	6.2	620	1580
	1181	328	112	1470	462		78			
	1570	436	90		550		70			
14sh—6B	745	207	108		313	500	70	6.2	575	1580
	1098	305	96	1470	373		77			
	1458	405	77		422		72.5			
14sh—9	972	270	80		271	410	78	6.2	500	1200
	1260	350	75	1470	314		82			
	1440	400	65		319		80			
14sh—9A	900	250	70		220	300	78	6.2	465	1200
	1170	325	65	1470	247		84			
	1332	370	56		257		79			
14sh—9B	828	230	59		178	260	75	6.2	428	1200
	1080	300	55	1470	198		82			
	1224	340	47.5		206		77			

续表

型号	流量 Q		扬程 H /m	转速 n /(r/min)	功率 P/kW		效率 η /%	气蚀余量 (NPSH)r /m	叶轮直径 D /mm	泵质量 /kg
	m³/h	L/s			轴功率	电动机功率				
14sh—13	972	270	50		164		81			
	1260	350	43.8	1470	179	230	84	6.2	410	1105
	1476	410	37		189		80			
14sh—13A	864	240	41		121		80			
	1116	310	36	1450	132	190	84	6.2	380	1105
	1332	370	30		136		80			
14sh—19	972	270	32		99.7		85			
	1260	350	26	1450	102	125	88	6.2	350	878
	1440	400	22		105		82			
14sh—19A	864	240	26		76.5		80			
	1116	310	21.5	1450	77	90	85	6.2	326	878
	1296	360	16.5		80		73			
14sh—28	972	270	20		66.2		80			
	1260	350	16.2	1045	68.5	75	81	6.2	290	760
	1440	400	13.4		71		74			
14sh—28A	864	240	16		51		74			
	1044	290	13.4	970	48.8	55	78	6.2	265	760
	1260	350	10		49		70			
20sh—6	1450	403	107.5		585		72.5			
	2016	560	98.4	970	680	850	79.6	5.7	860	230
	640	89	735		76					
20sh—6A	1349	375	93		490		70			
	1870	520	85	970	564	650	77	6.1	800	
	2140	595	77		607		74			
20sh—9	1150	430	66		340		82			
	2016	560	59	970	390	530	83	5.7	682	
	2450	680	50		433		77			
20sh—9A	1405	390	58		300		74			
	1910	530	50	970	347	380	75	5.7	640	
	2270	630	42		360		72			
20sh—13	1550	430	40		206		82			
	2016	560	35.1	970	219	280	88	5.7	550	
	2410	670	30		246.5		80			
20sh—13A	1440	400			186		85			
	1872	520	31	970		220		5.7	510	
	2230	620	26							
20sh—19	1620	450	27		148		80			
	2016	560	22	970	147	190	82	5.7	465	2010
	2340	650	15		137		70			
20sh—19A	1296	360	23		111		73			
	1872	520	17	970	108	135	80	5.7	427	2000
	2016	560	14		101		76			
20sh—28	1620	450	15.2		87		77			
	2016	560	12.8	970	87.8	115	80	5.7	390	2000
	2325	646	10.6		87.6		77			
20sh—9	3420	950	71	960	727	780	91	8.4	765	430
20sh—9A	3168	880	61	960	585	680	90	7.2	710	430
24sh—13	3168	880	47.4	970	465	520	88	7.2	630	4530

续表

型号	流量 Q		扬程 H /m	转速 n /(r/min)	功率 P/kW		效率 η /%	气蚀余量 (NPSH)r /m	叶轮直径 D /mm	泵质量 /kg
	m³/h	L/s			轴功率	电动机功率				
24sh—19	2520	700	37		295		86			
	3168	880	32	970	310	380	89	7.2	540	2550
	3960	1100	22		279		85			
24sh—19A	2304	640	31.5		235		84			
	2880	800	27	970	238	280	89	7.2	500	2550
	3600	1000	20		231		85			
24sh—28	2340	650	23.5		187		80			
	2880	800	21.0	970	195	220	84.5	7.2	450	2500
	3420	950	18.0		207		81			
24sh—28A	2340	650	17.5		145		77			
	2880	800	15.5	970	148	190	82	7.2	410	2500
	3420	950	13.0		154		78.5			
32sh—19	4700	1305	35		575		78			
	5500	1530	32.5	730	580	625	84	6.2	740	5100
	6010	1670	28.9		567		83.5			
	6460	1795	25.4		567		80.4			
32sh—19A	5054	1400	27.6	730	455	500	83.4	6.2	680	5100
48sh—22	9000	2500	28.5		873		80	5.4		
	11000	3056	26.3	485	908	1150	86.8	6	985	17000
	12500	3472	23.6		913		88	6.5		
48sh—22A	8500	2360	19.6		565		80.5			
	10000	2780	18.5	485	586	710	86	5.6	912	17000
	12020	3340	14.3		585		80	6.3		

生产厂家：山东双轮集团有限公司、山东同泰集团日照水泵厂、上海凯士比泵有限公司、长春水泵厂、沈阳泵业制造有限公司。

（4）外形及安装尺寸　见图 3-2-4。

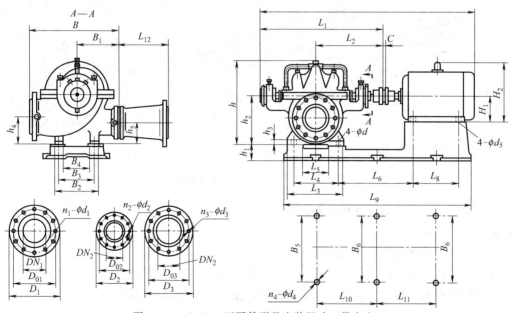

图 3-2-4　sh（s）型泵外形及安装尺寸（带底座）

2.1.1.3 DFSS 卧式双吸泵

（1）适用范围 DFSS 卧式双吸泵广泛适用于城市给排水、城镇供水，集中供热系统给排水，钢铁冶金企业、石化炼油厂、造纸厂、油田、热电厂、机场建设、化纤厂、纺织厂、糖厂、化工厂、电站的给排水，工厂、矿山的消防系统给水、空调系统供水，农田灌溉及各种水利工程。

（2）型号说明

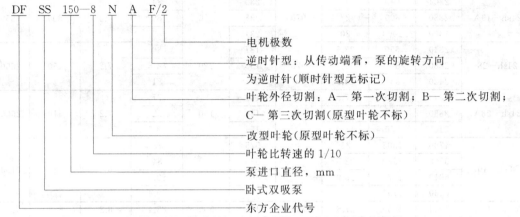

```
DF SS 150—8 N A F/2
                      └─── 电机极数
                   └────── 逆时针型：从传动端看，泵的旋转方向
                          为逆时针（顺时针型无标记）
                 └──────── 叶轮外径切割：A— 第一次切割；B— 第二次切割；
                          C— 第三次切割（原型叶轮不标）
              └─────────── 改型叶轮（原型叶轮不标）
          └─────────────── 叶轮比转速的1/10
       └────────────────── 泵进口直径，mm
    └───────────────────── 卧式双吸泵
  └─────────────────────── 东方企业代号
```

（3）工作条件 流量范围 $Q=66\sim37000\text{m}^3/\text{h}$；扬程 $H=8\sim200\text{m}$；转速 2960r/min、1480r/min、990r/min、740r/min、585r/min、490r/min、372r/min、298r/min；进口直径 $D=100\sim1600\text{mm}$；温度范围正常≤80℃（采用冷却结构 T_{max}≤150℃）。

（4）泵型谱图 见图 3-2-5。

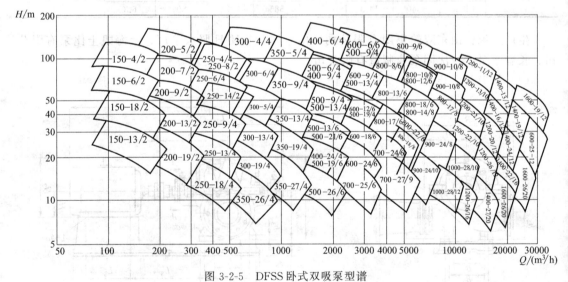

图 3-2-5 DFSS 卧式双吸泵型谱

生产厂家：上海东方泵业集团有限公司。

2.1.2 多级离心泵

2.1.2.1 TSWA 型卧式多级离心泵

该泵主要适用于城市高层建筑给排水及消防用水，工厂、矿山给排水，远距离输水，生产工艺循环中用水，暖通空调循环、船舶工业，生活用水等多种用途。

温度80℃以下，流量 5～300m³/h，扬程 20～240m，转速 1450r/min，性能见表 3-2-4。

表 3-2-4　TSWA 卧式双吸泵性能

型号	级数	流量 Q		扬程	电机功率	真空吸程
		m³/h	L/s	H/m	/kW	HS/m
50TSWA	2	18	5	18.4	2.2	7.2
	3	18	5	27.6	3	
	4	18	5	36.8	4	
	5	18	5	46	5.5	
	6	18	5	55.2	5.5	
	7	18	5	64.4	7.5	
	8	18	5	73.6	7.5	
	9	18	5	82.8	7.5	
75TSWA	2	36	10	23	5.5	7.2
	3	36	10	34.5	7.5	
	4	36	10	46	11	
	5	36	10	57.5	11	
	6	36	10	69	15	
	7	36	10	80.5	15	
	8	36	10	92	18.5	
	9	36	10	103.5	18.5	
100TSWA	2	69	19.2	31.2	11	7
	3	69	19.2	46.8	15	
	4	69	19.2	62.4	22	
	5	69	19.2	78	30	
	6	69	19.2	93.6	30	
	7	69	19.2	109.2	37	
	8	69	19.2	124.8	45	
	9	69	19.2	140.4	45	
125TSWA	2	90	25	43.2	22	6.8
	3	90	25	64.8	30	
	4	90	25	86.4	45	
	5	90	25	108	55	
	6	90	25	129.6	75	
	7	90	25	151.2	75	
	8	90	25	172.8	90	
	9	90	25	194.4	90	
150TSWA	2	155	43	60	45	7.7
	3	155	43	90	75	
	4	155	43	120	90	
	5	155	43	150	110	
	6	155	43	180	132	
	7	155	43	210	155	
	8	155	43	240	180	
	9	155	43	270	180	

生产厂家：上海上诚泵阀制造有限公司。

2.1.2.2　D 型单吸多级节段式离心泵

（1）适用范围　D 型单吸多级节段式离心泵供输送清水及物理、化学性质似于清水，温度不高于80℃的液体。适用于工业和城镇给水及矿山排水。

（2）型号说明

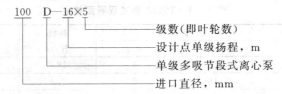

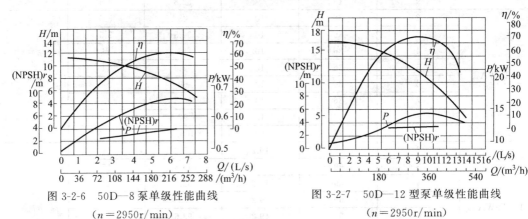

（3）结构 D型单吸、多吸、分段卧式离心泵，主要由进水段、中段、出水段、导叶、轴承体等组成。泵的进水口成水平方向，出水口为垂直向上。泵的旋转方向，从电动机端向泵看，泵为顺时针方向旋转。

（4）性能 D型单吸、多级、分段卧式离心泵性能见图3-2-6～图3-2-9和表3-2-5。

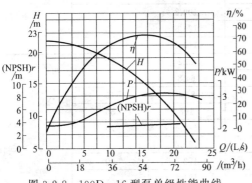

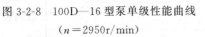

图 3-2-6 50D—8泵单级性能曲线

（$n=2950r/min$）

图 3-2-8 100D—16型泵单级性能曲线

（$n=2950r/min$）

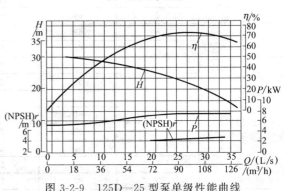

图 3-2-7 50D—12型泵单级性能曲线

（$n=2950r/min$）

图 3-2-9 125D—25型泵单级性能曲线

（$n=2950r/min$）

表 3-2-5 D型多级离心泵性能

型 号	级数	流量		扬程 /m	转速 n /(r/min)	效率 η /%	允许吸上真空高度 /m	轴功率 /kW	电动机功率 /kW	质量 /kg
		m³/h	L/s							
50D—8	3	12.6	3.5	29.1		1.8		55	3.0	65
		18.0	5.0	25.5		1.9	2.2	64.5	3.4	
		21.6	6.0	21.9		2.0		65	3.8	
	4	12.6	3.5	38.8		2.4		55	3.0	77
		18.0	5.0	34.0	2950	2.5	3.0	64.5	3.4	
		21.6	6.0	29.2		2.6		65	3.8	
	5	12.6	3.5	48.5		3.0		55	3.0	90
		18.0	5.0	42.5		3.2	4.0	64.5	3.4	
		21.6	6.0	36.0		3.3		65	3.8	

续表

型　号	级数	流量		扬程 /m	转速 n /(r/min)	效率 η /%	允许吸上真空高度 /m	轴功率 /kW	电动机功率 /kW	质量 /kg
		m³/h	L/s							
50D—8	6	12.6	3.5	58.2		3.6		55	3.0	
		18.0	5.0	51.0		3.9	5.5	65.4	3.4	102
		21.6	6.0	43.8		4.0		65	3.8	
	7	12.6	3.5	67.9		4.2		55	3.0	
		18.0	5.0	59.5	2950	4.5		64.5	3.4	114
		21.6	6.0	51.1		4.6		65	3.8	
	8	12.6	3.5	77.6		4.8		55	3.0	
		18.0	5.0	68.0		5.1		64.5	3.4	126
		12.6	6.0	58.4		5.3	7.5	65		
	9	12.6	3.5	87.3		5.4		55	3.0	
		18.0	5.0	76.5		5.8		64.5	3.4	138
		21.6	6.0	65.7		5.9		65	3.8	
80D—12	2	21.6	6.0	27.6		2.66		61	3.2	
		34.6	9.6	22.5		3.03	4.0	70	3.3	100
		39.6	11	19		3.01		68	3.4	
	3	21.6	6.0	41.8		4.03		61	3.2	
		34.6	9.6	34.2		4.6	5.5	70	3.3	118
		39.6	11	28.5		4.52		68	3.4	
	4	21.6	6.0	55.2		5.32		61	3.2	
		34.6	9.6	45.6		6.13	7.5	70	3.3	136
		39.6	11	38		6.03		68	3.4	
	5	21.6	6.0	69		6.65		61	3.2	
		34.6	9.6	57	2950	7.66		70	3.3	154
		39.6	11	47.5		7.53	11.0	68	3.4	
	6	21.6	6.0	82.8		7.98		61	3.2	
		34.6	9.6	68.4		9.2		70	3.3	172
		39.6	11	60		9.52		68	3.4	
	7	21.6	6.0	96.6		9.32		61	3.2	
		34.6	9.6	79.8		10.73		70	3.3	190
		39.6	11	65.8		10.44	15.0	68	3.4	
	8	21.6	6.0	110.4		10.65		61	3.2	
		34.6	9.6	91.2		12.26		70	3.3	208
		39.6	11	79		12.53		68	3.4	
	9	21.6	6.0	124.2		12		61	3.2	
		34.6	9.6	102.6		13.8	18.5	70	3.3	226
		39.6	11	84.7		13.43		68	3.4	
100D—16	2	39.6	11	36.8		5.8		67.5	3.3	
		54.0	15	31.0		6.3	7.5	72.5	3.4	135
		72.0	20	20.4		5.9		67.0	3.7	
	3	39.6	11	55.2		8.8		67.5	3.3	
		54.0	15	46.5	1950	9.4	11.0	72.5	3.4	157
		72.0	20	30.6		9.0		67.0	3.7	
	4	39.0	11	73.6		11.7		67.5	3.3	
		54.0	15	62.0		12.6	18.5	72.5	3.4	179
		72.0	20	40.8		11.9		67.0	3.7	
	5	39.6	11	92.0		14.7		67.5	3.3	
		54.0	15	77.5		15.7	22.0	72.5	3.4	201
		72.0	20	51.0		14.9		67.0	3.7	

续表

型　号	级数	流量		扬程/m	转速 n /(r/min)	效率 η /%	允许吸上真空高度/m	轴功率/kW	电动机功率/kW	质量/kg
		m³/h	L/s							
100D—16	6	39.6	11	110.4	1950	17.6	22.0	67.5	3.3	223
		54.0	15	93.0		18.8		72.5	3.4	
		72.0	20	61.2		17.9		67.0	3.7	
	7	39.6	11	128.8		20.6	30.0	67.5	3.3	245
		54.0	15	105.8		21.5		72.5	3.4	
		72.0	20	71.4		20.9		67.0	3.7	
	8	39.6	11	147.2		23.5	37.0	67.5	3.3	267
		54.0	15	124.0		25.2		72.5	3.4	
		72.0	20	81.6		23.9		67.0	3.7	
	9	39.6	11	165.6		26.5		67.5	3.3	289
		54.0	15	139.5		28.3		72.5	3.4	
		72.0	20	91.8		26.9		67.0	3.7	
125D—25	2	72	20	51.2	2950	14.6	18.5	69	4.2	261
		101	28	43.0		16.2		73	4.5	
		119	33	35.0		16.1		70	4.8	
	3	72	20	76.8		21.9	30.0	69	4.2	298
		101	28	64.5		24.4		73	4.5	
		119	33	52.5		23.3		70	4.8	
	4	72	20	102.4		29.2	37.0	69	4.2	335
		101	28	86.0		32.4		73	4.5	
		119	33	70.0		32.4		70	4.8	
	5	72	20	128.0		36.5	45.0	69	4.2	372
		101	28	107.5		40.6		73	4.5	
		119	33	87.5		40.6		70	4.8	
	6	72	20	153.6		43.7	55.0	69	4.2	409
		101	28	129.0		48.6		73	4.5	
		119	33	105.0		48.5		70	4.8	
	7	72	20	179.2		49.0		72	4.2	446
		101	28	150.5		55.3		75	4.5	
		119	33	122.5		55.1	75.0	72	4.8	
	8	72	20	204.8		56.0		72	4.2	483
		101	28	172.0		63.1		75	4.5	
		119	33	140.0		63.1		72	4.8	
	9	72	20	230.4		63.0		72	4.2	520
		101	28	193.5		71.0	90.0	75	4.5	
		119	33	157.5		70.9		72	4.8	

　　生产厂家：长沙耐普泵业有限公司、新乡泵业有限责任公司、长春水泵厂。

2.2　潜水泵

2.2.1　潜水给水泵

　　QXG 型潜水给水泵，流量 $Q=200\sim4000\mathrm{m^3/h}$，扬程 $H=6.5\sim60\mathrm{m}$，功率范围为 11～250kW，可输送物理、化学性质类似于水的液体，液体最高温度不超过 40℃。适用于城市、工厂、矿山、电站的给水排水和农田排涝、灌溉等。

规格与性能见表 3-2-6、图 3-2-10。

表 3-2-6　QXG 型潜水给水泵性能参数

型　号	流量 /(m³/h)	扬程 /m	转速 /(r/min)	泵效率 /%	配套功率 /kW	口径φ /mm	对应机座号	自动耦合装置
QXG250—11—11	250	11		80.5	11	150	M160	150GAK
QXG250—15—15	250	15	1470		15	150		150GAK
QXG400—9—15	400	9		80	15	200		200GAK
QXG250—18—18.5	250	18			18.5	150	M180	150GAK
QXG400—11.5—18.5	400	1105		80.5		200		200GAK
QXG600—9—22	600	9	740	82		250	M225	250GAK
QXG250—21—22	250	21	1470	79.5	22	150	M18	150GAK
QXG400—13.5—22	400	13.5		80		200		200GAK
QXG250—27—30	250	27		76		15		150GAK
QXG400—18.5—30	400	18.5	980	80.5	30	200		200GAK
QXG600—12.5—30	600	12.5		82		250		250GAK
QXG900—8.5—30	900	8.5		83		300	M225	300GAK
QXG250—33—37	250	33		75		150		150GAK
QXG400—22—37	400	22	1470	80	37	200		200GAK
QXG600—15.5—37	600	15.5		80		250		250GAK
QXG900—10—37	900	10	980	82		300	M250	300GA
QXG250—40—45	250	40	1470	74	45	150	M225	150GAK
QXG400—27—45	400	27		79		200		200GAK
QXG600—18—45	600	18		80		250		250GAK
QXG900—12.5—45	900	12.5		82		300		300GAK
QXG1350—8.5—45	1350	8.5	740	83		400	M280	400GAK
QXG250—49—55	250	49	2900	73		150		150GAK
QXG400—32.5—55	400	32.5		78		200	M250	200GAK
QXG600—22—55	600	22	1470	80	55	250		250GAK
QXG900—15—55	900	15		82		300		300GAK
QXG1350—10—55	1350	10	980	83		400	M280	400GAK
QXG400—44—75	400	44	1470	77.5	75	200		200GAK
QXG600—30—75	600	30		80		250		250GAK
QXG900—21—75	900	21		82		300		300GAK
QXG1350—14—75	1350	14	980	83		400	M315	400GAK
QXG2100—9—75	2100	9	590	84		500		500GAK
QXG400—53—90	400	53		77		200		200GAK
QXG600—36—90	600	36	1470	79		250	M280	250GAK
QXG900—25—90	900	25		82	90	300		300GAK
QXG1350—17—90	1350	17	980	83		400		400GAK
QXG2100—11—90	2100	11	740	84		500	M135	500GAK
QXG600—44—110	600	44	1470	79		250		250GAK
QXG900—30—110	900	30		82		300		300GAK
QXG1350—20—110	1350	20	980	83	110	400		400GAK
QXG2100—13—110	2100	13	740	84		500		500GAK
QXG3000—95—110	3000	9.5	950	85		500	M355	500GAK
QXG600—52—132	600	52	1470	78.5		250		250GAK
QXG900—35—132	900	35		81		300	M315	300GAK
QXG1350—24—132	1350	24		83	132	400		400GAK
QXG2100—16—132	2100	16	980	84		400		
QXG3000—11—132	3000	11	590	85		500	M355	500GAK
QXG600—62—160	600	62	1470	77	160	250	M315	250GAK

续表

型　号	流　量 /(m³/h)	扬程 /m	转速 /(r/min)	泵效率 /%	配套功率 /kW	口径 φ /mm	对应 机座号	自动耦 合装置
QXG900—43—160	900	43	1470	80.5	160	300	M315	300GAK
QXG1350—30—160	1350	30	1470	83	160	400	M315	400GAK
QXG2100—19—160	2100	19	980	84	160	500		500GAK
QXG3000—14—160	3000	14	740	85	160	500		500GAK
QXG900—50—185	900	50		80	185	300	M355	300GAK
QXG1350—34—185	1350	34	980	82.5	185	300	M355	400GAK
QXG2100—22—185	2100	22		84	185	500		500GAK
QXG3000—16—185	3000	16	740	85	185	500		500GAK
QXG900—54—200	900	54	1470	79.5	200	300	M355	300GAK
QXG1350—37—200	1350	37	1470	82	200	400	M355	400GAK
QXG2100—24—200	2100	24	980	84	200	500		500GAK
QXG3000—17—200	3000	17	740	85	200	500		500GAK
QXG900—59—220	900	59	1470	79	200	300		300GAK
QXG1350—41—220	1350	41	1470	82	200	400		400GAK
QXG2100—27—220	2100	27		84	200	500		500GAK
QXG3000—19—220	3000	19	980	85	200	500		500GAK
QXG2100—30—250	2100	30	980	83.52	250	500		500GAK
QXG3000—22—250	3000	22		85	250	500		500GAK

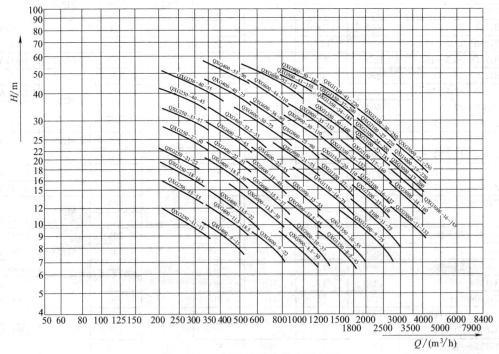

图 3-2-10　QXG 型潜水给水泵型谱

生产厂家：南京蓝深制泵集团股份有限公司、江苏源泉泵业有限公司、宁波巨神制泵实业有限公司。

2.2.2　潜水排污泵

2.2.2.1　QW 型潜水排污泵

QW 型潜水排污泵具有高效、防缠绕、无堵塞、自动耦合、高可靠性和自动控制等优点，在排送固体颗粒和长纤维垃圾方面，具有独特功能。

QW 型潜水排污泵结构紧凑，并设置了各种状态显示、保护装置，使得泵运行安全、可靠。

（1）适用范围   QW 型潜水排污泵主要用于市政工程、工业、医院、建筑、宾馆、饭店等行业，用于排送带固体及各种长纤维的淤泥、废水、城市生活污水（包括有腐蚀性、侵蚀性介质的场合）。

QW 型潜水排污泵体积小、结构紧凑、效率高，可以根据用户要求进行水位自动控制，并备有自动保护装置及控制柜。输送条件：水温不超过 60℃。被抽送液体的 pH 值为 4～10。

该系列泵排出口径为 50～600mm，流量为 18～3750m³/h，扬程为 5～60m，功率为 1.5～280kW，电压 380V、660V。

（2）型号说明

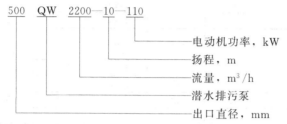

- 电动机功率，kW
- 扬程，m
- 流量，m³/h
- 潜水排污泵
- 出口直径，mm

（3）外形规格与性能   见图 3-2-11、图 3-2-12 和表 3-2-7。

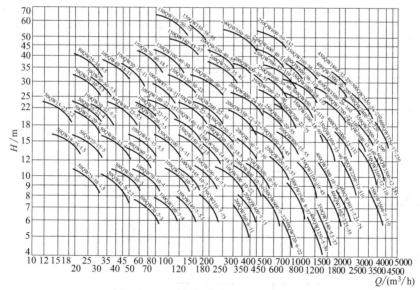

图 3-2-11   QW 型潜水排污泵性能范围

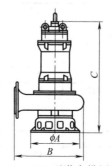

图 3-2-12   QW 型潜水排污泵性能

表 3-2-7　QW 型潜水排污泵性能

型　　号	流量 /(m³/h)	扬程 /m	转速 /(r/min)	功率 /kW	效率 /%	出口直径 /mm	质量 /kg
50QW18—15—1.5	18	15	2840	1.5	62.8	50	60
50QW25—10—1.5	25	10	2840	1.5	67.5	50	60
50QW15—22—2.2	15	22	2840	2.2	58.4	50	70
50QW42—9—2.2	42	9	2840	2.2	74.8	50	70
50QW25—15—3	25	15	1430	3	57.9	50	125
80QW50—10—3	50	10	1430	3	72.3	80	125
100QW70—7—3	70	7	1430	3	75.4	100	125
50QW24—20—4	24	20	1440	4	69.2	50	121
50QW25—22—4	25	22	1440	4	56.2	50	121
50QW40—15—4	40	15	1440	4	67.7	50	121
80QW60—13—4	60	13	1440	4	72.1	80	121
100QW70—10—4	70	10	1440	4	74.4	100	130
100QW100—7—4	100	7	1440	4	77.4	100	130
50QW25—30—5.5	25	30	1440	5.5	54.2	50	190
80QW25—38.5—5.5	25	38	1440	5.5	52.6	80	190
80QW45—22—5.5	45	22	1440	5.5	55.4	100	190
100QW30—22—5.5	30	22	1440	5.5	57.4	100	190
100QW65—15—5.5	65	15	1440	5.5	71.4	100	190
100QW120—10—5.5	120	10	1440	5.5	77.2	100	190
150QW140—7—5.5	140	7	1440	5.5	79.1	190	150
50QW30—30—7.5	30	30	1440	7.5	62.2	50	180
100QW70—15—7.5	70	15	1440	7.5	61.7	100	208
100QW70—20—7.5	70	20	1440	7.5	63.3	100	208
100QW145—10—7.5	145	10	1440	7.5	78.2	100	208
150QW210—7—7.5	210	7	1440	7.5	80.5	150	190
100QW40—36—11	40	36	1460	11	59.1	100	293
100QW50—35—11	50	35	1460	11	62.05	100	293
100QW70—22—11	70	22	1460	11	69.5	100	293
150QW100—15—11	100	15	1460	11	75.1	150	280
200QW360—6—11	360	6	1460	11	72.4	200	290
100QW87—28—15	87	28	1460	15	69.1	100	360
100QW100—22—15	100	22	1460	15	72.2	100	360
150QW140—18—15	140	18	1460	15	73	150	360
150QW150—15—15	150	15	1460	15	76.2	150	360
150QW200—10—15	200	10	1460	15	79.4	150	360
200QW400—7—15	400	7	970	15	82.1	200	360
150QW70—40—18.5	70	40	1470	18.5	54.2	150	520
150QW200—14—18.5	200	14	1470	18.5	68.3	150	520
200QW250—15—18.5	250	15	1470	18.5	77.2	200	520
300QW720—5.5—18.5	720	5.5	970	18.5	74.1	300	520
150QW130—30—22	130	30	970	22	66.8	150	520
150QW150—22—22	150	22	970	22	69	150	820
200QW300—10—22	300	10	970	22	81.2	200	820
250QW250—17—22	250	17	970	22	66.7	250	820
250QW600—7—22	600	7	970	22	83.5	250	820
300QW720—6—22	720	6	970	22	74	300	820
150QW100—40—30	100	40	980	30	60.1	150	900
150QW200—22—30	200	22	980	30	73.5	150	900
200QW360—15—30	360	15	980	30	77.9	200	900

型　号	流量 /(m³/h)	扬程 /m	转速 /(r/min)	功率 /kW	效率 /%	出口直径 /mm	质量 /kg
200QW400—10—30	400	10	980	30	77.8	200	900
250QW500—10—30	500	10	980	30	78.3	250	900
400QW1250—5—30	1250	5	980	30	78.9	400	900
150QW140—45—37	140	45	980	37	63.1	150	1100
150QW200—30—37	200	30	980	37	71	150	1100
200QW350—20—37	350	20	980	37	77.8	200	1100
250QW700—11—37	700	11	980	37	83.2	250	1150
300QW900—8—37	900	8	980	37	84.5	300	1150
350QW1440—5.5—37	1440	5.5	980	37	76	350	1250
200QW250—35—45	250	35	980	45	71.3	200	1400
200QW400—24—45	400	24	980	45	77.53	200	1400
250QW600—15—45	600	15	980	45	82.6	250	1456
350QW1100—10—45	1100	10	980	45	74.6	350	1500
150QW150—56—55	150	56	980	55	68.6	150	1206
200QW250—40—55	250	40	980	55	70.62	200	1280
200QW400—34—55	400	34	980	55	76.19	200	1280
250QW600—20—55	600	20	980	55	80.5	250	1350
300QW800—15—55	800	15	980	55	82.78	300	1350
400QW1692—7.25—55	1692	7.25	740	55	75.7	400	1350
150QW108—60—75	108	60	980	75	52.2	150	1400
200QW350—50—75	350	50	980	75	73.64	200	1420
250QW600—25—75	600	25	980	75	80.6	250	1516
400QW1500—10—75	1500	10	980	75	82.07	400	1670
400QW2016—7.25—75	2016	7.25	740	75	76.2	400	1700
250QW600—30—90	600	30	980	90	78.66	250	1860
250QW700—22—90	700	22	980	90	79.2	250	1860
350QW1200—18—90	1200	18	980	90	82.5	350	2000
350QW1500—15—90	1500	15	980	90	82.1	350	2000
250QW600—40—110	600	40	980	110	67.5	250	2300
250QW700—33—110	700	33	980	110	79.12	250	2300
300QW800—36—110	800	36	980	110	69.7	300	2300
300QW950—24—110	950	24	980	110	81.9	300	2300
450QW2200—10—110	2200	10	980	110	86.64	450	2300
550QW3500—7—110	3500	7	745	110	77.5	550	2300
250QW600—50—132	600	50	980	132	66	250	2750
350QW1000—28—132	1000	28	745	132	83.2	350	2830
400QW2000—15—132	2000	15	745	132	85.34	400	2900
350QW1000—36—160	1000	36	745	160	78.65	350	3150
400QW1500—26—160	1500	26	745	160	82.17	400	3200
400QW1700—22—160	1700	22	745	160	83.36	400	3200
500QW2600—15—160	2600	15	745	160	86.05	500	3214
550QW3000—12—160	3000	12	745	160	86.05	550	3250
600QW3500—12—185	3500	12	745	185	87.13	600	3420
400QW1700—30—200	1700	30	740	200	83.36	400	3850
550QW3000—16—200	3000	16	740	200	86.18	550	3850
500QW2400—22—220	2400	22	740	220	84.65	500	4280
400QW1800—32—250	1800	32	740	250	82.07	400	4690
500QW2650—24—250	2650	24	740	250	85.01	500	4690
600QW3750—17—250	3750	17	740	250	86.77	600	4690

生产厂家：宁波巨神制泵实业有限公司、长沙耐普泵业有限公司、江苏亚太泵业集团公司、江苏源泉泵业有限公司、山东双轮集团股份有限公司。

2.2.2.2   QW（Ⅰ）系列潜水排污泵

（1）适用范围   QW（Ⅰ）型潜水排污泵，进行了型谱化设计，流量、扬程覆盖面广，能满足不同场合需要，如高楼地下排污设备，地铁排水工程，工厂废水设备，土木建筑工程施工排水，农业灌溉，喷水设备，其他积水、排水工程。

（2）型号说明

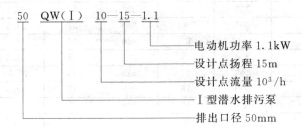

（3）设备性能参数   见表 3-2-8。

表 3-2-8   设备性能参数

型 号	排出口直径 /mm	流量 /（m³/h）	扬程 /m	转速 /（r/min）	效率 /%	配用功率 /kW
40QW（Ⅰ）10—10—0.75	40	10	10	2820	61	0.75
50QW（Ⅰ）10—15—1.1	50	10	15	2820	55	1.1
50QW（Ⅰ）15—8—0.75	50	15	8	2820	62	0.75
50QW（Ⅰ）15—15—1.5	50	15	15	2850	61	1.5
50QW（Ⅰ）15—20—2.2	50	15	20	2860	61	2.2
50QW（Ⅰ）20—15—1.5	50	20	15	2850	65	1.5
50QW（Ⅰ）20—20—2.2	50	20	20	2860	64	2.2
50QW（Ⅰ）25—10—1.5	50	25	10	2850	62	1.5
50QW（Ⅰ）20—15—2.2	50	25	15	2860	64	2.2
50QW（Ⅰ）25—20—3	50	25	20	2880	67	3.0
65QW（Ⅰ）30—15—3	65	30	15	2880	69	3.0
65QW（Ⅰ）30—22—4	65	30	22	2900	66	4.0
65QW（Ⅰ）35—12—2.2	65	35	12	2860	72	2.2
65QW（Ⅰ）40—10—2.2	65	40	10	2860	69	2.2
65QW（Ⅰ）40—15—3	65	40	15	2880	71	3.0
65QW（Ⅰ）40—22—5.5	65	40	22	2910	68	5.5
65QW（Ⅰ）40—30—7.5	65	40	30	2910	67	7.5
65QW（Ⅰ）50—15—4	65	50	15	2900	71	4.0
65QW（Ⅰ）50—22—5.5	65	50	22	2910	70	5.5
80QW（Ⅰ）50—35—11	80	50	35	2930	67	11
80QW（Ⅰ）70—15—5.5	80	70	15	2910	68	5.5
100QW（Ⅰ）70—22—7.5	100	70	22	2910	75	7.5
100QW（Ⅰ）100—22—11	100	100	22	2930	76	11
100QW（Ⅰ）150—15—11	100	150	15	2930	75	11

（4）安装尺寸   见图 3-2-13。

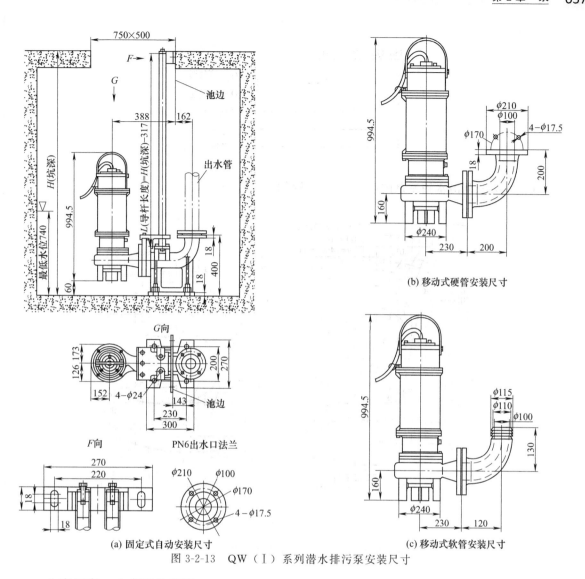

图 3-2-13　QW（Ⅰ）系列潜水排污泵安装尺寸

生产厂家：山东双轮集团。

2.2.3　轴流、混流潜水泵

QZ 系列潜水轴流泵如下。

（1）适用范围　QZ 系列潜水轴流泵、QH 系列潜水混流泵是传统的水泵更新换代产品。由于电动机与水泵构成一体、潜入水中运行，具有传统机组无法比拟的一系列优点。操作方便、运行可靠、维护保养方便。

该泵广泛适用于工农业输送水、城市给水、轻度污水排放和调水工程。

（2）型号说明

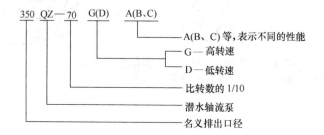

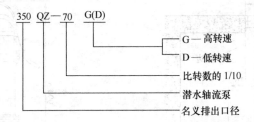

（3）QZ 系列潜水轴流泵的性能曲线　见图 3-2-14～图 3-2-26。

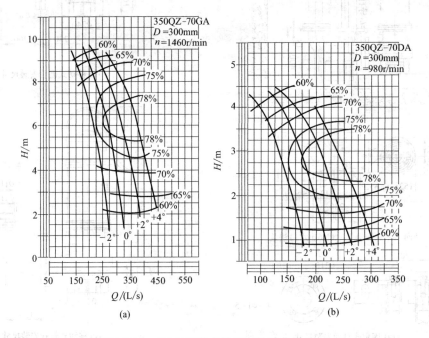

图 3-2-14　QZ 系列潜水轴流泵性能曲线（一）

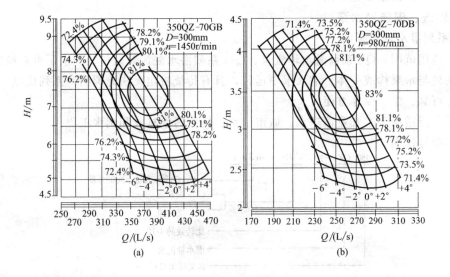

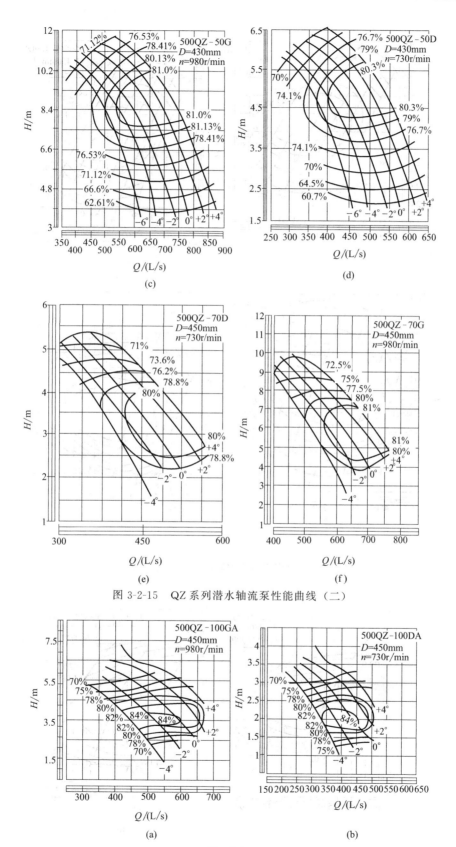

图 3-2-15　QZ 系列潜水轴流泵性能曲线（二）

图 3-2-16

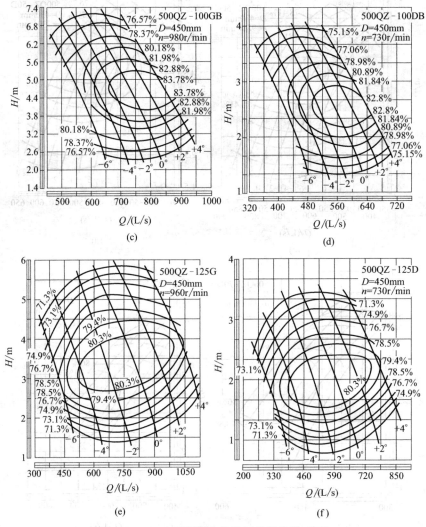

图 3-2-16　QZ 系列潜水轴流泵性能曲线（三）

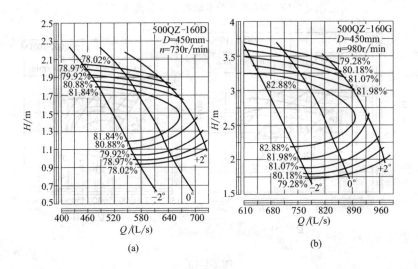

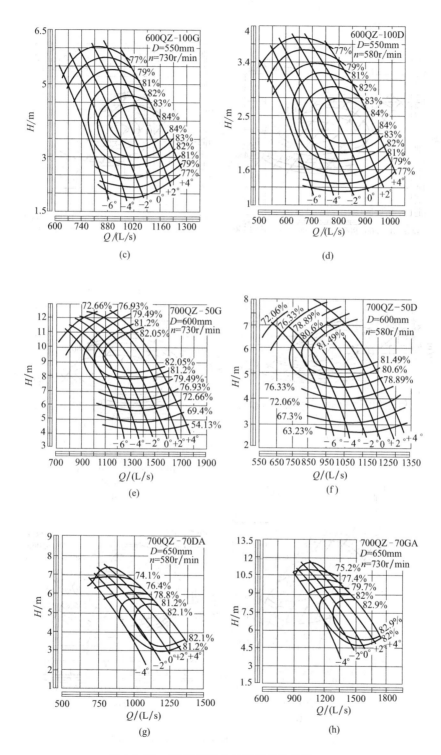

图 3-2-17 QZ 系列潜水轴流泵性能曲线（四）

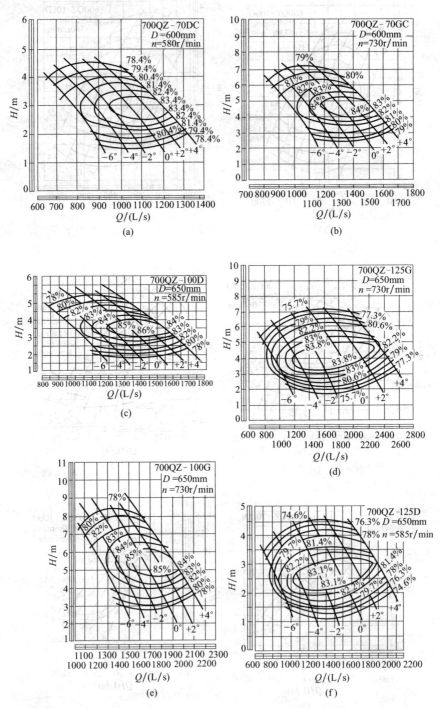

图 3-2-18   QZ 系列潜水轴流泵性能曲线（五）

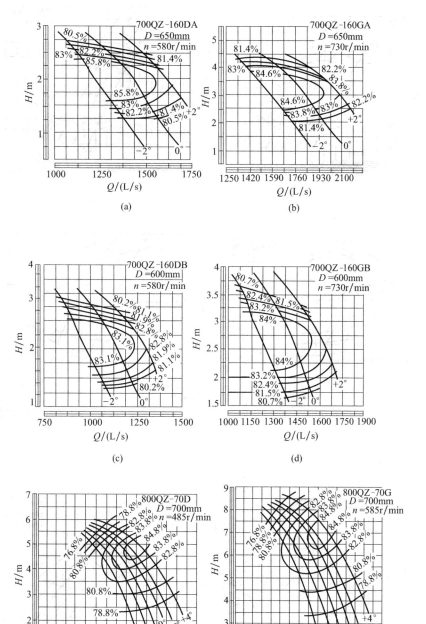

图 3-2-19　QZ 系列潜水轴流泵性能曲线（六）

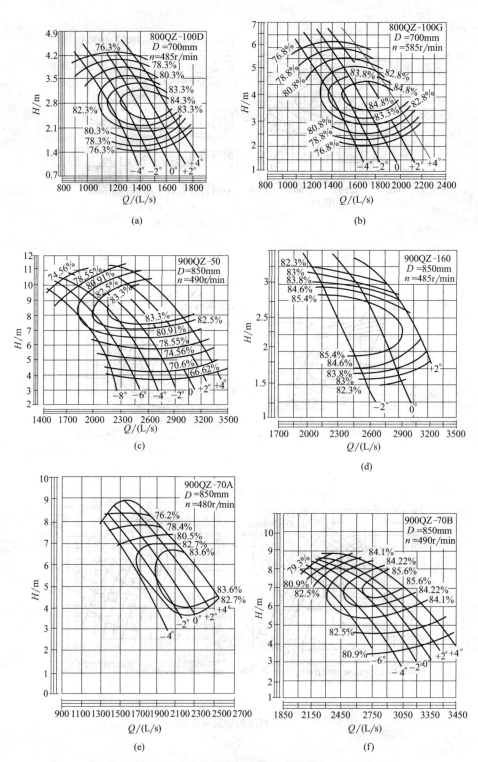

图 3-2-20 QZ 系列潜水轴流泵性能曲线（七）

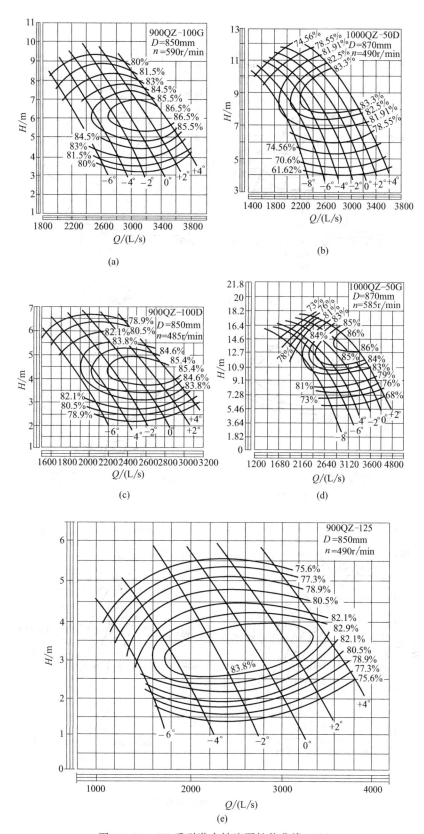

图 3-2-21　QZ 系列潜水轴流泵性能曲线（八）

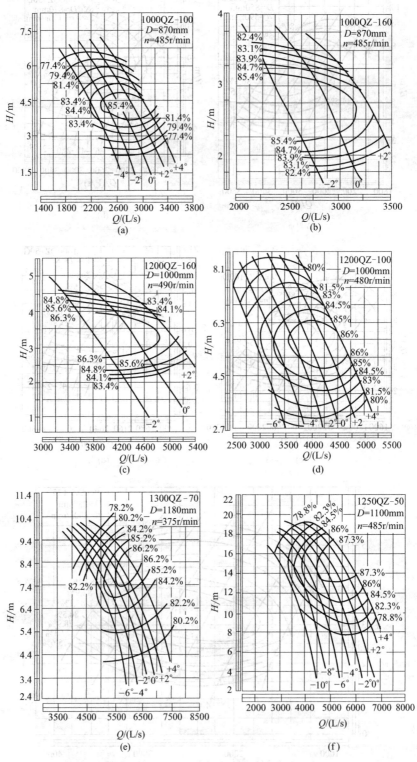

图 3-2-22　QZ 系列潜水轴流泵性能曲线（九）

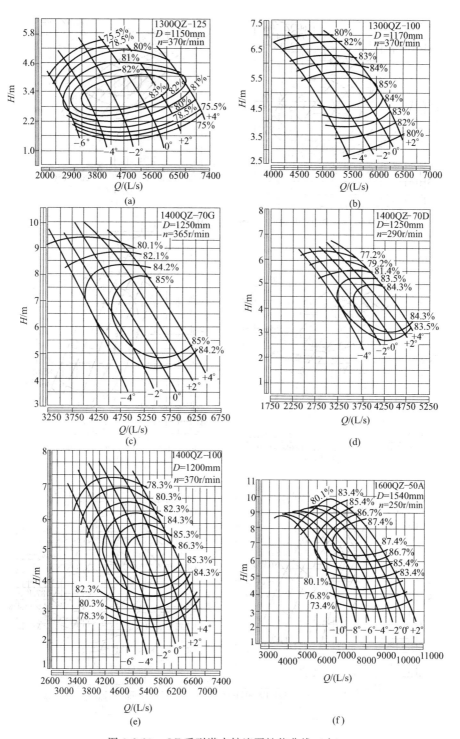

图 3-2-23　QZ 系列潜水轴流泵性能曲线（十）

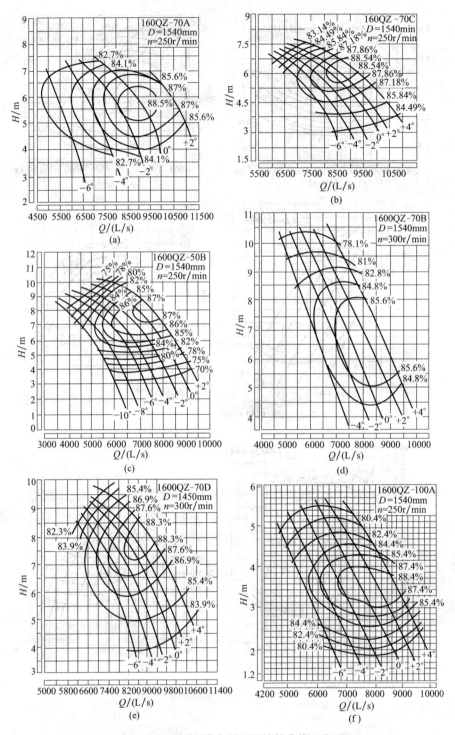

图 3-2-24　QZ 系列潜水轴流泵性能曲线（十一）

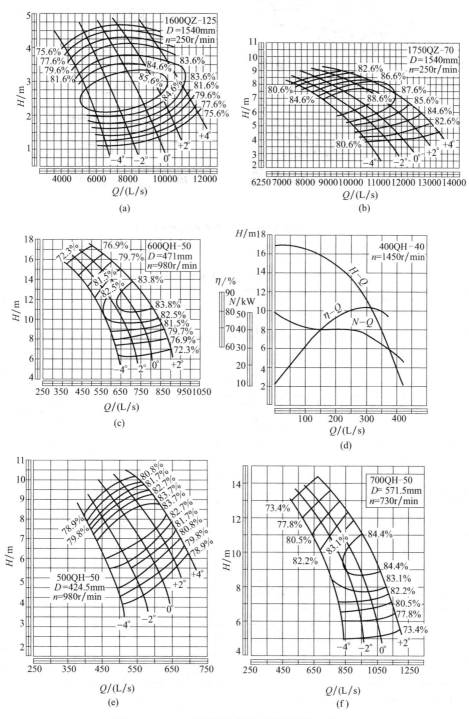

图 3-2-25　QZ 系列潜水轴流泵性能曲线（十二）

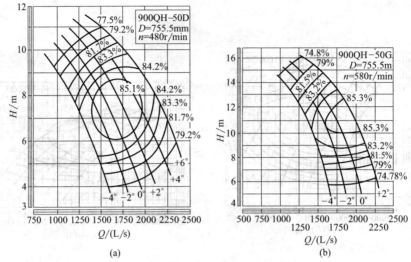

图 3-2-26　QZ 系列潜水轴流泵性能曲线（十三）

（4）规格与性能　见表 3-2-9。

表 3-2-9　QZ 型潜水电泵性能参数

泵型号	流量 Q /(m³/h)	扬程 H /m	转速 /(r/min)	功率 N/kW 轴功率	配用功率	叶轮直径 /mm	效率 η /%
14 QZ—70	882	5.5	1450	17.1	22	296	77.2
	598	2.45	980	5.2	7.5	296	77.3
350 QZ—70	1210	7.22	1450	29.9	37	300	79.5
350 QZ—100	1188	4.21	1450	17	22	300	80.5
14 QZ—100D	1145	2.4	980	9.45	11	300	79.1
20 QZ—70	1610	3.48	730	19.04	30	450	80.1
	2160	6.43	980	46.58	55	450	81.2
20 QZ—100	2646	4.65	980	41.1	55	450	81.65
	1980	2.55	730	17.2	22	450	79.7
500 QZ—85	2512	5.24	980	42.17	55	450	84.0
500 QZ—4	2365	3.95	980	30.6	45	430	83.4
500 QZ—160	2491.2	2.75	980	22.9	30	450	81.5
700 QZ—70	4500	6.67	730	99	130	630	82.6
700 QZ—100	5148	5.8	730	95.7	130	630	85.0
	4428	3.02	585	43.0	80	630	84.0
700 QZ—125	4896	3.60	730	57.3	80	600	83.8
	3852	2.42	585	30.3	45	600	83.8
700 QZ—160	5220	2.78	730	47.8	60	630	82.6
700 QZ—4	4860	3.96	730	60.9	95	600	86.0
32 QZ—100	3900	2.86	580	37.6	55	665	80.8
	3210	2.0	480	21.8	30	665	80.2
32 QZ—125	5360	2.12	480	38.7	75	700	80.8
800 QZ—70	6732	6.36	580	136.3	155	700	85.5
900 QZ—70	10080	6.56	485	211.5	250	850	85.1
900 QZ—100	11016	5.0	580	172.3	260	850	87.0
	8712	4.0	480	109.0	155	850	87.0
900 QZ—125	9180	3.25	485	95.7	130	850	84.9
40 QZ—125	10404	3.38	485	117.6	180	870	81.46
1000 QZ—4	9504	4.2	485	124.9	210	870	87.0
1000 QZ—7	10656	7.0	485	233.9	280	870	86.8

生产厂家：宁波巨神制泵实业有限公司、无锡市水泵厂、江苏源泉泵业有限公司。

2.2.4　潜水切割泵

2.2.4.1　WQG 系列潜水切割泵

（1）适用范围　WQG 系列潜水切割泵是在引进吸收国外先进技术基础上开发的新型产品。它克服了在工业和公共设施方面抽水所遇到的种种难题。在公用排水系列中，通过小口径排水管加压排放，性能可靠、运行经济，使潜水切割泵成为城市给排水以及污水处理厂的优选产品。

由于配加了先进的切割刀口，使切割泵在恶劣条件下能把集水坑中的浮渣、塑料制品以及纤维状物体切碎并顺利排放，无需人工去清理坑中浮渣和悬浮物，节约市政和工程开支。

适用于工厂、商业严重污染废水的排放以及城市污水厂排水系统；医院、宾馆的污水排放。

其他领域：屠宰厂、食品加工、造纸厂、农业及其他领域。

（2）型号说明

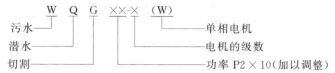

```
        W  Q  G  XX-X  (W)
污水 ─────┘           └──── 单相电机
潜水 ────┘                └──── 电机的级数
切割 ───┘                 └──── 功率 P2×10（加以调整）
```

（3）规格和性能　见表 3-2-10、图 3-2-27、图 3-2-28。

表 3-2-10　WQG 切割泵技术性能

规格	扬程/m ╲ 流量	2	4	6	8	10	12	14	16	18	20	22	24	26	28	30	32	34	36	38	40	42
WQG10—2	m³/h	10.3	10.2	9.1	8	6.1	4.8	3.8	2.7	2.1	1.8	0.4										
	L/s	2.9	2.8	2.5	2.2	1.7	1.5	1.1	0.8	0.6	0.5	0.1										
WQG16—2	m³/h	11.8	11.8	11.6	11.6	11.0	10.2	9.3	8.2	7.1	5.8	4.4	3.0	1.6								
	L/s	3.3	3.3	3.2	3.2	3.0	2.8	2.5	2.2	1.9	1.6	1.2	0.8	0.4								
WQG22—2	m³/h	18.2	18.0	17.8	17	16.7	16.1	15.2	14.2	12.5	10.2	7.9	5.9	3.2	0.3							
	L/s	5.1	5	4.9	4.7	4.6	4.5	4.2	3.9	3.5	2.8	2.2	1.6	0.9	0.1							
WQG30—2	m³/h	19.7	19.7	19.2	19.1	18.9	18.4	17.8	17.0	16.0	14.6	12.6	10.0	7.6	5.4	3.0	0.6					
	L/s	5.5	5.5	5.3	5.2	5.1	5.1	5.0	4.9	4.7	4.4	4.0	3.4	2.7	2.1	1.4	0.8	0.2				
WQG 4016—2	m³/h			25.2	25.1	24.7	24.1	23.5	23	22.3	21.6	21	20.1	19.1	17.5	16.8	15.2	13.5	10.5	5.6	0.27	
	L/s			7	7	6.9	6.7	6.5	6.4	6.2	6	5.8	5.6	5.3	4.9	4.7	4.2	3.8	2.9	1.6	0.1	
WQG 556—2	m³/h				27.1	26.9	26.7	26.5	26.1	25.8	25.5	25.2	24.9	24.2	23.4	22.6	21.4	17.5	14.3	10	6.3	3.2
	L/s				7.5	7.5	7.4	7.4	7.3	7.2	7.1	7	6.9	6.7	6.5	6.3	6.0	4.9	4	2.8	1.8	0.9

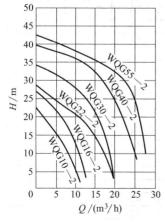

图 3-2-27　WQG 切割泵性能曲线

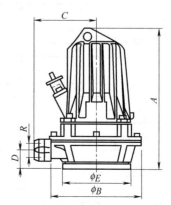

图 3-2-28　WQG 型泵外形尺寸

技术参数见表 3-2-11、表 3-2-12。

表 3-2-11 WQG 切割泵技术参数

型 号	功率		额定电流/A	额定电压/V	频率/Hz	额定转速/(r/min)	口径		配用电控柜	自耦装置型号	质量/kg
	P_1/kW	P_2/kW					DN/mm	R''/in			
WQG10—2	1.5	1	2.9	380	50	2850	32	1.25	Qc40—1.0	32GAK	32
WQG16—2	2.2	1.6	3.7	380	50	2850	32	1.25	Qc40—1.5	32GAK	33
WQG22—2	2.9	2.2	5	380	50	2850	32	1.25	Qc40—2.2	32GAK	52
WQG30—2	3.7	2.9	6.4	380	50	2850	32	1.25	Qc40—3.0	32GAK	53
WQG40—2	4.8	4	8.2	380	50	2850	50	2	Qc40—4.0	50GAK	75
WQG55—2	6.8	5.5	11.1	380	50	2850	50	2	Qc40—5.5	50GAK	150

表 3-2-12 WQG 切割泵尺寸 单位：mm

型号 具体部位	10—2	16—2	22—2	30—2	40—2	50—2
A	388	388	422	422	540	540
B	218	218	280	280	360	360
C	162	162	187	187	235	235
D	46	46	52	52	64	64
E	212	212	212	212	250	250

生产厂家：上海凯泉泵业有限公司、南京蓝深制泵集团股份有限公司。

2.2.4.2　WQD 系列潜水切割泵

(1) 适用范围　用于高速公路服务区、大的建筑工地、市政建筑物的翻新重建等所产生的污水排放，边远地区的污水排放，工厂、商业严重污染废水的排放以及城市污水厂排放系统；医院、宾馆的污水排放，也可应用于屠宰厂、食品加工厂、造纸厂、农业及其他领域。

(2) 型号说明

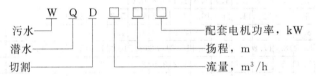

(3) 性能参数　见表 3-2-13。

表 3-2-13 性能参数

型 号	流量/(m³/h)	扬程/m	转速/(r/min)	功率/kW	效率/%	口径/mm	自耦装置型号	质量/kg
WQD3.5—15—0.75	3.5	15	2820	0.75	59	50	ZGA50—1	28
WQD5.5—10—0.75	5.5	10	2820	0.75	60	50	ZGA50—1	28
WQD5.5—15—1.1	5.5	15	2820	1.1	62	50	ZGA50—1	31
WQD7.5—15—1.5	7.5	15	2820	1.5	62	50	ZGA50—1	37
WQD10—8—1.5	10	8	2820	1.5	62	50	ZGA50—1	37
WQD8—20—2.2	8	20	2840	2.2	63	50	ZGA50—1	45
WQD12—14—2.2	12	1	2840	2.2	64	50	ZGA50—1	45
WQD16—10—2.2	16	10	2840	2.2	64	50	ZGA50—1	45
WQD9—22—3	9	22	2860	3	63	50	ZGA50—1	50
WQD12—15—3	12	15	2860	3	64	50	ZGA50—1	60
WQD20—12—3	20	12	2860	3	64	80	ZGA80—1	65
WQD10—30—4	10	30	2860	4	62.5	80	ZGA80—1	78
WQD15—18—4	15	18	2860	4	64	80	ZGA80—1	78
WQD20—15—4	20	15	2860	4	64	80	ZGA80—1	78
WQD30—10—4	30	10	2860	4	63	80	ZGA80—1	78
WQD15—25—5.5	15	25	2860	5.5	67.5	100	ZGA100—1	240
WQD20—17—5.5	20	17	2860	5.5	65	100	ZGA100—1	240
WQD30—15—5.5	30	15	2860	5.5	67	100	ZGA100—1	240
WQD20—25—7.5	20	25	2860	7.5	64	100	ZGA100—1	245
WQD25—22—7.5	25	22	2860	7.5	64	100	ZGA100—1	245
WQD35—15—7.5	35	15	2860	7.5	65	100	ZGA100—1	245

（4）安装图示　见图 3-2-29。

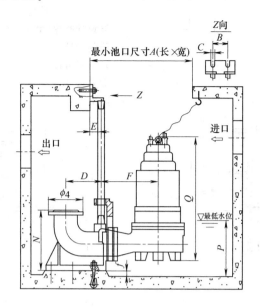

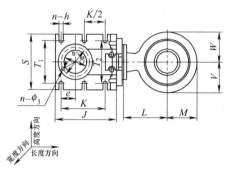

图 3-2-29　WQD 系列潜水切割泵安装图

生产厂家：宁波巨神制泵实业有限公司。

2.3　长轴泵

LK 型、LB 型立式长轴泵如下。

（1）适用范围　LK 型、LB 型立式长轴泵适用于电厂、钢厂、自来水公司、污水处理厂、石油化工、矿山等工矿企业，以及市政给排水工程、农业灌溉、防洪排涝等工程。可以用来输送 55℃ 以下的清水、雨水、污水以及海水等介质，流量 30～70000m³/h，扬程 7～200m。特殊设计的输送介质温度可达 90℃。

（2）型号说明

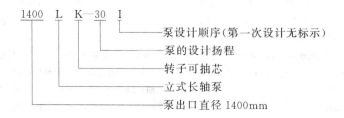

500 L B—55.3 I (×2、3)

- 表示泵的级数为 2 级
- 泵设计顺序(第一次设计无标示)
- 泵的设计扬程
- 转子不可抽芯
- 立式长轴泵
- 泵出口直径 500mm

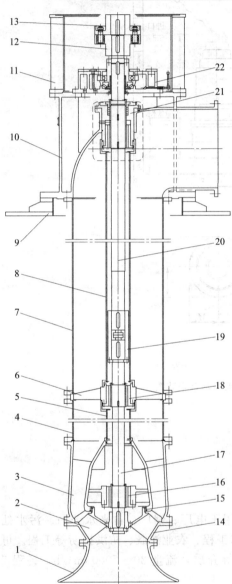

图 3-2-30 LB 型立式长轴泵

1—吸入喇叭口;2—叶轮;3—导叶体;4—下外接管;5—下内接管;6—轴承支架;7—上外接管;8—上内接管;9—安装垫板;10—吐出弯管;11—电机支座;12—泵联轴器;13—电机联轴器;14—叶轮室;15—密封环;16—下导轴承;17—下主轴;18—中导轴承;19—套筒联轴器部件;20—上主轴;21—填料函部件;22—推力轴承部件

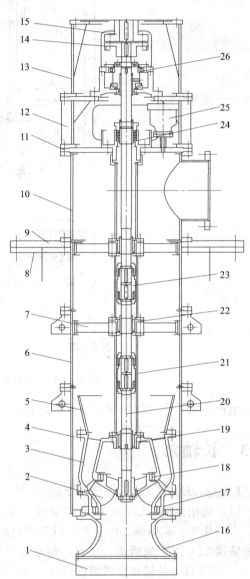

图 3-2-31 LK 型立式长轴泵

1—入口滤网;2—叶轮;3—导叶体;4—下外接管;5—扩散管;6—中外接管;7—轴承支架;8—安装垫板;9—泵支撑板;10—吐出弯管;11—泵盖板;12—轴承座;13—电机支座;14—泵联轴器;15—电机联轴器;16—吸入喇叭口;17—叶轮室;18—密封环;19—下导轴承;20—泵主轴;21—内接管;22—上导轴承;23—套筒联轴器部件;24—填料函部件;25—排气阀;26—推力轴承部件

（3）结构　LK 型、LB 型泵为立式单级（多级）离心式或斜流式带导叶体结构。泵的结构形式有泵吐出口在安装基础之上和之下（形式代号分别为 S 和 X）、泵承受轴向力和电机承受轴向力（形式代号分别为 T 和 D）、外接润滑水和泵自身润滑等形式。

泵口径在 1000mm 以下时，泵转子一般为不可抽形式；泵轴向水推力及转子重量一般由泵本体推力轴承承受，泵和电机之间采用弹性连接；泵吐出口位于安装面基础之上（形式代号为 ST 的结构形式）。如有要求，也可以由电机承受轴向水推力及转子重量或其他结构形式的组合（形式代号为 SD、XT、XD）。用户如有要求，也可以设计成可抽式结构形式。

泵口径在 1000mm 以上时，泵转子一般为可抽形式；泵轴向水推力及转子重量一般由电机推力轴承承受，泵和电机之间采用刚性连接；泵吐出口位于安装面基础之下（形式代号为 XD）。如有要求，也可以由泵承受轴向水推力及转子重量或其他结构形式的组合（形式代号为 XT、SD、ST）。用户如有要求，也可以设计成不可抽式结构形式。

泵本体承受轴向水推力及转子重量时，泵推力轴承采用稀油润滑，推力轴承部件带 Pt100 测温元件测轴承温度或压力式温度计测润滑油温度。

从吐出方向往泵看，电机接线盒与泵外接润滑水接管位于左侧。也可根据用户要求布置在其他方位。

（4）性能　LB 型、LK 型泵性能见图 3-2-30～图 3-2-32，表 3-2-14。

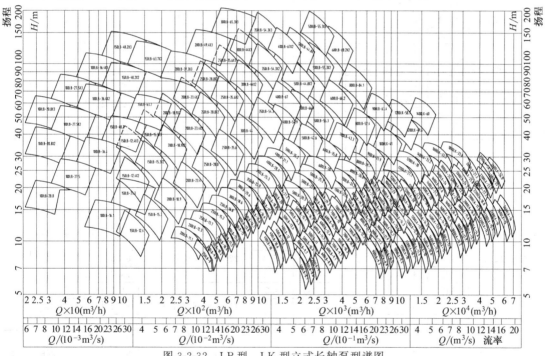

图 3-2-32　LB 型、LK 型立式长轴泵型谱图

表 3-2-14　LB 型、LK 型立式长轴泵性能参数

泵型号	流量 Q		扬程 H /m	转速 n /(r/min)	轴功率 P_a /kW	配套电机		效率 η /%	必需汽蚀余量 /m	叶轮直径 /mm	电机质量 /kg
	m³/h	L/s				功率 /kW	电机型号				
100LB—16.1	66.3	18.4	17.0	1480	5.0	11	Y160M—4	60.9	2.2	237	123
	94.7	26.3	16.1		6.2			67.1	2.5		
	118.4	32.9	15.1		6.9			70.4	2.9		
100LB—20.8	24.6	6.8	22.0	2980	2.6	5.5	Y132S1—2	56.3	2.8	137	64
	35.2	9.8	20.8		3.2			63.2	3.2		
	44.0	12.2	19.4		3.5			66.9	3.7		

续表

泵型号	流量 Q		扬程 H /m	转速 n /(r/min)	轴功率 P_a /kW	配套电机		效率 η /%	必需汽 蚀余量 /m	叶轮 直径 /mm	电机 质量 /kg
	m³/h	L/s				功率 /kW	电机型号				
100LB—20.8X2	24.6	6.8	43.9	2980	5.2	11	Y160M1—2	56.3	2.8	137	117
	35.2	9.8	41.6		6.3			63.2	3.2		
	44.0	12.2	38.9		7.0			66.9	3.7		
100LB—20.8X3	24.6	6.8	65.9	2980	7.8	15	Y160M2—2	56.3	2.8	137	125
	35.2	9.8	62.5		9.5			63.2	3.2		
	44.0	12.2	58.3		10.4			66.9	3.7		
100LB—27.5	37.5	10.4	29.1	2980	5.2	7.5	Y132S2—2	57.5	3.7	157	70
	53.5	14.9	27.5		6.2			64.2	4.2		
	66.9	18.6	25.7		6.9			67.8	4.9		
100LB—27.5X2	37.5	10.4	58.1	2980	10.3	15	Y160M2—2	57.5	3.7	157	125
	53.5	14.9	55.1		12.5			64.2	4.2		
	66.9	18.6	51.4		13.8			67.8	4.9		
100LB—27.5X3	37.5	10.4	87.2	2980	15.5	22	Y180M—2	57.5	3.7	157	180
	53.5	14.9	82.6		18.7			64.2	4.2		
	66.9	18.6	77.1		20.7			67.8	4.9		
100LB—36.4	57.0	15.8	38.4	2980	10.2	15	Y160M2—2	58.7	4.9	180	125
	81.4	22.6	36.4		12.4			65.2	5.6		
	101.7	28.3	34.0		13.7			68.7	6.5		
100LB—36.4X2	57.0	15.8	76.9	2980	20.3	30	Y200L1—2	58.7	4.9	180	240
	81.4	22.6	72.8		24.7			65.2	5.6		
	101.7	28.3	68.0		27.4			68.7	6.5		
100LB—36.4X3	57.0	15.8	115.3	2980	30.5	45	Y225M—2	58.7	4.9	180	325
	81.4	22.6	109.2		37.1			65.2	5.6		
	101.7	28.3	101.9		41.1			68.7	6.5		
150LB—12.4	108	30.0	14.9	1480	5.4	11	Y132M—4	80.7	0.7	240	81
	142	39.5	12.4		5.8			82.8	0.8		
	162	45.0	10.8		6.0			78.7	0.9		
150LB—12.4X2	108	30.0	29.8	1480	10.9	15	Y160L—4	80.7	0.7	240	144
	142	39.5	24.8		11.6			82.8	0.8		
	162	45.0	21.6		12.1			78.7	1.0		
150LB—12.4X3	108	30.0	44.7	1480	16.3	22	Y180L—4	80.7	0.7	240	195
	142	39.5	37.2		17.4			82.8	0.8		
	162	45.0	32.4		18.1			78.7	1.0		
150LB—15.3	148	41.2	18.4	1480	9.2	15	Y160L—4	81.1	0.9	266	144
	195	54.2	15.3		9.8			83.2	1.0		
	222	61.7	13.3		10.2			79.1	1.1		
150LB—15.3X2	148	41.2	36.8	1480	18.3	30	Y180L—4	81.1	0.9	266	195
	195	54.2	30.7		19.6			83.2	1.0		
	222	61.7	26.6		20.4			79.1	1.3		
150LB—15.3X3	148	41.2	55.2	1480	27.5	45	Y225S—4	81.1	0.9	266	305
	195	54.2	46.0		29.4			83.2	1.0		
	222	61.7	39.9		30.5			79.1	1.3		
150LB—21.3	100.9	28.0	22.5	1480	10.0	15	Y160L—4	62.0	2.9	272	144
	144.1	40.0	21.3		12.3			68.0	3.3		
	180.1	50.0	19.9		13.7			71.2	3.8		
150LB—48.2	86.6	24.1	50.8	2980	20.0	30	Y200L1—2	59.8	6.5	207	240
	123.8	34.4	48.2		24.5			66.2	7.4		
	154.7	43.0	44.9		27.2			69.6	8.6		

续表

泵型号	流量 Q		扬程 H /m	转速 n /(r/min)	轴功率 P_a /kW	配套电机		效率 η /%	必需汽蚀余量 /m	叶轮直径 /mm	电机质量 /kg
	m³/h	L/s				功率 /kW	电机型号				
150LB—48.2X2	86.6	24.1	101.7	2980	40.1	75	Y280S—2	59.8	6.5	207	500
	123.8	34.4	96.3		49.0			66.2	7.4		
	154.7	43.0	89.9		54.4			69.6	8.6		
150LB—48.2X3	86.6	24.1	152.5	2980	60.1	90	Y280M—2	59.8	6.5	207	550
	123.8	34.4	144.5		73.5			66.2	7.4		
	154.7	43.0	134.8		81.6			69.6	8.6		
150LB—63.7	131.8	36.6	67.2	2980	39.6	75	Y280S—2	60.9	8.6	237	500
	188.2	52.3	63.7		48.6			67.1	9.8		
	235.3	65.4	59.4		54.1			70.4	11.3		
150LB—63.7X2	131.8	36.6	134.4	2980	79.1	132	Y315M—2	60.9	8.6	237	950
	188.2	52.3	127.4		97.2			67.1	9.8		
	235.3	65.4	118.9		108.1			70.4	11.3		
200LB—11.1	252	69.9	12.0	1480	11	15	Y160L—4	77.8	2.6	229	144
	335	93.1	11.1		13			79.3	3.0		
	398	110.6	9.1		13			77.8	3.7		
200LB—12.3	293	81.5	13.3	1480	14	22	Y180L—4	78.1	2.9	241	195
	391	108.6	12.3		17			79.5	3.3		
	464	129.0	10.0		16			78.1	4.1		
200LB—18.9	203	56.5	22.7	1480	22	45	Y180L—4	81.5	1.1	294	195
	268	74.4	18.9		16.5			83.5	1.2		
	305	84.7	16.4		17.1			79.6	1.3		
200LB—18.9X2	203	56.5	45.4	1480	30.8	45	Y225S—4	81.5	1.1	294	305
	268	74.4	37.8		33.0			83.5	1.2		
	305	84.7	32.9		34.3			79.6	1.6		
200LB—18.9X3	203	56.5	68.1	1480	46.3	75	Y250M—4	81.5	1.1	294	420
	268	74.4	56.8		49.5			83.5	1.2		
	305	84.7	49.3		51.4			79.6	1.6		
200LB—23.4	279	77.5	28.0	1480	26.0	37	Y200L—4	81.9	1.4	326	260
	367	102.0	23.4		27.8			83.9	1.5		
	418	116.2	20.3		28.9			80.0	1.7		
200LB—23.4X2	279	77.5	56.1	1480	52.0	75	Y280S—4	81.9	1.4	326	520
	367	102.0	46.7		55.7			83.9	1.5		
	418	116.2	40.6		57.8			80.0	1.9		
200LB—23.4X3	279	77.5	84.1	1480	78.0	110	Y315S—4	81.9	1.4	326	875
	367	102.0	70.1		83.5			83.9	1.5		
	418	116.2	60.9		86.6			80.0	1.9		
200LB—37.3X3	233.3	64.8	118.2	1480	117.2	200	YL3552—4	64.1	5.0	357	1980
	333.3	92.6	112.0		145.7			69.8	5.7		
	416.6	115.7	104.5		162.9			72.8	6.6		
200LB—49.4X3	354.8	98.6	156.3	1480	232.1	355	YL4001—4	65.1	6.6	410	2620
	506.9	140.8	148.1		289.5			70.6	7.6		
	633.7	176.0	138.2		324.3			73.5	8.8		
250LB—9	361	100.3	10.2	1480	13	15	Y160L—4	80.0	2.6	255	144
	417	115.7	9.0		12			82.3	2.9		
	467	129.6	7.5		13			73.8	3.2		
250LB—9.6	396	109.9	10.8	1480	15	18.5	Y180M—4	80.1	2.8	262	180
	456	126.8	9.6		14			82.4	3.1		
	511	142.0	7.9		15			74.0	3.4		

续表

泵型号	流量 Q		扬程 H /m	转速 n /(r/min)	轴功率 P_a /kW	配套电机		效率 η /%	必需汽蚀余量 /m	叶轮直径 /mm	电机质量 /kg
	m³/h	L/s				功率 /kW	电机型号				
250LB—10.2	433	120.4	11.5	1480	17	22	Y180L—4	80.2	3.0	270	195
	500	138.9	10.2		17			82.5	3.3		
	560	155.6	8.4		17			74.1	3.6		
250LB—10.9	475	131.9	12.2	1480	20	30	Y180L—4	80.3	3.1	279	195
	548	152.2	10.9		20			82.6	3.5		
	614	170.5	9.0		20			74.3	3.8		
250LB—11.5	520	144.5	13.0	1480	23	30	Y200L—4	80.4	3.3	287	260
	600	166.8	11.5		23			82.7	3.7		
	672	186.8	9.5		23			74.4	4.1		
250LB—13.7	342	95.0	14.8	1480	18	30	Y180L—4	78.3	3.2	253	195
	456	126.7	13.7		21			79.7	3.6		
	542	150.5	11.1		21			78.3	4.5		
250LB—15.2	399	110.8	16.4	1480	23	37	Y200L—4	78.5	3.6	266	260
	532	147.8	15.2		27			80.0	4.0		
	632	175.5	12.3		27			78.5	5.0		
250LB—16.8	465	129.3	18.1	1480	29	45	Y225M—4	78.7	4.0	280	335
	621	172.4	16.8		35			80.2	4.5		
	737	204.7	13.7		35			78.7	5.5		
250LB—28.8	383	106.3	34.6	1480	43.8	55	Y250M—4	82.3	1.7	362	420
	504	140.0	28.8		47.0			84.2	1.9		
	574	159.3	25.1		48.6			80.4	2.1		
250LB—28.8X2	383	106.3	69.2	1480	87.7	110	Y315S—4	82.3	1.7	362	875
	504	140.0	57.7		93.9			84.2	1.9		
	574	159.3	50.1		97.3			80.4	2.4		
250LB—28.8X3	383	106.3	103.8	1480	131.5	160	Y315L1—4	82.3	1.7	362	1135
	504	140.0	86.5		140.9			84.2	1.9		
	574	159.3	75.2		145.9			80.4	2.4		
250LB—35.6	525	145.8	42.7	1480	73.9	90	Y280M—4	82.6	2.1	401	610
	691	192.0	35.6		79.2			84.6	2.3		
	787	218.6	30.9		82.0			80.8	2.5		
250LB—35.6X2	525	145.8	85.5	1480	147.8	185	YL3552—4	82.6	2.1	401	1980
	691	192.0	71.2		158.5			84.6	2.3		
	787	218.6	61.9		163.9			80.8	2.9		
250LB—35.6X3	525	145.8	128.2	1480	221.7	280	YL3555—4	82.6	2.1	401	2090
	691	192.0	106.8		237.7			84.6	2.3		
	787	218.6	92.8		245.9			80.8	2.9		
300LB—12.3	570	158.4	13.8	1480	27	37	Y200L—4	80.6	3.5	296	260
	658	182.7	12.3		27			82.8	3.9		
	737	204.6	10.1		27			74.6	4.3		
300LB—13	625	173.5	14.7	1480	31	37	Y225S—4	80.7	3.8	305	305
	721	200.2	13.0		31			82.9	4.2		
	807	224.2	10.8		32			74.7	4.6		
300LB—13.8	684	190.1	15.6	1480	36	45	Y225M—4	80.8	4.0	314	335
	790	219.4	13.8		36			83.0	4.4		
	884	245.7	11.5		37			74.9	4.9		
300LB—18.6	543	150.8	20.1	1480	38	55	Y250M—4	79.0	4.4	294	420
	724	201.1	18.6		46			80.4	5.0		
	860	238.8	15.1		45			79.0	6.1		

泵型号	流量 Q		扬程 H /m	转速 n /(r/min)	轴功率 P_a /kW	配套电机		效率 η /%	必需汽蚀余量 /m	叶轮直径 /mm	电机质量 /kg
	m³/h	L/s				功率 /kW	电机型号				
300LB—20.6	633	175.9	22.3	1480	48	75	Y280S—4	79.2	4.9	309	520
	844	234.5	20.6		59			80.6	5.5		
	1003	278.5	16.8		58			79.2	6.8		
300LB—44	720	200.0	52.8	1480	124.6	160	Y315L1—4	83.0	2.6	445	1135
	948	263.4	44.0		133.7			84.9	2.9		
	1079	299.8	38.2		138.1			81.2	3.1		
300LB—44X2	720	200.0	105.5	1480	249.2	315	YL3555—4	83.0	2.6	445	2090
	948	263.4	87.9		267.3			84.9	2.9		
	1079	299.8	76.4		276.3			81.2	3.6		
300LB—44X3	720	200.0	158.3	1480	373.8	450	YL4003—4	83.0	2.6	445	2800
	948	263.4	131.9		401.0			84.9	2.9		
	1079	299.8	114.6		414.4			81.2	3.6		
300LB—65.3X3	539.7	149.9	206.7	1480	459.9	710	YL4502—4	66.0	8.8	470	3300
	771.0	214.2	195.9		575.7			71.4	10.0		
	963.7	267.7	182.8		645.8			74.3	11.6		
350LB—14.7	750	208.3	16.6	1480	42	55	Y225M—4	80.9	4.3	323	335
	865	240.3	14.7		42			83.1	4.7		
	969	269.2	12.2		43			75.0	5.2		
350LB—15.6	822	228.2	17.6	1480	49	75	Y250M—4	81.0	4.5	333	420
	948	263.3	15.6		49			83.2	5.0		
	1062	294.9	12.9		50			75.2	5.5		
350LB—16.6	900	250.1	18.8	1480	57	75	Y280S—4	81.1	4.8	343	520
	1039	288.5	16.6		56			83.3	5.3		
	1163	323.2	13.8		58			75.3	5.9		
350LB—22.9	738	205.1	24.7	1480	63	90	Y280M—4	79.4	5.4	325	610
	985	273.5	22.9		76			80.8	6.1		
	1169	324.8	18.6		75			79.4	7.5		
350LB—25.3	861	239.3	27.3	1480	81	110	Y315S—4	79.6	6.0	342	875
	1148	319.0	25.3		98			81.0	6.7		
	1364	378.8	20.6		96			79.6	8.3		
350LB—54.3	988	274.4	65.1	1480	210.1	250	YL3554—4	83.4	3.2	493	2040
	1301	361.3	54.3		225.5			85.2	3.6		
	1481	411.3	47.1		232.8			81.6	3.9		
350LB—54.3X2	988	274.4	130.2	1480	420.2	500	YL4004—4	83.4	3.2	493	2890
	1301	361.3	108.5		451.1			85.2	3.6		
	1481	411.3	94.3		465.6			81.6	4.5		
350LB—54.3X3	988	274.4	195.4	1480	630.3	800	YL4503—4	83.4	3.2	493	3440
	1301	361.3	162.8		676.6			85.2	3.6		
	1481	411.3	141.4		698.4			81.6	4.5		
400LB—10	1084	301.1	11.5	1480	43	55	Y250M—4	79.6	7.1	329	420
	1232	342.1	10.0		40			84.7	7.3		
	1390	386.2	7.3		35			79.6	7.7		
400LB—10.6	1187	329.9	12.2	1480	50	75	Y250M—4	79.8	7.5	339	420
	1349	374.8	10.6		46			84.8	7.8		
	1523	423.1	7.8		41			79.8	8.2		
400LB—11.3	1301	361.4	13.0	1480	58	75	Y280S—4	79.9	8.0	349	520
	1479	410.7	11.3		54			84.9	8.3		
	1669	463.6	8.3		47			79.9	8.8		

泵型号	流量 Q		扬程 H /m	转速 n /(r/min)	轴功率 P_a /kW	配套电机		效率 η /%	必需汽 蚀余量 /m	叶轮 直径 /mm	电机 质量 /kg
	m³/h	L/s				功率 /kW	电机型号				
400LB—12	1426	396.0	13.8	1480	67	75	Y280S—4	80.0	8.5	360	520
	1620	450.0	12.0		62			85.0	8.8		
	1829	508.0	8.8		55			80.0	9.3		
400LB—17.7	986	274.0	19.9	1480	66	75	Y280S—4	81.3	5.1	354	520
	1138	316.1	17.7		66			83.4	5.6		
	1275	354.1	14.6		67			75.5	6.2		
400LB—18.8	1081	300.2	21.2	1480	77	90	Y280M—4	81.4	5.4	364	610
	1247	346.4	18.8		76			83.5	6.0		
	1397	388.0	15.5		78			75.6	6.6		
400LB—20	1184	328.9	22.5	1480	89	110	Y315S—4	81.5	5.8	375	875
	1366	379.5	20.0		89			83.6	6.4		
	1530	425.1	16.5		91			75.5	7.1		
400LB—21.2	1297	360.4	23.9	1480	104	132	Y315M—4	81.6	6.1	387	1025
	1497	415.8	21.2		103			83.7	6.8		
	1677	465.8	17.5		105			75.9	7.5		
400LB—28.1	1005	279.1	30.3	1480	104	160	Y315L1—4	79.8	6.6	360	1135
	1339	372.1	28.1		126			81.1	7.5		
	1591	441.8	22.8		124			79.8	9.2		
400LB—31.1	1172	325.5	33.6	1480	134	185	YL3550—4	80.0	7.4	378	1980
	1562	434.0	31.1		163			81.3	8.3		
	1855	515.3	25.3		160			80.0	10.2		
400LB—54.9	1311	364.2	59.3	1480	267	355	YL4001—4	79.3	8.2	485	2620
	1573	437.0	54.9		285			82.4	9.3		
	1853	514.7	47.4		302			79.3	11.3		
400LB—67	1355	376.4	80.4	1480	354.3	450	YL4003—4	83.7	4.0	547	2800
	1784	495.6	67.0		380.6			85.5	4.4		
	2031	564.2	58.2		392.4			82.0	5.5		
400LB—67X2	1355	376.4	160.8	1480	708.6	800	YL4503—4	83.7	4.0	547	3440
	1784	495.6	134.0		761.1			85.5	4.4		
	2031	564.2	116.4		784.8			82.0	5.5		
500LB—8.1	1790	497.1	9.3	980	56	75	Y315S—6	80.8	5.7	444	885
	2034	564.9	8.1		52			85.6	5.9		
	2296	637.7	5.9		46			80.8	6.2		
500LB—8.6	1961	544.7	9.9	980	65	75	Y315S—6	81.0	6.1	457	885
	2228	618.9	8.6		61			85.7	6.3		
	2515	698.7	6.3		53			81.0	6.6		
500LB—9.1	2148	596.8	10.5	980	76	90	Y315M—6	81.1	6.4	471	965
	2441	678.2	9.1		71			85.8	6.7		
	2756	765.6	6.7		62			81.1	7.1		
500LB—9.7	1872	519.9	10.9	980	72	90	Y315M—6	77.3	4.5	436	965
	2155	598.7	9.7		69			83.3	4.7		
	2382	661.7	8.3		69			78.8	6.3		
500LB—10.4	2051	569.7	11.6	980	84	90	Y315M—6	77.4	4.8	449	965
	2362	656.0	10.4		80			83.4	5.0		
	2610	725.0	8.9		80			78.9	6.7		
500LB—11	2247	624.2	12.3	980	97	110	Y315L1—6	77.6	5.1	463	1100
	2587	718.7	11.0		93			83.5	5.3		
	2860	794.4	9.4		93			79.1	7.1		

泵型号	流量 Q		扬程 H	转速 n	轴功率	配套电机		效率 η	必需汽	叶轮	电机
	m³/h	L/s	/m	/(r/min)	P_a /kW	功率 /kW	电机型号	/%	蚀余量 /m	直径 /mm	质量 /kg
500LB—13.4	1486	412.9	15.1	980	74	90	Y315M—6	82.3	3.9	463	965
	1715	476.4	13.4		74			84.3	4.3		
	1921	533.6	11.1		75			76.8	4.7		
500LB—14.2	1629	452.4	16.1	980	86	110	Y315L1—6	82.4	4.1	477	1100
	1879	522.0	14.2		86			84.4	4.6		
	2105	584.7	11.8		88			76.9	5.0		
500LB—15.1	1785	495.7	17.1	980	101	110	Y315L1—6	82.5	4.4	491	1100
	2059	572.0	15.1		100			84.5	4.8		
	2306	640.6	12.5		102			77.1	5.4		
500LB—16.1	1955	543.1	18.2	980	117	132	Y315L2—6	82.6	4.7	506	1165
	2256	626.7	16.1		117			84.6	5.1		
	2527	701.9	13.3		119			77.2	5.7		
500LB—17.1	2142	595.1	19.3	980	136	160	Y355M1—6	82.7	5.0	521	1900
	2472	686.7	17.1		136			84.7	5.5		
	2769	769.1	14.1		138			77.4	6.0		
500LB—20.5	1436	398.9	22.2	980	107	160	Y355M1—6	80.8	4.9	462	1900
	1914	531.8	20.5		130			82.1	5.5		
	2273	631.5	16.7		128			80.8	6.7		
500LB—22.8	1675	465.2	24.6	980	138	200	YL3554—6	81.0	5.4	486	2100
	2233	620.3	22.8		168			82.3	6.1		
	2652	736.6	18.5		165			81.0	7.5		
500LB—25.2	1953	542.6	27.2	980	178	250	YL3556—6	81.2	6.0	511	2140
	2604	723.4	25.2		217			82.5	6.7		
	3093	859.1	20.5		213			81.2	8.3		
500LB—35.2	1538	427.2	38.1	980	199	250	YL3556—6	80.0	5.3	584	2170
	1845	512.6	35.2		213			83.1	6.0		
	2174	603.8	30.4		225			80.0	7.3		
500LB—42.6	2047	568.6	46.1	980	319	400	YL4005—6	80.4	6.4	642	2980
	2456	682.3	42.6		342			83.4	7.2		
	2893	803.6	36.8		361			80.4	8.8		
500LB—44.8X2	1688	469.0	107.5	980	572.8	710	YL5001—6	86.2	2.7	672	4100
	2223	617.4	89.5		617.5			87.7	2.9		
	2531	702.9	77.8		632.0			84.8	3.7		
500LB—44.8X3	1688	469.0	161.2	980	859	1250	YL5602—6	86.2	2.7	672	6415
	2223	617.4	134.3		926			87.7	2.9		
	2531	702.9	116.7		948			84.8	3.7		
500LB—55.3	2316	643.3	66.3	980	483.4	630	YL4504—6	86.5	3.3	746	3490
	3049	847.0	55.3		521.4			88.0	3.6		
	3471	964.2	48.0		533.1			85.1	3.9		
500LB—55.3X2	2316	643.3	132.7	980	966.7	1250	YL5602—6	86.5	3.3	746	6415
	3049	847.0	110.6		1042.7			88.0	3.6		
	3471	964.2	96.0		1066.3			85.1	4.5		
500LB—55.3X3	2316	643.3	199.0	980	1450	1800	YL6302—6	86.5	3.3	746	9720
	3049	847.0	165.8		1564			88.0	3.6		
	3471	964.2	144.1		1599			85.1	4.5		
500LB—66.4	1745	484.7	71.7	1480	428	500	YL4004—4	79.7	10.0	532	2890
	2094	581.7	66.4		458			82.7	11.3		
	2466	685.1	57.3		483			79.7	13.7		

泵型号	流量 Q		扬程 H /m	转速 n /(r/min)	轴功率 P_a /kW	配套电机		效率 η /%	必需汽蚀余量 /m	叶轮直径 /mm	电机质量 /kg
	m³/h	L/s				功率 /kW	电机型号				
600LB—8.6	2687	746.3	9.6	742	90	110	Y315L1—8	78.2	4.0	537	1150
	3094	859.4	8.6		86			84.0	4.1		
	3419	949.8	7.3		85			79.7	5.5		
600LB—9.1	2944	817.7	10.2	742	104	110	Y315L1—8	78.4	4.2	554	1150
	3390	941.6	9.1		100			84.1	4.4		
	3747	1040.7	7.8		99			79.8	5.9		
600LB—11.7	2462	683.9	13.1	980	113	132	Y315L2—6	77.7	5.4	477	1165
	2835	787.5	11.7		108			83.6	5.6		
	3133	870.4	10.0		108			79.2	7.5		
600LB—12.4	2698	749.3	13.9	980	131	160	Y355M1—6	77.8	5.8	491	1900
	3106	862.9	12.4		126			83.7	6.0		
	3433	953.7	10.6		125			79.3	8.0		
600LB—14.1	2807	779.6	15.9	742	146	160	Y355M3—8	83.3	4.1	623	2200
	3238	899.6	14.1		146			85.2	4.5		
	3627	1007.5	11.7		148			78.2	5.0		
600LB—18.2	2347	652.1	20.5	980	158	185	YL3553—6	82.8	5.3	537	2060
	2709	752.4	18.2		158			84.8	5.8		
	3034	842.7	15.0		160			77.5	6.4		
600LB—19.3	2572	714.4	21.8	980	184	200	YL3554—6	82.9	5.6	553	2100
	2968	824.4	19.3		184			84.9	6.2		
	3324	923.3	16.0		186			77.6	6.8		
600LB—28	2278	632.8	30.2	980	230	315	YL4003—6	81.4	6.6	538	2690
	3038	843.8	28.0		280			82.6	7.4		
	3607	1002.0	22.7		274			81.4	9.2		
600LB—35.8	2746	762.7	38.7	742	356	450	YL4504—8	81.1	5.4	774	3470
	3295	915.2	35.8		382			84.0	6.1		
	3881	1077.9	30.9		402			81.1	7.4		
600LB—68.2	3177	882.5	81.9	980	815.9	1000	YL5001—4	86.8	4.1	827	4400
	4183	1161.8	68.2		880.4			88.3	4.5		
	4762	1322.7	59.3		899.6			85.4	4.9		
600LB—68.2X2	3177	882.5	163.8	980	1631.9	2000	Y6303—6	86.8	4.1	827	8490
	4183	1161.8	136.5		1760.9			88.3	4.5		
	4762	1322.7	118.6		1799.2			85.4	5.6		
700LB—9.7	3225	895.9	10.8	742	121	132	Y355M2—8	78.5	4.5	571	2050
	3714	1031.7	9.7		116			84.2	4.7		
	4105	1140.3	8.3		116			79.9	6.2		
700LB—10.3	3534	981.7	11.5	742	141	160	Y355M3—8	78.6	4.8	588	2200
	4069	1130.4	10.3		135			84.3	4.9		
	4498	1249.4	8.8		134			80.1	6.0		
700LB—10.9	3872	1075.6	12.2	742	164	185	YL4001—8	78.8	5.1	606	2480
	4459	1238.6	10.9		157			84.4	5.3		
	4928	1368.9	9.3		156			80.2	7.0		
700LB—11.6	4243	1178.5	13.0	742	190	220	YL4003—8	78.9	5.4	624	2650
	4885	1357.1	11.6		183			84.5	5.6		
	5400	1499.9	9.7		182			80.3	7.5		
700LB—15	3075	854.2	16.9	742	170	200	YL4002—8	83.4	4.3	642	2570
	3548	985.6	15.0		170			85.3	4.8		
	3974	1103.9	12.4		172			78.3	5.3		

续表

泵型号	流量 Q		扬程 H /m	转速 n /(r/min)	轴功率 P_a /kW	配套电机		效率 η /%	必需汽 蚀余量 /m	叶轮 直径 /mm	电机 质量 /kg
	m³/h	L/s				功率 /kW	电机型号				
700LB—16	3369	936.0	18.0	742	198	220	YL4003—8	83.5	4.6	662	2650
	3888	1080.0	16.0		198			85.4	5.1		
	4354	1209.5	13.2		200			78.4	5.6		
700LB—17	3692	1025.5	19.1	742	230	250	YL4004—8	83.6	4.9	682	2760
	4260	1183.3	17.0		230			85.5	5.4		
	4771	1325.3	14.0		232			78.6	6.0		
700LB—18	4045	1123.6	20.3	742	268	315	YL4501—8	83.7	5.2	703	3140
	4667	1296.5	18.0		268			85.6	5.8		
	5228	1452.1	14.9		270			78.7	6.4		
700LB—21.8	2737	760.3	23.5	742	214	280	YL4005—8	82.0	5.2	625	2890
	3649	1013.7	21.8		260			83.2	5.8		
	4333	1203.7	17.7		255			82.0	7.2		
700LB—24.2	3192	886.7	26.1	742	276	355	YL4502—8	82.1	5.7	657	3290
	4256	1182.3	24.2		336			83.3	6.4		
	5054	1404.0	19.7		329			82.1	7.9		
700LB—43.3	3654	1015.1	46.8	742	571	710	YL5004—8	81.5	6.5	849	4500
	4385	1218.2	43.3		613			84.3	7.4		
	5165	1434.7	37.4		645			81.5	9.0		
800LB—12.3	4649	1291.3	13.8	742	221	250	YL4004—8	79.0	5.7	643	2760
	5353	1486.9	12.3		212			84.6	5.9		
	5916	1643.4	10.5		211			80.4	7.9		
800LB—13.1	5093	1414.8	14.7	742	257	280	YL4005—8	79.1	6.1	662	2890
	5865	1629.2	13.1		247			84.7	6.3		
	6482	1800.7	11.2		245			80.6	8.4		
800LB—15.5	5079	1410.9	17.4	590	286	315	YL4504—10	84.2	4.5	816	3330
	5861	1628.0	15.5		287			86.0	4.9		
	6564	1823.3	12.8		288			79.3	5.5		
800LB—19.2	4432	1231.2	21.6	742	311	355	YL4502—8	83.8	5.5	724	3290
	5114	1420.6	19.2		311			85.7	6.1		
	5728	1591.0	15.9		313			78.8	6.8		
800LB—20.4	4856	1349.0	23.0	742	362	400	YL4503—8	83.9	5.9	746	3340
	5603	1556.5	20.4		362			85.8	6.5		
	6276	1743.3	16.8		364			79.0	7.2		
800LB—26.8	3723	1034.2	28.9	742	356	500	YL5001—8	82.3	6.3	691	4000
	4964	1379.0	26.8		433			83.5	7.1		
	5895	1637.5	21.8		424			82.3	8.8		
800LB—29.7	4343	1206.3	32.0	742	459	630	YL5003—8	82.5	7.0	727	4350
	5790	1608.4	29.7		559			83.7	7.9		
	6876	1910.0	24.1		547			82.5	9.7		
800LB—52.4	4864	1351.1	56.6	742	916	1120	YL6301—8	81.9	7.9	933	9620
	5837	1621.4	52.4		984			84.6	8.9		
	6875	1909.6	45.2		1034			81.9	10.8		
900LB—9.3	6115	1698.6	10.7	590	215	250	YL4502—10	82.9	6.6	782	3140
	6949	1930.2	9.3		202			87.2	6.8		
	7844	2179.0	6.8		176			82.9	7.2		
900LB—11.2	6396	1776.5	12.6	590	275	315	YL4504—10	79.8	5.2	769	3330
	7365	2045.7	11.2		264			85.1	5.4		
	8140	2261.0	9.6		262			81.1	7.2		

续表

泵型号	流量 Q		扬程 H /m	转速 n /(r/min)	轴功率 P_a /kW	配套电机		效率 η /%	必需汽蚀余量 /m	叶轮直径 /mm	电机质量 /kg
	m³/h	L/s				功率 /kW	电机型号				
900LB—16.4	5565	1545.9	18.5		333			84.3	4.8		
	6421	1783.7	16.4	590	334	355	YL4505—10	86.1	5.3	840	3450
	7192	1997.8	13.6		335			79.5	5.8		
900LB—17.5	6098	1693.8	19.7		387			84.4	5.1		
	7036	1954.4	17.5	590	388	450	YL5002—10	86.2	5.6	866	4150
	7880	2188.9	14.4		389			79.6	6.2		
900LB—21.6	5321	1478.0	24.4		421			84.0	6.3		
	6139	1705.4	21.6	742	421	450	YL4504—8	85.9	6.9	768	3470
	6876	1910.1	17.9		424			79.1	7.6		
900LB—23	5830	1619.4	25.9		490			84.1	6.7		
	6727	1868.6	23.0	742	490	560	YL5002—8	85.9	7.4	792	4150
	7534	2092.2	19.0		493			79.9	8.1		
900LB—33.9	5725	1590.4	36.6		691			82.5	5.1		
	6870	1908.4	33.9	493	743	1000	YL6304—12	85.2	5.8	1124	10820
	8092	2247.7	29.2		780			82.5	7.0		
900LB—63.4	6474	1798.4	68.5		1468			82.2	9.5		
	7769	2158.0	63.4	742	1579	1800	YL6305—8	84.9	10.8	1024	11200
	9150	2541.7	54.7		1659			82.2	13.1		
1000LK—9.4	8877	2465.8	10.8		314			83.5	6.7		
	10087	2802.0	9.4	495	295	355	YL5003—12	87.7	6.9	936	4250
	11387	3163.2	6.9		257			83.5	7.3		
1000LK—9.9	6700	1861.1	11.4		250			83.0	7.0		
	7614	2114.9	9.9	590	235	280	YL4503—10	87.3	7.2	806	3270
	8595	2387.5	7.2		204			83.0	7.7		
1000LK—10.5	7341	2039.2	12.1		290			83.1	7.4		
	8342	2317.3	10.5	590	273	315	YL4504—10	87.4	7.7	831	3330
	9417	2615.9	7.7		237			83.1	8.1		
1000LK—11.9	7007	1946.5	13.4		319			79.9	5.5		
	8069	2241.4	11.9	590	308	355	YL4505—10	85.2	5.8	792	3450
	8919	2477.4	10.2		305			81.2	7.7		
1000LK—12.7	7678	2132.8	14.2		371			80.0	5.9		
	8841	2455.9	12.7	590	358	400	YL5001—10	85.3	6.1	816	4000
	9772	2714.4	10.9		355			81.4	8.2		
1000LK—13.5	8413	2336.8	15.1		432			80.1	6.3		
	9687	2690.9	13.5	590	416	450	YLS5002—10	85.4	6.5	841	4850
	10707	2974.2	11.5		413			81.5	8.7		
1000LK—18.6	6681	1855.9	20.9		451			84.5	5.4		
	7709	2141.4	18.6	590	451	500	YL5004—10	86.3	5.9	892	4450
	8634	2398.4	15.4		453			79.7	6.6		
1000LK—19.7	7320	2033.5	22.2		524			84.6	5.7		
	8447	2346.3	19.7	590	525	560	YL5004—10	86.4	6.3	919	4450
	9460	2627.9	16.3		526			79.8	7.0		
1000LK—21	8021	2228.0	23.6		610			84.7	6.1		
	9255	2570.8	21.0	590	611	710	YL5601—10	86.4	6.7	947	6160
	10366	2879.3	17.3		612			80.0	7.4		
1000LK—41	7620	2116.8	44.3		1108			82.9	6.1		
	9144	2540.1	41.0	495	1193	1600	YL1600—12	85.5	7.0	1234	20300
	10770	2991.7	35.4		1252			82.9	8.5		

泵型号	流量 Q		扬程 H /m	转速 n /(r/min)	轴功率 P_a /kW	配套电机		效率 η /%	必需汽 蚀余量 /m	叶轮 直径 /mm	电机 质量 /kg
	m³/h	L/s				功率 /kW	电机型号				
1200LK—10	9726	2701.7	11.5	495	365	400	YLT5004—12	83.6	7.1	964	4400
	11052	3070.1	10.0		344			87.7	7.3		
	12477	3465.8	7.3		298			83.6	7.8		
1200LK—10.7	10657	2960.2	12.2	495	424	450	YLT5005—12	83.7	7.5	994	4550
	12110	3363.9	10.7		400			87.8	7.8		
	13671	3797.4	7.8		347			83.7	8.3		
1200LK—11.3	11676	3243.4	13.0	495	494	560	YLT5602—12	83.8	8.0	1024	6360
	13269	3685.7	11.3		465			87.9	8.3		
	14979	4160.8	8.3		404			83.8	8.8		
1200LK—12.9	11146	3096.0	14.4	495	542	630	YLT5603—12	80.7	6.0	977	6570
	12834	3565.1	12.9		524			85.8	6.2		
	14185	3940.4	11.0		518			82.0	8.3		
1200LK—13.7	12212	3392.3	15.3	495	630	710	YLT6302—12	80.8	6.3	1006	10050
	14063	3906.3	13.7		609			85.9	6.6		
	15543	4317.4	11.7		603			82.1	8.8		
1200LK—14.3	9218	2560.4	16.1	590	502	560	YLT5004—10	80.2	6.6	867	4450
	10614	2948.4	14.3		484			85.5	6.9		
	11731	3258.7	12.3		480			81.6	9.2		
1200LK—17.7	8852	2458.8	20.0	495	567	630	YLT5603—12	85.0	5.1	1036	6570
	10214	2837.1	17.7		568			86.7	5.7		
	11439	3177.6	14.7		568			80.3	6.3		
1200LK—18.8	9699	2694.1	21.2	495	659	710	YLT6301—12	85.0	5.5	1067	9600
	11191	3108.6	18.8		661			86.8	6.0		
	12534	3481.6	15.6		661			80.4	6.7		
1200LK—20	10627	2951.9	22.6	495	767	900	YLT6303—12	85.1	5.8	1100	10450
	12262	3406.0	20.0		769			86.9	6.4		
	13733	3814.8	16.6		768			80.6	7.1		
1200LK—21.3	11644	3234.3	24.0	495	892	1000	YLT6304—12	85.2	6.2	1133	10820
	13435	3731.9	21.3		895			86.9	6.8		
	15047	4179.8	17.6		893			80.7	7.5		
1200LK—22.3	8788	2441.2	25.1	590	709	800	YL800—10	84.8	6.4	976	6360
	10140	2816.8	22.3		711			86.5	7.1		
	11357	3154.8	18.4		711			80.1	7.9		
1200LK—27.1	8507	2363.0	29.2	495	808	1120	YLT6305—12	83.7	6.4	1034	11500
	11342	3150.6	27.1		985			84.8	7.2		
	13469	3741.4	22.0		964			83.7	8.9		
1200LK—30	9922	2756.0	32.4	495	1043	1400	YL1400—12	83.9	7.1	1087	18000
	13229	3674.7	30.0		1271			85.0	8.0		
	15709	4363.7	24.4		1244			83.9	9.9		
1200LK—49.6	10143	2817.4	53.6	495	1778	2240	YL2200—12	83.2	7.4	1355	17500
	12171	3380.9	49.6		1916			85.7	8.4		
	14335	3982.0	42.8		2008			83.2	10.2		
1200LK—58.7	9120	2533.3	63.4	590	1899	2240	YL2500—10	82.9	8.8	1234	13500
	10944	3039.9	58.7		2045			85.5	10.0		
	12889	3580.3	50.7		2146			82.9	12.1		
1400LK—10	13187	3663.1	11.5	425	492	560	YL560—14	84.1	7.1	1120	9000
	14985	4162.6	10.0		464			88.1	7.3		
	16917	4699.1	7.3		402			84.1	7.8		

续表

泵型号	流量 Q		扬程 H /m	转速 n /(r/min)	轴功率 P_a /kW	配套电机		效率 η /%	必需汽 蚀余量 /m	叶轮 直径 /mm	电机 质量 /kg
	m³/h	L/s				功率 /kW	电机型号				
1400LK—10.6	14449	4013.6	12.2		572			84.2	7.5		
	16419	4560.9	10.6	425	540	630	YL630—14	88.2	7.8	1154	11800
	18535	5148.7	7.8		468			84.2	8.3		
1400LK—11.3	15831	4397.6	13.0		665			84.3	8.0		
	17990	4997.3	11.3	425	628	710	YL710—14	88.2	8.3	1189	16000
	20309	5641.3	8.3		544			84.3	8.8		
1400LK—13.7	16558	4599.4	15.3		848			81.4	6.3		
	19066	5296.2	13.7	425	822	1000	YL1000—14	86.4	6.6	1168	17000
	21073	5853.7	11.7		812			82.7	8.8		
1400LK—14.5	18142	5039.5	16.3		986			81.5	6.7		
	20891	5803.0	14.5	425	956	1250	YL1250—14	86.4	7.0	1204	17500
	23090	6413.8	12.4		944			82.8	9.4		
1400LK—18.8	13150	3652.8	21.2		889			85.5	5.4		
	15173	4214.7	18.8	425	892	1000	YL1000—14	87.2	6.0	1239	17000
	16994	4720.5	15.6		889			81.0	6.7		
1400LK—20	14408	4002.3	22.6		1034			85.6	5.8		
	16625	4618.0	20.0	425	1038	1250	YL1250—14	87.2	6.4	1277	17500
	18620	5172.2	16.5		1034			81.1	7.1		
1400LK—21.3	15787	4385.2	24.0		1203			85.7	6.2		
	18216	5059.9	21.3	425	1207	1400	YL1600—14	87.3	6.8	1316	19000
	20401	5667.1	17.6		1202			81.3	7.5		
1400LK—33.2	11572	3214.5	35.9		1345			84.0	7.9		
	15430	4286.0	33.2	495	1640	1800	YL1800—12	85.1	8.8	1143	
	18323	5089.6	27.0		1604			84.0	10.9		
1400LK—60	13500	3750.0	64.8		2852			83.5	9		
	16200	4500.0	60.0	495	3076	3550	YL3600—12	86.0	10.2	1488	
	19080	5300.0	51.8		3222			83.5	12.4		
1600LK—12	17346	4818.4	13.8		774			84.4	8.5		
	19711	5475.4	12.0	425	731	900	YL900—14	88.3	8.8	1225	
	22252	6181.1	8.8		633			84.4	9.3		
1600LK—12.8	19006	5279.4	14.7		900			84.5	9.1		
	21598	5999.3	12.8	425	850	1000	YL1000—14	88.4	9.4	1262	
	24381	6772.6	9.4		736			84.5	9.9		
1600LK—14.5	13381	3716.9	16.3		733			81.0	6.7		
	15408	4280.0	14.5	495	709	800	YL800—12	86.0	7.0	1037	
	17030	4730.5	12.4		701			82.2	9.4		
1600LK—15.4	19878	5521.6	17.3		1147			81.6	7.2		
	22890	6358.3	15.4	425	1112	1250	YL1250—14	86.5	7.4	1240	
	25299	7027.5	13.2		1098			82.9	10.0		
1600LK—16.4	21780	6050.0	18.4		1334			81.8	7.6		
	25080	6966.6	16.4	425	1294	1600	YL1600—14	86.6	7.9	1278	
	27720	7700.0	14.0		1277			83.0	10.6		
1600LK—22.6	17297	4804.8	25.5		1399			85.8	6.5		
	19958	5544.0	22.6	425	1405	1600	YL1600—14	87.4	7.2	1355	
	22354	6209.3	18.7		1398			81.4	8.0		
1600LK—24	18952	5264.6	27.1		1628			85.8	7.0		
	21868	6074.5	24.0	425	1634	1800	YL1800—14	87.5	7.7	1397	
	24492	6803.4	19.9		1625			81.5	8.5		

续表

泵型号	流量 Q		扬程 H /m	转速 n /(r/min)	轴功率 P_a /kW	配套电机		效率 η /%	必需汽蚀余量 /m	叶轮直径 /mm	电机质量 /kg
	m³/h	L/s				功率 /kW	电机型号				
1600LK—33.3	15765	4379.1	36.0	425	1827	2500	YL2500—14	84.5	7.9	1329	
	21020	5838.8	33.3		2228			85.6	8.9		
	24961	6933.6	27.1		2179			84.5	10.9		
1800LK—12.2	23654	6570.5	14.0	367	1061	1250	YL1250—16	84.9	8.6	1422	
	26879	7466.5	12.2		1004			88.7	8.9		
	30344	8428.9	8.9		868			84.9	9.4		
1800LK—12.9	25917	7199.2	14.9	367	1234	1600	YL1600—16	85.0	9.2	1465	
	29451	8180.9	12.9		1168			88.7	9.5		
	33247	9235.4	9.5		1010			85.0	10.0		
1800LK—15.6	27106	7529.6	17.5	367	1571	1800	YL1800—16	82.2	7.2	1440	
	31213	8670.4	15.6		1527			86.9	7.5		
	34499	9583.1	13.4		1505			83.4	10.1		
1800LK—21.5	21528	5979.9	24.2	367	1650	1800	YL1800—16	86.1	6.2	1528	
	24840	6899.9	21.5		1658			87.7	6.9		
	27820	7727.9	17.8		1646			81.8	7.6		
1800LK—22.8	23587	6552.1	25.8	367	1920	2240	YL2500—16	86.2	6.6	1574	
	27216	7560.1	22.8		1929			87.8	7.3		
	30482	8467.3	18.9		1914			81.9	8.1		
1800LK—25.5	20766	5768.3	28.8	425	1894	2240	YL2500—14	85.9	7.4	1439	
	23961	6655.7	25.5		1902			87.6	8.2		
	26836	7454.4	21.1		1890			81.6	9.0		
1800LK—33.8	21600	6000.0	36.5	367	2525	3550	YL3600—16	85.0	8	1546	
	28800	8000.0	33.8		3081			86.0	9		
	34200	9500.0	27.5		3012			85.0	11.1		
2000LK—13.7	28397	7888.1	15.8	367	1436	1600	YL1600—16	85.1	9.7	1510	
	32269	8963.7	13.7		1359			88.8	10.1		
	36428	10119.0	10.1		1174			85.1	10.6		
2000LK—14.6	31114	8642.8	16.8	367	1670	1800	YL1800—16	85.2	10.3	1555	
	35357	9821.4	14.6		1581			88.9	10.7		
	39914	11087.2	10.7		1366			85.2	11.3		
2000LK—16.6	29700	8250.0	18.6	367	1827	2000	YL2000—16	82.3	7.7	1484	
	34200	9500.0	16.6		1776			87.0	8.0		
	37800	10500.0	14.2		1750			83.5	10.7		
2000LK—17.6	32542	9039.4	19.8	367	2125	2240	YL2500—16	82.4	8.2	1529	
	37472	10409.0	17.6		2067			87.1	8.5		
	41417	11504.7	15.1		2035			83.6	11.4		
2000LK—24.3	25844	7179.0	27.4	367	2234	2500	YL2500—16	86.3	7.0	1622	
	29820	8283.5	24.3		2244			87.9	7.8		
	33399	9277.5	20.1		2226			82.0	8.6		
2000LK—25.8	28317	7865.9	29.1	367	2599	3150	YL3150—16	86.4	7.5	1671	
	32674	9076.0	25.8		2611			87.9	8.2		
	36595	10165.2	21.3		2589			82.2	9.1		
2000LK—27.4	31027	8618.5	30.9	367	3023	3150	YL3150—16	86.4	7.9	1721	
	35800	9944.5	27.4		3038			88.0	8.8		
	40096	11137.8	22.7		3010			82.3	9.7		
2200LK—14.2	36801	10222.5	16.3	330	1911	2240	YL2500—18	85.4	10.0	1701	
	41819	11616.5	14.2		1811			89.1	10.4		
	47209	13113.7	10.4		1563			85.4	11.0		

续表

泵型号	流量 Q		扬程 H /m	转速 n /(r/min)	轴功率 P_a /kW	配套电机		效率 η /%	必需汽蚀余量 /m	叶轮直径 /mm	电机质量 /kg
	m³/h	L/s				功率 /kW	电机型号				
2200LK—15.1	40322	11200.6	17.3	330	2223	2500	YL2500—18	85.5	10.7	1753	
	45821	12728.0	15.1		2108			89.1	11.0		
	51726	14368.5	11.0		1819			85.5	11.7		
2200LK—18.8	35655	9904.3	21.0	367	2471	2800	YL3150—16	82.5	8.7	1575	25000
	41058	11404.9	18.8		2405			87.2	9.0		
	45380	12605.5	16.0		2367			83.7	12.1		
2200LK—22.2	35579	9883.0	25.0	292	2790	3150	YL3150—20	86.8	6.4	1940	32000
	41052	11403.5	22.2		2805			88.3	7.1		
	45979	12771.9	18.3		2774			82.7	7.8		
2200LK—23.5	38983	10828.6	26.6	292	3246	3550	YL3600—20	86.8	6.8	1999	35000
	44980	12494.6	23.5		3263			88.4	7.5		
	50378	13993.9	19.5		3226			82.8	8.3		
2200LK—28.3	40209	11169.1	31.9	330	4027	4500	YL4500—18	86.8	8.2	1940	37000
	46395	12887.5	28.3		4048			88.3	9.0		
	51962	14434.0	23.4		4004			82.7	10.0		
2400LK—16	44180	12272.3	18.4	330	2586	2800	YL2800—18	85.6	11.3	1806	25000
	50205	13945.8	16.0		2453			89.2	11.7		
	56676	15743.3	11.7		2116			85.6	12.4		
2400LK—25	42713	11864.7	28.2	292	3776	4000	YL4000—20	86.9	7.2	2060	37000
	49284	13690.1	25.0		3797			88.4	8.0		
	55198	15332.9	20.7		3752			82.9	8.8		
2600LK—15	51422	14284.0	17.3	292	2821	3150	YL3150—20	85.9	10.7	1975	32000
	58435	16231.8	15.0		2677			89.4	11.0		
	65966	18323.9	11.0		2308			85.9	11.7		
2600LK—16	56343	15650.7	18.4	292	3282	3550	YL3550—20	86.0	11.3	2035	35000
	64026	17784.9	16.0		3116			89.2	11.7		
	72278	20077.2	11.7		2685			86.0	12.4		
2600LK—26.6	46800	13000.0	30.0	292	4393	4800	YL4800—20	87.0	7.7	2122	40000
	54000	15000.0	26.6		4418			88.5	8.5		
	60480	16800.0	22.0		4364			83.0	9.4		

生产厂家：长沙耐普泵业有限公司。

2.4 真空泵

SZB—8 型真空泵。

(1) 适用范围 SZB—8 型真空泵是悬臂式水环真空泵。可供抽吸空气或无腐蚀性、不溶于水的、不含固体颗粒的气体。最高真空度可达 85%，特别适合于做大型水泵真空引水用。

(2) 型号说明

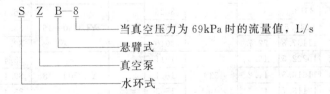

（3）规格与性能　见图 3-2-33。

（4）外形及安装尺寸　SZB 型水环式真空泵外形及安装尺寸见图 3-2-34、图 3-2-35、表 3-2-15、表 3-2-16。

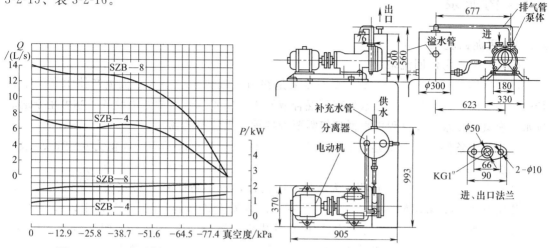

图 3-2-33　SZB 型水环式真空泵
性能曲线（$n=1450$r/min）

图 3-2-34　SZB 型水环式真空泵
总体安装（单位：mm）

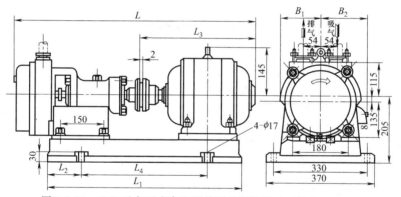

图 3-2-35　SZB 型水环式真空泵外形及安装尺寸（单位：mm）

表 3-2-15　SZB 型真空泵性能

型号	流量 Q		真空度 /kPa	转数 /(r/min)	功率 轴功率/kW	电动机		叶轮直径 /mm	质量 /kg
	L/min	L/s				型号	功率/kW		
SZB—4	330	5.5	−56.7	1450	1.1	Y100L$_1$—4	2.2	180	
	240	4.0	−67.1		1.2				
	120	2.0	−77.4		1.3				
	0	0	−83.8		1.3				
SZB—8	636	10.6	−56.7	1450	1.9	Y100L$_2$—4	3.0	180	
	480	8.0	−67.1		2.0				
	240	4.0	−77.4		2.1				
	0	0	−83.8		2.1				

表 3-2-16　SZB 型泵外形安装尺寸

型　号	外形及安装尺寸/mm							电动机	
	L	L_1	L_2	L_3	L_4	B_1	B_2	型号	功率/kW
SZB—4	776	617	115	392	397	105	180	Y100L$_1$—4	2.2
SZB—8	801	658	128	392	405	105	180	Y100L$_2$—4	3.0

生产厂家：山东双轮集团有限公司、长春水泵厂、石家庄市通用水泵厂。

2.5 污泥泵

2.5.1 污泥回流泵

QJB—W 型污泥回流泵。

（1）适用范围 QJB—W 型污泥回流泵是在引进瑞典飞力潜水电机生产技术基础上自行研发的产品，该泵为二级污水处理厂混合液回流、反硝化脱氮的专用设备。亦可用于地面排水、灌溉和废水处理过程中再循环等需要微扬程、大流量的场所。

（2）使用条件 a. 连续运行时，介质温度不高于 40℃；b. 介质 pH 值为 6～9；c. 最大潜没深度 10m。

（3）产品特点 a. 按微扬程、大流量专门设计，效率高；b. 按抗堵塞、抗缠绕专门设计，使用可靠；c. 采用最新的密封材料，可以使泵安全连续运行 10000h 以上；d. 结构紧凑，安装、维修方便；e. 主机采用冲压成型结构，体积小、精度高、耐腐蚀、无噪声；f. 产品设置漏电、漏水及电机过载等保护及报警装置，确保产品安全性与可靠性。

（4）型号说明

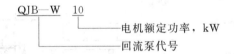

```
QJB—W  10
            └── 电机额定功率，kW
       └── 回流泵代号
```

（5）技术参数 见表 3-2-17。

表 3-2-17 技术参数

型 号	电机功率/kW	额定电流/A	叶轮直径/mm	防护等级	绝缘等级	公称直径/mm
QJB—W1.5	1.5	4.1	400	IP68	F	400
QJB—W2.5	2.5	6	400	IP68	F	400
QJB—W4	4	15	615	IP68	F	600
QJB—W5	5	16	615	IP68	F	600
QJB—W7.5	7.5	23	615	IP68	F	600
QJB—W10	10	30	615	IP68	F	600

（6）性能曲线 此曲线为泵的特性曲线，不包括扩散管和进出口的损失。性能曲线见图 3-2-36。

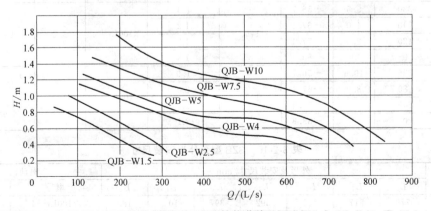

图 3-2-36 性能曲线

（7）安装尺寸　见表 3-2-18。

表 3-2-18　安装尺寸　　　　单位：mm

型号	d_1	d_2	d_3	D	DN	L	h_1	h_2	B	L
QJB—W1.5	195	440	520	600	400	680	750	350		
QJB—W2.5	195	440	520	600	400	680	750	350		
QJB—W4	273	645	725	800	600	930	1200	550	由用户确定	
QJB—W5	273	645	725	800	600	930	1200	550		
QJB—W7.5	300	645	725	800	600	980	1200	550		
QJB—W10	300	645	725	800	600	980	1200	550		

生产厂家：启东天源泵业有限公司、南京博格曼环保设备有限公司。

2.5.2　单螺杆泵

EH 型单螺杆泵。

（1）适用范围　EH 型单螺杆泵为卧式泵供输送中性或腐蚀性、洁净或磨损性的含有气体或产生气泡的液体以及高黏度或低黏度的含有纤维和固体物质的液体，其介质允许最高温度为 200℃。适用于食品、纺织、造纸、石油、化工、环保、冶金、矿山等行业。

（2）型号说明

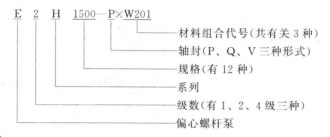

（3）选泵原则

① 转速。按介质的磨损性选择 EH 型泵转速见表 3-2-19。

表 3-2-19　介质磨损性与 EH 型泵转速

磨损性	介　质　名　称	转速/(r/min)
无	淡水、促凝剂、油、浆汁、肉沫、涂料、肥皂水	400～1000
一般	泥浆、悬浮液、工业废水、涂料颜料、灰浆、鱼、麦麸、菜籽油过滤后的沉积物	
严重	石灰浆、黏土、灰泥、陶土	

按介质黏度选择 EH 型泵转速见表 3-2-20。

表 3-2-20　介质黏度与 EH 型泵转速

介质黏度/cst	1～1000	1000～10000	1000～100000	100000～1000000
转速/(r/min)	400～1000	200～400	<200	<100

② 按磨损性选择泵压力见表 3-2-21。

表 3-2-21　按磨损性选择泵压力

磨损性	一级压力/MPa	二级压力/MPa
无	0.6	1.2
一般	0.4	0.8
严重	0.2	0.4

（4）EH 型单螺杆泵外形　见图 3-2-37。

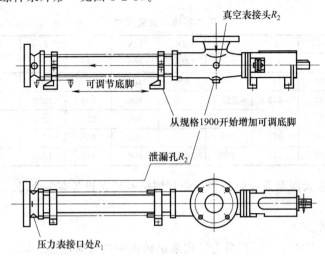

真空表接头R_2

可调节底脚

从规格1900开始增加可调底脚

泄漏孔R_2

压力表接口处R_1

图 3-2-37　EH 型单螺杆泵外形

（5）性能　EH 型单螺杆泵性能见表 3-2-22。

表 3-2-22　EH 型单螺杆泵性能

型号	压力/MPa														
	0.2					0.4					0.6				
	流量/(m³/h)	转速/(r/min)	轴功率/kW	电动机		流量/(m³/h)	转速/(r/min)	轴功率/kW	电动机		流量/(m³/h)	转速/(r/min)	轴功率/kW	电动机	
				型号	功率/kW				型号	功率/kW				型号	功率/kW
EH63	0.15	214	0.02	YCJ71	0.55	0.14	214	0.04	YCJ71	0.55	0.12	214	0.05	YCJ71	0.55
	0.20	2.84	0.02			0.19	284	0.05			0.15	284	0.06		
	0.29	388	0.03			0.27	388	0.06			0.25	388	0.08		
	0.43	570	0.05			0.42	570	0.09			0.40	570	0.12		
	0.54	710	0.06	Y132S—8	2.2	0.53	710	0.11	Y132S—8	2.2	0.50	710	0.15	Y132S—8	2.2
	0.69	910	0.08	Y90S—6	0.75	0.65	910	0.14	Y90S—6	0.75	0.60	910	0.18	Y90S—6	0.75
EH100	0.30	214	0.05	YCJ71		0.25	214	0.07	YCJ71	0.55	0.20	214	0.10	YCJ71	0.55
	0.40	284	0.06			0.35	284	0.10			0.30	284	0.13		
	0.60	388	0.08			0.55	388	0.12			0.50	388	0.16		
	0.95	570	0.11			0.90	570	0.18			0.85	570	0.22		
	1.20	710	0.14	Y132S—8	2.2	1.15	710	0.21	Y132S—8	2.2	1.10	710	0.29	Y132S—8	2.2
	1.55	910	0.21	Y90S—6	0.75	1.50	910	0.26	Y90S—6	0.75	1.45	910	0.35	Y90S—6	0.75
EH164	0.70	214	0.09	YCJ71	0.55	0.65	214	0.14	YCJ71	0.55	0.60	214	0.18	YCJ71	0.55
	0.95	284	0.11			0.90	284	0.18			0.85	284	0.25		
	1.30	388	0.15			1.25	388	0.23			1.20	388	0.35		
	2.00	570	0.22			1.95	570	0.34			1.90	570	0.46	YCJ71	0.75
	2.50	710	0.27	Y132S—8	2.2	2.45	710	0.42	Y132S—8	2.2	2.40	710	0.57	Y132S—8	2.2
	3.20	910	0.35	Y90S—6	0.75	3.15	910	0.54	Y90S—6	1.1	3.10	910	0.73	Y90S—6	1.1
EH236	1.80	214	0.25	YCJ71	0.75	1.70	217	0.35	YCJ71	1.1	1.60	217	0.42	YCJ71	1.1
	2.40	284	0.29			2.40	288	0.43			2.20	288	0.56		
	3.46	388	0.39			3.40	393	0.56			3.20	393	0.76		
	5.20	579	0.59	YCJ71	1.1	5.10	579	0.82	YCJ71	1.5	4.90	579	1.21	YCJ71	1.5
	6.40	710	0.67	Y132S—8	2.2	6.30	710	1.11	Y132S—8	2.2	6.00	710	1.37	Y132S—8	2.2
	8.50	940	0.84	Y112M—6	2.2	8.40	940	1.33	Y117M—6	2.2	8.20	940	1.81	Y132S—6	3

续表

| 型号 | 压力/MPa | | | | | | | | | | | | | | |
| | 0.2 | | | | | 0.4 | | | | | 0.6 | | | | |
	流量/(m³/h)	转速/(r/min)	轴功率/kW	电动机型号	功率/kW	流量/(m³/h)	转速/(r/min)	轴功率/kW	电动机型号	功率/kW	流量/(m³/h)	转速/(r/min)	轴功率/kW	电动机型号	功率/kW
EH375	4.5	217	0.52			4.2	217	0.67	YCJ71	1.5	3.6	217	1.01	YCJ71	1.5
	5.0	288	0.70	YCJ71	1.5	5.7	288	1.01			5.5	292	1.37	YCJ71	3
	8.4	393	0.85			7.0	344	1.21	YCJ71	2.2	7.9	399	1.85		
	9.8	458	1.00	YCJ71	2.2	9.5	458	1.56			10.2	504	2.40	YCJ80	4
	12.7	587	1.33			12.43	587	2.11	YCJ71	3	11.77	571	2.75		
	15.4	710	1.58	Y132M—8	3										
EH600	5.5	186	0.63	YCJ132	1.5	5.1	186	1.00	YCJ132	1.5	4.1	196	1.41	YCJ132	2.2
	7.5	244	0.82	YCJ71	2.2	6.9	244	1.29	YCJ71	2.2	6.9	275	2.02	YCJ80	4
	11.0	344	1.16			9.8	327	1.75			10.7	383	2.76		
	14.9	458	1.54	YCJ71	3	13.8	442	2.44	YCJ80	4	14.7	504	3.63	YCJ80	5.5
	19.4	587	1.97			18.4	571	3.05			18.2	605	4.35	YCJ100	7.5
	24.0	720	2.42	Y160M₁—8	4	23.4	720	3.81	Y160M₂—8	5.5					
EH1024	9.2	184	1.11	YCJ160	4	8.3	184	1.66	YCJ160	4	6.5	184	2.30	YCJ160	4
	14.3	275	1.61			13.2	275	2.91	YCJ80	4	10.9	250	3.13	YCJ100	5.5
	20.2	383	2.30	YCJ80	4	19.3	383	3.50	YCJ100	5.5	16.9	355	4.26	YCJ100	7.5
	23.5	442	2.68			22.6	442	4.04			23.4	472	5.76		
	26.9	504	3.13			27.8	537	4.89	YCJ100	7.5	27.4	545	6.65	YCJ100	11
EH1500	17.5	161	1.94	YCJ160	4	15.2	161	3.04	YCJ160	5.5	12.8	161	4.15	YCJ160	5.5
	28.1	250	3.00	YCJ100	7.5	26.0	250	4.72	YCJ100	7.5	24.3	254	6.54	YCJ112	11
	41.5	355	4.27			39.7	360	6.80	YCJ100	11	37.4	360	9.27	YCJ112	15
	56.5	479	5.76			54.4	479	9.04	YCJ112	15	51.5	479	12.33		
	64.3	545	6.55	YCJ100	11	62.1	545	10.3							
	72.3	613	7.37												
EH1900	29.0	150	3.3	YCJ160	5.5	24.3	144	5.1	YCJ200	11	13	144	6.6	YCJ200	11
	39.5	194	4.3	YCJ180	7.5	41	216	7.6			36.5	216	9.8	YCJ200	15
	51.4	250	5.4	YCJ100	7.5	53.8	276	9.3	YCJ200	15	43	245	11.2		
	75.5	360	7.8	YCJ100	11	59.5	305	10.1			57.5	320	15	YCJ280	18.5
	87.5	417	9.2	YCJ112	15	71.5	360	12	YCJ112	15	66.5	356	17	YCJ280	22
	100	479	10.6												
EH2650	43.5	144	4.8	YCJ200	11	37.4	144	7.4	YCJ200	11	40	144	10.5	YCJ200	15
	67.5	216	7.6			63.5	216	11.8	YCJ200	15	62	224	18		
	87.5	276	9.5			76	254	14.5			72	254	19	YCJ280	22
	97	305	10.7	YCJ112	15	90	286	16.5	YCJ280	18.5	80	284	21.5	YCJ315	30
	115	360	12			100	320	18	YCJ280	22					
EH4500	82	138	8.9	YCJ280	18.5	69	138	114	YCJ280	18.5	55①	143	18.2	YCJ315	30
	140	224	15			120	222	22.5	YCJ315	30	105①	208	26	YCJ315	37
	155	254	17	YCJ280	22	140	253	26			135①	253	32.5		
	175	286	18.6			156	284	28.5	YCJ315	37	153①	284	36.5	YCJ315	45
	195	320	21	YCJ315	30	180	304	31							
	220	355	24												
EH6300	120	138	13	YCJ280	18.5	110	143	23	YCJ315	30	78①	143	26	YCJ315	37
	205	222	21	YCJ315	36	170	208	32	YCJ315	37	155①	208	38	YCJ355	45
	235	253	25			210	253	38.5	YCJ355	45	200①	253	46	YCJ355	55
	260	284	27	YCJ315	37										
	280	304	30												
	320	345	35	YCJ355	45										

① $\Delta P = 0.5\text{MPa}$。

生产厂家：天津市工业泵厂。

2.5.3　污泥转子泵

LobeStar 转子泵。

（1）适用范围　LobeStar 转子泵在水处理领域常用于输送各种初污泥、沉淀污泥、浓缩污泥、消化污泥、活性炭、浮渣、石灰浆、脱水泥饼等；LobeStar 转子泵集合离心泵和螺杆泵二者的优势，体积小，在线维护无需拆卸管路，最大自吸 8～9m；输送黏度高或含固率高物料，可通过最大 60mm 不可压缩物料，不怕干运行；可正反转，一泵多用，常用于膜处理工艺等类似工况。

（2）型号说明

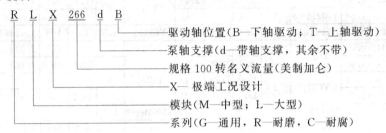

```
R L X 266 d B
          └─── 驱动轴位置（B—下轴驱动；T—上轴驱动）
        └───── 泵轴支撑（d—带轴支撑，其余不带）
    └───────── 规格 100 转名义流量（美制加仑）
  └─────────── X— 极端工况设计
 └──────────── 模块（M—中型；L—大型）
└───────────── 系列（G—通用，R—耐磨，C—耐腐）
```

（3）设备特点　LobeStar 转子泵采用螺旋形三翼或四翼转子，无脉动，振动小，效率高；采用先进的平衡式集装机封，维护方便，泵端两道密封，双层保护运行可靠；对于磨损性强介质，除了采用耐磨材料或耐磨涂层外，把可调节泵壳和转子的间隙设计作为标准结构，耐磨板正反面使用，大大减少备件和维护成本。

模块设计，同一模块的泵型大多数配件通用，减少用户备件库存量。

（4）设备规格及性能　LobeStar 转子泵转子泵流量范围：0～750m³/h；压力范围0～120m。LobeStar 转子泵外形图见图 3-2-38，安装尺寸见表 3-2-23，规格及性能说明见表 3-2-24。

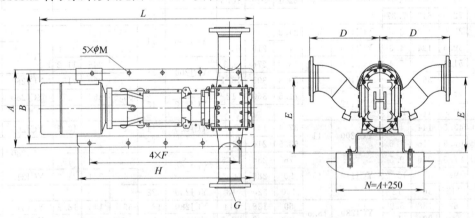

图 3-2-38　设备外形

表 3-2-23　设备外形及安装尺寸　　　　　　　单位：mm

型　　号	A	B	D	E	F	G	H	M	L
RM34	500	440	395	415	200	100	1000	18	1250
RM50	500	440	485	447	200	100	1000	18	1300
RM68	500	440	485	447	200	125	1000	18	1350
RM100	500	440	485	447	200	150	1000	18	1400
RL133	570	515	605	447	300	150	1420	18	1600

续表

型　号	A	B	D	E	F	G	H	M	L
RL133d	752	676	605	602	420	150	2000	22	1968
RL266	570	515	605	602	300	200	1420	22	1765
RL266d	752	676	605	602	420	200	2000	22	2100
RL399	570	515	605	602	300	250	1420	22	1945
RL399d	752	676	605	602	420	250	2000	22	2560
RL531d	752	676	605	602	420	300	2000	22	2620
RL665d	752	676	605	602	420	350	2000	22	2780

以上尺寸以配鹅颈弯头尺寸图供设计参考，厂家保留修改不另行通知的权利。

表 3-2-24　主要技术参数

型　号	最大流量 /(m³/h)	设计压力 /bar	颗粒尺寸 /mm	参考功率 /kW	最大转速 /(r/min)	建议转速 /(r/min)
RM34	46	10	40	3～5.5	600	100～450
RM50	68	10	40	4～7.5	600	100～450
RM68	92	8	40	5.5～9.2	600	150～450
RM100	136	5	40	5.5～11	600	150～450
RL133	150	10	60	9.2～18.5	500	150～450
RL133d	150	12	60	11～22	500	150～450
RL266	300	5	60	15～30	500	150～450
RL266d	300	10	60	22～37	500	150～450
RL399	450	3	60	30～45	500	150～400
RL399d	450	8	60	37～55	500	150～400
RL531d	600	6	60	45～75	500	150～400
RL665d	750	4.5	60	55～110	500	150～400

生产厂家：美国罗博思达泵业有限公司。

2.6　耐腐蚀泵

塑料管道离心泵。

（1）结构与特点

FSG 系列耐腐蚀管道离心泵，采用增强聚丙烯（RPPR）、ABS，一次注塑成型，机械强度高，耐腐蚀性能强，介质不与金属接触，机封密封使用寿命长，效率高、价格便宜，是替代不锈钢和其他非金属泵的理想产品。

（2）型号说明

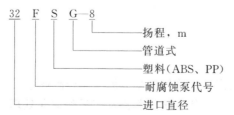

（3）管道泵规格及技术参数　见表 3-2-25。

（4）工程塑料管道泵性能图谱　见图 3-2-39。

（5）管道泵结构示意　见图 3-2-40。

（6）管道泵外形安装尺寸　见表 3-2-26。

表 3-2-25 管道泵规格及技术参数

型号规格	流量/(m³/h)	扬程/m	转速/(r/min)	效率/%	吸程/m	进出口/mm	配套电机/kW
25FSG—11	4	11	2900	46	5	25×25	0.55
32FSG—8	6.3	8	2900	47.7	6	32×25 32×32	0.75
40FSG—18	12	18	2900	54.43	6	40×40	1.5
50FSG—22	18	22	2900	51.74	6	50×50	2.2
40FSG—25	18	25	2900	55.63	6	40×40	3
50FSG—28	22	28	2900	53.63	6	50×50	4

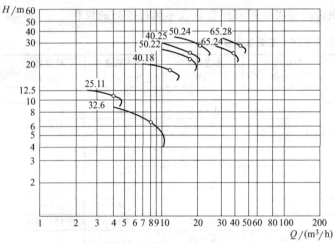

图 3-2-39 工程塑料管道泵性能图谱

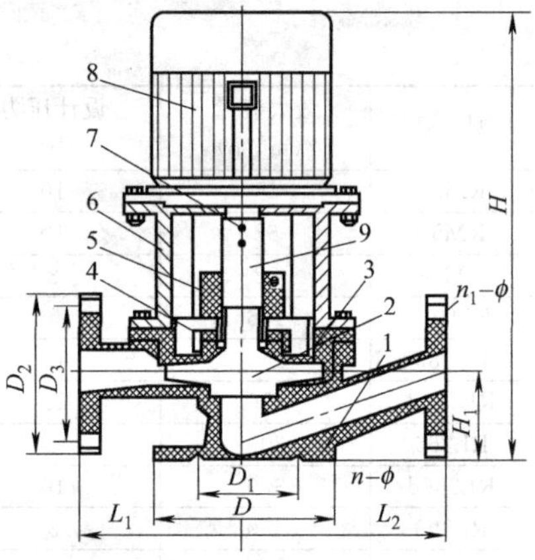

图 3-2-40 塑料管道离心泵机构示意
1—泵体；2—叶轮；3—泵盖；4—静
环压盖；5—机械密封；6—托架；
7—柱头螺钉；8—电机；9—叶轮轴

表 3-2-26 管道泵外形安装尺寸　　　　　　　　　单位：mm

型号规格	DN	H	H_1	L_1	L_2	D	D_1	n-ϕ	D_2	D_3
25FSG—11	25	430	70	110	130	115	85	4-14	115	85
32FSG—8	32	430	70	110	130	115	85	4-14	115	85
40FSG—18	40	460	80	140	160	145	110	4-14	145	110
50FSG—22	50	580	100	160	180	160	125	4-14	160	125
40FSG—25	40	660	80	140	160	145	110	4-16	145	110
50FSG—28	50	680	100	160	180	160	125	4-18	160	125

生产厂家：上海申贝泵业制造有限公司。

2.7 气液增压泵

2.7.1 L 系列气液增压泵

L 系列气液增压泵采用嵌入式单气控非平衡气体分配阀来实现泵的自动往复运动，泵体气驱部分全部采用铝合金制造，铝合金零部件加工后经氧化处理呈蓝色，保证了产品的外形美观及永不生锈。

接液部分材质根据介质不同选择碳钢或不锈钢，泵的全套密封件均为进口优质产品，从而保证了泵的性能。本系列驱动活塞直径为 100mm，最大驱动气压为 10bar（1bar＝10^5Pa，下同），为保证泵的寿命，建议使用气压≤8bar。

气液增压泵参数见表 3-2-27。

表 3-2-27　L 系列气液增压泵参数

型号	增压比	出口压力①/bar	入口A/寸	出口B/寸	输出压力/bar															
					0	100	200	300	400	500	600	700	800	900	1000	1100	1200	1300	1400	1500
					流量/(L/min)															
L6	6:1	48	1	1/2	16.57	0														
L16	16:1	128	1/2	1/2	6.47	0														
L25	25:1	200	1/2	3/8	4.14	3.61	0													
L50	50:1	400	3/8	3/8	2.03	1.92	1.75	0												
L68	68:1	544	3/8	3/8	1.49	1.32	1.18	0.91	0											
L100	100:1	800	3/8	3/8	1.03	1.00	0.87	0.72	0.58	0.31	0									
L150	150:1	1200	3/8	3/8	0.66	0.65	0.58	0.49	0.41	0.32	0.28	0.12	0.06	0						
L270	270:1	2160	3/8	3/8	0.37	0.35	0.33	0.30	0.27	0.24	0.21	0.20	0.18	0.15	0.14	0.13	0.09	0.07	0.03	0.01

① 出口压力为驱动气压为 8bar 时的压力。

注：1. 以上性能基于驱动气压 6bar。

2. 驱动气体压力为 7bar 时流量大约较 6bar 增大 15%；驱动气体压力为 5bar 时流量大约较 6bar 增大 15%。

生产厂家：济南赛思特流体系统设备有限公司。

2.7.2 M 系列微型气液增压泵（Mini 型）

M 系列气液增压泵采用内置式气控两位四通阀实现自动往复运动。气驱部分全部采用铝合金并氧化处理，泵头根据介质不同可选用碳钢或不锈钢。

（1）特点　该系列产品的驱动活塞直径为 80mm，使用气压≤8bar，具有以下特点：a. 质量轻，携带方便；b. 流量大，压力范围广；c. 易于控制，手动控制到自动控制均可实现；d. 适用于大部分液体；e. 无需用电，可用于凶险场合；f. 易于维护。

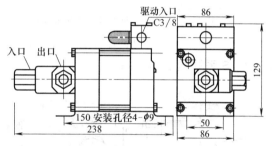

图 3-2-41　M 系列气液增压泵

（2）规格及性能参数　见图 3-2-41、表3-2-28。

表 3-2-28　M 系列气液增压泵参数

型号	增压比	出口压力①/bar	入口A/寸	出口B/寸	输出压力/bar															
					0	50	100	150	200	250	300	350	400	450	500	600	700	800	900	1050
					流量/(L/min)															
M4	4:1	32	1	1/2	15.07	0														
M10	10:1	80	1/2	1/2	5.88	1.52	0													
M16	16:1	128	1/2	1/2	3.76	1.67	0													
M30	30:1	240	1/2	3/8	1.85	1.72	1.42	0.51	0											
M44	44:1	352	3/8	3/8	1.35	1.12	0.84	0.69	0.36	0.22	0									
M64	64:1	512	3/8	3/8	0.94	0.84	0.56	0.37	0.23	0.15	0.11	0.06	0							
M100	100:1	800	3/8	3/8	0.60	0.52	0.49	0.45	0.37	0.32	0.31	0.26	0.21	0.12	0.09	0				
M170	170:1	1360	3/8	3/8	0.33	0.32	0.31	0.29	0.27	0.25	0.22	0.19	0.16	0.15	0.13	0.12	0.08	0.03	0.01	0

① 出口压力为驱动气压为 8bar 时的压力。

注：1. 以上性能基于驱动气压 6bar。

2. 驱动气体压力为 7bar 时流量大约较 6bar 增大 15%；驱动气体压力为 5bar 时流量大约较 6bar 增大 15%。

生产厂家：济南赛思特流体系统设备有限公司。

2.7.3 MD 系列气液增压泵

MD 系列泵为单驱动头双作用泵，其特性同 M 系列泵相同，但与同规格 M 系列泵相比，脉冲小且流量比 M 系列单作用泵提高 50%。规格及性能参数见图 3-2-42、表 3-2-29。

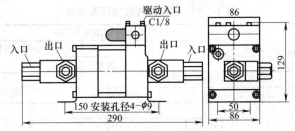

图 3-2-42　MD 系列气液增压泵

表 3-2-29　驱动气体压力 6bar MD 系列气液增压泵参数

型号	增压比	出口压力①/bar	入口A/寸	出口B/寸	输出压力/bar															
					0	50	100	150	200	250	300	350	400	450	500	600	700	800	900	1050
					2.37 流量/(L/min)															
MD30	30:1	240	1/2	3/8	3.23	2.86	2.21	1.23	0											
MD44	44:1	352	3/8	3/8	2.37	2.32	1.89	1.32	1.06	0.56	0									
MD64	64:1	512	3/8	3/8	1.65	1.63	1.54	1.14	0.95	0.73	0.51	0.28	0							
MD100	100:1	800	3/8	3/8	1.01	0.98	0.86	0.78	0.67	0.61	0.50	0.32	0.28	0.20	0.15	0				
MD170	170:1	1360	3/8	3/8	0.59	0.56	0.51	0.46	0.41	0.38	0.31	0.26	0.23	0.21	0.19	0.15	0.14	0.12	0.08	0

① 出口压力是指驱动气压为 8bar 时的压力。

注：1. 以上性能基于驱动气压 6bar。

2. 驱动气体压力为 7bar 时流量大约较 6bar 增大 15%；驱动气体压力为 5bar 时流量大约较 6bar 增大 15%。

　　生产厂家：济南赛思特流体系统设备有限公司。

2.7.4　S 系列气液增压泵

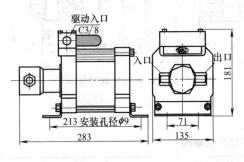

图 3-2-43　S 系列气液增压泵

　　S 系列气液增压泵采用单气控非平衡气体分配阀来实现泵的自动往复运动，泵体气驱部分全部采用铝合金制造，铝合金零部件加工后已氧化成蓝色，保证了产品的外形美观及不生锈。

　　接液部分材质根据介质不同选碳钢或不锈钢，泵的全套密封件均为进口优质产品，从而保证了泵的性能，本系列驱动活塞直径为 125mm。

　　最大驱动气压为 10bar，为了保证泵的寿命，建议使用气压≤8bar。规格及性能参数见图 3-2-43、表 3-2-30。

表 3-2-30　驱动气体压力 6bar S 系列气液增压泵参数

型号	增压比	出口压力①/bar	入口A/寸	出口B/寸	输出压力/bar															
					0	100	200	300	400	500	600	700	800	900	1000	1100	1200	1300	1400	1500
					流量/(L/min)															
S9	9:1	72	3/4	1/2	16.95	0														
S17	17:1	136	1/2	3/8	9.53	0														
S25	25:1	200	1/2	3/8	6.62	5.23	0													
S39	39:1	312	1/2	3/8	6.10	4.95	0.36	0												
S60	60:1	480	1/2	3/8	2.71	2.42	1.65	0.52	0											
S80	80:1	640	1/2	3/8	2.07	1.87	1.25	1.02	0.93	0										
S108	108:1	864	1/2	3/8	1.52	1.45	1.32	1.28	0.93	0.75	0.02									
S150	150:1	1200	1/2	3/8	1.06	1.02	0.98	0.87	0.78	0.68	0.59	0.46	0.37	0						
S240	240:1	1920	1/4	1/4	0.67	0.61	0.59	0.56	0.49	0.46	0.39	0.34	0.31	0.28	0.24	0.18	0.15	0.11	0.008	0

① 出口压力是指驱动气压为 8bar 时的压力。

注：1. 以上性能基于驱动气压 6bar。

2. 驱动气体压力为 7bar 时流量大约较 6bar 增大 15%；驱动气体压力为 5bar 时流量大约较 6bar 增大 15%

生产厂家：济南赛思特流体系统设备有限公司。

2.7.5　SD 系列气液增压泵

SD 系列泵为单驱动头双作用泵，其特性同 S 系列泵相同，但与同规格 S 系列泵相比，脉冲小且流量比 S 系列单作用泵提高 50%。规格及性能参数见图 3-2-44、表 3-2-31。

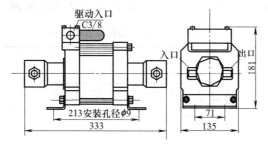

图 3-2-44　SD 系列气液增压泵

表 3-2-31　驱动气体压力 6bar SD 系列气液增压泵参数

型号	增压比①	出口压力/bar	入口A/寸	出口B/寸	输出压力/bar															
					0	100	200	300	400	500	600	700	800	900	1000	1100	1200	1300	1400	1500
					流量/(L/min)															
SD9	9:1	72	3/4	1/2	30.14	0														
SD17	17:1	136	1/2	3/8	16.95	0														
SD25	25:1	200	1/2	3/8	11.77	4.41	0													
SD 39	39:1	312	1/2	3/8	7.53	3.68	1.25	0												
SD60	60:1	480	1/2	3/8	4.82	3.85	2.43	1.13	0											
SD80	80:1	640	1/2	3/8	3.69	3.24	2.56	2.02	1.01	0										
SD108	108:1	864	1/2	3/8	2.71	2.67	2.04	1.65	1.11	0.64	0.05	0								
SD150	150:1	1200	1/2	3/8	1.88	1.53	1.43	1.24	1.01	0.98	0.71	0.65	0.46	0						
SD240	240:1	1920	1/4	1/4	1.20	1.19	1.12	1.06	1.00	0.95	0.86	0.81	0.76	0.63	0.58	0.31	0.21	0.05	0.03	0

① 出口压力为驱动气压为 8bar 时的压力。

注：1. 以上性能基于驱动气压 6bar。

2. 驱动气体压力为 7bar 时流量大约较 6bar 增大 15%；驱动气体压力为 5bar 时流量大约较 6bar 增大 15%。

生产厂家：济南赛思特流体系统设备有限公司。

2.8　计量泵

2.8.1　电动隔膜泵

（1）适用范围　DBY 型电动隔膜泵采用 BLY 系列摆线针轮减速机传动动力，替代传统的蜗轮蜗杆减速机。同时，由于近年来隔膜材质取得了突破性的进展，使该系列泵可更广泛地取代部分离心泵、螺杆泵、潜水泵、泥浆泵和杂质泵，应用于石油、化工、冶金、陶瓷等行业。

（2）特点　a. 结构紧凑、体积小、质量轻、装拆方便；b. 传动效率高；c. 运转平稳、噪声低；d. 使用寿命长；e. 可无泄漏地输送介质；f. 可承受空载运行；g. 不需灌引水，能自吸；h. 通过性能好，大颗粒杂质、泥浆等均可毫不费力地通过；i. 根据不同介质，隔膜分为氯丁橡胶、氟橡胶、丁腈橡胶、四氟乙烯，可满足不同用户的需要。过流部件也可根据用户要求分为铁、不锈钢、铝合金，电机分为普通型和防爆型。

（3）型号说明

$$\underset{\underset{\text{电动隔膜的型号识别标识}}{\underset{|}{\underset{|}{\underset{|}{\text{进出口直径为10mm}}}}}}{\text{DBY}-10}$$

（4）性能参数 见表3-2-32。

流量0～30m³/h；扬程0～30m；自吸高度7m；特点为无泄漏、能自吸、可空载。

表 3-2-32 DBY 型电动隔膜泵性能参数

| 型号 | 流量 /(m³/h) | 扬程 /m | 吸程 /m | 配备功率 /kW | 泵体材料 | | | | 配备减速机型号 |
					铸铁	铝合金	不锈钢	衬胶	
DBY—10	0.5	30	3	0.55	☆	☆	☆	/	BLY12—35
DBY—15	0.75	30	3	0.55	☆	☆	☆	/	BLY12—23
DBY—25	3.5	30	4	1.5	☆	☆	☆	☆	BLY18—35
DBY—40	4.5	30	4	2.2	☆	☆	☆	☆	BLY18—35
DBY—50	6.5	30	4.5	4	☆	☆	☆	☆	BLY18—35
DBY—65	8	30	4.5	4	☆	☆	☆	☆	BLY18—29
DBY—80	16	30	5	5.5	☆	☆	☆	/	BLY22—35
DBY—100	20	30	5	5.5	☆	☆	☆	/	BLY22—29

注：☆—有；/—无。

（5）DBY 型电动隔膜泵外形尺寸 见图 3-2-45、表 3-2-33。

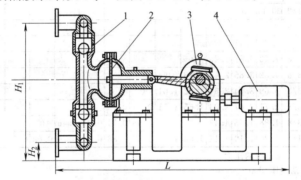

图 3-2-45 DBY 型电动隔膜泵外形尺寸

1—单向球阀；2—隔膜；3—减速箱；4—电机

表 3-2-33 DBY 型电动隔膜泵尺寸规格 单位：mm

型 号	A	A₁	A₂	A₃	B	K	DN	D₁	φ₁	φd	H	H₁	H₂
DBY—10	550	100	90	290	190	250	10	50	12.5	14	50	155	290
DBY—15	550	100	90	290	190	250	15	55	12.5	14	50	155	290
DBY—25	862	75	192	305	150	550	25	75	14	17.5	55	285	590
DBY—40	862	75	192	305	150	550	40	100	14	17.5	55	285	590
DBY—50	700	145	50	230	340	550	50	110	14	17.5	65	390	787
DBY—65	700	145	50	230	340	550	65	130	14	17.5	65	390	787
DBY—80	1270	160	412	565	460	884	80	150	17.5	22	100	468	1080
DBY—100	1270	160	412	565	460	884	100	170	17.5	22	100	468	1080

生产厂家：上海申贝泵业制造有限公司。

2.8.2 SJM 型机械隔膜计量泵

（1）适用范围 计量泵是可按各种工艺流程的需要，流量可在0～100%范围内无级调节定量输送不含固体颗粒的腐蚀性和非腐蚀性液体的一种往复式特殊容积泵，分柱塞计量泵、液压隔膜计量泵和机械隔膜计量泵。产品执行 GB/T 7782—2008 计量泵标准。

SJM 系列机械隔膜计量泵产品广泛应用于石油、化工、水处理、环保、食品、轻工、造纸、制药、印染、冶金、矿山等行业。

（2）型号说明

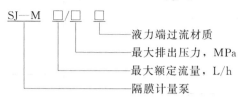

SJ—M □/□ □
液力端过流材质
最大排出压力，MPa
最大额定流量，L/h
隔膜计量泵

（3）设备特点　a. 经济型泵，最优性价比；b. 结构简单，方便维修；c. 偏心凸轮机构驱动，机构紧凑，设备安装空间小；d. 油浸润滑，只需定期更换润滑油，润滑系统无需专门维护，双凸轮球轴承推动，工作平稳；e. 泵运行或停止状态均可调节流量；f. 新型聚四氟乙烯与橡胶复合材料隔膜片，耐腐蚀，寿命长，适合输送各种腐蚀性、危险性液体；g. 多种可选用的过流材料，还可按使用要求定制其他特殊材料，以适用输送各种腐蚀性和非腐蚀性液体；h. 完全不泄漏，安全性高，可输送各种易燃、易爆、剧毒、放射性、强刺激性、强腐蚀性液体；i. 高精度单相止回阀结构，具有计量精确、结构紧凑、密封性好、寿命长、互换性强、成本低、安装方便等诸多优点。

（4）设备规格及性能　见表 3-2-34、图 3-2-46。

表 3-2-34　SJM 型机械隔膜计量泵规格

型　号	流量 /(L/h)	压力 /MPa	电机		连接方式	
			型号	功率/kW	PVC	不锈钢
SJM1—4/0.8	4	0.8	YSJ6324	0.18	φ16(外径)×2 软管	法兰 DN10—PN10RF（系列 1）GB/T 9119—2010
SJM1—6/0.8	6	0.8				
SJM1—8/0.8	8	0.8				
SJM1—10/0.8	10	0.8				
SJM1—13/0.8	13	0.8				
SJM1—16/0.8	16	0.8				
SJM1—21/0.8	21	0.8				
SJM1—27/0.8	27	0.8				
SJM1—39/0.8	39	0.8				
SJM1—47/0.8	47	0.8				
SJM1—64/0.8	64	0.8				
SJM1—81/0.8	81	0.8				
SJM1—90/0.5	90	0.5			Rc3/4 GB/T 7306.2—2000	法兰 DN15—PN10RF（系列 1）GB/T 9119—2010
SJM1—122/0.5	122	0.5				
SJM1—154/0.5	154	0.5				
SJM1—187/0.5	187	0.5				
SJM2—95/0.8	95	0.8				
SJM2—128/0.8	128	0.8				
SJM2—162/0.8	162	0.8				
SJM2—196/0.8	196	0.8	YSJ7124	0.37		
SJM2—249/0.5	249	0.5			Rc1 GB/T 7306.2—2000	法兰 DN20—PN10RF（系列 1）GB/T 9119—2010
SJM2—302/0.5	302	0.5				
SJM2—366/0.5	366	0.5				
SJM2—499/0.5	499	0.5				

续表

型　号	流量 /(L/h)	压力 /MPa	电机		连接方式	
			型号	功率/kW	PVC	不锈钢
SJM3—237/0.8	237	0.8				
SJM3—300/0.8	300	0.8				
SJM3—365/0.8	365	0.8				
SJM3—492/0.8	492	0.8				
SJM3—556/0.5	556	0.5				
SJM3—675/0.5	675	0.5	YSJ8024	0.75		
SJM3—910/0.5	910	0.5				
SJM3—1150/0.5	1150	0.5				
SJM3—1350/0.4	1350	0.4			Rc1 1/4 GB/T 7306.2—2000	法兰 DN32—PN10RF （系列1） GB/T 9119—2010
SJM3—1500/0.3	1500	0.3				
SJM3—1730/0.3	1730	0.3				
SJM3—1800/0.3	1800	0.3				
SJM4—547/0.7	547	0.7				
SJM4—697/0.7	697	0.7		1.5		
SJM4—941/0.7	941	0.7				
SJM4—1190/0.7	1190	0.7				
SJM4—1358/0.5	1358	0.5			R12 GB/T 7306.2—2000	法兰 DN50—PN10RF （系列1） GB/T 9119—2010
SJM4—1831/0.5	1831	0.5				
SJM4—2314/0.5	2314	0.5				
SJM4—2924/0.4	2924	0.4		2.2		
SJM4—3085/0.4	3085	0.4				
SJM4—3580/0.4	3580	0.4				
SJM4—3898/0.4	3898	0.4				

生产厂家：上海申贝泵业制造有限公司。

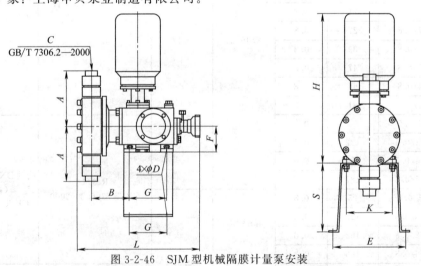

图 3-2-46　SJM 型机械隔膜计量泵安装

2.8.3　SJ—M 系列液压隔膜计量泵

（1）适用范围　石油、石化/化工工艺工程中高压力大流量工况或危险化学品注入及输送陆地及海上石油天然气撬装系统等工艺，应用于环保、医药、造纸、食品其他行业的关键过程。

（2）型号说明

（3）设备特点　可去除残留在液压油中的气体，使液压油保持刚性；计量精度高；完全密封无泄漏；隔膜位置控制系统为后位全支承。

（4）性能参数及安装图　见表 3-2-35、图 3-2-47。

表 3-2-35　性能参数

型　　号	流量/(L/h)	最高压力/MPa		
		电机 0.37kW	电机 0.55kW	电机 0.75kW
SJ2—M—5/16	5	16		
SJ2—M—6.3/40	6.3	16	40	
SJ2—M—8/32	8	12.5		32
SJ2—M—9/10	9	10		
SJ2—M—10/25	10	10	25	
SJ2—M—13/20	13	8		20
SJ2—M—15/6.3	15	6.3		
SJ2—M—18/16	18	6.3	16	
SJ2—M—22/12.5	22	5		12.5
SJ2—M—32/10	32	4	10	
SJ2—M—40/8	40	3.2		8
SJ2—M—50/6.3	50	2.5	6.3	
SJ2—M—63/5	63	2		5
SJ2—M—80/4	80	1.6	4	
SJ2—M—100/3.2	100	1.25		3.2
SJ2—M—125/2.5	125	1	2.5	
SJ2—M—160/2	160	0.8		2
SJ2—M—200/1.6	200	0.63	1.6	
SJ2—M—250/1.3	250			1.3
SJ2—M—320/1	320		1	
SJ2—M—400/0.8	400			0.8
SJ2—M—500/0.63	500		0.63	
SJ2—M—630/0.5	630			0.5

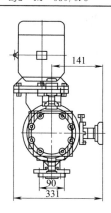
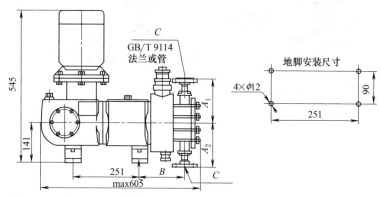

图 3-2-47　SJ—M 系列液压隔膜计量泵安装图

生产厂家：上海申贝泵业制造有限公司。

2.8.4　SJ系列柱塞计量泵

（1）适用范围　石油、石化/化工工艺工程中高压力大流量工况或危险化学品注入及输送陆地及海上石油天然气撬装系统等工艺，应用于环保、医药、造纸、食品其他行业的关键过程。

（2）型号说明

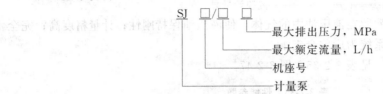

（3）设备特点　高性价比、自吸性能好、死角空间小、特殊设计的阀加热/冷却夹套；密封冲洗结构；特殊设计的密封。

（4）性能参数及安装图　见表3-2-36、图3-2-48。

表 3-2-36　性能参数

型　号	流量/(L/h)	最高排压/Pa	柱塞直径/mm	行程/mm	泵速/(次/min)	电机功率/kW
SJ1—0.085/35	0.085	35	2	20	28	0.37
SJ1—0.2/35	0.2	35	2	20	72	0.37
SJ1—0.19/32	0.19	32	3	20	28	0.37
SJ1—0.5/32	0.5	32	3	20	72	0.37
SJ1—0.56/30	0.56	30	5	20	28	0.37
SJ1—1.5/30	1.5	30	5	20	72	0.37
SJ1—1.5/28	1.5	28	8	20	28	0.37
SJ1—3.6/28	3.6	28	8	20	72	0.37
SJ1—2.3/25	2.3	25	10	20	28	0.37
SJ1—6/25	6	25	10	20	72	0.37

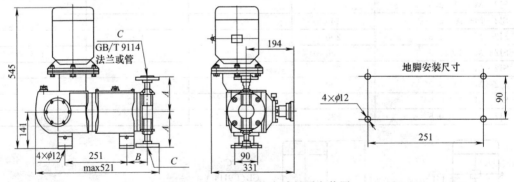

图 3-2-48　SJ系列柱塞计量泵安装图

生产厂家：上海申贝泵业制造有限公司。

第3章 阀 门

3.1 闸阀

闸阀是启闭件（闸板）由阀杆带动，沿阀座密封面做升降运动的阀门。闸阀适用于给水排水、供热和蒸气管道系统作调流、切断和截流之用。介质为水、蒸汽和油类。主要类型有明杆楔式闸阀、明杆式单闸板闸阀、橡胶闸阀、暗杆楔式闸阀、平行式双闸板闸阀、对夹式浆液阀等。

闸阀是启闭件（闸板）由阀杆带动，沿阀座密封面做升降运动的阀门。闸阀适用于给水排水、供热和蒸气管道系统做通断之用。介质为水、蒸汽和油类。

3.1.1 楔式闸阀

$Z941^T_W$ 型电动明杆楔式闸阀如下。

$Z941^T_W$ 型电动明杆楔式闸阀适用于液、气介质管路和设备，作为接通和断流之用。

该产品在管路中主要做截流用，安装不受流向限制。由于传动方式采用电动，启闭时可以传递较大的力矩，大大减轻了启闭强度。

本产品具有强度高、刚性好、耐磨损、寿命长、性能稳定等特点。

（1）主要性能参数　见表 3-3-1。

表 3-3-1　主要性能参数

公称压力 PN/MPa	1.0	1.6
适用温度/℃	≤200	≤200
适用介质	水、油、气及非腐蚀性介质	
主要材料	灰铸铁、黄铜、碳钢镀铬、不锈钢、聚四氟乙烯	

执行标准：GB/T 12232—2005。

试验标准：GB/T 13927—2008。

（2）主要外形及尺寸　见图 3-3-1、表 3-3-2。

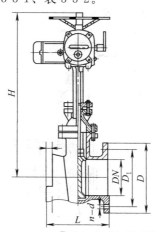

图 3-3-1　$Z941^T_W$ 型电动明杆楔式闸阀

表 3-3-2　Z941^T_W 型电动明杆楔式闸阀规格与外形尺寸　　　　单位：mm

公称尺寸 DN	L	D	D$_1$	n-d	H(约)
80	203	195	160	8-18	650～740
100	229	215	180	8-18	690～800
125	254	245	210	8-18	760～895
150	267	280	240	8-22	815～975
200	292	340	295	8-22/12-22	952～1165
250	330	395/405	350/355	12-22/12-26	1085～1350
300	356	445/460	400/410	12-22/12-26	1230～1454
350	381	505	460/470	16-22/16-26	1300～1665
400	406	565	515/525	16-26/16-30	1385～1800
450	432	615	565/585	20-26/20-30	1495～1960
500	457	670	620/650	20-26/20-33	1545～2060
600	508	780	725/770	20-30/20-36	1730～2345
700	610	895	840	24-30/24-36	2595～2885

生产厂家：铁岭阀门股份有限公司、北京阿尔肯机械集团、天津塘沽阀门有限责任公司、郑州北方阀门有限公司。

3.1.2　Z945^T_W 型电动暗杆楔式闸阀

Z945^T_W 型电动暗杆楔式闸阀适用于液、气介质管路和设备，作为接通和断流之用。

该产品在管路中主要做截流用，安装不受流向限制。由于传动方式采用电动，启闭时可以传递较大的力矩，大大减轻了启闭强度。

本产品具有强度高、刚性好、耐磨损、寿命长、性能稳定等特点。

(1) 主要性能参数　见表 3-3-3。

表 3-3-3　Z945^T_W 型电动暗杆楔式闸阀主要性能参数

公称压力 PN/MPa	1.0	1.6
适用温度/℃	≤200	≤200
适用介质	水、油、气及非腐蚀性介质	
主要材料	灰铸铁、黄铜、碳钢镀铬、不锈钢、聚四氟乙烯	

执行标准：GB/T 12232—2005。

试验标准：GB/T 13927—2008。

(2) 主要外形及尺寸　见图 3-3-2、表 3-3-4。

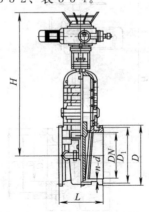

图 3-3-2　Z945^T_W 型电动暗杆楔式闸阀

表 3-3-4　Z945^T_W型电动暗杆楔式闸阀规格与外形尺寸　　　　单位：mm

公称尺寸 DN	L	D	D_1	n-d	H（约）
80	203	195	160	8-18	700
100	229	215	180	8-18	734
125	254	245	210	8-18	845
150	267	280	240	8-22	876
200	292	340	295	8-22/12-22	972
250	330	395/405	350/355	12-22/12-26	1072
300	356	445/460	400/410	12-22/12-26	1141
350	381	505	460/470	16-22/16-26	1327
400	406	565	515/525	16-26/16-30	1408
450	432	615	565/585	20-26/20-30	1518
500	457	670	620/650	20-26/20-33	1608
600	508	780	725/770	20-30/20-36	1755
700	610	895	840	24-30/24-36	1980
800	660	1015	950	24-33/24-39	2330
900	711	1115	1050	28-33/28-39	2425
1000	811	1230	1160/1170	28-36/28-42	2650
1200	960	1455	1380/1390	32-39/32-48	2985

生产厂家：北京阿尔肯机械集团、天津塘沽阀门有限责任公司、铁岭阀门股份有限公司、郑州北方阀门有限公司、株洲南方阀门股份有限公司。

3.1.3　软密封闸阀

3.1.3.1　SZ45X—10\16 型软密封电动闸阀

适用于供水、排水、食品、医药、造纸、化工等工业管道上作为调节流量和截流设备。

1）轴密封性能好。阀门上密封为三道 O 形橡胶密封圈密封，摩擦阻力小，无渗漏。

2）特殊阀板密封面。阀板用三元乙丙橡胶整体包覆（无毒、卫生），阀板下密封为双密封面，密封性好，渗漏率为零。

3）操作扭矩小。阀板采用楔式软密封副。

4）流阻小。平板式阀座，阀体底部平滑无闸槽，不积存杂物。

5）一体式阀板。阀杆螺母嵌入阀板上，成为一体式，强度大。

6）耐腐蚀性好。阀体、阀盖、上盖连接螺栓嵌入阀体内，防腐蚀性能好、外形美观，内外壳采用无毒环氧树脂粉末喷涂。

7）维修方便。可在不停水的状态下更换密封圈。

8）零件制作精度高。部件可互换。

9）操作方便。由电动传动代替人工操作，更加方便快捷。

SZ45X—10\16 型软密封电动闸阀外形结构及主要技术参数、主要连接尺寸见图 3-3-3、表 3-3-5、表 3-3-6。

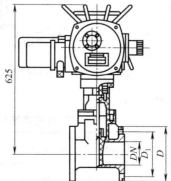

图 3-3-3　SZ45X—10\16 型软密封电动闸阀结构示意

表 3-3-5   SZ45X—10\16 型软密封电动闸阀主要技术参数

公称压力	1.0MPa,1.6MPa	强度试验压力	1.5MPa,2.4MPa
适用介质	水、污水、油品、海水等	密封试验压力	1.1MPa,1.7MPa
适应介质温度	≤100℃		

表 3-3-6   SZ45X—10\16 型软密封电动闸阀主要连接尺寸　　　　　单位：mm

规格 DN	L		D		H	D		Z-φ		质量/kg	
	Ⅰ型	Ⅱ型	Ⅰ型	Ⅱ型		Ⅰ型	Ⅱ型	Ⅰ型	Ⅱ型	Ⅰ型	Ⅱ型
50	216	179	186	165	560	145	125	4-φ18	4-φ19	16	13.4
75(80)	240	203	211	200	620	168	160	4-φ18	8-φ19	23.4	20.8
100	250	229	238	220	650	195	180	4-φ18	8-φ19	30.4	28.5
150	280	267	290	285	760	247	240	6-φ18	8-φ23	51.8	50
200	300	292	342	340	920	299	295	8-φ18	8-φ23 (12-φ23)	84	81
250	380	330	410	395 (405)	970	360	350 (355)	8-φ21	12-φ23 (20-φ28)	170	166
300	400	356	464	445 (460)	1060	414	400 (410)	10-φ21	12-φ23 (12-φ28)	182	180
400	470	406	582	565 (580)	1250	524	515 (525)	12-φ24	16-φ28 (16-φ31)	390	376
500	530	457	706	670 (715)	1470	639	620 (650)	12-φ28	20-φ28 (20-φ34)	648	642
600	560	508	810	780 (840)	1680	743	725 (770)	16-φ28	20-φ31 (20-φ37)	796	781

注：Ⅰ型为原冶金工业部标准（YB428）尺寸，Ⅱ型为国标（GB 17241.6—2008）尺寸，括号内尺寸为1.6MPa。

生产厂家：山东诸城市建华阀门制造有限公司。

3.1.3.2 伞齿轮传动法兰连接软密封闸阀 YQZ545X—10\16/YQZ545X—25

伞齿轮传动法兰连接软密封闸阀外形及结构见图 3-3-4。

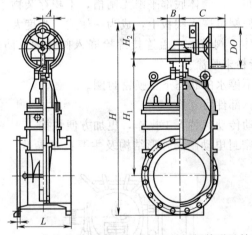

图 3-3-4 伞齿轮传动法兰连接软密封闸阀外形及结构

主要外形连接尺寸及质量见表 3-3-7～表 3-3-9。

表 3-3-7   YQZ545X—PN1.0MPa 外形连接尺寸及质量

公称尺寸	L/mm		H₁/mm	H₂/mm	H/mm	A/mm	B/mm	C/mm	DO/mm	传动	质量/kg	
DN/mm	F4	BS								速比	F4	BS
400	310	406	856	262	1408	89	89	341	305	2.5：1	326	341
450	330	432	946	262	1528	89	89	341	305	2.5：1	431	451

续表

公称尺寸 DN/mm	L/mm F4	L/mm BS	H_1/mm	H_2/mm	H/mm	A/mm	B/mm	C/mm	DO/mm	传动速比	质量/kg F4	质量/kg BS
500	350	457	1050	272	1680	105	105	357	305	3∶1	562	586
600	390	508	1228	272	1920	105	105	357	305	3∶1	698	734
700		610	1448	354	2257	172	193	507	458	6∶1		1100
800		660	1597	354	2464	172	193	507	458	6∶1		1520

表 3-3-8　YQZ545X—PN1.6MPa 外形连接尺寸及质量

公称尺寸 DN/mm	L/mm F4	L/mm BS	H_1/mm	H_2/mm	H/mm	A/mm	B/mm	C/mm	DO/mm	传动速比	质量/kg F4	质量/kg BS
400	310	406	856	262	1408	89	89	341	305	2.5∶1	335	350
450	330	432	946	262	1528	89	89	341	305	2.5∶1	447	467
500	350	457	1050	272	1680	105	105	357	305	3∶1	591	615
600	390	508	1228	272	1920	105	105	357	305	3∶1	749	785
700		610	1448	354	2257	172	193	507	458	6∶1		1160
800		660	1597	354	2464	172	193	507	458	6∶1		1600

表 3-3-9　YQZ545X—25 外形连接尺寸及质量

公称尺寸 DN/mm	L/mm F4	L/mm BS	H_1/mm	H_2/mm	H/mm	A/mm	B/mm	C/mm	DO/mm	传动速比	质量/kg F4	质量/kg BS
400	406	600	856	262	1408	89	89	341	305	2.5∶1	401	430
450	432	650	946	262	1528	89	89	341	305	2.5∶1	531	568
500	457	700	1050	272	1680	105	105	357	305	3∶1	686	735
600	508	800	1228	272	1920	105	105	357	305	3∶1	898	975
700	610	900	1448	354	2257	172	193	507	458	6∶1	1330	1432
800	610	1000	1597	354	2464	172	193	507	458	6∶1	1888	2038

生产厂家：佛山市南海永兴阀门制造有限公司。

3.1.3.3　电动法兰连接软密封闸阀

电动法兰连接软密封闸阀规格与外形尺寸见图 3-3-5、表 3-3-10～表 3-3-12。

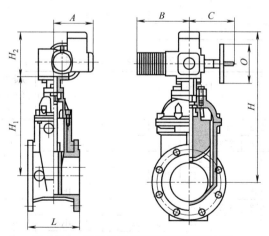

图 3-3-5　电动法兰连接软密封闸阀结构

表 3-3-10　YQZ945X—10 电动传动软密封闸

公称尺寸 DN/mm	L/mm F4	L/mm BS	H_1/mm	H_2/mm	A/mm	B/mm	C/mm	O/mm	AUTORK (型号规格)	额定矩矩/(N·m)	电机功率/kW	质量/kg F4	质量/kg BS
80	180	203	270	253	268	358	254	457	IK12	90	0.21	43	45
100	190	229	295	253	268	358	254	457	IK12	90	0.21	52.5	55

续表

公称尺寸	L/mm		H_1	H_2	A	B	C	O	AUTORK	额定扭矩	电机功率	质量/kg	
DN/mm	F4	BS	/mm	/mm	/mm	/mm	/mm	/mm	(型号规格)	/(N·m)	/kW	F4	BS
125	200	254	348	253	268	358	254	457	IK18	110	0.21	64.5	67
150	210	267	396	253	268	358	254	457	IK18	110	0.21	73.5	75.5
200	230	292	485	303	345	388	329	650	IK20	205	0.42	138	141
250	250	330	566	303	345	388	329	650	IK20	205	0.42	181	189
300	270	356	673	303	345	388	329	650	IK25	400	0.74	223	233
350	290	381	754	303	345	388	329	650	IK25	400	0.74	293	307
400	310	406	856	341	368	402	336	786	IK35	610	1.14	362	377
450	330	432	946	341	368	402	336	786	IK35	610	1.14	467	487
500	350	457	1050	341	368	402	336	786	IK35	610	1.14	612	636
600	390	508	1228	484	447	503	354	831	IK40	1000	1.98	748	784
700		610	1448	577	521	503	354	432	IK70	1500	2.91		1142
800		660	1597	577	521	503	354	432	IK90	2000	3.96		1681

表 3-3-11　YQZ945X—16 电动传动软密封闸

公称尺寸	L/mm		H_1	H_2	A/mm	B/mm	C/mm	O/mm	AUTORK	额定扭矩	电机功率	质量/kg	
DN/mm	F4	BS	/mm	/mm					(型号规格)	/(N·m)	/kW	F4	BS
80	180	203	270	253	268	358	254	457	IK12	90	0.21	43	45
100	190	229	295	253	268	358	254	457	IK12	90	0.21	52.5	55
125	200	254	348	253	268	358	254	457	IK18	110	0.21	64.5	67
150	210	267	396	253	268	358	254	457	IK18	110	0.21	73.5	75.5
200	230	292	485	303	345	388	329	650	IK20	205	0.42	138	141
250	250	330	566	303	345	388	329	650	IK20	205	0.42	181	189
300	270	356	673	303	345	388	329	650	IK25	400	0.74	223	233
350	290	381	754	303	345	388	329	650	IK25	400	0.74	293	307
400	310	406	856	341	368	402	336	786	IK35	610	1.14	371	386
450	330	432	946	341	368	402	336	786	IK35	610	1.14	483	503
500	350	457	1050	341	368	402	336	786	IK35	610	1.14	641	665
600	390	508	1228	484	447	503	354	831	IK40	1000	1.98	799	835
700		610	1448	577	521	503	354	432	IK70	1500	2.91		1202
800		660	1597	577	521	503	354	432	IK90	2000	3.96		1761

表 3-3-12　YQZ945X—25 电动传动软密封闸

公称尺寸	L/mm		H_1	H_2	A/mm	B/mm	C/mm	O/mm	AUTORK	额定扭矩	电机功率	质量/kg	
DN/mm	短	长	/mm	/mm					(型号规格)	/(N·m)	/kW	F4	BS
80	203	280	270	253	268	358	254	457	IK12	90	0.21	48	49.5
100	229	300	295	253	268	358	254	457	IK18	110	0.21	57	59
125	254	325	348	253	268	358	254	457	IK20	205	0.42	96.5	99.5
150	267	350	396	253	268	358	254	457	IK20	205	0.42	106	110
200	292	400	485	303	345	388	329	650	IK25	400	0.74	152	159
250	330	450	566	303	345	388	329	650	IK25	400	0.74	203	213
300	356	500	673	303	345	388	329	650	IK25	400	0.74	267	283
350	381	550	754	303	345	388	329	650	IK35	610	1.14	347	369
400	406	600	856	341	368	402	336	786	IK35	610	1.14	437	466
450	432	650	946	341	368	402	336	786	IK40	1000	1.98	596	633
500	457	700	1050	341	368	402	336	786	IK40	1000	1.98	736	785
600	508	800	1228	484	447	503	354	831	IK40	1000	1.98	948	1025
700	610	900	1448	577	521	503	354	432	IK70	1500	2.91	1390	1492
800	660	1000	1597	577	521	503	354	432	IK90	2000	3.96	1980	2130

生产厂家：佛山市南海永兴阀门制造有限公司。

3.1.3.4　Z73Y 型刀型闸阀

Z73Y 型刀型闸阀是喷涂 EKB 的法兰式直通软密封刀型闸阀，无滞留凹腔，阀杆为明杆左旋螺丝，随着外部阀杆螺母的旋转可直观阀门开启程度；U 形弹性密封结构，密封可靠；结构可靠；结构长度短，质量轻。功能有可调节或切断含粗大颗粒、黏糊胶体、漂浮污物等各类介质的流量。驱动方式有手轮、手动装置、电动、气动。

（1）适用范围　Z73Y 型刀型闸阀适用于废水、泥浆类的治污厂，电站，冶炼厂，制糖厂，黏糊颗粒的化工厂，造酒业，造纸厂。

（2）主要外形及尺寸　见图 3-3-6、表 3-3-13。

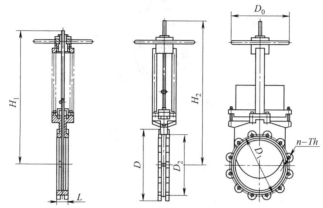

图 3-3-6　Z73Y 型刀型闸阀

表 3-3-13　Z73Y 型刀型闸阀规格与外形尺寸

公称尺寸 DN/mm	尺寸/mm									质量/kg
	L	D	D_1	D_2	D_0	$n\text{-}Th$	d	H_1	H_2	
50	48	165	125	99	180	4-M16	18	290	350	10
65	48	185	145	118	200	4-M16	18	310	375	11
80	51	200	160	132	220	8-M16	18	350	430	13.5
100	51	220	180	156	240	8-M16	18	405	505	15.5
125	57	250	210	184	260	8-M16	18	450	575	23.5
150	57	285	240	212	280	8-M20	23	510	660	29
200	70	340	295	266	300	8-M20/12-M20	23	610	810	43/43.5
250	70	395/405	350/355	319	340	12-M20/12-M24	23/27	765	1015	67.5/68
300	76	445/460	400/410	370	380	12-M20/12-M24	23/27	820	1120	100.5/101
350	76	505/520	460/470	430	400	16-M20/16-M24	23/27	970	1320	126/127
400	89	565/580	515/525	480	450	16-M24/16-M27	27/30	1024	1424	176.2/177
450	89	615/640	565/585	530/548	530	20-M24/20-M27	27/30	1235	1685	289/290
500	114	670/715	620/650	582/609	600	20-M24/20-M30	27/33	1286	1786	380/382
600	114	780/840	725/770	682/720	600	20-M27/20-M33	30/36	1486	2086	498.6/500
700	117	895/910	840	794	580	24-M27/24-M33	30/36	1710	2410	745/748
800	117	1015/1025	950	901	680	24-M30/24-M36	33/39	1940	2740	1145/1147
900	127	1115/1125	1050	1001		28-M30/28-M36	33/39	2160	3060	1424/1427
1000	149	1230/1255	1160/1170	1112		28-M33/28-M39	36/42	2390	3390	1900/1910
1200	156	1455/1485	1380/1390	1328		32-M36/32-M45	39/48	2700	3900	
1400	171	1675/1685	1590	1530		36-M39/36-M45	42/48	3100	4505	
1600	198	1915/1930	1820	1750		40-M45/40-M52	48/55	3500	4107	
1800	219	2115/2130	2020	1950		44-M45/44-M52	48/55	4105	5908	
2000	250	2325/2345	2230	2150		48-M45/48-M56	48/60	4500	6520	

生产厂家：北京阿尔肯机械集团、铁岭阀门股份有限公司、郑州北方阀门有限公司、株洲南方阀门股份有限公司。

3.1.3.5　Z41X、RRHX 明杆弹性座封闸阀

（1）适用范围　适用于工矿、企业高层建筑管道供水、排水、中性液体系统。适用温度≤80℃。

（2）Z41X、RRHX 明杆弹性座封闸阀外形、结构　见图 3-3-7。

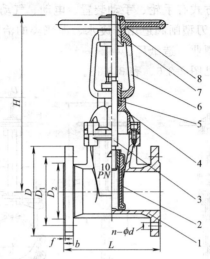

图 3-3-7　Z41X、RRHX 明杆弹性座封闸阀外形、结构
1—阀体；2—闸板；3—阀杆；4—阀盖；5—压盖子；
6—阀杆支架；7—阀杆铜螺母；8—手轮

（3）Z41X、RRHX 明杆弹性座封闸阀规格与外形尺寸　见表 3-3-14。

表 3-3-14　Z41X、RRHX 明杆弹性座封闸阀规格与外形尺寸

公称尺寸		L	b	f	D_2	D	D_1/mm		ϕd/mm		孔 DN/mm	
DN/mm	NPS/in	/mm	/mm	/mm	/mm	/mm	$PN1.0$	$PN1.6$	$PN1.0$	$PN1.6$	$PN1.0$	$PN1.6$
40	1 1/2	180	18	3	88	150	110		18		4	
50	2	180	20	3	102	165	125		18		4	
65	2 1/2	190	20	3	122	185	145		18		4	
80	3	240	20	3	138	200	160		18		8	
100	4	250	22	3	158	220	180		18		8	
125	5	254	22	3	188	250	210		18		8	
150	6	280	23	3	212	285	240		22		8	
200	8	300	23	3	268	340	295		22		8	12
250	10	380	24	3	320	405	350	355	22	26	12	12
300	12	400	26	3	378	460	400	410	22	26	12	12
350	14	430	27	4	438	520	460	470	22	26	16	16
400	16	406	28	4	490	580	515	525	26	30	16	16
450	18	432	30	4	550	640	565	585	26	30	20	20

生产厂家：北京阿尔肯机械集团、上海冠龙阀门机械有限公司、铁岭阀门股份有限公司、郑州北方阀门有限公司。

3.1.3.6　Z45X、RVHX 暗杆弹性座封闸阀

（1）适用范围　适用于工矿、企业、高层建筑管道供水、排污、中性液体系统。

（2）Z45X、RVHX 暗杆楔式闸阀外形、结构　见图 3-3-8。

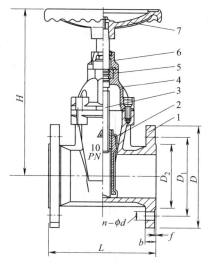

图 3-3-8　Z45X、RVHX 暗杆楔式闸阀外形、结构

1—阀体；2—闸板密封圈；3—阀杆；4—阀盖；

5—哈夫块；6—压盖子；7—手轮

（3）Z45X、RVHX 暗杆楔式闸阀规格与外形尺寸　见表 3-3-15。

表 3-3-15　Z45X、RVHX 暗杆楔式闸阀规格与外形尺寸

公称尺寸		L/mm	b/mm	f/mm	D_2/mm	D/mm	D_1/mm		$\phi d/mm$		孔		H/mm
DN/mm	NPS/in						PN1.0	PN1.6	PN1.0	PN1.6	PN1.0	PN1.6	
40	1½	180	18	3	88	150	110		18		4		268
50	2	180	20	3	102	165	125		18		4		268
65	2½	190	20	3	122	185	145		18		4		296
80	3	240	20	3	138	200	160		18		8		340
100	4	250	22	3	158	220	180		18		8		367
125	5	254	22	3	188	250	210		18		8		424
150	6	280	23	3	212	285	240		22		8		515
200	8	300	23	3	268	340	295		22		8	12	550
250	10	380	24	3	320	405	350	355	22	26	12	12	685
300	12	400	26	4	378	460	400	410	22	26	12	12	760
350	14	430	27	4	438	520	460	470	22	26	16	16	845
400	16	406	28	4	490	580	515	525	26	30	16	16	945
450	18	432	30	4	550	640	565	585	26	30	20	20	1020
500	20	457	32	4	610	715	620	650	22	33	20	20	1140
600	24	508	36	5	725	840	725	770	30	36	20	20	1320
700	28	610	40	5	800	910	840	840	30	36	24	24	
800	32	660	43	5	900	1025	950	950	33	39	24	24	
900	36	711	47	5	1000	1125	1050	1050	33	39	28	28	
1000	40	770	50	5	1115	1255	1160	1170	36	42	28	28	

生产厂家：北京阿尔肯机械集团、铁岭阀门股份有限公司、天津塘沽阀门有限责任公司、郑州北方阀门有限公司。

3.1.4　地埋式闸阀

3.1.4.1　地埋式软密封闸阀

主要外形连接尺寸及质量见图 3-3-9、表 3-3-16。

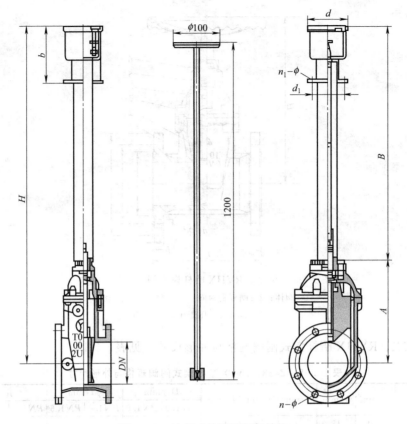

图 3-3-9　地埋式软密封闸阀结构

表 3-3-16　主要外形连接尺寸　　　　　　　　　　单位：mm

公称尺寸 DN	D		D_1		D_2		n-φ		H	H_1	h	d	d_1	n_1-φ	四方轴头(□)	质量/kg
	PN10	PN16	PN10	PN16	PN10	PN16	PN10	PN16								
40	150		110		88		4-19		165	根据工程地埋深度确定	180	147	125	4-10	14	24
50	165		125		102		4-19		185		180	147	125	4-10	14	26
65	185		145		122		4-19		210		180	147	125	4-10	17	29
80	200		160		133		8-19		251		180	147	125	4-10	17	32
100	220		180		158		8-19		276		180	147	125	4-10	19	41
125	250		210		184		8-19		330		200	147	125	4-10	19	50
150	285		240		212		8-23		368		200	147	125	4-10	19	60
200	340		295		268		8-23	12-23	455		280	180	150	4-12	24	103
250	400		350	355	320		12-23	12-28	536		280	180	150	4-12	24	150
300	455		400	410	370		12-23	12-28	633		280	180	150	4-12	27	192

生产厂家：上海冠龙阀门机械有限公司。

3.1.4.2　SZ45X 型弹性座密封地下闸阀

（1）适用范围　适用于食品、医药、给排水工程、建筑、消防等领域。SZ45X 型弹性座密封地下闸阀适用于液、气介质管路和设备，作为接通和断流之用。采用表面全部包覆优质橡胶，因此具有高弹性、长寿命、无渗漏等特点。阀体底部设计无凹槽，因此具有流阻小、防止污物堆积造成阀门漏水或损坏等特点。

（2）主要性能参数　见表 3-3-17。

表 3-3-17　主要性能参数

公称压力 PN/MPa	1.0	1.6
适用温度/℃	≤120	≤120
适用介质	水、油、气及非腐蚀性介质	
主要材料	灰铸铁、黄铜、碳钢镀铬、不锈钢、聚四氟乙烯、橡胶	

执行标准：GB/T 12232—2005。试验标准：GB/T 13927—2008。

（3）主要外形及尺寸　见图 3-3-10、表 3-3-18。

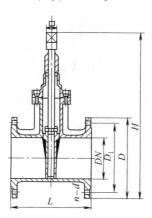

图 3-3-10　SZ45X 型弹性座密封地下闸阀

表 3-3-18　SZ45X 型弹性座密封地下闸阀主要外形及尺寸

公称直径 DN/mm	L/mm 长结构	L/mm 短结构	D/mm	D₁/mm	n-d/mm	H(约)/mm	H₁/mm	□/mm	∠
40	165	140	145	110	4-18	225	63	35	1：20
50	178	150	160	125	4-18	336	63	35	1：20
65	190	170	180	145	4-18	378	63	35	1：20
80	203	180	195	160	8-18	397	63	35	1：20
100	229	190	215	180	8-18	441	63	35	1：20
125	254	200	245	210	8-18	495	63	35	1：20
150	267	210	280	240	8-22	520	63	35	1：20
200	292	230	340	295	8-22/12-22	616	63	35	1：20
250	330	250	395/405	350/355	12-22/12-26	783	63	35	1：20
300	356	270	445/460	400/410	12-22/12-26	851	63	35	1：20

生产厂家：天津塘沽阀门有限责任公司。

3.1.4.3　SZ45T 型铁制地下闸阀

（1）适用范围　SZ45T 型铁制地下闸阀适用于液、气介质管路和设备，作为接通和断流之用。

安装在地下管路、传动方式采用扳手，直通式管道，流阻小。启闭较省力，不易产生水锤现象，易于安装。适用于受限空间。

（2）主要性能参数　见表 3-3-19。

表 3-3-19　主要性能参数

公称压力 PN/MPa	1.0	1.6
适用温度/℃	≤200	≤200
适用介质	水、油、气及非腐蚀性介质	
主要材料	灰铸铁、黄铜、碳钢镀铬、不锈钢、聚四氟乙烯	

执行标准：GB/T 12232—2005。试验标准：GB/T 13927—2008。

（3）主要外形及尺寸　见图 3-3-11、表 3-3-20。

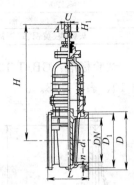

图 3-3-11　SZ45T 型弹性座密封地下闸阀

表 3-3-20　SZ45T 型弹性座密封地下闸阀主要外形及尺寸

公称直径 DN /mm	L/mm	D/mm	D_1/mm	H(约)/mm	H_1/mm	□/mm	∠	n-d/mm
40	165	145	110	225	63	35	1：20	4-18
50	178	160	125	336	63	35	1：20	4-18
65	190	180	145	378	63	35	1：20	4-18
80	203	195	160	335	63	35	1：20	8-18
100	229	215	180	377	63	35	1：20	8-18
125	254	245	210	426	63	35	1：20	8-18
150	267	280	240	480	63	35	1：20	8-22
200	292	340	295	570	63	35	1：20	8-22/12-22
250	330	395/405	350/355	698	63	35	1：20	12-22/12-26
300	356	445/460	400/410	760	63	35	1：20	12-22/12-26
350	381	505/520	460/470	853	75	48	1：20	16-22/16-26
400	406	565/580	515/525	947	75	48	1：20	12-26/16-30
450	432	615/640	565/585	1060	75	48	1：20	20-26/20-30
500	457	670/715	620/650	1155	75	48	1：20	20-26/20-33
600	508	780/840	725/770	1300	75	48	1：20	20-30/20-36
700	610	895/910	840	1430	75	48	1：20	24-30/24-36
800	660	1015/1025	950	1890	75	48	1：20	24-33/24-39
900	711	1115/1125	1050	2070	75	48	1：20	28-33/28-39
1000	811	1230/1255	1160/1170	2259	75	48	1：20	28-36/28-42

生产厂家：天津塘沽阀门有限责任公司。

3.1.4.4　MSZ45X-10\16 型地埋式软密封闸阀

（1）优点

1）轴密封性能好。阀门上密封为三道 O 形橡胶密封圈，无渗漏，摩擦阻力小。

2）特殊阀板密封面。阀板用三元乙丙橡胶整体包覆，阀板下密封面为双密封面，密封性能好，渗漏率为零。

3）操作扭矩小。阀板采用楔式软密封，因此减小了摩擦力矩，启闭轻松自如。

4）平板式阀座，流阻小。阀门全开时，阀板高出阀门通径，阀体底部平滑无闸槽，流阻系数小，避免了阀板因杂物阻垫而密封不严的现象。

5）一体式阀座。阀杆螺母镶嵌入阀板上，使螺母与阀板成为一体式，强度大，阀板与阀体径向摩擦力极微，使用寿命长。

6）伸缩自由。可根据管道地埋深度，自由伸缩，以达到需要的高度。

7）施工安装方便。独特的设计，不需设维修井，大幅度节约了工程维修费用，且阀门使用寿命长，体积小，质量轻，免维护。

8）防腐性能好。阀盖连接螺栓嵌入阀体内，外形美观。采用静电喷涂无毒环氧树脂热熔固化粉末，消除了对水质的二次污染，使供水更加纯净。

（2）主要技术参数　见表 3-3-21。

（3）主要连接尺寸　见表 3-3-22。

表 3-3-21　主要技术参数

适应介质	水、海水、污水等流体介质
适应温度	≤100℃
公称压力	1.0MPa，1.6MPa

表 3-3-22　主要连接尺寸　　　　单位：mm

规格 DN/mm	L		D		H	D		Z-φ	
	Ⅰ型	Ⅱ型	Ⅰ型	Ⅱ型		Ⅰ型	Ⅱ型	Ⅰ型	Ⅱ型
80	240	203	211	200	根据用户要求制作	168	160	4-φ18	8-φ19
100	250	229	238	220		195	180	4-φ18	8-φ19
150	280	267	290	285		247	240	6-φ18	8-φ23
200	300	292	342	340		299	295	8-φ18	8-φ23 (12-φ23)
250	380	330	410	395 (405)		360	350 (355)	8-φ21	12-φ23 (20-φ28)
300	400	356	464	445 (460)		414	400 (410)	10-φ21	12-φ23 (12-φ28)
400	470	406	582	565 (580)		524	515 (525)	12-φ24	16-φ28 (16-φ31)

注：Ⅰ型为原冶金工业部标准（YB428），Ⅱ型为国标（GB 17241.6—2008）尺寸，括号内尺寸为 1.6MPa。

（4）结构　MSZ45X—10\16 地埋式软密封闸阀结构见图 3-3-12。

生产厂家：山东诸城市建华阀门制造有限公司。

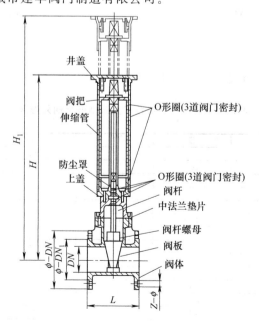

图 3-3-12　MSZ45X—10\16 地埋式软密封闸阀结构

3.2 截止阀

3.2.1 J41W型法兰连接铁制截止阀

（1）适用范围 适用于液、气介质管路和设备，用于截断和接通管路中介质之用。具有密封性能好、操作方便、密封面不易损伤、使用寿命长、不易产生水锤现象等特点。

（2）主要性能参数 见图3-3-13、表3-3-23。

表3-3-23 主要性能参数

公称压力 PN/MPa	1.6
适用温度/℃	≤200
适用介质	水、油、气及非腐蚀性介质
主要材料	灰铸铁、黄铜、碳钢镀铬、不锈钢、聚四氟乙烯

执行标准：GB/T 12232—2005。试验标准：GB/T 13927—2008。

（3）性能规格与外形尺寸 见表3-3-24。

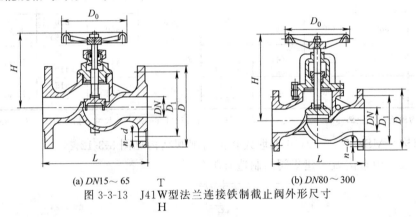

(a) DN15～65　　　　　　　　　　(b) DN80～300

图3-3-13 J41W型法兰连接铁制截止阀外形尺寸

（4）主要外形尺寸及连接尺寸 见表3-3-24。

表3-3-24 J41W型法兰连接铁制截止阀外形尺寸　　　单位：mm

公称尺寸 DN	L	D	D_1	n-d	H	D_0
15	130	95	65	4-14	105～125	73
20	150	105	75	4-14	105～125	73
25	160	115	85	4-14	115～135	95
32	180	135	100	4-18	120～140	95
40	200	145	110	4-18	140～165	125
50	230	160	125	4-18	160～185	125
65	290	180	145	4-18	196～220	170
80	310	195	160	8-18	285～330	217
100	350	215	180	8-18	305～360	260
125	400	250	210	8-18	367～396	280
150	480	285	240	8-22	431～465	320
200	600	340	295	12-22	513～562	400
250	622	405	355	12-26	577～635	400
300	698	460	410	12-26	633～695	500

生产厂家：天津塘沽阀门有限责任公司、北京阿尔肯机械集团。

3.2.2　J144X 系列电磁—液（气）动角式截止阀

（1）适用范围　主要安装于各类池子外部，作排除泥砂用。由阀体、阀板、阀杆以及电磁换向阀组成。该阀具有操作简单、启闭灵活、密封可靠、无噪声等特点，是实现自动控制、集中控制和远程控制的理想设备。

（2）规格及技术参数　给电磁换向阀输入电源和驱动压力源，操纵控制开关，电磁换向阀通电，驱动介质由电磁换向阀 P 孔经 O2 孔进入液压缸的下腔，推动活塞并带动阀杆及阀板向上运动，达到开启目的。在开启过程中，液压缸上腔的介质由电磁换向阀的 O1 孔经 A 孔排出。构造见图 3-3-14，主要技术参数见表 3-3-25，主要连接尺寸见表 3-3-26。

表 3-3-25　主要技术参数

		型号	J144X—10
阀体部分		公称压力/MPa	1.0
	试验压力	密封/MPa	1.1
		强度/MPa	1.5
		适用介质	水
		介质温度/℃	<50
驱动部分		驱动介质	清水(使用压缩空气,订货时注明)
		驱动压力/MPa	0.3~1.0
		介质温度/℃	<50
控制部分		控制器输入电压/V	AC220
		电磁阀线圈电压/V	Dc24
		电磁阀线圈功耗/W	6

表 3-3-26　主要连接尺寸

通径 DN/mm	尺寸/mm								电磁换向阀接口规格
	D	D_1	D_2	b	$Z-d_0$	H_2	H	L	
150	285	240	211	26	8-ϕ23	138	550	180	G1/2
200	340	295	266	26	8-ϕ23	180	683	210	G1/2
250	395	350	319	28	12-ϕ23	205	800	245	G1/2
300	445	400	370	28	12-ϕ23	240	920	280	G1/2

该系列角式截止阀的连接形式为法兰连接，法兰盘按公称压力 $PN1.0MPa$ 制造，法兰连接尺寸符合 GB/T 17241.6—1998 标准规定。

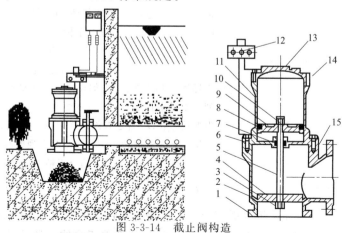

图 3-3-14　截止阀构造

1—阀体；2—梯形密封圈；3—紧固螺母；4—阀板；5—活塞轴；6—水封盖；

7—Y 形密封圈；8—活塞皮碗；9—活塞板；10—连接螺母；11—缸体；

12—电磁换向；13—缸盖；14,15—石棉密封垫

生产厂家：重庆固特给排水设备有限责任公司。

3.3　蝶阀

蝶阀结构简单，较闸阀质量轻、体积小、开启迅速，可在任意位置安装。适用不同流体。广泛应用于给水排水、石油、化工、冶金、食品、医药、造纸、水电、船舶、能源等系统的管路上，适用于多种腐蚀性的气体、液体、半液体以及固体粉末介质。

蝶阀主要类型有：对夹式蝶阀、法兰式蝶阀、偏心蝶阀、双偏心蝶阀、三偏心蝶阀、伸缩蝶阀、蓄能器式液控缓闭蝶阀以及地埋式对夹蝶阀和 ABS 蝶阀。

3.3.1　对夹式蝶阀

3.3.1.1　A 型与 LT 型对夹式蝶阀

A 型与 LT 型对夹式蝶阀结构简单、性能优良，该产品可安装在石油、化工、食品、医药、轻纺、造纸、水电、船舶、城市给排水、冶炼、能源等系统中一切腐蚀性、非腐蚀性的气体、液体、半流体以及固体粉末管线和容器上作为调节和截流装置使用。

（1）型号说明

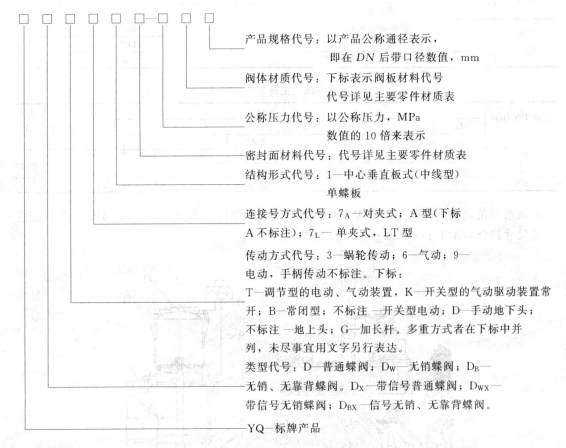

产品规格代号：以产品公称通径表示，即在 DN 后带口径数值，mm

阀体材质代号：下标表示阀板材料代号 代号详见主要零件材质表

公称压力代号：以公称压力，MPa 数值的 10 倍来表示

密封面材料代号：代号详见主要零件材质表

结构形式代号：1—中心垂直板式（中线型）单蝶板

连接号方式代号：7_A—对夹式；A 型（下标 A 不标注）；7_L—单夹式，LT 型

传动方式代号：3—蜗轮传动；6—气动；9—电动，手柄传动不标注。下标：T—调节型的电动、气动装置，K—开关型的气动驱动装置常开；B—常闭型；不标注—开关型电动；D—手动地下头；不标注—地上头；G—加长杆。多重方式者在下标中并列，未尽事宜用文字另行表达。

类型代号：D—普通蝶阀；D_W—无销蝶阀；D_B—无销、无靠背蝶阀。D_X—带信号普通蝶阀；D_{WX}—带信号无销蝶阀；D_{BX}—信号无销、无靠背蝶阀。

YQ—标牌产品

（2）特点　a. 小型轻便，容易拆装及维修，并可在任意位置安装；b. 结构简单、紧凑，90°回转启闭迅速，操作扭矩小，省力轻巧；c. 流量特性趋于直线，调节性能好；d. 启闭试验次数多达数万次，寿命长；e. 密封性好；f. 选择不同零部件材质，可适用多种介质。

生产厂家：佛山市南海永兴阀门制造有限公司、株洲南方阀门股份有限公司。

3.3.1.2　A 型对夹式蝶阀

（1）型号　手柄传动型号：YQD71X—10Q、YQD71X—16Q。电动型号：YQD971X—10Q、YQD971X—16Q。蜗轮传动型号：YQD371X—10Q、YQD371X—16Q。气动型号：YQD671X—10Q、YQD671X—16Q。

（2）A 型对夹式蝶阀主要外形尺寸、连接尺寸　见图 3-3-15、表 3-3-27。

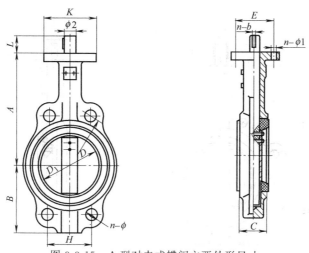

图 3-3-15　A 型对夹式蝶阀主要外形尺寸

表 3-3-27　*PN*1.0MPa/*PN*1.6MPa　A 型对夹式蝶阀主要外形尺寸　　单位：mm

规格	A	B	C	D	L	H	D_1	n-φ	K	E	n-φ1	φ2	n-b
40	110	65	33	40	32	77.78	110	4-φ18	77	57.15	4-φ6.7	10	1-2.5
50	161	80	42	51	32	84.85	120	4-φ23	77	57.15	4-φ6.7	12.7	1-3
65	175	89	44.7	62.8	32	96.2	136.2	4-φ26.5	77	57.15	4-φ6.7	12.7	1-3
80	181	95	45.2	77.3	32	113.14	160	8-φ18	77	57.15	4-φ6.7	12.7	1-3
100	200	114	52.1	102.7	32	70.8	185	4-φ24.5	92	69.85	4-φ10.3	15.8	1-5
125	213	127	54.4	121.8	32	82.28	218	4-φ23	92	69.85	4-φ10.3	19.05	1-5
150	226	139	55.8	154.5	32	91.08	238	4-φ25	92	69.85	4-φ10.3	19.05	1-5
200	260	175	60.6	200.9	45	112.89	295	4-φ25	115	88.9	4-φ14.3	22.2	1-5
250	292	203	65.6	248.9	45	92.4	357	4-φ29	115	88.9	4-φ14.3	28.6	1-8
300	337	242	76.9	299.9	45	105.34	407	4-φ29	140	107.95	4-φ14.3	31.8	1-8
350	368	267	76.5	331.7	45	91.11 / 121.64	467 / 470	4-φ30	140	107.95	4-φ14.3	31.8	1-8
400	400	301	86.5	387.5	52	100.48 / 102.43	515 / 525	4-φ26	140	158.75	4-φ20.6	33.34	1-10
450	422	327	105.6	438.4	52	88.39 / 91.52	565 / 585	4-φ26	197	158.75	4-φ20.6	38	1-10
500	480	361	131.8	489	64	96.98 / 101.68	620 / 650	4-φ26	197	158.75	4-φ20.6	41.15	1-10
600	562	459	152	590.1	76	113.42 / 120.45	725 / 770	20-φ30	276	215.9	4-φ22.2	50.65	2-16
700	629	527	2165	691.7	66	109.65	840	24-φ30	308	254	8-φ18	55	2-16
800	666	594	190	792.1	66	124	950	24-φ33	308	254	8-φ18	55	2-16
900	722	653	205	3861	130	117.57	1050	28-φ33	310	254	8-φ18	75	2-20
1000	800	718	218	961	130	129.89	1160	28-φ33	310	254	8-φ18	85	2-22

注：DN40～600mm A 型蝶阀适用于 1.0MPa，1.6MPa 二种压力级，表中有短横线"-"项，上为 1.0MPa，下为 1.6MPa 级连接尺寸。DN700～1000mm A 型蝶阀适用于 1.0MPa 的压力级，蝶阀上法兰可用于手动、蜗轮蜗杆传动、电动、气动等。侧法兰连接尺寸，可提供各国标准尺寸。

生产厂家：佛山市南海永兴阀门制造有限公司、株洲南方阀门股份有限公司。

3.3.1.3　LT 型对夹式蝶阀

（1）型号　手柄传动型号：YQD7$_L$1X—10Q、YQD7$_L$1X—16Q；电动型号：YQD97$_L$1X—10Q、YQD97$_L$1X—16Q；蜗轮传动型号：YQD37$_L$1X—10Q、YQD37$_L$1X—16Q；气动型号：YQD67$_L$1X—10Q、YQD67$_L$1X—16Q。

（2）A 型对夹式蝶阀主要外形尺寸、连接尺寸　见图 3-3-16、表 3-3-28。

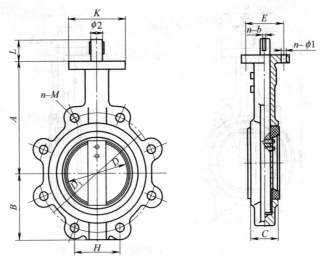

图 3-3-16　LT 型对夹式蝶阀主要外形尺寸

表 3-3-28　*PN*1.0MPa/*PN*1.6MPa　LT 型对夹式蝶阀主要外形尺寸　　　单位：mm

规格	A	B	C	D	L	H	D_1	n-M	K	E	n-$\phi1$	$\phi2$	n-b
50	161	80	42	51	32	88.39	125	4-M16	77	57.15	4-ϕ6.7	12.7	1-3
65	175	89	44.7	62.8	32	102.54	145	4-M16	77	57.15	4-ϕ6.7	12.7	1-3
80	181	95	45.2	77.3	32	113.14	160	4-M16	77	57.15	4-ϕ6.7	12.7	1-3
100	200	114	52.1	102.7	32	68.88	180	8-M16	92	69.85	4-ϕ10.3	15.8	1-5
125	213	127	54.4	121.8	32	80.36	210	8-M16	92	69.85	4-ϕ10.3	19.05	1-5
150	226	139	55.8	154.5	32	91.84	240	8-M20	92	69.85	4-ϕ10.3	19.05	1-5
200	260	175	60.6	200.9	45	122.89	295	8-M20	115	88.9	4-ϕ14.3	22.2	1-5
250	292	203	65.6	248.9	45	90.59	350	12-M20	115	88.9	4-ϕ14.3	28.6	1-8
300	337	242	76.9	299.9	45	103.52	400	12-M20	140	107.95	4-ϕ14.3	31.8	1-8
350	368	267	76.5	331.7	45	89.74	460	16-M20	140	107.95	4-ϕ14.3	31.8	1-8
						91.69	470	16-M22					
400	400	301	86.5	387.5	52	100.48	515	16-M22	140	158.75	4-ϕ20.6	33.34	1-10
						102.43	525	16-M27					
450	422	327	105.6	438.4	52	88.39	565	20-M22	197	158.75	4-ϕ20.6	38	1-10
						91.52	585	20-M27					
500	480	361	131.8	489	64	96.98	620	20-M22	197	158.75	4-ϕ20.6	41.15	1-10
						101.68	650	20-M30					
600	562	459	152	590.1	76	113.42	725	20-M27	276	215.9	4-ϕ22.2	50.65	2-16
						120.45	770	20-M36					

注：DN50～600mm LT 型蝶阀适用于 1.0MPa，1.6MPa 二种压力级，表中有短横线"-"项的，上为 1.0MPa，下为 1.6MPa 级连接尺寸。蝶阀上法兰可通用于手动、电动、气动等。侧法兰连接尺寸，可提供各国标准尺寸。A 型与 LT 型主要区别：LT 型蝶阀的结构、性能、与零件的材质与 A 型均相同，区别在于 A 型可通过双头螺柱（或加长六角螺栓）对夹连接在管法兰之间（即对夹式）。LT 型除通过两组普通六角螺栓连接在两管路之间外，还可以安装在空管端（即对夹式）作为排空阀使用，但需在订货合同中注明管端使用。

生产厂家：佛山市南海永兴阀门制造有限公司、株洲南方阀门股份有限公司。

3.3.1.4　A 型对夹式无销蝶阀

（1）型号　　手柄传动型号：YQD$_W$71X—10Q、YQD$_W$71X—16Q；电动型号：YQD$_W$971X—10Q、YQD$_W$971X—16Q；蜗轮传动型号：YQD$_W$371X—10Q、YQD$_W$371X—16Q；气动型号：YQD$_W$671X—10Q、YQD$_W$671X—16Q。

（2）适用范围　该产品具备了对夹式蝶阀的一切优点，而且还有抗腐蚀性强，无销孔的优点；该产品主要适用于石油、化工、食品、医药、造纸、船舶、城市给排水、冶炼、能源等系统中作为调节和截流装置使用，它可在管线中任意位置安装。

（3）A 型对夹式无销蝶阀主要外形尺寸、连接尺寸　见图 3-3-17、表 3-3-29。

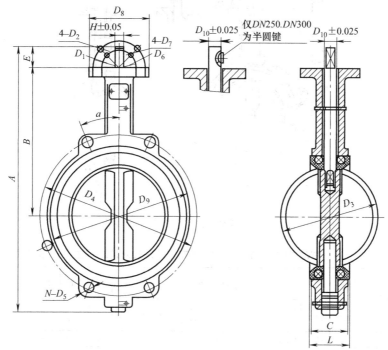

图 3-3-17　A 型对夹式无销蝶阀主要外形尺寸

表 3-3-29　*PN*1.0MPa/*PN*1.6MPa　A 型对夹式无销蝶阀主要外形尺寸　　　单位：mm

规格	D_1	D_2	D_3	D_4	D_6	D_7	D_8	D_9	D_{10}	n-d5	A	B	C	E	L	H	a	半圆键	总质量/kg
50	83	11	52.6	120	70	10	102	100	12.6	4-23	280	161	42.04	32	45	9.52	45°	—	2.45
65	83	11	64.3	136.13	70	10	102	120	12.6	4-26.6	303	175	44.68	32	47.6	9.52	45°	—	3.2
80	83	11	78.8	152.4 / 160.0	70	10	102	127	12.6	4-24 / 4-18	315	181	45.21	32	49	9.52	45° / 22.5°	—	3.6
100	83	11	104	177.8 / 185.16	70	10	102	156	15.77	4-17.5 / 4-25.8	353	200	52.07	32	54.7	11.11	45° / 22.5°	—	4.9
125	83	11	123.3	215.01	70	10	102	190	18.92	4-23	379	213	54.36	32	58	12.7	22.5°	—	7.0
150	83	11	155.7	238.12	70	10	102	212	18.92	4-25	404	226	55.75	32	58.6	12.7	22.5°	—	7.8
200	127	14	202.4	296.07	102	12	152	268	22.1	4-23 / 4-26	487	260	60.58	45	63.4	15.87	15° / 22.5°	—	13.2
250	127	14	250.4	357	102	12	152	325	28.45	4-22 / 4-29	547	292	65.63	51	70	—	22.5° / 15°	键 6.35×25.4	19.2
300	127	14	301.5	406.4 / 431.8	102	12	152	403	28.45	4-30.2 / 4-25.4	631	337	76.9	51	70	—	15°	键 6.35×25.4	32.5

注：A 型侧法兰连接尺寸符合《整体体铸铁管法兰》(GB/T 17241.6—2008) 标准，ANSIB16.1 125PSI，BS10D、BS10E，DIN2501 PN10、PN16，AS2129 表 E 标准。

生产厂家：佛山市南海永兴阀门制造有限公司。

3.3.1.5　LT 型对夹式无销蝶阀

（1）型号　手柄传动型号：YQD$_W$7$_L$1X—10Q、YQD$_W$7$_L$1X—16Q；电动型号：YQD$_W$97$_L$1X—10Q、YQD$_W$97$_L$1X—16Q；蜗轮传动型号：YQD$_W$37$_L$1X—10Q、YQD$_W$37$_L$1X—16Q；气动型号：YQD$_W$67$_L$1X—10Q、YQD$_W$7$_L$1X—16Q。

（2）LT 型对夹式无销蝶阀主要外形尺寸、连接尺寸　见图 3-3-18、表 3-3-30。

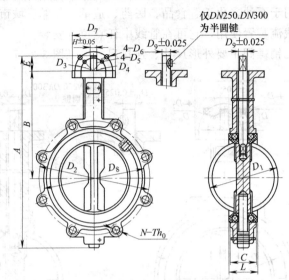

图 3-3-18　LT 型对夹式无销蝶阀主要外形尺寸

表 3-3-30　*PN*1.0MPa/*PN*1.6MPa　LT 型对夹式无销蝶阀主要外形尺寸　　单位：mm

规格	D_1	D_2	D_3	D_4	D_5	D_6	D_7	D_8	D_9	n-D_5	A	B	C	E	L	H	半圆键	总质量/kg
50	52.6	114	83	70	10	11	102	100	12.6	4-M16	280	161	42.04	32	45	9.52	—	3.74
65	64.3	127	83	70	10	11	102	120	12.6	4-M16	303	175	44.68	32	47.6	9.52	—	4.12
80	78.8	146	83	70	10	11	127	12.6	4-M16	315	181	45.21	32	49	9.52	—	4.7
100	104	178	83	70	10	11	102	165	15.77	8-M16	353	200	52.07	32	54.7	11.11	—	8.9
125	123.3	210	83	70	10	11	102	185	18.92	8-M16	379	213	54.36	32	58	12.7	—	10.9
150	155.7	235	83	70	10	11	102	212	18.92	8-M20	404	226	55.75	32	58.6	12.7	—	14.2
200	202.4	292	127	102	12	14	152	268	22.1	8-M20	487	260	60.58	45	63.4	15.87	—	18.2
250	250.4	356	127	102	12	14	152	330	28.45	12-M20	547	292	65.63	51	70	—	键 6.35×25.4	26.8
300	301.5	406	127	102	12	14	152	400	28.45	12-M24	631	337	76.9	51	70	—	键 6.35×25.4	39.5

注：LT 型无销蝶阀侧法兰连接标准符合 AS2129 表 E 标准，客户如需其他标准需在合同中注明。

生产厂家：佛山市南海永兴阀门制造有限公司。

3.3.1.6　A 型与 LT 型对夹式蝶阀可选驱动装置

（1）手柄传动装置　手柄传动装置外形尺寸见图 3-3-19 及表 3-3-31。

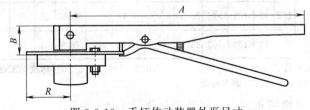

图 3-3-19　手柄传动装置外形尺寸

表 3-3-31　手柄传动装置外形尺寸及质量

适用蝶阀规格/mm	A/mm	B/mm	R/mm	总质量/kg
50～150	266.7	32	52	0.9
200～300	359	50	75.2	2.3

蜗轮蜗杆传动装置外形尺寸见图 3-3-20 及表 3-3-32。

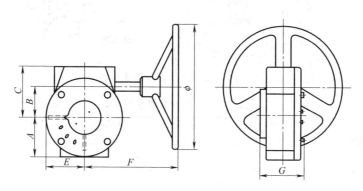

图 3-3-20　蜗轮蜗杆传动装置外形尺寸

表 3-3-32　蜗轮蜗杆传动装置外形尺寸

型号	规格/mm	A/mm	B/mm	C/mm	E/mm	F/mm	G/mm	ϕ/mm	总质量/kg
$3D_B$—15	50～150	52	45	74	52	152.5	75	150	5.2
$3D_B$—50	200～250	75	62.75	101	75	250	86	300	13
$3D_B$—120	300～350	81	80	118	81	227	83	300	13

二级蜗轮蜗杆传动装置外形尺寸见图 3-3-21 及表 3-3-33。

"LQA"系列电动装置性能参数外形尺寸见图 3-3-22 及表 3-3-34。

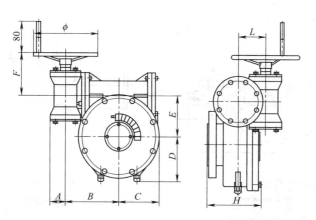

图 3-3-21　二级蜗轮蜗杆传动装置外形尺寸

表 3-3-33　二级蜗轮蜗杆传动装置外形尺寸

型号	规格/mm	A/mm	B/mm	C/mm	D/mm	E/mm	F/mm	H/mm	L/mm	ϕ/mm	总质量/kg
3D—30/250	400～500	56.5	178.5	121	115	104	174	125.5	66	300	56.9
3D—30/400	600	56.5	197.5	142	144	130	174	145.5	66	300	72.37
3D—60/800	700～800	67	244	183	189	162	165	157	88	400	124
3D—120/1500	900～1000	76	270	215	220	196	215	235	126	300	158

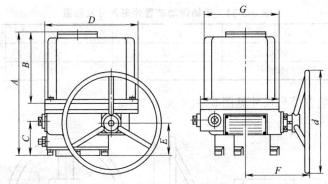

图 3-3-22 "LQA" 系列电动装置性能参数外形尺寸

表 3-3-34 "LQA" 系列电动装置性能参数外形尺寸

型号		LQA5—1	LQA10—1	LQA20—1	LQA40—1	LQA80—1
规格 DN/mm		50~80	100	125~150	200	250~300
最大输出转矩/N·m		50	100	200	400	800
输出转速/(r/min)		1	1	1	1	1
电机功率/W		16	30	60	90	180
90°旋转时间/s		15	15	15	15	15
尺寸/mm	A	255	255	255	302	302
	B	154	154	154	171	171
	C	70	70	70	96	96
	D	191	191	191	240	240
	E	65	65	65	86	86
	F	126	126	126	175	175
	G	160	160	160	198	198
	d	200	200	200	300	300
总质量/kg		17	17	17	35	35

生产厂家：佛山市南海永兴阀门制造有限公司。

(2) 802 系列电动装置 802 系列电动装置性能参数外形尺寸见图 3-3-23 及表 3-3-35。

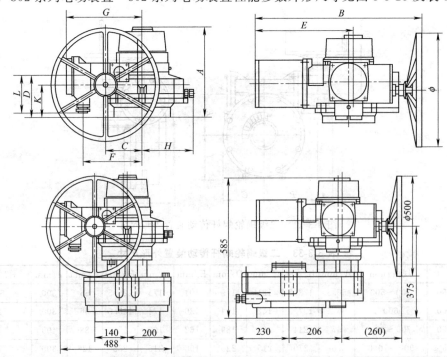

图 3-3-23 802 系列电动装置性能参数外形尺寸

表 3-3-35　802 系列电动装置性能参数外形尺寸

型号	规格/mm		最大输出转矩/(N·m)	输出转速/(r/min)	电机功率/W	90°旋转时间/s	外形尺寸/mm											质量/kg
	PN1.0	PN1.0					A	B	C	D	E	F	G	H	L	K	φ	
802.10—1	50～100	50～100	100	1	25	15	250	420	79	82	253	156	213	110	132	62	220	22
802.20—1	125～150	125～150	200	1	45	15												
802.60—1	200～300	200～300	600	1	180	15	287	552	110	101	330	196	254	156	134	86	360	42
802.150—0.5	350～450	300～350	1500	0.5	370	30												
802.10—1	500	400～450	2500	1	750	15	330	625	140	152	365	230	288	185	134	120	500	90
802.500—05	600	500～600	5000	0.5	750	30												
802.1000—0.2	700～800	700～800	10000	0.2	1100	75	具体尺寸请看 802.1000—0.2 外形图											

生产厂家：佛山市南海永兴阀门制造有限公司。

3.3.1.7　$D_9^3$73H 型对夹金属密封蝶阀

$D_9^3$73H 型对夹金属密封蝶阀具有安全可靠、流阻系数小、耐高温，适用于腐蚀性介质等特点。可作为调节和截止装置，广泛应用于蒸汽、热水、水、油品、煤气、天然气、化工、酸碱盐等管路中。

（1）主要性能参数见表 3-3-36。

表 3-3-36　主要性能参数

公称压力 PN/MPa	公称通径 DN/mm	试验压力/MPa		适用温度/℃	型　号					
		壳体	密封							
1.0	50～1600	1.5	1.1	≤400	D73H—10C	D373H—10C	D73H—10P	D373H—10P	D73H—10R	D373H—10R
1.6	50～1200	2.4	1.76		D73H—16C	D373H—16C	D73H—16P	D373H—16P	D73H—16R	D373H—16R
2.5	50～1000	3.75	2.75		D73H—25C	D373H—25C	D73H—25P	D373H—25P	D73H—25R	D373H—25R
4.0	50～600	6.0	4.4		D73H—40C	D373H—40C	D73H—40P	D373H—40P	D73H—40R	D373H—40R
驱动方式					手动传动	蜗轮蜗杆传动	手动传动	蜗轮蜗杆传动	手动传动	蜗轮蜗杆传动
适用介质					水、气、油品		硝酸类腐蚀介质		醋酸类腐蚀介质	
气动蝶阀型号					在相应的手动型号 D 后插入"6"，示例：D673H—16C					
电动蝶阀型号					在相应的手动型号 D 后插入"9"，示例：D973H—16C					

（2）$D_9^3$73H 型主要外形见图 3-3-24，连接尺寸及质量见表 3-3-37。

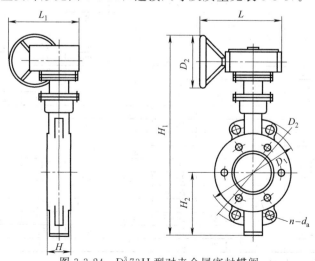

图 3-3-24　$D_9^3$73H 型对夹金属密封蝶阀

表 3-3-37　$D_g^3 73H$ 型对夹金属密封蝶阀连接尺寸及质量

公称压力 PN/MPa	公称通径 DN/mm	尺寸/mm									质量 /kg
		L	D_1	D	n-d	H	H_0	A	B	D_0	
PN1.0	50	43	125	165	4-18	115	418	200	200	160	13
	65	46	145	185	4-18	125	442	200	200	160	16
	80	49	160	200	8-18	130	453	220	200	160	21
	100	56	180	220	8-18	145	475	240	200	160	26
	125	64	210	250	8-18	175	522	260	200	160	31
	150	70	240	285	8-22	180	638	280	280	240	35
	200	71	295	340	8-22	215	705	320	280	240	41
	250	76	350	395	12-22	250	775	360	280	240	54
	300	83	400	445	12-22	290	955	460	420	310	65
	350	92	460	505	16-22	305	990	500	420	310	100
	400	102	515	565	16-26	340	1070	540	420	310	180
	450	114	565	615	20-26	380	1145	580	420	310	210
	500	127	620	670	20-26	410	1200	620	420	310	250
	600	154	725	780	20-30	480	1350	660	420	310	370
	700	165	840	895	24-30	535	1550	750	550	400	460
	800	190	950	1015	24-33	590	1665	800	550	400	590
	900	203	1050	1115	28-33	630	1726	850	550	400	730
	1000	216	1160	1230	28-36	690	1965	1000	750	500	920
	1200	254	1380	1455	32-39	875	2360	1050	750	500	1200
	1400	390	1590	1675	36-42	975	2560	1050	750	600	1600
	1600	440	1820	1915	40-48	1100	2780	1050	750	600	2100
PN1.6	50	43	125	165	4-18	115	418	200	200	160	15
	65	46	145	185	4-18	125	442	200	200	160	17
	80	49	160	200	8-18	130	453	220	200	160	23
	100	56	180	220	8-18	145	475	240	200	160	28
	125	64	210	250	8-18	175	522	260	200	160	34
	150	70	240	285	8-22	180	638	280	280	240	38
	200	71	295	340	12-22	215	705	320	280	240	44
	250	76	350	405	12-26	250	775	360	280	240	58
	300	83	400	460	12-26	290	955	460	420	310	73
	350	92	460	520	16-26	305	990	500	420	310	150
	400	102	515	580	16-30	340	1070	540	420	310	240
	450	114	565	640	20-30	380	1145	580	420	310	280
	500	127	620	715	20-33	410	1200	620	420	310	350
	600	154	725	840	20-36	480	1350	660	420	310	470
	700	165	840	910	24-36	535	1550	750	550	400	600
	800	190	950	1025	24-39	590	1665	800	550	400	700
	900	203	1050	1125	28-39	630	1726	850	550	400	840
	1000	216	1170	1255	28-42	690	1965	1000	750	500	1100
	1200	254	1390	1485	32-48	875	2360	1050	750	500	1300
PN2.5	50	43	125	165	4-18	112	260	200	200	160	15
	65	46	145	185	8-18	115	280	200	200	160	17
	80	49	160	200	8-18	120	355	220	200	160	23
	100	56	190	235	8-22	140	390	240	200	160	28
	125	64	220	270	8-26	170	490	260	200	160	35
	150	70	250	300	8-26	180	630	280	280	240	40
	200	71	310	360	12-26	210	690	320	280	240	50
	250	76	370	425	12-30	240	830	360	280	240	68
	300	83	430	485	16-30	290	930	460	420	310	80
	350	92	490	555	16-33	320	1010	500	420	310	150
	400	102	550	620	16-36	350	1070	540	420	310	250
	450	114	600	670	20-36	380	1140	580	420	310	300
	500	127	660	730	20-36	410	1200	620	420	310	370
	600	154	770	845	20-39	470	1340	660	420	310	490
	700	165	875	960	24-42	550	1600	750	550	400	630
	800	190	990	1085	24-48	640	1780	800	550	400	720
	900	203	1090	1185	28-48	710	1920	850	550	400	870
	1000	216	1210	1320	28-56	770	1960	1000	750	500	1150

生产厂家：天津塘沽阀门有限公司、北京阿尔肯机械集团。

3.3.1.8 D971X（H、F）型电动对夹式蝶阀

D971X（H、F）型电动对夹式蝶阀规格与外形尺寸见图 3-3-25、图 3-3-26、表 3-3-38。

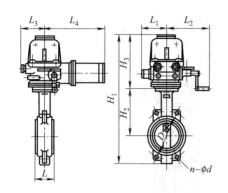

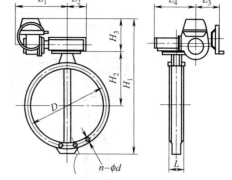

图 3-3-25　D971X（H、F）型电动对夹式蝶阀
（DN40～700mm）

图 3-3-26　D971X（H、F）型电动对夹式蝶阀
（DN800～2200mm）

表 3-3-38　D971X（H、F）型电动对夹式蝶阀规格与外形尺寸

公称尺寸 DN		外形尺寸/mm								D/mm			n-φd/mm			质量
mm	in	H_1	H_2	H_3	L	L_1	L_2	L_3	L_4	0.6MPa	1.0MPa	1.6MPa	0.6MPa	1.0MPa	1.6MPa	/kg
40	1½	411	94	248	33	122	185	103	297	100	110	110	4-14	4-18	4-19	24.2
50	2	440	112	248	43	122	185	103	297	110	125	125	4-14	4-18	4-19	24.9
65	2½	468	122	248	46	122	185	103	297	130	145	145	4-14	4-18	4-19	25.4
80	3	473	130	248	46	122	185	103	297	150	160	160	4-18	4-18	4-19	26.1
100	4	504	142	248	52	122	185	103	297	170	180	180	4-18	4-18	4-19	27.8
125	5	975	174	248	56	122	185	103	297	200	210	210	4-18	4-18	4-19	30
150	6	1015	180	248	56	122	185	103	297	225	240	240	4-18	4-22	4-23	31
200	8	733	225	333	60	122	185	103	297	280	295	295	4-18	4-22	4-23	57
250	10	814	266	333	68	122	185	103	297	335	350	355	4-18	4-22	4-28	62
300	12	877	290	342	78	155	290	110	390	395	400	410	4-22	4-22	4-28	109.1
350	14	932	320	342	78	155	290	110	390	445	460	470	4-22	4-22	4-28	118
400	16	1052	405	342	102	155	290	110	390	495	515	525	16-22	16-26	16-31	153
450	16	1092	425	342	114	155	290	110	390	550	565	585	16-22	20-26	20-31	184
500	20	1187	485	342	127	155	290	110	390	600	620	650	20-22	20-26	20-34	212
600	24	1402	520	437	154	155	290	160	390	705	725	770	20-26	20-30	20-37	364
700	28	1522	580	437	165	155	290	160	390	810	840	840	24-26	24-30	20-37	430
800	32	1568	625	383	190	600	248	487	293	920	950	950	24-30	24-30	24-40	791
900	36	1728	715	383	203	600	248	487	293	1020	1050	1050	24-30	28-33	28-40	1078
1000	40	1823	760	383	216	600	248	487	293	1120	1160	1170	28-30	28-36	28-40	1260
1200	48	2083	905	383	254	600	248	487	293	1340	1380	1390	32-33	32-39	32-49	1870
1400	56	2308	1000	408	270	655	368	591	368	1560	1590	1590	36-36	36-42	36-49	2800
1600	64	2668	1160	408	318	655	368	591	368	1760	1820	1820	40-36	40-48	40-56	4000
1800	72	2779	1247	408	356	655	358	591	368	1970	2020	2020	44-39	44-48	44-56	4900
2000	80	3073	1372.5	408	406	655	368	591	368	2180	2230	2230	48-42	48-48	48-62	5850
2200	88	3295	1487	408	460	655	368	591	368	2390	2440		52-42	52-56		

注：本表列电动装置有关尺寸按天津第二通用机械厂 QB 或 QZ 型电动装置确定。

生产厂家：郑州中州蝶阀厂、北京阿尔肯机械集团。

3.3.1.9 PD971F—25Q 型电动偏心式蝶阀

PD971F—25Q 型电动偏心式蝶阀规格与外形尺寸见图 3-3-27、表 3-3-39。

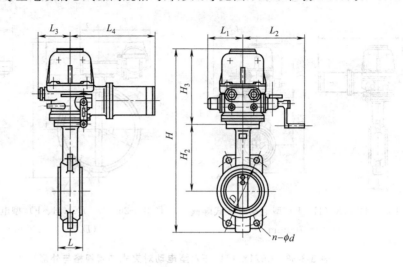

图 3-3-27 PD971F—25Q 型电动偏心式蝶阀规格与外形尺寸

表 3-3-39 PD971F—25Q 型电动偏心式蝶阀规格与外形尺寸

| 公称尺寸 DN | | 外形尺寸/mm | | | | | | | | | $n-\phi d$ | 质量 |
mm	in	H	H_2	H_3	L	L_1	L_2	L_3	L_4	D	/mm	/kg
65	2½	468	130	248	46	122	182	103	297	145	4-19	27.2
80	3	488	140	248	49	122	185	103	297	160	4-19	29.1
100	4	528	160	248	56	122	185	103	297	190	4-23	31.7
125	5	568	185	248	64	122	185	103	297	220	4-18	34.6
150	6	598	200	248	70	122	185	103	297	250	4-28	37.7
200	8	753	235	333	71	122	185	103	297	310	4-28	65.8
250	10	823	270	333	76	122	185	103	297	370	4-31	76.7
300	12	915	325	342	114	155	290	110	390	430	4-31	156
350	14	982	360	342	127	155	290	110	390	490	16-34	178
400	16	1102	445	342	140	155	290	110	390	550	16-37	205
450	18	1156	455	342	152	155	290	110	390	600	16-37	245
500	20	1260	485	342	152	155	290	110	390	660	20-37	320
600	24	1495	520	437	178	155	290	160	390	770	20-40	430
700	28	1620	580	437	229	155	290	160	390	875	24-43	545
800	32	1715	625	383	241	600	248	487	293	990	24-49	650
900	36	1810	715	383	241	600	248	487	293	1090	28-49	750
1000	40	1900	760	383	300	600	248	487	293	1210	28-56	875

生产厂家：北京阿尔肯机械集团、河南郑州蝶阀厂股份有限公司。

3.3.1.10 SD971X—10Q 型电动双偏心蝶阀

SD971X—10Q 型电动双偏心蝶阀规格与外形尺寸见图 3-3-28、表 3-3-40。

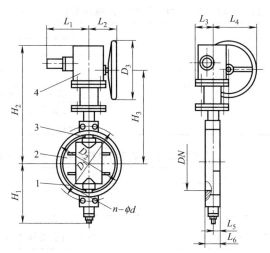

图 3-3-28　SD971X—10Q 型电动双偏心蝶阀规格与外形尺寸

1—阀体；2—蝶板；3—阀轴；4—电动装置

表 3-3-40　SD971X—10Q 型电动双偏心蝶阀规格与外形尺寸

公称尺寸 DN/mm	外形尺寸/mm												$n\text{-}\phi d$ /mm	质量 /kg
	D_1	D_2	H_1	H_2	H_3	D_3	L_1	L_2	L_3	L_4	L_5	L_6		
250	350	320	288	743	484	360	330	222	156	290	32	76	4-22	65
300	400	370	308	773	514	360	330	222	156	290	35	83	4-22	80
350	460	430	358	817	558	360	330	222	156	290	38	92	4-22	108
400	515	480	378	876	608	500	365	260	185	90	42	102	4-26	143
450	565	530	408	910	642	500	365	260	185	390	47	114	4-26	198
500	620	585	428	936	668	500	365	260	185	390	53	127	4-26	268
600	725	685	478	900	813	400	209	578	735	212	64	154	4-30	356
700	840	800	558	1014	927	400	209	578	735	212	69	165	4-30	460
800	950	905	608	1070	984	400	228	664	672	215	79	190	4-33	600
900	1050	1005	683	1162	1051	400	267	710	698	260	85	203	4-33	713
1000	1160	1110	728	1212	1101	400	267	701	698	260	90	216	4-36	984
1200	1380	1308	785	1325	1215	400	301	737	717	279	106	254	4-39	1175

生产厂家：铁岭阀门股份有限公司、北京阿尔肯机械集团。

3.3.1.11　D671 型气动对夹式蝶阀

D671 型气动对夹式蝶阀通过电磁阀控制，实现阀门的开关两位动作，也可配装阀门定位器实现阀门开度的连续调节，从而自动调节管道流量，同时可配装角位移变送器，实现阀门开度的远距离反馈。广泛应用在给排水、水处理、石油、化工、食品、医药、造纸、冶金等系统中。可适用一切腐蚀性、非腐蚀性和压力不同的气体、液体、浆液及固体粉末的管线和容器上作为调节和截止装置使用，可实现现场及远距离操作，也可实现单独或集中控制。

D671 型气动对夹式蝶阀根据作用可分为气动开关式和气动调节式两类。

D671 型气动对夹式蝶阀主要技术性能参数见表 3-3-41。气动开关式对夹蝶阀门执行机构主要技术性能参数见表 3-3-42，气动调节式对夹蝶阀门执行机构主要技术性能参数见表 3-3-43。

表 3-3-41　D671 型气动对夹式蝶阀主要技术性能

公称尺寸 DN/mm		50～800	50～600
公称压力 PN/MPa		10	16
试验压力 /Pa	壳体强度	15	24
	密封	11	17.6
介质温度/℃		\multicolumn{2}{c}{−46～+150(不适用软密封)}	
适用介质		\multicolumn{2}{c}{淡水、污水、海水、空气、蒸汽、食品、药品、各种油类、酸类、碱类、盐类等}	

表 3-3-42　气动开关式对夹蝶阀门执行机构主要技术性能

气源压力/MPa	输出转角/(°)	电磁阀种类	使用环境温度/℃
0.5	0.90	电源：24VDC；220VAC 单电控；双电控	+5～+60

表 3-3-43　气动调节式对夹蝶阀门执行机构主要技术性能

气源压力 /MPa	输 入 信 号	基本误差 /%	回差 /%	死区 /%	使用环境温度 /℃	静态耗气量 /(L/h)
0.5	气信号：20～100	±2.5	2	1.5	+5～+55	<1000
	电信号：DC0—10；4～20mA	±1.5	1	1		<1500

D671 型气动对夹蝶阀主要规格与外形尺寸见图 3-3-29、图 3-3-30、表 3-3-44。

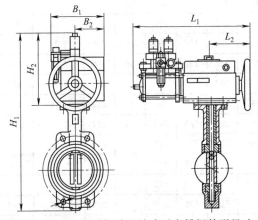

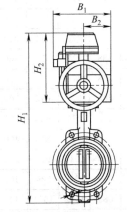

图 3-3-29　D671 型气动开关式对夹蝶阀外形尺寸

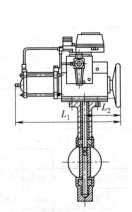

图 3-3-30　D671 型气动调节式对夹蝶阀外形尺寸

表 3-3-44　D671 型气动对夹蝶阀规格外形尺寸

公称尺寸 DN		类型	外形尺寸/mm						接口尺寸	质量 /kg
mm	in		H_1	L_1	L_2	B_1	B_2	H_2		
50	2	开关	422	235	117	295	160	180	G 1/4″	14.5
		调节	567	320	160	265	100	325	M10×1 深 10	16.5
65	2.5	开关	444	235	117	295	160	180	G 1/4″	15.2
		调节	589	320	160	265	100	325	M10×1 深 10	17.2
80	3	开关	456	235	117	295	160	180	G 1/4″	15.6
		调节	601	320	160	265	100	325	M10×1 深 10	17.6
100	4	开关	519	250	125	325	180	205	G 1/4″	23.9
		调节	659	320	160	290	130	345	M10×1 深 10	25.9
125	5	开关	545	250	125	325	180	205	G 1/4″	26
		调节	710	320	160	290	130	345	M10×1 深 10	28
150	6	开关	570	250	125	325	180	205	G 1/4″	26.8
		调节	685	320	160	290	130	345	M10×1 深 10	28.8

| 公称尺寸 DN | | 类型 | 外形尺寸/mm | | | | | | 接口尺寸 | 质量 |
mm	in		H_1	L_1	L_2	B_1	B_2	H_2		/kg
200	8	开关	815	610	212	280	75	380	G 1/4″	54.2
		调节	835	610	212	280	75	400	M10×1 深 10	56.2
250	10	开关	875	610	212	280	75	380	G 1/4″	60
		调节	895	610	212	280	75	400	M10×1 深 10	62
300	12	开关	974	610	212	305	105	395	G 1/4″	75.5
		调节	979	610	212	305	105	400	M10×1 深 10	77.5
350	14	开关	1030	610	212	305	105	395	G 1/4″	85.5
		调节	1035	610	212	305	105	400	M10×1 深 10	87.5
400	16	开关	1134	765	265	335	100	435	G 3/8″	130
		调节	1091	765	265	345	100	400	M10×1 深 10	132
450	18	开关	1175	765	265	335	100	435	G 3/8″	165
		调节	1140	765	265	345	100	400	M10×1 深 10	167
500	20	开关	1285	765	265	335	100	455	G 3/8″	180
		调节	1230	765	265	345	100	400	M10×1 深 10	182
600	24	开关	1468	870	290	405	144	460	G 3/8″	240
		调节	1408	870	290	415	144	400	M10×1 深 10	242
700	28	开关	1590	1230	615	630	175	450	G 1/2″	335
		调节	1540	1230	615	430	175	400	M10×1 深 10	335
800	32	开关	1713	1230	615	630	175	450	G 1/2″	544
		调节	1663	1230	615	430	175	400	M10×1 深 10	546

生产厂家：天津市仪表专用设备厂、上海冠龙阀门机械有限公司、北京阿尔肯机械集团。

3.3.1.12　BSKX—12.5 型地埋式对夹蝶阀

（1）适用范围　BSKX—12.5 型地埋式对夹蝶阀适用于水厂、电厂配套设备厂，工农业用水及消防用水工程中的管道作为双向启闭及调节设备使用。

（2）规格及性能参数　BSKX—12.5 型地埋式对夹蝶阀规格与外形尺寸见图 3-3-31、表3-3-45。

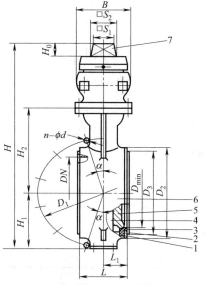

图 3-3-31　BSKX—12.5 型地埋式对夹蝶阀外形尺寸

1—密封圈压板；2—密封圈；3—阀体密封圈；4—阀轴；

5—蝶板；6—阀体；7—四方头帽

表 3-3-45 BSKX—12.5 型地埋式对夹蝶阀规格与外形尺寸

公称尺寸 DN/mm	外形尺寸/mm												α /(°)	n-φd /mm	质量 /kg
	L	L₁	D₁	D₂	D₃	D_min	H	H₁	H₂	H₀	B	S₁	S₂		

公称尺寸 DN/mm	L	L_1	D_1	D_2	D_3	D_{min}	H	H_1	H_2	H_0	B	S_1	S_2	α/(°)	n-ϕd/mm	质量/kg
100	57	28.5	180	146	126	94	422.5	93	155	44.5	96	49.2	50.3	22.5	8-17.5	18.6
150	71	36	240	192	170	140	515.5	126	195	44.5	120	49.2	50.3	22.5	8-22	22.2
200	75	39	295	244	222	190.5	573.5	154	225	44.5	120	49.2	50.3	15	12-22	23.4
250	79	42	355	302	276	238	674	193.5	255	44.5	135	49.2	50.3	15	12-26	36.5
300	86	45	410	350	326	288	759	243.5	290	44.5	135	49.2	50.3	15	12-26	43.7

生产厂家：铁岭阀门股份有限公司。

3.3.1.13 SYLAX 对夹蝶阀

(1) 适用范围 SYLAX 蝶阀通常用于各种流体、空气多种工业领域等，可用于高温过程。

(2) 规格型号 $DN25\sim350$mm、ISO PN6-25、$T-25\sim+200$℃

(3) 部件及材质 见表 3-3-46。

表 3-3-46 部件及材质

1	阀体	铸铁 FGL250,喷涂环氧树脂涂层/球墨铸铁,铸钢,不锈钢
2	阀板	球墨铸铁,铝青铜,不锈钢,(PFA)特富隆涂层不锈钢阀板哈氏合金,双向不锈钢
3	阀轴	不锈钢 SS420,可选择 SS316
4	阀座密封圈	EPDM 橡胶$-15\sim110$℃,白色 EPDM8~80℃,硅橡胶$-25\sim200$℃,氟橡胶 5~180℃,丁腈橡胶 5~185℃
5	顶部密封圈	丁腈橡胶
6	轴套	聚酰胺树脂/青铜

(4) 结构示意 见图 3-3-32。

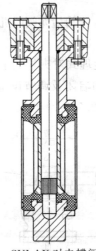

图 3-3-32 SYLAX 对夹蝶阀结构示意

生产厂家：丹佛斯（天津）有限公司。

3.3.2 法兰蝶阀

3.3.2.1 D6³⁄₉ 41X 型法兰连接中线蝶阀

(1) 主要性能参数 见表 3-3-47。

表 3-3-47 主要性能参数

公称压力 PN/MPa	公称通径 DN/mm	试验压力/MPa		适用温度 /℃	适用介质
		壳体	密封		
1.0	50$\sim$1000	1.5	1.1	$-10\sim+120$	水、油、气体等
1.6		2.4	1.76		

（2）规格与外形尺寸　见图 3-3-33、表 3-3-48。

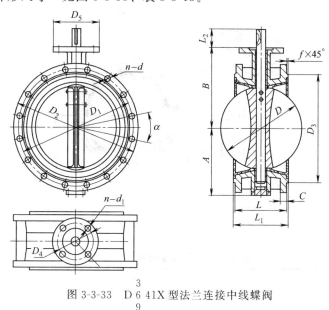

图 3-3-33　D 6 41X 型法兰连接中线蝶阀

表 3-3-48　规格与外形尺寸

规格 DN /mm	A/ mm	B/ mm	C/ mm	D /mm	D₁ /mm	D₂ /mm	D₃ mm	D₄ mm	D₅ mm	L/ mm	L₁ mm	L₂ /mm	n-d /mm	α/(°)	f	n-d₁ /mm	质量 /kg
50	83	120	20	52.9	125	165	99	57.15	65	108	111	32	4-19	90	3	4-7	7.6
65	93	130	20	64.5	145	185	118	57.15	65	112	115	32	4-19	90	3	4-7	9.7
80	100	145	22	78.8	160	200	132	57.15	65	114	117	32	8-19	45	3	4-7	10.6
100	114	155	24	104	180	220	156	69.85	90	127	130	32	8-19	45	3	4-10	13.8
125	125	170	26	123.3	210	250	184	69.85	90	140	143	32	8-19	45	3	4-10	18.2
150	143	190	26	155.6	240	285	211	69.85	90	140	143	32	8-23	45	3	4-10	21.7
200	170	205	26	202.5	295	340	266	88.9	125	152	155	45	8-23/12-23	45/30	3	4-14	31.8
250	198	235	28	250.5	350/355	395/405	319	88.9	125	165	168	45	12-23/12-28	30	3	4-14	44.7
300	223	280	28	301.5	400/410	445/460	370	107.95	150	178	182	45	12-23/12-28	30	4	4-14	57.9
350	279	310	30	333.3	460/470	505/520	429	107.95	150	190	194	45	16-23/16-28	225	4	4-14	81.6
400	300	340	32	389.6	515/525	565/580	480	158.75	175	216	221	51.2/72	16-28/16-31	225	4	4-20.6	106
450	345	375	32	440.5	565/585	615/640	530	158.75	175	222	227	51.2/72	20-28/20-31	18	4	4-20.6	147
500	355	430	34	491.6	620/650	670/715	582	158.75	210	229	234	52.75/77.5	20-28/20-34	18	4	4-20.6	165
600	410	500	36	592.5	725/770	780/840	682	215.9	210	267	272	70.2/82	20-31/20-37	18	5	4-22	235
700	478	560	40	695	840	895/910	794	254	300	292	299	66/82	24-31/24-37	15	5	8-18	338
800	529	620	44	794.7	950	1015/1025	901	254	300	318	325	66/82	24-3/24-40	15	5	8-18	475
900	584	665	46	864.7	1050	1115/1125	1001	254	350	330	338	118	28-34/28-40	12.9	5	8-22	595
1000	657	735	50	965	1160/1170	1230/1255	1112	254	350	410	417	141	28-37/28-43	12.9	5	8-22	794

生产厂家：天津塘沽阀门有限责任公司。

3.3.2.2　电动传动法兰式中线衬里蝶阀

主要外形连接尺寸及质量见图 3-3-34、表 3-3-49。

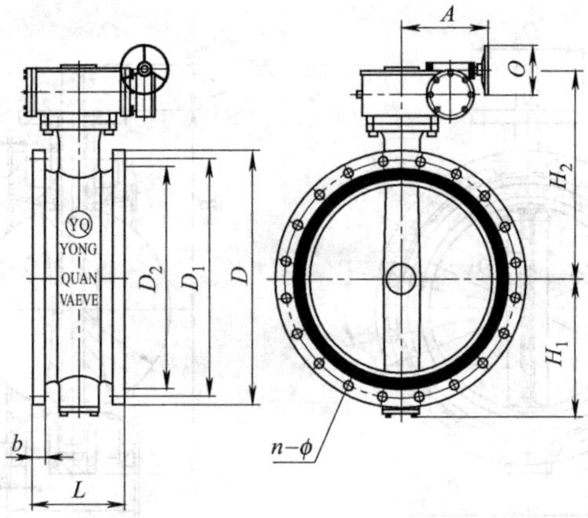

图 3-3-34　电动传动法兰式中线衬里蝶阀

表 3-3-49　外形连接尺寸及质量

公称尺寸 DN		驱动装置型号	外形尺寸/mm														质量/kg	
				D		D_1		D_2			$n\text{-}\phi$							
mm	in		L	PN10/MPa	PN16/MPa	PN10/MPa	PN16/MPa	PN10/MPa	PN16/MPa	b	PN10/MPa	PN16/MPa	H_1	H_2	A	O	PN10/MPa	PN16/MPa
50	2	QB5—1	108	165		125		102		19	4-19		80	435	186	122	29	29
65	2.5	QB5—1	112	185		145		122		19	4-19		80	459	186	122	31	31
80	3	QB15—1	114	200		160		133		19	8-19		95	462	186	122	34	34
100	4	QB15—1	127	220		180		158		19	8-19		114	495	186	122	36	36
125	5	QB20—1	140	250		210		184		19	8-19		123	515	186	122	41	41
150	6	QB20—1	140	285		240		212		19	8-23		139	525	186	122	46	46
200	8	QB60—1	152	340		295		268		20	8-23	12-23	175	610	186	122	78	78
250	10	QB60—1	165	405		350	355	320		22	12-23	12-28	203	655	186	122	106	109
300	12	QB120—1	178	455		400	410	370		24.5	12-23	12-28	242	710	450	320	155	161
350	14	QB120—1	190	515		460	470	430		24.5	16-23	16-28	256	750	450	320	185	192
400	16	QB200—1	216	575		515	525	485		24.5	16-28	16-31	296	785	450	320	218	233
450	18	QB200—1	222	615	640	565	585	530	548	25.5	20-28	20-31	316	825	450	320	245	267
500	20	QB250—1	229	670	715	620	650	582	610	26.5	20-28	20-34	352	860	450	320	267	297
600	24	QB400—1	267	780	840	725	770	682	725	30	20-31	20-37	442	1007	510	357	408	450
700	28	QB800—1	292	895	910	840		794		32.5	24-31	24-37	474	1071	710	505	597	645
800	32	QB800—1	318	1015	1025	950		901		35	24-34	24-40	528	1228	710	505	764	825
900	36	QB1000—1	330	1115	1125	1050		1001		37.5	28-34	28-40	581	1306	710	505	879	945
1000	40	QB1000—1	410	1230	1255	1160	1170	1112		40	28-37	28-43	653	1414	710	505	1252	1331

生产厂家：佛山市南海永兴阀门制造有限公司。

3.3.2.3　气动传动法兰式中线衬里蝶阀

主要外形连接尺寸及质量见图 3-3-35、表 3-3-50。

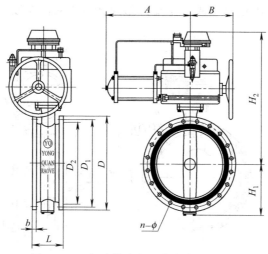

图 3-3-35　气动传动法兰式中线衬里蝶阀

表 3-3-50　外形连接尺寸及质量

| 公称尺寸 DN | | 驱动装置型号 | 外形尺寸/mm | | | | | | | | | | | | | | 质量/kg | |
mm	in		L	D PN10/MPa	D PN16/MPa	D1 PN10/MPa	D1 PN16/MPa	D2 PN10/MPa	D2 PN16/MPa	b	n-φ PN10/MPa	n-φ PN16/MPa	H1	H2	A	O	PN10/MPa	PN16/MPa
50	2	QZ5	108	165	165	125	125	102	102	19	4-19	4-19	80	435	160	160	15	15
65	2.5	QZ5	112	185	185	145	145	122	122	19	4-19	4-19	80	459	160	160	17	17
80	3	QZ5	114	200	200	160	160	133	133	19	8-19	8-19	95	462	160	160	20	20
100	4	QZ15	127	220	220	180	180	158	158	19	8-19	8-19	114	495	160	160	22	22
125	5	QZ15	140	250	250	210	210	184	184	19	8-19	8-19	123	515	160	160	27	27
150	6	QZ15	140	285	285	240	240	212	212	19	8-23	8-23	139	525	160	160	32	32
200	8	QZ45	152	340	340	295	295	268	268	20	8-23	12-23	175	610	405	205	73	73
250	10	QZ45	165	405	405	350	355	320	320	22	12-23	12-28	203	646	205	300	101	103
300	12	QZ85	178	455	455	400	410	370	370	24.5	12-23	12-28	242	676	205	300	150	156
350	14	QZ85	190	515	515	460	470	430	430	24.5	16-23	16-28	256	728	405	205	178	187
400	16	QZ150	216	575	575	515	525	485	485	24.5	16-28	16-31	296	776	525	240	216	231
450	18	QZ200	222	615	640	565	585	530	548	25.5	20-28	20-31	316	807	525	240	243	265
500	20	QZ300	229	670	715	620	650	582	610	26.5	20-28	20-34	352	848	565	305	265	295
600	24	QZ500	267	780	840	725	770	682	725	30	20-31	20-37	442	918	615	615	428	470
700	28	QZ650	292	895	910	840	840	794	794	32.5	24-31	24-37	474	960	760	760	547	595
800	32	QZ650	318	1015	1025	950	950	901	901	35	24-34	24-40	528	1020	760	760	714	775
900	36	QZ800	330	1115	1125	1050	1050	1001	1001	37.5	28-34	28-40	581	1085	760	760	829	895
1000	40	QZ800	410	1230	1255	1160	1170	1112	1112	40	28-37	28-43	653	1135	760	760	1202	1281

生产厂家：佛山市南海永兴阀门制造有限公司。

3.3.2.4　$SD_9^3 43X$ 型伸缩型法兰蝶阀

$SD_9^3 43X$ 型伸缩型法兰蝶阀主要适用于水厂、电厂、钢厂冶炼、造纸、化工、水源泉工程、环境设施建设等系统供排水用，可作为老管道改造、维修和配套阀门的换代，尤其适用于水道管路上作为调节和截流设备使用。

（1）主要性能参数　见表 3-3-51。

表 3-3-51　主要性能参数

| 公称压力 PN/MPa | 公称通径 DN/mm | 试验压力/MPa | | 适用温度 /℃ |
		壳体	密封	
1.0	300～2000	1.5	1.1	−15～+120
适用介质		饮用水、污水、海水等介质		
驱动方式		蜗轮蜗杆传动、电动		

（2）SD⅜43X型伸缩型法兰蝶阀　主要外形见图3-3-36，连接尺寸及质量见表3-3-52、表3-3-53。

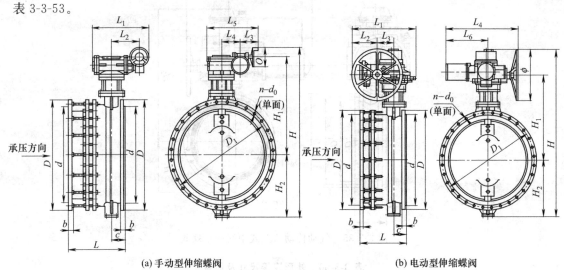

(a) 手动型伸缩蝶阀　　　　　　　　(b) 电动型伸缩蝶阀

图 3-3-36　SD⅜43X型伸缩型法兰蝶阀

表 3-3-52　SD343X—10、SDA343X—10、SDB343—10 手动型伸缩蝶阀主要外形及质量

单位：mm

规格 DN	手动装置	D	D1	d	b	c	L0	Lmax	Lmin	n-d0	4-M	H	H1	H2	L1	L2	L3	L4	L5	φ	总质量 /kg
300	3D-30/250	445	400	370	28	57	282	302	252	8-φ23	M20	959	542	267	449	178	254	104	473	300	148
350	3D-30/250	505	460	429	30	64	301	321	271	12-φ23	M20	1048	583	315	449	178	254	104	473	300	188
400	3D-30/250	565	515	480	32	70	313	333	283	12-φ28	M24	1120	620	350	449	178	254	104	473	300	237
450	3D-30/250	615	565	530	32	76	334	354	304	16-φ28	M24	1190	667	373	449	178	254	104	473	300	268
500	3D-30/400	670	620	582	34	76	346	366	316	16-φ28	M24	1280	702	428	486	196	254	130	528	300	289
600	3D-60/800	780	725	682	36	89	398	418	368	16-φ31	M27	1409	759	450	627	244	245	162	596	400	480
700	3D-60/800	895	840	794	40	115	425	445	395	20-φ31	M27	1613	885	528	627	244	245	162	596	400	615
800	3D-120/1500	1015	950	901	44	120	455	475	425	20-φ34	M30	1736	1013	573	635	270	295	196	711	300	818
900	3D-120/1500	1115	1050	1001	46	120	485	505	455	24-φ34	M30	1860	1071	639	635	270	295	196	711	300	956
1000	3D-120/1500	1230	1160	1112	50	150	495	515	465	24-φ37	M33	2107	1234	723	955	455	296	295	807	300	1277
1200	3D-120/1500	1455	1380	1328	56	175	542	562	512	28-φ40	M36	2326	1343	833	955	455	296	295	807	300	1764
1400	3D-200/4000	1675	1590	1530	62	195	612	632	582	32-φ43	M39	2996	1668	1078	1270	598	387	414	1089	500	4280
1600	3D-200/4000	1915	1820	1750	68	220	640	660	610	36-φ49	M45	3246	1778	1218	1270	598	387	414	1089	500	4953
1800	3D-200/12000	2115	2020	1950	70	245	710	730	680	40-φ49	M45	3720	2044	1426	1625	745	387	602	1399	500	7416
2000	3D-600/12000	2325	2230	2150	74	270	775	795	745	44-φ49	M45	3851	2115	1486	1630	750	417	602	1430	500	9372

表 3-3-53　SD943X—10、SDA943X—10、SDB943—10 电动型伸缩蝶阀主要外形及质量

规格 DN	手动装置	D	D1	d	b	c	L0	Lmax	Lmin	n-d0	4-M	H	H1	H2	L1	L2	L3	L4	L5	φ	总质量 /kg
300	802.250-1	445	400	370	28	57	282	302	252	8-φ23	M20	1008	531	267	473	148	104	625	365	500	181
350	802.250-1	505	460	429	30	64	301	321	271	12-φ23	M20	1097	572	315	473	148	104	625	365	500	221
400	802.250-1	565	515	480	32	70	313	333	283	12-φ28	M24	1169	609	350	473	148	104	625	365	500	270
450	802.250-1	615	565	530	32	70	334	354	304	16-φ28	M24	1219	636	373	473	148	104	625	365	500	301
500	802.500-0.5	670	620	582	34	76	346	366	316	16-φ28	M24	1318	680	428	473	148	104	625	365	500	307
600	802.500-0.5	780	725	682	36	89	398	418	368	16-φ31	M27	1380	720	450	473	148	104	625	365	500	446
700	802.1000-0.2	895	840	794	40	115	425	445	395	20-φ31	M27	1839	829	528	590	148	104	696	230	500	691
800	ZA36024-3D1500	1015	950	901	44	120	455	475	425	20-φ34	M30	1663	942	573	740	215	196	1028	612	305	910
900	ZA36024-3D1500	1115	1050	1001	46	120	485	505	455	24-φ34	M30	1787	1000	639	740	215	196	1028	612	305	1048
1000	ZA36024-3D1500	1230	1160	1112	50	150	495	515	465	24-φ37	M33	1983	1108	723	970	310	295	1123	612	305	1355
1200	ZA312024-3D2500	1455	1380	1328	56	175	542	562	512	28-φ40	M36	2202	1217	833	970	310	295	1123	612	305	1842
1400	ZA416024-3D4000	1675	1590	1530	62	195	612	632	582	32-φ43	M39	2861	1472	1078	1224	422	414	1452	750	457	4345
1600	ZA416024-3D4000	1915	1820	1750	68	220	640	660	610	36-φ49	M45	3111	1582	1218	1224	422	414	1452	750	457	4992
1800	ZA242024-3D12000	2115	2020	1950	70	245	710	730	680	40-φ49	M45	3585	1848	1426	1640	630	602	1762	750	457	7360
2000	ZA242024-3D12000	2325	2230	2150	74	270	775	795	745	44-φ49	M45	3672	1875	1486	1995	630	602	1762	750	457	9050

生产厂家：天津塘沽阀门有限公司、北京阿尔肯机械集团。

3.3.2.5　D941 型电动法兰式蝶阀

D941 型电动法兰式蝶阀规格与外形尺寸见图 3-3-37、表 3-3-54。

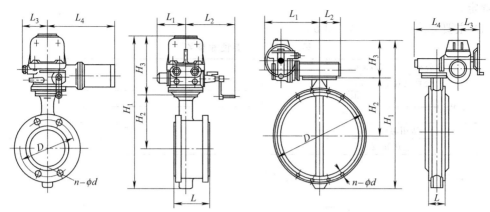

图 3-3-37　D941 型电动法兰式蝶阀

表 3-3-54　D941 型电动法兰式蝶阀规格与外形尺寸

公称尺寸 DN		外形尺寸/mm								D/mm			n-φd/mm			质量
mm	in	H_1	H_2	H_3	L	L_1	L_2	L_3	L_4	0.6MPa	1.0MPa	1.6MPa	0.6MPa	1.0MPa	1.6MPa	/kg
80	3	493	140	248	114	122	185	103	297	150	160	160	4-18	8-18	8-19	34.3
100	4	504	142	248	127	122	185	103	297	170	180	180	4-18	8-18	8-19	36.5
125	5	968	185	248	140	122	185	103	297	200	210	210	8-18	8-18	8-19	43.5
150	6	598	200	248	140	122	185	103	297	225	240	240	8-18	8-22	8-23	47
200	8	733	225	333	152	122	185	103	297	280	295	295	8-18	8-22	12-23	74.2
250	10	814	266	333	165	122	185	103	297	335	350	355	12-18	12-22	12-28	90
300	12	927	340	342	178	155	290	110	390	395	400	410	12-22	12-22	12-28	146
350	14	987	375	342	190	155	290	110	390	445	460	470	12-22	16-22	16-28	170
400	16	1042	395	342	216	155	290	110	390	495	515	525	16-22	16-26	16-31	205
450	18	1087	420	342	222	155	290	110	390	550	565	585	16-22	20-26	20-31	234
500	20	1182	480	342	229	155	290	110	390	600	620	650	20-22	20-26	20-34	262
600	24	1397	515	437	267	155	290	160	390	705	725	770	20-26	20-30	20-37	448
700	28	1519	577	437	292	155	290	160	390	810	840	840	24-26	24-30	20-37	694
800	32	1563	620	383	318	600	248	487	293	920	950	950	24-30	24-33	24-40	862
900	36	1728	715	383	330	600	248	487	293	1020	1050	1050	24-30	28-33	28-40	1275
1000	40	1818	755	383	410	600	248	487	293	1120	1160	1170	28-30	28-36	28-40	1500
1200	48	2078	900	383	470	600	248	487	293	1340	1380	1390	32-33	32-39	32-49	2148
1400	56	2303	995	408	530	655	368	591	368	1560	1590	1590	36-36	36-42	36-49	2850
1600	64	2658	1150	408	600	655	368	591	368	1760	1820	1820	40-36	40-48	40-56	3570
1800	72	2779	1247	408	670	655	368	591	368	1970	2020	2020	44-39	44-48	44-56	4220
2000	80	3058	1360	408	760	655	368	591	368	2180	2230	2230	48-42	48-48	48-62	4430
2200	88	4221	1650		1000	1805		1442		2390	2440		52-42	52-56		
2400	96	4372	1786		1100	1805		1442		2600	2650		56-42	56-56		
2600	104	4837	2031		1200	1805		1442		2810	2850		60-48	60-56		
2800	112	5238	2225		1300	2025		1634		3020	3070		64-48	64-56		
3000	120	5558	2518		1400	2025		1634		3220	3290		68-48	68-62		

生产厂家：佛山市南海永兴阀门制造有限公司、山东诸城市建华阀门制造有限公司。

3.3.3　软密封蝶阀

3.3.3.1　软密封单偏心法兰蝶阀

短结构符合《金属阀门　结构长度》（GB/T 12221—2005）中对夹蝶阀长度系列尺寸

规定。

　　长结构符合《金属阀门　结构长度》（GB/T 12221—2005）中双法兰连接蝶阀长度系列尺寸规定。

（1）主要性能参数　见表 3-3-55。

表 3-3-55　主要性能参数

公称压力 PN/MPa		1.0	0.6
公称通径 DN/mm		1400～2000	2200～2600
试验压力/MPa	壳体	1.5	0.9
	密封	1.1	0.66
适用温度/℃		−15～＋80	
适用介质		淡水、污水、海水、空气等	

（2）规格与外形尺寸　见图 3-3-38、图 3-3-39、表 3-3-56、表 3-3-57。

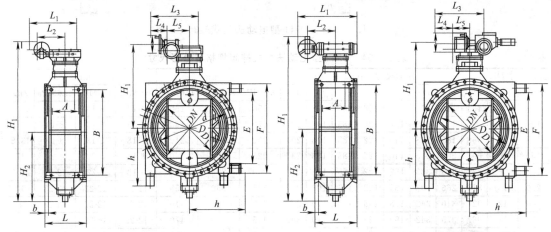

图 3-3-38　D342X 型软密封单偏心法兰蝶阀　　　　图 3-3-39　D942X 型软密封单偏心法兰蝶阀

表 3-3-56　D342X—6/10 *DN*1400～2600mm 软密封单偏心蜗轮蜗杆传动法兰蝶阀主要外形尺寸及质量

单位：mm

规格 DN	D	D₁	d	b	h	短结构 n-d₀	短结构 4-M	长结构 n-d₀	H	H₁	H₂	B	A 短结构	A 长结构	L 短结构	L 长结构	4-S	L₁	L₂	L₃	L₄	L₅	φ	总质量/kg 短结构	总质量/kg 长结构
1400	1675	1590	1530	62	960	32-φ42	4-M39	36-φ42	2996	1668	1078	1500	200	475	390	710	φ33	1270	598	1089	387	414	500	3863	4280
1600	1915	1820	1750	68	1050	36-φ48	4-M45	40-φ48	3246	1778	1218	1600	260	530	440	790	φ33	1270	598	1089	387	414	500	4367	4953
1800	2115	2020	1950	70	1197	40-φ48	4-M45	44-φ48	3720	2044	1426	1900	300	570	490	870	φ33	1625	745	1399	387	602	500	6621	7416
2000	2325	2230	2150	74	1320	44-φ48	4-M45	48-φ48	3851	2115	1486	2000	350	750	540	950	φ36	1630	750	1430	417	602	500	8324	9372
2200	2475	2390	2335	60	1377	—	—	52-φ42	4300	2400	1650	2110	—	750	—	1000	φ45	1630	750	1430	417	602	500	—	10590
2400	2685	2600	2545	62	1477	—	—	56-φ42	4551	2515	1786	2310	—	750	—	1100	φ45	1630	750	1430	417	602	500	—	12320
2600	2905	2810	2750	64	1675	—	—	60-φ48	5016	2735	2031	2640	—	800	—	1200	φ45	1630	750	1430	417	602	500	—	14028

表 3-3-57　D942X—6/10 DN1400～2600mm 软密封单偏心电动法兰蝶阀主要外形尺寸及质量

单位：mm

规格 DN/mm	D	D₁	d	b	h	短结构 n-d₀	4-M	长结构 n-d₀	H	H₁	H₂	B	A 短结构	A 长结构	L 短结构	L 长结构	4-S	L₁	L₂	L₃	L₄	L₅	φ	总质量/kg 短结构	总质量/kg 长结构
1400	1675	1590	1530	62	960	32-φ42	4-M39	36-φ42	2861	1472	1078	1500	200	475	390	710	φ33	1274	672	1289	280	414	360	4425	4008
1600	1915	1820	1750	68	1050	36-φ48	4-M45	40-φ48	3111	1582	1218	1600	260	530	440	790	φ33	1274	672	1289	280	414	360	5095	4509
1800	2115	2020	1950	70	1197	40-φ48	4-M45	44-φ48	3585	1848	1426	1900	300	570	490	870	φ33	1629	819	1682	410	602	360	7576	6781
2000	2325	2230	2150	74	1320	44-φ48	4-M45	48-φ48	3672	1875	1486	2000	350	750	540	950	φ36	1805	995	1442	410	602	360	8471	9519
2200	2475	2390	2335	60	1377			52-φ42	4121	2160	1650	2110		750		1000	φ45	1805	995	1442	410	602	360	—	10737
2400	2685	2600	2545	62	1477			56-φ42	4372	2275	1786	2310		750		1100	φ45	1805	955	1442	410	602	360	—	12467
2600	2905	2810	2750	64	1675			60-φ48	4837	2495	2031	2640		800		1200	φ45	1805	955	1442	410	602	360	—	14175

生产厂家：天津塘沽阀门有限责任公司。

3.3.3.2　D943X 型软密封双偏心法兰蝶阀

软密封双偏心电动法兰蝶阀有 D943X—10/16、Dₐ943X—10/16、D_B 943X—10/16、D94ₐ3X—10/16、Dₐ94ₐ3X—10/16、D_B94ₐ3X—10/16。

规格与外形尺寸见图 3-3-40、表 3-3-58、表 3-3-59。

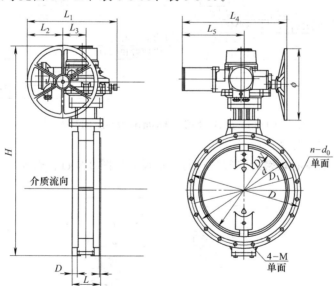

图 3-3-40　D943X 型软密封双偏心法兰蝶阀

表 3-3-58　PN1.0MPa 主要外形尺寸及质量

单位：mm

规格 DN	手动装置	D	D₁	d	b	短结构 n-d₀	4-M	长结构 n-d₀	H	H₁	H₂	L 短结构	L 长结构	L₁	L₂	L₃	L₄	L₅	φ	总质量/kg 短结构	总质量/kg 长结构
100	3D-15	220	180	158	24	—	—	8-φ17.5	446	234	122	—	190	190	48	121	—	180	180	—	25
150	3D-20	285	240	212	26	—	—	8-φ22	521.5	279	153	—	210	190	58	128	—	194	180	—	37
200	3D-50	340	295	268	28	4-φ22	M20	8-φ22	690	349	216	89	230	280	70	163	—	241	250	53	63
250	3D-120	390	350	320	28	8-φ22	M20	12-φ22	800	406	219	114	250	280	95	193	—	291	350	81	94

续表

规格 DN	手动装置	D	D1	d	b	短结构 n-d0	4-M	长结构 n-d0	H	H1	H2	L 短结构	L 长结构	L1	L2	L3	L4	L5	φ	总质量/kg 短结构	总质量/kg 长结构
300	3D-30/250	450	400	370	28	8-φ22	M20	12-φ22	959	542	267	114	270	449	178	254	104	473	300	128	148
350	3D-30/250	505	460	430	30	12-φ22	M20	16-φ22	1048	583	315	127	290	449	178	254	104	473	300	156	188
400	3D-30/250	565	515	482	30	12-φ26	M24	16-φ26	1120	620	350	140	310	449	178	254	104	473	300	205	237
450	3D-30/250	615	656	532	34	16-φ26	M24	20-φ26	1190	667	373	152	330	449	178	254	104	473	300	228	268
500	3D-30/400	670	620	585	34	16-φ26	M24	20-φ26	1280	702	428	152	350	486	196	254	130	528	300	242	289
600	3D-60/800	780	725	685	35	16-φ30	M27	20-φ30	1409	759	450	178	390	627	244	245	162	596	400	414	480
700	3D-60/800	895	840	800	40	20-φ30	M27	24-φ30	1613	885	528	229	430	627	244	245	162	596	400	522	615
800	3D-120/1500	1015	950	905	44	20-φ33	M30	24-φ33	1736	1013	573	241	470	635	270	295	196	711	300	689	818
900	3D-120/1500	1115	1050	1005	44	24-φ33	M30	28-φ33	1860	1071	639	241	510	635	270	295	196	711	300	804	956
1000	3D-120/2500	1230	1160	1110	50	24-φ36	M33	28-φ36	2107	1234	723	300	550	955	455	296	295	807	300	1177	1277
1200	3D-120/2500	1455	1380	1330	52	28-φ39	M36	32-φ39	2326	1343	833	350	630	955	455	296	295	807	300	1508	1764

表 3-3-59　PN1.6MPa 主要外形尺寸及质量　　　　单位：mm

规格 DN	手动装置	D	D1	d	b	短结构 n-d0	4-M	长结构 n-d0	H	H1	H2	L 短结构	L 长结构	L1	L2	L3	L4	L5	φ	总质量/kg 短结构	总质量/kg 长结构
100	3D-15	220	180	156	24	—	—	8-φ19	446	234	122	—	190	202	48	121	—	180	180	—	25
150	3D-20	285	240	211	26	—	—	8-φ23	521.5	279	153	—	210	222	58	128	—	194	180	—	37
200	3D-50	340	295	266	30	8-φ23	M20	12-φ23	690	349	216	89	230	275	70	163	—	241	250	53	63
250	3D-120	405	355	319	32	8-φ28	M24	12-φ28	782	398	209	114	250	368	95	193	—	291	350	81	94
300	3D-30/250	460	410	370	32	8-φ28	M24	12-φ28	980	556	277	114	270	449	178	254	104	473	300	145	165
350	3D-30/250	520	470	429	36	12-φ28	M24	16-φ28	1048	586	315	127	290	449	178	254	104	473	300	190	214
400	3D-30/400	580	525	480	38	12-φ31	M27	16-φ31	1138	653	335	140	310	486	196	254	130	528	300	232	264
450	3D-30/400	640	585	548	40	16-φ31	M27	20-φ31	1202	672	380	152	330	486	196	254	130	528	300	352	392
500	3D-30/800	715	650	609	42	16-φ34	M30	20-φ34	1421	793	428	152	350	627	244	254	162	596	400	377	524
600	3D-60/800	840	770	720	48	16-φ37	M33	20-φ37	1488	808	480	178	390	627	244	245	162	596	400	325	700
700	3D-60/800	910	840	794	39.5	20-φ37	M33	24-φ37	1889	1058	681	229	430	635	370	295	196	711	300	853	953
800	3D-120/1500	1025	950	901	43	20-φ40	M36	24-φ40	2032	1133	749	241	470	635	370	295	196	711	300	924	1075
900	3D-120/1500	1125	1050	1001	46.5	24-φ40	M36	28-φ40	2258	1266	842	241	510	955	455	295	295	807	300	1135	1319
1000	3D-120/2500	1255	1170	1112	50	24-φ43	M39	28-φ43	2325	1286	889	300	550	955	445	296	295	807	300	1562	1751
1200	3D-120/4000	1485	1390	1328	57	28-φ49	M45	32-φ49	2796	1568	978	350	630	1190	680	491	598	1089	500	3253	3541

生产厂家：天津塘沽阀门有限责任公司、株洲南方阀门股份有限公司。

3.3.3.3　D343X—10 型双偏心软密封蝶阀

D343X—10 型双偏心软密封蝶阀规格与外形尺寸见图 3-3-41、表 3-3-60。

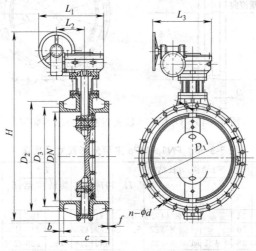

图 3-3-41　D343X—10 型双偏心软密封蝶阀规格与外形尺寸

表 3-3-60　D343X—10 型双偏心软密封蝶阀规格与外形尺寸

公称尺寸 DN		外形尺寸/mm										$n-\phi d$
mm	in	D_1	D_2	D_3	b	f	c	H	L_1	L_2	L_3	
100	4	180	220	158	24	3	190	442.3	173	45	210	8-17.5
150	6	240	285	212	26	3	210	621	289	63	257	5-22
200	8	295	340	268	28	3	230	717.5	289	63	257	8-22
250	10	350	390	320	28	4	250	703	289	63	257	12-23
300	12	400	440	368	28	4	270	800.5	310	78	259.5	12-23
350	14	460	500	428	30	4	290	875.2	310	78	259.5	16-23
400	16	515	565	482	30	4	310	1131	441	181	386	16-26
450	18	565	615	532	32	4	330	1187	441	181	386	20-26
500	20	620	670	585	35	5	350	1280	441	181	386	20-26
600	24	725	780	685	35	5	390	1374.5	523	199.5	432	20-30
700	28	840	895	800	40	5	430	1570.5	602.5	242.5	530.5	24-30
800	32	950	1015	905	44	5	470	1685.5	602.5	242.5	530.5	24-33
900	36	1050	1115	1005	44	5	510	1897.5	666	277.5	599	28-33
1000	40	1160	1230	1110	50	5	550	2089.5	666	277.5	599	28-36
1200	48	1380	1450	1300	52	5	630	2329	955	455	807	32-39

生产厂家：北京阿尔肯机械集团、株洲南方阀门股份有限公司。

3.3.3.4　法兰式双偏心软密封地埋蝶阀（竖式）

双偏心蝶阀采用偏心结构。密封性能可靠，启闭时密封面摩擦力小，启闭力矩小，减少密封面磨损，使用寿命长。

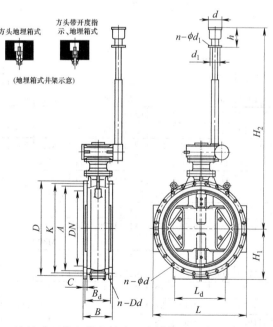

图 3-3-42　法兰式双偏心软密封地埋式蝶阀（竖式）规格与外形尺寸

YGDW343X—6Q、YGDW343X—10Q、YGDW343X—16Q、YGDW343X—25Q 法兰式双偏心软密封地埋式蝶阀（竖式）数据见图 3-3-42、表 3-3-61。

表 3-3-61 法兰式双偏心软密封蝶阀地埋式（竖式）数据 单位：mm

公称尺寸 DN		PN/ MPa	D	K	A	B	n-φd	C	L	L_d	B_d	n-Dd	H_1	H_2		d	d_1	n-φd_1	h
mm	in													min	max				
200	8	1.0	340	295	266	152	8-23	20	348	175	128	4-M8	154	800	2000	150	120	3-12	200
		1.6	340	295	266	152	12-23	20	348	175	128	4-M8	154	800	2000	150	120	3-12	200
		2.5	360	310	274	152	12-28	22	348	175	128	4-M8	154	800	2000	150	120	3-12	200
250	10	1.0	395	350	319	165	12-23	22	403	216	138	4-M8	190	850	2000	150	120	3-12	200
		1.6	405	355	319	165	12-28	22	403	216	138	4-M8	190	850	2000	150	120	3-12	200
		2.5	425	370	330	165	12-31	24.5	403	216	138	4-M8	190	850	2000	150	120	3-12	200
300	12	1.0	445	400	370	178	12-23	24.5	453	240	150	4-M10	222	900	2000	180	150	3-12	280
		1.6	460	410	370	178	12-28	24.5	453	240	150	4-M10	222	900	2000	180	150	3-12	280
		2.5	485	430	389	178	16-31	27.5	453	240	150	4-M10	222	900	2000	180	150	3-12	280
350	14	1.0	505	460	429	190	16-23	24.5	513	270	162	4-M10	256	950	2500	180	150	3-12	280
		1.6	525	470	429	190	16-28	26.5	513	270	162	4-M10	256	950	2500	180	150	3-12	280
		2.5	555	490	448	190	16-34	30	513	270	162	4-M10	256	950	2500	180	150	3-12	280
400	16	1.0	565	515	480	216	16-28	24.5	573	250	186	4-M12	290	1050	2500	250	210	3-16	400
		1.6	580	525	480	216	16-31	28	573	250	186	4-M12	290	1050	2500	250	210	3-16	400
		2.5	620	550	503	216	16-37	32	573	250	186	4-M12	290	1050	2500	250	210	3-16	400
450	18	1.0	615	565	530	222	20-28	25.5	623	280	190	4-M12	325	1100	2500	250	210	3-16	400
		1.6	640	585	548	222	20-31	30	623	280	190	4-M12	325	1100	2500	250	210	3-16	400
		2.5	670	600	548	222	20-37	34.5	623	280	190	4-M12	325	1100	2500	250	210	3-16	400
500	20	1.0	670	620	582	229	20-28	26.5	678	310	195	4-M12	358	1150	2500	250	210	3-16	400
		1.6	715	650	609	229	20-34	31.5	678	310	195	4-M12	358	1150	2500	250	210	3-16	400
		2.5	730	660	609	229	20-37	36.5	678	310	195	4-M12	358	1150	2500	250	210	3-16	400
600	24	1.0	780	725	682	267	20-31	30	790	400	230	4-M14	420	1300	3000	300	260	3-18	400
		1.6	840	770	720	267	20-37	36	790	400	230	4-M14	420	1300	3000	300	260	3-18	400
		2.5	845	770	720	267	20-40	42	790	400	230	4-M14	420	1300	3000	300	260	3-18	400
700	28	1.0	895	840	794	292	24-31	32.5	905	460	260	4-M14	495	1350	3000	300	260	3-18	400
		1.6	910	840	794	292	24-37	39.5	905	460	260	4-M14	495	1350	3000	300	260	3-18	400
800	32	1.0	1015	950	901	318	24-34	35	1025	540	270	4-M16	540	1400	3000	300	260	3-18	400
		1.6	1025	950	901	318	24-40	43	1025	540	270	4-M16	540	1400	3000	300	260	3-18	400
900	36	1.0	1115	1050	1001	330	28-34	37.5	1125	600	274	4-M16	600	1500	3000	350	300	4-18	450
		1.6	1125	1050	1001	330	28-40	46.5	1125	600	274	4-M16	600	1500	3000	350	300	4-18	450
1000	40	1.0	1230	1160	1112	410	28-37	40	1240	660	350	4-M20	678	1600	3000	350	300	4-18	450
		1.6	1255	1170	1112	410	28-43	50	1240	660	350	4-M20	678	1600	3000	350	300	4-18	450
1200	48	0.6	1405	1340	1295	470	32-34	32	1220	1110	404	4-M24	800	1800	3500	350	300	4-18	450
		1.0	1455	1380	1328	470	32-40	45	1220	1110	404	4-M24	800	1800	3500	350	300	4-18	450
		1.6	1485	1390	1328	470	32-49	57	1220	1110	404	4-M24	800	1800	3500	350	300	4-18	450
1400	56	0.6	1630	1560	1510	530	36-37	36	1440	1320	456	4-M30	920	2000	3500	350	300	4-18	450
		1.0	1675	1590	1530	530	36-43	46	1440	1320	456	4-M30	920	2000	3500	350	300	4-18	450
		1.6	1685	1590	1530	530	36-49	60	1440	1320	456	4-M30	920	2000	3500	350	300	4-18	450
1600	64	0.6	1830	1760	1710	600	40-37	38	1620	1460	528	4-M30	1078	2300	3500	500	440	6-22	600
		1.0	1915	1820	1750	600	40-49	49	1620	1460	528	4-M30	1078	2300	3500	500	440	6-22	600
		1.6	1930	1820	1750	600	40-56	65	1620	1460	528	4-M30	1078	2300	3500	500	440	6-22	600
1800	72	0.6	2045	1970	1918	670	44-40	42	1820	1660	590	4-M30	1170	2500	4000	500	440	6-22	600
		1.0	2115	2020	1950	670	44-49	52	1820	1660	590	4-M30	1170	2500	4000	500	440	6-22	600
		1.6	2130	2020	1950	670	44-56	70	1820	1660	590	4-M30	1170	2500	4000	500	440	6-22	600
2000	80	0.6	2265	2180	2125	760	48-43	46	2000	1840	680	4-M30	1290	2800	4000	500	440	6-22	600
		1.0	2325	2230	2150	760	48-49	55	2000	1840	680	4-M30	1290	2800	4000	500	440	6-22	600
2200	88	0.6	2475	2390	2335	800	52-43	48	2240	2040	700	4-M33	1450	3000	5000	500	440	6-22	600
		1.0	2550	2440	2370	800	52-56	60	2240	2040	700	4-M33	1450	3000	5000	500	440	6-22	600

公称尺寸 DN		PN/ MPa	D	K	A	B	n-φd	C	L	L_d	B_d	n-Dd	H_1	H_2		d	d_1	n-φd_1	h
mm	in													min	max				
2400	96	0.6	2685	2600	2545	900	56-43	50	2410	2210	800	4-M33	1650	3300	5000	560	500	8-22	680
		1.0	2760	2650	2570	900	56-56	65	2410	2210	800	4-M33	1650	3300	5000	560	500	8-22	680
2600	104	0.6	2905	2810	2750	990	60-49	52	2540	2340	890	4-M36	1805	3600	5000	560	500	8-22	680
		1.0	2960	2850	2780	990	60-59	72	2540	2340	890	4-M36	1805	3600	5000	560	500	8-22	680
2800	112	0.6	3115	3020	2960	1070	64-49	54	2700	2500	970	4-M36	1910	4000	6000	560	500	8-22	680
		1.0	3180	3070	3000	1070	64-59	80	2700	2500	970	4-M36	1910	4000	6000	560	500	8-22	680
3000	120	0.6	3315	3220	3160	1150	68-49	58	2870	2670	1030	4-M36	2200	4500	6000	560	500	8-22	680
		1.0	3405	3290	3210	1150	68-62	88	2870	2670	1030	4-M36	2200	4500	6000	560	500	8-22	680

生产厂家：佛山市南海永兴阀门制造有限公司、株洲南方阀门股份有限公司。

3.3.3.5　法兰式双偏心软密封地埋蝶阀（卧式）

YGDW343X—6Q、YGDW343X—10Q、YGDW343X—16Q、YGDW343X—25Q 法兰式双偏心软密封地埋式蝶阀（卧式）数据见图 3-3-43、表 3-3-62。

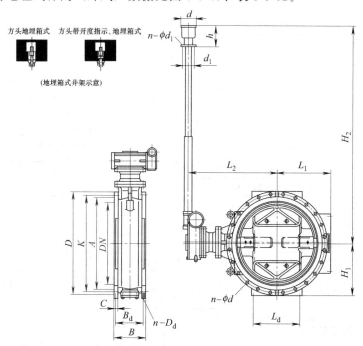

图 3-3-43　法兰式双偏心软密封地埋式蝶阀（卧式）规格与外形尺寸

表 3-3-62　法兰式双偏心软密封地埋式蝶阀（卧式）数据　　　单位：mm

公称尺寸 DN		PN /MPa	D	K	A	B	n-φd	C	L_1	L_2	L_d	B_d	n-D_d	H_1	H_2		d	d_1	n-φd_1	h
mm	in														min	max				
200	8	1.0	340	295	266	152	8-23	20	154	400	175	128	4-M8	159	800	2000	150	120	3-12	200
		1.6	340	295	266	152	12-23	20	154	400	175	128	4-M8	159	800	2000	150	120	3-12	200
		2.5	360	310	274	152	12-28	22	154	400	175	128	4-M8	159	800	2000	150	120	3-12	200
250	10	1.0	395	350	319	165	12-23	22	190	445	216	138	4-M8	195	850	2000	150	120	3-12	200
		1.6	405	355	319	165	12-28	22	190	445	216	138	4-M8	195	850	2000	150	120	3-12	200
		2.5	425	370	330	165	12-31	24.5	190	445	216	138	4-M8	195	850	2000	150	120	3-12	200

公称尺寸 DN		PN /MPa	D	K	A	B	n-φd	C	L₁	L₂	L_d	B_d	n-D_d	H₁	H₂		d	d₁	n-φd₁	h
mm	in														min	max				
300	12	1.0	445	400	370	178	12-23	24.5	222	477	240	150	4-M10	227	900	2000	180	150	3-12	280
		1.6	460	410	370	178	12-28	24.5	222	477	240	150	4-M10	227	900	2000	180	150	3-12	280
		2.5	485	430	389	178	16-31	27.5	222	477	240	150	4-M10	227	900	2000	180	150	3-12	280
350	14	1.0	505	460	429	190	16-23	24.5	256	517	270	162	4-M10	261	950	2500	180	150	3-12	280
		1.6	525	470	429	190	16-28	26.5	256	517	270	162	4-M10	261	950	2500	180	150	3-12	280
		2.5	555	490	448	190	16-34	30	256	517	270	162	4-M10	261	950	2500	180	150	3-12	280
400	16	1.0	565	515	480	216	16-28	24.5	290	603	250	186	4-M12	295	1050	2500	250	210	3-16	400
		1.6	580	525	480	216	16-31	28	290	603	250	186	4-M12	295	1050	2500	250	210	3-16	400
		2.5	620	550	503	216	16-37	32	290	603	250	186	4-M12	295	1050	2500	250	210	3-16	400
450	18	1.0	615	565	530	222	20-28	25.5	325	643	280	190	4-M12	330	1100	2500	250	210	3-16	400
		1.6	640	585	548	222	20-31	30	325	643	280	190	4-M12	330	1100	2500	250	210	3-16	400
		2.5	670	600	548	222	20-37	34.5	325	643	280	190	4-M12	330	1100	2500	250	210	3-16	400
500	20	1.0	670	620	582	229	20-28	26.5	385	678	310	195	4-M12	363	1150	2500	250	210	3-16	400
		1.6	715	650	609	229	20-34	31.5	385	678	310	195	4-M12	363	1150	2500	250	210	3-16	400
		2.5	730	660	609	229	20-37	36.5	385	678	310	195	4-M12	363	1150	2500	250	210	3-16	400
600	24	1.0	780	725	682	267	20-31	30	420	747	400	230	4-M14	425	1300	3000	300	260	3-18	400
		1.6	840	770	720	267	20-37	36	420	747	400	230	4-M14	425	1300	3000	300	260	3-18	400
		2.5	845	770	720	267	20-40	42	420	747	400	230	4-M14	425	1300	3000	300	260	3-18	400
700	28	1.0	895	840	794	292	24-31	32.5	495	816	460	260	4-M14	500	1350	3000	300	260	3-18	400
		1.6	910	840	794	292	24-37	39.5	495	816	460	260	4-M14	500	1350	3000	300	260	3-18	400
800	32	1.0	1015	950	901	318	24-34	35	540	894	540	270	4-M16	545	1400	3000	300	260	3-18	400
		1.6	1025	950	901	318	24-40	43	540	894	540	270	4-M16	545	1400	3000	300	260	3-18	400
900	36	1.0	1115	1050	1001	330	28-34	37.5	600	1060	600	274	4-M16	605	1500	3000	350	300	4-18	450
		1.6	1125	1050	1001	330	28-40	46.5	600	1060	600	274	4-M16	605	1500	3000	350	300	4-18	450
1000	40	1.0	1230	1160	1112	410	28-37	40	678	1176	660	350	4-M20	683	1600	3000	350	300	4-18	450
		1.6	1255	1170	1112	410	28-43	50	678	1176	660	350	4-M20	683	1600	3000	350	300	4-18	450
1200	48	0.6	1405	1340	1295	470	32-34	32	800	1310	1110	404	4-M24	805	1800	3500	350	300	4-18	450
		1.0	1455	1380	1328	470	32-40	45	800	1310	1110	404	4-M24	805	1800	3500	350	300	4-18	450
		1.6	1485	1390	1328	470	32-49	57	800	1310	1110	404	4-M24	805	1800	3500	350	300	4-18	450
1400	56	0.6	1630	1560	1510	530	36-37	36	920	1586	1320	456	4-M30	925	2000	3500	350	300	4-18	450
		1.0	1675	1590	1530	530	36-43	46	920	1586	1320	456	4-M30	925	2000	3500	350	300	4-18	450
		1.6	1685	1590	1530	530	36-49	60	920	1586	1320	456	4-M30	925	2000	3500	350	300	4-18	450
1600	64	0.6	1830	1760	1710	600	40-37	38	1078	1782	1460	528	4-M30	1083	2300	3500	500	440	6-22	600
		1.0	1915	1820	1750	600	40-49	49	1078	1782	1460	528	4-M30	1083	2300	3500	500	440	6-22	600
		1.6	1930	1820	1750	600	40-56	65	1078	1782	1460	528	4-M30	1083	2300	3500	500	440	6-22	600
1800	72	0.6	2045	1970	1918	670	44-40	42	1170	1990	1660	590	4-M30	1175	2500	4000	500	440	6-22	600
		1.0	2115	2020	1950	670	44-49	52	1170	1990	1660	590	4-M30	1175	2500	4000	500	440	6-22	600
		1.6	2130	2020	1950	670	44-56	70	1170	1990	1660	590	4-M30	1175	2500	4000	500	440	6-22	600
2000	80	0.6	2265	2180	2125	760	48-43	46	1290	2250	1840	680	4-M30	1295	2800	4000	500	440	6-22	600
		1.0	2325	2230	2150	760	48-49	55	1290	2250	1840	680	4-M30	1295	2800	4000	500	440	6-22	600
2200	88	0.6	2475	2390	2335	800	52-43	48	1450	2466	2040	700	4-M33	1455	3000	5000	500	440	6-22	600
		1.0	2550	2440	2370	800	52-56	60	1450	2466	2040	700	4-M33	1455	3000	5000	500	440	6-22	600
2400	96	0.6	2685	2600	2545	900	56-43	50	1650	2672	2210	800	4-M33	1655	3300	5000	560	500	8-22	680
		1.0	2760	2650	2570	900	56-56	65	1650	2672	2210	800	4-M33	1655	3300	5000	560	500	8-22	680

续表

公称尺寸 DN		PN /MPa	D	K	A	B	n-φd	C	L₁	L₂	Ld	Bd	n-Dd	H₁	H₂		d	d₁	n-φd₁	h
mm	in														min	max				
2600	104	0.6	2905	2810	2750	990	60-49	52	1805	2983	2340	890	4-M36	1810	3600	5000	560	500	8-22	680
		1.0	2960	2850	2780	990	60-59	72	1805	2983	2340	890	4-M36	1810	3600	5000	560	500	8-22	680
2800	112	0.6	3115	3020	2960	1070	64-49	54	1910	3330	2500	970	4-M36	1915	4000	6000	560	500	8-22	680
		1.0	3180	3070	3000	1070	64-59	80	1910	3330	2500	970	4-M36	1915	4000	6000	560	500	8-22	680
3000	120	0.6	3315	3220	3160	1150	68-49	58	2200	3680	2670	1030	4-M36	2205	4500	6000	560	500	8-22	680
		1.0	3405	3290	3210	1150	68-62	88	2200	3680	2670	1030	4-M36	2205	4500	6000	560	500	8-22	680

生产厂家：佛山市南海永兴阀门制造有限公司、株洲南方阀门股份有限公司、北京阿尔肯机械集团。

3.3.4　涡轮传动蝶阀

3.3.4.1　蜗轮传动法兰式中线衬里蝶阀

主要外形连接尺寸及质量见图 3-3-44、表 3-3-63。

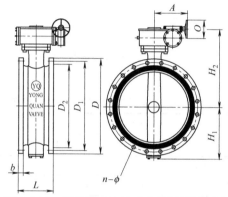

图 3-3-44　蜗轮传动法兰式中线衬里蝶阀图

表 3-3-63　外形连接尺寸及质量

公称尺寸 DN		L	D/mm		D₁/mm		D₂/mm		b	n-φ/mm		H₁	H₂	A	O	质量/kg	
mm	in	/mm	PN10 /MPa	PN16 /MPa	PN10 /MPa	PN16 /MPa	PN10 /MPa	PN16 /MPa	/mm	PN10 /MPa	PN16 /MPa	/mm	/mm	/mm	/mm	PN10 /MPa	PN16 /MPa
50	2	108	165		125		102		19	4-19		80	146	174	150	12	12
65	2.5	112	185		145		122		19	4-19		80	171	174	150	14	14
80	3	114	200		160		133		19	8-19		95	177	174	150	17	17
100	4	127	220		180		158		19	8-19		114	186	174	150	20	20
125	5	140	250		210		184		19	8-19		123	206	174	150	25	25
150	6	140	285		240		212		19	8-23		139	216	174	150	30	30
200	8	152	340		295		268		20	8-23	12-23	175	253	225	300	53	53
250	10	165	405		350	355	320		22	12-23	12-28	203	289	225	300	81	83
300	12	178	455		400	410	370		24.5	12-23	12-28	242	318	237	300	128	134
350	14	190	515		460	470	430		24.5	16-23	16-28	256	370	237	300	156	165
400	16	216	575		515	525	485		24.5	16-28	16-31	296	519	278	300	205	220
450	18	222	615	640	565	585	530	548	25.5	20-28	20-31	316	549	278	300	228	250
500	20	229	670	715	620	650	582	610	26.5	20-28	20-34	352	600	278	300	242	272
600	24	267	780	840	725	770	682	725	30	20-31	20-37	442	706	304	300	414	456
700	28	292	895	910	840		794		32.5	24-31	24-37	474	724	357	435	522	570
800	32	318	1015	1025	950		901		35	24-34	24-40	528	784	357	435	689	750
900	36	330	1115	1125	1050		1001		37.5	28-34	28-40	581	942	410	435	804	870
1000	40	410	1230	1255	1160	1170	1112		40	28-37	28-43	653	992	410	435	1177	1253

生产厂家：佛山市南海永兴阀门制造有限公司、北京阿尔肯机械集团。

3.3.4.2 PD371F—25Q 型蜗轮传动偏心式蝶阀

PD371F—25Q 型蜗轮传动偏心式蝶阀规格与外形尺寸见图 3-3-45、表 3-3-64。

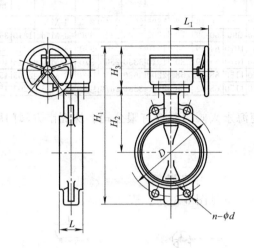

图 3-3-45 PD371F—25Q 型蜗轮传动偏心式蝶阀规格与外形尺寸

表 3-3-64 PD371F—25Q 型蜗轮传动偏心式蝶阀规格与外形尺寸

公称尺寸 DN		外形尺寸/mm						$n-\phi d$ /mm	质量 /kg
mm	in	A	B	H_1	H_2	D_1	D_2		
65	$2^1/_2$	337	130	117	46	115	145	4-19	11.6
80	3	357	140	117	49	115	160	4-19	13.5
100	4	397	160	117	56	115	190	4-23	16
125	5	437	185	117	64	115	220	4-28	19
150	6	467	200	117	70	115	250	4-28	22.1
200	8	632	235	212	71	160	310	4-28	41.1
250	10	702	270	212	76	160	370	4-31	52.5
300	12	785	325	212	114	160	430	16-31	126
350	14	852	360	212	127	160	490	16-34	152
400	16	975	405	265	140	220	550	20-37	180
450	18	1015	425	265	152	220	600	20-37	235
500	20	1110	485	265	152	220	660	20-37	300
600	24	1345	520	380	178	320	770	20-40	410
700	28	1465	580	380	229	320	875	24-43	515
800	32	1455	625	270	241	483	990	24-49	635
900	36	1630	715	285	241	567	1090	28-49	740
1000	40	1725	760	285	300	567	1210	28-56	860

生产厂家：北京阿尔肯机械有限公司、郑州蝶阀厂。

3.3.4.3 D343X 型蜗轮传动偏心蝶阀

D343X 型蜗轮传动偏心蝶阀规格与外形尺寸见图 3-3-46、表 3-3-65。

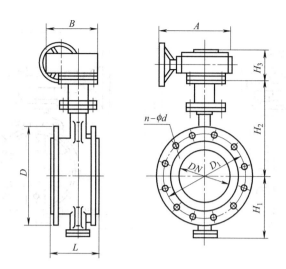

图 3-3-46　D343X 型蜗轮传动偏心蝶阀规格与外形

表 3-3-65　D343X 型蜗轮传动偏心蝶阀规格与外形尺寸

公称尺寸 DN/mm	外形尺寸/mm						D/mm		D_1/mm		n-ϕd/mm	
	L	H_1	H_2	H_3	A	B	1.0MPa	1.6MPa	1.0MPa	1.6MPa	1.0MPa	1.6MPa
50	108	75	218	62	164	125	165		125		4-18	
65	112	85	228	62	164	125	185		145		4-18	
80	114	95	235	62	164	125	200		160		8-18	
100	127	110	245	62	164	125	220		180		8-18	
125	140	125	265	72	268	177	250		210		8-18	
150	140	1050	300	72	268	177	285		240		8-22	
200	152	172	360	77	289	200	345		295		8-22	12-22
250	165	210	410	118	338	270	395	405	350	355	12-22	12-26
300	178	296	450	118	338	270	445	460	400	410	12-22	12-26
350	190	316	510	136	515	362	505	520	460	470	16-22	16-26
400	216	379	520	136	515	362	565	580	515	525	16-22	16-30
450	222	404	543	136	515	362	615	640	565	585	20-26	20-30
500	229	445	583	136	515	362	670	715	620	650	20-26	20-33
600	267	507	650	200	513	531	780	840	725	770	20-30	20-36
700	292	585	725	200	513	531	895	910	840		24-30	24-36
800	318	686	825	200	513	531	1015	1025	950		24-36	24-39
900	330	760	895	273	713	845	1115	1125	1050		28-33	28-39
1000	410	830	970	273	713	845	1230	1255	1160	1170	28-36	28-42

生产厂家：北京阿尔肯机械集团、郑州阀门厂。

3.3.5　三偏心蝶阀

3.3.5.1　D373H 型对夹式三偏心硬密封蝶阀

D373H 型对夹式三偏心硬密封蝶阀规格与外形尺寸见图 3-3-47、表 3-3-66。

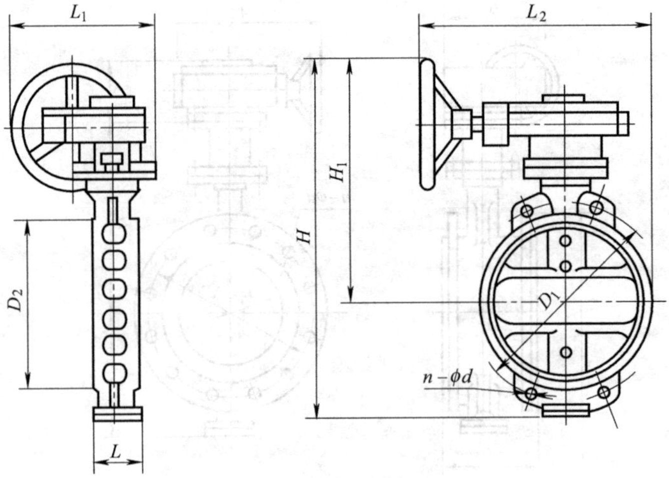

图 3-3-47　D373H 型对夹式三偏心硬密封蝶阀规格与外形尺寸

表 3-3-66　D373H 型对夹式三偏心硬密封蝶阀规格与外形尺寸

产　品		公称尺寸 DN/mm	外形尺寸/mm							n-φd /mm	质量 /kg
			L	D_1	D_2	L_1	L_2	H	H_1		
		50	43	125	100	200	200	350	250	4-18	16
		65	46	145	120	200	200	370	270	4-18	19
		80	49	160	135	200	220	390	280	8-18	22
		100	56	180	155	200	240	430	310	8-18	25
		125	64	210	185	200	260	470	320	8-18	28
		150	70	240	210	280	280	620	460	8-23	32
		200	71	295	265	280	320	690	480	12-23	43
		250	76	355	320	280	360	740	570	12-25	52
		300	83	410	375	420	460	950	660	12-25	65
D373H—16	C P R	350	92	470	435	420	500	1010	700	16-25	125
		400	102	525	485	420	540	1070	730	16-30	180
		450	114	585	545	420	580	1130	760	20-30	325
		500	127	650	608	420	620	1200	790	20-34	350
		600	154	770	118	420	660	1320	840	20-41	370
		700	165	840	788	550	750	1480	930	24-41	640
		800	190	950	898	550	800	1660	1020	24-41	700
		900	203	1050	998	550	850	1800	1090	28-41	740
		1000	216	1170	1110	750	1000	1930	1160	28-48	800
		1200	254	1390	1325	750	1050	2060	1230	32-54	1000

生产厂家：北京阿尔肯机械集团、郑州北方阀门有限公司、株洲南方阀门股份有限公司。

3.3.5.2　D343H 型法兰式三偏心硬密封蝶阀

D343H 型法兰式三偏心硬密封蝶阀规格与外形尺寸见图 3-3-48、表 3-3-67。

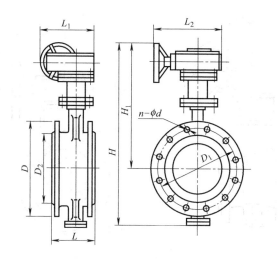

图 3-3-48　D343H 型法兰式三偏心硬密封蝶阀外形尺寸

表 3-3-67　D343H 型法兰式三偏心硬密封蝶阀规格与外形尺寸

产　品	公称尺寸 DN/mm	外形尺寸/mm								n-φd /mm	质量 /kg
		L	D	D_1	D_2	L_1	L_2	H	H_1		
	100	127	215	180	155	120	200	430	310	8-18	27
	125	140	245	210	185	120	200	430	310	8-18	42
	150	140	280	240	210	120	200	620	460	8-23	52
	200	152	335	295	265	280	280	680	480	12-23	85
	250	165	405	355	320	280	280	760	500	12-25	110
	300	178	460	410	375	420	450	960	580	12-25	190
	350	190	520	470	435	420	450	1010	610	16-25	210
D343H—16 C P R	400	216	580	525	485	420	450	1070	730	16-30	250
	450	222	640	585	545	420	450	1130	760	20-30	340
	500	229	705	650	608	460	450	1210	800	20-34	400
	600	267	840	770	710	460	450	1320	840	20-41	480
	700	292	910	840	788	650	890	1610	900	24-41	800
	800	318	1020	950	898	650	940	1710	960	24-41	950
	900	330	1120	1050	998	790	960	2000	1010	28-41	1200
	1000	410	1255	1170	1110	790	1010	2130	1060	28-48	1250
	1200	470	1485	1390	1325	790	1120	2230	1200	32-54	1460

生产厂家：北京阿尔肯机械集团、株洲南方阀门股份有限公司。

3.3.5.3　3D341W—25$\frac{16C}{40}$ 型法兰连接三偏心金属蝶阀

3D341W—25$\frac{16C}{40}$ 型法兰连接三偏心金属蝶阀规格与外形尺寸见图 3-3-49、表 3-3-68。

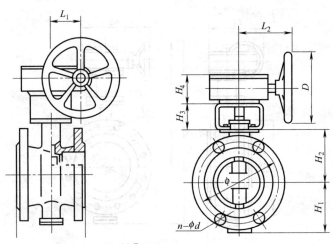

图 3-3-49   3D341W—25 型法兰连接三偏心金属蝶阀外形尺寸
40

16C
表 3-3-68   3D341W—25 型法兰连接三偏心金属蝶阀规格与外形尺寸
40

公称尺寸 DN		公称压力 /MPa	外形尺寸/mm									n-φd /mm	质量 /kg
mm	in		φ	L	H_1	H_2	H_3	H_4	D	L_1	L_2		
150	6	1.6	240	140	160	180	80	82	160	52	127	8-22	32
		2.5	250	140	160	180	80	106	240	80	150	8-26	40
		4.0	250	210	160	180	80	106	240	80	150	8-26	45
200	8	1.6	295	152	180	220	100	106	240	80	150	12-22	50
		2.5	310	152	180	220	100	106	240	80	150	12-26	60
		4.0	320	230	180	220	100	106	240	80	150	12-30	66
250	10	1.6	355	165	220	260	100	106	240	80	150	12-26	70
		2.5	370	165	220	260	100	106	240	80	150	12-30	80
		4.0	385	250	220	260	100	106	240	80	150	12-33	90
300	12	1.6	410	178	250	290	100	106	240	80	150	12-26	95
		2.5	430	178	250	290	100	106	240	80	150	16-30	100
		4.0	450	270	250	290	100	140	240	80	150	16-33	115
350	14	1.6	470	190	280	320	100	126	320	136	150	16-26	117
		2.5	490	190	280	320	125	126	320	136	150	16-33	124
		4.0	510	290	280	320	160	126	320	136	150	16-36	135
400	16	1.6	525	216	320	400	140	126	320	136	150	16-30	140
		2.5	550	216	320	400	140	126	320	136	150	16-36	151
		4.0	585	310	320	400	200	126	500	124	238	16-39	165
450	18	1.6	585	222	340	450	200	160	500	124	238	20-30	175
		2.5	600	222	340	450	220	160	500	124	238	20-36	206
		4.0	610	330	340	450	220	160	500	124	238	20-39	220
500	20	1.6	650	229	370	480	220	160	500	124	238	20-33	250
		2.5	660	229	370	480	220	160	500	124	238	20-36	272
		4.0	670	350	370	480	220	160	500	124	238	20-42	290

生产厂家：河南郑州蝶阀厂股份有限公司、北京阿肯机械集团、株洲南方阀门股份有限公司。

3.4　止回阀

3.4.1　HH44X 型微阻缓闭消声止回阀

HH44X 型微阻缓闭消声止回阀适用于石油、化工、食品、医药、给排水、能源系统中，安装在水泵出口，停泵时，阀板能有效地防止破坏性水锤，保证管线安全运行。

（1）主要性能参数　见表 3-3-69。

表 3-3-69　主要性能参数

公称压力 PN/MPa		1.0	1.6
公称通径 DN/mm		50～800	50～800
试验压力/MPa	壳体	1.5	2.4
	密封	1.1	1.76
适用温度/℃		≤85	
适用介质		淡水、污水、海水等介质	

（2）性能、外形和连接尺寸　见图 3-3-50、表 3-3-70。

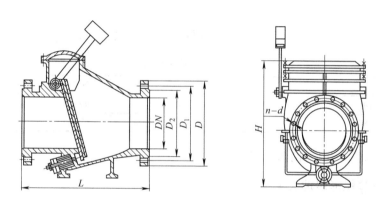

图 3-3-50　HH44X 型微阻缓闭消声止回阀

表 3-3-70　HH44X—10/16 DN50～800mm 主要外形尺寸

DN /mm	D/mm		D_1/mm		D_2/mm		n-d/mm		L /mm	H /mm
	1.0MPa	1.6MPa	1.0MPa	1.6MPa	1.0MPa	1.6MPa	1.0MPa	1.6MPa		
50	16	16	125	125	100	100	4-φ18	4-Φ18	230	260
65	185	185	145	145	120	120	4-φ18	4-Φ18	290	320
80	200	200	160	160	135	135	8-φ18	8-Φ18	310	254
100	220	220	180	180	155	155	8-φ18	8-Φ18	350	288
125	250	250	210	210	185	185	8-φ18	8-Φ18	400	325
150	285	285	240	240	210	210	8-φ23	8-Φ23	480	400
200	340	340	295	295	265	265	12-φ23	12-Φ23	500	460
250	395	405	350	355	320	320	12-φ23	12-Φ28	600	510
300	445	460	400	410	375	370	12-φ23	12-Φ28	700	590
350	505	520	460	470	435	429	16-φ23	16-Φ28	800	650
400	565	580	515	525	482	480	16-φ28	16-Φ31	900	750
500	670	715	620	650	608	608	20-φ28	20-Φ34	1100	860

DN /mm	D/mm		D₁/mm		D₂/mm		n-d/mm		L /mm	H /mm
	1.0MPa	1.6MPa	1.0MPa	1.6MPa	1.0MPa	1.6MPa	1.0MPa	1.6MPa		
600	780	840	725	770	718	720	20-φ31	20-Φ37	1300	1030
700	895	910	840	840	788	794	24-φ30	24-Φ37	1400	1270
800	1015	1025	950	950	898	901	24-φ33	24-Φ41	1500	1510

生产厂家：天津塘沽阀门有限公司、西安济源水用设备制造公司、郑州北方阀门有限公司、北京阿尔肯机械集团。

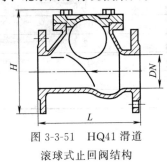

图 3-3-51　HQ41 滑道
滚球式止回阀结构

3.4.2　HQ41 滑道滚球式止回阀

（1）主要特点　HQ41 滑道滚球式止回阀采用橡胶包皮滚球为阀瓣，在介质的作用下，可在阀体内的整体式滑道上作上下滚动，从而打开或关闭阀门，密封性能好，消声式关闭，不产生水锤，阀体采用全水流通道，流量大，阻力小，水头损失比旋启式小 50%，水平或垂直安装均可，可用于冷水、热水，工业级生活污水管网，更适合潜水排污泵，介质温度为 0~80℃。

（2）性能规格与外形尺寸　见图 3-3-51，表 3-3-71。

表 3-3-71　主要外形尺寸

DN/mm	50	65	80	100	125	150	200	250	300	350
L/mm	180	200	260	300	350	400	500	600	700	800
H/mm	185	210	245	280	335	400	495	600	715	820

生产厂家：冠龙阀门（昆山）有限公司。

3.4.3　H47X—$\frac{10}{16}$ 蝶形缓冲止回阀

H47X—$\frac{10}{16}$ 蝶形缓冲止回阀主要适用于石油、化工、食品、医药、轻纺、造纸、给排水、冶炼及能源系统作为单向阀使用，用来防止介质的逆流和破坏性水锤。

外形尺寸、连接尺寸及质量（$PN1.0/1.6$MPa）见图 3-3-52、表 3-3-72。

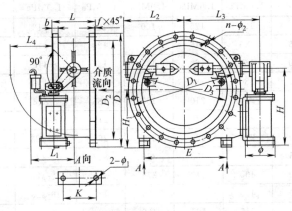

图 3-3-52　H47X—$\frac{10}{16}$ 型阀外形和连接

表 3-3-72　H47X－$\frac{10}{16}$ 型阀外形和连接尺寸

公称尺寸	尺寸参数/mm																		缓冲液压缸型号	质量/kg
DN/mm	D	D_1	D_2	D_3	L	B	f	L_1	L_2	L_3	L_4	H	H_1	E	K	ϕ	ϕ_1	n-ϕ_2		
400	580	515 525	482	405	310	38	4	220	305	400	130	500	433	442	252	180	ϕ20	16-ϕ26 16-ϕ30	HG80	205
450	615 640	565 585	532	455	330	32 40	4	262	333	425	157	590	503	450	260	200	ϕ20	20-ϕ26 20-ϕ30	HG100	248 268
500	670 715	620 650	585	505	350	34 42	5	262	365	450	185	590	490	490	280	200	ϕ20	20-ϕ26 20-ϕ33	HG100	296 326
600	780 840	725 770	685	605	390	36 48	5	262	420	500	240	590	470	672	300	200	ϕ20	20-ϕ30 20-ϕ36	HG100	457 487
700	910	840	800	708	430	54	5	320	487	580	295	770	620	700	340	220	ϕ20	24-ϕ30 24-ϕ36	HG125	668
800	1025	950	905	808	470	56	5	320	548	660	350	770	385	790	380	220	ϕ26	24-ϕ33	HG125	873
900	1125	1050	1005	908	510	58	5	390	608	745	405	920	720	870	400	260	ϕ26	28-ϕ33 28-ϕ39	HG140	1089
1000	1255	1160 1170	1110	1010	550	60	5	390	670	830	460	920	700	950	420	260	ϕ26	28-ϕ36 28-ϕ42	HG140	1298
1200	1455	1380	1330	1210	630	56	5	485	783	980	570	1180	920	1040	450	320	ϕ26	32-ϕ39	HG160	1770
1400	1675	1590	1530	1415	710	62	5	485	898	1130	665	1180	870	1500	475	320	ϕ33	36-ϕ42	HG160	2360
1600	1915	1820	1750	1620	790	68	5	595	1018	1300	775	1420	1060	1600	530	400	ϕ33	40-ϕ48	HG200	3057
1800	2115	2020	1950	1820	870	70	5	595	1120	1540	885	1420	1010	1900	570	400	ϕ33	44-ϕ48	HG200	3920

生产厂家：铁岭阀门股份有限公司、郑州北方阀门有限公司。

3.4.4　HS47X—$\frac{2.5}{10}$6　双蝶板缓冲止回阀

HS47X—$\frac{2.5}{10}$6 双蝶板缓冲止回阀由于在蝶板上又设置一个旋启式阀瓣，作用在蝶板上的逆流介质可打开旋启式阀瓣，卸掉一部分载荷。因此，蝶板自由关闭时，可减小冲击、减小噪声。

旋启式阀瓣受缓冲装置控制，可使止回阀按程序实现快慢两阶段关闭，减小水击。

该阀的外形和连接尺寸见图 3-3-53、表 3-3-73。

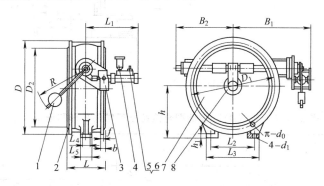

图 3-3-53　HS47X 阀外形

1—重锤；2—阀体；3—缓冲装置；4—贮油筒；5—罩；
6—节流螺杆；7—蝶板；8—旋启式阀瓣

表 3-3-73   HS47X 双蝶板缓冲止回阀规格   单位：mm

DN	PN /MPa	L	D	D_1	D_2	b	f	L_1	L_2	L_3	L_4	L_5	h	h_1	d_1	B_1	B_2	R	n-d_0	质量 /kg
1000	1.0	550	1230	1160	1110	50	5	1095								1090	830	1030	28-36	1790
1200	0.6	630	1405	1340	1295	40	5	1095								1180	920	1030	32-33	2350
1400	0.25	710	1630	1560	1510	44	5	1095								1290	1030	1030	36-36	3993
	0.6	710	1630	1560	1510	44	5	1095								1290	1030	1030	36-36	4020
1600	0.25	790	1830	1760	1710	48	5	1095								1390	1130	1030	40-36	4367
	0.6	790	1830	1760	1710	48	5	1095								1390	1130	1030	40-36	5185
1800	0.25	870	2045	1970	1920	50	5	1095	1100	1280	270	450	1070	45	42	1500	1240	1030	44-39	5215
2000	0.25	950	2265	2180	2125	54	5	1095	1130	1310	320	500	1170	50	48	1610	1350	1030	48-42	7290

生产厂家：铁岭阀门股份有限公司、郑州北方阀门有限公司、北京阿尔肯机械集团。

3.4.5   HD7Q41$\frac{X}{AR}$ 智能型全液控止回蝶阀

该阀门控制部分采用了全液控形式，取消老式液控止回蝶阀重锤，减小了能量消耗，传动机构得到简化，占据空间小（与一般型蝶阀相同）。安装方便，既可以左右卧式安装也可以立式安装。

该阀门的蝶阀板采用双偏心形式，密封性可靠，并可减少密封面磨损，提高阀门使用寿命，减少摩擦扭矩，而且当阀门关闭时，蝶板能起到助关作用。

该阀门主要用于介质为水的管路系统泵出口处，能起到截止和止回两种功能，而且该阀门止回关闭时，可以控制关闭时间，从而达到减少水锤波压力至安全范围，防止介质倒流保护管路系统的目的。

该阀的外形和规格尺寸见图 3-3-54、表 3-3-74。

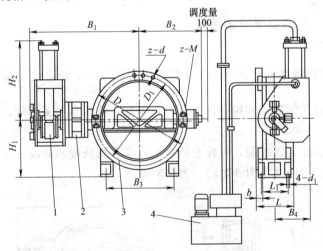

图 3-3-54   HD7Q41$\frac{X}{AR}$ 智能型全液控止回蝶阀

表 3-3-74   HD7Q41$\frac{X}{AR}$ 智能型全液控止回蝶阀外形和连接尺寸   单位：mm

公称尺寸 DN	公称压力 PN/MPa	D	D_1	b	L	L_1	B_1	B_2	B_3	B_4	d_1	H_1	H_2	z-d	z_1-M	质量 /kg
500	10	670	620	43	203	150	1200	458	520	320	23	415	950	16-ϕ26	4-M24	1906
600	10	780	725	48	203	150	1200	538	586	320	23	448	950	16-ϕ30	4-M27	2070
700	10	895	840	54	305	240	1200	610	696	320	23	503	950	20-ϕ30	4-M27	2346
800	10	1015	950	58	305	240	1200	677	770	320	23	542	950	20-ϕ33	4-M30	3197

续表

公称尺寸 DN	公称压力 PN/MPa	D	D_1	b	L	L_1	B_1	B_2	B_3	B_4	d_1	H_1	H_2	z-d	z_1-M	质量 /kg
900	10	1115	1050	61	305	230	1310	764	870	370	27	645	1230	24-φ33	4-M30	3275
1000	10	1230	1160	67	305	220	1360	812	980	370	27	700	1230	24-φ36	4-M33	3982
1200	10	1455	1380	65	381	290	1460	912	1120	370	27	800	1230	28-φ39	4-M36	4500
1400	10	1675	1590	68	381	290	1631	1041	1390	465	33	935	1335	28-φ42	8-M39	5020
1200	6	1405	1340	65	381	290	1460	912	1120	370	27	800	1230	28-φ33	4-M30	4500
1400	6	1630	1560	68	381	290	1631	1041	1390	465	33	935	1335	28-φ36	8-M33	4801
1600	6/2.5	1830	1760	68	457	355	1821	1225	1520	465	33	1050	1335	32-φ26	8-M35	6628
1800	6/2.5	2045	1970	70	457	355	1986	1348	1710	465	33	1145	1335	36-φ39	8-M36	8834
2000	2.5	2265	2180	54	540	230	2203	1465	2000	465	39	1150	1335	48-φ42		10114
2200	2.5	2475	2390	60	590	250	2594	1739	2200	580	39	1300	1650	52-φ42		14962
2400	2.5	2685	2600	62	650	250	2840	1699	2400	580	39	1355	1650	56-φ42		16950

生产厂家：铁岭阀门股份有限公司。

3.4.6　H44$\frac{T}{X}$H 型旋启式止回阀

H44$\frac{T}{X}$H 型旋启式止回阀规格与外形尺寸见图 3-3-55、表 3-3-75、表 3-3-76。

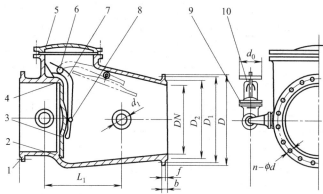

图 3-3-55　H44$\frac{T}{X}$H 型旋启式止回阀外形和连接

1—阀体；2—阀体密封圈；3—阀门；4—阀门密封圈；5—阀盖；6—销轴（甲）；
7—摇杆；8—销轴（乙）；9—旁通阀；10—手轮

表 3-3-75　H44$\frac{T}{X}$H 型旋启式止回阀规格外形尺寸（一）

公称压力 PN/MPa	公称尺寸 DN/mm	外形尺寸/mm								质量 /kg
		L	D	D_1	D_2	b-f	z-d	D_3	H	
PN1.6	50	230	160	125	100	16-2	4-18	185	160	22
	65	290	180	145	120	18-3	4-18	215	177	26
	80	310	195	160	135	20-3	8-18	235	187	33
	100	350	215	180	155	20-3	8-18	255	202	39
	125	400	245	210	185	22-3	8-18	285	227	57
	150	480	280	240	210	24-3	8-23	330	263	80
	200	550	335	295	265	26-3	12-23	385	293	95
	250	650	405	355	320	30-3	12-26	455	330	175
	300	750	460	410	375	30-4	12-26	515	382	260
	350	850	520	470	435	34-4	16-26	545	430	360
	400	950	580	525	485	36-4	16-30	600	480	496
	500	1150	715	650	608	44-4	20-34	730	560	588

续表

公称压力 PN/MPa	公称尺寸 DN/mm	外形尺寸/mm								质量 /kg
		L	D	D_1	D_2	$b-f$	$z-d$	D_3	H	
	50	230	160	125	100	20-3	4-18	185	177	22
	65	290	180	145	120	22-3	8-18	215	192	30
	80	310	195	160	135	22-3	8-18	235	192	35
	100	350	230	190	160	24-3	8-23	260	217	52
	125	400	245	220	188	28-3	8-26	296	250	73
PN2.5	150	480	300	250	218	30-3	8-26	330	270	103
	200	550	360	310	276	34-3	12-26	380	350	135
	250	650	425	370	332	36-3	12-30	430	410	196
	300	750	480	430	390	40-4	16-30	490	430	285
	350	850	550	490	448	44-4	16-34	545	450	388
	400	950	610	550	505	48-4	16-36	600	560	496
	500	1150	730	660	610	52-4	20-36	730	618	641

表 3-3-76 H44$\frac{T}{X}$H 型旋启式止回阀规格外形尺寸（二）

公称压力 PN/MPa	公称尺寸 DN/mm	外形尺寸/mm										质量 /kg
		L	D	D_1	D_2	D_6	$b-f$	f_2	$z-d$	D_3	H	
	50	230	160	125	100	88	20-3	4	4-18	185	177	22
	65	290	180	145	120	110	22-3	4	8-18	210	192	30
	80	310	195	160	135	121	22-3	4	8-18	235	192	34
	100	350	230	190	160	150	24-3	4.5	8-23	260	217	52
	125	400	270	220	188	176	28-3	4.5	8-26	295	259	73
PN4.0	150	480	300	250	218	204	30-3	4.5	8-26	330	270	103
	200	550	375	320	282	260	38-3	4.5	12-30	450	340	212
	250	650	445	385	345	313	42-3	4.5	12-34	445	401	297
	300	750	510	450	408	364	46-4	4.5	16-34	545	423	362
	350	850	570	510	465	422	52-4	5	16-36	570	460	450
	400	950	655	585	535	474	58-4	5	16-41	625	490	585
	500	1150	755	670	612	576	62-4	5	20-42	730	618	641
	50	300	175	135	105	88	26-3	4	4-23	210	192	30
	65	340	200	160	130	110	28-3	4	8-23	235	207	41
	80	380	210	170	140	121	30-3	4	8-23	235	207	48
	100	430	250	200	168	150	32-3	4.5	8-26	270	235	72
	125	500	295	240	202	170	36-3	4.5	8-30	315	265	108
PN6.3	150	550	340	280	240	204	38-3	4.5	8-34	360	297	155
	200	650	415	345	300	260	44-3	4.5	12-36	420	357	217
	250	775	470	400	352	313	48-3	4.5	12-36	480	405	341
	300	900	530	460	412	364	54-4	4.5	16-36	560	465	472
	350	1025	595	525	475	422	60-4	5	16-41	615	514	627
	400	1150	670	585	525	474	65-4	5	16-42	675	568	882

生产厂家：铁岭阀门股份有限公司。

3.4.7 节能法兰消声止回阀（炮弹型）

YQH42AX—16Q、YQH42AX—25Q 节能法兰消声止回阀（炮弹型）阀体、阀瓣均采用流线型结构。压力损失小、过流量大、抗汽蚀且水锤能力强。

（1）YQH42AX—16Q、YQH42AX—25Q 节能法兰消声止回阀曲线 见图 3-3-56、图3-3-57。

（2）YQH42AX—16Q、YQH42AX—25Q 节能法兰消声止回阀结构 见图 3-3-58。

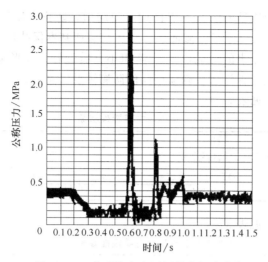

图 3-3-56　普通旋启止回阀的水锤波曲线

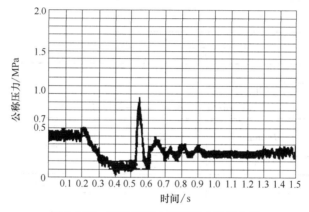

图 3-3-57　节能消声止回阀的水锤波曲线

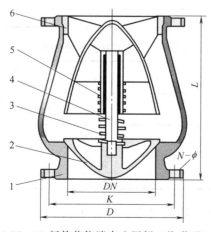

图 3-3-58　96 新款节能消声止回阀（炮弹型）结构

1—阀体；2—阀瓣；3—弹簧；4—阀杆；5—导套；6—导流体

（3）特点　a. 阀体采用流线型宽体结构，无转弯及尖凸，因而压力损失小、噪声小；b. 阀瓣行程短，减少了阀瓣的关闭时间，有效地减弱了水锤的冲击作用；c. 设置内弹簧使阀瓣运动平稳可靠，在无流量的情况下能自动关闭阀瓣，防止介质倒流；d. 阀的任何一处的流通面积均大于或等于公称通径的截面积，从而使流速基本保持稳定，杜绝了涡流和汽蚀的产生，大大降低了产生噪声的可能性；e. 体积小、质量轻、外形美观，可任意角度及位置安装；f. 内外表面均喷环保涂层，确保产品的防腐蚀及安全性。

（4）主要零件材质　见表 3-3-77。

表 3-3-77　主要零件材质

序号	名　称	材　料	序号	名　称	材　料
1	阀体	QT500-7	4	阀杆	不锈钢
2	阀瓣	QT500-7＋橡胶	5	导套	聚甲醛
3	弹簧	不锈钢	6	导流体	QT500-7

（5）主要性能参数　见表 3-3-78。

表 3-3-78　主要性能参数

公称通径 DN/mm	200 250 300 350 400 450		
公称压力 PN/MPa	1.6	2.5	
强度试验压力/MPa	2.4	3.8	
密封试验压力/MPa	1.76	2.75	
适用介质	水		
适用温度/℃	0～100	温度环境	−30～350

（6）主要外形、连接尺寸　见表 3-3-79、表 3-3-80。

表 3-3-79　主要外形、连接尺寸（一）

公称通径 DN/mm	D/mm	K/mm	PN1.6MPa $n\text{-}\phi$/mm	L/mm
200	340	295	12-22	400
250	405	355	12-27	450
300	460	410	12-27	500
350	520	470	16-27	550
400	580	525	16-31	600
450	640	585	20-31	650

表 3-3-80　主要外形、连接尺寸（二）

公称通径 DN/mm	D/mm	K/mm	PN1.6MPa $n\text{-}\phi$/mm	L/mm
200	360	310	12-27	400
250	425	370	12-30	450
300	485	430	12-30	500
350	555	490	16-34	550
400	620	550	16-37	600
450	670	600	20-37	650

生产厂家：佛山市南海永兴阀门制造有限公司。

3.4.8　LH241X—$\frac{10}{16}$调流缓冲止回阀

该阀门能够完成调流、止回、截止 3 种功能，结构紧凑合理，安装运输简单方便，占地空间小。

该阀可全流量范围内调节，调节时水流平稳摩擦小，噪声低，止回时在阀门外设有缓冲缸，利用管路内介质进行缓冲，从而达到减小水锤至安全压力范围内，起到保护管路和防止泵倒转的作用。结构及外形尺寸见图 3-3-59、表 3-3-81。

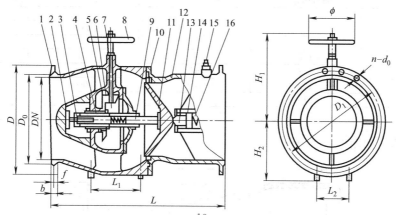

图 3-3-59　LH241X—$\frac{10}{16}$ 调流缓冲止回阀外形

1—阀体；2—导向键；3—丝杆套；4—螺母；5—大伞齿轮；6—小伞齿轮；7—手轮轴；8—手轮；9—导向杆；10—密封圈；11—阀瓣；12—缓冲座；13—缓冲缸活塞；14—调节塞；15—缓冲缸；16—缓冲缸弹簧

表 3-3-81　LH241X—$\frac{10}{16}$ 规格尺寸　　　　　　　　　　单位：mm

公称尺寸 DN	公称压力 PN/MPa	L	D	D_1	D_0	b	f	n-d_0	L_1	L_2	H_1	H_2	φ	质量 /kg
250	1.0	622	395	350	320	28	3	12-22	170	260	470	260	400	321
	1.6		405	355	320	32		12-26						330
300	1.0	698	445	400	370	28	4	12-22	190	280	490	280	400	431
	1.6		460	410	370	32		12-26						450
350	1.0	787	505	460	430	28	4	16-22	220	300	520	300	400	572
	1.6		520	470	430	35		16-26						600
400	1.0	914	565	515	482	32	4	16-26	240	320	540	320	400	690
	1.6		580	525	482	38		16-30						720
450	1.0	978	615	565	532	32	4	20-26	280	360	580	350	400	893
	1.6		640	585	532	40		20-30						930
500	1.0	1100	670	620	585	34	4	20-26	310	390	610	390	400	1089
	1.6		715	650	585	42		20-33						1140
600	1.0	1295	780	725	685	36	5	20-30	360	440	650	440	400	1310
	1.6		840	770	685	48		20-36						1370

生产厂家：铁岭阀门股份有限公司、郑州北方阀门有限公司。

3.4.9　鸭嘴式橡胶止回阀

（1）适用范围　安装在管线末端，用于污水排放系统，以及城市排洪、雨水排放、沿海排放等，起止回作用。当阀门内管线压力大于阀门外背压力时，管线内压力迫使鸭嘴打开进行排放。当阀门外背压力大于阀门内管线压力时，鸭嘴自动关闭，防止倒流。

（2）设备特点　100%全橡胶结构，可满足各种防腐要求；不堵塞、密封好；没有活动部件和机械部件，无需电信号及人工操作，无噪声。开启压力小，大于 0.01m 的水头就能打开。

（3）结构尺寸　见表 3-3-82。

表 3-3-82　鸭嘴式橡胶止回阀结构尺寸　　　　　　　　单位：mm

公称通径	插口内径 D	插口长度 L_1	高度 H	总长 L
DN50	57	38	98	135
DN65	76	60	117	190
DN80	89	60	150	230
DN100	108	65	188	290
DN125	133	65	222	330
DN150	159	100	267	380
DN200	219	100	350	432
DN250	273	100	432	527

（4）结构　如图 3-3-60 所示。

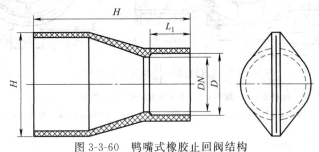

图 3-3-60　鸭嘴式橡胶止回阀结构

生产厂家：株洲南方阀门股份有限公司。

3.4.10　缓闭止回阀 CL1001

（1）工作原理　通过压力传导，主阀成为液压驱动缓闭止回阀。当水泵关闭时，下游压力迅速上升，导致主阀隔膜上部压力上升，使主阀关闭系统逐渐向下移，最后主阀缓慢关闭，关闭速度由流量调节阀的开度控制。当水泵开启时，上游压力迅速上升，导致主阀薄膜上部压力小于下部压力，使主阀关闭系统逐渐向上移动，最后主阀缓慢开启，开启速度由流量调节阀的开度控制。

（2）设备特点　该阀为缓闭止回阀，开启和关闭速度可通过调整针型阀的开度来调节，从而减少管网压力波动和对设备的冲击。如果下游压力大于或等于上游压力，主阀在下游压力或弹簧的作用下关闭，关闭速度可由针型阀的开度进行调节。

（3）导向阀系统　见图 3-3-61。

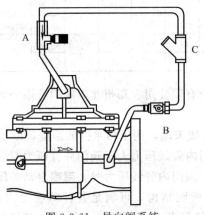

图 3-3-61　导向阀系统

A—针形阀（黄铜）；B—下游截断阀（镀镍黄铜）；C—过滤器（黄铜）

生产厂家：丹佛斯（天津）有限公司。

3.4.11　球型止回阀 B 系列

（1）适用范围　主要应用于水处理构筑物及泵站内。

（2）安装要求　水平安装或向上垂直安装。

（3）结构及外形尺寸　见图 3-3-62、表 3-3-83。

表 3-3-83　球型止回阀 B 系列外形尺寸

型号		A	B	C	D	E	质量
408	408X	/mm	/mm	/mm	/mm	/mm	/kg
2471	15052	50	165	186	182	116	9.5
2238	15053	65	185	211	204	134	14.35
2239	15054	80	200	245	260	180	20.1
2240	15055	100	220	282	300	210	23.4
2274	15056	125	250	333	350	250	38.5
2905	15057	150	285	380	400	285	57.2
2906	15058	200	340	471	500	340	71
2907		250	400	582	600	445	123
2908		300	455	721	700	505	245
2909		350	505	820	800	565	358

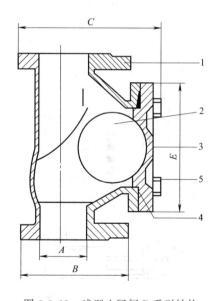

图 3-3-62　球型止回阀 B 系列结构

1—阀体（不锈钢）；2—螺栓（不锈钢）；3—球；

4—密封圈（氟橡胶）；5—阀盖（不锈钢）

生产厂家：丹佛斯（天津）有限公司。

3.4.12　防污染逆止阀

（1）适用范围　广泛应用于泵站、配水管网、供水管网、水处理构造物。

（2）231 型结构及外形尺寸　见图 3-3-63、表 3-3-84。

表 3-3-84 231 型防污染逆止阀外形尺寸

型 号	A		B	C	质量
	in	mm	/mm	/mm	/kg
2069	3/8	12/17	39	25	60
2070	1/2	15/21	41	30	95
2091	3/4	20/27	46	32.5	85
2092	1	26/34	54	39	130
2093	1¼	33/42	64	48	200
2094	1½	40/49	78	55	310
2095	2	50/60	89	67	480

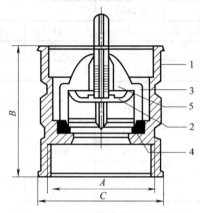

图 3-3-63 231 型防污染逆止阀结构

1—阀体（抗氧化黄铜）；2—阀瓣（聚醛塑料）；3—导向轴套（聚醛塑料）；

4—密封（NBR 或 EPDM）；5—弹簧（不锈钢）

（3）211 型结构及外形尺寸 见图 3-3-64、表 3-3-85。

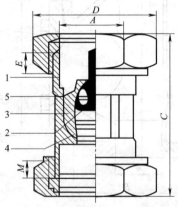

图 3-3-64 211 型防污染逆止阀结构

1—阀体（抗氧化黄铜）；2—阀瓣（聚醛塑料）；3—导向轴套（聚醛塑料）；

4—密封（NBR 或 EPDM）；5—弹簧（不锈钢）

表 3-3-85 211 型防污染逆止阀外形尺寸

型 号	A /mm	C /mm	D /mm	E /mm	质量 /kg
2079	8	54	20	6	70
2080	10	57.5	20	7.5	95

续表

型　号	A /mm	C /mm	D /mm	E /mm	质量 /kg
2081	12	59	20	7.5	70
2082	15	61	24	12.5	110
2085	18	59	27	12.5	130
2083	22	64	32	12.5	160
2084	28	64	41	12.5	240

生产厂家：丹佛斯（天津）有限公司。

3.4.13　对夹式双瓣止回阀 05 系列

（1）适用范围　广泛应用于供水管网和水处理构筑物中。

（2）安装要求　水平安装或向上垂直安装，适用于不同的安装类型 PN10-16-25-ASA B 16-1125Class and ASA B16-5。

（3）结构及外形尺寸　见图 3-3-65、表 3-3-86。

表 3-3-86　对夹式双瓣止回阀 05 系列外形尺寸

类　型			ND		A/mm		B /mm	C /mm	D /mm	G /mm	质量 /kg
805	895V	895	mm	in	PN10/16	ASA150					
3270	3000V	3000	50	2	109	105	54	60	27	27	1.2
3271	3001V	3001	65	2½	129	124	54	73	27	34	1.8
3272	3002V	3002	80	3	14	137	57	89	28	42	2.9
3273	3003V	3003	100	4	164	175	64	114	30	53	3.9
3274	3004V	3004	125	5	194	197	70	141	31	65	5.8
3275	3005V	3005	150	6	220	222	76	168	31	79	8
3276	3006V	3006	200	8	275	279	95	219	41	102	14
14319	3007V	3007	250	10	330	340	108	273	41	126	22
14321	3008V	3008	300	12	380	410	143	324	56	153	34
2590			350	14	440	451	184	356	94	175	75
2591			400	16	491	514	191	406	89	194	105
2592			450	18	541	549	203	457	89	218	144
2593			500	20	596	606	213	508	89	243	186
2594			600	24	698	718	222	610	87	291	240

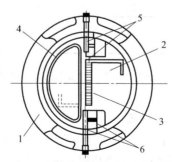

图 3-3-65　对夹式双瓣止回阀 05 系列结构

1—阀体；2—阀瓣；3—弹簧；4—阀座；5—插销；6—轴承

生产厂家：丹佛斯（天津）有限公司。

3.5　排气阀

3.5.1　CARX 复合式排气阀

适用于水、油等非腐蚀性液体。泵出口处或送配水管线中，用以排除集积在管中的空气，以提高管线及水泵的使用效率，管内一旦产生负压时，此阀迅速吸入外界空气，以防止管线因负压而损坏。

适用温度≤80℃，$PN1.0MPa\sim PN1.6MPa$。

该阀的外形和连接尺寸见图 3-3-66、表 3-3-87。

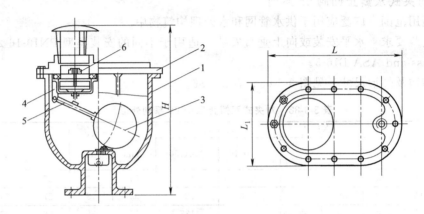

图 3-3-66　CARX 复合式排气阀

1—阀体；2—阀盖；3—浮球；4—杠杆架；5—杠杆；6—塞头

表 3-3-87　CARX 复合式排气阀规格和外形尺寸

公称尺寸 DN/mm	L /mm	L_1 /mm	H /mm	n	ϕd /mm
25	280	176	330	3	17.5
32	280	176	330	4	17.5
50	360	208	475	4	17.5
65	360	208	475	4	17.5
80	400	244	552	8	17.5
100	465	275	623	8	17.5
150	537	332	686	8	22
200	537	332	686	8/12	22

生产厂家：武汉大禹阀门制造有限公司、北京阿尔肯机械集团、上海冠龙阀门机械有限公司。

3.5.2　FGP4X 型复合式高速进排气阀

FGP4X 型复合式高速进排气阀，在给水管道空管充水时可自动高速排气；管道运行中，能自动排出水中析出的空气；当管道发生负压时，能自动地高速进气，保证管道正常运行。

（1）主要技术参数　公称压力 1.0MPa；适用介质为水；适用介质温度≤80℃；强度试验压力 1.5MPa，5min；阀口低压密封试验 0.02MPa，1min。

（2）外形及安装尺寸　见图 3-3-67、表 3-3-88。

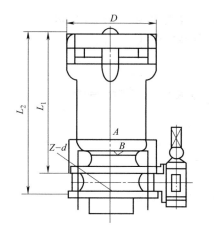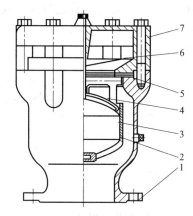

图 3-3-67　FGP4X 型复合式高速进排气阀

1—阀体；2—浮球罩；3—浮球；4—升降罩；5—大孔密封组件；6—小孔密封组件；7—阀盖

表 3-3-88　*PN*1.0MPa 规格系列及主要外形尺寸　　　　单位：mm

DN	D	A	B	L_1	L_2	z	d
50	167	165	125	260	311	4	19
80	243	200	160	365	416	8	19
100	243	220	180	365	422	8	19
150	346	285	240	435	496	8	23
200	444	340	295	555	620	8	23
300	560	445	400	635	718	12	23

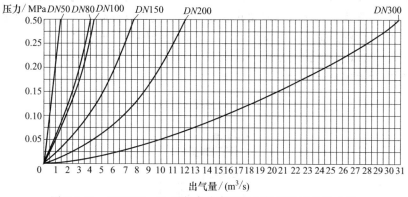

图 3-3-68　FGP4X—10 型复合式高速进排气阀进气性能曲线

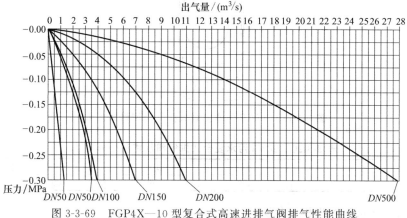

图 3-3-69　FGP4X—10 型复合式高速进排气阀排气性能曲线

（3）FGP4X—10 型复合式高速进排气阀进气性能曲线　　见图 3-3-68。

（4）FGP4X—10 型复合式高速进排气阀排气性能曲线　　见图 3-3-69。

（5）进排气阀安装位置　　见图 3-3-70。

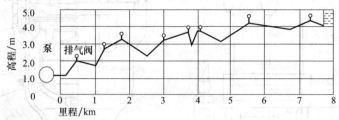

图 3-3-70　进排气阀安装位置

（6）排气阀规格选用　　见表 3-3-89。

表 3-3-89　排气阀规格选用

管径/mm	排气阀口径/mm	管径/mm	排气阀口径/mm
100～300	50	1800～2200	200
300～500	80	2400	2×150.300
600～900	100	2600～3000	2×200.300
1000～1600	150		

生产厂家：山东诸城市建华阀门制造有限公司、株洲南方阀门股份有限公司。

3.5.3　SCAR 污水复合式排气阀

SCAR 污水排气阀阀体为圆桶状，阀门内件包括不锈钢浮球、阀杆及阀瓣。本阀安装在泵出口处或送配水管线中，用来排除集积在管中的空气，以提高管线及水泵的使用效率，管内一旦产生负压，此阀迅速吸入外界空气，以防止管线因负压而损坏。

适用温度 $0\sim80℃$，$PN1.0MPa$。

该阀的外形和连接尺寸见图 3-3-71、表 3-3-90。

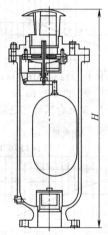

图 3-3-71　SCAR 污水复合式排气阀规格和外形

表 3-3-90　SCAR 污水复合式排气阀规格和外形尺寸

公称尺寸/mm	50	80	100	150	200
H/mm	590	680	760	900	918

生产厂家：北京阿尔肯机械集团。

3.5.4　排气阀

（1）设备功能　第一种功能（排出大量空气）：当水流进入管道时，排气阀的第一种功能就是排出管道内原有的大量空气。由于管道内最初是充满空气的，因而排气阀内可移动的"关闭系统和浮球"坐于气动挡板上。

第二种功能（压力系统中的排气）：关闭系统堵塞了大排气孔，浮球随水位移动，当空气聚集时，浮球随水位逐渐下降，小排气孔露出来而将空气逐渐排出。

第三种功能（高速气流导入）：当管道被排空或破裂时，压力突然下降，这时排气阀会导入空气以维持管道中的压力。管道中压力的突然下降使排气阀的关闭系统和浮球下降，直到它们接触到气动挡板，结果外部的空气进入管道系统。

（2）阀体结构图　见图 3-3-72。

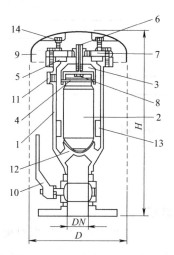

图 3-3-72　净水用三功能排气阀

1—阀体（球墨铸铁）；2—浮铁（聚乙烯）；3—关闭系统（聚氯乙烯）；4—阀塞（尼龙）；5—密封圈、排气孔（聚氨酯）；6—排气阀（不锈钢）；7—阀盖（钢）；8—密封圈、排气孔（丁腈橡胶）；9—阀帽（铸铁）；10—球阀；11—测试孔；12—气动保护；13—浮球导向装置；14—不锈钢螺钉（内/外聚酯涂层）

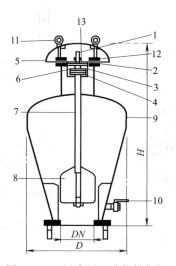

图 3-3-73　污水用三功能排气阀

1—排气阀；2—密封圈及排气孔；3—密封圈；4—阀塞；5—阀帽；6—止回阀；7—阀杆；8—浮球；9—阀体；10—压力塞；11—提升环；12—阀盖；13—排气阀密封圈

净水用三功能排气阀：从管道系统中自动不断地排出气体，在必要时还能够吸入气体。

污水用三功能排气阀：为避免水与关闭系统之间的接触，内腔加大，见图 3-3-73。

（3）技术参数　见表 3-3-91。

表 3-3-91　技术参数

型　号	DN /mm	主管道口径 /mm	D /mm	H /mm	质量 /kg
9166	40/50/60	＜200	200	320	12
9167	40/50/60	＜200	200	460	13
9168	65	＜200	200	320	12
9169	65	＜200	200	460	13
9170	80	＜500	225	320	19
9171	100	＜1000	255	370	22
5888	80	80～200	325	580	35.5
5889	100	200～600	325	580	35.5
5890	150	＞600	360	650	55

注：公称压力为 $PN25$MPa。

生产厂家：丹佛斯（天津）有限公司。

3.6　浆液阀

3.6.1　Z673X 型气动对夹式浆液阀

（1）分类　Z673X 型气动对夹式浆液阀是由 Z73X 型对夹式浆液阀配置 QZJ 型气动执行机构组成的。根据作用原理可分为气动开关对夹式浆液阀和气动调节对夹式浆液阀。

（2）Z673X 型气动对夹式浆液阀性能规格与外形尺寸　见图 3-3-74、图 3-3-75 及表3-3-92。

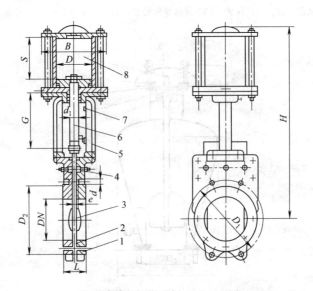

图 3-3-74　Z673X 型气动开关对夹式浆液阀外形尺寸（一）

1—阀体；2—密封圈；3—闸板；4—密封条；5—支架；6—阀杆；7—指示开关；8—气缸

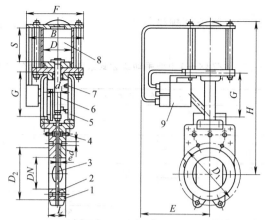

图 3-3-75 Z673X 型气动开关对夹式浆液阀外形尺寸（二）

1—阀体；2—密封圈；3—闸板；4—密封条；5—支架；6—阀杆；7—指示开关；8—气缸；9—定位器

表 3-3-92 Z673X 型气动对夹式浆液阀性能规格与外形尺寸

公称尺寸 DN/mm	类型	公称压力 PN /MPa	适用温度 /℃	适用介质	外形尺寸/mm												质量 /kg
					H	L	D_1	D_2	d	e	D	S	d_1	B	G	E	F	
150	开关型	2.5~16	120	污水、泥浆、混合物、灰渣	818	60	240	210	M20	15	130	152	24	160×160	235			65
	调节型															330	508	68
200	开关型				990	60	265	265	M20	15	170	202	24	200×200	276			103
	调节型															350	588	106
250	开关型				1106	70	350	318	M20	16	170	253	28	232	325			191
	调节型															380	718	195
300	开关型				1364	70	400	368	M20	18	250	303	28	343	405			320
	调节型															430	858	325
400	开关型				1562	80	515	482	M24	22	250	403	28	343	491			289
	调节型															430	1058	293

生产厂家：天津市仪表专用设备厂、北京阿尔肯机械集团。

3.6.2 SZ73X—$\dfrac{0.6}{1.0}{1.6}$型疏齿式浆液阀

SZ73X—$\dfrac{0.6}{1.0}{1.6}$型疏齿式浆液阀，阀门开启后过水孔与管道内径相同，保证疏通面积最大，小流阻，疏齿形结构可防止介质中的沉淀物在阀内淤积。其传动装置有手动、电动、气动等方式。

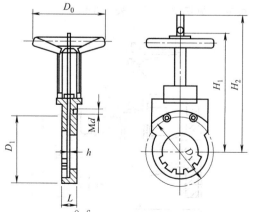

图 3-3-76 SZ73X—$\dfrac{0.6}{1.0}{1.6}$型手动疏齿式浆液阀规格与外形尺寸

SZ73X—$\frac{0.6}{1.6}$1.0型手动疏齿式浆液阀规格与外形尺寸见图 3-3-76、表 3-3-93。

表 3-3-93 SZ73X—$\frac{0.6}{1.6}$1.0型手动疏齿式浆液阀规格与外形尺寸

公称尺寸	外形尺寸/mm							质量
DN/mm	L	D_1	Md	h	D_0	H_1	H_2	/kg
50	52	125	16	10	240	289	353	8
65	52	145	16	10	240	324	403	9
80	52	160	16	12	240	365	460	11
100	52	180	16	14	300	397	512	13
125	52	210	16	14	300	475	615	17
150	60	240	20	15	360	543	709	26
200	60	295	20	15	360	630	843	33
250	70	350	20	16	360	715	973	50
300	80	400	20	18	400	865	1175	67
350	92	460	20	18	400	965	1325	98
400	120	515	24	22	400	1055	1465	118
450	132	565	24	22	400	1169	1629	186
500	132	620	24	22	400	1245	1745	195
600	132	725	27	25	400	1470	2080	327

生产厂家：北京阿尔肯机械集团。

3.7 柱塞阀

3.7.1 U41M 铁制、钢制法兰连接柱塞阀

柱塞阀启闭件为不锈钢圆柱塞，主要用于管道上切断介质。密封件采用柔性石墨，密封性好，便于维修和更换，寿命长。手轮顺时针旋转为关闭，反之开启，不得借助任何杠杆开关。

（1）主要性能参数 见表 3-3-94。

表 3-3-94 主要性能参数

公称通径 DN/mm	15～200	适用介质	水、蒸汽、油及非腐蚀性介质
公称压力 PN/MPa	1.6	主要材料	灰铸铁、不锈钢、柔性石墨
适用温度/℃	≤200		

（2）性能规格与外形尺寸 见图 3-3-77、表 3-3-95。

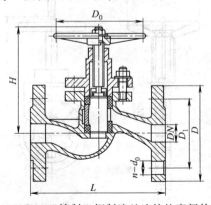

图 3-3-77 U41M 铁制、钢制法兰连接柱塞阀外形尺寸

表 3-3-95 U41M 铁制、钢制法兰连接柱塞阀性能规格及外形尺寸 单位：mm

公称通径 DN	D_0	D_1	D	L	H	$n\text{-}d_0$
15	90	65	95	130	108	4-14
20	90	75	105	150	118	4-14
25	100	85	115	160	145	4-14
32	115	100	140	180	158	4-18
40	130	110	150	200	170	4-18
50	145	125	165	230	175	4-18
65	180	145	185	290	225	4-18
80	200	160	200	310	234	8-18
100	220	180	220	350	274	8-18
125	310	210	250	400	285	8-18
150	360	240	285	480	390	8-23
200	440	295	340	600	520	12-23

生产厂家：天津塘沽阀门有限公司。

3.7.2 X743H—10 型液控旋塞阀

X743H—10 型液控旋塞阀适用于水厂、电厂、化工等行业的泵出口管路上，起开关、调流的作用，并具有停电时先速闭后缓闭的功能，用来减少由于水的倒流而产生的水锤和压力波动，至安全范围内以保护泵系统和凝结器。

该阀的性能、外形和连接尺寸见图 3-3-78、表 3-3-96。

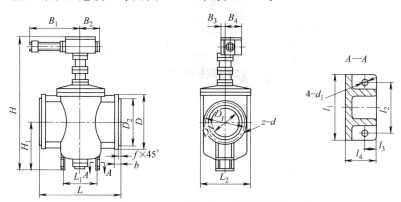

图 3-3-78 X743H—10 型液控旋塞阀外形和连接尺寸

表 3-3-96 X743H—10 型液控旋塞阀外形和连接尺寸

公称尺寸 DN /mm	公称压力 PN /MPa	外形尺寸/mm																				质量 /kg
		D	D_1	D_2	H	H_1	B_1	B_2	B_3	B_4	b	f	L	L_1	L_2	l_1	l_2	l_3	l_4	$4\text{-}d_1$	$z\text{-}d$	
300	1.0	445	400	370	1844	447	888	203	138	305	28	4	850	395	587	200	150	30	90	4-22	12-22	1433
350	1.0	505	460	430	1894	475	888	203	138	305	30	4	980	460	684	200	150	30	90	4-22	16-22	1672
400	1.0	565	515	482	1947	530	948	249	144	340	32	4	1100	526	782	200	150	30	90	4-26	16-26	1911
450	1.0	615	585	532	1997	548	948	249	144	340	32	4	1200	592	880	200	150	30	90	4-26	20-26	2150
500	1.0	670	620	585	2047	592	1050	317	208	390	34	4	1250	658	978	200	150	30	90	4-26	20-26	2389
600	1.0	780	725	685	2147	720	1050	317	208	390	36	5	1450	790	1174	200	150	30	90	4-30	20-30	2867
700	1.0	895	840	800	2254	773	1050	317	208	390	40	5	1650	921	1369	200	150	30	90	4-30	24-30	3345
800	1.0	1015	950	905	2354	838	1050	317	208	390	44	5	1850	1053	1565	200	150	30	90	4-33	24-33	3823
900	1.0	1115	1050	1005	2519	918	1237	390	244	440	46	5	2050	1185	1761	200	150	30	90	4-33	28-33	4301
1000	1.0	1230	1160	1110	2619	1058	1298	390	244	440	50	5	1150	1316	1956	200	150	30	90	4-33	28-36	4779

生产厂家：铁岭阀门有限公司。

3.8 球阀

3.8.1 Q11F（Ⅲ）型三片球阀

（1）主要性能参数 见表3-3-97。

表 3-3-97 主要性能参数

公称压力 PN/MPa	适用温度/℃	适 用 介 质
6.4	−20～232	水、油、气及某些腐蚀性液体

（2）性能规格与外形尺寸 见图3-3-79、表3-3-98。

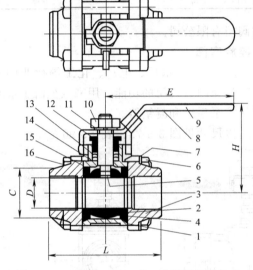

图 3-3-79 Q11F（Ⅲ）型三片球阀外形尺寸

1—阀体；2—密封圈；3—阀盖；4—球体；5—阀杆；6—螺母；7,11—垫圈；8—手柄套；9—手柄；
10—阀杆螺母；12—填料压盖螺母；13,15—填料；14—止推垫圈；16—螺栓

表 3-3-98 Q11F（Ⅲ）型三片球阀性能规格及外形尺寸　　　　　单位：mm

公称尺寸 DN	H	C	D	D_1	z-ϕd	接管螺纹 G/in	阀杆材料
150	110	490	280	240	8-ϕ23	1/2	不锈钢
200	110	530	335	295	8-ϕ23	1/2	不锈钢
250	110	570	390	350	12-ϕ23	1/2	不锈钢
300	140	610	440	400	12-ϕ23	3/4	不锈钢
400	140	710	565	515	16-ϕ26	1	不锈钢
500	160	310	670	620	20-ϕ26	1	不锈钢

生产厂家：天津塘沽阀门有限公司。

3.8.2 Q41F 型法兰连接铸钢球阀

球阀是带圆形孔的球体作启闭件，球体随阀杆转动，以实现启闭动作。

（1）主要性能参数 见表3-3-99。

表 3-3-99 主要性能参数

公称压力 PN/MPa	1.6	适用介质	水、油、蒸汽及非腐蚀性等介质
适用温度/℃	≤200	主要材料	WCB、聚四氟乙烯

（2）性能规格与外形尺寸 见图 3-3-80、表 3-3-100、表 3-3-101。

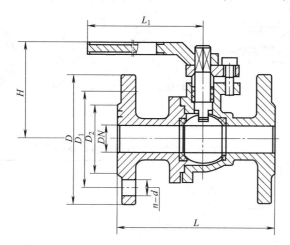

图 3-3-80 Q41F 型法兰连接铸钢球阀外形尺寸

表 3-3-100 Q41F—16 主要外形尺寸及连接尺寸 单位：mm

公称通径 DN	L	L₁	D	D₁	D₂	H	n-d
15	108	150	95	65	45	61	4-14
20	117	150	105	75	55	63	4-14
25	127	180	115	85	65	72	4-14
32	1040	180	135	100	75	75	4-18
40	165	220	145	110	85	102	4-18
50	178	220	160	125	100	108	4-18
65	190	260	180	145	120	145	4-18
80	203	300	200	160	135	185	8-18
100	229	300	215	180	155	203	8-18

表 3-3-101 Q41F—16（加长）主要外形尺寸及连接尺寸 单位：mm

公称通径 DN	L	L₁	D	D₁	D₂	H	n-d
50	203	220	160	125	100	113	4-18
65	222	260	180	145	120	145	4-18
80	241	300	200	160	135	185	8-18
100	305	300	215	180	155	203	8-18
125	356	400	245	210	185	236	8-18
150	394	500	280	240	210	260	8-23

生产厂家：天津塘沽阀门有限公司、郑州北方阀门有限公司。

3.8.3 Q941 型电动球阀

Q941 型电动球阀规格与外形尺寸见图 3-3-81、表 3-3-102。

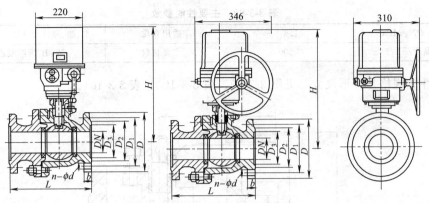

图 3-3-81 Q941 型电动球阀外形尺寸

表 3-3-102 Q941 型电动球阀规格与外形尺寸

公称尺寸 DN		公称压力 PN/MPa	外形尺寸/mm							n-φd /mm
mm	in		L	D	D₁	D₂	D₃	b	H	
15	1/2	10	80	95	65			13	348.5	
20		10	96	105	75			13	351.5	
25	1	10	112	115	85			15	367.5	
		16	140	115	85	65		14		4-14
		25	160	115	85	65		16		4-14
		40	160	115	85	65	58	16		4-14
32	1¼	10	120	135	100			16	367.5	
		16	165	135	100	78		16		4-18
		25	180	136	100	78		18		4-18
		40	180	135	100	78	66	18		4-18
40	1½	10	130	145	110			16	383.5	
		16	180	145	110	85		16		4-18
		25	200	145	110	85		18		4-18
		40	200	145	110	85	76	18		4-18
50	2	10	150	160	125			18	398	
		16	200	160	125	100		16	420	4-18
		25	220	160	125	100		20	420	4-18
		40	220	160	125	100	88	20	420	4-18
65	2½	10	160	180	145			18	410	
		16	220	180	145	120		18	425	4-18
		25	250	180	145	120		22	425	6-18
		40	250	180	145	120	110	22	425	6-18
80	3	10	255	195	160			22	446.5	
		16	250	195	160	135		20	445	8-18
		25	280	195	160	135		22	445	8-18
		40	280	195	160	135	121	22	445	8-18
100	4	10	310	230	190			28	529	
		16	280	215	180	155		20	480	8-18
		25	320	230	190	160		24	480	8-23
		40	320	230	190	160	150	24	540	8-23
125	5	16	320	245	210	185		22	570	8-18
		25	320	270	220	188		28	540	8-25
		64	450	295	240	202	176	36		8-30

续表

公称尺寸 DN		公称压力	外形尺寸/mm							$n-\phi d$
mm	in	PN/MPa	L	D	D_1	D_2	D_3	b	H	/mm
150	6	16	360	280	240	210		24	550	8-23
		25	360	300	250	218		30	540	8-25
		64	500	340	280	240	204	38	675	8-34
200	8	16	550	335	295	265		26	716	12-23
		25	500	360	310	278		34	716	12-25
		64	600	405	345	300	260	44	830	12-34
250	10	16	600	405	355	320		30	701	12-25
		25	600	425	370	332		36	701	12-30
		64	700	470	400	352	313	48	788	12-41

生产厂家：天津市仪表专用设备厂。

3.8.4　600—A 型高性能球阀

600—A 型高性能球阀规格与外形尺寸见图 3-3-82、表 3-3-103。

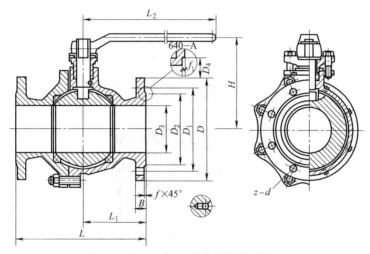

图 3-3-82　600—A 型高性能球阀外形

表 3-3-103　600—A 型高性能球阀规格与外形尺寸

公称压力 PN/MPa	公称尺寸 DN/mm	外形尺寸/mm												
		D	D_1	D_2	D_3	D_4	B	f	f_1	L	L_1	L_2	H	$z-d$
16	50	$\phi160$	$\phi125$	$\phi100$	$\phi50$	—	16	3	—	200	89	250	136	4-$\phi18$
	65	$\phi180$	$\phi145$	$\phi120$	$\phi65$		18	3	—	220	100	300	157	4-$\phi18$
	80	$\phi195$	$\phi160$	$\phi135$	$\phi76$		20	3	—	250	115	300	169	8-$\phi18$
	100	$\phi215$	$\phi180$	$\phi155$	$\phi100$		20	3	—	280	135	400	212	8-$\phi18$
	125	$\phi245$	$\phi210$	$\phi185$	$\phi125$		22	3	—	320	160	600	266	8-$\phi18$
	150	$\phi280$	$\phi240$	$\phi210$	$\phi152$		24	3	—	360	180	762	297	8-$\phi23$
	200	$\phi335$	$\phi295$	$\phi265$	$\phi203$		26	3	—	457	216	—	371	12-$\phi23$
2.5	50	$\phi160$	$\phi125$	$\phi100$	$\phi50$		20	3	—	216	89	250	136	4-$\phi18$
	65	$\phi180$	$\phi145$	$\phi120$	$\phi65$		22	3	—	241	100	300	157	8-$\phi18$
	80	$\phi195$	$\phi160$	$\phi135$	$\phi76$		22	3	—	283	115	300	169	8-$\phi18$
	100	$\phi230$	$\phi190$	$\phi160$	$\phi102$		24	3	—	305	122	400	250	8-$\phi23$
	125	$\phi270$	$\phi220$	$\phi188$	$\phi125$		28	3	—	381	160	762	271	8-$\phi25$
	150	$\phi300$	$\phi250$	$\phi218$	$\phi152$		30	3	—	403	180	—	310	8-$\phi25$
	200	$\phi360$	$\phi310$	$\phi278$	$\phi203$		34	3	—	419	209	—	388	12-$\phi25$

生产厂家：中国山东益都阀门股份有限公司。

3.8.5 偏心半球阀

（1）适用范围 应用于石油、化工、冶金、电力、供水等低、中压管路中，起到调节、截流作用。

（2）设备特点 流通面积大，流阻极小；开启时球冠藏于阀体的球室内，不被冲刷，使用寿命长；开启时球冠具有与阀体密封面渐近功能，能有效切除结垢与障碍，实现可靠密封；采用双偏心结构，开启时球冠快速脱阀体密封面，摩擦距离短；关闭时球冠迅速进入阀体密封面，越关越紧，磨损少，阀芯与阀体密封面瞬间分离与闭合，无旋转摩擦，操作扭矩小。

（3）技术参数 公称压力：1.0MPa、1.6MPa、2.5MPa、4.0MPa。公称通径：$DN40\sim$1600mm、$DN40\sim1000$mm、$DN40\sim600$mm。密封试验压力：1.1MPa、1.76MPa、2.75MPa、4.4MPa。壳体试验压力：1.5MPa、2.4MPa、3.75MPa、6.0MPa。适用温度：$-29\sim40℃$。适用介质：清水、海水、污水、酸碱等液体、料浆、蒸汽、燃气、油类、含有颗粒状介质。

（4）结构图 见图 3-3-83。

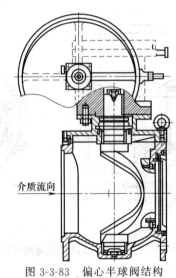

介质流向

图 3-3-83 偏心半球阀结构

生产厂家：株洲南方阀门股份有限公司。

3.9 调节阀

3.9.1 TJ40H 型、TJS40H 型手动调节阀

TJ40H 型、TJS40H 型手动调节阀及自锁手动调节阀主要用于城市、工业给水、蒸汽管网及制冷空调等工程中，具有截止、节流和调节量的作用。

（1）主要性能参数 见表 3-3-104。

表 3-3-104 主要性能参数

公称压力	试验压力/MPa		200/℃	250/℃	350/℃	适用介质
PN/MPa	壳体	密封	工作压力/MPa			
1.0	1.5	1.1	1.0	—	—	水、蒸汽
1.6	2.4	1.76	1.5	—	—	
2.5	3.75	2.75	2.5	2.2	1.8	

（2）TJ40H 型、TJS40H 型手动调节阀规格与外形尺寸 见图 3-3-84、表 3-3-105。

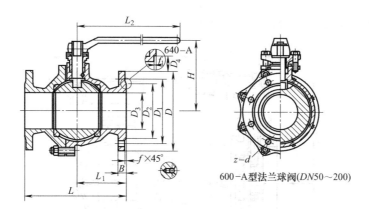

图 3-3-84 TJ40H 型、TJS40H 型手动调节阀规格与外形尺寸

表 3-3-105 TJ40H 型、TJS40H 型手动调节阀性能规格及外形尺寸 单位：mm

型号	公称通径 DN	L 长系列	L 短系列	H	H_1	D_0
	15	130		160	172	80
	20	150		160	172	120
	25	160		182	195	160
	32	180	178	192	210	180
	40	200	190	250	273	200
	50	230	216	264	290	230
	65	290	241	380	426	230
TJ40H-10	80	310	283	413	466	270
TJ40H-16	100	350	305	466	530	320
TJ40H-25	125	400	381	540	613	340
TJS40H-10	150	480	403	623	698	400
TJS40H-16	200	600	495	687	777	500
TJS40H-25	250	730	622	915	1030	560
	300	850	698	940	1080	680
	350	9980	787	968	1128	680
	400	991	914	990	1175	720
	450	1092	978	1100	1300	800
	500	1194	978	1130	1360	800
	600	1397	1295	1170	1440	900

生产厂家：天津塘沽阀门有限公司。

3.9.2 TDS9K41X—6$\frac{2.5}{10}$ 梳齿式调节阀

该阀门自动调节预先选定的管道介质参数值，使之在一定精度内保持恒定，且精度范围也可进行调整。

该阀流量控制特性好，同普通蝶阀相比，气蚀系数小，节流控制范围更广，可在开度 20°～70°之间调节。

该阀有良好的耐气蚀特性，蝶板的上游侧设有叶片，下游侧设有翼型整流板，来分散水流，防止产生气蚀，同时也减小了阀门的噪声和蝶板的振动。

　　该阀用于管道系统中控制介质流量和压力等参数，适用于水厂、电厂、化工行业等需要控制输送介质参数的场所。

　　外形和连接尺寸见图3-3-85、表3-3-106。

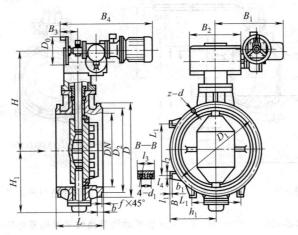

图3-3-85　TDS9K41X外形和连接尺寸

表3-3-106　TDS9K41X规格　　　　　　　　　　　　　　　单位：mm

公称尺寸 DN	公称压力 PN /MPa	L	D	D1	D2	H	H1	B1	B2	B3	B4	b	f	L1	h1	b1	d1	l1	l2	l3	l4	D0	z-d	质量 /kg
250	10	250	390	350	320	489	263	437	232	215	730	28	3									160	12-23	190
300	10	270	440	400	368	520	296	489	232	215	730	30	4									160	12-23	186
350	10	290	505	460	430	523	297	489	232	215	730	30	4									160	16-23	213
400	10	310	565	515	482	645	352	548	324	236	848	32	4									250	16-25	327
450	10	330	615	565	532	652	370	557	324	236	848	32	4									250	20-25	388
500	10	350	670	620	585	764	414	630	460	186	828	34	4									250	20-26	556
600	10	390	780	725	685	829	542	630	460	186	828	36	5									250	20-30	692
700	10	430	895	840	800	862	510	620	460	186	808	40	5									250	24-30	930
800	10	470	1010	950	905	932	595	620	460	186	878	44	5									250	24-34	1180
900	10	510	1110	1050	1005	1053	660	782	606	194	1021	46	5									320	28-34	1560
1000	10	550	1220	1160	1115	1140	740	782	606	194	1940	50	5									320	28-34	1913
1200	6	630	1400	1340	1295	1111	840	782	606	194	1041	40	5	640	690	40	34	70	80	330	180	320	32-34	2449
1200	10	630	1450	1380	1325	1417	880	926	770	223	1231	56	5	640	735	40	34	70	80	330	180	400	32-41	4061
1400	2.5	710	1620	1560	1510	1390	975	782	606	194	1231	44	5	840	820	40	34	80	120	360	200	320	36-34	3450
1400	6	710	1620	1560	1510	1519	926	976	770	223	1231	44	5	840	820	40	34	80	120	360	200	400	36-34	3573
1400	10	710	1675	1590	1525	1551	1013	926	770	223	1231	62	5	840	850	40	34	80	120	360	200	400	36-48	4064
1600	2.5	790	1820	1760	1710	1060	1154	926	770	223	1231	48	5	960	930	40	34	80	120	400	240	400	40-36	4763
1600	6	790	1820	1760	1710	1420	1185	926	770	223	1231	48	5	960	930	40	34	80	120	400	240	400	40-36	5120
1800	2.5	870	2045	1970	1910	1729	1231	926	770	223	1231	50	5	1100	1070	45	41	90	160	450	270	400	44-41	5780
1800	6	870	2045	1970	1710	1763	1233	1006	900	223	1266	50	5	1100	1070	45	41	90	160	450	270	400	44-41	6454

　　生产厂家：铁岭阀门股份有限公司。

3.9.3　LP9Z41X—(6～25)C型环喷式流量调节阀

　　该阀具有完整的调流和消能功能，气蚀系数小，可广泛用于供水系统。性能、材料、外形尺寸见图3-3-86、表3-3-107～表3-3-110。

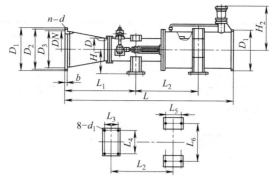

图 3-3-86　LP9Z41X 型阀外形尺寸

表 3-3-107　LP941X—6C 系列主要尺寸及质量　　　　　　单位：mm

公称尺寸 $DN \times D$	D_1	D_2	D_3	B	L	L_1	L_2	L_3	L_4	L_5	L_6	H_1	H_2	$n-d$	$8-d_1$	质量 /kg
300×175	440	395	363	24	1200	500	450	150	160	200	250	280	420	12-φ22	φ22	660
350×200	490	445	413	24	1300	550	500	180	180	220	270	300	480	12-φ22	φ22	780
400×230	540	495	463	24	1450	600	550	180	200	220	310	320	530	16-φ22	φ24	920
450×250	595	550	518	24	1600	680	600	200	220	250	350	350	580	16-φ22	φ24	1100
500×300	645	600	568	26	1800	760	680	200	270	250	400	400	630	20-φ22	φ26	1300
600×350	755	705	667	26	2000	850	750	220	320	280	450	450	780	20-φ26	φ26	1600
700×400	860	810	772	26	2250	950	850	250	350	300	550	500	850	24-φ26	φ30	1900
800×450	975	920	878	26	2500	1050	950	250	400	300	600	550	950	24-φ30	φ30	2200
900×500	1075	1020	978	26	2800	1150	1100	270	450	310	650	620	1050	24-φ30	φ30	2500
1000×600	1175	1120	1078	26	3420	1455	1250	270	550	310	775	670	1190	28-φ30	φ30	3800
1200×700	1405	1340	1295	28	3800	1650	1400	270	650	310	900	780	1300	32-φ33	φ33	5600
1400×800	1630	1560	1510	32	4300	1850	1600	300	750	340	1050	900	1400	36-φ36	φ33	8400
1600×900	1830	1760	1710	34	4800	2050	1800	300	850	340	1150	1000	1500	40-φ36	φ36	10200
1800×1000	2045	1970	1918	36	5400	2300	2000	300	950	340	1300	1100	1700	44-φ39	φ36	13000
2000×1200	2265	2180	2125	38	6000	2600	2200	300	1150	340	1400	1200	1800	48-φ22	φ39	16000
2200×1300	2475	2390	2335	42	6600	2900	2400	320	1250	360	1500	1300	1900	52-φ42	φ39	
2400×1400	2685	2600	2545	44	7200	3100	2650	320	1350	360	1600	1450	2000	56-φ42	φ42	
2600×1500	2905	2810	2750	46	7800	3400	2850	320	1450	360	1700	1550	2100	60-φ48	φ42	
2800×1600	3115	3020	2960	48	8400	3650	3100	320	1550	360	1900	1700	2300	64-φ48	φ48	
3000×1700	3315	3220	3160	50	9000	3900	3300	350	1650	400	2000	1800	2500	68-φ48	φ48	
3200×1800	3525	3430	3370	52	9800	4250	3600	350	1750	400	2100	1900	2600	27-φ48	φ56	
3400×1900	3735	3640	3580	54	10600	4600	3900	350	1850	400	2200	2000	2700	76-φ48	φ56	
4000×2300	4410	4300	4230	62	1200	5200	4400	400	2200	480	2500	2350	3200	84-φ56	φ62	

表 3-3-108　LP941X—10C 系列主要尺寸及质量　　　　　　单位：mm

公称尺寸 $DN \times D$	D_1	D_2	D_3	B	L	L_1	L_2	L_3	L_4	L_5	L_6	H_1	H_2	$n-d$	$8-d_1$	质量 /kg
300×175	445	400	370	26	1200	500	450	150	160	200	250	280	420	12-φ22	φ22	740
350×200	505	460	429	26	1300	550	500	180	180	220	270	320	480	16-φ22	φ22	950
400×230	565	515	480	26	1450	600	550	180	200	220	310	350	530	16-φ24	φ24	1200
450×250	615	565	530	28	1600	680	600	200	220	250	350	400	580	20-φ26	φ24	1480
500×300	675	620	582	28	1800	760	680	200	270	250	400	420	630	20-φ26	φ26	1730
600×350	780	725	682	30	2000	850	750	220	320	280	450	480	780	20-φ30	φ26	2100
700×400	895	840	794	30	2250	950	850	250	350	300	550	550	850	24-φ30	φ30	2600
800×450	1015	950	901	32	2500	1050	950	250	400	300	600	600	950	24-φ33	φ30	3300
900×500	1115	1050	1001	34	2800	1150	1100	270	450	310	650	650	1050	28-φ33	φ30	3800
1000×600	1230	1160	1112	34	3420	1455	1250	270	550	310	775	700	1190	28-φ36	φ30	5600

公称尺寸 DN×D	D_1	D_2	D_3	B	L	L_1	L_2	L_3	L_4	L_5	L_6	H_1	H_2	n-d	$8-d_1$	质量/kg
1200×700	1455	1380	1328	38	3800	1650	1400	270	650	310	900	820	1300	32-φ39	φ33	8000
1400×800	1675	1590	1530	42	4300	1850	1600	300	750	340	1050	950	1400	36-φ42	φ33	11800
1600×900	1915	1820	1750	46	4800	2050	1800	300	850	340	1150	1050	1500	40-φ48	φ36	14500
1800×1000	2115	2020	1950	50	5400	2300	2000	300	950	340	1300	1100	1700	44-φ48	φ36	18300
2000×1200	2325	2230	2150	54	6000	2600	2200	300	1150	340	1400	1250	1800	48-φ48	φ39	23500
2200×1300	2550	2440	2370	58	6600	2900	2400	320	1250	360	1500	1400	1900	52-φ56	φ39	
2400×1400	2760	2650	2580	62	7200	3100	2650	320	1350	360	1600	1500	2000	56-φ56	φ42	
2600×1500	2960	2850	2780	68	7800	3400	2850	320	1450	360	1700	1600	2100	60-φ56	φ42	
2800×1600	3180	3070	3000	72	8400	3650	3100	320	1550	360	1900	1700	2300	64-φ56	φ48	
3000×1700	3405	3290	3210	76	9000	3900	3300	350	1650	400	2000	1800	2500	68-φ62	φ48	
3200×1800	3625	3510	3430	80	9800	4250	3600	350	1750	400	2100	1920	2600	70-φ62	φ56	
3400×1900	3845	3730	3650	84	10600	4600	3900	350	1850	400	2200	2050	2700	72-φ62	φ56	
4000×2300	4515	4390	4300	96	12000	5200	4400	400	2200	480	2500	2380	3200	78-φ70	φ62	

表 3-3-109　LP941X—16C 系列主要尺寸及质量　　　　单位：mm

公称尺寸 DN×D	D_1	D_2	D_3	B	L	L_1	L_2	L_3	L_4	L_5	L_6	H_1	H_2	n-d	$8-d_1$	质量/kg
300×175	460	410	370	28	1200	500	450	150	160	200	250	300	420	12-φ26	φ24	820
350×200	520	470	429	30	1300	550	500	180	180	220	270	330	480	16-φ26	φ24	1120
400×230	580	525	480	32	1450	600	550	180	200	220	310	350	530	16-φ30	φ26	1480
450×250	640	585	548	34	1600	680	600	200	220	250	350	400	580	20-φ30	φ26	1800
500×300	715	650	609	36	1800	760	680	200	270	250	400	450	630	20-φ33	φ30	2100
600×350	840	770	720	38	2000	850	750	220	320	280	450	500	780	20-φ36	φ30	2600
700×400	910	840	794	38	2250	950	850	250	350	300	550	550	850	24-φ36	φ33	3400
800×450	1025	950	901	38	2500	1050	950	250	400	300	600	600	950	24-φ39	φ33	4500
900×500	1125	1050	1001	40	2800	1150	1100	270	450	310	650	670	1050	28-φ39	φ33	5500
1000×600	1255	1170	1112	42	3420	1455	1250	270	550	310	775	700	1190	28-φ42	φ39	7800
1200×700	1485	1390	1328	48	3800	1650	1400	270	650	310	900	850	1300	32-φ48	φ39	11000
1400×800	1630	1560	1510	52	4300	1850	1600	300	750	340	1050	950	1400	36-φ48	φ39	15400
1600×900	1830	1760	1710	56	4800	2050	1800	300	850	340	1150	1050	1500	40-φ56	φ42	19000
1800×1000	2045	1970	1918	60	5400	2300	2000	300	950	340	1300	1150	1700	44-φ56	φ42	
2000×1200	2265	2180	2125	64	6000	2600	2200	300	1150	340	1400	1250	1800	48-φ62	φ48	
2200×1300	2475	2390	2335	68	6600	2900	2400	320	1250	360	1500	1350	1900	52-φ62	φ48	
2400×1400	2685	2600	2545	72	7200	3100	2650	320	1350	360	1600	1450	2000	56-φ62	φ48	
2600×1500	2905	2815	2750	76	7800	3400	2850	320	1450	360	1700	1550	2100	60-φ70	φ56	
2800×1600	3115	3020	2960	80	8400	3650	3100	320	1550	360	1900	1700	2300	64-φ70	φ56	
3000×1700	3315	3220	3160	84	9000	3900	3300	350	1650	400	2000	1800	2500	68-φ70	φ56	

表 3-3-110　LP941X—25C 系列主要尺寸及质量　　　　单位：mm

公称尺寸 DN×D	D_1	D_2	D_3	B	L	L_1	L_2	L_3	L_4	L_5	L_6	H_1	H_2	n-d	$8-d_1$	质量/kg
300×175	485	430	389	34	1200	500	450	150	160	200	250	300	420	16-φ30	φ26	900
350×200	555	490	448	38	1300	550	500	180	180	220	270	350	480	16-φ33	φ33	1340
400×230	620	550	503	40	1450	600	550	180	200	220	310	400	530	16-φ36	φ33	1920
450×250	670	600	548	42	1600	680	600	200	220	250	350	420	580	20-φ36	φ33	2100
500×300	730	660	609	44	1800	760	680	200	270	250	400	450	630	20-φ39	φ33	2400
600×350	845	770	720	46	2000	850	750	220	320	280	450	500	780	24-φ24	φ33	3200
700×400	960	875	820	50	2250	950	850	250	350	300	550	560	850	24-φ48	φ39	4400
800×450	1085	990	928	54	2500	1050	950	250	400	300	600	650	950	24-φ48	φ39	5400

公称尺寸 $DN \times D$	D_1	D_2	D_3	B	L	L_1	L_2	L_3	L_4	L_5	L_6	H_1	H_2	n-d	8-d_1	质量 /kg
900×500	1185	1090	1028	58	2800	1150	1100	270	450	310	650	700	1050	28-ϕ48	ϕ39	6800
1000×600	1320	1210	1140	62	3420	1455	1250	270	550	310	775	750	1190	28-ϕ56	ϕ42	9500
1200×700	1530	1420	1350	66	3800	1650	1400	270	650	310	900	880	1300	32-ϕ56	ϕ42	12600
1400×800	1755	1640	1560	68	4300	1850	1600	300	750	340	1050	1000	1400	36-ϕ62	ϕ48	18400
1600×900	1975	1860	1780	72	4800	2050	1800	300	850	340	1150	1100	1500	40-ϕ62	ϕ48	22000
1800×1000	2195	2070	1985	74	5400	2300	2000	300	950	340	1300	1200	1700	44-ϕ70	ϕ56	
2000×1200	2425	2300	2210	78	6000	2600	2200	300	1150	340	1400	1350	1800	48-ϕ70	ϕ56	

生产厂家：湖北洪城公司沙市阀门总厂。

3.9.4　LG979H—$\frac{10}{16}$孔板式调节阀

该阀主要用于自来水管道及供热管网系统，起调节管道介质流量、调节流态以及管网平衡的作用，是城市供水、供热理想的节能设备。

该阀的外形和连接尺寸见图3-3-87、表3-3-111。

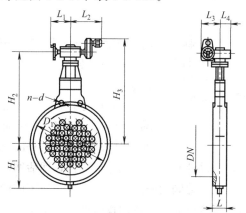

图 3-3-87　LG979H—$\frac{10}{16}$孔板式调节阀外形尺寸

表 3-3-111　LG979H—$\frac{10}{16}$孔板式调节阀规格　　　　单位：mm

公称尺寸 DN/mm	公称压力 PN/MPa	L	D_1	H_1	H_2	H_3	L_1	L_2	L_3	L_4	n-d	质量 /kg
100	16	64	180	100	390	470	180	320	120	70	8-18	28
125		70	210	120	400	480	180	320	120	70	8-18	37
150		76	240	150	410	500	180	320	120	70	8-23	53
200		89	295	180	420	510	180	320	120	70	12-23	68
	10	89	295	180	420	510	180	320	120	70	8-23	68
250	16	114	355	200	450	530	200	390	135	90	12-26	89
	10	114	350	200	450	530	200	390	135	90	12-23	85
300	16	114	410	230	480	560	200	390	135	90	12-26	107
		114	400	220	480	560	200	390	135	90	12-23	105
350	10	127	460	250	570	655	200	390	135	90	16-23	160
400		140	515	280	680	765	220	445	160	95	16-26	195
450		152	565	300	780	870	280	445	200	130	20-26	227
500		152	620	340	910	1000	280	445	200	130	20-26	247
600		178	725	390	1000	1160	350	500	230	145	20-30	360

生产厂家：铁岭阀门股份有限公司。

3.10 水力控制阀

3.10.1 多功能过滤活塞式水力控制阀

该阀门利用液压传动原理来控制阀的启、闭及开度，达到阀门性能上的要求，并利用管道中的流体作为液压传动介质，不需要独立的液压泵站，节约设备的投资和能源，能够达到自动控制的目的。

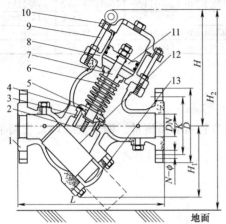

图 3-3-88　多功能过滤活塞式水力控制阀
1—阀体；2—导向架；3—阀座；4—密封垫；
5—阀瓣；6—弹簧；7—阀杆；8—缸体；
9—螺杆；10—缸盖；11—活塞；
12—过滤网；13—阀盖

（1）外形尺寸　见图 3-3-88。

（2）结构特点

① 阀体采用流线型的 Y 形宽阀体结构，具有压力损失小、力量大（比现有一般腰鼓形阀体的控制阀流量增加 25%）、抗汽蚀能力强、噪声低的优点。

② 液压缸式活塞传动，动作平稳可靠。动作时有缓冲作用，因此噪声很小。克服薄膜式因压力、流量急剧变化而产生的振动、噪声大及薄膜容易破损的缺点。

③ 方便实用的传动密封机构，整个机构具有传动、导向、密封三大功能，而且与阀体各自独立。使用时阀体装在管网中，也可将整个机构拆下，因此维修及更换零配件十分方便。设计有三处定位导向机构，即活塞、阀杆、导向架，能保证阀门开闭时更加准确、可靠，克服其他阀门一点定位而引起不稳定的确定。活塞采用标准件双 Y 形自密封原理橡胶圈，使密封安全可靠。机构内设有弹簧以防止流体压力流量急剧变化时所产生的振动，并在无流量时自动关闭阀门，防止介质倒流。液压缸具有缓冲作用，减少水冲击压力（即水锤）对管网的影响。

（3）主要外形连接尺寸　见表 3-3-112、表 3-3-113。

表 3-3-112　主要外形连接尺寸（一）

公称通径	尺寸/mm						
DN/mm	L	H	H_1	H_2	D	K	N-ϕ
40	340	275	155	445	150	110	4-18
50	340	275	155	445	160	125	4-18
65	358	283	165	463	185	145	4-18
80	348	317	180	487	200	160	8-18
100	415	338	210	525	220	180	8-18
150	542	407	260	717	285	240	8-23
200	670	504	330	902	340	295	12-23
250	806	623	410	1089	405	355	12-27
300	945	668	485	1208	460	410	12-27

注：PN 为 1.6MPa。

表 3-3-113　主要外形连接尺寸（二）

公称通径	尺寸/mm						
DN/mm	L	H	H_1	H_2	D	K	N-ϕ
40	340	275	155	445	150	110	4-18
50	340	275	155	445	160	125	4-18

续表

公称通径 DN/mm	尺寸/mm						
	L	H	H₁	H₂	D	K	N-φ
65	358	283	165	463	185	145	8-18
80	348	317	180	487	200	165	8-18
100	415	338	210	525	235	190	8-23
150	542	407	260	717	300	250	8-28
200	670	504	330	902	360	310	12-28
250	806	623	410	1089	425	370	12-31
300	1015	668	485	1208	485	430	16-31

注：PN 为 1.6MPa。

生产厂家：佛山市南海永兴阀门制造有限公司、北京阿尔肯机械集团。

3.10.2　多功能活塞式水力控制阀

（1）结构特点

① 阀体采用流线型的 Y 形宽阀体结构，因而具有压力损失小、力量大（比现有一般腰鼓形阀体的控制阀流量增加 25%）、抗汽蚀能力强、降低噪声的优点。

② 液压缸式活塞传动，动作平稳可靠。动作时有缓冲作用，因此噪声很小。克服薄膜式因压力、流量急剧变化而产生的振动，噪声大及薄膜容易破损的缺点。

③ 传动密封机构方便实用，整个机构具有传动、导向、密封功能，与阀体各自独立。使用时阀体装在管网中。也可将整个机构拆下，维修及更换零配件方便。阀设计有 3 处定位导向机构，即活塞、阀杆、导向架，能保证阀门开闭准确、可靠。活塞采用标准件双 Y 形自密封原理橡胶圈，使密封安全可靠。机构内设有弹簧以防止流体压力流量急剧变化时所产生的振动，并在无流量时自动关闭阀门，防止介质倒流。液压缸具有缓冲作用，减少水冲击压力（即水锤）对管网的影响。

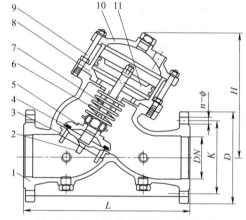

图 3-3-89　多功能活塞式水力控制阀
1—阀体；2—导向架；3—阀座；4—密封垫；5—阀瓣；
6—弹簧；7—阀杆；8—缸体；9—螺杆；
10—缸盖；11—活塞

（2）外形尺寸　见图 3-3-89。

（3）主要外形连接尺寸　见表 3-3-114、表 3-3-115。

表 3-3-114　主要外形连接尺寸（一）

公称通径 DN/mm	L	H	PN1.6MPa		
			D	K	n-φ
40	280	245	150	110	4-19
50	280	245	160	125	4-19
65	305	245	185	145	4-19
80	325	250	200	160	8-19
100	375	260	220	180	8-19
150	440	350	285	240	8-23
200	600	477	340	295	12-23
250	622	510	405	355	12-28
300	810	658	460	410	12-28

续表

尺寸/mm 公称通径 DN/mm	L	H	PN1.6MPa		
			D	K	n-φ
350	940	708	520	470	16-28
400	948	818	580	525	16-31
450	1050	900	640	585	20-31
500	1100	950	715	650	20-34
600	1295	1125	840	770	20-37
700	1448	1260	910	840	24-37
800	1590	1408	1025	950	24-40
900	1956	1600	1125	1050	28-40
1000	2200	1850	1255	1170	28-40
1200	2600	2100	1485	1390	32-40

表 3-3-115   主要外形连接尺寸（二）

尺寸/mm 公称通径 DN/mm	L	H	PN1.6MPa		
			D	K	n-φ
40	280	245	150	110	4-19
50	280	245	165	125	4-19
65	305	245	185	145	8-19
80	325	250	200	160	8-19
100	375	260	235	190	8-23
150	440	350	300	250	8-28
200	600	477	360	310	12-28
250	622	510	425	370	12-31
300	810	658	485	430	16-31
350	940	708	555	490	16-34
400	948	818	620	550	16-37
450	1050	900	670	600	20-37
500	1100	950	730	660	20-37
600	1295	1125	845	770	20-40
700	1448	1260	960	875	24-43
800	1590	1408	1085	990	24-49
900	1956	1600	1185	1090	28-49
1000	2200	1850	1320	1210	28-56
1200	2600	2100	1530	1420	32-56

生产厂家：佛山市南海永兴阀门制造有限公司。

3.10.3   700X 型水泵控制阀

具有扬水操作阀、逆止阀和水锤消除器 3 种功能。水泵启动时阀门自动实现缓慢开启，水泵停机时阀门自动实现速闭和缓闭，有效减少水锤的冲击，特别适用于自动化供水控制系统。设有缓闭装置与主阀板连锁动作，不受水泵实际流量、扬程波动的影响，有效地减少了水锤的压力，封闭效果好，关闭无噪声，操作维修方便，并具有节能的效果。

(1) 主要性能参数   见表 3-3-116。

隔膜式：$DN20\sim400mm$；活塞式：$DN450\sim800mm$。

表 3-3-116　主要性能参数

公称压力/MPa		1.0	1.6	2.5
公称通径/mm		20～800	20～800	20～800
试验压力/MPa	壳体	1.5	2.4	3.75
	密封	1.1	1.76	2.75
法兰连接标准		GB/T 17241.6—2008	GB/T 17241.6—2008	GB/T 9113—2010
最低动作压力/MPa		$P_1 \geqslant 0.07$		
电磁阀交流电压/V		220		
电磁阀直流电压/V		24		
适用温度/℃		0～80		
适用介质		水、清水		

（2）产品特点　具有 300X 缓闭式逆止阀功能。可调节泵的出口流量。在抽水机停止运转前，可先行开关主阀至约 90%，再停止抽水机运转，其余 10% 再行关闭，可有效防止水锤和水击现象产生。维修简单、使用方便、安全可靠。700X 型水泵控制阀的外形和连接尺寸见图 3-3-90、表 3-3-117。

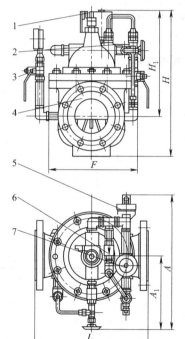

图 3-3-90　700X 型水泵控制阀外形和连接尺寸

1—电器控制开关；2—针阀；3—球阀；4—主阀；
5—压力表；6—单向阀；7—电磁向导阀

表 3-3-117　700X 型水泵控制阀外形和连接尺寸
单位：mm

DN	L	A	A_1	H	H_1	F
20	180	292	136	342	247	116
25	180	292	136	342	247	116
32	180	292	136	342	247	116
40	240	330	155	395	278	170
50	240	330	155	395	278	170
65	250	350	165	405	298	180
80	285	365	175	430	313	210
100	360	410	195	510	350	275
125	400	455	220	560	365	310
150	455	475	230	585	420	355
200	585	530	255	675	450	460
250	650	623	300	730	470	500
300	800	700	340	760	490	580
350	860	840	415	840	526	650
400	960	880	430	910	570	715
450	970	930	460	1030	610	780
500	1075	980	490	1135	665	830
600	1230	1060	530	1270	725	920
700	1650	1130	560	1460	865	980
800	1750	1230	610	1640	975	1050

生产厂家：天津塘沽阀门有限公司、北京阿尔肯机械集团。

3.10.4　600X 型水力电动控制阀

600X 型水力电动控制阀由主阀、针阀、电磁导向阀、球阀等组成。水力电动控制阀常安装在给水管线上作为电动遥控起到开启和关闭的功能。同时可加装速度调控装置，可取代启闭闸阀或蝶阀的大型电动装置。维修简单、使用方便、安全可靠。一般分为隔膜型和活塞型两大类，口径在 $DN400mm$ 以下者采用隔膜型，口径在 $DN450mm$ 以上者采用活塞型，两者动作原理类似。

（1）主要性能参数　见表 3-3-118。

隔膜式：$DN20\sim400mm$；活塞式：$DN450\sim800mm$。

表 3-3-118　主要性能参数

公称压力/MPa		1.0	1.6	2.5
公称通径/mm		20~800	20~800	20~800
试验压力/MPa	壳体	1.5	2.4	3.75
	密封	1.1	1.76	2.75
法兰连接标准		GB/T 17241.6—2008	GB/T 17241.6—2008	GB/T 9113—2010
最低动作压力/MPa		$P_1 \geqslant 0.07$		
电磁阀交流电压/V		220		
电磁阀直流电压/V		24		
适用温度/℃		0~80		
适用介质		水、清水		

（2）产品特点　装设于管路中，可实现遥控开启和关闭，同时可加装速度调控装置。可取代用来启闭闸阀或蝶阀用大型电动操作机。维修简单、使用方便、安全可靠。

600X 型水力电动控制阀外形和连接尺寸见图 3-3-91、表 3-3-119。

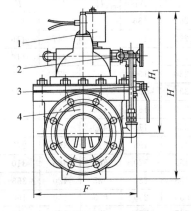
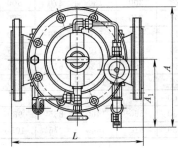

图 3-3-91　600X 型水力电动
控制阀外形和连接尺寸

1—电磁向导阀；2—针阀；3—球阀；4—主阀

表 3-3-119　600X 型水力电动控制阀外形和连接尺寸

单位：mm

DN	L	A	A_1	H	H_1	F
20	180	194	136	342	247	116
25	180	194	136	342	247	116
32	180	194	136	342	247	116
40	240	240	155	395	278	170
50	240	240	155	395	278	170
65	250	255	165	405	298	180
80	285	280	175	430	313	210
100	360	332	195	510	350	275
125	400	375	220	560	365	310
150	455	408	230	585	420	355
200	585	485	255	675	450	460
250	650	550	300	730	470	500
300	800	630	340	760	490	580
350	860	735	415	840	526	650
400	960	788	430	910	570	715
450	970	850	460	1030	610	780
500	1075	905	490	1135	665	830
600	1230	970	530	1270	725	920
700	1650	1050	560	1460	865	980
800	1750	1135	610	1640	975	1050

生产厂家：天津塘沽阀门有限公司、北京阿尔肯机械集团。

3.10.5　Dx7k41X—10 型蓄能器式液控缓闭蝶阀

Dx7k41X—10 型蓄能器式液控缓闭蝶阀兼有阀门和止回阀双重功能，是一种能按预先设定的程序，分速闭和缓闭两个阶段进行关闭，来消除非正常停泵时的破坏性水锤，保护水泵机组和管网的设备。

Dx7k41X—10 型蓄能器式液控缓闭蝶阀规格与外形尺寸见图 3-3-92、表 3-3-120。

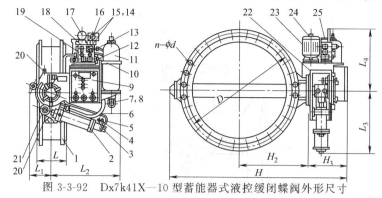

图 3-3-92　Dx7k41X—10 型蓄能器式液控缓闭蝶阀外形尺寸

1—阀体；2—摆动油罐；3—快慢关闭角度调节杆；4,5—快慢调节杆；6—高压胶管；7—前蓄能器控制阀 J1；
8—后蓄能器控制阀 J2；9—电器箱；10—单向阀；11—蓄能器；12—溢流阀；13—控制阀 J3；14,25—插装阀；
15—电磁阀；16—压力控制器；17—压力表；18—液控单向阀；19—调速阀；20—调节螺栓；21—连杆；
22—油箱；23—电动油泵；24—手动油泵

表 3-3-120　Dx7k41X—10 型蓄能器式液控缓闭蝶阀规格与外形尺寸

| 公称尺寸 DN | | 外形尺寸/mm | | | | | | | | n-ϕd | 质量 |
mm	in	H	H_2	H_3	L	L_1	L_2	L_3	L_4	D	/mm	/kg
250	10	930	226	704	165	220	670	620	730	350	12-22	516
300	12	990	340	650	178	220	670	620	730	400	12-22	558
350	14	1100	375	725	190	220	670	620	730	460	16-22	649
400	16	1190	395	795	216	240	720	675	750	515	16-26	830
450	18	1240	420	820	222	240	720	675	750	565	20-26	906
500	20	1312	480	832	229	240	720	675	750	620	20-26	1098
600	24	1427	515	912	267	240	720	675	750	725	20-30	1309
700	28	1586	577	1009	292	310	825	845	820	840	24-30	1806
800	32	1723	620	1103	318	310	825	845	820	950	24-33	2308
900	36	1849	715	1134	330	310	825	845	820	1050	28-33	2606
1000	40	2000	755	1245	410	360	855	900	970	1160	28-36	3088
1200	48	2265	900	1365	470	360	855	900	970	1380	32-39	3804
1400	56	2531	995	1536	530	360	855	900	970	1590	36-42	4806
1600	64	2875	1150	1725	600	525	895	1080	1460	1820	40-48	6929
1800	72	3155	1247	1908	670	525	895	1080	1460	2020	44-48	9210
2000	80	3345	1360	1985	760	680	940	1230	1520	2230	48-48	12206
2200	88	3660	1650	2013	1000	680	940	1230	1520	2440	52-56	14209
2400	96	4030	1786	2244	1100	830	1060	1340	1620	2650	56-56	16190
2600	104	4410	2031	2379	1200	830	1060	1340	1620	2850	60-56	18910

生产厂家：郑州蝶阀厂。

3.10.6　水锤消除器 CL501

（1）工作原理　通过压力传递，使主阀随着很小尺寸的导向阀的变化而进行调节。在冲击水波返回之前会出现压力降低，导向阀 N 开启，主阀薄膜上的水能排到贮水器中，主阀即开启排出一定量的水；贮水器中的水又很快流回到主阀薄膜上的空间，导向阀 N 和主阀又关闭了，如果这部分被排泄出的水不足以达到避免水击振荡，导向阀 Q 将开启，使主阀打开以消除过高的压力。

（2）设备特点　这种阀能消除在开泵、停电或者出现故障时所产生的所有压力波动。安装在管路的旁路上，将一定量的水排到回水系统或蓄水池或井中。有 2 个不同的步骤：在将要出现水振荡波返回之前的低压状态时阀门开启，如果第一步不足以达到平衡压力，另外一个泄压控制装置会打开阀门，排泄出现的高压或水击返回的压力。

（3）结构介绍　导向阀系统的结构见图 3-3-93。

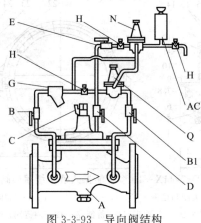

图 3-3-93　导向阀结构

A—主阀（铸铁）；AC—贮水器（铜-橡胶）；B—上游截断阀
（镀镍黄铜）；B1—下游截断阀（镀镍黄铜）；C—排气阀
（黄铜）；D—截断阀（镀镍黄铜）；E—导向阀（镀镍黄铜）；
G—过滤器（黄铜）；H—针型阀（黄铜）；N—导向阀
（黄铜-青铜）；Q—先导阀（黄铜-青铜）

生产厂家：丹佛斯（天津）有限公司。

3.10.7　AD 减压阀

（1）应用范围　应用于城市供水系统主管道和工业系统中。

（2）技术参数　可承受上游最高压力 25bar；温度 80℃；下游压力调整范围 1～5.5bar；下游压力设定：出厂时不预先设定；如果安装补偿弹簧，下游可调压力范围将可从 0.5bar开始；阀体材质为青铜。

（3）外形尺寸　见表 3-3-121。

表 3-3-121　AD 减压阀外形尺寸　　　　　单位：mm

部件	1/2in	3/4in DN20	1in DN25	1¼in DN32	1½in DN40	2in DN50	2½in DN60	2⅝in DN65	3in DN80	4in DN100
A	48	55	60	77	84	105	105	118	143	120
B	120	130	160	180	205	235	235	270	300	350
C	92	108	123	155	172	198	198	215	234	250
D	95	102	116							
E	65	78	86							
F				240	260	288	288	305	330	385
G	92	108	123	155	172	198	198	215	234	260

生产厂家：丹佛斯（天津）有限公司。

3.11　浮球阀

3.11.1　MAC3 modM15 浮球开关——浮球阀

（1）技术参数　使用温度 0～50℃；防护等级 IP68，线缆最长 20m；材料主体 PP、电缆 PVC；耐压 1bar；交流电阻负载 250V×16A。

（2）结构特点　极高性价比，长期稳定性佳，安全无毒。多用于水泵配套，楼宇自控及水处理工程，西门子楼宇自控 BA 标配型号。

（3）MAC3 modM15 浮球开关结构　见图 3-3-94。

生产厂家：深圳市德丰测控科技有限公司。

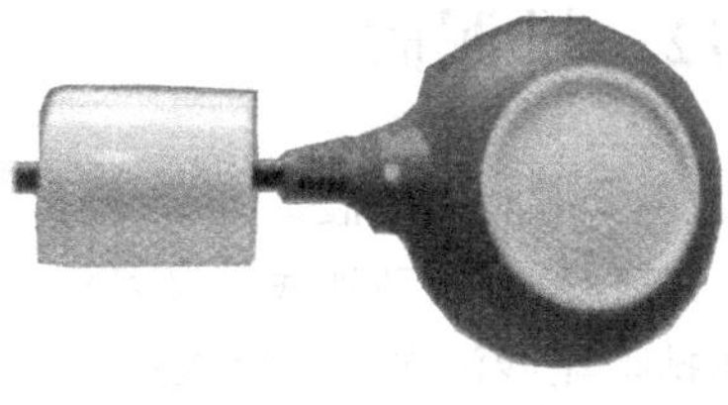

图 3-3-94　MAC3 modM15 浮球开关结构

3.11.2　水力（遥控）浮球阀

（1）适用范围　安装在给排水、建筑、钢铁、冶金、石油、化工、煤气、食品、医院等领域的水池、水塔进水管路中，当水池水位达到预设定水位时，阀门自动关闭；水位下降时，阀门自动开启补水。

（2）设备特点　a. 关闭严密可靠，采用软、硬双密封阀板密封，利用液压控制原理，使阀板关闭力与进水压力成正比；b. 过流量大，采用半直线型流道、宽阀体和等过流截面积设计，阀门阻力小；c. 运行安全，关闭速度可调，阀门动作平稳，启闭不产生压力波动，无管振和噪声。

（3）技术参数　公称压力 1.0MPa；工作压力 0.05～1.0MPa；适用介质水、油品；适用温度 0～80℃。

（4）安装图示　见图 3-3-95。

生产厂家：株洲南方阀门股份有限公司。

3.11.3　浮球阀 CL701 型

（1）工作原理　通过压力传递，使主阀随着很小尺寸的导向阀的变化而进行调节。当水箱中的水位过低时，浮球导向阀全部开启，主阀随之开启，向水箱中进水。当浮球上升到一半位置时，浮球导向阀也达到半关位置，主阀薄膜上游的压力推动主阀开始关闭。当浮球到达最高位置时，浮球的导向阀全部关闭，主阀也随之完全关闭。

（2）设备特点　具有缓开和缓闭功能，通过浮球的调节作用维持水箱的水位，防止溢流。在接近预设水位的最后几厘米时，开和关的过程会变得非常缓慢。这种阀门最好是安装在水箱的底部或是靠近水池的地方。

（3）结构说明　见图 3-3-96。

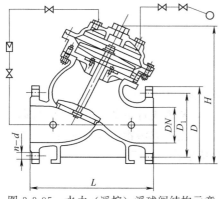

图 3-3-95　水力（遥控）浮球阀结构示意

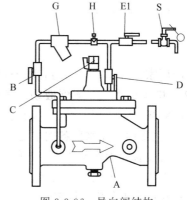

图 3-3-96　导向阀结构

A—主阀（铸铁）；B—上游阀门（镀镍黄铜）；

C—排气阀（黄铜）；D—截断阀（镀镍黄铜）；

E1—下游阀门（镀镍黄铜）；G—过滤器（黄铜）；

H—节流孔板（不锈钢）；S—先导阀

（黄铜导阀，塑料浮球）

生产厂家：丹佛斯（天津）有限公司。

3.12 排泥阀

3.12.1 H742X 型液动池底阀

H742X 型液动池底阀又名液动池底排泥阀，压力等级 1.0MPa。安装于各类池子底部，用作排除泥砂污水。由液压缸和阀体组成，液压缸工作介质为清水，压力取自于自来水自身压力，如果用电磁换向阀与液压缸配套，可以实现自控、远控或集中控制。

（1）主要性能参数　见表 3-3-122。

表 3-3-122　主要性能参数

公称压力 PN/MPa	工作压力 /MPa	密封试验 /MPa	适用温度 /℃	适用介质
1.0	0.3～1.0	1.1	常温	清水、空气、油

（2）性能规格与外形尺寸　见图 3-3-97、表 3-3-123。

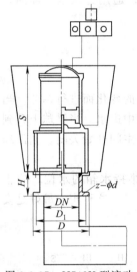

图 3-3-97　H742X 型液动
池底阀外形尺寸

表 3-3-123　H742X 型液动池底阀性能规格与外形尺寸

公称尺寸 DN/mm	H/mm	S/mm	D/mm	D_1/mm	$z-\phi d$ /mm	接管螺纹 G/in	阀杆材料
150	110	490	280	240	8-ϕ23	1/2	不锈钢
200	110	530	335	295	8-ϕ23	1/2	不锈钢
250	110	570	390	350	12-ϕ23	1/2	不锈钢
300	140	610	440	400	12-ϕ23	3/4	不锈钢
400	140	710	565	515	16-ϕ26	1	不锈钢
500	160	310	670	620	20-ϕ26	1	不锈钢

生产厂家：天津塘沽阀门有限公司。

3.12.2 J744X 型、J644 型液动、气动角式排泥阀

J744X 型、J644 型液动、气动角式截止阀，又名角式排泥阀、快开排泥阀，压力等级 1.0MPa。主要用于净水厂各类水池，用以排除池底泥砂或污物，也可安装在工作介质为水、气、油等工业管路中作截流用。该阀特点是开启速度快，阀板与阀体为软密封，关闭后密封性能好，无渗漏，方便维修更换。

（1）主要性能参数　见表 3-3-124。

表 3-3-124　主要性能参数

公称压力 PN/MPa	工作压力 /MPa	密封试验 /MPa	适用温度 /℃	适用介质
1.0	0.15～0.3 0.3～1.0	1.1	常温	清水、气、油等

（2）性能规格与外形尺寸　见图 3-3-98、表 3-3-125。

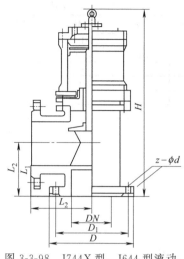

图 3-3-98　J744X 型、J644 型液动、
气动角式排泥阀外形尺寸

表 3-3-125　J744X 型、J644 型液动、气动角式排泥阀性能规格及外形尺寸

公称尺寸 DN/mm	H/mm	L_1/mm	L_2/mm	D/mm	D_1/mm	$z-\phi d$/mm	接管螺纹 G/in	阀杆材料
80	480	135	125	195	160	$8-\phi18$	1/2	不锈钢
100	500	145	125	215	180	$8-\phi18$	1/2	不锈钢
150	620	175	145	280	240	$8-\phi23$	1/2	不锈钢
200	735	225	185	335	295	$8-\phi23$	1/2	不锈钢
250	805	260	205	390	350	$12-\phi23$	1/2	不锈钢
300	940	280	245	440	400	$12-\phi23$	3/4	不锈钢
350	1100	305	270	500	460	$16-\phi23$	3/4	不锈钢
400	1200	340	310	565	515	$16-\phi26$	1	不锈钢

生产厂家：天津塘沽阀门有限公司、株洲南方阀门股份有限公司、北京阿尔肯机械集团。

3.12.3　膜片式快开排泥阀

（1）适用范围　安装在各类污水池体外，用于排除池底泥砂及污物。

（2）特点　a. 采用全衬胶阀板，密封效果好，无泄漏，经久耐用，使用寿命长；b. 在双室隔膜的膜片压板装 1 个节流装置，承启关闭、打开的作用；c. 采用双室隔膜传动机构，阀门开启平稳快捷。

比活塞式阀门具有以下优点：a. 无运动磨损；b. 对泥砂淤积不敏感；c. 不需要润滑，无机械磨损，无定期更换的橡胶制品，使用寿命长；d. 驱动介质压力水可直接采用自来水或本水池上部清水，（压力≥0.05MPa）操作方便；e. 自动化程度高，可实现远距离自动控制和集中控制。

（3）技术参数　a. 公称压力 0.6MPa、1.0 MPa；b. 适用介质水、油品；c. 最低启闭动作压力 0.05MPa；d. 适用温度 0～80℃，电磁功率 14W，型号 DF1-15P（常闭），电源 AC 220V、DC 24V，功率 14W。

（4）结构尺寸　见图 3-3-99、表 3-3-126。

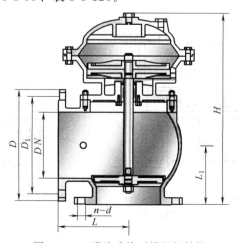

图 3-3-99　膜片式快开排泥阀结构

表 3-3-126　膜片式快开排泥阀结构尺寸　　　　　　　单位：mm

公称通径 DN	L	L₁	H	D		D₁		n-d	
				0.6MPa	1.0MPa	0.6MPa	1.0MPa	0.6MPa	1.0MPa
100	160	120	450	210	220	170	180	4-19	8-19
150	190	150	450	265	285	225	240	8-19	8-23
200	215	180	630	320	340	280	295	8-19	8-23
250	275	230	720	375	395	335	350	12-19	12-23
300	280	260	870	440	445	395	400	12-23	12-23
350	320	300	950	490	505	445	460	12-23	16-23
400	360	340	1160	540	565	495	515	16-23	16-23

　　生产厂家：株洲南方阀门股份有限公司。

3.13　电磁阀

3.13.1　常开式电磁阀

　　（1）适用范围　适用于大流量水、空气、惰性气体及其他流体。

　　（2）设备特点　阀体：膜压成型黄铜或不锈钢。内部系统：黄铜和不锈钢。薄膜：丁腈橡胶或氟橡胶。使用温度：-10~130℃。

　　（3）技术参数　见表 3-3-127。

表 3-3-127　技术参数

型号			接头尺寸 /in	管道尺寸 /mm	流量/(m³/h)		最大压力 /MPa	A /mm	B /mm	C /mm
WKB	WKBI	WZB			WKB-WZB	WKBI				
	5479		1/8	4		0.3	6	35	76	30
	5480		1/4	5.5		0.54	3.5	28	78	40
5377	5481	5387	3/8	12	2.4	2.1	20	40	101	60
5378	5482	5388	1/2	12	2.4	2.1	20	40	101	66
5379	5483	5389	3/4	19	8.4	7.8	16	65	105	104
5380	5484	5390	1	25	11.4	9.6	16	65	112	104
5381	5485	5391	1¼	35	24	22.2	10	98	125	144
5382		5392	1½	40	31.2		10	98	125	144
5383		5393	2	50	45			118	141	172

　　（4）安装图示　见图 3-3-100。

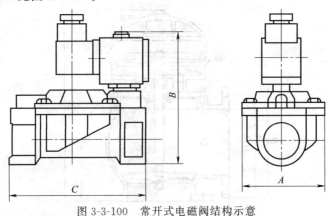

图 3-3-100　常开式电磁阀结构示意

　　生产厂家：丹佛斯（天津）有限公司。

3.13.2　常闭式电磁阀

（1）适用范围　适用于大流量，水、空气、惰性气体及其他流体。

（2）设备特点　阀体：黄铜。内部系统：黄铜和不锈钢。薄膜：丁腈橡胶。使用温度：−10～90℃。

（3）技术参数　见表3-3-128。

表3-3-128　技术参数

型号 WKE	公称通径 DN/mm	接头尺寸 /in	流量 /(m³/h)	最大压力 /MPa	A/mm	B/mm	C/mm
5488	12	3/8	2.28	20	40	92	50
5489	12	1/2	2.28	20	40	92	50
5490	18	3/4	3	16	50	96	65

（4）安装图示　见图3-3-101。

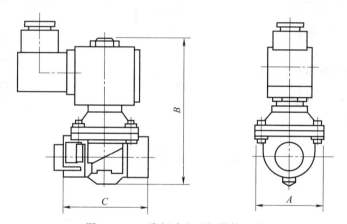

图 3-3-101　常闭式电磁阀结构示意

生产厂家：丹佛斯（天津）有限公司。

3.14　可调节堰（闸）

调节式堰门主要用于控制和调节水位，也可用于配水、排水等场合。

3.14.1　TY 型、TYZ 型、TYX 型和 TYG 型可调节堰

TY 型由铸铁制成，耐腐蚀性好，结构简单价格便宜，在关闭状态有较高密封要求时，可在门框上镶铜密封面，宽度一般不超过 2m。

TYZ 型为钢制结构，橡胶密封，三面止水，可不受规格限制，适用于任意场合，当采用不锈钢制作时，使用寿命长。

TYX 型密封效果好，几乎达到"零泄漏"状态。适用宽度可达 5m 以上，但调节水位一般在 800mm 以下，特别适用于交替运行的氧化沟排水或大型配水井配水，配套专用启闭装置，仅需注明手动或电动即可，无需另外选用启闭机。

TYG 与启闭机直联配合，常用于给水，排水工程中水堰水池的水位调节和流量控制。具有结构简单，止水性好，调节范围广，维护管理方便等特点。

型号所示意义如下。

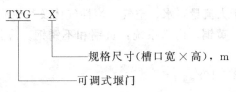

外形及技术性能参数见图 3-3-102～图 3-3-104。

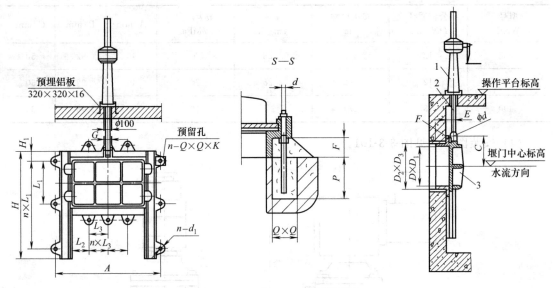

图 3-3-102 TY 型可调节堰门
1—启闭机；2—传动杆；3—铸铁堰门

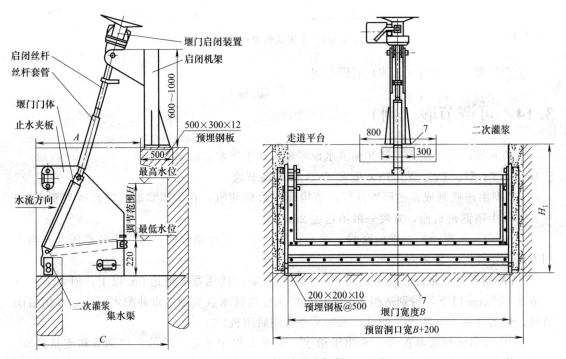

图 3-3-103 TYX 系列

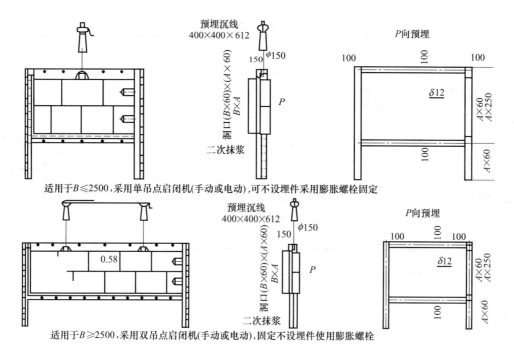

图 3-3-104　TYG 系列

生产厂家：扬州市天池给排水设备制造有限公司、宜兴泉溪环保有限公司。

3.14.2　DY 型可调式堰门

（1）适用范围　与启闭机直联配合，常用于给水、排水工程中水堰水池的水位调节和流量控制。具有结构简单、止水性好。调节范围广、维护管理方便等特点。

（2）型号说明

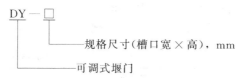

DY —□
规格尺寸（槽口宽×高），mm
可调式堰门

（3）结构与特点　DY 型可调式堰门由启闭机、丝杆及堰门组件等组成，通过启闭机带动丝杆的上下垂直位移，而改变堰门与液面的水位差，从而达到改善水位、流量的目的。

（4）DY 型钢制堰门布置及参数　DY 型钢制堰门布置见图 3-3-105，参数见表 3-3-129。

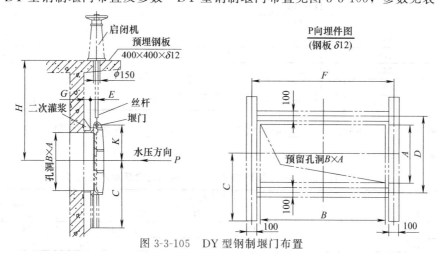

图 3-3-105　DY 型钢制堰门布置

表 3-3-129 DY 型钢制堰门参数 单位：mm

通径 $B \times A$	C	K	G	E	F	D
400×300	370	185	65	40	620	
600×300	370	185	65	40	840	
800×300	370	185	75	40	1040	
1000×500	560	285	35	60	1150	650
1200×500	695	315	50	75	1400	645
1500×400	645	270	65	75	1700	545
1500×500	695	300	71	54	1700	645
1600×500	695	285	35	70	1750	645
1800×500	695	320	35	75	1950	650
2000×500	695	365	35	75	2250	650
2000×1000	1240	605	70	75	2250	1150
2000×1500	1250	940	70	75	2250	1650

生产厂家：江苏一环集团有限公司。

3.15 电动装置

3.15.1 SMC 系列阀门电动装置

SMC 系列阀门电动装置是一种多回转型阀门电动装置，是引进美国里米托克（Limitorque）技术产品。该产品已广泛用于石油、化工、水电、冶金、造船、轻工、食品等工业部门。

该系列产品可以单台控制，也可以集中控制，可现场操作，也可以远距离控制室控制。

该产品除户外型（基本型）外，还有防爆型、整体型、整体防爆型、耐辐射型、自动调节型、双速型、遥控型等，满足用户多方面要求。

（1）性能规格 SMC 系列阀门电动装置性能规格见表 3-3-130。

表 3-3-130 SMC 系列阀门电动装置性能规格

产品型号	允许输出转矩/(N·m)	速比范围	允许推力/kN	允许阀杆直径/mm	电动功率/kW	质量/kg
SMC—04	110	18~90	35	26	0.2	40~45
SMC—03	270	15~130	45	38	0.6	60~70
SMC—00	500	11~148	90	50	0.6	100~110
SMC—0	970	12~198	150	65	1.5	130~150
SMC—1	1800	13~230	250	76	2.2	170~185
SMC—2	2700	10~200	300	89	3.0	190~210
SMC—3	5800	11~200	600	127	5.5	480~520
SMC—4	10000	11~200	1000	127	7.5	650~720
SMC—5	27000	61~230	1	159	17.0	900~1100

（2）外形尺寸 SMC—04 型和 SMC—03 型阀门电动装置外形尺寸见图 3-3-106、表3-3-131。

表 3-3-131 SMC—04 型和 SMC—03 型阀门电动装置外形尺寸

产品型号	外形尺寸/mm								
	L_1	L_2	B_1	B_2	H_1	H_2	H_3	H_4	H_5
SMC—04	185	346	243	140	3	212	35	108	213
SMC—03	202	373	387	198	3	259	43	134	239

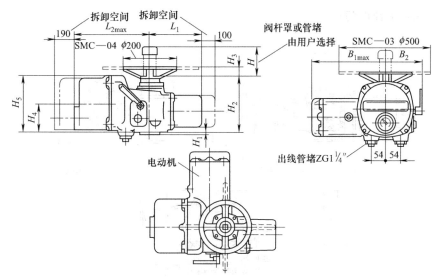

图 3-3-106　SMC—04 型和 SMC—03 型阀门电动装置外形尺寸

SMC—00 型、SMC—0～SMC—2 型阀门电动装置外形尺寸见图 3-3-107、表 3-3-132。

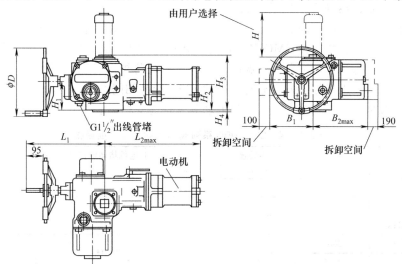

图 3-3-107　SMC—00 型、SMC—0～SMC—2 型阀门电动装置外形尺寸

表 3-3-132　SMC—00 型和 SMC—0～SMC—2 型阀门电动装置外形尺寸

产品型号	外形尺寸/mm								
	L_1	L_2	B_1	B_2	H_1	H_2	H_3	H_4	D
SMC—00	392	519	251	364	123	115	253	4	305
SMC—0	410	529	273	367	153	132	285	5	305
SMC—1	429	623	304	393	168	148	310	5	305
SMC—2	457	697	333	418	184	158	358	5	458

SMC—3～SMC—5 型阀门电动装置外形尺寸见图 3-3-108、表 3-3-133。

表 3-3-133　SMC—3～SMC—5 型阀门电动装置外形尺寸

产品型号	外形尺寸/mm									
	L_1	L_2	B_1	B_2	B_3	H_1	H_2	H_3	H_4	D
SMC—3	838	540	204	350	724	272	207	400	5	610
SMC—4	953	565	238	410	816	274	250	500	7.5	610
SMC—5	807	955	324	456	1018	308	245	445	—	760

生产厂家：天津阀门厂。

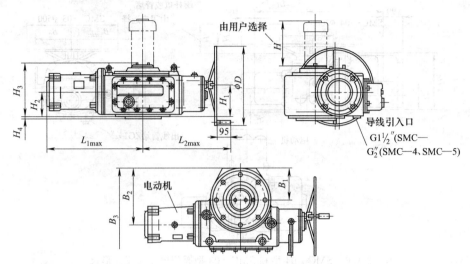

图 3-3-108　SMC—3～SMC—5 型阀门电动装置外形尺寸

3.15.2　SMC/HBC 系列阀门电动装置

SMC/HBC 系列阀门电动装置是部分回转型阀门电动装置。适用于球阀、蝶阀等类型阀门。其结构形式为组合式，由 SMC 多回转电动装置与 HBC 部分回转手动装置相组合而成。

该系列产品所适用的环境条件、温度、湿度、海拔防护等均能达到 SMC 相应规格产品的水平。技术性能、电气控制原理亦与相应的 SMC 产品相同。

（1）性能规格　SMC/HBC 系列阀门电动装置性能规格见表 3-3-134。

表 3-3-134　SMC/HBC 系列阀门电动装置性能规格

产品 型号	输出转矩 /(N·m)	输出转速 /(r/min)	电动功率 /kW	电机堵转电流 /A	回转 90°时间 /s	质量 /kg
SMC—04/H0BC	450	1	0.12	4.62	15	74
	600	1	0.20	7.42		
SMC—04/H1BC	1100	1	0.30	9.31		90
SMC—03/H1BC	2000	1	0.40	12.04	15	120
SMC—03/H2BC	2500	1				140
	3000	1	0.6	17.15		
SMC—00/H3BC	6000	1	1.10	29.68	15	220
	7800	1	1.50	38.85		
SMC—0/H4BC	10000	0.5	1.50	38.85	30	320
	17500	0.3			45	
SMC—1/H5BC	12500	1	2.2	50.82	15	520
	27000	0.3			45	
SMC—2/H6BC	16500	1	3.00	65.03	15	780
	38500	0.3			45	
SMC—3/H6BC	45500	0.5	5.50	91.63	30	110
	63500	0.3			40	

（2）外形尺寸　SMC—04/H0BC～SMC—03/H2BC 型阀门电动装置外形尺寸见图
3-3-109、表 3-3-135。

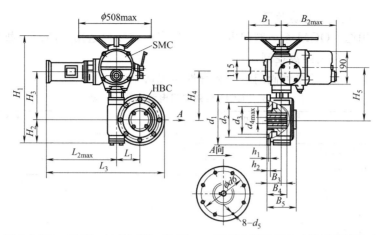

图 3-3-109　SMC—04/H0BC～SMC—03/H2BC 型阀门电动装置外形尺寸

表 3-3-135　SMC—04/H0BC～SMC—03/H2BC 型阀门电动装置外形尺寸

产品型号	外形尺寸/mm																				
	L_1	L_2	L_3	B_1	B_2	B_3	B_4	B_5	H_1	H_2	H_3	H_4	H_5	d_1	d_2	d_3	d_4	d_5	d_6	h_1	h_2
SMC—04/H0BC	64	243	428	185	346	77	79	158	540	117	247	256	285	241	190	100	36	M12	210	5	20
SMC—04/H1BC	89	243	477	185	346	92	111	190	572	136	258	270	299	289	200	125	47	M16	254	5	20
SMC—03/H1BC	89	387	620	202	373	92	111	190	626	136	278	289	323	289	200	125	47	M16	254	5	20
SMC—03/H2BC	108	387	667	202	373	95	134	196	652	148	290	302	336	343	260	200	70	M20	268	6	25

SMC—00/H3BC～SMC2—/H6BC 型阀门电动装置外形尺寸见图 3-3-110、表 3-3-136。

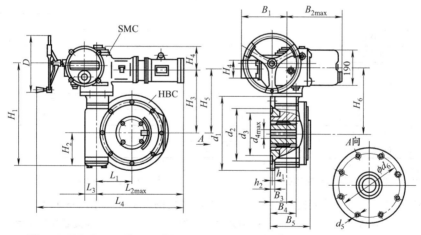

图 3-3-110　SMC—00/H3BC～SMC2—/H6BC 型阀门电动装置外形尺寸

表 3-3-136　SMC—00/H3BC～SMC2—/H6BC 型阀门电动装置外形尺寸

规格	外形尺寸/mm																							
	L_1	L_2	L_3	L_4	B_1	B_2	B_3	B_4	B_5	H_1	H_2	H_3	H_4	H_5	H_6	d_1	d_2	d_3	d_4	d_5	d_6	h_1	h_2	D
SMC—04/H0BC	152	519	68	911	251	364	105	125	204	543	183	352	138	345	366	406	310	203	95	8-M20 深 deep40	356	6	25	305
SMC—04/H1BC	197	529	98	939	273	367	121	197	258	672	233	410	153	414	435	476	340	248	105	8-M20 深 deep40	406	7	25	305
SMC—03/H1BC	248	623	98	1052	304	393	127	222	280	724	255	448	162	446	466	533	410	350	165	8-M20 深 deep40	466	7	25	305
SMC—03/H2BC	108	697	125	1154	333	418	165	266	338	900	335	540	200	542	564	667	530	360	190	8-M30 深 deep40	584	12	—	458

生产厂家：天津阀门厂。

3.15.3 OOM 系列阀门电动装置

（1）特点与用途 OOM 系列阀门电动装置是多回转型，适用于闸阀、截止阀等类型阀门。可现场操作，也可远距离控制。

（2）性能规格 OOM 系列阀门电动装置性能规格见表 3-3-137。

表 3-3-137 OOM 系列阀门电动装置性能规格

产品型号	规格	输出转矩/(N·m)	输出转速/(r/min)	允许阀杆直径/mm	电动机参考功率/kW	电动机额定电流/A
OOM1 OOM1·Ex	OOM2,5-12	25	12	20	0.06	
	OOM2,5-18		18		0.09	0.60
	OOM2,5-24		24		0.09	1.60
	OOM5-12	50	12		0.09	1.60
	OOM5-18		18		0.18	0.95
	OOM5-24		24		0.18	0.95
	OOM10-12	100	12	26	0.18	0.95
	OOM10-18		18		0.25	1.3
	OOM15-18	150	18		0.55	2.4
OOM2 OOM2·Ex	OOM20-18	200	18	40	0.55	2.4
	OOM20-36		36		0.75	2.72
	OOM30-18	300	18		0.75	2.72
	OOM30-36		36		1.1	3.4
	OOM40-18	400	18		0.75	2.72
	OOM40-36		36		1.5	4.5
OOM3 OOM3·Ex	OOM45-18	450	18	65	1.1	3.4
	OOM45-36		36		1.5	4.5
	OOM60-18	600	18		1.5	4.5
	OOM60-36		36		2.2	6.5
OOM4 OOM4·Ex	OOM90-18	900	18	80	2.2	6.5
	OOM90-36		36		3.0	9.0
	OOM120-18	1200	18		3.0	9.0
	OOM120-36		36		4.0	11
OOM5 OOM5·Ex	OOM160-18	1600	18	96	5.5	14
	OOM160-36		36		7.5	19
	OOM240-18	2400	18		7.5	19
	OOM240-36		36		11	26

注：1. 防爆型产品（型号中有 Ex）的防爆等级为 dⅡBT₄。

2. 额定电压下，电动机堵转电流与额定电流之比的保证值为 7，其容差为保证值的 20%。

（3）外形尺寸 OOM 系列阀门电动装置外形尺寸见图 3-3-111、图 3-3-112、表 3-3-138。

表 3-3-138 OOM₂、OOM₂·Ex～OOM₅，OOM₅·Ex 型阀门电动装置外形尺寸

产品型号	外形尺寸/mm																	
	L_1	L_2	L	L_1	B_1	B_2	B_3	H_1	H_2	H_3	H_4	H_5	ϕW_1	ϕW_2	ϕW_3	A	A_1
OOM1 OOM1·Ex	102	235	40	—	294	248	—	227	—	54	50	—	200	204	—	—	—
OOM2 OOM2·Ex	215	400	65	50	368	282	142	215	84	66	62	341	200	244	142	72	58
OOM3 OOM3·Ex	303	472	85	50	432	337	158	230	110	110	54	367	305	290	142	92	40
OOM4 OOM4·Ex	353	599	85	50	495	366	187	255	121	121	65	378	305	290	142	115	72.5
OOM5 OOM5·Ex	436	737	85	50	540	402	323	355	170	170	110	427	458	290	142	141	68

生产厂家：天津阀门厂。

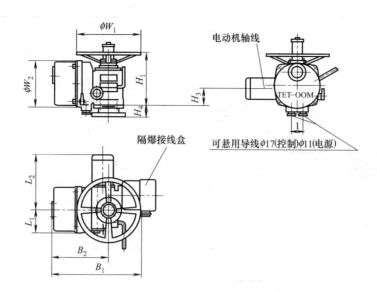

图 3-3-111 OOM$_1$、OOM$_1$·Ex 型阀门电动装置外形尺寸

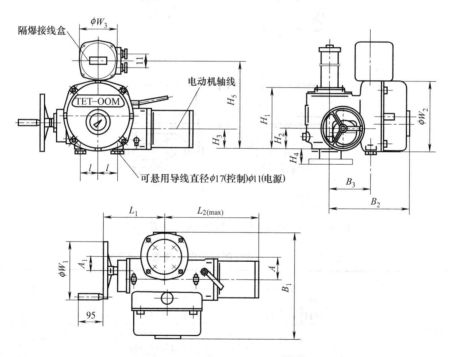

图 3-3-112 OOM$_2$、OOM$_2$·Ex～OOM$_5$、OOM$_5$·Ex 型阀门电动装置外形尺寸

3.15.4 QT 系列阀门电动装置

QT 系列阀门电动装置，适用于蝶阀、球阀和旋塞阀等做 90°回转的阀门。可现场操作也可远距离控制。防护等级为 IP54。

（1）QT$_1$～QT$_4$ 型阀门电动装置 QT$_1$～QT$_4$ 型阀门电动装置性能规格见表 3-3-139。QT$_1$～QT$_4$ 型阀门电动装置外形尺寸见图 3-3-113、表 3-3-140。

（2）QT$_5$～QT$_7$ 型阀门电动装置 QT$_5$～QT$_7$ 型阀门电动装置性能规格见表 3-3-141。

表 3-3-139　QT₁~QT₄型阀门电动装置性能规格

产品型号	规格	输出转矩/(N·m)	运行90°时间/s	最大阀杆直径/mm	电动机功率/W	额定电流/mA					手轮转圈数	质量/kg
						单相		三相				
						110V	220V	220V	380V	440V		
QT₁	QT04	35	13	14	10	400	200	N/A	N/A	N/A	1.0	6
	QT06	60	16	22	15	500	250	N/A	N/A	N/A	8.5	9
	QT09	90	16	22	25	600	300	250	145	125	8.5	10
QT₂	QT15	150	20	22	40	1600	800	400	230	200	10.0	12
	QT19	190	20	22	40	1600	800	400	230	200	10.5	13
QT₃	QT28	280	24	32	40	1600	800	400	230	200	12.5	17
	QT38	380	24	32	60	2400	1200	600	350	300	12.5	18
	QT50	500	24	32	90	3200	1600	800	460	400	12.5	19
QT₄	QT60	600	29	42	90	3200	1600	800	460	400	14.5	22
	QT80	800	29	42	180	4600	3200	1700	980	850	14.5	23
	QT100	1000	29	42	200	N/A	2600	1800	1040	900	14.5	25

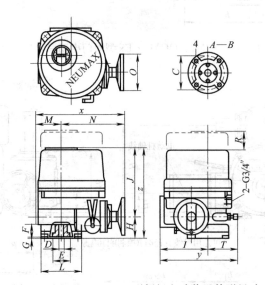

图 3-3-113　QT₁~QT₄型阀门电动装置外形尺寸

表 3-3-140　QT₁~QT₄型阀门电动装置外形尺寸

产品型号	规格	法兰(ISO 5211)	外形尺寸/mm																	
			C	A	B	D	E	F	G	H	I	J	L	M	N	O	R	T	x	y	z
QT₁	QT04	F05 F07	50	M6	10	14	41	25	5	52	98	167	84	49	148	102	122	67	200	165	205
	QT06	F07	70	M8	14	22	55	35	5	60	110	196	102	49	179	102	122	74	241	184	256
	QT09	F07	70	M8	14	22	55	35	5	60	110	196	102	49	179	102	122	74	241	184	256
QT₂	QT15	F10 F07	102	M10	14	22	57	35	5	64	125	194	125	70	187	200	125	85	272	211	258
	QT19	F10 F07	102	M10	14	22	57	35	5	64	125	194	125	70	187	200	125	85	272	211	258
QT₃	QT28	F12 F07	125	M12	17	32	75	42	5	70	168	233	145	75	202	200	164	97	290	265	303
	QT38	F12 F07	125	M12	17	32	75	42	5	70	168	233	145	75	202	200	164	97	290	265	303
	QT50	F12 F07	125	M12	17	32	75	42	5	70	168	233	145	75	202	200	164	97	290	265	303
QT₄	QT19	F14 F07 F10	140	M16	19	42	85	54	5	78	191	230	175	99	225	200	164	116	325	307	308
	QT19	F14 F07 F10	140	M16	19	42	85	54	5	78	191	265	175	99	225	200	173	116	325	307	343
	QT19	F14 F07 F10	140	M16	19	42	85	54	5	78	191	265	175	99	225	200	173	116	325	307	348

表 3-3-141　QT₅～QT₇ 型阀门电动装置性能规格

产品型号	规格	输出转矩 /(N·m)	输出转速 /(r/min)	电动功率 /kW	电机堵转电流 /A	回转 90°时间 /s	质量 /kg
QT₅ QT₅·Ex	QT60—0.5	600	0.5	0.18	0.95	30	70
	QT60—1		1	0.25	1.30	15.00	
	QT60—2		2	0.37	1.60	7.50	
	QT90—0.5	900	0.5	0.25	1.30	30	
	QT90—1		1	0.37	1.60	15.00	
	QT90—2		2	0.55	2.40	7.50	
	QT120—0.5	1200	0.5	0.25	1.30	30	
	QT120—1		1	0.37	1.60	15.00	
	QT120—2		2	0.55	2.40	7.50	
	QT200—0.5	2000	0.5	0.37	1.60	30	
	QT200—1		1	0.55	2.40	15.00	
	QT200—2		2	1.10	3.40	7.50	
	QT250—0.5	2500	0.5	0.37	1.60	30	
	QT250—1		1	0.55	2.40	15.00	
	QT250—2		2	1.10	3.40	7.50	
QT₆ QT₅·Ex	QT400—0.25	4000	0.25	0.37	1.60	60	120
	QT400—0.5		0.5	0.55	2.40	30	
	QT500—0.25	5000	0.25	0.55	2.40	60	
	QT500—0.5		0.5	0.75	2.72	30	
	QT600—0.25	6000	0.25	0.55	2.40	60	
	QT600—0.5		0.5	1.10	3.40	30	
QT₇ QT₇·Ex	QT800—0.25	8000	0.25	1.10	3.40	60	210
	QT800—0.5		0.5	1.50	4.50	30	
	QT1000—0.25	10000	0.25	1.50	4.50	60	
	QT1000—0.5		0.5	2.2	6.50	30	
	QT1200—0.25	12000	0.25	2.2	6.50	60	
	QT1200—0.5		0.5	3	9.00	30	

QT₅～QT₇ 型阀门电动装置外形尺寸见图 3-3-114、表 3-3-142。

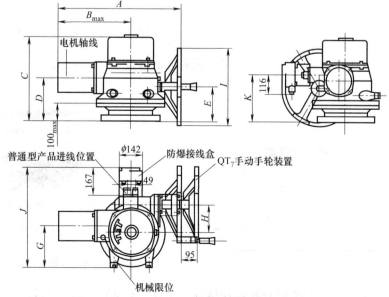

图 3-3-114　QT₅～QT₇ 型阀门电动装置外形尺寸

表 3-3-142   QT₅~QT₇ 型阀门电动装置外形尺寸

产品型号	外形尺寸/mm									
	A	B	C	D	E	G	H	I	J	K
QT₅ QT₅·Ex	763	490	350	156	123	180	112.5	308/457	487	166
QT₆ QT₆·Ex	803	510	417	204	163	217	134	457	537	219
QT₇ QT₇·Ex	1110	705	496	247	203	246	164	457	589	280

生产厂家：天津阀门厂。

3.16   橡胶接头

（1）ZKB 型氯丁橡胶-镀锌钢法兰   建议在安装 ZKB 软接头时使用限位螺栓。见表 3-3-143、图 3-3-115。

表 3-3-143   ZKB 型氯丁橡胶-镀锌钢法兰参数

连接方式	$PN10$ 和 $PN16$ 的法兰
最高压力/bar	16
温度/℃	$-10\sim+80$
尺寸/mm	$DN32\sim600$

注：1bar=10^5Pa，下同。

图 3-3-115   ZKB 型氯丁橡胶-镀锌钢法兰

（2）ZKT 型氯丁橡胶-镀锌延性铁螺母   见表 3-3-144、图 3-3-116。

表 3-3-144   ZKT 型氯丁橡胶-镀锌延性铁螺母参数

连接方式	英制管螺纹
最高压力/bar	16
温度/℃	$-10\sim+80$
尺寸/mm	$DN20\sim600$

图 3-3-116   ZKT 型氯丁橡胶-镀锌延性铁螺母

（3）ZKB 双球型氯丁橡胶-镀锌延性铁螺母   见表 3-3-145、图 3-3-117。

表 3-3-145　ZKB 双球型氯丁橡胶-镀锌延
性铁螺母参数

连接方式	PN10 和 PN16 的法兰
最高压力/bar	16
温度/℃	−10～+80
尺寸/mm	DN32～500

图 3-3-117　ZKB 双球型氯丁橡胶-镀锌延性铁螺母

生产厂家：丹佛斯（天津）有限公司。

3.17　闸门

3.17.1　圆闸门

ZMQY 型铸铁圆闸门。

该产品广泛用于介质为水（原水、清水和污水），介质温度≤100℃，最大水头≤10m 的管道口、交汇窑井、沉砂池、沉淀池、引水渠、泵站进水口和清水井等处，以实现流量和液面控制，是给排水及污水处理的重要设备之一。

该闸门主要由闸座、闸板、镶铜密封圈、可调楔块以及提升杆组成，闸门由启闭机实施启闭。具有密封性强，耐磨性好，安装方便，启闭灵活，寿命长等特点。

型号说明：

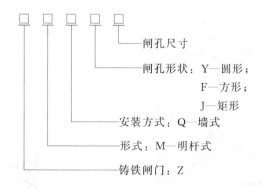

闸孔尺寸
闸孔形状：Y—圆形；F—方形；J—矩形
安装方式：Q—墙式
形式：M—明杆式
铸铁闸门：Z

该闸门的外形结构、性能和使用条件及安装尺寸见图 3-3-118、表 3-3-146、表 3-3-147。

表 3-3-146　ZMQY 型闸门性能和使用条件

最大水头/m	适用介质	适用温度/℃	泄漏量（正向最大水压）/[L/(min·m)]
10	水、污水	≤100	≤1.25

表 3-3-147　ZMQY 型铸铁圆闸门主要尺寸和质量

DN/mm	A/mm	B/mm	D/mm	E/mm	F/mm	G/mm	H_1/mm	H_2/mm	L/mm	L_1/mm	M/mm	N/mm	d/mm	质量/kg
200	356	316	φ220	200	78	—	185	370	125	310	35	4	M12	98
300	456	416	φ320	225	95	—	228	505	130	280	35	6	M12	160
400	556	516	φ420	285	95	—	275	645	170	380	35	6	M12	240

续表

DN /mm	A /mm	B /mm	D /mm	E /mm	F /mm	G /mm	H_1 /mm	H_2 /mm	L /mm	L_1 /mm	M /mm	N /mm	d /mm	质量 /kg
500	656	616	φ520	325	100	—	328	745	210	440	35	6	M12	300
600	810	760	φ630	410	128	180	415	990	250	315	50	10	M20	562
700	910	860	φ730	460	140	200	465	1110	300	350	70	10	M20	674
800	1010	960	φ830	510	163	230	525	1300	350	400	70	10	M20	228
900	1110	1060	φ930	560	170	236	575	1430	400	440	70	10	M20	988
1000	1210	1160	φ1030	610	170	236	625	1550	450	475	70	10	M20	1259
1100	1310	1260	φ1130	660	180	253	675	1680	500	515	70	10	M20	1418
1200	1430	1370	φ1230	720	204	270	715	1955	340	170	70	14	M24	1738
1300	1530	1470	φ1330	770	204	280	765	2080	350	175	70	14	M24	1970
1400	1630	1570	φ1440	820	204	280	800	2205	380	190	70	14	M24	2168
1500	1800	1700	φ1540	880	224	339	875	2360	400	200	90	14	M24	2495
1600	1840	1780	φ1640	940	224	342	905	2445	440	220	90	14	M24	2778
1800	2023	1963	φ1830	1150	224	365	1000	2690	480	240	90	14	M24	3212
2000	2320	2200	φ2040	1155	274	407	1135	3085	310	155	110	22	M24	3756
2200	2520	2420	φ2240	1265	274	429	1235	3335	330	165	110	22	M24	4355

　　生产厂家：天津塘沽瓦特斯阀门有限公司、湖北洪城通用机械股份有限公司、株洲南方阀门股份有限公司。

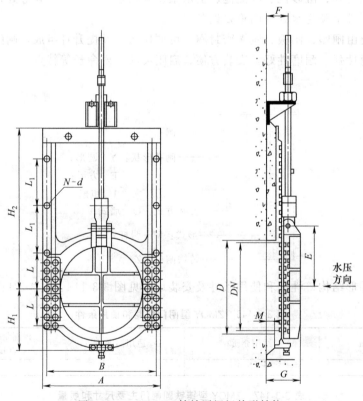

图 3-3-118　ZMQY 铸铁圆闸门外形结构

3.17.2　方闸门

　　ZMQF 型铸铁方闸门。

　　该闸门的外形结构，性能和使用条件及安装尺寸见图 3-3-119、表 3-3-148、表 3-3-149。

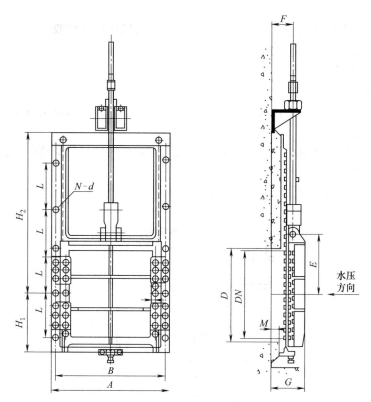

图 3-3-119　ZMQF 型铸铁方闸门外形结构

表 3-3-148　ZMQF 型闸门性能和使用条件

最大水头/m	适用介质	适用温度/℃	泄漏量(正向最大水压)/[L/(min·m)]
10	水、污水	≤100	≤1.25

表 3-3-149　ZMQY 型铸铁方闸门主要尺寸和质量

DN /mm	A /mm	B /mm	C /mm	E /mm	F /mm	G /mm	H_1 /mm	H_2 /mm	L /mm	M /mm	N /mm	d /mm	质量 /kg
300×300	456	416	320	215	85	120	228	587	300	35	6	M12	375
400×400	556	516	420	265	85	120	278	737	400	35	6	M12	486
500×500	656	616	520	315	85	120	328	887	500	35	6	M12	560
600×600	810	760	624	413	133	190	395	1084	300	50	10	M16	680
700×700	910	860	724	460	143	200	445	1220	350	50	10	M16	830
800×800	1020	970	830	515	180	230	505	1400	400	70	10	M20	1076
900×900	1120	1070	930	560	180	230	555	1550	450	70	10	M20	1145
1000×1000	1220	1170	1030	615	180	230	605	1700	500	70	10	M20	1326
1100×1100	1320	1270	1130	660	180	230	655	1850	550	70	10	M20	1595
1200×1200	1450	1390	1230	720	204	275	715	2050	400	70	14	M24	1858
1300×1300	1550	1490	1330	770	204	276	765	2200	430	70	14	M24	2190
1400×1400	1650	1590	1430	820	204	305	815	2350	470	70	14	M24	2376
1500×1500	1770	1700	1530	920	224	340	875	2520	500	90	14	M24	2675
1600×1600	1870	1800	1636	970	224	342	925	2670	530	90	14	M24	2935
1700×1700	1970	1900	1736	1020	224	355	975	2825	570	90	14	M24	3190
1800×1800	2070	2000	1836	1090	224	365	1025	2970	600	90	14	M24	3488
2000×2000	2300	2220	2040	1210	274	405	1135	3300	400	110	22	M24	3995
2200×2200	2500	2420	2240	1670	274	430	1235	3600	440	110	22	M24	4587

生产厂家：天津塘沽瓦特斯阀门有限公司、湖北洪城通用机械股份有限公司、株洲南方阀门股份有限公司。

3.17.3 平面钢闸门

PGZ 型平面钢闸门。

钢闸门广泛应用于城市给排水工程和水处理工程，一般为静水启闭以满足水源切换、关闭等检修工作的需要。

本闸门主要材质为普通碳素钢，通过楔块及水压达到密封，结构简单，强度高，价格低廉，密封性好，使用检修方便。

规格外形尺寸及机构见图 3-3-120、表 3-3-150。

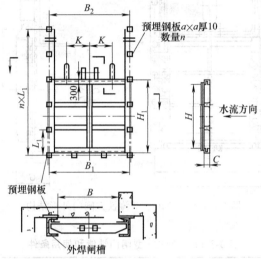

图 3-3-120　PGZ 型平面钢闸门外形结构

表 3-3-150　PGZ 型平面钢闸门尺寸　　　　　　　单位：mm

产品型号	进口洞口尺寸	外形尺寸			安装尺寸				质量/kg
	$B \times H$	$B_1 \times H_1$	C	K	C_1	B_2	$n \times L_1$	$a \times a$	
PGZ1000×800	1000×800	1100×900	87	140		1130		200×200	350
PGZ1000×1000	1000×1000	1100×1100						200×200	520
PGZ1500×1500	1500×1500	1620×1620				1650		200×200	780
PGZ1800×1600	1800×1600	2000×1800	168	220		2030		200×200	950
PGZ2000×1200	2000×1200	2200×1320				2230		200×200	850
PGZ2000×2000	2000×2000	2400×2200	188	—	240	2420	$L_1 = 400$ n 按井深配置	200×200	1700
PGZ2000×3000	2000×3000	2400×3260						200×200	1980
PGZ2500×1800	2500×1800	2800×1960	320	370				200×200	1470
PGZ2500×2000	2500×2000	2800×2120				2820		200×200	1690
PGZ2500×2200	2500×2200	2800×2320	350	400				200×200	1760
PGZ2500×2500	2500×2500	2800×2620						200×200	2400
PGZ3000×2000	3000×2000	3360×2160						200×200	2340
PGZ3000×2500	3000×2500	3360×2660	369	900	410	3380		200×200	2600
PGZ3000×3000	3000×3000	3360×3160						200×200	3100

续表

产品型号	进口洞口尺寸	外形尺寸				安装尺寸				质量/kg
	$B \times H$	$B_1 \times H_1$	C	K	C_1	B_2	$n \times L_1$	$a \times a$	
PGZ3000×3500	3000×3500	3360×3700		900		3380		200×200	4400
PGZ3500×2500	3500×2500	3900×2660	372		410			200×200	3950
PGZ3500×3000	3500×3000	3900×3200		1000		3920		200×200	2980
PGZ3500×3500	3500×3500	3900×3700						200×200	5420
PGZ3500×4000	3500×4000	3900×4240	410		460		$L_1=400$ n 按井深配置	200×200	6700
PGZ4000×1200	4000×1200	4400×1540	320		400			200×200	2200
PGZ4000×2500	4000×2500	4400×2800	369	1200	410	4420		200×200	4900
PGZ4000×3500	4000×3500	4400×4300						200×200	6700
PGZ4000×4000	4000×4000	4400×4300	410		460			200×200	7200

生产厂家：天津塘沽瓦特斯阀门有限公司、湖北洪城通用机械股份有限公司。

3.17.4　不锈钢闸门

PZM 型不锈钢闸门。

（1）适用范围　主要用于城市给水排水、化工、防洪、水利等水工构筑物进、出水口，做流道切换或截断水流之用。可广泛用于自来水厂、污水处理厂、城市雨污水泵站、水利防汛等行业。

（2）型号说明

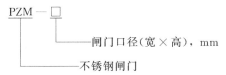

（3）结构特点　不锈钢闸门主要由门体、支承板、密封装置等部件组成。具有质量轻、耐蚀性好、使用寿命长、可双向承压受力条件及密封性能好等特点。

（4）主要技术参数　a. 设计工作压力 0.1MPa；b. 渗漏量小于 1～24L/(min·m)。

（5）PZM 型不锈钢闸门外形及安装尺寸　见图 3-3-121、图 3-3-122、表 3-3-151。

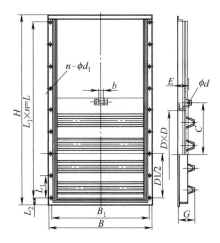

图 3-3-121　外形及安装尺寸

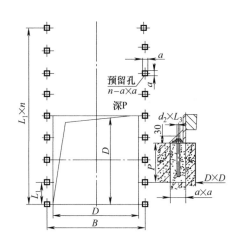

图 3-3-122　埋件尺寸

表 3-3-151 PZM 型不锈钢闸门尺寸

型号规格	口径/mm	外形尺寸/mm						
	$D \times D$	B	B_1	C	E	G	b	ϕ-d
PZM×500	500×500	680	640	370	117	135	40	25
PZM×600	600×600	780	740	420	117	140	40	25
PZM×800	800×800	980	940	520	119	165	50	30
PZM×1000	1000×100	1180	1140	620	120	174	50	30
PZM×1200	1200×1200	1380	1340	730	129	194	50	40
PZM×1400	1400×1400	1580	1540	830	129	214	50	40

生产厂家：江苏一环集团有限公司。

第4章 风 机

4.1 罗茨鼓风机

罗茨鼓风机是容积式气体压缩机的一种。其特点是在最高设计压力范围内，管网阻力变化时流量变化很小，故在风量要求稳定而阻力变化幅度较大的工作场所，工作适应性较强。

4.1.1 3L30 三转子式罗茨鼓风机

（1）适用范围 3L30 三转子式罗茨鼓风机是定容性鼓风机，是在两叶式的基础上消化吸收国外技术研制的。不仅具备普通罗茨风机优点，还具有效率高，气流脉动小，运转平稳，噪声低（较普通罗茨风机降低 15～10dB）等优点。

（2）规格及性能参数 3L30 三转子式罗茨鼓风机用于污水处理的鼓风曝气，还可广泛用于冶金、化工、纺织、石油等行业输送气体。3L30 三转子式罗茨鼓风机规格及外形尺寸见图 3-4-1，技术参数见表 3-4-1。

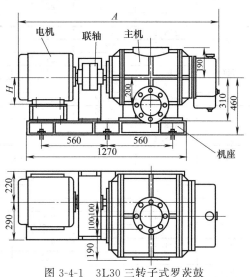

图 3-4-1　3L30 三转子式罗茨鼓风机规格及外型尺寸

表 3-4-1　3L30 三转子式罗茨鼓风机技术参数

规格 \ 参数	风量 /(m³/min)	风压 /Pa	功率 /kW	A /mm	H/mm	进口法兰 (Pg10)/mm	出口法兰 (Pg10)/mm
3L30-10/0.5	10	49000	18.5	1905	225	DN150	DN150
3L30-15/0.5	15	49000	22	1860	200	DN150	DN150
3L30-20/0.5	20	49000	37	1905	225	DN150	DN150

生产厂家：无锡中策机电设备有限公司、上海仁创机械科技有限公司、山东省章丘鼓风机股份有限公司。

4.1.2 RR 系列双叶罗茨鼓风机

（1）适用范围 输送介质有清洁空气、清洁煤气、二氧化硫及其他气体。广泛用于电力、石油、化工、化肥、钢铁、冶炼、制氧、水泥、食品、纺织、造纸、除尘反吹、水产养殖、污水处理、气力输送等各部门行业。

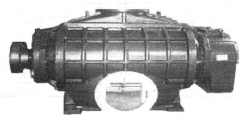

图 3-4-2　RR 系列罗茨鼓风机

（2）特点　a. 压力随系统阻力的变化而变化，具有自适应性；b. 具有强制送气的硬排气特性，即当压力变化时，流量变化甚微；c. 叶轮采用新型线，密封性好，高效节能；d. 排气口采用螺旋式排气口，从而可进一步降低噪声；e. 主要零部件精度高（齿轮为 5 级精度，轴承采用进口轴承，主要零部件由加工中心进行加工），因而产品可靠性高，运行平稳，使用寿命长；f. 转子动平衡精度高，轴承游隙小，所以风机振动小，噪声低；g. 输送介质不含油。

（3）规格及性能参数　RR 系列双叶罗茨鼓风机规格及性能参数见图 3-4-2、表 3-4-2。

表 3-4-2　性能参数

转速 /(r/min)	理论流量 /(m³/min)	压力 /kPa	流量 /(m³/min)	轴功率 /kW	配套电机		机组最大质量 /kg
					型号	功率/kW	
590	248.1	9.8	232.1	52	Y315L2—10	75	10090
590	248.1	19.6	226.1	94	Y355M2—10	110	10090
590	248.1	19.6	226.1	94	JS127—10	115	10090
590	248.1	29.4	221.3	135	JS137—10	155	10090
590	248.1	39.2	217.1	177	JS1410—10	200	10090
590	248.1	49	213.4	218	Y450—10	250	10090
590	248.1	49	213.4	218	JS157—10	260	10090
590	248.1	58.8	209.9	260	Y450—10	280	10090
590	248.1	68.6	207.1	301	Y450—10	355	11105
590	248.1	78.4	204.6	343	Y500—10	400	11105
590	248.1	83.3	203.1	364	Y500—10	400	11105
590	248.1	83.3	203.1	364	JS1510—10	400	11105
630	264.9	9.8	248.9	56	Y315M—8	75	10130
630	264.9	19.6	242.9	100	Y315L2—8	110	10130
630	264.9	29.4	238.1	144	Y355M2—8	160	10130
630	264.9	39.2	233.9	189	Y400—8	220	10130
630	264.9	49	230.2	233	Y450—8	250	10130
630	264.9	58.8	226.7	277	Y450—8	315	10130
630	264.9	68.6	223.9	322	Y450—8	355	11190
630	264.9	78.4	221.4	366	Y500—8	400	11190
630	264.9	83.3	219.9	388	Y500—8	450	11190
670	281.7	9.8	265.7	59	Y315M—8	75	10010
670	281.7	19.6	259.7	106	Y355M1—8	132	10010
670	281.7	29.4	254.9	153	Y355M3—8	185	10010
670	281.7	39.2	250.7	201	Y400—8	220	10010
670	281.7	49	247	248	Y450—8	280	10010
670	281.7	58.8	243.5	295	Y450—8	355	11190
670	281.7	68.6	240.7	342	Y500—8	400	11190
670	281.7	78.4	238.2	389	Y500—8	450	11190
670	281.7	83.3	236.7	413	Y500—8	450	11190
710	298.5	9.8	282.5	63	Y315S—6	75	9270
710	298.5	19.6	276.5	113	Y315L2—6	132	9270
710	298.5	29.4	271.7	163	Y355M2—6	185	9270
710	306.9	29.4	280.1	167	Y355L1—8	185	10130
710	298.5	39.2	267.5	213	Y355M4—6	250	9270
710	298.5	49	263.8	262	Y400—6	315	9270
710	298.5	58.8	260.3	312	Y450—6	355	10500
710	298.5	68.6	257.5	362	Y450—6	400	10500
710	298.5	78.4	255	412	Y450—6	450	10500
710	298.5	83.3	253.5	437	Y450—6	500	10500
730	306.9	9.8	290.9	64	Y315M—6	75	10130
730	306.9	19.6	284.8	115	Y355M1—6	132	10130
730	306.9	19.6	284.8	115	JS127—8	130	10130
730	306.9	39.2	275.8	219	Y450—8	250	10130
730	306.9	39.2	275.8	219	JS138—8	245	10130
730	306.9	49	272.2	269	Y450—8	315	10130
730	306.9	49	272.2	269	JS157—8	320	10130
730	306.9	58.8	268.7	321	Y450—8	355	11390
730	306.9	68.6	265.9	372	Y500—8	400	11390
730	306.9	78.4	263.3	424	JS1510—8	475	11390
730	306.9	83.3	261.9	449	Y500—8	500	11390

生产厂家：山东省章丘鼓风机股份有限公司。

4.1.3　ZR 系列大型高压罗茨鼓风机

（1）产品特点　叶轮采用近渐开线型线，先进合理，整机效率高。

主要零部件采用加工中心及数控设备进行加工，齿轮采用 5 级精度，产品精度高，运行可靠。

油箱采用托油盘等新结构，散热好，可在升压为 49kPa 时不用冷却水，使用费用小。

机壳、墙板采用中分结构，检修方便。

（2）规格及性能参数　性能范围：升压 9.8～88.2kPa；流量 435.6～1088.5 m³/min。

图 3-4-3　ZR 系列大型高压罗茨鼓风机

ZR 系列大型高压罗茨鼓风机规格及性能参数见图 3-4-3、表 3-4-3。

表 3-4-3　性能参数

风机型号	转速 /(r/min)	理论流量 /(m³/min)	升压 /kPa	流量 /(m³/min)	轴功率 /kW	配套电机		主机质量(不含电机)/kg
						型号	功率/kW	
ZR7—580A	490	463.69	9.8	435.6	97.1	Y355L—12①	110	13500
			19.6	424.0	174.2	YKK450—12	200	
			29.4	415.1	249.8	Y5001—12	280	
			39.2	407.5	325.9	Y5003—12	355	
			49	400.8	403.0	Y5005—12	450	
			58.8	394.8	483.6	Y5602—12	560	
			68.6	289.2	558.3	Y5603—12	630	
			78.4	384.1	631.4	Y6301—12	710	
			88.2	379.2	710.3	Y6302—12	800	
	590	558.32	9.8	530.4	117.0	Y355M—10①	132	
			19.6	518.6	209.7	Y4501—10	220	
			29.4	509.7	300.8	Y4505—10	355	
			39.2	502.1	392.4	Y5002—10	450	
			49	495.5	485.3	Y5004—10	560	
			58.8	489.4	582.3	Y5005—10	630	
			68.6	483.9	672.2	Y5601—10	710	
			78.4	478.7	760.2	Y5602—10	800	
			88.2	473.8	855.3	Y5603—10	900	
ZR7—600	490	513.37	9.8	479.5	107.5	Y355L—12①	132	14400
			19.6	465.5	192.8	Y4504—12	220	
			29.4	454.7	276.5	Y5002—12	315	
			39.2	445.6	360.8	Y5004—12	400	
			49	437.6	446.2	Y5601—12	500	
			58.8	430.3	535.4	Y5602—12	560	
			68.6	423.6	618.1	Y6301—12	710	
			78.4	417.4	699.0	Y6302—12	800	
			88.2	411.5	786.4	Y6303—12	900	
	490	618.14	9.8	584.3	129.5	Y355L—10①	160	
			19.6	570.3	232.2	Y4502—10	250	
			29.4	559.5	333.0	Y4505—10	355	
			39.2	550.4	434.4	Y5003—10	500	
			49	542.3	537.3	Y5004—10	560	
			58.8	535.1	644.7	Y5601—10	710	
			68.6	528.4	744.2	Y5602—10	800	

续表

风机型号	转速 /(r/min)	理论流量 /(m³/min)	升压 /kPa	流量 /(m³/min)	轴功率 /kW	配套电机 型号	功率/kW	主机质量(不含电机)/kg
ZR7—600	490	618.14	78.4	522.2	841.7	Y5603—10	900	14400
			88.2	516.3	946.9	Y6301—10	1000	
ZR7—700	490	583.75	9.8	542.1	122.3	Y355L—12①	132	15600
			19.6	524.8	219.3	Y4505—12	250	
			29.4	511.6	314.5	Y5003—12	355	
			39.2	500.4	410.3	Y5005—12	450	
			49	490.5	507.4	Y5602—12	560	
			58.8	481.6	608.8	Y5603—12	630	
			68.6	473.4	702.8	Y6302—12	800	
			78.4	465.7	794.9	Y6303—12	900	
	590	702.88	9.8	661.2	147.2	Y355L—10①	160	
			19.6	644.0	264.0	Y4503—10	280	
			29.4	630.7	378.6	Y5001—10	400	
			39.2	619.5	494.0	Y5004—10	560	
			49	609.6	610.9	Y5601—10	710	
			58.8	600.7	733.1	Y5602—10	800	
			68.6	592.5	846.3	Y5603—10	900	
			78.4	584.9	957.1	Y6301—10	1000	
ZR8—700	490	779.31	9.8	738.0	163.3	YKK450—12	185	20500
			19.6	720.9	292.7	Y5003—12	355	
			29.4	707.7	419.8	Y5005—12	450	
			39.2	696.6	547.7	Y5603—12	630	
			49	686.8	677.3	Y6301—12	710	
			58.8	678.0	812.8	Y6303—12	900	
			68.6	669.8	938.3	Y6304—12	1000	
			78.4	662.2	1061.2	Y710—12	1120	
ZR8—800	490	916.83	9.8	871.2	192.1	Y4504—12	220	22250
			19.6	852.2	344.4	Y5004—12	400	
			29.4	837.6	493.9	Y5602—12	560	
			39.2	825.3	644.3	Y6301—12	710	
			49	814.5	796.9	Y6303—12	900	
			58.8	804.7	956.2	Y6304—12	1000	
ZR8—900	490	1146.04	9.8	1088.5	240.1	Y5001—12	280	24600
			19.6	1064.6	430.5	Y5601—12	500	
			29.4	1046.3	617.3	Y6301—12	710	
			39.2	1030.9	805.4	Y6303—12	900	
			49	1017.2	996.1	Y710—12	1120	

① 为380V低压电机，其余为6000V高压电机。

生产厂家：山东省章丘鼓风机股份有限公司。

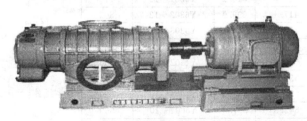

图 3-4-4   L 系列罗茨鼓风机

4.1.4   L 系列罗茨鼓风机

(1) 适用范围   适用于冶金、电力、石油、化工、化肥、矿山、轻工纺织、建材、食品、造纸、城市煤气、水产养殖、污水处理、气体输送等行业。

(2) 特点   强制送风，风压升

高时风量下降有限；输送的气体不被油污染；多种输送形式，性能覆盖面广；使用寿命长；造型精巧、结构简单，保养维修方便；可有效地控制噪声。

（3）规格及性能参数　L系列罗茨鼓风机性能范围：进口流量 $1.01\sim483m^3/min$；升压 $9.8\sim98kPa$。规格及性能参数见图3-4-4、表3-4-4。

表 3-4-4　性能参数

转速/(r/min)	理论流量/(m³/min)	压力/kPa	流量/(m³/min)	轴功率/kW	配套电机 型号	配套电机 功率/kW	机组最大质量/kg
730	0	-9.8	61.5	12.7	Y200L—8	15	3250
730	0	-14.7	59.4	19	Y225M—8	22	3250
730	0	-14.7	84.1	25.5	Y225M—6	30	3250
730	0	-19.6	57	25.3	Y250M—8	30	3250
730	0	-24.5	55	31.7	Y280S—8	37	3250
730	0	-29.4	53	38	Y280M—8	45	3250
980	0	-9.8	86.2	17	Y200L2—6	22	3250
980	0	-19.6	81.7	34	Y250M—6	37	3250
980	0	-24.5	79.7	42.5	Y280S—6	45	3250
980	0	-29.4	77.7	51	Y280M—6	55	3250

生产厂家：山东省章丘鼓风机股份有限公司、天津鼓风机厂。

4.1.5　MJL、PJL系列鼓风机

（1）适用范围　MJL、PJL系列密集成套罗茨鼓风机，以成套形式供应。具有结构紧凑，高效节能，噪声低，风量稳定，机体振动小，传动平稳，使用寿命长，节能将耗，输送介质无油，结构简单，便于安装，维修，运行安全，可靠等特点。

主要用于电力、石油、化工、冶炼、水泥、轻工、食品、纺织、气力输送、污水处理等行业，输送介质为空气。

（2）规格及性能参数　MJL、PJL系列鼓风机性能范围：进口流量 $1.01\sim272m^3/min$，升压 $9.8\sim98kPa$。规格及性能参数见图3-4-5、表3-4-5。

图 3-4-5　MJL、PJL系列鼓风机

表 3-4-5　性能参数

型号	同步转速/(r/min)	转速/(r/min)	9.8kPa Q	9.8kPa P	19.6kPa Q	19.6kPa P	29.4kPa Q	29.4kPa P	39.2kPa Q	39.2kPa P	49.0kPa Q	49.0kPa P	58.8kPa Q	58.8kPa P	68.6kPa Q	68.6kPa P	78.4kPa Q	78.4kPa P	88.2kPa Q	88.2kPa P	98.0kPa Q	98.0kPa P
MJL80c	1500	1170	2.01	2.2	1.72	2.2	1.48	2.2	1.25	3	1.01	3										
		1450	2.66	2.2	2.37	2.2	2.13	3	1.92	3	1.71	4	1.49	4	1.25	5.5						
		1750	3.34	2.2	3.05	2.2	2.82	3	2.61	4	2.42	5.5	2.22	5.5	2.03	5.5	1.82	7.5				
	3000	2050	4.03	3	3.74	3	3.51	4	3.31	4	3.12	5	2.93	5	2.75	7.5	2.57	7.5				
		2500	5.05	3	4.77	3	4.54	4	4.34	5.5	4.16	7.5	3.98	7.5	3.81	11	3.64	11				
		2950	6.08	4	5.80	4	5.57	5.5	5.37	7.5	5.19	7.5	5.02	11	4.85	11	4.69	11				
MJL80d	1500	1170	2.89	2.2	2.56	2.2	2.29	3	2.04	4	1.80	5.5	1.55	5.5	1.25	5.5						
		1450	3.76	2.2	3.43	3	3.17	4	2.93	4	2.71	5.5	2.49	5.5	2.26	7.5	2.02	7.5				
		1750	4.69	2.2	4.37	3	4.11	4	3.87	5.5	3.66	5.5	3.45	7.5	3.24	7.5	3.04	11				

续表

型号	同步转速/(r/min)	转速/(r/min)	9.8kPa Q	9.8kPa P	19.6kPa Q	19.6kPa P	29.4kPa Q	29.4kPa P	39.2kPa Q	39.2kPa P	49.0kPa Q	49.0kPa P	58.8kPa Q	58.8kPa P	68.6kPa Q	68.6kPa P	78.4kPa Q	78.4kPa P	88.2kPa Q	88.2kPa P	98.0kPa Q	98.0kPa P
MJL80d	3000	2050	5.62	3	5.30	3	5.04	4	4.81	5.5	4.60	7.5	4.4	7.5	4.20	11	4.01	11				
		2500	7.02	3	6.70	4	6.44	5.5	6.21	7.5	6.01	11	5.81	11	5.62	11	5.44	15				
		2950	8.42	3	8.10	5.5	7.84	5.5	7.62	7.5	7.41	11	7.22	11	7.03	15	6.85	15				
MJL100a	1500	1170	4.15	2.2	3.76	3	3.45	4	3.17	4	2.91	5.5	2.64	7.5	2.37	7.5	2.07	11				
		1450	5.35	2.2	4.97	3	4.66	4	4.39	5.5	4.14	7.5	3.89	7.5	3.65	11	3.40	11				
	3000	1750	6.64	4	6.26	4	5.96	5.5	5.69	7.5	5.44	7.5	5.20	11	4.97	11						
		2050	7.93	4	7.55	5.5	7.25	7.5	6.98	7.5	6.74	11	6.50	11	6.28	15	6.06	15				
		2500	9.86	4	9.48	5.5	9.18	7.5	8.92	11	8.68	11	8.45	15	8.23	15						
		2950	11.8	4	11.4	5.5	11.1	11	10.9	11	10.6	11	10.3	15								
MJL100b	1500	1170			4.33	5.5	3.90	5.5	3.50	5.5	3.12	7.5	2.72	7.5								
		1450			5.79	5.5	5.36	5.5	4.98	5.5	4.62	5.5	4.14	7.5	3.91	11	3.54	15				
		1750			7.35	5.5	6.93	7.5	6.55	7.5	6.21	11	5.87	11	5.54	15	5.22	15	4.88	18.5	4.53	18.5
		2050			8.91	5.5	8.49	7.5	8.12	11	7.78	11	7.45	11	7.14	15	6.83	18.5	6.52	22	6.21	22
		2200			9.68	5.5	9.27	7.5	8.90	11	8.56	11	8.24	11	7.93	18.5	7.63	18.5	7.32	22		
		2500			11.8	5.5	11.2	11	11.0	11	10.5	11	10.1	11	9.81	18.5	9.51	18.5	9.21	22		
MJL125a	1500	1170			6.40	5.5	5.90	5.5	5.45	7.5	5.03	11	4.61	11	4.18	15						
		1450	9.03	5.5	8.42	5.5	7.94	7.5	7.49	11	7.08	11	6.69	11	6.31	18.5	5.92	18.5	5.52	18.5	5.11	22
		1750	11.2	5.5	10.6	7.5	10.1	11	9.67	11	9.27	11	8.89	15	8.52	18.5	8.16	22				
	3000	2050	13.4	5.5	12.7	7.5	12.3	11	11.8	15	11.4	15	11.1	18.5	10.7	22						
		2200	14.4	5.5	13.8	7.5	13.3	11	12.9	15	12.5	18.5	12.2	18.5	11.8	22						
		2500	16.6	5.5	16.0	11	15.5	11	15.1	15	14.7	18.5	14.3	22								
MJL125b	1000	980	7.40	3	6.63	5.5	6.00	5.5	5.42	7.5	4.86	11	4.30	11								
	1500	1170	9.18	4	8.41	5.5	7.79	7.5	7.23	11	6.70	11	6.18	15	5.66	15	5.11	18.5				
		1450	11.8	5.5	11.0	7.5	10.4	11	9.87	11	9.37	15	8.88	18.5	8.40	18.5	7.92	22	7.44	30	6.94	30
		1750	14.6	5.5	13.8	7.5	13.2	11	12.7	15	12.2	18.5	11.7	22	11.2	30	10.8	30	10.4	37		
	3000	2050	17.4	7.5	16.7	11	16.0	15	15.5	15	15.0	22	14.6	30	14.1	30	13.7	30	13.3	37	12.8	45

生产厂家：山东省章丘鼓风机股份有限公司、天津鼓风机厂。

4.1.6　ZG 系列三叶罗茨鼓风机

（1）产品简介及特点　ZG 系列罗茨鼓风机是山东省章丘鼓风机厂有限公司在引进美国 HI-BAR 公司 M 系列罗茨鼓风机基础上自行设计研发的更新换代产品，该系列产品的特点主要有：转速高，效率高，体积小，质量轻，结构紧凑；采用空冷结构，单级压力 98kPa 不用冷却；叶轮采用先进结构，三叶叶型，面积利用系数高，叶轴一体结构，刚性好；特殊密封环，密封效果好。

（2）产品性能　鼓风机：压力 9.8～98kPa，流量 0.6～113m³/min，轴功率 0.7～167kW。真空泵：压力 -9.8～-49kPa，流量 1.29～112.8m³/min，轴功率 0.7～167kW。

（3）ZG—100 及 ZG—125 性能　见表 3-4-6。

表 3-4-6　ZG—100 及 ZG—125 性能

各排气压力下的进口流量 Q_s/(m³/min)，轴功率 L_a/kW；所配电机功率 P_o/kW

风机型号	转速	理论流量	9.8kPa Q_s	L_a	P_o	19.6kPa Q_s	L_a	P_o	29.4kPa Q_s	L_a	P_o	39.2kPa Q_s	L_a	P_o	49kPa Q_s	L_a	P_o	58.8kPa Q_s	L_a	P_o	68.6kPa Q_s	L_a	P_o	78.4kPa Q_s	L_a	P_o	88.2kPa Q_s	L_a	P_o	98kPa Q_s	L_a	P_o	电机极数
ZG—100	2000	10.9	9.13	3.2	4	8.43	5.0	7.5	7.92	6.7	11	7.51	8.5	11	7.17	10.3	15	6.88	12.1	15	6.63	13.9	15	6.42	15.6	18.5	6.23	17.4	22				4
	2300	12.5	10.8	3.7	5.5	10.1	5.8	7.5	9.61	7.8	11	9.21	9.9	15	8.87	11.9	15	8.59	14.0	15	8.34	16.0	18.5	8.13	18.0	22	7.94	20.1	30				2
	2500	13.6	11.9	4.1	5.5	11.2	6.3	7.5	10.7	8.6	11	10.3	10.8	15	10.0	13.0	15	9.73	15.2	18.5	9.48	17.5	18.5	9.26	19.7	30	9.08	21.9	30	8.91	24.1	30	2
	2800	15.3	13.6	4.7	5.5	12.9	7.2	11	12.4	9.7	15	12.0	12.2	15	11.7	14.7	18.5	11.4	17.2	22	11.2	19.7	22	11.0	22.2	30	10.8	24.7	30	10.6	27.2	37	2
	3000	16.4	14.7	5.1	7.5	14.1	7.8	11	13.6	10.4	15	13.2	13.3	18.5	12.8	15.8	18.5	12.6	18.5	22	12.3	21.2	22	12.1	23.8	30	11.9	26.5	37	11.7	29.2	37	2
	3300	18.0	16.4	5.5	7.5	15.7	8.5	11	15.3	11.4	15	14.9	14.9	18.5	14.6	17.3	22	14.3	20.2	30	14.0	23.2	30	13.8	26.1	30	13.6	29.1	37	13.5	32.0	37	2
	3500	19.1	17.5	5.8	7.5	16.9	8.9	11	16.4	12.1	15	16.0	15.3	18.5	15.7	18.3	22	15.4	21.4	30	15.2	24.5	30	14.9	27.7	37	14.8	30.8	37	14.6	33.9	45	2
	3800	20.7	19.2	6.3	7.5	18.5	9.7	15	18.1	13.0	15	17.7	16.4	22	17.4	19.8	30	17.1	23.2	30	16.9	26.6	37	16.7	30.0	37	16.5	33.3	45	16.3	36.7	45	2
	4000	21.8	20.3	6.6	11	19.7	10.4	15	19.2	13.7	18.5	18.8	17.2	22	18.5	20.8	30	18.3	24.4	30	18.0	27.9	37	17.8	31.5	37	17.6	35.1	45	17.4	38.6	45	2
ZG—125	1450	15.8	13.4	4.1	5.5	12.5	7.0	11	11.8	9.7	11	11.3	12.4	15	10.9	14.5	18.5	10.6	17.7	22	10.3	20.3	30	10.0	23.0	30	9.82	25.7	30	9.64	28.3	37	4
	1750	19.0	16.7	4.9	7.5	15.8	8.1	11	15.2	11.3	15	14.7	14.5	18.5	14.3	17.6	22	13.9	20.8	30	13.6	24.0	30	13.4	27.2	37	13.2	30.4	37	13.0	33.5	45	4
	2000	21.8	19.5	5.6	7.5	18.6	9.2	11	18.0	12.9	15	17.5	16.5	22	17.1	20.2	22	16.7	23.8	30	16.4	27.5	37	16.2	31.1	37	16.0	34.8	45	15.8	38.4	45	4
	2300	25.0	22.8	6.4	11	21.9	10.6	15	21.3	14.4	18.5	20.8	18.9	22	20.4	23.1	30	20	27.3	37	19.8	31.5	37	19.5	35.7	45	19.3	39.9	55	19.2	44.0	55	2
	2600	28.3	26.1	7.2	11	25.2	12.0	15	24.6	16.7	22	24.1	21.4	30	23.7	26.2	37	23.4	30.9	37	23.1	35.6	45	22.9	40.4	55	22.7	45.1	55	22.5	49.8	75	2
	2800	30.5	28.3	7.8	11	27.5	12.9	15	26.8	18.0	22	26.4	23.1	30	26.0	28.2	37	25.6	33.3	45	25.4	38.4	45	25.1	43.5	55	24.9	48.6	55	24.7	53.7	75	2
	3000	32.7	30.5	8.3	11	29.7	13.8	18.	29.1	19.3	22	28.6	24.8	30	28.2	30.2	37	27.9	35.7	45	27.6	41.2	55	27.4	46.7	55	27.2	52.2	75	27.0	57.6	75	2

（4）ZG—100 及 ZG—125 主机外形　见图 3-4-6、图 3-4-7。

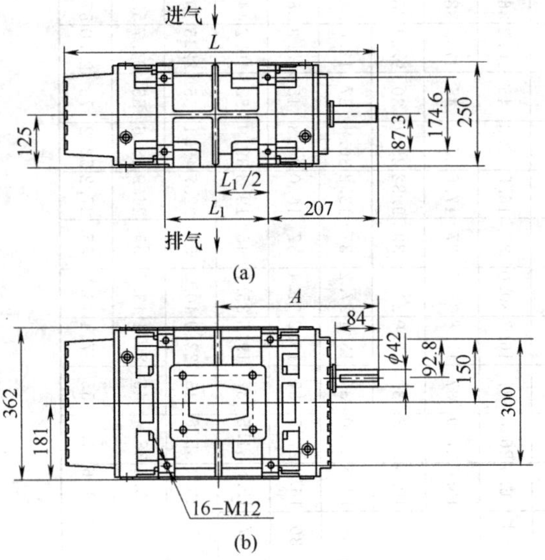

图 3-4-6　ZG—100 主机外形

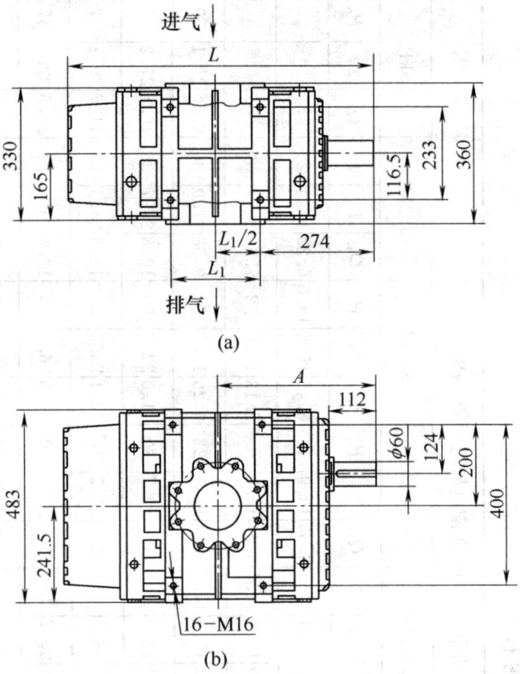

图 3-4-7　ZG—125 主机外形

生产厂家：山东省章丘鼓风机股份有限公司。

4.2　离心鼓风机（单极、多极）

4.2.1　单极离心鼓风机

4.2.1.1　BI 系列单级高速离心鼓风机

（1）适用范围　该系列风机广泛用于污水处理厂、石油化工厂，特别是用于石油冶炼厂的气体增压和硫黄制酸等化工厂，亦可用于输送其他无腐蚀性气体。

（2）性能参数　流量 $40\sim400\mathrm{m^3/min}$；进口压力 $98\sim402\mathrm{kPa}$；出口压力 $165\sim495\mathrm{kPa}$；配套电机功率 $132\sim630\mathrm{kW}$。性能参数见表 3-4-7。

表 3-4-7　单级悬臂 B 系列（高速）鼓风机

型　　号	介质	温度 /℃	流量 /(m³/min)	进口压力 /kPa	出口压力 /kPa	转速 /(r/min)	配套电机 功率/kW
B40—4/3.1	空气	135	40	304	392	14380	220
B45—4.284/3.264	空气	160	45	320	420	14833	132
B60—3.87/2.65	空气	180	60	259	379	11920	350
B70—5.3/4.3	空气	210	70	421	520	12072	200
B70—4.898/3.623	空气	208	70	360	480	10825	250
B70—0.389/0.288	空气	200	70	288	389	12014	280
B75—5.59/3.56	空气	205	75	350	450	12014	355
B75—4.895/3.977	空气	215	75	402.97	495.986	12394	315
B80—4.2/3.2	空气	215	80	320	430	13148	315
B90—4.7/3.6	空气	125	90	353	460	12071	355
B90—4.5/3.5	空气	105	90	350	450	12014	355
B90—4.996/3.977	空气	225	90	398	489	12394	355
B100—4.487/3.467	空气	200	100	340	439	12014	315
B120—4.385/3.365	空气	150	120	330	430	8361	400
B123—3.6/2.8	空气	200	123	280	360	12211	280

续表

型　号	介质	温度 /℃	流量 /(m³/min)	进口压力 /kPa	出口压力 /kPa	转速 /(r/min)	配套电机 功率/kW
B125—3.65/3.05	空气	210	125	299	357	9040	220
B125—4.5/4.3	空气	200	125	402	441	7279	290
B125—1.7	空气	25	125	98	166.6	14684	185
B135—3.57/2.55	空气	180	135	250	350	13469	355
B135—4.894/3.977	空气	180	135	390	480	10843	400
B140—5.1/4.08	空气	207	140	350	450	10807	560
B145—4.18/3.263	空气	200	145	320	410	10843	400
B145—4.589/3.569	空气	180	145	361.63	464.98	10032	400
B150—4.28/3.667	空气	191	150	359	419	9361	315
B160—4.435/3.895	空气	180	160	382	435	6293	290
B160—4.498/2.999	空气	180	160	294	441	11196	630
B160—4.181/3.161	空气	180	160	320.19	423.64	10552	315
B165—4.63/3.67	空气	175	165	371.86	475.214	10807	315
B170—4.5/3.5	空气	180	170	343	446	6297	280
B180—5.0/4.08	空气	180	180	400	500	9750	560
B230—4.0/3.0	空气	190	230	294	392	10844	630
B235—0.38/0.288	空气	170	235	288	389	10184	630
B310—4.095/3.045	空气	220	310	430	570	10184	1000
B400—1.7	空气	32	400	98	165	10086	560

生产厂家：陕西鼓风机械成套有限公司。

4.2.1.2　GM 型单级高速离心鼓风机

（1）适用范围　GM 型单级高速离心鼓风机适用于化工、石油、冶炼、食品、污水处理、医药行业中气体的输送、循环，该机输出的气体纯净，没有油的污染。

（2）型号说明

（3）结构及特点　GM 型齿轮增速组装式离心鼓风机是高效节能型曝气鼓风机。它采用三元半开式混流型叶轮，比普通离心叶轮外径小 30%～40%，一般鼠笼式电机即可满足要求。风量可通过进口导叶或蝶阀调节，机组效率曲线平坦，即使在非设计工况下运转也能取得良好的节能效果。

（4）性能及型号选定　GM 型鼓风机性能曲线见图 3-4-8，型号选定线见图 3-4-9。

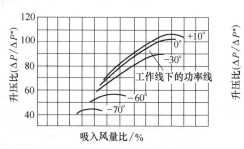

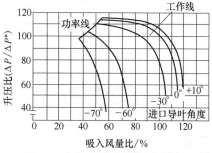

图 3-4-8　GM 型鼓风机性能曲线

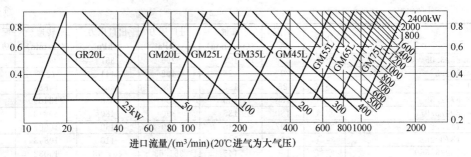

图 3-4-9　GM 型鼓风机型号选定线

（5）外形及安装尺寸　GM 型鼓风机外形尺寸见图 3-4-10、表 3-4-8 和表 3-4-9。

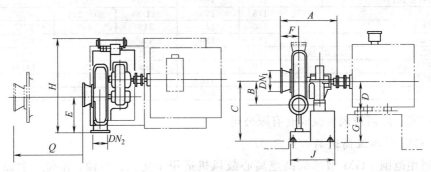

图 3-4-10　GM 型鼓风机外形尺寸

表 3-4-8　GM 型机组的参数及电机选择

鼓风机型号	进口流量 /(m³/min)	进口压力 /MPa	进口温度 /℃	排气压力 /MPa	轴功率 /kW	电机功率 /kW	电机型号
GR20L	50	0.098	20	0.17	73	90	Y280M—2
GM20L	100	0.098	20	0.17	134	160	Y315L1—2
GM25L	180	0.098	20	0.17	232	280	Y355M—2
GM35L	300	0.098	20	0.17	374	440	JK134—2
GM45L	500	0.098	20	0.17	620	800	JK800—2
GM55L	700	0.098	20	0.17	863	1000	YK1000—2/990
GM65L	1100	0.098	20	0.17	1351	1600	YK1600—2/990
GM75L	1400	0.098	20	0.17	1750	2000	YK2000—2/1180

表 3-4-9　GM 型鼓风机外形尺寸

型号	外形尺寸/mm												质量 /kg
	A	B	C	D	E	F	G	H	J	DN₁	DN₂	Q	
GR20	780	180	850	390	250	190	460	1175	700	125	150	180	900
GR25	915	235	940	390	330	245	550	1220	800	175	200	230	1100
GM20	818	190	850	390	300	210	460	1175	700	200	200	210	900
GM25	945	250	940	390	395	278	550	1265	800	250	250	250	1100
GM35	1178	325	1100	530	520	362	570	1512	925	300	300	310	1600
GM45	1503	430	1400	650	680	472	750	1878	1150	400	400	390	2700
GM55	1668	500	1050	500	800	551	550	1998	1250	500	500	440	3200
GM65	2063	590	1200	600	940	651	600	233	1550	600	600	500	4600
GM75	2257	695	1650	650	1100	776	700	2490	1700	700	700	570	6000

生产厂家：江苏金通灵风机股份有限公司。

4.2.1.3　GC 系列多级高压离心机

（1）适用范围　主要用于污水处理、循环流化床电站、炼油厂脱硫鼓风机、矿山浮选、高炉鼓风、高炉和焦炉煤气加压输送等领域。

（2）型号说明

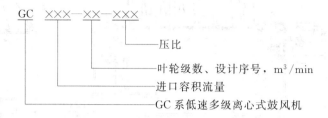

（3）性能曲线　见图 3-4-11。

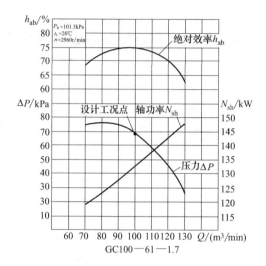

GC100—61—1.7

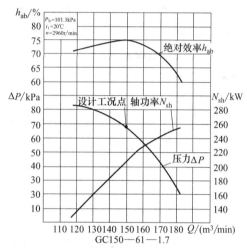

GC150—61—1.7

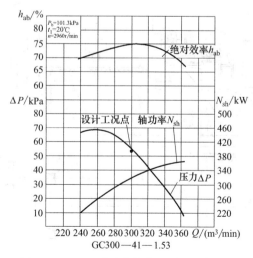

GC300—41—1.53

图 3-4-11　GC 系列多级高压离心机性能曲线

（4）GC 系列多级高压离心机外形　见图 3-4-12、图 3-4-13。

（5）技术性能　见表 3-4-10。

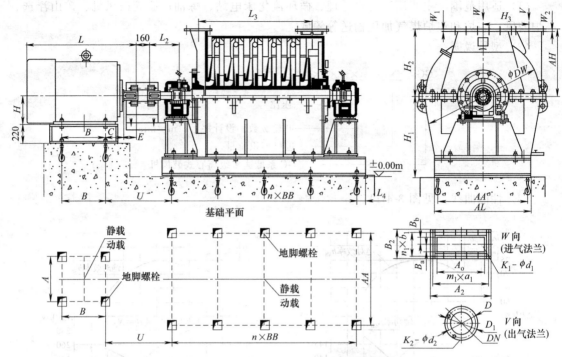

图 3-4-12　低速多级离心鼓风机外形（电机≤315kW；380V）（一）

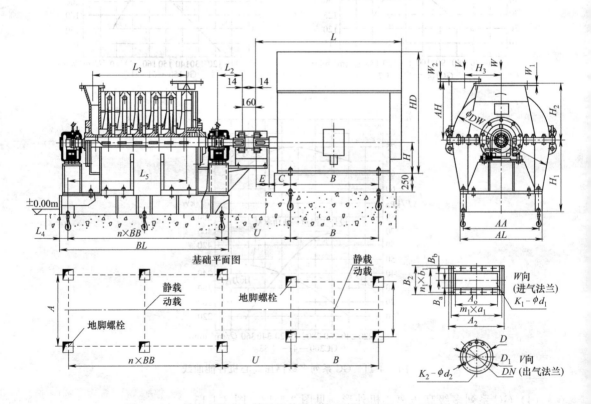

图 3-4-13　低速多级离心鼓风机外形（电机≤315kW；380V）（二）

表 3-4-10　GC 系列多级高压离心机技术性能

参数 型号	进口工况			出口工况		轴功率 /kW	功　率			电压 /V	质量 /t
	流量 /(m³/min)	压力 /kPa	温度 /℃	压力 /kPa	温度 /℃		型号	转速 /(r/min)	功率 /kW		
GC80—11—1.10	80	98	20	107.7	33	17.3	Y180M—2	2960	22	380	2.6
GC80—21—1.20				118.4	44	35.2	Y225M—2		45		2.9
GC80—31—1.32				129.7	55	53.1	Y280S—2		75		3.2
GC80—41—1.44				141.4	66	70.7	Y280M—2		90		3.5
GC80—51—1.57				154.1	86	88.7	Y315S—2		110		3.8
GC80—61—1.70				166.6	96	106.4	Y315M—2		132		4.1
GC90—11—1.10	90	98	20	107.4	30	19.8	Y200L1—2	2960	30	380	2.6
GC90—21—1.20				118	41	39.6	Y250M—2		55		2.9
GC90—31—1.32				129	51	59.4	Y280S—2		75		3.2
GC90—41—1.44				141	62	79.2	Y315S—2		110		3.5
GC90—51—1.56				153	72	99	Y315M—2		132		3.8
GC90—61—1.70				166.6	83	118.8	Y315L1—2		160		4.1
GC100—11—1.10	100	98	20	107.4	32	22.2	Y200L1—2	2960	30	380	2.8
GC100—21—1.20				118	43	44.5	Y250M—2		55		3.2
GC100—31—1.32				129	53	66.3	Y280M—2		90		3.6
GC100—41—1.44				141	64	88.1	Y315S—2		110		4.0
GC100—51—1.56				153	74	110.2	Y315M—2		132		4.4
GC100—61—1.70				166.6	85	132.5	Y315L1—2		160		4.8
GC110—11—1.10	110	98	20	107.4	34	22.8	Y200L1—2	2960	30	380	2.8
GC110—21—1.20				118	45	55.2	Y280S—2		75		3.2
GC110—31—1.32				129	55	81.3	Y315S—2		110		3.6
GC110—41—1.44				141	66	112.6	Y315M—2		132		4.0
GC110—51—1.56				153	76	128.3	Y315L1—2		160		4.4
GC110—61—1.70				166.6	87	146.7	Y315L2—2		200		4.8
GC120—11—1.10	120	98	20	107.4	35	24.9	Y200L1—2	2960	30	380	2.8
GC120—21—1.20				118	46	60.1	Y280S—2		75		3.2
GC120—31—1.32				129	56	88.3	Y315S—2		110		3.6
GC120—41—1.44				141	67	122.9	Y315L1—2		160		4.0
GC120—51—1.56				153	77	140.3	Y315L2—2		200		4.4
GC120—61—1.70				166.6	88	160.5	Y315L2—2		200		4.8
GC130—11—1.10	125	98	20	108.1	36	25.4	Y200L1—2	2960	30	380	2.9
GC125—21—1.20				119.5	47	62.5	Y280S—2		75		3.3
GC125—31—1.32				131.6	57	92	Y315S—2		110		3.7
GC125—41—1.44				144.1	68	128.2	Y315L1—2		160		4.1
GC125—51—1.56				157.6	78	145.8	Y315L2—2		200		4.5
GC125—61—1.70				172.3	89	166.7	Y315L2—2		200		4.9
GC130—11—1.10	130	98	20	108.1	31	29.3	Y200L2—2	2960	37	380	2.9
GC130—21—1.20				119.5	43	60.4	Y280S—2		75		3.3
GC130—31—1.32				131.6	55	91.6	Y315S—2		110		3.7
GC130—41—1.44				144.1	66	121.7	Y315L1—2		160		4.1
GC130—51—1.56				157.6	78	152.8	Y315L2—2		200		4.5
GC130—61—1.70				172.3	90	184.7	Y315M1—2		200		4.9
GC140—11—1.10	140	98	20	108.1	32	31.6	Y200L2—2	2960	37	380	2.9
GC140—21—1.22				119.5	44	65	Y280M—2		90		3.3
GC140—31—1.34				131.6	56	98.6	Y315M—2		132		3.7
GC140—41—1.47				144.5	67	131.1	Y315L1—2		160		4.1
GC140—51—1.61				157.6	79	164.5	Y315L2—2		200		4.5
GC140—61—1.76				172.3	91	198.9	Y355M2—2		250		4.9

续表

参数 型号	进口工况			出口工况		轴功率 /kW	功 率			电压 /V	质量 /t
	流量 /(m³/min)	压力 /kPa	温度 /℃	压力 /kPa	温度 /℃		型号	转速 /(r/min)	功率 /kW		
GC150—11—1.10	150	98	20	107.4	30	31.4	Y200L2—2	2960	37	380	3.1
GC150—21—1.20				118	42	64.8	Y280M—2		90		3.5
GC150—31—1.32				129	53	98.1	Y315M—2		132		3.9
GC150—41—1.44				141	63	130.9	Y315L1—2		160		4.3
GC150—51—1.56				153	74	164.2	Y315L2—2		200		4.7
GC150—61—1.70				166.6	86	198.9	Y355M2—2		250		5.1
GC175—11—1.13	175	98	20	110.8	31	51.2	Y280S—2		75	380	
GC175—21—1.25				122.3	43	95.1	Y315M—2		132		
GC175—31—1.37				134.5	54	138.8	Y315L1—2		160		
GC175—41—1.50				147.4	66	182.8	Y355M1—2		220		
GC175—51—1.64				161	78	226.5	Y355L1—2		280		
GC175—61—1.80				176	90	272	Y355L2—2		315		
GC200—11—1.13	200	98	20	110.8	33	58.5	Y280S—2		75	380	
GC200—21—1.25				122.3	45	108.6	Y315M—2		132		
GC200—31—1.37				134.5	56	158.6	Y315L1—2		160		
GC200—41—1.50				147.4	68	208.9	Y355M2—2		250		
GC200—51—1.64				161	80	258.8	Y355L2—2		315		
GC200—61—1.80				176	92	310.9	Y3556—2		400	6000	
GC210—11—1.13	210	98	20	110.8	34	61.4	Y280S—2		75	380	
GC210—21—1.25				122.3	48	114.1	Y315L1—2		160		
GC210—31—1.37				134.5	57	166.6	Y315L2—2		200		
GC210—41—1.50				147.4	69	219.3	Y355L1—2		280		
GC210—51—1.64				161	81	271.7	Y355L2—2		315		
GC210—61—1.80				176	93	326.4	Y3556—2		400	6000	
GC225—11—1.11	225	98	20	108.7	32	53.6	Y280S—2		75	380	
GC225—21—1.23				120.6	44	109.8	Y315M—2		132		
GC225—31—1.36				133.4	57	166	Y315L2—2		200		
GC225—41—1.50				146.9	69	222.1	Y355L1—2		280		
GC225—51—1.65				161.4	81	278.9	Y3555—2		355		
GC225—61—1.81				177.3	94	337.6	Y3556—2		400	6000	
GC250—11—1.11	250	98	20	108.7	32	59.5	Y280S—2		75	380	
GC250—21—1.23				120.6	44	122	Y315L1—2		160		
GC250—31—1.36				133.4	57	184.4	Y335M1—2		220		
GC250—41—1.50				146.9	69	246.8	Y355L2—2		315		
GC250—51—1.65				161.4	81	309.9	Y3556—2		400	6000	
GC250—61—1.81				177.3	94	375.1	Y4001—2		450		
GC300—11—1.11	300	98	20	109.5	32	76.8	Y280M—2	2960	90	380	3.8
GC3000—21—1.24				122.6	46	158.9	Y315L2—2		200		4.4
GC300—31—1.38				136.6	59	240.9	Y355L2—2		315		5.0
GC300—41—1.53				151.5	72	322.7	Y3556—2		400	600	5.6
GC3000—51—1.70				168.2	86	408.5	Y4002—2		500		6.2
GC350—11—1.16	350	98	20	114.1	37	123.5	Y315L2—2	2960	200	380	4.0
GC350—21—1.36				133	56	263.4	Y355L2—2		315		4.6
GC350—31—1.57				153.6	75	402.1	Y4002—2		500	6000	5.2
GC350—41—1.81				177.1	94	547	Y4501—2		710		5.8

续表

型号 参数	进口工况 流量 /(m³/min)	进口工况 压力 /kPa	进口工况 温度 /℃	出口工况 压力 /kPa	出口工况 温度 /℃	轴功率 /kW	功率 型号	功率 转速 /(r/min)	功率 功率 /kW	功率 电压 /V	质量 /t
GC400—11—1.16	400	98	20	114.1	39	141.1	Y315L2—2	2960	200	380	4.0
GC400—21—1.36				133	58	301.1	Y3555—2		355	6000	4.6
GC400—31—1.57				153.6	77	459.5	Y4003—2		560	6000	5.2
GC400—41—1.81				177.1	96	625.2	Y4502—2		800		5.8
GC450—11—1.15	450	98	20	113	36	147.8	Y315L2—2	2960	200	380	4.2
GC450—21—1.33				130.4	54	305.2	Y3556—2		400	6000	5.0
GC450—31—1.54				150.4	72	470.3	Y4003—2		560		5.8
GC500—11—1.16	500	98	20	114.1	37	175.4	Y355M1—2	2960	220	380	4.2
GC500—21—1.36				133	56	366.1	Y4001—2		450		5.0
GC500—31—1.57				153.6	75	555.3	Y4501—2		710	6000	5.6
GC500—41—1.81				177.1	95	752.7	Y4503—2		900		6.4
GC535—11—1.19	535	98	20	116.5	40	216.1	Y355L1—2	2960	280	380	4.4
GC535—21—1.42				139.6	62	456.8	Y4003—2		560	6000	5.2
GC550—11—1.19				116.5	43	222	Y355L2—2		315	380	4.4
GC550—21—1.42				139.6	65	469.5	Y4004—2		630	6000	5.2

生产厂家：江苏金通灵风机股份有限公司。

4.2.1.4　D系列单级高速离心鼓风机

（1）适用范围　用于城市污水处理曝气、电站循环流化床锅炉流化、石化油气脱硫、造纸、冶金、制药、工艺气体增压等行业。

该产品最大优点是效率高、体积小、噪声低、调节范围广、自动化程度高、安装维护方便。因此，单级高速离心鼓风机是高效、节能的首选产品。

（2）型号说明

（3）产品特点　流量调节范围广，采用了轴向进气导叶调节装置，流量调节范围为额定流量的 45%～100%，使得在低负荷条件下也有效高的运行效率，配备防喘振装置可以有效地避免鼓风机的喘振。

（4）性能曲线　见图 3-4-14。

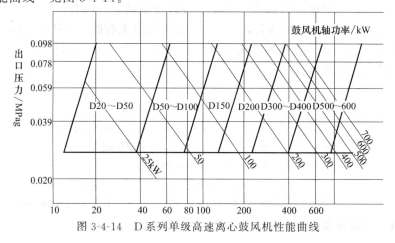

图 3-4-14　D系列单级高速离心鼓风机性能曲线

（5）外形结构及性能选型　D系列单级高速离心鼓风机外形结构及性能选型见图 3-4-15、表 3-4-11。

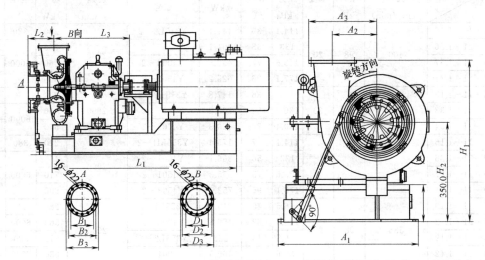

图 3-4-15　D 系列单级高速离心鼓风机线外形结构

表 3-4-11　D 系列单级高速离心鼓风机性能选型

型　号	工作介质	进气压力/kPa	进气温度/℃	介质密度/(kg/m³)	流量/(m³/min)	压升/kPa
D50—1.7	空气	98	20	1.1654	50	68.6
D80—1.7					50	68.6
D100—1.7					100	68.6
D150—1.7					150	68.6
D200—1.7					200	68.6
D300—1.7					300	68.6
D400—1.7					400	68.6
D500—1.7					500	68.6
D600—1.7					600	68.6

生产厂家：江苏金通灵风机股份有限公司。

4.2.2　多级离心鼓风机

4.2.2.1　C系列多级离心鼓风机

（1）适用范围　多级离心鼓风机广泛用于各种冶炼高炉、洗煤厂、矿山浮选、污水处理、化工造气等需要输送空气的场合，亦可用于输送其他无腐蚀性气体。气体中含尘土及硬质颗粒不大于 $150mm/m^3$。该系列鼓风机具有效率高、噪声低、运行平稳、易损件少和安装、操作、维护简便等特点。

（2）型号说明

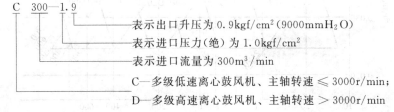

（3）规格及性能参数　见表 3-4-12。

表 3-4-12　C 系列多级离心鼓风机性能参数

鼓风机 型　号	输送 介质	进口工况				出口升压 /mmH₂O	轴功率 /kW	转速 /(r/min)	配套电机及功率
		流量 /(m³/min)	压力 /(kgf/cm²)	温度 /℃	介质密度 /(kg/m³)				
C80—1.35	空气	80	1	20	1.2	3500	59.2	2970	Y280S—2—75kW
C80—1.5	空气	80	1	20	1.2	5000	82.8	2980	Y315S—2—110kW
C80—1.7	空气	80	1	20	1.2	7000	110.4	2980	Y315M—2—132kW
C90—1.35	空气	90	1	20	1.2	3500	66.6	2970	Y280S—2—75kW
C90—1.5	空气	90	1	20	1.2	5000	92.5	2980	Y315S—2—110kW
C90—1.7	空气	90	1	20	1.2	7000	124.7	2980	Y315L1—2—160kW
C100—1.35	空气	100	1	20	1.2	3500	74.5	2970	Y280M—2—90kW
C100—1.5	空气	100	1	20	1.2	5000	102.4	2980	Y315S—2—110kW
C100—1.7	空气	100	1	20	1.2	7000	137.5	2980	Y315L1—2—160kW
C110—1.35	空气	110	1	20	1.2	3500	81.7	2970	Y280M—2—90kW
C110—1.5	空气	110	1	20	1.2	5000	116.7	2980	Y315M—2—132kW
C110—1.7	空气	110	1	20	1.2	7000	163.3	2955	JK2122—2—185kW
C120—1.35	空气	120	1	20	1.2	3500	88.8	2980	Y315S—2—110kW
C120—1.5	空气	120	1	20	1.2	5000	124.6	2955	JK2113—2—150kW
C120—1.7	空气	120	1	20	1.2	7000	165.5	2955	JK2122—2—185kW
C130—1.35	空气	130	1	20	1.2	3500	97.3	2980	Y315S—2—110kW
C130—1.5	空气	130	1	20	1.2	5000	135.7	2955	JK2113—2—150kW
C130—1.7	空气	130	1	20	1.2	7000	179.7	2980	Y315L2—2—200kW
C150—1.35	空气	150	1	20	1.2	3500	112.4	2980	Y315M—2—132kW
C150—1.5	空气	150	1	20	1.2	5000	157.8	2955	JK2122—2—185kW
C150—1.7	空气	150	1	20	1.2	7000	208.2	2960	JK—2—250kW
C150—1.8	空气	150	1	20	1.2	8000	254.6	2960	JK—2—275kW
C160—1.35	空气	160	1	20	1.2	3500	118.5	2980	Y315M—2—132kW
C160—1.5	空气	160	1	20	1.2	5000	165.6	2955	JK2122—2—185kW
C160—1.7	空气	160	1	20	1.2	7000	220.7	2960	JK—2—250kW
C160—1.8	空气	160	1	20	1.2	8000	268.1	2965	JK—2—290kW
C170—1.35	空气	170	1	20	1.2	3500	126.8	2955	JK2113—2—150kW
C170—1.5	空气	170	1	20	1.2	5000	177.5	2955	JK2122—2—185kW
C170—1.7	空气	170	1	20	1.2	7000	234.7	2960	JK—2—250kW
C170—1.8	空气	170	1	20	1.2	8000	271.0	2965	JK—2—290kW
C180—1.35	空气	180	1	20	1.2	3500	135.3	2955	JK2113—2—150kW
C180—1.5	空气	180	1	20	1.2	5000	185.4	2980	Y315L2—2—200kW
C180—1.7	空气	180	1	20	1.2	7000	247.6	2960	JK—2—275kW
C180—1.8	空气	180	1	20	1.2	8000	290.5	2965	JK—2—315kW
C190—1.35	空气	190	1	20	1.2	3500	141.6	2980	Y315L1—2—160kW
C190—1.5	空气	190	1	20	1.2	5000	202.5	2960	JK—2—220kW
C190—1.7	空气	190	1	20	1.2	7000	262.5	2965	JK—290kW
C190—1.8	空气	190	1	20	1.2	8000	306.6	2965	JK—2—315kW
C200—1.35	空气	200	1	20	1.2	3500	150.2	2955	JK2—122—2—185kW
C200—1.5	空气	200	1	20	1.2	5000	228.2	2960	JK—2—250kW
C200—1.7	空气	200	1	20	1.2	7000	276.6	2965	JK—2—315kW
C220—1.35	空气	220	1	20	1.2	3500	164.4	2955	JK2—122—2—185kW
C220—1.5	空气	220	1	20	1.2	5000	228.2	2960	JK—2—250kW
C220—1.7	空气	220	1	20	1.2	7000	305.5	2965	JK—2—315kW
C250—1.35	空气	250	1	20	1.2	3500	188.5	2960	JK—2—220kW
C250—1.5	空气	250	1	20	1.2	5000	243.0	2965	JK—2—290kW
C250—1.7	空气	250	1	20	1.2	7000	342.0	2965	JK—2—400kW
C250—1.8	空气	250	1	20	1.2	8000	398.5	2965	JK—2—440kW

| 鼓风机型号 | 输送介质 | 进口工况 | | | | 出口升压/mmH₂O | 轴功率/kW | 转速/(r/min) | 配套电机及功率 |
		流量/(m³/min)	压力/(kgf/cm²)	温度/℃	介质密度/(kg/m³)				
C260—1.82	空气	260	1	20	1.2	8200	412.2	2965	JK—2—440kW
C270—1.75	空气	270	1	20	1.2	7500	395.3	2965	JK—2—440kW
C300—1.35	空气	300	1	20	1.2	3500	222.2	2965	JK—2—250kW
C300—1.5	空气	300	1	20	1.2	5000	309.7	2965	JK—2—350kW
C300—1.6	空气	300	1	20	1.2	6000	386.0	2965	JK—2—440kW
C300—1.7	空气	300	1	20	1.2	7000	402.6	2965	JK—2—440kW
C300—1.9	空气	300	1	20	1.2	9000	498.4	2975	JK—2—630kW
C350—1.35	空气	350	1	20	1.2	3500	262.2	2965	JK—2—290kW
C350—1.5	空气	350	1	20	1.2	5000	360.5	2965	JK—2—400kW
C350—1.7	空气	350	1	20	1.2	7000	475.8	2975	JK—2—500kW
C350—1.9	空气	350	1	20	1.2	9000	572.3	2975	JK—2—630kW
C400—1.35	空气	400	1	20	1.2	3500	297.7	2965	JK—2—315kW
C400—1.5	空气	400	1	20	1.2	5000	410.5	2965	JK—2—440kW
C400—1.7	空气	400	1	20	1.2	7000	510.5	2975	JK—2—630kW
C400—2	空气	400	1	20	1.2	10000	720.0	2975	JK—2—800kW
C400—2.15	空气	400	1	20	1.2	11500	790.0	2980	2 极 1000kW
C430—2.15	空气	430	1	20	1.2	11500	875.4	2980	2 极 1000kW
C430—2.25	空气	430	1	20	1.2	12500	915.0	2980	2 极 1000kW
C430—2.28	空气	430	1	20	1.2	12800	936.0	2980	2 极 1000kW
C430—2.3	空气	430	1	20	1.2	13000	950.0	2980	2 极 1000kW
C430—2.4	空气	430	1	20	1.2	14000	1020.0	2980	2 极 1250kW
C440—1.8	空气	440	1	20	1.2	8000	700.0	2980	2 极 800kW
C500—2.25	空气	500	1	20	1.2	12500	1027	2980	2 极 1250kW
C500—2.28	空气	500	1	20	1.2	12800	1045	2980	2 极 1250kW
C500—2.3	空气	500	1	20	1.2	13000	1060	2980	2 极 1250kW
C500—2.4	空气	500	1	20	1.2	14000	1127	2980	2 极 1250kW
C530—2.25	空气	530	1	20	1.2	12500	1110	2980	2 极 1250kW
C530—2.28	空气	530	1	20	1.2	12800	1130	2980	2 极 1250kW
C530—2.3	空气	530	1	20	1.2	13000	1145	2980	2 极 1250kW
C530—2.4	空气	530	1	20	1.2	14000	1212	2980	2 极 1600kW
C600—2.25	空气	600	1	20	1.2	12500	1270	2980	2 极 1600kW
C600—2.28	空气	600	1	20	1.2	12800	1290	2980	2 极 1600kW
C600—2.3	空气	600	1	20	1.2	13000	1304	2980	2 极 1600kW
C600—2.33	空气	600	1	20	1.2	13300	1351	2980	2 极 1600kW
C600—2.4	空气	600	1	20	1.2	14000	1360	2980	2 极 1600kW
C650—2.3	空气	650	1	20	1.2	13000	1340	2980	2 极 1600kW
C650—2.4	空气	650	1	20	1.2	14000	1420	2980	2 极 1600kW
C700—2.25	空气	700	1	20	1.2	12500	1490	2980	2 极 1600kW
C700—2.28	空气	700	1	20	1.2	12800	1510	2980	2 极 1800kW
C700—2.3	空气	700	1	20	1.2	13000	1523	2980	2 极 1800kW
C700—2.4	空气	700	1	20	1.2	14000	1587	2980	2 极 1800kW
C700—2.45	空气	700	1	20	1.2	14500	1614	2980	2 极 1800kW

生产厂家：中意机电（湖北）鼓风机制造有限公司、山东省章丘鼓风机股份有限公司。

4.2.2.2 D 型多级离心鼓风机

（1）使用范围 D 型多级离心鼓风机，主要用于生化法处理污水时的鼓风曝气充氧及曝气沉砂池的曝气，亦可用于滤池的气水反冲洗，也可用于输送无毒无腐蚀性气体的场合。

（2）特点 该机运行平稳可靠、噪声小、振动小，进出风口方向任意选择，可在户外使用，易于保养维修，可在 -40～40℃ 温度和 20%～90% 相对湿度环境下连续工作。

（3）主要技术参数　进口流量 20～400m³/min；出口升压 30000～70000Pa；电机输入电压 380V、6000V、10000V。

（4）规格及性能参数　见图 3-4-16、表 3-4-13。

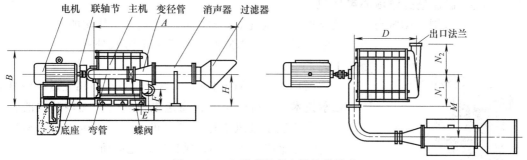

图 3-4-16　D 型多级离心鼓风机示意

表 3-4-13　D 型多级离心鼓风机主要性能参数

型号	进口容积流量 /(m²/min)	升压 /Pa	电动机 型号	电动机 转速 /(r/min)	电动机 功率 /kW	电动机 电压 /V	主机质量 /kg	出口法兰 JB 78—59
D15—16	15	49000	Y200L₁—2W	2970	37	380	2800	PN12MPa DN150mm
D20—61	20	49000	Y200L₁—2W	2970	37	380	2800	
D20—81	20	68600	Y250M—2W	2970	55	380	3500	
D30—62	30	49000	Y225M—2W	2970	45	380	3300	PN10MPa DN170mm
D30—82	30	68600	Y280S—2W	2970	75	380	4300	
D40—61	40	49000	Y250M—2W	2970	55	380	3400	
D45—61	45	49000	Y250M—2W	2970	55	380	3400	
D45—81	45	68600	Y280S—2W	2970	75	380	5000	
D55—71	55	68600	Y280M—2W	2970	90	380	4600	
D60—61	60	49000	Y280S—2W	2970	75	380	3800	PN10MPa DN250mm
D60—81	60	49000	Y280M—2W	2970	90	380	5000	
D60—82	60	68600	Y315S—2W	2970	110	380	4600	
D80—61	80	49000	Y315S—2W	2970	110	380	4700	
D90—41	90	30000	Y280S—2W	2970	75	380	3400	
D90—61	90	49000	Y315M₁—2W	2980	132	380	4800	
D90—71	90	68600	Y315M₂—2W	2980	160	380	5200	PN10MPa DN250mm
D100—71	100	68600	Y315L_A—2W	2980	175	380	5400	
D120—41	120	35000	Y315M₁—2W	2980	132	280	3980	PN16MPa DN300mm
D120—61	120	49000	Y315L_A—2W	2980	175	380	4800	
D120—81	120	68600	Y355M₁—2W	2980	200	380	7600	
D150—51	150	49000	Y315ML₂—2W	2980	200	380	5290	
D150—61	150	58800	Y355M₂—2W	2981	250	380	6200	
D150—61	150	58800	YK400M₁—2	2974	290	6000	6200	
D200—41	200	68600	YK400L₁—2	2974	350	6000	6900	
D250—31	250	49000	YK400L₁—2	2974	350	6000	5600	PN16MPa DN300mm
D250—41	250	49000	YK400L₂—2	2974	440	6000	6400	
D400—31	400	49000	YK400L₂—2	2973	440	6000	7200	PN10MPa DN500mm

生产厂家：唐山清源环保机械股份有限公司、上海帕爱鼓风机制造有限公司。

4.3　磁悬浮鼓风机

4.3.1　ABS 高速磁悬浮离心鼓风机

（1）适用范围　ABS 高速磁悬浮离心鼓风机是变频器和磁性轴承一体化的离心鼓风机，变频器是 Vacon NX 型，主要用于污水处理厂和工业低压工艺。

（2）特点　ABS HST 磁悬浮鼓风机采用先进的磁悬浮轴承技术，无齿轮箱变频高速电机和无油无接触式的磁悬浮轴承保证了鼓风机运行经济可靠，减少维护量。整台鼓风机结构紧凑，体积小，质量轻，无振动。

ABS 高速离心鼓风机无外置的变频器、软启动器，就地控制柜，降低了附属配置的购置费用。

用户通过就地控制面板上的按钮能够读取监控值和参数，也能选择 Modbus 或 Profibus 通信方式，通过模拟或数字信号进行远程操作和监控。客户还能够通过就地控制

图 3-4-17　磁悬浮鼓风机外形

面板读取磁性轴承控制器（MBC）的报警、故障信息和一些测量值。通过用户界面程序或调制解调器的连接可得到更多的 MBC 监控信息。MBC—12 磁性轴承控制器设计采用了改良的电子和安全特性。

（3）规格及技术参数　外形见图 3-4-17。

参数：空气流量范围 $700\sim10000\mathrm{m^3/h}$；压力范围 $40\sim125\mathrm{kPa}$。

生产厂家：艾博斯泵业（上海）有限公司。

4.3.2　琵乐磁悬浮鼓风机

（1）适用范围　城镇污水厂和工业污水厂、净水厂等水处理行业。

（2）设备特点

① 磁性轴承技术，主轴自始至终在磁场中间运行，无任何接触，因此无摩擦，无需润滑，保证了风机运行的安全性和稳定性。磁性轴承技术见图 3-4-18。

② 叶轮和高效同步风机直接连接，转子单元在磁场中无接触运转，因此没有任何的易磨损部件，提高了风机的稳定性和使用寿命。

③ 变频器可精确调节风机所需的工况点，无需机械调节装置。风机的风量可在 $15\%\sim100\%$ 之间进行调节，效率最高可达 88%。

④ 操作人员可以通过风机装配的 S7-300 控制系统和触摸屏控制板轻松监控和调整全部运转参数。

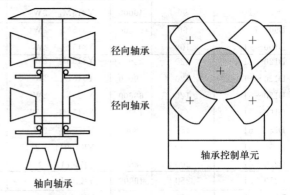

图 3-4-18　磁性轴承技术示意

⑤ 风机配有集成式进行消声器与消声机柜，保证风机运转噪声低于 80dB（A）。

（3）性能参数　见图 3-4-19、表 3-4-14。

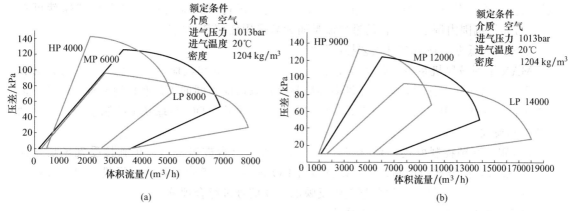

图 3-4-19 琵乐风机性能曲线

表 3-4-14 琵乐风机参数

产品型号	HP4000	MP6000	LP8000	HP9000	MP12000	LP14000
升压/kPa	45～140	35～100	25～80	65～130	35～100	25～80
噪声级/dB(A)	≤80					
质量/kg	1780			3700		
管道连接	进气面:NW710×560 DIN 24193 受压面:DN200,PN10			进气面:NW900×670 DIN 24193 受压面:DN400,PN10		
电源连接/V	380～690					
输入频率/Hz	50/60					
电机功率/kW	150			300		
I/O	数字:Profibus DP 现场总线 模拟:4～20mA DC 24 V					
准许吸入 温度范围/℃	最低－25;最高50					

（4）节能效果　见表 3-4-15。

表 3-4-15　节能效果

项　　目	容积式风机	琵乐水务风机 MP6000 型
效率/%	65	84
压缩所需功率/kW	120	120
所需运行功率/kW	185	143
每日运转小时数/h	20	20
年耗电量/(kW·h)	1350.500	1043.900

生产厂家：琵乐风机贸易（上海）有限公司。

4.4　空气悬浮鼓风机（30-300）

4.4.1　MAX 系列单级高速蜗轮鼓风机

（1）适用范围　水泥、钢铁制造厂，石油，化纤，造纸厂，污水处理厂曝气设备，煤炭，卫生防疫站等，颗粒及粉末运送，干燥，食品原料移送，水族馆、养鱼场的气供应。

（2）特点　MAX 系列单级高速涡轮鼓风机是一种全新概念鼓风机，高效、低噪、节能环保，性能优良。采用了"高速直联电机"和"空气悬浮轴承"空气冷却系统，大大提升了产品的工艺性能以及运行可靠性。

由于采用了可调范围更为宽泛的叶轮设计，并且摒弃了传统的导叶片调节方式，因此本鼓风机运行时将比传统类型的鼓风机更高效、节能。运行时只需变频控制电机转速就可在40%～100%范围内调节鼓风机的进风流量而无需采用任何其他辅助控制方式。

低噪声、低振动适应多种工艺控制要求。

MAX系列鼓风机系集成化套装设计，设备包括变频器和就地控制系统。提供的控制和显示界面简洁而功能强大，可以提供多种控制模式以适应不同的工艺及控制要求。包括：恒定流量控制模式、恒定风压控制模式、恒定转速控制模式、DO跟踪联锁控制模式以及手动调节控制模式。

DO跟踪联锁控制模式：系统配置多台鼓风机时每台鼓风机可以单独接受现场曝气池DO（溶解氧）信号连锁控制，也可以将多组DO信号汇总整合后控制鼓风机开启台数及设定运行工况，再将总风量根据各曝气池反映的DO信号进行合理分配。

进风过滤器清洗、更换简便而快捷。

变频器和PLC控制系统可以与主机设计为一体式，也可以设计为分体式。由用户根据实际需要进行选择，可以布置在室内或室外。

(3) 主要技术参数 保护等级：IP54。

MAX鼓风机经过各种状态的严格测试，证明其性能非常优异、可靠。这些测试包括：空气悬浮轴承20000次以上启动耐久性测试；45℃耐高温测试；距机器1m噪声测试，噪声值<78dB（A）；0～100Hz，0.6g振动环境测试以及120%超负荷测试。

生产厂家：广州韩华城机械科技有限公司。

4.4.2 空气悬浮鼓风机

(1) 产品介绍 空气悬浮鼓风机具有大功率高速直联电机和空气悬浮轴承两大核心技术。空气悬浮轴承主要包括径向轴承以及止推轴承等部件。这种轴承与传统的滚珠轴承不同，没有物理接触点，所以无需润滑油，能量损耗极低，效率极高。

(2) 结构外形 见图3-4-20。

(3) 设备特点

1) 节能。鼓风机机设计采用超高速直联电机，效率高。与罗茨鼓风机相比可节能30%～40%；与传统多级离心鼓风机相比可节能15%～20%；与传统单级涡轮离心鼓风机相比可节能10%～15%。

2) 低噪声。距机器1m处检测噪声为78～80dB。

3) 无振动。采用高速直联电机和空气悬浮轴承技术，所以无需复杂的增速齿轮及油性轴承，有效地避免了机械接触和摩擦，从而达到了大幅度降低噪声及振动的目的。

4) 无润滑油。采用空气悬浮轴承技术，不需要复杂的增速齿轮及油性轴承，因此达到了无润滑油的技术要求，也省去

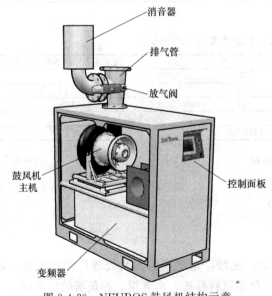

图3-4-20 NEUROS鼓风机结构示意

了循环油泵等辅助系统，提高了设备的可靠性，有效地减少了设备维护工作量。

5) 基本免维护保养。由于无需复杂的增速齿轮及油性轴承；高速电机无需使用联轴器；智能控制和关键部件如叶轮等采用高科技材料制作等设计，提高了设备的可靠性，降低了用

户的维护成本。用户只需做好进风过滤器的清洗/更换等维护即可。

（4）型号规格　见表 3-4-16，性能曲线见图 3-4-21。

表 3-4-16　NEUROS 鼓风机型号规格

出口压力 /(kgf/cm²)	NX 50	NX 75	NX 100	NX 150	NX 200	NX 300
	50 hp	75 hp	100 hp	150 hp	200 hp	300 hp
	空气流量/(m³/min)					
0.3	52	79	102	160	200	305
0.4	41	63	79	131	165	245
0.5	35	52	70	106	140	211
0.6	31	47	63	95	126	190
0.7	28	42	57	85	113	170
0.8	25	38	51	76	102	152
0.9	22	34	46	69	92	137
1.0	20	31	42	62	83	125
1.1	19	28	38	57	76	114
1.2	18	28	37	56	75	112
1.3	17	26	35	53	70	106
1.4	16	25	33	50	67	100
1.5	15	23	31	47	63	94

注：1. 流量范围为 45%～100%。

2. 空气流量测定条件为温度 20℃、压力 1.033kgf/cm²、65% 相对湿度，1kgf/cm²＝98.0665kPa，下同。

生产厂家：韩国 NEUROS。

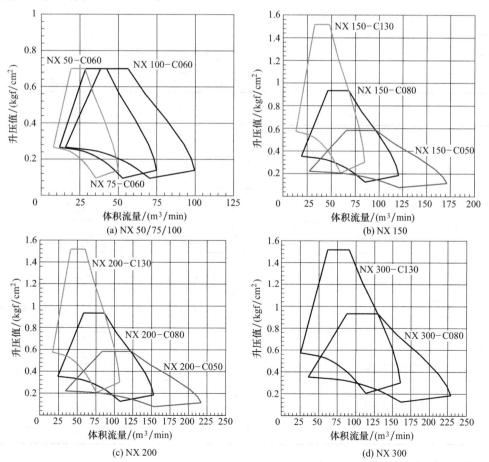

图 3-4-21　NEUROS 鼓风机性能曲线

4.5　空压机

（1）适用范围　适合医疗、高压氧舱、制药、食品饮料加工、邮电通信、石油化工、电子气动仪表、喷漆喷沙、粉状及颗粒状气体输送、空气搅拌、胶片感光、建筑工程、材料、国防科研等需要高品质无油压缩空气的部门使用。

（2）技术参数　见表 3-4-17、表 3-4-18。

表 3-4-17　全无油空气压缩技术参数（一）

型　号	容积流量 /(m³/min)	排气压力 /MPa	功率		气筒容量 /L	净重 /kg	长×宽×高/mm
			kW	HP			
VW—0.05/7	0.05	0.7	0.55	3/4	36	70	800×350×680
VW—0.11/7	0.11	0.7	1.1	1.5	36		800×400×800
VW—0.15/7	0.15	0.7	1.5	2	36		800×400×800
VW—0.22/7	0.22	0.7	2.2	3	80	195	1280×440×930
VW—0.3/7	0.3	0.7	3.0	4	80	200	1280×440×930
VW—0.42/7	0.42	0.7	4.0	5.5	120	220	1410×570×1010
WW—0.6/7	0.6	0.7	5.5	7.5	170	260	1530×690×1090
WW—0.9/7-B	0.9	0.7	7.5	10	170	300	1530×690×1100
WW—1.25/7	1.25	0.7	11	15	270	430	1640×780×1460
WW—1.6/7	1.6	0.7	15	20	270	480	1640×780×1460
WW—2/7-Ⅱ	2.0	0.7	7.5×2	10×2	300	680	2010×840×1360
WW—2.5/7-Ⅱ	2.5	0.7	11×2	15×2	270	950	1570×1400×1450
WW—3.2/7-Ⅱ	3.2	0.7	15×2	20×2	270	950	1570×1400×1460

表 3-4-18　全无油空气压缩技术参数（二）

型　号	容积流量 /(m³/min)	排气压力 /MPa	功率		气筒容量 /L	净重 /kg	长×宽×高/mm
			kW	HP			
VW—0.12/10	0.12	1.0	1.5	2	36	92	800×400×800
VW—0.2/10	0.2	1.0	2.2	3	80	198	1280×400×930
WW—0.4/10	0.4	1.0	5.5	7.5	170	235	1420×570×1000
WW—0.6/10	0.6	1.0	5.5	7.5	170	290	1500×600×1080
WW—0.8/10	0.8	1.0	7.5	10	170	330	1520×680×1080
WW—1.25/10	1.25	1.0	11	15	270	432	1640×780×1460
WW—1.6/10	1.6	1.0	15	20	270	480	1640×780×1460
WW—2/10-Ⅱ	2	1.0	7.5×2	10×2	300	680	2010×840×1360
WW—2.5/10-Ⅱ	2.5	1.0	11×2	15×2	270	762	1560×1400×1450
WW—3/10-Ⅱ	3	1.0	15×2	20×2	270	852	1560×1400×1450
WW—0.2/14	0.2	1.4	3.0	4	80	200	1280×400×930
WW—0.5/12.5	0.5	1.25	5.5	7.5	170	275	1520×650×1100
WW—0.42/14	0.42	1.4	5.5	7.5	170	275	1520×650×1100
WW—0.9/14	0.7	1.4	11	15	170	270	1510×610×1100
WW—1.25/14	1.25	1.4	15	20	170	450	1650×750×1400
WW—1.6/14	1.6	1.4	18.5	25	170	490	2200×650×1300
WW—0.7/25	0.7	2.5	11	15	170	350	1400×600×1100
WW—0.6/30	0.6	3.0	11	15	170	352	1400×600×1100

生产厂家：鞍山兴隆压缩机有限公司。

4.6　通风设备

4.6.1　离心通风机

4.6.1.1　B4-72 离心通风机

（1）适用范围　大型离心通风机可供一般工厂及大型建筑物的室内通风换气用，输送空气和其他不自然的、人体无害的和无腐蚀性的气体。B4-72 型风机可供易燃挥发性气体的通风换气用。气体内不许有黏性物质，所含尘土及硬质颗粒物不大于 $150mg/m^3$，气体温度不得超过 80℃。

B4-72 型风机的性能与选用件及地基尺寸与 4-72 型一致，可按其样本选择。该风机结构基本与 4-72 型相同，NO2.8-6A 采用 B35 型带法兰盘与底脚的电动机，NO6-12C.D 电动机选用该表中与 Y 系列对应的 YB 系列，安装形式为 B3。

（2）形式　a. 风机叶轮分为"左"旋和"右"旋；b. 风机的出口位置以机壳的出风口角度表示；c. 风机的传动方式有 A、B、C、D 4 种；d. 风量范围 844～221730m³/h；风压范围 198～3100Pa；功率范围 1.1～220kW。

（3）结构　4-72 型风机中 2.8#～6# 主要由叶轮、机壳、进风口等部分配直联电机组成。6#～20# 除具有上述部分外，还有传动组等。

① 叶轮由 10 个后倾的机翼型叶片、曲线型前盘和平板后盘组成。

② 机壳做成两种不同形式。2.8#～12# 机壳做成整体，不能拆开。16#～20# 的机壳制成三开式，除沿中分水平面分两半外，上半部再沿中心线垂直分为两半，用螺栓连接。以上形式也可根据用户的要求进行改变。

③ 进风口整体制成，装于风机的侧面，与轴向平衡的截面为曲线形状，能使气体进入叶轮，且损失较小。

④ 传动组由主轴、轴承箱、滚动轴承、皮带轮或联轴器组成。

生产厂家：西安凯瑟鼓风机有限公司。

4.6.1.2　4-68 型系列离心通风机

（1）适用范围　4-68 型离心通风机具有结构合理、流量大、噪声低、安装方便等优点。该风机适用于一般工厂及大型建筑物的室内通风换气。

（2）特点　效率高、噪声低、体积小、可靠性强、在特殊情况下风量大小可配用调节阀门进行控制。（可生产防爆式）用途：高层建筑、工矿企业、汽车涂装等通风换气。规格：风机直径 φ280～2000mm、风量 1130～200000m³/h、风压 170～2500Pa；A 式、C 式、E 式（双进风、单进风）、D 式。

图 3-4-22　4-68 型系列离心通风机

（3）组成及结构形式　见图 3-4-22。

① 通风机按气流进气方式分为单吸入和双吸入两种。单吸入式机号有：No. 2.8、No. 3.15、No. 3.55、No. 4、No. 4.5、No. 5、No. 6.3、No. 8、No. 10、No. 12.5、No. 16、No. 20 共 12 种；双吸入式机号有：No. 2-5、No. 2-6、No. 2-7、No. 2-8、No. 2-10、No. 2-12.5 共 6 种，系列总计 18 种。

② 每种风机又分为右旋转和左旋转两种形式。从电动机一端正视，叶轮按顺时针方向旋转，称为右旋转风机，以"右"表示；按逆时针方向旋转，称为左旋转风机，以"左"表示。

③ 风机的出风口角度"左""右"均可制成 0°、45°、90°、135°、180°、225°，共 6 种角度。

④ 风机的传动方式：有 A、C、D、E 四种，No.2.8-5[#] 采用 A 式，以电动机直联传动，风机的叶轮、机壳直接固定在电动机轴和法兰盘上（电动机可用 B35 型）；No.6.3-12.5[#] 采用悬臂支承装置，又分为 C 式（皮带传动）和 D 式（联轴器传动）两种方式；No.16-20[#] 则为 C 式悬臂支承装置，皮带传动。双吸入式传动方式为 E 式传动。

该风机的 No.2.8-5[#] 主要由叶轮、机壳、进风口等部分配直联电动机组成。No.6.3-20[#] 除上述部分外还有传动部分。

① 叶轮：由 12 片后倾机翼形叶片焊接于弧锥形的轮盖与平板型的轮盘中间，经动静平衡校正。

② 机壳：采用先进的蜗线形状用钢板焊接而成的蜗形体，机壳做成两种不同形式，No.2.8-12.5[#] 机壳做成整体，不能拆开。No.16-20[#] 机壳做成二开式，沿中分水平面分开，用螺栓连接。

③ 进风口：作为收敛式流线型的整体结构，用螺栓固定在风机侧板处。

④ 传动组：由主轴、轴承箱、滚动轴承、皮带轮或联轴器等组成。主轴由优质钢制成，No.6.3-12.5[#] 四个机号单吸风机，轴承箱整体结构；No.16-20[#] 两个机号风机用两只并列轴承座；No.2-5～2-12.5[#] 双吸风机为 E 式传动。

生产厂家：上海德惠特种风机厂、溧阳市江南风机制造有限公司。

图 3-4-23　HF-TH 型系列离心风机外形

4.6.1.3　HF-TH 型系列离心风机

HF-TH 型系列离心风机外形见图 3-4-23。

（1）叶轮特点　效率高、噪声低、体积小、可靠性强、在特殊情况下风量大小可配用调节阀门进行控制。（可生产防爆式）用途：高层建筑、工矿企业、汽车涂装等通风换气。规格：风机直径 φ400～2000mm、风量 2065～200000m³/h、风压 420～3800Pa；A 式、C 式、E 式（双进风、单进风）、D 式。

HF—TH 风机结构上设有 A 式、C 式、D 式、E 式等传动方式。标准系列规格从 400～2000 共 15 个机号，机壳部出风口可制成 0°、45°、90°、135°、180°、270°共 6 种角度。性能较好、结构紧凑、安装维护方便，可广泛用于工矿企业、汽车涂装、高级宾馆、写字楼、影剧院、商场、医院等建筑物的通风换气。C 式、D 式带散热叶轮时适用于不超过 200℃。

叶轮采用后倾扭曲叶片，由钢板焊接而成，具有高效、高压、低噪声等优点。结构上高转速时辅以加强筋以增加刚性。叶轮均进行动平衡校验，平衡精度≤5.6 级。

（2）机壳　机壳采用钢板锁边或焊接结构，产品表面经喷涂或烘漆处理。

风机各传动方式的电机或轴承座支架经优化设计，外形美观、拆卸方便，质轻而结构牢固。

1400～2000 特殊时沿中分面可制成上下哈夫式结构，以供高度受限时拆装方便。

（3）集风器　具有喷嘴形曲线，为整体旋压成型，并与进口圈制成一体，方便用户管道连接。

（4）主轴　采用 45[#] 优质碳钢精密加工而成，在设计上有充分的安全性和抗疲劳性。

（5）轴承、轴承座　配用带座自动调心球轴承或滚子轴承，均为润滑脂润滑。

（6）台座　系列台座均用型钢焊接，配用弹簧减振器进行隔震设计，外形紧凑。

（7）三角带传动系统　风机配用三角带轮均为优质铸铁锥套带轮，方便维修和保养。三角带按所需要求可配置国产或进口胶带。

（8）噪声 各性能曲线上所示的噪声级，均系指"A 计权"的声压级 LP（A），其值是根据 GB 2888 和 GB 1236 标准在进口侧进行测定而得到的。

4.6.1.4 T4-72 型系列离心风机

效率高，噪声低，体积小，可靠性强，在特殊情况下风量大小可配用调节阀门进行控制。（可生产防爆式）用途：高层建筑、工矿企业、汽车涂装等通风换气。规格：风机直径 $\phi300\sim2000mm$，风量 $2200\sim200000m^3/h$，风压 $190\sim2500Pa$；A 式、C 式、E 式（双进风、单进风）、D 式。见图 3-4-24。

生产厂家：上海德惠特种风机有限公司、南通天烨风机制造有限公司。

图 3-4-24 T4-72 型
系列离心风机

4.6.2 轴流式通风机

4.6.2.1 T35-11（T40-11）系列轴流式通风机

（1）适用范围 该系列风机适用于输送易燃易爆无腐蚀性气体，环境温度不得超过 60℃，广泛应用于一般工厂、仓库、办公室、住宅内通风换气或强暖气散热，也可有较长的排气管道内间隔串联安装，以提高管道中的压力，卸下电机还可做自由风扇。防腐轴流式风机（T35-11 型）采用防腐材料外涂环氧漆加工而成，电机采用特种防腐电机用于输送腐蚀性气体。防爆轴流式风机（BT35-11）型用于输送易燃易爆的气体。叶轮由铝合金加工而成，以防止在运转中引起火花，电机采用隔爆型电机。

（2）特点 T35-11（T40-11）系列轴流式风机是我国 20 世纪 80 年代在 T30-11 的基础上改进设计的新型风机，它与 T30-11 风机相比具有明显优点：a. 结构更合理；b. 性能有较大提高，全压效力为 89.5%；c. 噪声更低，噪声（比 A 声级）降低 3.6dB（A）。

（3）T35-11 型风机的性能参数和外形尺寸 外形及安装尺寸见图 3-4-25、表 3-4-19。性能参数见表 3-4-20。

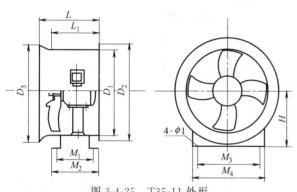

图 3-4-25 T35-11 外形

表 3-4-19 安装尺寸 单位：mm

机号	D_1	D_2	D_3	M_1	M_2	M_3	M_4	L_1	L	$4-\phi1$	H	质量/kg
2.8	290	350	365	175	215	180	220	220	260	$\phi8.5$	220	11
3.15	325	385	400	190	230	180	220	240	280	$\phi8.5$	242	13
3.55	365	425	440	230	270	180	220	280	330	$\phi10.5$	244	17
4	410	480	500	240	290	200	240	300	365	$\phi10.5$	265	21
4.5	460	530	550	240	290	240	300	300	365	$\phi10.5$	300	23
5	510	590	610	240	290	300	400	300	365	$\phi12.5$	316	31
5.6	570	650	680	260	310	300	400	330	405	$\phi12.5$	350	42
6.3	640	720	750	320	380	400	500	390	475	$\phi12.5$	392	58
7.1	720	800	835	320	380	500	600	400	495	$\phi12.5$	438	68
8	810	890	930	380	450	500	600	480	580	$\phi15$	487	91
9	910	1000	1040	440	510	600	700	540	645	$\phi15$	550	122
10	1010	1110	1145	500	575	600	700	600	725	$\phi15$	600	152
11.2	1130	1230	1280	500	575	600	700	600	725	$\phi15$	660	192

表 3-4-20　T35-11（T40-11）系列轴流式风机性能参数

机号	叶轮直径/mm	叶轮周转/(m/s)	叶轮转速/(r/min)	叶片角度/(°)	风量/(m²/h)	全压/mmH₂O	效率	需用轴功率/kW	采用功率/kW	电机 型号	电机 功率/kW
2.8	280	42.5	2900	15	1649	15.5	0.87	0.080	0.092	YSF—5622	0.120
				20	2167	17.2	0.88	0.115	0.133	YSF—5622	0.180
				25	2685	17.7	0.895	0.145	0.166	YSF—5622	0.180
				30	2921	19.0	0.88	0.175	0.197	YSF—5622	0.180
				35	3202	23.7	0.86	0.240	0.276	YSF—5622	0.250
		21.3	1450	15	826	3.9	0.87	0.010	0.012	YSF—5614	0.025
				20	1086	4.4	0.88	0.015	0.017	YSF—5614	0.025
				25	1346	4.5	0.895	0.018	0.021	YSF—5614	0.025
				30	1464	4.9	0.88	0.022	0.026	YSF—5614	0.040
				35	1605	6.1	0.86	0.031	0.036	YSF—5614	0.040
3.15	315	47.5	2900	15	2339	19.6	0.87	0.144	0.166	YSF—6322	0.180
				20	3070	21.8	0.88	0.207	0.238	YSF—6322	0.250
				25	3810	22.4	0.895	0.259	0.298	YSF—6332	0.370
				30	4141	24.2	0.88	0.309	0.355	YSF—6332	0.370
				35	4545	30.0	0.86	0.430	0.495	YSF—7122	0.550
		23.9	1450	15	1169	4.9	0.87	0.018	0.020	YSF—5614	0.025
				20	1537	5.4	0.88	0.026	0.030	YSF—5624	0.040
				25	1905	5.6	0.895	0.032	0.037	YSF—5624	0.040
				30	2027	6.0	0.88	0.039	0.045	YSF—5624	0.060
				35	2273	7.5	0.86	0.053	0.061	YSF—5624	0.090
3.55	355	53.9	2900	15	3367	24.6	0.87	0.261	0.300	YSF—7112	0.037
				20	4426	27.7	0.88	0.383	0.436	YSF—7122	0.550
				25	5484	28.4	0.895	0.487	0.544	YSF—7122	0.550
				30	5965	30.6	0.88	0.564	0.640	YSF—7132	0.750
				35	6542	38.0	0.86	0.787	0.905	YSF—8022	1.1
		27.0	1450	15	1680	6.2	0.87	0.033	0.038	YSF—5624	0.040
				20	2208	6.9	0.88	0.047	0.054	YSF—5624	0.060
				25	2737	7.1	0.895	0.053	0.068	YSF—5624	0.090
				30	2977	7.6	0.88	0.070	0.081	YSF—5624	0.090
				35	3265	9.5	0.86	0.098	0.113	YSF—6314	0.120
4	400	60.7	2900	15	4806	31.6	0.87	0.475	0.546	YSF—7712	0.550
				20	6316	35.2	0.88	0.688	0.791	YSF—8022	1.1
				25	7826	36.1	0.895	0.859	0.988	YSF—8022	1.1
				30	8513	38.8	0.88	1.021	1.175	YSF—8022	1.1
				35	9336	48.3	0.86	1.427	1.641	YSF90S—2	1.5
		30.4	1450	15	2406	7.9	0.87	0.059	0.066	YSF—5624	0.090
				20	2163	8.8	0.88	0.086	0.099	YSF—6314	0.120
				25	3922	9.0	0.895	0.107	0.123	YSF—6314	0.120
				30	4263	9.7	0.88	0.128	0.1747	YSF—6324	0.180
				35	4678	12.1	0.86	0.179	0.206	YSF—7114	0.250
4.5	450	34.2	1450	15	3427	10.0	0.87	0.107	0.123	YSF—6314	0.120
				20	4504	11.2	0.88	0.156	0.179	YSF—6324	0.180
				25	5881	11.5	0.895	0.158	0.224	YSF—7114	0.250
				30	6070	12.3	0.88	0.231	0.266	YSF—7124	0.370
				35	6658	15.3	0.86	0.322	0.370	YSF—7124	0.370
5	500	38.0	1450	15	4700	12.4	0.87	0.182	0.210	YSF—7114	0.250
				20	6178	13.8	0.88	0.264	0.308	YSF—7124	0.370
				25	7655	14.1	0.895	0.328	0.370	YSF—7124	0.370
				30	8832	15.2	0.88	0.392	0.450	YSF—8014	0.550
				35	9713	18.9	0.86	0.546	0.628	YSF—8024	0.750

续表

机号	叶轮直径 /mm	叶轮周转 /(m/s)	叶轮转速 /(r/min)	叶片角度 /(°)	风量 /(m²/h)	全压 /mmH₂O	效率	需用轴功率 /kW	采用功率 /kW	电机 型号	电机 功率 /kW
5	500	25.1	960	15	3314	5.4	0.87	0.053	0.061	YSF—8026	0.370
				20	4129	6.0	0.88	0.079	0.088	YSF—8026	0.370
				25	5117	6.2	0.895	0.096	0.111	YSF—8026	0.370
				30	5566	6.6	0.88	0.114	0.131	YSF—8026	0.370
				35	6104	8.4	0.86	0.160	0.184	YSF—8026	0.370
5.6	560	42.5	1450	15	6595	15.4	0.87	0.318	0.365	YSF—7124	0.370
				20	8667	17.2	0.88	0.461	0.530	YSF—8014	0.550
				25	10739	17.7	0.895	0.578	0.665	YSF—8024	0.750
				30	11682	19.0	0.88	0.687	0.710	YSF90S—4	1.1
				35	12812	23.7	0.86	0.961	1.1	YSF90S—4	1.1
		28.1	960	15	4362	6.8	0.87	0.093	0.106	YSF—8024	0.370
				20	5730	7.5	0.88	0.136	0.153	YSF90S—4	0.370
				25	7101	7.7	0.895	0.166	0.191	YSF90L—4	0.370
				30	7724	8.3	0.88	0.198	0.228	YSF90L—4	0.370
				35	8471	10.3	0.86	0.276	0.318	YSF100L—4	0.370
6.3	630	47.8	1450	15	9393	19.6	0.87	0.576	0.662	YSF—8024	0.750
				20	12345	21.8	0.88	0.833	0.958	YSF90S—4	1.1
				25	15297	22.4	0.895	1.043	1.199	YSF90L—4	1.5
				30	16639	24.1	0.88	1.241	1.428	YSF90L—4	1.5
				35	1825	30.0	0.86	1.734	1.994	YSF100L—4	2.2
		31.7	960	15	6219	8.6	0.87	0.167	0.192	YSF—8026	0.370
				20	8173	9.6	0.88	0.243	0.249	YSF—8026	0.370
				25	10128	9.8	0.895	0.301	0.347	YSF—8026	0.370
				30	11016	10.6	0.88	0.365	0.415	YSF90S—6	0.750
				35	12082	13.1	0.86	0.501	0.576	YSF90S—6	0.750
7.1	710	53.9	1450	15	13444	24.9	0.87	1.048	1.205	YSF90L—4	1.5
				20	17671	27.7	0.88	1.515	1.742	YSF100—4	2.2
				25	21895	28.8	0.895	1.892	1.176	YSF100—4	2.2
				30	23815	30.6	0.88	2.255	2.593	YSF100—4	3
				35	26120	38.0	0.86	3.143	3.614	YSF112M—4	4
		36.7	960	15	8902	11.0	0.87	0.307	0.353	YSF90S—6	0.75
				20	11700	12.2	0.88	0.442	0.508	YSF90S—6	0.75
				25	14498	12.5	0.895	0.551	0.633	YSF90S—6	0.75
				30	15769	13.4	0.88	0.654	0.752	YSF90S—6	0.75
				35	17296	16.7	0.86	0.915	1.052	YSF90L—6	1.1
8	800	60.7	1450	15	19235	31.6	0.87	1.903	2.188	YSF100—4	2.2
				20	25280	35.2	0.88	2.754	3.167	YSF112M—4	4
				25	31325	36.1	0.895	3.441	3.957	YSF112M—4	4
				30	34073	38.8	0.88	4.091	4.705	YSF132S—4	5.5
				35	37070	48.3	0.86	5.716	6.753	YSF132M—4	7.5
		40.2	960	15	12733	13.9	0.87	0.554	0.637	YSF90S—6	0.75
				20	16733	15.4	0.88	0.795	0.918	YSF90S—6	1.1
				25	20735	15.8	0.895	0.999	1.149	YSF100L—6	1.5
				30	22559	17.0	0.88	1.187	1.365	YSF100L—6	1.5
				35	24739	21.2	0.86	1.661	1.910	YSF112M—6	2.2
9	900	45.2	960	15	18132	17.5	0.87	0.99	1.139	YSF100L—6	1.5
				20	23830	19.5	0.88	1.428	1.654	YSF112M—6	2.2
				25	29529	20.0	0.895	1.797	2.067	YSF132S—6	3
				30	32119	21.5	0.88	2.137	2.548	YSF132S—6	3
				35	35227	26.8	0.86	2.990	3.439	YSF132—6	4

续表

机号	叶轮直径 /mm	叶轮周转 /(m/s)	叶轮转速 /(r/min)	叶片角度 /(°)	风量 /(m²/h)	全压 /mmH₂O	效率	需用轴功率 /kW	采用功率 /kW	电机 型号	电机 功率 /kW
10	1000	50.3	960	15	24874	21.7	0.87	1.609	1.944	YSF112M—6	2.2
				20	23619	24.1	0.88	2.443	2.804	YSF132S—6	3
				25	40508	24.7	0.895	3.044	3.501	YSF132M—6	4
				30	44062	26.6	0.88	3.427	4.171	YSF132—6	4
				35	48326	33.1	0.86	5.065	5.825	YSF160M—6	7.5
11.2	1120	56.3	960	15	34944	27.2	0.87	2.975	3.421	YSF132—6	4
				20	45927	30.3	0.88	4.307	4.953	YSF132—6	5.5
				25	56909	31.0	0.895	5.368	6.173	YSF160M—6	7.5
				30	61091	34.4	0.88	6.571	7.557	YSF160L—6	7.5
				35	67892	41.5	0.86	8.922	10.260	YSF160L—6	11

生产厂家：上虞市贝斯特风机有限公司、上海锦耀调温设备有限公司。

4.6.2.2　DZ、SF系列低噪声轴流风机

（1）适用范围　该系列产品广泛应用于工矿企业、民用建筑的壁式排风、岗位送风、管道通风、屋顶通风等，应用于化工、轻工、食品、医药、冶金等工矿企业及各类民用建筑的通风空调系统，在特殊环境中可选用防爆型风机。

图 3-4-26　DZ、SF系列
低噪声轴流风机

（2）特点　低噪声、性能稳定、效率高、耗电省、可制作成防爆型。用途：工矿企业、民用建筑的壁式排风、管道送风、岗位送风等。规格：风机直径 $\phi220\sim1000$mm，风量 $400\sim50000$m³/h，风压 $30\sim300$Pa。

SF、DZ系列低噪声轴流风机采用从声源入手、低转速、高压力系数的设计方法，研制成大弦长、空间扭曲、倾斜式宽叶片，使其在低速驱动的前提下，达到所需风量、风压的目的，具有效率高、振动小、运转平稳等特点。

（3）DZ、SF系列低噪声轴流风机示意　见图3-4-26。

生产厂家：上海德惠特种风机有限公司。

第5章 消毒设备

5.1 加氯设备

5.1.1 加氯机

5.1.1.1 瑞高系列加氯机

（1）应用范围 瑞高（REGAL）加氯机为真空运行溶解供给型。自 20 世纪 90 年代引进我国以来，使用效果良好，该机的主要特点是零部件较少、运行可靠安全，可用于自来水、工业水处理、污水处理、中水系统、游泳池等。

（2）外形及安装尺寸 见图 3-5-1，规格和性能见表 3-5-1。

表 3-5-1 瑞高（REGAL）系列加氯机规格和性能

型号及名称	技术参数/(kg/h)	备 注	型号及名称	技术参数/(kg/h)	备 注
Regal—210	0～2	负压加氯机	Regal—310	0～2	负压加氯机
Regal—220	0～5	负压加氯机	Regal—610	0～2	负压加氯机
Regal—250	0.5～10	负压加氯机	Regal—710	0～2	负压加氯机
Regal—2100	2～40	负压加氯机	Regal—7000	0～10	全自动控制器

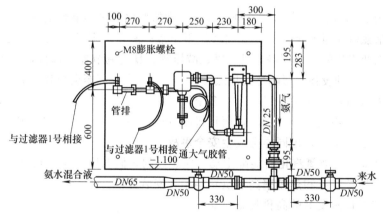

图 3-5-1 2100 型加氯机主机外形及安装尺寸

生产厂家：北京建瑞科达科技有限公司、北京威盛威科技发展有限公司。

5.1.1.2 ALLDOS145 系列加氯机

（1）应用范围 ALLDOS145 系列加氯机为真空供给型，主要配置有真空投加系统、气体流量计、差压调节器、真空表等。该机的主要特点是零部件较少、运行可靠安全，可用于自来水处理、污水处理、中水处理、游泳池水处理等。

（2）规格及性能 ALLDOS145 系列加氯机外形及安装尺寸见图 3-5-2 和图 3-5-3，规格和性能见表 3-5-2。

生产厂家：安度实（上海）水处理科技有限公司。

5.1.2 液氯蒸发器

水厂的加氯，通常采用液氯自然汽化的形式，一个容量为 1000kg 的氯瓶，在常温（25℃）

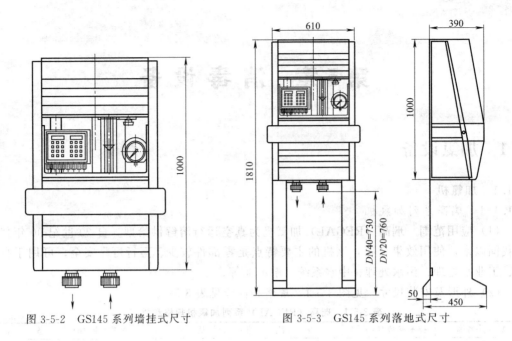

图 3-5-2　GS145 系列墙挂式尺寸　　　　图 3-5-3　GS145 系列落地式尺寸

表 3-5-2　145 系列加氯机规格和性能

型号及名称	技术参数/(kg/h)	真空连接管	型号及名称	技术参数/(kg/h)	真空连接管
145-200/M01	3.5～70	$DN40mm$	145-200/M03	10～200	$DN40mm$
145-200/M02	6～120	$DN40mm$			

自然的蒸发量为 8～10kg/h。氯气钢瓶外部环境温度的变化直接影响着液氯汽化量，特别是在气温过低时，液氯汽化量严重不足，导致加氯不正常；液氯来不及汽化，不能完全汽化成气体，在被抽到氯瓶出口的压力管路、过滤罐、减压阀、真空调节器等部件，由于是气液混合，带有强氧化性，会腐蚀设备，影响整套加氯设备的使用寿命，甚至会导致泄氯事故的发生。

人们为提高氯气的汽化量，只能采用多个氯瓶并联，或者给氯瓶加热，如用水喷淋、电炉、红外灯烘烤等，不仅费用特别高，而且极不安全，有时因温度升高，压力也随之上升，超出管道安全耐压值范围，也同样会发生安全事故。

HT—DCD 双控式液氯汽化器能够主动适应氯瓶的表面温度变化，具有自动控制温度同时又自动控制气压的特点和热效率高、供热均匀、安装方便、安全可靠、节能、免维护等众多优点，是替代进口蒸发器的高科技新产品。

HT—DCD 双控式液氯汽化器的主要特点是双重控制，即温度控制和气压控制。a. 瓶外表加热温度始终控制在安全范围内，确保被加热液化气钢瓶的安全；b. 使钢瓶内液化气的留存量控制在一定范围，保证钢瓶内应有的气压，以确保压力容器在使用中的安全。所以安全性能较好。

HT—DCD 双控式液氯汽化器由汽化毯、控制柜等组成。汽化毯的核心元件由一种导电高分子复合材料构成，它具有很高的正温度系数（positive temperature coefficient，PTC）。与传统的恒功率电阻丝完全不同，当元件温度较低时，汽化毯电阻小，功率大，通电后温度迅速上升；随着元件温度升高，电阻逐渐增大，功率逐渐减小，当元件温度接近其最高发热温度时，甚至趋近于断路。该装置由自控温加热系统、数字温控系统和数字气压控制系统组成；自控温加热系统有自动控制温度和限制温度的特性，加热温升极限值为 45℃，不产生超温现象；其数字温控系统，能通过设定温度值，自动控制和调节钢瓶表面加热量；而数字气压控制系统，则是通过设定钢瓶液化气的气压值，来控制液化气体的汽化时间，确保液化气钢瓶内保留一定量的液化气。这种既控制温度又控制气压的双控式设计，不仅提高了液化气汽化的效能，而且节省了称重设备的投入，减少了繁杂的劳动，同时也给安全使用钢瓶液化气提供了有效保障。

主要规格及技术参数见表 3-5-3、表 3-5-4。

表 3-5-3　主要技术参数

型　　号	DCD—1000/S	DCD—500/S	DCD—1000/D	DCD—500/D
尺寸/mm	2650×800	2020×800	2650×800	2020×800
输入电流	0A/70℃～18.5A/10℃			
输入频率	50Hz+/−10%			
极限温升/℃	53（在空气中自然散热）			
输出功率	0～600W+/−10%			
控制温度范围/℃	0～47			
防护等级	IP3X			
防爆等级	eⅡT3			
绝缘等级	≥100MΩ/2500V			
工作环境温度/℃	−40～50			
贮存环境温度/℃	0～40			
工作环境湿度/%	25～95			
贮存环境湿度/%	10～95			
控制气压范围			现场设定	

型号：HT—DCD 双控式液氯汽化器有 DCD—1000/S、DCD—500/S、DCD—1000/D 和 DCD—500/D 四种基本型号，还可根据用户要求，定制各种不同型号的液氯汽化器，供用户选择。

表 3-5-4　规格参数

型　　号	DCD—1000/S	DCD—500/S	DCD—1000/D	DCD—500/D
尺寸/mm	2650×800	2020×800	2650×800	2020×800
适用的氯瓶规格/kg	1000	500	1000	500
适用的切换形式	有自动切换氯瓶装置或不需增加自动切换氯瓶装置的加氯间		没有自动切换氯瓶装置或需要增加自动切换氯瓶装置的加氯间，只要添加一个阀门，即可做到氯瓶的自动切换	

生产厂家：武汉九通自动化设备有限公司。

5.1.3　液压秤

5.1.3.1　LCS 系列电子钢瓶秤

（1）适用范围　LCS 系列电子钢瓶秤（图 3-5-4）是为使用液态氯气、液态氨气等的行业称量钢瓶贮气量的专用电子秤。广泛用于化工、自来水、纺织印染、农药制造等行业称量液态氯气、氨气等贮气钢瓶，秤台钢瓶支架可以方便钢瓶转动。

（2）特点　a. 全电子系列，无需任何安装形式；b. 内部传感器采用封塑处理，防止腐蚀；c. 上秤体采用尼龙滑轮（钢瓶托架）或复合弹簧缓冲装置，能有效防止钢瓶对秤体的冲击；d. 秤体与钢瓶相吻合使用安放架（钢瓶托架），保证钢瓶重心稳定减小四角方位误差；e. 仪表采用下限定设置，当钢瓶质量达到下限定值时会自动报警，合理控制质量。

图 3-5-4　电子钢瓶秤（LCS）

（3）规格及技术参数　技术参数：准确度等级 Ⅲ级；称重范围 1t，2t，3t；称量精度 0.5kg，1kg；安全过载 130%F.S（F.S 为满负荷）；安全系数 200%F.S；工作环境湿度

≤95％；工作电源 220V/50Hz；传感器工作温度范围－30～＋80℃；配套仪表智能检测仪。仪表功能：智能显示、上下限报警、4～20mA 输出等。

生产厂家：无锡市奥拓自动化有限公司、靖江市方园电子衡器厂。

5.1.3.2　HT—DZ 系列钢瓶电子秤

（1）适用范围　HT—DZ 系列钢瓶电子秤是专为使用化工产品液态氯气等行业的客户生产的电子秤。

（2）型号说明

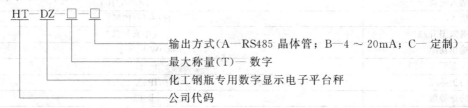

HT—DZ—□—□

输出方式（A—RS485 晶体管；B—4～20mA；C—定制）
最大称量（T）—数字
化工钢瓶专用数字显示电子平台秤
公司代码

（3）设备特点　该秤秤体结构简单、使用方便，并且表面经酸洗除锈处理后高温烘烤涂有多层防腐蚀的涂料，耐腐蚀性强。该秤采用高精度的称重传感器和智能带荧光数码显示的显示仪表，整个称量系统计量准确度高、工作稳定、基本免维护。

（4）设备规格及性能　见图 3-5-5、表 3-5-5。

(a)　　　　　　　　　　　　　　　　(b)

图 3-5-5　HT—DZ 系列钢瓶电子秤

表 3-5-5　产品规格和技术参数

产品型号	HT—DZ—2/3		产品型号	HT—DZ—2/3
最大称量/t	2/3		准确度等级	Ⅲ　JJJG555—96
分度值/kg	1		标准配置仪表	AC—9001
单只传感器容量/t	2		可选配仪表	AC—9001A
传感器数量/只	4		显示屏	数码显示
台面尺寸(宽×长×高)/mm	0.8×1.3×0.43		报警输出	有/晶体管
电源	交流	220VAC(－15％～＋10％) 50Hz±1Hz	模拟输出	可选
			通讯接口	RS232/RS485(可选)
仪表		温度－10～＋40℃ 相对湿度＜95％	产品订货号	DZ20813
			装运质量/kg	200
传感器工作温度/℃		－20～＋60	设计使用寿命/a	≥8

生产厂家：武汉九通自动化设备有限公司。

5.1.4　氯吸收设备

5.1.4.1　DQ—S 系列泄氯吸收安全装置（漏氯吸收装置）（FeCl₂ 氧化还原循环吸收法）

（1）适用范围　氯气是给水排水处理中最常用的消毒剂，但也是一种剧毒气体，对人、畜、植物以及设备具有极强的毒性和腐蚀性。故在生产和使用过程中，一旦氯气消毒系统出现泄漏，必须设置防护措施，以防造成重大事故。漏氯吸收装置设置于净水厂、污水厂的加氯间。

（2）特点

1）快速度大容量吸收。采用低风阻设计，吸收效率高，可充分保证将泄漏出来的氯气及时吸收。大风机、大泵、双高效吸收塔结构。吸收氯气速度可达 1000kg/h，DQ—S1000 型总吸收氯气量可达 2000kg；DQ—S500 型吸收氯气量可达 1000kg。

2）高效率多级吸收，尾气不喷液。由于 DQ—S 系列泄氯吸收安全装置采用双塔式多级吸收结构，有效吸收高度超过 6m，这就充分保证了含氯气体在吸收塔内的停留时间，吸收效率高，反应更充分吸收更彻底，这是双塔的最大优点所在。吸收塔顶装有气水分离装置，可以充分实现气水分离，尾气管不喷液。

3）免维护可循环再生吸收液。吸收液免维护可循环再生，反应彻底，无需更换，不用排放，永不变质。且吸收液无毒无害、腐蚀性小，安全方便。其反应原理是：

$$2FeCl_2 + Cl_2 \longrightarrow 2FeCl_3$$
$$2FeCl_3 + Fe \longrightarrow 3FeCl_2$$

4）可靠的电控系统、高灵敏报警系统。大箱体，手动、自动可单独控制，可接受漏氯报警仪的漏氯信号，实现全自动运行。具有远程控制接口，远程可进行一切操作。结合自控系统可实现定时启动运行检测功能。可选信号无线传输系统；可选防雷装置；可选闭路电视监控系统；可选与加氯管电动阀门联动。

（3）工作原理　本装置由串联的双塔组成，具有多级吸收功能，能确保将泄漏出来的氯气及时吸收，并进行无害化处理，当有氯气泄漏时，安装在氯库中的漏氯报警仪开始报警，并将漏氯信号传递到 DQ—S(D) 型泄氯吸收安全装置，装置自动运行，风机和泵开始运转。风机将含氯气体由下往上压入吸收塔，泵抽取吸收液进行雾化喷淋，含氯气体在吸收塔内接触反应，反应结束后，尾气返回到氯库，反应后的液体回流到溶液箱，经过再生后又被抽到吸收塔内进行反应，不断循环使用。本装置可以将泄漏的氯气有效地控制在氯库与泄氯吸收安全装置所构成封闭的内部系统中处理，不向大气排放尾气，处理漏氯事故更彻底。

该装置的主要技术指标和参数见表 3-5-6。

表 3-5-6　主要技术指标和参数

型　　号	DQ—S2000 型（四塔）	DQ—S1000 型（双塔）	DQ—S500 型（双塔）	DQ—D1000 型（单塔）	DQ—D500 I 型（单塔）	DQ—D500 II 型（单塔）	DQ—D300 型（单塔）
吸收能力/(kg/h)	2000	1000	1000	1000	1000	500	500
一次最大吸收量/kg	2000	2000	1000	1000	1000	1000	500
适用氯库体积/m²	≤2000	≤1500	≤1000	≤1500	≤800	≤500	≤300
吸收塔直径/mm	DN800	DN800	DN800	DN1000	DN1000	DN800	DN800
吸收塔数量	四塔	双塔	双塔	单塔	单塔	单塔	单塔
吸收液质量/kg	14000	14000	7000	14000	6000	6000	3000
设备总功率/kW	30	15	15	15	15	4.5	4.5
耐腐蚀泵型号	80HYF—20	80HYF—20	80HYF—20	80HYF—20	80HYF—20	65HYF—20	65HYF—20
耐腐蚀泵流量/(m³/h)	100	50	50	50	20	20	20
耐腐蚀泵电机功率/kW	15	7.5	7.5	7.5	7.5	3	3
风机型号	BF4-72	BF4-72	BF4-72	BF4-72	BF4-72	BF4-72	BF4-72
风机风量/(m³/h)	18000	9000	9000	9000	9000	4500	4500
风机电机功率/kW	15	7.5	7.5	7.5	7.5	1.5	1.5
设备总长/mm	4500	5500	4500	5500	4000	4000	3000
设备总宽/mm	4000	3000	2000	3000	2600	2600	2000
设备总高/mm	4800	5800	4800	5800	4800	4800	4800
设备最小占地面积/m²	18	16.5	10	16.5	10	6.5	18
设备总质量/t	20	18	10	18	10	9	6

生产厂家：广州市德起环保设备有限公司。

5.1.4.2　HT—HLD全自动泄氯吸收装置

（1）适用范围　HT—HLD全自动泄氯吸收装置适用于给水工程中氯库泄漏氯气的吸收，以保证用氯的安全性。

（2）型号说明

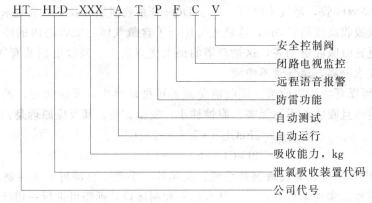

（3）设备特点　该装置在风道设计上别具匠心，尽量提高吸风风速，降低回风风速；在布气设计上使用了一种新型布气装置，使气体均匀、缓慢地与吸收液接触，大大提高了吸收效率；在再生剂的处置上，增加其化学反应空间，提高了吸收液还原的速度与效果。有以下特点：a. 大直径多层次吸收塔，全新概念的工业设计，吸收速度快；b. 再生箱结构巧妙，设有液体导流装置，再生能力强；c. 布气装置独特，有效吸收面积大，吸收塔效率高；d. 特效吸收液，循环使用，防冻、环保、经济；e. 功能强劲，运行方式齐备，绝对安全可靠，除了具备双通道探头检测、自动启动、自动停机、预报警等功能外，还有自动测试功能（T）、防雷功能（P）、远程语音自动报警（F）、闭路电视监控（C）等功能供用户根据需要选择。还可增加泄氯事故历史记录、设备运行情况记录、简易报表及打印输出等多种附加功能。

（4）设备规格及性能　见表3-5-7和表3-5-8。

表 3-5-7　主要技术参数

项　　目	HT—HLD/1000	HT—HLD/500
吸收能力/kg	1000	500
吸收液体积/m³	＞12	＞6
液下泵流量/(m³/h)	50	30
液下泵电机功率/kW	7.5	5.5
风机风量/(m³/h)	9440	5465
风机电机功率/kW	7.5	5.5
吸收塔高 H_2/mm	3300	3000
吸收塔内径 D_2/mm	1300	1300
方形贮液箱尺寸/mm	4200(L)×2200(W)×1600(H_3)	3000(L)×2000(W)×1300(H_3)
吸收能力/kg	1000	500

表 3-5-8　产品系列

型　号	吸收能力/kg	风机风量/(m³/h)	液下泵流量/(m³/h)	适用氯库体积/m³
HT—HLD/250	250	2895	15	＜100
HT—HLD/500	500	5465	30	100～200
HT—HLD/1000	1000	9440	50	200～300
HT—HLD/5000	5000	47200	250	＞1000

生产厂家：武汉九通自动化设备有限公司。

5.1.4.3　HT—HLD/D 系列全自动泄氯吸收装置（双塔多级吸收）

（1）适用范围　HT—HLD/D 系列全自动泄氯吸收装置适用于给水工程中氯库泄漏氯气的吸收，以保证用氯的安全性。

（2）型号说明

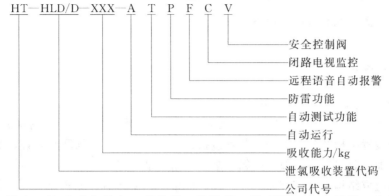

（3）设备特点　该系列产品由双吸收塔、贮液箱、液下泵、离心风机、布气装置、气体报警仪、气体探测器、自动控制柜等组成。

该系列产品采用双塔多级吸收，低风阻设计，在保证一定工艺要求范围内，尽量提高吸风风速，以提高装置吸收效率；为避免吸收液产生发热反应而损坏贮液箱，对贮液箱结构进行了重新设计，大大提高了箱体散热性能。其特点如下：a. 双塔多级吸收塔，吸收速度快；b. 液体密闭性强，不易被氧化而降低液体浓度；c. 有效吸收面积大，吸收塔效率高；d. 吸收液使用时间长；e. 功能强劲，运行方式齐备，绝对安全可靠，除了具备双通道探头检测、自动启动、自动停机、预报警等功能外，还有自动测试功能（T）、防雷功能（P）、远程语音自动报警（F）、闭路电视监控（C）等功能供用户根据需要选择；还可增加泄氯事故历史记录、设备运行情况记录、简易报表及打印输出等多种附加功能。

图 3-5-6　HT—HLD/D 系列全自动泄氯吸收装置

（4）设备规格及性能　HT—HLD/D 全自动泄氯吸收装置外形见图 3-5-6，技术参数见表 3-5-9、表 3-5-10。

表 3-5-9　主要技术参数

项　目	HT—HLD/D1000	HT—HLD/D500
吸收能力/kg	1000	500
吸收液体积/m³	>8	>5
液下泵流量/(m³/h)	45	30
液下泵电机功率/kW	7.5	5.5
风机风量/(m³/h)	9440	5465
风机电机功率/kW	7.5	5.5
吸收塔高 H_2/mm	1800	3000
吸收塔内径/D_2/mm	1100	1300
方形贮液箱尺寸/mm	3700(L)×2200(W)×1100(H_3)	3000(L)×2000(W)×1100(H_3)
圆形贮液箱尺寸/mm	3100(D_1)×1500(H_3)	2800(D_1)×1300(H_3)
吸收塔盖 H_1/mm	650	650

表 3-5-10 产品系列

型 号	吸收能力/kg	风机风量/(m³/h)	液下泵流量/(m³/h)	适用氯库体积/m³
HT—HLD/250	250	2895	15	<200
HT—HLD/500	500	5465	30	200~500
HT—HLD/1000	1000	9440	50	500~1000
HT—HLD/5000	5000	47200	250	>1000

生产厂家：武汉九通自动化设备有限公司。

5.2 加氨设备

JY 系列加药装置——一箱二泵。

（1）加药装置用途 加药装置通常用于给排水、凝结水、循环水、除盐水等水处理系统。

（2）加药装置结构及分类 加药装置包括：给水加氨装置，加联胺装置，炉水加磷酸盐装置，凝结水加氨装置等。一般分一箱一泵、一箱二泵、二箱三泵、二箱四泵。

加药装置组成结构有：溶液箱、液位计、计量箱、搅拌器、加药计量泵、安全阀、压力表、控制柜、阀门以及管路集中布置，各部件的材质主要分不锈钢和碳钢衬胶两种。

（3）加药装置特点 a. 加药装置配置的溶液箱、计量泵以及系统管路均根据需要采用了防腐设计，寿命长；b. 具备手动、自动和手（自）动等多种控制方式，最大限度地满足现场要求；c. 根据用户要求可以实现定期配药，定期搅拌。

（4）规格及性能参数 见图 3-5-7、表 3-5-11。

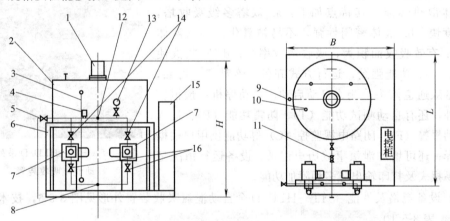

图 3-5-7 JY 系列加药装置

1—搅拌机；2—溶液罐；3—液位计；4—安全阀；5—放空阀；6—管线支架；7—计量泵；
8—溶液罐出口阀；9—溶液罐排污阀；10—进水管线阀；11—过滤器；12—加药管线；
13—压力表；14—泵出口管线阀；15—电控柜；16—泵进口管线阀

表 3-5-11 性能参数

规格型号	搅拌罐容积/m³	泵流量/(L/h)	泵压力/MPa	电机功率/kW	出口管径/mm	外形尺寸 L×B×H/mm
JY—0.25/1—2	0.25	16	1.0	0.55	DN15	1500×1000×1300
JY—0.5/1—2	0.5	32	2.4	0.55	DN20	1800×1200×1500
JY—1/1—2	1	48	1.0	0.55	DN20	2000×1200×2000
JY—1.5/1—2	1.5	125	0.8	0.55	DN25	2200×1600×2100
JY—2/1—2	2	310	2.0	1.1	DN25	2300×1600×2200

生产厂家：连云港博大环保设备制造有限公司。

5.3　二氧化氯发生器

分类：化学制备二氧化氯有多种方法。在国内主要以亚氯酸钠和氯酸钠为原料，经化学反应生成二氧化氯或二氧化氯和氯气的设备，可分为二氧化氯消毒剂发生器和二氧化氯复合消毒剂发生器两种。

形式：二氧化氯消毒剂发生器有 HTSC—Y、HSB 型等。二氧化氯复合消毒剂发生器有 HTSC，华特 908，华特 909、F、CPF 型等。

5.3.1　HRSC—Y 型二氧化氯消毒剂发生器

性能规格及外形尺寸见图 3-5-8、表 3-5-12。

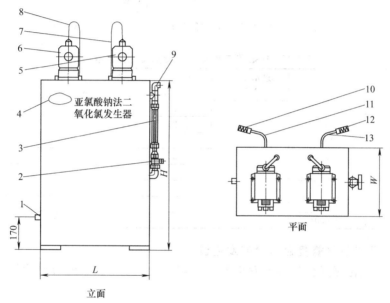

图 3-5-8　HRSC—Y 型二氧化氯消毒剂发生器外形尺寸

1—进水管；2—控制阀；3—转子流量计；4—铭牌；5,6—计量泵；7,8—出液软管；
9—消毒液出口；10,12—止回阀过滤器；11,13—进液软管

表 3-5-12　HRSC—Y 型二氧化氯消毒剂发生器性能规格及外形尺寸

型　号	二氧化氯产量/(g/h)	盐酸消耗/(L/kgClO₂)	亚氯酸钠消耗/(g/ClO₂)	电源功率/W	电耗/(kW/kgClO₂)	进水管管径 N/mm	尺寸(长×宽×高)/mm	发生器质量/kg
HRSC—Y—1	56			0.4			520×310×820	75
HRSC—Y—2	99			0.6			520×310×820	75
HRSC—Y—3	141			0.8			520×310×820	83
HRSC—Y—4	302	7.0	1.7	1.0	0.6	15	600×350×880	95
HRSC—Y—5	567			1.3			600×350×880	110
HRSC—Y—6	1135			2.2			600×400×970	124

5.3.2　HSB 型二氧化氯消毒剂发生器

（1）HSB 型二氧化氯消毒剂发生器工艺组成　见图 3-5-9。

（2）HSB 型二氧化氯消毒剂发生器性能规格　见表 3-5-13。

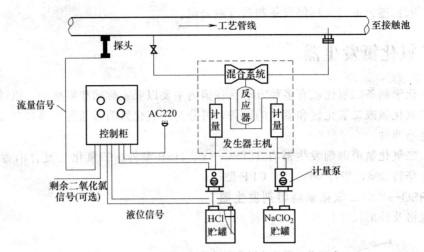

图 3-5-9　HSB 型二氧化氯消毒剂发生器工艺组成

表 3-5-13　HSB 型二氧化氯消毒剂发生器性能规格

型　　号	产气量 /(g/h)	进水压力 /MPa	进出口管径 /mm	消毒出口压力 /MPa	电耗(电动型) /kW	设备质量 /kg
HSB—50	50		20		0.4	50
HSB—100	100		20		0.4	60
HSB—200	200		20		0.4	60
HSB—500	500	0.25~0.4	20	≤0.1	0.4	75
HSB—1000	1000		20		0.4	80
HSB—5000	5000		32		1.0	100
HSB—10000	10000		40		4.0	120
HSB—20000	20000		50		4.0	150

5.3.3　HTSC 型二氧化氯复合消毒剂发生器

HTSC 型二氧化氯复合消毒剂发生器性能规格见表 3-5-14，外形尺寸见图 3-5-10、图 3-5-11。

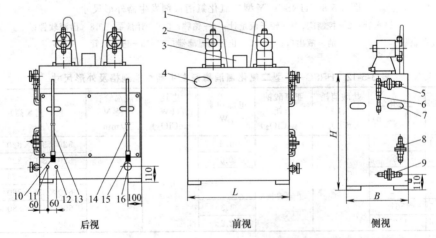

图 3-5-10　HTSC—0.1~HTSC—2.0 型二氧化氯复合消毒剂发生器外形尺寸

1,2—计量泵；3—保护罩；4—铭牌；5,8,9—控制阀；6—液位计；7—手孔；10—止回过滤器；
11—进水管；12—二氧化氯吸出管；13,14—吸液管软管；
15—单向过滤器；16—强制排风管

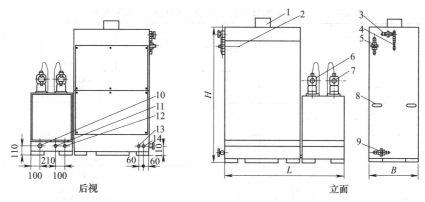

图 3-5-11　HTSC—5.0～HTSC—50.0 型二氧化氯复合消毒剂发生器外形尺寸

1—保护罩；2—铭牌；3,5,9—控制阀；4—液位计；6,7—计量泵；8—手孔；10—强制排风管；

11—二氧化氯吸出管；12—进水管；13—盐酸吸液管；14—氯酸钠溶液吸液管

表 3-5-14　HTSC 型二氧化氯复合消毒剂发生器性能规格

型　　号	二氧化氯产量 /(kg/h)	电压 /V	功率 /kW	氯酸钠溶解槽 /(m³/个)	盐酸贮罐 /(m³/个)	主机质量 /kg	压力水管 管径/mm
HTSC—0.1	0.1	220	0.5	0.05/1	0.05/1	85	15
HTSC—0.2	0.2	220	0.5	0.05/1	0.05/1	85	15
HTSC—0.5	0.5	220	1.0	0.2/1	1.5/1	120	20
HTSC—1.0	1.0	220	1.0	0.3/1	3.0/1	150	25
HTSC—2.0	2.0	220	1.8	0.4/1	6.0/1	210	40
HTSC—5.0	5.0	380	3.9	0.8/2	15.0/1	310	50
HTSC—10.0	10.0	380	7.5	1.7/2	15.0/1	350	80
HTSC—20.0	20.0	380	14.2	4.5/2	30.0/2	630	100
HTSC—50.0	50.0	380	34.5	12.5/2	50.0/2	860	150

5.3.4　二氧化氯复合消毒剂发生器

性能规格及外形尺寸见图 3-5-12、表 3-5-15。

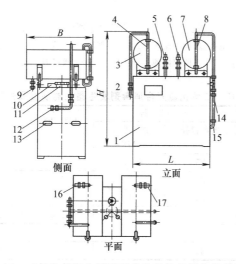

图 3-5-12　二氧化氯复合消毒剂发生器性能规格及外形尺寸

1—箱体；2—真空管；3—氯酸钠罐；4,8,15—液位计；5,6—流量计（滴定阀）；7—盐酸罐；

9—排污阀；10—进水口；11—安全阀；12—二氧化氯复合气体出口；

13—把手；14—空气进口；16,17—进料口

表 3-5-15　二氧化氯复合消毒剂发生器性能规格及外形尺寸

型　号	有效氯产量 /(g/h)	水　射　器		加热功率 /kW	外形尺寸 (L×B×H) /mm	设备质量 /kg
		进水管径 /mm	进水压力 /MPa			
H908—30	30	20	≥0.2	0.5	750×550×750	30
H908—50	50	20	≥0.2	0.5	800×600×1000	60
H908—100	100	20	≥0.2	0.5	950×600×1100	70
H908—200	200	25	≥0.2	0.5	950×600×1100	70
H908—300	300	25	≥0.2	0.5	1020×600×1300	80
H908—400	400	25	≥0.25	0.5	1020×600×1300	86
H908—500	500	25	≥0.25	0.5	1020×600×1300	90
H908—1000	1000	25	≥0.3	0.5	1020×800×1400	140
H908—2000	2000	25	≥0.3	0.5	1280×800×1500	170

生产厂家：山东山大华特科技股份有限公司。

5.3.5　二氧化氯复合消毒剂发生器

性能规格及外形尺寸见图 3-5-13、表 3-5-16。

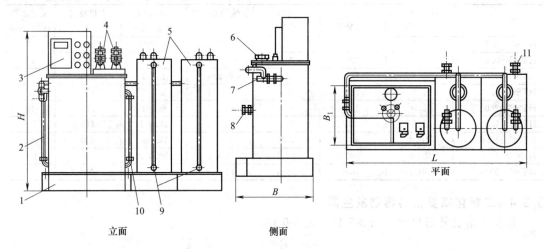

立面　　　　　　　　　侧面

图 3-5-13　二氧化氯复合消毒剂发生器性能规格及外形尺寸

1—底板；2—液位计；3—电控盘；4—流量计；5—原料罐；6—安全阀；7—二氧化氯复合气体出口；
8—进水口；9—原料罐液位计；10—反应器液位计；11—排污口

表 3-5-16　二氧化氯复合消毒剂发生器性能规格及外形尺寸

型　号	有效氯产量 /(g/h)	水　射　器		加热功率 /kW	外形尺寸 (L×B×H) /mm	设备质量 /kg
		进水管径 /mm	进水压力 /MPa			
H99—300	300	25	≥0.2	0.5	1020×600×1300	60
H99—500	500	25	≥0.2	0.5	1500×600×1300	80
H99—1000	1000	32	≥0.25	1.0	1630×700×1400	90
H99—2000	2000	32	≥0.25	1.0	1630×700×1400	90
H99—3000	3000	32	≥0.3	1.2	1780×800×1680	110
H99—5000	5000	32	≥0.3	1.5	1780×800×1680	110

生产厂家：山东山大华特科技股份有限公司。

5.3.6　F 型二氧化氯复合消毒剂发生器

性能规格及外形尺寸见表 3-5-17。

表 3-5-17　F 型二氧化氯复合消毒剂发生器性能规格及外形尺寸

型　号	产气量 /(g/h)	有效氯产量 /kW	水射器进水压力 /MPa	外形尺寸（长×宽×高） /mm
F—50	50	130	0.2	700×420×1200
F—100	100	260	0.2	700×420×1200
F—200	200	520	0.2	700×420×1200
F—300	300	780	0.2	700×420×1200
F—500	500	1300	0.2	900×500×1400
F—1000	1000	2600	0.3	900×500×1400
F—2000	2000	5200	0.3	1500×600×1500
F—3000	3000	7800	0.3	1500×600×1500

生产厂家：深圳欧泰华环保技术有限公司。

5.3.7　CPF 型二氧化氯复合发生器

性能规格及外形尺寸见表 3-5-18。

表 3-5-18　CPF 型二氧化氯复合发生器性能规格及外形尺寸

型　号	产气量 /(g/h)	有效氯产量 /kW	水射器进水压力 /MPa	外形尺寸（长×宽×高） /mm
CPF—30	30	90	≥0.1	600×500×1500
CPF—50	50	150	≥0.1	600×500×1500
CPF—100	100	300	≥0.1	600×500×1500
CPF—300	300	900	≥0.1	700×600×1600
CPF—500	500	1500	≥0.1	700×600×1600
CPF—1000	1000	3000	≥0.1	1500×800×1700
CPF—5000	5000	15000	≥0.1	1500×800×1700

生产厂有：青岛华特环保设备有限公司北京炫华科技有限公司、上海双昊环保科技有限公司、北京顺壮科技有限公司。

5.3.8　JYL 二氧化氯发生器

该发生器原理是采用化学法负压曝气工艺，可制成 ClO_2 水溶液，无爆炸危险。

（1）系统组成　二氧化氯发生器由反应器、吸收器及原料贮存箱等部件组成。工作流程详见图 3-5-14。

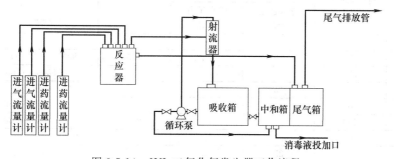

图 3-5-14　JYL 二氧化氯发生器工作流程

（2）规格性能　见表 3-5-19。

5.3.9　H908 二氧化氯复合消毒剂发生器

性能规格及外形尺寸见图 3-5-15、表 3-5-20。

表 3-5-19 JYL 产品系列规格和性能

型 号 规 格	JYL—100	JYL—300	JYL—500	JYL—1000	JYL—2000	JYL—3000
ClO₂ 发生量/(kg/h)	100	300	500	1000	2000	3000
电源功率/(kW/h)	0.75	0.75	1.5	3.00	3.00	5.5
饮用水消毒能力/(m³/h)	50～100	100～25	300～400	500～700	800～1000	1000～1500
处理医院污水/(t/h)	5～8	10～20	20～50	40～100	80～200	160～300
处理游泳池/(t/h)	20～30	50～250	100～500	500～1000	1000～2000	2000～3000
含氰废水处理/(m³/h)	根据用户含氰废水含量计算					
外形尺寸/mm	1200×500×1300	1700×1300×1500	1700×1500×1600	1800×1600×1700	2000×1700×1800	2000×1800×2000

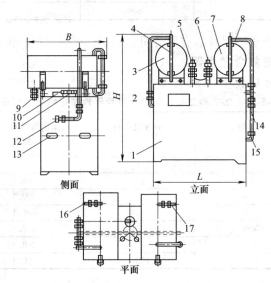

图 3-5-15 H908 二氧化氯复合消毒剂发生器结构及外形尺寸

1—箱体；2—真空管；3—氯酸钠罐；4,8,15—液位计；5,6—流量计（滴定阀）；7—盐酸罐；
9—排污阀；10—进水口；11—安全阀；12—二氧化氯复合气体出口；13—把手；
14—空气进口；16,17—进料口

表 3-5-20 H908 二氧化氯复合消毒剂发生器性能规格及外形尺寸

型 号	有效氯产量/(g/h)	水 射 器		加热功率/kW	外形尺寸 (L×B×H)/mm	设备质量/kg
		进水管径/mm	进水压力/MPa			
H908—30	30	20	≥0.2	0.5	750×550×750	30
H908—50	50	20	≥0.2	0.5	800×600×1000	60
H908—100	100	20	≥0.2	0.5	950×600×1100	70
H908—200	200	25	≥0.2	0.5	950×600×1100	70
H908—300	300	25	≥0.2	0.5	1020×600×1300	80
H908—400	400	25	≥0.25	0.5	1020×600×1300	86
H908—500	500	25	≥0.25	0.5	1020×600×1300	90
H908—1000	1000	25	≥0.3	0.5	1020×800×1400	140
H908—2000	2000	25	≥0.3	0.5	1280×800×1500	170

生产厂家：山东山大华特科技股份有限公司。

5.3.10 H99 二氧化氯复合消毒剂发生器

性能规格及外形尺寸见图 3-5-16、表 3-5-21。

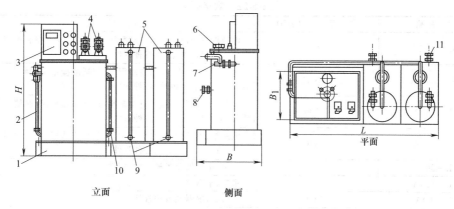

图 3-5-16 H99 二氧化氯复合消毒剂发生器结构及外形尺寸

1—底板；2—液位计；3—电控盘；4—流量计；5—原料罐；6—安全阀；7—二氧化氯复合气体出口；

8—进水口；9—原料罐液位计；10—反应器液位计；11—排污口

表 3-5-21 H99 二氧化氯复合消毒剂发生器性能规格及外形尺寸

| 型　号 | 有效氯产量 /(g/h) | 水射器 | | 加热功率 /kW | 外形尺寸 ($L \times B \times H$) /mm | 设备质量 /kg |
		进水管径 /mm	进水压力 /MPa			
H99—300	300	25	≥0.2	0.5	1020×600×1300	60
H99—500	500	25	≥0.2	0.5	1500×600×1300	80
H99—1000	1000	32	≥0.25	1.0	1630×700×1400	90
H99—2000	2000	32	≥0.25	1.0	1630×700×1400	90
H99—3000	3000	32	≥0.3	1.2	1780×800×1680	110
H99—5000	5000	32	≥0.3	1.5	1780×800×1680	110

生产厂家：山东山大华特科技股份有限公司、深圳欧泰华环保技术有限公司。

5.4　次氯酸钠发生器

TCL 系列次氯酸钠发生器系采用无隔膜电解低浓度盐水产生氯酸钠消毒液的设备。

反应式如下：$$NaCl + H_2O \xrightarrow{\text{电解}} NaClO + H_2$$

先进的电解阳极涂敷配方和工艺，寿命长，效率高。

电解槽的优化设计和先进合理的工作参数。运行成本低、便于清洗、维护。

先进可靠的盐水自动配比装置。实现自动化运行，减轻人力，提高盐水质量和配置浓度的准确可靠性。

全部不锈钢和 UPVC 材质。防腐、美观、牢固。

成套性强（用户仅需提供房间）公司现场安装，调试。

饮用水灭菌消毒包括：城市自备水、农村饮用水、高楼二次供水；游泳池水，水井用水灭菌消毒；水产养殖用水灭菌消毒；医院污水处理；中水回用的灭菌消毒、除色、除臭；含氧、含硫、含酚废水无害化处理；空调水处理；发电厂冷却循环水处理；海洋船只饮用水处理；远岸石油钻探海水处理；降低 BOD。

规格型号见表 3-5-22。

表 3-5-22　规格型号

型号规格	有效氯产率/(g/h)	成套设备组合
TCL—2000A	≥2000	电源柜、电解柜、盐水自动配比(包括浓盐箱、控制器)稀盐箱、贮液箱、清衣机、比色计、各种管件
TCL—1000A	≥1000	电源柜、电解柜、盐水自动配比(包括浓盐箱、控制器)稀盐箱、贮液箱、清衣机、比色计、各种管件
TCL—500A	≥500	电源柜、电解柜、盐水自动配比(包括浓盐箱、控制器)稀盐箱、贮液箱、清衣机、比色计、各种管件
TCL—300A	≥300	电源柜、电解柜、盐水自动配比(包括浓盐箱、控制器)稀盐箱、贮液箱、清衣机、比色计、各种管件
TCL—200A	≥200	主机、水射器及各种管件、配件
TCL—100A	≥100	主机、水射器及各种管件、配件
TCL—60A	≥60	主机、水射器及各种管件、配件
TCL—30A	≥30	主机、水射器及各种管件、配件

生产厂家：天津市二分科技开发有限公司。

5.5　超声波水处理器

5.5.1　JPCS0340 型过流式水处理器

超声波污水处理以其高频高压振荡产生的"空化效应"对污水进行乳化、破碎，对污水中的有害微生物实施粉碎、杀灭，与臭氧、紫外光等新技术联用时，其消毒杀菌功能进一步加强。

（1）产品型号

产品型号：JPCS0340 型过流式水处理器（实验室小试机型）。

机型结构：超声波发生器电源与过流腔分体式。

超声频率：40kHz。

超声峰值功率：300W。

过流腔材质：有机玻璃。

超声振板材质：SUS304 不锈钢。

具有计算机控制数字时钟功能。

具有计算机控制功率可调及数显功能。

具有计算机控制低频可调及数显功能。

（2）功率超声在水处理中的应用　功率超声的空化效应为降解水中有害有机物提供了独特的物理化学环境从而实现超声波污水处理目的。超声空化泡崩溃所产生的高能量足以断裂化学键。在水溶液中，空化泡崩溃产生氢氧基（—OH）和氢基（H—），同有机物发生氧化反应。空化独特的物理化学环境开辟了新的化学反应途径，提高了化学反应速度，对有机物有很强的降解能力，经过持续超声可以将有害有机物降解为无机离子、水、二氧化碳或有机酸等无毒或低毒的物质。超声降解水中有机污染物技术既可单独使用，也可利用超声空化效应，将超声降解技术同其他处理技术联用进行有机污染物的降解去除。联用技术有如下类型。

① 超声与臭氧联用，以超声降解、杀菌与臭氧消毒共同作用于污水的处理。

② 超声与过氧化氢联用，以达成对污染水体降解、杀菌、消毒之目的。

③ 超声与紫外光联用，组成光声化学技术利用超声技术和紫外光技术各自降解能力叠加协同和互补作用，对水中常见的有机污染物如苯酚、四氯化碳、三氯甲烷和三氯乙酸进行降解，使四种物质降解为水、二氧化碳、Cl^- 或易于生物降解的短链脂肪酸。

④ 超声与磁化处理技术联用，磁化对污染水体既可以实现固液分离，又可以降解 COD、BOD 等有机物，还可以对染色水进行脱色处理。超声还可以直接作为传统化学杀菌处理的辅助技术，在用传统化学方法进行大规模水处理时，增加超声辐射，可以大大降低化学药剂的用量。

5.5.2 QYP 型超声波发生器

(1) 适用范围　超声的空化效应为降解水中有害有机物提供了独特的物理化学环境从而导致超声波污水处理目的的实现。超声空化泡的崩溃所产生的高能量足以断裂化学链。在水溶液中，空化泡崩溃产生氢氧基和氢基，同有机物发生氧化反应。空化独特的物理化学环境开辟了新的化学反应途径，骤增化学反应速度，对有机物有很强的降解能力，经过持续超声可以将有害有机物降解为无机离子、水、二氧化碳或有机酸等无毒或低毒的物质。

(2) 型号说明

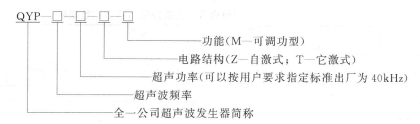

(3) 规格及性能参数　规格及性能参数见图 3-5-17、表 3-5-23、表 3-5-24。

表 3-5-23　非调功型

产品规格型号	输出频率范围/kHz	输出功率/W	输入电压/V
QYP—100—28Z(T)	28(10～80 可选)	100	220
QYP—200—28Z(T)	28(10～80 可选)	200	220
QYP—300—28Z(T)	28(10～80 可选)	300	220
QYP—600—28Z(T)	28(10～80 可选)	600	220
QYP—1000—28Z(T)	28(10～80 可选)	1000	220
QYP—1200—28T	28(10～80 可选)	1200	220
QYP—1600—28T	28(10～80 可选)	1600	220
QYP—2200—28T	28(10～80 可选)	2200	220
QYP—80—3000T	28(10～80 可选)	3000	380

图 3-5-17　QYP 型超声波发生器

表 3-5-24　调功型

产品规格型号	输出频率范围/kHz	输出功率/W	输入电压/V	产品规格型号	输出频率范围/kHz	输出功率/W	输入电压/V
QYP—28—200Z(T)M	28(10～80 可选)	10～200	220	QYP—28—1200TM	28(10～80 可选)	10～1200	220
QYP—28—300Z(T)M	28(10～80 可选)	10～300	220	QYP—28—1600TM	28(10～80 可选)	10～1600	220
QYP—28—600Z(T)M	28(10～80 可选)	10～600	220	QYP—28—2200ZM	28(10～80 可选)	10～2200	220
QYP—28—1000Z(T)M	28(10～80 可选)	10～1000	220	QYP—28—3000TM	28(10～40 可选)	10～3000	380

生产厂家：保定全一电子设备有限公司。

5.6　紫外消毒设备

紫外光通过改变细菌、病毒和其他微生物细胞的遗传物质（DNA），使其不再繁殖而达到对水与废水进行消毒的目的。紫外灯的杀菌速度快、效果好，不改变水的物理性质、化学性质，不增加水的臭味，也不会产生污染。

紫外光杀菌波段主要介于 200～310nm 之间的波谱区。微生物被紫外光灭活是由于光化学反应破坏了其体内的核酸物质。这一过程有效地阻止了细胞和病毒的繁殖，从而导致细胞的死亡。

（1）适应范围　紫外光饮水消毒器适用于氯剂来源困难的小型供水工程饮用水的消毒及水中不宜留有余氯的清凉饮料、医用、电子、纯水制备、二次供水等小型供水的消毒；也可用于工业冷却循环水、回用水等杀菌。

（2）分类、组成　紫外光饮水消毒器按水流状态分为敞开重力式和封闭压力式两种。封闭压力式紫外光消毒器由紫外光灯管、石英玻璃套管、消毒器筒体和电气控制箱等主要部分组成。敞开重力式紫外光消毒器由紫外光灯管、石英玻璃套管和电气控制箱等主要部分组成。

5.6.1　SZX 型、LU 型封闭压力式紫外线消毒器

SZX 型、LU 型封闭压力式紫外线消毒器性能规格见表 3-5-25。

表 3-5-25　SZX 型、LU 型封闭压力式紫外线消毒器性能规格

型　　号	处理水量 /(m³/h)	进出水管径 /mm	工作电压 /V	灯管功率 /kW	工作压力 /MPa
SZX—1	1.0～2.0	20～25	220	0.03	≤0.4
SZX—3	2.5～4.0	32～40	220	0.09	≤0.4
SZX—5	5.0～7.0	50	220	0.15	≤0.4
SZX—6	8.0～10.0	65	220	0.18	≤0.4
SZX—7	11.0～15.0	65～80	220	0.21	≤0.4
SZX—9	16.0～20.0	80	220	0.27	≤0.4
SZX—11	21.0～25.0	100	220	0.33	≤0.4
SZX—A9	45.0～50.0	125	220	0.50	≤0.6
DJ64/30×1	1	15	220	0.03	≤0.4
DJ138/30×3	4	40	220	0.09	≤0.4
DJ200/30×4	8	50	220	0.12	≤0.4
DJ200/30×6	15	64	220	0.18	≤0.4
DJ200/30×12	25	75	220	0.42	≤0.4
DC250/1000×3	50	100	380	3.00	≤0.6
LU002B	0.45	15	220	45	≤0.8
LU007B	1.13	20	220	90	≤0.8
LU008B	1.80	20	220	110	≤0.8

封闭压力式紫外线消毒器外形尺寸见图 3-5-18、表 3-5-26。

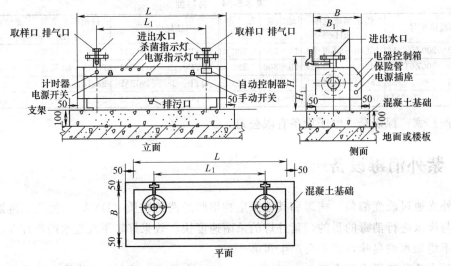

图 3-5-18　SZX 型、LU 型封闭压力式紫外线消毒器外形尺寸

表 3-5-26　SZX 型、LU 型封闭压力式紫外线消毒器外形尺寸

型号＼尺寸	L /mm	L_1 /mm	B /mm	B_1 /mm	H /mm	H_1 /mm	进出水管直径 /mm
SZX—1	1000	600	160		300		20～25
SZX—3	1000	600	220	160	560	180	32～40
SZX—5	1000	600	320	260	660	300	50
SZX—6	1000	600	320	260	670	300	65
SZX—7	1000	600	320	260	690	300	65～80
SZX—9	1000	600	400	340	760	380	80
SZX—11	1000	600	400	340	760	380	100
SZX—A9	1320	800	720	660	970	690	125
DJ64/30×1	1030	850	145		220		15
DJ138/30×3	1045	740	270		270		40
DJ200/30×4	1045	765	350		358		50
DJ200/30×6	1045	700	395		450		64
DJ200/30×12	1045	755	350		612		75
GC250/1000×3	810		600		1350		100

生产厂家：深圳市海川实业股份有限公司。

5.6.2　淹没式紫外线消毒器

（1）适应范围　淹没式紫外光消毒器安装于水箱中，保持水箱水洁净、无菌。多用于纯水、医药、电子、食品、轻工等行业。

（2）KUV 型淹没式紫外线消毒器性能规格及外形尺寸　见图 3-5-19、表 3-5-27。

表 3-5-27　KUV 型淹没式紫外线消毒器性能规格及外形尺寸

型　号	灯管功率 /W	水箱容积 /L	外形尺寸/mm		
			L	B	H
KUV—15	15	<300	300	75	100
KUV—20	20	<500	480	75	100
KUV—30	30	<1000	550	75	100
KUV—40	40	<2000	880	75	100
KUV—65	65	<4000	1550	75	100

生产厂家：广州威固环保设备有限公司。

5.6.3　全自动机械加化学清洗 ActiClean™

（1）适用范围　UV3000PTP 系列应用于人口为 100～1500 的居民小区，主要成分为工业排放单位的生产废物。低压灯，安装集成化，开放式渠道/重力自流，采用水位控制。

UV3000Plus 系列应用于人口为 1500～100000 之间的城镇。低压高强灯，可变功输出灯管与镇流器，可选择的机械加化学式自动清洗系统中心，采用水位控制。

UV4000Plus 系列应用于人口为 100000 或以上的市镇。中压灯系统，浸没过流式反应器，专为处理大流量和低质污水以及复杂污水而设计，机械加化学式自动清洗系统，模块移出装置，可变功输出灯管与镇流器，采用水位控制。

（2）特点

① 通过行业内权威 NWRI 洒管结垢系数认证，认证的结垢系数大于 0.95，超过国际 GB/T 19837—2005 规定的结构系数默认值 0.8。

② 根据现场水量水质情况，设定自动清洗周期，也可现场从控制面板手动清洗。

③ 清洗剂 ActiClean™通过了 NSF 食品级认证，不会造成二次污染。

（3）UV 型系列消毒器性能规格及外形　UV3000PTP 系列消毒器性能规格及外形见表 3-5-28、图 3-5-20。

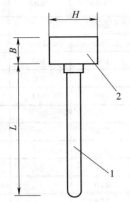

图 3-5-19　淹没式紫外线消毒器外形尺寸
1—灯管；2—接线盒

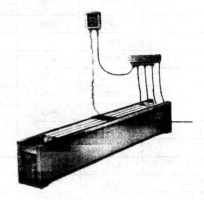

图 3-5-20　UV3000PTP 系列消毒器外形

表 3-5-28　特洁安-海川 UV3000PTP 镇流器与密封箱主要优点

UV3000PTP™ 系统的镇流器置于模块上	占地更少,减少了安装时间和费用,而不用放外部独立小屋内
UV3000PTP™ 系统采用自然对流冷却	将镇流器安装在模块上,可利用对流冷却将镇流器的热量散发到空气和废/污水中 镇流器密封并受到保护 无需空调和排风散热冷却
UV3000PTP™ 系统的镇流器密封箱提供了一个干净、受到保护的环境	一些供应商采用外独立小屋,并有用空气排风冷却。这会在电路板上形成灰尘和湿气,而大大降低这些构件中电子组成部分的寿命,并带来频繁的维护需求 内置于模块内,保证了电路板的干燥和清洁。电子器件寿命长,极少需要维护
UV3000PTP™ 系统采用内置线缆	将镇流器安置在模块内部,减少了悬挂导线及线缆的长度,避免其曝露于废水和紫外光中 内部布线保证模块的所有电线连接在出厂前均已通过检测(免去了第三方安装的顾虑)

生产厂家：深圳市海川实业股份有限公司。

UV3000Plus 系列消毒器性能规格及外形见表 3-5-29、图 3-5-21。

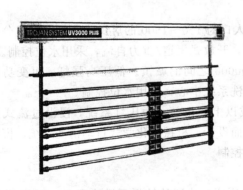

图 3-5-21　UV3000Plus 系列消毒器外形

图 3-5-22　UV4000Plus 系列消毒器外形

生产厂家：深圳市海川实业股份有限公司。

UV4000Plus 系列消毒器性能规格及外形见表 3-5-30、图 3-5-22。

表 3-5-29　特洁安-海川 UV3000Plus 镇流器与密封箱主要优点

UV3000Plus™ 系统的镇流器置于模块上	占地更少,减少了安装时间和费用,而不用放在外部独立小屋内
UV3000PTP™ 系统采用自然对流冷却	将镇流器安装在模块上,可利用对流冷却将镇流器的热量散发到空气和废/污水中 密封镇流器起到保护作用 无需空调和排风散热冷却
UV3000Plus™ 系统的镇流器密封箱提供了一个干净、受到保护的环境	一些供应商采用外部独立小屋,并采用空气排风冷却。这会在电路板上形成灰尘和湿气,而大大降低这些构件中电子组成部分的寿命,并带来频繁的维护需求 内置于模块内,保证了电路板的干燥和清洁。因而寿命长,且极少需要维护
UV3000Plus™ 系统采用内置线缆	将镇流器安置在模块内部,减少了悬挂导线及线缆的长度,避免其曝露于废水和紫外光中 内部布线保证模块的所有电线连接在出厂前均已通过检测(免去了第三方安装的顾虑)

表 3-5-30　UV 型紫外线消毒器性能规格

型　号	水质等级	总固体悬浮物含量/(mg/L)	UVT(透光率)	平均流量		峰值流量		每组模块采用灯管/根	每根灯管功率/W	每一水渠需紫外灯/组
				GPD-MGD	m³/d	GPD-MGD	m³/d			
UV3000PTP	二级、三级	10～30	≥45	10000GPD-750000GPD	40～2900	25000GPD-1.5MGD	95～5700	2 或 4	44 或/与 87.5	1 或 2
UV3000Plus	二级、三级及回用水	10～30	≥45～70	0.75MGD-10MGD	2900～38000	1.5MGD-20MGD	5700～76000	4、6 或 8	250	多组
UV4000Plus	一级、二级和三级及混合下水道溢流	10～100	≥15	≥20MGD	76000	20MGD以上	76000 以上	6～24	2800	多组

生产厂家：深圳市海川实业股份有限公司。

5.6.4　Aquafine Corporation——UVLOGICTM 系统

(1) 适用范围　市政污水、中水回用、市政饮用水；食品、饮料、半导体、制药工程等工业工艺用水；养殖业、商业和小型民用水及环境化学污染物处理的消毒。

紫外光消毒系统设计剂量：

设计剂量＝新灯管紫外线输出剂量×老化系数×结垢系数

(2) 设备特点

① 灯管老化系数 0.98，通过国外权威独立第三方认证。

② 卓越的灯管启动预热过程，大大延长灯管使用寿命。

③ 紫外灯管电光转换率高达 50%。

④ 寿命保证 12000h，实际使用寿命为 20000h 以上。

⑤ 通过行业内权威的 NWRI 灯老化标准认证。

⑥ 高度智能化，人性化的监控系统。系统控制中心监控整套紫外光装置，现场通过触摸屏控制或远程监控，整个系统可在自动控制和人工控制之间切换。

⑦ 机械加化学自动清洗。通过行业内权威的 NWRI 认证灯管结构系数大于 0.8 默认值的厂家，认证的灯管结构系数在 95% 以上，远大于国标 GB/T 19837—2005 规定的结构系数默认值 0.8。

⑧ 高效高输出汞齐灯大大降低了灯管数量投资，操作运行成本也随之减少。

（3）设备规格及性能 设备规格及性能见图 3-5-23、表 3-5-31。

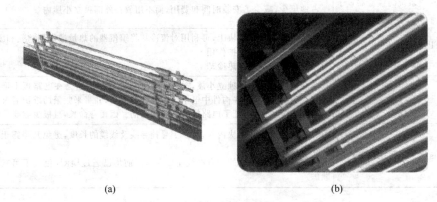

(a)　　　　　　　　　　　　　　(b)

图 3-5-23　高效汞齐灯

表 3-5-31　高效汞齐灯参数

Trojan UVLogic	02AS20	03AS20	04AS20	03AL20	06AS20	04AL20	08AS20	08AL20	06AL30	08AL30	12AL30
系统最大运行压力 psi(bar)	150(10)										
系统运行温度/°F(℃)	水：41～104(5～40)　周围空气：34～104(1～40)										
灯管数量	2	3	4	3	4	4	8	8	6	8	12
电压	202-240V/60HZ 或 50HZ 单相										
功率/W	346	534	692	849	1007	1113	1323	2165	1639	2169	3218
进出水口尺寸 in(mm)	4 (100)	4 (100)	6 (150)	6 (150)	6 (150)	6 (150)	6 (150)	6 (150)	10 (250)	10 (250)	10 (250)
杀菌流量（UVT95%）GPM/(m³/h)[①]	230 (52)	350 (80)	480 (110)	560 (130)	695 (160)	780 (177)	875 (200)	1440[⑤] (236)	1750 (400)	2270 (516)	2765 (628)
杀菌流量（UVT99%）GPM/(m³/h)[①]	290 (66)	430 (97)	585 (133)	690 (156)	835 (189)	935 (212)	1010 (229)	1040[⑤] (236)	2275 (517)	2800[③] (52)	2800[④] (636)
除臭氧流量（UVT99%）GPM/(m³/h)[②]	100 (23)	145 (32)	195 (44)	235 (53)	280 (63)	320 (72)	345 (78)	555 (126)	760 (173)	990 (225)	1240 (282)

① 消毒的剂量标准：灯管运行 9000h 后紫外剂量为 30mJ/cm²。
② 除臭氧的剂量标准：灯管运行 9000h 后紫外剂量为 90mJ/cm²。
③ 消毒的剂量标准：灯管运行 9000h 后紫外剂量为 32mJ/cm²。
④ 消毒的剂量标准：灯管运行 9000h 后紫外剂量为 39mJ/cm²。
⑤ 消毒的剂量标准：灯管运行 9000h 后紫外剂量为 47mJ/cm²。

生产厂家：深圳海川环境科技有限公司。

5.7　臭氧发生器

臭氧技术属于低温等离子体技术，也是治理气态污染和液态污染的主要技术。臭氧发生器采用低温、中频放电产生臭氧。臭氧是一种强氧化剂和催化剂，其消毒效果高并能有效地降解污水中残留有机物、色、味等，污水 pH 值与温度对消毒效果影响很小，不产生难处理的或生物积累性残余物。

5.7.1　大型臭氧发生器（1～50kg/h）

臭氧发生器由 1 台臭氧放电室、1 套臭氧专用中频高压电源以及控制系统组成。

臭氧放电室是安装臭氧发生单元的装置。臭氧发生单元是组成产生臭氧的最基本元件，包括电极和介质管。电极是与具有不同电导率的媒质形成导电交接面的导电部分，在臭氧发生单元中系指分布高压电场的导电体；介质管是基本电磁场性能受电场作用而极化的物质所构成的零部件，在臭氧发生单元中系指位于两电极间、造成稳定的辉光放电的绝缘体。

高压电极和介质管为一体化结构，在高压电极表面烧结搪瓷介电层。每个臭氧发生单元带有独立的高压熔断器，保证了放电室整体正常、可靠、有效地工作。

臭氧电源是将输入工频电源转化为中频高压电源的装置，也称"供电单元"，使臭氧发生装置内形成高压电场。臭氧电源装置主要包括整流逆变电路、电抗器、高压变压器、控制装置及显示操作盘等。整流逆变电路将供电电源转换成辉光放电所要求的中、高频交流电源，经过高压变压器升压后，中频高压电源输送到臭氧发生装置。

电源控制装置设计为单片机，采用 CPU 实行数字控制，设置自动软启动功能，臭氧电源装置按设定程序自动启动及关断。臭氧电源装置设置多重保护装置保证整机的可靠性和稳定性，并设计了用于整体保护的保护电路或安全回路。

臭氧发生器采用水冷却，通过满足质量要求的足量的冷却水有效地带走电晕放电时放出的热量，冷却水可循环使用并通过外部工艺降温。

发生器产量可根据用户实际需要进行调整，并具有多重保护功能，防止在意外情况下对发生器造成损坏。臭氧发生器参数见表 3-5-32、表 3-5-33。

表 3-5-32　空气源大型臭氧发生器参数

型　号	臭氧产量 /(kg/h)	气量(标) /(m³/h)	臭氧浓度 /(g/m³)	冷却水流量 /(m³/h)	功率(按每千克 O_3 计) /(kW·h/kg)	外形尺寸 /mm	质量 /t
CF—G—2—1000g	1	35~50	20~35	3~4	14.5-17	1900×930×1900	1.3
CF—G—2—2000g	2	70~100	20~35	6~8	14.5~17	2400×1800×1900	2.1
CF—G—2—3000g	3	105~150	20~35	9~12	14.5~17	2400×2300×1900	2.7
CF—G—2—4000g	4	140~200	20~35	12~16	14.5~17	3000×2400×2120	3.5
CF—G—2—5000g	5	175~250	20~35	15~20	14.5~17	3000×2500×2120	4.6
CF—G—2—6000g	6	210~300	20~35	18~24	14.5~17	3000×2600×2120	5.4
CF—G—2—8000g	8	280~400	20~35	24~32	14.5~17	3600×2700×2120	7.8
CF—G—2—10000g	10	350~500	20~35	30~40	14.5~17	3600×2850×2300	9.1
CF—G—2—15000g	15	525~750	20~35	45~60	14.5~17	4200×3200×2500	12.8
CF—G—2—20000g	20	700~1000	20~35	60~80	14.5~17	4900×3650×2800	16.5
CF—G—2—25000g	25	875~1250	20~35	75~100	14.5~17	4900×4000×3000	20.4

表 3-5-33　氧气源大型臭氧发生器参数

型　号	臭氧产量 /(kg/h)	气量(标) /(m³/h)	臭氧浓度 /(g/m³)	冷却水流量 /(m³/h)	功率(按每千克 O_3 计) /(kW·h/kg)	外形尺寸 /mm	质量 /t
CF—G—2—1000g	1	10~12	80~120	1.7~2	8~10	1400×800×1700	0.9
CF—G—2—2000g	2	20~24	80~120	3.4~4	8~10	1900×930×1900	1.4
CF—G—2—3000g	3	30~36	80~120	5.4~6	8~10	1800×1800×1900	2.0
CF—G—2—4000g	4	40~48	80~120	6.8~8	8~10	2400×1900×1900	2.5
CF—G—2—5000g	5	50~60	80~120	8.5~10	8~10	2400×2200×1900	2.7
CF—G—2—6000g	6	60~72	80~120	10.2~12	8~10	2400×2400×1900	2.9
CF—G—2—8000g	8	80~96	80~120	13.6~16	8~10	3000×2500×2120	4.0
CF—G—2—10000g	10	100~120	80~120	17~20	8~10	3000×2600×2120	4.8
CF—G—2—15000g	15	150~180	80~120	25.5~30	8~10	3600×2750×2120	7.5
CF—G—2—20000g	20	200~240	80~120	34~40	8~10	3600×2900×2300	9.4
CF—G—2—30000g	30	300~360	80~120	54~60	8~10	4200×3200×2500	13
CF—G—2—40000g	40	400~480	80~120	68~80	8~10	4900×3700×2800	17
CF—G—2—50000g	50	500~600	80~120	85~100	8~10	4900×4000×3000	21

生产厂家：青岛国林实业有限责任公司、上海康福特环境科技有限公司、山东绿邦光电设备有限公司、济南三康环保科技有限公司、山东志伟电子科技有限公司。

5.7.2 大型臭氧设备

(1) 适用范围　大型自来水厂、化工氧化、化工污水处理、中水回用，相应行业消毒、杀菌、除味、净化。

(2) 产品特点　纳米搪瓷放电管；循环水冷技术；自动控制，可实现计算机在线监控；中频高压智能电源技术，电源效率达 95％以上；自由添加在线检测仪器，实现各种数据在

线控制，替代进口设备；专业化、智能化设计，操作简单，维护方便；实现 24h 连续不间断工作，系统可靠运行。

(3) 技术特点　臭氧浓度最高 120mg/L；运行环境温度－30～50℃；环境相对湿度≤90％；压力露点－45～－70℃；进口压力 0.2～0.5MPa；出口压力 0.1～0.2MPa；输入电源 380V、50Hz；产量调节 0～100％；接地电阻≤4Ω；泄漏浓度≤0.1mg/L；冷却方式双冷（水冷、风冷）。

图 3-5-24　大型臭氧发生设备外形

(4) 技术参数　大型臭氧发生设备外形见图 3-5-24。大型臭氧发生设备技术参数见表 3-5-34。

表 3-5-34　大型臭氧发生设备技术参数

型　号	产量/(kg/h)		功率/kW	供气量/(m³/h)		冷却水量/(m³/h)
	空气源	氧气源		空气	氧气	
YH—D—0.5	0.5	1	10	20	14	1.25
YH—D—0.6	0.6	1.2	12	24	17	1.5
YH—D—0.7	0.7	1.4	14	28	21	1.75
YH—D—0.8	0.8	1.6	16	32	24	2
YH—D—0.9	0.9	1.8	18	36	27	2.25
YH—D—1.0	1.0	2	20	40	30	2.5
YH—D—2.0	2.0	4	40	20	60	5
YH—D—3.0	3.0	6	60	120	90	7.5
YH—D—4.0	4.0	8	80	160	120	10
YH—D—5.0	5.0	10	100	200	150	12.5
YH—D—6.0	6.0	12	120	240	180	15
YH—D—10.0	10.0	20	200	400	300	25

生产厂家：济南艺浩机电设备有限公司、山东志伟电子科技有限公司、济南三康环保科技有限公司。

5.7.3 中型臭氧设备

(1) 适用范围　小型自来水厂、化工氧化、化工污水处理、中水回用、大型空间消毒、医药食品车间、自来水处理、游泳池水、养殖水、生产循环水、中水回用，相关行业消毒、除味、净化。

(2) 技术特点　臭氧产量 100～300g/h；臭氧浓度 20～100mg/L（空气/氧气）；冷却方式风冷＋水冷；电耗（按每千克 O_3 计）12kW·h/kg；进口压力 0.2～0.5MPa；出口压力 0.1～0.2MPa；环境相对湿度≤90％；噪声≤80dB；输入电源 380V、50Hz；接地电阻≤4Ω；泄漏浓度 0.1mg/L；进气压力 0.1～0.3MP；露点－45℃。

(3) 技术参数　中型臭氧设备外形见图 3-5-25。

图 3-5-25　中型臭氧设备外形

中型臭氧设备参数见表 3-5-35。

表 3-5-35　中型臭氧设备参数

型号	产量/(g/h)		功率/kW	冷却方式	工作制	外形尺寸/mm
	空气源	氧气源				
YH—Z—200	200	400	3.6	水冷	连续	1000×800×1600
YH—Z—240	240	480	4.32	水冷	连续	1000×800×1600
YH—Z—300	300	600	5.4	水冷	连续	1200×850×1900
YH—Z—350	350	700	6.3	水冷	连续	1200×850×1900
YH—Z—400	400	800	7.2	水冷	连续	1200×850×1900

生产厂家：济南艺浩机电设备有限公司、山东志伟电子科技有限公司、济南三康环保科技有限公司。

5.7.4　中型臭氧发生器（50～800g/h）

（1）适用范围　自来水厂、工业水处理、循环冷却水、化工氧化、污水处理等。

（2）产品特点

① 采用 DTA 非玻璃放电体技术，使设备产生的臭氧浓度更高，运行更稳定。

② 电源采用中频技术，设备运行稳定，寿命长，运行能耗低，节约电能。

③ 自动化程度高，操作简单，运行时无需专人值守，系统对异常情况可以自动保护，更可根据用户需要增加 PLC 自动控制系统。

④ 结构紧凑，占地少，环境适应能力强。参数见表 3-5-36、表 3-5-37。

表 3-5-36　空气源中型臭氧发生器参数

型号	臭氧产量/(g/h)	气量/(m³/h)	臭氧浓度/(g/m³)	冷却水流量/(m³/h)	额定功率/kW	外形尺寸/mm
CF—G—2—50g	50	1.75～2.25	22～30	0.15～0.20	0.80～0.90	600×800×1600
CF—G—2—80g	80	2.80～3.60	22～30	0.24～0.32	1.28～1.44	1000×800×1600
CF—G—2—100g	100	3.50～4.50	22～30	0.3～0.4	1.6～1.8	1100×800×1700
CF—G—2—200g	200	7.0～9.0	22～30	0.6～0.8	3.2～3.6	1200×800×1700
CF—G—2—300g	300	10.5～13.5	22～30	0.9～1.2	4.8～5.4	1200×800×1700
CF—G—2—500g	500	17.5～22.5	22～30	1.5～2.0	8.0～9.0	1400×800×1700
CF—G—2—600g	600	21～27	22～30	1.8～2.4	9.6～10.8	1400×800×1700
CF—G—2—800g	800	28～36	22～30	2.4～3.2	12.8～14.4	1900×800×1700

表 3-5-37　氧气源中型臭氧发生器参数

型号	臭氧产量/(g/h)	气量/(m³/h)	臭氧浓度/(g/m³)	冷却水流量/(m³/h)	额定功率/kW	外形尺寸/mm
CF—G—2—50g	50	0.45～0.65	80～120	0.10～0.15	0.40～0.50	380×840×460
CF—G—2—80g	80	0.72～1.04	80～120	0.16～0.24	0.64～0.80	800×600×1600
CF—G—2—100g	100	0.90～1.30	80～120	0.2～0.3	0.80～1.0	800×600×1600
CF—G—2—200g	200	1.80～2.60	80～120	0.4～0.6	1.6～2.0	1100×800×1700
CF—G—2—300g	300	2.70～3.90	80～120	0.6～0.9	2.4～3.0	1100×800×1700
CF—G—2—500g	500	4.50～6.50	80～120	0.6～0.9	2.4～3.0	1300×800×1700
CF—G—2—600g	600	5.40～7.80	80～120	1.2～1.8	4.8～6.0	1300×800×1700
CF—G—2—800g	800	7.20～10.4	80～120	1.6～2.4	6.4～8.0	1400×800×1700

生产厂家：青岛国林实业有限责任公司、上海康福特环境科技有限公司、济南三康环保科技有限公司、山东志伟电子科技有限公司。

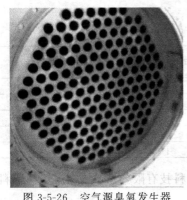

图 3-5-26 空气源臭氧发生器

5.7.5 空气源臭氧发生器

（1）应用范围 自来水厂、工业水处理、循环冷却水、化工氧化、污水处理等。

（2）产品特点 包括：a. 国内独家采用专利技术钛金材料作为放电介质，使用该介质臭氧浓度高，运行稳定；b. 电源采用中频技术，关键部件完全采用进口产品，设备运行稳定，寿命长；c. 一次性投资省，设备运行能耗低，节约电能；d. 自动化程度高，操作简单，运行时无需专人值守，系统对异常情况可以自动保护；e. 结构紧凑，占地少，环境适应能力强。

（3）规格及技术参数 见图 3-5-26，见表 3-5-38、表 3-5-39。

表 3-5-38 空气源臭氧发生器技术参数

动力	380V/3ph/50Hz	臭氧浓度	20～30mg/L
工作频率	800～3000Hz	进气流量（按每千克 O_3 计）	40～60m³/(h·kg)
工作电压	4～5kV	气源露点	−45℃
主机功耗（按每千克 O_3 计）	12～15kW/(kg·h)	进气温度	15～20℃
冷却水流量（按每千克 O_3 计）	3～4t/(h·kg)	冷却水温度	<30℃
工作压力	0.05～0.1MPa	冷却水升温	4～6℃

表 3-5-39 空气源臭氧发生器型号、体积、接口尺寸

型号	臭氧产量 /(kg/h)	体积/mm 臭氧放电室	体积/mm 臭氧电源	臭氧发生器接管口径 /(MPa/mm)
CF—G—3—1000g	1	1700×900×1200	2000×800×1800	PN1.0/DN25
CF—G—3—1500g	1.5	2100×1000×1400	2000×800×1800	PN1.0/DN25
CF—G—3—2000g	2	2600×1000×1600	2000×800×1800	PN1.0/DN32
CF—G—3—3000g	3	2800×1200×1800	3000×800×1800	PN1.0/DN40
CF—G—3—4000g	4	2800×1300×1850	3000×800×1800	PN1.0/DN40
CF—G—3—5000g	5	3000×1450×1850	3000×800×1800	PN1.0/DN65
CF—G—3—6000g	6	3000×1550×2100	3800×800×1800	PN1.0/DN80
CF—G—3—8000g	8	3200×1650×2100	3800×800×1800	PN1.0/DN100
CF—G—3—10000g	10	3200×1650×2100	3800×800×1800	PN1.0/DN100
CF—G—3—20000g	20	4000×1800×2500	4000×1000×2250	PN1.0/DN125
CF—G—3—30000g	30	5000×2800×5200	5000×2000×2800	PN1.0/DN140

生产厂家：山东志伟电子科技有限公司、济南三康环保科技有限公司、济南艺浩机电设备有限公司。

第6章 其他通用设备

6.1 电动葫芦

（1）用途 CD 型和 MD 型电动葫芦具有质量轻、结构简单、形式新颖、工作平稳等特点。当带有运行小车时，它可以在水平方向做直的往复运动和弯曲的循环运动，既可以在工字钢做成的架空轨道上使用，也可以与其他金属结构配套成为电动或手动单梁、双梁、悬臂、龙门以及堆垛等起重机。对要求有精细调整工作的场合，当 CD 型电动葫芦不能满足要求时，应采用 MD 型电动葫芦。

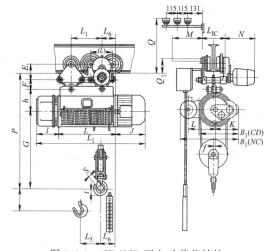

图 3-6-1 CD/MD 型电动葫芦结构

（2）结构、规格及性能 结构见图 3-6-1，规格及性能见表 3-6-1～表 3-6-3。

表 3-6-1 CD/MD 型电动葫芦质量　　　　　　　　　　　单位：kg

起重量			500	1000	2000	3000	5000
结构形式	AB	起升高度/m 6	100/115	135/155	190/220	240/280	405/455
		9	110/125	145/165	205/235	260/300	440/490
		12	120/135	155/175	220/250	270/310	460/510
		18	140/155	170/190	240/270	300/340	510/560
		24		185/200	260/290	330/370	560/610
		30		205/225	280/310	360/440	610/660
	A	6	100/115	135/155	190/220	240/280	380/430
		9	105/120	145/165	205/235	260/300	410/460
		12	110/125	150/170	215/245	270/310	440/490
		18	120/135	165/185	235/265	300/340	485/535
		24		180/200	255/285	330/370	530/580
		30		195/200	270/305	360/400	580/630
	B	6	120/135	160/180			
		9	125/140	170/190			
	C	6	135/150	175/195	240/270	310/350	520/570
		9	140/155	185/205	255/285	330/370	605/655
	D	6	135/150	180/200	250/280	320/360	590/640
		9	140/155	190/210	265/295	340/380	630/680
		12	155/170	205/255	300/330	350/390	650/700
		18	175/190	220/249	320/350	380/420	700/750
		24		235/255	340/370	410/450	750/800
		30		255/275	360/390	440/480	800/850

表 3-6-2 CD/MD 型电动葫芦主要尺寸

起重量/kg		500				1000						2000						3000						5000					
起升高度/m		6	9	12	18	6	9	12	18	24	30	6	9	12	18	24	30	6	9	12	18	24	30	6	9	12	18	24	30
主要结构尺寸/mm	B	CD 为 340,MD 为 495				CD 为 350,MD 为 495						CD 为 420,MD 为 580						CD 为 440,MD 为 580						CD 为 500,MD 为 702					
	G	530				600						710						830						830					
	I	125				158						187						229						274					
	J	237				278						316						342						394					
	K	215				215						255						255						283					
	L	220				220						249						249						311					
	h	136		152		145		158				175		2000				215						270			260		
	L_1	185		280	445	185		320	535	750	965	205		320	412	612	812	280		386	592	798	1004	400	520	400	612	824	1036
	L_2	283	374	445	610	360	468	575	790	1005	1220	352	452	552	752	952	1152	390	493	596	802	1008	1214	396	517	608	820	1012	1204
	L_3	645	736	807	972	797	904	1011	1226	1411	1656	855	955	1055	1225	1455	1655	967	1064	1167	1373	1579	1785	1064	1185	1276	1488	1700	1912
	L_4	100		120		127	154					125	150					127						136		166			
	L_5	80	120	160	240	108	161	215	322	429	537	100	150	200	300	400	500	102	154	205	308	411	514	106	139	212	316	424	530
	L_6	49	94.5	82.5		88	141.5	127.5				73.5	123.5	131				55	106.5	105				84	114.5	104			
	O	180～216										208～244						208～244						246～310					
	f	13				16						17						18											
	S	22				30						40						50						60					
	T	34				50						66						78						98					
	P	720		800		800		880				945		1050				1190						1350					
	M	300																											
	E	120										140												160					
	F	70										85												100					
	N	278										298												344					
	Q_1	105										120												170					
	Q_2	215										230												270					

表 3-6-3 CD/MD 型电动葫芦基本技术参数

起重量/kg		500	1000	2000	3000	5000
起升高度/m		6;9;12;18	6;9;12;18;24;30	6;9;12;18;24;30	6;9;12;18;24;30	6;9;12;18;24;30
起升速度/(m/min)		单速(CD)8		双速(MD)8/0.8		
运行速度/(m/min)		20			30	
电源		三相交流 380V 50Hz 或三相交流 200V 60Hz				
接电次数/(次/h)		(1Bm)120				
电动机	主起重 功率/kW	0.8	1.5	3.0	4.5	7.5
	主起重 转速/(r/min)	1380	1380	1380	1380	1400
	侧起重 功率/kW	0.2		0.4		0.8
	侧起重 转速/(r/min)	1380		1380		1400
	运行 功率/kW	0.2		0.4		0.8
	运行 转速/(r/min)	1380		1380		1380
轨道	工字钢	16~28b		20~32c		25A~63C
轨道 最小曲率半径/m	起升高度/m 6	1.0		1.2	1.5	2
	9	1.0		1.2	1.5	2.5
	12	1.3	1.5	1.5	2	2
	18	2	2.5	2	2.5	3
	24		3.5	3	3.5	3.5
	30		4	3.5	4	4.5
钢丝绳	规格	6×37+1—6.1—1601b	6×37+1—8.7—1601b	6×37+1—11—1601b	6×37+1—13—1601b	6×37+1—15—1601b
	结构	股(1+6+12+18)				
	使用环境温度	-20~40℃				

生产厂家：河北宇雕起重设备公司、山东青云起重机有限公司。

6.2 起重设备

6.2.1 LD 型电动单梁起重机

（1）特点 LD 型电动单梁起重机结构紧凑，外形美观，体积小，质量轻，操作灵活，安全可靠，安装及维修方便。其起重量为：1t、2t、3t、5t；跨度为：7.5~22.5m 10 种标准跨度。

（2）结构及技术参数 结构见图 3-6-2，技术参数见表 3-6-4。

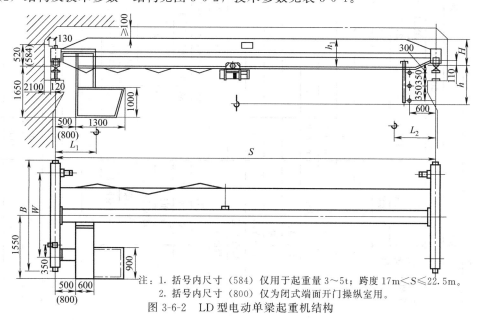

注：1. 括号内尺寸（584）仅用于起重量 3~5t；跨度 17m<S≤22.5m。
2. 括号内尺寸（800）仅为闭式端面开门操纵室用。

图 3-6-2 LD 型电动单梁起重机结构

表 3-6-4　主要尺寸技术参数

型号		LD1-S	LD2-S
起重量 G	t	1	2

通用参数（LD1-S 与 LD2-S 相同）

参数	单位	值
操纵型式		地面操纵　　操纵室操纵
运行机构 运行速度	m/min	(20)　30　45　(60)　75
电动机 型号		ZDY21—4　／　ZDR12—4
电动机 功率	kW	2×0.8　／　2×1.5
电动机 转速	r/min	1380
电动葫芦 型号		CD₁　／　MD₁
起升高度 H	m	6;9;12;18;24;30
起升速度	m/min	8　／　8/0.8
运行速度	m/min	20　／　30
工作级别		A3~A5
电源		3Ph　50Hz　380V
车轮直径	mm	ϕ270
轨道面宽	mm	37~70

LD1-S（起重量 1t）跨度相关参数

项目	单位										
跨度 S	m	7.5	8	10.5	11	13.5	14	16.5	17	19.5	22.5
最大轮压 地面操纵	t	1.08	1.09	1.15	1.16	1.24	1.25	1.33	1.55	1.45	1.54
最大轮压 司机室操纵	t	1.38	1.39	1.45	1.46	1.54	1.55	1.63	1.65	1.74	1.84
最小轮压 地面操纵	t	0.40	0.41	0.47	0.48	0.56	0.57	0.65	0.67	0.76	0.86
总重 地面操纵	t	1.65	1.69	1.92	1.97	2.24	2.29	2.62	2.67	3.00	3.41
总重 司机室操纵	t	2.05	2.09	2.32	2.37	2.64	2.69	3.02	3.07	3.40	3.81

LD1-S 基本尺寸 (mm)：H 490、530、582；h₁ 550、650、700；h 796、810、860、870；L₁ 1274；L₂ 2000、2500、3000、3500；W、B 2500、3000、3500

LD2-S（起重量 2t）跨度相关参数

项目	单位										
跨度 S	m	7.5	8	10.5	11	13.5	14	16.5	17	19.5	22.5
最大轮压 地面操纵	t	1.64	1.65	1.71	1.72	1.82	1.83	1.92	1.92	2.18	2.38
最大轮压 司机室操纵	t	1.94	1.95	2.01	2.02	2.12	2.13	2.22	2.23	2.48	2.68
最小轮压 地面操纵	t	0.40	0.41	0.47	0.48	0.58	0.59	0.68	0.69	0.94	1.14
总重 地面操纵	t	1.78	1.82	2.05	2.10	2.45	2.50	2.85	2.91	3.85	4.67
总重 司机室操纵	t	2.18	2.22	2.45	2.50	2.85	2.90	3.25	3.31	4.25	5.47

LD2-S 基本尺寸 (mm)：H 490、581、660、785；h₁ 550、600、700、800、900；h 871.5、1292.5；L₁ 1000、1050、1060、1081、1120；L₂ 2500、3000；W 2000、2500、3000；B 3000、3500

续表

LD3-S

型号	单位	LD3-S
起重量 G	t	3

操纵型式	地面操纵			司机室操纵	
运行机构 运行速度/(m/min)	(20)	30	45	(60)	75
电动机 型号	ZDY21-4			ZDR12-4	
电动机 功率/kW	2×0.8			2×1.5	
电动机 转速/(r/min)	1380			1380	

电动葫芦 型号	CD₁　MD₁
起升高度 H/m	6;9;12;18;24;30
起升速度/(m/min)	8　8/0.8
运行速度/(m/min)	20　30
工作级别	A3~A5
电源	3Ph 50Hz 380V
车轮直径/mm	φ270
轨道面宽/mm	37~70

跨度 S/m	7.5	8	10.5	11	13.5	14	16.5	17	19.5	22.5
最大轮压 地面操纵/t	2.15	2.16	2.23	2.24	2.34	2.35	2.55	2.57	2.80	2.94
最大轮压 司机室操纵/t	2.45	2.46	2.53	2.54	2.64	2.65	2.85	2.87	3.10	3.24
最小轮压 地面操纵/t	0.41	0.42	0.49	0.51	0.60	0.61	0.81	0.83	1.06	1.20
总重 地面操纵/t	1.88	1.93	2.18	2.24	2.59	2.64	3.45	3.53	4.28	4.83
总重 司机室操纵/t	2.24	2.33	2.58	2.64	2.99	3.04	3.85	3.93	4.68	5.23
H/mm	530		580				660		745	820
h₁/mm	650		700				800		900	1000
h/mm	1150						1170		1185	1210
L₁/mm	818.5									
L₂/mm	1291									
W/mm	2000		2500						3000	
B/mm	2500		3000						3500	

LD5-S

型号	单位	LD5-S
起重量 G	t	5

操纵型式	地面操纵			司机室操纵	
运行机构 运行速度/(m/min)	(20)	30	45	(60)	75
电动机 型号	ZDY21-4			ZDR12-4	
电动机 功率/kW	2×0.8			2×1.5	
电动机 转速/(r/min)	1380			1380	

电动葫芦 型号	CD₁　MD₁
起升高度 H/m	6;9;12;18;24;30
起升速度/(m/min)	8　8/0.8
运行速度/(m/min)	20　30
工作级别	A3~A5
电源	3Ph 50Hz 380V
车轮直径/mm	φ270
轨道面宽/mm	37~70

跨度 S/m	7.5	8	10.5	11	13.5	14	16.5	17	19.5	22.5
最大轮压 地面操纵/t	3.28	3.29	3.36	3.37	3.57	3.59	3.76	3.78	3.93	4.20
最大轮压 司机室操纵/t	3.58	3.59	3.66	3.67	3.87	3.89	4.06	4.08	4.23	4.50
最小轮压 地面操纵/t	0.42	0.43	0.50	0.51	0.71	0.73	0.90	0.92	1.01	1.34
总重 地面操纵/t	2.14	2.20	2.48	2.51	3.27	3.34	4.02	4.12	4.57	5.65
总重 司机室操纵/t	1.54	2.60	2.88	2.91	3.67	3.76	4.42	4.52	4.97	6.05
H/mm	580						660	785	820	875
h₁/mm	700						800	900	1000	1100
h/mm	1380						1400	1415	1440	1485
L₁/mm	841.5									
L₂/mm	1310									
W/mm	2000	2500							3000	
B/mm	2500	3000							3500	

注：1. 起重机总重包括电动葫芦自重。
2. 起重机总重和最大轮压按 H=12m。

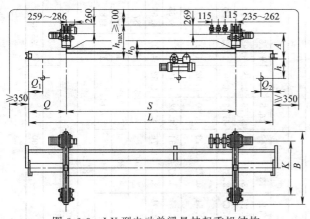

图 3-6-3　LX 型电动单梁悬挂起重机结构

生产厂家：深圳市华力特起重机械设备有限公司、天津起重设备总厂。

6.2.2　LX 型电动单梁悬挂起重机

（1）特点　LX 型电动单梁悬挂起重机与 CD 型及 MD 型电动葫芦配套使用，是一种有轨运行的小型起重机。起重量为 0.5～5t，跨度为 3～16m，工作环境温度在 −20～40℃ 范围内。

（2）结构　主要由桥架、电动葫芦、运行机构、电气设备四部分组成，见图 3-6-3。该设备性能可靠，使用维护方便。

（3）用途　多用于机械制造、装配、仓库、设备维修等场所。

（4）性能及尺寸　性能见表 3-6-5，基本尺寸见表 3-6-6，结构见图 3-6-3。

表 3-6-5　主要性能参数

起重量 G/t			0.5；1；2；3；5		
跨度 S/m			3～16		
起重机运行机构	运行速度/(m/min)		20；30		
	电动机	$G=0.5～2t$	ZDY12-4；$N=2×0.4$kW；$n=1380$r/min		
		$G=3～5t$	ZDY21-4；$N=2×0.8$kW；$n=1380$r/min		
电动葫芦	型号		CD；	MD	
	起升速度/(m/min)		8；	8/0.8	
	起升高度/m		6；9；12；18；24；30		
	运行速度/(m/min)		20；	(30)	
	电动机/kW		0.8；1.5；3.0；4.5；7.5		
工作级别			A3～A5		
电源			3Ph　50Hz　380V		
车轮直径/mm			$\phi130$	$G_n=0.5～2t$	
			$\phi150$	$G_n=3～5t$	
适用轨道工字钢(GB/T 706—2016)			I 20a-I 45c	$G_n=0.5～2t$	
			I 25a-I 45c	$G_n=3～5t$	

表 3-6-6　基本尺寸　　　　　　　　　　　　　　　单位：mm

A	约512	约562	约592	约562	约592	约612	约592	约612	约610	约590	约620	约600			
h	550			660			840			930			1185		
h_0	220	273	328	362	250	328	362	600	362	600	395	630	395	640	740
h_{max}	约781	约831	约861	约831	约861	约881	约861	约881	约851	约831	约861	约841			
L	750	1000		750	1000		500	1000		750	1000		750	1000	
I_t	234			256			277.5			278.5			301.5		
I_2	153.5		154		154			152.5		151			170		
B	1500	2000	2500	1500	2000	2500	1500	2000	2500	1500	2000	2500	1500	2000	2500
K	1000	1500	2000	1000	1500	2000	1000	1500	2000	1000	1500	2000	1000	1500	2000

生产厂家：深圳市华力特起重机械设备有限公司。

6.2.3　LD 型电动单梁桥式起重机

（1）适用范围　LD 型电动单梁桥式起重机是与 CD 型（单速）或 MD 型（双速）电动葫芦配套使用的一种有轨运行的轻小型起重机，起重量为 1～10t，跨度为 7.5～22.5m，工

表 3-6-7　LD 型电动单梁桥式起重机主要尺寸

L_k/m	H_1/mm					h_1/mm					h/mm					I_1/mm					I_2/mm					I_3/mm					K/mm	B/mm
	1t	2t	3t	5t	10t	1t	2t	3t	5t	10t	1t	2t	3t	5t	10t	1t	2t	3t	5t	10t	1t	2t	3t	5t	10t	1t	2t	3t	5t	10t		
7.5	490	510	510	560	745	550	600	630	700	900	870	1030	1164	1392	1470																2000	2500
8																																
8.5																																
9																																
9.5	510		560	660	820	600		700	800	1000	900		1184		1495																	
10																																
10.5																																
11																																
11.5												1080		1367							796	871.5	818.5	841.5	1230	1274	1292.5	1291	1310	1830		
12																																
12.5																																
13																																
13.5			660	735	875			800	900	1100					1540																2500	3000
14																																
14.5																																
15											950																					
15.5																																
16																																
16.5																																
17																																
19.5	560	560	745	820	865	700	700	900	1000	1150			1199	1432	1600																3000	3500
22.5		660	820	875	875			1000	1100	1200			1224	1477	1640																	

作级别为 A3～A5。用于机械制造、装配、仓库等场所进行一般吊重装卸作业。

（2）规格及性能　LD 型电动单梁桥式起重机主要尺寸见表 3-6-7，性能规格见表 3-6-8，外形尺寸见图 3-6-4。

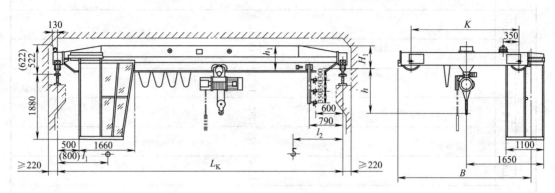

图 3-6-4　LD 型电动单梁桥式起重机外形尺寸

表 3-6-8　LD 型电动单梁桥式起重机性能规格

工作制度	跨度/m	起重机总质量/kg					最大轮压/kN				
		1t	2t	3t	5t	10t	1t	2t	3t	5t	10t
中级	7.5	1480	1669	1983	2240	2844	9.0	15.0	20.0	31.0	54.9
	8	1530	1728	2058	2317	2925					55.1
	8.5	1590	1787	2133	2393	3007					55.3
	9	1640	1857	2218	2482	3114					55.6
	9.5	1690	1917	2292	2562	3195				32.0	55.8
	10	1750	1958	2366	2636	3276					56.0
	10.5	1800	2018	2442	2712	3357			21.0		56.2
	11	1854	2086	2528	2798	3466	10.0	16.0			56.5
	11.5	2080	2183	2670	3007	3717					57.1
	12	2140	2241	2739	3087	3806				33.0	57.3
	12.5	2220	2301	2815	3189	3923					57.6
	13	2280	2370	2901	3271	4011					57.8
	13.5	2350	2429	2977	3372	4132					58.1
	14	2410	2487	3062	3454	4221	11.0	17.0	22.0		58.3
	14.5	2460	3077	3310	3861	4571					59.2
	15	2540	3165	3391	3954	4667				34.0	59.5
	15.5	2590	3241	3492	4069	4800			23.0		59.8
	16	2650	3318	3573	4161	4897					60.0
	16.5	2710	3395	3655	4211	4994					60.3
	17	2780	3483	3736	4274	5090				35.0	60.5
	19.5	3820	3838	4070	5737	6149	12.0	19.0	24.0	38.0	63.2
	22.5	4388	4445	4941	6060	7272	14.0	23.0	28.0	41.0	66.0
荐用轨道/(kg/m)						15,18,24,33,43,50					
起重机运行速度/(m/min)		地面操作 30,45；驾驶室操纵 45					驾驶室操纵 60,75				
起重机运行电动机		2-ZDY21-4　2×0.8kW					2-ZDR-12-4　2×1.5kW				

生产厂家：上海其中运输机械、深圳市华力特起重机械设备有限公司。

6.2.4　CXT 系列单梁桥式起重机

CXT 系列单梁桥式起重机外形尺寸见图 3-6-5，主要尺寸见表 3-6-9。

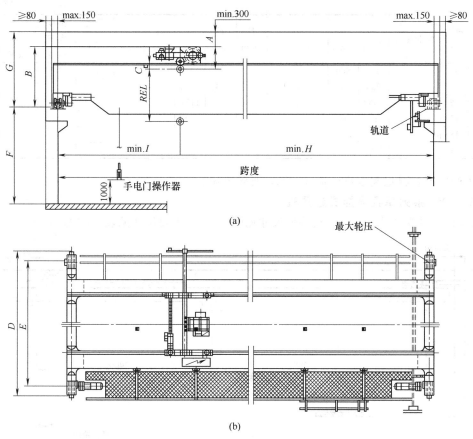

(a)

(b)

图 3-6-5 CXT 系列单梁桥式起重机外形尺寸

表 3-6-9 **技术参数**（起重机工作级别：A5，起升高度：6m）

起重量 /kg	跨度 /m	起升速度/ 标准速度/ /(m/min)	A /mm	B /mm	C /mm	D /mm	E /mm	F /mm	G /mm	H /mm	I /mm	最大 轮压 /kN	推荐 大车 轨道	整车 功率 /kW	整车 自重 /kg
2000	6	5/0.8										12.4		2.7	990
	9		850	650		1680	1400	6205	749	800	770	14	P9		1340
	12								779		440	15.6	P12		1670
	15		930	680	366	2080	1800	6173	863			17			2210
	18		1050	760		2500	2200			540	460	18.5	P9		2750
	21		1130	980	440	3430	3100	6144	1082			21.3			3840
3200	6	5/0.8								800	770	17.8	P15	4.5	1090
	9		850	650		1680	1400	6169	753			19.8			1430
	12			680	366	2100	1800		785			21.8			1930
	15		930	760		2500	2200		865			23.2			2430
	18		1050	880		3030	2700	6064	978	540	460	25.6	P12		3390
	21		1130	990	440	3430	3100	6038	1088			27.9			4260
5000	6	5/0.8		680				6219	785	900	780	25.9	P38	5.5	1280
	9		900	690		1700	1400	6217	787			28.5			1680
	12		980	770	418	2100	1800	6217	867			30.9			2180
	15		990	880		2530	2200	2112	982			33.5			3130
	18		1110	1000		3030	2700	6112	1096	620	610	35.8	P15	5.8	3970
	21		1300	1120	480	3460	3100	6176	1222			38.3	P38		4910

续表

起重量 /kg	跨度 /m	起升速度/ 标准速度 /(m/min)	A /mm	B /mm	C /mm	D /mm	E /mm	F /mm	G /mm	H /mm	I /mm	最大 轮压 /kN	推荐 大车 轨道	整车 功率 /kW	整车 自重 /kg
	6		850	850					952			47.1	P15		2000
	9		930	930		2190	1800	9264	1034	1080	1080	51.9		10.6	2520
10000	12	5/0.83	1060	1060					1157			56	P38		3440
	15		1190	1190	530	2680	2200	9159	1291			59.4			4100
	18		1300	1300		3120	2700		1399	850	850	63.4		10.9	5490
	21		1420	1420		3520	3100	9169	1519			66.3	P43		6500

生产厂家：科尼起重机设备（上海）有限公司。

6.2.5 CXT 系列单梁悬挂式起重机

CXT 系列单梁悬挂式起重机外形尺寸见图 3-6-6，主要尺寸见表 3-6-10。

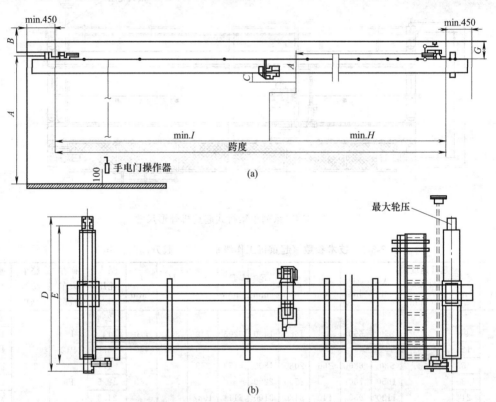

图 3-6-6 CXT 系列单梁悬挂式起重机外形尺寸

表 3-6-10 技术参数（起重机工作级别：A5，起升高度：6m）

起重量 /kg	跨度 /m	起升速度/ 标准速度 /(m/min)	A /mm	B /mm	C /mm	D /mm	E /mm	F /mm	G /mm	H /mm	I /mm	最大 轮压 /kN	整车 功率 /kW	整车 自重 /kg
	6											14		1210
	9		990	130		1710	1400	6858	232	220	190	15.3		1560
2000	12	5/0.83			366	2010	1700					16.3		1900
	15		1100	160		2530	2200	6938	263			18.2	2.7	2680
	18		1310	140		3310	2800	7172	240			19.4		3140

续表

起重量/kg	跨度/m	起升速度/标准速度/(m/min)	A/mm	B/mm	C/mm	D/mm	E/mm	F/mm	G/mm	H/mm	I/mm	最大轮压/kN	整车功率/kW	整车自重/kg
3200	6	5/0.83										20.1		1310
	9		990	130		1710	1400	6858	232	220	190	21.4	4.4	1660
	12		1020		366	2030	1700	6860				23.2	4.5	2300
	15		1100	160		2530	2200	6940	263			24.7		2910
	18		1350			3310	2800	7201	262			27.1	4.8	3880
5000	6	5/0.83	1070	160		1730			263	350	340	29.1		1650
	9		1100			1750	1400	6910				31.1		2100
	12		1180	190	418	2050	1700	6990	286			32.7	5.8	2610
	15		1190			2550	2200	7000				35.1		3550
	18		1510	160		3340	2800	7367	262			37.4		4470
8000	6	5/0.83	1270					10020		850	770	42.6		2550
	9		1350			2430	1800	10100				47.5		3090
	12		1360	250				10110				50.2	9	3830
	15		1480		530	2860	2200	10226	352	570	490	52.8		4770
	18		1600			3460	2800	10352				55.8		5860
10000	6	5/0.83	1270					10020		850	770	51.3		590
	9		1350			2430	1800	10102				56.9		3140
	12		1470	250				10220				60.2	10.5	4080
	15		1610		530	2920	2200	10354	352	570	490	62.3		4770
	18		1720			3460	2800	10472				66.1	10.9	6240

生产厂家：科尼起重机设备（上海）有限公司。

6.2.6　KJB/DJB-PC 型门吊

（1）特点　简单易行，举重若轻；起重范围 125～5000kg；跨距 2～7m。

（2）规格及性能　KJB/DJB-PC 型门吊外形尺寸见图 3-6-7，主要尺寸见表 3-6-11。

表 3-6-11　KJB/DJB-PC 型门吊性能规格

序号	型号	SWL/kg	跨距 SW/mm	臂长 L/mm	内挡距 L_B/mm	端梁长度 AW（根据净空高度）	臂下缘至顶部 V/mm	内挡无效尺寸 A_2/mm	KBK 截面型号
1	KJB—PC0225	125	2500	2540	2420		105	310	KBK Ⅰ
2	KJB—PC023		3000	3500	2920	1380(H<3.2m)，	105	310	KBK Ⅰ
3	KJB—PC024		4000	4500	3920	1680(3.3～3.8m)	105	310	KBK Ⅰ
4	KJB—PC025		5000	5500	4920	1980(3.9～4.5m)	180	370	KBK Ⅱ
5	KJB—PC026		6000	6500	5920	2280(4.6～5.3m)	180	370	KBK Ⅱ
6	KJB—PC027		7000	7500	6920		180	370	KBK Ⅱ
7	KJB—PC0325	250	2500	2540	2420		105	310	KBK Ⅰ
8	KJB—PC033		3000	3500	2920	1380(H<3.2m)，	180	370	KBK Ⅱ
9	KJB—PC034		4000	4500	3920	1680(3.3～3.8m)	180	370	KBK Ⅱ
10	KJB—PC035		5000	5500	4920	1980(3.9～4.5m)	180	370	KBK Ⅱ
11	KJB—PC036		6000	6500	5920	2280(4.6～5.3m)	180	370	KBK Ⅱ
12	KJB—PC037		7000	7500	6920		180	370	KBK Ⅱ
13	KJB—PC052	500	2500	2500	1900		180	370	KBK Ⅱ
14	KJB—PC053		3000	3500	2900	1380(H<3.2m)，	180	370	KBK Ⅱ
15	KJB—PC054		4000	4500	3900	1680(3.3～3.8m)	180	370	KBK Ⅱ
16	KJB—PC055		5000	5500	4900	1980(3.9～4.5m)	180	370	KBK Ⅱ
17	KJB—PC056		6000	6500	5900	2280(4.6～5.3m)	180	370	KBK Ⅱ
18	KJB—PC057		7000	7500	6900		180	370	KBK Ⅱ
19	KJB—PC102	1000	2500	2500	1900		180	500	KBK Ⅱ
20	KJB—PC103		3000	3500	2900	1380(H<3.2m)，	180	500	KBK Ⅱ
21	KJB—PC104		4000	4500	3900	1680(3.3～3.8m)	180	500	KBK Ⅱ
22	KJB—PC105		5000	5500	4900	1980(3.9～4.5m)	180	500	KBK Ⅱ
23	KJB—PC106		6000	6500	5900	2280(4.6～5.3m)	180	500	KBK Ⅱ
24	KJB—PC107		7000	7500	6900		180	500	KBK Ⅱ

生产厂家：德马格起重机械（上海）有限公司。

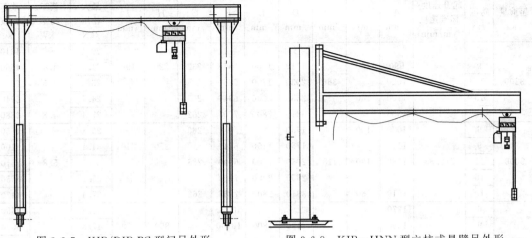

图 3-6-7   KJB/DJB-PC 型门吊外形   图 3-6-8   KJB—HNN 型立柱式悬臂吊外形

6.2.7   KJB—HNN 型立柱式悬臂吊

（1）适用范围   立柱式悬臂吊最大特点是几乎可以被安装在任何地方。该设备几乎独立，是一种理想的工作岗位起重机，并适用于室外的货场和装卸平台。

另外，KBK 型悬臂吊其自重轻，起重量大，悬臂长。它的立柱占地小，可以用重型安卡螺栓或预埋地脚螺栓等方式固定。

（2）规格及性能   KJB—HNN 型立柱式悬臂吊外形尺寸见图 3-6-8，主要尺寸见表3-6-12。

表 3-6-12   KJB—HNN 型立柱式悬臂吊性能规格

序号	型 号	SWL /kg	回转半径 R/mm	臂下缘至顶部 V/mm	立柱中心至回转中心距 A_1/mm	后挡无效尺寸 A_0/mm	前挡无效尺寸 A_4/mm	KBK 截面型号
1	KJB—HNN022	125	2000	493	220	375	90	KBK I
2	KJB—HNN023		3000	493	240	375	90	KBK I
3	KJB—HNN024		4000	493	240	375	90	KBK I
4	KJB—HNN025		5000	493	260	395	110	KBK II
5	KJB—HNN026		6000	798	330	495	110	KBK II
6	KJB—HNN027		7000	798	330	495	110	KBK II
7	KJB—HNN032	250	2000	493	220	375	90	KBK I
8	KJB—HNN033		3000	493	240	375	90	KBK I
9	KJB—HNN034		4000	798	300	495	110	KBK II
10	KJB—HNN035		5000	798	330	495	110	KBK II
11	KJB—HNN036		6000	798	330	495	110	KBK II
12	KJB—HNN037		7000	995	400	615	110	KBK II
13	KJB—HNN052	500	2000	493	260	395	110	KBK II
14	KJB—HNN053		3000	798	300	495	110	KBK II
15	KJB—HNN054		4000	798	330	495	110	KBK II
16	KJB—HNN055		5000	995	400	615	110	KBK II
17	KJB—HNN056		6000	995	430	615	110	KBK II
18	KJB—HNN057		7000	995	430	615	110	KBK II
19	KJB—HNN102	1000	2000	798	300	615	230	KBK II
20	KJB—HNN103		3000	798	330	615	230	KBK II
21	KJB—HNN104		4000	995	400	735	230	KBK II
22	KJB—HNN104.5		4500	995	430	735	230	KBK II

生产厂家：德马格起重机械（上海）有限公司。

6.2.8　KJB—WHN 型墙壁式悬臂吊

（1）适用范围　墙壁式悬臂吊最大优点是可以直接安装在墙壁或立柱上，或者也可以安装在机器设备上，不需要占用任何地面空间。

KBK 悬臂吊采用斜拉设计，其自重轻，载荷移动灵活方便。该设备安装也相当简单，现成的支架节省了大量复杂的校正工作。

（2）规格及性能参数　KJB—WHN 型墙壁式悬臂吊外形尺寸见图3-6-9，主要尺寸见表3-6-13。

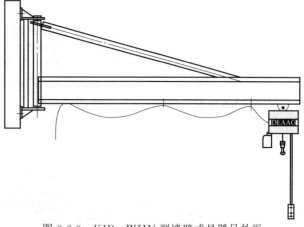

图 3-6-9　KJB—WHN 型墙壁式悬臂吊外形

表 3-6-13　KJB-WHN 型墙壁式悬臂吊主要尺寸

序号	型号	SWL /kg	回转半径 R/mm	臂下缘至顶部 V/mm	立柱中心至回转中心距 A_1/mm	后挡无效尺寸 A_0/mm	前挡无效尺寸 A_4/mm	KBK 规格	地坑尺寸 $B \times B \times L_B$/mm	大地板尺寸 $P \times P \times t \times n$/mm
1	KJB—CNN		2000	229	220	375	90	KBKⅡ	1000×1000×800	500×500×20×4
2	KJB—CNN		2500	229	220	375	90	KBKⅡ	1000×1000×800	500×500×20×4
3	KJB—CNN		3000	229	240	375	90	KBKⅡ	1000×1000×800	500×500×20×4
4	KJB—CNN	125	3500	229	240	375	90	KBKⅡ	1000×1000×800	500×500×20×8
5	KJB—CNN		4000	229	240	375	90	KBKⅡ	1000×1000×800	500×500×20×8
6	KJB—CNN		4500	229	260	395	110	KBKⅡ	1000×1000×800	500×500×20×8
7	KJB—CNN		5000	259	300	495	110	KBKⅡ	1000×1000×800	850×850×25×8
8	KJB—CNN		2000	229	220	375	90	KBKⅡ	1000×1000×800	500×500×20×4
9	KJB—CNN		2500	229	240	375	90	KBKⅡ	1000×1000×800	500×500×20×8
10	KJB—CNN	250	3000	229	240	375	90	KBKⅡ	1000×1000×800	500×500×20×8
11	KJB—CNN		3500	229	260	395	110	KBKⅡ	1000×1000×800	500×500×20×8
12	KJB—CNN		4000	229	300	495	110	KBKⅡ	1200×1200×900	850×850×25×8
13	KJB—CNN		4500	308	330	495	110	UK40	1200×1200×900	850×850×25×12
14	KJB—CNN		5000	308	330	495	110	UK40	1200×1200×900	850×850×25×12
15	KJB—CNN	500	2000	229	260	395	110	KBKⅡ	1000×1000×800	500×500×20×8
16	KJB—CNN		2500	229	260	395	110	KBKⅡ	1200×1200×900	500×500×20×8
17	KJB—CNN		3000	259	300	495	110	KBKⅡ	1200×1200×900	850×850×25×8

生产厂家：德马格起重机械（上海）有限公司。

6.3　输送机

6.3.1　DS 型带式输送机

（1）适用范围　带式输送机主要用来输送颗粒或粉末固体，在水域工程上主要用于输送栅渣、脱水后的泥饼、泥砂等。

（2）特点　输送能力达，分有挡边和无挡边型；可作长距离输送；可制作成移动式，方便输送；结构通用性高，便于更换清理；若需要固定时，可采用膨胀螺栓现场固定，安装方便。

（3）型号说明

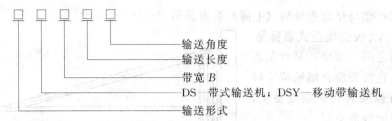

输送角度
输送长度
带宽 B
DS—带式输送机；DSY—移动带输送机
输送形式

（4）规格及性能参数　DS 型带式输送机外形尺寸见图 3-6-10、图 3-6-11，主要尺寸见表3-6-14。

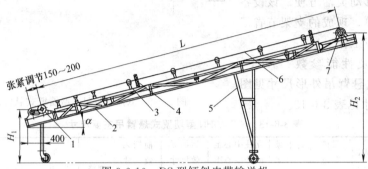

图 3-6-10　DS 型倾斜皮带输送机

1—油浸滚筒；2—机架；3—支承辊；4—调心辊；5—支撑；6—皮带；7—从动辊

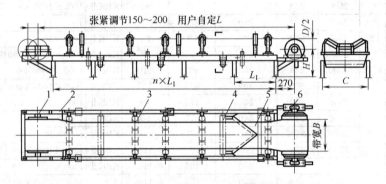

图 3-6-11　DS 型水平皮带输送机

1—油浸滚筒；2—机架；3—调心辊；4—承托辊；5—皮带；6—从动辊

表 3-6-14　DS 型带式输送机技术性能及安装尺寸

参数 带宽 B/mm		500	650	1000
	滚筒直径 D/mm	320	400	500
	最大输送能力/(t/h)	60	100	250
	线速/(m/s)	约1.0		
	单位功率/(kW/m)	0.2	0.25	0.35
水平输送	L	<50m，每米为一档		
	L_1	2000～2500		
	H	650		
	C	720	870	1020
倾斜输送	L	<20m，每米为一档		
	H_1	600～800		
	H_2	$H_1 + L\sin\alpha$		
	α	≤25°		

注：上述最大输送能力为带速 $v=1$m/s；物料堆积密度 $\rho=1.2$ t/m³，输送机倾角 $\delta=0°$；槽角 $\lambda=30°$，介质为散粒物质时理论值。

生产厂家：江苏天雨集团、宜兴泉溪环保有限公司。

6.3.2 XLS 型螺旋输送机

（1）用途 XLS 型螺旋输送机用于传输工业生产过程中产生的各种废物及滤渣，城市给排水中格栅输出栅渣，污泥脱水中输送泥饼等物料。

（2）型号说明

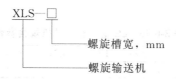

（3）结构与工作原理 螺旋输送机一般分为有轴、无轴两种，有轴螺旋输送机由螺杆、U 形槽盖板、进料口、出料口和驱动装置组成，而无轴螺旋输送机则把螺杆改为无轴螺旋，并在 U 形槽内装置有可换衬体，结构简单，物料由进口输入，经螺旋推动后由出口输出，整个传输过程可在一个密封的槽中进行，降低了噪声，减少了异味的传播。

由于设备中没有高速运转零件，因此螺杆磨损低，设备能耗低，几乎不需维修。结构及技术参数见图 3-6-12、表 3-6-15。

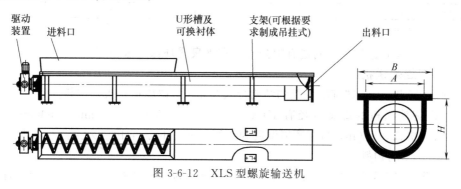

图 3-6-12 XLS 型螺旋输送机

表 3-6-15 主要技术参数

型　　号	螺旋转速 20r/min,水平安装 输送量/(m³/h)	尺寸/mm		
		A	B	C
XLS—200	2.4	200	310	250
XLS—260	3.2	260	370	310
XLS—300	8	300	410	350
XLS—360	13.7	360	470	410
XLS—400	19	400	510	450

生产厂家：江苏一环集团闸阀门铸造有限公司。

6.3.3 LS 型螺旋输送机

LS 型螺旋输送机为 U 形槽，其螺旋直径为 100～1250mm，分为单驱动和双驱动两种形式。单驱动螺旋输送机最大长度可达 35m，其中 LS1000 型、LS1250 型最大长度为 30m。螺旋输送机中间吊轴承采用滚动、滑动可互换的两种结构，阻力小、密封性强、耐磨性好。

（1）分类

① 按螺旋输送机驱动方式分，包括：C1 制法——螺旋输送机长度小于 35m 时，单端驱动；C2 制法——螺旋输送机长度大于 35m 时，双端驱动。

② 按螺旋叶片形式分，包括：S 制法——实体螺旋叶片；D 制法——带式螺旋叶片；J 制法——桨叶式螺旋叶片。

③ 按螺旋输送机中间吊轴承种类分。M1 为滚动吊轴承，采用 80000 型密封轴承，轴盖上另有防尘密封结构，常用在不易加油、不加油或油对物料有污染的地方，密封效果好，吊轴承寿命长，输送物料温度 $t \leqslant 80℃$。

M2 为滑动吊轴承，设有防尘密封装置，常用有铸铜瓦，MC 耐磨尼龙瓦，还有常用于输送物料温度比较高（$t > 80℃$）或输送液状物料的铜基石墨少油润滑瓦。

（2）规格参数　见表 3-6-16。

表 3-6-16　LS 型螺旋输送机规格参数

规格型号		LS100	LS160	LS200	LS250	LS315	LS400	LS500	LS630	LS800	LS1000	LS1250
螺旋直径/mm		100	160	200	250	315	400	500	630	800	1000	1250
螺距/mm		100	160	200	250	315	355	400	450	500	560	630
技术参数	n	140	112	100	90	80	71	63	50	40	32	25
	Q	2.2	8	14	24	34	64	100	145	208	300	388
	n	112	90	80	71	63	56	50	40	32	25	20
	Q	1.7	7	12	20	32	52	80	116	165	230	320
	n	90	71	63	56	50	45	40	32	25	20	16
	Q	1.4	6	10	16	21	41	64	94	130	180	260
	n	71	50	50	45	40	36	32	25	20	16	13
	Q	1.1	4	7	13	16	34	52	80	110	150	200

注：n 为转速，r/min（偏差允许在 10% 范围内）；Q 为输送量，m^3/h；表中 Q 值的填充系数为 0.33。

生产厂家：南通振强机械制造有限公司、宜兴泉溪环保有限公司。

6.3.4　GX 螺旋输送机

（1）产品特点　GX 螺旋输送机的结构形式与 LS 型螺旋输送机基本相同。

GX 型螺旋输送机的螺旋直径有 150mm、200mm、250mm、300mm、400mm、500mm、600mm 七种，机长 3～70m，可在环境温度为 -20～50℃ 的条件下，以小于 20° 的倾角单向输送温度低于 200℃ 的物料。

（2）分类　按螺旋输送机使用场合要求的不同分为：S 制法，带有实体螺旋面的螺旋，其螺距等于直径的 4/5；D 制法，带有带式螺旋面的螺旋，其螺距等于直径。

（3）规格及性能参数　GX 螺旋输送机外形尺寸见图 3-6-13，主要尺寸见表 3-6-17。

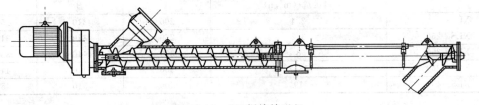

图 3-6-13　GX 螺旋输送机

表 3-6-17　GX 螺旋输送机规格参数

规格型号	输送能力/(t/h)	转速/(r/min)	规格型号	输送能力/(t/h)	转速/(r/min)
GX150	9	60	GX400	51	60
GX200	9	60	GX500	88	60
GX250	16	60	GX600	135	50
GX300	22	60			

注：表中输送能力按水泥（$\rho = 1.2t/m^3$）计算。

生产厂家：北京约基输送机械厂、新乡市新新矿山振动设备有限公司、杭州银玛机械设备制造有限公司。

6.3.5　XLY 螺旋压榨机

（1）适用范围　用于城镇污水处理厂、自来水厂和市政各雨水、污水泵站的栅渣处理。

格栅清污机捞出的水中漂浮物，由螺杆带入压榨机主体，在传送过程中被压榨、脱水。最后压榨渣被卸入收集器中，使废料更易于运输，填埋及焚烧。

（2）型号说明

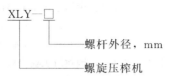

（3）结构和工作原理　压榨机由以下几部分构成：动力装置、压榨机主体、进出料装置、电气控制箱等。压榨机外形见图 3-6-14，技术参数见表 3-6-18。

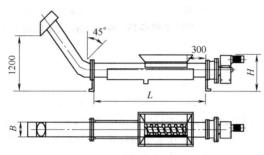

图 3-6-14　XLY 型螺旋压榨机

表 3-6-18　XLY 型螺旋压榨机技术参数

型　号		XLY—200	XLY—300	XLY—400
螺杆外径/mm		200	300	400
螺杆速度/(r/min)		5.2		
处理量/(m³/h)		1.0	2.0	4.0
含水量(处理前)/%		85～95		
含水量(处理后)/%		40～45		
电机功率/kW		1.1	2.2	4
尺寸/mm	L	1500	1800	2000
	H	430	500	600
	B	360	430	560

生产厂家：江苏一环集团有限公司。

参 考 文 献

[1] 上海市政工程设计研究院. 给水排水设计手册：第3册. 第2版. 北京：中国建筑工业出版社，2003.

[2] 张大群. 中国水工业科技与产业：中国水工业机械设备发展现状与趋势. 北京：中国建筑工业出版社，2000.

[3] 张金松，尤作亮. 安全饮用水保障技术. 北京：中国建筑工业出版社，2008.

[4] 上海市建设和交通委员会. 室外给水设计规范（GB 50013—2006）. 北京：中国计划出版社出版，2006.

[5] 严煦世，范谨初. 给水工程. 第4版. 北京：中国建筑工业出版社，1999.

[6] 钟淳昌，戚胜豪. 简明给水设计手册. 北京：中国建筑工业出版社，1989.

[7] 张大群. 污水处理机械设备设计与应用. 北京：化学工业出版社，2003.

[8] 张杰，张大群，戚盛豪，严煦世等. 水工业工程设计手册：水资源及给水处理、水工业工程设备. 北京：中国建筑工业出版社，2000.

[9] 杭世珺. 北京城市污水再生利用工程设计指南. 北京：中国建筑工业出版社，2005.

[10] ［美］梅特卡夫和埃迪公司，［美］乔巴诺格劳斯. 废水工程：处理及回用. 第4版. 秦裕珩等译. 北京：化学工业出版社，2004.

[11] 张林生. 水的深度处理与回用技术. 北京：化学工业出版社，2009.

[12] 张大群. 给水排水常用设备手册. 北京：机械工业出版社，2009.

[13] 张自杰. 排水工程下册. 第4版. 北京：中国建筑工业出版社，2000.

[14] 杭世珺. 城市污水处理工程设计中值得探讨的几个问题. 给水排水，2004（1）.

[15] ［美］Glen T. Daigger，Henry C Lim. 废水生物处理. 张锡辉等译. 北京：化学工业出版社，2003.

[16] 崔玉川，刘振江，张绍怡等. 城市污水厂处理设施设计计算. 北京：化学工业出版社，2004.

[17] 张大群，王秀朵. DAT-IAT污水处理技术. 北京：化学工业出版社，2003.

[18] 杭世珺. 小城镇污水处理工程设计的反思与建议. 给水排水，2004（10）.

[19] 张大群. 污水处理设备招投标技术文件编制与范例. 北京：机械工业出版社，2005.

[20] 韩红军. 污水处理构筑物设计与计算. 哈尔滨：哈尔滨工业大学出版社，2002.

[21] 何文杰. 安全饮用水保障技术. 北京：中国建筑工业出版社，2006.

[22] 《城市污水再生利用系列标准实施指南》编写组. 城市污水再生利用系列标准实施指南. 北京：中国标准出版社，2008.

[23] 张大群. 世纪之交的中国水工业设备. 给水排水，1998（11）.

[24] 北京市市政工程设计研究总院. 给水排水设计手册：第5册 城镇排水. 第2版. 北京：中国建筑工业出版社，2004.

[25] 张大群. 自动浮动式水堰的研究. 中国给水排水，1994（11）.

[26] 中国市政工程西北设计研究院等. 室外排水设计规范（GB 50014—2006）. 北京：中国计划出版社，2006.

[27] 张大群. 我国水工业设备产业的状况与发展对策. 科学学语科学技术管理，1996（6）.

[28] 杭世珺，刘旭东，梁鹏. 污泥处理处置的认识误区与控制对策. 中国给水排水，2004（12）.

[29] 汪大翚，雷乐成. 水处理新技术及工程设计. 北京：化学工业出版社，2001.

[30] 张大群，王秀朵. SBR的一种新方法DAT-IAT法及其关键设备的研究. 中国给水排水，1996（1）.

[31] 任向峰，杭世珺. 底曝氧化沟工艺在污水处理工程中的应用. 给水排水，2010（3）.

[32] 金兆丰，徐竟成. 城市污水回用技术手册. 北京：化学工业出版社，2004.

[33] 李金根，姚永宁. 给水排水手册：第9册 专用机械. 北京：中国建筑工业出版社，2000.

[34] 徐杨纲. 给水排水手册：第12册 器材与装置. 北京：中国建筑工业出版社，2001，

[35] 张大群，王秀朵. DAT-IAT工艺设备的研究及应用. 给水排水，2001（1）.

[36] 张大群. 污水处理机械设备设计与应用. 第3版. 北京：化学工业出版社，2016.

[37] 张大群. 污泥处理处置适用设备. 北京：化学工业出版社，2016.